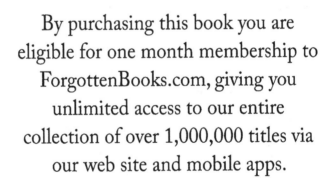

ISBN 978-0-365-68819-8
PIBN 11255338

SITZUNGSBERICHTE

DER PREUSSISCHEN

AKADEMIE DER WISSENSCHAFTEN

JAHRGANG 1919

ERSTER HALBBAND. JANUAR BIS JUNI

STÜCK I—XXXII MIT FÜNF TAFELN
UND DEM VERZEICHNIS DER MITGLIEDER AM 1. JANUAR 1919

BERLIN 1919

VERLAG DER AKADEMIE DER WISSENSCHAFTEN

IN KOMMISSION BEI DER
VEREINIGUNG WISSENSCHAFTLICHER VERLEGER WALTER DE GRUYTER U. CO.
VORMALS G. J. GÖSCHEN'SCHE VERLAGSHANDLUNG. J. GUTTENTAG, VERLAGSBUCHHANDLUNG.
GEORG REIMER. KARL J. TRÜBNER. VEIT U. COMP.

INHALT

Inhalt

VERZEICHNIS

DER

MITGLIEDER DER AKADEMIE DER WISSENSCHAFTEN

AM 1. JANUAR 1919

1. BESTÄNDIGE SEKRETARE

	Gewählt von der	Datum der Bestätigung
Hr. *Diels*	phil.-hist. Klasse	1895 Nov. 27
- *von Waldeyer-Hartz*	phys.-math. -	1896 Jan. 20
- *Roethe*	phil.-hist. -	1911 Aug. 29
- *Planck*	phys.-math. -	1912 Juni 19

2. ORDENTLICHE MITGLIEDER

Physikalisch-mathematische Klasse	Philosophisch-historische Klasse	Datum der Bestätigung
Hr. *Simon Schwendener*		1879 Juli 13
	Hr. *Hermann Diels*	1881 Aug. 15
- *Wilhelm von Waldeyer-Hartz*		1884 Febr. 18
- *Franz Eilhard Schulze*		1884 Juni 21
	- *Otto Hirschfeld*	1885 März 9
	- *Eduard Sachau*	1887 Jan. 24
- *Adolf Engler*		1890 Jan. 29
	- *Adolf von Harnack*	1890 Febr. 10
- *Hermann Amandus Schwarz*		1892 Dez. 19
- *Emil Fischer*		1893 Febr. 6
- *Oskar Hertwig*		1893 April 17
- *Max Planck*		1894 Juni 11
	- *Carl Stumpf*	1895 Febr. 18
	- *Adolf Erman*	1895 Febr. 18
- *Emil Warburg*		1895 Aug. 13
	- *Ulrich von Wilamowitz-Moellendorff*	1899 Aug. 2
- *Heinrich Müller-Breslau*		1901 Jan. 14
	- *Heinrich Dressel*	1902 Mai 9
	- *Konrad Burdach*	1902 Mai 9
- *Friedrich Schottky*		1903 Jan. 5
	- *Gustav Roethe*	1903 Jan. 5
	- *Dietrich Schäfer*	1903 Aug. 4

Physikalisch-mathematische Klasse	Philosophisch-historische Klasse	Datum der Bestätigung
	Hr. *Eduard Meyer*	1903 Aug. 4
	- *Wilhelm Schulze*	1903 Nov. 16
	- *Alois Brandl*	1904 April 3
Hr. *Hermann Struve*		1904 Aug. 29
- *Hermann Zimmermann*		1904 Aug. 29
- *Walter Nernst*		1905 Nov. 24
- *Max Rubner*		1906 Dez. 2
- *Johannes Orth*		1906 Dez. 2
- *Albrecht Penck*		1906 Dez. 2
	- *Friedrich Müller*	1906 Dez. 24
	- *Andreas Heusler*	1907 Aug. 8
- *Heinrich Rubens*		1907 Aug. 8
- *Theodor Liebisch*		1908 Aug. 3
	- *Eduard Seler*	1908 Aug. 24
	- *Heinrich Lüders*	1909 Aug. 5
	- *Heinrich Morf*	1910 Dez. 14
- *Gottlieb Haberlandt*		1911 Juli 3
	- *Kuno Meyer*	1911 Juli 3
	- *Benno Erdmann*	1911 Juli 25
- *Gustav Hellmann*		1911 Dez. 2
	- *Emil Seckel*	1912 Jan. 4
	- *Johann Jakob Maria de Groot*	1912 Jan. 4
	- *Eduard Norden*	1912 Juni 14
	- *Karl Schuchhardt*	1912 Juli 9
- *Ernst Beckmann*		1912 Dez. 11
- *Albert Einstein*		1913 Nov. 12
	- *Otto Hintze*	1914 Febr. 16
	- *Max Sering*	1914 März 2
	- *Adolf Goldschmidt*	1914 März 2
- *Fritz Haber*		1914 Dez. 16
	- *Karl Holl*	1915 Jan. 12
	- *Friedrich Meinecke*	1915 Febr. 15
- *Karl Correns*		1915 März 22
	- *Hans Dragendorff*	1916 April 3
	- *Paul Kehr*	1918 März 4
	- *Ulrich Stutz*	1918 März 4
	- *Ernst Heymann*	1918 März 4
	- *Michael Tangl*	1918 März 4
- *Karl Heider*		1918 Aug. 1
- *Erhard Schmidt*		1918 Aug. 1
- *Gustav Müller*		1918 Aug. 1
- *Rudolf Fick*		1918 Aug. 1

(Die Adressen der Mitglieder s. S. XII.)

3. AUSWÄRTIGE MITGLIEDER

Physikalisch-mathematische Klasse	Philosophisch-historische Klasse	Datum der Bestätigung
	Hr. *Theodor Nöldeke* in Straßburg	1900 März 5
	- *Friedrich Imhoof-Blumer* in Winterthur	1900 März 5
	- *Vatroslav von Jagić* in Wien	1908 Sept. 25
	- *Panagiotis Kabbadias* in Athen	1908 Sept. 25
Lord *Rayleigh* in Witham, Essex		1910 April 6
	- *Hugo Schuchardt* in Graz	1912 Sept. 15

4. EHRENMITGLIEDER

	Datum der Bestätigung
Hr. *Max Lehmann* in Göttingen	1887 Jan. 24
- *Max Lenz* in Hamburg	1896 Dez. 14
- *Wilhelm Branca* in München	1899 Dez. 18
Hugo Graf *von und zu Lerchenfeld* in Berlin	1900 März 5
Hr. *Richard Schöne* in Berlin	1900 März 5
- *Konrad von Studt* in Berlin	1900 März 17
- *Bernhard* Fürst *von Bülow* in Klein-Flottbek bei Hamburg	1910 Jan. 31
Hr. *Heinrich Wölfflin* in München	1910 Dez. 14
- *August von Trott zu Solz* in Kassel	1914 März 2
- *Rudolf von Valentini* in Potsdam	1914 März 2
- *Friedrich Schmidt* in Berlin	1914 März 2
- *Richard Willstätter* in München	1914 Dez. 16

5. KORRESPONDIERENDE MITGLIEDER

Physikalisch-mathematische Klasse

	Datum der Wahl
Karl Frhr. Auer von Welsbach auf Schloß Welsbach (Kärnten)	1913 Mai 22
Hr. *Oskar Brefeld* in Berlin	1899 Jan. 19
- *Heinrich Bruns* in Leipzig	1906 Jan. 11
- *Otto Bütschli* in Heidelberg	1897 März 11
- *Giacomo Ciamician* in Bologna	1909 Okt. 28
- *William Morris Davis* in Cambridge, Mass.	1910 Juli 28
- *Ernst Ehlers* in Göttingen	1897 Jan. 21
Roland Baron *Eötvös* in Budapest	1910 Jan. 6
Hr. *Max Fürbringer* in Heidelberg	1900 Febr. 22
Sir *Archibald Geikie* in Haslemere, Surrey	1889 Febr. 21
Hr. *Karl von Goebel* in München	1913 Jan. 16
- *Camillo Golgi* in Pavia	1911 Dez. 21
- *Karl Graebe* in Frankfurt a. M.	1907 Juni 13
- *Ludwig von Graff* in Graz	1900 Febr. 8
Julius Edler von Hann in Wien	1889 Febr. 21
Hr. *Sven Hedin* in Stockholm	1918 Nov. 28
- *Viktor Hensen* in Kiel	1898 Febr. 24
- *Richard von Hertwig* in München	1898 April 28
- *David Hilbert* in Göttingen	1913 Juli 10
- *Hugo Hildebrand Hildebrandsson* in Uppsala	1917 Mai 3
- *Emanuel Kayser* in München	1917 Juli 19
- *Felix Klein* in Göttingen	1913 Juli 10
- *Leo Koenigsberger* in Heidelberg	1893 Mai 4
- *Wilhelm Körner* in Mailand	1909 Jan. 7
- *Friedrich Küstner* in Bonn	1910 Okt. 27
- *Philipp Lenard* in Heidelberg	1909 Jan. 21
- *Karl von Linde* in München	1916 Juli 6
- *Gabriel Lippmann* in Paris	1900 Febr. 22
- *Hendrik Antoon Lorentz* in Haarlem	1905 Mai 4
- *Felix Marchand* in Leipzig	1910 Juli 28
- *Friedrich Merkel* in Göttingen	1910 Juli 28
- *Franz Mertens* in Wien	1900 Febr. 22
- *Alfred Gabriel Nathorst* in Stockholm	1900 Febr. 8
- *Karl Neumann* in Leipzig	1893 Mai 4
- *Max Noether* in Erlangen	1896 Jan. 30
- *Wilhelm Ostwald* in Groß-Bothen, Kgr. Sachsen	1905 Jan. 12
- *Wilhelm Pfeffer* in Leipzig	1889 Dez. 19
- *Edward Charles Pickering* in Cambridge, Mass.	1906 Jan. 11
- *Georg Quincke* in Heidelberg	1879 März 13
- *Ludwig Radlkofer* in München	1900 Febr. 8

Physikalisch-mathematische Klasse

		Datum der Wahl
Hr.	*Gustaf Retzius* in Stockholm	1893 Juni 1
-	*Theodore William Richards* in Cambridge, Mass.	1909 Okt. 28
-	*Wilhelm Konrad Röntgen* in München	1896 März 12
-	*Wilhelm Roux* in Halle a. S.	1916 Dez. 14
-	*Georg Ossian Sars* in Christiania	1898 Febr. 24
-	*Oswald Schmiedeberg* in Straßburg	1910 Juli 28
-	*Otto Schott* in Jena	1916 Juli 6
-	*Hugo von Seeliger* in München	1906 Jan. 11
-	*Ernest Solvay* in Brüssel	1913 Mai 22
-	*Johann Wilhelm Spengel* in Gießen	1900 Jan. 18
Sir	*Joseph John Thomson* in Cambridge	1910 Juli 28
Hr.	*Gustav von Tschermak* in Wien	1881 März 3
-	*Woldemar Voigt* in Göttingen	1900 März 8
-	*Hugo de Vries* in Lunteren	1913 Jan. 16
-	*Johannes Diderik van der Waals* in Amsterdam	1900 Febr. 22
-	*Otto Wallach* in Göttingen	1907 Juni 13
-	*Eugenius Warming* in Kopenhagen	1899 Jan. 19
-	*Emil Wiechert* in Göttingen	1912 Febr. 8
-	*Wilhelm Wien* in Würzburg	1910 Juli 14
-	*Edmund B. Wilson* in New York	1913 Febr. 20

Philosophisch-historische Klasse

Hr.	*Karl von Amira* in München	1900 Jan. 18
-	*Klemens Baeumker* in München	1915 Juli 8
-	*Friedrich von Bezold* in Bonn	1907 Febr. 14
-	*Joseph Bidez* in Gent	1914 Juli 9
-	*James Henry Breasted* in Chicago	1907 Juni 13
-	*Harry Breßlau* in Straßburg	1912 Mai 9
-	*René Cagnat* in Paris	1904 Nov. 3
-	*Arthur Chuquet* in Villemomble (Seine)	1907 Febr. 14
-	*Franz Cumont* in Rom	1911 April 27
-	*Louis Duchesne* in Rom	1893 Juli 20
-	*Franz Ehrle* in Rom	1913 Juli 24
-	*Paul Foucart* in Paris	1884 Juli 17
Sir	*James George Frazer* in Cambridge	1911 April 27
Hr.	*Wilhelm Fröhner* in Paris	1910 Juni 23
-	*Percy Gardner* in Oxford	1908 Okt. 29
-	*Ignaz Goldziher* in Budapest	1910 Dez. 8
-	*Francis Llewellyn Griffith* in Oxford	1900 Jan. 18
-	*Ignazio Guidi* in Rom	1904 Dez. 15
-	*Georgios N. Hatzidakis* in Athen	1900 Jan. 18
-	*Bernard Haussoullier* in Paris	1907 Mai 2
-	*Johan Ludvig Heiberg* in Kopenhagen	1896 März 12

Philosophisch-historische Klasse

	Datum der Wahl
Hr. *Antoine Héron de Villefosse* in Paris	1893 Febr. 2
- *Harald Hjärne* in Uppsala	1909 Febr. 25
- *Maurice Holleaux* in Versailles	1909 Febr. 25
- *Christian Hülsen* in Hoheneck bei Ludwigsburg	1907 Mai 2
- *Hermann Jacobi* in Bonn	1911 Febr. 9
- *Adolf Jülicher* in Marburg	1906 Nov. 1
Sir *Frederic George Kenyon* in London	1900 Jan. 18
Hr. *Georg Friedrich Knapp* in Straßburg	1893 Dez. 14
- *Axel Kock* in Lund	1917 Juli 19
- *Karl von Kraus* in München	1917 Juli 19
- *Basil Latyschew* in St. Petersburg	1891 Juni 4
- *Friedrich Loofs* in Halle a. S.	1904 Nov. 3
- *Giacomo Lumbroso* in Rom	1874 Nov. 12
- *Arnold Luschin von Ebengreuth* in Graz	1904 Juli 21
- *John Pentland Mahaffy* in Dublin	1900 Jan. 18
- *Wilhelm Meyer-Lübke* in Bonn	1905 Juli 6
- *Ludwig Mitteis* in Leipzig	1905 Febr. 16
- *Georg Elias Müller* in Göttingen	1914 Febr. 19
- *Karl von Müller* in Tübingen	1917 Febr. 1
- *Samuel Muller Frederikzoon* in Utrecht	1914 Juli 23
- *Franz Praetorius* in Breslau	1910 Dez. 8
- *Pio Rajna* in Florenz	1909 März 11
- *Moriz Ritter* in Bonn	1907 Febr. 14
- *Karl Robert* in Halle a. S.	1907 Mai 2
- *Michael Rostowzew* in St. Petersburg	1914 Juni 18
- *Edward Schröder* in Göttingen	1912 Juli 11
- *Eduard Schwartz* in Straßburg	1907 Mai 2
- *Bernhard Seuffert* in Graz	1914 Juni 18
- *Eduard Sievers* in Leipzig	1900 Jan. 18
Sir *Edward Maunde Thompson* in London	1895 Mai 2
Hr. *Vilhelm Thomsen* in Kopenhagen	1900 Jan. 18
- *Ernst Troeltsch* in Berlin	1912 Nov. 21
- *Paul Vinogradoff* in Oxford	1911 Juni 22
- *Girolamo Vitelli* in Florenz	1897 Juli 15
- *Jakob Wackernagel* in Basel	1911 Jan. 19
- *Adolf Wilhelm* in Wien	1911 April 27
- *Ludvig Wimmer* in Kopenhagen	1891 Juni 4
- *Wilhelm Wundt* in Leipzig	1900 Jan. 18

INHABER DER BRADLEY-MEDAILLE

Hr. *Friedrich Küstner* in Bonn (1918)

INHABER DER HELMHOLTZ-MEDAILLE

Hr. *Santiago Ramón Cajal* in Madrid (1905)
- *Emil Fischer* in Berlin (1909)
- *Simon Schwendener* in Berlin (1913)
- *Max Planck* in Berlin (1915)
- *Richard von Hertwig* in München (1917)

INHABER DER LEIBNIZ-MEDAILLE

a. Der Medaille in Gold

Hr. *James Simon* in Berlin (1907)
- *Ernest Solvay* in Brüssel (1909)
- *Henry T. von Böttinger* in Elberfeld (1909)

Joseph Florimond Duc *de Loubat* in Paris (1910)
Hr. *Hans Meyer* in Leipzig (1911)
Frl. *Elise Koenigs* in Berlin (1912)
Hr. *Georg Schweinfurth* in Berlin (1913)
- *Otto von Schjerning* in Berlin (1916)
- *Leopold Koppel* in Berlin (1917)
- *Rudolf Havenstein* in Berlin (1918)

b. Der Medaille in Silber

Hr. *Karl Alexander von Martius* in Berlin (1907)
- *Adolf Friedrich Lindemann* in Sidmouth, England (1907)
- *Johannes Bolte* in Berlin (1910)
- *Albert von Le Coq* in Berlin (1910)
- *Johannes Ilberg* in Leipzig (1910)
- *Max Wellmann* in Potsdam (1910)
- *Robert Koldewey* in Babylon (1910)
- *Gerhard Hessenberg* in Breslau (1910)
- *Werner Janensch* in Berlin (1911)
- *Hans Osten* in Leipzig (1911)
- *Robert Davidsohn* in München (1912)
- *N. de Garis Davies* in Kairo (1912)
- *Edwin Hennig* in Tübingen (1912)
- *Hugo Rabe* in Hannover (1912)
- *Josef Emanuel Hibsch* in Tetschen (1913)
- *Karl Richter* in Berlin (1913)
- *Hans Witte* in Neustrelitz (1913)
- *Georg Wolff* in Frankfurt a. M. (1913)
- *Walter Andrae* in Assur (1914)
- *Erwin Schramm* in Dresden (1914)

Hr. *Richard Irvine Best* in Dublin (1914)
- *Otto Baschin* in Berlin (1915)
- *Albert Fleck* in Berlin (1915)
- *Julius Hirschberg* in Berlin (1915)
- *Hugo Magnus* in Berlin (1915)

BEAMTE DER AKADEMIE

Bibliothekar und Archivar der Akademie: . . . . . .
Archivar und Bibliothekar der Deutschen Kommission: Dr. *Behrend.*
Wissenschaftliche Beamte: Dr. *Dessau*, Prof. — Dr. *Harms*, Prof. — Dr. *von Fritze*, Prof. — Dr. *Karl Schmidt*, Prof. — Dr. Frhr. *Hiller von Gaertringen*, Prof. — Dr. *Ritter*, Prof. — Dr. *Apstein*, Prof. — Dr. *Paetsch.* — Dr. *Kuhlgatz.*

VERZEICHNIS DER KOMMISSIONEN, STIFTUNGS-KURATORIEN USW.

Kommissionen für wissenschaftliche Unternehmungen der Akademie.

Acta Borussica.

Hintze (geschäftsführendes Mitglied). Meinecke. Kehr.

Ägyptologische Kommission.

Erman. E. Meyer. W. Schulze.
Außerakad. Mitglieder: Junker (Wien). H. Schäfer (Berlin). Sethe (Göttingen). Spiegelberg (Straßburg).

Corpus inscriptionum Etruscarum.

Diels. Hirschfeld. W. Schulze.

Corpus inscriptionum Latinarum und Griechische Münzwerke.

Hirschfeld (Vorsitzender, leitet die epigraphischen Arbeiten). Dragendorff (leitet die numismatischen Arbeiten). Diels. von Wilamowitz-Moellendorff. Imhoof-Blumer (Winterthur). Schöne (Berlin).

Corpus medicorum Graecorum.

Diels. Sachau. von Wilamowitz-Moellendorff.

Deutsche Geschichtsquellen des 19. Jahrhunderts.

Roethe. Schäfer. Hintze. Sering. Holl. Meinecke.

Deutsche Kommission.

Roethe (geschäftsführendes Mitglied). Diels. Burdach. W. Schulze. Heusler. Morf. Hintze. Kehr. Schröder (Göttingen). Seuffert (Graz).

Dilthey-Kommission.

Erdmann (geschäftsführendes Mitglied). Diels. Stumpf. Burdach. Roethe. Seckel.

Geschichte des Fixsternhimmels.

Struve (geschäftsführendes Mitglied). G. Müller.
Außerakad. Mitglied: Cohn (Berlin).

Politische Korrespondenz Friedrichs des Großen.

Hintze (geschäftsführendes Mitglied). Meinecke. Kehr.

Fronto-Ausgabe.

Diels. Hirschfeld. Norden.

Herausgabe der Werke Wilhelm von Humboldts.

Burdach (geschäftsführendes Mitglied). von Wilamowitz-Moellendorff. Meinecke.

Herausgabe des Ibn Saad.

Sachau (geschäftsführendes Mitglied). Erman. W. Schulze. F. W. K. Müller.

Inscriptiones Graecae.

von Wilamowitz-Moellendorff (Vorsitzender). Diels. Hirschfeld. W. Schulze.

Kant-Ausgabe.

Erdmann (Vorsitzender). Diels. Stumpf. Roethe. Meinecke.
Außerakad. Mitglied: Menzer (Halle).

Ausgabe der griechischen Kirchenväter.

von Harnack (geschäftsführendes Mitglied). Diels. Hirschfeld. von Wilamowitz-Moellendorff. Holl. Loofs (Halle). Jülicher (Marburg).
Außerakad. Mitglied: Seeck (Münster), für die Prosopographia imperii Romani saec. IV—VI.

Leibniz-Ausgabe.

Erdmann (geschäftsführendes Mitglied). Schwarz. Planck. von Harnack. Stumpf. Roethe. Morf.

Nomenclator animalium generum et subgenerum.

von Waldeyer-Hartz. Heider.

Orientalische Kommission.

E. Meyer (geschäftsführendes Mitglied). Diels. Sachau. Erman. W. Schulze. F. W. K. Müller. Lüders.

Außerakad. Mitglied: Delitzsch (Berlin).

„Pflanzenreich".

Engler (geschäftsführendes Mitglied). Schwendener. von Waldeyer-Hartz.

Prosopographia imperii Romani saec. I—III.

Hirschfeld. Dressel.

Strabo-Ausgabe.

Diels. von Wilamowitz-Moellendorff. E. Meyer.

„Tierreich".

von Waldeyer-Hartz. Heider.

Herausgabe der Werke von Weierstraß.

Planck (geschäftsführendes Mitglied). Schwarz.

Wörterbuch der deutschen Rechtssprache.

Roethe (geschäftsführendes Mitglied).

Außerakad. Mitglieder: Frensdorff (Göttingen). von Gierke (Berlin). Huber (Bern). Frhr. von Künßberg (Heidelberg). Frhr. von Schwerin (Straßburg). Frhr. von Schwind (Wien).

Wissenschaftliche Unternehmungen, die mit der Akademie in Verbindung stehen.

Corpus scriptorum de musica.

Vertreter in der General-Kommission: Stumpf.

Luther-Ausgabe.

Vertreter in der Kommission: von Harnack. Burdach.

Monumenta Germaniae historica.

Von der Akademie gewählte Mitglieder der Zentral-Direktion: Schäfer. Hintze.

Thesaurus der japanischen Sprache.

Sachau. W. Schulze. F. W. K. Müller.

Sammlung deutscher Volkslieder.

Vertreter in der Kommission: Roethe.

Wörterbuch der ägyptischen Sprache.

Vertreter in der Kommission: Erman.

Bei der Akademie errichtete Stiftungen.

Bopp-Stiftung.

Vorberatende Kommission (1918 Okt.—1922 Okt.).

W. Schulze (Vorsitzender). Lüders (Stellvertreter des Vorsitzenden). (Schriftführer). Roethe. K. Meyer.

Außerakad. Mitglied: Brückner (Berlin).

Charlotten-Stiftung für Philologie.

Kommission.

Diels. Hirschfeld. von Wilamowitz-Moellendorff. W. Schulze. Norden.

Eduard-Gerhard-Stiftung.

Kommission.

Dragendorff (Vorsitzender). Hirschfeld. von Wilamowitz-Moellendorff. Dressel. E. Meyer. Schuchhardt.

Humboldt-Stiftung.

Kuratorium (1917 Jan. 1—1920 Dez. 31).

von Waldeyer-Hartz (Vorsitzender). Hellmann.

Außerakad. Mitglieder: Der vorgeordnete Minister. Der Oberbürgermeister von Berlin. P. von Mendelssohn-Bartholdy.

Akademische Jubiläumsstiftung der Stadt Berlin.

Kuratorium (1917 Jan. 1—1920 Dez. 31).

Planck (Vorsitzender). von Waldeyer-Hartz (Stellvertreter des Vorsitzenden). Diels. Hintze.

Außerakad. Mitglied: Der Oberbürgermeister von Berlin.

Stiftung zur Förderung der kirchen- und religionsgeschichtlichen Studien im Rahmen der römischen Kaiserzeit (saec. I—VI).

Kuratorium (1913 Nov.—1923 Nov.).

Diels (Vorsitzender). von Harnack.

Außerdem als Vertreter der theologischen Fakultäten der Universitäten Berlin: Holl, Gießen: Krüger, Marburg: Jülicher.

Graf-Loubat-Stiftung.

Kommission (1918 Febr.—1923 Febr.).

Sachau. Seler.

Albert-Samson-Stiftung.

Kuratorium (1917 April 1—1922 März 31).

von Waldeyer-Hartz (Vorsitzender). Planck (Stellvertreter des Vorsitzenden). Rubner. Orth. Penck. Correns. Stumpf.

Stiftung zur Förderung der Sinologie.

Kuratorium (1917 Febr.—1927 Febr.).

de Groot (Vorsitzender). F. W. K. Müller. Lüders.

Hermann-und-Elise-geb.-Heckmann-Wentzel-Stiftung.

Kuratorium (1915 April 1—1920 März 31).

Roethe (Vorsitzender). Planck (Stellvertreter des Vorsitzenden). Erman (Schriftführer). Nernst. Haberlandt. von Harnack.

Außerakad. Mitglied: Der vorgeordnete Minister.

WOHNUNGEN DER ORDENTLICHEN MITGLIEDER UND DER BEAMTEN

Hr. Dr. *Beckmann*, Prof., Geh. Regierungsrat, Dahlem (Post: Lichterfelde 3), Thielallee 67. (F.: Steglitz 13 82.)

\- - *Brandl*, Prof., Geh. Regierungsrat, W 10, Kaiserin-Augusta-Str. 73. (F.: Lützow 29 88.)

\- - *Burdach*, Prof., Geh. Regierungsrat, Grunewald, Schleinitzstr. 6.

\- - *Correns*, Prof., Geh. Regierungsrat, Dahlem (Post: Lichterfelde 3), Boltzmannstr. (F.: Steglitz 18 54.)

\- - *Diels*, Prof., Geh. Oberregierungsrat, W 50, Nürnberger Str. 65. (F.: Steinplatz 113 26.)

\- - *Dragendorff*, Professor, Lichterfelde 1, Zehlendorfer Str. 55. (F.: Lichterfelde 36 20.)

\- - *Dressel*, Professor, W 8, Kronenstr. 16.

\- - *Einstein*, Professor, W 30, Haberlandstr. 5. (F.: Nollendorf 28 07.)

Hr. Dr. *Engler*, Prof., Geh. Oberregierungsrat, Dahlem (Post: Steglitz), Altensteinstr. 2. (F.: Steglitz 873.)

\- - *Erdmann*, Prof., Geh. Regierungsrat, Lichterfelde 1, Marienstr. 6. (F.: Lichterfelde 951.)

\- - *Erman*, Prof., Geh. Regierungsrat, Dahlem (Post: Steglitz), Peter-Lenné-Str. 36. (F.: Steglitz 305.)

\- - *Fick*, Prof., Geh. Medizinalrat, NW 6, Luisenstr. 56. (F.: Norden 81 96.)

\- - *Fischer*, Prof., Wirkl. Geh. Rat, N 4, Hessische Str. 2. (F.: Norden 92 99.)

\- - *Goldschmidt*, Prof., Geh. Regierungsrat, Charlottenburg 4. Bismarckstr. 72. (F.: Wilhelm 51 28.)

\- - *de Groot*, Prof., Geh. Regierungsrat, Lichterfelde 3. Dahlemer Str. 69.

\- - *Haber*, Prof., Geh. Regierungsrat, Dahlem (Post: Lichterfelde 3), Faradayweg 8. (F.: Steglitz 14 02.)

\- - *Haberlandt*, Prof., Geh. Regierungsrat, Dahlem (Post: Steglitz), Königin-Luise-Str. 1. (F.: Steglitz 12 53.)

\- - *von Harnack*, Prof., Wirkl. Geh. Rat, Grunewald, Kunz-Buntschuh-Str. 2. (F.: Pfalzburg 46 69.)

\- - *Heider*, Prof. Geh. Regierungsrat, Wilmersdorf, Nikolsburger Platz 6/7. (F.: Uhland 47 04, Pension Naumann.)

\- - *Hellmann*, Prof., Geh. Regierungsrat, W 35, Schöneberger Ufer 48. (F.: Lützow 93 54.)

\- - *Hertwig*, Prof., Geh. Medizinalrat, Grunewald, Wangenheimstr. 28. (F.: Pfalzburg 62 41.)

\- - *Heusler*, Professor, W 30, Viktoria-Luise-Platz 12.

\- - *Heymann*, Prof., Geh. Justizrat, Charlottenburg-Westend. Kaiserdamm 44. (F.: Wilhelm 27 96.)

\- - *Hintze*, Prof., Geh. Regierungsrat, W 15, Kurfürstendamm 44. (F.: Steinplatz 34 04.)

\- - *Hirschfeld*, Prof., Geh. Regierungsrat, Charlottenburg 2, Mommsenstr. 6. (F.: Steinplatz 119 51.)

\- - *Holl*, Prof., Geh. Konsistorialrat, Charlottenburg 4, Mommsenstr. 13. (F.: Steinplatz 25 14.)

\- - *Kehr*, Prof., Geh. Oberregierungsrat, W 62, Maaßenstr. 34. (F.: Zentrum 98 90.)

\- - *Liebisch*, Prof., Geh. Bergrat, NW 87, Wikingerufer 1. (F.: Norden 89 36.)

\- - *Lüders*, Prof., Geh. Regierungsrat, Charlottenburg 4, Sybelstr. 19. (F.: Steinplatz 145 67.)

\- - *Meinecke*, Prof., Geh. Regierungsrat, Dahlem (Post: Steglitz), Am Hirschsprung 13. (F.: Steglitz 792.)

\- - *Meyer, Eduard*, Prof., Geh. Regierungsrat, Lichterfelde 3, Mommsenstr. 7/8.

\- - *Meyer, Kuno*, Professor, Wilmersdorf, Nassauische Str. 48. (F.: Pfalzburg 74 82.)

\- - *Morf*, Prof., Geh. Regierungsrat, Halensee, Kurfürstendamm 100. (F.: Pfalzburg 38 97.)

Hr. Dr. *Müller, Friedrich W. K.*, Professor, Zehlendorf, Berliner Str. 14. (F.: Zehlendorf 198.)
- - *Müller, Gustav*, Prof., Geh. Regierungsrat. Potsdam, Astrophysikalisches Observatorium. (F.: Potsdam 367.)
- - *Müller-Breslau*, Prof., Geh. Regierungsrat, Grunewald, Kurmärkerstr. 8. (F.: Pfalzburg 96 69.)
- - *Nernst*, Prof., Geh. Regierungsrat, W 35, Am Karlsbad 26a. (F.: Lützow 26 53.)
- - *Norden*, Prof., Geh. Regierungsrat, Lichterfelde 3, Karlstr. 26. (F.: Lichterfelde 35 38.)
- - *Orth*, Prof., Geh. Medizinalrat, Grunewald, Humboldtstr. 16. (F.: Pfalzburg 56 21.)
- - *Penck*, Prof., Geh. Regierungsrat, W 15, Knesebeckstr. 48/49. (F.: Steinplatz 95 60.)
- - *Planck*, Prof., Geh. Regierungsrat, Grunewald, Wangenheimstr. 21. (F.: Pfalzburg 50 66.)
- - *Roethe*, Prof., Geh. Regierungsrat, Charlottenburg-Westend, Ahornallee 39. (F.: Wilhelm 55 61.)
- - *Rubens*, Prof., Geh. Regierungsrat, NW 7, Neue Wilhelmstr. 16. (F.: Zentrum 79 21.)
- - *Rubner*, Prof., Geh. Obermedizinalrat, W 50, Kurfürstendamm 241. (F.: Steinplatz 32 79.)
- - *Sachau*, Prof., Geh. Oberregierungsrat, W 62, Wormser Str. 12. (F.: Lützow 55 84.)
- - *Schäfer*, Prof., Großherzogl. Badischer Geh. Rat, Steglitz, Friedrichstr. 7. (F.: Steglitz 28 55.)
- - *Schmidt, Erhard*, Prof., NW 23, Altonaer Str. 30. (F.: Moabit 61 88.)
- - *Schottky*, Prof., Geh. Regierungsrat, Steglitz, Fichtestr. 12a. (F.: Steglitz 23 60.)
- - *Schuchhardt*, Prof., Geh. Regierungsrat, Lichterfelde 1, Teltower Str. 139. (F.: Lichterfelde 37 25.)
- - *Schulze, Franz Eilhard*, Prof., Geh. Regierungsrat, Lichterfelde 3, Steglitzer Str. 40/41.
- - *Schulze, Wilhelm*, Prof., Geh. Regierungsrat, W 10, Kaiserin-Augusta-Str. 72.
- - *Schwarz*, Prof., Geh. Regierungsrat, Grunewald, Humboldtstr. 33. (F.: Pfalzburg 14 21.)
- - *Schwendener*, Prof., Geh. Regierungsrat, W 10, Matthäikirchstr. 28.
- - *Seckel*, Prof., Geh. Justizrat, Charlottenburg 5, Witzlebenplatz 3. (F.: Wilhelm 34 46.)
- - *Seler*, Prof., Geh. Regierungsrat, Steglitz, Kaiser-Wilhelm-Str. 3. (F.: Steglitz 15 12.)
- - *Sering*, Prof., Geh. Regierungsrat, Grunewald, Luciusstr. 9. (F.: Uhland 47 95.)

Hr. Dr. *Struve*, Prof., Geh. Regierungsrat, Babelsberg, Sternwarte. (F.: Nowawes 18 und 698.)

- - *Stumpf*, Prof., Geh. Regierungsrat, W 50, Augsburger Str. 45. (F.: Steinplatz 114 24.)

- - *Stutz*, Prof., Geh. Justizrat, W 50, Kurfürstendamm 241. (F.: Steinplatz 66 40.)

- - *Tangl*, Prof., Geh. Regierungsrat, W 50, Nürnberger Platz 6. (F.: Pfalzburg 73 99, Nebenanschluß.)

- - *von Waldeyer-Hartz*, Prof., Geh. Obermedizinalrat, Charlottenburg 2, Uhlandstr. 184. (F.: Steinplatz 114 89.)

- - *Warburg*, Prof., Wirkl. Geh. Oberregierungsrat, Charlottenburg 2, Marchstr. 25b. (F.: Wilhelm 161.)

- - *von Wilamowitz-Moellendorff*, Prof., Wirkl. Geh. Rat, Charlottenburg-Westend, Eichenallee 12. (F.: Wilhelm 66 34.)

- - *Zimmermann*, Wirkl. Geh. Oberbaurat, NW 52, Calvinstr. 4.

Hr. Dr. *Apstein*, Prof., Wissenschaftlicher Beamter, NW 52, Flemingstr. 5.

- - *Behrend*, Archivar und Bibliothekar der Deutschen Kommission, Lichterfelde 3, Knesebeckstr. 8a.

- - *Dessau*, Prof., Wissenschaftlicher Beamter, Charlottenburg 4, Leibnizstr. 57. (F.: Steinplatz 190.)

- - *von Fritze*, Prof., Wissenschaftlicher Beamter, W 62, Courbièrestr. 14.

- - *Harms*, Prof., Wissenschaftlicher Beamter, Friedenau, Ringstr. 44.

- - Freiherr *Hiller von Gaertringen*, Prof., Wissenschaftlicher Beamter, Charlottenburg-Westend, Ebereschenallee 11. (F.: Wilhelm 37 23.)

- - *Kuhlgatz*, Wissenschaftlicher Beamter, NW 52, Spenerstr. 32.

- - *Paetsch*, Wissenschaftlicher Beamter, W 30, Luitpoldstr. 7.

- - *Ritter*, Prof., Wissenschaftlicher Beamter, Friedenau, Mainauer Str. 8. (F.: Pfalzburg 68 42.)

- - *Schmidt, Karl*, Prof., Wissenschaftlicher Beamter, W 62, Lutherstr. 34.

Berlin, gedruckt in der Reichsdruckerei.

1919 **I. II. III**

SITZUNGSBERICHTE

DER PREUSSISCHEN

AKADEMIE DER WISSENSCHAFTEN

MIT DEM VERZEICHNIS DER MITGLIEDER DER AKADEMIE
AM 1. JANUAR 1919

BERLIN 1919

VERLAG DER AKADEMIE DER WISSENSCHAFTEN

IN KOMMISSION BEI GEORG REIMER

den Klasse. — Nichtmitglieder erhalten 30 Freiexemplare
en nach rechtzeitiger Anzeige bei dem re
Sekretar weitere 100 Exemplare auf

1919.
I.

SITZUNGSBERICHTE
DER PREUSSISCHEN
AKADEMIE DER WISSENSCHAFTEN.

9. Januar. Gesamtsitzung.

Vorsitzender Sekretar: Hr. Roethe.

1. Hr. Holl sprach: Zur Auslegung des 2. Artikels des sog. apostolischen Symbols.

Der 2. Artikel des apostolischen Symbols weist eine wohlüberlegte Gliederung auf, in der Weise, daß die beiden Prädikate ΥΙὸΣ ΤΟΥ͂ ΘΕΟΥ͂ und ΚΎΡΙΟΣ durch die folgenden Partizipialsätze erläutert werden. Im einen Fall schwebt Luc. 1, 35, im andern Fall Phil. 2, 6 ff. dem Verfasser vor. Daraus lassen sich Folgerungen ziehen für die Kunstform des Bekenntnisses und für die darin vertretene Theologie.

2. Hr. Planck überreichte eine Mitteilung von Hrn. Dr. A. Landé in Oberhambach bei Heppenheim: Elektronenbahnen im Polyederverband. (Ersch. später.)

Da die Kompressibilität der Kristalle, neben andern Tatsachen, Würfelstruktur der Ionen fordert, wird eine dynamische Möglichkeit von gekoppelten Elektronenbahnen aufgezeigt, deren Gesamtheit die Symmetrie des Würfels (bzw. Tetraeders) besitzt, eine Art räumlicher »Polyederverband« in Analogie zu Sommerfelds ebenem Ellipsenverein.

Zur Auslegung des 2. Artikels des sog. apostolischen Glaubensbekenntnisses.

Von Karl Holl.

Das sog. apostolische Glaubensbekenntnis steht unter dem leidigen Schicksal, daß die wissenschaftliche Forschung zumeist nur in Zeiten kirchlichen Kampfes sich ernsthaft mit ihm beschäftigt. Und selbst in diesem Fall pflegt die Aufmerksamkeit sich vorwiegend der Frage nach der zeitlichen Entstehung des Stücks und dem etwaigen Zusammenhang mit der apostolischen Verkündigung zuzuwenden. Die Auslegung kommt dabei regelmäßig zu kurz, oder wenn wie in Kattenbuschs großem Werk[1] ein bedeutender Versuch in dieser Richtung unternommen wird, so bleibt er ohne die verdiente nachhaltige Wirkung. Indes weiß jeder, der sich um das inhaltliche Verständnis dieser ehrwürdigen Urkunde bemüht hat, welch schwere Rätsel hier noch zu lösen sind.

Unter diesen Umständen darf ich es vielleicht wagen, mit einer Auffassung des zweiten Artikels hervorzutreten, die ich schon vor mehr als 20 Jahren in der Vorlesung ausgesprochen habe. Es handelt sich mir nicht darum, neuen Stoff beizubringen. Dringlicher scheint es mir zu betonen, daß das Symbol ein in sich geschlossenes Ganzes darstellt, das daher zunächst aus sich selbst heraus zu verstehen ist. Nur wenn man dies beachtet, entgeht man der Gefahr, Gedanken einzutragen, die wohl sonstwie in der Zeit lebendig, aber im Bekenntnis nicht enthalten oder sogar stillschweigend abgelehnt sind.[2] Ich hoffe,

[1] Das apostolische Symbol. Leipzig 1900, II 471 ff. — Ich bin im folgenden genötigt, zumeist meinen Gegensatz zu Hrn. Kattenbusch herauszukehren. Ebendarum möchte ich nicht unterlassen auszusprechen, welche Genugtuung ich darüber empfinde, wiederum in grundlegenden Beobachtungen unabhängig mit ihm zusammengetroffen zu sein.

[2] Ich stehe auf der Anschauung, daß die Ursprünge des Bekenntnisses im Osten liegen. Die binnen kurzem von C. Schmidt zu veröffentlichende sog. epistola apostolorum wird dafür einen neuen Beweis erbringen. Über die Eigenart der für den Osten vorauszusetzenden Urform vgl. die gute Zusammenstellung bei R. Seeberg, Lehrbuch der Dogmengeschichte I² 183 A. — Die Tatsache, daß das römische Symbol den Höhepunkt einer

indem ich diesen Ausgangspunkt wähle, auch die Anregungen, die Hr. Norden[1] gegeben hat, noch etwas fördern zu können.

Der zweite Artikel lautet in seiner ursprünglichen Gestalt[2]:

Καὶ εἰς Χριστὸν Ἰησοῦν,	Et in Christum Jesum,
τὸν υἱὸν αὐτοῦ τὸν μονογενῆ,	filium eius unicum,
τὸν κύριον ἡμῶν,	dominum nostrum,
τὸν γεννηθέντα ἐκ πνεύματος ἁγίου καὶ Μαρίας τῆς παρθένου,	qui natus est de spiritu sancto et Maria virgine,
τὸν ἐπὶ Ποντίου Πιλάτου σταυρωθέντα καὶ ταφέντα,	qui sub Pontio Pilato crucifixus est et sepultus,
τῇ τρίτῃ ἡμέρᾳ ἀναστάντα ἐκ νεκρῶν, ἀναβάντα εἰς τοὺς οὐρανούς,	tertia die resurrexit a mortuis, ascendit in coelos,
καθήμενον ἐν δεξιᾷ τοῦ πατρός, ὅθεν ἔρχεται κρῖναι ζῶντας καὶ νεκρούς	sedet ad dexteram patris, unde venturus est iudicare vivos et mortuos

Man braucht den Text nur so zu schreiben, wie ich eben getan habe, um sofort die Gliederung deutlich zu machen. Auf den Namen Χριστὸς Ἰησοῦς[3] folgen zunächst zwei Titel: τὸν υἱὸν αὐτοῦ τὸν μονογενῆ

in manchem reicheren Entwicklung darstellt, bildet eine weitere Stütze für den im Text angedeuteten Auslegungsgrundsatz. Der Verfasser — von einem solchen muß man reden; das »allgemeine Bewußtsein« bringt derartige Kunstwerke nicht hervor — hat aus einem ihm zugeflossenen Stoff ausgewählt. Was er nicht aufnahm, darf man als von ihm abgewiesen betrachten.

[1] Agnostos Theos. 1913, insbes. S. 263 ff.

[2] Die Zeugen — Marcellus von Ankyra (= Epiphanius, Panarion haer. 72, 3: III 272, 19 ff. Dindorf) und Psalterium Aethelstani für den griechischen, Rufin expositio symboli Migne 21, 335 ff. und codex Laudianus 35 für den lateinischen Text — weichen nur in Kleinigkeiten voneinander ab. In der griechischen Fassung läßt das Psalt. Aethelst. Z. 2 das τὸν vor υἱὸν aus; umgekehrt setzt Marcellus in Z. 9 vor τῇ τρίτῃ ἡμέρᾳ und in Z. 12 vor καθήμενον je ein καὶ ein; außerdem schreibt er in Z. 10 τῶν νεκρῶν und in Z. 13 κρίνειν st. κρῖναι. Davon erweist sich das Wichtigste, die zweimalige Einfügung des καί, auf Grund des lateinischen Textes als Verschlechterung. Ähnliches gilt von dem τῶν νεκρῶν und dem κρίνειν. In beiden Fällen handelt es sich um längst eingebürgerte formelhafte Wendungen. Dabei überwiegen jedoch die Zeugen für ἐκ νεκρῶν und κρῖναι (vgl. die Stellensammlung des Hrn. v. Harnack bei Hahn³ S. 380 und 385). Die Auslassung des τὸν vor υἱὸν in Z. 2 durch das Psalt. Aethelst. ist sicher nur Schreibversehen.

Im lateinischen Text sind die Unterschiede noch geringfügiger. Der codex Laudianus bietet Z. 1 in Christo Jesu (daneben aber doch filium eius unicum) Z. 10 in caelis st. in caelos Z. 12 ad dextera st. ad dexteram — alles augenscheinliche Verschlechterungen.

[3] Hr. Kattenbusch schreibt χριστὸς klein (vgl. S. 541 ff.), um damit auszudrücken, daß das Wort in unserem Bekenntnis noch im Sinn von Messias verstanden sei. Allein

und τὸν κύριον ἡμῶν[1]; dann kommen zwei Sätze. Denn daß der Verfasser innerhalb des mit τὸν γεννηθέντα beginnenden Gefüges eine Zweiteilung beabsichtigt, erhellt aus der sprachlichen Form unzweideutig. Nur vor ἐπὶ Ποντίου Πιλάτου σταυρωθέντα ist dem τὸν γεννηθέντα entsprechend das τὸν wiederholt, während die anderen Partizipien ἀναστάντα, ἀναβάντα, καθήμενον artikellos angereiht werden. Ganz ebenso bringt auch der Lateiner nur vor sub Pontio Pilato das qui wieder, ohne die folgenden Aussagen in ähnlicher Weise gegeneinander abzugrenzen. Vor τὸν ἐπὶ Ποντίου Πιλάτου σταυρωθέντα liegt also ein Einschnitt. Oder anders ausgedrückt: die ganze mit diesen Worten beginnende Satzgruppe bis zum Schluß ὅθεν ἔρχεται κρῖναι ζῶντας καὶ νεκρούς bildet nach der Absicht des Verfassers ein einziges, dem τὸν γεννηθέντα ἐκ πνεύματος ἁγίου καὶ Μαρίας τῆς παρθένου gleichwertiges Glied.

Von da aus läßt sich tiefer in den Sinn des Ganzen eindringen. Zwei Titel und zwei darauffolgende Sätze! Diese Übereinstimmung kann nicht wohl zufällig sein. Unwillkürlich vermutet man, daß die einzelnen Glieder sich entsprechen und immer je ein Satz einen der beiden Titel decken sollte[2].

Das bewährt sich am Inhalt der Aussagen. Zusammengehören müßten zunächst der Titel τὸν υἱὸν αὐτοῦ τὸν μονογενῆ und der Satz τὸν γεννηθέντα ἐκ πνεύματος ἁγίου καὶ Μαρίας τῆς παρθένου. Man muß sich klarmachen, was diese Verknüpfung bedeutete. Trifft sie zu,

diese Behauptung steht im Widerspruch mit der von Hrn. Kattenbusch selbst (vgl. S. 4 A. 2) vertretenen Anschauung über den Aufbau unseres Stücks. Wenn aus Χριστὸς noch eine inhaltliche Bedeutung herausgehört werden sollte, so wäre bei der Anlage des Ganzen zu erwarten, daß dies im folgenden irgendwie bekräftigt oder erklärt würde. Aber in Wirklichkeit handelt es sich dort nur um die beiden Titel υἱὸς τοῦ θεοῦ und κύριος. Dadurch wird gesichert, daß für unsern Verfasser Χριστὸς bloß noch ein Name ist.

[1] Luther, der sich zuerst wieder um eine Gesamtauffassung unseres Artikels bemühte, hat τὸν κύριον ἡμῶν als die Spitze der Benennungen und als Überschrift der ganzen folgenden Aussagengruppe gefaßt. Damit war ein wichtiger Punkt getroffen. Nur war mißachtet, daß das Glied τὸν υἱὸν αὐτοῦ τὸν μονογενῆ der Form nach dasselbe Gewicht hat wie τὸν κύριον ἡμῶν und der Satz über die Geburt sich nur gewaltsam unter den Titel κύριος bringen läßt.

[2] Das hat auch Kattenbusch bemerkt Apost. Symbol II 472. 617. 631; aber die Beobachtung nicht so streng verfolgt, wie ich das für richtig halte. J. Kunze (Das apost. Glaubensbekenntnis und das N. Test. 1911 S. 60f.) und K. Thieme (Das apost. Glaubensbekenntnis 1914 S. 71f.) haben Kattenbuschs Andeutungen nur halb verstanden und sie darum erst recht nicht auszunützen gewußt. R. Seeberg (Lehrbuch der Dogmengeschichte I² 180) möchte die beiden Titel und die Partizipialsätze ihrer Bedeutung nach gegeneinander abstufen. Er findet in den ersteren das dauernde Wesen Christi zum Ausdruck gebracht, während die letzteren den Eintritt in die Geschichte bringen. Allein dabei bliebe unerklärt, warum das geschichtliche Leben gerade wieder in eine Zweiteilung gepreßt werden mußte, und vollends wäre dann unverständlich, weshalb vom geschichtlichen Leben Jesu nichts weiter als Geburt und Tod (samt Auferstehung) in das Bekenntnis aufgenommen wurde.

so wäre durch den Partizipialsatz zugleich der Begriff der Gottessohnschaft in einem bestimmten, scharf umschriebenen Sinn erläutert. Es wäre damit ausgesprochen, daß die Gottessohnschaft Christi auf der übernatürlichen Geburt beruht und mit ihr zusammenfällt. Hat eine derartige Anschauung im Urchristentum Geltung besessen? Es gibt nur eine einzige Stelle im ganzen Neuen Testament, wo sie unzweideutig zum Ausdruck gelangt. Aber gerade von ihr wissen wir, daß sie im zweiten Jahrhundert eine höchst wichtige Rolle gespielt hat. Die beiden Gegenfüßler, Theodotus der Schuster und Praxeas, haben sie jeder in seinem Sinn zu verwerten gesucht[1] — ein hinreichender Beweis dafür, daß sie als eine Grundstelle betrachtet wurde[2]. Es handelt sich um Luc. 1, 35. Der Vers lautet: καὶ ἀποκριθεὶς ὁ ἄγγελος εἶπεν αὐτῇ· πνεῦμα ἅγιον ἐπελεύσεται ἐπὶ σὲ καὶ δύναμις ὑψίστου ἐπισκιάσει σοι· διὸ καὶ τὸ γεννώμενον ἅγιον κληθήσεται υἱὸς θεοῦ. Man beachte dabei das διό; es bildet den Nerv der Aussage. Deshalb soll das aus Maria Geborene Sohn Gottes heißen, weil der Heilige Geist über Maria kam und die Kraft des Höchsten sie überschattete. Das ist dieselbe buchstäblich-äußerliche Auffassung der Gottessohnschaft, wie wir sie zur Erklärung unseres Bekenntnisses brauchen. Die Abhängigkeit von der Lukasstelle tritt auch in der Reihenfolge hervor, in der das Symbol die beiden bei der Geburt zusammenwirkenden Größen aufführt. Abweichend von dem sonst bei den kirchlichen Schriftstellern Üblichen[3] wird der Heilige Geist vorangestellt. Nicht daß eine Jungfrau das Gefäß war, sondern daß der Geist des Höchsten sie überschattete, soll als das Entscheidende für den Titel υἱὸς τοῦ θεοῦ betont werden.

Ähnlich löst sich das Zweite, die Gleichung zwischen dem Titel τὸν κύριον ἡμῶν und dem Satz τὸν ἐπὶ Ποντίου Πιλάτου σταυρωθέντα καὶ ταφέντα, τῇ τρίτῃ ἡμέρᾳ ἀναστάντα ἐκ νεκρῶν, ἀναβάντα εἰς τοὺς οὐρανούς, καθήμενον ἐν δεξιᾷ τοῦ πατρός, ὅθεν ἔρχεται κρῖναι ζῶντας καὶ νεκρούς. Auch hier entsteht zunächst eine Frage. Wieso kann die Stellung Christi als Herr durch einen Satz begründet werden, in dem nicht nur von seiner Erhöhung und Wiederkunft, sondern auch von seinem Kreuzestod die Rede ist? Der Tod ist doch kein Beweis der κυριότης. Das Auffallende, das darin liegt, kommt uns nur deshalb nicht scharf zum Bewußtsein, weil uns Luthers großartige Erklärung in Fleisch

[1] Theodotus der Schuster hat darauf Gewicht gelegt, daß es dort nur heißt: πνεῦμα κυρίου ἐπελεύσεται ἐπὶ σέ, nicht γενήσεται ἐν σοί (Epiphanius Panarion haer. 54, 3, 5; II 320, 12 f. Holl). Praxeas dagegen folgert aus ihr, daß demgemäß der Name Sohn Gottes dem aus Maria Geborenen, d. h. dem Fleisch Christi zukäme Tertullian adv. Prax. 28 caro itaque nata est, caro itaque erit filius dei.

[2] Einen weiteren Beleg dafür liefert Aristides apol. 2; S. 9 Hennecke οὗτος δὲ [ὁ] υἱὸς τοῦ θεοῦ τοῦ ὑψίστου ὁμολογεῖται ἐν πνεύματι ἁγίῳ ἀπ' οὐρανοῦ καταβάς.

[3] Vgl. Hrn. v. Harnack bei Hahn3 S. 376.

und Blut übergegangen ist. Aber gerade dieser Zug macht nur um so sicherer, daß unserem Verfasser wiederum eine bestimmte Bibelstelle vorschwebt. Schon Hr. Kattenbusch hat sich an Phil. 2, 6ff. erinnert gefühlt[1]; ohne freilich die Spitze, auf die es ankommt, deutlich genug zu kennzeichnen. Ich begnüge mich, die letzten Verse herzusetzen: ἐταπείνωσεν ἑαυτὸν γενόμενος ὑπήκοος μέχρι θανάτου, θανάτου δὲ σταυροῦ, διὸ καὶ ὁ θεὸς αὐτὸν ὑπερύψωσεν καὶ ἐχαρίσατο αὐτῷ τὸ ὄνομα τὸ ὑπὲρ πᾶν ὄνομα, ἵνα ἐν τῷ ὀνόματι Ἰησοῦ πᾶν γόνυ κάμψῃ ἐπουρανίων καὶ ἐπιγείων καὶ καταχθονίων καὶ πᾶσα γλῶσσα ἐξομολογήσεται, ὅτι κύριος Ἰησοῦς Χριστὸς εἰς δόξαν θεοῦ πατρός. Abermals steht hier in der Mitte des Textes ein ganz ähnliches διὸ wie in Luc. 1, 35, das den in unserem Symbol nicht ausgesprochenen Zwischengedanken ins Licht hebt. Der Titel κύριος — das ist »der Name über alle Namen«; Luthers Übersetzung mit »einen« Namen verwischt den Sinn — wird davon hergeleitet, daß Jesus zum Ausgleich für seine Erniedrigung am Kreuz von Gott übererhöht worden ist. Eben das will auch unser Verfasser ausdrücken. Er legt nur, was Paulus mit der einfachen Gegenüberstellung: Erniedrigung — Erhöhung veranschaulichte, in drei Paare: Kreuzestod[2], Aufsteigen, Innehaben der Würde, auseinander. Aber der Grundgedanke, daß die κυριότης Jesu am Kreuz verdient ist, stimmt beide Male überein. Vielleicht ist es auch aus der Philipperstelle (vgl. εἰς δόξαν θεοῦ πατρός) zu erklären, daß unser Verfasser nicht mit der geläufigen Formel καθήμενον ἐν δεξιᾷ τοῦ θεοῦ, sondern ἐν δεξιᾷ τοῦ πατρὸς sagt.

So ergibt sich ein Sinn des zweiten Artikels, der sich mit der sprachlichen Form aufs engste zusammenschließt. Man kann nicht umhin, die Kunst des Verfassers zu bewundern, der seinen Christusglauben in einem so übersichtlich-eindrucksvollen Aufbau auszusprechen vermocht hat.

Das Festgestellte birgt jedoch noch eine Anzahl von Folgerungen in sich, die ich wenigstens kurz andeuten möchte.

Sie betreffen zunächst den Stil unseres Bekenntnisses. Hr. Norden hat uns in seinem Agnostos Theos die Kunstmittel kennengelehrt, deren sich die feierliche Rede in Gebet und Bekenntnis von alters her bedient hat. Man sieht sie, wie er selbst gezeigt hat[3], auch in unserem Symbol verwendet. Aber gerade auf dem Hintergrund des von ihm Erarbeiteten hebt sich das Eigentümliche unseres Bekenntnisses nur um so schärfer ab. Hier herrscht nicht jener willkürliche Wechsel

[1] Apostolisches Symbol II 627.

[2] Daß das — wohl aus 1. Cor. 15, 4 entnommene — καὶ ταφέντα nicht nur keine Bedenken erregt, sondern unentbehrlich ist, hat Hr. Norden S. 270, A. 4 mit Recht betont.

[3] Agnostos Theos S. 263ff.

von substantivischen Prädikaten und übermäßig gehäuften Partizipialsätzen, den Hr. Norden an so zahlreichen Beispielen veranschaulicht hat. Im apostolischen Bekenntnis waltet ein strengerer Stil, für den es sonst wohl Vorstufen, aber kein wirkliches Seitenstück gibt. Die Form der beweisenden Rede ist hier mit der Gebetssprache verbunden. Die substantivischen Prädikate und die Partizipialsätze stehen in einem bestimmten inneren Verhältnis der Über- und Unterordnung; daraus ergibt sich auch ein sicheres Maß für die Zahl und Ausdehnung der einzelnen Glieder. Das Ganze ist darauf berechnet, nicht nur Stimmung hervorzurufen, sondern scharf umrissene Gedanken fest einzuprägen. In diesem Streben nach einer »inneren Form« besteht wohl der besondere Beitrag, den das Christentum zur Weiterentwicklung der Bekenntnisrede geliefert hat. Denn wie keine andere Religion ging das Christentum darauf aus, Klarheit und Sicherheit über ihren geistigen Besitz bei seinen Anhängern zu erwecken.

An diesem planvollen Aufbau scheitert auch Hrn. Kattenbuschs Versuch[1], der späteren Einteilung in 12 Artikel wenigstens ein gewisses Recht für unser Symbol zu retten. Sind die einzelnen Sätze gedanklich nicht gleichwertig, so bedeutet es eine Zerstörung des Sinnes, wenn man sie ohne Rücksicht darauf zu zählen unternimmt. Das war erst einer Zeit möglich, der das Verständnis für den inneren Zusammenhang des Ganzen völlig abhanden gekommen war.

Wichtiger ist jedoch etwas anderes. Man pflegt es dem apostolischen Bekenntnis als einen Vorzug nachzurühmen, daß es nur Heilstatsachen hervorhebe, ohne eine bestimmte Theologie damit zu verknüpfen. Unsere Zergliederung wird deutlich gemacht haben, daß das nicht zutrifft. Das apostolische Bekenntnis enthält Theologie, eine ausgesprochene Theologie, wenn anders man unter Theologie eine Lehre versteht, die nicht nur behauptet, sondern begründet und zu diesem Zweck Tatsachen in eine absichtsvolle Beleuchtung rückt.

Allerdings ist es eine Theologie, die einer ganz bestimmten Zeit angehört. Das Bekenntnis stützt die Gottessohnschaft Jesu ausschließlich auf die Jungfraugeburt. Damit steht es in der Mitte zwischen zwei dogmengeschichtlichen Stufen. Hinter ihm liegt schon die Anschauung, die in der Taufe das grundlegende Ereignis sah. Sie liegt so weit hinter ihm, daß unser Verfasser es nicht einmal mehr für nötig oder für angemessen hält, die Taufe auch nur wie Ignatius[2] neben der

[1] Das apost. Symbol II 472.

[2] ad Ephes. 18, 2 ὁ γὰρ θεὸς ἡμῶν Ἰησοῦς ὁ Χριστὸς ἐκυοφορήθη ὑπὸ Μαρίας κατ' οἰκονομίαν θεοῦ ἐκ σπέρματος μὲν Δαβίδ, πνεύματος δὲ ἁγίου, ὃς ἐγεννήθη καὶ ἐβαπτίσθη, ἵνα τῷ πάθει τὸ ὕδωρ καθαρίσῃ ad Smyrn. 1, 1 γεγεννημένον ἀληθῶς ἐκ παρθένου, βεβαπτισμένον ὑπὸ Ἰωάννου

Jungfraugeburt zu erwähnen. — Andrerseits weiß er noch nichts von der Logoschristologie, geschweige von einer ewigen Geburt aus dem Vater. Man darf nicht aus der Beifügung des τὸν μονογενῆ zu τὸν υἱὸν τοῦ θεοῦ[1] schließen, daß er dem johanneischen Kreise angehört oder die johanneische Lehre hätte mit anklingen lassen wollen. Denn selbst wenn er den Ausdruck ὁ μονογενὴς υἱὸς mittelbar oder unmittelbar aus dem Johannesevangelium entlehnte, so folgt daraus noch nicht, daß er ein Verhältnis zur johanneischen Christologie besaß. Man konnte im zweiten Jahrhundert das Johannesevangelium benutzen, ohne sich darum die Logoslehre anzueignen. Den schlagenden Beleg dafür liefert Theodotus der Schuster. Er hat aus dem Johannesevangelium eine seiner wichtigsten Beweisstellen geholt[2] und doch gleichzeitig die theologia Christi als eine Verderbnis des echten Glaubens aufs schärfste bekämpft. Für unsern Verfasser war die Logoslehre mindestens nicht da. Die Anlage unseres Artikels schließt sie geradewegs aus. Die aufgezeigte Beziehung zwischen dem Titel ὁ υἱὸς τοῦ θεοῦ und dem Satz τὸν γεννηθέντα ἐκ πνεύματος ἁγίου καὶ Μαρίας τῆς παρθένου verlöre ihren ganzen Sinn, wenn außer der Jungfraugeburt noch etwas anderes für die Begründung der Gottessohnschaft in Betracht kommen sollte. Auch der Gedanke eines Zuvordaseins Christi als Gottessohn ist mit dem Wortlaut unverträglich[3]. Denn danach ist der Gottessohn durch die Geburt, und das heißt in der Zeit, geworden.

Dieselbe Wahrnehmung macht man bei der zweiten Hälfte der Aussagen. Wenn das Bekenntnis mit Paulus die Verleihung des κύριος-

[1] Der Gedanke, den Kattenbusch S. 585ff. ernsthaft in Erwägung zieht, ob τὸν μονογενῆ nicht ursprünglich zu κύριον gehört hätte, erscheint mir unannehmbar. Wenn die Formel ὁ μονογενὴς υἱὸς bis gegen Ende des zweiten Jahrhunderts verhältnismäßig selten vorkommt, so gibt es, wie Kattenbusch selbst am besten weiß, für μονογενὴς κύριος überhaupt keinen Beleg.

[2] Es handelt sich um Joh. 8, 40 νῦν δέ με ζητεῖτε ἀποκτεῖναι, ἄνθρωπον ὃς τὴν ἀλήθειαν ὑμῖν λελάληκα vgl. Epiphanius haer. 54, 1, 9; II 318, 19f. Holl.

[3] Anders Kattenbusch, Apost. Symb. II 567. Noch entschiedener hat R. Seeberg (Lehrbuch der Dogmengeschichte I² 180) die gegenteilige Anschauung vertreten. Er beruft sich darauf, daß innerhalb unseres dreigliedrigen Bekenntnisses »der Sohn in keiner andern Existenzsphäre vorgestellt werden kann als der Geist und der Vater; der himmlische Herr ist aber auch der präexistente Sohn, die himmlische Existenz ist ohne die Präexistenz undenkbar«. Allein der berechtigten Forderung bezüglich der Existenzsphäre ist doch dadurch genügt, daß Christus jetzt der κύριος ist. Ob die »überweltliche Stellung« auch schon in υἱὸς τοῦ θεοῦ ὁ μονογενὴς liegt, das ist eben die Frage. (Daß jedenfalls μονογενὴς an sich nichts weiter heißt als »einzig«, wird mir Seeberg gewiß ohne weiteres zugeben.) Ich schließe (vgl. nachher im Text) gerade aus der Reihenfolge der Titel, daß erst der κύριος-Name im Sinn unseres Verfassers das Entscheidende bringt. Wenn Seeberg auf Hermas und den 2. Clemensbrief hinweist, wo ein Vorausdasein Christi als Geistwesen gelehrt wird, so ergibt sich daraus kein Recht, diese Anschauung auch in unser Bekenntnis einzutragen. Hier wird das πνεῦμα bloß in Betracht gezogen, sofern es als Gotteskraft bei der Geburt mitwirkt.

Namens als Entgelt für das Kreuzesleiden betrachtet, so ist die Erhöhung noch als eine wirkliche Steigerung der Würde gedacht, nicht als Wiedergewinnen einer Stellung, die Christus von Anfang besaß. Dem entspricht es, wenn unser Symbol mit malerischer Deutlichkeit die einzelnen Stufen unterscheidet, auf denen Christus empordringt: das Auferstehen, das Hinaufsteigen, das Sitzen zur Rechten Gottes, bis hinauf zum Höchsten, der Wiederkunft. Denn daß Christus dereinst als Weltrichter wiederkommen wird, ist die Krönung seiner κυριότης. Darin liegt zugleich, daß für unsern Verfasser der κύριος-Titel mehr besagt, als der Name υἱὸς τοῦ θεοῦ: zum υἱὸς τοῦ θεοῦ wurde er geboren, κύριος ist er erst geworden durch sein Leiden und seine Auferstehung[1]. — Dennoch steht unser Bekenntnis nicht mehr einfach bei Paulus. Es ist immer aufgefallen[2], daß die Erhöhung beidemal in Ausdrücken geschildert wird, die eine Tätigkeit bezeichnen: ἀναστάντα und ἀναβάντα, nicht ἐγερθέντα und ἀναλημφθέντα. Unser Verfasser scheidet sich damit von dem Sprachgebrauch, der noch in nachapostolischer Zeit, ja lange darüber hinaus herrschte, wo man zwischen Wendungen der einen und der anderen Art abwechselte. Für ihn ist es eine Verkleinerung der Würde Jesu, wenn man ihn sich bei der Erhöhung bloß empfangend denkt: selbsttätig, selbstmächtig muß der κύριος auftreten. Das ist andere Empfindung, als sie in Phil. 2, 6 ff. vorliegt.

Gerade diese scharfe Prägung war jedoch der Grund, warum die Zeit sehr rasch über den Inhalt unseres Bekenntnisses hinwegschritt. Die Logoschristologie hat die Anschauung in den beiden Punkten, die unser Bekenntnis ausspricht, durchgreifend gewandelt: sie begründet die Gottessohnschaft auf das vorzeitliche Verhältnis und schwächt zugleich die Bedeutung der Erhöhung ab. Vergegenwärtigt man sich nun, daß die Logoslehre mit Justin sich durchzusetzen beginnt, während unser Bekenntnis — wenigstens in der von uns behandelten römischen Fassung — an das Ende der nachapostolischen Zeit fällt, so möchte man fast sagen: unser Bekenntnis war bereits veraltet, als es kaum entworfen wurde.

Heutzutage, darf man ruhig sagen, gibt es keinen Theologen, auch keinen Gläubigen aus der Gemeinde mehr, der das apostolische Symbol in seinem wirklichen Sinn sich anzueignen vermöchte. Denn es gibt niemand in der Christenheit mehr, weder in der evangelischen noch auch in der katholischen Kirche, der so, wie es unser Bekenntnis

[1] Sachlich entspricht das der paulinischen Unterscheidung von υἱὸς τοῦ θεοῦ und υἱὸς τοῦ θεοῦ ἐν δυνάμει in Röm. 1, 3 f.

[2] Vgl. Kattenbusch, Apost. Symb. II 643, Norden S. 267

will, die Jungfraugeburt zum alleinigen Grundstein und Inhalt seines Glaubens an die Gottessohnschaft machte.

Ich kann nicht umhin, zur weiteren Stütze für diese Behauptung auf eine andere Stelle hinzuweisen, wo der Abstand der Zeiten vielleicht noch greller hervortritt. Im 3. Artikel verstehen sämtliche christliche Kirchen die Worte εἰς ἄφεσιν ἁμαρτιῶν heute so, daß darin der Glaube an eine immer aufs neue dem Menschen von Gott gewährte Vergebung bezeugt werde. Aber wenn irgend etwas geschichtlich sicher ist, so dies, daß ein vor 150 schreibender Verfasser an diesen Sinn niemals gedacht haben kann. Sonst wären die heißen Kämpfe um die zweite Buße, die das Jahrhundert zwischen 150 und 250 füllen, etwas völlig Unerklärliches. Die älteste Christenheit kennt nur eine Buße, d. h. nur eine Sündenvergebung[1], die in der Taufe. Daß auch die Worte unseres Bekenntnisses so gemeint sind, wird durch griechische wie lateinische Nebenformen ausdrücklich bestätigt, die alle die Sündenvergebung mit der Taufe in Beziehung setzen und dabei die Einmaligkeit unterstreichen.

Ich stelle aus Hahn, Bibliothek der Symbole^3, dafür zusammen:

Cyrill von Jerusalem cat. 18 εἰς ἓν βάπτισμα μετανοίας εἰς ἄφεσιν τῶν ἁμαρτιῶν.

Epiphanius Ancoratus c. 118 = Nicäno-konstantinopolitanisches Bekenntnis ἓν βάπτισμα εἰς ἄφεσιν τῶν ἁμαρτιῶν.

Epiphanius Ancoratus c. 119 εἰς ἓν βάπτισμα μετανοίας.

Ps. Athanasius ἑρμηνεία εἰς τὸ σύμβολον: εἰς ἓν βάπτισμα μετανοίας καὶ ἀφέσεως ἁμαρτιῶν.

Nestorianisches Bekenntnis ἓν βάπτισμα εἰς ἄφεσιν ἁμαρτιῶν.

Armenisches Bekenntnis εἰς ἓν βάπτισμα εἰς μετάνοιαν καὶ ἄφεσιν τῶν ἁμαρτιῶν.

Dazu aus der abendländischen Kirche:

Sacramentarium Gallicanum: per baptismum sanctum remissionem peccatorum.

Priscillian: baptismum salutare . . . remissionem peccatorum.

Diese Stellen geben die von den Vätern des Bekenntnisses selbst herrührende Auslegung unserer Stelle. Alle christlichen Kirchen, zu-

[1] Da der Ausdruck vielfach mißverstanden wird, hebe ich hervor, daß μετάνοια in diesem Zusammenhang immer die von Gott angenommene Buße, d. h. sachlich soviel wie Sündenvergebung bedeutet. Dieser Sinn des Worts ist schon in Hebr. 6, 6 πάλιν ἀνακαινίζειν εἰς μετάνοιαν und noch mehr in 12, 17 μετανοίας γὰρ τόπον οὐχ εὗρεν klar ersichtlich. An Reue hat es Esau nicht gefehlt, wenn er Tränen über sein Tun vergoß; wohl aber daran, daß Gott diese Reue gelten ließ. Deshalb darf man auch hinter 1. Clem. 7, 5 μετανοίας χάριν ἐπήνεγκεν nicht etwa den augustinischen Gedanken einer durch Gottes Gnade innerlich im Herzen gewirkten Buße vermuten: χάρις μετανοίας heißt vielmehr nur: die in der μετάνοια, d. h. der Sündenvergebung bestehende Gnade.

vörderst die katholische, haben also, wenn sie eine jederzeit dem Menschen offenstehende Sündenvergebung herauslesen, den ursprünglichen Sinn der Worte ins genaue Gegenteil verkehrt. Sachlich gewiß mit Recht. Wer von uns möchte das Bild missen, wie Luther sich damit tröstet, daß es einen Glaubensartikel gibt, der lautet: Vergebung der Sünden? Und wer möchte sich nicht an der Kraft erbauen, mit der Luther dieses ihm wichtigste Stück durch das ganze Bekenntnis »hindurchzog«? Aber um der geschichtlichen Wahrheit willen muß es doch dabei bleiben, daß die christlichen Kirchen bei dieser Deutung der eigentlichen Meinung des Bekenntnisses Gewalt angetan haben.

Das sogenannte apostolische Bekenntnis ist ein Denkmal, das eine ungewöhnliche Formkraft und eine ungewöhnliche Bestimmtheit der Überzeugung miteinander geschaffen haben. Aber keinem Menschen ist es vergönnt, etwas Zeitloses, etwas Ewiggültiges hervorzubringen. Er kann immer nur bekennen, was er und was seine Zeit glaubt. Und die Kirchen können nicht umhin, wenn anders sie leben wollen, ihre eigenen Glaubenszeugnisse im Lauf der Jahrhunderte umzudeuten. Halten sie starr am Inhalt oder vollends an dem einmal geprägten Wortlaut fest, so verurteilen sie sich damit selbst zum Tode.

Ausgegeben am 23. Januar.

1919.

II.

SITZUNGSBERICHTE

DER PREUSSISCHEN

AKADEMIE DER WISSENSCHAFTEN.

16. Januar. Sitzung der physikalisch-mathematischen Klasse.

Vorsitzender Sekretar: Hr. von Waldeyer-Hartz.

*Hr. Schottky sprach über **Grenzfälle von Klassenfunktionen, die zu ebenen Gebieten mit kreisförmigen Rändern gehören.**

Es wird hauptsächlich der Fall behandelt, wo drei vollständige Kreise die Begrenzung des Gebiets bilden. Zu der Figur gehört eine algebraische Gleichung $v^2 = R(u)$; $R(u)$ ist eine ganze Funktion fünften Grades, mit reellen Nullpunkten, deren erster Koeffizient 1 ist. Ferner eine Differentialgleichung:

$$4\,R(u)\frac{d^2y}{du^2} + 2\,R'(u)\frac{dy}{du} + G(u)\,y = 0\,.$$

$G(u)$ ist eine ganze Funktion dritten Grades, deren erster Koeffizient gleich 2 ist. Die drei übrigen Koeffizienten sind problematisch. Läßt man aber den einen Kreis sich auf einen Punkt reduzieren und damit zwei Wurzeln der Gleichung $R(u) = 0$ zusammenfallen, so daß $R(u)$ die Form bekommt: $(u-\lambda)^2 F(u)$, so wird $G(u)$ die Funktion: $(u-\lambda)\,F'(u) - F(u) - m^2\,(u-\lambda)^2$, wobei m das Gausssche Mittel zwischen $\sqrt{\beta-\alpha}$ und $\sqrt{\gamma-\alpha}$ bedeutet, falls man mit α die kleinste, mit β, γ die beiden andern Wurzeln der Gleichung $F(u) = 0$ bezeichnet.

Ausgegeben am 23. Januar.

1919.
III.

SITZUNGSBERICHTE

DER PREUSSISCHEN

AKADEMIE DER WISSENSCHAFTEN.

16. Januar. Sitzung der philosophisch-historischen Klasse.

Vorsitzender Sekretar: Hr. Roethe.

*1. Hr. Schäfer sprach über neue Karten zur Verteilung des deutschen und polnischen Volkstums an unserer Ostgrenze.

Betont wurde besonders, daß nicht allein die ziffernmäßige Berechnung entscheiden dürfe, sondern auch der Kulturstand und der geschichtliche Werdegang Berücksichtigung beanspruchen können.

2. Hr. K. Meyer legte Ausgabe und Übersetzung eines mittelirischen Lobgedichtes auf den Stamm der Ui Echach von Ulster vor. (Ersch. später.)

Der anonyme Dichter preist die Freigebigkeit ihres Königs Aed mac Domnaill, der von 993 bis 1004 herrschte, wodurch wir einen Anhalt für das Alter des Gedichtes erhalten.

3. Hr. W. Schulze legte eine Arbeit des Hrn. Prof. Dr. Urtel in Hamburg 'Zur baskischen Onomatopoesis' vor. (Ersch. später.)

Die Untersuchung ist erwachsen aus den Studien, die der Verfasser mit Unterstützung der Akademie an den kriegsgefangenen Basken angestellt hat, und sucht die Bedeutung der Wortdoppelung und der Klangfiguren, wie *firri-farra* u. ä., für die baskische Wortschöpfung ins Licht zu stellen.

4. Hr. von Wilamowitz-Moellendorff legte den I. Band seines Werkes: »Platon« (Berlin 1919) vor.

Ausgegeben am 23. Januar.

Berlin, gedruckt in der Reichsdruckerei

1919 IV

SITZUNGSBERICHTE

DER PREUSSISCHEN

AKADEMIE DER WISSENSCHAFTEN

BERLIN 1919

VERLAG DER AKADEMIE DER WISSENSCHAFTEN

IN KOMMISSION BEI GEORG REIMER

Aus § 6.
ckerei abzuliefernden Manuskripte
nicht bloß um glatten Text handelt.

1919.
IV.

SITZUNGSBERICHTE
DER PREUSSISCHEN
AKADEMIE DER WISSENSCHAFTEN.

23. Januar. Öffentliche Sitzung zur Feier des Jahrestages König Friedrichs II.

Vorsitzender Sekretar: Hr. Roethe.

Der Vorsitzende eröffnete die Sitzung mit folgender Ansprache:

Hochansehnliche Versammlung!

Mit schwerem Herzen und gesenkten Blickes begehn wir diesmal den Gedenktag, an dem wir satzungsgemäß seit mehr als einem Jahrhundert die Erinnerung an unsern zweiten Stifter, seit einem Menschenalter den Geburtstag unsers kaiserlichen Schirmherrn zu feiern gewohnt waren. Tiefschwarze Wolken umhüllen den Himmel Deutschlands und Preußens; von dem lichten Sternbild »Friedrichs Ehre« stiehlt sich kaum ein tröstender Schimmer durch das Dunkel. Und das edle Herrschergeschlecht, das durch 500 Jahre dieser Lande Aufstieg geleitet hat, waltet nicht mehr über uns und mit uns.

Als zu einer Zeit, die uns sonst Preußens tiefste Erniedrigung dünkte, die Akademie den Friedrichstag bei Anwesenheit der französischen Sieger beging, da rühmte Johannes von Müller, einer der vielen Schweizer, die von je eine Zier der Akademie bildeten, aber doch eben kein Preuße, in des alten Königs Lieblingssprache la gloire de Fréderic. Was er sagte, enthielt Würdiges und Schönes: Friedrich ist ihm fast mythologisch eine Verkörperung des Vollkommensten, was dies Volk hervorbringen könne. Aber der Gefeierte wurde. freilich in gewähltester Form, genötigt, vor dem neuen Mann, vor dem Besieger Preußens seine Schlußverbeugung zu machen. So ward diese kunstvolle französische Rede dem Redner zum Brandmal.

Wir sprechen heute einfacher und deutsch. Wir wissen und bezeugen, was diese preußische Akademie und in ihr die deutsche Wissenschaft den Hohenzollern und ihrem genialsten Sohne schuldet. Aus der großen Universaluniversität, die der Sieger von Fehrbellin träumte, ist nichts geworden: aber schon ihr Grundgedanke, daß sie eine Stätte völlig ungehemmter Gedankenfreiheit sein müsse, bedeutete eine Tat. Dem Stifter der Akademie, dem ersten Könige Preußens, war diese freilich zunächst ein köstlich schmückender Edelstein für den Kurhut und die junge Krone. Aber die erste gelehrte Körperschaft Deutschlands, die sich mit dem Anspruch auf Ebenbürtigkeit neben Paris und London zu stellen wagte, hat gerade durch ihren fürstlichen Begründer einen Anstoß zu nationalen, zu geistesgeschichtlichen Aufgaben erhalten, der, des höfischen Aufputzes alter Tage längst entkleidet, bis heute fortlebt. Über eine Zeit harter, fruchtbarer Alltagsarbeit, in der die unpraktische Wissenschaft nicht gedieh, hebt dann mit starkem Griff Friedrichs des Großen Genialität die ermüdete Akademie heraus. Geist und Leben von seinem Geist und Leben weiß er ihr einzuflößen, und die Aufklärungsphilosophie, die so mutig, oft vorlaut und keck, aber höchst anregend und bewegend nach den ersten und letzten Fragen des Daseins, metaphysisch und praktisch, zu fassen weiß, hat durch die Preisaufgaben der Akademie, bei denen der König mitwirkte, und durch die Lösungen, die sie fanden, die ganze Welt in Spannung erhalten. Uns scheint diese Art des Forschens mit ihren schwachfundierten Gedankenbauten, mit ihrer leichtherzigen Richtung auf praktische Moral, unbefriedigend, oft oberflächlich: damals war sie ein kräftiges Ferment, und mir will manchmal scheinen, als ob verwandte Neigungen sich heute von neuem melden: ob zum Heile der Wissenschaft, das steht zu bezweifeln.

Das aufklärerische Preußen verjüngt sich in dem Feuerbad von Jena und Leipzig. König Friedrich Wilhelm III. war der neue Geist deutscher Wissenschaft im Grunde fremd; und doch muß es ihm unvergessen bleiben, daß er Wilhelm von Humboldt in eine Stelle rückte, von der aus er die Berliner Universität, das neuhumanistische Gymnasium schaffen, die Akademie verjüngen konnte. Eine große Zeit productiver Geister setzt ein, an der sich des Königs geistvoller ältester Sohn in verständnisreicher Teilnahme erbaute, schon ehe er vom Throne aus helfend eingreifen konnte. Die schöpferische Fruchtbarkeit der Einzelnen steht bewußt und freudig hoch im Werte. Sie nimmt nun aber erstaunlich schnell eine Richtung auf die organisierte Arbeit hin. Daß hier eine Hauptaufgabe der Akademie liege, diese Erkenntnis ist von Berlin ausgegangen; daß sie in Taten umgesetzt werden konnte, hängt aufs engste zusammen mit dem schönen Interesse und Vertrauen, das alle ihre königlichen Schirmherren der Akademie bewahrten. Aus bescheidenen und doch sehr ertragreichen Anfängen hat sich mit der wachsenden wirtschaftlichen und politischen Kraft Preußens und des Reichs unsere wissenschaftliche Organisation immer stärker und voller entwickelt: gerade Kaiser Wilhelm II., ein reicher Geist von willigem

Verständnis für die moderne Wissenschaft, der ganz in den Werken des Friedens lebte, hat tatkräftig die Mittel zu finden gewußt, die für die immer weitere Ausdehnung unserer wissenschaftlichen Arbeit nötig wurden. Wir dürfen getrost aussprechen, daß zu Beginn des Krieges die deutsche Wissenschaft, voran unsere Akademie, in dem groß angelegten Aufbau weitgreifender Unternehmungen schlechthin die Weltführung gewonnen hatte, nicht zuletzt dank jenem 'allen preußischen Königen innewohnenden Gefühl für Wissenschaft', zu dem sich der ehrwürdige erste Hohenzollernkaiser bekannte.

Werden wir diese Führung behalten können? Schon sind viele Fäden zerrissen oder gefährdet, die sich ins Ausland, zumal über die Meere, spannen. Es wird nicht ausbleiben, daß die Aussaugung und Vereinzelung, mit der uns der Feinde Haß bedroht, daß die furchtbare wirtschaftliche Notlage des Reiches auch unsere Arbeiten in Mitleidenschaft ziehe. Und können die ungeheuren Erschütterungen, die unser armes Vaterland nach außen und innen durchzumachen hat, ohne schwere Schädigung der deutschen Wissenschaft vorübergehn, die doch auf ruhige gesammelte Arbeit angewiesen ist?

An sich beweisen gerade die Jahre von 1806 bis 1815, daß große staatliche Bewegungen von schöner geistiger Fruchtbarkeit begleitet sein können. Bleibt auch ruhige Entwicklung allezeit die Art des Fortschritts, die wir uns wünschen müssen, so sind doch weder Krieg noch Revolution ihrem Wesen nach der Wissenschaft feind: sie können neue, unerwartete Kräfte entbinden. Es kommt freilich auf die geistige Richtung der Zeiten an. Jene bewegten Tage zwischen Jena und Leipzig hegten in sich einen Auftrieb zum freien, selbständigen, schöpferischen Ich, eine Zuspitzung auf geistige Aristokratie, die sich der Entfaltung fruchtbarer Einzelpersönlichkeiten als besonders günstig erwies. Die organisierte wissenschaftliche Arbeit, die dann folgte, griff schon mehr ins Breite, holte weitere Kreise mitwirkend heran. Aber auch sie konnte und wollte nicht volkstümlich und gemeinverständlich werden, nicht bestimmten nahen Zwecken und Aufgaben dienen. Die schaffende Wissenschaft muß ihrem Wesen nach streng und spröde bleiben. Ihre Ergebnisse werden schnell oder langsam ins Weite wirken, vielleicht um so nachhaltiger, je langsamer es geschieht. Aber sie selbst will weder nützlich noch modern sein; der echte Forscher verfolgt den Weg zu der reinen Erkenntnis, die die notwendige Grundlage jeder angewandten Wissenschaft und Technik bildet, unbeirrt durch Rücksicht auf schnelle und praktische Ergebnisse, auf die Bedürfnisse des Tages und der weiten Schichten.

Wir erwarten, daß auch die neue Zeit Deutschlands die notwendigen Grundlagen ernster wissenschaftlicher Arbeit in Ehren halten und geduldig pflegen werde, wie es die Monarchie der Hohenzollern in verständnisvollem Pflichtgefühl stets getan hat. Daß der Geist freier und nationaler Wissenschaft wie ehedem berufen ist, am Aufbau der schwer betroffenen Heimat bedeutend mitzuschaffen, daran zweifeln wir nicht, und wir sind uns der ganzen verpflichtenden Größe dieser Aufgabe bewußt.

Aus den böswilligen Urteilen, zu denen die Kriegsverblendung unsre Feinde hinriß, klang uns öfters entgegen, die deutsche Wissenschaft verdanke, was sie geleistet habe, nicht ihrem Geist, sondern nur ihrem Fleiß. Wir wollen uns diese Anerkennung deutschen Fleißes gefallen lassen. Die Freude an der Arbeit, um der Sache selbst willen, ist wirklich eine große Eigenschaft der Deutschen, und wir wissen, wie hoch der griechische Dichter den Fleiß und Schweiß einschätzte. Zu den trübsten Zeichen der Stunde gehört es, daß weite Kreise unsers Volkes der alten Arbeitslust entfremdet scheinen: es ist die Voraussetzung jeder deutschen Zukunft, daß da schnelle Genesung sich einstelle. Für die wissenschaftliche Arbeit sorgen wir uns nicht: die lange geistige Entbehrung, die sittliche Stählung, die der Kriegsdienst unserm jungen Nachwuchs gebracht hat, läßt uns mit Zuversicht auf den begierigen Schaffensdrang der Heimkehrenden rechnen.

Die Akademie hätte, was sie organisierend geleistet hat, nie erreichen können ohne die freiwillige und warmherzige Mitwirkung jüngerer Männer, die, oft für den bescheidensten Lohn, nur aus Liebe zur Wissenschaft, sich in den Dienst unsrer Arbeiten stellten. Es scheint, daß uns gerade diese idealistische Forscher- und Arbeitslust das Ausland nicht nachmachen kann: wie oft haben wir die jungen Freunde drängen müssen, die realen Ansprüche des Lebens nicht allzusehr aus den Augen zu lassen. Mit einer Freude, die wenigstens ein paar hellere Strahlen in die trübe nächtliche Dämmerung unsers Schicksals fallen ließ, durften wir in diesen letzten Wochen und Monden die Rückkunft jugendfrischer Mitarbeiter begrüßen. Aber nur allzu oft mischte sich alsbald der bittere Schmerz des Gedenkens ein, der Erinnerung an die Getreuen, die ihre Liebe zum deutschen Geiste draußen vor dem Feinde mit dem Tode besiegelt haben.

Noch sind die Pforten des Janustempels nicht geschlossen. Aber wir hoffen doch, daß die teuern Menschenopfer, die auch die Akademie in diesem blutigen Ringen hat zahlen müssen, ihr Ende erreicht haben. So denken wir heute in Trauer und Treue unsrer Toten.

Drei verdienstvolle Mitarbeiter hat das Tierreich hingeben müssen. Prof. Dr. Max Lühe aus Königsberg i. Pr. (geb. 1870), ein vielseitig bewährter Zoologe, der die Bearbeitung der Acanthocephalen übernommen hatte und sonst namentlich die Parasitenkunde pflegte, war nach Russisch-Litauen gegangen, um bei der Bekämpfung des Flecktyphus mitzuwirken: die Krankheit, gegen die er hinauszog, raffte ihn am 3. Mai 1916 im Seuchenlazarett zu Lida dahin. Vor dem Feinde starben der Assistent am Zoologischen Museum zu Berlin Dr. Rudolf Stobbe aus Eschwege (geb. 1885) und der Assistent am Neurologischen Institut zu Frankfurt a. M. Dr. Walter Stendell aus Elbing (geb. 1889), jener durch Studien über abdominale Sinnesorgane der Lepidopteren, dieser durch eine Monographie über die Hypophysis Cerebri und durch Untersuchungen über die Schnauzenorgane der Mormyriden verdient: beide waren eifrige Mitarbeiter des akademischen 'Nomenclator animalium generum et subgenerum', für den Stobbe die Dipteren-Gruppe der Calyptera, Stendell die umfangreiche Klasse der Crustacea bearbeitete.

Das Corpus inscriptionum Graecarum hat schon November 1914 bei Ypern in dem jugendlichen Dr. Ludwig Meister (geb. 1889), dem Sohne eines Leipziger Philologen, von dessen 5 Söhnen drei im Kriege dahingerafft wurden, den künftigen Bearbeiter der altkyprischen Inschriften verloren, die er als ein Erbe seines Vaters übernommen hatte. — Das Corpus inscriptionum Latinarum büßte in dem Docenten an der Universität Frankfurt a. M. und Leiter der Römisch-Germanischen Commission Dr. Wilhelm Barthel (geb. 1880 in Elberfeld) einen sehr scharfsinnigen Forscher ein: er hatte sich namentlich durch nordafrikanische Studien als sicheren Kenner der cäsarischen und augusteischen Staatsverwaltung erwiesen und in der Limesforschung aufs beste erprobt. Für das Corpus hatte er die Herstellung eines Auctarium zu den Bänden IX und X übernommen und auch sonst bei der Bearbeitung rheinischer Inschriften vielfache Hilfe geleistet. — Dem griechischen Münzwerk hat Prof. Dr. Max L. Strack in Kiel (geb. 1867) als Mitarbeiter des zweiten (thrakischen) Bandes die wichtigsten Dienste geleistet: die wirtschafts-, handels- und rechtsgeschichtliche Richtung seiner Arbeiten, von denen die bekannteste 'Die Dynastie der Ptolemäer' behandelte, gab auch seiner Münzforschung einen eignen Charakter. Der Landsturmpflicht bei Kriegsausbruch schon entwachsen, zog er dennoch als Hauptmann freiwillig ins Feld und starb schon in dem opferreichen November 1914 an der Yser gemeinsam mit seinen Studenten den Heldentod. — Ein nächtlicher Patrouillengang an der Somme im August 1916 raubte dem Corpus medicorum den Herausgeber von Galens Commentar zur Hippokratischen Prognostik, Dr. Josef Heeg aus Hosbach (Unterfranken, geb. 1881), der auch durch seine Dissertation über die orphischen Ἔργα καὶ ἡμέραι und durch seine Mitwirkung an dem großen Astrologenkatalog von Cumont, Kroll und Boll sich wohlverdient gemacht hatte. — In der Champagne fiel noch im

Mai 1918 Dr. Reimann, der für die Acta Borussica die Geschichte der Wollindustrie bearbeitete.

Besonders hart betroffen wurde das Wörterbuch der ägyptischen Sprache. Es verlor Dr. Max Burchardt (vermißt seit 1914), der seit 1906 am Wörterbuch tätig war, die altkananäischen Fremdworte im Ägyptischen bearbeitete und das Unternehmen der Kaiser-Wilhelms-Institute zur Aufnahme der Bilder von Fremdvölkern auf den ägyptischen Denkmälern leitete; — dann Dr. Konrad Hoffmann (geb. 1890 in Potsdam, gefallen 1914 bei Dixmuiden), der die Eigennamen des Wörterbuchs ordnete und die Ausgabe des Kahunpapyrus im Auftrage der Orientalischen Commission übernommen hatte; aus seinem Nachlaß erschien noch eine Arbeit über die theophoren Eigennamen des älteren Ägyptens; — endlich cand. phil. Erich Steller (gefallen bei der Offensive 1918), ein Muster treuer Pflichterfüllung, der noch in den Pausen seines Heeresdienstes, zu denen ihn Verwundung und Krankheit nötigten, freiwillig eine sehr mühsame und undankbare Arbeit für das Wörterbuch erledigt hat. Alle drei waren ernste hoffnungsvolle junge Gelehrte, und die Ägyptologie empfindet ihren Verlust um so bitterer, als ihr Nachwuchs immer nur aus wenigen Personen besteht: die Zukunft des Wörterbuchs ruht heute auf vier Augen.

Eine lange Reihe von Totenkreuzen hat endlich die Deutsche Commission zu errichten, die auf eine besonders große Zahl jüngerer Helfer angewiesen war. Von den Mitarbeitern der Deutschen Texte des Mittelalters sind nicht weniger als drei von uns gegangen: im Westen fielen Dr. Paul Wüst (Düsseldorf), ein vielseitig bewährter junger Gelehrter, der die merkwürdige Wiesbadener Reimprosa der 'Lilie' auffand und veröffentlichte; Dr. Otto Matthaei (Berlin), der Konrads von Megenberg 'Deutsche Sphaera' herausgab; die Ostkämpfe raubten uns Dr. Kurt Matthaei (Hildesheim), der die mittelhochdeutschen Minnereden der Heidelberger Bibliothek besorgt hatte. Dem Deutschen Wörterbuch wurde der Assistent bei der Centralsammelstelle Dr. Frank Fischer schon zu Anfang des Krieges in Flandern, der Bearbeiter der Composita mit *ver-* bei diesem Wörterbuch, Dr. Max Leopold, 1915 in Polen entrissen. Die Privatdocenten Dr. Ernst Stadler in Straßburg und Dr. Ludwig Pfannmüller in Bonn, beide sehr verheißungsvolle junge Gelehrte, hatten sich um die Wieland-Ausgabe verdient gemacht. Und die Zahl wird mehr als verdoppelt durch die getreuen und eifrigen Helfer, die der Tod den Arbeiten für die Inventarisation der Handschriften des deutschen Mittelalters entzog: Dr. Gottfried Bölsing, Dr. Walther Dolch, Reinhold Gensel, Max Gleitsmann, Albert Kruse, Dr. Hans Legband, Alfred Morsbach, Dr. Gerhard Reissmann, Dr. Hermann Sommermeier. Eine nicht zu verschmerzende

Verlustliste jugendlicher Kraft und Hoffnung, doppelt fühlbar unter dem betäubenden Druck einer Niederlage, die all die sieghafte Tapferkeit von vier langen opferreichen Jahren nicht abwenden konnte.

Sind sie umsonst dahingegangen, die wir vermissen, die sich zumeist freiwillig den Feinden entgegenwarfen? Die bange Frage drängt sich wieder und wieder auf die Lippen. Goethe zürnte beinahe den Docenten und Studenten, die 1813 aus den Hörsälen unter die Fahnen eilten und die Wissenschaft im Stiche ließen. Wir zweifeln nicht, daß unsere Tapferen durch den freudigen Tod fürs Vaterland auch dem deutschen Geiste den rechten Dienst geleistet haben. Wir trennen die Wissenschaft nicht kühl vom Schicksal des ganzen Volkes. Nicht der unheilvolle Friede, nein, der heldenhafte Widerstand jener vier Jahre verbürgt uns trotz allen Gefahren, die immer furchtbarer gegen uns heranschwellen, die Zukunft deutschen Geistes und deutscher Wissenschaft.

Hierauf berichtete Hr. Erman über das akademische Unternehmen des

Wörterbuchs der ägyptischen Sprache.

Am 14. September 1922 wird ein Jahrhundert über den Tag hingegangen sein, an dem es Champollion gelang, die Hieroglyphen zu entziffern. Groß war das Aufsehen, das die Kunde von dieser Entdeckung hervorrief, und doch ahnte damals niemand, was sie der Welt brachte. Mit ihr hat die Erschließung des alten Orients begonnen, eine der größten wissenschaftlichen Taten der Menschheit, ein Fortschritt, der unsern Gesichtskreis um Jahrtausende erweitert hat und der uns in eine ferne Welt blicken läßt, von deren Größe und Bedeutung wir vordem nichts ahnten.

Und es ist keine Welt, die uns fremd bleiben dürfte; es ist unsere eigene, es ist die, aus der unsere gesamte europäische Kultur erwachsen ist. Denn unsere Vorfahren im wahren Sinne des Wortes sind ja nicht jene verschollenen Barbaren, die in irgendeinem Winkel der Welt zuerst die indogermanische Ursprache gesprochen haben; die haben uns nichts hinterlassen als den Rohstoff, aus dem wir unsere Sprachen gebildet haben. Unsere wahren Vorfahren sind jene Völker, bei denen zuerst die höhere Kultur erblüht ist, die Völker am Nil und am Euphrat, in Palästina und in Griechenland; ihnen verdanken wir alles, was den Menschen zum Menschen macht, die Kunst und die Technik, die Schrift und die Literatur, die Wissenschaft und die Religion, all unser geistiges Leben hat bei ihnen seinen Anfang genommen. Wir gehen also dem Ursprunge unseres eigenen Besitzes nach, wenn wir die Inschriften und Papyrus des alten Ägypten zu verstehen suchen auf jenem Wege, den uns Champollion vor einem Jahrhundert erschlossen hat.

Es ist nun mit der Entzifferung der Hieroglyphen so gegangen, wie es so oft bei den großen Fortschritten der Wissenschaft geht: zuerst ein staunenswerter Erfolg und dann ein endloses mühsames Ringen, das nur langsam vorwärts führt. Es kommt eben in jeder Wissenschaft die Zeit, wo mit glücklichen Gedanken und geistvollen Schlüssen Sicheres nicht mehr zu erreichen ist und wo der labor improbus einsetzen muß, die »schändliche Arbeit«. Die ist für die »Kärrner«, die sie verrichten müssen, keine dankbare Aufgabe, aber wem es ernst ist mit der Wissenschaft, der muß sie auf sich nehmen, wenn er nicht feige sein will, denn nach Mommsens schönem Worte ist ja »der Fleiß die Tapferkeit des Gelehrten«.

Für unsere Wissenschaft war dieser Zeitpunkt der Umkehr gekommen, als wir vor vierzig Jahren uns sagen mußten, daß es ohne eine Vertiefung unserer sprachlichen Kenntnisse nicht mehr weitergehe, daß wir von dem ungezügelten Raten loskommen mußten zum wirklichen Verständnis der ägyptischen Sprache. Das haben wir zunächst für die Grammatik erstrebt, und so lückenhaft unsere Kenntnisse darin auch bleiben werden, wie das bei der vokallosen Schrift nicht anders sein kann, so können wir doch mit dem Erreichten zufrieden sein. Aber nur um so schwerer machte es sich fühlbar, daß wir den Wortschatz der Sprache nur ganz unvollkommen kannten, daß wir kaum einen Satz übertragen konnten, ohne dabei zu raten und wieder zu raten. Hier Hilfe zu schaffen, war eine dringende Aufgabe, aber wahrlich keine leichte, denn wir stehen ja beim Ägyptischen einer Sprache gegenüber, die mehr als drei Jahrtausende hindurch geblüht hat, die von einem gebildeten Volk zu den verschiedensten Zwecken benutzt worden ist, und die daher einen Wortschatz besitzt von gewaltiger Breite. Es war das eine Aufgabe, die weit über die Kräfte eines einzelnen hinausging, und die nur gemeinsame Arbeit lösen konnte.

Als ich im Jahre 1895 an dieser Stelle meine Antrittsrede hielt, wies ich auf die Notwendigkeit dieser Arbeit hin, und zwei Jahre später ergab sich auch die Möglichkeit, sie auszuführen. Und hier ist es mir eine Freude, vor anderen des Mannes zu gedenken, der wie so vielen wissenschaftlichen Unternehmungen auch dem unseren die Wege gebahnt hat, Seiner Exzellenz dem Staatsminister Dr. Schmidt. Er war es, der uns aus dem kaiserlichen Dispositionsfonds beim Reich die nötigen Geldmittel verschaffte, und der uns auch sonst, und noch vor wenigen Monaten, seinen Rat und seinen Beistand nicht versagt hat.

Das Unternehmen wurde als ein solches der vier deutschen Akademien ins Werk gesetzt und ihm eine Kommission beigeordnet, in der Hr. Pietschmann Göttingen, Hr. Steindorff Leipzig und Hr. Ebers München vertrat; die beiden ersteren Herren freuen wir uns noch heute in dieser Kommission zu sehen[1].

Ein Aufruf an die Fachgenossen des In- und Auslandes führte uns Mitarbeiter zu, von denen so manche unserm Werke treu geblieben sind, auch über die Zeit der ersten Begeisterung hinweg. Und dann begann die Arbeit ihren stillen Gang, wie sie ihn noch heute im zweiundzwanzigsten Jahre geht, von Stufe zu Stufe und auch von Schwierigkeit zu Schwierigkeit.

Das erste Hindernis, das sich unserer Arbeit entgegenstellte, war die Fehlerhaftigkeit der veröffentlichten Inschriften. Bei einer Schrift, die auch in ihrer einfachsten Gestalt aus mehr als einem halben Tausend von Zeichen besteht, die oft einander ähnlich sind, sind Irrtümer beim Kopieren schlecht sichtbarer Inschriften nur zu leicht möglich, und sie werden vollends unvermeidlich, wenn man etwas abschreiben muß, was man nur unvollkommen versteht. So wimmelten denn viele der Veröffentlichungen derart von Fehlern, daß sie für unsere Zwecke unbrauchbar waren. Und wie vieles überdies, was uns wichtig sein mußte, war niemals abgeschrieben worden, weil es inhaltlich wenig zu bieten schien. So mußten wir denn fast die gesamten Inschriften und Papyrus aufs neue abschreiben oder vergleichen, in den Museen sowohl als in Ägypten selbst. Das war eine gewaltige Aufgabe, und wir würden sie nie bewältigt haben ohne die Ausdauer und die Opferwilligkeit all der Freunde, die Jahr für Jahr hinaus gezogen sind und mit den geringsten Mitteln, aus Liebe zur Sache das Größte geleistet haben. Ich kann hier nicht alle nennen, die an dieser Arbeit teilgenommen haben[2], aber was Hr. Breasted für die Inschriften der europäischen Museen geleistet hat, Hr. Gardiner für die Papyrus, Hr. Sethe für die Gräber und Ruinen Thebens und Hr. Junker für die unerschöpflichen Tempel der griechischen Epoche,

---

[1] Die Münchener Akademie wurde nach Hrn. Ebers' frühem Tode durch Hrn. Kuhn und dann durch Hrn. von Bissing vertreten. Im letzten Jahre wurde die Kommission noch durch die Zuwahl der HH. Junker, Sethe, Schaefer und Spiegelberg erweitert.

[2] Außer den obengenannten Herren waren so für uns tätig: in Ägypten die HH. Abel, Borchardt, Erman, Roeder, Rusch, Schäfer und Steindorff; in den Museen die HH. Erman, Lange, Steindorff, Wreszinski und die Damen Frl. Porter und Frl. Ransom. — Durch Mitteilung von Abschriften und Abklatschen unterstützten uns ferner die HH. Graf Arco, von dem Bussche, Carter, Dyroff, Lefébure, Mahler, Naville, Newberry, Reinhardt, Seymour de Ricci, Sgulmero, Spiegelberg und Miß Macdonald; bei den besonders wertvollen Gaben des Hrn. Naville befand sich auch das Werk eines unserer Vorgänger, die lexikalische Sammlung, die sich Lepsius angelegt hatte, und die wir als merkwürdiges Dokument zur Geschichte der Ägyptologie pietätvoll aufbewahren.

das darf ich auch hier nicht verschweigen. Auch des Beistandes wollen wir dankbar gedenken, den wir bei dieser Arbeit im Inlande und Auslande gefunden haben, vom Jahre 1898 an, wo ein Geschenk des Hrn. Wilh. Heintze und der Eifer des Hrn. Borchardt es uns ermöglichten, Abklatsche der gesamten Pyramidentexte zu gewinnen bis zu den Jahren, wo uns Hr. Golenischeff seine sämtlichen Papyrus mitteilte und Hr. Breasted die ganze Ausbeute seiner nubischen Expedition, und bis zu dem Tage, wo wir dank einer Bewilligung unserer Regierung die Inschriften des Philaetempels gewinnen konnten, ehe er in dem Staubecken der englischen Wasserbauer ersäuft wurde. Auch bei der Verwaltung der ägyptischen Altertümer und bei den Vorständen der verschiedenen Museen fanden unsere Herren fast ausnahmslos das liebenswürdigste Entgegenkommen, vor allem auch in den großen Sammlungen von Leiden, Paris und Turin.

Was wir so an Texten gewonnen hatten, mußte dann bearbeitet und übersetzt werden, und das war die zweite große Aufgabe, die wir zu bewältigen hatten, und wahrlich keine leichte. Denn wir durften nicht, wie das sonst üblich war, die unverständlichen Stellen auf sich beruhen lassen; wir mußten Farbe bekennen und suchen auch dem Dunkelsten den Sinn abzugewinnen. Und dieser Zwang ist uns zum Segen geworden, und wir haben Fortschritte im Verständnis der ägyptischen Texte gemacht, die wirklich groß sind, so groß, daß uns selbst die Übersetzungen, die wir im Beginne unserer Arbeit gemacht haben, vielfach schon als veraltet erscheinen. Ich kann auch hier wieder nicht alle Herren nennen, die hierbei mitgewirkt haben[1], aber einige muß ich doch hervorheben, deren Leistungen wirklich bahnbrechend gewesen sind; sie sind inzwischen zum Teil auch in besonderen Werken veröffentlicht. Hrn. Sethe verdanken wir es, daß wir die Pyramiden-

---

[1] Neben den obengenannten haben u. a. größere Texte und Textklassen selbstständig bearbeitet die HH.

Abel (Pfortenbuch),

Burchardt (Abusimbel; Faijumpapyrus; Pap. Salt 825),

Erman (Inschriften des aR; Literarische Texte des mR und nR; Pap. Harris I; Amduat; Tell Amarna u. a.),

Grapow (Religiöse Texte des mR u. a.),

Lange (Papyrus Ebers u. a. medizinische Texte; Pap. Prisse; Festgesänge von Isis und Nephthys; Stelen des mR),

Möller (Totenbuch; Rhindpapyrus u. ä.; Pap. magique Harris; Berliner Hymnen; Abydos),

Roeder (Totenbuch; Gräber des aR und mR; Rituale; el Arisch, Kom Ombo u. a.),

Rusch (Abusimbel; Apophisbuch u. ä.; Tempel von Assuan),

Schäfer (Äthiopische Inschriften u. a.),

Graf Schack-Schackenburg (Mathematische Texte; Sonnenlitanei u. a.),

Vogelsang (Literatur des mR u. a.),

Wreszinski (medizinische Papyrus; Wiener Museum u. a.).

texte, die Grundlage der alten Sprache, und ebenso die großen und wichtigen Inschriften der achtzehnten Dynastie jetzt in Ausgaben benutzen können, wie sie die ägyptische Philologie bisher nicht gekannt hatte. Schon aus ihnen ersieht man, wie ganz anders es jetzt um das Verständnis dieser Texte steht als vordem. Hrn. Gardiner verdanken wir die größten Fortschritte auf dem ganzen Gebiet der schönen Literatur — seine Bearbeitungen der »Admonitions«, der Petersburger Papyrus und des Papyrus Anastasi I. geben einen Begriff davon — und nicht minder bedeutend ist, was er für das Verständnis der neuägyptischen geschäftlichen Papyrus geleistet hat. Hrn. Junkers Arbeiten aber haben ein großes Sondergebiet neu erschlossen, nachdem es lange vernachlässigt gelegen hatte, das Gebiet der Inschriften der griechisch-römischen Zeit. Daß diese Texte, in denen die Priester der spätesten Zeit ihre sprachliche Gelehrsamkeit zeigen, für uns ihre Schrecken verloren haben und daß ihr überreicher Wortschatz dem Wörterbuch zufließt, wo er den der alten Zeit erhellt, ist ein großer Gewinn, und unsere Akademie kann sich freuen, daß sie diesen Fortschritt der Ägyptologie durch besondere Bewilligungen ermöglicht hat.

Was so bearbeitet und übersetzt wurde, ist dann in Zettel aufgelöst dem Wörterbuche zugeführt worden, und zwar nach dem Verfahren, das sich bei dem Thesaurus linguae Latinae bewährt hatte. Der Text wird in einzelne »Stellen« getrennt (bei uns bestehen sie meist aus 25 Worten), die autographisch vervielfältigt werden und dann als Belege für die einzelnen darin vorkommenden Worte dienen. Diese verantwortungsvolle Arbeit des »Verzettelns«, die zumeist von den betreffenden Bearbeitern selbst ausgeführt wurde[1], hat im ganzen bisher 62000 Stellen ergeben. Bis jetzt sind von den so gewonnenen einzelnen Zetteln 1375000 alphabetisch geordnet worden, eine Arbeit, die vom Beginn des Unternehmens an von Frl. Morgenstern mit großer Treue besorgt worden ist.

Die Bearbeitung und Verzettelung ist heute im wesentlichen abgeschlossen[2], wenn auch noch immer sehr viel in den Tempeln und

---

[1] Sie verteilt sich auf 31 Mitarbeiter, in allerdings sehr verschiedenen Mengen. Weitaus die meisten Stellen haben die HH. Junker (13470) und Roeder (11718) autographiert; zwischen 3000 und 6000 schrieben die HH. Gardiner, Möller, Sethe und Wreszinski, zwischen 1000 und 3000 die HH. Boylan, Erman, Gauthier, Lange und Ranke, zwischen 500 und 1000 die HH. Abel, Burchardt, Grapow, Madsen, Rusch, Walker und Frau von Halle; kleinere Beiträge lieferten die HH. von Bissing, Bollacher, Borchardt, Breasted, Dévaud, Hoffmann, Graf Schack, Schäfer, Sjöberg, Steindorff, Steller, Vogelsang und Frl. Ransom. Hierbei ist nicht zwischen selbstständiger Arbeit und solcher, die auf Vorarbeiten anderer Herren beruhte, geschieden.

[2] In der Hauptsache arbeiten wir nur noch an den Inschriften der griechischen Epoche und an den religiösen Texten des mR, und auch diese Textklassen gehen ihrem Abschluß entgegen.

Gräbern über und unter der Erde steckt, was wir nicht benutzt haben. Aber es liegt uns ja auch fern, nach absoluter Vollständigkeit zu streben, und eine relative haben wir schon erreicht. Denn im ganzen zeigt sich jetzt, daß die Texte gewöhnlichen Schlages nicht viel Neues mehr hinzubringen; sie bringen meist nur weitere Belege für schon Belegtes und vermehren damit den Ballast, der die Verarbeitung des gesammelten Stoffes aufhält.

An dieser Verarbeitung, die das eigentliche Wörterbuch schaffen soll, sind Hr. Grapow und ich seit nunmehr neun Jahren tätig und wir haben nach verschiedenen Versuchen eine Arbeitsweise ausgebildet, die der eigentümlichen Lage Rechnung trägt, in der wir arbeiten müssen. Wir lernen ja mit jedem neuen Worte, das wir bearbeiten ein Weniges hinzu und können wirklich sagen, was in Padua an der Uhr der Universität zu lesen steht: crescit in horas doctrina »jede Stunde vermehrt sich die Wissenschaft«. Zwar sind es nur ganz kleine, unwesentliche Erkenntnisse, die richtigere Auffassung eines Satzes, die Verbesserung einer Lesung u. ä., aber schließlich ergeben diese kleinsten Fortschritte in ihrer Summe dann doch auch wesentliche Änderungen, und ein Wort, dessen Bedeutung so genauer bestimmt wird, erklärt oft genug auch andere. So bleibt die ganze Arbeit bis hin zu dem letzten Worte im Fluß, und wir müssen wieder und immer wieder das Ausgearbeitete ändern und müssen uns für jedes Wort die endgültige Auffassung vorbehalten. Insofern ist das Manuskript, an dem wir arbeiten, nur ein provisorisches, und daher mußten wir eine Arbeitsweise suchen, die möglichst elastisch war. Wir haben sie in folgendem Verfahren gefunden: die Zettel der einzelnen Worte werden durchgearbeitet und in Rubriken geordnet, die ihrer verschiedenen Gebrauchsweisen entsprechen; so zerfällt z. B. das Verbum  »beherrschen, in Besitz nehmen« in 16 Hauptabteilungen, die sich wieder in 35 Unterabteilungen sondern. Vor jede dieser Rubriken wird dann ein Zwischenzettel gesetzt, der kurz das für sie gewonnene Resultat angibt, und diejenigen Zettel, die die besten Belege geben, werden besonders bezeichnet. Die Aufschriften der Zwischenzettel werden als »provisorisches Manuskript« zusammengeschrieben; wird dieses künftig entsprechend redigiert und werden ihm die vorgemerkten Beispiele eingefügt, so ergibt es die definitive Gestalt des Werkes.

Ein Bedenken quälte uns freilich bei dieser Arbeit: wurde das, was wir so schufen, nicht allzu umfangreich und allzu kostspielig? denn was wir haben wollen und müssen, ist ja doch ein benutzbares Buch und keines jener Riesenwerke, deren Herstellung ungeheure Summen verschlingt und deren Anschaffung nur einigen wenigen

Bibliotheken möglich ist. Daß diese Gefahr bestand, zeigte uns eine Probe, die wir 1912 veranstalteten und bei der wir, wie es ja am nächsten lag, die Beispiele in den Text einfügten und das Ganze im Typendruck gaben. Nach allerlei Überlegungen sind wir dann zu einem Verfahren gekommen, dessen Grundgedanke uns von Hrn. Steindorff angegeben wurde und das sich bei einer Probe, die wir 1916 damit anstellten, in jeder Hinsicht bewährt hat. Wir scheiden das Werk in zwei Hälften, deren eine den Text und deren andere die Belegstellen enthält, jene wird in Typendruck hergestellt, diese in der billigen Autographie. Die Belege werden beziffert und im Texte nur mit ihrer Ziffer angeführt; so wird der Text nicht durch Einmischung hieroglyphischer Sätze unterbrochen und bleibt übersichtlich, und, was die Hauptsache ist, Umfang und Kosten bleiben in vernünftigen Grenzen.

Wir sind mit der Bearbeitung jetzt bis an das Ende des ◍ *ḫ* gekommen und haben trotz des Krieges, der Hrn. Grapow lange Zeit ganz von der Arbeit fernhielt, nicht viel weniger als zwei Drittel erledigt[1]. Eine leichte Arbeit war es freilich nicht, und wir haben oft an den Satz gedacht: quem dii oderunt, lexicographum fecerunt »wen die Götter hassen, den lassen sie ein Wörterbuch machen.« Denn zu allen Schwierigkeiten, die die lexikalische Arbeit bei jeder Sprache bietet, tritt beim Ägyptischen noch eine besondere hinzu. Die unselige Schrift, die die Vokale gar nicht angibt und gern auch Konsonanten ungeschrieben läßt, macht es schwer und nur zu oft unmöglich, die einzelnen Worte und ihre Formen sicher zu unterscheiden. Wenn ich beispielsweise das Wort *ršwt* »die Freude« habe und daneben auf ein ungefähr gleichbedeutendes *ršw* und auf ein ebensolches *rš* treffe, sind dies dann drei verschiedene Worte? oder gibt es nur ein *ršwt* und ein *ršw* und ist das *rš* nur eine ungenaue Schreibung, sei es für das letztere oder sei es für beide? Und ist weiter das *ršwt* identisch mit dem Infinitiv »sich freuen«? Beide sehen in den geschriebenen Konsonanten gleich aus, können aber natürlich ganz verschieden gelautet haben. Solche Fragen treten bei jedem Wortstamme auf, und sie wollen vorsichtig behandelt werden, denn wenn z. B. das Alte Reich mit zwei verschiedenen Schreibungen zwei verschiedene Worte meint, so können doch anderthalb Jahrtausende später diese selben überlieferten Schreibungen zusammengemengt und zur Wiedergabe irgendeines dritten jüngeren Wortes benutzt werden, ganz zu ge-

---

[1] Bis zum Beginn des Krieges hatten wir 370 Kasten ausgearbeitet, während desselben bisher 267; was noch auszuarbeiten ist, wird etwa — es läßt sich das nicht genau abschätzen — etwas über 300 Kasten betragen.

schweigen von der wilden Art, wie die Schreiber der griechisch-römischen Epoche mit der Orthographie schalten. Eines haben wir daher bei dieser Arbeit gelernt, das ist die Vorsicht; jedes Konstruieren wäre hier vom Übel, wir müssen uns begnügen, den Befund reinlich festzustellen, und unsere beste Kunst muß die ars nesciendi sein. Liegen die Tatsachen dann einmal geordnet und zusammengestellt vor, so mögen unsere Nachfolger ihren Geist an deren Erklärung zeigen; unserer Arbeit, die eine dauernde sein soll, dürfen die wechselnden Vermutungen nicht zugrunde gelegt werden.

Mit der Ausarbeitung des Wörterbuches werden dessen Sammlungen noch nicht erledigt sein; sie werden auch in Zukunft weiterbenutzt werden müssen, schon weil wir ja nur wenige der Belegstellen abdrucken können. Und weiter ist es ja nur das rein Lexikalische, was wir unsern Sammlungen entnehmen und all das, was sie daneben für andere Seiten der Wissenschaft enthalten, bleibt noch auszunutzen. Aus diesem Grunde hat die Kommission der Akademien im letzten Jahre beschlossen, die gesamten Sammlungen an Zetteln und Abschriften und Bearbeitungen der Berliner Akademie zu übergeben, die sie im Ägyptischen Museum aufbewahren lassen wird. Wir hoffen, daß sie künftig einem Beamten unterstellt werden, der sie nach der Drucklegung des Wörterbuches weitervermehren, ausnutzen und anderen zugänglich machen wird. Denn wir können annehmen, daß diese unsere Sammlungen künftig wieder das sein werden, was sie vor dem Kriege gewesen sind: die Schatzkammer der Ägyptologie, bei der sich jeder Rat erholt, den seine Studien zu dem alten Ägypten führen.

Sei es mir gestattet, zum Schluß noch eines hervorzuheben, was uns auch zur Genugtuung gereicht. Wir sind jetzt seit mehr als 21 Jahren an der Arbeit, und es sind bisher 39 Personen an ihr tätig gewesen, und was sie geleistet haben, ist wahrlich nicht wenig. Und doch haben die Kosten, die unser Werk verursacht hat, einschließlich aller Reisen und des Druckes der Zettel und aller Anschaffungen, alles in allem bisher nur 135000 Mark betragen, eine Summe, die neben dem, was für andere wissenschaftliche Unternehmungen hat aufgewendet werden müssen, nur als gering bezeichnet werden kann[1]. Was wir erreicht haben, ist erreicht durch die uneigennützige Arbeit aller; keiner von denen, die die wissenschaftliche Arbeit geleistet haben, hat es um äußerer Vorteile willen getan und so mancher hat unserer Sache die größten Opfer an Zeit und Geld gebracht.

[1] Zu den 120000 Mark, die der Kaiserliche Dispositionfonds beim Reich seinerzeit gegeben hat, und die noch nicht ganz verbraucht sind, hat die Berliner Akademie noch mehr als 30000 Mark gegeben.

Und keiner von denen, die diese Opfer gebracht haben, hat engherzig danach gefragt, in welchem Lande die Kasten mit den Wörterbuchzetteln stehen und in welcher Sprache die Ausarbeitung erfolgt: es ist ein deutsches Unternehmen, aber eines das zusammen mit allen und zum Nutzen für alle ausgeführt wird, die an der Erforschung des alten Ägyptens tätig sind. Unter den einunddreißig Herren, die im Laufe der Jahre an der Bearbeitung und der Verzettelung und an dem Aufnehmen der Texte gearbeitet haben, waren zehn Nichtdeutsche: zwei Amerikaner, zwei Engländer, ein Ire, ein Franzose, zwei Dänen, ein Schwede und ein Schweizer und es ist wahrlich nicht der geringste Teil der Arbeit, den sie geleistet haben[1].

Und in diesem Geiste der Vernunft wollen wir unser Werk auch zu Ende führen, allen Gewalten zum Trotz, die heute die Welt bedrängen. Denn das geistige Leben der Menschheit steht über den Völkern und ihrem vergänglichen Treiben und weder die Raserei der Kriege noch der Wahnsinn der inneren Kämpfe reichen zu ihm herauf. Sie mögen es vorübergehend schädigen, aber immer wird es sich wiederherstellen. Denn das Reich des Geistes ist nicht von dieser Welt.

Alsdann erstattete Hr. von Waldeyer-Hartz seinen Bericht über die

Anthropoidenstation auf Teneriffa.

Obwohl noch in der Friedrichs-Sitzung des Jahres 1917 ein eingehender Bericht über die Anthropoiden-Station auf Teneriffa erstattet worden ist, geben die dort inzwischen eingetretenen Ereignisse Veranlassung, schon jetzt wieder eine ausführlichere Mitteilung zu machen.

Im August des vergangenen Jahres meldete der Leiter der Station, Hr. Dr. Wolfgang Köhler, telegraphisch, daß das Grundstück der Station an eine englische Firma verkauft worden sei und daß man vor Ablauf des noch vollgültig bestehenden Mietskontraktes auf Räumung der Station bestehe. Die Lage sei kritisch, und er ersuche um größere Geldmittel und um Übersendung einer Vollmacht, alle nötigen Maßnahmen treffen zu können.

Der Vorsitzer des Kuratoriums der Albert-Samson-Stiftung sowie deren meiste Mitglieder befanden sich zu der Zeit nicht in Berlin; es konnte also kein Kuratorialbeschluß zustande kommen. Da Gefahr im

---

[1] Auch der Arbeit, die uns ein Niederländer, Hr. Stolk, als Hilfsarbeiter geleistet hat, sei hier dankend gedacht.

Verzuge war, mußte der Vorsitzer auf eigene Verantwortung handeln. So wurde denn ein Betrag von 12000 Mark sowie die gewünschte Vollmacht, diese in zwei Stücken auf verschiedenen Wegen, abgesendet. Dem vorgeordneten Ministerium wurde ein eingehender Bericht erstattet mit dem Antrage, durch das Auswärtige Amt und die hiesige spanische Botschaft an die spanische Regierung das Gesuch zu richten, nach Möglichkeit die Interessen der Station wahrnehmen zu wollen. Seitens unserer Behörden ist dem Antrage bereitwilligst entsprochen worden.

Wir haben telegraphische Mitteilung erhalten, daß die überwiesene Geldsumme eingetroffen ist; über die später von hier abgesendeten Vollmachten steht noch die Mitteilung aus. Ein weiteres Telegramm Dr. Köhlers besagt, daß er hoffe, mit Hilfe der spanischen Provinzialregierung die Angelegenheit in würdiger Weise erledigen zu können. Wo und wie aber zur Zeit die Station untergebracht ist, darüber ist noch keine Nachricht eingegangen. Es ist anzunehmen, daß die Insassen sich zur Zeit noch auf dem bisherigen Platze befinden. Hoffentlich werden bald Nachrichten darüber eintreffen.

Vor wenigen Tagen ist nun ein Schreiben des deutschen Konsuls in Santa Cruz, Teneriffa, Hrn. Ahlers, der zur Zeit in Degerloch bei Stuttgart weilt, angelangt, aus dem noch einiges zur Ergänzung mitgeteilt werden mag. Einem Briefe des Vertreters des Hrn. Ahlers in Teneriffa vom Juli 1918 zufolge ist in der Tat die Pflanzung, auf der die Station mietweise untergebracht war, an eine englische Firma verkauft worden. In einem zweiten Schreiben vom 15. November vorigen Jahres berichtet der Vertreter weiter, er habe mit Unterstützung des Gouverneurs der spanischen Provinz Canarias den Besitzer der Pflanzung bewogen, der Station eine Abfindungsumme vor dem Auszug zu zahlen; es sei dies aber nur möglich gewesen, weil sich der Leiter der Station, Dr. Köhler, dort allgemeiner Beliebtheit erfreue. Es habe Dr. Köhler große Anstrengungen gekostet, alle die nötigen Besorgungen zu erledigen.

Ungeachtet dieser Störungen ist aber die wissenschaftliche Arbeit auf der Station weitergegangen. Von Dr. Köhler ist ein größeres Manuskript eingesendet worden mit dem Titel »Nachweis einfacher Strukturfunktionen beim Schimpansen und beim Haushuhn. Über eine neue Methode zur Untersuchung des bunten Farbensystems«. Das Werk ist bereits in den Abhandlungen der Akademie zum Druck gelangt. Weitere Arbeiten sind in Aussicht gestellt. Möge sich die Hoffnung erfüllen, daß unser bisher unter so schwierigen Umständen, wie sie die Kriegslage mit sich brachten, glücklich gefördertes und erprobtes Unternehmen, das erste seiner Art, nach wiederhergestelltem Frieden sich zu der Bedeutung entfalte, die ihm seine Begründer geben wollten!

Nunmehr hielt Hr. Rubner den wissenschaftlichen Festvortrag:

Der Aufbau der deutschen Volkskraft und die Wissenschaften.

Einleitung.

Die preußische Akademie der Wissenschaften hat im Kriege schwere Opfer erlitten, wie wir es eben in ergreifender Weise durch Hrn. Roethe haben schildern hören, aber immerhin sind diese gering an Zahl gegen die Verluste der Nation an Gut und Blut in diesem Volkskrieg, der mit seinen Schlägen fast jede Familie getroffen hat. So Schweres er uns auch auferlegt hat, wir dürfen bei dem Gefühle der Trauer nicht verweilen; dies Erleben unserer Nation muß in seinen Wirkungen auf den Menschen durchdacht und zergliedert werden, auf daß wir wissen, worauf wir unsere Hoffnung für die Zukunft stellen müssen.

Wenn sich auch schon lange die Zeichen gemehrt hatten, daß die Friedensjahre gezählt seien, so hat doch der rasche Ausbruch des Kampfes 1914 das Volk jäh aufgescheucht. Man weiß nie, wie die Würfel fallen. Die geschichtliche Erfahrung zeigt, daß, wenn die Kriegsfackel einmal zwischen die Menschheit geschleudert wird, Tod, Hunger und Seuchen das Glück und den Wohlstand vernichten können. Je länger die Dauer des Kampfes, um so reicher wird die Ernte der apokalyptischen Reiter sein. Die Beispiele dafür liegen ja nicht allzu fern. Wir brauchen nur auf die napoleonischen Feldzüge zurückzugreifen, um zu sehen, daß die Seuchen für Soldaten und Volk weit verheerender zu sein pflegen als der eigentliche Waffentod.

Die große Armee, die einst eine halbe Million stark nach Rußland zog, hatte, als sie Moskau erreichte, kaum durch Schlachten und Kälte nennenswert gelitten, aber durch Seuchen $^4/_5$ ihres Bestandes verloren. Die Truppenzüge verseuchten das ganze Land, man konnte den Transport der gefangenen Russen nach der Schlacht bei Austerlitz in der Kriegstyphuserkrankung über den ganzen deutschen Süden sich widerspiegeln sehen, und was von Deutschland noch nicht infiziert sein mochte, wurde getroffen, als die französische Armee aus Rußland zurückflutete und weiter, als der Rückmarsch nach der Schlacht bei Leipzig begann. Es ist kaum zu sagen, welche ungeheuren Menschenopfer durch die Kriegsseuchen damals unserem Volk auferlegt wurden. Erst viele Jahre später in der Friedenszeit kamen die Seuchen zum Erlöschen. Im Krimkrieg starben von den Franzosen durch die Waffen 20000 Mann, durch Krankheit 75000, von den Engländern 1700 durch Waffen und 16000 durch Krankheit, von den Russen 30000 durch Waffen und 600000 Mann durch Krankheit. Wer diese Zusammenhänge kennt, wußte, daß wir in diesen Kämpfen von 1914 sehr ernsten doppelten Gefahren entgegengehen würden. Zwar hat sich seit den 50er Jahren des vorigen Jahrhunderts in Deutschland durch PETTENKOFER die Gesundheitslehre als neue Wissenschaft aufgetan, die, sofort ins praktische Leben übertragen, seitdem im Kampf gegen die Seuchen Ungeheures geleistet hat. Von Jahr zu Jahr wuchs die Dauer des Lebens, und von großen katastrophalen Epidemien weiß die heutige Generation überhaupt nichts mehr. Zwar haben wir schon im Kriege 1866 nur mehr gleichviel Verluste durch Waffen wie durch Krankheiten gehabt und 1870/71 nur halb soviel Kranke wie Tote. Aber der Feldzug 1914 führte zum Kampf mit Rußland und dessen seuchendurchsetztem Heer; er führte in die seit dem Russisch-Türkischen Krieg berüchtigten Kriegsschauplätze und darüber bis nach Mesopotamien hinein, in Gegenden, die neben den Ansteckungsgefahren durch schlechte Quartiere, schlechtes Wasser und andere insanitäre Verhältnisse die Truppen bedrohten. Auch die neuen Kampfmittel machten die Verletzungen an sich schwerer und tiefgreifender als früher. Im Kampfe mit Rußland gingen wir der gefährlichsten aller Kriegsseuchen, dem Kriegstyphus, entgegen, und mit den Millionen Gefangenen wurden die Ansteckungsmöglichkeiten ins Land gebracht. Die wohldurchdachten hygienischen Maßnahmen und die gewissenhafte Ausführung, die ätiologische Forschung, welche sehr bald den Überträger des Flecktyphus in den Läusen fand, hat der Armee die Verluste eines napoleonischen Feldzuges erspart, die Zivilbevölkerung sogar ganz seuchenfrei gehalten. Ebenso ist die Cholera, die Einzelvorstöße bis Berlin gemacht hatte, auf kleine Herde eingeengt worden. Der im Westen zu fürchtende Abdominaltyphus ist in den einzelnen Truppenverbänden durch Schutzimpfungen bekämpft, im Hinterlande nicht reichlicher als im Frieden aufgetreten. Besonders schwer waren in der ersten Zeit im Westen die Verluste an Wundstarrkrampf; durch rechtzeitige Anwendung der Tetanusimpfung konnte auch diese mörderische Begleiterscheinung oft leichter Verletzungen so gut wie völlig unterdrückt werden. Diese Beispiele mögen genügen. Man kann also sagen, daß es der konsequenten Anwendung der wissenschaftlichen Ergebnisse der Gesundheitslehre gelungen ist, die Menschenverluste, wenn sie uns auch heute noch so groß erscheinen mögen, auf die eigentlichen Kriegsverluste im engeren Sinne zu beschränken und so von der deutschen Nation eine Gefahr abzuwenden, die nach den früheren Erfahrungen beurteilt, viele Millionen Menschen dahingerafft haben würde. Wir gedenken in Dankbarkeit derer, die ihre ganze Kraft während der Kriegszeit in den Dienst der Humanität gestellt und in so großer Zahl ihr segensreiches Werk mit dem eigenen Leben bezahlt haben.

Die Opfer der Blockade.

Wir haben aber in diesem Kriege allen Grund, der Zivilbevölkerung hinter der Front, die über viele Jahre in den meisten Teilen des Landes ein an Entbehrung reiches Leben geführt hat, besonders zu gedenken.

Wir sind in den Krieg als gesundes, leistungsfähiges Volk getreten. Die einzige Sorge bereitete nur der Geburtenrückgang, der nicht auf körperliche Gebrechen, als vielmehr zum allergrößten Teil auf soziale Umstände, wie späte Eheschließung, auf künstliche Unterbrechung der Schwangerschaft, auch auf freiwilligen Verzicht auf Nachkommenschaft zurückzuführen ist.

Von eigentlichen Seuchen hatten wir dank der hygienischen Maßnahmen auch während des Krieges nichts zu leiden, der Gesundheitszustand des Volkes ließ, von der Influenza des letzten Halbjahres abgesehen, gerade in dieser Hinsicht so gut wie nichts zu wünschen übrig.

Große Gefahren haben sich dagegen aus dem Abschluß des Handels mit den übrigen Staaten durch die Blockade entwickelt. Diese war von England von Anfang an als ein Mittel ins Auge gefaßt worden, Mann, Weib und Kind hinter der Front durch Halbhungertortur zu zermürben, um so die Widerstandskraft des Heeres zu brechen. An die Blockade Deutschlands reihte sich die Hollands, Dänemarks, Schwedens, die Kontrolle über den Handel der neutralen Staaten. Mit jeder Woche haben unsere Feinde alle Kräfte politischen und technischen Könnens unter Mißachtung alles Völkerrechts und jeder Pflicht der Humanität angewandt, um jede Zufuhr nach Deutschland zu unterbinden.

In unseren politischen Kreisen wurde diese Drohung und der allmähliche Abschluß der Grenzen zuerst ziemlich gleichgültig hingenommen. Man glaubte nicht an die Wirksamkeit dieses Kampfmittels, tat auch nicht das Geringste, um etwa unter den verbündeten Staaten zur gegenseitigen Unterstützung ein einheitliches Nahrungsversorgungsgebiet zu schaffen. Das Hauptinteresse konzentrierte sich auf die Kriegshandlung, während die Ordnung des Lebensunterhaltes und der allernotwendigsten Produktion im Heimatlande von der Zivilverwaltung nicht beachtet oder nicht gebührend durchgesetzt wurde. Man war zwar sehr bald gezwungen, mit den Nahrungsmitteln haushälterisch umzugehen, schon im Januar 1915 mußte Fürsorge für die Getreideversorgung getroffen werden. Sowohl in der Volksernährung wie in der Viehhaltung auf einen Zuschuß vom Auslande angewiesen, hätte sich die Ernährung trotz alledem, wenn auch nicht gut, aber doch besser durchführen lassen, wenn von Anfang an eine feste Hand mit zweckmäßigen Reformen in die Produktion eingegriffen hätte. Während die Kriegsrohstoffabteilung sich schon am 9. August 1914 organisierte, ihre Dispositionen für eine fast beliebige Dauer des Krieges traf, geschah für die Volksernährung sozusagen nichts. Ein schwülstiger schwerer Apparat der verschiedensten Ressorts kam zu keinen durchgreifenden Entschlüssen; in den entscheidenden Fragen genügte irgendein Veto, um jede Tat unmöglich zu machen. Im Frühjahr 1916, als die Ernährung bereits bedrohlich schlecht wurde, gründete man eine besondere Behörde für das Ernährungswesen, die aber die alten Fehler der Zaghaftigkeit und halben Maßnahmen weiterschleppte, übrigens auch bereits auf ein bestimmtes System, das die Produktion als nebensächlich, die Verteilung als die Hauptsache ansah, sich festgelegt fand. Der Herbst 1916 bedeutet den allgemeinen Niedergang der städtischen Ernährung; ungünstige Ernten an Futtermitteln minderten fortlaufend die Menge der verteilbaren Nahrungsmittel. Die städtische Ernährung wurde dabei vollkommen umgestürzt, da die animalischen Nahrungsmittel, für die Erwachsenen wenigstens, fast vollkommen versiegten. Die Kost wurde einförmig, eiweiß- und fettarm, schwer verdaulich. Die sogenannte Ration bot zeitweise für den Erwachsenen fast nur $^1/_3$ des normalen Verbrauches. Während das Heer im wesentlichen etwa auf seiner normalen Verpflegung blieb und die Produzenten auf dem Lande auch nicht Mangel litten, häuften sich alle Nahrungssorgen auf die Städte und industriellen Bezirke. Die unzweckmäßigen und undurchführbaren Verordnungen zwangen die Bevölkerung zur Selbsthilfe und untergruben so die Achtung vor den behördlichen Maßnahmen auf diesem Gebiet vollständig. Die eigenartige Wirtschaftspolitik und stets unbefriedigende Zwangsverteilung ist bis heute dieselbe geblieben. Nur dort, wo ein agrarisches Hinterland eine städtische Bevölkerung wesentlich über die Rationen hinaus versorgen konnte, waren die Verhältnisse erträglich, in anderen Fällen dagegen wurde der Nahrungsmangel mit jedem Jahre verhängnisvoller.

Während in den ersten Jahren, bis etwa Mitte 1916, die Rückwirkungen der Blockade auf den Ernährungszustand ziemlich mäßig waren, nur in einigen besonders ungünstig versorgten Orten fühlbar wurden, nahmen die Gesundheitsgefahren seit dem Frühjahr 1917 einen ganz enormen Umfang an und machten sich auch in der Statistik sehr deutlich fühlbar. Die strenge Zensur hinderte jedwede Diskussion der Ernährungsfragen und unterband auch das Bekanntwerden der zahlreichen Todesfälle in geschlossenen Anstalten. Erst allmählich verständigte man sich ärztlicherseits in engerem Kreise besonders auch über das Auftreten des Hungerödems; Mitte 1917 ließ sich der Schaden weiter feststellen und überraschte durch die Ausdehnung, welche die Todesfälle unter der Zivilbevölkerung allmählich angenommen hatten. Zuerst ergriff die steigende Mortalität die älteren Altersklassen vom 50. Lebensjahre ab, dann aber auch die jüngeren Jahrzehnte, ferner die Jugendlichen, endlich auch die jüngsten Altersstufen. Beobachtungen der allerletzten Zeit lassen gar nicht verkennen, daß auch die Säuglinge an der Mutterbrust in ihrem Gedeihen bereits getroffen sind. Im allgemeinen kann man sagen, daß bei Hunderttausenden und Millionen Menschen der Körper durch die ungenügende Kost allmählich so hinfällig wurde, daß alle möglichen Krankheiten, die sonst in Genesung ausgingen, zum Tode führen. Besonders verhängnisvoll ist die Zunahme der Tuberkulosetodesfälle und die Ausbreitung der Tuberkulose über alle Altersklassen. Im Zeitraum von etwa zwei Jahren ist der mühselige Erfolg der Friedensarbeit in der Bekämpfung der Tuberkulose illusorisch gemacht worden. Unter den Ernährungsschäden hatte besonders auch der Mittelstand zu leiden, darunter wieder mehr die Festangestellten, die nur schwer sich kleine Mengen Nahrung nebenbei verschaffen konnten. Die an der Mortalität stark beteiligten Städte und Gemeinden sind inselförmig über das Reich zerstreut; die Inseln sind im letzten Jahre aber immer mehr gewachsen und größer geworden, auch einzelne Landbezirke hatten im letzten Jahre an den Ernährungsschwierigkeiten Anteil genommen. Es ist in hohem Maße auffallend, daß diese stark steigende Mortalität von der Bevölkerung so gut wie nicht empfunden wird. Die Zahl der Opfer der Blockade, die wir bereits mit genügender Sicherheit angeben können, ist erstaunlich groß. Wir dürfen sagen, daß ihr bis zum heutigen Tage in runder Summe 800000 Menschen, Männer, Frauen und Kinder, zum Opfer gefallen sind, ja auch heute noch kostet jeder Tag etwa 800 Menschen das Leben. Wenn man bedenkt, daß auf dem Lande eine solche Erhöhung der Mortalität nicht besteht, so sieht man, wie ungeheuer groß die Opfer sind, die der städtischen Zivilbevölkerung aufgebürdet worden sind. Der Verlust durch schlechte Ernährung ist gerade halb so groß wie der an der Front gewesen. Wenn man bedenkt, daß gefürchtete Epidemien wie die der Cholera 1831 nur 30000 und die von 1852 nur 40000 Tote für Preußen gefordert haben, gibt das doch einigermaßen einen Maßstab für die Opfer der Blockade.

Die Blockade hat uns außer in dieser leicht ziffernmäßig festzustellenden Richtung auch noch schwer geschädigt durch den Verlust an Arbeitsleistung. Was die Nation davon hätte aufbringen sollen, war überhaupt nicht oder nur unter Aufwand von viel mehr Menschen für den gleichen Zweck zu erreichen. Der abgemagerte Körper hat weniger Muskeln als der normale und würde selbst bei zureichender Ernährung das alte Arbeitsquantum nicht geben. Außerdem nimmt die »Arbeitslust« viel rascher ab, als der Schwund des Organs vermuten läßt. Dies gilt auch für die Leistungen des Gehirnes, also für alle Berufe, bei denen mechanische Leistungen an sich nicht in Frage kommen.

Erstaunlich groß ist die Abnahme der Geburtenzahl, wenn auch für diese Erscheinung durch die Abwesenheit der Männer, die im Felde standen, eine Erklärung gegeben erscheint, so ist dieses Moment doch nicht allein ausschlaggebend, vielmehr naheliegend die Abnahme der Geburten mit den Veränderungen der natürlichen Funktionen der Frauen durch die schlechte Ernährung in Zusammenhang zu bringen.

Von guter oder schlechter Ernährung, einförmiger oder wechselnder, ausreichender oder Halbhungerkost ist auch die Psyche des Menschen wesentlich beeinflußt. Mit der leichten geistigen Ermüdbarkeit hängt zusammen der Mangel an Initiative und Schaffensfreudigkeit wie andererseits die Änderung der Stimmung, die Depression, Gleichgültigkeit gegen Ereignisse, die sonst die Gemüter aufs lebhafteste bewegen und erschüttern müßten, andererseits die gereizte Stimmung, die leicht zu Gewalttat und unüberlegtem Handeln aufzupeitschen ist. Nur aus dieser Psychose heraus ist es zu verstehen, daß das Ausmaß für alle Verhältnisse verlorengegangen ist, daß Nichtigkeiten der inneren Politik gegenüber der Lebensfrage der Nation in den Vordergrund treten, daß der ideale Zug im Denken völlig erloschen erscheint. Das Sterben in der Front und hinter der Front hat im letzten Jahre kaum noch irgendwelchen Eindruck auf die Massen gemacht. Daneben aber sieht man, wie sonst bei großen Seuchen die Genußsucht einzelner sich aufdrängt, als gälte es, möglichst viel von den dürftigen Resten der Großstadtfreuden zu genießen.

Die Wirkungen der Blockade sind für uns also, wie man sieht, in hohem Maße deletär gewesen; man begreift nicht, daß man diese Wirkungen so ganz und gar nicht in Rechnung zu setzen wußte. Vielleicht deshalb, weil man den Schaden an Gesundheit so schwer in ein Maß auszudrücken versteht, das allgemein verständlich wäre. Und doch läßt sich das durchführen. Menschenverlust, Arbeitsverlust, Krankheit sind Größen, die auch Geldeswert repräsentieren. Versucht man eine solche Berechnung, so ergibt sie ein sehr überraschendes

Resultat. Wenn man die Schäden der Blockade nur an unserer Volkskraft allein bemißt, so kommt man mit Ausschluß der wirtschaftlichen Verluste auf die Summe von rund 56 Milliarden Mark, eine selbst in diesen Zeiten noch wohl zu schätzende Größe, die uns aber nicht die Qualität des Menschenverlustes und deren geistigen Wert zum Ausdruck bringen kann.

Der nationale Aufbau.

Wenn wir das Erbe des Krieges betrachten, so hat er unserm Volk ungeheure Wunden geschlagen. Unsere Bevölkerungsziffer hat durch die Opfer des Feldheeres und durch die Opfer der Blockade schon jetzt eine bedeutende Einbuße erfahren. Wir werden durch den Kindermangel in späterem Verlauf der Jahre einen empfindlichen Arbeitermangel haben.

Die Qualität des Menschenmaterials ist durch die zahlreichen Kriegsinvaliden und Kriegsbeschädigten verschlechtert, außerdem aber hat die Zahl der Tuberkulösen zugenommen. Kummer und Sorgen und Entbehrungen haben Hunderttausenden das Leben gekostet, aber damit ist nicht gesagt, daß die Überlebenden alle mit intakter Gesundheit aus der Kriegszeit hervorgehen. Manchem wird das ungemein starke Altern vieler Personen aufgefallen sein. Dieses Altern läßt sich aber nicht wieder ganz rückgängig machen. Altern an sich bedeutet Kürzung der Lebensdauer und Erhöhung der Erkrankungswahrscheinlichkeit. Von den Seuchen nehmen wir in die Friedenszeit die Tuberkulose mit hinüber, aber auch noch eine Seuche, die sich im Kriege sehr ausgedehnt hat, die Syphilis. Wir müssen leider anerkennen, daß unsere Volkskraft im Verhältnis zu dem Stande vor dem Kriege erheblich gesunken ist. Noch aber hat nicht einmal der Kriegszustand ein Ende gefunden, die Feinde sind frei von jeder weiteren Hemmung ihres Handels, frei in der Schiffahrt, bei uns ist der Verkehr nach außen völlig abgeschlossen, und selbst die eigenen alten Grenzen sind nicht mehr sicher. Die Gefangenen sind freigegeben, und unsere eigenen Leute schmachten in Feindesland unter unwürdiger erniedrigender Behandlung. Und im Innern herrscht da, wo Ruhe und Kaltblütigkeit an erster Stelle nötig wäre, ein Chaos, dessen Klärung niemand zu übersehen vermag.

An Stelle eines allmählichen Überganges in die Friedenswirtschaft. der sorgfältig ausgedacht und ausgearbeitet war, sind wir durch den Waffenstillstand in eine Lage gekommen, die einer geordneten Wirtschaft gerade entgegentritt.

Statt kraftvoller rascher Überleitung des Krieges in die Friedenswirtschaft hat ein großer Teil der zurückflutenden Truppen die Lust zur geordneten Arbeit eingebüßt, statt Arbeitslust findet man Arbeitsflucht. Vielfach zeigt sich nicht größere Reife, sondern ein völliger Mangel für die Erkenntnisse der politischen und der wirtschaftlichen Lage.

Man hält den Niederbruch für eine geschäftlich günstige Konjunktur, um unter Überschätzung der persönlichen Bedeutung für den Staat Arbeitskürzung, ungeheuerliche Lohnsteigerung ohne Gegenleistung zu gewinnen, eine Art Kriegswucher also durchzusetzen, wo es sich doch für Industrie und Handwerk um eine katastrophale Periode handelt.

Während der Kriegszeit waren die fürsorgenden Kräfte in der Nation nur einseitig orientiert, von einer Volkswohlfahrtspflege im eigentlichen Sinne war nichts zu spüren, vielfach auch die Kräfte und Mittel dazu nicht vorhanden. Jetzt wird die Bahn für die Gesundheitspflege wieder frei. Sie kann da wieder anknüpfen, wo der Krieg die Fäden abgerissen hat; dazu braucht sie aber alle jene Mithelfer, die alle Zeit im Dienste der Humanität ihr treu ergeben waren. Vorerst bedarf es einer völligen Umwertung der herrschenden Begriffe vom Wert des Lebens, eine Loslösung von dem Denken der verflossenen Jahre. Ich spreche da nicht von den durch den Krieg erregten Leidenschaften der Völker und ihrer Stellung zueinander, sondern von dem, was sich in jedem Volke erst vollziehen muß, um das eigene Leben in den gesitteten Zustand wieder zurückzuführen. Gewöhnt an ein Massensterben und an die Einsetzung des Lebens im Kampf um die Existenz, müssen wir uns erst dahin wieder zurechtfinden, daß die Hygiene die Pflicht in sich begreift, jedem den Vollbesitz der Gesundheit zu verschaffen, jedes Leben zu schützen und zu erhalten, bis der natürliche Lauf der Dinge das Ende fordert. Die Raubwirtschaft, die der Krieg mit der Volkskraft getrieben hat, muß ein Ende finden.

Der Philanthrop, Arzt und Hygieniker haben letzten Endes dieselben Grundgedanken und dieselben Ziele, die einen als Ausfluß moderner Humanität mehr als Gefühlssache, die anderen aus dem Bewußtsein heraus, daß Gesundsein die Grundlage der Arbeitsfähigkeit in geistiger und körperlicher Hinsicht, also das Kapital bedeutet, mit dem ein Volk zu wirtschaften hat. Hierzu wollen aber die richtigen Wege gefunden sein, die sich nur aus der Natur des Menschen und der richtigen Befriedigung ihre Bedürfnisse lösen lassen und in die Vielgestaltigkeit des praktischen Lebens richtig eingeordnet werden wollen.

Wir sehen mit Vertrauen der Lösung des Aufbaues unseres Volkes entgegen, darf doch die Hygiene für sich in Anspruch nehmen, daß sie es war, welche den großen Massen gesunde Existenzbedingungen überhaupt erst geschaffen hat. Sie ist ja keine Wissenschaft für die oberen Zehntausend, sondern die Fürsprecherin und Vorarbeiterin für die großen Massen, die sie zuerst aus dem Joch des Manchestertums in bessere Lebensbedingungen gebracht hat, noch ehe sie zu einer Selbstverteidigung irgendwie zusammengeschlossen waren, nur bleiben die Ziele der Hygiene immer wissenschaftliche, niemals politische.

Wenn man die Aufgabe, die ein Aufbau der Volkskraft vom biologischen Standpunkt zu lösen hat, ins Auge faßt, so muß die Lösung systematisch zur Durchführung gelangen. Das erste, was uns heute an wichtigen Problemen entgegentritt, ist die Pflicht, dem Volke seinen normalen Körper, seine normalen Kräfte wiederzugeben, ein Unternehmen, wie es in dieser Größe sich niemals in einer Kulturnation als notwendig erwiesen hat. Erst wenn die geschwächten Körper wieder normal geworden sind, kann man die alten Anforderungen an die Leistung und Arbeitskraft stellen, aber noch nicht heute.

Dieses Problem dürfen wir aber nicht dem Zufall überlassen, wir müssen es rationell, d. h. mit dem geringsten Aufwand von Material, zu lösen versuchen. Nur die wissenschaftliche physiologische Betrachtung liefert uns die Unterlage für die Verwirklichung dieses Aufbaues. Diese läßt erkennen, daß wir günstigstenfalls erst nach vielen Monaten unter veränderter Nahrung dieses Ziel erreichen können. Zunächst nur mit fremder Hilfe, da unsere eigenen Nahrungsmittel nicht einmal hinreichen würden, das Volk auf den herabgekommenen Zustand durch die Kriegsernährung bis zum Schluß des Erntejahres zu verpflegen. Indem wir aber diese Umformung des Körpers in den nächsten Monaten anbahnen können, werden wir auch erreichen, daß die psychische Umwandlung, die tiefe Depression und Aktionsunlust, wieder verschwindet. Dazu bedarf es allerdings auch einer Reform und möglichst weitgehender Ausschaltung des Zwangssystems der Rationierung, einer freien Beweglichkeit der Konsumenten, ein Überleiten in das System der individuellen Nahrungsbefriedigung, durch das allein die letzten Reste der unnatürlichen Zustände der Blockade beseitigt werden.

Der neue Aufbau umgreift zweifellos das ganze Staatsleben, den Berufsaufbau und vieles andere, wodurch die physiologische und gesundheitliche Aufgabe auch eine andere Richtung erhalten muß. Die Ziele der künftigen Gesundheitspflege wie auch der Volksernährung wird durch die Verteilung der Bevölkerung auf Stadt und Land aufs einflußreichste bestimmt. Unsere allgemeine Situation ist so, daß wir dringend fragen müssen, ob nicht ein anderes Gleichgewicht zwischen ländlicher Produktion und städtischer Konsumtion wie in den vorigen Jahrzehnten zu einem gewissen Grade durch die Abwanderung nach dem Lande erreicht werden könnte. Die einfachere Lebenshaltung auf dem Lande, der Mangel dessen, was der Städter Genuß nennt, die große freie Beweglichkeit in der Stadt bedingen leider immer mehr die Neigung zum Abwandern nach der Stadt, wo der Arbeitsverdienst unverdient so leicht zu steigern ist. Ob es gelingt, diese Widerstände durch zweckmäßige Siedelung eines Teils der Bevölkerung auf dem Lande durchzusetzen, soll hier nicht untersucht werden, jedenfalls läge eine solche Maßregel im Sinne der Aufzucht einer besseren Bevölkerung von gesundheitlichem Standpunkt.

In gleicher Richtung geht das Bestreben, den Kleinwohnungsbau im Umkreis von den Städten zu heben, ein Problem, dessen Lösung bei uns fast seit 50 Jahren von allen Hygienikern ohne Erfolg gefordert wird, in anderen Staaten dagegen schon weitgehend durchgeführt ist. Die Eigenwohnung würde den Vorteil haben, die Familie, die in den Massenquartieren so leicht auseinanderfällt, zusammenzuhalten, auch die Kinderpflege zu erleichtern und zu verbessern, kurzum da aufzubauen, wo die heutige Großstadt zerstört hat. Es steht zu befürchten, daß auch die gegenwärtige Umwälzung nicht die Kraft und den Mut aufbringt, um Ersprießliches zu erzielen. Zu dem Aufbau der Familie gehört aber unbedingt die Reform des weiblichen Bildungswesens, hinsichtlich der Erziehung für den Beruf des Weibes als Frau und Mutter. Jahrzehntelange Forderungen, die vor dem Kriege zwar gewisse Anfänge einer Organisation erreicht haben, aber doch nur ganz ungenügend zur Durchführung gekommen sind. Zahlreiche andere Unterrichtsfragen und Fürsorgeeinrichtungen wären noch zu nennen, deren Entwicklung unabweislich ist. Bei alledem darf man aber nicht vergessen, daß das Verlangen sehr leicht, die Befriedigung der Bedürfnisse aber schon aus finanziellen Gründen sehr schwer sein wird. Das führt nun zu der fundamentalen Voraussetzung, von dem aller Fortschritt auch in hygienischer Hinsicht abhängig ist. Die Ziele der Pflege der Volksgesundheit können nur durchgeführt werden, wenn der wirtschaftliche Aufbau die Möglichkeit eines gewissen Wohlstandes sichert, der aber nur auf dem Boden intensiver Arbeit errungen werden kann. Wie und in welcher Reihenfolge der wirtschaftliche Aufbau überhaupt sich vollziehen soll, kann hier im einzelnen nicht erörtert werden, aber schon die lange vierjährige Pause an geordneter Produktion hat uns für die Befriedigung der Bedürfnisse im Lande selbst vor eine ungeheure Aufgabe gestellt. Jeder Tag, der ohne Aufnahme der Arbeit vergeht, ist ein weiterer Verlust, der auch den normalen Ausgleich weiter hinausschiebt. In Stadt und Land, in Gewerbe, Industrie und Handel wie in den freien Berufen braucht die Nation arbeitende und schaffende Kräfte. An allen Teilen muß die Arbeit aufgenommen werden, der Staat ist dem lebenden Körper vergleichbar, in dem alle Teile ineinandergreifen müssen, um die Gesundheit zu erhalten, und kein wichtiges Organ fehlen darf, ohne das Ganze zu zerstören.

Noch immer liegt aber durch einen unersättlichen egoistischen Zug, der durch die Massen geht, die Arbeit völlig darnieder und schlägt uns so neue Opfer, ein Zeichen, wie wenig staatsbürgerliches Verständnis und echtes soziales Empfinden Gemeingut aller geworden ist.

Wenn Sparsamkeit für die Zukunft die erste Pflicht ist, so muß auch eine ökonomische Verwertung des Menschen für die nationalen Bedürfnisse angestrebt werden. Dieser Grundsatz hat zweifellos in der Vergangenheit nur eine sehr unvollkommene Lösung gefunden. Angebot und Nachfrage war in einzelnen Berufen sehr ungleich, wodurch vielfach die Dauer der Anwartschaft unendlich lange war, so daß schließlich akademisch Gebildete zu mechanischen Arbeitsleistungen gezwungen wurden, die sonst vom ungelernten Arbeiter ausgeführt wurden, und niedere Löhne erhielten wie die letzteren. Da die Berufswahl eine freie bleiben muß, so läßt sich eine gleichmäßig zweckmäßige Verteilung zu keiner Zeit sicherstellen, aber die Übelstände werden sich doch mindern können. Sehr schwierig dürfte sich die nächste Übergangsperiode gestalten, da die Arbeitsbedürfnisse andere wie in der Vergangenheit werden, also eine andere Berufsverteilung zustande kommt. Eine solche ergibt sich ohne weiteres aus der Änderung der staatlichen Organisation und der dadurch bedingten Auflösung vieler unnötiger Verwaltungseinrichtungen. Zu den früheren Verwaltungsaufgaben sind aber noch außerdem die Kriegsorganisationen getreten, eine Art künstlichen Handels, der den natürlichen brach gelegt hat und andrerseits eine unerträgliche Einschränkung der bürgerlichen Freiheit bedeutet.

Die Erfahrungen des Krieges haben gezeigt, was übrigens aus der Erfahrung andrer Staaten schon längst bekannt war, daß die Besetzung aller Verwaltungsstellen durch eine besondere Beamtenklasse gar nicht notwendig ist, vielmehr auch eine anderweitige Vorbildung und Personen aus andern Berufen durchaus befähigt sind, diese Ämter großenteils zu übernehmen. Eine weitere Verschiebung in den Berufen ergibt sich durch die Kürzung der Armee gegenüber dem früheren Bestande. Die Wirkung dieser Umwälzungen wird sich zum Teil dadurch mildern, als die alte scharfumgrenzte Klasseneinteilung, die sich aus den Beziehungen zur Armee ergeben, ohnedies und durch das Überwiegen technischer Berufe hinfällig wird.

Zur Umstellung in eine bessere Ökonomie menschlicher Arbeitskräfte gehört auch eine Änderung in den Ansprüchen, die man hinsichtlich des Besuchs der Mittelschulen oder auch hinsichtlich der akademischen Vorbildung erheben darf. Einerseits hat das Freiwilligenjahr eine Masse Minderbegabter in die Mittelschulen gebracht, andererseits ist aus ähnlichen Motiven die Zulassung für manche Berufe an den

Besuch der Hochschulen geknüpft worden, wo sachlich eine so langdauernde Vorbildung durch die Art des Lebensberufes unnötig erscheint. In gleichem Sinne der Vergeudung von Zeit gehört auch die Verlängerung der Dauer des Studiums zu dem bloßen Zwecke, um die Zahl der Anwärter kleiner zu machen oder die Verlängerung des Studiums, wie sie durch die Zersplitterung und Aufteilung in kleine Disziplinen naturnotwendig wird. Auch die Vermehrung der Hochschulberechtigten, die Erleichterungen der Vorbildung, senkt nur die Qualität der ganzen Arbeit, die ohnedies schon etwas im Sinken war. Die bisher nicht entdeckten Talente, denen Gelegenheit zur Entwicklung gegeben werden muß, sind jedenfalls sehr gering an Zahl. Der Talentvolle scheitert selten daran, daß ihm Unterrichtsmöglichkeiten fehlen, häufig bereiten die auf den Mittelschlag eingerichteten Schulen ein Hindernis für seine Entwicklung. Andererseits trägt die vielfach erstrebte, möglichst populäre Allgemeinbildung zur Hebung der geistigen Arbeitsleistung nur wenig bei, weil sie meist an Oberflächlichkeit leidet und die am meisten befriedigt, welche kein ausgesprochenes Talent zu ernster Arbeit haben.

Wenn uns die Gesundheit der Massen in erster Linie steht, so obliegt uns mit Rücksicht auf diese die Aufgabe, die Gefahren der einzelnen Berufe zu erkennen. Nicht jeder Mensch taugt zu beliebigen Berufen, die Gesundheit des Einzelnen wird in dem einen Beruf schwer gefährdet und widersteht in dem andern. Die Berufswahl, früher dem Zufall oder der Tradition überlassen, ist ein wichtiger Schritt im Leben, der von den geistigen wie körperlichen Qualitäten abhängt. Diese Wahl zweckmäßig zu sichern, hat man bereits vor dem Kriege angefangen; man wird die bestehenden Einrichtungen weiter ausbauen und dem Arzt wie Physiologen Gelegenheit geben, der Masse beratend zur Seite zu stehen.

Solche Gesichtspunkte gelten schließlich auch für einzelne Betriebe; den Mann an die richtige Stelle zu stellen, vervielfacht die Leistung. In gewissem Sinne hat das Taylorsystem wesentliche Erfolge erzielt. Es ist mir aber zweifelhaft, ob es einerseits bei dem beschränkten Angebot von Arbeitskräften in Europa anwendbar ist und ob andererseits die Lohnverhältnisse seine Anwendung überhaupt gestatten. In der Arbeitsverwendung des Menschen stehen wir noch vielfach in den Kinderschuhen, weil wir noch viel zu viel durch die Menschenkraft machen lassen, wo die Maschine eintreten kann. Dies gilt für die Landwirtschaft, für die Fabrikbetriebe, für das Handwerk, die Hausindustrie, ja für den Haushalt und für das Heer der schreibenden Aktenmenschen, die mühsam mit der Feder nur einen Bruchteil der Maschinenarbeit leisten. Die Arbeit ist aber auch eine Kunst, die nicht jeder erlernt. Wir wissen, daß man die Ermüdung in erstaunlichem Maße ausschalten kann, durch die besondere Anordnung der Arbeitsweise, ja auch durch Mittel, die den Muskel besonders leistungsfähig machen. Weder Natur noch Hygiene kennen aber ein Gesetz, das die Menschenarbeit auf eine bestimmte Stundenreihe zu umgrenzen erlaubt oder benötigt. Man staunt, wie unrationell in Fabriken die Einrichtungen aus Unkenntnis getroffen sind und wie man selbst im Hinblick auf rationelle Arbeitsbekleidung und sonstige Arbeitsbedingungen alles noch dem Zufall überläßt.

Die Arbeit eines Berufes wird vielfach für eigene Rechnung ausgeführt. Bei den freien Berufen hat jeder sich selbst die Gesetze der Arbeit zu geben. Wo sich aber zu einem Ziele große Massen vereinigen, tritt die unabweisliche Gliederung und Arbeitsteilung entgegen, wie bei den Beamten, dem Kaufmannsstand, in der Industrie, in der Landwirtschaft. Je umfangreicher der Betrieb, um so mehr bedarf der Betrieb der technischen Leiter oder auch der kaufmännischen Mitarbeit.

So steht auch unauflöslich mit den Betrieben weiter eine Gruppe von Personen im Zusammenhang, der die Leitung zufällt und die für solche Arbeit eine besondere jahrelange Ausbildung hat erhalten müssen. Vom ungelernten Arbeiter zum Berufsarbeiter, zum Meister, zum Ingenieur usw. geht, um dieses Beispiel zu wählen, es zu Berufen weiter, die einen ganz ungleichen Aufwand an Jahren für ihre Lernzeit opfern müssen, um diesen Teil der Gesamtarbeit leisten zu können.

Nur in dieser Gliederung kann eine ersprießliche Tätigkeit überhaupt geleistet werden, sowohl im eigentlichen Betrieb, wie auch in dem Sinne, daß es des kaufmännischen Unternehmungsgeistes bedarf, um die lohnende Arbeitsgelegenheit zu schaffen und Verluste zu vermeiden. Eine Welle des Unverstandes geht heute auch über diese Organisation hinweg und will mechanische Arbeit als das einzig Grundlegende ansehen. Gerade heute wird der rationellen Arbeit wie der Unternehmungslust schon durch die Kriegsverhältnisse die größte Schwierigkeit bereitet. Die Kriegskonjunktur ist vorüber. Die Vorstellung, daß der Ware jeder beliebige Preis gegeben werden kann, wie sie in den Lohntreibereien zum Ausdruck kommt, zeugt von einer Unreife des Denkens, die den Wettbewerb auf dem Weltmarkt als bestimmenden Faktor völlig verkennt.

Heute mehr denn je kann der Massenarbeiter die geistige Arbeit und Leitung nicht entbehren, weil er sonst hilflos dem Elend ausgeliefert wäre. Es ist nicht leicht, den Wert der geistigen Arbeit einzuschätzen, die Unterschätzung, die sich aber heute für jede intellektuelle Arbeit zeigt, wird sich bitter rächen, einerseits durch die geringere Lust zu Unternehmungen überhaupt und andererseits durch die drohende Gefahr der Abwanderung nach anderen Betrieben oder durch Verlust der besten Kräfte an das Ausland. Das letztere Moment scheint unter den gegebenen Verhältnissen das bedrohlichste. Mag die Gleichheit auf dem Gebiet des Menschenrechts gelten und keinem Vorrechte der Geburt belassen, so gilt sie nicht für den Wertinhalt des Menschen überhaupt. Die Natur schafft nun einmal nicht alles in gleicher Weise. Neben Riesen und Zwergen des Körpers Langlebige und Kurzlebige, geistig Schwache und Hochbegabte. Diese bedeuten für die Fortentwicklung der Nationen ganz verschiedene Werte. Keine Masse kann die Qualität ersetzen. Wie das Gehirn in seinen wichtigen Teilen nur einen kleinen Bruchteil der ganzen Körpermasse ausmacht und doch die Oberleitung über das Ganze besitzt, und das Bestimmende für den höheren Wert des Menschen darstellt, so liegt es genau mit der Verteilung der Fähigkeiten und leitenden Gehirne eines Volkes. Die Gehirnarbeit ist aber genau wie die sonstige Berufsarbeit erst durch jahrelange Übung erarbeitet, nur mit dem Unterschiede, daß gewerbliche und manuelle Fertigkeiten in wenigen Jahren zu einem Maximum der Leistung führen, während die geistige Arbeit viele Jahrzehnte lang ein fortwährendes Anwachsen ihres Wertes erkennen läßt.

Um wieder die Mittel zu Wohlstand, Gesundheitspflege und Kultur zu schaffen, genügt es für uns nicht, den landwirtschaftlichen Betrieb, die Ausnutzung der Bodenschätze und Naturkräfte, Handel, Industrie und Gewerbe in den alten Bahnen zu lassen oder sie nur zeitgemäß durch rationellere Arbeitsmethoden zu ersetzen, vielmehr ist es unbedingt notwendig, zu versuchen, von Grund aus Neues zu schaffen. Die Quelle, aus der diese Möglichkeit fließt, ist letzten Endes die Wissenschaft und die wissenschaftliche Forschung; auf diese müssen wir, je bedrängter unsere Lage ist, unser Auge richten.

Wissenschaft und Forschung werden allerdings nicht des praktischen Nutzens wegen getrieben, sondern nur ihrer selbst willen im Streben nach Erkenntnis, nach lückenloser Erfassung des Geschehens der Naturereignisse. Erst aus dieser Erkenntnis selbst folgt die Möglichkeit der Verwertung zu neuen Erwerbsquellen. Und eine Errungenschaft muß oft durch viele Hände gehen, ehe sie praktisch anwendbare Formen findet.

Die technischen Wissenschaften sind ebenso bedeutungsvoll, weil sie die schaffende Kraft darstellen, die den Gedanken und das Experiment vom Keim in die Wirklichkeit übersetzt. Naturgemäß sind die bedeutenden Entdeckungen, soweit sie die Neuzeit betreffen, großenteils in den wissenschaftlichen Instituten entstanden, die den Hochschulen und anderen Forschungsinstituten angehören, weil sich hier meist auch nur die Mittel der wissenschaftlichen Arbeit finden. Bedeutungsvoll sind nicht nur die wissenschaftlichen Tatsachen, sondern auch die Forschungsmethoden. Es ist eine Eigenart der deutschen Hochschulen, daß diese die doppelte Funktion der Forschungs- und Lehrinstitute haben, so daß der unmittelbare Konnex zwischen dem Forscher und Schüler hergestellt wird. So allein ist es auch möglich, daß sich die Forschungsmethoden direkt in die Industrie verpflanzen lassen und daß diese selbst vielfach mit zur Hebung der wissenschaftlichen Ergebnisse und Entdeckungen beigetragen hat.

Dieser innige Zusammenhang, der sich freilich nicht überall betätigen läßt, hat in der gegenseitigen Unterstützung der Industrie durch die Wissenschaft und der wissenschaftlichen Förderung aus den Mitteln der Industrie zu dem fruchtbarsten Verbande geführt. Von der Forschung erhoffen wir neue Quellen für industrielle Unternehmungen vor allem. In erster Linie sehen wir auf die Chemie, die uns in der Kriegszeit zahlreiche Beispiele wertvoller neuer Erfindungen und Arbeitsmethoden für die Großindustrie gegeben hat. Die wesentlichen Fortschritte sind ja bekannt. Der Stickstoff der Luft, lange ein spröder Körper zur Verarbeitung, hat sich für die Gewinnung von Ammoniak und Salpeter zwingen lassen und wird der Landwirtschaft in Zukunft die entbehrten Kräfte wiedergeben.

Von der Karbidproduktion ausgehend, haben sich die Möglichkeit der Dungstoffbereitung, der Essigsäure und Alkoholgewinnung bis zur Darstellung der künstlichen Gummi entwickelt, der Kampfer wird in Zukunft nicht mehr aus dem Auslande bezogen, sondern auf künstlichem Wege gewonnen. Das Gebiet der unbegrenzten Möglichkeiten der Chemie hat uns schon im Frieden in der Farbenindustrie Waren geliefert, die die Welt im wahrsten Sinne des Wortes früher nicht gekannt hatte. Sie wird auch den Kampf in der Weltkonkurrenz weiter aufnehmen und ihren hohen Ruf bewahren. Die Physik in ihrer Anwendung auf das tägliche Leben wird allein schon durch die im großen Stil ins Auge gefaßte Verwertung der Wasserkräfte in Deutschland für Eisenbahnbetrieb, für den Betrieb der Motoren und Lichtleitungen in einem großen Teil des Landes die Existenzbedingungen umzuwandeln in der Lage sein, die Kraft für Karbidanlagen und für elektrolytische Betriebe liefern können. Im Motoren- und Schiffbau bahnen sich neue Wege. Technologie und Maschinenbaukunde, das Ingenieurwesen erwägen tausendfach neue Probleme.

Es hat fast den Anschein, als seien die biologischen Wissenschaften in ihrer Anwendung auf dem Problem der Menschheit im Rückstand, allein dies ist doch nur scheinbar der Fall. Es wirkt sich die Biologie nur in solchen Erscheinungen aus, die dem Einzelnen nicht so in die Augen fallen, weil sie sich unter den verschiedensten Formen geltend machen. Zur Biologie gehört auch die Entwicklung der Medizin; ich habe schon eingangs gesagt, daß gerade sie uns vor großen Seuchen bewahrt, die früher unfehlbar im Verlauf längerer Kriege aufzutreten pflegten.

Abgesehen von der Erkämpfung unserer früheren geringen Mortalitätsziffer, wozu uns die bessere Ernährung wieder bringen muß, hoffen wir von der weiteren Forschung auch die Beseitigung jener Volkskrankheiten, deren Ätiologie bis heute dunkel geblieben ist. Die heilende operative Medizin hat in der Behandlung der entstellendsten Verletzungen bewundernswerte Fortschritte gemacht. Hunderttausenden wird durch die auf rationellem Studium der Bewegungslehre sich gründende Herstellung von Ersatzgliedern die Arbeitsfähigkeit und Bewegungsfreiheit wiedergegeben.

Ganz von der Entwicklung der biologischen Wissenschaften abhängig ist die Landwirtschaft, am raschesten folgt im allgemeinen der Großbetrieb den neuen Anregungen. Konnten wir schon vor dem Kriege feststellen, daß die Größe der Produktion in Deutschland sehr im Wachsen war und uns der Hoffnung hingeben, Grund und Boden werde bei planmäßiger rationeller Bewirtschaftung Nahrung für die in dauernder Zunahme befindliche Nation schaffen, so ist es heute höchste Zeit, alle diese Reformen wirklich durchzuführen. Dies um so mehr, als bei der Ausdehnung des Kleingrundbesitzes in Rußland die Ausfuhr von dort ein weiteres Absinken zeigen wird. Vor allem bleibt auch nachzuholen, daß die Produktion selbst ihre hohe Aufgabe einer gesicherten Volksernährung erfassen und sich diesem Bedürfnis anpassen muß.

Für die Erhöhung der quantitativen Leistung wird es sowohl auf die Mehrung der menschlichen Arbeitskräfte, der rationellen künstlichen Düngung, der Vervollkommnung des Ackergerätes und der Anwendung mechanischer Kräfte wie auf die Auswahl geeigneter, vielleicht auch neuer Kulturpflanzen ankommen, wofür die moderne experimentelle Vererbungslehre Bedeutung erlangen wird. Erheblich im Rückstand ist noch die rationelle Tierhaltung. Sowohl mit Rücksicht auf die Fleisch- wie Milchproduktion muß die Ernährungsphysiologie weit überlegter angewendet werden wie bisher. Der Großbetrieb der Züchtungen erscheint als neues aussichtsreiches Feld der Tätigkeit.

So suchen also die biologischen Wissenschaften ein praktisches Arbeitsfeld in der Hebung der Erträgnisse aus Tier- und Pflanzenwelt wie in der Fürsorge für Gesundheit und Gedeihen des Menschen.

Es wäre ein interessantes Problem, zu zeigen, welche Milliarden Werte die wissenschaftliche Forschung durch knapp ein Jahrhundert unserem Volk zu erringen Gelegenheit gab und welche Aufwendungen andererseits für die Pflege der beteiligten Wissenschaften überhaupt verausgabt worden sind. Man würde dabei, kaufmännisch betrachtet, sehen, daß der ganze Aufwand des Staates eine verschwindende Größe der tatsächlichen Nutzleistung bedeutet. Die Wissenschaft hat allerdings ihre Entwicklung fernab von solchen Erwägungen genommen. Der wissenschaftliche Forscher sucht seine Befriedigung in dem Fortschritt der Erkenntnis, im Streben nach seinem Ideal, das letzten Endes die Wahrheit sein muß. Daher trennt sich die Wissenschaft auch nicht nach ihrer materiellen Bedeutung, sie ist in sich eins. Wie alle Teile allmählich auseinander hervorgegangen sind, so bilden sie auch ein Ganzes: die Geschichte des menschlichen Denkens. Die geistigen Güter sind zugleich die Elemente, auf denen die Erziehung und allgemeine Bildung beruht. Hoffen wir einen Aufbau unseres Volkes, so müssen wir ihn auch auf sittlichem Boden vollziehen. Wir haben allen Grund zur Annahme, daß in dieser Richtung vieles neu geschaffen werden muß. Die Entwicklung der letzten Jahre hat uns überall Verbesserungswertes erkennen lassen. Die fühlbaren Mängel des Wissens sind dabei weit geringer als die Mängel der sittlichen Erziehung, der Bildung des Charakters, der Bildung des Herzens und Gemütes. An dieser Aufgabe muß sich auch die Literatur, die Kunst, die Presse redlich beteiligen. Es ist nichts verloren, wenn die deutsche Nation sich auf ihre eigene Kraft besinnt.

Endlich schloß der Vorsitzende die Sitzung mit folgenden Worten:

Es liegt mir ob, in üblicher Weise den Jahresbericht abzustatten. Die Akademie hat im verflossenen Jahre kein einziges ihrer ordentlichen Mitglieder durch den Tod verloren; Hr. Branca ist nach München übergesiedelt und dadurch in die Reihe unserer Ehrenmitglieder getreten. Durch die HH. Paul Kehr, Ulrich Stutz, Ernst Heymann, Michael Tangl wurde die philosophisch-historische, durch die HH. Karl Heider, Erhard Schmidt, Gustav Müller, Rudolf Fick die physikalisch-mathematische Klasse ergänzt. Von Ehrenmitgliedern raubte uns der Tod Hrn. Andrew Dickson White in Ithaca, einen treuen Freund Deutschlands und seines geistigen Schaffens; von korrespondierenden Mitgliedern verlor die physikalisch-mathematische Klasse Hrn. Ferd. Braun (Straßburg), die philosophisch-historische Klasse die HH. Hauck (Leipzig), Radloff (Petersburg), Wellhausen (Göttingen); Hr. Sven Hedin in Stockholm, der erfolgreiche Forschungsreisende und Geograph, der so tapfer während aller Wechselfälle des Krieges sich zu unserem Volke bekannte, ist neu in die Reihe unserer Korrespondenten getreten.

Zweier Männer gedenke ich schließlich mit Wehmut, die durch Amt und Neigung mit der Akademie besonders eng verwachsen waren. Am 6. Juni starb der Hausverwalter Friedrich, der uns über ein Vierteljahrhundert als ein treuer, würdiger, unbedingt verläßlicher Beamter der guten alten preußischen Art wert gewesen war: eben noch hatte er leidlich rüstig sein 50jähriges Dienstjubiläum begangen: der Tod ersparte dem alten Manne, der dicht vor der Pensionierung stand, den Schmerz, sich von seiner geliebten Akademie trennen zu müssen. Und ihm folgte am 7. Dezember unser trefflicher Bibliothekar und Archivar Prof. Dr. Köhnke, der, nachdem er der Akademie durch mehr als 20 Jahre seine Dienste getan hatte, der Grippe in wenigen Tagen widerstandslos erlag. Er wußte in den Akten und Geschäften der Akademie mit unfehlbarer Sicherheit Bescheid und hielt sein Reich mit unbeirrbarer Ruhe in fester Ordnung, dem Sekretariat zumal ein unschätzbarer Helfer und Berater. Daß er die Niederlage und, schlimmer noch, die innere Auflösung des Vaterlandes erleben mußte, raubte dem tüchtigen Manne den Lebenswillen, der ihn gegen den Angriff der heimtückischen Krankheit stützen konnte. Wir halten sein Andenken in Ehren.

Die Akademie ist von den erschütternden Ereignissen des Jahres in den Tagen vom 9. bis 14. November unmittelbar hart betroffen worden. Die Wahnidee, es sei aus ihren Räumen heraus geschossen worden, hatte zur Folge, daß sie stark mit Maschinengewehrfeuer belegt, ihre Tore und Türen gewaltsam gesprengt wurden, daß Halbberechtigte und Unberechtigte in ihre Räume eindrangen, daß sie von mutwilliger Zerstörung und böser Plünderung heimgesucht worden ist. Zum Glück sind wenigstens die unersetzlichen wissenschaftlichen Sammlungen der Akademie nicht ernstlich berührt worden; auch die übrigen Schäden werden allmählich wieder so weit ausgebessert, wie es die Verhältnisse zur Zeit gestatten. Die Sitzungen haben ununterbrochen fortgedauert, wenn sie auch für drei Wochen aus den beschädigten Akademieräumen herausverlegt werden mußten.

Von den Unternehmungen der Akademie hat die Ausgabe des Ibn Saad, über die Hr. Sachau noch in der letzten Friedrichssitzung eingehender berichtete, ihren vollen Abschluß gefunden. Die systematische Erforschung der in den Gefangenenlagern vertretenen Dialekte konnte auf die fast unbekannten Sprachen des verschlossenen Königreichs Nepal, auf die wichtige Gruppe des Ostfinnischen, die rätselvolle Sprache der Basken ausgedehnt werden; auch tatarische, korsische, albanesische Mundarten wurden beobachtet. Deutsche Wissenschaft hat hier während des Krieges viele wertvolle sprachlichen Schätze gehoben und in Sicherheit gebracht, die in der Heimat der Sprecher unbeachtet geblieben waren.

Ich erfülle schließlich noch die schöne Pflicht, zu verkünden, daß die Akademie beschlossen hat, ihre Helmholtz-Medaille dem ordentlichen Professor an der Univ. München Wirkl. Geh. Rat Hrn. von Röntgen zu verleihen. Ein schlichter, strenger, genauer Gelehrter, gelangte er durch die ungewöhnliche Energie beobachtender Aufmerksamkeit zu jener großen Entdeckung, die seinen Namen heute aller Welt teuer macht. Die Strahlen, die nach ihm heißen, haben der Wissenschaft nicht nur eine solche Überfülle neuer Tatsachen eröffnete, wie kaum je ein anderer Fund, sondern sie haben zugleich in der praktischen Anwendung, zu der sie drängten, Millionen von Menschen Gesundheit und Lebensmöglichkeit wiedergeschenkt. Röntgens Entdeckung hat ihn, wie gerade dieser Krieg uns ergreifend zum Bewußtsein gebracht hat, zu den Wohltätern der Menschheit gereiht. Und wiederum ist dieser außerordentliche Gewinn, ungesucht erwachsen aus jenem getreuen hohen Triebe, der der reinen Erkenntnis ohne Nebengedanken zustrebt. —

Ungeheures ward in diesen Wochen über uns verhängt. Wie ein trübes Rätsel schaut uns ein nationaler Zusammenbruch an, der sich nicht aus dem verborgenen Widerspruch von Schein und Sein ableiten läßt, wie vergleichbare Katastrophen der Weltgeschichte.

Kein Wunder, wenn manch deutsches Herz unter der Last des Erlebten zu erliegen fürchtet. Aber wir vertrauen abermals auf die Heilkraft deutscher Arbeit, deutschen Geistes. In jener Rede zu Friedrichs Ruhm, die Johannes von Müller 1807 hier verlas, spricht er neben Kleinmütigem doch auch ein gutes stärkendes Wort: »Jamais homme, jamais peuple ne doit croire qu'il a fini. Les pertes de la fortune se reparent, le tems console des autres; il n'y a qu'un seul mal irréparable, c'est quand l'homme s'abandonne lui-même«: 'nur Ein Übel ist unheilbar, wenn der Mensch sich selbst aufgibt'. Und Friedrich der Große, der Heilige dieses Tages, der wahrlich kein Wundergläubiger war (les dieux pour les mortels ne font plus de miracles), wies seine Preußen in dunkelsten Tagen hin auf

l'audace et le courage,
Utiles instruments dont le pénible ouvrage
Asservit le destin.

Tritt zum Mute jener Sanctus amor patriae, der die Devise der Monumenta Germaniae historica bildet, verbindet sich ihm der Glaube an den deutschen Geist, der gerade das 19. Jahrhundert reicher fast verklärt als irgendeine frühere Zeit deutscher Geschichte, so kehrt die Zuversicht der Wieder- und Neugeburt in unsre Seele zurück. Die Zeit wird kommen, da wir Preußen vor dem blitzenden blauen Auge des großen Königs den Blick nicht mehr zu senken brauchen wie in dieser Stunde. Preußens, Deutschlands Rolle ist nicht ausgespielt. Wir, die wir dem Geiste dienen, vertrauen, daß sich der deutsche Geist nochmals den Körper schaffen wird, wie vor mehr als hundert Jahren. Das walte Gott!

An den vorstehenden Bericht über die Feier des Friedrichstages schließen sich die vorgeschriebenen Berichte über die Tätigkeit der Akademie und der bei ihr bestehenden Stiftungen.

Sammlung der griechischen Inschriften.

Bericht des Hrn. von Wilamowitz-Moellendorff.

Erschienen ist Voluminis II et III editio minor, IV Fasciculus I; er enthält die für die Benutzung der erschienenen Teile notwendigen Indices, bearbeitet von Hrn. Prof. Kirchner.

Sammlung der lateinischen Inschriften.

Bericht des Hrn. Hirschfeld.

Hr. Bang hat den Satz des Auctariums und der Namenindizes zu den stadtrömischen (Bd. VI 4, 3; VI 6), Hr. Gaheis den der Nachträge zu den mittelitalischen Inschriften (Bd. XI 2) weitergeführt; ausgedruckt konnten, infolge der zur Zeit herrschenden Papierknappheit, nur wenige Bogen werden. Aus dem gleichen Grunde ist mit dem Druck der im letzten Jahre weiter ausgearbeiteten Indizes zu Bd. XIII noch nicht begonnen worden. Dagegen schien es richtig, den schon lange ausgedruckten Hauptteil der neuen Bearbeitung der republikanischen Inschriften ohne die Indizes, deren Drucklegung unter den gegenwärtigen Umständen noch geraume Zeit erfordern würde, herauszugeben; derselbe ist jetzt unter dem Titel Inscriptiones Latinae antiquissimae ad C. Caesaris mortem a Theodoro Mommsen editae, editio altera Pars posterior, cura Ernesti Lommatzsch fasciculus I erschienen. — Der Bearbeiter der rheinischen Ziegelinschriften, Hr. Steiner, die ganze Zeit über im Heeresdienst, hat eine ausführliche Behandlung der von ihm bei seinem letzten Urlaub aufgenommenen Trierer Ziegelinschriften vorgelegt, die, zunächst für eine Provinzialzeitschrift bestimmt, Bd. XIII 3 des Inschriftenwerks zugute kommen wird. — Andre Abteilungen, insbesondere Bd. VIII, konnten infolge der noch fortdauernden Unterbrechung der Beziehungen zu dem Ausland nicht gefördert werden.

Prosopographie der römischen Kaiserzeit.

Bericht des Hrn. Hirschfeld.

Die Ergänzung der Nachträge zu dem alphabetischen Teil und die der Beamtenlisten ist von den HH. Dessau, Groag und Stein weiter fortgeführt worden. Mit dem Druck dieser Abteilungen konnte noch nicht begonnen werden.

Politische Korrespondenz Friedrichs des Groszen.

Bericht der HH. Hintze, Meinecke und Kehr.

Der 37. Band ist im Laufe des Sommers erschienen. Der 38. befindet sich im Druck. Er führt vom April 1776 bis Ende Februar 1777. Mehrere bedeutsame Ereignisse fallen in diesen Zeitraum. Zunächst der zweite Besuch des Prinzen Heinrich am Petersburger Hofe, der zur Vermittlung der Heirat des soeben verwitweten Großfürstthronfolgers Paul mit der Prinzessin Dorothea von Württemberg, einer Großnichte Friedrichs, Veranlassung bot. Heinrich hatte ferner den Auftrag, mit der russischen Regierung über die endgültige Regelung des preußischen Grenzzugs in Polen ins Einvernehmen zu treten, während die Verhandlung selbst in Warschau geführt wurde. Nach Überwindung mannigfacher Schwierigkeiten gelangte am 22. August 1776 der Grenzvertrag mit Polen zur Unterzeichnung. Um nicht nur die Erwerbungen in Polen, sondern auch die Zukunft des Preußischen Staates zu sichern, beantragte König Friedrich darauf die russische Garantie und die abermalige Verlängerung des Allianzvertrages mit Rußland, der die Grundlage seiner Politik bildete. Doch erst im Frühjahr 1777 führten diese Verhandlungen zum Ziel.

Griechische Münzwerke.

Bericht des Hrn. Dragendorff.

Hr. von Fritze hat die chronologischen Vorarbeiten für Heft III der Antiken Münzen Mysiens fortgesetzt. Die Studie über die Silber- und Elektronprägung der Münzen von Lampsakos liegt druckfertig vor. Heft II, das seit Dezember 1916 ebenfalls druckfertig ist, konnte bei den gegenwärtigen Verhältnissen noch nicht gedruckt werden, doch erfuhr er noch einige nachträgliche Ergänzungen. Sonst sind Fortschritte nicht zu verzeichnen.

Acta Borussica.

Bericht der HH. Hintze, Meinecke und Kehr.

Die Arbeiten mußten auch in dem vergangenen Jahr ruhen, da die sämtlichen Mitarbeiter noch im Felde oder sonst im Heeresdienste tätig waren. Von ihnen ist Dr. Reimann, Leutnant d. R., am 2. Mai als Führer einer Patrouille in der Champagne gefallen. Dr. Rachel, Hauptmann d. R., ist Ende November zurückgekehrt und hat vom 1. Dezember ab die 1914 unterbrochene Arbeit an der Geschichte der allgemeinen Handels- und Zollpolitik wieder aufgenommen. Der Druck des zweiten Bandes dieser Abteilung, der die Regierungszeit Friedrich Wilhelms I. umfaßt und bis zum 17. Bogen gediehen war, kann wegen der zur Zeit obwaltenden äußeren Schwierigkeiten nicht sofort weitergeführt werden; doch ist zu hoffen, daß dies nach einigen Monaten wird geschehen können. Inzwischen ist das Manuskript des nächsten Bandes, der die Urkunden und statistischen Beilagen enthält, noch einmal zu revidieren und womöglich zu kürzen und die Arbeit dann über das Jahr 1740 hinaus fortzuführen.

Ausgabe der Werke von Weierstrass.

Bericht des Hrn. Planck.

Auch im abgelaufenen Jahre verhinderte die Ungunst der Zeitverhältnisse eine nennenswerte Förderung des Unternehmens.

Kant-Ausgabe.

Bericht des Hrn. Erdmann.

Die im vorjährigen Bericht ausgesprochene Hoffnung, daß Band IX der Werke Kants noch im Laufe des Jahres 1918 herausgegeben werden könne, hat sich nicht erfüllt. Er wird, falls die Lage des Buchhandels die Fortsetzung des Druckes gestattet, endlich in diesem Jahre veröffentlicht werden können.

Von der Abteilung der Briefe ist auch der Schlußband (XIII im Druckmanuskript abgeschlossen. Er wird, soweit der Weiterdruck möglich wird, zugleich mit den im Neudruck fertigen Bänden X—XII ausgegeben werden.

Die dritte Abteilung, den handschriftlichen Nachlaß umfassend, hat leider auch im vorigen Jahre schon wegen Manuskriptmangels im Druck nicht weitergefördert werden können.

Ibn-Saad-Ausgabe.

Bericht des Hrn. SACHAU.

Der letzte Teil der Ibn-Saad-Ausgabe, Band 13 (VII, II), enthaltend die Artikel über die berühmten Männer des ältesten Islams in Basra, Bagdad, Damaskus, Kairo und anderen Orten der islamischen Welt, bearbeitet von mir, ist gegen Ende des Jahres 1918 (s. Vorlage in der Klassensitzung vom 19. Dezember) fertig geworden und damit die ganze Textausgabe zum Abschluß gelangt. In derselben Sitzung ist für die Geschäfte der Herstellung der nötigen Indices eine Kommission, bestehend aus den HH. ERMAN, W. SCHULZE, F. W. K. MÜLLER und mir, gewählt.

Wörterbuch der ägyptischen Sprache.

Bericht des Hrn. ERMAN.

Auch in diesem Jahre haben wir den Verlust eines treuen Mitarbeiters zu beklagen. Hr. STELLER, der vom Anfang des Krieges an im Felde gestanden und Verwundung und Krankheit überstanden hatte, hat, als er jetzt wieder hinauszog, den Heldentod gefunden.

Die Ausarbeitung des Manuskriptes lag während zehn Monaten allein Hrn. ERMAN ob; erst im November konnte Hr. GRAPOW wieder an die Arbeit gehen. So wurden in diesem Jahre denn auch nur 416 Worte erledigt, von *ḥft* bis ausschließlich *ḥt*, dabei freilich die umfangreichen Präpositionen *ḥnt* und *ḥr* mit ihren Ableitungen. Im ganzen sind bisher 9172 Worte durchgearbeitet.

Das Einschreiben des Manuskriptes wurde von Frl. LOMAX bis zu *ḥkn* geführt.

An der Verzettelung waren die HH. ERMAN, JUNKER, ROEDER und Frau VON HALLE tätig; sie erstreckte sich auf den Tempel von Ombos und erledigte weiter die hieratischen Ostraka des Berliner Museums sowie das Petersburger Weisheitsbuch.

Das Ausschreiben der Zettel wurde in dankenswerter Weise wie im vorigen Jahre von den Hildesheimer Herren besorgt; das Alphabetisieren lag wie immer in Frl. MORGENSTERNS Hand, die 24892 Zettel ordnete, so daß die Zahl der alphabetisierten Zettel auf 1374806 stieg.

Die Kommission der an dem Unternehmen beteiligten Akademien trat am 8. Juli zu einer Beratung zusammen. Sie wählte die HH.

Junker, Schäfer, Sethe und Spiegelberg zu sich hinzu und beschloß weiter, das für das Wörterbuch gesammelte Material an Zetteln, Abschriften usw. der Berliner Akademie als Eigentum zu übergeben, unter der Voraussetzung, daß es auch fernerhin im Berliner Ägyptischen Museum aufbewahrt bleibe.

Das Tierreich.

Bericht des Hrn. K. Heider.

Der hohen Kosten und des Papiermangels wegen ist auch im Berichtsjahr der Druck der Tierreichlieferungen auf Wunsch des Verlegers gemäß § 7 des Verlagskontraktes noch nicht aufgenommen worden. Weitere Manuskripte sind in dem verflossenen Jahre nicht eingegangen.

Dadurch war Gelegenheit gegeben, die im vorjährigen Berichte erwähnten Arbeiten über Literaturkürzungen und zoologische Autoren so zu fördern, daß ihr Abschluß bald zu erwarten ist.

Nomenclator animalium generum et subgenerum.

Bericht des Hrn. Heider.

Die Arbeiten konnten erst am Schluß des Jahres wieder regelmäßig aufgenommen werden, nachdem der wissenschaftliche Beamte Hr. Kuhlgatz im November seinen Dienst beim Roten Kreuz beendigt hatte.

Der Reindruck der schon im vorigen Jahre zum Druck gegebenen Hymenopteren-Familie der *Apidae* wurde im Mai 1918 fertiggestellt. Im übrigen gingen, abgesehen von einigen kleinen Ergänzungen zu früher abgelieferten Gruppen, keinerlei Beiträge ein, weder im Manuskript noch im Reindruck.

Eine Spende von 200 Mark für Zwecke des Unternehmens ließ im vergangenen Jahre der ständige Mitarbeiter des Nomenclators Hr. Professor Biedermann-Imhoof zu Eutin seinen mehrfachen früheren Zuwendungen folgen, die sich nunmehr im ganzen auf 2900 Mark belaufen.

Das Pflanzenreich.

Bericht des Hrn. Engler.

Im Laufe des Jahres 1918 wurde kein Heft veröffentlicht. Leider war die Verlagsbuchhandlung noch nicht in der Lage, das völlig abgeschlossene und seit einem Jahr im Satz stehende umfangreiche Heft 68 (F. Pax und Käthe Hoffmann, *Euphorbiaceae-Acalypheae-Plukenetiinae, Epiprininae, Ricininae, Euph.-Dalechampieae, Euph.-Pereae, Euph.-Additamentum VI.* Käthe Rosenthal, *Daphniphyllaceae*) zur Ausgabe gelangen zu lassen. Auch die zweite Hälfte der *Saxifragaceae-Saxifraga* (von A. Engler und E. Irmscher), deren erster Teil als Heft 67 bereits 1916 veröffentlicht worden ist, lag nebst dem sehr umfangreichen Register und dem allgemeinen Teil schon im März d. J. im Satz vollständig vor; aber leider vermochte die Verlagsbuchhandlung unter den gegenwärtigen Verhältnissen, hauptsächlich infolge Mangels von geeignetem Papier, auch dieses Heft nicht herauszugeben.

Als völlig druckfertige Manuskripte befinden sich teils bei dem Verleger, Hrn. Wilhelm Engelmann, teils in den Händen des Herausgebers:

O. E. Schulz, *Cruciferae-Brassicinae*;
A. Lingelsheim, *Oleaceae-Fraxineae* et *Syringeae*;
A. Engler und K. Krause, *Araceae-Colocasioideae*;
A. Engler, *Araceae-Aroideae* et *Pistioideae* und allgemeiner Teil der *Araceae*;
Fr. Kränzlin, *Orchidaceae-Oncidieae*.

Fast druckfertig sind:

R. Knuth, *Dioscoreaceae* und *Oxalidaceae*;
K. H. Zahn, *Hieracium*, wozu nur noch die Klischees herzustellen sind;
A. Cogniaux, *Cucurbitaceae II* und Schluß, von dem Verf. noch vor seinem Tode teilweise fertiggestellt oder in Notizen hinterlassen, aber zahlreicher Ergänzungen oder Neubearbeitungen bedürftig, welche von Prof. Harms besorgt werden:
J. Schuster, *Cycadaceae*:
A. Brand, *Borraginaceae-Cynoglosseae*:
C. Mez, *Gramineae-Paniceae*.

Diese Bearbeitungen umfassen mehr als 150 Druckbogen, und es ist im höchsten Grade bedauerlich, daß die Zeitverhältnisse die Förderung, welche durch diese auf mehrjährigen Studien beruhenden Arbeiten der systematischen Botanik zuteil geworden wäre, noch weiter hinausschieben.

Es haben ferner in Arbeit:

F. Pax, Fortsetzung der *Euphorbiaceae*;
F. Niedenzu, Die *Malpighiaceae*;
F. Fedde, Die *Papaveraceae II* und Schluß;
H. Wolff, Die *Umbelliferae-Ammineae*:
G. Bitter, Die Gattung *Solanum*:
E. Gilg, Die Gattung *Draba*;
G. Schellenberg, *Connaraceae*;
R. Chodat, *Polygalaceae*;
A. Schindler, *Leguminosae-Desmodiinae*.

Geschichte des Fixsternhimmels.

Bericht des Hrn. Struve.

Im vergangenen Jahre wurden von den Hilfskräften im Bureau die Reduktionen der Katalogörter, soweit sie früher in den Zettelkatalog der Sterne eingetragen waren, auf das Äquinoktium 1875 abgeschlossen und einige ergänzende Arbeiten (Ausziehen von Größenangaben, Berechnung von fehlenden Präzessionen u. a.) für den Generalkatalog ausgeführt. Vom wissenschaftlichen Beamten Hrn. Dr. Paetsch, der wie bisher die Arbeiten im Bureau leitete, wurde die Bearbeitung des noch ausstehenden Cambridger Katalogs 1849—1869 bis 11^h fortgesetzt und bis 4^h für die Drucklegung vorbereitet, ferner die Reduktion der eine besondere Gruppe bildenden Polsterne auf das Äquinoktium 1875 fortgesetzt, wobei er von einem der Hilfsrechner unterstützt wurde.

Damit waren die Arbeiten im Bureau so weit gediehen, daß nunmehr in der zweiten Hälfte des Jahres mit der Drucklegung des Generalkatalogs für die Geschichte des Fixsternhimmels, welcher die Resultate 20jähriger Arbeit der Öffentlichkeit übergeben soll, begonnen werden konnte. Der Generalkatalog wird die Örter sämtlicher Fixsterne, welche seit Bradleys Zeiten (1745) bis zum Ende des 19. Jahrhunderts an Meridianinstrumenten beobachtet sind, in einheitlicher Weise auf das Äquinoktium 1875 reduziert, bringen, nebst allen zur Ableitung der Eigenbewegungen erforderlichen Angaben. Er beruht auf 265 Einzelkatalogen, welche rund 550000 Sternpositionen von 170000 Sternen enthalten. Bei möglichster Zusammenfassung und Kürzung wird das Werk gegen 600 Bogen Großquart umfassen und in Lieferungen von je 20 bis 30 Bogen erscheinen. Die Drucklegung ist durch Vertrag der bekannten Braunschen Hofbuchdruckerei in Karlsruhe übergeben worden.

Eine besonders mühsame und zeitraubende Arbeit bereitet bei diesem Tabellendruck sowohl die Herstellung des Manuskripts, welche von dem Mitarbeiter am Bureau Hrn. Martens besorgt wird, wie auch die Revision der Korrekturen, in welche sich Dr. Paetsch und Hr. Martens teilen. Das Manuskript ist gegenwärtig für die erste Stunde Rektaszension bis $0^h\ 36^m$ fertiggestellt. Davon konnten aber, teils aus Mangel an geübten Setzern während des Krieges, teils auch weil die Arbeiten im Bureau wegen der revolutionären Umwälzungen zeitweise unterbrochen werden mußten, bisher nur die ersten 5 Bogen abgesetzt werden. Die Druckerei hofft indessen, wenn keine weiteren Behinderungen eintreten, den Druck im kommenden Jahre wesentlich rascher (bis zu 1 Bogen pro Woche) fördern zu können.

Kommission für die Herausgabe der „Gesammelten Schriften Wilhelm von Humboldts“.

Bericht des Hrn. Burdach.

Ungeachtet der mannigfachen durch den Krieg bewirkten Störungen und Schwierigkeiten gelang es im Berichtsjahr, den fünfzehnten Band (Band 2 der Tagebücher) in einem Umfang von siebenunddreißig Bogen zu vollenden und damit die dritte Abteilung der Ausgabe im Druck abzuschließen. Es steht jetzt nur noch die vierte Abteilung (Briefe) aus sowie die Beendigung des dreizehnten Bandes (Nachträge zur ersten und zweiten Abteilung), von dem neunzehn Bogen seit 1913 im Reindruck vorliegen. Die Ausführung beider Aufgaben, für die bereits die nötigen Vorbereitungen eingeleitet sind, wird sobald als möglich in Angriff genommen werden.

Interakademische Leibniz-Ausgabe.

Bericht des Hrn. Erdmann.

Die Arbeit an dem Manuskript der Ausgabe ist auch im vergangenen Jahre an verschiedenen Punkten fortgesetzt worden, seit dem Sommer wieder unter der persönlichen Aufsicht von Hrn. Ritter.

Corpus Medicorum Graecorum.

Bericht des Hrn. Diels.

Die Arbeit an der Herausgabe der griechischen Ärzte hat im verflossenen Jahre fast ganz geruht. Die im vorigen Bericht erwähnte Arbeit des Hrn. Oberstudienrats Dr. Helmreich in Anspach ist in den Abhandlungen unsrer Akademie 1918 (phil.-hist. Kl. Nr. 6) erschienen.

Hr. Prof. Dr. M. Wellmann in Potsdam hat an seiner Demokrit-Bolos-Arbeit etwas weiterarbeiten können, das Γεωργικόν dieser Enzyklopädie naturwissenschaftlich aufgearbeitet und erste Hand an die βίβλοι βαφικαί gelegt.

Hr. Oberlehrer Dr. Wenkebach berichtet über seine Studien folgendes:

Da die im letzten Bericht mitgeteilte Bedingung für die Weiterarbeit am Text der Galenschen Kommentare zu den Epidemien des Hippokrates sich wider Erwarten noch im Sommer erfüllte, so wurde mein Mitarbeiter, Hr. Studienassessor Dr. phil. Franz Pfaff (Berlin-Reinickendorf), durch die neue photographische Aufnahme des Cod. Escor. Arab. 804 in den Stand gesetzt, mir die arabische Überlieferung des zweiten Kommentars zum ersten Buch ins Deutsche übersetzt zum Gebrauch bereitzustellen. Die Untersuchung ist mühsam, aber nicht unergiebig; wir hoffen, bis Ostern 1919 die Arbeit am ersten Buche der Epidemien zu erledigen. Als eine Probe unsrer gemeinsamen Tätigkeit habe ich einen Aufsatz, in dem ich das in der Einleitung zutage tretende Verhältnis unsers griechischen Textes, der Übersetzung des arabischen Arztes Hunain und der des Humanisten Nicolaus Macchellus zueinander dargelegt habe, unter dem Titel »Das Proömium der Kommentare Galens zu den Epidemien des Hippokrates« in den Abh. d. Berl. Akad. d. Wiss. 1918 (phil.-hist. Kl. Nr. 8), erscheinen lassen können.

Die im vorigen Bericht in Aussicht gestellte vorläufige Erotianausgabe des Hrn. Dr. E. Nachmanson in Uppsala ist in der *Collectio Scriptorum Veterum Upsaliensis* (Gotenburg 1918) erschienen.

Der Druck des Paulus Aeginetes (Herausgeber Hr. Heiberg in Kopenhagen) wird hoffentlich bald wieder aufgenommen werden.

Deutsche Commission.

Bericht der HH. Burdach, Heusler und Roethe.

Das vergangene Kriegsjahr hat einen so lähmenden Druck auf unsre Arbeiten ausgeübt und einen Tiefstand der Fortschritte bewirkt, wie keins seiner Vorgänger. Aber nochmals gelang es, die Unternehmungen einigermaßen im Gange zu halten. So hoffen wir, in den Frieden zu treten, ohne daß irgend ein Faden ganz abgerissen wäre. Möge der Friede, der uns bevorsteht, nicht mehr zerstören als der Krieg!

Einen sehr schmerzlichen Verlust erlitten wir durch den Tod Dr. Max Paepkes, der, aus dem Kriege anscheinend genesen heimgekehrt, am 16. Februar 1918 in Göttingen einer heftigen Erkrankung zum Opfer fiel, die ihn mitten aus verheißungsvoller Arbeit herausriß.

Die Deutsche Commission wurde durch die Zuwahl des Hrn. Kehr ergänzt.

Nur wenige unsrer Mitarbeiter konnten ihre Arbeiten für die **Inventarisation der deutschen Handschriften des Mittelalters** fortsetzen.

Die früher schon benutzte Handschrift mit Gedichten Hans Rosenplüts aus der Staatsbibliothek zu Dresden (Nr. M 50) unterzog Dr. Heinrich Niewöhner einer erneuten gründlichen Durchsicht.

In Gotha nahm Dr. Heinrich Niewöhner in der Hauptsache diejenigen Handschriften der Herzoglichen Bibliothek nach 1520 vor, die

Geheimrat Ehwald unseren früheren Bestimmungen entsprechend übergangen hatte: die kurzen Hinweise, die einst Jacobs und Ukert darüber gegeben hatten, bedurften der Nachprüfung und Ergänzung. Die älteste behandelte Pergamenthandschrift, das Murbacher Evangeliar, gehört dem 9./10. Jahrhundert an und ergab noch einige lateinische Hymnen: über Jean Bapt. Maugérard, durch den die Handschrift nach Gotha gelangte, hat Ehwald in Traubes Paläographischen Forschungen gehandelt. In einer Prachthandschrift der Bibel, die wahrscheinlich 1292 zu Echternach geschrieben worden ist, sind im 16. Jahrhundert am Rande einige Übersetzungen eingetragen worden (I 9). Ebenfalls dem Echternacher Benedictinerkloster entstammt eine Prachthandschrift mit den Viten Willibrords und Thiofrids (I 70; 12. Jahrhundert). Durch Diebstahl Maugérards gelangte aus der Amploniana die Sammelbandschrift II 125, von mehreren Händen des 13. Jahrhunderts geschrieben, nach Gotha; sie enthält des Martius Valerius 'Bucolica', Petri Heliä 'Liber de quantitate' und allerlei Merkverse. Ein Echternacher Johanneslegendar des 15. Jahrhunderts (I 68) bietet einige Hymnen auf Johannes den Evangelisten. Von den Sammelhandschriften des 15. Jahrhunderts sei A 19, 1451 zu Wien entstanden, erwähnt; sie vereint Petrus Cameracensis 'De septem psalmis', Wilhelmus Parisiensis 'De pluralitate beneficiorum' mit einer Predigt des Henricus de Hassia (in festo lanceae et clavorum domini), einigen zu Wien gehaltenen Sermonen und Konrad Wagners Tractat 'De quadruplici fletu' und anderen mehr. — Besondere Sorgfalt widmete Niewöhner Handschrift B 61, die in der Hauptsache Horaz (daneben Scholien zu Terenz, Abhandlungen des Enea Silvio, Panegyricon 'De bono' des Laurencius Valla u. a.) enthält und in den Jahren 1462—67 geschrieben ist; einige lateinische Gedichte mit deutscher Interlinearversion machen Augsburger Herkunft wahrscheinlich. Führt Handschrift B 222 mit ihren Dialogen (zwischen Jodocus von Auffes und Thomas Wolf, Thomas Wolf und Thomas Beccadellus u. a.) unzweifelhaft in deutsche Humanistenkreise, so ist eine Reihe anderer Handschriften in maiorem reformatorum gloriam verfaßt. So birgt neben vielen andern Stücken B 19 Luthers Tischreden und 'Exempla et historiae' Melanchthons, B 23 Briefe und Abhandlungen der Reformatoren, B 15 Dicta Lutheri (von Valentin Bayer zu Naumburg geschrieben), B 20 Briefe Luthers (daneben Johann Potken, 'De psalmis chaldeicis'), A 402. B 28. B 148 Ähnliches. Ratzebergers Vita Lutheri ist in A 114 enthalten. Vorwiegend weltlichen Charakter trägt B 46 (2. Hälfte des 17. Jahrhunderts): außer Briefen zwischen Elisabeth von England, Friedrich von Dänemark, Heinrich von Navarra, Wilhelm von Oranien (1577—79) finden sich allerlei Parodien, Verse des Philippus Beroaldus über das Kanzleramt, ein lateinischer Fürstenspiegel von Hartmann Hartmanni von Eppingen (1573), Verse von Heinrich Knaust über die Lebensalter: von ihm liegt in der gleichen Handschrift auch eine Übersetzung des Johannes de Indagine, 'De vita adolescentiae' vor. Die Erfurter Chronik (A 207) des Pfarrers Rödinger aus Rockenhausen war von dem Erfurter Drucker Eobanus von Dolgen geschrieben und reicht, viele eingelegte Verse mit sich führend, bis zum April 1587; zahlreiche lateinische und deutsche Verse, Invectiven, Pasquille, Lieder aus der Zeit der Grumbachischen Händel und der Concordienformel schließen sich an. Das 'Gespräch deutscher Fürsten mit Alba' und 'Der Tanz von Babylon' in deutschen Reimen, weit verbreitet, findet sich z. B. auch in Erfurt, Stadtarchiv A I 5 (s. u.). Ein anderer Sammelcodex der gleichen Zeit (A 592) bietet außer Pasquillen auf Gebhard Truchseß von Cöln ein Lied von der Schoderin zu Würzburg; 'Das fränkisch Monstrum mit seinen 12 verderblichen Eigenschaften' (1583) in deutschen Reimen soll auf einen Seinsheim gemünzt sein. Ein historisches Lied auf den Bauernaufstand von 1525 ist in eine Würzburger Chronik des 17. Jahrhunderts eingesprengt, die bis 1545 reicht und auf Lorenz Fries fußt. Erwähnt sei schließlich noch eine umfängliche Compilation um 1700 (A 186) aus Würzburgischen Quellen.

Eine im Stadtarchiv zu Erfurt befindliche Erfurter Chronik des 16. Jahrhunderts (A I 5) untersuchte Dr. Behrend. Verschiedene in sie eingestreute Lieder und Pasquille finden sich auch in der Gothaer Handschrift (Herzogl. Bibliothek A 207). Den Schluß, den Herrmann (Bibliotheca Erfurtina) macht, daß in dieser Erfurter Handschrift eine Abschrift der Aufzeichnungen Wolf Wambachs vorliege, ist anscheinend unrichtig.

In Schlesien setzte cand. phil. Haertwig seine eifrige Tätigkeit fort: sie galt in der Hauptsache den zahlreichen, bisher noch zurückgestellten Sammelhandschriften der Breslauer Universitäts- und Stadtbibliothek aus dem 15.—17. Jahrhundert, die mit ihren lateinischen Sermonen, Tractaten, Sprichwörtern und Klugreden, naturgeschichtlichen und alchimistischen Aufzeichnungen fast durchweg nur durch gelegentlich eingestreute Übersetzungen, auch Briefe, für unsre Aufgabe in Betracht kommen. Der Localhistoriker wird diesen Stücken manches abgewinnen können; so bietet z. B. eine aus dem Collegiatstift zu Glogau stammende Sammelhandschrift einen deutschen Schöffenspruch von Glogau aus dem Jahre 1418 (UB: IF 337); einer Summa Pisana, 14.—15. Jahrhundert, sind deutsche Schöffensprüche angereiht (Stb.: 1246). Aus der Bibliothek der Chorherrn zu Sagan stammt der Sammelcodex (UB: IF 641), der unter anderen lateinische und deutsche Exempla enthält. Historische Verse birgt eine Breslauer

Chronik des 16. Jahrhunderts (Stb: 1098). Ein Petrus Stosch sammelte in alphabetischer Folge lateinische Merkverse, denen gelegentlich deutsche Übersetzungen beigegeben sind (Hds. des 15. Jahrh.). Ein Fechtbuch aus dem ersten Viertel des 16. Jahrhunderts gehörte ursprünglich der Maria-Magdalenen-Bibliothek zu Breslau. Dem Druck von Melanchthons 'Corpus doctrinae' sind zahlreiche handschriftliche Urteile namhafter Zeitgenossen beigefügt.

Haertwig widmete sich ferner den Handschriften der Breslauer Dombibliothek: theologische Werke stehen hier im Vordergrund. Dem 15. Jahrhundert gehören an lateinische Klosterregeln mit deutschen Übersetzungen (Nr. 184), ferner eine Sammlung von Officien, lateinischen und deutschen Kirchenliedern mit Noten (Nr. 168). Eine andere Sammelhandschrift des 15. Jahrhunderts (Nr. 161) bietet ein deutsches Gedicht über die Priesterschaft. Kirchenrechtlichen Inhalt zeigt ein Werk des Petrus de Ancharano, dem gelegentlich deutsche Übersetzungen beigefügt sind (Hds. des 15. Jahrhunderts; Nr. 108). Neben einem gynäkologischen, auch durch den Druck verbreiteten Werk des Georgius Pictorius aus Villingen (Nr. 88, Ende des 16. Jahrhunderts) finden sich auffallend viele dem Geheimwissen und der Alchimie zugehörige Handschriften; so enthält Nr. 38 z. B. den Sendbrief des Johannes Trithemius von den drei Anfängen aller natürlichen Künste und Philosophie, Nr. 75 einen philosophischen Discurs vom Stein der Weisen; gleichen Inhalts sind ferner die Hdss. 85. 86. 157. 1614 wurde eine deutsche Übersetzung der Lebensbeschreibung des Lazarillo de Tormes geschrieben (Nr. 33); die Hs. ist also älter als der erste Augsburger Druck der Ulenhartschen Übersetzung (1617). Dem 18. Jahrhundert gehört eine 'Roma gloriosa' an, die von Friedrich Bernhard Wernher verfaßt, von Felix Husse 1773 mit Malereien geschmückt worden ist (Hds. Nr. 64) und einige Verse enthält.

Eine Handschrift der Gymnasialbibliothek zu Brieg, ebenfalls von Haertwig beschrieben, bietet eine Sammlung von Meistersingergedichten des 16. und 17. Jahrhunderts, die der Büchsenmacher und Zeugwart Georg Lange zu Brieg zusammengebracht hat: die letzten Verse trug Peter Klaußwitz. 'Kürschner und Exulant, bürtig von Jägerndorf', 1647 ein.

In Berlin legte Hr. Antiquar Martin Bresslauer unserem Archivar zwei Pergamentbruchstücke vor: sie gehören nach seiner Feststellung der ersten Hälfte des 15. Jahrhunderts an und enthalten Teile eines nd. Tractats vom Sacrament des Altars. Abschriften der nach Greifswald gelangten Bruchstücke sind im Besitz des Archivs.

Im Staatsarchiv und in der Universitätsbibliothek zu Münster setzte Dr. Walther Menn seine dankenswerte Tätigkeit fort. Die Hauptmasse der behandelten Stücke gehört auch diesmal den späteren Jahrhunderten an, doch geht eine Pergamenthandschrift des Staatsarchivs (I 228) bis auf das 11./12. Jahrhundert zurück; außer den lateinischen Viten des Heiligen Willehad, des Heiligen Anskar und Rimberts enthält sie einen Katalog der Bremer, Hamburger und Schleswiger Bischöfe. Stücke aus dem 12.—16. Jahrhundert vereinigt eine Sammelhandschrift aus dem Moritzkloster in Minden: einen Nekrolog und eine Äbteliste dieses Klosters, eine Regel des Heiligen Benedict und ein Hymnar für das Kirchenjahr. Aus Soest stammt ein später nach Arnsberg gelangtes, jetzt in Münster befindliches theologisches Schlagwortverzeichnis des 13. Jahrhunderts in lateinischer Sprache, das auch die 'Zehn Plagen' von Petrus Pictor enthält. Während die meisten der nd. Rechtshandschriften bereits Borchling vorgelegen hatten, wird jetzt noch auf ein dem 15. Jahrhundert zugehöriges Abcdarium zum Sachsenspiegel hingewiesen, dessen Anfang und Schluß fehlen (UB 154); eine andere noch nicht berücksichtigte Handschrift des Staatsarchivs (VII 38; 15. Jahrhundert) bringt Auszüge aus dem Sachsenspiegel und der Glosse bei. Um 1500 entstand eine Handschrift, enthaltend Recht und Gewohnheit der Stadt Wildeshausen mitsamt einem Weistum des Wildeshausener Rechts. Ökonomisches mit theologischer Weisheit verbindet Hds. VII 2709 des Staatsarchivs (15. Jahrhundert): außer einem Einkünfteverzeichnis des Stiftes St. Marien in Minden ein lateinisches Gedicht über die Vorzüge des christlichen Lebens (Br.). In die religiösen Kämpfe des 15. Jahrhunderts läßt eine Sammelhandschrift blicken, die wenigstens teilweise in der Kartause zu Erfurt geschrieben, später in das Kloster Marienfeld gelangte: außer einer Fülle von Tractaten des großen Kanzlers Gerson den 'Dialogus de celebratione et communione' des Henricus de Hassia, ein Tractat des Kartäusers Jacobus 'De scrupulosis in regula St. Benedicti', ein Tractat über die Beichte von Bernhard von Rheda, eine Klosterregel in Versen (Br.) u. a. UB 259 ist ein von lateinischen Versen begleiteter Psalmencommentar, den der Benedictinermönch Bernhard Witte 1516 in Liesborn schrieb. Dem Kirchenhistoriker werden Briefe, die Anna von Ascheberg in Angelegenheiten ihres Klosters Herzebroek (Kreis Wiedenbrück) 1533—42 in niederdeutscher Sprache schrieb, erwünscht sein. Die Reiseliteratur wird durch die Beschreibung eines Herrn von Oheimb (Reise nach Frankreich 1666—67) vertreten. Der Geschichte des Jesuitendramas in Deutschland dient ein 1692 zusammengestellter Sammelband (UB 83), der eine Reihe von gedruckten und handschriftlichen Programmen vereinigt: sowohl die alte Sage und Geschichte mit Hercules und Cyrus wie die neuere Zeit mit Ludwig dem Strengen, Herzog von Bayern, bot Vorbilder. Dem Ende des 17. Jahrhunderts gehört Franz Xaver

Trips' 'Scena Batavica' an, die auf Grund einer öfters abweichenden Vorlage und ohne die Zusätze von 1679 bereits unter dem Titel 'Europae status descriptio metrica' 1746 gedruckt worden ist.

Mit gewohnter Rüstigkeit förderte Dr. Brill unsere Handschriftenarbeit in der Provincialbibliothek zu Hannover. Eine Mischhandschrift des 15. Jahrhunderts, medicinischen, theologischen und erzählenden Inhalts zeigt, wie man sich den ererbten Besitz zu eigen machte: neben den 'Tractatus Cassiodori de modo dicendi seu tacendi' tritt 'Ain deutscher Spruch von Reden'; die neuere Stilkunst vertritt eine 'Epistola Iohannis presbyteri ad Carolum IV', während eine 'Navis perdicionis', neben einer 'Navis salutis ad celum', Beispiele der ins Kraut geschossenen Allegoristerei sind. Hds. VI 618a enthält einen summarischen Bericht über die Reise Martin Vogels durch Deutschland in den Jahren 1653—63. Notizhefte von Johann Heinrich Heinzel von Degenstein aus den Jahren 1580—93 gewinnen durch beiliegende Excerpte Leibnizens an Wert. Daneben Meibomiana. Dem 17., 18. Jahrhundert entstammt ein deutsch-spanisches Hausbuch, das außer Stellen aus spanischen Schriftstellern auch die Prahlrede des spanischen Kapitäns Rodomond im deutschen Auszug, eine Reise des Paters Benedictus Freysleben nach Indien, allerlei Notizen aus Morhofs 'Polyhistor' und anderes mehr, darbietet.

Die Gymnasialbibliothek zu Hameln durchmusterte während eines Ferienaufenthalts Dr. Behrend; während die meisten Handschriften nach Hannover abgegeben sind, ist durch einen Zufall die Hildesheimer Chronik Letzners (um 1600) dort verblieben. Wert gewinnt die Compilation des fragwürdigen Geschichtsfreundes durch eingelegte, z. T. noch nicht bekannte historische Lieder.

In Brügge benutzte der an der Westfront stehende Prof. Dr. Fehse einen ihm von der Akademie erwirkten Urlaub dazu, die Handschriften der Stadtbibliothek für uns zu durchmustern. Rein deutsch sind nur zwei Pergamenthandschriften (Nr. 323. 334), die eine aus dem 14., die andere aus dem 13. Jahrhundert, mit nd. Gebeten. Ein flämisches Alphabet neben lateinischen Lebensregeln in Versen, lateinischen Briefformularen, einer 'Practica artis dictandi' und anderen mehr bietet eine Papierhandschrift des 14. Jahrhunderts (Nr. 547). Ein anderer Sammelcodex des 14. Jahrhunderts (Nr. 548: Pergament) vereinigt das 'Enchiridion' des Gaufridus de Trano 'De nominibus synonimis', eine lateinische Abhandlung über Homonyme, 'Omne punctum' des Peter Lisseweghe, der in künstlichen Reim- und Wortspielen beginnend zu paarweis gereimten Hexametern übergeht, ein orthographisches Lehrbuch mit einem lateinisch-flämischen Glossar, einem Fagifacetus ('Reinerus me fecit'), einem Dialog zwischen Miles und Bernhardus über das

Hofleben (in Versen) und anderem mehr. Einige naturkundliche Tractate ('De degeneratione metheorum', 'De complanctu nature', letzterer durch Ausschneiden von Blättern geschädigt) bietet Nr. 489 (14. Jahrhundert, Pergament). Im Pergamentcodex Nr. 544 (14. Jahrhundert) finden sich des Michael de Morbosio 'Modi significandi', das große Alphabet des Magisters Alexander, der 'Liber absolutus' des Petrus Helias, von dem auch grammatische Regeln vorliegen. Ein Floretus fesselt in cod. 547 (Pergament, 14. Jahrhundert, aus der Abtei Oudenburg), allerlei geistliche Literatur wie das 'Cordiale bonum', Cassianus 'De pollucione nocturna', ein poetischer 'Dialogus de divite et Lazaro' (Zs. f. d. Alt. XXXV 257), ein 'Tractatus de quodam presbytero et logico' umschließen ihn. Zahlreiche von Johannes de Garlandia verfaßte Werke enthält der Pergamentcodex Nr. 546 (13. Jahrhundert): 'Morale scolarium', 'Dictionarius', 'Clavis compendii', 'Mysteria'. 'Ars lectoria', 'Parisiana poetrica'. —

In den Revolutionstagen des Novembers waren auch unsere Sammlungen ernsthaft gefährdet, da raublustige Eindringlinge, die nach Geld und Geldeswert suchten, unsere Beschreibungen und Zettel durcheinander warfen. Ob dabei wesentliche Stücke verloren gegangen sind, läßt sich zur Zeit noch nicht sagen.

Den Katalog gedruckter handschriftlicher Texte vermehrte unser Archivar um mehrere Tausend von Nachweisen; im letzten Vierteljahr war er wiederum militärisch tätig. Die Zahl der Handschriftenbeschreibungen übersteigt zur Zeit 10400.

Die Ordnungsarbeiten führte Fräulein Volkmann weiter.

Auch die **Deutschen Texte des Mittelalters** können nur sehr bescheidene Fortschritte verzeichnen. Bd. XXVI: 'Das alemannische Gedicht von Johannes dem Täufer und Maria Magdalena, aus der Wiener und Karlsruher Handschrift, herausgegeben von Heinrich Adrian', rückte nicht vorwärts, da der Herausgeber, Oberlehrer in Schlettstadt, durch Amt und Kriegserkrankung behindert war; hoffentlich bereiten die trüben politischen Verhältnisse der Vollendung des wichtigen Werkes keine Schwierigkeiten. Der Direktor der Karlsruher Hof- und Landesbibliothek, Prof. Längin, hat aus dem Nachlaß des Seminarprofessors Dr. Albert Schmidt ältere Vorarbeiten zu einer Ausgabe der Dichtung zur Verfügung gestellt, die dankbar benutzt werden sollen. — Bd. XXVII: 'Das Marienleben des Schweizers Wernher, aus der Heidelberger Handschrift herausgegeben von Max Paepke', war in gutem Gange, als der plötzliche Tod des Herausgebers Halt gebot; doch hofft Hr. Prof. Dr. Arthur Hübner das Werk nach Paepkes Manuscripten bald zu Ende zu führen. — Bd. XXVIII: 'Der Trojanerkrieg, aus der Göttweicher Handschrift, herausgegeben von Alfred Koppitz', kam nur um wenige Bogen weiter. — Dagegen konnte Bd. XXX: 'Die Oxforder Mystikerhandschrift, herausgegeben von Philipp Strauch', neu in Angriff genommen werden; der Satz schreitet regelmäßig fort.

Die ungeheuerliche Steigerung der Druckkosten, die der wissenschaftlichen Literatur überall die größten Schwierigkeiten bereiten wird, muß notwendig auch die 'Deutschen Texte des Mittelalters' behindern. Doch hoffen wir im kommenden Jahre die begonnenen Bände zum Abschluß zu bringen und die bereits übernommenen Manuscripte in den Satz zu befördern. Über diese nächste Aufgabe können wir zur Zeit nicht hinaussehen.

Über die **Wieland-Ausgabe** berichtet Hr. Seuffert: 'Die fortschreitende Arbeit gedieh nicht bis zu Drucklegungen. Herausgeber wurden für die noch nicht verteilten Bände neu gewonnen. Nachträge zu den Prolegomena sind dem Abschluß nahe.'

Über die Fortschritte des '**Rheinischen Wörterbuches**' berichtet Hr. Prof. Dr. Josef Müller in Bonn:

'Mehr als in den vorhergehenden Kriegsjahren hat der Sammeleifer der treu gebliebenen Mitarbeiter nachgelassen. 520 Fragebogen kehrten beantwortet zurück, und nur 35 freiwillige Einzelbeiträge können verzeichnet werden.

Neu ausgegeben wurden Fragebogen 36 A. B. und 37; 50 Bände Ortsliteratur wurden neu verzettelt. Der Apparat nahm zu um 56000 Zettel, so daß er jetzt 1356000 Zettel enthält.

Die Bearbeitung schritt weiter fort, litt aber unter der Unmöglichkeit, weitgehende Umfragen zu veranstalten. Zu Gruppe *a*, *aa*, *ab*, *ach*, *ack*, *am*, *an*, *ap* sind hinzugetreten: *ar*, *as*, *auf*.

Hr. Prof. Frings konnte bei zweimaligem Aufenthalt in Marburg für die Grammatik und den Atlas die Behandlung der Langvokale abschließen.

Dankbar verzeichnet das Rheinische Wörterbuch besonders die auch im Berichtsjahre nicht unterbrochene, wertvolle Mitarbeit folgender Lehrerseminare: Münstereifel, Hanten, Coblenz, Linnich, Gummersbach, Mettmann, Moers, Neuß, St. Wendel, Boppard, Saarburg und Hilchenbach.

Folgenden Mitarbeitern, die größere, freiwillige Beiträge einsandten, schuldet das Wörterbuch besondern Dank: Dewes, Nunkirchen; Drottboom, Wallach; Gering, Vallendar; Giesen, M. Gladbach; Goldberg, Neukirchen; Grass, Wickrath; Haas, Cleve; Hoeber, Rheindahlen:

Hoesen, Capellen; Jansen, Emmerich: Kösters, St. Peter; Lutz, Emmerich; Schell. Elberfeld; Schottler, Dahlem; Schroedfr, Trier; Strassen, Mettmann.

Beim Rückmarsche unsers Heeres wurde der Geschäftsraum des Wörterbuches für Einquartierungszwecke in Anspruch genommen. Die Verwaltung der Universitätsbibliothek übernahm mit dankenswertem Entgegenkommen die Aufbewahrung der 265 Zettelkasten, während das germanistische Seminar die noch nicht eingeordneten Zettel, die 37 Fragebogen und sonstiges Material in Verwahr nahm.

In einem Nebenraume des germanistischen Seminars wird der Betrieb des Wörterbuches mit Hilfe der Sekretärin, Frau Astemer, notdürftig aufrechterhalten, die sich vor allem mit Verzettelung der Fragebogen 30—37 beschäftigt. Die Damen Frl. Steitz und Frl. Schmitz traten nach langjähriger Mitarbeit schon Anfang November aus, Frau Dr. Schulte wird mit dem 1. Januar ausscheiden.'

Über das '**Hessen-Nassauische Wörterbuch**' schreibt Prof. Wrede in Marburg:

'Mit der Bewilligung einer jährlichen Beitragssumme durch den Casseler Landesausschuß, die im vorigen Jahresbericht mitgeteilt werden konnte, ist zur Bearbeitung und Herausgabe des Wörterbuchs ein neuer Vertrag zwischen der Akademie, dem Nassauischen Bezirksverband in Wiesbaden und dem Hessischen Bezirksverband in Cassel nötig geworden und abgeschlossen. Die Wörterbucharbeit ist danach der Fürsorge und Leitung eines Ausschusses von fünf beschließenden Mitgliedern unterstellt. Dieser Ausschuß, nämlich die HH. Diels und Heusler als Vertreter der Akademie, der Landeshauptmann in Wiesbaden Hr. Geheimrat Krekel, der Landeshauptmann in Hessen, vertreten durch Hrn. Landesrat Dr. Schellmann, und ich als Leiter des Wörterbuchs, trat am 2. September zu einer ersten Sitzung in Marburg zusammen. Er nahm einen Bericht von mir über den Stand der Wörterbucharbeit entgegen, verständigte sich über die einzelnen Bestimmungen des neuen Vertrages, entwarf einen Plan für die Verwendung der Geldmittel und ergänzte sich durch Zuwahl der HH. Universitätsprofessoren Geheimrat Dr. Panzer in Frankfurt und Geheimrat Dr. Behaghel in Gießen als beratende Mitglieder.

Die im Berichtsjahr ausgesandten Fragebogen kamen größtenteils gut ausgefüllt zurück. Allen Helfern, die sich dieser Mühe unterzogen haben, sei aufs neue herzlich gedankt. Ihre Namen können hier nicht einzeln aufgeführt werden; nur die Lehrerseminare in Dillenburg, Eschwege, Frankenberg, Friedberg, Homberg, Rinteln, Rotenburg, Schlüchtern, Wetzlar, sowie die Präparandenanstalten in Fritzlar und Herborn seien mit Anerkennung genannt und auch an dieser Stelle um ihre weitere wertvolle und unentbehrliche Hilfe im Interesse des großen Heimatwerkes dringend gebeten. Der Inhalt der Fragebogen wird nicht auf Zetteln ausgezogen, sondern auf großen Karten des Wörterbuchbezirkes geographisch zur Darstellung gebracht. Etwa 50 solcher Karten liegen jetzt im Entwurf vor und bilden einen überaus lehrreichen und ganz neue Anschauung schaffenden Grundstock einer hessen-nassauischen Wortgeographie. Bei diesem Teil der Arbeit kommt dem Wörterbuch seine Verschwisterung mit dem Sprachatlas des Deutschen Reichs methodisch außerordentlich zustatten. Die dialektische Wortgeographie aber ist ein noch wenig angebautes Sondergebiet der deutschen Mundartenforschung, dem, wie jene Karten ahnen lassen, eine bedeutsame Zukunft beschieden ist und das in jedem wissenschaftlichen Idiotikon mehr als bisher wird berücksichtigt werden müssen.

Zu dem Ertrag der Fragebogen kommen als besonders erfreuliches Ergebnis des Berichtsjahres 84 private und freiwillige Eingänge mit mehr als 6700 Einzelzetteln. Hr. Regierungslandmesser Fischer in Posen sandte eine Arbeit mit Wörterbuch für die Mundart von Erfurtshausen ein. Frl. Gebauer in Usingen stellte aus dem literarischen Nachlaß ihres gefallenen Bruders, des Lehrers Gebauer, wertvolle Dialektaufzeichnungen zur Verfügung. Hrn. Oberlehrer Dr. Heiler in Hanau verdanken wir ein Biebricher Specialidiotikon von 751 Zetteln. Hr. Lycealdirector Dr. Schoof in Hersfeld steuerte wieder mundartliche Erzählungen und Volkslieder für die Schwalm, Hr. Prof. Dr. Fuckel in Cassel Sammlungen für Schmalkalden bei. Auch einige Schulen haben sich mit gutem Erfolg beteiligt, so die Oberrealschule in Marburg (373 Zettel durch Vermittlung des Hrn. Studienassessor Dr. Kroh), das Lyceum in Hersfeld (außer Fragebogen noch wiederholt Sammelzettel und Schüleraufsätzchen in Mundart, durch Hrn. Director Dr. Schoof), die Schule in Langenselbold (140 Dialektaufsätze über verschiedene Themen, durch Hrn. Lehrer Siemon). Mit größeren oder kleineren Zettelsendungen erfreuten uns ferner die HH. Lycealdirector Anacker in Wiesbaden, Amtsgerichtsrat v. Baumbach in Fronhausen, Gymnasiast Becker aus Frankenberg, Lehrer Bertelmann in Cassel, Studienassessor Bonnet in Frankfurt, Frl. Brehm, Lehrerin in Rinteln, Hr. Geheimrat Prof. Dr. Brugmann in Leipzig (157 Zettel), Pfarrer Diefenbach in Dorchheim, Lehrer Dietz in Wiesbaden, Frau Pfarrer Engelbrecht in Willingshausen, Hr. Oberlehrer Fabra in Posen, Druckereibesitzer Gleiser in Marburg, Oberlehrer Dr. Heintz in Dillenburg (146 Zettel), Frl. Hoffmann in Obermöllrich, Hr. Cantor Hollstein in Dudenrode (135 Zettel), Fabrikant Ickes in Gelnhausen, Kaiser in Rauisch-Holzhausen, Oberleutnant

Mittelschullehrer Kappus aus Wiesbaden (266 Zettel zur nassauischen Soldatensprache), stud. theol. Keller aus Niedergrenzebach, Unteroffizier Kohlhaussen aus Rauisch-Holzhausen, Realgymnasiallehrer Kolb in Wiesbaden, Archivdirector Geheimrat Dr. Küch in Marburg, Prof. Kunkel in Gießen, Lewalter in Cassel, Liedtke in Marburg, Lehrer Monick in Darmstadt (140 Zettel), Lehrer Muth in Marbach (361 Zettel), Lehrer Pfalzgraf in Wellingerode, Amtsgerichtsrat Pitel in Homberg, Reichenbach in Rüdesheim, Geheimrat Dr. Reimer in Marburg, Oberactuar Stein in Friedberg, Lehrer Stumpf in Burkardsfelden (500 Zettel, Flurnamensammlung), Lehrer Fr. Schäfer in Frankfurt (359 Zettel), Lehrer M. Schäfer in Langenselbold, Rector Schilgen in Cronberg, Seminarlehrer Scholz in Frankenberg (675 Zettel mit Hilfe seiner Seminaristen), Lehrer Schuster in Frankfurt (203 Zettel), Lehrer Siemon in Langenselbold (106 Zettel), cand. phil. Syffert in Hofgeismar, Lehrer Übel in Oberschönen, Postdirector Vohl in Bad Soden (Taunus), Rechnungsdirector Woringer in Cassel (292 Zettel).

In einigen Provinzzeitschriften, wie dem 'Hessenland', der 'Nassovia', dem 'Westerwälder Schauinsland', sind sogenannte Wörterbuchecken eingerichtet worden: darin von uns gestellte Fragen über Einzelheiten des mundartlichen Wortschatzes haben manche förderliche Antwort eingetragen. Auch sonst sind wir der Presse des Wörterbuchgebietes, der großen wie der kleinen, für mancherlei Unterstützung zu Dank verpflichtet.

Die Verzettelung älterer Texte, der Urkundenbücher, auch ausgewählter ungedruckter Archivalien, sowie der neueren Dialektdichtung ist durch das ganze Berichtsjahr gleichmäßig fortgesetzt worden. Dem Marburger Staatsarchiv gebührt besonderer Dank für wiederholte Hilfe. Ferner den HH. Metropolitan Lic. Dr. Bötte in Marburg (442 Zettel aus seiner 'Vergessenen Ecke') und Oberlehrer Dr. Heintz in Dillenburg (400 Zettel aus dem 'Westerwälder Schauinsland').

Aus den im vorjährigen Bericht erwähnten Fragebogen zur Soldatensprache ist das für unser Wörterbuch Brauchbare ausgezogen worden. Auf Beschluß des Wörterbuchausschusses wurden die Bogen sodann an die Centralstelle für Soldatensprache in Freiburg weitergegeben.

Die Gesamtzahl revidierter Zettel des unabhängig von den Fragebogen entstandenen Wörterbuchapparates beträgt zur Zeit 122400. Um für die Beurteilung dieser Zahl einen Maßstab zu geben, ist der Buchstabe M nach seinen verschiedenen Stichwörtern ausgezählt worden: es sind gegen 2200; von diesen kommen etwa 1000 auch in der Schriftsprache vor; den übrigbleibenden 1200 Dialektwörtern stehen nur 750 Stichwörter gegenüber, die die älteren gedruckten Vorarbeiten (Kehrein, Vilmar, Pfister, Crecelius) zusammen bieten: der äußere Bestand unseres

Apparates ist also beim M schon jetzt um mehr als die Hälfte größer als der jener älteren Idiotiken zusammen. Dieses Stichwörterverzeichnis des Buchstabens M ist jetzt gedruckt und zur Nachprüfung und Ergänzung an ausgewählte Mitarbeiter im ganzen Wörterbuchgebiet verschickt worden.

Auch mit der Ausarbeitung einzelner Wortartikel wurde im Berichtsjahr begonnen. Sie suchen in vorsichtiger Auswahl und übersichtlicher Gruppierung die Verbreitung und Formenverschiedenheit des Wortes, alle Schattierungen seiner Bedeutung, seine Verwendung in freier Rede oder in festen Redensarten darzustellen und mit Belegen durch die Jahrhunderte hin bis zur Neuzeit zu verdeutlichen. Freilich dieser Teil der Arbeit zeigt anderseits, wieviel Lücken im Material trotz seines Reichtums noch klaffen. Und vor allem ergibt sich hier immer wieder der methodische Grundsatz, daß mit dem einstigen Druck des Buchstabens A nicht begonnen werden darf, bevor auch vom Buchstaben Z mindestens eine erste vorläufige Redaction vollendet ist. Schon die notwendige Berücksichtigung aller seiner Composita führt beim Einzelwort zu dieser Forderung. Nur so wird sich die Gefahr leidiger Nachträge und Supplementhefte einigermaßen einschränken lassen. Vorläufig also sollten wir weniger von einem Hessen-Nassauischen Wörterbuch als von einem Hessen-Nassauischen Wörterarchiv sprechen, das in allen seinen Teilen noch lange der Vervollständigung und der steten gegenseitigen Kontrolle bedürfen wird, bevor an einen redactionellen Abschluß einzelner Wortartikel für den Druck gedacht werden kann. Auch so aber stellt das Wörterarchiv schon heute eine reiche Fundgrube und ein kostbares, jedermann zugängliches Hilfsmittel für die hessen-nassauische Heimatforschung dar.

Meine wissenschaftlichen Mitarbeiter hier am Ort waren im Berichtsjahr Frl. Dr. Berthold und die HH. Oberlehrer Canstein, Studienassessor Dr. Kroh, stud. phil. Reichhelm, stud. phil. Siemon, Studienreferendar Dr. Witzel. Die Sekretärgeschäfte besorgte Frl. Krahmer. Ihnen allen und ihrem ernsten Pflichteifer ist es zu danken, daß die Arbeit am Wörterbuch auch im abgelaufenen Jahre trotz der Schwere der Zeiten ohne Unterbrechung fortgesetzt werden und neue ansehnliche Erfolge gewinnen konnte.'

Hr. Prof. Dr. Ziesemer in Königsberg erstattete über den Fortgang des '**Preußischen Wörterbuchs**' folgenden Bericht:

'Dem Provincial-Schulkollegium und der Schulabteilung des Magistrats zu Königsberg bin ich für mannigfache Förderung, die den Arbeiten am Preußischen Wörterbuch zugute kam, zu Dank verpflichtet.

Auf Veranlassung des Geh. Regierungs- und Provincialschulrats Dr. POLACK haben die Lehrerseminare Braunsberg, Lyck, Osterode, Pr. Eylau und Waldau die bisherigen Fragebogen ausgefüllt.

Hr. Kreisschulinspector METSCHIES-Labiau förderte unsere Arbeiten besonders dadurch, daß er die Lehrer seines Kreises zur Mitarbeit anregte und die bisher erschienenen Fragebogen ihnen zur Ausfüllung überwies; sie brachten reiche Erträge. Ihm und den Lehrern des Kreises Labiau sei auch an dieser Stelle herzlich gedankt.

Die Schüler der höheren Lehranstalten füllten auf Erntearbeiten und Nesselkommandos in der Provinz unsere Fragebogen aus; bei der Versendung der Bogen unterstützte uns Hr. Oberleutnant d. R. KAYMA-Königsberg.

Der Werbearbeit dienten Reisen in die Provinz (Bartenstein, Heilsberg, Labiau, Mehlauken, Szargillen), Aufsätze in der 'Ostpreußischen Heimat' sowie ein Vortrag, den ich vor Lehrern der Provinz gelegentlich eines Cursus für ländliche Wohlfahrts- und Heimatpflege hielt.

Die Verarbeitung der Kartensammlung des hiesigen Staatsarchivs wurde fortgesetzt und brachte uns eine stattliche Anzahl von Flurnamen, besonders aus dem 18. Jahrhundert. Das im vorigen Bericht erwähnte mittelniederdeutsche ‚Elbinger Kämmereibuch‘ (1404—1414), eine grammatisch wie lexikalisch gleich wichtige Quelle, wurde weiterverarbeitet und ergab bisher 1200 Zettel.

Im April sandten wir den 6., im November den 7. Fragebogen aus. Wir erkennen dankbar an, daß viele unserer Mitarbeiter trotz den Wirren der Zeit uns durch Beantwortung der Fragebogen und durch Zettelsendungen weiter unterstützt haben; ein großer Teil freilich hat unsere Fragebogen unbeantwortet lassen müssen.

Folgende Mitarbeiter sandten uns besonders umfangreiche wertvolle Zettelbeiträge: Frl. BALZER, Lehrerin in Stallupönen, sandte als Fortsetzung ihrer bisherigen Sammlungen 500 namentlich volkskundlich interessante Zettel. Prof. Dr. DORR-Elbing lieferte 1900 Zettel aus seinem Heimatdorf Fürstenau bei Elbing. Lehrer KRASKI-Schönwalde bei Bischofstein sandte 920 Zettel aus Launau bei Heilsberg, die einen weiteren sehr wertvollen Beitrag zur Kenntnis des Hochpreußischen bilden. Schriftsteller MANKOWSKI-Danzig übergab uns auf 640 Zetteln seine Sammlungen aus Cabienen, Kr. Rössel. Dr. MITZKA-Königsberg verarbeitete vorzugsweise Literatur des 16. und 17. Jahrhunderts und brachte uns 4500 Zettel. Schriftsteller SEMBRITZKI-Memel übersandte 450 Zettel, die wertvolle Materialien aus Memeler Akten des 17. Jahrhunderts enthielten.

Außerdem haben uns folgende Mitarbeiter durch wertvolle Einsendungen unterstützt: Gutsbesitzer ALBERT-Lupushorst, Hr. VON ALTENstadt-Medunischken, Baurat Aschmoneit-Labiau, Frl. Augustin-Königsberg, Frau Lehrer Bendowsky-Lauterbach, Frl. Lehrerin Bergius-Königsberg, stud. phil. Bink-Königsberg, Rektor Böttcher-Tuchel, Oberlehrer Butterwege-Königsberg, Pfarrer Corkoll-Tannsee, Lehrer Denskus-Stumbragirren, Sekundaner Didlaukies-Königsberg, Pfarrer a. D. Domansky-Danzig, Schüler Föllmer-Königsberg, Oberlehrer Franz-Wehlau, Pfarrer Lic. Freytag-Thorn, Rechnungsrat Gerlach-Königsberg, Sekundaner Glodschey-Königsberg, Oberlehrer Gorgs-Berent, Lehrer Gronau-Conradswalde, Primaner Haak-Königsberg, Geh. Sanitätsrat Dr. Hieber-Königsberg, Gutsbesitzer Hinzmann-Pr. Balmau, Kanzleisekretär a. D. Kamstiesz-Königsberg, Primaner Kolbe-Königsberg, Frl. stud. phil. Korsch-Königsberg, Superintendent Künstler-Fischhausen, Rektor Lenz-Königsberg, Prof. Dr. Lühr-Braunsberg, Oberlehrerin von Lukowitz-Allenstein, Bäckermeister Masuhr-Königsberg, Lehrer Müller-Vorwerk, Lehrer i. R. Neumann-Heiligenbeil, Landwirt Ohlert-Schugsten, Frau von Olfers-Tharau, Buchhändler Passauer-Goldap, Frau Peters-Freiburg, Lehrer Podehl-Pr. Eylau, Prof. Dr. Preusz-Neustadt, Rektor Preusz-Lessen, Frl. cand. phil. Przyborowski-Königsberg, Sekundaner Pussert-Königsberg, Seminarlehrer Quitschau-Pr. Eylau, Hr. Raetjen-Bollendorf, Lehrer Reich-Eszerninken, Rentier Reichermann-Königsberg, Gutsbesitzer Reidenitz-Pelohnen, Präzentor Reinecker-Plaschken, Sekundaner Reisner-Königsberg, Oberlehrer Dr. Rink-Danzig, Bürgermeister a. D. Salefsky-Nordenburg, † Landgerichtspräsident a. D. Schroetter-Zoppot, Lehrer Schulz-Rosenberg, Lehrer Schwarzien-Kerkutwethen, Leutnant d. R. Sinnhuber-Culmen Jennen, Lehrer Sonntag-Sakuten, Staatsarchiv zu Danzig (aus dem Nachlaß des † Prof. Dr. Simson), Lehrer Steinke-Adelnau, Geh. Studienrat Dr. Stuhrmann-Dt. Krone, Ökonomierat Dr. Teichert-Wangen, Sekundaner Thalwitzer-Königsberg, Rechnungsrat Toball-Königsberg, Frl. Lehrerin Weber-Marienwerder, Rektor Wieberneit-Königsberg, Frau Wigand-Königsberg, Pfarrer Willamowski-Borchersdorf, Lehrer i. R. Wittrin-Königsberg, Oberlehrer Dr. Wolff-Stallupönen, Frau J. Wüst-Danzig, Primaner Züger-Königsberg.

Die Zahl der Zettel erhöhte sich auf 240000.'

Über die Tätigkeit der **Centralsammelstelle des Deutschen Wörterbuchs** in Göttingen während des verflossenen Jahres berichtet Hr. Schröder im Anschluß an die ihm von Dr. Alfred Vogel vorgelegten Angaben folgendermaßen:

'Über die Tätigkeit der Centralsammelstelle des Deutschen Wörterbuchs in Göttingen während des Berichtsjahrs ist im allgemeinen wieder auf die früheren Berichte zu verweisen; doch machen sich die Folgen des Krieges und der jetzigen traurigen Verhältnisse im Reich natürlich auch im Betrieb der Centralsammelstelle sehr unangenehm bemerkbar. Abgesehen davon, daß die Kohlennot uns zwang, teilweise in ungeheizten Räumen zu arbeiten, und daß sie den Verkehr in der Bibliothek mehrfach beschränkte, ist auch die Verbindung mit auswärtigen Gelehrten, Bibliotheken und Archiven erschwert und teilweise ganz abgeschnitten. Selbst der Verkehr mit einigen unserer Mitarbeiter ist neuerdings durch die feindlichen Gebietsbesetzungen unterbunden, so daß z. B. eine für Hrn. Prof. Euling bereitstehende Zettelsendung noch nicht abgehen konnte.

Neu aufgenommen wurden rund 30000 Belege. Abgesehen von einigen Hundert Nachzüglern an verschiedene Mitarbeiter wurden an Hrn. Prof. Euling geliefert 17800 Belege. Dazu kommen die bereitstehenden etwa 6000 Belege. Im ganzen wurden also an neuen Belegen geliefert etwa 25000.

Außer literarischen und bibliographischen Feststellungen, die zum Teil auch noch der Correctur zugute kamen, wurden rund 600 Belege für 5 Mitarbeiter auf Anforderung ergänzt, berichtigt oder auf ihre Quelle zurückgeführt. Weitere sind in Arbeit.

Erschienen sind seit dem letzten Bericht:

Bd. XI, Abteilung II, Lieferung 2 (*überdräuen — überhirnig*) von Prof. Dr. V. Dollmayr.

Bd. XI, Abteilung III, Lieferung 6 (*ungeraten — Unglaube*) von Prof. Dr. K. Euling.

Weitere Lieferungen befinden sich im Satz.

Ihre Arbeit am Wörterbuch haben nach Entlassung aus dem Heeresverband wieder aufgenommen die HH. Crome, Hübner, Meissner, in Aussicht gestellt hat ein gleiches Hr. Götze. Zur Zeit liegt reichliches Manuscript vor, so daß für den raschen Fortschritt des Werkes garantiert werden kann, sobald die Papiernot behoben ist.

Die von der Akademie veranlaßten Sprachaufnahmen in **Gefangenenlagern** sind im letzten Geschäftsjahre fortgesetzt worden von den HH. Dr. Freiling, Dr. Kroh und Dr. Mitzka.

Dr. Freiling besuchte vom 2. bis 11. Januar das Aschaffenburger Lager und zeichnete aus dem Munde von etwa zwanzig, meist aus der Wilnaer Gegend stammenden Jidden freie Prosaerzählungen und vorgelesene Zeitungs- und Buchstücke auf.

Nach deutschen Siedlern von der Wolga, von Südrußland und Wolhynien hat Dr. Kroh am 3. bis 6. April in Wetzlar freie Texte nachgeschrieben; einige weitere Deutschrussen verhörte er am 14. Juli in Dörfern bei Marburg.

Auf einer 17tägigen Reise nach Libau, Mitau, Riga und Hirschenhof (100 km südöstlich Riga), vom 27. September bis 13. Oktober, untersuchte Dr. Mitzka das baltische Deutsch, nach Möglichkeit in den bäuerlichen Schichten. Hauptvertreterin ist hier, da sonst die deutschen Landbewohner nur aus Adel und geborenen Städtern bestehen, die Bauernkolonie Hirschenhof, die, um 1770 angelegt, etwa 5000 Deutschsprechende in rein lettischer Umgebung umfaßt.

Es gelang verschiedene volkskundliche Texte in Prosa und Versen zu sammeln. Die Sprache ist in ihrer Grundlage Gemeindeutsch mit teils oberdeutschen, teils niederdeutschen Eigenheiten. Mit dem benachbarten Ostpreußischen hat sie wenig Berührungen, dagegen hat das Lettische auf den Lautstand merklich eingewirkt. Die Untersuchung hat sich in erster Linie auf das Wortgeographische zu richten. Texte des baltischen Niederdeutsch aus dem 17. 18. Jahrhundert fanden sich in Rigaer Sammlungen.

Aus den Arbeiten in Gefangenenlagern ist hervorgegangen die Veröffentlichung Prof. Dr. W. von Unwerths in den Abhandlungen der Akademie 1918 Nr. 11 »Proben deutschrussischer Mundarten aus den Wolgakolonien und dem Gouvernement Cherson«.

Forschungen zur neuhochdeutschen Sprach- und Bildungsgeschichte.

Bericht des Hrn. Burdach.

Infolge der Papiernot und wachsender Stockungen im Betrieb der Druckerei konnte der vom Berichterstatter verfaßte zweite Teil der Ausgabe des *Ackermann aus Böhmen* (*Vom Mittelalter zur Reformation* III, 2: *Der Dichter des Ackermann aus Böhmen. Biographische und ideengeschichtliche Untersuchungen*) im Druck noch nicht abgeschlossen werden. — Die Fortführung und Beendigung des Druckes der übrigen Bände, die bei Kriegsausbruch eingestellt werden mußte, ist noch nicht wieder-aufgenommen. Alle bisherigen Mitarbeiter außer dem Berichterstatter waren im verflossenen Jahre durch Kriegsaufgaben dem Unternehmen entzogen.

Orientalische Kommission.

Bericht des Hrn. Eduard Meyer.

Auf dem ägyptologischen Gebiet hat Hr. Roeder, trotzdem er durch andere Geschäfte stark behindert war, an den Indices zu den »Ägyptischen Inschriften aus den Königlichen Museen zu Berlin«

gearbeitet, so daß auch deren Vollendung im Laufe des Jahres 1919 zu erwarten ist. Das Erscheinen des Schlußheftes des zweiten Bandes der Inschriften steht leider noch immer aus, da technische Schwierigkeiten den Druck zur Zeit behindern.

Hr. Grapow wurde im November vom Heere entlassen und hat nunmehr seine Arbeiten wieder aufgenommen. Über die am »Wörterbuch der ägyptischen Sprache« ist bei diesem berichtet; das Repertorium, das die für jeden Begriff vorhandenen ägyptischen Worte zusammenstellt, setzte er fort, und seine Untersuchung über die Vergleiche in den ägyptischen Texten geht dem Abschluß entgegen.

Die Herausgabe und Bearbeitung der Kahunpapyrus, die 1914 durch den Tod Konrad Hoffmanns unterbrochen wurde, hoffen wir jetzt wieder aufnehmen zu können, und zwar in der damals geplanten erweiterten Form, die ein Bild der wirtschaftlichen Verhältnisse und der Verwaltung des mittleren Reiches zu gewinnen sucht.

Auf dem assyriologischen Gebiet hat Hr. Otto Schroeder die Arbeit an den Assurtexten in derselben Weise wie bisher fortgesetzt und zugleich ihre Bearbeitung in einer größeren Zahl von Einzeluntersuchungen begonnen. Dagegen konnte das Heft »Keilschrifttexte aus Assur verschiedenen Inhalts« infolge der durch Krieg und Revolution verursachten Störungen nicht zum Abschluß gebracht werden; vielmehr ist Gefahr vorhanden, daß die schon in Autographie vorliegenden Bogen, weil sie nicht rechtzeitig auf den Stein gebracht werden können, Schaden leiden und zum Teil neu autographiert werden müssen.

Ebenso konnte von den von Hrn. Ebeling vorbereiteten weiteren Heften der »Keilinschriften aus Assur religiösen Inhalts«, die bis zum 10. Heft (Tier- und Leberschauomina) druckfertig vorliegen, nur ein geringer Teil auf den Stein gebracht und ein weiteres Heft daher nicht ausgegeben werden.

Auf dem Gebiet der zentralasiatischen Funde konnten die Arbeiten am Tocharischen leider nur wenig gefördert werden, da Hr. Sieg durch Rektoratsgeschäfte behindert war und Hr. Siegling noch immer im Felde stand.

Leider ist es bisher noch nicht gelungen, die durch den Tod des bewährten Mitarbeiters Prof. Dr. H. Jansen gerissene Lücke für die iranistischen Arbeiten wieder auszufüllen. Hoffentlich ist die Zeit nicht fern, da sich aus der Schar der heimkehrenden akademischen Krieger ein Ersatz gewinnen läßt.

Auch die Arbeit unsers koreanischen Mitarbeiters, Hrn. Kimm Chung-Se, mußte infolge eines Nervenzusammenbruchs im Sommer einige Zeit ausgesetzt werden. Erfreulicherweise hat sich Hr. Kimm wieder vollständig erholt und seine Arbeit unverzüglich wieder aufgenommen.

Von dem Index der sinico-buddhistischen Termini, die verschiedenen Quellen entnommen wurden, sind etwa 10000 der 12500 Zettel umfassenden Sammlung nach den chinesischen Klassenzeichen geordnet und dadurch benutzbar gemacht worden. Dieser Index soll nach dem ursprünglich aufgestellten Plan auf die Quellenschriften im buddhistischen Kanon basiert werden im Gegensatz zu den bisherigen Versuchen ähnlicher Art, die sich auf die in Europa und Japan gedruckten Werke beschränken. Zur Vervollständigung erwies es sich als nötig, einen alten Vorläufer, das buddhistische Lexikon Fan-yi ming-i tsi aus dem 12. Jahrhundert, das in unserer Ausgabe des Tripiṭaka fehlt, sowie eine neuere japanisch-buddhistische Kompilation Bukkyō iroha jiten zur Einordnung nach Radikalen auszuziehen. Letztere wurde ganz exzerpiert, das erstgenannte zur Hälfte. Von dem großen, im Bericht des Vorjahrs erwähnten Werk über terminologische Komposita aus dem 7. Jahrhundert wurde ein weiteres Viertel verarbeitet. Die neuen 7500 so erzielten Zettel, zuzüglich der obenerwähnten verbleibenden 2500, sollen demnächst in Angriff genommen werden.

Außerdem hat Hr. Kimm die Beschreibung einer unvollkommen erhaltenen Steininschrift mit 22 dazugehörigen Bruchstücken, aus den Turfanfunden stammend, geliefert. Der Text erwies sich als der bekannte der Vajracchedikā, ist also keine Bereicherung unseres Wissens. Er ist eben nur als Zeuge einer Blüteperiode von Interesse, da sich zufällig auf einem Bruchstück der Name der Dynastie Ta-T'ang, leider aber keine Jahresbezeichnung, erhalten hat.

Sprachliche Untersuchungen in Gefangenenlagern.

Bericht der HH. Wilh. Schulze und Lüders.

Für drei der tibeto-birmanischen Familie angehörigen Sprachen Nepals, die bisher so gut wie unbekannt waren, für Gurung, Murmi und Māgar, haben die HH. Lüders und Wilh. Schulze unter den kriegsgefangenen Gurkhas soviel lexikalischen und grammatischen Stoff sammeln können, daß damit eine brauchbare Grundlage für die sprachgeschichtliche Forschung gewonnen ist. Nebenher ist ihre Arbeit auch einer vollständigeren Kenntnis des arischen Khas-Dialektes zugute gekommen, der in Nepal als allgemeine Verständigungssprache gebraucht wird.

Auch die Erforschung der ost-finnischen Sprachen wurde in den Gefangenenlagern systematisch gefördert. Aus verschiedenen Mundarten des Ost-Tscheremissischen haben die HH. Prof. Dr. Hermann Jacobsohn und Dr. Ernst Lewy umfangreiche Text- und Wortsammlungen anlegen können, die nicht blos dem linguistischen Studium dieses noch unzulänglich bekannten Gebietes neuen wertvollen Stoff zuführen, sondern auch sachliches Interesse für die Volkskunde bieten. In ähnlicher Weise hat sich Hr. Jacobsohn des Mokša-Mordwinischen, Hr. Lewy des Erźa-Mordwinischen angenommen. Daneben hat ersterer noch syrjänische und wotjakische Texte aufgezeichnet, während Hr. Lewy eine ungewöhnlich günstige Gelegenheit zum Studium einer Kaukasus-Sprache, des Awarischen, bis zum vorzeitigen Abbruch der Arbeit durch die Folgen des Waffenstillstandes nach Kräften genützt hat.

Eine reiche Ausbeute an Texten mannigfacher Art brachten die Bemühungen des Hrn. Prof. Dr. Urtel um das Baskische zusammen. Sie sind drei französisch-baskischen Mundarten, dem Labourdischen, Niedernavarresischen und Soulischen, entnommen. Mit der grammatischen und sprachgeschichtlichen Verwertung des Materials hat Hr. Urtel bereits begonnen; eine baskisch-labourdische Grammatik des Dialektes von Arcangues, die vor allem auch die Syntax zum ersten Male ausführlicher behandeln soll, ist in Vorbereitung. Außerdem hat derselbe Gelehrte noch korsische und italo-albanesische Texte aufzunehmen Gelegenheit gefunden.

Humboldt-Stiftung.

Bericht des Hrn. von Waldeyer-Hartz.

Aus den zur Verfügung stehenden Mitteln der Humboldt-Stiftung wurden dem Mitgliede der Akademie Hrn. Penck 15000 Mark zur geologisch-morphologischen Untersuchung des Marmarameergebietes und des Gebietes der anschließenden Meerengen bewilligt. Die betreffenden Arbeiten wurden von Prof. Walter Penck in Konstantinopel sofort in Angriff genommen, und es glückte, wenigstens einen Teil der Untersuchungen noch vor Beendigung des Krieges zum Abschluß zu bringen. Dem Stiftungskuratorium ist ein Bericht eingereicht worden, und eine ausführliche Veröffentlichung, zu deren Herstellung der Rest der bewilligten Summe verwendet werden wird, steht bevor. Für 1919 sind rund 29700 Mark verfügbar.

Savigny-Stiftung.

Bericht des Hrn. Seckel.

Die Neubearbeitung von Homeyers Werk: »Die deutschen Rechtsbücher des Mittelalters und ihre Handschriften« konnte auch im Berichtsjahr 1918 des Krieges wegen dem nicht fernen Abschluß nicht nähergebracht werden.

Die Arbeiten am Vocabularium iurisprudentiae Romanae sind im Jahre 1918 nur wenig gefördert worden. Der Druck konnte wegen Papiermangels nicht fortgesetzt werden. Von den Mitarbeitern war nur Hr. Dr. Friedrich Bock tätig; er hat die Artikel tabella bis tamen zum 5. Bande geliefert und sich der Bearbeitung des ihm zugewiesenen 4. Bandes (beginnend mit dem Buchstaben O) zugewendet. — Der Bearbeiter des 2. Bandes, Hr. Geheimer Studienrat Lyzeumsdirektor Dr. Grupe, der sich nach Abschluß des Waffenstillstandes auf seinen Amtsposten in Metz begeben hat, ist zur Zeit von jeder Verbindung mit dem Leiter des Unternehmens, Hrn. Prof. Dr. Kübler in Erlangen, abgeschnitten. Auch mit den übrigen Mitarbeitern konnte die Verbindung im Berichtsjahr nicht wiederaufgenommen werden. — Hr. Prof. Dr. Kübler konnte am Manuskript des 5. Bandes (Buchstabe S) nicht weiterarbeiten, weil es an Hilfskräften fehlte, die ihm das Material aus dem Berliner Index hätten liefern können.

Bopp-Stiftung.

Bericht der vorberatenden Kommission.

Am 16. Mai 1918 hat die Preußische Akademie der Wissenschaften den Jahresertrag der Bopp-Stiftung in Höhe von 1350 Mark Hrn. Bibliothekar Dr. Walter Schubring, Privatdozenten an der Berliner Universität, zur Veröffentlichung von Jaina-Schriften zuerkannt.

Hermann-und-Elise-geb.-Heckmann-Wentzel-Stiftung.

Bericht des Kuratoriums.

Aus den verfügbaren Mitteln wurden bewilligt:

5000 Mark zur Fortsetzung der Ausgabe der griechischen Kirchenväter;

5000 Mark zur Fortsetzung der Bearbeitung einer römischen Prosopographie des 4.—6. Jahrhunderts;

5000 Mark zur Fortführung des Deutschen Rechtswörterbuchs;

3000 Mark für weitere Dialektaufnahmen in Gefangenenlagern.

Über das Deutsche Rechtswörterbuch berichtet Anlage I, über die Arbeit an der Kirchenväter-Ausgabe und der Prosopographie Anlage II, über die Bearbeitung der Flora von Papuasien und Mikronesien Anlage III, über das Corpus glossarum anteaccursianarum Anlage IV, über die Dialektaufnahmen in Gefangenenlagern wird am Schluß des von der Deutschen Commission abgestatteten Berichtes Näheres mitgeteilt (oben S. 74).

Prof. Voeltzkows 'Reise in Ostafrika', dem Koptischen Wörterbuch, das Hr. Erman leitet, den Untersuchungen und Beobachtungen über Meereswellen durch die HH. Penck und Laas, endlich Hrn. Schuchhardts Ausgrabungen im Dienst der germanisch-slawischen Altertumsforschung hat das vergangene Jahr keinen Fortschritt gestattet. Ebenso konnten die Forschungen über die Geschichte unsrer östlichen Nationalitätsgrenze, wie Hr. Schäfer berichtet, nicht ernstlich gefördert werden. da der wichtigste Mitarbeiter, Hr. Archivdirektor Dr. Hans Witte in Neustrelitz, eben erst aus dem Heeresdienst heimgekehrt ist; immerhin ist nunmehr zu erwarten, daß die Arbeiten bald in Fluß kommen. Hoffentlich leidet das Werk nicht unter den derzeit so schwierigen Verhältnissen in unsern Ostmarken.

Anl. I.

Bericht der akademischen Kommission für das Wörterbuch der deutschen Rechtssprache.

Von Hrn. Roethe.

Im vergangenen Jahre hat eine Kommissionssitzung nicht stattgefunden. Auch sonst machte sich dieses letzte Kriegsjahr überall besonders schwer fühlbar. Doch gelang es auch diesmal der Energie des wissenschaftlichen Leiters, Hrn. Eberhard Freiherrn von Künssberg, trotz seiner andauernden Kriegshilfe die Geschäfte und Arbeiten des Rechtswörterbuchs im Gange zu halten, wie der folgende Bericht das erweist:

Bericht des Hrn. Eberhard Freiherrn von Künssberg.

Der Druck der Kriegszeit lastete schwer auf unserer Arbeit. Trotzdem gelang es, die Archivarbeiten fortzusetzen, eine Reihe von Werken zu verzetteln, an Artikeln zu arbeiten und den wissenschaftlichen Verkehr aufrechtzuerhalten. Die Demobilmachung brachte sofort Erleichterung und volles Wiedereinsetzen der Arbeit. Auch der Wiedereintritt Dr. Eschenhagens steht bevor.

Für freundliche Förderung haben wir heuer zu danken den HH. Karl v. Amira, München, Hans Fehr, Heidelberg, Cäsar Kinkelin, Romanshorn, Friedrich Kluge, Freiburg, und Johannes van Kuyk.

Verzeichnis der im Jahre 1918 ausgezogenen Quellen:

K. v. Amira, Die Neubauersche Chronik, München 1918: v. Künssberg.

Altbayerische Zeitschrift, hrsg. durch das Bayerische Allgemeine Reichsarchiv in München: N. F. 19. Bd., München 1912: v. Künssberg.

Karl Bücher, Zwei mittelalterliche Steuerordnungen (Kleinere Beiträge zur Geschichte), Leipzig 1894: v. Künssberg.

M. Busch, Die Steuerverfassung Süddithmarschens vom 16. bis zum 18. Jahrhundert. Kiel 1916: v. Künssberg.

J. B. Diepenbrock, Geschichte des vormaligen münsterischen Amtes Meppen oder des jetzigen hannoverschen Herzogtums Arenberg-Meppen, Münster 1838: Prof. Dr. His, Münster.

Albert Eggers, Das Steuerwesen der Grafschaft Hoya, Inaug. Diss. Marburg 1899: v. Künssberg.

Urbare der Herrschaft Farnsburg, Basler Zeitschrift für Geschichte 8: Prof. Dr. His. Münster.

Festschrift zur 50jährigen Doktorjubelfeier Karl Weinholds am 14. 1. 1896, Straßburg 1896: v. Künssberg.

Julius von Gierke, Die Geschichte des Deutschen Deichrechts (II. Teil): Untersuchungen zur Deutschen Staats- und Rechtsgeschichte, hrsg. von O. v. Gierke. Breslau 1917: v. Künssberg.

Hilgard, Urkunden zur Geschichte der Stadt Speyer 1885: Prof. Dr. His, Münster.

Reallexikon der germanischen Altertumskunde, hrsg. Johannes Hoops (fortlaufend), Straßburg: v. Künssberg.

Jahresbericht der historisch-antiquarischen Gesellschaft von Graubünden 1910: Prof. Dr. His, Münster.

Jahrbuch der Gesellschaft für Lothringische Geschichte, 10. 29.: Prof. Dr. His. Münster.

Urkundenbuch des Klosters Kaufungen in Hessen, bearbeitet und hrsg. von H. v. Roques, 2 B. Cassel 1900. 02.: Dr. Heilgemayr.

Zur Geschichte des Rechts in Alemannien, insbesondere das Recht von Kadelburg. Ein Beitrag zur germanischen Privatrechtsgeschichte von Josef Kohler. Würzburg 1888: v. Künssberg.

Dr. Josef Lappe, Die Wüstungen der Provinz Westfalen. Einleitung: Die Rechtsgeschichte der wüsten Marken, Münster i. W. 1916: v. Künssberg.

J. Lappe, Die Wehrverfassung der Stadt Lünen mit besonderer Berücksichtigung der Schützengesellschaft. Wissenschaftliche Beilage zum Jahresbericht des Progymnasiums zu Lünen a. d. Lippe, Ostern 1911 (Programm Nr. 485), Dortmund 1911: v. Künssberg.

Mitteilungen des Instituts für österreichische Geschichtsforschung, Bd. 31. 33. 35 (1914): v. Künssberg.

Justus Möser, Patriotische Phantasien, hrsg. Abeken: Prof. Dr. His, Münster.

J. Möser, Die Musikergenossenschaften 1910: v. Künssberg.

Mühlhauser Ratssatzungen, Mühlhauser Geschichtsblätter 9. 12. 14: Prof. Dr. His, Münster.

De Nederlandsche Rechtstaat 2 Bde., hrsg. Nederlandsche Juristen-Vereeniging. 's Gravenhage 1916: v. Künssberg.

Nieberding, Geschichte von Münster, Prof. Dr. His, Münster.

Numismatische Zeitschrift, hrsg. von der Numismatischen Gesellschaft in Wien. N. F. Bd. IV Wien 1911: v. Künssberg.

Die Weistümer der Rheinprovinz, II. Abt.: Die Weistümer des Kurfürstentums Köln 2. Bd. Amt Brühl, hrsg. von H. Aubin, Bonn 1914: v. Künssberg.

Das Rottweiler Steuerbuch von 1441 von Dr. E. Mack, Tübingen 1917: v. Künssberg.

Sammlung schweizerischer Rechtsquellen, hrsg. auf Veranlassung des Schweizerischen Juristenvereins XVI 1, 7. Stadtrecht von Rheinfelden, Aarau 1917: v. Künssberg.

Rudolf Schranil, Stadtverfassung nach Magdeburger Recht, Magdeburg und Halle, Breslau 1915 (Unters. z. Dtsch. Staats- u. Rechtsgesch. von O. v. Gierke, 125. Heft): v. Künssberg.

Schriften des Vereins für Geschichte des Bodensees 1915: Dr. Kinkelin, Romanshorn.

Aug. Schulten, Hodegerechtigkeit im Fürstl. Bistum Osnabrück, Münster 1909: Prof. Dr. His, Münster.

Schwäbisches Wörterbuch, bearbeitet v. Hermann Fischer (fortlaufend): v. Künssberg.

Schweizerisches Idiotikon. Wörterbuch der schweizerdeutschen Sprache, bearbeitet von Staub, Tobler u. a. (fortlaufend): v. Künssberg.

v. Steinen, Westfälische Geschichte I—IV 1755 ff.: Prof. Dr. His, Münster.

Steirische Gerichtsbeschreibungen, hrsg. von Anton Mell und Hans Pirchegger I. Bd. Graz 1914: v. Künssberg.

E. Verwijs en J. Verdam, Middelnederlandsch Woordenboek, 's Gravenhage 1885 ff., Bd. II—VI: v. KÜNSSBERG.
Jos. Willmann, Die Strafgerichtsverfassung der Stadt Freiburg i. Br. bis zur Einführung des neuen Stadtrechts (1520), Freiburg 1917: v. KÜNSSBERG.
H. Wopfner, Das Almendregal des Tyroler Landesfürsten, Innsbruck 1906: v. KÜNSSBERG.
Zeitschrift für die Geschichte des Oberrheins, hrsg. von der Bad. Hist. Kommission. N. F. Bd. 31, Heidelberg 1916: v. KÜNSSBERG.
Zeitschrift der Gesellschaft für Schleswig-Holsteinische Geschichte 42. Bd., Leipzig 1912: v. KÜNSSBERG.
Zeitschrift für Rechtsgeschichte 1917: v. KÜNSSBERG.
Zycha, Prag (Mitteilungen des Vereins für Geschichte der Deutschen in Böhmen 49, 3; 49, 4; 50. 2; 50, 4): v. KÜNSSBERG.

Anl. II.

Bericht der Kirchenväter-Kommission.

Von Hrn. von HARNACK.

1. Ausgabe der griechischen Kirchenväter.

Die im Druck halbvollendeten und die druckfertigen Bände konnten auch in diesem Jahre nicht in die Presse gegeben werden. In den »Texten und Untersuchungen« (Bd. 42, Heft 3) ist erschienen: v. HARNACK, »Der kirchengeschichtliche Ertrag der exegetischen Arbeiten des Origenes (I. Teil)« und »Die Terminologie der Wiedergeburt und verwandter Erlebnisse in der ältesten Kirche«.

2. Bericht über die Prosopographie.

Hr. JÜLICHER schreibt: »In der kirchengeschichtlichen Abteilung ist die Arbeit während des Jahres 1918 leider wenig gefördert worden. In den Wintermonaten 1917/18, fast noch mehr im Herbst 1918, war sie durch Heizungs- und Beleuchtungsverhältnisse, von den Unruhen abgesehen, zeitweilig ganz abgeschnitten, aber auch im Sommersemester behindert. Doch wurde das früher Fertiggestellte durchgesehen und korrigiert und verstreute Vorarbeit für die 1919 hoffentlich zu bewältigende Aufgabe geleistet.«

Die profangeschichtliche Abteilung anlangend, so hat Hr. SEECK den ersten Halbband des Werkes veröffentlicht: »Regesten der Kaiser und Päpste für die Jahre 311—476 n. Chr. Vorarbeit zu einer Prosopographie der christlichen Kaiserzeit.« Stuttgart, J. B. Metzlersche Buchhandlung.

Anl. III.

Bericht über die Bearbeitung der Flora von Papuasien und Mikronesien.

Von Hrn. ENGLER.

Trotz der fortdauernden Störungen in den Betrieben der Druckereien und der bei der Herstellung von illustrierten Publikationen in Betracht kommenden Gewerbe ist es gelungen, auch im Jahre 1918

7 Abhandlungen und ein Verzeichnis der in den bisher veröffentlichten 61 Abhandlungen beschriebenen Arten und ihrer Synonyme herauszugeben, nämlich

55. R. Schlechter, Die Ericaceen von Deutsch-Neu-Guinea (Fortsetzung). Mit 13 Figuren im Text. 40 S.
56. E. Gilg und R. Schlechter, Über zwei pflanzengeographisch interessante Monimiaceen aus Deutsch-Neuguinea. Mit 2 Figuren im Text. 7 S.
57. R. Schlechter, Eine neue papuasische Burmanniacee. Mit 1 Figur im Text. 1 S.
58. C. de Candolle, Beiträge zur Kenntnis der Piperaceen von Papuasien. 17 S.
59. C. Lauterbach, Die Rutaceen Papuasiens. Mit 7 Figuren im Text. 45 S.
60. O. E. Schulz, Die bisher bekannten Cruciferen Papuasiens. Mit 1 Figur im Text. 7 S.
61. E. Gilg, Die bis jetzt aus Neuguinea bekannt gewordenen Flacourtiaceen. Mit 5 Figuren im Text. 22 S.

Verzeichnis der in den Beiträgen zur Flora von Papuasien I—VI beschriebenen Arten und ihrer Synonyme. 18 S.

Hiervon waren Nr. 56—58 bereits im vorjährigen Bericht als im Satz befindlich angekündigt.

Weitere umfangreiche Bearbeitungen der botanischen Ausbeute der Sepik (Kaiserin-Augusta-Fluß)-Expedition und früherer Expeditionen liegen im Manuskript vor, doch wird es sich empfehlen, wegen der kürzlich abermals erfolgten Steigerung der Tarife für Satz und Druck die Veröffentlichung noch etwas hinauszuschieben. Diese Arbeiten behandeln die Farne (G. Brause), die Araliaceen (H. Harms), die Orchidaceen und Gesneriaceen (R. Schlechter), die Burseraceen und Anacardiaceen (C. Lauterbach), die Myrtaceen (L. Diels).

Anl. IV.

Bericht über die Arbeiten für das Decretum Bonizonis und für das Corpus glossarum anteaccursianarum.

Von Hrn. Seckel.

Der Druck von Bonizos Decretum (Liber de vita Christiana) mußte im Jahre 1918 nochmals ruhen. Da aber die Arbeitskraft des Herausgebers, Hrn. Prof. Dr. E. Perels, gegen Ende des Jahres vom militärischen Dienst wieder frei geworden ist, so steht die baldige Wiederaufnahme des Drucks in Aussicht.

Die Arbeiten am Corpus glossarum anteaccursianarum sind auch im Jahre 1918 weitergeführt worden. Die Mitarbeiterin, Frl. Dr. iur. ELISABETH LILIA zu Berlin, hat die volle Arbeitszeit des Berichtsjahrs auf die Brüsseler Handschrift des Codex Justinianus verwendet, eine Handschrift, die wegen des Reichtums an Glossen und zum Teil auch wegen der Schwierigkeit der Entzifferung außerordentlichen Zeitaufwand erfordert. Abgeschrieben wurden 1. die Randglossen mittlerer Schicht, soweit diese umfangreiche Glossenmasse nicht schon im Vorjahr kopiert worden war; 2. der Apparat des Hugolinus, der von drei Händen fortlaufend eingetragen und von mehreren jüngeren Zusatzhänden erweitert ist. Etwa ein Viertel des Apparats bleibt noch zu erledigen; dann werden die Glossen der Handschrift vollständig kopiert sein.

Akademische Jubiläumsstiftung der Stadt Berlin.

Bericht des Hrn. PLANCK.

Die Veröffentlichung der von Hrn. Prof. Dr. Frhr. VON SCHRÖTTER verfaßten, schon seit dem vorigen Jahr druckfertig vorliegenden Münz- und Geldgeschichte Preußens im 19. Jahrhundert mußte mit Rücksicht auf die gegenwärtige außerordentliche Höhe der Herstellungskosten bis zur Wiederkehr einigermaßen normaler Verhältnisse verschoben werden.

ALBERT SAMSON-Stiftung.

Bericht des Hrn. VON WALDEYER-HARTZ.

Vom Leiter der Anthropoidenstation auf Teneriffa ist eine weitere Abhandlung: »Nachweis einfacher Strukturfunktionen beim Schimpansen und beim Haushuhn und über eine neue Methode zur Untersuchung des bunten Farbensystems« eingereicht und in den Druckschriften der Akademie veröffentlicht worden. — Den HH. LÜDERS und WILHELM SCHULZE, welche einen vorläufigen Bericht über die von ihnen unternommenen Sprachstudien an unsern Gefangenen indischer Stämme eingereicht haben (s. oben S. 77 f.), ist der Rest der ihnen bewilligten Summe im Betrage von 2000 Mark gezahlt worden. Ferner ist der Bericht des Prof. VON HORNBOSTEL über die Fortführung des Phonogrammarchivs im Jahre 1917/18 erstattet worden. Beide Berichte ergeben eine erfreuliche, wohlangewendete Benutzung der Stiftungsmittel. Neu bewilligt wurden zur Unterstützung des Phonogrammarchivs 5000 Mark und zur Herausgabe des letzten Teiles der Werke FRITZ MÜLLERS wurde die gleiche

Summe wie zur Herausgabe des ersten Teiles, d. h. 3000 Mark, in Aussicht gestellt.

Aus Teneriffa kam die Nachricht, daß das mietweise übernommene Gelände der Anthropoidenstation an eine englische Firma verkauft werden solle. Es sind alle Maßnahmen getroffen worden, um den Bestand der Station zu sichern.

Die Rentenempfängerin der Stiftung, Frl. Wobschal, ist gestorben; der Betrag der Rente wird mit Genehmigung des vorgeordneten Ministeriums noch bis zum Abschlusse des laufenden Rechnungsjahres der Schwester der Verstorbenen weitergezahlt werden; von da ab fällt die betreffende Summe den Stiftungseinnahmen zu. Für 1919 stehen rund 50000 Mark zur Verfügung.

Ausgegeben am 30. Januar.

Berlin, gedruckt in der Reichsdruckerei.

1919 V

SITZUNGSBERICHTE

DER PREUSSISCHEN

AKADEMIE DER WISSENSCHAFTEN

BERLIN 1919

VERLAG DER AKADEMIE DER WISSENSCHAFTEN

IN KOMMISSION BEI GEORG REIMER

Aus § 6.
die Druckerei abzuliefernd

1919.
V.

SITZUNGSBERICHTE

DER PREUSSISCHEN

AKADEMIE DER WISSENSCHAFTEN.

30. Januar. Gesamtsitzung.

Vorsitzender Sekretar: Hr. Roethe.

*1. Hr. Eduard Meyer sprach über das Marcusevangelium und seine Quellen.

Das Evangelium ist von Marcus, dem Dolmetscher des Petrus, mit planmäßigem Aufbau in der Gestalt verfaßt, in der es uns vorliegt. Marcus benutzt außer der eschatologischen Rede c. 13, einem von ihm eingefügten Sonderstück, zwei Hauptquellen, eine, in der Jesus von einer unbestimmten Anzahl von Jüngern umgeben ist, an deren Spitze Petrus steht, und eine andere, in der er die Zwölf einsetzt und zu ihnen redet. Der Zwölferquelle gehören an 3, 14b—19. 4, 10b—12. 6, 7—13. 9, 33—50. 10, 32—45. (11. 11.) 14, 1. 2. 17—26. Die Jüngerquelle liegt bereits in zwei Fassungen vor, die vor allem in dem Abschnitt über Jesu Wanderungen 6, 31—8, 26 in mehrfachen Dubletten, wie dem doppelten Heilungswunder, der magischen Heilung eines Taubstummen und eines Blinden u. ä., deutlich erkennbar sind.

Anschließend wurden besonders die Einwirkung der Johannesjünger auf die Ausbildung des Christentums und die parsischen Elemente in der Messiasvorstellung, speziell bei Maleachi 3, 2 und Daniel c. 7, besprochen.

2. Hr. Sachau legte eine Abhandlung »Zur Ausbreitung des Christentums in Asien« vor. (Abh.)

Vom Tigris und Babylonien aus ist die Mission des Christentums südwärts bis Indien und ostwärts bis an den Oxus und Jaxartes in der Gründung von Gemeinden, Bistümern und Erzbistümern nachgewiesen.

3. Hr. Haberlandt überreichte die von ihm herausgegebenen »Beiträge zur Allgemeinen Botanik«, Bd. 1, Heft 4. (Berlin 1918.)

4. Hr. Engler überreichte die 6. Serie der »Beiträge zur Flora von Papuasien, hrsg. von Dr. C. Lauterbach«. (Berlin 1918.)

5. Der physikalisch-mathematischen Klasse der Akademie stand zum 26. Januar d. J. aus der Dr.-Karl-Güttler-Stiftung ein Betrag von 3700 Mark zur Verfügung. Sie hat beschlossen, daraus dem Dr. H. Rosenberg in Tübingen als Unterstützung für seine photoelektrischen Untersuchungen 2000 Mark zu bewilligen.

Zum 26. Januar 1920 werden voraussichtlich 1950 Mark verfügbar sein, die von der philosophisch-historischen Klasse in einer oder mehreren Raten vergeben werden können. Die Zuerteilungen erfolgen nach § 2 des Statuts der Stiftung zur Förderung wissenschaftlicher Zwecke, und zwar insbesondere als Gewährung von Beiträgen zu wissenschaftlichen Reisen, zu Natur- und Kunststudien, zu Archivforschungen, zur Drucklegung größerer wissenschaftlicher Werke, zur Herausgabe unedierter Quellen und zu Ähnlichem.

Bewerbungen müssen spätestens am 25. Oktober d. J. im Bureau der Akademie, Berlin NW 7, Unter den Linden 38, eingegangen sein.

Ein mittelirisches Lobgedicht auf die Ui Echach von Ulster.

Mit Übersetzung herausgegeben

von Kuno Meyer.

(Vorgelegt am 16. Januar 1919 [s. oben S. 15].)

Das hier zum ersten Male zum Abdruck gebrachte Gedicht ist mir nur aus einer Handschrift bekannt, in der es leider mit der 36. Strophe abbricht. Es findet sich in dem Sammelband, den Michael O'Clery sich im Jahre 1628 anlegte[1] und ist von ihm aus Blättern, die von einem gewissen Mael Sechlainn mac Fithil stammten, kopiert worden[2].

Das anonyme Gedicht ist das Loblied eines Berufsdichters auf den Stamm der Ui Echach von Ulster und ihren König Aed mac Domnaill, der von 993 bis 1004 herrschte, wo er, 29 Jahre alt, im siegreichen Kampfe gegen Ostulster in der Schlacht bei Crōib Thulcha fiel[3]. Eine Totenklage auf ihn habe ich im Arch. f. celt. Lexikogr. III S. 304 veröffentlicht[4] und in meinen 'Selections from ancient Irish Poetry' S. 75 übersetzt. Unser Gedicht ist zu den Lebzeiten des Gefeierten verfaßt und bietet sowohl sprachlich als auch inhaltlich manches Interessante.

Die Sprache zeigt die uns besonders aus Saltair na Rann bekannten Formen des ausgehenden 10. Jahrhunderts, unterscheidet sich aber durch eine archaisierende Tendenz und den reichlichen Gebrauch von Ausdrücken, die der *bērla na filed* genannten Zunftsprache der Dichter entnommen sind. Die folgenden altirischen Formen verdienen Beachtung: *nicon* 17. 18. 31; *dia mbeith* 8, *co nach beith* 19; *bīte* 24;

---

[1] Jetzt B IV 2 in der Kgl. ir. Akad., fol. 155b—156b. S. nähere Angaben über diese Handschrift im Archiv f. celt. Lexikographie III S. 302.

[2] Hinter der letzten Strophe unsres Gedichts unten auf S. 156b steht *as duilleogaibh Maoilcachlainn mic Fithil do sgriobhus.*

[3] Vgl. AU 1003 und LL 183a 57: *Cath Cráibe Telcha for Ultu ria n Aed arddaig, | eochair orddain* 'der siegreiche Kampf bei C. T. gegen Ulster durch Aed, die hehre Flamme, den Schlüssel der Würde'.

[4] Dort ist in § 9 *fleochaid* und *Eochaid* zu lesen.

forchomat (rel.) 24; *dia n-ecma* 17; *dosrōcaib* 17; *fodrūair* 34; *tudchaid* 9; *tomuinter* 30; *fīastar* (zu *fichim*) 17; *condacerta* 25; *atcechra* 25. Mittelirische Neuerungen sind *conbuich* 29, augenscheinlich wegen *nī hantair* ib. als Präsens gebraucht[1]; *feib donfallna* 11 (vgl. das Prät. *rofallnai* SR 2630); *na hī* 24; *as ī a samail* ib.; *cacha tellaig* 2, wo die weibliche Form des Gen. *cacha* ins Mask. übergegriffen hat (vgl. umgekehrt *cech ōenchlaisse* SR 492); *rompaib* 2 'vor ihnen' im Reim mit *bronntaib*, eine wie *rempi* SR 4875, *rempu* RC 502, 142b 3, *rompo* Mer. Uil. 206 an altir. *impe*, *impu* angelehnte Form; *reime* 4 'vor ihm', die weibliche Form fürs Mask. wie *remi* SR 3983, 6627; *ūada* 'von ihm' 21, wie altir. *occa* m. neben *occi* f.; die 3. Pl. *nīrsat* 18 wie *rosat* SR 3983, *ciapsat* 8007; (*nī*) *tuill* 4, (*nī*) *lēic* 31 statt *tuilli, lēici*, durch das Prät. veranlaßt, wie umgekehrt die bekannten Präteritalformen in *-ī* (*roslēici* SR 7870), *nicon reilgi* § 31 an das Präs. angelehnt sind; *nī fag*[*b*]*air* 10 im Reim mit *samail*; der Gebrauch der Nom.-Form für den Akk. in *comlaind* 27, *bidbaid* (Pl.) 12. 29, *tairgsin* 33, wie oft in SR; die Verwendung des Dativs bei Präpositionen, die altir. den Akk. regieren, wie *fri suidib* 14, *uma smechaib* (sic leg.) 15, *fri handgaibh* 24, *fri crīchaib* 34, alles im Reime; aber auch *fri hidnaib* 22 ohne Reim.

Ein altes Neutrum liegt in *tōla n-etha*[2] 23 vor. Ein poetisch vorangestelltes Adjektiv findet sich in *clann in chernaig Chonaill* 36.

Der Dichtersprache gehören folgende Wörter an:

ailt 'Haus', Gen. Sg. *ailte* 16; s. Contribb.

amros 'Unwissenheit', Gen. Sg. *amrois* 9; s. Contribb.

bacat 'Hals' 25; s. Contribb. S. 160, wo ich die Glosse *brāgait* fälschlich mit 'Gefangener' übersetzt habe.

ben trogain 'Rabenweibchen' 19; s. die Anmerkung.

bōchna f. 'See' 8; s. Contribb. Die Länge des *o* ergibt sich aus Reimen.

ceisni 'selbst' 34, archaisierend für *feisne* nach *cadeisne* usw.

cernnas 'Falsch, Lüge' 1; s. die Anmerkung.

colt 'Nahrung' 12; s. Contribb.

īrthar 'wird gewährt' 1, gleichsam zu einem aus *ro-īr* erschlossenen Präsens *īraim*. Vgl. CZ V 486, 3, wo es mit *tucthar* glossiert ist.

---

[1] Vgl. RC XX 174 § 39: *ruthid ech bāeth foa mbī, | dofuit co mbuich a chnāmai* 'ein störrisches Pferd geht mit dem, unter welchem es ist, durch, er fällt und bricht die Knochen'.

[2] *etho* Hs. O'Clery liebt es, *o* für auslautendes *a* zu schreiben, worin nichts Archaisches zu sehen ist.

nin 'Welle' 33. In den 'Additional articles' bei Cormac § 997 ist fälschlich *nen* angesetzt, was aus dem dort zitierten Gen. Pl. in *rīm nena*[1] erschlossen worden ist.

rus 'Gesicht', Gen. Sg. *rosa* 21. Bei Cormac ('Add. art.') 1108 und O'Dav. 1343 ist *rús* angesetzt; aber der Gen. *rosa* beweist die Kürze des *u*. Vgl. *nīam temra rosa*, 'der Glanz der Warte des Gesichtes', nämlich der Wange, O'Dav. 1546.

seco 'und' 25.

lethra 'Aaskrähe' 2, 11, 12; *·i· badhbh no feanóg* O'Cl.

tīasca 13, wohl *tīascad* im Reim mit *Fīachach* zu lesen, 'wurde angefangen'. Vgl. *tiasc ·i· tinnscna, ut est : tiascai i n-anmaim Dē*, O'Dav. 1564, was sich auch als Schreibernotiz auf dem unteren Rande von YBL S. 315 findet (*tiasca a n-anmaim Dhé*).

tomra 'Schutz, Asyl' 11. Vgl. *tomra ·i· tearmann* O'Cl. *tomhra* Hardiman, Ir. Minstrelsy II 296, 8.

Das Metrum ist zweisilbige *rannaigecht*, aber dadurch merkwürdig, daß sowohl End- wie Binnenreim durch bloßen Gleichklang (ohne Konsonanz), nur mit Wahrung der Quantität, ersetzt werden kann. Der Binnenreim, der sich regelmäßig in beiden Langzeilen findet, geht stets von dem Schlußwort des ersten und dritten Verses aus (*Echach : lethan, cermnas : felmac* 1 usw.). An zwei Stellen (*ebrad : cētna* 14, *cellach : sēnad* 17) ist die Quantität nicht gewahrt, nur die Vokale sind dieselben, was übrigens in der Endsilbe nicht erforderlich ist, z. B. *fīre : scrībnib* 3, *anallain : astad* 6 : *athchor* 8, *nāmat : ālainn* 10 (wenn ich hier richtig ergänzt habe), *anmain : donfallna* 11, *teimen : Eimir* 20. Sechshundert Jahre später verwendet Seān mac Torna ua Māil Chonaire dasselbe Versmaß mit allen angeführten sprachlichen und metrischen Eigentümlichkeiten in seinem bekannten Lobgedicht auf Brian *na mūrtha* O'Rourke[2], der im Jahre 1591 in London als Hochverräter hingerichtet wurde, einer der zahllosen Vorgänger des unvergeßlichen Roger Casement.

Das Gedicht ist mit Anspielungen überladen, die nicht alle leicht zu verstehen sind. Doch glaube ich es soweit richtig gedeutet zu haben, daß ich eine leidlich getreue Übersetzung vorlegen kann, die von dem eigenartigen Stile der älteren Kunstdichtung Irlands einen Begriff geben mag.

---

[1] Dies ist aber eigentlich wohl als *rīm n-ena* 'Laut des Wassers' zu fassen. Vgl. *srūaim ena* Corm. § 1176.

[2] H. 3. 18, S. 766—768. Ein fehlerhafter Abdruck bei Hardiman, Irish Minstrelsy II 286 ff.

1 Teall*ach* fēile Ūi[1] Echach, drēcht as let[h]an do sīoladh,
a ndāno gan [n]ach cermnass[2] at lir fealmac[3] dia n-īorthar.

2 Gell fēile gacha tealloigh feibh bōi 'ga senaibh rompoibh
atā anosa ag Ūibh Eachach, nī tēit tethro 'na mbronntoib.

3 Nī tardsat uile Gāidil rīamh dia māinib a urdail
a tardsat Ulaidh fīre[4], feibh fil i scrībnibh ugdar.

4 Mag Ōengusa rī an tīre ar lorcc a līne reimhe,
nī tuill a grūaid do goradh, imdha ollamh dian seise.

5 Fāth far lāmhoigh ant Aod-sa beith re daonnacht do sonnr*adh*:
nī clos dó go raib frēiscri[5] rīamh ar fēile[6] na nUlltach.

6 An tan dobeirt[h]i fōgra do c[h]līaraibh Fōdla anallain,
no tēigdis Ul*aid* d' forgla[7] go hor romra dia n-astudh.

7 Laigin dōibh ō ro dlomsat[8], fir C[h]onnacht is fir Muman[9],
fobīt[h] na bfil*edh* d' fastad do leth all*udh* ufer nUladh.

8 Diá mbeith don nōs anallain athc[h]or ar an ord ēiccius,
oighir[10] Ollaman Fótla a mbeōil bōchna nīsléiccfed.

9 Noc[h]an fuil ar seilbh[11] cicsi ō Báoi Bēirre go hAlboin
neach nach tudhch*aid* dia tholach geinmothá osgar amhrois.

10 Mag Ōengusa, ní faghbair[12] a hsamhoil d' oirigh échtó,
mōr ufec[h]t tucc a ndú nāmat. mūr n-ál*ainn*[13] ar fōir[14] ēccrat.

11 Tūar fochraice dia anmain, feib donfallna Ūib Eac[h]dach,
dobeir rīagh don áes fogla[15], dobeir tomra do t[h]ethraibh.

12 Mag Āengusa nī imgaibh a bidbaidh a ttrāth tochair,
mōr n-ūair dorat dia sethnaibh colt do t[h]ethraib dia tomhailt.

13 Ollamh Fōtla mac Fīachdhach, le[i]s cēt[16]-tīasco feis Temra,
is ūad ainmniugad Ul*ad*, rī dār[b] vmhal īat[h] Ealgo.

14 Túccait eile ara n-ebrad[17] ant ainm cētnv fri suidib,
oll a sāith don ord filedh[18] tar gach gcined d' fōir[19] fuinn*idh*.

15 Nō is aire isrubrad Ulaid, na curaidh frisclāid catha,
lōā līath uma smechaib[20] dia romheabaid cath Macho.

16 Mūr nOllaman dosrōgaib 'sa rāith rōtgloin ōs Breagmaigh.
īs cairt fuirre dia aicme dēnam a ailte i Temhraigh.

17 Mad dia n-ecma nach ceall*ach* do hsēnadh a lāth ngoile.
lōr dia n-ergaire a rīascad, nicon fīastor fri aroile.

---

[1] uib [2] ·i· brēcc [3] fealmac [4] fire [5] ·i· toibēim [6] feile [7] forgla [8] ·i· dliultsat [9] uladh [10] oidhir [11] seilbh [12] faghair [13] nál- [14] foir [15] fogla [16] cetna [17] ndebrad [18] filedh [19] foir [20] smecho

18 Nicon scara nach āighe acht contāide a túatha,
itir hsom[o] *ocus* domo a choma nīrsat gūacho.

19 Ferr a choir gan a thōeb*ad*, nā tōebhat Aod *mac* Domnaill,
co nāch beith troigh mná troghain for a ccollaib dia tograim.

20 Tucc Cū Chulainn ainm teimhen air d' Eimir ag a tochmarc,
bhis ar Oedh i n-ūair fedhma, nūadh tedma tath*aig* cona.

21 Dāmadh leis righe an c[h]ūicc*idh* do bī ag dūisib clann Rosa,
dobhēradh d' ēicsibh vado ar omhan rūamna rosa.

22 Is fó na trēidhe flatho fil ago gan nach n-imral,
»bī fri hidnaibh go hidhan, bī go hingar fri hingra.«

23 A ḟir flat[h]a fodero tōla n-etho ar gach n-indra,
is dia c[h]oicert rān righdha at láno līna ō innbath.

24 Na hí forc[h]omat rīagail, nī tabhair rīaghad orra,
na hí bite fri handgaibh ḟoce[i]rd i n-adhboidh n-othna.

25 Sīn Morainn mar no tachrad 'mo bacat a lō dālo,
as cuma condocerto donti atcechra scéo námho.

26 Nī tucc d' echtres nō d' ōenuch nā do c[h]ōemhnu nā d' innemh
an sainṡerc[1] tucc ant Aod-sa do t[h]einm laodho[2] na ffiledh.

27 Imdha fili 'ga ffogloim catha is comlaind a ccuradh,
ar a binne la flait[h]ib sgēla gaisc*idh* fer nUladh.

28 A b*eth* taobh re hŪib Each[d]ach nī b*ad* breth ḟessach[3] eōlach,
madh dia ffagbad Ōedh comht[h]rom ó Chonoll[4] is ó Eōghon.

29 Frit[h]bert fris as tūar amraith, tonn anfaid, as í a ṡamhoil[5],
*con*buich brōn for a biodbaid, fris a n-irgail nī hantoir.

30 Ar gnīomaibh goile is gaiscidh, ar a aichre a mbern gāboidh,
tomuinter a rē chatho go mbī dalto do Scáthoigh.

31 A n[Ū]ibh Eachdach re a reimhius nī lēicc breislech nā borbgail,
nicon reilgi a hīath aidhben cūan nō caibden dia horgoin.

32 Ar a clú ní lēig teimheal, faill 'na einech ní lēigenn,
mōr an būaidh do ḟior dorcha, sorcha a th*eist* ar ḟedh Ēirenn.

33 Dāl armairc gan all n-āighi as tairgsin āirmhe ar nionaibh,
dol a gcoindeilcc fria ḟéili coimius ḟēighi fri rionnoidh.

34 Clanno Rugraidhe an rīograidh dusrala a gcrīochaibh cīanoibh,
gan īat 'na mennat ceisni ḟotrūair Feirtsi don Niallfuil[6].

35 Clann C[h]ēir is Cuirc is Conmaic 'na ccaoir comraic dā mbeitis,
fa Mág Áongusa as menann go madh leo a ferann feisin.

36 Na trī cianna sin Ferghois is clann an chernoigh Chonoill,
na secht Laoighsi is na Soghoin, nī budh cobair *gan* chondailbh.

...

[1] sainserc [2] laogho [3] fessach [4] Conall [5] samhoil [6] niallfuil

Übersetzung.

1 Ein freigebiger Haushalt sind die Ui Echach, eine weithin verbreitete Genossenschaft: ihre Gaben sind ohne jeden Falsch ebenso zahlreich wie die Dichterschüler, denen gespendet wird.

2 Ein Unterpfand der Freigebigkeit besitzen die Ui Echach auch heute noch in jedem Haushalt, wie ihre Väter es vor ihnen besaßen: kein . . . mengt sich in ihre Geschenke.

3 Nie hat die Gesamtheit der Gälen von ihren Reichtümern das gleiche von dem gegeben, was diese echten Söhne Ulsters gaben, wie in den Schriften der Autoren zu lesen steht.

4 Ein Sohn des Oengus ist König des Landes im Verfolg der Spur seiner Ahnenreihe vor ihm: seine Wange verdient nicht, daß man sie erröten mache, zahlreich sind die Dichtermeister, denen er ein Gönner ist.

5 Forscht man nach dem Grund, warum unser Aed es unternommen hat, die Mildtätigkeit besonders zu pflegen: nie hat er vernommen, daß die Freigebigkeit Ulsters je versiegen könne.

6 Als vor alters die Dichterscharen Irlands ausgewiesen wurden, da gingen die erlesensten Männer von Ulster bis hin ans Meeresufer, sie zurückzuhalten.

7 Nachdem Leinster ihnen aufgekündigt hatte, und Connacht und Munster, verbreitete sich der Ruhm der Männer von Ulster dadurch, daß sie die Dichter zurückhielten.

8 Wenn es althergebrachte Sitte wäre, den Dichterorden auszuweisen, der Erbe Ollam Fōdlas würde sie nicht in den Rachen der See lassen.

9 Von Būi Bēre bis hin nach Schottland ist keiner im Besitze der Dichtkunst, der nicht zu seinem Königshügel gekommen ist, außer dem unwissenden Stümper.

10 Der Sohn des Oengus — seinesgleichen findet sich kein streitbarer Fürst; viele Heereszüge hat er in Feindesland geführt, ein herrlicher Wall gegen die Schar der Feinde.

11 Es ist eine Vorbedeutung himmlischen Lohnes für seine Seele wie er über die Ui Echach herrscht: dem Räubervolk gibt er den Galgen, den Aaskrähen bereitet er ein Asyl.

12 In der Stunde des Kampfes vermeidet der Sohn des Oengus seine Widersacher nicht: gar manches Mal hat er mit ihren Leibern den Aaskrähen Futter zur Atzung gegeben.

13 Ollam Fōdla, der Sohn Fiachas; von ihm ward zuerst das Fest von Tara begangen, von ihm stammt der Name Ulster, ein König, dem das Land Elg unterwürfig war[1].

[1] D. h. er war Oberkönig von Irland, hier mit dichterischem Namen *Elg* genannt.

14 Eine andere Ursache, weshalb ihnen derselbe Name gegeben ward: groß war die Sättigung des Dichterordens durch sie vor allen andern Geschlechtern des westlichen Volkes[1].

15 Oder darum wurden sie Ulsterleute genannt, die Helden, welche Schlachthaufen niederwerfen: graue Wolle umgab ihr Kinn, als die Schlacht von Macha gewonnen ward.

16 Die Mauer Ollams, welche er[2] in seiner Feste mit glänzenden Pfaden über der Ebene von Bregia errichtete, — sein Geschlecht hat ein verbrieftes Recht darauf, sein Haus in Tara zu bauen.

17 Wenn irgendein Mann der Kirche käme, um ihre Krieger zu segnen, so genügt es, um sie in Zaum zu halten, sie zu ....; es wird gegen niemand sonst angekämpft werden.

18 Es scheidet kein Gast (von ihm), es sei denn, daß er seine Völker bestiehlt, — sowohl für Reiche wie für Arme sind seine Versprechungen nie falsch gewesen.

19 Es ist besser, ihn zu tadeln, ohne sich ihm zu nahen. Laßt die Menschen sich nicht an Aed, den Sohn Domnalls, heranwagen, auf daß bei ihrer Verfolgung das Rabenweibchen den Fuß nicht auf ihre Leiber setze.

20 Cūchulinn legte sich Emer gegenüber, da er sie freite, einen Dunkelnamen bei, den Aed in der Stunde des Kampfes führt: 'ein Held der Seuche, welche Hunde[3] befällt'.

21 Wäre die Königswürde der Provinz sein, die den Edlen der Stämme Rus' gehörte, er würde sie den Dichtern schenken aus Furcht, daß Flammenröte ihm ins Antlitz steigt.

22 Es ist der Segen der drei Herrschertugenden, den er sonder Fehl besitzt: 'Sei lauter gegen die Lauteren, sei gegen die Unbarmherzigen unbarmherzig!'

23 Seine fürstliche Gerechtigkeit läßt eine Fülle von Getreide auf jedem Rain gedeihen, durch seine herrliche königliche Zucht sind die Netze voller Reichtum.

24 Diejenigen, welche das Gesetz wahren, denen legt er keine Strafen auf; die, welche böse Taten verüben, wirft er ins steinerne Verließ.

25 Gleich als wäre ihm Moranns Halskette am Tage des Gerichts um den Hals gelegt, so weist er in gleicher Weise den zurecht, den er liebt, und seinen Feind.

[1] D. h. der Iränder.
[2] Nämlich König Ollam Fódla.
[3] Oder 'Wölfe': *cú* bedeutet beides.

26 Nicht wendet unser Aed dem Roßkampf oder der Festversammlung, dem Genuß oder Erwerb eine so besondere Liebe zu, wie dem Zauberlied[1] der Dichter.

27 Zahlreich sind die Dichter, bei denen ich die Schlachten und Kämpfe ihrer Helden lerne, weil sie Fürsten lieblich dünken, die Erzählungen von den Waffentaten der Männer von Ulster.

28 Sich mit den Ui Echach messen zu wollen, wäre kein weises, kundiges Urteil: wenn (anders) Aed von den Nachkommen Conalls und Eogans Gerechtigkeit widerführe.

29 Sich ihm zu widersetzen, ist ein Vorzeichen von Unheil. Einer Sturmeswoge gleicht er, er bringt Kummer über seine Feinde, keiner hält ihm stand im Kampfe.

30 Ob seiner mutigen und tapfern Waffentaten, ob seiner scharfen Schläge in gefährlicher Bresche wähnt man in der Stunde der Schlacht, daß er ein Zögling Scāthachs sei.

31 Über die Ui Echach läßt er zu seiner Zeit weder Niederlage noch wilde Gewalt kommen, nie hat er eine Kriegerschar oder Truppe aus fernem Land zu ihrer Vernichtung herangelassen.

32 Auf ihren Ruhm läßt er keine Verdunklung kommen, läßt keine Verletzung seiner Ehre zu; für einen scheuen Mann wäre der Ruhm zu groß; hell glänzend ist sein Leumund durch ganz Erin hin.

33 Ein Treffen in Kampfesnot ohne den Felsenpfeiler hieße sich anheischig machen, Wellen zu zählen; sich ihm an Freigebigkeit vergleichen hieße, sich an Schärfe mit einem Spottkünstler messen.

34 Die Stämme Rudraiges aus königlichem Geblüt hat es in ferne Gebiete geführt: daß sie nicht in ihrer eigenen Heimat sind, hat es bewirkt, daß Feirtse[2] denen aus Nialls Blut zugefallen ist.

35 Wären die Stämme Ciars und Corcs und Conmacs wie ein kompakter Ball, so ist es sicher, daß sie unter dem Sohne des Oengus ihr eigenes Land besäßen.

36 Diese drei Stämme des Fergus und der Stamm des siegreichen Conall, die sieben Lāigsi und die Sogain — das wäre Hilfe von Blutsverwandten.

Anmerkungen.

1. Statt *dosīoladh* ist *rosīlad* zu lesen; *ro* findet sich § 7 und 15. — *cernmas* ist auch bei Cormac § 397 mit *brēc* und *togāis* glossiert. Als Beleg zitiert er aus Goire Echdach den hier gebrauchten Ausdruck *cen nach cermnas.* Da *cerm*[3] das Faß zum

[1] D. h. dem *teinm lōido* genannten Zauber, hier für Lieder der *filid* im allgemeinen gesetzt.

[2] Ortsname.

[3] Gen. Sg. *cerme*, wohl neutraler *-mn*-Stamm von der Wurzel, die in lat. *cerno*, κρίνω 'scheide' steckt, so daß das Faß nach dem Prozeß der Scheidung der Buttermasse von der Milch genannt wäre.

Buttern (Kernen) und *cermáim* 'ich drechsle, schnitzle' bedeutet, so wird *cermnas* ursprünglich den Sinn 'Drehung, gewundene Redensart' haben. Vgl. auch Goethes 'Schnitzel kräuseln'.

2. *tethra* will sich hier keiner der gewöhnlichen Bedeutungen dieses Wortes ('Meer', 'Weib', 'Wunder', 'Aaskrähe') fügen. An allen anderen Stellen gebraucht der Dichter es in letzterem Sinne.

3. *uili Góidil.* Zur Stellung von *uile* vgl. *ōn uli thūathaib* Alex. 371, *for in uile doman* ib. 370, *tigerna na n-uile thigerna* LB 59a, *lesna hulibh ilibh dhaoinibh*, Ir. T. Soc. V 14. — *urdoil* hat kurzes *a*, wie der Reim auf *uydar* zeigt, mit dem es auch 23 N 10, S. 90 = B IV 2, S. 140b reimt: *loin óg idan Eiffisi*, | *nirb imda óg a urdail.* — *Ulaid firi.* Vgl. CZ VIII 326, 9: *di chlaind Ollaman Fōtla di hUltaib .i. do Dāl Araide, dāig is īat sin na fīr-Ulaid īar fir.*

4. *Mag Oengusa.* Vor Vokalen ist das *c* des vortonigen *mac* stimmhaft geworden und hat dann öfter zu anglo-irischen mit *G* anlautenden Zunamen geführt, wie Geoghegan aus *Mag Eochagān* (vgl. *genelach Megeochagan* BB 84a). Eine ähnliche Erscheinung haben wir im Kymrischen, wo *ap Elis* zu Bellis, *ap Owain* zu Bowen geworden ist. — *mac* ist hier im weiteren Sinne als 'Nachkomme' gebraucht; denn Oengus war ein Sohn von Eogan mac Néill, dem Stammvater des Cenēl nEogain. Vgl. CZ VIII 293, 11: *Oengus a quo Cenēl nOengusa.* — *seise* 'Gefährte, Genosse', eigentlich der auf derselben Ruderbank (*sess*) sitzende, aus *sestio-*. Vgl. LBr. S. 27 m. i. *atā mo sesse oc rūamar 7 mē budēn oc scrībend* 'mein Kamerad gräbt und ich selbst schreibe'. Das Wort wird dann aber auch im Sinne von 'Patron, Gönner' gebraucht; *mo seise mnā* 'meine Gönnerin'.

5. St. *sonnradh* l. *sunnrad* (: *Ullach*) und vgl. *nisfaicinn-se maith sunnraid* Fél.[2] 6 *gaibthir fāilti sundriud friss and* Trip. 126, 30. — St. *freiscri* ist wohl *feiscre* zu lesen, obgleich auch O'Clery *frescre .i. searg* und *a frescreann .i. a seargann* hat. Die Glosse *toibēim* ist gewiß nur Raterei. Wir haben es mit dem Abstraktum zu *fo-ess-crin-* 'hinschwinden, verfallen' zu tun, das Mon. of Tallaght S. 176 vorkommt. So ist auch in den Triaden § 118 mit N *feiscre* statt *feiscred* zu lesen, ebenso Audacht Morainn A § 34e (CZ XI 84). Das Wort scheint langes *e* zu haben, denn wie es hier auf *fēile* reimt, so setzt LL 294 a 9 das Längezeichen (*féscred*), und O'Cl. hat *fréscreann.*

6. Die Form *anallain* kommt auch in einem Gedichte Gilla Brigdes (Misc. Celt. Soc. 156, 127) im Reim mit *ūamair* vor. — Zu *d'forgla* vgl. *rotinóil Caillīn nāim Ērenn Anili d'forglai* 'C. versammelte alle erlesensten Heiligen Irlands' Fen. 140, 8, eigentlich 'in einer Auswahl'. — Die Strophe bezieht sich auf die Ausweisung der *filid* aus Irland im 6. Jahrhundert, wobei sie schon die östliche Meeresküste erreicht hatten (*go hor tonnrá*), als CūChulinn ihnen zuerst von allen Ulsterleuten Unterkunft auf einen Monat in Murthemne anbot. S. RC XX 42, 30, wo CūChulinn sagt:

Coindmed mīs m' ōenur, sīd seng, ūaim dōib ria nUltaib Ērenn.

Auch bei ihrer zweiten und dritten Ausweisung nahm Ulster sie gastlich auf (*fo thrī rodiultsat fir Ērenn fri filedu, co rosfostsat Ulaid ara fēili*, ib. Z. 13). Vgl. auch YBL 126 a 1: *Cid diatá int al'ad gaiscid mór sa for Ultaib? Ni hansa. Rod'lomad do filedaib Ērenn* usw. Deshalb beschlossen die Dichter, den Ruhm Ulsters stets vor dem aller andern Provinzen zu singen: '*turgbam a n-ainm 7 a scēla, tabram lāidi 7 roscada fóthib co rrob a n-irdercus ūas feraib Ērenn co brāth.*' *Is ed sin tra darat in n-irdarcus d' Ultaib sech firu Ērenn olchena.* 'Wir wollen ihren Namen und die Kunde von ihnen erheben, wir wollen Lieder und kunstvolle Weisen auf sie machen, so daß ihr Ruhm über den der Männer Irlands hinausgeht immerdar' ib. 126 b 37.

8. Ollam Fōtla mac Fiachach, ein sagenhafter König von Ulster. S. oben zu § 3.

9. Būi Bēre, jetzt Dursey Island an der äußersten Südwestspitze Irlands. — *tolach*, wegen des Reims mit *oscar* so statt *tulach* geschrieben, der Hügel, auf dem der König Versammlungen abhielt, zu Gericht saß usw.

10. *öirigh* = *airig*, Dat. Sg. von *aire*. — *fōir* f. 'race, tribe, company', Dinneen. Das Wort kehrt in § 14 wieder. Vgl. *fāl fri fōir forsaid forfind* SR 982.

11. St. *uib* ist wie in § 1 *ūi* (nom. pro acc.) oder *ū* zu lesen.

12. *selhnaib*. Hier haben wir das von Thurneysen CZ XII 287 postulierte Substantiv *sethnae*, vielleicht in der Bedeutung 'Rippe'.

13. Zu den verschiedenen Auslegungen des Namens *Ulaid* vgl. Cōir Anm. § 245; RI 502, 156a 43 = CZ VIII 325, 17.

15. *frisclāit* = *fris-clōit*. — *lōā* 'Wolle', älter *lōē*, wie LL 118a 45 von einem Schafe: *būaid dī a llacht, a llōe*; Dat. *brat cas corcra fo lōi chāin aicce*, Br. D. D. 1. — *cath Macha*, gewöhnlich die Schlacht von Ōenach Macha genannt.

16. *Mūr n-olloman*, ursprünglich wohl nach den *ollamain* oder Dichtern des ersten Grades genannt, die bei Festversammlungen dort saßen, dann aber auf Ollam Fōtla gedeutet, wie es LL 19a 10 heißt:

Ollom Fōtla fechair gal dorōraind mūr nOlloman.

's rāith rōtglain (: *dosrōcaib*). Ähnlich *imon rāith rōdglais* BB 110b 21, wo CZ III 321, 16 *ōnd rāith roglais* liest. — *cairt fuirre*. Vgl. *noco bfagha cairt ar trīan Connacht* ALC 1210.

17. *a rīascad* ist mir unverständlich. Auch *rīascad Bōinne* Acall. in dā Thūar. § 77 ist dunkel. Ich kenne nur *rīasc* 'Sumpf' und *rīascaire* 'Sumpfbewohner'. Ist es hier ein mit kymr. *rhwysg* 'authority, rule, pomp, grandeur' verwandtes Wort?

18. *āighe* = altir. *ōigi*. — *tāidim* 'stehle' findet sich auch im Metr. Dinds. II S. 58 (*fer rothāid is rothall*) und in TBC 956 (*cia dēnat toruided sceo tādet di cech airm*).

19. *tōebad* 'approach, attack', Dinneen, Highl. Soc. — *troig mnā trogain fort!* ist eine bekannte Verwünschung, z. B. Celt. Rev. II 106, 22:

dā n-ō pill ar do gnūis glain, geis ort, is troig mnā trogain!

Ebenso *troigh mhnā troghuin foruibh!* Ir. T. Soc. V 112, 28. *Trogain* wird hier von P. O'Connell als 'birthpangs' erklärt, so daß *ben trogain* 'Wöchnerin' bedeuten würde. Das scheint aber aus der Luft gegriffen[1] und paßt auf jeden Fall nicht in den Sinn der Stellen. Dagegen gibt *trogan*[2] *·i· brainfiach* Forus Focal § 14. den gewünschten Sinn. In H. 3 18, 82b heißt es in einer dem Dichter Dub Ruis beigelegten Strophe:

Garbae adbae innon fil, i llomrat fir maiche mess,
i n-agat lāichliu i llēss. i llūaidet[3] *mnā trogain tress.*

'Rauh sind die Stätten, an denen wir sind, wo Männer eine Ernte von Köpfen[4] abscheren, wo sie junge Kälber[5] in die Hürde[6] treiben, wo Rabenweibchen Kampf führen.'

20. Diese Strophe bezieht sich auf die Stelle in Tochmarc Emire § 51, wo Cū Chulinn auf die Frage Emers, wer er sei, mit dem Kenning antwortet: *am nūada tedma taithig conu.*

---

[1] Wahrscheinlich hat das Verbum *trogaim* 'bringe hervor, gebäre' Veranlassung zu dieser Aufstellung gegeben. Vgl. *co mbad hi Loignib trogfaitis a chlainn* RI 502, 127b 35; *trogais* (*·i· tusmis*) *dī lurchuire* LU 128a 42.

[2] Stokes druckt *trogán*.

[3] *lluaiget* Hs.

[4] Wörtlich 'eine Ernte (Mast) der Aaskrähe'. *maiche ·i· bodb, unde mesrad maiche ·i· cenna dōine īarna n-airlech*, ib.

[5] *lāichliu*, APl. von *lōigel*, einer Ableitung mit dem Deminutivsuffix *-ilo* von *lōig* 'Kalb', hier auf junge Krieger bezüglich?

[6] Ich lese *lēss*, die ältere Form von *lïass*. Vgl. *doringset lïassu for a lōegu and* LU 65b 16.

21. Es wäre möglich, daß *duisi* hier im Sinne von *maithi* 'die Edlen' zu fassen ist. — Der Reim *Rosa* : *rosa* ist ein gutes Beispiel der Regel, nach welcher Homonyme reimen dürfen. S. meinen 'Primer of Irish Metrics' § 13n.

22. Vielleicht ist *fō* hier als ein Wort aus *bērla na filed* im Sinne von *tigerna* zu nehmen, womit es CZ V 483 § 5 glossiert ist. Dann wäre zu übersetzen: 'Er ist der Herr (d. h. der Besitzer) der Herrschertriade', d. h. der drei Dinge, welche ein guter Herrscher ausüben muß. Der hier zitierte Spruch findet sich übrigens nicht in den Trinden. Vgl. aber Tec. Corm. § 6, 42: *rop smachtaid coisc cāich mbes mygor* und Aud. Morainn § 15 (CZ XI S. 81): *is tre fīr flathemon cach. hetha ardhūasail imbeth.*

23. *indra* 'Furchenrücken' bei O'Dav. 1074, 1106.

24. *i n-adbaid n-othna*, von O'Dav. 1322 wohl aus unserem Gedichte zitiert. Seine Glosse *uath thuinne* ist aus Corm. § 80 verlesen, wo *othna* mit *ūath uinne* (Gen. von *onn* 'Stein') erklärt wird. *Othna* ist gewiß Gen. Sg. von *othan* (*ā*) f., welches in dem bekannten Ortsnamen *Othan* vorliegt (Gen. *Othnae Mōre* AU 773 Dat. *for Oithin bice* AU 717, *in Othain mbic* Rl 502, 92c), der also wohl 'Stein, Fels' bedeutet.

25. Über *sīn Morainn* s. Ir. T. III 188 und Thurneysen, CZ XII 277. — *condacerta dontī*. Die Doppelkonstruktion zeigt, daß dem Dichter der altir. Gebrauch des infizierten -*da*- nicht mehr geläufig war. *Concertaim* findet sich mit *do* konstruiert auch in FB 33 *in fer concherta do chāch* und Rl 502, 149b *concertsat maithi Muman doib.*

26. Der Roßkampf (*echtres*) ist im Lebor Aicle (Laws III 294) erwähnt und als *in tres echda doniat eturru budein* beschrieben. Zimmer nahm an, daß er eine Nachahmung des nordischen *hestavig* war. Dafür spricht vielleicht der Ausdruck *ūenach echtressa* LL 157a 18 (sic leg.), der genau nord. *hestaþing* wiedergiebt.

28. *tāeb fri*, welches gewöhnlich 'Vertrauen' bedeutet, scheint hier die Bedeutung 'sich an die Seite stellen, sich messen' zu haben. *comthromm* 'gleiches Gewicht' im Sinne von 'fair play', das ihm die Ui Chonaill und Ui Eogain als verwandte Stämme schulden.

29. *frithbert*, das Abstraktum zu dem bei Pedersen II 468 belegten Kompositum *fris-biur*. — *am-rath* eig. 'Ungnade', dann 'Unheil, Mißgeschick'.

30. *i mbern gābaid* statt des gewöhnlicheren stabreimenden *bern(a) bāegail*, wie z. B. *a fāchāil ar bernadaib bāegail nō ar doirsib aided*, Mer. Uilix 109. — *tomuinter*, wenn ich so richtig lese, archaisierend für *domuinter*. — *dalta do Scāthaig*, ein Zögling der berühmten Waffenmeisterin Scāthach, der Lehrerin Cū Chulinns und Fer Diads.

31. *dia horgain*, wenn nicht für *dia n-orgain* verschrieben, bezieht sich auf ein aus Ui Echdach zu entnehmendes weibliches *clann* oder *tīr Echdach*.

32. *nī lēicenn*. Ein frühes Beispiel der konjunkten 3. Sg. auf -*enn*. — *fer dorcha*. Vgl. Goethes 'dunklen Ehrenmann'. Dinneen gibt unter anderen Bedeutungen von *dorcha* auch 'shy'.

33. *armairc* fasse ich als *arm-airc* (Gen.). Vgl. *fri hūair n-airc* LB 108b 47. — In *all n-āigi* ist der Gen. *āigi* explikativ zu verstehen. — *coimius* = *com-mius*, Abstr. zu *con-midiur* im Sinne von 'sich messen', während *commus* 'Macht' bedeutet. — *rindaid* ist Ir. T. III 5 = Arch. I 160 (*rinnid*) der Name für den unfreien Barden der siebenten und vorletzten Stufe. Cormac § 1081 hat die Form *rinntaid* und erklärt das Wort als *ainm do fir aerchaid*[1] *rindas cach n-aigid* 'der Name für einen . . . Mann, der jedes Gesicht zersticht', mit Bezug auf den Aberglauben, daß die Verspottung eines Dichters das Gesicht des Verspotteten entstellt.

34. Über Rudraige, den fabelhaften Ahnherrn derer von Ulster, s. CZ VIII 325, 31. — Mit *Feirtsi* (Akk. Pl. von *Fertais*) ist Fertsi Rudraige gemeint (Laws I 74, LL 31a,

[1] *aerchaid* L *aorchaid* Y *aescas* M *aerad* B *faeschaid* LL. Daß das dunkle *aerchaid* die richtige Lesart ist, zeigt die Wiederkehr des Wortes bei Cormac § 606: *aerchaid fid edath*, einem Zitat aus Moranns Briatharogum (Anecd. III 43, 25), das etwa bedeutet 'ein hassenswerter Baum ist die Espe'.

RC XXIII 304), der Name für die Landenge zwischen der inneren und äußeren Bucht von Dundrum in der Grafschaft Down, die im Gebiet der Ui Nēill lag.

35. Ciar, Corc und Conmac waren Söhne von Fergus mac Rōich und Medb (*tri maic Medba fri Fergus dar cenn nAilella* Rl 502, 157, 33). Die nach ihnen Ciarraige, Corcraige und Conmaicne benannten Stämme gehörten also ihrem Ursprunge nach auch zu Ulster, und der Dichter will sagen, daß Aed mac Domnaill als Herrscher im alten Stammlande die Herrschaft auch über sie beanspruchen durfte.

36. Die hier erwähnten Nachkommen Conall Cernachs werden in Rl 502, 157 folgendermaßen aufgezählt: *clann Chonaill Chernaich Dāl nAraide 7 Hūi Echach Ulād 7 Conaille Murthemne 7 Lāigsi Laigen 7 secht Sogain.*

Elektronenbahnen im Polyederverband.

Von Dr. A. Landé.

(Vorgelegt von Hrn. Planck am 9. Januar 1919 [s. oben S. 1].)

Vielfache Erfahrungen nötigen zu der Annahme, daß die Atome keine flachen Ringsysteme, sondern räumliche Gebilde von Polyedersymmetrie sind. Die gesamte organische Chemie weist auf ein Kohlenstoffatom von Tetraederstruktur hin mit vier im Raume gleichwertigen Hauptrichtungen, gestützt auch auf optische Erfahrungen über das Drehungsvermögen für linear polarisiertes Licht. Räumliche Atome sind ferner zur Begründung des Kristallaufbaues notwendig: Warum eine bestimmte Atomsorte in dem einen Kristallsystem, eine andere Sorte in einem andern System kristallisiert, bleibt unverständlich, wenn beide Atomsorten nur aus ebnen Ringen aufgebaut sind; man erwartet vielmehr, daß bereits in dem einzelnen Atom oder Ion eine Hindeutung auf das Kristallsystem vorgezeichnet sei. Zwar lassen sich aus Bohrschen Ringatomen reguläre Kristallgitter aufbauen, welche die richtigen Gitterkonstanten zeigen[1]. Aber erstens sind die so erhaltenen Raumgitter nicht stabil. Zweitens müssen die atomaren Abstoßungskräfte, welche den Coulombschen Anziehungen der Ionen die Wage halten, nach Messungen über die Kompressibilität regulärer Kristalle mit der −10ten Potenz des Gitterabstands wachsen; Elektronenringsysteme geben aber nur die −6te Potenz, wie Hr. M. Born und Verfasser ohne besondere Annahmen über die Struktur der Ringe zeigen konnten[2]. Hrn. Born ist inzwischen der weitere Nachweis gelungen, daß nur Atome von Würfelstruktur die geforderte −10te Potenz für die Abstoßungskräfte ergeben[3]. Ein Hinweis auf die Würfelstruktur der gesättigten Ionen mit 8 Elektronen in den 8 Ecken ist übrigens auch die Vorzugsstellung der Zahl 8 im periodischen System der Elemente, die bei der Ringtheorie (Bevorzugung eines Achterrings vor einem Siebener- und Neunerring) gar nicht zu verstehen ist.

[1] M. Born und A. Landé, Sitzungsber. der Preuß. Akad. d. Wiss. 1918 S. 1048.
[2] M. Born und A. Landé, erscheint demnächst in Verh. d. deutschen Phys. Ges.
[3] M. Born, Verh. d. deutschen Phys. Ges.

Will man deshalb eine Theorie räumlicher Atome entwerfen, so darf man von den bewährten Methoden des dynamischen Gleichgewichts beim Rutherfordschen Atommodell, geregelt durch Quantenbedingungen, nicht abweichen. Damit erhebt sich die Aufgabe, ein n-Körperproblem von n durcheinander und um einen Kern wirbelnden Elektronen zu lösen, speziell, nach Hrn. Borns Ergebnissen, solche Lösungen eines Achtkörperproblems zu suchen, daß die Gesamtheit der acht Elektronenbahnen eine Würfelstruktur zeigt, d. h. jedem einzelnen Bahnstück ds weitere 47 Bahnstücke entsprechen, welche aus dem ersteren durch die Drehungen und Spiegelungen der zum Würfel gehörenden Deckoperationen hervorgehen. Ein entsprechendes Problem kann man auch stellen für die Bahnen von vier Elektronen in bezug auf die zum Tetraeder gehörenden Deckoperationen mit je 24 gleichwertigen Bahnpunkten. Um solche »Elektronenbahnen im Polyederverband« zu erhalten, muß man das n-Körperproblem durch geeignete Verknüpfungen zwischen den $3n$ Koordinaten spezialisieren, in Analogie zu der einfachsten Spezialisierung, daß alle Elektronen in gleichen Abständen hintereinander den gleichen Kreis von konstantem Radius beschreiben, oder zum Sommerfeldschen Ellipsenverein, bei welchem alle Elektronen stets ein reguläres Polygon von zeitlich veränderlichem Durchmesser bilden. Jede solche Annahme reduziert das n-Körperproblem auf ein Einkörperproblem. Die Erfolge der Bohrschen Elektronenringe bestätigen die Bevorzugung solcher harmonisch ineinandergreifender Bahnen mehrerer Elektronen, die zwar nach statistischen Prinzipien als äußerst unwahrscheinlich abzulehnen wären.

§ 1. Vier Elektronen im Tetraederverband.

Jeder Punkt xyz bildet auf dem regulären Tetraeder mit 23 andern eine Gruppe von 24 gleichwertigen Punkten mit den Koordinaten

	$x\ y\ z$	$x\ -y\ -z$	$-x\ y\ -z$	$-x\ -y\ z$
	$x\ z\ y$	$x\ -z\ -y$	$-x\ z\ -y$	$-x\ -z\ y$
(1)	$y\ z\ x$	$y\ -z\ -x$	$-y\ z\ -x$	$-y\ -z\ x$
	$y\ x\ z$	$y\ -x\ -z$	$-y\ x\ -z$	$-y\ -x\ z$
	$z\ x\ y$	$z\ -x\ -y$	$-z\ x\ -y$	$-z\ -x\ y$
	$z\ y\ x$	$z\ -y\ -x$	$-z\ y\ -x$	$-z\ -y\ x$.

Soll nun die Gesamtheit der von vier Elektronen beschriebenen Bahnen die Symmetrie des Tetraeders besitzen, so muß man verlangen: Ist ds irgendein Bahnelement eines Elektrons, so sollen auch die 23 nach (1) gleichwertigen Elemente ds ebenfalls auf der Bahn dieses oder eines andern Elektrons liegen. Gruppentheoretische Überlegungen führen dann zu folgendem Ansatz zur Reduktion des Vierkörperproblems auf ein Einkörperproblem: Man setze die 4×3 Koordinaten der Elektronen I II III IV, d. h. die 12 Koordinaten

$$(2)\quad \begin{cases} x_{\rm I}\,y_{\rm I}\,z_{\rm I} & x_{\rm II}\,y_{\rm II}\,z_{\rm II} & x_{\rm III}\,y_{\rm III}\,z_{\rm III} & x_{\rm IV}\,y_{\rm IV}\,z_{\rm IV} \\ x\;y\;z & x\;-y\;-z & -x\;y\;-z & -x\;-y\;z \end{cases} \quad \text{gleich}$$

Aus der Lage eines Elektrons erhält man also die gleichzeitigen Lagen der drei andern durch Drehung um 180° um die drei Koordinatenachsen. Letztere drei Elektronen wirken abstoßend auf das erste aus Entfernungen $2\rho_x$, $2\rho_y$, $2\rho_z$, wenn man die Abkürzungen

$$(3)\quad \rho^2 = x^2+y^2+z^2\,, \quad \rho_x^2 = y^2+z^2\,, \quad \rho_y^2 = z^2+x^2\,, \quad \rho_z^2 = x^2+y^2$$

einführt. Dazu kommt die Anziehung des Kerns $+Ze$ in der Entfernung ρ. Die Bewegungsgleichungen des Elektrons heißen also

$$(4)\quad \begin{cases} m\ddot{x} = e^2\left[-\dfrac{Z}{\rho^2}\cdot\dfrac{x}{\rho} \qquad\qquad + \dfrac{1}{4\rho_y^2}\cdot\dfrac{x}{\rho_y} + \dfrac{1}{4\rho_z^2}\cdot\dfrac{x}{\rho_z}\right] \\ m\ddot{y} = e^2\left[-\dfrac{Z}{\rho^2}\cdot\dfrac{y}{\rho} + \dfrac{1}{4\rho_x^2}\cdot\dfrac{y}{\rho_x} \qquad\qquad + \dfrac{1}{4\rho_z^2}\cdot\dfrac{y}{\rho_z}\right] \\ m\ddot{z} = e^2\left[-\dfrac{Z}{\rho^2}\cdot\dfrac{z}{\rho} + \dfrac{1}{4\rho_x^2}\cdot\dfrac{z}{\rho_x} + \dfrac{1}{4\rho_y^2}\cdot\dfrac{z}{\rho_y}\right]. \end{cases}$$

und dieselben Gleichungen gelten auch für die drei andern Elektronen, da (4) invariant gegen die Vertauschungen (2) ist. Die Energie des Systems Kern und 4 Elektronen wird

$$(5)\quad T+U = 4\cdot\frac{m}{2}\,(\dot{x}^2+\dot{y}^2+\dot{z}^2) + e^2\left[-\frac{4Z}{\rho}+\frac{1}{\rho_x}+\frac{1}{\rho_y}+\frac{1}{\rho_z}\right].$$

Jede lösende Bahnkurve von (4) bildet mit den drei andern Bahnen, die man durch Einsetzung der Vertauschungen (2) aus der ersteren erhält, vier in bezug auf das Tetraeder gleichwertige Bahnen, entsprechend der ersten Zeile des Schemas (1). Damit aber die volle Symmetrie (1) mit 24 gleichwertigen Bahnen vorhanden ist, müßte jede der 4 Elektronenbahnen durch die 6 Permutationen der Reihenfolge xyz in sich übergehen, d. h. durch Spiegelung an den Ebenen $x = \pm y$ und $y = \pm z$ und $z = \pm x$ entsprechend den vertikalen Spalten des Schemas (1). Mit Rücksicht darauf, daß an den Spiegelebenen keine Knicke in den Bahnkurven vorkommen dürfen, erfüllt man letztere Symmetrieforderung durch folgende Anfangsbedingungen für sechs in gleichen Abständen aufeinander folgende Zeitpunkte $t_1 t_2 \cdots t_6$ (s. Fig.).

$$(6)\quad \begin{cases} x(t_1) = y(t_1) = y(t_3) = z(t_3) = z(t_5) = x(t_5) \\ \dot{x}(t_1) = -\dot{y}(t_1) = \dot{y}(t_3) = -\dot{z}(t_3) = \dot{z}(t_5) = -\dot{x}(t_6) \\ 0 = \dot{z}(t_1) = \dot{x}(t_3) = \dot{y}(t_5) = 0 \end{cases}$$

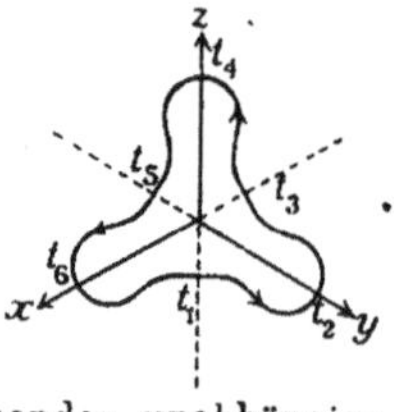

$$(6')\quad \begin{cases} z(t_2) = x(t_2) = x(t_4) = y(t_4) = y(t_6) = z(t_6) \\ \dot{z}(t_2) = -\dot{x}(t_2) = \dot{x}(t_4) = -\dot{y}(t_4) = \dot{y}(t_6) = -\dot{z}(t_6) \\ 0 = \dot{y}(t_2) = \dot{z}(t_4) = \dot{x}(t_6) = 0. \end{cases}$$

Diese Anfangsbedingungen sind nicht voneinander unabhängig; da nämlich die Bewegungsgleichungen (4) selbst durch alle 24 Vertauschungen (1) in sich übergehen, ziehen bereits die Bedingungen

$$(6'')\quad \begin{cases} x(t_1) = y(t_1) & z(t_2) = x(t_2) \\ \dot{x}(t_1) = -\dot{y}(t_1) & \dot{z}(t_2) = -\dot{x}(t_2) \\ \dot{z}(t_1) = 0 & \dot{y}(t_2) = 0 \end{cases}$$

die übrigen Bedingungen (6) (6′) nach sich. In der Figur ist die Bahn $x(t)\, y(t)\, z(t)$ eines Elektrons, durch die nach (2) auch die Bahnen der andern Elektronen mitbestimmt sind, schematisch als Projektion auf die Ebene $x+y+z=0$ aufgezeichnet; die drei Koordinatenachsen verlaufen teils unter (punktiert), teils über (ausgezogen) dieser Ebene.

Wir bemerken, daß man auch mit 12 Elektronen, deren Koordinaten die drei zyklischen Vertauschungen der vier Wertetripel (2) sind, die Symmetrie des Tetraeders erreichen kann, falls wieder die Anfangsbedingungen (6) (6′) (6″) erfüllt werden, und daß 24 Elektronen, deren Lagen und Geschwindigkeiten in einem Anfangsmoment durch (1) gegeben sind, sogar ohne Auferlegung von Bedingungen stets im Tetraederverband bleiben.

§ 2. 8 Elektronen im Würfelverband.

Auf dem Würfel bildet jeder Punkt xyz mit 47 andern eine Gruppe von 48 gleichwertigen Punkten mit den Koordinaten

$$(7)\quad \begin{cases} xyz,\quad x-y-z,\quad -xy-z,\quad -x-yz,\quad -x-y-z,\quad -xyz, \\ x-yz,\quad xy-z \text{ mit je 6 Permutationen.} \end{cases}$$

Man setze die 8×3 Koordinaten von 8 Elektronen I, II, ···, VIII d. h. die 24 Koordinaten

$$(7')\quad x_{\mathrm{I}}y_{\mathrm{I}}z_{\mathrm{I}} \quad x_{\mathrm{II}}y_{\mathrm{II}}z_{\mathrm{II}} \cdots x_{\mathrm{VIII}}y_{\mathrm{VIII}}z_{\mathrm{VIII}}$$

gleich den in (7) ausgeschriebenen 8 Wertetripeln. Dadurch geht das Achtkörperproblem der 8 Elektronen (7′) in drei Gleichungen eines Einkörperproblems über. Aus der Lage eines Elektrons erhält man nach (7) die Lage der 7 andern durch Spiegelung an den drei Koordinatenebenen, den drei Koordinatenachsen und am Nullpunkt. Die

Bewegungsgleichungen des Elektrons lauten also hier mit Benutzung der Abkürzungen (3)

$$
(8)\quad \begin{cases}
m\ddot{x} = e^2\left[-\dfrac{Z}{\varrho^2}\cdot\dfrac{x}{\varrho} + \dfrac{1}{4\varrho^2}\dfrac{x}{\varrho} + \dfrac{1}{4x^2}\dfrac{x}{|x|} + \dfrac{1}{4\varrho_y^2}\dfrac{x}{\varrho_y} + \dfrac{1}{4\varrho_z^2}\dfrac{x}{\varrho_z}\right] \\
m\ddot{y} = e^2\left[-\dfrac{Z}{\varrho^2}\cdot\dfrac{y}{\varrho} + \dfrac{1}{4\varrho^2}\dfrac{y}{\varrho} + \dfrac{1}{4y^2}\dfrac{y}{|y|} + \dfrac{1}{4\varrho_x^2}\dfrac{y}{\varrho_x} + \dfrac{1}{4\varrho_z^2}\cdot\dfrac{y}{\varrho_z}\right] \\
m\ddot{z} = e^2\left[-\dfrac{Z}{\varrho^2}\dfrac{z}{\varrho} + \dfrac{1}{4\varrho^2}\cdot\dfrac{z}{\varrho} + \dfrac{1}{4z^2}\dfrac{z}{|z|} + \dfrac{1}{4\varrho_x^2}\dfrac{z}{\varrho_x} + \dfrac{1}{4\varrho_y^2}\dfrac{z}{\varrho_y}\right]
\end{cases}
$$

und dieselben Gleichungen gelten auch für die andern sieben Elektronen, da (8) invariant gegen die Vertauschungen (7) ist. Die Energie des Systems Kern mit acht Elektronen ist

$$
(9)\quad T + U = 8\cdot\frac{m}{2}(\dot{x}^2+\dot{y}^2+\dot{z}^2) + e^2\left[-\frac{8Z}{\varrho} + \frac{2}{\varrho} + 2\left(\frac{1}{\varrho_x}+\frac{1}{\varrho_y}+\frac{1}{\varrho_z}\right) + 2\left(\frac{1}{|x|}+\frac{1}{|y|}+\frac{1}{|z|}\right)\right].
$$

Die potentielle Energie wird unendlich, wenn ein Elektron (also auch die übrigen) sich einer Ebene $x = 0$ oder $y = 0$ oder $z = 0$ nähert. Ein Elektron kann also niemals aus dem Oktanten heraus, in welchem es sich zu irgendeiner Zeit einmal befindet. Wir können annehmen, daß ein Elektron, dessen Bewegung durch (8) bestimmt ist, im positiven Oktanten liegt; dann dürfen in (8) die Faktoren $x/_{|x|}, y/_{|y|}, z/_{|z|}$ durch 1 ersetzt werden. Die andern sieben Elektronen laufen dann nach (7) in den andern sieben Oktanten. Alles über die Anfangsbedingungen beim Tetraeder Gesagte gilt unverändert auch beim Würfel, im besonderen die Gleichungen (6) (6′) (6″).

Auch 24 Elektronen, deren Koordinaten die drei zyklischen Vertauschungen der hingeschriebenen Wertetripel (7) sind, durchlaufen Würfel symmetrische Bahnen, wenn die Anfangsbedingungen (6) (6′) (6″) erfüllt sind, und 48 Elektronen mit den Lagen (7) bleiben sogar ohne Auferlegung von Anfangsbedingungen im Würfelverband.

§ 3. Mannigfaltigkeit periodischer Bahnen.

Geht man zur Zeit t_1 von einem beliebigen Punkt der Ebene $x = y$ mit beliebiger Anfangsgeschwindigkeit $\dot{x} = -\dot{y}$, $\dot{z} = 0$ aus (Fig. 1), so wird im allgemeinen die Bahnkurve nach hinreichend langer Zeit sich den Bedingungen $z = x$, $\dot{z} = -\dot{x}$, $\dot{y} = 0$ beliebig stark nähern, also quasiperiodisch die Polyedergruppe erfüllen. Es ist aber möglich, daß bei gewissen zur Zeit t_1 auferlegten Anfangsbedingungen (6″) die

Bahnkurve nach einer endlichen Zeit $t_2 - t_1$ die Bedingungen (6'') exakt erfüllt, die Gesamtheit der Elektronenbahnen also nach der Zeit $\tau \doteq 6 \cdot (t_2 - t_1)$ die Symmetrie des Polyeders erreicht. Ändert man jetzt bei festgehaltenem Ausgangspunkt die absolute Größe der Anfangsgeschwindigkeit zur Zeit t_1 ein wenig, so wird die Bahnkurve nicht mehr senkrecht durch die Ebene $z = x$ hindurchgehen, sondern in einer durch zwei Polarkoordinaten (ϑ, ϕ) gegebenen Richtung. Durch Änderung der beiden Koordinaten des Ausgangspunktes auf der Ebene $x = y$ kann man aber im allgemeinen diese Richtungsänderung (ϑ, ϕ) aufheben. Zu der geänderten Anfangsgeschwindigkeit gehört dann eine geänderte Periodenzeit τ. Man erhält auf diese Weise eine einparametrige Schar periodischer Bahnen, in welcher als Parameter auch der Energiewert $E = T + U$ genommen werden kann:

$$\tau = f(E).$$

Nimmt man an, daß die eben geschilderte kontinuierliche Bahnenschar etwa auf direktem Wege von der Ebene $x = y$ zur Ebene $z = x$ führt, ohne die Achse $x:y:z = 1:1:1$ zu umschlingen (s. Fig.), so wird es noch andere Scharen periodischer Bahnen geben, welche diese Achse erst ein- oder mehreremal umschlingen, und deren Perioden τ mit benachbarten τ-Werten in den Funktionalbeziehungen

$$(10) \qquad \tau = f_0(E), \ \tau = f_1(E), \ \tau = f_2(E), \cdots$$

stehen. Aus jeder solchen Schar wird dann die Quantentheorie durch eine weitere Bedingung $E = h/n\tau$ $(n = 1, 2, 3, \cdots)$ eine Folge von zulässigen Perioden $\tau_{01}\tau_{02}\cdots;\ \tau_{11}\tau_{12}\cdots;\ \tau_{21}\tau_{22}\cdots;\ \cdots$ mit zugehörigen Energiewerten

$$(11) \qquad E_{01}E_{02}\cdots\ \ E_{11}E_{12}\cdots;\ E_{21}E_{22}\cdots;\ \cdots$$

aussondern. Gibt es aber keine periodischen Bahnen, so sind die allgemeinen Prinzipien für ergodische Systeme der Quantelung zugrunde zu legen.

Berichtigungen für Jahrg. 1918.

S. 1275 Zeile 16 muß es heißen: Holwerda (statt Hohverda).

S. 1278 Zeile 10 von unten, S. 1290 unter Minnesang letzte Zeile, und S. 1291 unter Philologie germanische 5. Zeile hinter 1029 füge hinzu: 6. 7. 1072—1098.

S. 1279 hinter Fischer, S. 1286 unter Chemie Zeile 4 hinter 212 füge hinzu: Fischer, Synthese von Depsiden, Flechtenstoffen und Gerbstoffen II. 1100—1119.

S. 1286 zwischen Zeile 11 und 12 von unten füge ein: Depsiden, Synthese von —, Flechtenstoffen und Gerbstoffen von Fischer. II. 1100—1119.

S. 1281 bei Lichtenstein, S. 1288 unter Gleichgewichtsfiguren letzte Zeile, und S. 1292 unter Physik Zeile 14 hinter 842 füge hinzu: 1120—1135.

Ausgegeben am 6. Februar.

Berlin, gedruckt in der Reichsdruckerei.

1919 VI. VII

SITZUNGSBERICHTE

DER PREUSSISCHEN

AKADEMIE DER WISSENSCHAFTEN

BERLIN 1919

VERLAG DER AKADEMIE DER WISSENSCHAFTEN

IN KOMMISSION BEI GEORG REIMER

Anweisungen für die Anordnung des Satzes.
Wahl der Schriften enthalten. Bei Einsendungen
Fremder sind diese Anweisungen von dem vorlegenden
Mitgliede vor Einreichung des Manuskripts vorzunehmen.

1919.
VI.

SITZUNGSBERICHTE

DER PREUSSISCHEN

AKADEMIE DER WISSENSCHAFTEN.

6. Februar. Sitzung der physikalisch-mathematischen Klasse.

Vorsitzender Sekretar: Hr. von Waldeyer-Hartz.

*Hr. Struve sprach über die Masse der Ringe von Saturn.

Zur Bestimmung der Ringmasse des Planeten Saturn ist eine genaue Kenntnis der Säkularbewegungen der inneren Monde, der Abplattung des Planeten und der Massen der Monde erforderlich. Die Beobachtungsreihen, welche während der letzten Oppositionen des Planeten am großen Refraktor der Babelsberger Sternwarte ausgeführt worden sind, haben die Mittel an die Hand gegeben, die Aufgabe in strengerer Weise als früher zu lösen, und lassen den Schluß ziehen, daß die Ringmasse, bezogen auf die Planetenmasse als Einheit, außerordentlich klein ist, höchstens von der Größenordnung $1:10^{-6}$. Die auf anderen Wegen erlangten Ergebnisse über die Natur der Ringe werden hierdurch bestätigt.

Ausgegeben am 13. Februar.

1919.

VII.

SITZUNGSBERICHTE

DER PREUSSISCHEN

AKADEMIE DER WISSENSCHAFTEN.

6. Februar. Sitzung der philosophisch-historischen Klasse

Vorsitzender Sekretar: Hr. Roethe.

1. Hr. W. Schulze las über 'Tag und Nacht in den indogermanischen Sprachen'. (Ersch. später.)

In der Art, wie die einzelnen Sprachen den Tag und die Nacht bezeichnen, spiegelt sich die Gliederung des indogermanischen Sprachstammes kenntlich ab. Die Fülle der Benennungen für die Nacht, die einen charakteristischen Zug der indischen Wortgeschichte darstellt, zeigt deutlich euphemistische Tendenzen.

2. Hr. von Harnack reichte ein Nachwort ein zur Abhandlung des Hrn. Holl: »Zur Auslegung des 2. Artikels des sog. apostolischen Glaubensbekenntnisses«.

Die Anlage des 2. Artikels des Symbols, die Hr. Holl aufgedeckt hat, ist der Schlüssel zum richtigen Verständnis der Anlage des ganzen Symbols: Jeder Artikel enthält eine Doppelgleichung, und die einzelnen Glieder jeder Reihe stehen mit denen der beiden anderen Reihen in strenger Korrespondenz. Durch diese Erkenntnis werden mehrere bisher schwebende Auslegungsprobleme gelöst.

3. Hr. von Harnack legte das 3. Heft des 12. Bandes der 3. Reihe der »Texte und Untersuchungen zur Geschichte der altchristlichen Literatur« (Leipzig 1918) vor: Adolf v. Harnack, Der kirchengeschichtliche Ertrag der exegetischen Arbeiten des Origines (1. Teil: Hexateuch und Richterbuch). — Die Terminologie der Wiedergeburt und verwandter Erlebnisse in der ältesten Kirche.

Zur Abhandlung des Hrn. Holl: »Zur Auslegung des 2. Artikels des sog. apostolischen Glaubensbekenntnisses«.

Von Adolf von Harnack.

Hr. Holl hat jüngst in diesen Sitzungsberichten (S. 2ff.) die Konstruktion des 2. Artikels des ältesten Symbols aufgedeckt und daran einleuchtende und wichtige Schlüsse zum Verständnis dieser ehrwürdigen Urkunde geknüpft. Er hat gezeigt, daß die Worte über die Geburt Jesu die Aussage: τὸν υἱὸν αὐτοῦ τὸν μονογενῆ, und die folgenden Worte (bis zum Schluß des Artikels) die Aussage: τὸν κύριον ἡμῶν begründen, so daß der 2. Artikel einfach aus einer Doppelgleichung (Χριστὸν Ἰησοῦν = τὸν υἱὸν αὐτοῦ = τὸν κύριον ἡμῶν) und zwei dem 2. bzw. 3. Glied untergeordneten Beweissätzen besteht[1].

Sobald dies aber erkannt ist, muß man einen Schritt weitergehen; denn die Erkenntnis bringt neues Licht in bezug auf die Anlage des 1. Artikels und ebenso auf die des 3., damit aber auf das ganze Schriftstück. Man braucht nur sämtliche Stichworte des Symbols (d. h. seinen ganzen Inhalt ohne die beiden Begründungssätze) untereinander zu schreiben:

Πιστεύω εἰς	(1) Θεόν	=	(2) Πατέρα	=	(3) Παντοκράτορα
καὶ εἰς	(4) Χριστὸν Ἰησοῦν	=	(5) τὸν υἱὸν αὐτοῦ τὸν μονογενῆ	=	(6) τὸν κύριον ἡμῶν
καὶ εἰς	(7) πνεῦμα ἅγιον	=	(8) ἁγίαν ἐκκλησίαν	=	(9) { ἄφεσιν ἁμαρτιῶν σαρκὸς ἀνάστασιν

Das Frappierende dieser Tabelle ist, daß man sie von links nach rechts und von oben nach unten lesen kann und sie gleich sinnvoll und gewichtig bleibt. Dann ist sie aber auch im Sinne des Verfassers so zu lesen, d. h. alles steht hier in strengster Korrespondenz, weil in Gleichungen.

[1] Die Sätze wollen zeigen, wie Christus Sohn und wie er Herr geworden ist. Der erste gründet sich sicher auf Luk. 1, 35, der zweite wahrscheinlich auf Philipp. 2, 6ff. (s. Holl). Übrigens beweist das ἁγίου πνεύματος im 1. Satz, daß die Sätze nachgebracht sind: denn vom heiligen Geist wird ja erst im 3. Artikel geredet.

Ohne weiteres ist das in bezug auf die beiden ersten Artikel deutlich: »Jesus Christus« entspricht »Gott«, der »Sohn« gehört zum »Vater« und der »Herr« zum »Allherrscher«.

Sofort ergeben sich daraus drei wichtige Erkenntnisse in bezug auf das richtige Verständnis des 1. Artikels: (1) Er ist vom 2. Artikel aus gebildet; denn daß aus der unübersehbaren Zahl der Bezeichnungen der Gottheit »Vater« und »Allherrscher« herausgegriffen sind, kann seinen Grund nur darin haben, daß für Jesus Christus die Bezeichnungen »Sohn« und »Herr« die gegebenen waren. (2) Der alte Streit, ob παντοκράτωρ Adjektiv zu πατήρ ist, ist endgültig geschlichtet; es muß im Sinne des Verfassers als ein selbständiges Glied gelten; Gott wird also doppelt charakterisiert als Vater und als Allherrscher. (3) erhält durch die Vergleichung mit dem 2. Artikel nun erst die Artikellosigkeit des 1. ihr volles Gewicht. Der Verfasser wollte hier jede vermeidbare Determinierung der Gottheit vermeiden; darum fehlen die Artikel. Der Grund dafür kann nur der sein, daß die Faßbarkeit der Gottheit erst in Christus Jesus zum Ausdruck kommen sollte. Das wird namentlich durch die Abfolge παντοκράτωρ > ὁ κύριος ἡμῶν deutlich. Wie sich in unserm Herrn der Allherrscher für uns darstellt[1], so in dem Sohn[2] der Vater, und daher auch in Christus Jesus die Gottheit.

Aber gilt diese strenge Korrespondenz bzw. die Gleichung auch für den 3. Artikel? Sie gilt, nur müssen wir die uns geläufigen Vorstellungen in bezug auf das Wesen und die Unterscheidung von »Sachen« und »Personen« ganz abtun und uns in die Frühzeit der Kirche versetzen. Dann wird offenbar, daß auch der 3. Artikel eine dreigliedrige (bzw. viergliedrige) Gleichung enthält, die streng mit denen des 1. und 2. Artikels korrespondiert. Damit ist die wichtigste Streitfrage in bezug auf die Anlage des Symbols, nämlich wie die auf »heiligen Geist« folgenden Substantiva gemeint sind, gelöst.

Erstlich: »Heiliger Geist« und »heilige Kirche« bilden eine Identitätsgleichung[3]. Ich berufe mich nur auf drei Zeugnisse: Hermas.

[1] Das warme ἡμῶν ist in dem sonst streng objektiven Bekenntnis von besonderer Bedeutung; aber auch das ist bedeutungsvoll, daß ἡμῶν und nicht μου steht. Die κυριότης erstreckt sich auf die Gläubigen.

[2] Der Zusatz τὸν μονογενῆ war schlechthin notwendig, weil sonst der Schein entstehen konnte, als sei πατήρ nicht absolut, sondern schon mit der Determinierung auf den Sohn hin gesetzt. Philosophisch gesprochen bedeutet daher πατήρ im 1. Artikel nichts anderes als die causa causatrix non causata. Ist Jesus der einzige Sohn Gottes, so ist offenbar, daß das Symbol implicite zwischen Sohn und Geschöpf unterschieden wissen will.

[3] Im Sinne des Verfassers ist πνεῦμα ἅγιον, das zweimal im Symbol steht, ein Hendiadyoin. Wenn nun ἁγία auch zu ἐκκλησία gesetzt wird (das einzige attributive Adjektivum im Symbol), und zwar in chiastischer Stellung, so sollen auch dadurch »heiliger Geist« und »Kirche« als innigste Einheit erscheinen.

Simil. IX 1, 1: Ὅσα σοι ἔδειξε τὸ πνεῦμα τὸ ἅγιον τὸ λαλῆσαν μετὰ σοῦ ἐν μορφῇ τῆς ἐκκλησίας. Dem Hermas war die Kirche wiederholt in weiblicher Gestalt erschienen und hatte ihm Aufschlüsse und Anordnungen gegeben; aber zuletzt wird offenbar, daß es hinter und in der Kirche der Heilige Geist selbst war, der da geredet hatte. Iren. III 24, 1: »Ubi ecclesia, ibi et spiritus dei, et ubi spiritus dei, illic ecclesia et omnis gratia« (also strengste Identität). Tertull, de pudic. 21: »Ipsa ecclesia proprie et principaliter ipse est spiritus[1], in quo est trinitas unius deitatis, pater et filius et spiritus sanctus«. Zumal dies letzte Zeugnis ist die beste Bestätigung, die man hier wünschen kann, weil sie zugleich erklärt, warum und inwiefern »heiliger Geist« und »heilige Kirche« die primäre Gleichung sind (»ipse ecclesia est spiritus«), und warum daher notwendig »heilige Kirche« unter »Vater« und »Sohn« zu stehen kommt. Wie der heilige Geist die Trias »Gott« und »Jesus Christus« vollendet, so vollendet die heilige Kirche die Trias »Vater« und »Sohn«, und zwar — wie jeder Christ jenes Zeitalters heraushörte — als Mutter. Wieder ist Tertullian zu vergleichen, der ja auch geographisch und geschichtlich dem römischen Symbol so nahestand; s. de orat. 2: »In filio et patre mater recognoscitur, de qua constat et patris et filii nomen. in patre filius invocatur ... ne mater quidem ecclesia praeteritur«; de bapt. 6: »Cum sub tribus et testatio fidei et sponsio salutis pignerentur, necessario adicitur ecclesiae mentio, quoniam ubi tres, i. e. pater et filius et spiritus sanctus, ibi ecclesia, quae trium corpus est[2].«

Zweitens: Steht alles im Symbol bis zum 8. Gliede (inkl.) in Gleichungen, so ist a priori zu erwarten, daß es auch mit dem letzten Glied (bzw. die beiden letzten) die gleiche Bewandtnis hat; es muß sich also das 9. Glied als solches und als Gleichungsfaktor sowohl in der Reihe 7. 8. (9) als auch in der Reihe 3. 6. (9) bewähren.

Was jene Reihe anlangt, so hat Holl mit Recht wieder daran erinnert, daß ἄφεσις ἁμαρτιῶν im Symbol nichts anderes ist als βάπτισμα, wie äußere und innere Gründe dies fordern. Von der Taufe aber als Sündenvergebung gilt (Tertull., de bapt. 6): »Angelus baptismi arbiter superventuro spiritui sancto vias dirigit ablutione delictorum«. Der Geist schwebt über dem Wasser; der Geist kam bei der Taufe Jesu; der Geist und die Vergebung sind durch ein Wort Jesu zusammengebunden (»Nehmet hin den heiligen Geist« usw.). In der Taufe, und nur durch sie, empfängt der Katechumen den heiligen Geist, und daher ist auch umgekehrt der heilige Geist auf Erden »principaliter« wirk-

[1] Man darf annehmen, daß hier Tertullian an die Aufeinanderfolge der beiden Begriffe im Symbol gedacht hat; woher sonst »proprie et principaliter«?

[2] Siehe auch Tertull., adv. Marc. V. 4: » ... quae est mater nostra, in quam repromisimus sanctam ecclesiam«.

sam nur durch die Taufe (»consecutio spiritus sancti«). Aber zugleich ist der Endeffekt der Taufe die »consecutio aeternitatis« (Tertull., de bapt. 2: »Inter pauca verba tinctus . . . consecutio aeternitatis«): diese aber hat die Auferstehung des Fleisches zur Voraussetzung. Für die Auferstehung des Fleisches aber war in der ältesten Kirche Ezech. 37, 1 ff. die maßgebendste Stelle (s. Tertull., de resurr. carnis 29 f.); hier ist es der Geist, der in die Totengebeine führt und sie lebendig macht. Somit liegt in den beiden Stücken: ἄφεσις ἁμαρτιῶν und σαρκὸς ἀνάστασις, das ganze Wirken des Geistes, Anfang und Ende, beschlossen. In ihnen aktiviert sich der heilige Geist. Daher ist es nach frühchristlicher Vorstellung eine Identitätsgleichung, die durch die drei Glieder gegeben ist: »Heiliger Geist — heilige Kirche — Sündenvergebung und Fleischesauferstehung«. Freilich ist es formell störend, daß das letzte Glied nicht in einem Ausdruck zur Darstellung gebracht werden konnte; aber das ist in der Tat unmöglich (Gegenwart und Zukunft mußten berücksichtigt werden), und der Verfasser hat recht daran getan, daß er nicht um der formellen Einheitlichkeit willen einen der beiden Ausdrücke geopfert hat[1]. Nimmt man aber daran Anstoß, daß »heiliger Geist« gleich sein soll der Sündenvergebung und Auferstehung[2], so hat man sich an Sätze zu erinnern, wie »Christus ist der Friede«; »Ich bin die Auferstehung und das Leben«; »Ich bin der Weg und die Wahrheit«; »Christus ist unsre Versöhnung« usw. Diese Sprache findet sich nicht nur im N. T., sondern auch anderswo. Doch bedarf es dieser Erinnerung nicht einmal; denn »heiliger Geist« ist ebensowenig wie »heilige Kirche« im Sinne des Verfassers eine Person.

Was endlich die Reihe 3. 6. 9 anlangt, so unterliegt ihre strenge Einheitlichkeit und ihre absteigende Determination keinem Zweifel. Zuerst steht das ganz allgemeine und absolute Παντοκράτωρ; dann wird es bestimmt und zugleich persönlich erwärmt zu Ὁ κύριος ἡμῶν; dann erscheint diese Macht und Herrschaft gegenwärtig in der Sündenvergebung[3], zukünftig in der Fleischesauferstehung. Größeres kann nicht

[1] Hahn in seiner Rekonstruktion des Symbols Tertullians (»Bibliothek«³ S. 54 f.) läßt »remissionem peccatorum« fort; auch Krüger und McGiffert haben es für Tertullian bezweifelt, und ich selbst habe Zweifel geäußert; aber im Hinblick auf Tertull., de bapt. 11 scheinen mir jetzt die Zweifel doch unstatthaft.

[2] Beachtung verdient es, daß die drei zu »Heiliger Geist« gesetzten Substantive weiblichen Geschlechts sind. Man wird nicht irren, wenn man darin eine Nachwirkung der hebräischen »Ruach« erkennt (Hebräerevangelium: »Meine Mutter, der heilige Geist«), die bis in jene Zeit zurückführt, in der in Palästina und in der Diaspora die christliche Begriffsbildung (ebenso wie andere Bildungen) noch judenchristlichen Einflüssen unterlag.

[3] Man erinnere sich des Evangeliums: »Was ist leichter zu sagen: Dir sind deine Sünden vergeben, oder Stehe auf und wandle?«

erdacht werden als diese beiden Aussagen. In den Stücken 3. 6. 9 stellt sich somit die Majestät und Kraft Gottes dar, wie sie herabreicht bis zur inneren und äußeren Neuschöpfung seiner Gläubigen[1].

Zum Schluß aber fordert das richtig verstandene Bekenntnis noch eine Beobachtung heraus: Die Aussagen über Gott sind zeitlos, die über Christus Jesus geschichtlich und futurisch, die über den heiligen Geist gegenwärtig und futurisch; ferner, Artikel finden sich in der 1. und 3. Reihe überhaupt nicht, d. h. nur Christus erscheint als umschriebene Person: Gott und der heilige Geist sind Größen und Kräfte. Hieraus ergibt sich, daß das ganze Symbol an der Aussage über Christus seinen Ausgangspunkt hat, die Gottheit selbst aber gleichsam hinter dem Horizonte des Gläubigen liegt, während die unmittelbare Gegenwart des Göttlichen für ihn in den Kräften des heiligen Geistes vorhanden ist — primär in der Kirche.

Diese Art, in Christus die konkrete Darstellung der Gottheit zu sehen und den Geist mit der Kirche (»quae trium corpus est, et de qua constat et patris et filii nomen«) zu identifizieren, ist abendländische, d. h. römische Glaubensanschauung. Also hat dieses Symbol höchstwahrscheinlich einen römischen Christen zum Verfasser. Man vermag es auch von ihm aus zu verstehen, wie man in Rom zum monarchianischen Bekenntnis und zur Ekklesiastik gekommen ist. Die alten morgenländischen Glaubensbekenntnisse dagegen, wie sie uns am deutlichsten bei Justin und Origenes (De princip. I) entgegentreten, weisen jene Merkmale in bezug auf Christus und die Kirche nicht auf (von dieser schweigen die älteren überhaupt) und sind stets mit einem subordinatianischen Zuge behaftet, der im römischen Symbol vollständig fehlt. Es wäre eine schwere Verkennung, in diesem die Determinierung, in welcher der 2. Artikel und auch der 3. in bezug auf den 1. steht, als Subordination zu deuten.

[1] Jede der drei vertikalen Reihen hat also ihre Eigenart neben den drei horizontalen (die beiden ersten sind auch sonst nachweisbar):

Gott, Jesus Christus, heiliger Geist — die thematische Reihe.

Vater, Sohn, heilige Kirche — die Offenbarungsreihe,

Allherrscher, Herr, Vergebung und Auferstehung — die Reihe der Kraft und Wirkung.

Ausgegeben am 13. Februar.

Berlin, gedruckt in der Reichsdruckerei.

1919 VIII

SITZUNGSBERICHTE

DER PREUSSISCHEN

AKADEMIE DER WISSENSCHAFTEN

BERLIN 1919
VERLAG DER AKADEMIE DER WISSENSCHAFTEN
IN KOMMISSION BEI GEORG REIMER

Aus dem Reglement für die Redaktion der akademischen Druckschriften

Aus § 1.

Die Akademie gibt gemäß § 41, 1 der Statuten zwei fortlaufende Veröffentlichungen heraus: »Sitzungsberichte der Königlich Preußischen Akademie der Wissenschaften« und »Abhandlungen der Königlich Preußischen Akademie der Wissenschaften«.

Aus § 2.

Jede zur Aufnahme in die Sitzungsberichte oder die Abhandlungen bestimmte Mitteilung muß in einer akademischen Sitzung vorgelegt werden, wobei in der Regel das druckfertige Manuskript zugleich einzuliefern ist. Nichtmitglieder haben hierzu die Vermittelung eines ihrem Fache angehörenden ordentlichen Mitgliedes zu benutzen.

§ 3.

Der Umfang einer aufzunehmenden Mitteilung soll in der Regel in den Sitzungsberichten bei Mitgliedern 32, bei Nichtmitgliedern 16 Seiten in der gewöhnlichen Schrift der Sitzungsberichte, in den Abhandlungen 12 Druckbogen von je 8 Seiten in der gewöhnlichen Schrift der Abhandlungen nicht übersteigen.

Überschreitung dieser Grenzen ist nur mit Zustimmung der Gesamtakademie oder der betreffenden Klasse statthaft und ist bei Vorlage der Mitteilung ausdrücklich zu beantragen. Läßt der Umfang eines Manuskripts vermuten, daß diese Zustimmung erforderlich sein werde, so hat das vorlegende Mitglied es vor dem Einreichen von sachkundiger Seite auf seinen mutmaßlichen Umfang im Druck abschätzen zu lassen.

§ 4.

Sollen einer Mitteilung Abbildungen im Text oder auf besonderen Tafeln beigegeben werden, so sind die Vorlagen dafür (Zeichnungen, photographische Originalaufnahmen usw.) gleichzeitig mit dem Manuskript, jedoch auf getrennten Blättern, einzureichen.

Die Kosten der Herstellung der Vorlagen haben in der Regel die Verfasser zu tragen. Sind diese Kosten aber auf einen erheblichen Betrag zu veranschlagen, so kann die Akademie dazu eine Bewilligung beschließen. Ein darauf gerichteter Antrag ist vor der Herstellung der betreffenden Vorlagen mit dem schriftlichen Kostenanschlage eines Sachverständigen an den vorsitzenden Sekretar zu richten, dann zunächst im Sekretariat vorzuberaten und weiter in der Gesamtakademie zu verhandeln.

Die Kosten der Vervielfältigung übernimmt die Akademie. Über die voraussichtliche Höhe dieser Kosten ist — wenn es sich nicht um wenige einfache Textfiguren handelt — der Kostenanschlag eines Sachverständigen beizufügen. Überschreitet dieser Anschlag für die erforderliche Auflage bei den Sitzungsberichten 150 Mark, bei den Abhandlungen 300 Mark, so ist Vorberatung durch das Sekretariat geboten.

Aus § 5.

Nach der Vorlegung und Einreichung des vollständigen druckfertigen Manuskripts an den zuständigen Sekretar oder an den Archivar wird über Aufnahme der Mitteilung in die akademischen Schriften, und zwar, wenn eines der anwesenden Mitglieder es verlangt, verdeckt abgestimmt.

Mitteilungen von Verfassern, welche nicht Mitglieder der Akademie sind, sollen der Regel nach nur in die Sitzungsberichte aufgenommen werden. Beschließt eine Klasse die Aufnahme der Mitteilung eines Nichtmitgliedes in die Abhandlungen, so bedarf dieser Beschluß der Bestätigung durch die Gesamtakademie.

Aus § 6.

Die an die Druckerei abzuliefernden Manuskripte müssen, wenn es sich nicht bloß um glatten Text handelt, ausreichende Anweisungen für die Anordnung des Satzes und die Wahl der Schriften enthalten. Bei Einsendungen Fremder sind diese Anweisungen von dem vorlegenden Mitgliede vor Einreichung des Manuskripts vorzunehmen. Dasselbe hat sich zu vergewissern, daß der Verfasser seine Mitteilung als vollkommen druckreif ansieht.

Die erste Korrektur ihrer Mitteilungen besorgen die Verfasser. Fremde haben diese erste Korrektur an das vorlegende Mitglied einzusenden. Die Korrektur soll nach Möglichkeit nicht über die Berichtigung von Druckfehlern und leichten Schreibversehen hinausgehen. Umfängliche Korrekturen Fremder bedürfen der Genehmigung des redigierenden Sekretars vor der Einsendung an die Druckerei, und die Verfasser sind zur Tragung der entstehenden Mehrkosten verpflichtet.

Aus § 8.

Von allen in die Sitzungsberichte oder Abhandlungen aufgenommenen wissenschaftlichen Mitteilungen, Reden, Adressen oder Berichten werden für die Verfasser, von wissenschaftlichen Mitteilungen, wenn deren Umfang im Druck 4 Seiten übersteigt, auch für den Buchhandel Sonderabdrucke hergestellt, die alsbald nach Erscheinen ausgegeben werden.

Von Gedächtnisreden werden ebenfalls Sonderabdrucke für den Buchhandel hergestellt, indes nur dann, wenn die Verfasser sich ausdrücklich damit einverstanden erklären.

§ 9.

Von den Sonderabdrucken aus den Sitzungsberichten erhält ein Verfasser, welcher Mitglied der Akademie ist, zu unentgeltlicher Verteilung ohne weiteres 50 Freiexemplare; er ist indes berechtigt, zu gleichem Zwecke auf Kosten der Akademie weitere Exemplare bis zur Zahl von noch 100 und auf seine Kosten noch weitere bis zur Zahl von 200 (im ganzen also 350) abziehen zu lassen, sofern er dies rechtzeitig dem redigierenden Sekretar angezeigt hat; wünscht er auf seine Kosten noch mehr Abdrucke zur Verteilung zu erhalten, so bedarf es dazu der Genehmigung der Gesamtakademie oder der betreffenden Klasse. — Nichtmitglieder erhalten 50 Freiexemplare und dürfen nach rechtzeitiger Anzeige bei dem redigierenden Sekretar weitere 200 Exemplare auf ihre Kosten abziehen lassen.

Von den Sonderabdrucken aus den Abhandlungen erhält ein Verfasser, welcher Mitglied der Akademie ist, zu unentgeltlicher Verteilung ohne weiteres 30 Freiexemplare; er ist indes berechtigt, zu gleichem Zwecke auf Kosten der Akademie weitere Exemplare bis zur Zahl von noch 100 und auf seine Kosten noch weitere bis zur Zahl von 100 (im ganzen also 230) abziehen zu lassen, sofern er dies rechtzeitig dem redigierenden Sekretar angezeigt hat; wünscht er auf seine Kosten noch mehr Abdrucke zur Verteilung zu erhalten, so bedarf es dazu der Genehmigung der Gesamtakademie oder der betreffenden Klasse. — Nichtmitglieder erhalten 30 Freiexemplare und dürfen nach rechtzeitiger Anzeige bei dem redigierenden Sekretar weitere 100 Exemplare auf ihre Kosten abziehen lassen.

§ 17.

Eine für die akademischen Schriften bestimmte wissenschaftliche Mitteilung darf in keinem Falle vor ihrer Ausgabe an jener Stelle anderweitig, sei es auch nur auszugs-

(Fortsetzung auf S. 3 des Umschlags.)

1919.
VIII.

SITZUNGSBERICHTE

DER PREUSSISCHEN

AKADEMIE DER WISSENSCHAFTEN.

13. Februar. Gesamtsitzung.

Vorsitzender Sekretar: Hr. Roethe.

Hr. Nernst las über »einige Folgerungen aus der sogenannten Entartungstheorie der Gase«.

Es läßt sich nachweisen, daß man zur Erklärung des Nullpunktdrucks der Gase valenzartige Abstoßungskräfte annehmen muß, die der dritten Potenz des Abstandes umgekehrt proportional wirken und deren absolute Größe sich berechnen läßt. Daraus läßt sich die innere Reibung der Gase ebenfalls berechnen, doch kann man nachweisen, daß wegen ihrer Kleinheit nur bei sehr tiefen Temperaturen die erwähnten Abstoßungskräfte zur Geltung kommen können, so daß im Einklang mit der Erfahrung der Gültigkeitsbereich der neuen Theorie auf sehr tiefe Temperaturen beschränkt bleibt. Hier aber sind die Bestätigungen der Theorie hinreichend scharf, um der Entartungstheorie der Gase eine neue Stütze zu geben.

Einige Folgerungen aus der sogenannten Entartungstheorie der Gase.

Von W. Nernst.

Sowohl quantentheoretische Erwägungen wie die Anwendung des neuen Wärmesatzes führen zu dem Resultat, daß bei sehr tiefen Temperaturen die für ideale Gase gültige Gleichung

$$(1) \qquad pV = RT$$

(p Druck, V Volum, T abs. Temperatur, R Gaskonstante) ungültig wird, indem das Gas in einen Zustand gelangt, in welchem der bei konstantem Volum gemessene Druck von der Temperatur unabhängig wird; es gelangt in den sogenannten »entarteten Zustand«.

Das Gas verhält sich in mancher Hinsicht hier ähnlich wie ein fester, sei es kristallisierter, sei es amorpher Körper. Während wir aber bei letzterem annehmen müssen, daß auch beim Drucke null die kleinsten Teilchen in bestimmten Abständen gehalten werden, dergestalt, daß bei Kompression abstoßende, bei Dilatation anziehende Kräfte auftreten, verhält sich das Gas so, als ob nur abstoßende Kräfte[1] vorhanden seien, und es behält insofern das Kennzeichen eines Gases, daß es jeden ihm zur Verfügung gestellten Raum mit gleichmäßiger Dichte ausfüllt.

Freilich werden wir heute kaum mehr annehmen dürfen, daß es sich in obigen Fällen um Fernkräfte im Sinne der älteren Physik handelt. Auch die beiden Wasserstoffatome werden im Wasserstoffmolekül in konstantem Abstand gehalten, und das Bohr-Debyesche Modell läßt sogar diesen Abstand genau berechnen; die Bindung beider Atome ist uns durch quantentheoretische Betrachtungen sehr anschaulich geworden. Aber diese Betrachtungen sagen zur Zeit nichts über die Gegenkräfte aus, die auftreten müssen (ganz wie bei einem

---

[1] Die Einführung von Fernkräften zur alleinigen Erklärung von Zustandsänderungen ist strenggenommen nur beim absoluten Nullpunkt zulässig (vgl. darüber meine Abhandlung in den »Göttinger Vorträgen«, 1913 bei Teubner, S. 63); sie würde z. B. völlig unstatthaft sein zur Erklärung des gewöhnlichen Gasdrucks.

festen Körper), wenn wir den Abstand der beiden Atome durch äußere Einwirkung verringern oder vergrößern.

Vielleicht werden uns analoge *quanten*theoretische Betrachtungen einst auch zu einem tieferen Einblick in das Wesen des entarteten Gases verhelfen; aber auf der andern Seite sind wir in diesem Falle bereits insofern weiter, als wir, wie ich im folgenden zeigen möchte, die Größe und Wirkungsweise der abstoßenden Kräfte angeben können, die im entarteten Gase auftreten oder die wir, vorsichtiger ausgedrückt, als ein zur vorläufigen Veranschaulichung brauchbares logisches Hilfsmittel einführen dürfen.

Wir besitzen nämlich eine Reihe von Theorien, die zur Berechnung der Größe des Nullpunktsdruckes eines entarteten Gases geführt haben; wenn diese Theorien auch bezüglich des Zahlenwertes jener Größe nicht völlig übereinstimmen, so unterscheiden sie sich anderseits nur durch Zahlenfaktoren und sind völlig einig über den Einfluß der in Betracht kommenden Faktoren (Volum, Molekulargewicht).

Ich glaube kürzlich[1] gezeigt zu haben, daß nur die von mir gegebene Zustandsgleichung der Gasentartung nicht mit vorhandenen Beobachtungen kollidiert; sie werde daher im folgenden zu weiteren Schlußfolgerungen benutzt; es sei aber betont, daß sich nichts Wesentliches ändern würde, wenn man im Sinne einer der andern Theorien den Zahlenfaktor abänderte.

Wir benutzen also die Zustandsgleichung

$$p = \frac{R}{V} \frac{\beta\nu}{1 - e^{-\frac{\beta\nu}{T}}} \tag{2}$$

($\beta = \frac{h}{k'} = 4.863 \cdot 10^{-11}$, $Nk' = R$), worin ν bestimmt ist durch die Beziehung[2]

$$\nu = \frac{hN^{\frac{2}{3}}}{4\pi m V^{\frac{2}{3}}} \tag{3}$$

(N Avogarbosche Zahl $= 6.17 \cdot 10^{23}$, h Plancksche Konstante $= 6.55 \cdot 10^{-27}$, m Masse des Moleküls). Für große Volumina oder hohe Temperaturen

[1] Nernst, Grundlagen des neuen Wärmesatzes S. 157 ff. (1918 bei Knapp); vgl. daselbst auch die Literatur über die Gasentartung. Die erste Voraussage über dieses, wie es scheint, nunmehr allseitig als notwendig anerkannte Phänomen machte ich auf dem Solvay-Kongreß 1911.

[2] l. c. S. 168; Gleichung (147a), oben Gleichung (3), ist daselbst durch einen Druckfehler entstellt; S. 166 steht sie richtig.

geht (2) sehr rasch in (1) über. Für $T = 0$ folgt der Nullpunktsdruck

(4) $$p_0 = \frac{h^2 N^{\frac{5}{3}}}{4\pi m V^{\frac{5}{3}}}.$$

Es handelt sich um die Lösung der Aufgabe: wie müssen die Abstoßungskräfte beschaffen sein, die zwischen den Molekülen wirken, um Gleichung (4) zu ergeben? Wir wollen dabei nicht vergessen, daß, wie oben hervorgehoben, der Zahlenfaktor $\frac{1}{4\pi}$ ähnlich unsicher ist wie viele in der kinetischen Theorie der Gase auftretende Zahlenfaktoren.

Um obige Frage zu beantworten, müssen wir uns eine Vorstellung über die Lagerung der Moleküle des Gases machen; wir wollen annehmen, daß, wie es bei vielen Kristallen festgestellt ist, auch hier sich die einfache kubische Anordnung (immer ein Molekül in der Ecke eines Elementarwürfels) herstellt. Legen wir irgendeine andere Vorstellung zugrunde, so hat dies nur die Änderung der ohnehin mit Unsicherheit behafteten Zahlenfaktoren zur Folge. Ich will daher auch nicht auf gewisse Gründe hier eingehen, welche gerade die erwähnte Lagerung nicht unwahrscheinlich machen.

Nennen wir den Abstand zwischen je zwei Atomen r, so gilt

$$V = Nr^3;$$

dehnt sich die Gasmasse von dV aus, so wird die äußere Arbeit

(5) $$p_0 dV = p_0 N 3 r^2 dr$$

geleistet; anderseits ist die gleiche Größe durch die Summe der von den oben supponierten Abstoßungskräften geleisteten Arbeiten gegeben, und da die Abstände zwischen zwei benachbarten Molekülen um dr, die zwischen zwei beliebigen anderen Molekülen um dr proportionale Beträge zunehmen, so wird

(6) $$p_0 dV = dr \sum K,$$

wobei die Summe ΣK durch geeignete Summierung über alle Moleküle zu erhalten ist. Aus (2), (5) und (6) folgt dann sofort

(7) $$\sum K = \frac{3}{4\pi} \frac{h^2 N}{m r^3}.$$

Diese Gleichung setzt ein zwischen zwei Atomen gültiges Kraftgesetz der Abstoßung

(8) $$k = \frac{A}{m r^3}$$

voraus; aber wir stoßen anderseits sofort auf eine fundamentale Schwierigkeit, wenn wir dies Kraftgesetz als zwischen allen (nicht nur zwischen benachbarten) Atomen gültig annehmen.

Wir müssen nämlich verlangen, daß der durch die Abstoßungskräfte verursachte Druck nur von der Dichte der Gasmasse, nicht von ihrer Ausdehnung abhängt, vorausgesetzt natürlich, daß in ihr eine sehr große Zahl von Molekülen vorhanden ist. Betrachten wir aber lediglich die Wirkung eines einzigen, im Mittelpunkt der kugelförmig gedachten Gasmasse befindlichen Moleküls, so finden wir leicht, daß dieselbe sich nicht nur auf die benachbarten Moleküle erstreckt, sondern auch für beliebig weit entfernte Moleküle nicht zu vernachlässigende Beiträge liefert. Bezeichnen wir nämlich die Abstoßung zwischen dem betreffenden Molekül und den in einer Kugel vom Radius R_1 gelagerten Molekülen mit a, so können wir bei hinreichender Größe von R_1 die in der Kugelschale $4\pi r^2 dr$ befindliche Zahl von Molekülen $N_0 4\pi r^2 dr$ setzen, wenn in der Volumeinheit N_0 Moleküle vorhanden sind; es folgt somit aus dem Kraftgesetz (8) die allein von dem einzigen Molekül ausgeübte Wirkung

$$a + \int_{R_1}^{R_2} \frac{A N_0 4\pi r^2 dr}{r^3} = a + 4\pi A N_0 \ln \frac{R_2}{R_1};$$

es fällt mit andern Worten die durch R_2 bedingte Ausdehnung der Gasmasse bei Berechnung des Druckes nicht heraus, was unzulässig ist.

Somit sind wir zu der Einschränkung gezwungen, daß die betreffende Abstoßung immer nur zwischen benachbarten Molekülen wirkt und sich nicht auf größere Entfernung erstreckt, ähnlich, wie man es für die chemischen Kräfte seit langem anzunehmen gewohnt ist. Indem wir uns von dieser Analogie leiten lassen und zugleich an das oben von uns vorausgesetzte Modell anknüpfen, werden wir zu der Hypothese geführt, daß immer in der Verbindungslinie zweier benachbarter Moleküle die durch das Kraftgesetz (8) gegebene Abstoßung wirksam ist. Gewiß ist diese Hypothese nicht die einzig mögliche, aber man überzeugt sich leicht, daß jede andere plausible Annahme an den nachfolgenden Formeln wiederum nur die ohnehin unsicheren Zahlenfaktoren verhältnismäßig unbeträchtlich abändern würde.

Nunmehr sind wir in den Stand gesetzt, die absolute Größe der supponierten Kräfte zu berechnen. Die Zahl dieser »valenzartigen« Kraftstrahlen ist bei der von uns angenommenen Lagerung der Moleküle $6N$, indem von jedem Molekül 6 Kraftstrahlen ausgehen; da aber immer je zwei sich gegenseitig absättigen, so gelangt die gesuchte Abstoßungskraft nur $3N$mal zur Geltung. Somit wird in Formel (7)

$$\sum K = 3Nk = \frac{3}{4\pi}\frac{h^2 N}{mr^3}$$

oder

(9) $$k = \frac{h^2}{4\pi m}\cdot\frac{1}{r^3},$$

ein in der Tat einfaches, aber sehr merkwürdiges Kraftgesetz.

Es wird zur Veranschaulichung beitragen, wenn wir die absolute Größe dieser Kraft mit der Coulombschen und der Newtonschen vergleichen. Zu diesem Ende betrachten wir die gegenseitige Wirkung zweier Elektronen in 1 cm Abstand; durch Kombination des positiven Elektrons (Wasserstoffion) mit einem negativen Elektron im Sinne des Bohrschen Modells entsteht das gewöhnliche Wasserstoffatom, dessen Newtonsche Kraftwirkung wir ebenfalls berechnen wollen. Schließlich berechnen wir, ebenfalls bezogen auf 1 cm Abstand, aus Formel (9) die Abstoßung zweier Wasserstoffatome.

Elektrostatische Kraft	$0.220\cdot10^{-18}$	Dynen
Gravitation	$0.177\cdot10^{-54}$	»
Kraft nach Formel (9): . . . $\frac{1}{4\pi}\frac{(6.55\cdot10^{-27})^2}{1.63\cdot10^{-24}}$	$= 0.209\cdot10^{-29}$	»

Wie bekannt, ist die Gravitation eine so überaus kleine Kraft, daß sie bei allen Problemen, welche die Chemie und die Physik der Materie (Dissoziation, Kompressibilität, Verdampfung, Zustandsgleichung usw.) betreffen, ganz außer Betracht bleiben kann. Aber auch die Kraft nach Formel (9) ist sehr klein im Verhältnis zur elektrostatischen Kraft; selbst wenn zwei Wasserstoffatome anstatt in 1 cm Abstand in molekularen Abständen (z. B. 10^{-8} cm) sich befinden, so ist dieselbe immer noch etwa 1000 mal kleiner als die entsprechende Coulombsche Kraft. Immerhin ist die neue Kraft so beträchtlich, daß sie, wie schon ihre Herleitung aus dem Entartungsphänomen beweist, bei Aufstellung von Zustandsgleichungen und in ähnlichen Fällen sich geltend macht. Je größer die Masse der beiden betrachteten gleichartigen Moleküle ist, um so mehr tritt sie zurück.

In der kinetischen Theorie der Gase spielen Abstoßungskräfte, die bei großer Nähe zweier Moleküle auftreten müssen und ihrer Wirkungsweise nach bisher völlig dunkel waren, eine große Rolle; sie bedingen die freie Weglänge und damit die Erscheinungen der innern Reibung, Diffusion und Wärmeleitung. Experimentell und theoretisch sind am besten erforscht die Gesetze der innern Reibung; wir wollen jetzt dazu übergeben, die Theorie dieser Erscheinung vom Standpunkte der Formel (9) zu entwickeln, wobei wir uns, dem gegenwärtigen Stande unserer Kenntnisse entsprechend, auf Näherungsformeln beschränken wollen. Insbesondere wollen wir von der Benutzung von MAXWELLS Geschwindigkeitsverteilungsgesetz absehen.

CLAUSIUS machte bekanntlich bei vielen theoretischen Betrachtungen die vereinfachende Annahme, daß die Moleküle sich mit gleicher Geschwindigkeit bewegen; wir wollen für das Folgende einen ähnlich vereinfachenden Mittelwert für die lebendige Kraft einführen, mit der zwei Moleküle in ihrer Stoßrichtung zusammenprallen. Ist $\frac{m}{2}u^2$ die gesamte mittlere lebendige Kraft eines Moleküls, so liefert die Zerlegung nach den drei Raumkoordinaten

$$\frac{m}{2}u^2 = \frac{m}{2}u_x^2 + \frac{m}{2}u_y^2 + \frac{m}{2}u_z^2;$$

findet der Zusammenstoß etwa in der x-Achse statt, so wird, indem wir als Mittelwert die obigen drei Summanden einander gleichsetzen, beim Zusammenstoß jedes Molekül die lebendige Kraft $\frac{m}{6}u^2$ im Mittel besitzen. Natürlich handelt es sich nur um eine angenäherte Mittelwertsbildung, die aber für unsere Zwecke genügt.

Die innere Reibung η folgt bei Zugrundelegung der CLAUSIUSschen Annahme bekanntlich

$$(10) \qquad \eta = \frac{mu}{4\pi\sigma^2},$$

worin σ der Abstand ist, bis zu welchem sich zwei Moleküle beim Zusammenstoß nähern. Natürlich ist, wenn wir vom Kraftgesetz (9) ausgehen, σ recht variabel, und zwar um so kleiner, mit je größerer Wucht die beiden Moleküle zusammenprallen; einen Mittelwert finden wir durch die Bedingung, daß der oben angesetzte Mittelwert der lebendigen Kräfte der beiden Moleküle im Augenblick der größten Annäherung gerade durch die Wirkung der Fernkraft auf Null gesunken ist. Somit wird

$$(11) \qquad 2\cdot\frac{mu^2}{6} = -\int_{\sigma}^{\infty}\frac{h^2}{4\pi m r^3}\,dr = \frac{h^2}{8\pi m}\cdot\frac{1}{\sigma^2}.$$

Dabei wird aber vorausgesetzt, daß beim Zusammenstoß nur eine der sechs Abstoßungsvalenzen zur Betätigung kommt; würden sich, was durchaus möglich erscheint, alle sechs Valenzen betätigen, so tritt auf der rechten Seite der Gleichung der Faktor 6 hinzu. Die Kombination von (10) und (11) liefert

$$\eta = \frac{2}{3}\frac{m^3 u^3}{h^2} \text{ bzw. } \frac{1}{9}\frac{m^3 u^3}{h^2}. \tag{12}$$

Von der hier allerdings beträchtlichen Unsicherheit des Zahlenfaktors abgesehen, ist der für den Reibungskoeffizienten η gewonnene Ausdruck von bemerkenswerter Einfachheit.

Ehe wir zur Prüfung der Formel (12) übergehen, müssen wir uns fragen, ob die Abstoßungskräfte hinreichend groß sind, damit nicht ein unzulässig kleiner Wert von σ resultiert. Denn es ist klar, daß bei fast unmittelbarer Berührung der Elektronenkreise, z. B. von Atomen, anderweitige sehr starke Abstoßungskräfte auftreten müssen, die von der Abstoßung der negativen Elektronen herrühren, die um den positiven Kern des Atoms kreisen. Es ist also der Gültigkeitsbereich der Formel (12) auf die Gebiete einzuschränken, in denen sich σ erheblich größer als 10^{-8} cm ergibt; speziell beim Wasserstoff berechnet[1] sich nach ganz verschiedenen Methoden übereinstimmend der Durchmesser der Wirkungssphäre der Molekularkräfte zu etwa 2.10^{-8} cm. Ist daher die Bedingung, σ erheblich größer als 2.10^{-8}, nicht erfüllt, so muß Formel (12) offenbar zu hohe Werte geben.

Aus Gleichung (11) folgt

$$\sigma = \sqrt{\frac{3}{8\pi}} \cdot \frac{h}{m \cdot u};$$

für Wasserstoff und $T = 273$ ergibt sich $\sigma = 0.38 \cdot 10^{-8}$, bei $T = 21$ folgt $6 = 1.35 \cdot 10^{-8}$. Dies gilt unter der Voraussetzung, daß bei einem Zusammenstoß immer nur eine Valenz sich betätigt; nehmen wir aber an, daß alle 6 Valenzen wirken, so ergibt sich $\sigma\sqrt{6} = 2.45$ mal so groß, d. h. bei $T = 21°$ würde die Gültigkeit der Formel (12) wenigstens annähernd zu erwarten sein ($\sigma = 3.3 \cdot 10^{-8}$).

Die Prüfung des Temperatureinflusses kann uns darüber eine Entscheidung geben; für die innere Reibung des Wasserstoffs fand kürzlich H. Vogel[2] folgende Werte:

$T =$	273.1		194.6		81.6		21
$\eta =$	850		670		372		$99 \cdot 10^{-7}$
$x =$		0.70		0.67		0.98	

Der Wert bei $T = 21$ ist ein Mittelwert aus den Messungen von Vogel (92) und von Kamerlingh Onnes und S. Weber (102), letzterer

[1] A. Eucken, Physik. Zeitschrift **14** 331 (1913).

[2] Ann. d. Physik [4] **43** 1258 (1914).

von Vogel auf kleine Drucke reduziert. Die Zahlen können als recht genau gelten.

Der Temperatureinfluß x ist nach der Beziehung

$$\frac{\eta_1}{\eta_2} = \left(\frac{T_1}{T_2}\right)^x$$

berechnet worden. x bezieht sich also auf die geometrischen Mittelwerte: bis 81.6° bleibt x konstant, steigt dann aber und dürfte bei $T = 40$ etwa den Wert 0.98 erreicht haben; es ist also anzunehmen, daß bei $T = 21$ der aus Gleichung (12) sich ergebende Temperatureinfluß $x = 1.5$ ungefähr erreicht sein wird. d. h. bei $T = 21°$ stellt sich der Gültigkeitsbereich der Formel (12) wenigstens annähernd ein.

Dies ist aber nach den obigen Betrachtungen nur möglich, wenn bei einem Zusammenstoß alle sechs Abstoßungsvalenzen zur Geltung kommen.

Wie Brillouin übrigens in Erweiterung einer bereits von Maxwell gegebenen Theorie fand[1], gilt in einem Temperaturintervall, in welchem sich zwei Atome mit einer $\frac{1}{r^n}$ proportionalen Kraft abstoßen,

$$\left(\frac{\eta_1}{\eta_2}\right) = \left(\frac{T_1}{T_2}\right)^{\frac{1}{2} + \frac{2}{n-1}};$$

von Zimmertemperatur bis $T = 80$ ergibt sich n konstant nahe 10, übrigens in Übereinstimmung mit dem von Born und Landé[2] kürzlich auf ganz andere Weise gefundenen Kraftgesetz; erst bei sehr tiefen Temperaturen ändert sich dasselbe, wie wir vermuten, weil erst bei kleinen Molekulargeschwindigkeiten sich die hier postulierten neuartigen Kräfte geltend machen.

Ganz ähnlich wie Wasserstoff, nur wegen des höheren Molekulargewichts weniger ausgeprägt, verhält sich Helium, aber hier werden sich die Messungen noch weit unterhalb $T = 21$ fortsetzen lassen; aus dem Temperatureinfluß ist hier zu schließen, daß Helium erst unterhalb 21° in das Gebiet der Gültigkeit der Formel (12) gelangt, im Einklang übrigens mit der Größe von σ bei dieser Temperatur (vgl. oben S. 124).

Berechnen wir nunmehr im Sinne obiger Ausführungen den Koeffizienten der inneren Reibung nach der Gleichung

$$\eta = \frac{1}{9}\frac{m^3 v^3}{h^2} \qquad \text{(12a)}$$

für Wasserstoff und $T = 21$ im absoluten Maße, so folgt

[1] Vgl. darüber Rappenecker, Zeitschr. physik. Chem. 72 711 (1910).
[2] Verhandl. D. physik. Ges. 20 210 (1918).

$$\eta = \frac{1}{9} \frac{(3.26 \cdot 10^{-24})^3 \cdot (5.10 \cdot 10^4)^3}{(6.55 \cdot 10^{-27})^2} = 119 \cdot 10^{-7},$$

während VOGEL 93 und KAMERLINGH ONNES und WEBER $110.5 \cdot 10^{-7}$ (vgl. darüber die erwähnte Arbeit von VOGEL) fanden. Wie angesichts des Umstandes, daß unser σ nicht sehr viel größer als die gewöhnliche Wirkungssphäre der Molekularkräfte ist (vgl. S. 124), zu erwarten, ist der berechnete Wert etwas zu groß; im übrigen wird man, wenn man sich aus obigen Zahlen davon überzeugt, wieviel Zehnerpotenzen sich bei der Berechnung im absoluten Maße herausheben, die Übereinstimmung als bemerkenswert ansehen.

Vielleicht nicht minder auffallend finden wir die Konsequenzen der Gleichung (12a) bestätigt, wenn wir sie in der Form (M Molekulargewicht)

$$(13) \qquad \eta = 0.47\,(MT)^{1.5} \cdot 10^{-7}$$

schreiben. Bei gleichen Temperaturen müßten sich die inneren Reibungen verschiedener Gase wie die zur Potenz 1.5 erhobenen Molekulargewichte verhalten, wenn man sich im Gültigkeitsbereich der Formel (12) bzw. (13) befindet. Davon ist nun bei gewöhnlichen Temperaturen gar keine Rede, wie z. B. der Vergleich bei $T = 273$ lehrt:

Wasserstoff	$\eta = 85 \cdot 10^{-6}$
Helium	$\eta = 188 \cdot$ »
Neon	$\eta = 298 \cdot$ »
Argon	$\eta = 211 \cdot$ »
Krypton	$\eta = 233 \cdot$ »
Xenon	$\eta = 211 \cdot$ »

Die Molekulargewichte variieren in dieser Reihe wie 1:65, die η-Werte sollten also wie 1:524 ansteigen, während sie in Wirklichkeit von Helium ab nur unwesentlich variieren.

Das Bild scheint sich aber zu ändern, wenn wir den Gültigkeitsbereich der Formel (12), d. h. das Gebiet sehr tiefer Temperaturen, in Betracht ziehen. Bei Neon und noch viel mehr bei seinen höheren Homologen liegen allerdings wegen des hohen Molekulargewichts diese Temperaturen so tief, daß wegen der Kleinheit des Dampfdrucks die Möglichkeit einer experimentellen Prüfung entfällt. Wohl aber zeigt der Vergleich von Wasserstoff und Helium bei den tiefsten bisher gemessenen Temperaturen, daß sich hier die in Rede stehende Beziehung mit einer gewissen Annäherung einstellt.

Es finden bei $T = 21$ VOGEL für Helium und Wasserstoff $\eta = 378$ bzw. $93 \cdot 10^{-7}$, Verhältnis 3.8, KAMERLINGH ONNES und WEBER 348 bzw. $110 \cdot 10^{-7}$, Verhältnis 3.2, während $2^{1.5} = 2.83$ beträgt.

Insgesamt, sowohl was den Temperatureinfluß wie den Einfluß des Molekulargewichts, wie schließlich, was die Absolutwerte anlangt, findet man also in den Fällen, in denen die neuen Formeln der innern Reibung anwendbar erscheinen, d. h. bei Gasen von kleinem Atomgewicht und bei sehr tiefen Temperaturen, eine recht beachtenswerte Bestätigung der Theorie.

Weitere experimentelle Untersuchungen bei noch tieferen Temperaturen sind erwünscht; besonders würden Messungen der innern Reibung und Wärmeleitung von Gemischen von Wasserstoff und Helium von großem Interesse sein, weil man hieraus über das zwischen Molekülen verschiedener Größe herrschende Kraftgesetz Schlüsse ziehen könnte; der im ersten Teil dieser Arbeit eingeschlagene Weg versagt bei Gemischen, da uns die Gesetze der Entartung derselben unbekannt sind.

Jedenfalls, und das möchte ich als das wichtigste Ergebnis unserer Erwägungen hinstellen, verdient das Verhalten kleinatomiger Gase, besonders was innere Reibung und Wärmeleitung anlangt, bei den tiefsten nur irgendwie der Messung zugänglichen Temperaturen die sorgfältigste Prüfung.

Zusammenfassend können wir also sagen, daß das Phänomen der Gasentartung uns verständlich wird, wenn wir (relativ schwache) valenzartige Abstoßungskräfte zwischen gleichartigen Molekülen wirkend annehmen, die der dritten Potenz und der Masse der betreffenden Molekülgattung umgekehrt proportional und ihrer absoluten Größe nach berechenbar sind.

Da diese Kräfte auch beim Zusammenstoß zweier Moleküle sich geltend machen müssen, so werden die freien Weglängen und die damit zusammenhängenden Phänomen nach neuartigen Formeln berechenbar, doch gelangen, wie die Rechnung lehrt, die erwähnten Abstoßungskräfte infolge ihrer Kleinheit erst bei sehr tiefen Temperaturen und den dadurch bedingten kleinen Molekulargeschwindigkeiten zur maßgebenden Geltung.

So ließ sich beim Wasserstoff bei sehr tiefen Temperaturen die innere Reibung mit hinreichender Annäherung lediglich aus der Masse des Wasserstoffmoleküls, aus seiner Molekulargeschwindigkeit und aus der Planckschen Konstanten berechnen.

Natürlich ist dadurch zugleich eine, wenn auch indirekte, experimentelle Bestätigung der Gasentartung gewonnen.

Ausgegeben am 20. Februar.

Berlin, gedruckt in der Reichsdruckerei.

1919 IX. X. XI. XII. XIII. XIV

SITZUNGSBERICHTE

DER PREUSSISCHEN

AKADEMIE DER WISSENSCHAFTEN

BERLIN 1919

VERLAG DER AKADEMIE DER WISSENSCHAFTEN

IN KOMMISSION BEI GEORG REIMER

Aus § 6.

an die Druckerei abzuliefernden Manuskripte, wenn es sich nicht bloß um glatten Text handelt, ende Anweisungen für die Anordnung des Satzes Wahl der Schriften enthalten. Bei Einsendungen Fremder sind diese Anweisungen von dem vorlegenden Mitgliede vor Einreichung des Manuskripts vorzunehmen. Dasselbe hat sich zu vergewissern, daß der Verfasser seine Mitteilung als vollkommen druckreif ansieht.

1919.
IX.

SITZUNGSBERICHTE
DER PREUSSISCHEN
AKADEMIE DER WISSENSCHAFTEN.

20. Februar. Sitzung der philosophisch-historischen Klasse.

Vorsitzender Sekretar: Hr. Roethe.

*Hr. Brandl las über die Vorgeschichte der Schicksalsschwestern in Macbeth.

Die germanische Vergangenheitsnorne wandelte sich bereits seit dem 8. Jahrhundert nach dem Vorbild der Parzen zu einer Dreizahl von individuellem Wollen, immer mehr sogar von grausamer Willkür, so daß gegen Ausgang des Mittelalters auch die Hexenauffassung hinzutrat. Alle diese mannigfachen Elemente, aber keine skandinavischen, sind bei Shakespeare noch zu finden und zum Teil verstärkt, was seiner Darstellung mehr Lebendigkeit als Klarheit verleiht.

Ausgegeben am 20. März.

1919.
X.

SITZUNGSBERICHTE

DER PREUSSISCHEN

AKADEMIE DER WISSENSCHAFTEN.

20. Februar. Sitzung der physikalisch-mathematischen Klasse.

Vorsitzender Sekretar: Hr. von Waldeyer-Hartz.

*Hr. Orth las Über die ursächliche Begutachtung von Unfallfolgen.

Auf Grund von über 650 selbst erstatteten Gutachten — darunter weit über zwei Drittel Obergutachten für das Reichsversicherungsamt — wurden die Grundlagen für die Beurteilung eines ursächlichen Zusammenhanges zwischen Unfällen und folgenden Krankheiten bzw. Verschlimmerung von Krankheiten oder dem Tod erörtert und die Gesichtspunkte dargelegt, welche für ein solches Gutachten beachtet werden müssen, wenn es seinen Zweck, dem Richter eine Entscheidung zu ermöglichen, erfüllen soll. Jedes derartige Gutachten, vor allem aber jedes Obergutachten, muß eine wissenschaftliche Leistung darstellen, für die der erfahrenste Sachverständige gerade gut genug ist.

Ausgegeben am 20. März.

[illegible]

[illegible]

1919.
XI.

SITZUNGSBERICHTE
DER PREUSSISCHEN
AKADEMIE DER WISSENSCHAFTEN.

27. Februar. Gesamtsitzung.

Vorsitzender Sekretar: Hr. Roethe.

*1. Hr. F. W. K. Müller sprach über koreanische Lieder.

Der Vortragende besprach die phonetische und sprachliche Ausbeute aus Texten und Liedern, die ihm von russischen Gefangenen koreanischer Nationalität diktiert und vorgesungen wurden.

2. Hr. Eduard Meyer legte vor die 32. wissenschaftliche Veröffentlichung der Deutschen Orient-Gesellschaft: »Das Ischtar-Tor in Babylon« von Robert Koldewey. Leipzig 1918.

3. Das ordentliche Mitglied der physikalisch-mathematischen Klasse Hr. Simon Schwendener hat am 10. Februar 1919 das 90. Lebensjahr vollendet; die Akademie hat ihm eine Adresse gewidmet, welche in diesem Stück abgedruckt ist.

4. Das Ministerium für Wissenschaft, Kunst und Volksbildung hat durch Erlaß vom 10. Februar 1919 die Wahl des ordentlichen Professors der Mathematik an der Universität Berlin, Dr. Konstantin Carathéodory, zum ordentlichen Mitgliede der physikalisch-mathematischen Klasse bestätigt.

5. Der ordentliche Honorarprofessor an der Universität Frankfurt a. M., Dr. Willy Bang, ist zum korrespondierenden Mitgliede der philosophisch-historischen Klasse gewählt worden.

Adresse an Hrn. Simon Schwendener zum 90. Geburtstage am 10. Februar 1919.

Hochverehrter Herr Kollege!

Ungebrochenen Geistes und gleichmütig gegenüber den Beschwerden des Alters feiern Sie heute Ihren neunzigsten Geburtstag.

Vor zehn Jahren haben wir in unserer Glückwunschadresse Rückschau gehalten auf Ihre wissenschaftliche Lebensarbeit. Heute blicken wir nochmals bewundernd auf die drei Hauptgipfel Ihrer Forschung: Vor genau einem halben Jahrhundert haben Sie mit Ihrer Flechtentheorie den Grund gelegt zur Lehre von der Symbiose in der Tier- und Pflanzenwelt. Fünf Jahre später haben Sie das mechanische Gewebesystem der Pflanzen entdeckt und damit der physiologischen Pflanzenanatomie die Bahn gebrochen. Und als Sie vor vierzig Jahren der Unsere wurden, da brachten Sie als erste wissenschaftliche Gabe Ihre mechanische Theorie der Blattstellungen mit, die stets als einer der genialsten Erklärungsversuche der Entwickelungsmechanik gelten wird.

Der herzliche Glückwunsch, den unsere Akademie ihrem ältesten Mitgliede an der Schwelle eines neuen Zeitalters darbringt, birgt in sich die unerschütterliche Zuversicht, daß die Fackel der deutschen Wissenschaft hell leuchten wird, solange Männer wie Sie die Flammen deutschen Geisteslebens schüren.

Die Preußische Akademie der Wissenschaften.

Ausgegeben am 20. März.

1919.
XII.

SITZUNGSBERICHTE

DER PREUSSISCHEN

AKADEMIE DER WISSENSCHAFTEN.

6. März. Sitzung der physikalisch-mathematischen Klasse.

Vorsitzender Sekretar: Hr. von Waldeyer-Hartz.

Hr. Orth las Über Traumen und Nierenerkrankungen. (Ersch. später.)

Nach Stellungnahme in der Frage der Nomenklatur der Nierenerkrankungen und allgemeinen Ausführungen über traumatische Nephritis wurden 11 Fälle aus der Gutachtertätigkeit des Vortragenden erörtert, in welchen es sich um die Frage handelte, ob durch ein Trauma eine Nierenerkrankung erzeugt bzw. verschlimmert worden ist oder ob eine Nierenerkrankung neben einer anderen traumatischen Krankheit vorhanden war und etwa von sich aus den Tod herbeigeführt habe.

Ausgegeben am 20. März.

1919.
XIII.

SITZUNGSBERICHTE
DER PREUSSISCHEN
AKADEMIE DER WISSENSCHAFTEN.

6. März. Sitzung der philosophisch-historischen Klasse.

Vorsitzender Sekretar: Hr. Roethe.

1. Hr. Heusler sprach über Altnordische Dichtung und Prosa von Jung Sigurd. (Ersch. später.)

Versuch, die zwei eddischen Gedichte, Hortlied und Vaterrache, nach ihrer Sagenform, ihren Quellen und ihrem Alter schärfer zu erfassen. Das kleine und das große Liederbuch, die Sigurdharsaga und die Völsungasaga als Stufen in der isländischen Sagenüberlieferung.

2. Hr. W. Schulze legte eine für die Sitzungsberichte bestimmte Mitteilung des Hrn. Prof. Dr. P. Jensen in Marburg (Hessen) vor: Indische Zahlwörter in keilschrifthittitischen Texten. (Ersch. später.)

Zwei gleichartige Texte aus Boghazköi bieten in gleichartigem Zusammenhang, jedesmal vor *u̯artanna* (bzw. *u̯artāna*), die Worte *a-i-ka*, *ti-e-ra*, *pa-an-ẓ(ẓ)a*, *ša-at-ta*, *na-a* (= aind. *eka*, *tri*, *pañca*, *sapta*, *nava*). Diese indischen Zahlwörter bilden eine Parallele zu den von H. Winckler in den Boghazköi-Texten entdeckten Götternamen gleicher Herkunft.

3. Hr. Meinecke legte vor sein Buch »Preußen und Deutschland im 19. und 20. Jahrhundert« (München und Berlin 1918) sowie das 2. Heft der »Geschichtlichen Abende im Zentralinstitut für Erziehung und Unterricht«, enthaltend seinen Vortrag über »Die Bedeutung der geschichtlichen Welt und des Geschichtsunterrichts für die Bildung der Einzelpersönlichkeit« (Berlin 1918).

Zur baskischen Onomatopoesis.

Von Prof. Dr. Hermann Urtel
in Hamburg.

(Vorgelegt von Hrn. W. Schulze am 16. Januar 1919 [s. oben S. 15].)

I.

Wer das gesprochene Baskisch länger zu beobachten Gelegenheit hat, dem wird auffallen, wie besonders reich diese Sprache an schallnachahmenden Wortbildungen ist. Bei einem Idiom, das im Konzert der Sprachen Europas ganz allein stehend, hart bedrängt durch mächtige Kultursprachen, sich gleichwohl in seinem inneren Sprachcharakter durch die Jahrhunderte zäh zu behaupten wußte, wird diese Vorliebe für das Klangmoment die Frage nahelegen, ob die Untersuchung der onomatopoetischen Symbole nicht auf Probleme zurückführe, die mit dem ureigensten Wesen dieser Sprache zusammenhängen. Die Züge des Gesamtcharakters dieser merkwürdigen Sprache zu erfassen, muß die Aufgabe zukünftiger Forschung sein, damit sich hier allmählich mehr und mehr der Schleier lüfte, der heute noch über den vielverschlungenen Beziehungen der vorrömischen Sprachen zur lingua romana ruht.

Versuchen wir also, vorerst einen Überblick zu gewinnen über die heute üblichen schallnachahmenden Bildungen. Wir wenden uns an R. M. de Azkues vortreffliches Wörterbuch (Azk.); überall, wo wir nach eigenem Gehör transkribiert haben[1], stammt das labourdische (lab.)

Anm.: RIEB = Revue internationale des études basques. BVLBD = Beiträge zu einer vergleichenden Lautlehre der bask. Dial. von C. C. Uhlenbeck, Verb. d. Königl. Akad. d. Wiss. in Amsterdam 1903.

[1] Bei phonetischer Transkription folgen wir dem System der Société internationale de phonétique (ʃ ist palatal gefärbt, z ist hier der stimmhafte s-Laut, bei Azk. der stimmlose usw.). Mit labourdisch (lab.) ist, außer bei labourd. Zitaten Azkues, von uns ein für allemal der Dial. von Arcangues gemeint; wir wissen wohl, daß diese von L. L. Bonaparte als 'hybride' bezeichnete Unterart, nicht eigentlich als das 'klassische' Labourdisch anzusehen ist. Wir betrachten eben ein Stück sprachlichen Lebens, unbekümmert darum, ob sich hier ein Typus, wie ihn frühere elaboriert haben, zu voller 'Reinheit' ausgestalte.

Material von dem Kriegsgefangenen Antoine Suhas aus Arcangues (Bass. Pyr.), das soulische (soul.) von Joseph Jauréguiber aus Barcus (Bass. Pyr.).

Ehe wir die von uns als 'schallnachahmend' aufgefaßten Wortbildungen im einzelnen vorführen, müssen wir einen Augenblick bei prinzipiellen Erörterungen verweilen. Die Frage, wieweit der Lautnachahmung innerhalb der sprachlichen Schöpfung eine Rolle zugewiesen werden muß, ist von jeher mit Vorliebe behandelt worden. Während in den Anfängen der Sprachwissenschaft die Bedeutung des Klanges für die Wortbildung aus romantischem Empfinden heraus überschätzt wurde, scheint es, als ob die neuere Betrachtung wieder ein allzu großes Maß an Skepsis herbeiführe. Wundt hat in seiner Völkerpsychologie, Die Sprache I², diesen Fragen mehrere Kapitel gewidmet. Er geht davon aus (I² S. 326), daß von vornherein sowohl von einer 'Nachahmung des Lautes', als von einer 'Nachahmung durch den Laut' die Rede sein könne, und scheidet demgemäß eigentliche 'Lautnachahmung' von 'Lautbildern'. Im ersten Falle handelt es sich um Bildungen wie *bim-bam*, *piff-paff*, *plumpsen*, *klappern*, im zweiten um Wörter wie *zick-zack*, *flimmern*, *kribbeln*, *pfuschen*; während bei jenen die Annahme einer direkten Nachahmung des Naturlautes offenbar nicht zu umgehen ist, kann bei diesen von einer solchen nicht die Rede sein, weil hier 'der benannte Vorgang . . . gar keinen Eindruck auf unseren Gehörsinn macht'. Von diesen letzteren nun geht Wundt aus: 'die allgemeine Bedeutung solcher (Wörter kann) offenbar nur darin bestehen, daß sie Nachahmungen 'durch den Laut, nicht oder doch nur in gewissen Fällen auch Nachahmungen des Lautes sind. Hierdurch wird jedoch zugleich der Zweifel angeregt, ob selbst da, wo für unser Ohr das Wort eine Schallnachahmung bedeutet, der Sprechende selbst damit die Absicht verbunden habe, den gehörten Schall durch einen Sprachlaut nachzuahmen.' — Also Skepsis auf der ganzen Linie. Nach Wundts Auffassung handelt es sich nicht um Übertragung von einem Sinnesgebiet auf das andere, sondern um eine Artikulationsbewegung, eine mimische Gebärde 'die sich dann von selbst auch dem Laute mitteilt', und diese 'nachahmende Bewegung der Gebärde . . . ist es, nicht ein als Metapher oder Symbol aufzufassendes Lautbild, das bei Wörtern wie *bummeln*, *flimmern*, *kribbeln*, *torkeln*, *wimmeln* (S. 326 auch *baumeln*, *pfuschen*) und ähnlichen den Eindruck einer Nachbildung der Wirklichkeit hervorbringt.' (S. 333.)

Wir können hier nicht der Argumentation im einzelnen nachgehen, wollen nur versuchen, für die zweite Klasse, die 'Lautbilder' eine andere Auffassung annehmbar zu machen.

Als Ausgangspunkt gelten uns die auf einfache oder wiederholte Schalleindrücke zurückgehenden Bildungen: *piff-paff*, *bum-bum*, *trara*,

Hier liegt noch eine einfache Schalläußerung zugrunde, die einer Explosion, einer Exspiration zu verdanken ist, ohne daß eine bewegende Tätigkeit nebenhergeht. Anders schon bei *plumps*, *klatsch*, *tap*, *tap*, *tap*: hier sind die Schalleindrücke unlöslich mit Bewegungsvorgängen verknüpft, und die Bewegungen treten z. B. bei *tap*, *tap*, *tap* vermöge eines Primats des Gesichtsinnes durchaus in den Vordergrund. Der Schall wird apperzipiert und sofort in Verbindung gebracht mit irgend etwas den Schall Verursachendem; wenn es im Busch raschelt, bewegt sich dort etwas, sei es auch nur ein Winddämon. Diese enge assoziative Verbindung wird durch das Hinzutreten eines weiteren Momentes nur noch mehr gefestigt: durch den Rhythmus. Gesichtseindrücke von Bewegungsvorgängen ebenso wie Schalleindrücke werden bei einer Reihe aufeinanderfolgender Anlässe rhythmisch aufgefaßt, und so ergibt sich für die Darstellung folgendes Bild: gleichartig sich folgende, mit Schall verbundene Bewegungsvorgänge werden durch vokalisch gleichartige Lautgruppen wiedergegeben (*tap*, *tap*, *tap*), in verschiedene Richtung laufende Bewegungen geben Anlaß zu Bildungen mit Vokalabstufung (*tick*, *tack*, *tick*, *täck*). Und nun ergibt sich das Merkwürdige, daß reine Bewegungsvorgänge, auch wenn sie nicht mit Schall verbunden sind, vermöge einer Übertragung nach den mit Schall begabten Bewegungen, ebenfalls wie diese durch schallnachahmende, ja durch vokalabgestufte Bildungen dargestellt werden. *flimmern* bezeichnet das Auf und Ab kleinster visueller Eindrucksbewegungen; die Bezeichnung dieser absolut lautlosen Bewegungen ist entnommen von solchen Vorgängen, wo die zitternde Bewegung auch von einem zitternden Ton begleitet wird, etwa beim Schwingen einer Darmsaite. Ein geometrisches *zick zack* liegt fern von jedem Schall; und doch ist die Bezeichnung ähnlichen nachgebildet, bei denen der rhythmische Schall eine Rolle spielt, wie *risch rasch*; *klitsch klatsch* usw.

Gehen wir nun zu den baskischen Wortbildungen über, so ordnen wir sie zuerst nach begrifflichen Inhalten und fragen erst später nach den formellen Ausgestaltungen.

Jedes Volk hört das Lied der Natur verschieden und gibt das Gehörte verschieden wieder. Auch in der Erfassung der Naturlaute zeigt das Baskische, wie allein es steht und wie fern von den indogermanischen Sprachen. In wenigem finden wir Übereinstimmung. Der Glockenton ist hier wie anderwärts an labiale Konsonanten in Verbindung mit abwechselnd hohen und tiefen Vokalen gebunden :

unav. ronk. *binba-banba*, *binban*, ronk. *binbilin-banbalan* Azk., lab. *bimbi-bambaka entsutsn tsirsn eskilak*[1] '*on entendait* (eig. *ils entendaient*) *les*

[1] Das Lab. transkribiere ich phonetisch, daher steht nach *-n*: *tsirsn* statt *sirsn*, *tssn* statt *ssn* usw.

cloches bim-bam'; auch bizk. '*drank*' und subst. *drangada* gibt den Glockenlaut wieder. Liquide, verbunden mit dumpferen Vokalen, wählt der Baske zur Wiedergabe aller brodelnden Geräusche von Flüssigkeiten: ronk. *burburbur* '*onomatopoée de la forte ébullition*' Azk., aber auch: nnav. ronk. '*action de se laver le visage*', ronk. *burbuλu* '*bouillonnement des eaux d'un torrent*'; dagegen gebraucht der Lab. die Silbe *bur-* zur Bezeichnung des Ohrensausens, lab. *burburabat ʃenditsen dut beharri barnean* 'ein Murmeln höre ich[1] drinnen im Ohr', wobei wir den Vergleich vom Sausen des Windes herübernehmen. — Auch *g-l, g-r* hört der Baske in der bewegten Flüssigkeit: neben bizk. *gar-gar* '*onomat. de l'ébullition*', *gargara* '*murmure de l'eau*', *gargaratu* '*cracher*'. *gal-gal* '*onomat. de l'ébullition*'; *galgara* '*bouillonnement très bruyant*'; vom Gären des neuen Weines: lab. *gilgil*: *gilgil irakitsen du* '*il bout gilgil*'[2].

Das gurgelnde Geräusch beim Trinken wird nicht als *gluck-gluck*, sondern in breiterer Form aufgefaßt: nnav. soul.: *darga-darga* '*à longs traits*' Azk., *zurga-zurga* dass. — dazu die Verben *dargatu* und *zurgatu*, *ʃurgatu*, *dzurgatü* '*humer un liquide*'; ferner soul. *dzanga-dzanga*, bizk. *dranga-dranga*; bei den Saufgeräuschen des Schweines und des Hundes ist lab. *gliʃka-glaʃka* oder *glaʃka-glaʃka* gebräuchlich. — Andere Bildungen stehen unserem Empfinden ganz fern, so das *birrimbi-barramba* eines schnell vorbeieilenden Menschen: lab. *birrimbi-barramba paʃatsen tsen ene aldean* '*il passait auprès de moi en coup de vent*'[3].

Die Windgeräusche werden sonst gern durch den *f*-Laut charakterisiert, der im Baskischen selten und jedenfalls nicht alt ist: nnav. *aize fal-fala* '*bouffée d'air chaude*' Azk. eig. 'Wind *fal-fala*'; *far-far-far hegoa heldu da* '*le vent de terre vient far far far*' Azk.: lab. *haise farfala* '*grand vent*': *fara-fara* bezeichnet in Arc. das Rauschen des Kleides (*le frou-frou d'une robe*); ronk. *fil-fil-fil* '*tournoyant lentement*'.

Lachgeräusche: *irri* 'Lachen': bnav. lab. '*irrikarkara* 'risée'; lab. *irrimarra* '*rire à bouche déployée*', guip. nach Azk. '*l'acte de jeter de l'argent aux baptêmes*'. nnav. *irrintʃi* '*hennissement des bêtes*' Azk.: lab. *karkaira, karkaλa* '*éclat de rire*'.

Zähnefletschen: lab. *horts karraʃkak*: weiteres bei Azk. s. v. *irrikatu*, *hirrikina*.

Sprechen: *tala tala bethi badario* '*bavardage lui sort toujours*'. lab. *tar tar tar* 'Spucken beim Sprechen'.

---

[1] Ich übersetze das passive Verbum hier und im folgenden aktivisch.

[2] Weiter nimmt dann das auf dem Schallworte fußende bizk. *gilgil* die Bedeutung '*bondé, très rempli*' an.

[3] Eine scherzhafte Bildung (Nachahmung des Geräusches beim Schlagen auf das volle oder das leere Faß) ist die Ausdrucksweise: lab. *denian humbun eta ezdenian dundun* 'solange was da ist, (gehts) *humbum*, wenn nichts mehr da ist, (gehts) *dundun*'.

Eßgeräusche: *klifki klafka, klifk-klafk*; *glifka glafka* 'Schlürftöne des Schweines und Hundes beim Saufen': lab. *mauka-mauka 'manger gloutonnement'*; lab. *mɛlɛka mɛlɛka 'manger du bout des dents'*. Schneefall: *plafta-plafta* usw.

Gehbewegungen: *'maro-maro'* bezeichnet den langsamen Gang, vgl. auch Azk. (s. v. 2°): ebenso *tjirriki-tjarraka*; *ofkolo-mofkolo 'balancer en marche'*; *tuŋka-tuŋka 'marcher lourdement'*; *tipuftapaft hɛldu da 'il arrive en coup de vent'* lab. *ɛphɛn ɛphɛn 'suivre à grande peine, cahin-caha'* (vgl. Azk.), *ɛnɛ ondotik ɛphɛn ɛphɛn djarraikitsɛn tsɛn '⁵il était marchant ²derrière ¹moi ³avec ³peine'*; lab. *'fitfi-fatfa airɛ gaiftuan sohan 'il marchait fitfi-fatfa comme le mauvais air'*; *kiliŋkalaŋ 'marcher à pas comptés'*. lab. *ʒift-ʒaft* 'auf schlechter Straße marschieren'; ronk. *dingolon-dangolon 'clopiner'*; lab. *idiak baďohatsi bɛrak taka taka 'les vaches s'en vont tout seules t.-t.'*; lab. *hitipiti-hatapata 'marche à quatre pattes'*; lab. *girgin-gorgoin 'balançoire'*; lab. *nɛfkatfɛk ɛtfɛ gusia airian sagokatɛn hirrimbili-harrambala dɛbruatɛk (= dɛbrubatɛk) bɛsala 'les jeunes filles tenaient toute la maison en l'air h.-h. comme un diable'*.

Hand- und Arbeitsbewegungen: nnav. soul. *gliska-glaska 'onomat. de couper les cheveux'* Azk.; lab. *kifki kafka 'son des coups de marteau'*, auch 'Geräusch im allgemeinen'; lab. *sɛhai saistɛ (= sɛr hari sarɛtɛ) harramantf hoitan kifkikafka 'qu'est-ce que vous faites avec ces tapages k.-k.'*.

bizk. *dinbi-danba* 'prügeln' Azk.; lab. *zirt-zart, zirtat zartat* 'ohrfeigen'; *kitsi-kitsi-kits*! oder *bifkə bifkə* 'etsch, etsch' als Nachahmung einer Schneide- oder Raspelbewegung.

Kritzeln: lab. *kirrimarra*: *ɛsagutu dut surɛ kirrimarra 'je reconnus votre mauvaise écriture'*.

Auch Ausdrücke des Hin und Her in der Bewegung werden durch ähnliche lautliche Bilder dargestellt:

Zittern: *dirdira 'tremblement'* Azk.; lab. *dirdira-dardara 'trembler'*.

Kitzeln: bizk. *gili gili egin 'chatouiller'* Azk.; nnav. lab. *kitzikatu*, bizk. *kili kili ɛgin*, lab. *kilikatu*, guip. *kilimatu 'chatouiller'*.

Bei andern Bildungen tritt die Bewegung selbst ganz in den Hintergrund; nur eine bestimmte Richtung wird veranschaulicht: lab. *kɛr-kɛr 'en ligne droite'*: *ɛmak khordɛla hoi kɛrkɛr* 'richte diese Gärtnerschnur geradlinig'; lab. *amɛn-omɛŋka* 'in der Richtung von einem zum andern', nnav. *amen-umenka 'd'après ce que disent les autres'* Azk. (diese Bedeutung, die Azk. gibt, scheint mir nicht glücklich das Wesentliche des Ausdrucks wiederzugeben); lab. *holako bɛrria dɛrafatɛ djɛndɛk amɛn omɛŋka dɛuf fundamɛndurik gabɛ 'une telle nouvelle chuchotent les gens d'une personne à l'autre sans (aucun) fondement'*; *amɛn* aus *ahamen* zu *aho 'bouche'*, (vgl. van Eys Dict.) ist *'portion, moment'*; *amenetik-amenera*

Azk. *'de temps en temps'*. *amen-omenka* heißt also eig. 'Stück für Stück, stückweise, personenweise'.

Es tritt nun das Moment des Schwankens, des Unbestimmten, des Ungeschickten besonders in den Vordergrund: ähnliche Formen werden daher auch zur Bezeichnung geistigen Schwankens, unsicherer Stimmung, Depression und Schwäche im Arbeiten, in körperlicher Anlage und im momentanen Befinden angewendet.

Tasten: lab. *hasta-maſtuka* (*haſtamuka*) *'à tâtons'*: bizk. *geri-geri 'à tâtons'* Azk.

Ungeschick, Eilfertigkeit: lab. soul. *birristi-barrasta '(il travaille) gauchement, de n'importe quelle façon'* Azk.: lab. *birriſti-barraſta lan ɛgitɛn dut 'il fait son travail, on ne peut plus malsoigné'*; lab. *ſirri-ſarra* 'eilfertig' *ſirri-ſarra lana dɛſpɛgitu dut 'il a congédié le travail le plus vite possible'*, bizk. *ſirri-farra 'sans rime ni raison'*, *ſirri-ſarraka 'tournant, roulant'* Azk.

Sudelei (vgl. dt. 'pfuschen', 'wischi-waschi arbeiten') im Handeln und Reden: nnav. *ſirristi-farrasta 'gâcher, travailler sans soin'*, *dzist-dzast 'travailler sans finesse'* Azk.: *hitz-mitsak 'paroles en l'air'* Azk.

Vorläufiges Handeln: lab. *bɛhimbɛhim 'provisoirement, pour le moment'*, bizk. *bein bein 'provisoirement'* Azk.

Unsicherheit, Unentschlossenheit: lab. *fristi-frasta 'n'importe comment'*, guip. *inkimanka 'indécis'*, *inkimaka 'irrésolu'* Azk.; bizk. *kekomeko 'indécis'*, *kirrikil 'personne inconstante'* Azk.: lab. *ɛſɛ-mɛſɛka 'qui balance le corps malgré lui'*: *atsoko ohoina ɛrɛ basohan ɛſɛmɛſɛka bɛrak nahilɛs kartsɛlara 'le voleur d'hier aussi allait en titubant malgré lui à la prison'*.

Unbestimmtheit der Aussage: bizk. *ïa-ïa*, *ïe-ïa 'quasi presque'*; *s'emploie comme exclamation en voyant qu'il s'en faut de peu qu'on fasse une chose p. ex. . . . atteindre le sommet du mât de cocagne'* Azk.: lab. *ɛjaja 'voyons voyons'*.

Schwäche: hnav. *lolo 'inerte, inactif, mou'*, bizk. *lala 'insipide'*; guip. *ɛſɛ ɛſa 'faible de caractère, pusillanime'*; bizk. *kili-kolo 'instable, non raffermi, peu solide'*; guip. *inkiminki 'fléchir, flageoller, se soutenir à grand' peine'* Azk.

Wir können uns die Verwendung schallnachahmender Bildungen als Ausdruck der Unentschlossenheit, der Schwäche nur so denken, daß ursprünglich eine zögernde, unsichere schwächliche Bewegung, die mit Schall verbunden war, durch die Lautmalerei wiedergegeben wurde; daß von da aus aber auch jedes Moment der Bewegung, sei es lautlos oder schallbegabt, durch lautnachahmende Bildungen dargestellt wurde. Diese bereits oben in einer Übersicht erwähnte Annahme sei durch einige Beispiele gestützt.

dirdira 'tremblement' Azk. — wobei man allenfalls noch an ein Schlagen der Hände, an ein geräuschvolles Klappern des am Körper hängenden Schmuckes, an ein Klappern der Zähne denken könnte — bedeutet nun auch *'reflet du soleil sur la plage, sur le sol'*, ja *'rayon de lumière'*, wo jedes Geräusch aufhört, wo aber kleinste Bewegungsvorgänge sich abspielen.

'flimmern' lab. *ɲir ɲir-ɛgin*: lab. *aitak ɛgun ɛrɛ ɛδan du forthabat, bɛgiyak ɲir-ɲir abiatuak ditu (ɲir ɲiran ditu) 'le père aujourd'hui aussi a bu une goutte, les yeux ont commencé à faire ñir-ñir (il les a en ñir-ñir)'*.

'zwinkern' lab. ronk. *ɲika-ɲaka*; ronk. *ɲirro-ɲarro 'myope'*.

guip. *irri-marra 'l'action de jeter de l'argent aux baptêmes'* drückt die mit Geräusch verbundene Bewegung des Geldausstreuens aus; bizk. *irri-orro* bezeichnet *'les zigzags d'une charrue mal conduite'*, dann *'les z. d'une personne ivre'* Azk.; dort eine immerhin geräuschvolle Tätigkeit, hier bereits eine Versinnbildlichung einer Bewegung, die auch ohne jeden Schall denkbar ist.

Ehe wir uns noch weiter von unserer Ausgangsbasis, den eigentlichen Schallnachahmungen entfernen, müssen wir einige Namengebiete streifen.

Bei den Tiernamen können wir entsprechend den eben behandelten Kategorien drei Typen unterscheiden: 1. Fälle, wo die Nachahmung des Tierlautes den Anlaß der Benennung gegeben hat (*Kuckuck*, **sum-sum* = Biene); 2. Namen, wo die Bewegung des Tieres und sein geräuschvolles Auftreten in Massen Schall erregt und danach Bezeichnung stattfindet (**kribbel-krabbel* = Käfer, Spinne, Krebs usw.); 3. Namen von Tieren, bei denen das Hin und Her der Bewegung zu Übertragung Anlaß gegeben hat:

1. lab. *bɛɛka 'cri de l'agneau'*, *bɛhoya 'cri de la brebis'*, bizk. *bekereke 'agnelet'* Azk.; bizk. *fuitartar*, *fitšartšar 'traquet, petit oiseau . . .'* Azk.: lab. *kokoko 'poule'*; lab. *tjirritja 'cigale'*; lab. *pipuak 'poussins'*[1].

2. lab. *armiarmua 'araignée'*, *kakamarlua 'scarabée'*.

Bei anderen wird man mit der Erklärung vorsichtig sein müssen. lab. *ɛphɛrra 'perdrix'* ist kaum vom romanischen Worte beeinflußt, sondern wie jenes ein Schallwort (vgl. Schuchardt, RIEB 7, 308); bei bizk. *kirikiño, kikirio* Azk., *kirikio* (St. Pée) wird wohl die Vorstellung der Stacheln, nicht das Geräusch der Bewegung im Laub, den Anlaß zum Namen gegeben haben (bizk. *kiri 'certain genêt'*; *kirimeatz 'certaine châtaigne tardive'*: *kirikiño 'bogue de la châtaigne'* Azk.).

[1] Von solchen Fällen, wo der Zuruf des Fuhrmannes usw. den Namen geschaffen (*hottehüh, Hottchen* = Pferd) ist im folgenden die Rede.

3. Schmetterlingsnamen, vor allem in zwei Typen (*tʃi- und *pimp-):
   a) lab. *tʃintʃitola*, bizk. *tʃipilipeta* Azk., guip. *tʃirita* Azk.
   b) lab. *pimpirin*, *pimpirina*, hnav. *pinpilinpauʃa* (mit der Endung des spanischen Wortes) Azk.

Vieles ist hier unklar; bizk. *kokolaiko* '*escargot*' ebenso wie lab. *kukuʃoa* '*puce*' scheinen mit dem weitverbreiteten **kok* für 'harte Schale' zusammenzuhängen[1].

Bei den Krankheitsnamen sind lab. *okaka okεka* 'Erbrechen', bizk. *pirripirri* 'diarrhée' ohne weiteres deutlich; einige Namen leiten ihren Ursprung von den Kratzgeräuschen her: *kirkila* '*éruption cutanée*'; vgl. *krukrú* 'Hautflechte' in afr. Spr. (Pott, Doppelung 31).

II.

Nicht mehr als eigentliche Schallnachahmung sind die zahllosen Doppelungsformen aufzufassen. Sie müssen hier Erwähnung finden, weil ihre große Verbreitung davon Zeugnis ablegt, wie stark als sprachschöpferischer Faktor das Klangmotiv wirkt. Unser: 'die Leute treten einer nach dem andern vor' ist bereits das Produkt reichlicher Reflexion; am nächsten der unmittelbaren Anschauung und daher von primitiven Sprachen bevorzugt wäre: 'die Leute vortreten eins-eins (oder eins-zwei)'. Das Französische ist durchaus reflexiv, wie das Deutsche; es sagt: '*les hommes s'avancent l'un après l'autre*' nicht '*un-un*'. Nicht das Baskische: '*ʃoȝ gusiak johan (t)saiskit bedεra bedεra batεrε ohartu gabε*', 'alle Geldstücke, sie gehen mir dahin jedes-jedes selbst ohne (mein) Bemerken'. Daneben aber steht bereits als Reflexionsprodukt ein niedernav. *bedεraka*, *bedεraska* '*un par un*'; neben *batbedεra* '*chacun*' steht *batbanazka* oder *bana-banazka* '*un par un*'; neben *bira-bira* 'je zwei' steht *bira-biraska*.

Daß diese und ähnliche Bildungen in gleicher Weise wie die echten Schallnachahmungen eine so allgemeine Verbreitung in der Sprache gefunden haben — sie zählen nach Hunderten —, kann nur auf einen starkentwickelten Klangsinn der Basken zurückgeführt werden. Wir müssen diese Behauptung in einem kleinen Exkurs zu stützen suchen. Man braucht nur gute Gedichtsammlungen, z. B. Sallaberry's, des Chanoine Adéma (RIEB 3, 103) u. a., durchzusehen, um sich davon zu überzeugen, wie reich die Reime in der baskischen Dichtung sind, wie mit Vorliebe auch Binnenreime angewandt werden. Für das Übergreifen von allerlei Reimmotiven in die Prosa bieten nicht nur die

---

[1] Unklar ist die Doppelung bei dem Namen des 'Storches': lab. *amiamokua*: *dεbru amiamokya* Azk. '*personne qui a le nez pointu*'; lab. *amiamako* Azk. *el Bú, le loup-garou*: gehören diese dämonischen Namen zu bizk. *amεa* '*mère*', hnav. *amia* '*aieule*' Azk.?

Sprichwörter bei Oihenart (s. u.) und in Darthayets Anhang (Guide[4] 1912 S. 429f.) zahlreiche Beispiele, auch eine ganze Reihe von Formeln bezeugen die Lust am Reimspiel: lab. *ɛz nais banais*, guip. *enaiz-banaiz* Azk. 'nicht bin ich, doch bin ich' = 'ich bin im Zweifel, es ist zweifelhaft': *surɛkin gogo onɛs jin nintɛkɛ, bainan ɛznais banais, ikhufiko dut gɛrofago 'avec vous je viendrais de bon cœur, mais je ne suis pas encore décidé, je verrai un peu plus tard;* oder mit *ɛnusu banusu:* [1]*ɛrna* [2]*hadi* [3]*aphur* [4]*bat* [5]*hor* [6]*ɛnusu* [7]*banusu* [8]*ɛgon* [9]*gabɛ* wörtl. [2]'mach [4]ein [3]wenig [1]lebhaft [9]ohne [5]dort [6,7]unentschlossen (zu)[8]bleiben'; *ɛz arian bai arian* (Arcangues) vgl. Azk. s. v. *ahian 'dans le doute'*; Wortfügungen wie das obenerwähnte der Bedeutung nach naheliegende *aikolo-maikolo* mögen solche Bildungen begünstigt haben. Ferner sei erinnert an die Einleitungsformel für Rätsel: bizk. *ikusi-makusi — zer ikusi* — usw.; soul. *ikhufi-mikhufi, nik ikhufi a ....* oder: *syk papaita*[1]*, nik papaita, syk gaisoto nik gaisoto, sɛr da? 'vous devinette, moi devinette, vous une chose, moi une chose, qu'est-ce?'*; oder: *nik papaita-hik papaita, nik bɛitakit gaisatjobat, hik ɛ: phɛntʃɛsak! 'moi dispute, toi dispute, moi, je sais une chose, toi aussi pense!* Auch Fuhrmannslaute streben zum Reim: *aida furia, aditsak gorria! '*geh zu Weiße, höre Rote!' (s. Azk. s. v. *aide*). Endlich lassen sich eine große Zahl von Einzelwörtern oder Wortzusammensetzungen finden, die ihre Formung dem Klangsinne verdanken. Wenn aus *goitik-bɛhɛrɛtik* ein *goiti-bɛhɛiti* 'von oben, von unten' entsteht — wir sagen 'von oben nach unten' mit Auflösung der parataktischen Form in eine Form, die reflektiv zusammenfaßt — so ist der Spielsinn verantwortlich zu machen (lab. *sɛr haida* [*hari-da*] *gison hori lɛkhu hartan ɛgun ofua goiti bɛhɛiti* = 'was ist er tuend dieser Mann an diesem Orte den ganzen Tag auf und ab'); *soko-sokoko 'tout à fait au fond'* (in seltenerer Form vgl. *buru buruko 'tout à fait au bout'*); neben *iguski-bɛgian* 'im Auge der Sonne liegend' von einem sonnigen Ort gesagt, steht das der Bedeutung nach kaum mehr zu erfassende: soul. *ɛkhi-bɛgi* eig. 'Sonnenauge, sonniger Ort' mit Reimform; bizk. *batubanatu* eig. 'vereinigen — trennen' *'oiseaux qui tantôt se dispersent et tantôt se rassemblent'* Azk.; auch *arbendolondo* (d'Urte) *'arbendol + ondo', 'plante d'amendier', arbi-orpo 'semis de navet'* Azk., *ozar-izar* 'Hundsstern' u. a. gehören wohl auch in die Reihe der Wörter, die nicht ohne Rücksicht auf den Klang geschaffen worden sind.

Fragen wir nun, welche Bedeutungskategorien die Doppelformen umfassen und welche äußere Gestaltung sie anzunehmen pflegen.

---

[1] *papaita*, zu *papa* (bizk. *'tema, porfia: entêtement, contestation'* Azk.) [+ *ɛgitɛa?*] wird mir als *'devinette'* und *'dispute'* von einem Souletiner gedeutet; das Rätsel hat im Bask. oft die Form einer scherzhaften Zwiesprache (vgl. die Sammlung bei Cerquand, Légendes et Récits pop. du pays basque).

Einem ganz primitiven Verfahren entspricht es, daß das Vorhandensein mehrerer Objekte durch zweimalige Setzung des betreffenden Ausdrucks verdeutlicht wird: bnav. *bibiro*, lab. *bibilši* Azk. 'Zwillinge'; Doppelsetzung wird auch zur Bezeichnung einer unbestimmten Zahl angewendet: guip. *batzuk-batzuk* '*un certain nombre*'. Manches bleibt dabei unklar. Soll *garagar* '*orge*', das auf *gari* '*blé*' zurückgeht (vgl. Schuchardt RIEB 7, 306), die 'Vielheit' der Körner versinnbildlichen? Und wie verhalten sich dazu bizk. *gorgora* '*enveloppe ou épi de la graine de lin*' Azk. und lab. *gorgoriụa* 'Holzrolle, um vor dem Gebrauch der Egge die Schollenstücke (*tarrọkak*, s. auch Azk.) zu zermürben'? Deutlich ist lab. *bilo-biloka* (*bilo* 'Haar') '*lutte de femmes qui s'empoignent par les cheveux*' Azk. 'Kampf, daß die Haare fliegen'. Neben dem Begriffe der 'Vielheit' steht der Begriff des 'Superlativs'. Es ist eine allgemein bekannte Tatsache, daß durch Doppelsetzung Intensität der Eigenschaft ausgedrückt wird (fürs Romanische vgl. Meyer-Lübke, Rom. Gramm. III § 133). Auch im Bask. sind solche Doppelungen verbreitet: *ozta* '*à peine*', *ozta-ozta* '*à grand' peine*' (Azk. II, 150b); *ifil-ifil* 'ganz still'; bnav. *bera-bera* '(*marcher*) *tout seul*' Azk.; lehnwörtl. bizk. *plen-plen ipiñi* '*le mettre très plein*' Azk.; van Eys, Gramm. 33 erwähnt ein Beispiel bei Pouvreau: *choil choilla berori dago* eig. '*seul-seul lui-même il reste*'[1], und verweist auf *berbera* '*le même*', wozu er mit Recht span. *mismisimo*, mit Unrecht engl. *the very same* vergleicht; lab. *prɛſprɛſta* 'ganz schnell'. Ein Superlativ liegt auch vor bei *tiŋka tiŋka* '*très serré*' (zu *tiŋka* 'fest'), auch *tiŋki-taŋka* (vielleicht gehen Beziehungen hinüber zu dem roman. unklaren *tancare* REW 8225); dazu Deminutivbildungen: lab. *sato enɛkin tjiŋka-tjiŋka* (*tjiŋko-tjiŋkua*) *ɛginɛn dugu lo* '*viens avec moi* (*à l'enfant*), *on va dormir très serré*'. Nicht erklärt wird bei van Eys die bask. Superlativendung, die im Bask. allgemein die Genitivendung *-en* ist: *onẹna* = *le ou celui des bons* = *le meilleur*. Wir werden uns die Entstehung folgendermaßen zu denken haben: Das ursprüngliche wird einfache Doppelsetzung gewesen sein, also **bɛrri-bɛrri* 'neu-neu' = 'ganz neu'. Dann trat wohl die Reflexion hinzu und formte: 'das Neue von dem Neuen' (wir sagen 'die Schönste der Schönen' mit noch stärkerer Aussonderung); so heute im Bask. *bɛrriẹn-bɛrrịa*, was dann zu *bɛrriɛna* vereinfacht wurde. Doppelsetzung dient nun auch zur Bezeichnung der Genauigkeit, der Gründlichkeit, der Güte einer Sache oder eines Tuens: *sortsisortsiɛtako* eig. '*pour les huit huit*' = '*pour huit heures précises*', *ɛʒnɛ ɛʒnɛ* 'Frischmelke'; *ɛnɛ bɛhịa ɛʒnɛ ɛʒnẹtan da* '*ma vache est en pleine floraison de lait*'; *bɛtɛ-bɛtɛan* 'ganz und gar'; *ɛs ɛsẹan* '*rien du*

[1] Der Begriff 'allein' wird also eigentlich dreimal ausgedrückt: wir brauchen nur ins Verbum zu blicken, um ähnliche Häufungen nach bestimmter Richtung (Pluralsuffixe usw.) zu finden.

tout'; *haintsur hau ɛs ɛsɛan da* 'diese Hacke taugt gar nichts'. *buru-burutik* '*tout au plus*'; *buru buruko* '*tout à fait au bout*'; *soko-sokoko* '*tout à fait au fond*'; *hala hala* 'ganz genau so': *giſtin-gaſtaina* (mit merkwürdigem Ablaut) 'die echte Kastanie' (im Gegensatz zur *itſaſ gaſtaina* '*marron de la mer*' 'Roßkastanie'). Lehnwörtlich: *furfuria* (zu *furia*) 'starke Wut'.

Innerhalb dieser Bedeutungskategorien finden wir im wesentlichen folgende Formen:

n + *n* (vgl. oben): bizk. *oña-oña* lab. *oñoña* '*bonbon*' dem Französischen nachgebildet; bizk. *buru buru* '*tout au plus*' Azk.; soul. *maiλa-maiλa* '*très posément*' Azk.; *goizean-goizean* '*tous les matins*' Azk. I 40c;

n + (*n* + *-an*): guip. *esne esnetan* '*très tranquille*' Azk.; *itſu-itſuan* '*aveuglément*' Azk.;

n + (*n* + *-ko*): *bana-banako* '*choisi*' Azk.:

(*n* + *-z*) + *n*: *haurɛs haur* '*tout par des enfants*'; *bɛkoz bɛko*, *aintsinɛs-aintsin*, auch *muſuz muſu* '*face à face*'; *bɛtaz bɛta* '*vis à vis*'; *bɛſoz bɛſo* '*bras dessus, bras dessous*'; lehnwörtl. *kolpɛs kolpɛ* '*tout à coup*'.

Endlich muß in diesem Zusammenhange noch einer Form Erwähnung geschehen, die einer besonderen Behandlung bedarf, wenn sie auch formell obenerwähnten Formen nahesteht: *bat ɛz bat* 'keiner' und *bat zein bat* Azk. '*quiconque*'. 'Einer nicht einer' kann nur so aufzufassen sein, daß in dem ersten *bat* der Vorbehalt, das Thema ausgesprochen wird und daran berichtigend *ɛz bat* angeknüpft wird: 'von diesem einen nicht einer'; 'von dem einen welcher eine (auch immer)'. Daß eine Form berichtigender Verknüpfung, die eine Parallele in solchen (im Romanischen und Germanischen) bekannten Formen wie 'regnen, regnets heute nicht' findet, nicht unbaskisch ist, zeigen, wie beiläufig bemerkt werden mag, die Überschriften baskischer Märchen, wo die Verbindung mit *ɛta* 'und' gern umgangen wird und, z. B. die bekannte Erzählung vom 'Dummen und dem Klugen', nicht soul. '*ɛrhua ɛta ſazia*' überschrieben wird, sondern: *bi anayɛ bata ɛrho bɛſtia ſazɛ* 'zwei Brüder, der eine dumm, der andere klug'.

III.

Daß die baskische Sprache ein starkes rhythmisch-musikalisches Eigenleben besitze, offenbart sich nun auch in der Benutzung akustischer Verschiedenheiten für die Ausgestaltung der Wortbedeutung.

Wir sahen oben, daß Bewegungen, die in verschiedene Richtungen laufen, durch eine Art Vokalabstufung versinnbildlicht werden ('zick-zack' usw.). Es ist eine oft beobachtete Tatsache (vgl. Pott, Doppelung S. 47 Anm., S. 66 und die dort erwähnte Lit.), daß Nähe eines Objekts, einer Person durch hellere, Ferne durch dunklere Laute angezeigt wird[1]: das Baskische nun benutzt dieses Mittel, um durch einen Wechsel im Vokalstande nicht örtliche, sondern begriffliche Gegensätze herauszuarbeiten:

lab. *atso* 'gestern' — *etsi* 'übermorgen'

lab. *agor* 'trocken' (frei von Wasser)[2] — *idor* 'trocken' (durch Hitze) (zum Wechsel von *g* > *d* vgl. Uhlenbeck, BVLBD § 17β.)

lab. *ahoʃpεs* 'auf dem Bauche' — *ahuʃpεs* 'auf dem Munde'

lab. *alaba* 'Tochter' (zu *-ba* vgl. Schuchardt, RIEB 7, 320ff.) — *iloba* 'Nichte, Neffe'

lab. *ogụra*, *ohạra* 'von Hunden brünstig' — *giri* 'von Stuten und Eseln brünstig'

gazi 'salé, aigre' Azk. — *gozo* 'doux' — lab. *gεsa* 'doux'

lab. *armiεrmụa* 'große Spinne' — *irmiεrmụa* 'kleine Spinne'

guri 'mou' — *gogor* 'dur'

Auch da, wo es sich nicht um peinliche lautliche Entsprechung handelt — das Verhältnis von *ʃ* zu *s*, *tʃ* und *ʃt*, von *r* zu *rr* usw. bedarf noch sehr der Aufhellung, vgl. Uhlenbeck, BVLBD § 21 und § 12α —, wird man einen Zusammenhang nicht abweisen dürfen:

lab. *oʃạba* 'Onkel'[3] — *isạba* 'Tante'

soul. *oroʈʃa*, lab. *o:ọtʃa* 'männliches Kalb' — soul. *yrrụʃa*, lab. *urrịʃa* 'weibliches Kalb'

soul. *arriʃti* 'Nachmittag' — *arrạtʃε* 'Abend'.

[1] Dt. *hie* und *da*; engl. *this that*; lat. *hic hoc*; mag. *ez*, *oz*: vielleicht ist auch im Ablaut des Verbums eine Benutzung dieses Prinzips zu sehen.

[2] Nach Azk. Wtb. I, 537c werden im Bizk. *legor* und *igor* 'trocken' von Pflanzenmaterie, *igar* 'trocken' von tierischen Stoffen (Fleisch, Knochen) gebraucht.

[3] Obwohl Schuchardt RIEB 7, 322 wegen der verschiedenen Konsonanz es ausdrücklich ablehnt, *osa-* und *iza-* von *osaba* und *izaba* 'als Varianten des gleichen Stammes zu betrachten', so will mir eben mit Rücksicht auf Uhlenbecks Beispiele vom Wechsel zwischen *s* (phon. *ʃ*) und *z* (phon. *s*) diese Anschauung doch nicht als gesichert erscheinen. Zudem begegnen uns ja auch nnav. *ozaita* '*parrain*', *ozalaba* '*filleule*', *ozama* '*marraine*' neben nnav. *iseba* '*tante*, *marâtre*' bei Azk. Wenn Sch. in seinem interessanten Exkurs über die bask. Verwandtschaftsnamen RIEB 7, 320f. u. E. überzeugend nachgewiesen hat, daß *-ba* ursprünglich 'Mutter' bedeutete, so mag hier für *oz- os-*, *iz- as-*(*aas-*) eine weitere Deutung vorgeschlagen werden: es muß in dieser Wurzel ein Begriff wie 'körperlich, leibhaftig' verborgen sein; wir haben *aasaba* neben bizk. *aasi* '*croitre*'; *ozama* neben hnav. lab. *ozi* '*pousser* (*d'un germe*)', *ozio* '*germe*'; *izaba* neben bizk. *izakor* '*arbre fécond*', *izor* '*enceinte*'; die Bedeutung wäre dann freilich durch mannigfache Übertragungen eine ganz andere geworden, bei *ozama* usw. gerade ins Gegenteil umgeschlagen.

Wir sehen, hier reicht eine Vokalabstufung tief in die Wurzeln der Wörter hinein, und es geht eine Trennung der Laute einer semantischen Trennung parallel; es liegt also das Widerspiel vor zu dem romanischen Vorgange *dexter-sinexter* (REW 7947), *levis-grevis* (REW 3855), wo Bedeutungsgegensätze zur lautlichen Angleichung streben.

IV.

Aber nicht nur einzelne Laute stellt der Sprachgeist ordnend gegenüber, ganze Komplexe von Lauten erfaßt er zu Gruppierungen, auch darin Sinn für das klangliche Moment in der Sprache bewahrend.

Betrachten wir eine Reihe baskischer Tiernamen und die Benennungen der Art und Weise ihres Schreiens, so beobachten wir, daß innerhalb gewisser Tiergruppen ganz bestimmte Lautkomplexe wiederkehren, in einer Weise, die nicht nur auf keinem Zufall beruhen kann, sondern ein ganzes System von Gruppen sichtbar macht:

1. *bεl-* (Schuchardt sieht im *-tz* von *bεltz* 'schwarz' Suffix und vermutet Zusammenhang von diesem mit *bεlεa* usw. RIEB 7, 330)[1].

lab. *bεlεa* 'Rabe'
lab. *bεlatʃa* 'Sperber'
soul. *bεlatʃa* 'Falke'
soul. *bεlεʃεga* 'Krähe'
bizk. *bεlεtʃiko* 'Schwalbe' Azk.
bizk. *bεlatʃiko*, *bεltʃijoi* } '*martinet*' Azk.

2. *bεh-* (vgl. Schuchardt, RIEB 7, 316)

lab. *bεhia* 'Kuh'
lab. *bεhoka* 'Füllen'
lab. *bεhorra* 'Stute', soul. *bohorra* mit Assimilation.

3. *or-* (vgl. Schuchardt, RIEB 7, 310 Nr. 48b und 309 Nr. 45; gehören beide Stämme nicht zusammen?)

soul. *orεña* 'Hirsch'
orkhatsa 'Hirschkuh'
horak 'die Hunde im allgemeinen'
artsanhoa 'Schäferhund'
oriza '*chèvre sauvage*' Azk.
orkume (= *or* + *kume*) '*petit chien*' Azk.

---

[1] Sollte nicht bloß im Anlaut des letzten Wortes der Gruppe sich *bεltz* 'schwarz' eingemischt haben, das seinerseits vielleicht zum lat. *persus* (über germ. *bers* 'schwarz'? vgl. REW 6431) Beziehungen hat?

4. *aſ-, as, az-* (vgl. Schuchardt, RIEB 7, 309)
lab. *aſeria*, soul. *haſeya* 'Fuchs': bei Azk.: *azari, azegari* usw.
soul. *haskua*; bei Azk.: *askanarro, azkenarro, azkoī* usw. '*blaireau*'
soul. *aſuiya* 'Lamm': bei Azk.: *aſuri, asuri, azuri* '*agneau*', *azkai* '*porc qu'on destine à l'engrais*', *hazgai* '*petit porc*'

5. *ak-* (vgl. Schuchardt, RIEB 7, 315)
bizk. guip. *aker, akher* '*bouc*', hnav. lab. ronk. *aketz, akeſ*, nnav. lab. *aketſ* Azk. '*porc mâle*'
bizk. *akar* '*chevreau*'
bizk. *aketo* '*petit bouc*', guip. *akuri* '*cobaye ou cochon d'Inde*'
bizk. *akirin* '*bouc châtré*'
guip. *aketſ* '*animal bréhaigne*' Azk., lab. *akomarra* (vgl. oben) '*blaireau*'.

6. Tierlaute:

a) Sibilant (Palatal) + gutt. Vokal + Palatal:
lab. *ſanga* 'bellen' (vom Hunde); nach Darthayets Guide S. 252 *sainga*;
lab. *ſankha* 'brüllen' (vom Rinde); nach Darth. *ſanga* vom Fuchs;
lab. *sinkha* 'wiehern' (vom Pferde); nach Darth. vom Esel;
lab. *kanka* 'schreien' (von der Gans).

b) Vokal + *rr* + Vokal:
soul. *arrama* 'brüllen vom Löwen' (*lehua arrama* 'der L. br.'); nach Azk. hnav. '*hurlement du loup, bramement du cerf*';
nnav. *irrintſi* '*hennissement des bêtes*';
soul. *orrua* '*braire (de l'âne)*'; bizk. guip. *orroe* '*mugissement*' Azk.;
lab. *orrobia* '*hurlement*' Azk.;
ronk. *orrugu* '*hurlement du loup*'; soul. *ohygy* (aus *orhygy*) 'brüllen von Wolf und Fuchs'; soul. *orhügü* '*gemissement, hurlement*', das von Azk. zu *ora* '*chien*' gestellt wird;
guip. *urru* '*roucoulement*' Azk.;
guip. *urruka* '*grognement du chien*' Azk.;
bizk. *urrueka, urruka* '*roucoulement*' Azk.;
bizk. *urruma* '*mugissement ou beuglement des bêtes à cornes, roucoulement du pigeon*' Azk.

Diese Reihe ist nicht zu trennen von den Tiernamen und den Fuhrmannslauten, den Hetz- und Lockrufen für Tiere in ähnlicher Form:

soul. *arra* '*canard, mâle des oiseaux*',
arra '*verrat*' Azk.,
arres '*bêtes à laine, brebis*';

nnav. *arri-arri* Kinderspr. '*cheval, âne*' Azk.;
guip. *irra-irra* '*martinet*' Azk.;
lab. *urrifa* '*femelles des bêtes*' Arc.

lab. *arri̩ arri̩* 'Antreibelaut für Pferde';
soul. *arri* 'dass. für Esel und Maultiere';
soul. *i-i* 'dass. für Pferde';
bizk. *irra, urra* '*mot avec lequel on appelle les poules, les pigeons*' Azk.;
lab. *irrikana* '*exciter les chiens ou autres animaux*' Azk.

Daß die Benennung des Tieres selbst nach dem Schrei erfolgt, ist oft behandelt worden. Beim Antreibelaut die Stimme des Tieres selbst zu verwenden, scheint sich daraus zu erklären, daß der Fuhrmann usw. das Tier zu lebhafterer Tätigkeit anreizt, indem er ihm, das sexuelle Moment benutzend, den Ruf und damit die Nähe eines gleichartigen Tieres vortäuscht; darauf deuten auch die Lockrufe an andere Haustiere (*brr*! Haltruf für Pferde, *wiens wiens* Lockruf für Katzen u. ä.).

c) Kontaminationsformen zwischen a) und b):

lab. *karra̩ŋka* 'gackern' (von der Henne);
lab. *kurri̩ŋkha* 'grunzen' (vom Schwein);
hnav. *sarramuska* '*grognement*' Azk.

d) Stämme von b), mit vorlautendem *m-*:

lab. *marra̩ka* 'miauen'; bedeutet nach Azk. in fast allen Dial. auch Meckern der Ziege und Schreien des Esels; im Ronkalischen überhaupt 'Tierschrei' Azk.;
lab. *marra̩ska* 'Grunzen vom Schweine';
lab. *marru̩ma* (vgl. Darthayet 252) 'Brüllen vom Rinde'.

Diese Art begriffliche Gruppen mit Unterlage gewisser wurzelhafter Elemente zu bilden, ist nun nicht auf Tiernamen und Tierlaute beschränkt. Es zeigt sich vielmehr, daß wohl der größte Teil des baskischen Wortschatzes auf solche Wurzeln oder Themen, die sich zu Gruppen zusammenschließen, aufgebaut ist. Wir können hier natürlich nur einige Stichproben geben, und heben im folgenden einige markante Beispiele hervor. Innerhalb der Gruppen wird dann wieder durch Vokalabstufung differenziert.

Sibilant + (-aṅ, -iṅ) + Palatal ist das Gruppenthema — so nennen wir das Wurzelelement — für folgende Typen:

A 1. Bein; 2. Kniekehle, 3. Wade; 4. Fuß; 5. Pfote; 6. Schinken. Beinknochen.

B 1. Türband, Ring; 2. Klinke.

C 1. Stengel[1]; 2. Stock; 3. Dreschflegel; 4. Hanfbreche; 5. Krücken.

D 1. Krebs.

A 1. hnav. nnav. lab. *zango* Azk. 1° lab. *saṅgarra*, soul. *saṅkhua*. nnav. *tʃaṅgarka* 'à cloche-pied', hnav. *tʃaṅgi* 'boiteux', nnav. *tʃingilika* 'à cloche-pied'; 2. nnav. *ʃangar* Azk.; 3. guip. *zango* Azk. 3°; bizk. *zanko* Azk. 1°; 4. hnav. lab. *zango* Azk. 2°; 5. lab. *ʃaṅgua*, soul. *saṅkhua*, lab. *zangar* Azk. 3°, guip. *zanko* Azk. 2°; 6. lab. *ʃiṅgar*; hnav. guip. lab. *zangar* 'os de la jambe' Azk.

B 1. hnav. *zanga* Azk. 5°, nnav. *tʃanga* 'bourdonneau'; bizk. *tʃinga*, *tʃinget* 'anneau de fer' Azk.; 2. bizk. *tʃinget* 'loquet' Azk.

C 1. lab. *zango* Azk. 6° 'pédoncule'; bizk. usw. *zanko* Azk. 3°; bizk. *tʃangin-artoa* 'maïs à tige', nnav. *tʃankarron* 'pédoncule des fruits'; 2. nnav. *tʃanka* 'canne recourbée' Azk. 4°, 5°; 3. bizk. *tʃingera* 'fléau'; 4. bizk. *tʃangala* 'broie'; 5. lab. *ʃaṅkak*, soul. *tʃaṅkak*; nnav. *tjanka* Azk.

D 1. guip. *tʃangurru* 'crabe, cancer', auch *sangurru* Azk.

orr- 'spitzer, scharfer Gegenstand'.

1. Nadel; 2. Kamm; 3. Keimspitze von Federn und Pflanzen; 4. Ähre; 5. Ginster; 6. Angelhaken; 7. Zange; 8. Bienenkorb. Honigwabe; 9. Libelle; 10. Hals des Fußes.

1. allg. *orratz* 'aiguille, épingle'; hnav. nnav. ronk. *orraʃ*, *orraʃe* 'peigne'; *orrazi*, nnav. *orraze* 'carde à peigner la laine'; 3. ronk. *orraʃko* 'rudiments des plumes', bizk. *orratz* (5°); 4. nnav. *orrazi* (3°); 5. nnav. *orre* (1°); hnav. *orradi* 'genevrière'; 6. hnav. *orratz* (3°); 7. bizk. *orrika* (1°); 8. hnav. *orraʃ* (2°), lab. soul. nnav. *orrazi* (6°), hnav. guip. lab. soul. *orraze* (2°); 9. lab. *orratz* (9°), bizk. *orrazgin*; 10. hnav. bizk. nnav. guip. *orrazi* (4°) 'cou de pied'.

Die Veränderung des Silbenanlauts in Begleitung von Bedeutungsänderungen, die im vorangehenden Beispiel eine Rolle spielt — Wechsel von *ʃ* und *s*, *z*, von *k*, *g* und *tj*: lab. *sakhurra* 'großer Hund', lab. *ʃakhurra* 'kleiner Hund'; lab. *gatju* 'große Katze', lab. *tjatju* 'kleine Katze'; lab. *kaka* 'ordure', lab. *tjatja* 'petite ordure' usw. — ist eine weitverbreitete spezifisch baskische Erscheinung, die gesondert behandelt werden muß[2]. Das Konstante bleibt auch angesichts der Vokal-

---

[1] Angesichts dieser Reihe darf man berrich. *parño* 'Knoblauchstengel' REW 6420 zu 6419 stellen.

[2] Es scheint, daß ein *-j* Infix als Deminutivum aus der Kindersprache entnommen ist; neben *jauna* 'Herr' steht lab. *ñauña* kindersprachl. 'Priester'; niednav.

abstufung die Wurzel, die, von Anlautsveränderungen und mannigfachen Suffixen flankiert, durch ganze Reihen von Bedeutungskategorien sich behauptet. Zuweilen allerdings sammeln sich um ein wurzelhaftes Element so verschiedenartige 'Moleküle', daß jedes Verständnis versagt, daß wir jedenfalls mit den herkömmlichen Kategorien nicht mehr auskommen:

lab. *pimpalẹta* '*la petite tarière*' lab. *ʃiſtụa* 'mit den Lippen pfeifen'
lab. *gimbalẹta* '*la grosse tarière*' lab. *hiſtụa* 'durch die Finger pfeifen'.

lab. *kapharra, lapharra, laharra* '*la ronce*'; hnav. *lagarra, laarra* '*la ronce*' Azk.

bizk. *kapar* '*ronce*'; hnav. bizk. usw. '*tique très petite*'[1] Azk.

bizk. nnav. ronk. *lapar* '*ronce*'; hnav. '*tique très petite*' Azk.

Andrerseits wird es schwer zu glauben, daß die Ähnlichkeit von Typen wie:

soul. *ʃudụrra*, lab. *ʃugụrra* 'Nase' (vgl. Schuchardt, RIEB 6, 272)

lab. *muthurra*, bizk. *mustụrra* 'Schnauze'

guip. *muzorro* '*masque*' Azk.

nur dem Zufalle zu verdanken sein.

Nur wenige der hinzugekommenen Elemente werden sich, wie der folgende Abschnitt zeigen soll, loslösen lassen.

V.

Nachdem wir die Formfragen im Vorausgegangenen nur gestreift haben, kehren wir noch einmal zur Frage nach der äußeren Gestaltung der onomatopoetischen Bildungen zurück, und behandeln in einem Anhang eine Formart, die unsere besondere Aufmerksamkeit erregt: ein zweigegliederter Typus, dessen zweiter Teil in gleicher Gestalt wie der erste, nur mit Voransetzung eines *m-* erscheint:

bizk. *aiko-maiko* Azk. '*excuse, prétexte*'; bizk. *aikolo-maikolo* '*indécis*'. '*aiko*' wird von Azk. unter 2° dem fr. *voici, voilà*, unter 3° einem '*regarde, écoute*' gleichgesetzt. In Arcangues muß es wohl, zum Verbum tretend, eine modale Färbung veranlassen, einen Ausdruck der Lust, des Wollens, des Futurs wiedergeben: *ʃarri aiko nais lanean* '*ce soir je veux travailler*'; *ʃarri aiko nais plẹkạ*; *orai ezdụt maikolạ bainon sain*

ñimiñoño Azk. zeigt sogar eine Verdoppelung des Deminutivsuffixes *-ño*; *ʃakhurra* wäre dann aus **sjakhụrra* herzuleiten.

[1] Im Labourd heißt die '*grande tique*' sonst '*lakain*'; '*tique*' '*lakasta*', also neben **kap-* **lap-* ein Stamm **lak-*.

gɛhịago 'ce soir je jouerai à la pelote; à présent je n'ai plus de nerf qu'un escargot'. In Arc. bedeutet: *aiko-maiko 'roulant — ne roulant pas, indécis, à demi-force'*. Das Subst. *maikolạ 'escargot'* wird von dem erwähnten '*maiko*' nicht zu trennen sein und hat wohl seinen Namen als Versinnbildlichung des Zögernden, Langsamen erhalten.

2. *halda-maldaka* in Arcangues '*chancelant*'; nach Azk. nur im franz. Bask. vorhanden; nnav. *halda-maldoka*. Gegenüber stehen sich: *aldịa 'le côté'* und *mạlda 'la côte'* Arc.: ersteres bedarf keiner Belege: *malda* nach Azk. im hnav. nnav. guip. lab. = '*côte, montée*': van Eys Dict. *malda* 2. '*colline, coteau, terrain en pente*'.

3. *ɛʃɛ-mɛʃẹka* in Arc. '*qui balance le corps, bon gré mal gré*'. *atsoko ohọina ɛṛɛ basọhan ɛʃɛmɛ̣ʃẹka bɛrak nahịtɛs kartselara 'le voleur d'hier aussi allait en chancelant malgré lui à la prison'*. *mɛʃẹka* existiert selbständig, ohne daß mein Gewährsmann die rechte Bedeutung zu geben vermochte. Zu ihm gehört gewiß das von Azk. erwähnte soul. *meʃki* '*gourmet*'; zum ersten Teile guip. *eʃeʃa 'faible de caractère'*, ronk. *eseka* '*titubant*' hnav. guip. *eseki*, '*suspendre*'.

4. guip. *ikurka-makurka 'trébuchant, tombant à chaque pas'* Azk.

Der erste Bestandteil gehört offenbar zu nnav. *ike 'côte très rapide'* Azk. und guip. *ikurri 'tomber'* Azk.; vielleicht auch zu nnav. *akuriko 'accroupi'* Azk.; der zweite Teil zu einem bekannten Typus: *makhur, makur 'tordu, courbé, dévié'*.

5. lab. *iʃilka-mịʃilka, ịʃilik-miʃilik, iʃil-miʃilka 'en secret'* Arc.: *gutarik bɛrhẹ:ʃ ser othɛ dutẹ hoik bi:ɛk* [1]*iʃịlka miʃilka* [2]*ɛlgar* [3]*kondatsɛko 'de nous séparés, qu'est-ce qu'ils ont ces deux* [3]*à se raconter* [2]*l'un à l'autre* [1]*en chuchotant.*

lab. *iʃilka 'en silence'*, *miʃilka 'en cachette'*; das zweite drückt die Heimlichkeit in noch stärkerer Potenz aus.

Zum ersten bekannten Teile gehört: *isil 'silence'* usw. Azk.: zum zweiten: guip. *miʃmiʃka 'en chuchotant'* Azk.

6. bizk. guip. *izkimizki* Azk. '*gourmandise*'.

In Arc. 'Mäkelei': *janạsu iʃkimiʃki ɛgirgabẹ* 'iß ohne Mäkelei (zu machen)'! Arc. *haur iskitʃuya* und '*haur miʃkịla 'enfant gâté'*.

Zum ersten Teile gehört guip. *izketa*, hnav. guip. *izkera 'langue'* Azk.; zum zweiten bizk. *mizka 'friand, 'gourmand'* Azk. usw.

7. *hitz-mitzak 'paroles en l'air'* Azk.

Arc.: *hidzmitsak 'paroles vides'* (auch *hits-hutʃak*); *hits* 'Wort'. *itz* Azk.: zum zweiten Teile gehören bizk. guip. *mizto* 3° '*méchante langue*'; 1° '*dard des abeilles*' usw. Azk. Man hat Verwandtschaft mit *mintzo* 'Wort', *mintzatu* 'sprechen' anzunehmen, das in seinem Stamm die ursprüngliche Form darstellt; denn gerade vor *tz*, *ts* ist *n* im Bask.

ziemlich häufig geschwunden, vgl. die Beispiele bei Uhlenbeck (BVLBD § 10 9, S. 52): vielleicht ist ein *n*-Stamm auch bei *hitz* das Ursprüngliche; das läßt ein Stamm *-intz- -ints-*, wie er vorliegt in nnav. ronk. *intsiri*, guip. *intzina* 'Stimme des Hundes' ('*glapissement*' Azk.), *intzira* '*gémissement*': nnav. *intzire* '*geignement, plainte non-motivée*' Azk. vermuten.

Daß der Anlaut des zweiten Teiles aller dieser Ausdrücke ein *m*-Präfix darstelle, läßt sich durch folgende Doppelformen aus dem Lab. von Arcangues und aus anderen Dial. wahrscheinlich machen:

lab. *makhur*[1] '*courbé*' (vgl. oben)	nnav. soul. *okher*, hnav. *uker* '*tordu*' Azk.
mađaria '*poire*'	lab. *uđaria* '*poire*' (ohne Unterschied der Bedeutung)
makhila '*bâton basque ferré*'	*akhilua*[2] '*aiguillon des bouviers*'; *okhilua* '*dard*'
malda '*côte*'	*aldia* '*côté*'
ogi mokhorra '*morceau dur de pain*'; van Eys Dict.: *mokhor* '*motte de terre*'.	*okhorra* '*tranche de melon, de pain*'
guip. *marrakatu* '*s'enrouer*' Azk.	nnav. *arrakoil* '*voix enrouée*'
lab. *maikol* (aus *marikol*) '*haricot*'[3]	lab. *harika*, '*débris du lin que l'on espade*' Azk.
lab. *marikol* '*vesce carrée*' s. bei van Eys Dict. 265 *marikola* '*pois chiche*'	*harikatu* '*effilocher, effiler*' Azk. *harikatsu* '*fibreux, filamenteux*' Azk.
bizk. *marasma* '*araignée*'	bizk. *arazi* '*sorte de ficelle grossière*' Azk.

[1] Schuchardt stellt es RIEB 7, 329 zu *mako* 'Radreif, Bogen'; neben bnav. *uker* '*tordu*' steht ein hnav. *uzkur* '*s'incliner*' Azk. mit einem *z*-Infix, das auch anderwärts begegnet; ein rätselhaftes *s*-Infix erscheint bei *mokhorra* '*croûte de pain*', das neben *muskurra* bei Oihenart steht; hnav. *moskor* '*tronc d'arbre*' neben bizk. *mukur* '*base de l'arbre, partie inférieure du tronc*' Azk.

[2] Es liegt nahe an lehnwörtliche Herübernahme des dem lat. *aculeo* entsprechenden romanischen Wortes zu denken.

[3] Wenn *haricot* (vgl. REW 847) ursprünglich '*ragoût de mouton coupé en morceaux*' zu afr. *harigoter* '*couper en morceaux*' (Dict. Gén.) gehört, so ist nach den obigen verwandten baskischen Ausdrücken anzunehmen, daß die 'Fäden' bei 'Bohne' 'Ragoût', 'zerfasern' ebenso wie bei 'Wicke' und 'Erbse', das tertium comparationis waren; vgl. jetzt Nyrop-Meyer-Lübke Litbl. 1918 Sp. 383 f.

In ähnlicher Weise läßt sich auch ein *l*-Präfix für das Baskische nachweisen (vgl. Uhlenbeck § 13e):

hnav. bizk. guip. *lizun* '*malpropre, sale*' Azk.	bizk. *izungura* '*bourbier*' Azk.
bizk. guip. *legor* '*sec*'	hnav. bizk. guip. *igar* '*sec, flétri, fané*' Azk.
guip. *lurrin* '*vapeur*'	hnav. lab. *urrin* '*odeur*' Azk.
hnav. *listu* '*salive*'	guip. *istu* '*salive*' Azk.
hnav. lab. *lerro* '*file*'	allg. *erro* '*racine*' Azk.

Wir sehen, eine genaue Untersuchung der Fragen vom Silbenanlaut und von den Präfixen tut, nachdem so ausgiebig von den Suffixen gehandelt worden ist, dringend not. Uhlenbeck drückt sich über Präfixe geflissentlich vorsichtig aus, gelegentlich der Erörterung über ein vorhandenes Suffix *-ma* (RIEB 3, 405) läßt er ein Präfix *m-ma-* außer dem Bereiche seiner Erörterungen.

Die Erschließung der formativen Faktoren der baskischen Sprache wird nur im Zusammenhang mit dem Studium der baskischen Semantik gelingen, und was diese anbetrifft, so können wir uns kaum ein lohnenderes Untersuchungsfeld denken. Mit wie großer Kraft die einzelnen Wurzeln innerhalb der verschiedenartigsten Begriffskreise Fuß gefaßt haben, das muß für das Baskische ausführlich dargestellt werden; hier sollte nur in bescheidenem Umfange gezeigt werden, wie in wunderbar vielverschlungener Weise Motive des Klanges in das große Kunstwerk der gesprochenen Sprache verwoben worden sind. Der wurzelhafte Charakter der Sprache und der starke natürliche akustische Sinn der Sprechenden waren es, die den Anlaß gaben, daß sich ein solcher musikalischer Reichtum in der Sprache entfalten konnte.

Ausgegeben am 20. März.

1919.
XIV.

SITZUNGSBERICHTE

DER PREUSSISCHEN

AKADEMIE DER WISSENSCHAFTEN.

13. März. Gesamtsitzung.

Vorsitzender Sekretar: Hr. Roethe.

1. Hr. Penck sprach über die Gipfelflur der Alpen. (Ersch. später.)

Die Gipfel der Alpen ordnen sich in eine sanftwellige Flur, die sich in ihren Anschwellungen und Einsenkungen jeweils durch gleichbleibende Höhe auszeichnet. Sie kann nicht als eine von einer früheren über das Gebirge sich spannenden Rumpffläche hergeleitet werden, sondern ist in den scharffirstigen Teilen eine obere Erhebungsgrenze. Die Alpen haben nach ihrer Schichtfaltung noch eine nachpliozäne Großfaltung erfahren, durch welche einzelne Gruppen emporgewölbt wurden, während die großen Längstalfluchten in Einmuldungen eingeschnitten sind. Dies Ergebnis beruht auf der Anwendung eines geographischen Zyklus von weiterer Fassung, als ihr von W. M. Davis gegeben worden ist.

2. Hr. Holl überreichte als Nachwort zu seiner Mitteilung über die Auslegung des apostolischen Symbols eine Arbeit des Hrn. Prof. D. Hans Lietzmann in Jena: »Die Urform des apostolischen Glaubensbekenntnisses«. (Ersch. später.)

Ausgegeben am 20. März.

Berlin, gedruckt in der Reichsdruckerei.

1919 XV. XVI

SITZUNGSBERICHTE

DER PREUSSISCHEN

AKADEMIE DER WISSENSCHAFTEN

MIT TAFEL I–III

BERLIN 1919
VERLAG DER AKADEMIE DER WISSENSCHAFTEN
IN KOMMISSION BEI GEORG REIMER

Aus dem Reglement für die Redaktion der akademischen Druckschriften

Aus § 1.

Die Akademie gibt gemäß § 41, 1 der Statuten zwei fortlaufende Veröffentlichungen heraus: »Sitzungsberichte der Königlich Preußischen Akademie der Wissenschaften« und »Abhandlungen der Königlich Preußischen Akademie der Wissenschaften«.

Aus § 2.

Jede zur Aufnahme in die Sitzungsberichte oder die Abhandlungen bestimmte Mitteilung muß in einer akademischen Sitzung vorgelegt werden, wobei in der Regel das druckfertige Manuskript zugleich einzuliefern ist. Nichtmitglieder haben hierzu die Vermittelung eines ihrem Fache angehörenden ordentlichen Mitgliedes zu benutzen.

§ 3.

Der Umfang einer aufzunehmenden Mitteilung soll in der Regel in den Sitzungsberichten bei Mitgliedern 32, bei Nichtmitgliedern 16 Seiten in der gewöhnlichen Schrift der Sitzungsberichte, in den Abhandlungen 12 Druckbogen von je 8 Seiten in der gewöhnlichen Schrift der Abhandlungen nicht übersteigen.

Überschreitung dieser Grenzen ist nur mit Zustimmung der Gesamtakademie oder der betreffenden Klasse statthaft und ist bei Vorlage der Mitteilung ausdrücklich zu beantragen. Läßt der Umfang eines Manuskripts vermuten, daß diese Zustimmung erforderlich sein werde, so hat das vorlegende Mitglied es vor dem Einreichen von sachkundiger Seite auf seinen mutmaßlichen Umfang im Druck abschätzen zu lassen.

§ 4.

Sollen einer Mitteilung Abbildungen im Text oder auf besonderen Tafeln beigegeben werden, so sind die Vorlagen dafür (Zeichnungen, photographische Originalaufnahmen usw.) gleichzeitig mit dem Manuskript, jedoch auf getrennten Blättern, einzureichen.

Die Kosten der Herstellung der Vorlagen haben in der Regel die Verfasser zu tragen. Sind diese Kosten aber auf einen erheblichen Betrag zu veranschlagen, so kann die Akademie dazu eine Bewilligung beschließen. Ein darauf gerichteter Antrag ist vor der Herstellung der betreffenden Vorlagen mit dem schriftlichen Kostenanschlage eines Sachverständigen an den vorsitzenden Sekretar zu richten, dann zunächst im Sekretariat vorzuberaten und weiter in der Gesamtakademie zu verhandeln.

Die Kosten der Vervielfältigung übernimmt die Akademie. Über die voraussichtliche Höhe dieser Kosten ist — wenn es sich nicht um wenige einfache Textfiguren handelt — der Kostenanschlag eines Sachverständigen beizufügen. Überschreitet dieser Anschlag für die erforderliche Auflage bei den Sitzungsberichten 150 Mark, bei den Abhandlungen 300 Mark, so ist Vorberatung durch das Sekretariat geboten.

Aus § 5.

Nach der Vorlegung und Einreichung des vollständigen druckfertigen Manuskripts an den zuständigen Sekretar oder an den Archivar wird über Aufnahme der Mitteilung in die akademischen Schriften, und zwar, wenn eines der anwesenden Mitglieder es verlangt, verdeckt abgestimmt.

Mitteilungen von Verfassern, welche nicht Mitglieder der Akademie sind, sollen der Regel nach nur in die Sitzungsberichte aufgenommen werden. Beschließt eine Klasse die Aufnahme der Mitteilung eines Nichtmitgliedes in die Abhandlungen, so bedarf dieser Beschluß der Bestätigung durch die Gesamtakademie.

Aus § 6.

Die an die Druckerei abzuliefernden Manuskripte müssen, wenn es sich nicht bloß um glatten Text handelt, ausreichende Anweisungen für die Anordnung des Satzes und die Wahl der Schriften enthalten. Bei Einsendungen Fremder sind diese Anweisungen von dem vorlegenden Mitgliede vor Einreichung des Manuskripts vorzunehmen. Dasselbe hat sich zu vergewissern, daß der Verfasser seine Mitteilung als vollkommen druckreif ansieht.

Die erste Korrektur ihrer Mitteilungen besorgen die Verfasser. Fremde haben diese erste Korrektur an das vorlegende Mitglied einzusenden. Die Korrektur soll nach Möglichkeit nicht über die Berichtigung von Druckfehlern und leichten Schreibversehen hinausgehen. Umfängliche Korrekturen Fremder bedürfen der Genehmigung des redigierenden Sekretars vor der Einsendung an die Druckerei, und die Verfasser sind zur Tragung der entstehenden Mehrkosten verpflichtet.

Aus § 8.

Von allen in die Sitzungsberichte oder Abhandlungen aufgenommenen wissenschaftlichen Mitteilungen, Reden, Adressen oder Berichten werden für die Verfasser, von wissenschaftlichen Mitteilungen, wenn deren Umfang im Druck 4 Seiten übersteigt, auch für den Buchhandel Sonderabdrucke hergestellt, die alsbald nach Erscheinen ausgegeben werden.

Von Gedächtnisreden werden ebenfalls Sonderabdrucke für den Buchhandel hergestellt, indes nur dann, wenn die Verfasser sich ausdrücklich damit einverstanden erklären.

§ 9.

Von den Sonderabdrucken aus den Sitzungsberichten erhält ein Verfasser, welcher Mitglied der Akademie ist, zu unentgeltlicher Verteilung ohne weiteres 50 Freiexemplare; er ist indes berechtigt, zu gleichem Zwecke auf Kosten der Akademie weitere Exemplare bis zur Zahl von noch 100 und auf seine Kosten noch weitere bis zur Zahl von 200 (im ganzen also 350) abziehen zu lassen, sofern er dies rechtzeitig dem redigierenden Sekretar angezeigt hat; wünscht er auf seine Kosten noch mehr Abdrucke zur Verteilung zu erhalten, so bedarf es dazu der Genehmigung der Gesamtakademie oder der betreffenden Klasse. — Nichtmitglieder erhalten 50 Freiexemplare und dürfen nach rechtzeitiger Anzeige bei dem redigierenden Sekretar weitere 200 Exemplare auf ihre Kosten abziehen lassen.

Von den Sonderabdrucken aus den Abhandlungen erhält ein Verfasser, welcher Mitglied der Akademie ist, zu unentgeltlicher Verteilung ohne weiteres 30 Freiexemplare; er ist indes berechtigt, zu gleichem Zwecke auf Kosten der Akademie weitere Exemplare bis zur Zahl von noch 100 und auf seine Kosten noch weitere bis zur Zahl von 100 (im ganzen also 230) abziehen zu lassen, sofern er dies rechtzeitig dem redigierenden Sekretar angezeigt hat; wünscht er auf seine Kosten noch mehr Abdrucke zur Verteilung zu erhalten, so bedarf es dazu der Genehmigung der Gesamtakademie oder der betreffenden Klasse. — Nichtmitglieder erhalten 30 Freiexemplare und dürfen nach rechtzeitiger Anzeige bei dem redigierenden Sekretar weitere 100 Exemplare auf ihre Kosten abziehen lassen.

§ 17.

Eine für die akademischen Schriften bestimmte wissenschaftliche Mitteilung darf in keinem Falle vor ihrer Ausgabe an jener Stelle anderweitig, sei es auch nur auszugs-

(Fortsetzung auf S. 3 des Umschlags.)

1919.
XV.

SITZUNGSBERICHTE
DER PREUSSISCHEN
AKADEMIE DER WISSENSCHAFTEN.

20. März. Sitzung der philosophisch-historischen Klasse.

Vorsitzender Sekretar: Hr. ROETHE.

*1. Hr. SELER las über »szenische Darstellungen auf alten mexikanischen Mosaiken«.

Es handelt sich um Altertümer, die aus dem nördlichen Teile des Staates Oaxaca stammen. Die in farbigem Mosaik ausgeführten Figuren bringen das Haus der Sonne und die Seelen der toten Krieger, die in ihm wohnen, zur Anschauung, und dazu das Gegenstück, die Höhle Colhuacan, den mythischen Westen.

2. Hr. KUNO MEYER legte eine Abschrift des altirischen Glossars Cormacs vor. (Ersch. später.)

Sie ist gemacht nach der wichtigen Handschrift des Buches der Ui Maine, die nach THURNEYSENS Untersuchungen der Urhandschrift am nächsten steht.

Altnordische Dichtung und Prosa von Jung Sigurd

Untersucht von Andreas Heusler.

(Vorgetragen am 6. März 1918 [s. oben S. 137].)

1. Einleitendes. Heldengedicht und Märchen.

Die eddische Dichtung von Jung Sigurd bietet der stoffgeschichtlichen Betrachtung Schwierigkeiten eigner Art: nicht nur weil sie von den deutschen Sagenformen, in Thidreks saga, Nibelungenlied, Hürnen Seyfrid, weit abliegt und viel nordische Neuerung enthält, sondern auch aus textkritischem Grunde: es haben sich hier Gedichte verschiedenen Alters und ungleicher Sagenform ineinander geschoben. Dazu kommt, daß die prosaische Hauptquelle, die Völsunga saga, hier nicht, wie bei den folgenden Sagen, einfach auf der eddischen Liedersammlung fußt, sondern daneben eine selbständige Vorlage wiedergibt. Dadurch wird das Bild zusammengesetzter.

Der Stoffvergleichung und Motivgeschichte muß vorangehen eine Heraushebung der dichterischen Einheiten. Diese müssen je auf ihr Sagenbild befragt werden. Es geht nicht an, den hergehörigen Ausschnitt von Edda + Völsunga saga als einheitliche, fortlaufende Erzählung zu behandeln, wie dies noch kürzlich C. W. von Sydow getan hat in einer überaus fördernden, ergebnisreichen Untersuchung von Sigurds Drachensage (Lunds Universitets Festskrift 1918). Als Sagenbild dieser nordischen Gesamtquelle gibt er u. a. an: »Sigurd wird dargestellt als junger Fürstensohn, wohl ausgebildet in Fertigkeiten, höfisch erzogen und ideal in allen Stücken. Nichts Rohes oder Burleskes findet sich in seinem Wesen. Er zieht gegen den Drachen aus . . . nicht eher als er seine Pflicht erfüllt und den Tod des Vaters gerochen hat.« Fast alles hier herausgehobene ist die Vorstellung des jüngeren Gedichts, das in das ältere eingefügt wurde: das Sagenbild des älteren wich beträchtlich ab und liegt dem deutschen Ausgangspunkt viel näher.

Darin ist man heute einig: die langen Lebensläufe oder gar Sippenbiographien, wie sie in der Völsunga saga oder in gewissen mittelhochdeutschen Heldenepen begegnen, die stehen am Ende der Linie, und die vorausliegenden Liedinhalte waren enger begrenzte Einheiten. Die Untersuchung und, wo es nottut, Herstellung der Liedinhalte darf sich das Recht nicht nehmen lassen, den Aufbau, die Stoffbegrenzung dieser Werke aus ihnen selbst und ihren Verwandten abzulesen und das Unsichere aus dem Eindeutigen zu erhellen. Mag man das Alter der neuen, bandwurmartigen Märchenromane und ihre Einwirkung auf germanische Heldensage so oder so einschätzen, die Stilgesetze der Heldenlieder — und dazu gehört ihre Stoffbegrenzung — lernen wir aus den Liedern, nicht den Märchen kennen. Ich denke dabei an Panzer, der es ein klares Ergebnis seiner Stoffvergleichung nannte, daß alle Jung Sigfrid-Sagen von jeher als Teile eines Zusammenhangs bestanden; daß die älteste Heldendichtung von Jung Sigfrid die Gestalt einer Lebensgeschichte hatte, weil ihre Vorlage, das Bärensohnmärchen, eine Lebensgeschichte ist (Sigfrid 272). Dieser Schluß, meine ich, wäre abzulehnen, auch wenn man in dem Märchen die Quelle der heroischen Dichtung sähe.

Nun hat aber Sydow mit feinem Abwägen der Werte gezeigt: der Bärensohn oder der Starke Hans ist nicht das Modell des ältesten Sigfrid; er hat erst auf jüngere Stufen eingewirkt — wir dürfen sagen: nicht vor dem 11. Jahrhundert, zumeist aber auf die deutsche Sigfriddichtung des 12./13. Jahrhunderts. Die schlagenden Berührungen mit dem Starken Hans zeigt die Thidreks saga und der Hürnen Seyfrid, nicht die Edda, und Sydow legt dar, wie sich diese Märchenformeln später übergelagert haben über eine der Edda ähnlichere Sagenform; wie sie — und dies ist das wichtigste — den inneren Stil der Drachensage verschoben haben aus dem Ernsteren, Großen, Heroischen ins Gemütliche, Mittelstandsmäßige, Genrehafte. Diese Wandlung stimmt zu dem, was wir anderwärts an deutschen Heldenstoffen beobachten; man denke an das Alte und das Junge Hildebrandslied. Die Buntheit und Gemütlichkeit der sogenannten Sigfridmärchen ist unvorstellbar als stabreimendes Ereignislied, und die »Sage« ist nicht getrennt zu denken von ihrem Körper, dem Lied. Nach Sydow braucht sich die innere Stufenfolge nicht mehr in Widerspruch zu setzen mit der Zeitfolge der Denkmäler: eddische Gedichte des 9. bis 11. Jahrhunderts, heidnische oder doch außerchristliche und vorritterliche Schöpfungen, müssen wir nicht mehr auf jüngere Staffeln setzen als den Hürnen Seyfrid des 13./15. Jahrhunderts, darum weil dieser dem Starken Hans ähnlicher ist.

Es bestätigt sich, was von der Leyen bei andern Stoffen seit vielen Jahren verfochten hat: daß die heute weltläufigen Märchenromane erst im späteren Mittelalter auf germanische Dichtungsfabeln einwirken. Wohl zeigen schon frühe Heldenstoffe eine entferntere Verwandtschaft mit Märchen: die deutet auf gemeinsame Quellen, die man Urmärchen oder Ursagen nennen kann; sie unterschieden sich in Stoffwahl, Bau und Ethos von dem, was in Antti Aarnes Verzeichnis »eigentliche Märchen« heißt.

Die Annahme, daß eine dem Märchen entstammende Formel erst in Jüngere Umdichtungen der Sigfridsagen eingedrungen ist, trifft meines Erachtens noch auf zwei weitere Fälle zu, wo Sydow nach einer andern Erklärung griff (u. § 3. 6).

2. Der Komplex Reginsmal-Fafnismal.

Der in der Handschrift zusammenhängend geschriebene Komplex »Reginsmál + Fáfnismál«, der Strophen des epischen und des dialogischen Maßes mischt, ist ungleich beurteilt worden[1]. Eine Ansicht geht dahin: man habe Bruchstücke zweier gleichlaufender Lieder verbunden, die beide den ganzen Hergang umfaßten. Diesen Liedern würde jede Einheit der Handlung fehlen: die Vorgeschichte des Hortes läßt sich zwar mit der Hortgewinnung, der Drachensage, vereint denken, allenfalls auch die Drachensage mit Sigurds Vaterrache. Aber alle drei Teile in einem Liedrahmen, dies wird man nicht ohne Not ansetzen. Noch weniger Gegenstücke hätte es, wenn man die Erweckung der Valkyrje dazu nähme: zu schweigen von der Einbeziehung der Signysage (Corpus poeticum boreale 1, 31. 155). Auch rechnet diese Hypothese mit reichlich viel Verlusten und würdigt den Umstand nicht, daß die Vaterrache mit Zubehör ein neues, kenntlich sich abhebendes Sagenbild hereinbringt.

Erwägenswert wäre der Gedanke: nur die von wenig Prosa unterbrochene Strophenreihe Faf. 1—31 (oder bis 39, evtl. ohne die vier Langzeilenstrophen) bildete ein geschlossenes Lied, »Fafnirs und Regins Tod«, und alle übrigen Strophen wären Lausavísur aus einem Heldenroman, einer Sigurðar saga. Dagegen spricht: 1. die Strophen stehn zu dicht für Lausavísur einer Saga; 2. nach ihrer altertümlichen Haltung wird man die Mehrzahl von ihnen vor das 12. Jahrhundert, den ersten Zeitraum der mündlichen Heldenromane, setzen; 3. die in den Vaterrachestrophen gegebene Neugestaltung von Sigurds Aufwachsen ist doch wohl im Lied, nicht im Prosaroman, geschaffen worden.

Die befriedigende Lösung scheint mir die zu sein: die Masse Reg.-Faf. besteht aus zwei Gedichten, einem annähernd vollständigen »Hortlied« im dialogischen Maße und den Resten eines »Vaterrachelieds« im epischen Maße. Dazu kommt drittens eine Lausavísurgruppe, Faf. 40—44, die »Vogelweissagung« (u. § 7). Das Hortlied wird noch der alten, heidnischen Schicht der Eddapoesie angehören; es hat eine viel altertümlichere Sagenform als das Vaterrachelied.

[1] Cpb. 1, 30 ff. 155 ff.; F. Jónsson, Lit. hist. 1, 268 ff.; Mogk, PGrundr. 2, 629 ff.; Symons, Edda CCCXXIII f.; Boer, Nibelungensage 3, 94 ff.; Ussing, Heltekvadene 46 ff.; Polak, Sigfridsagen 20 ff.; Schück, Illustr. svensk Lit.[2] 1, 105 f.

Die Frage, wie die metrisch und zum Teil inhaltlich abstechenden Strophen Rm. 5. 11. 19—22. 24. 25, Faf. 32. 33. 35. 36 zu fassen sind, nehme ich nicht auf. Vgl. dazu Polak. a. a. O., der für die angedeutete Abgrenzung der Lieder eingetreten ist, und Genzmers Edda 1. 113 ff., wo diese Abgrenzung durchgeführt ist.

3. Das Hortlied.

Das ältere unserer Gedichte, das Hortlied, ist eine Umgießung und Erweiterung deutschen Sagenguts. Nach innerer und äußerer Form — reines Redelied, Versmaß Ljóðaháttr — ist es kenntlich nordisch und von vornherein keine bloße Wiedergabe deutscher Dichtung. Aber auch sein Inhalt hat stark geneuert.

Selbständige nordische Zudichtung ist der Anfangsteil, die unter Göttern und Riesen spielende Vorgeschichte des Hortes; dann der Schlußteil, das Kosten vom Drachenherzen und die Mahnung der Vögel. Der zweite hatte doch wohl einen vornordischen Ausgangspunkt in der ganz anders begründeten Fingerprobe, die im Hürnen Seyfrid fortlebt (Polak 48).

Diese beiden stofflichen Zutaten, zu Anfang und zu Ende, heben sich einigermaßen von dem Mittelstück ab; man könnte sie lostrennen, ohne daß die übrige Handlung zerbräche: Die Tötung des Schmiedes, ein aus der deutschen Quelle stammender Zug, ließe sich unschwer schon an den Wortwechsel Faf. 23—30 knüpfen. Daß die Strophen Rm. 1—12 lockerer zusammenhängen, viel mehr verbindende Prosa heischen und dann mit einem gewaltigen Sprung in Faf. 1 fortfahren, kann ja zum Teil auf Verlusten beruhen (§ 7), aber zumeist wohl darauf, daß jener Eingang an einen selbständigen Gedichtinhalt angetreten ist. Doch würde ich bei der durchgehenden Ähnlichkeit des sprachlich-metrischen Stils (in den sechsversigen Strophen) die Einheit des Dichters nicht anzweifeln.

Das Braten des Drachenherzens und die Fingerprobe, dies hat ein sehr nahes Gegenstück in dem Lachsrösten des berühmten irischen Helden Finn, Cumalls Sohn. Zimmer hielt die Iren für den entlehnenden und mißverstehenden Teil (Zschr. f. d. Altert. 35, 155 ff.): Sydow sieht in der irischen Erzählung das Vorbild der nordischen (a. a. O. 35 ff.). Er betont, daß die zauberische Erleuchtung bei Sigurd nur dieses eine Mal spielt, bei Finn ein bedeutsamerer, immer wiederkehrender Zug ist. Allein, Finns Erleuchtung beruht in diesen wiederholten Szenen nur darauf, daß er den Finger in den Mund führt und (nach einigen Fassungen) seinen Weisheitszahn berührt: nur diesem Motiv sichern alte Quellen den ‚vorwikingischen Ursprung. Davon ist zu trennen der Gedanke des nordischen Liedes: daß der Saft von dem wunderbaren

Tiere die Kenntnis verleiht. Dies kommt bei Finn nur in der Szene vom Fischrösten in Frage, und auch da tritt es nicht klar heraus: die modernen Fassungen bei Curtin und Campbell stellen es so dar, daß Finn den am Lachse verbrannten Finger in den Mund steckt und damit zum erstenmal die Bewegung ausführt, die ihm fortan das höhere Wissen verschafft; von dem Safte des Fisches ist nach dem ganzen Zusammenhang keine Rede. Dies sieht in der Tat aus wie das Anflicken eines mißverstandenen Zuges an einen anderen, damit nicht vereinbaren. Die im ganzen von dem Eddalied viel weiter abliegende Fassung bei Zimmer a. a. O., Kuno Meyer, Ériu 1, 180ff., zielt zwar auf das Essen des Fisches: dies macht Finn, der die Dichtkunst lernen will, wissend[1]. Aber auch hier ist sowohl das Daumenverbrennen wie das gewohnheitsmäßige Daumen-in-den-Mund-stecken widersprechend angefügt. In der Sigurddichtung ist der ganze Hergang logisch aufgebaut. So dürfte sie doch der gebende Teil sein. Die weiteren Entlehnungen aus der Finnsage, worauf sich Sydow beruft, betreffen nicht das Hortlied, sondern die jüngere Vaterrachedichtung (u. § 6). Es ist anerkannt, daß die keltischen Einflüsse im allgemeinen erst in jüngeren Schichten der norrönen Sage auftreten (Olrik, Danske Studier 1907, 188).

In dem Hauptstück des Hortliedes hat der Dichter zwei altdeutsche Liedinhalte, zwei Jung Sigfrid-Sagen, schöpferisch verschmelzt zu einer neuen Einheit: die Schmied-Drachensage und die Sage vom Albenhort. Er hat den Schmied und den Drachen gleichgesetzt den zwei um das Erbe streitenden Brüdern, den Drachenhort gleichgesetzt dem umstrittenen Erbe. Also, wenn wir die Namen von Thidr. und NL. anwenden: Reginn = Mime + Nibelunc; Fáfnir = dem Drachen + Schilbunc; Vater Hreiðmarr = dem alten Nibelunc. Die deutschen Eigennamen sind verschwunden; auch die aus der Albenhortsage stammende Prägung »Niflunga hodd, arfr, skattr, róg« begegnet in diesem Zusammenhang nicht mehr.

Die Drachensage hat durch diese Verschmelzung ganz neue Akzente bekommen: Sippenfehde und Rache; Sigurd ein Werkzeug des Bruderhasses; Weissagung dunkler Schicksale. Das heroische Trollenabenteuer ist angenähert den seelischen Problemsagen.

Das eddische Hortlied beweist, daß die deutscherseits zuerst im NL. erscheinende Jung Sigfrid-Sage von den erbstreitenden Brüdern keine junge Erfindung ist, die den Namen »der Nibelunge hort« umdeutet. Im NL. ist die Geschichte nach dem Erbteilermärchen gemodelt (Bolte-Polivka, Anmerkungen 2, 326. 331 ff.). Diese Züge fehlen dem

[1] Was man dann auf den isländischen Skald Sigvat übertrug: S. Bugge, Arkiv 13, 209 ff.

nordischen Hortliede. Sydow folgert daraus, die deutsche Sage sei erst spät nach dem Norden gedrungen und hier ihres wesentlichen Gehalts beraubt worden. Dem widersetzt sich die Altertümlichkeit des Hortliedes und die Art, wie es den Bruderzwist zum Grundstein der Handlung macht. Was der Edda fehlt, der wandernde Held, der zum Erbschlichter angerufen wird, usw.: dies ist jüngerer Ausbau auf deutscher Seite. Hinter der eddischen und der hochdeutschen Form liegt eine vom Märchen noch unberührte Urgestalt, und die kann so alt sein wie irgendeine Sigfridsage. Der Fall ist der gleiche, wie ihn Sydow selbst beim Drachenkampf nachgewiesen hat: eine vom Märchen unabhängige Urform ist in der deutschen Quelle der Thidr. nach dem Märchen umgestaltet worden.

Das ursprüngliche Streitobjekt der Brüder war ein richtiger Hort, nicht die märchenhaften Wunschdinge. Dies zeigt die Edda deutlich, auch die Vorgeschichte mit den drei Göttern; und vor allem: der alte, aus deutscher Dichtung stammende Name »Niflunga hodd« kann ja nicht Tarnkappe und Wünschelrute gemeint haben. Der Hort konnte allerdings Wunschdinge einschließen: dem goldenen *rüetelîn* des NL. steht der Ring Andvaranautr gegenüber und dem Schwerte Balmung das Schwert Hrotti, obwohl diese erbeutete Waffe nun neben der vom Schmiede gefertigten, die den Drachen besiegt hat, ein Doppelgänger ist: eine Folge der Verschmelzung der beiden Sagen (nicht Entlehnung aus Ortnids Drachensage, wie Sydow 13 erwägt). Eine gleiche Mischung ist es, wenn Balmung auf dem Drachenstein gefunden wird (Rosengarten A 330, vgl. HSfr. II).

Zu dem jungen Märchengut aber gehört die Tarnkappe. Der Gegenstand an und für sich reicht in das vorspielmännische Altertum hinauf: man nehme altsächs. *helithhelm* Hel. 5454, Gen. 444, anord. *huliðshjalmr* (in unsern Denkmälern schon nur in abgeleiteten Sinne), wie auch das Wort *tarnhût* ein paläozoisches Fossil ist. Aber in den Sigfridkreise bekam die Tarnhaut erst spät eine Rolle, und zwar zunächst in der Brünhildsage. Nachdem diese den Gestaltentausch durch die Tarnhaut ersetzt hatte, brachte man dieses Wunschding zu der früheren in die Hortsage herein. Ja, dies mag der Anstoß gewesen sein, die Hortsage umzubilden nach dem Erbteilermärchen, worin die Tarnkappe eines der umstrittenen Stücke war (Patzig, Zur Gesch. des Sigfridsmythus 25f.; Panzer, Sigfrid 178). Die ganze Neuerung wird ins 12. Jahrhundert fallen.

Daß die Sage vom Albenhort zu der alten Sigfriddichtung gehörte, daran braucht nicht irrezumachen, daß auch Sigfrids Drachensage ursprünglich einen Hort enthielt (Beowulf, Edda, HSfr. II). Die von Sigfrid umlaufenden Lieder bildeten keinen einheitlich entworfenen

Lebenslauf (das zeigt auch die Erweckungssage); sie konnten zwei selbständige Hortgewinnungen erzählen (vgl. Boer, Nibelungensage 1, 96). Diese Zweiheit hat das nordische Hortlied durch einfache Gleichsetzung beseitigt. Daß die deutsche Dichtung (Thidr., HSfr. I, NL.) den hortlosen Drachen zeigt, will Sydow aus den Drachentypen der modernen Volkssagen und Märchen erklären[1]; der Hauptgrund wird doch gewesen sein, daß man an den zwiefachen Schatze Anstoß nahm. Erkennt doch auch Sydow noch in dem späten Hürnen Seyfrid H. einen Rest der Drachenhortvorstellung (50f.).

Ob der Dichter unsres Hortliedes, der die beiden Schatzsagen verschmelzte, diese zwei Stoffe unmittelbar aus deutscher Überlieferung holte oder sie schon in norröner Dichtung, getrennt, vorfand, wird nicht zu entscheiden sein. Die Anspielungen des Alten Atlilieds 6 und 26f. könnte man auf die zwei noch unverschmolzenen Schätze, den der Gnitaheide und den der Niflungar, beziehen (mit Polak 28f.), nur setzt das Beiwort *áskunni arfr Niflunga* doch wohl die Vorgeschichte mit den Asen voraus, und sollte die älter sein als das Hortlied? — Zeugnisse, die deutlich über die Sagenform unsres Liedes zurückführten, kennt die nordische Überlieferung nicht, auch nicht in den bildlichen Darstellungen.

Bewahrt ist aus der deutschen Quelle, dem Schmied-Drachenliede, der ursprüngliche Zug: Sigurd ist der »mutterlose Knabe«, das Findelkind, das seine Abkunft nicht kennt und sich *gǫfugt dýr* »edles Wild« nennt (nach der säugenden Hindin?): Faf. 2. Auch der Vorwurf *haptr ok hernuminn* (Faf. 7) läßt sich allenfalls vereinen mit diesem alten Sagenbild, dem Dienst beim Schmiede, und braucht nicht bestimmt zu sein durch die jüngere Vaterrachedichtung, die eine wirkliche Kriegsgefangenschaft ebensowenig kennt. Daß Sigurd in Faf. 4 dennoch den Namen seines Vaters nennt, muß Anpassung an die spätere Sagenform sein: mehr als einen Kurzvers brauchte man dafür nicht umzuformen; daß dieser Vers 5 den Satz zerreißt, verrät wohl die Änderung; die ursprüngliche Form kann man sich nach Lok. 45, 2, Alv. 3, 2, Fjölsv. 4, 2 denken. Alle übrigen Strophen des Hortlieds fügen sich zu dem elternlosen Aufwachsen.

Damit ist gegeben, daß der Schmied noch nicht der erwählte Prinzenerzieher und wohlwollende Helfer war. Als Hintergrund zu den Reden in Faf. hat man sich das urwüchsigere Verhältnis zu denken: der alleinstehende Knabe, der heroische Wildling, fern von den Menschen aufgewachsen bei dem elbisch unheimlichen Schmiede und in seinem Auftrag, halb wider Willen (Str. 26), den Drachen

[1] So auch in der Festskrift til E. T. Kristensen, 1917, 115.

bekämpfend. Licht auf dieses Verhältnis wirft das Alte Sigurdlied mit den Ausdruck *þræll Hialpreks konungs* (Völs. c. 28. 7), wohinter ein »Knecht des Regin« (oder früher »des Mime«) zu erschließen ist (Polak 76. 127). Daß Regin tückisch den Tod des jungen Gesellen sinnt, wird aus einer der beiden deutschen Grundsagen stammen: ob aus der Drachensage, entscheidet die Thidr. nicht, da hier die Tücke des Schmiedes nach dem bösen Dienstherrn des Märchens gemodelt ist (Sydow 26 f.).

Von einzelnen Zügen muß die Schwertschmiedung aus dem deutschen Schmied-Drachenlied in unser Hortlied übergegangen sein: Faf. 29 spielt darauf an; in Versen erzählt wird sie nicht mehr, und der Prosabericht nach Rm. 14 wird mittelbar aus den jüngern Liede fließen: dieses hatte, wie wir sehen werden, die Schwertschmiedung aufgegriffen und reicher ausgestaltet. Über die zweierlei Schwertproben s. u. § 6.

Verloren hat das Hortlied einen sehr bedeutsamen Zug des deutschen Drachenkampfes: das Unverwundbarwerden des Helden. Auch Sydow rechnet dies zum alten Bestande unsrer Sage (S. 33) und glaubt auf nordischer Seite ein Überlebsel zu finden in der Grube, die das Drachenblut auffängt. Aber dies hat erst die Völs. (c. 18), gleichzeitig mit einer gewiß neuen Einführung Odins: die Prosa der Faf. denkt sich die Grube noch einfach als Deckung des Angreifers. Außerdem halte ich die geschmolzene Hornhaut des Drachen, die schon der Beowulf 897 bezeugt, für die ältere Quelle der Unverwundbarkeit und das Baden in Blute mit dem mehr zierlichen als überzeugenden Lindenblatt für eine Veredelung durch den Nibelungendichter. Kräfteverleihendes Blut wird sonst »innerlich« angewandt. Der Verlust der Hornhaut im Hortliede hängt offenbar zusammen mit den Verschwinden von Sigfrids bedingter Gefeitheit in der nordischen Brünhildsage, und zwar, wohlgemerkt, nicht bloß in der Bettodform (die diesen Zug von jener entlehnte), sondern auch im Waldtod, wie die älteste eddische Quelle ihn bietet. Hier ist eine ganze Gruppe deutscher Sagenmotive erloschen, und wahrscheinlicher hat sich das Hortlied diesen Verluste angeglichen, als umgekehrt. Einen Ersatz fand das Lied in den Erlernen der Vogelsprache (s. o.).

Sydow hebt einige Züge hervor, die der Fafnirkampf mit zwei Drachensagen bei Saxo teilt (S. 8): Ein Ratgeber unterweist den Helden; der Wurm wird auf den Weg zur Tränke angegriffen; der Held muß sich irgendwie gegen das Gift schützen (doch hat die Grube der Eddaprosa eigentlich nicht diesen Sinn). Diese Züge haben in den Strophen keine Stütze, und da sie den südgermanischen Spielarten abgehn, können wir sie für das Phantasiebild des Hortlieddichters nicht aussprechen. Etwas anderes ist es, daß der Schmied seinen Zögling zum Drachenkampf reizt und ausstattet: dies stand schon im deutschen Schmied-Drachenlied, und durch die Einschmelzung der streitenden Brüder wurde das Anstacheln gegen den feindlichen Horteigner noch verstärkt.

4. Das Vaterrachelied: seine Bestandteile.

Das zweite, jüngere Lied, in epischem Strophenmaß, »Sigurds Vaterrache«, verwendet Data aus der überkommenen Sigfridsage, ist aber in wesentlichen nordische Neudichtung und stellt Sigurds Anfänge in ein anderes Licht. Dieser Dichter hat die Sagenform von Sigurds Jugend geschaffen, die man als die »nordische« der älteren in der Thidreks saga und der modern-ritterlichen im Nibelungenlied entgegenstellt.

Früher nahm man ja gern an, die »Sagenformen« hätten sich außerhalb der Poesie, im »Volksmunde«, in der formlosen »Überlieferung«, gebildet, und die Verfasser unserer Gedichte hätten sich an diese Sagenformen nur angeschlossen. Macht man Ernst mit der Einsicht, daß die Heldendichter nicht nur Verse fügten, sondern Geschichten ersannen, dann liegt in unserm Fall der Schluß am nächsten, daß eben dieses, zum Teil bewahrte, zum Teil erschließbare Vaterrachelied die neue, nordische Sagenform in die Welt gesetzt hat.

Das eigentliche Ziel der Neuerung war dieses: Sigurd wird angeknüpft an seinen Vater.

Damit hängt mehr oder weniger eng zusammen: Die Mutter bleibt am Leben, sie vermittelt dem Sohne das väterliche Schwert; Sigurd wächst in fürstlichen Ehren am Hof eines Stiefvaters auf, der Schmied wird zum Handwerker des Königs (Völs. c. 14, 62) und zum Pflegevater, der nach nordischer Sitte dem Fürstenkinde bestellt wird und es unterrichtet; die Schwertschmiedung bekommt einen neuen Gehalt; die erste Tat des Jungen ist, wie zu verlangen, die Vaterrache: ein richtiger Kriegszug, wozu der königliche Stiefgroßvater eine Flotte stellt; Odin taucht auf als Helfer seines Völsungengünstlings; die Feinde, die Hundingssöhne, sind Namen aus einem fremden Sagenkreis, der Helgidichtung.

All dies, eine planvolle Neuzeichnung, war dem Gesichtsfelde des Hortlieddichters noch unbekannt.

Die eddische Liedersammlung gibt nur Bruchstücke unseres Gedichts. Zu Ergänzungen verhilft uns die Völsunga saga; sie folgt hier wahrscheinlich einer »Sigurđar saga« (u. § 9), und diese hatte das Vaterrachelied in vollerer Gestalt benutzt. Folgende Züge kommen für das Lied in Rechnung.

1. Ein paar einzelne Aussprüche.

Dem Worte Regins an Sigurd: *ok ertu ólíkr þínum frændum at hugþreysti* (Vs. c. 18, 12) entspricht ein Verszitat in König Sverrirs Munde (Eirspennill 421. 8: Forn. ss. 8, 400): *ok er, sem kveðit var:*

> ólíkr ertu ýdrum nidium,
> þeim er framrádir fyrri váru

(S. Bugge, NFkv. XXXVIII; Symons, Edda XX. LXVI). Gleich danach zitiert Sverrir eine Halbstrophe aus Sigurds Hortlied. Diesen kann unser Langzeilenpaar aus metrischen Gründe nicht entstammen, obgleich die Vs. ihre Replik in den Fafnirabschnitt gestellt hat: an früherem Orte bringt sie eine gedanklich verwandte, im Wortlaut weiter abliegende Äußerung Regins. c. 13, 58—61. Anklingt auch Sigurds Wort an Regin c. 15, 8: *þú munt líkr vera inum fyrrum frændum þínum (ok verá ótrúr)*. Daß all dies zunächst aus der Sig. s. fließt, wird man glauben. Es lockt gewiß, die zwei Langzeilen weiterhin auf das Vaterrachelied zurückzuführen; in dessen Gedankenkreis paßte die Betonung der unerreichbaren Altvordern sehr gut. Einwenden läßt sich, daß die bewahrten Strophen 13—15 die Sinnesart des Jungen nichts weniger als anstachelungsbedürftig zeigen. Sigurds Unlust konnte nur den Drachenkampf, nicht der Vaterrache gelten: das Gedicht hätte somit aus dem Hortlied die Reizung zum Drachenkampf entlehnt. In der Richtung deutet auch der Schluß von Rm. 13, wogegen man 15 so fassen könnte: die roten Ringe, die Sigurd nicht mehr locken sollen als die Rache, sind nicht Fafnis Hort, sondern das vom Feind gebotene Bußgold (Polak 24 f.). Nach alledem finde ich es unsicher, ob die hier besprochenen Stellen bis auf das Vaterrachelied zurückgehen und nicht erst später in der Sig. s. erwuchsen.

Als ein Klang aus dem Liede ist zu erwägen Sigurds Wort an die Könige: *ok vilda ek, at þeir (Hundings synir) vissi, at Vǫlsungar væri eigi allir dauðir* (Vs. c. 17, 4). Diese selbe Prägung steht zwar schon in der Signýgeschichte, Vs. c. 8, 113, und dort ist sie offenbar gewachsen; doch könnte sie unser jüngerer Dichter von den ältern erborgt haben. Auch H. Hj. 11, 7. 8: *hyggz aldaudra | arfi at ráða* mag daraus stammen.

Fragwürdig ist die Herkunft der Reden, worin der Schmied auf Sigurds Ähnlichkeit stichelt (Vs. c. 13, 17—27, 45—47). Sie sehen ja inhaltlich nach einem Überlebsel aus (Polak 76 f.), aber schon zu dem Sagenbild des Vaterrachedichters stimmten sie nicht mehr! Letztlich müssen sie wohl aus Motiven des alten Hortlieds erwachsen sein.

2. Die Schwertschmiedung. Den kahlen Prosasatz der Liedersammlung stellt die Völs. c. 15 eine überraschend lebhafte, zügereiche Darstellung entgegen: Zweimal fertigt Regin eine Klinge, die bei der

Amboßprobe zerschellt; erst das dritte Mal gelingt die Waffe, nachdem Sigurd von seiner Mutter die Stücke des väterlichen Schwertes geholt hat. Diese letzten Motive zeigen, daß wir bei der jüngern Sagenform stehen. Für die Dichtung von der Vaterrache hatte das Schmieden des Schwertes, dieser aus dem Hortlied übernommene Baustein, viel mehr zu bedeuten als ein Zierat: es war zum Mittelpfeiler des neuen Gebäudes geworden, es trug die Beziehung zwischen Sohn und Vater. So zweifeln wir nicht, daß dieses Stück der Völs. auf unser Lied zurückgeht. Die Zwischenstufe, die Sig. s., hatte nach ihrer Art sagamäßig umstilisiert (s. u. § 10), so daß die Prosa nicht mehr unmittelbar liedhaft klingt; ein paar Einzelheiten — die Begrüßung und das Zechen bei der Mutter — sind gewiß jüngere Zutat. Daß als nächste Bestimmung des Schwertes der Drachenkampf, nicht die Vaterrache genannt wird (Vs. c. 14, 68ff.), erklärt sich leicht: hier hat der Sagaschreiber den Gedankengang des jüngern Liedes dem des Hortlieds untergeordnet.

In dieser Strecke weicht die færöische Reginballade von ihrer Vorlage, der Völs., so beträchtlich ab[1], daß man versucht wäre, eine ursprünglichere gemeinsame Quelle zu erschließen, die von der Saga wie der Ballade verändert wurde. Dann hätte Sigurd schon zu Anfang den Stahl der Vaterwaffe geholt; daß es ihm in der Völs. erst nach den zwei mißglückten Versuchen einfällt, befremdet; Regin aber hätte zuerst aus falschem Erze geschmiedet, um Sigurds Kraft zu erproben: das dritte Mal erst nahm er den echten Stoff, und der amboßspaltende Hieb bewährte nun zugleich die Waffe und des Helden Stärke. Diese erschlossene Stufe könnte wohl nur die Sigurðar saga gewesen sein — eine Folkevise als Quelle der Völs. wäre zeitlich denkbar, aber doch ein Unicum ad hoc! Indessen ist es gewagt, der Reginballade für dieses eine Stück eine sonst nicht benutzte Sagaquelle zu verschreiben, und so wird doch Vs. c. 15 die uns erreichbare Grundfassung bleiben. Die herrschende Ansicht, daß die Ballade auf der Völs. ruht[2], wird durch de Boors Ausführungen, a. a. O. 38ff., nicht erschüttert. Er ist den bewußten Änderungen des Færings, die gutenteils dichterische Verbesserungen sind, nicht gerecht geworden; das stabreimende Sigurdgedicht des 12. Jahrhunderts, das er als Quelle der Vs. und der Ballade fordert, wäre ein seltsamer Doppelgänger zum Hort- und Vaterrachelied und nach seinem biographisch-vielkreisigen Inhalt gegenstücklos in der alten Dichtung. Für die Zitaten der Vs. zum Liederbuch verlangt de Boor mit Recht eine eigne Quelle; aber diesen Dienst leistet, wie wir

[1] Eingehend hierüber de Boor, Die färöischen Lieder des Nibelungenzyklus, 1918, 25ff., 51ff.

[2] Zuletzt bei de Vries, Studien over færösche Balladen, 1915, 6ff.

noch sehen werden, eine prosaische Sigurdar saga besser als das vermutete Lied.

Ein Plus der Völs. innerhalb von Sigurds Jugendgeschichte ist noch die Roßwahl (c. 13, 27—45: im Liederbuch zu 1½ Zeilen zusammengezogen). Für das Lied von der Vaterrache können wir diese Episode nicht ansprechen; denn, mag sie nun alt oder ganz jung sein, in der Handlung dieses Liedes hatte das Roß nichts zu suchen.

Das Bisherige — Schwertschmiedung und Rachefahrt mit Zubehör — hätte zwar die von einem eddischen Ereignislied zu erwartende Einheit, wäre aber eine dürftige Gedichtfüllung; man vergleiche nur den Gehalt der anderen Vaterrachesagen, Ingeld, Amleth, Halfdanssöhne, Helgi Hund.! Ich vermute, daß ein Hauptteil unserer Dichtung der Strophe Rm. 13 vorausliegt; ich halte für einen Rest des Vaterracheliedes:

3. Sigmunds Tod, Völs. c. 12. Dafür ist schon Polak eingetreten (a. a. O. 82f.). Ich suche die These weiter zu festigen.

5. Das Vaterrachelied: die Verknüpfung von Sigmund und Sigurd.

Die Liedspuren in des sterbenden Sigmund Abschied von der Gattin hat man oft beobachtet. Das Vorangehende, Odins Erscheinen im Kampfe usw., würde an und für sich über Sagakunst nicht hinausführen, ist aber inhaltlich mit der letzten Schlachtfeldszene so verwachsen, daß das zweite ohne das erste kaum verständlich wird. Was kann das für ein Lied gewesen sein?

Unmöglich eine Sigmundbiographie. Aber auch nicht eine Darstellung von Sigmunds letzter Ehe, seinem Zwist mit den Hundingssöhnen: dies hat kein liedmäßiges Gewicht, und der Schluß, eben Sigmunds letzte Reden, lebt ja schon ganz im Anblick des neuen Geschlechts, des rächenden Sohnes! Daß diese Erfindung ausgegangen sei von dem jungen Traumlied, Vs. c. 25, 55ff., ist unglaubhaft (vgl. Neckel, Eddaforschung 250. 320f.): alles spricht dafür, daß dieser Epigone um 1200 oder später die Anspielungen seines Frauengesprächs aus vorhandener epischer Dichtung bestritt.

Unsere Schlachtfeldszene schließt sich zur Einheit zusammen mit Sigurds erster Jugendtat. Die Einheit ist: Tod des Vaters — Rache des Sohnes. Dazu treten die drei besonderen Bindeglieder: das Schwert, die Mutter, der Gott. Jung Sigurd erbt mit der Rachepflicht den Stahl des väterlichen Schwertes: daraus soll ihm die Waffe geschmiedet werden, mit der er unsterbliche Großtaten vollbringt (Vs. c. 12, 16ff.), und mit der er dem Vatermörder den »blutigen Adler« in den Rücken ritzt (Rm. 26). Dieses Erbe händigt der erlöschende Sigmund der Gattin ein, die den Rächer unterm Herzen trägt: sie soll ihn wohl aufziehen und ihm die Schwerttrümmer wohl bewahren: die ganze Rolle der Mutter in Sigurds Leben besteht darin, daß sie dem Sohn zu einer königlichen Magschaft verhilft und ihm das väterliche Schwert vermittelt: beides dient der Vaterrache. — was nachher aus der Mutter wird, danach fragt keine der Sigurddichtungen; sie lebt in und mit dem Liede von Sigmunds Tod und Sigurds Rache. War ihr Name für den Dichter noch der alte, Sigrlinn = hd. Sigelint? »Hjǫrdís« begegnet in Versen erst in den Hyndl. 26 und der Grip. 3.

Das dritte Band ist Odin. Er erscheint bei dem Vater als der Lebensender, der Heimholer, bei dem Sohne als der hilfreiche Berater auf dem Zuge zur Vaterrache. »Odin will nicht mehr, daß ich das Schwert ziehe, nun es geborsten ist; ich habe Schlachten geschlagen, solange es ihm gefiel«: in diesen frommen Worten des sterbenden Sigmund liegt der Gedanke, daß er als Odins Schützling durchs Leben ging und seine Siege erstritt. So möchte man auch die Verse Rm. 18: *Hnikar hétu mik, þá er Hugin gladdi Vǫlsungr ungi ok vegit hafði* auf Sigmund beziehen; »schon deinem Vater war ich als Hnikar bekannt in seinen Kämpfen«. Odins Hilfe aber — auch dies deuten jene Worte des Sterbenden an —, war geknüpft an das Schwert, sie erlosch mit dem Schwerte, und, so dürfen wir ergänzen, sie tritt mit dem neu geschmiedeten Schwerte wieder in das Leben des Sohnes ein. Sigmunds Schwert war irgendwie als Schicksalsträger, als Odinsgabe gedacht.

Man sieht, wie alle diese Motive den beiden in unserer Überlieferung getrennten Teilen, Sigmunds Tod und Sigurds Vaterrache, gemein sind und sie zur dichterischen Einheit verbinden. Als äußerliche Klammer kommt dazu der Name der Hundingssöhne; den nennt die gesamte Sigurddichtung nur an zwei Punkten: bei Sigmunds Tod und bei der Vaterrache.

Odin, sein Schwert und die Mutter — als Pflegerin und Erbvermittlerin —, dies sind die Abzeichen der Vaterrachedichtung. Es sind ihre Neuerungen. Daß die Mutter als überlebende, in Sigurds Jugend eingreifende Gestalt nicht über unser Lied zurückgeht, wird man ohne weiteres zugeben. Aber sollte nicht auch der Odinsschutz und das Odinsschwert durch diesen Dichter in den Völsungenkreis eingeführt sein? Nach dem familienbiographischen Faden der Vs. setzt ja beides schon früher ein: um von der jungen Vorgeschichte zu schweigen, in dem berühmten Eingangsauftritt der Signýsage, wo der einäugige Alte das Schwert in den Stamm stößt. Aber seine durchgeführte Rolle hat beides, der Gott und das Schwert, in der Vaterrache-, nicht in der Signýsage: in diese dürfte beides erst später hereingekommen sein nach dem Vorgang unsres Liedes und unter Einfluß der kymrischen Arthurdichtung. (Die Anspielung der Hyndl. 2, *gaf hann . . . Sigmundi sverd at þiggia*, kann schon dieser jüngern Stufe gelten; vgl. Müllenhoff, Zschr. f. d. Alt. 23, 129.) Auch von den übrigen Fällen, wo Odin in die Völsungengeschichte eingreift (u. § 9), braucht keiner älter zu sein als die zwei Fälle der Vaterrachedichtung.

Das Vorbild für Sigmund und Sigurd als Odinshelden sehen wir in dem dänischen Sagenkönig Harald Kampfzahn. Hier ist der Gedanke mit primärer Kraft durchgeführt: das Leben des Königs von der Geburt bis zum Tode wird getragen von seiner Beziehung zu Odin; er ist der wahre *godi signadr*; seine Sage ist entworfen aus dieser religiös-grüblerischen Vorstellung. Bei Sigmund-Sigurd haben wir eine schwächere, weniger durchgreifende Anwendung des Gedankens; von denen gab es eben schon überlieferte Fabeln, die außerhalb standen. Auch in unserm Liede kehrt das Haraldische Muster gedämpft wieder: der vorgehaltene Speer, an welchem Sigmunds Klinge zerspringt, worauf die Feinde ihn fällen — und bei Harald die Holzkeule, womit der Gott selbst den gegen Eisen Gefeiten zerschmettert; bei Sigmund das christlich-heidnische Schlußwort »ich will nun meine dahingegangenen Gesippen aufsuchen« — bei Harald die pathetische Ausstattung des Toten zur Walhallfahrt; oder in der Hnikarstelle der das Schlachtschiff besteigende Gott, der dem Helden Lehren erteilt über Vorkommnisse des Kriegerlebens — und drüben Odin, der seinen Geweihten dank der geheimen Kunst des Schlachtkeils von Sieg zu Sieg führt[1]. Was die beiden Völsunge vor dem Dänen voraus haben, ist das schicksalhafte Schwert: das ist die überkommene Waffe des Drachentöters, die unser Dichter aufgegriffen und in seinem Sinne weiter umdichtet hat. — Eine dritte Auflage des »Odinshelden« war Starkad (nach 1100): auch hier widerstanden die schon geformten Massen dem Durchdringen des Motivs. Der jüngste Odinsheld ist der mehr romanhafte, nicht mehr im Liede gestaltete Hadingus (12. Jahrhundert), und hier ist nun wieder der bunte Lebenslauf von vornherein auf die mythische Rolle angelegt.

Bilden Sigmunds Tod und Sigurds Rache eine dichterische Einheit, so muß diese epische Form, diese »Sage« von Sigmunds Tod die Schöpfung unsres Dichters sein. Leider bleibt dunkel, was die alte deutsche Dichtung hierüber wußte. Von Sigmund gab es selbständige Sagen, desgleichen von Sigfrid, und Sigfrid hieß seit alters Sigmunds und Siglindens Sohn. Warum aber Vater und Mutter im Leben des Sohnes fehlten: warum Sigfrid der elternlose Knabe war und kein väterliches Reich erbte: ob und wie die vornordische Dichtung dies

[1] Vgl. Neckel, Beitr. 40, 477. Arkiv 34, 317 f.

begründet hat, wissen wir nicht. Die in der Thidreks saga versuchte Begründung — die »Crescentia-Sibilia-Formel« (Panzer 36ff.) — wirkt nach ihrem Gehalte hochmittelalterlich, nachheroisch und ist überdies möglichst ungeeignet, das Abtreten des Vaters zu erklären: der bleibt ja am Leben, und die Geschichte drängt auf eine Fortsetzung! Was die Thidr. mit der Vs. gemein hat (die Schwangere in der Waldeinsamkeit), bezieht sich auf Sigfrids Geburt und kann zur Schmied-Drachenfabel gehört haben: eine begründende Vorgeschichte haben wir darin nicht. Mit der Verstoßung der Borghild hängt die gefühlvoll-romantische Verleumdungssache der Thidr. schwerlich zusammen.

Ob also in frühdeutscher Dichtung eine Sage von Sigmunds Tod bestand, ist fraglich; noch fraglicher, ob in der nordischen, ehe unser Lied da war. Gesetzt, man erzählte im Norden, sagen wir um das Jahr 1000, von Sigmund nur die Signýsage und Sinfjötlis Tod: dann ist es um so glaubhafter, daß der Dichter, der mit Sigurds Vaterrache hervortrat, auch die Vorbedingung dazu, den Fall des Vaters, erzählte, und zwar im Rahmen desselben Liedes. Wer verstand denn sonst die Anspielung auf Eylimi (Rm. 15), einen in diesem Zusammenhang sicher nicht altvertrauten Namen!

Dieses Lied hat zum erstenmal, soviel wir sehen, eine faßbare Verbindung geschaffen zwischen Sigmund und seinem berühmten Postumus, den zwei Helden, die zwar als Vater und Sohn, aber der eine ganz außer Sehweite des andern durch die Jahrhunderte gegangen waren. Der Versuch war altheldenhaft empfunden: die Beziehung der Generationen ist die Rache. Wie anders knüpfte der Wiener Epiker das Band!

Von dem einen Punkte aus: daß der Sohn in doppeltem Sinne Erbe des Vaters wird, begreift sich das Weitere: daß Sigurd nun nicht mehr in Niedrigkeit aufwächst —, kurz die Ersetzung des altfränkischen durch das nordische Jugendbild (§ 4). Neue, lobpreisende Klänge werden in unserm Jung Sigurdliede laut: zuerst in der Weissagung des sterbenden Vaters (c. 12, 15—20), dann in den Begrüßungsworten des Schmiedes (Rm. 13f.) und wieder in seinem Frohlocken über die geglückte Rachetat (Rm. 26). Daß Sigurd der Vorderste seines Geschlechts ist, der Mächtigste unter der Sonne, daß sein Ruhm über alle Lande und bis ans Ende der Zeiten reicht: in diesen hohen Tönen hatte sich das alte Hortlied noch nicht bewegt. Das Traumlied und andere jüngere Dichtung nimmt diese Töne auf. Einen Anfang dazu haben wir schon bei dem Beowulfdichter: *Se wæs wreccena wide mærost ofer werþeode ...* (898): das wird auf Sigfrid, nicht seinen Vater, zielen, hat aber gewiß noch den engeren Sinn »der berühmteste der heimatlosen Recken«.

Zur Rückgewinnung des väterlichen Reiches hat die Vaterrachesage nicht geführt. Ob schon unser Lied auf diesen natürlichen Schluß verzichtete? Jedenfalls hat sich die alte, von den Sigurdarkvidur gestützte Anschauung, daß Sigurd als landloser Recke zu den Gjukungen kommt, im Norden nicht erschüttern lassen. Insofern blieb die Neuschöpfung unseres Poeten ein loses Außenwerk der Sigurdmasse.

Umriß, Szenenfolge des Liedes erkennen wir nur mangelhaft. Wieviel hat zwischen Sigmunds Tod und dem Willkomm bei Regin in Versen gestanden? Die ausführliche Geschichte der Völs. c. 12 vom Kleidertausch der Frauen und von der Adelsprobe (Panzer 81) ist eddischen Strophen nicht zuzutrauen: das ist jüngere, genrehafte Prosaformung, also wohl »Sigurdar saga« des 12. Jahrhunderts.

Überschauen wir den erkennbaren Verlauf des Liedes, so werden wir nicht auf ein reines Redegedicht schließen. Odin in der Schlacht, die Schwertschmiedung, das ließ sich kaum durch Dialog vergegenwärtigen. Wir hätten also den Fall, daß von einem doppelseitigen Ereignislied nur einige Redestrophen (7 bzw. 14) zu dem Aufzeichner des 13. Jahrhunderts sich durchschlugen.

6. Das Vaterracheliedː die Schwertprobe. Sigurdsage und Helgisage.

Zu den Quellen des Vaterracheliedes haben wir schon die Dichtung von Harald Kampfzahn gerechnet.

Unter den keltischen Vorbildern, auf die man hingewiesen hat, sind namentlich die in gälischer Dichtung beliebten Schwertschmiedungen und Schwertproben zu erwägen[1]: sie enthalten mehrere der deutschen Sigfridsage noch fehlende Züge, wenn auch in anderm Aufbau als unser Lied. Mit diesem hat die Jugendgeschichte des irischen Finn noch weitere Ähnlichkeiten, doch von blasserer Farbe: die Rolle der Mutter oder Pflegemutter, das Verhältnis zum Großvater: anderes hat schon der deutschen Ursage angehört, so wohl auch, daß Sigurd, wie Finn, ein Nachgeborener ist. Auch der Anklang von Sigmunds Tod an den Tod König Arthurs[2] ist mehr stimmungsmäßig-allgemein und, wie ich glaube, mit Konvergenz vereinbar.

Überlieferung deutschen Ursprungs muß der Nordmann noch außer dem Hortlied gekannt haben; denn Hjalprekr-Álfr hatten hier gewiß keine Stelle. Zu diesen rätselhaften Gestalten hab ich nichts beizubringen[3]: so leere Rollen bieten geschichtlicher Anlehnung keinen Halt. Ich möchte nur zu erwägen geben, daß »Hjalprekr« als bloßer

[1] Olrik, Kilderne 2, 189; Sydow, a. a. O. 39. 41.

[2] Schofield, Public. of the Mod. Lang. Ass. 17, 288 f. (anders Panzer 268).

[3] Die zwei fränkischen Chilperike erwägt Patzig, a. a. O. 27 ff., den burgundischen (Vater der Chrothild) Schütte, Arkiv 24, 10; den Westgoten Athaulf (~ Ólf) S. Bugge, Beitr. 35. 270 f. (vgl. Neckel, Eddaforschung 250).

Name aus einem Merkvers geholt wurde, weil er deutsch klang, zu Sigurds »Frakkland« paßte. Die dänische Heimat (SuK., Völs.) kann jünger sein.

Über die Schwertprobe hat Sydow 22 ff. eingehend gehandelt. Er folgert, daß die nordische Sagenform (die er als Einheit nimmt) auch hier vom Starken Hans nicht abhänge. — Soviel dürfen wir einfach aus den Tatsachen ablesen, daß die dreimalige Probe am Amboß die Neuerung unsres jüngeren Liedes ist. Denn ihr Sinn ist ja der, daß der falsche Stahl zweimal versagt und erst der vom Vater ererbte die Probe besteht; also die neue Sagenform (§ 4). Wir haben keinen Grund, schon dem Hortlied oder seinem deutschen Vorgänger den dreifachen Amboßhieb zuzuweisen. Bei einer nordischen Neuformung des 11. Jahrhunderts aber ist mit Einfluß des Märchens schon eher zu rechnen, und die dreimalige Probe ist im Starken Hans verbreitet (Panzer 86). Vielleicht ist dieses Muster schuld daran, daß sich Sigurd erst vor dem dritten Versuch an das kostbare Erbe erinnert, was uns schon als wunderlich auffiel (§ 4). Daß weitere Züge von dem derben Märchenhelden unbrauchbar waren für den Sigurd dieser jüngeren, verfeinerten Sagenform, leuchtet ein; darin liegt kein Bedenken gegen die Entlehnung des einzelnen Zuges. Aber für die alte Schmied-Drachensage ist damit, wie man sieht, nichts behauptet.

Es fragt sich weiter, ob der einmalige amboßspaltende Hieb einst mit dem Schwert geschah, eine Waffenprobe, — oder mit dem Hammer, ein Zeichen der überschüssigen Kraft, der Untauglichkeit zum Handwerk. Thidr. und Hürnen Seyfrid haben das zweite; das erste ist gar nicht unmittelbar belegt (da die Eddaprosa nach Rm. 14 ein Auszug ist aus jener reicheren Darstellung) — doch könnte es für das nordische Hortlied vermutet werden. Sydow sagt, das erste gehört in Heldendichtung, das zweite ins burleske Märchen. Doch begegnet auch das zweite, zwillinghaft ähnlich, im persischen Heldenbuch (Rückert, Firdosis Königsbuch 3, 284 f.): Der Schmied Burah nimmt den Königssohn Guschtasp zum Gesellen an:

Ein mächtiger Klumpen ward glühen gemacht | und glühend auf den Amboß gebracht. | Dem Guschtasp gab man den Hammer schwer, | und alle Schmiede standen umher. | Er schwang den Hammer, und Amboß und Ball | Zersprang, und der Markt war voll Hall und Schall. | Burah erschrak: »O Jüngling,« er sprach, | »Für seine Streich ist der Amboß zu schwach . . .«

Man kann die Wirkung nicht burlesk nennen. Aus Abstand vergleicht sich noch der eddische Zug, daß unter den Händen des mahlenden Heigi die Mühlsteine bersten usw. (H. Hu. II 2): auch da die heroische Überkraft zur Knechtsarbeit. Auch darf man fragen: eine Klinge zu erproben dadurch, daß man nach dem Amboß haut, sieht das nicht nach Umbiegung aus? Die vielen heldischen Waffenproben haben sonst eine andere Logik. Wogegen der Schlag mit dem Schmiedehammer, der das Amboßeisen durch den Steinblock treibt (Thidr.), gesteigerte Wirklichkeit ist.

Nun berichten ja Eddaprosa und Vs. eine zweite Schwertprobe, die mit der Wollflocke im Fluß. Man hat oft bemerkt, daß sie einem Schmiedemeister besser anstehe als einem Helden; sie begegnet denn auch bei Velent in der Thidr., und zwar dreimal mit Steigerung; sie paßt hier gut zu den übrigen Schmiedepraktiken. Entlehnung aus der Thidr. stieße bei dem Liederbuch auf zeitliche Schwierigkeit, wird auch durch den Wortlaut nicht gefordert; Edda und Vs. folgen gewiß hier wie anderwärts der Sigurđar saga. Außerdem ist nur in der Eddaprosa, nicht der Thidr., der Fluß der Rhein. Dies spricht für eine deutsche Sigfridsquelle; denn von sich aus bringen die isl. Schreiber keine solchen deutschen Namen an. Ging die Schwertprobe von Wieland aus, so war sie schon in deutscher Sigfridsdichtung übernommen. Dies kann doch nur die Schmied-Drachendichtung gewesen sein, die Vorstufe des eddischen Hortliedes. So hat denn das Hortlied beides enthalten, die Wollflockenprobe (vielleicht noch dem Schmiede zugeteilt) und die Amboßspaltung. Dies stärkt die Annahme, daß die Amboßspaltung nicht auch als Schwertprobe gemeint war, sondern im andern Sinne. Dann hat erst der Dichter der Vaterrache diesen Kraftstreich umgebildet zur Waffenprobe — im Zusammenhang mit seiner sonstigen Neuformung und vielleicht im Anschluß an irische Dichtung. Die Probe im Fluß wird direkt aus dem Hortlied in die Sig. s. und daraus in unsre Denkmäler übergegangen sein.

Zu den Neuerungen des Vaterrachelieds gehört die Einführung der Hundingssöhne. Dies bedeutet eine Anrückung an die Sage von Helgi dem Hundingstöter. Auch unsre Denkmäler der Helgisage zeigen die Verknüpfung mit der Völsungensippe. Die Entwicklung ist in folgenden Stufen vor sich gegangen[1].

Noch unberührt vom Helgikreis ist Sigurds Hortlied, wie übrigeus die meisten unsrer Völsungendenkmäler. Auf der andern Seite liegt ein Gedicht der Verknüpfung voraus: H. Hu. II 1—4, die Reste von Helgis Jugendsage. Hier rächt Helgi an König Hunding noch den erschlagenen Vater. Dessen Namen kennen wir nicht. Die Prosa ergänzt nach der jüngeren Sagenform.

[1] Mehrfach abweichend Müllenhoff, Zschr. f. d. Alt. 23, 126 ff.; Golther, Germ. 34, 292 ff.; Boer, Nibelungensage 3, 87 f., 91 f.; Polak 81 ff.; Ussing, a. a. O., passim; Patzig, Die Verbindung der Sigfrids- und der Burgundensage. 1914. 3 ff.

Die Anrückung an die Völsunge muß von einem Helgidichter ausgegangen sein. Denn ihr erstes Ziel war doch die Ehrung Helgis[1]: ihn fügte man ein in das berühmtere Sieg-Geschlecht: er wurde zum Sohne Sigmunds, zum Halbbruder Sinfjötlis und Sigurds.

Das sogen. Alte Völsungenlied (H. Hu. II 14 ff.) hat diesen Schritt getan. Sein Name trägt ihn zur Schau: Helgi heißt »sour Sigmundar«, und Sinfjötli ist ihm zugesellt. Die Frage, wie dieser Dichter über Helgis Vaterrache dachte, ist gegenstandslos, um so mehr als sein Lied wohl nur den zweiten Helgistoff, die Brautwerbung, enthalten hat.

Dann kam ein Dichter aus dem andern Lager, der unsres Vaterracheliedes. Er fand dem Sigurd den Halbbruder Helgi zugeschrieben, der den Vater rächt: und nach dem »Völsungenlied« war Sigmund der Vater. Er sagte sich: die Ehre der Vaterrache muß Sigurd haben. Aber dem Helgi konnte er seine Hundingstötung nicht gut rauben: die war in dem klangvollen stabenden Beinamen zu fest verankert; Sigurd durfte kein »Hundingsbani« werden. Er half sich so: Hunding muß noch zu Sigmunds Lebzeiten gefallen sein: aber er hat Söhne hinterlassen (die Verse nennen keine Einzelnamen): die bringen Sigmund um, an ihnen vollzieht der berühmtere Sohn, Sigurd, die Vaterrache. Der Jugendtat Helgis kommt dies nur so weit ins Gehege, als die nun keine Vaterrache mehr ist.

Daran schließt sich wieder einer von drüben, das Jüngere Helgilied (H. Hu. I). Es macht dem Sigurddichter das Zugeständnis: die Hundingstötung heißt nicht mehr Vaterrache: von Sigmunds Tod schweigt der Dichter sorgfältig — sonst zöge es ihn auf jenes andre Gleis: Helgis Jugend verhält sich zu der im alten Bruchstück (H. Hu. II 1—4) ungefähr wie Sigfrids Jugend im Nibelungenlied zu der in der Thidreks saga: im Glanz des väterlichen Hofes wächst der Knabe auf. Darin aber biegt dieses Helgipreislied die Prämisse des jüngern Sigurddichters selbstherrlich um: die Hundingssöhne, die sich auf der vorigen Stufe von Hunding abgespalten hatten, unterliegen nun ebenfalls dem Helgi, bis auf den letzten Mann, wie Str. 14 rühmt: in majorem gloriam Helgonis! Dies meint nicht, der Dichter wisse noch nichts von Sigurds Vaterrache: denn daß Helgis Jugendkämpfe nicht mehr dem toten Vater gelten, dies setzt doch gewiß die Enteignung durch Sigurd voraus.

Diesen Widerspruch der beiden Lieder gleichen dann die Sagamänner aus, am deutlichsten der Nornagests þáttr (58, 10 ff.): auf Helgi entfallen Vater Hunding und die Hälfte seiner Söhne; die andre

[1] S. Bugge, Helgedigtene 174.

Hälfte bleibt übrig für den letzten Krieg mit Sigmund und für Sigurds Vaterrache.

Was hat die Sigurddichtung durch dieses Anrücken an den Helgikreis gewonnen? Man könnte sagen: die Vaterrache. Denn die Helgisage brachte eine Vaterrache mit, und der Rächer Helgi mußte dieses Amt an Sigurd abtreten. Möglich, daß dies der äußere Anstoß war, dem Sigmund einen heroischen Tod und seinem Sohne die Rache anzudichten. Wirksamer war ja gewiß das innere Bedürfnis, zwischen den zwei *fedgar* endlich eine lebendige, geschaute Verbindung herzustellen (§ 5). Vor allem aber mache man sich klar: Sigurd ist nicht eingetreten in Helgis Vaterrache als epische Handlung: denn was H. Hu. II 1—4 von dieser Sage enthüllt, weicht ja völlig ab von unsrer Sigurddichtung! Kein einziger Auftritt in Sigurds Vaterrache ist aus Helgis Jugendsage geholt, nur der Name Hundings. Daß etwa die Schlachtfeldszene mit dem Odinsschwert für Helgis Vater, nicht für Sigmund, erfunden wäre, wird niemand glauben: welch andre Rolle hat Odin im Helgischicksal! Daß Regins »gehobener Charakter« von dem Ziehvater Helgis, also Hagall, stamme, wäre schwer zu beweisen: falls sein Name von dem Regin der Halfdanssöhne käme, wäre dies eine viel ältere, schon im Hortlied gegebene Entlehnung aus einem zwar verwandten, aber immerhin andern Heldenstoffe. Kurz, die Jugendsage Helgis — seine Fehde mit Hunding — war nicht unter den Bausteinen unsres Vaterracheliedes. Etwas anderes ist es mit der zweiten Helgidichtung: das Alte Völsungenlied, das die beiden Fürstenhäuser verknüpft hatte, kann auch zu Sigurds Flottenfahrt beigetragen haben. Das große Jüngere Helgilied (H. Hu. I) war dem Vaterrachelied gegenüber der nehmende, nicht der gebende Teil. Auch nach seinem Stile macht es mir einen jüngern Eindruck als die Langzeilenstrophen Rm. 13 ff.: Motive und sprachliche Wendungen sind in abgeleiteterem Sinne gebraucht. Man sehe die Vergleichungen bei Ussing 82 ff. und Polak 23 ff. (beide halten das Helgilied für das ältere). Ich nenne nur zwei Punkte. Jene superlativischen Lobpreisungen, die das Sigurdlied kennzeichnen, und die auch im Jüngern Helgilied hervorstechen (besonders Str. 2 und 53), erscheinen bei Sigurd gewachsener als bei Helgi. Sodann der »wikingische« Seezug, der ist zwar von dem Dänen Helgi, nicht dem Binnenländer Sigurd ausgegangen, aber im Alten Völsungenlied (H. Hu. II 19 ff.): daran konnte unser Sigurddichter anknüpfen, wie später nachweislich der jüngere Helgidichter. Der Seesturm aber ist im Sigurdliede, als Vorbedingung für die Hilfe Odins, gut begründet und wird sehr ernst genommen (*er oss byrr gefinn vid bana sialfan*): bei Helgi ist er ein leicht entbehrliches Kulissenstück, woran der Dichter seinen Wortprunk spielen läßt.

Die Heldenlieder, die uns hier beschäftigt haben, würde ich in diese zeitliche Folge setzen:

> Hortlied — Helgis Vaterrache — Altes Völsungenlied —
> Lied von Harald Kampfzahn — Sigurds Vaterrache —
> Jüngeres Helgilied.

Das letztgenannte muß zwar weder von Arnórr Jarlaskáld noch von Þjóðolfr Arnórsson stammen, scheint sich aber an ihren Fürstenliedern geschult zu haben und dürfte um 1070 zu setzen sein. Das zu vermutende Lied von Harald Hilditann möchte, als eine Art religiöser Problemdichtung, um die Wende der heidnischen und christlichen Zeit fallen. Unser Vaterrachelied denke ich mir gegen die Mitte des 11. Jahrhunderts gedichtet.

7. Das Sigurdliederheft.

Hortlied und Vaterrachelied sind in der einzigen Handschrift, dem codex Regius, auf eigentümliche Art zusammengestückt. Dies rührt nicht erst von dem Sammler des großen eddischen Corpus her, sondern von einem Vorgänger, dem Urheber des kleinen Sigurdliederbuchs.

Ein Isländer etwa um 1230 — d. h. nach Snorris Skaldenlehrbuch — vereinigte eine Anzahl Gedichte, die zusammen einen Lebenslauf Sigurds ergaben. Es waren, wie Grípisspá und Völsunga saga uns erkennen lassen, folgende sechs oder sieben Nummern[1]: Zuerst drei ältere Gedichte bzw. Bruchstücke: Hortlied, Vaterrachelied, Erweckungslied; als Überleitung zu diesem letzten trat eine Losestrophengruppe dazwischen, die Vogelweissagung. Darauf zwei sehr junge Lieder, Falkenlied und Traumlied. Endlich als Hauptstück des ganzen Büchleins eine Dichtung mittleren Alters, das Große Sigurdlied.

Hierzu verfaßte dann noch ein dichtkundiger Sagenfreund ein Programmlied, das den Inhalt von fünf jener Gedichte zu einem prophetischen Zwiegespräch verarbeitete. Diese »Weissagung Grípirs«, das jüngste aller stabreimenden Sigurdlieder, wurde in die Einleitungsprosa hineingestellt. Das eine der Gedichte, das Traumlied, war für die Weissagung unmöglich zu gebrauchen; darum kann es doch in der Sammlung gestanden haben: trat auch Sigurd nicht leibhaft darin auf, so ließ sich doch dieser nordisch ausgebaute Kriemhildentraum passend dem Großen Sigurdlied voranstellen.

Das Liederheft wollte mehr sein als eine schlichte Sammlung. Das ganze sollte sich ohne sachliche Wiederholungen, ohne Doppel-

---

[1] Eine andre Begrenzung geben Edzardi, Germ. 23, 186 f., und Symons, PGrundr. 3, 633 f.; Edda LXXIV ff. CL. CLXII. mit meines Erachtens irriger Berufung auf den Nornagests þáttr.

gäuger. lesen lassen als zusammenhängende Geschichte des Helden Sigurd. wobei man allerdings gewisse innere Unebenheiten in Kauf nehmen mußte, da die sechs Lieder nicht als Teile eines durchdachten Zyklus entstanden waren. Einschneidende Liedertitel, wie in der großen Eddasammlung. blieben hier weg. An vielen Stellen war es nötig, für einleitende und verbindende Prosastücke zu sorgen. Aber das Ziel blieb doch immer ein Liederbuch, ein »Leben Sigurds in Liedern«: die Teile der Sage, die nicht in Versen zugänglich waren. tat der Sammler in kurzer. kunstloser Skizze ab. Auf eigne Zudichtung war es nicht abgesehen: ein paar harmlose Neuerungen ergaben sich sozusagen unfreiwillig aus der biographischen Anordnung.

Die drei letzten Gedichte heischten vermutlich — dieser Teil ist uns in der Lücke des Regius verloren — keine besonderen Redaktoreneingriffe: es waren dies wohlbewahrte junge Liedtexte. die man schlichtweg aneinanderreihen konnte. Die spärlichen Trümmer des alten Erweckungsliedes hat vielleicht erst unser Sammler durch die runischen und sittenlehrenden Strophenmassen auf den Umfang von 37 Gesätzen gebracht.

Besondere Maßregeln brauchte es bei dem vorausliegenden Teil. Die Reste des Vaterrachelieds konnte der Isländer nicht **hinter** das Hortlied stellen: dies hätte den zeitlichen Fluß der Lebensgeschichte gestört, denn Sigurds Begrüßung durch den Erzieher und der Rachezug fielen ja zwischen die Hortvorgeschichte und den Drachenkampf. Er hat also die Strophen des jüngern Liedes mitten in das ältere eingeschaltet: die ungleiche Strophenform hat ihn auch sonst nicht gestoßen. Diese Einschaltung kann sehr leicht bewirkt haben, daß Strophen des Hortlieds dem einsträngigen Fortschreiten zuliebe wegfielen: jedenfalls klafft ja zwischen Rm. 12 und Faf. 1 eine Kluft. die aus der Technik der einseitigen Ereignislieder — nur die Reden in Versen. der Rest in Prosa — kaum zu begründen wäre. Doch mag schon mündlich eine Lücke entstanden sein. Die Hortvorgeschichte aber, die vor Sigurds Tagen spielte, hat der Sammler dadurch in den Lebenslauf gezwungen. daß er sie als Bericht Regins an Sigurd hinstellte: eine recht künstliche Machenschaft bei einem Liede. das fortwährend in gerader Rede der Handelnden erzählte. Denkbar ist es, daß dieser Einfall schon in der prosaischen Quelle des Sammlers stand. in der Sigurdar saga (s. u.): doch hätte ein Prosaroman weniger Grund gehabt. dieses zeitliche Zurückgreifen zu scheuen. er konnte die Hreiđmarepisode ruhig in direktem Bericht einschalten (vgl. Olrik, Danske Studier 1908, 76): man sehe das abspringende und nachholende Erzählen Ragn. c. 1. 2. 3; Herv. c. 2; Hrólfs saga kraka c. 14. 17. (Die Völs. hat sich hierin einfach dem Liederbuch. ihrer Hauptvorlage.

angeschlossen.) Jedenfalls dürfen wir dem Hortlied in mündlicher Gestalt diese Machenschaft nicht zutrauen:, das Lied zog sich keine zwiesträngige Handlung zu, wenn es die Vorgeschichte unmittelbar auf die Bühne brachte, denn von Sigurd erzählte diese Dichtung erst in dem Augenblick, wo er zu Regin kam (wie SnE. 1, 356); ein Zurücklenken brauchte es da nicht. Auch unser Sammler hat den Kunstgriff nicht glatt durchgeführt: in der Prosa nach Str. 9 und 11 vergißt er, daß Regin berichten soll, und namentlich kommt Str. 13 f. — nach dem Vaterrachelied deutlich der erste Willkomm heim Ziehvater — nun zu spät nachgehinkt. Eine sachliche Folge des Kunstgriffs war, daß die Prosa dem Fafnir allein den Vatermord zulegt, wo Snorris Skizze noch das ältere hat (Symons, Edda I II); vielleicht ist auch der Verstext an einer Stelle, Str. 6, geändert worden (Polak 40). Die fremdartigen Strophen 5 und 11 wird wohl auch dieser Sammler eingeschoben haben.

In dieser Strecke ist das Sigurdliederheft ein Mittelding zwischen bloßer Niederschrift und planvoller Neugestaltung.

Bleiben noch die fünf Strophen »Vogelweissagung«, Faf. 40—44. Über ihren Inhalt streitet man noch immer. Eine neue, ganz selbständige Erklärung hat Panzer aufgestellt (Sigfrid 236 ff.). Er sieht in allen fünf Strophen die verzauberte, von Sigurd zu erweckende und als Weib zu gewinnende Gudrun: also eine mit Hürnen Seyfrid II verwandte Sagenform. Diese soll auch in Grip. 14 ff. vorliegen. Allein, hier ist doch von *mundi kaupa* und Heirat gar nicht die Rede; es ist klar, daß diese Strophen die sogen. Sigrdrífumál umschreiben, und daß deren Heldin nicht Gudrun ist. Die Erlebnisse Grip. 19—31 könnten unmöglich auf die Gewinnung der Gudrun folgen: Grip. 33 muß die erste Einführung der Gudrun sein. Gegen die richtige, von Symons verfochtene Deutung der Vogelstrophen wendet Panzer den Vers ein: *ef þú geta mættir* (Faf. 40, 8). Daß diese Worte nicht eine »Erwerbung mit Schwierigkeiten« bedingen, zeigen die gleichlautenden in Háv. 4, 5; an unsrer Stelle haben sie etwa den Sinn: »wie, ob sie dir zuteil wird!« Unvereinbar mit der auf den Berg gebannten Valkyrje sind die Verse 40, 7 *gulli gœddu* und 41, 5. 6 *þar hefir dýrr konungr dóttur alna*: dies setzt Gudruns Weilen am väterlichen Hofe voraus. Bei der Erklärung der fünf Strophen wollen wir nicht so sehr Vogelpsychologie treiben als fragen, was ein isländischer Erzähler in derartigen Überleitungs- und Programmversen als bekannte Sagenfakta voraussetzen durfte. Dazu hat Gudruns Zauberschlaf sicher nicht gehört, da keine altnordische Quelle, wie Panzer zugeben wird, ihn eindeutig ausspricht und er den Gudrunrückblicken wie der Snorra Edda, der Völs. und dem Nornag. nachweislich unbekannt ist.

Bei ungekünstelter Deutung zielen die fünf Strophen erstens auf Sigurds Vermählung mit Gudrun, zweitens auf die feuerumschlossene Brynhild, die hier, wie in der Helreid, mit der schlafenden Valkyrje auf Hindarfjall verschmolzen ist (so de Boor, a. a. O. 145 ff.). Es ist also ein Ausblick auf den Anfangsteil der Werbungs- oder Brünhildsage: einen Sagenstoff, der von Sigurds Drachenkampf und Vaterrache scharf getrennt ist. Aus dem Rahmen der beiden vorangehenden Lieder fallen die Strophen völlig heraus. Ebensowenig können sie zu der folgenden Dichtung, dem Erweckungslied, gehört haben, denn dieses hat ja eine ganz andre Sagenform: die Valkyrje ist **nicht** die feuerumschlossene Brynhild, und Sigurd ist noch nicht mit Gudrun vermählt; kurz, die Erweckung steht noch außerhalb der Brünhildsage.

Die Vogelweissagung wird verständlich als Lausavisurgruppe, dazu bestimmt, überzuleiten von der Hortsage zu der Brünhildsage. Diese zwei Liedinhalte standen von Hause gelenklos nebeneinander; setzt doch in den Sigurdarkvidur, wie in Thidr. und NL., die Brünhildsage selbständig, als etwas Neues, ein. Unsere fünf Strophen schufen ein Gelenk: dieselben beratenden Vögel, die die Hortsage zum Abschluß geführt haben, lenken die Augen des jungen Helden auf den Gjukungenhof. Der Sammler der Sigurdlieder nahm dieses Bindeglied auf – obwohl es seiner eigenen Fortsetzung widerstreitet: denn bei ihm folgt ja noch nicht die Brünhildsage (die Große Sigurdarkvida), sondern vorher noch drei andere Lieder. Er muß wohl die erste der Strophen (. . . *mey veit ek eina, myklu fegrsta,* . . .) auf die Valkyrje bezogen haben, dann konnte das Erweckungslied zur Not anschließen. Diese Umdeutung hat auch neuere Forscher verführt. Anders half sich der Programmdichter: er las eine inhaltlose Einkehr bei Gjuki heraus, vor der Erweckungsgeschichte (Grip. 13 f.). Schuld an all diesen Mißverständnissen war, daß die Vogelstrophen aus ihrem rechten Zusammenhang gerissen waren; der sie dichtete, dachte sich als Fortsetzung die Brünhild-, nicht die Erweckungssage. Der Verfasser der Völs. hat die Lage durchschaut: da er, dem Liederbuche folgend, die Erweckungssage anschließen mußte, behielt er aus den fünf Strophen nur einen Zug bei, den er auf diese Sage umdeuten konnte (c. 19, 37 f.).

Als Fundstätte solcher Gelenk-Lausavisur kann man sich nur einen Heldenroman, eine Fornaldar saga, denken. Weissagende oder mahnende Stimmen außermenschlicher Art, in Losen Strophen gestaltet, kennen wir in größerer Zahl aus der Hálfs saga (EM. 90 ff.) und der Haddings saga (Saxo 38–57, sechs Fälle), je ein Beispiel ferner bei Frotho I und Fridlevus II (Saxo 61 f. und 266). Auch die dialogischen Gruppen Helg. Hjörv. 1–4, 6–9 kann man hier nennen. Daß die Strophen die Brücke schlügen von einer epischen Fabel zur nächsten, dafür haben wir keine eindeutigen Belege; doch scheint mir, daß Helg. Hund. II 5—13, das Gespräch Helgis mit Sigrún, als Lausavísurgruppe zu verstehen ist, die überleiten soll von der Hundinggeschichte zu Helgis Brautwerbung: diese zwei bisher selbständigen Fabeln werden verknüpft, indem die rückblickenden Verse die Heldin schon in die Schlacht gegen Hunding hereinziehen — wovon noch das junge Erste Helgilied nichts weiß.

In unserm Falle muß ein Prosaroman die Quelle gewesen sein, der die verschiedenen Sagen von Sigurd zusammengestellt hatte: eine Sigurđar saga.

8. Zeugnisse für die Sigurđar saga.

Für das Vorhandensein einer Sigurđar saga hat neuerdings Finnur Jónsson gute Gründe beigebracht (Aarbøger 1917, 16ff.).

Zwar die drei Quellenstellen, die von einer »Sigurđar saga« reden, helfen uns nicht weiter: denn sie zielen nicht auf ein bestimmtes Sprachdenkmal. Wenn Snorri von einem Skalden um das Jahr 1000 sagt, er habe »nach der Sig. s. gedichtet«, *kređit eptir Sigurđar sǫgu* (SnE. 1, 646); oder wenn es von Sigvatr, dreißig Jahre später, heißt: er habe ein Preislied geschmückt mit Zwischensätzen nach der Sig. s., *stælti eptir Sigurđar sǫgu* (Flat. 2, 394, ähnlich Forum. 5, 210), so hat der Ausdruck beidemal nur stofflichen, nicht formalen Sinn: »was man von Sigurd erzählte; res gestae Sigvardi«, mag man nun an Verse oder Prosa oder Bilder gedacht haben. So wird ja »saga« oft genug gebraucht, sehr deutlich z. B. im Prolog der Thidreks saga — dicht neben dem andern, literarischen Wortsinne; wir können allemal unser »Geschichte« dafür setzen, dieses Wort durchläuft, vom andern Ende aus, die gleiche Stufenfolge. In dem genannten Prolog käme man zu den absonderlichsten Schlüssen, wenn man »saga« immer auf das Schriftwerk, die vorliegende Geschichtensammlung, bezöge (mit Klockhoff, Arkiv 31, 167f.); man sehe etwa: *kvæđi . . . er fyrir lǫngu voru ort eptir þessari sǫgu; — þessi saga hefir gǫr verit i þann tima, er Constantinus konungr hinn mikli var andađr.* (Dagegen: *sagan*, dieses Buch, *er á þá leiđ saman sett . . .*)

Endlich die dritte Stelle, das Zitat des Nornagests þáttr 65, 3, das man mit so schweren Folgerungen belastet hat: *Eptir þat reiđ hann upp á Hindarfiall, ok þar fann hann Brynhildi, ok fara þeira skipti, sem segir i sǫgu Sigurđar.* Sachlich gilt diese Berufung der Völsunga saga: dem einzigen Denkmal, das den Auftritt auf Hindarfjall von Brynhild erzählte. (Die bloße Erwähnung im jüngeren Text der SnE., 1, 360, kann bei dem »ok fara þeira skipti, sem segir . . .« nicht vorgeschwebt haben.) Nicht als ob Völsunga-(+ Ragnars) saga den amtlichen Titel

»Sigurðar saga« geführt hätte: das Zitat meint auch hier »das von Sigurd Erzählte, die Sigurdhistorie«. So konnte man ganz gewiß auch eine Sammlung von Sigurdliedern anführen (S. Bugge, NFkv. XLIII), und es steht ja fest, daß die eigentliche Vorlage des Nornag. die Eddasammlung war. Aber daß unser Liederheft unter dem Namen einer »saga«, im technischen Sinne, gegangen sei, wie Edzardi und Symons wollten, ist unwahrscheinlich und wird durch den Hinweis auf Hálfs und Hervarar saga nicht gestützt: in diesen spielt die Prosa doch eine ganz andere Rolle. Das Liederheft ist einer »Saga mit eingestreuten Lausavisur« schon deshalb nicht zu vergleichen, weil es ungefähr zur Hälfte aus einem langen fortlaufenden Ereignislied mit Erzählversen bestand (der Großen Sigurðarkviða). Es ist keine Saga, sondern eine *Kvæðabók*; als Quelle hatte es u. a. eine Saga benutzt (s. unten).

Ausdrückliche Hinweise also auf einen Heldenroman, genannt »Sigurðar saga«, gibt es nicht. Es ist aber an und für sich glaubhaft, daß ein so beliebter Held wie Sigurd schon um 1200 oder früher seinen zusammenfassenden Prosaroman, seine (mündliche) »Saga«, erhalten hatte. Und als Hilfskonstruktion tut dieses Werk gute Dienste, wenn auch nicht in dem Umfang, wie F. Jónsson glaubte: es erklärt mehreres an der Einrichtung des Sigurdliederhefts und an der Völsunga saga.

Als der Sammler um 1230 unser Liederbüchlein redigierte, zog er diese Sig. s. heran und entnahm ihr das nötige für einen Teil seiner Prosafüllsel. Da er selbst keine Saga herstellen wollte, hat er bei diesem Entlehnen gekürzt und zusammengezogen: dies hat F. Jónsson im einzelnen gezeigt. Ob ihm die Sig. s. schriftlich vorlag, sei dahingestellt. Aus derselben Quelle bezog er die Lausavisurgruppe mit der Vogelmahnung (§ 7): denn wir werden dafür keine zweite Quellensaga aufbieten wollen. Trifft dies zu, so gewinnen wir da einen Schluß auf die Sagenform dieses Prosaromans: eine besondere Erweckungsfabel (wie im Liederbuch) gab es hier nicht: die Ankunft bei Gjuki kam sogleich nach der Hortgewinnung; dafür folgte die Brünhildsage der gemischten Form: die für Gunnar Geworbene hatte die Tracht der Odinsvalkyrje angenommen.

Daß wirklich die Erweckungsfabel, die »Sigrdrífumál«, in der Sig. s. fehlte, bestätigt uns folgender Umstand. Die Prosa dieses Eddastücks stimmt auffallend genau zur Völs. c. 20: irgend Nennenswertes bringt hier die Saga nicht hinzu, zum Unterschied von den Kapiteln vorher, wo sich Vs. und Eddaprosa gewöhnlich wie Text zu Auszug verhalten. Das macht, für diese vorangehenden Teile hatte die Völs. eine ergänzende Quelle in der Sig. s.: für die Sigrdrífumál setzte diese Quelle aus, da war die einzige Vorlage das Liederbuch.

Weitere Vermutungen über das Aussehen der Sig. s. gewinnt man aus der Vergleichung der Völs. (§ 9f.).

Kein Zeuge für die Sig. s. ist Snorri. Daß seine Skizze der Völsungengeschichte den Heldenroman benützt habe, ist nicht zu erweisen. Die Sachlage ist in Kürze diese. Das im Upsaliensis bewahrte Anfangsstück (SnE. 2, 359f.) weicht von Edda-Völs. so durchgängig ab, daß an eine gemeinsame Vorlage — das wäre eben die Sig. s. — nicht zu denken ist; die paar übereinstimmenden Wendungen erklärt der Umstand, daß beide Teile Isländer waren und für Stein *steinn*, für zeigen *sýna* sagten u. dgl. Zugegeben, daß dieser Text U gekürzt hat: unmöglich hat erst dieses Kürzen die Spuren einer gemeinsamen Vorlage verwischt. Dies beweist der ungekürzte »gemeine Text« x (SnE. 1, 352ff.): er hat, soweit er mit U gleichläuft, kein nennenswertes Mehr an Berührungen mit Edda-Völs. (Müllenhoff, DAk. 5, 186). Wo aber im weiteren Verlauf solche Berührungen sich einfinden, da verraten sie Benützung der Eddasammlung, nicht der Sig. s.: denn: die Stellen liegen der Eddaprosa viel näher als der Völs., während doch diese das treuere Bild der Sig. s. gibt. Ein klares Beispiel setzen wir her:

Edda	SnE. Text x	Völs. s.
þat var svá hvast. at hann brá þvi ofan i Rín ok lét reka ullar lagđ fyrir straumi, ok tók i sundr lagđinn sem vatnit. þui sverdi klauf Sigurđr i sundr steđia Regins. Eptir þat	at svá hvast var, at Sigurđr brá niđr i rennanda vatn, ok tók i sundr ullar lagđ, er rak fyrir strauminum at sverđs egginni. þvi næst klauf Sigurđr steđia Regins ofan i stokkinn međ sverđinu. Eptir þat	Sigurđr hiđ i steđiann ok klauf niđr i fótinn, ok brast eigi né brotnađi; hann lofađi sverđit miǫk ok fór til árinnar međ ullar lagđ ok kastar i gegn straumi. ok tók i sundr, er hann brá viđ sverđinu: gekk Sigurđr þá glađr heim. Reginn mælti: . . . .

Es liegt so, wie Müllenhoff, Mogk und Symons gelehrt haben: der Bearbeiter von Snorris Text hat das mittlerweile entstandene Liederbuch herangezogen. Wir können beifügen, daß Kenntnis der Sig. s. bei diesem Bearbeiter so wenig wie bei Snorri selbst zu gewahren ist. F. Jónssons Ansicht von diesem Punkte befriedigt nicht (a. a. O. 26ff.). Die Beziehungen der fünf Texte sind so zu veranschaulichen:

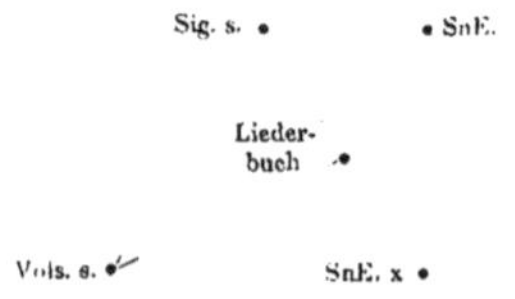

9. Die Völsunga saga.

Daß die Sigurđar saga uns verloren gegangen ist, hat seinen erkennbaren Grund: sie wurde ersetzt, verdrängt durch die Völsunga saga.

Das schriftliche Einsammeln der mit Sigurd zusammenhängenden Gedichte blieb nicht stehen bei jenem kurzen biographischen Liederheft. Wenig später entstand die viel stattlichere Liederreihe, die wir in dem eddischen Corpus vor uns haben: dem Inhalt des ältern Büchleins geht voran eine Gruppe von Helgidichtungen, die mit dem Sigurdkreise lose verknüpft sind (§ 6); es folgen dann noch elf Gedichte, umfassend die drei alten Liedstoffe, Brünhild-, Burgunden-, Svanhildsage, nebst ihren Sprößlingen.

Dies war nun weit mehr ein bloßes Sammelwerk: dieselben Stoffe brachte es in zwei und mehr gleichlaufenden Liedern; von einem durchgehenden epischen Faden war trotz tunlichst chronologischer Anordnung nicht die Rede; die verbindenden Prosasätze waren (von der Helgigruppe abgesehen) noch knapper und unepischer als in dem früheren Hefte. Mit Stropheneinschiebseln, wie wir sie dem Vorgänger, besonders im Erweckungsliede, zutrauten, hielt dieser zweite Sammler zurück; er war mehr philologischer Editor. Daß er die Stücke des älteren Liederhefts um weitere Strophen aufgefüllt habe, ist eine überflüssige Vermutung, daraus entsprungen, daß man diesem Hefte das Gepräge einer Saga zuschrieb. Nichts steht der Annahme entgegen, daß die kürzere Reihe unverändert in die längere einging.

Nachdem diese große Sammlung einmal da war, bildete sie für den Sigurd- oder Nibelungenkreis die weitaus reichhaltigste schriftliche Quelle. Auf dieser Grundlage war es möglich, die Sig. s. durch ein anspruchsvolleres Prosawerk zu überbieten. Dies ist unsere Völsunga saga, die zusammen mit der Fortsetzung, der Ragnars saga lođbrókar, in der zweiten Hälfte des 13. Jahrhunderts entstand.

In ihrem Hauptteil, c. 9—42, ruht die Vs. auf der eddischen Heldenliedersammlung; von dem Punkte ab, wo diese Liederreihe einsetzt, bis zu ihrem Ende, also von Vs. c. 8, 131 bis und mit c. 42, ist die Saga im wesentlichen eine Umschrift der gesammelten Lieder: an diesem Ergebnis der älteren Forschung ist gegen F. Jónsson festzuhalten. In diesem Teile war die Sig. s. nur Nebenquelle: sie diente zur Ergänzung der Stücke, die das Liederbuch, weil sie nicht in Versen vorlagen, übergangen oder stark gekürzt hatte: c. 10—12; Teile von c. 13; c. 15. Überall, wo der Wortlaut der Vs. zum Liederbuche stimmt, ist die nächste Erklärung, daß er aus dem Liederbuch stammt. Seine letzte Quelle kann die Sig. s. sein (soweit diese reichte); aber in dem genannten Hauptteil hat die Vs. das Liederbuch aus der Sig. s. ergänzt, nicht umgekehrt.

Als ersten Unterschied der Vs. von der Sig. s. darf man ansetzen: Soweit die Lieder der Sammlung sich erstreckten, erlaubten sie dem jüngeren Sagaschreiber eine viel reichere Gestaltung der Geschichte. Seine neben den andern Heldenromanen außergewöhnliche Ausführlichkeit hat er mehrmals dadurch erreicht, daß er gleichlaufende Lieder ineinander verwob; dies war so nur möglich auf Grund geschriebener Texte: die Sig. s. aber war gewiß aus mündlicher Dichtung erwachsen. Auch eine Doppelhandlung wie Sigurds zweimalige Verlobung mit Brynhild kennzeichnet den Bearbeiter einer Liederreihe. Daß die Sig. s. noch nichts von dem Gripirbesuch wußte, folgt aus dem Altersverhältnis: 1. Sig. s., 2. Liederheft, 3. Grípisspá. Auch den Inhalt von Erweckungslied, Falkenlied, Traumlied glaubten wir der Sig. s. absprechen zu dürfen (§ 8). Die Zahl der von ihr benützten Gedichte kennen wir nicht.

Eine zweite Neuerung war sicher die Angliederung der Geschichte Ragnar lodbróks. Die sagenverklärten Völsunge sollten die Ahnen sein des tatenreichen Wikingfürsten und durch ihn der Norwegerkönige wie anderer geschichtlicher, auch isländischer Sippen (Ragn. c. 18). Als Bindeglied wurde Áslaug eingeführt, die unechte Tochter Sigurds, die der älteren Saga so fremd war wie dem eddischen Liederbuch. Die Gleichsetzung der entzauberten Valkyrje mit Brynhild war zwar schon im Großen Sigurdlied erfolgt, aber weder Liederbuch noch Grípisspá hatten dies in die Darstellung der Hindarfjallsage aufgenommen: erst der Verfasser der Vs. tat diesen Schritt.

Zwei weitere Unterschiede der beiden Sagas kann man nur vermuten.

Nehmen wir mit F. Jónsson an, daß die Sig. s. bis zum Tode des Titelhelden reichte — genauer: bis zum Ende der Brünhildsage, also Sigurds und Brynhildens *bálfǫr*, Vs. c. 31, 68 —, dann war alles folgende, die Versöhnung der Witwe, darauf Burgunden- und Svanhildsage, c. 32—42, reiner Zuwachs des jüngern Werkes.

Kap. 1—8 der Vs. denkt sich F. Jónsson einfach aus der Sig. s. herübergeholt. Ich möchte glauben, daß die Sig. s. erst mit der großen Signýsage, ungefähr c. 2, 24 begann, also mit dem altüberlieferten, in Liedern ausgeformten Völsungenstoff: die vorangehenden Stammbaumglieder, Odin-Sigi-Rerir, sind Zutat der jüngern Saga — womit ein höheres Alter der Motive, wenigstens in der Bredigeschichte, nicht angezweifelt wird[1]. Ich berufe mich auf folgendes. Was über Sigi und Rerir zusammengestoppelt wird, matte, motivarme Geschichten, hat

[1] S. Bugge, Arkiv 17, 41 ff.; Deutschbein, Studien zur Sagengeschichte Englands 247 ff.

seinen Zweck gewiß darin, zwischen den göttlichen Stammvater und das heroische Sippenhaupt, Völsung, ein paar Mittelglieder einzuschieben. Auch in den Vorbildern dieses Stammbaums, dem der dänischen Skjǫldungar, der schwedischen Ynglingar, ist der Gott durch einige schattenhaftere Generationen getrennt von den großen, eigentlich heroischen Dichtungshelden. Die nordische Sage vermeidet die enge Verknüpfung dieser Gestalten mit der Gottheit, zum Unterschied von den griechischen Göttersöhnen. (Daß Sigmund selbst »Sohn zweier Väter« sei, des Völsung und des Odin, ist ein Mißverständnis Liebrechts und Schofields; diese Ähnlichkeit mit Arthur und Theseus fällt dahin!) Also der Eingang der Vs. dient der Herleitung des Völsungengeschlechts von Odin. Diese Erfindung schreibt man am besten dem Manne zu, der die Völsungen zu Vorfahren des Ragnar und der Norwegerkönige machte: diesen Nachkommen galt die Ehre der göttlichen Abkunft. Auch überall sonst, wo ein nordischer Gott einen heroischen Stammbaum eröffnet, bei den Ynglingar, Skjǫldungar, Háleygir, bei Sigrlami in der Herv., bei Hringr in der Bósa saga, läuft es aus auf eine bekannte Dynastie der nordischen Geschichte: bei den übrigen Sagenhelden hat man sich um keine göttliche Spitze bemüht[1]. Dies weist uns somit auf den Verfasser der Völsunga + Ragnars saga als Urheber des Eingangsteils.

Neunmal spielt Odin in die Geschichtenkette der Vs. herein. Die zwei ersten Male fallen in das neue Eingangsstück (c. 1. 30. 62): ihnen fehlt die gewohnte Wandrertracht, der Gott ist ein helfendes Abstraktum. Auch dies spricht für die Sonderstellung der zwei ersten Kapitel. Die weiteren Fälle kann unser Verfasser alle schon angetroffen haben. Den letzten, Odin als verderblichen Rater bei Jörmunrek, bezeugt um 1200 Saxo: eine sagamäßige Auflösung des Hamdirliedes, wird dies dem Dänen wie später der Vs. vermittelt haben. Die sechs übrigen Fälle liegen in der mutmaßlichen Erstreckung der Sigurdar saga und mögen dieser Vorlage angehört haben — ausgenommen Fall 8, Odin als Berater vor der Fafnirtötung: hier weiß die entsprechende Prosa des Liederbuchs (vor Faf. 1) nichts von dem Gotte (so wenig wie SnE. 1, 358), und der Zusammenhang sieht nicht danach aus, daß sie ihn gestrichen hätte: sie bietet eine einfachere, ältere Erzählform mit Regin als einzigem Berater, während Vs. c. 18 den falschen und den guten Berater gegeneinander stellt. Wohl aber kann die im Liederbuch auf einen Satz verkürzte Roßwahl (Reginsmal zu Anfang) den Odin der Quelle leicht gestrichen haben.

[1] In der Halfdanar saga Eysteinssonar eine einfache Angliederung an den überlieferten Odinsson Sæming.

Das Leitmotiv des geheimnisvoll auftauchenden Gottes war also dem Völsungaverfasser schon überliefert. Daß es der Stammvater ist, der für seine Sprößlinge sorgt, dies ist der letzte Ausbau des Motivs, nicht sein Ursprung. Wir nahmen an, daß das Vaterrachelied den Odin als Völsungengott kreiert hatte — nach dem Vorbild von Harald Kampfzahn. Also das Eingreifen vor Sigmunds Tode und dann in Sigurds Seesturm, dies wären die beiden frühesten Fälle; der zweite der einzige, den uns die eddische Quelle bezeugt. Es schließen sich an zwei wohl nicht mehr in Liedern erwachsene Fälle: Odin in Völsungs Halle und als Ferge mit Sinfjötlis Leiche; beidemal Odin in eine vorhandene Rolle eingesetzt. Jüngere Sagadichtung scheinen die Roßwahl und der verdoppelte Ratgeber bei Fafnir zu sein. Auch Odin bei Jörmunrek entsprang dem Umdeuten einer halbdunklen Liedstelle (Ranisch, Hamþismál 24) wohl nicht lange vor Saxo, als es in der Luft lag, dem heroischen Realismus mythische Zierden aufzusetzen. Zwei letzte, blasse Fälle endlich steuerte der Sagaschreiber nach 1250 bei, dazu den Gott als Ahnherrn.

So hat der echt nordische Dichtergedanke — Odin eingreifend in die Taten eines auserwählten Geschlechts, launenhaft-unerforschlich: meist ratend und helfend, seltener wie ein Gegenspieler, vernichtend, heimholend —: dieser Gedanke hat, von einem Liede ausgehend, im Lauf der Zeit um sich gegriffen bis auf den letzten Gestalter des alten Nibelungenkreises, unsern Sagamann.

Nimmt man dies zusammen, so zeigt sich der Abstand zwischen Sig. s. und Vs. viel größer, als F. Jónsson wollte. Der jüngere Heldenroman ist sehr viel mehr als eine Neuauflage des ältern. Er übertraf dessen Umfang um das Mehrfache: reichte die Sig. s. bis zum Schluß der Brünhildsage, dann war sie augenscheinlich ein echtes Vortragsstück, bequem »auf einen Sitz«, in einer bis zwei Stunden anzuhören. Das jüngere Werk weitete dem Stoff die Grenzen aus nach aufwärts und namentlich nach abwärts: es führte von dem Ururgroßvater des berühmtesten Vorzeitshelden bis an die Schwelle der geschichtlichen Zeit. Aber auch das Hauptstück, worin es der ältern Saga gleichlief, das Leben Sigurds, hat es mit neuen Mitteln viel üppiger ausgeformt.

10. Beschaffenheit der Sigurðar saga. Lied- und Prosaüberlieferung.

Mehr oder weniger treu aus der Sig. s. übernommen sind wohl nur Völs. c. 2, 24 bis 8, 133, sodann c. 10—12, c. 15 und Stücke von c. 13. Also die Signýsaga; die Sage von Sinfjötlis Tod; der Inhalt der Vaterrachedichtung, soweit er dem Liederbuch ferngeblieben war, mit einigen jüngern Anwüchsen. Nach diesen Abschnitten haben wir uns das Bild zu machen von der verlorenen Sig. s. Da wir ihre Quellen nicht haben, wissen wir nicht, wieviel sie erfunden hat.

An c. 10, Sinfjötlis Ende, erkennen wir, daß der Verfasser die eigentliche Sagatechnik mit Kunst durchführen konnte: diese leichtgliedrigen Reden liegen vom Liedstil weit ab[1]; hatte dieser, seinem Kerne nach fränkisch-burgundische Sagenstoff einst Liedform, dann hat ihn die Saga aus dem Formgefühl der isländischen Prosa gründlich neugestaltet. Die Vs. stellt sich ihren Liedern nie so frei, so sagamäßig gegenüber. Auch das weitere in dem Kapitel, die Holung der Leiche auf dem zauberischen Boote, hat in seiner wortkargen, scharflinigen Gegenständlichkeit die gute Sagaart; ein paar Einzelheiten kommen übrigens in der Fassung der Eddasammlung noch geschauter heraus. Auch dazu böte die Vs. in den Teilen, die sie selbst aus Strophen umgeschrieben hat, kaum ein Gegenstück. In c. 15, der Schwertschmiedung, treffen wir wieder das Schlanke, Gegliederte — teils mit zugespitzten Repliken, teils mit redeloser sinnlicher Zeichnung —, das aus der Liedsprache umgewandelt ist. Die ältere Saga war offenbar mehr Prosadichtung und hat ihre Liedquellen mehr als Rohstoff behandelt. Daher begegnen auch so wenig Stellen, in denen Verse kenntlich durchschimmern; und doch ist ja als Grundlage der Signysage ein Lied, und zwar ein doppelseitiges, durch das eingeschobene Langzeilenpaar verbürgt. Auch die Wiedergabe dieser Signysage auf zehn Druckseiten fordert die Annahme, daß der Liedinhalt (an den »Liederzyklus« wird niemand mehr denken!) in hohem Grade angeschwellt ist durch Züge, die im Bereich einer Saga, nicht eines Heldenlieds liegen. So wie die Geschichte dasteht, ist sie für ein Eddagedicht viel zu gliederreich, locker und märchenähnlich bunt. Der großartige Auftritt mit Odin in Völsungs Halle würde sich nicht gegen Verse sträuben, aber motivgeschichtlich fügt er sich, wie man öfter bemerkt hat, schwer in den Rahmen der Signysage ein. Ist er eine Zutat unsrer Sig. s., dann stellt er ihrer Gestaltungskraft das höchste Zeugnis aus. Schöpfung dieses Sagamanns — oder dieser Sagamänner, denn wir können nicht einem Erzähler das Ganze gutschreiben — werden auch die mehr genrehaften, nicht liedfähigen Stücke sein, die sich an die Dichtung von Sigmunds Tod und der Vaterrache anschlossen (Vs. c. 11 ff.).

In den Teilen, die aus der Sig. s. stammen, bringt die Vs. nur zwei Langzeilen als dichterisches Zitat (c. 8, 102). Daraus darf man vielleicht schließen, daß schon die Sig. s. mit Verseinlagen sparte; was ja zu der besprochenen Stilhaltung stimmen würde. Die Saga

[1] Verf., Zschr. f. d. Altert. 46, 236.

läge also mehr in der Linie der Hrólfs s. kraka als der Herv. und der Hálfs s. Andererseits gehörte sie nicht zu den halbgelehrten, literarischen Vorzeitsgeschichten, wie Skjöldunga und Ynglinga saga, die uns durch viele dünn skizzierte Menschenalter hinleiten und gleichsam eine Merkdichtung in Prosa vertreten. Die Sig. s. war ein richtiges Unterhaltungswerk, eine naive Schöpfung der volkstümlichen Sagamänner, wie sie uns für die schriftlose Zeit, besonders durch Saxo, verbürgt sind. Sie spannte über zwei bis drei Stammbaumglieder:

Völsung- Sigmund - Sinfjötli
Signý . Sigurd.

so zwar, daß das erste Glied, Völsung, nur in der Fabel auftrat, deren eigentliche Helden die Geschwister Sigmund und Signý sind, der »Signýsage«. Auch nach diesem Grundriß läßt sich die Sig. s. vergleichen mit der Hrólfs s. kraka in der ältern Gestalt, ehe sie die Seitengeschichten der Hrólfskämpen aufgenommen hatte; so wie sie um 1200 umlaufen mochte und zu Saxo drang (Zschr. f. d. Alt. 48, 60 ff.); diese Rahmenpersonen:

Halfdan- Hróar - Hrólf kraki.
Helgi

In beiden Fällen der Gipfelheld am Schluß; am Anfang der alte König, dessen Bestimmung ist, durch Verrat zu fallen und den Kindern die Aufgabe der Vaterrache zu hinterlassen.

Die Liedstoffe der Sigurđar saga hatten ein besseres Schicksal als die der Hrólfs saga: diese wurden auf Island allmählich durch die Saga verschlungen; nur wenige Reste des Bjarkiliedes, das Saxo noch als Einlage der Saga vortragen hörte, sind geborgen worden, kein andres Lied von Hrólf oder von Hróar und Helgi. Ein gleiches Los hatten die älteren Völsunge, Sigmund und seine Rachegehilfen. An Sigurd aber hafteten die beiden Erzählformen: neben der Sigurđar saga blieben die Sigurđar kvæđi in Gunst — lange genug, bis sich zwei Sammler fanden, die eine reiche Lese dieser Lieder im dichterischen Wortlaut bargen: das Liederheft um 1230 und wenig später die größere Liederreihe. Ja, mehrere dieser Gedichte (Falkenlied, Traumlied, Grípisspá) sind gleichjung oder jünger als die Saga. So verflechten sich hier die alte und die neue, die gemeingermanische und die isländische Darstellungsform.

Aber die Prosaform blieb für die Isländer doch der Liebling: die gebuchte Liederreihe empfand man nicht als das letzte Wort; der Sagamann nahm sie noch einmal vor und goß sie um in einen stattlichen Prosaroman, die Völsunga saga; ein Denkmal, das, zwar nicht als persönliche Dichtertat, aber als abschließende Zusammenfassung und als Kulturfrucht im allgemeinen, dem hochdeutschen Nibelungenlied gegenüber treten darf. Also diese Stufenfolge:

(Südgermanische Heldenlieder: 5.—16. Jahrhundert)
Nordisch-isländische Heldenlieder: 9. Jahrhundert bis 1230
isländisch: Sigurdar saga: 12. Jahrhundert
Biographisches Liederheft: c. 1230
Sammelndes Liederbuch: nach 1230
Völsunga saga: nach 1250.

Als dann noch einmal die Versform an die Reihe kam, in dem Tanzgedicht Völsungs rimur um 1400, da hatte sich die alte Heldenkunst verflacht in eine bäuerliche Meistersingerei, und der Ehrgeiz ging nur noch auf ein zufälliges Bruchstück. Bis zur Völsunga saga kann man in gewissem Sinne einen Aufstieg rechnen: sie zieht verstehend die Summe aus dem, was die Dichter und Sagamänner des Landes über Sigurd und seinen Kreis erzählt hatten.

Ausgegeben am 27. März.

Zeitung und Presse vor [illegible]

[illegible] Rundfunk [illegible] im [illegible], dem [illegible] den [illegible]

[illegible] Tageblatt [illegible] (Abendblatt)
[illegible] Zeitung [illegible] Abendausgabe [illegible]
Germania [illegible] Abendausgabe
[illegible]
[illegible] Lokal-Anzeiger [illegible] nach [illegible]
Völkischer Beobachter [illegible]

Als dann noch [illegible] die [illegible] Teil [illegible] am [illegible] die alle Zeitungen [illegible] Die Meldungen [illegible] daß [illegible] Diktatur und [illegible] Händen [illegible] und seinen [illegible] hatten.

1919.
XVI.

SITZUNGSBERICHTE
DER PREUSSISCHEN
AKADEMIE DER WISSENSCHAFTEN.

---

20. März. Sitzung der physikalisch-mathematischen Klasse.

Vorsitzender Sekretar: Hr. von Waldeyer-Hartz.

Hr. Rubens las über die optischen Eigenschaften einiger Kristalle im langwelligen ultraroten Spektrum: nach gemeinsam mit Hrn. Th. Liebisch ausgeführten Versuchen.

In zwei früheren Abhandlungen ist das Reflexionsvermögen fester und flüssiger Körper in dem Spektralbereich zwischen 22 und 300 μ untersucht und der Zusammenhang zwischen den elektrischen und optischen Eigenschaften dieser Stoffe geprüft worden. In der vorliegenden Arbeit wurde diese Untersuchung auf doppelbrechende Kristalle ausgedehnt und der Verlauf des Reflexionsvermögens für jede der Hauptschwingungsrichtungen mit Hilfe von geradlinig polarisierter Strahlung festgestellt. Aus den Beobachtungen lassen sich die Frequenz und Stärke der Raumgitterschwingungen für die untersuchten Kristalle erkennen. Die Eigenschaften der Kristalle im langwelligsten Teile des ultraroten Spektrums und im Gebiete der Hertzschen Wellen sind nur noch wenig verschieden.

Über die optischen Eigenschaften einiger Kristalle im langwelligen ultraroten Spektrum.

Von Th. Liebisch und H. Rubens.

Erste Mitteilung.

Hierzu Tafel I—III.

In zwei früheren Abhandlungen[1] ist das Reflexionsvermögen von festen und flüssigen Körpern für eine größere Zahl von Strahlenarten in dem Spektralgebiet von 22 bis etwa 300 μ untersucht worden. Unter den genannten festen Substanzen befanden sich 20 Kristalle und 17 amorphe Körper. Da es sich bei den Kristallen mit wenigen Ausnahmen um solche handelte, welche dem regulären System angehören, also keine Doppelbrechung aufweisen, so war eine Untersuchung mit natürlicher Strahlung im allgemeinen ausreichend. Wir haben uns nunmehr die Aufgabe gestellt, die Untersuchung auf doppelbrechende Kristalle auszudehnen, und haben zunächst einige Kristalle des hexagonalen und rhombischen Systems in den Kreis der Betrachtung gezogen. Hierbei ergab sich die Notwendigkeit, mit polarisierter Strahlung zu arbeiten. Die Schwierigkeiten der Untersuchung wurden hierdurch zwar erhöht, erwiesen sich aber nicht als unüberwindlich.

Die langwelligen Strahlungen.

Wir verwendeten, wie in den genannten früheren Abhandlungen, die Reststrahlen von Flußspat, Steinsalz, Sylvin, Bromkalium, Jodkalium sowie die mit Hilfe der Quarzlinsenmethode isolierte langwellige Strahlung des Auerstrumpfs und der Quecksilberlampe. Da indessen diese Strahlenarten nicht genügten, um bei den hier untersuchten Substanzen den ziemlich verwickelten Verlauf des Reflexions-

[1] H. Rubens, Über Reflexionsvermögen und Dielektrizitätskonstante isolierender fester Körper und einiger Flüssigkeiten. Diese Berichte 1915 S. 4, und H. Rubens, Über Reflexionsvermögen und Dielektrizitätskonstante einiger amorpher Körper, Diese Berichte 1916 S. 1280. Diese beiden Arbeiten sollen im folgenden mit A und B bezeichnet werden.

vermögens mit der Wellenlänge, besonders in dem kurzwelligeren Teile des Spektrums, hinreichend deutlich hervortreten zu lassen, wurden unsere Beobachtungen durch spektrometrische Messungen im Spektralbereich zwischen 15 und 32 μ sowie durch Versuche mit Reststrahlen von Aragonit ergänzt.

Zur Charakteristik der benutzten Strahlenarten dient die folgende Zusammenstellung:

1. Reststrahlen von Flußspat, durch eine 6 mm dicke Sylvinplatte filtriert[1]. Mittlere Wellenlänge 22 μ.
2. Reststrahlen von Flußspat, durch eine 0.4 mm dicke, senkrecht zur Achse geschnittene Quarzplatte filtriert[1]. Mittlere Wellenlänge 33 μ.
3. Reststrahlen von Aragonit, durch eine 0.4 mm dicke, senkrecht zur Achse geschnittene Quarzplatte filtriert, elektrischer Vektor parallel der b-Richtung. Mittlere Wellenlänge 39 μ. Die Reststrahlen enthielten nach dreimaliger Reflexion nur noch 1.5 Prozent kurzwellige Verunreinigung[2], waren aber, wie ihre Zerlegung im Gitterspektrum erkennen ließ, ziemlich inhomogen und zeigten zwei Maxima, ein schwächeres bei 35 und ein stärkeres bei 41 μ. Ob diese Zweiteilung durch einen Absorptionsstreifen des Wasserdampfs oder durch die selektive Reflexion des Aragonits hervorgerufen wird, konnte nicht festgestellt werden.
4. Reststrahlen von Steinsalz. Mittlere Wellenlänge 52 μ.
5. Reststrahlen von Sylvin. Mittlere Wellenlänge 63 μ.
6. Reststrahlen von Bromkalium. Mittlere Wellenlänge 83 μ.
7. Reststrahlen von Jodkalium. Mittlere Wellenlänge 94 μ.
8. Langwellige Strahlung des Auerbrenners. Mittlere Wellenlänge 110 μ (sehr inhomogen).
9. Langwellige Strahlung der Quarzquecksilberlampe. Mittlere Wellenlänge etwa 310 μ (sehr inhomogen).

Bezüglich der Erzeugung und Zusammensetzung der im vorstehenden genannten Strahlenarten, mit Ausnahme derjenigen von Aragonit, kann auf frühere Abhandlungen verwiesen werden[3]. Im einzelnen ist nur zu bemerken, daß es uns hier nicht wie in früheren Arbeiten

[1] Vgl. A S. 5.

[2] Die kurzwelligen Reststrahlen des Aragonits werden durch die Quarzplatte vollkommen absorbiert.

[3] H. Rubens und H. Hollnagel, Diese Berichte S. 26, 1910. H. Rubens und R. W. Wood, Diese Berichte 1910 S. 1122. H. Rubens und O. von Baeyer, Diese Berichte 1911 S. 339 und S. 666, und H. Rubens, Diese Berichte 1913 S. 513.

möglich war, die langwellige Strahlung der Quecksilberlampe vermittels Filtration durch Pappe von ihrem kurzwelligeren, von dem Quarzrohr der Lampe herrührenden Anteil zu reinigen, da die Strahlungsintensität nach Einschaltung des Polarisators hierzu nicht ausreichte. Wir halfen uns wiederum[1], indem wir diesen beigemischten kurzwelligen Strahlungsanteil, welcher von dem heißen Quarzrohr ausgesandt wird, in bekannter Weise durch Messung des Ausschlags unmittelbar vor und nach dem Auslöschen der Quecksilberlampe ermittelten. Da die Zusammensetzung dieses kurzwelligeren Anteils mit der durch die Linsenmethode isolierten langwelligen Strahlung des Auerstrumpfs nahezu übereinstimmt und da uns das Reflexionsvermögen der untersuchten Stoffe für diese Strahlenart bekannt ist, so läßt sich auch das Reflexionsvermögen der Kristalle leicht für die von der Strahlung des Quarzrohrs gereinigte langwellige Strahlung des Quecksilberdampfs berechnen. Die Versuche ergaben, daß unter den bei unserer Versuchsanordnung obwaltenden Bedingungen fast genau $^2/_3$ der durch die Quarzlinsenmethode isolierten Strahlung der Quecksilberlampe von dem Quecksilberdampf und $^1/_3$ von dem Quarzrohr herrührte. Das zur Messung der Strahlungsintensität dienende Mikroradiometer befand sich stets unter einer luftdicht schließenden Glocke. Diese war bei den Spektrometermessungen mit einem Bromkaliumfenster von 2 mm Dicke versehen, welche in dem Spektralbereich zwischen 1.5 und 32 μ keine starke Absorption besitzt.

Die sämtlichen hier verwendeten Reststrahlen wurden durch Reflexion an einem Selenspiegel unter $68^1/_2°$ geradlinig polarisiert[2]. Als chemisches Element besitzt das Selen im Ultrarot keine Streifen metallischer Absorption und ist daher frei von anomaler Dispersion. Tatsächlich ist seine Dispersion bereits im kurzwelligen Ultrarot sehr gering und verschwindet mit wachsenden Wellenlängen vollständig, so daß der Polarisationswinkel für alle Strahlenarten des langwelligen Spektrums als konstant anzusehen ist. Als Polarisator für die langwellige Strahlung des Auerbrenners und der Quecksilberlampe diente wie bei früheren Untersuchungen ein Hertzsches Gitter aus feinen Platindrähten[3]. Die Dicke der Drähte sowie die freie Öffnungsbreite betrug 0.025 mm. Die Reinheit der Polarisation wurde durch besondere Versuche geprüft, von denen später noch die Rede sein wird.

---

[1] Vgl. B S. 1283.

[2] Vgl. A. Pfund, John Hopkins Univers. Circul. 4, p. 13, 1906. Der Polarisationswinkel von $68^1/_2°$ entspricht der Dielektrizitätskonstanten 6.60 (W. Schmidt).

[3] Das benutzte Drahtgitter ist das früher (H. du Bois und H. Rubens, Ann. d. Phys. 35. S. 243, 1911) mit Pt I bezeichnete. Es polarisierte die Strahlung von der mittleren Wellenlänge 108 μ auf 1 Prozent.

Die untersuchten Kristalle.

Bei der Auswahl des verwendeten Materials waren wir einer weitgehenden Beschränkung unterworfen. Einmal konnten für uns nur solche Kristalle in Frage kommen, von welchen sich genügend große nach den kristallographischen Hauptrichtungen orientierte Platten herstellen ließen. Zweitens sollten zunächst nur solche Kristalle untersucht werden, welche keine Dispersion der optischen Symmetrieachsen zeigen. Endlich war es unser Bestreben, in erster Linie Körper mit möglichst einfacher chemischer Zusammensetzung in den Kreis der Untersuchung zu ziehen.

Für die einachsigen Kristalle genügte eine einzige, parallel der optischen Achse geschnittene Platte, um die Untersuchung des Reflexionsvermögens für den ordentlichen und außerordentlichen Strahl zu ermöglichen. Dagegen waren bei den zweiachsigen Kristallen mindestens zwei in den Symmetrieebenen $\mathfrak{a}\,\mathfrak{b}$, $\mathfrak{a}\,\mathfrak{c}$ oder $\mathfrak{b}\,\mathfrak{c}$ geschnittene Platten erforderlich, um das Reflexionsvermögen der in den drei kristallographischen Hauptrichtungen $\mathfrak{a}$, $\mathfrak{b}$, $\mathfrak{c}$ schwingenden Strahlen ermitteln zu können. Diese Bedingung war im allgemeinen erfüllt. Nur beim Anhydrit und Anglesit mußten wir uns mit einer einzigen Platte begnügen. Bei dem Baryt und Cölestin verfügten wir sogar über 3 Platten, die parallel den Richtungen $\mathfrak{a}\,\mathfrak{b}$, $\mathfrak{a}\,\mathfrak{c}$ und $\mathfrak{b}\,\mathfrak{c}$ geschnitten waren.

Die von uns angewendeten Untersuchungsmethoden erforderten zur vollen Ausnutzung der Strahlungsintensität reflektierende Flächen von 5.5 × 5.5 cm Größe. Bei kleineren Platten mußte die Öffnung der Strahlungskegel durch eingesetzte Blenden beschränkt und somit die zur Verfügung stehende Strahlungsintensität herabgesetzt werden, wodurch die Genauigkeit der Messung beeinträchtigt wurde. Aus Quarz, Kalkspat, Apatit, Baryt, Cölestin und Aragonit war es nicht schwierig, Platten von der gewünschten Größe in allen erforderlichen Richtungen zu erhalten. Dagegen mußten die Platten aus Dolomit, Turmalin, Anglesit, Anhydrit und Cerussit aus einzelnen Stücken mosaikartig zusammengesetzt werden, wobei stets eine ebene Glasplatte als Unterlage diente. Selbstverständlich mußte hierbei auf den Parallelismus der Orientierung der einzelnen Stücke strengstens geachtet werden. Diese schwierige Aufgabe wurde von der Firma Dr. Steeg und Reuter in Homburg in vortrefflicher Weise gelöst. Auch die Ebenheit der Platten ließ nichts zu wünschen übrig, und die Fugen zwischen den einzelnen Stücken, aus welchen eine Platte bestand, waren so schmal, daß ihretwegen bei der Bestimmung des Reflexionsvermögens nur eine geringe Korrektion von etwa 1 Prozent angebracht werden mußte.

Versuchsanordnung zur Messung des Reflexionsvermögens im langwelligen Spektrum.

Bezüglich der Einzelheiten bei der Messung des Reflexionsvermögens kann auf die früheren Arbeiten verwiesen werden[1]. Der Übersicht wegen sind die hier in Betracht kommenden Teile der Versuchsanordnungen in Fig. 1a und 1b nochmals dargestellt. Fig. 1a bezieht sich auf die Versuche mit Reststrahlen. Von rechts kommend, treffen auf den Spiegel S die durch Reflexion an einer Selenplatte linear polarisierten Strahlen des Auerbrenners. Sie werden auf den zu untersuchenden horizontal liegenden Spiegel S geworfen, welcher durch eine vorderseitig versilberte Glasplatte von gleicher Dicke ersetzt werden kann. In beiden Fällen wird die horizontale Lage durch eine Dosen-

Fig. 1a.

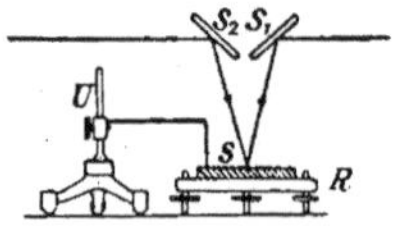

Fig. 1b.

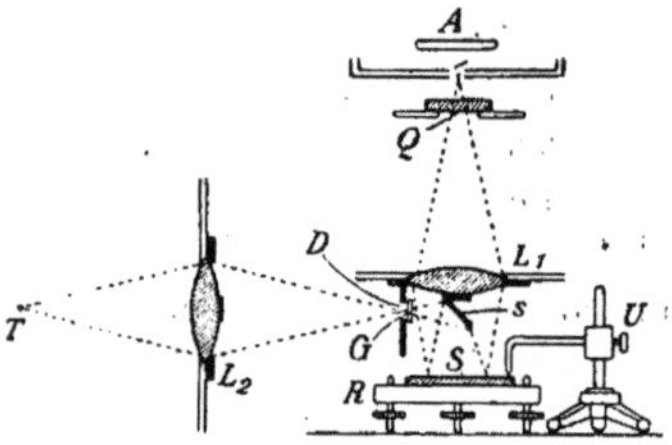

libelle kontrolliert. Die von S reflektierte Strahlung fällt auf den Silberspiegel S_2 und von da in einen Kasten, welcher die Reststrahlenplatten und einen Hohlspiegel enthält, durch welchen ein Bild der Lichtquelle auf dem Thermoelement des Mikroradiometers entworfen wird. Durch Drehung der Kristallplatte S in ihrer Ebene kann die Schwingungsrichtung der auffallenden Strahlung in beliebiger Weise gegen die kristallographischen Vorzugsrichtungen der Platte orientiert werden. Da das Reflexionsvermögen des Silbers in den hier in Betracht kommenden Spektralgebieten nur um Bruchteile eines Prozents von dem Werte $R = 100$[2] verschieden ist, so wird das gesuchte Reflexionsvermögen unmittelbar aus dem Verhältnis der Ausschläge erhalten, welche man beobachtet, wenn sich die Kristallplatte oder der Silberspiegel in S befinden. Fig. 1b zeigt die Anordnung zur Messung des Reflexionsvermögens bei Benutzung der Quarzlinsenmethode. Von der Lichtquelle

[1] H. Rubens und H. Hollnagel, a. a. O. S. 49. H. Rubens und R. W. Wood, a. a. O. S. 1135, und A S. 6 und 7.

[2] Das Reflexionsvermögen ist, wie üblich, in Prozenten der auffallenden Strahlung angegeben.

A ausgehend, durchsetzen die Strahlen eine zum Abschirmen dienende Steinsalzplatte Q, fallen auf die Quarzlinse L_1, darauf auf die zu untersuchende genau horizontal liegende Kristallplatte S bzw. auf einen an ihrer Stelle einzuschaltenden Silberspiegel S', gelangen dann auf den kleinen unter 45° stehenden Metallspiegel s, durchdringen das polarisierende Drahtgitter G sowie das Diaphragma D und werden endlich durch die zweite Quarzlinse L_2 auf dem Thermoelement des Mikroradiometers zu einem reellen Bilde der Lichtquelle A vereinigt. Die Orientierung der kristallographischen Vorzugsrichtungen in der Platte gegen die Schwingungsrichtung der Strahlung, deren elektrischer Vektor stets senkrecht auf der Drahtrichtung des polarisierenden Gitters steht, erfolgt in gleicher Weise wie bei der durch Fig. 1a gekennzeichneten Versuchsanordnung, ebenso die Bestimmung des Reflexionsvermögens. In beiden Fällen betrugen die Inzidenzwinkel bei der Reflexion an den zu untersuchenden Platten weniger als 10°. Die beobachteten Reflexionsvermögen gelten also mit großer Annäherung für normale Inzidenz.

Spektrometermessungen.

Genauere Untersuchungen des Reflexionsvermögens nach der spektrometrischen Methode wurden für Quarz und Kalkspat ausgeführt, da bei diesen Kristallen Banden starker metallischer Reflexion in das Spektralgebiet zwischen 18 und 32 μ fallen. Die spektrometrischen Messungen wurden in dem Wellenlängenbereich zwischen 15 und 20 μ mit Hilfe eines spitzwinkeligen Sylvinprismas, in dem Spektralgebiet zwischen 20 und 32 μ mit Hilfe eines Gitters vorgenommen. Das benutzte Drahtgitter aus 0.1858 mm dicken Silberdrähten und der Gitterkonstanten $g = 0.3716$ mm ist bereits in vielen früheren Arbeiten verwendet und ausführlich beschrieben worden[1]. Da bei diesem Gitter die freie Öffnungsbreite genau gleich der Drahtdicke ist, fallen alle geradzahligen Spektren aus und die ungeradzahligen besitzen maximale Intensität. Um die störende Übereinanderlagerung der Spektra im Ultrarot auszuschließen und die kurzwellige Strahlung unterhalb 20 μ zu beseitigen, wurde die Strahlung des als Lichtquelle dienenden Auerbrenners mit Hilfe eines Hohlspiegels aus Flußspat auf den Spektrometerspalt geworfen. Es gelangten also im wesentlichen nur die von Flußspat metallisch reflektierten Strahlen, die dem Spektralgebiet zwischen 20 und 35 μ angehören, in das Spektrometer[2]. Die

[1] H. Rubens und E. F. Nichols, Wied. Ann. 60, S. 418, 1897.

[2] Diese Kombination der Reststrahlenmethode mit der spektrometrischen Methode wurde zuerst zum Nachweis der Wasserdampfbanden in dem zwischen 20 und 35 μ gelegenen Spektralgebiet verwendet. (H. Rubens und G. Hettner, Diese Berichte 1916, S. 170.)

Reinigung der langwelligen Strahlung von kurzwelligen Beimischungen wurde ferner durch Anwendung eines Steinsalzschirmes in bekannter Weise gefördert. Durch die genannten Mittel wurde erreicht, daß in dem Gitterspektrum zwischen 20 und 32 μ keinerlei kurzwellige Strahlung der Spektren höherer Ordnung nachgewiesen werden konnte. Die Spektrometerspalte waren bei den Messungen im prismatischen Spektrum 0.5 mm, bei denjenigen im Gitterspektrum 1.0 mm breit. Ihre spektrale Breite im Wellenlängenmaß betrug im ersteren Falle 0.5 μ bis 1.0 μ, im letzteren Falle 1.2 μ.

Die Bestimmung des Reflexionsvermögens für den ordentlichen und außerordentlichen Strahl wurde nach der bekannten, wohl zuerst von Merritt[1] angewendeten Methode, mit natürlicher Strahlung ausgeführt, indem sowohl das Reflexionsvermögen für eine senkrecht zur Achse geschnittene Platte R_s als auch für eine parallel zur Achse geschnittene R_p gemessen wurde. Das Reflexionsvermögen des ordentlichen Strahles R_o ergibt sich dann gleich R_s, während dasjenige des außerordentlichen Strahles R_e gleich $2 R_p - R_s$ zu setzen ist. Dieses Verfahren gewährt den großen Vorteil, daß kein Polarisator zur Anwendung kommt, welcher die ohnehin geringe Strahlungsintensität auf etwa ein Viertel herabsetzt. Das gesuchte Reflexionsvermögen wurde erhalten, indem die Strahlung vor ihrem Eintritt in den Spektrometerspalt an der zu untersuchenden Fläche bzw. an einem in gleicher Lage befindlichen Silberspiegel bei nahezu senkrechter Inzidenz reflektiert und der Quotient der in beiden Fällen beobachteten Ausschläge gebildet wurde.

Die Ergebnisse der Reflexionsmessungen am Quarz und Kalkspat sind in den Kurven der Fig. I und II graphisch dargestellt. Als Abszissen sind die Wellenlängen, als Ordinaten die Reflexionsvermögen in Prozenten der auffallenden Strahlung aufgetragen. Der letzte Punkt der Kurven bei $\lambda = 33\,\mu$ wurde nicht mit Hilfe der Spektrometermethode, sondern vermittels der Reststrahlenanordnung für Reststrahlen von Flußspat erhalten, welche durch eine 0.4 mm dicke Quarzplatte filtriert waren.

Von den drei Kurven der Fig. I beziehen sich die beiden ausgezogenen, in welchen die beobachteten Punkte durch kleine Kreise bzw. durch Kreuze angedeutet sind, auf den ordentlichen und den außerordentlichen Strahl des natürlichen kristallinischen Quarzes, während die dritte punktierte Kurve das Reflexionsvermögen des Quarzglases darstellt. Man erkennt, daß jede der drei Kurven in dem betrachteten Spektralgebiet zwei Maxima besitzt. Diejenigen des ordentlichen Strahles liegen bei $\lambda = 21.0$ und $26.0\,\mu$, diejenigen des außer-

[1] Merritt, Phys. Rev. 2, S. 424, 1895.

Fig. I.

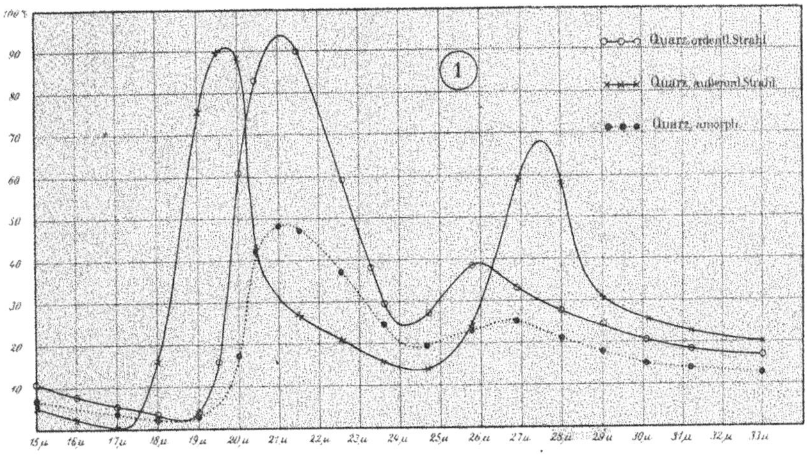

ordentlichen Strahles bei 19.7 und 27.5 μ, diejenigen endlich des Quarzglases bei 21.2 und 26.8 μ. Von diesen Maximis ist das bei λ = 21.0 μ gelegene des ordentlichen Strahles aus früheren Untersuchungen bereits bekannt. Es bewirkt das Auftreten der langwelligen Reststrahlen des Quarzes bei Anwendung von senkrecht zur Achse geschnittenen Platten. Die mittlere Wellenlänge dieser Reststrahlen wurde zu 20.75 ermittelt[1], was mit dem vorliegenden Befunde gut übereinstimmt, wenn man in Betracht zieht, daß diese mittlere Wellenlänge infolge des Energieabfalls der Strahlungsquelle im Ultraroten stets gegen das Maximum des Reflexionsvermögens nach Seite der kurzen Wellen verschoben sein muß. Das zweite bei 26 μ gelegene Reflexionsmaximum ist zu schwach, um sich bei den Reststrahlen des ordentlichen Strahles bemerkbar zu machen. Dagegen müßte bei den Reststrahlen des außerordentlichen Strahles das zweite Reflexionsmaximum bei 27.5 μ noch deutlich hervortreten. Das Reflexionsvermögen des Quarzglases erreicht an keiner Stelle des Spektrums sehr hohe Werte.

Die Kurven der Fig. II, welche sich auf die beiden Strahlen im Kalkspat beziehen, zeigen eine beträchtliche Verschiebung gegeneinander in dem Sinne, daß der außerordentliche Strahl (gestrichelte Kurve) sein Maximum bereits bei λ = 28 μ erreicht, während der ordentliche Strahl erst bei λ = 30.3 μ ein Maximum des Reflexionsvermögens besitzt. Bemerkenswert ist ferner das tiefe Herabsinken

[1] H. Rubens und E. F. Nichols, a. a. O. S. 432.

Fig. II.

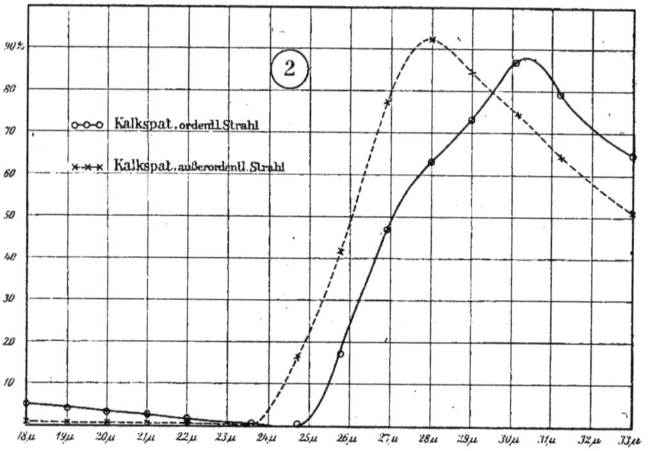

der Reflexionskurven vor ihrem Aufstieg. Das Reflexionsvermögen des außerordentlichen Strahles beträgt bei 18 μ noch etwa 0.4 Prozent und geht bei 23.5 μ nahezu vollständig auf Null herab; ebenso dasjenige des ordentlichen Strahles bei 24.7 μ, welches weniger als 0.1 Prozent beträgt.

Außer für Quarz und Kalkspat wurden auch noch für einige andere Kristalle Messungen des Reflexionsvermögens nach der spektrometrischen Methode zwischen 20 und 30 μ vorgenommen. Bei diesen Messungen waren wir indessen genötigt, die Strahlung vor ihrem Eintritt in den Spektrometerspalt durch Reflexion an einer Selenplatte zu polarisieren und die hierdurch verminderte Strahlungsenergie durch Erweiterung der Spalte auf 1.8 mm zu erhöhen. Derartige Bestimmungen wurden für Apatit, Baryt, Anhydrit, Aragonit bei 25.8 μ, 28.0 μ und 30.1 μ und für Cölestin, Dolomit und Turmalin bei 25.8 μ vorgenommen. Die Ergebnisse dieser Messungen sind in den Kurventafeln (3) bis (12) zusammen mit den Resultaten unserer nach der Reststrahlen- und Quarzlinsenmethode ausgeführten Beobachtungen eingetragen und verwertet.

Kontrollmessungen und Versuchsergebnisse im langwelligen Spektrum.

Bevor wir zur Besprechung der im langwelligen Spektrum erhaltenen Resultate übergehen, sollen noch einige Beobachtungen mitgeteilt werden, welche eine Schätzung der durch unvollständige Polarisation verursachten Fehler ermöglichen. Derartige Kontrollmessungen wurden von uns am Quarz, Kalkspat und Cölestin in der Weise angestellt, daß wir zunächst das Reflexionsvermögen der Substanz für die polarisierte Strahlung in den kristallographischen Vorzugsrichtungen bestimmten. Alsdann wurden die Messungen mit natürlicher, unpolarisierter Strahlung wiederholt. Bei den einachsigen Kristallen bedarf man hierzu, wie bereits erwähnt wurde, zweier Platten, von denen die eine senkrecht, die andere parallel der Achse geschnitten ist. Bei den zweiachsigen Kristallen dagegen sind drei Platten nötig, welche parallel der ab-, ac- und bc-Ebene geschnitten sind. Bezeichnet man die beobachteten Reflexionsvermögen der drei Platten für natürliches Licht mit R_1, R_2 und R_3, so ergeben sich hieraus die 3 gesuchten Reflexionsvermögen für die Hauptschwingungsrichtungen

$$R_a = R_1 + R_2 - R_3, \quad R_b = R_1 + R_3 - R_2, \quad R_c = R_2 + R_3 - R_1.$$

Stimmen die so erhaltenen Werte mit denjenigen gut überein, welche mit Hilfe von polarisierter Strahlung beobachtet worden sind, so darf die Polarisation als genügend vollständig betrachtet werden. Die Probe ist natürlich um so schärfer, je stärker sich die Reflexionsvermögen für die verschiedenen Schwingungsrichtungen voneinander unterscheiden. In den folgenden beiden Tabellen sind die Ergebnisse solcher Kontrollmessungen für einige der hier verwendeten Strahlenarten des langwelligen Spektrums wiedergegeben. Die erste Tabelle bezieht sich auf Messungen am Quarz und Kalkspat, die zweite auf Beobachtungen am Cölestin.

Tabelle I.

	Schwingungsrichtung	Quarz	Kalkspat[1]				
		$\lambda = 22\,\mu$	$33\,\mu$	$52\,\mu$	$63\,\mu$	$110\,\mu$	Hg-Lampe
Natürliche Strahlung	∥	24.3	50.1	8.23	2.25	48.2	35.7
	⊥	59.3	64.9	25.9	15.9	38.2	31.4
Polarisierte Strahlung	∥	24.4	50.7	8.15	2.12	48.3	35.4
	⊥	59.5	64.2	25.7	15.7	38.5	30.9
Spaltstück lange Diagonale			64.9	25.4	15.5	38.8	30.7

[1] Die Lage der optischen Achse in parallel zur Achse geschnittenen, beliebig dicken Kalkspatplatten läßt sich leicht ermitteln, wenn man die Helligkeit des senkrecht reflektierten Lichtes durch ein Nicolsches Prisma betrachtet. Ein deutliches Maximum der Helligkeit wird beobachtet, wenn die optische Achse der Platte mit der Schwingungsrichtung im Nicol einen rechten Winkel bildet. Die Empfindlichkeit dieser Methode wird bedeutend erhöht, wenn man neben die zu untersuchende Kalkspatplatte zum Vergleich eine ebene Glasplatte legt, deren Helligkeit bei der Drehung des Nicols natürlich unverändert bleibt.

Tabelle II.

	Schwingungsrichtung	Cölestin				
		33 μ	52 μ	63 μ	110 μ	Hg-Lampe
Natürliche Strahlung	a	8.72	57.6	33.7	31.5	27.8
	b	6.14	58.0	66.9	53.5	54.6
	c	9.98	48.6	21.9	25.9	24.6
Polarisierte Strahlung	a	8.81	56.9	33.2	31.1	27.2
	b	5.98	57.0	66.5	53.9	53.8
	c	10.40	48.8	21.9	26.4	24.8

In allen Fällen ist die Übereinstimmung befriedigend. Die Strahlungen sind also genügend vollständig polarisiert.

In Tabelle I ist noch eine 5. horizontale Zahlenreihe hinzugefügt, welche die an einem natürlichen Spaltstück aus Kalkspat beobachteten Reflexionsvermögen wiedergibt, wenn die Schwingungsrichtung des elektrischen Vektors der auffallenden Strahlung mit der langen Diagonale der Spaltfläche zusammenfällt. Die Zahlen dieser Reihe müssen mit denen der ersten und dritten übereinstimmen, was auch tatsächlich innerhalb der Fehlergrenzen der Fall ist. Man darf daher annehmen, daß die bei den vorausgehenden Versuchen verwendeten Kalkspatplatten richtig geschnitten sind.

Die Ergebnisse unserer Reflexionsmessungen im langwelligen Spektrum sind in den Zahlen der Tabelle III und in den Kurven (3) bis (12) der Tafeln I, II und III niedergelegt.

Die Einrichtung der Tabelle III entspricht vollkommen denjenigen der Tabellen I (S. 10) und II (S. 1289) der früheren Arbeiten (A und B) und bedarf keiner weiteren Erläuterung. Der Vollständigkeit wegen sind darin auch die früher für Quarz erhaltenen Werte nochmals mit aufgeführt.

Ein übersichtlicheres Bild als die Zahlen der Tabelle III gewähren die Kurven (3) bis (12). Hier sind wie in den früher veröffentlichten Abhandlungen nicht die Wellenlängen selbst, sondern ihre Logarithmen als Abszissen aufgetragen. Die Ordinaten sind die beobachteten Reflexionsvermögen.

Die Kurven zeigen zum Teil einen so komplizierten Verlauf, daß mit Hilfe der beschränkten Zahl der beobachteten Punkte ihre genaue Form nicht an allen Stellen festgelegt werden konnte, sondern manche Einzelheiten der Vermutung des Zeichners überlassen blieben. Außerdem ist daran zu erinnern, daß infolge der Inhomogenität der Reststrahlen und der übrigen Strahlenarten die Kurven den Verlauf des Reflexionsvermögens nicht ganz richtig wiedergeben können, da sie einer Spektralaufnahme mit sehr breitem Spalt zu vergleichen sind.

Tabelle III.

Kristall und Fundort	Schwingungsrichtung E. V.	Reflexionsvermögen für Reststrahlen von CaF_2 22 μ	CaF_2 33 μ	Aragonit 39 μ	NaCl 52 μ	KCl 63 μ	KBr 83 μ	KJ 94 μ	R Quarzlinsenmethode Auer-Brenner 110 μ	Hg-Lampe ungereinigt —	Hg-Lampe gereinigt etwa 310 μ	Dielektrizitätskonstante D	R_∞
Quarz (Madagaskar)	∥	24.3	20.2	—	15.5	14.8	14.4	—	13.9	13.7	13.6	4.60	13.2
												4.65*	13.4
	⊥	59.3	16.8	—	14.5	13.9	13.3	—	13.0	12.8	12.7	4.32	12.3
												4.44*	12.7
Kalkspat (Island)	∥	—	50.4	29.5	8.19	2.20	48.4	80.8	48.3	35.4	28.9	8.00	22.8
	⊥	—	64.5	43.2	25.8	15.9	26.2	58.0	38.5	31.0	27.2	8.50	24.0
Apatit (Burgess)	∥	5.20	55.8	43.8	25.5	21.6	17.9	13.0	23.7	22.0	21.1	7.40	21.4
	⊥	3.63	39.0	43.5	46.8	30.9	16.6	22.4	28.7	28.2	27.9	9.50	26.0
Dolomit (Traversella)	∥	14.6	23.6	12.9	25.4	72.7	45.2	29.6	26.8	22.5	20.3	6.80	19.8
	⊥	13.4	31.3	26.2	19.0	32.0	35.4	30.7	27.8	24.9	23.4	7.80	22.3
Roter Turmalin (Schaitansk)	∥	29.2	14.4	19.9	17.3	15.2	16.8	19.0	18.3	18.0	17.8	5.65	16.7
												6.54*	19.5
	⊥	32.3	22.1	24.2	23.1	17.1	22.1	21.5	21.3	20.4	20.0	6.75	19.8
												7.13*	20.8
Feinkörniger Baryt (Naurod)		6.34	5.47	—	39.0	43.7	22.1	24.8	36.8	33.3	31.5	—	
Baryt (Dufton)	a	6.03	5.70	6.40	41.2	55.5	36.4	45.5	34.3	28.3	25.2	7.7	22.2
	b	6.85	5.73	5.88	40.9	56.5	13.4	33.0	52.2	46.3	43.3	12.2	30.9
	c	6.31	8.15	22.2	68.1	37.5	24.2	17.4	29.4	27.6	26.7	7.65	22.0
Cölestin (Eriesee)	a	5.41	8.76	30.6	57.2	33.4	54.3	44.1	31.3	27.5	25.6	8.30	23.5
	b	6.17	6.06	14.4	57.5	66.7	15.5	13.9	53.7	54.2	54.5	18.5	38.8
	c	5.42	10.2	41.4	48.7	21.9	28.5	27.7	26.2	24.7	23.9	7.70	22.2
Anglesit (M. Poni)	a	8.84	5.87	5.20	53.0	74.5	69.5	70.1	69.7	59.6	54.5	28	46.5
	b	9.54	6.12	3.00	32.2	58.0	53.5	82.6	73.5	61.7	56.8		
	c	—	—	—	—	—	—	—	—	—	—		
Anhydrit (Hallein)	a	—	—	—	—	—	—	—	—	—	—	—	
	b	3.21	43.7	36.2	32.8	20.5	18.5	—	17.4	17.3	17.2	5.65	16.7
	c	2.50	55.4	54.9	35.3	22.9	18.7	—	18.5	18.4	18.3	6.35	18.6
Aragonit (Bilin)	a	0.84	60.3	66.0	44.3	28.8	22.9	22.7	19.9	19.8	19.7	6.55	19.2
	b	1.45	67.1	71.8	51.2	27.4	21.4	27.7	28.8	28.2	27.9	9.80	26.9
	c	1.92	62.5	51.7	42.1	29.2	24.2	24.7	22.4	22.0	21.8	7.70	22.2
Cerussit (Nertschinsk)	a	4.1	5.5	—	61.0	84.8	60.4	67.1	61.3	49.6	43.8	19.2	39.4
	b	8.06	11.7	38.1	75.9	80.1	74.5	64.4	59.5	49.5	44.5	23.2	43.0
	c	7.90	13.5	39.2	80.0	85.2	80.5	71.2	64.5	51.8	45.4	25.4	44.9

Sie zeigen daher eine abgerundetere Form, als sie dem wahren Verlaufe des Reflexionsvermögens entspricht. Immerhin darf man annehmen, daß die Kurven (3) bis (12) die Abhängigkeit des Reflexionsvermögens von der Wellenlänge in dem langwelligen Spektrum, welches bis jetzt durch die spektrometrische Methode nicht erschlossen werden kann, im ganzen richtig wiedergeben.

Im einzelnen ist über die Kurven folgendes zu bemerken:

Kalkspat. $CaCO_3$ (Kurve (3)).

Der ordentliche sowie der außerordentliche Strahl zeigen zwei starke Reflexionsmaxima, von denen die kurzwelligeren bei $\lambda = 30.3$ bzw. 28.0 μ bereits im vorstehenden eingehend besprochen worden sind. Von den langwelligen Maximis, welche für beide Strahlen fast übereinstimmend bei 94 μ liegen, ist das des außerordentlichen Strahles bei weitem das stärkere.

In einer früheren Abhandlung wurde bereits im Jahre 1911 über langwellige Reststrahlen des Kalkspats berichtet[1]. Der als Lichtquelle dienende Auerbrenner war bei den damaligen Versuchen mit Hilfe der Quarzlinsenmethode von seiner gesamten kurzwelligen Strahlung befreit, so daß nur noch Strahlung der jenseits 70 μ gelegenen Spektralbereiche mit einem Maximum bei etwa 100 μ in merklicher Stärke übrigblieb, und diese langwellige Strahlung wurde einer zweimaligen Reflexion an Kalkspatflächen unterworfen. Die so erzeugten Reststrahlen zeigten ein starkes Intensitätsmaximum bei 93 μ und ein zweites bedeutend schwächeres bei 117 μ. Es ist sehr wahrscheinlich, daß nur das erste dieser beiden Maxima durch die selektive Reflexion des Kalkspats hervorgerufen wird, während das zweite einem Minimum der Intensitätskurve bei 106 μ seine Entstehung verdankt, welches von einem an dieser Stelle des Spektrums gelegenen Absorptionsstreifen des Wasserdampfs herrührt[2]. Es ließ sich voraussehen, daß bei der Erzeugung der Reststrahlen des Kalkspats durch vielfache Reflexion an Kalkspatflächen ohne gleichzeitige Anwendung der Quarzlinsenmethode das erste Maximum infolge des starken Abfalls der Strahlungsintensität der Energiequelle mit der Wellenlänge bei etwas kürzeren Wellen auftreten und daß das zweite sich der Beobachtung vollkommen entziehen würde. Diese Vermutung wurde durch den Versuch tatsächlich bestätigt. In Fig. III, Kurve 13 und 14 sind zwei Interferometerkurven wiedergegeben, welche bei der Wellenlängenmessung der Reststrahlen von Kalkspat von uns unter den folgen-

[1] H. Rubens, Über langwellige Reststrahlen des Kalkspats, Verb. der Dt. Phys. Ges., 1911, S. 102.

[2] H. Rubens und G. Hettner, a. a. O. S. 178.

LIEBISCH und RUBENS: Über die optischen Eigenschaften einiger Kristalle im langwelligen ultraroten Spektrum.

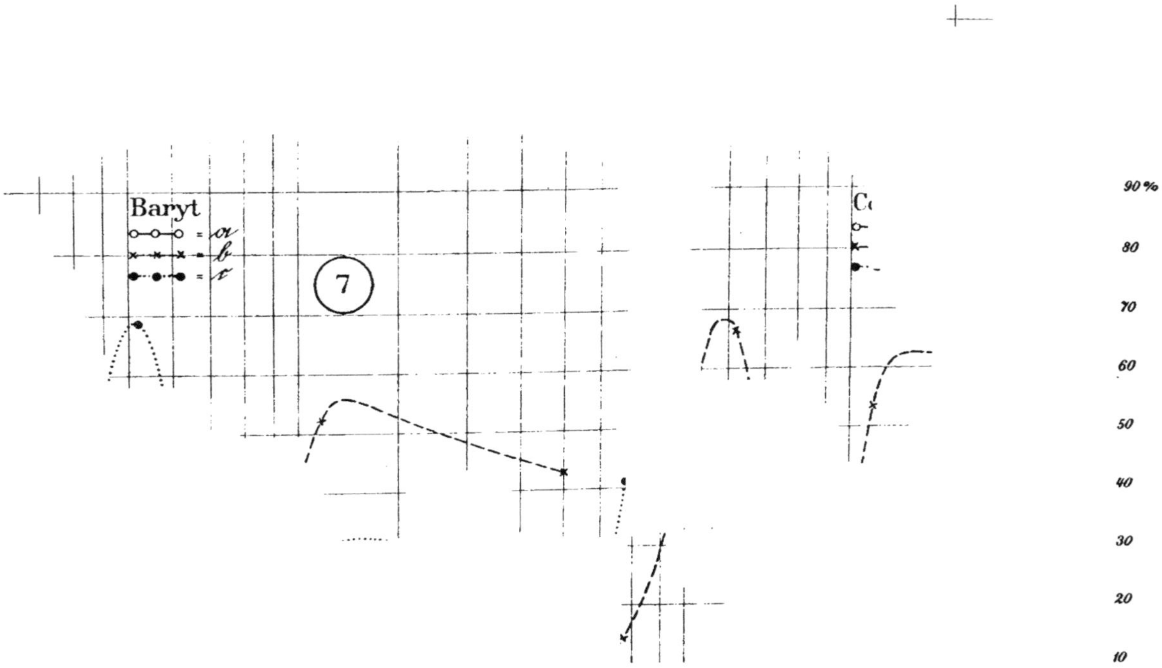
Baryt
= a
= b
= c
7
C
90 %
80
70
60
50
40
30
20
10

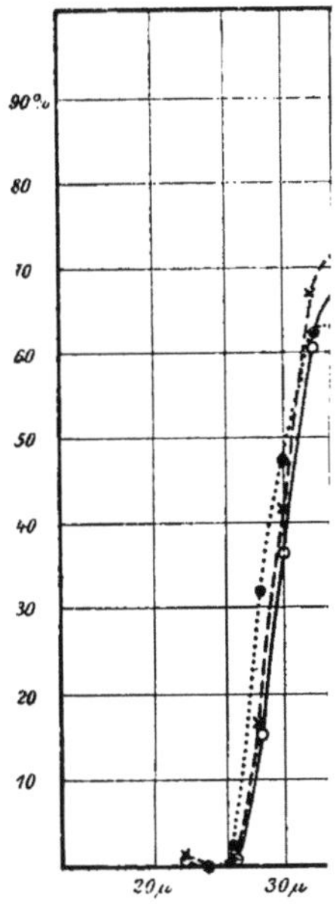

LIEBISCH und

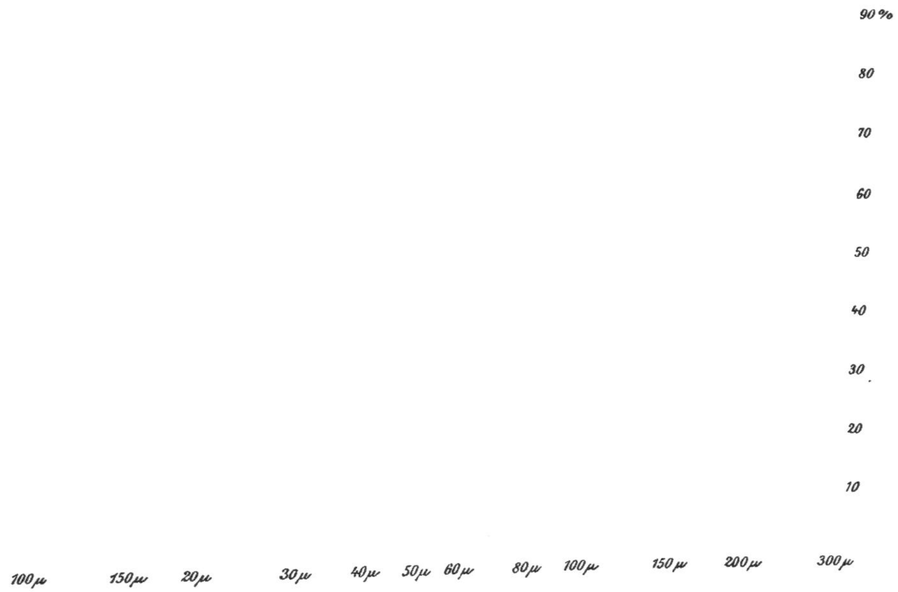

…ischen Eigenschaften einiger Kristalle im langwelligen ultraroten Spektrum.

Fig. III.

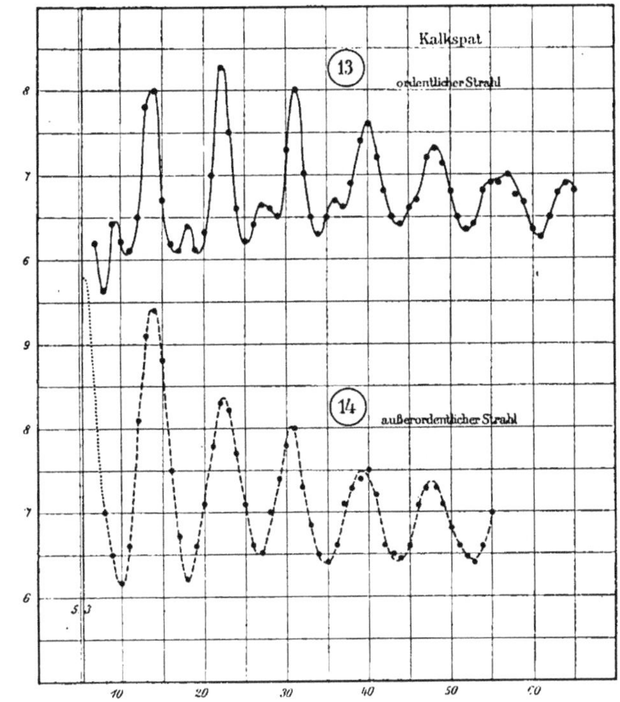

den Versuchsbedingungen erhalten worden sind[1]. Zur Erzeugung der Reststrahlen dienten drei parallel der Achse geschnittene Kalkspatplatten, als Lichtquelle wurde ein Auerbrenner verwendet. Ferner ist hervorzuheben, daß die Strahlen vor ihrem Auftreffen auf das Thermoelement des Mikroradiometers 2.0 mm Quarz zu durchdringen hatten. Hierdurch werden die kurzwelligen Reststrahlen des Kalkspats, welche von den Reflexionsmaximis bei 6.6 und 11.5 μ herrühren, vollkommen absorbiert, und es bleiben nur die langwelligen Reststrahlen übrig. Von diesen langwelligen Reststrahlen werden diejenigen, welche durch das Reflexionsmaximum bei 94 μ hervorgerufen werden, von der Quarzschicht nur wenig absorbiert, dagegen erleiden die Reststrahlen von 28 und 32 noch eine

[1] Über die Aufnahme der Interferometerkurven und ihre Auswertung vgl. H. Rubens und H. Hollnagel, a. a. O. S. 27 und S. 31 u. f.

so gewaltige Schwächung, daß nur ihre langwelligen Ausläufer von etwa 45 μ ab im merklichen Betrage durch die eingeschaltete Quarzschicht hindurchgehen. Dieser Strahlungsanteil ist bei den Reststrahlen des außerordentlichen Strahles, für welchen das Reflexionsvermögen bei 94 μ über 80 Prozent, dasjenige bei 45 μ dagegen nur 20 Prozent beträgt, sehr gering. Es ist dagegen bei den Reststrahlen des ordentlichen Strahles, für welchen die entsprechenden Reflexionsvermögen bei 94 und 45 μ 33 und 58 Prozent sind, nicht unerheblich und macht sich in der aufgenommenen Interferenzkurve stark bemerkbar. Dies zeigt ein Vergleich der Interferometerkurven (13) und (14), von welchen die erste für den ordentlichen, die zweite für den außerordentlichen Strahl gilt. Die Analyse der Kurve (13) ergibt zwei Intensitätsmaxima, ein schwächeres bei 46 μ und ein stärkeres bei 89 μ. Kurve (14) läßt nur ein einziges Energiemaximum bei 89 μ erkennen. Zur Berechnung dieser Wellenlänge sind alle beobachteten Maxima und Minima der Interferenzkurve (14) gleichmäßig herangezogen worden. Benutzt man dagegen nur die ersten beiden Maxima und Minima, so ergibt sich die Wellenlänge etwas größer, nämlich gleich 92 μ, was auf eine unsymmetrische Gestalt der Energieverteilungskurve schließen läßt und beweist, daß die mittlere Wellenlänge der Reststrahlen merklich größer ist als die Wellenlänge des Energiemaximums. Auch die so gemessene »mittlere Wellenlänge« der Reststrahlen ist, wie zu erwarten war, immer noch etwas kleiner als die Wellenlänge des stärksten Reflexionsvermögens (94 μ). Von einer zweiten Erhebung der Energiekurve bei 117 μ ist bei dieser Versuchsanordnung, wie vorauszusehen war, nichts zu bemerken.

Roter Turmalin[1].

Dieses Mineral zeigt im langwelligen Spektrum (Kurve (6)) von allen untersuchten Materialien die schwächsten Streifen selektiver Reflexion, eine Eigenschaft, die zweifellos mit seiner komplizierten chemischen Zusammensetzung zusammenhängt. Immerhin lassen sich sowohl für den ordentlichen wie für den außerordentlichen Strahl je 2 Maxima erkennen, deren Lage bei etwa 43 und 82 μ bzw. 43 und 97 μ angenommen werden kann. Es ist jedoch keineswegs ausgeschlossen, daß in einem reineren Spektrum eine viel kompliziertere Struktur zutage treten würde.

---

[1] Eine Konstitutionsformel für Turmalin ist nicht bekannt. Nach RAMMELSBERG hat der rote Turmalin von Schaitansk folgende Zusammensetzung: 38.26 Kieselsäure, 43.98 Tonerde, 9.26 Borsäure, 1.62 Magnesia, 0.62 Kalkerde, 1.53 Manganoxyd, 1.53 Natron, 0.21 Kali, 0.48 Lithion und 2.49 Wasser.

Apatit $Ca_3(Cl, F)(PO_4)_3$ und Dolomit $CaCO_3 \cdot MgCO_3$ (Kurve (4) und (5)).

Das von dem Turmalin Gesagte gilt, soweit es sich auf die komplizierte Zusammensetzung und die damit in Zusammenhang stehende weniger ausgeprägte selektive Reflexion bezieht, in geringerem Maße auch für Apatit und Dolomit. Bei dem Apatit zeigt der ordentliche Strahl 3, der außerordentliche 2 Reflexionsmaxima, nämlich bei 30, 45 und 140 μ bzw. bei 32 und 135 μ. Die Angabe für die Wellenlänge der beiden langwelligen Maxima beruht auf einer ziemlich rohen Schätzung.

Der Dolomit besitzt 4 Reflexionsmaxima, von denen 2 (bei 29 und 74 μ) dem ordentlichen und 2 (bei 27.5 und 68 μ) dem außerordentlichen Strahl angehören. Von allen diesen zeigt nur das Maximum bei 68 μ hohe Werte des Reflexionsvermögens.

Baryt $BaSO_4$ und Cölestin $SrSO_4$ (Kurven (7) und (8)).

Baryt und Cölestin ergeben von allen hier untersuchten Stoffen die interessantesten Reflexionsspektra. Die Ähnlichkeit im Verhalten dieser beiden isomorphen Substanzen lehrt ein Blick auf die Kurven (7) und (8). In beiden Fällen sind für jede der 3 Hauptschwingungsrichtungen je 2 Reflexionsmaxima vorhanden. Ihre Wellenlängen sind beim Baryt in der $\mathfrak{a}$-Richtung 62 und 97 μ, in der $\mathfrak{b}$-Richtung 61 und 120 μ, in der $\mathfrak{c}$-Richtung 50 und 130 μ, bei dem Cölestin in der $\mathfrak{a}$-Richtung 48 und 85 μ, in der $\mathfrak{b}$-Richtung 58.5 und 135 μ, in der $\mathfrak{c}$-Richtung 45.5 und 84 μ. Die jenseits 110 μ gelegenen Maxima sind wiederum wegen fehlender Beobachtungspunkte sehr unsicher.

Die Platte aus feinkörnigem Baryt von Naurod bei Wiesbaden zeigt etwas geringere Reflexionsvermögen als sich durch Mittelwertbildung aus den 3 Hauptschwingungsrichtungen ergeben würde. Dies kann jedoch auf mangelhafter Oberflächenbeschaffenheit der Platte beruhen, welche infolge ihrer körnigen Struktur nicht hinreichend eben geschliffen werden konnte.

Anglesit $PbSO_4$ (Kurve (9)).

Bei dem Anglesit mußten wir uns leider des seltenen, schwer erhältlichen Materials wegen auf Messungen in der $\mathfrak{a}$- und $\mathfrak{b}$-Richtung beschränken. Auch hier zeigen sich je 2 Maxima für jede Schwingungsrichtung. Die Wellenlängen derselben sind 63 und 98 μ in der $\mathfrak{a}$-Richtung, 67 und 97 μ in der $\mathfrak{b}$-Richtung. Das Maximum bei 98 μ ist sehr schwach ausgeprägt. Bemerkenswert sind die ungemein hohen Werte des Reflexionsvermögens, denen die Reflexionskurven für unendlich lange Wellen zustreben.

Anhydrit $CaSO_4$ (Kurve (10)).

Auch bei dem Anhydrit stand uns nur eine einzige Platte zur Verfügung, welche in der 𝔟 𝔠-Ebene geschnitten war. Es ist sehr wahrscheinlich, daß auch hier für beide Schwingungsrichtungen je 2 Maxima vorhanden sind, von denen indessen nur eins mit Sicherheit beobachtet werden konnte. Es liegt für beide Strahlen nahe bei 35 μ. Die beiden anderen wesentlich schwächeren Erhebungen scheinen zwischen 45 und 50 μ zu liegen. Jenseits 50 μ machen sich bei diesem Material keine stärkeren Absorptionsgebiete mehr bemerkbar.

Aragonit $CaCO_3$ (Kurve (11)).

Die optischen Eigenschaften des Aragonits im langwelligen Spektrum sind von denen des chemisch identischen Kalkspats völlig verschieden. Für alle Schwingungsrichtungen existieren vermutlich je drei Reflexionsmaxima, von welchen jedoch nur zwei mit Sicherheit nachgewiesen werden konnten. Diese liegen bei $\lambda = 36$ und 85 μ für die 𝔞-Richtung, bei 36 und etwa 100 μ für die 𝔟-Richtung sowie bei 34 und 88 μ für die 𝔠-Richtung. Es ist aber sehr wahrscheinlich, daß für sämtliche Schwingungsrichtungen in der Nähe von 50 μ noch ein schwächeres Reflexionsmaximum vorhanden ist, welches sich hier nur durch mehr oder weniger deutlich ausgeprägte Inflexionspunkte bemerkbar macht. Auch bestehen möglicherweise die kurzwelligen Maxima bei 35 μ aus mehreren Einzelerhebungen, worauf die Ergebnisse der spektralen Zerlegung der Reststrahlen von Aragonit hinzudeuten scheinen.

Cerussit $PbCO_3$ (Kurve (12)).

Die Untersuchung dieses Materials ergab in der 𝔟- und 𝔠-Richtung nur je ein breites Maximum, und zwar bei 64 μ, während in der 𝔞-Richtung deren zwei bei 64 und 94 μ auftreten. Es ist jedoch nicht unwahrscheinlich, daß die breiten Maxima der 𝔟- und 𝔠-Richtung bei 64 μ bei feinerer spektraler Zerlegung sich in mehrere Maxima spalten würden. Auch der Cerussit besitzt, wie die meisten übrigen Bleisalze, bei 300 μ ein sehr hohes Reflexionsvermögen, welches für die verschiedenen Schwingungsrichtungen nahezu dasselbe ist.

Über die Lage der beobachteten Reflexionsmaxima aller untersuchten Kristalle für die verschiedenen Schwingungsrichtungen der auffallenden Strahlung gibt die folgende Tabelle IV Aufschluß. In derselben sind auch die früher von Hrn. Nyswander[1], Hrn. Reinkober[2]

[1] R. E. Nyswander, Phys. Rev. 28, S. 291, 1909.

[2] O. Reinkober, Berliner Dissertation 1910, und Ann. d. Phys. 34, S. 345, 1911.

Tabelle IV.

Kristall und chemische Zusammensetzung	Schwingungsrichtung (E. V.)	Kurzwellige Streifen	Langwellige Streifen
Quarz SiO_2	∥	8.50 8.70 8.90 9.05 12.87	19.7 27.5
	⊥	8.50 8.90 9.05 12.52	21.0 26.0
Kalkspat $CaCO_3$	∥	11.30	28.0 94
	⊥	6.46 6.96 14.17	30.3 94
Apatit $Ca_3(Cl.F)(PO_4)_3$	∥		32 (135)
	⊥		30 45 (140)
Dolomit $CaMg(CO_3)_2$	∥	11.43	27.5 68
	⊥	6.90	29 74
Roter Turmalin	∥	9.0 12.75 14.2	43 97
	⊥	7.70 10.1	43 82
Baryt $BaSO_4$	a	8.93	62 97
	b		61 (120)
	c	8.30	51 (130)
Cölestin $SrSO_4$	a	8.84	48 85
	b	9.05	58.5 (135)
	c	8.35	45.5 84
Anglesit $PbSO_4$	a		63 (98)
	b		67 97
	c		
Anhydrit $CaSO_4$	a		
	b		35 (45—50)
	c		35 (45—50)
Aragonit $CaCO_3$	a	11.55	36.5 (50) 85
	b	6.46 6.70 14.17	36.5 (50) (100)
	c	6.65 14.06	34 (50) 88
Cerussit $PbCO_3$	a	12.00	64 94
	b	7.04	64
	c	7.28	64

sowie von Hrn. Clemens Schaefer und Frl. Martha Schubert[1] mit Hilfe des Spektrometers beobachteten kurzwelligen Reflexionsmaxima aufgeführt[2]. Diejenigen langwelligen Reflexionsmaxima, deren Lage aus dem vorhandenen Beobachtungsmaterial nur mit sehr roher Annäherung

[1] Cl. Schaefer und Martha Schubert, Ann. d. Phys. 50, S. 283, 1916.

[2] Außer den in der Tabelle IV für Quarz und Turmalin angegebenen kurzwelligen Maximis der Reflexionskurve besitzt diese nach Hrn. Reinkobers Messungen noch einige schwächere Erhebungen, welche hier nicht mit aufgeführt sind. Für Apatit, Anglesit und Anhydrit sind die kurzwelligen ultraroten Reflexionsmaxima noch nicht beobachtet.

geschlossen werden kann, sind mit Klammern versehen, um die Unsicherheit der angegebenen Zahlenwerte anzudeuten.

Ein Zusammenhang bezüglich der Lage der kurzwelligen und langwelligen Streifen metallischer Reflexion ist in keinem Falle zu erkennen. Das kann auch nicht wundernehmen, da die kurzwelligen Streifen zweifellos von den Eigenschwingungen innerhalb eines Ions herrühren[1], während bei den langwelligen Streifen offenbar beide Ionen des Moleküls beteiligt sind. Diese Auffassung ist mit der modernen Anschauung über die Gitterstruktur der Kristalle durchaus verträglich. Nur ist zu beachten, daß es sich bei diesen Schwingungsvorgängen nicht um einzelne schwingende Teilchen, sondern um Schwingungen des ganzen Raumgitters handelt.

Durchlässigkeit der Kristalle für die langweilige Quecksilberdampfstrahlung.

Will man aus den beobachteten Werten des Reflexionsvermögens für lange Wellen Rückschlüsse auf die Dielektrizitätskonstante der Kristalle ziehen, so ist hierzu die Kenntnis der Extinktionskoeffizienten erforderlich. Für die langwellige Quecksilberdampfstrahlung besteht jedoch diese Notwendigkeit nicht, da es sich hier um eine Strahlenart handelt, welche bereits jenseits des Absorptionsbereichs der untersuchten Substanzen liegt. Hier zeigen die Kristalle für alle Schwingungsrichtungen in Schichtdicken von einigen Zehntelmillimetern wieder merkliche, zum Teil sogar erhebliche Durchlässigkeit, wie aus der folgenden Tabelle V hervorgeht. Diese enthält die Ergebnisse unserer Durchlässigkeitsmessungen für die langwelligen Strahlungen des Auerbrenners und der Quecksilberlampe. Die verwendeten Kristallplatten waren ausnahmslos 0.5 mm dick. Die angegebenen Durchlässigkeiten sind die direkt beobachteten Werte des Intensitätsverhältnisses der hindurchgelassenen und der auffallenden Strahlung in Prozenten.

Die beobachteten Durchlässigkeiten für die langwellige Quecksilberdampfstrahlung sind in allen Fällen so erheblich, daß die hieraus unter Berücksichtigung des Reflexionsverlustes berechneten Extinktionskoeffizienten g als genügend klein angesehen werden dürfen, um ihre Vernachlässigung in der Formel für das Reflexionsvermögen R

$$R = 100\,\frac{(\sqrt{D}-1)^2+g^2}{(\sqrt{D}+1)^2+g^2}$$

zu rechtfertigen.

---

[1] Dies geht mit besonderer Deutlichkeit aus der umfassenden Untersuchung von Hrn. Clemens Schaefer und Frl. Martha Schubert hervor.

Tabelle V.

Kristall und Fundort	Schwingungs-richtung E.V.	Durchlässigkeit ʒ 110 µ	Hg-Lampe ungereinigt	Hg-Lampe gereinigt
Kalkspat (Island)	∥	8.0	18.7	24.0
	⊥	9.9	22.8	29.2
Apatit (Burgess)	∥	3.9	11.6	15.4
	⊥	3.8	11.3	15.0
Dolomit (Traversella)	∥	29.7	44.7	52.2
	⊥	31.8	44.7	51.2
Roter Turmalin (Schaitansk)	∥	36.5	50.2	57.0
	⊥	32.4	47.5	55.0
Baryt (Dufton)	a	11.4	26.8	34.5
	b	3.3	9.3	12.3
	c	12.3	25.9	32.7

Kristall und Fundort	Schwingungs-richtung E.V.	Durchlässigkeit ʒ 110 µ	Hg-Lampe ungereinigt	Hg-Lampe gereinigt
Cölestin (Eriesee)	a	8.8	15.5	18.8
	b	0.8	1.6	2.0
Anglesit (M. Poni)	a	0.8	2.3	3.0
	b	0.0	1.3	1.9
Anhydrit (Hallein)	b	41.9	53.8	59.7
	c	25.9	37.2	42.8
Aragonit (Bilin)	a	13.3	27.3	34.3
	b	6.7	15.1	19.3
	c	20.0	31.2	36.8
Cerussit (Nertschinsk)	a	5.0	9.3	11.4
	b	2.1	—	—
	c	2.3	6.4	8.4

Bei den untersuchten einachsigen Kristallen ist der Dichroismus unerheblich, besonders gering bei dem Dolomit und Apatit. Dagegen zeigen die zweiachsigen Kristalle zum Teil erhebliche Unterschiede der Absorption für die verschiedenen Hauptschwingungsrichtungen. Besonders ausgeprägt ist der Trichroismus von Baryt und Cölestin durch die starke Absorption des in der b-Richtung schwingenden Strahles.

Einige der untersuchten Kristalle, wie Dolomit, Anhydrit und Turmalin, zeigen eine so hohe Durchlässigkeit, daß eine Erörterung der Frage notwendig erscheint, ob bei der Messung der Reflexion nicht dadurch Fehler entstanden sein können, daß ein Teil der reflektierten Strahlung nicht von der Reflexion an der oberen Grenzfläche der Kristallplatte, sondern von der unteren Grenzfläche herrührt. Es läßt sich jedoch leicht zeigen, daß diese Fehlerquelle auf das Ergebnis der Messungen nur einen sehr geringen Einfluß ausgeübt haben kann. Die von uns bei den Reflexionsmessungen verwendeten Kristallplatten hatten eine Dicke von 2—5 mm. Die zu durchdringenden Schichtdicken waren mithin 8—20mal größer als bei den Durchlässigkeitsmessungen. Ferner waren die zu den Reflexionsbeobachtungen benutzten Kristallspiegel vermittelst einer äußerst dünnen Schicht von Pech oder Canadabalsam mit ihrer unteren Oberfläche auf ebenen Spiegelglasplatten aufgekittet, welche den Kristallplatten als Träger dienten. Da die Dicke dieser Kittschicht nur einen sehr kleinen Bruchteil der Wellenlänge betrug, und der Brechungsexponent des Glases für die hier in Betracht kommende Strahlung von demjenigen der oben als besonders durchlässig bezeichneten Kristalle nur wenig verschieden ist, so muß das Reflexionsvermögen an der unteren Oberfläche der Kristallplatten als sehr klein veranschlagt werden. Nimmt man den Brechungsexponenten des weißen Spiegelglases für die langwellige Quecksilberdampfstrahlung entsprechend früheren Messungen zu 2.61 an, so berechnet sich jenes Reflexionsvermögen in allen hier in Betracht kommenden Fällen kleiner als ein viertel Prozent. Wir sind daher berechtigt, die Reflexion der Strahlung an der unteren Grenzfläche der untersuchten Kristallplatten zu vernachlässigen.

Reflexionsvermögen und Dielektrizitätskonstante.

In den letzten beiden Spalten der Tabelle III ist, in Anlehnung an die in den früheren Arbeiten (A und B) gewählte Darstellungsweise, die Dielektrizitätskonstante D der untersuchten Kristalle und das hieraus nach der Fresnelschen Formel berechnete Reflexionsvermögen für unendlich lange Wellen R_∞

$$R_\infty = 100 \left(\frac{\sqrt{D} - 1}{\sqrt{D} + 1}\right)^2$$

wiedergegeben. Die angegebenen Werte der Dielektrizitätskonstanten sind der Arbeit von W. Schmidt entnommen[1]. Sie gelten für eine Wellenlänge von 75 cm.

Im allgemeinen ist, wie man sieht, die Übereinstimmung zwischen dem für die langwellige Quecksilberdampfstrahlung beobachteten Reflexionsvermögen mit den Werten von R_∞ eine befriedigende. Freilich ist die erstgenannte Größe fast in allen Fällen größer als die letztgenannte, was auf eine jenseits 300 μ noch vorhandene normale Dispersion schließen läßt.

Bei dem Kalkspat ist diese Dispersion für beide Schwingungsrichtungen noch beträchtlich. und zwar, wie aus dem Verlauf der Kurven geschlossen werden kann, bedeutend größer für den außerordentlichen als für den ordentlichen Strahl. Es ist hiernach sehr wohl möglich, daß sich die Reflexionskurven beider Strahlen jenseits 300 μ schneiden, wie dies aus dem Wert der beiden Dielektrizitätskonstanten hervorzugehen scheint.

Für Apatit, Dolomit und Turmalin ist die Übereinstimmung zwischen R_{300} und R_∞ vorzüglich. Bei dem letztgenannten Material sind zwar

[1] W. Schmidt, Ann. d. Phys. 9, S. 919, 1902. Für Quarz und Turmalin sind neben den von W. Schmidt bestimmten Dielektrizitätskonstanten auch die von H. Rubens (B S. 1289) und R. Fellinger (Ann. d. Phys. 7, S. 333, 1902) angegeben. Sie sind durch Sternchen * gekennzeichnet.

die von uns beobachteten Reflexionsvermögen etwas größer als die aus den Schmidtschen Dielektrizitätskonstanten abgeleiteten Werte, dagegen liegen sie unterhalb der Werte von R_v, welche sich aus den Dielektrizitätskonstanten des Hrn. Fellinger ergeben. Diese Unterschiede sind wohl teilweise auf Verschiedenheiten in der chemischen Zusammensetzung des untersuchten Materials zurückzuführen. Baryt, Cölestin und Anglesit zeigen für alle Hauptschwingungsrichtungen jenseits 300 μ noch erhebliche normale Dispersion. Am deutlichsten tritt dies bei dem Baryt und Cölestin für den in der $\mathfrak{b}$-Richtung schwingenden Strahl mit hohem Brechungsindex hervor.

Für schwefelsaures Blei ist von Schmidt nur ein Mittelwert der Dielektrizitätskonstanten bestimmt worden, welcher sich seiner Größe nach sehr gut unseren Beobachtungen anpaßt.

Für Anhydrit, Aragonit und Cerussit ist die Übereinstimmung wiederum eine sehr gute. Nur für den in der $\mathfrak{a}$-Richtung schwingenden Strahl des Cerussits ist offenbar jenseits 300 μ noch etwas stärkere normale Dispersion vorhanden. Dies geht auch aus dem Verlauf der entsprechenden Reflexionskurve deutlich hervor.

Auch die hier mitgeteilten Beobachtungen an doppelbrechenden Kristallen bestätigen die früher ausgesprochene Vermutung, daß die festen Körper im Gegensatz zu den Flüssigkeiten im Bereich der kurzen Hertzschen Wellen keine anomale Dispersion zeigen[1].

Die vorstehende Arbeit ist mit Unterstützung der Preußischen Akademie der Wissenschaften ausgeführt worden. Es sei uns gestattet, an dieser Stelle der Akademie unseren besten Dank für die Gewährung der reichen Hilfsmittel auszusprechen.

[1] Vgl. H. Rubens, Verh. d. Dt. Phys. Ges. 1915, S. 325 u. f.

Über Traumen und Nierenerkrankungen.

Ein kasuistischer Beitrag nebst Bemerkungen zur Einteilung und Benennung der Nierenkrankheiten.

Von J. Orth.

(Vorgetragen am 6. März 1919 [s. oben S. 135].)

Die Frage der Beziehungen von Traumen zu Nierenerkrankungen hat schon seit längerer Zeit vom pathogenetischen Standpunkt aus zu Besprechungen in der ärztlichen Literatur Veranlassung gegeben, sie hat aber jetzt auch eine früher ungeahnte praktische Bedeutung dadurch erlangt, daß den ärztlichen Sachverständigen infolge unserer deutschen Unfallversicherungsgesetzgebung oft genug die Frage vorgelegt wird, ob eine Nierenerkrankung mit einem bestimmten Unfall in ursächlichem Zusammenhang gestanden habe.

Diese Beziehungen können sehr verschiedener Art und im Einzelfalle recht zusammengesetzter und manchmal schwer zu erkennender Natur sein, wie ich das nachher an einer Anzahl Beispiele aus meiner Gutachtertätigkeit erläutern werde. Zuvor aber muß ich zu einer allgemeinen Frage Stellung nehmen, weil ich an ihrer Besprechung schon früher teilgenommen habe und teilweise mißverstanden worden bin. Es handelt sich um die Frage, ob es eine traumatische Nierenentzündung (Nephritis) gibt. Darüber kann kein Zweifel bestehen und hat auch nie ein Zweifel bestanden, daß im Anschluß an eine Verletzung der Nieren selbst eine eiterige Wundinfektion entstehen kann; es ist längst bekannt, daß eine Niereneiterung von einer an ganz anderer Stelle gelegenen infizierten Wunde (sogenannte metastatische Eiterung, Fall III), daß sie von der Nachbarschaft aus (peri- und pararenale Eiterung, Fall I) oder von den Harnwegen aus (Pyelonephritis, Fall II) durch unmittelbare Fortpflanzung entstehen kann; allein um diese typischen, sogenannten exsudativen Entzündungen handelt es sich bei dieser Frage nicht, auch nicht um jene bakteriell-toxischen nicht eiterigen Entzündungen (hämorrhagische Glomerulonephritis, Fall IV) oder degenerativen Veränderungen (parenchymatöse Nephritis Virchows), welche, wie bei anderen akuten

Infektionskrankheiten, so auch bei einer allgemeinen traumatischen septischen Infektion, der sogenannten Blutvergiftung der Laien (Fall V), oder auch einmal bei einer traumatischen allgemeinen Miliartuberkulose auftreten können, sondern die Frage lautet, ob durch eine subkutane Verletzung einer Niere mittels stumpfer Gewalt eine nicht eiterige Entzündung entstehen könne, insbesondere auch, ob aus einer solchen Entzündung ein Nierenschwund, eine Nierenschrumpfung sich entwickeln könne.

Die Bezeichnung Nierenschrumpfung bzw. des geschrumpften Organs als Schrumpfniere ist für mich eine rein beschreibende. Sie besagt an sich über die Entstehung der vorhandenen Verkleinerung des Organs gar nichts, da es eine ganze Anzahl ihrer Entstehung wie auch ihrer morphologischen Beschaffenheit nach sehr verschiedene Schrumpfnieren gibt, wie ich das in einem vor etwa acht Jahren in der Akademie gehaltenen Vortrage »Über Atrophie der Harnkanälchen« des näheren dargelegt habe. Trotz von anderer Seite geäußerter abweichender Meinung bin und bleibe ich doch der Ansicht, daß wir in der pathologisch-anatomischen Nomenklatur diese, wie gesagt, rein beschreibende Bezeichnung nicht entbehren können, da es in vielen Fällen unmöglich ist, mit bloßen Augen zu erkennen, um welche Form der Nierenschrumpfung es sich handelt, welche Veränderungen die einzelnen Bestandteile des Nierengewebes im Einzelfalle darbieten. Da bleibt zunächst gar nichts anderes übrig, als sich mit der allgemeinen Diagnose Schrumpfniere zu begnügen. Ich kann mich nicht damit einverstanden erklären, daß man, wie es neuerdings versucht wird, das Wort Nierenschrumpfung durch die Bezeichnung Nierencirrhose ersetzt. Mit dem Worte Lebercirrhose, von wo der Ausdruck Cirrhose stammt, ist nun einmal der Begriff einer Bindegewebsneubildung, einer Neubildung faserigen, schrumpfenden Bindegewebes verbunden, so wenig das auch der sprachlichen Ableitung des Wortes entspricht, die bei der Übertragung des Begriffes Cirrhose auf andere Organe als die Leber überhaupt nicht mehr in Betracht kommen kann. Ich habe aber schon in dem bereits erwähnten Akademievortrag darauf hingewiesen, daß die Bedeutung einer interstitiellen Bindegewebsneubildung für die Nierenschrumpfung weit überschätzt worden ist, daß die in der Klinik bis in die neueste Zeit hinein übliche Diagnose chronische interstitielle Nephritis, d. h. entzündliche faserige Bindegewebsneubildung im interstitiellen Gewebe in den meisten Fällen tatsächlich unrichtig ist, weil nur ausnahmsweise eine primäre entzündliche Veränderung des interstitiellen Gewebes vorkommt, aber auch das nicht zu leugnende Vorkommen einer sekundären aktiven Veränderung des interstitiellen Gewebes in seiner Bedeutung für die

Schrumpfung des Gewebes, die wesentlich von der Atrophie und dem Schwunde der Nierenkanälchen abhängig ist, überschätzt worden ist und, wie mir scheint, auch heute noch vielfach überschätzt wird. Aus dieser Überschätzung stammt die Neigung, von Nierencirrhose zu sprechen, bei der man mindestens eine — seltenere — primäre und eine — häufigere — sekundäre unterscheiden müßte. Aber dann bleiben eben immer noch Fälle von Schrumpfung übrig, bei denen noch gar keine nennenswerte interstitielle Veränderung vorhanden ist oder doch im wesentlichen nur eine kleinzellige Infiltration, d. h. frische interstitielle Veränderungen, keine Faserbildung, die durch Schrumpfung an der Gesamtverkleinerung des Nierengewebes einen nennenswerten Anteil genommen haben könnte. Ich kann mich des Eindrucks nicht erwehren, daß noch nicht immer genügend unterschieden wird zwischen Verdickung des interstitiellen Gerüstes und Neubildung von interstitiellem Gewebe. Das sind zwei ganz verschiedene Dinge; zwar wird eine interstitielle Bindegewebsneubildung stets auch eine Verdickung interstitieller Gerüstbalken im Gefolge haben, aber eine solche kann nicht nur eine absolute sein, d. h. durch Neubildung von Gewebe erzeugt sein, sondern sie kann auch eine relative sein, d. h. durch Gewebsverschiebung entstehen. Bei der ganz andersartigen Anordnung des interstitiellen Gewebes in der Leber kommt diese scheinbare Verdickung weit weniger in Betracht als bei den Nieren, wo jedes Harnkanälchen durch interstitielles Gewebe von seinen Nachbarn getrennt ist und wo durch Verkleinerung der Harnkanälchen das vorher über einen größeren Rahmen ausgespannte interstitielle Gewebsnetz ganz notwendigerweise zusammenrücken muß, wobei die Balken des Maschenwerkes entsprechend der Größenabnahme der Maschenräume kürzer und dicker werden müssen. Ein solcher Vorgang hat mit einer Cirrhose nichts zu tun, in einem solchen Falle darf man also auch nicht von einer Nierencirrhose sprechen, wenn auch selbstverständlich das so veränderte Gewebe an Konsistenz zugenommen hat, wie es auch bei jeder Cirrhose der Fall ist. Zulässiger wäre danach die Bezeichnung Sklerose, welche keine histologische, sondern nur eine physikalische Grundlage hat, aber sie hat an sich mit Schrumpfungsvorgängen nichts zu tun und ist neuerdings mit einem eigenartigen Begriff versehen worden, nämlich dem einer Nierenveränderung infolge von Sklerose der zuführenden Blutgefäße.

Damit komme ich auf die Nomenklatur der Nierenerkrankungen überhaupt.

Ich deutete schon an, daß man sich daran gewöhnt hatte, den Begriff der Nephritis, der allmählich den früher für gewisse Nierenerkrankungen gebräuchlichen Ausdruck Morbus Brightii ganz verdrängt hat, ungemein weit auszudehnen und vor allem auch jede mit Schrumpfung einhergehende Erkrankung als chronische Nephritis zu bezeichnen. Selbst abgesehen von der Gegnerschaft gegen den von Virchow begründeten Begriff der parenchymatösen Entzündung, d. h. der entzündlichen Degeneration der Epithelien der Harnkanälchen, wurde sowohl auf klinischer als auf pathologisch-anatomischer Seite immer klarer erkannt, daß unter dem gemeinsamen Namen Nephritis Dinge zusammengefaßt wurden, welche nichts miteinander und vielfach auch nichts mit Entzündung, weder parenchymatöser noch interstitieller, zu tun hatten. Zugleich kam immer stärker die Erkenntnis zum Durchbruch und drängte sich infolgedessen immer gebieterischer die Notwendigkeit auf, daß nur eine enge Zusammenarbeit von Klinikern und pathologischen Anatomen zur Klärung des so strittigen und vielfach so dunklen Gebietes der Nierenerkrankungen, insbesondere der chronischen, führen könne.

Das kam zum klaren Ausdruck in einer Verhandlung »Über Morbus Brightii«, welche auf der Naturforscherversammlung in Meran (1905) in gemeinsamer Sitzung von der pathologischen und der Sektion für innere Medizin gepflogen wurde.

Hier war es auch, wo der Kliniker Friedr. Müller als Korreferent den Vorschlag machte, für alle diejenigen Krankheitsprozesse der Nieren, welche nur degenerativer Art sind, oder bei denen die entzündliche Natur nicht über allem Zweifel steht, statt des Ausdrucks Nephritis das Wort Nephrose zu gebrauchen, das er mit Nierenerkrankung verdeutschte. Ich habe in der Besprechung mich gegen diesen Vorschlag ausgesprochen, einmal, weil der Name Nephrose in Hydro-, Pyonephrose schon vergeben war, dann aber auch, weil es sich auch nach dem Müllerschen Vorschlage doch nur um ein Provisorium gehandelt haben würde und als solches auch die seitherigeNomenklatur ohne Gefahr beibehalten werden konnte, bis die gemeinsame Arbeit von Klinikern und pathologischen Anatomen uns die Grundlage liefern kann für eine zukünftige befriedigende Bezeichnung und Einteilung der Nierenerkrankungen.

Diese Arbeiten sind in erfreulicher Weise erfolgt, und wir dürfen sagen, daß unter Mitwirkung sowohl von Klinikern als auch von pathologischen Anatomen bereits eine erhebliche Klärung der Frage erfolgt ist, wenn wir auch von ihrer Lösung und von einer allgemein angenommenen Bezeichnung der Krankheitsformen immer noch weit genug entfernt sind. In bezug auf die Nomenklatur hat sich besonders L. Aschoff bemüht, das Wort Nephrose auszuschalten und als allgemeine Bezeichnung das Wort Nephropathie einzuführen, für das er auch Müller selbst gewonnen hat. Die Aschoffsche Nomenklatur hat sicher den Vorzug der Einheitlichkeit, aber abgesehen von einer gewissen Schwerfälligkeit steht ihr eines im Wege, nämlich daß die Kliniker das Wort Nephrose offenbar nicht mehr loslassen wollen. Schwimmen gegen einen solchen Strom halte ich für aussichtslos, ich habe deshalb meinen früheren Widerspruch aufgegeben und bin bereit, das Wort Nephrose zu gebrauchen, aber nicht in dem von Müller ursprünglich beabsichtigten Sinne für degenerative und solche Veränderungen, bei denen die entzündliche Natur nicht über allem Zweifel steht, sondern nur für die ersten, und zwar im weitesten Sinne, mit Einschluß der trüben Schwellung, deren entzündliche Natur ja noch immer Verteidiger findet, sowie aller Formen von Atrophien, zu denen ja auch, wie ich wiederholt schon betont habe und immer wieder betonen muß, die schon lange als hydronephrotisch bezeichneten hinzugehören. Die beste Gesamtbezeichnung für die Art der Veränderung bei Nephrose würde meines Erachtens Alteration der Epithelien der Harnkanälchen sein, da Degeneration mir ein zu enger Begriff zu sein scheint.

Im großen und ganzen könnte ich mich der Einteilung von Volhard und Fahr anschließen, der Einteilung in die drei großen Gruppen: 1. Nephrosen mit Alteration der Epithelien; 2. Nephritis mit exsudativen oder produktiven Vorgängen, hauptsächlich an den Nierenkörperchen (intra- und extrakapillare Glomerulonephritis, ich wage nicht den anatomisch richtigeren Ausdruck intra- und extraglomeruläre Corpusculonephritis vorzuschlagen), aber auch am interstitiellen Gewebe; 3. Sklerosen als die Folgen arteriosklerotischer primärer Veränderungen. Kombinationen dieser drei Hauptarten sind häufig und erschweren das Verständnis. Das Gebiet der Glomerulonephritis wird meines Erachtens von manchen Forschern zu weit ausgedehnt, doch gebe ich gern zu, daß in dieser Richtung noch weitere Forschungen nötig sind; eine besondere Kombinationsform, wie sie von Volhard und Fahr unterschieden wird, erscheint mir nicht genügend begründet; der Unterschied zwischen der klinisch benignen und malignen Sklerose suche auch ich, wie andere, in der Ausdehnung der Gefäßveränderungen über das Gebiet der Arteriae afferentes hinaus auf die Knäuel, die ja nicht mehr Arterien, aber doch ausgesprochene arterielle Kapillaren sind, und die bei Verschluß ihrer zuführenden Arterien (in embolischen Infarkten) durchaus andere Veränderungen darbieten wie in den sogenannten hypertonischen genuinen Schrumpfnieren. Bei diesen handelt es sich also nicht um eine sekundäre, konsekutive, sondern um eine selbständige, derjenigen der Arteriolen mindestens koordinierte Veränderung, bei deren Beschreibung meines Erachtens die hyaline Veränderung der Membrana propria der

Nierenkörperchen besonders bei Fahr nicht die genügende Beachtung gefunden hat. Die sklerotischen Gefäßveränderungen der größeren Arterienäste, der Arteriolen, der Glomeruli bzw. Corpusculi renales können umschrieben oder, besonders die beiden letzten, in diffuser Verteilung in den Nieren auftreten. Dabei ist die Ungleichmäßigkeit der Verteilung und der Veränderungen immer wieder auffallend und gibt die Erklärung für das Durcheinanderliegen von atrophischen und nichtatrophischen Kanälchen, an welchen letzten oft regeneratorische Vorgänge den Unterschied gegenüber den atrophischen noch schärfer hervortreten lassen. Das ist ein Umstand, der bei der Beurteilung der granularatrophischen Niere stets im Auge zu behalten ist.

Gehe ich jetzt zu einer Besprechung der traumatischen Nephritis in dem vorher erörterten Sinne über, so muß ich zunächst betonen, daß ich bei jener Meraner Verhandlung gesagt habe: »ich besitze Kaninchennieren mit Schrumpfung, welche durch manuelle Quetschung (subkutan) entstanden ist«. Ich habe damit nichts Neues bekanntgegeben, denn schon Maas hatte ausführlich über Erzeugung traumatischer Schrumpfungen an Kaninchennieren berichtet; ich habe auch nur von Schrumpfung gesprochen, nicht dagegen, wie Posner zitiert hat, von interstitieller Nephritis. Ich erwähne das deswegen, weil diese unzutreffende Angabe in das bekannte Handbuch der Unfallerkrankungen von Thiem übergegangen ist und durch diese Angabe der Eindruck erweckt wird, als hätte ich eine diffuse oder gar, wie in dem Posnerschen Falle, eine doppelseitige diffuse Nierenentzündung erzeugt. Es finden sich Angaben in der Literatur, daß an eine Nierenquetschung diffuse Erkrankungen einer Niere und durch sekundäres Übergreifen auch solche der andern, nicht gequetschten Niere entstehen könnten, doch habe ich selbst darüber gar keine Erfahrung und habe jedenfalls bei meinen Kaninchen nur örtliche Schrumpfung erzeugt, die, wie auch schon Maas angegeben hat, nicht als einfache Narbenbildung durch Wundheilung betrachtet werden darf, sondern bei der auch über das Gebiet der Zusammenhangstrennung hinaus das geschädigte Gewebe durch Bindegewebe ersetzt worden ist. Von der Erzeugung eines Morbus Brightii, um noch einmal diesen zusammenfassenden Ausdruck zu gebrauchen, kann also und sollte auch gar keine Rede sein, wohl aber darf man von einer umschriebenen traumatischen Nephritis sprechen, die zu einer teilweisen Schrumpfung der Niere, und zwar der einen, vom Trauma betroffenen, nicht der anderen Niere führt.

Daß im übrigen von einer geschädigten und erkrankten Niere aus auch die andere in Mitleidenschaft gezogen werden kann, dafür liegen genügend beweisende Beobachtungen vor, und zwar kann das in zweierlei Weise geschehen, einmal auf chemischem, aber auch auf nervös-reflektorischem Wege.

In erster Beziehung handelt es sich offenbar um die schädigenden Wirkungen chemischer Stoffe, welche, aus der kranken Niere ins Blut gelangt, in der gesunden Niere ausgeschieden wurden. Diese Stoffe ähneln jenen, welche, wie bekannt, eine Schädigung beider Nieren bewirken können, wenn an anderer Körperstelle eine Verletzung zustande gekommen ist. Ich denke dabei hauptsächlich an Knochenbrüche. Die Erfahrung hat gelehrt, daß dabei, sei es aus dem zertrümmerten Gewebe, sei es aus dem ergossenen Blut, Stoffe resorbiert werden, welche nicht nur Fieber (sog. aseptisches Fieber) erzeugen, sondern auch, wenigstens in einem Teil der Fälle, Nierenveränderungen hervorrufen mit Auftreten von Eiweiß und Zylindern im Harn, welches 4 bis 6 Tage anzudauern pflegt. Außerdem sind aber auch die bei Knochenverletzungen nie fehlenden Fettembolien, wenn sie, wie oft, auch in den Nieren statthaben, für diese keineswegs gleichgültig, wie neuerdings besonders von Bürger betont worden ist. Diese traumatischen Fernwirkungen an den Nieren sind nicht nur an und für sich von Bedeutung, sondern könnten sehr wohl einmal mittelbar bedeutungsvoll werden, indem sie eine etwa schon bestehende Nierenkrankheit verschlimmerten oder das Entstehen einer schon drohenden, etwa einer Pyelonephritis beförderten (s. Fall II).

Von sehr großer Bedeutung kann die zweite Art der möglichen Einwirkung einer geschädigten Niere auf die ungeschädigte werden, die nervös-reflektorische, indem durch sie, vermutlich vermittelt durch Lähmung der Vasodilatatoren, die Tätigkeit auch dieser Niere plötzlich aufgehoben und eine, gelegentlich sogar tödliche Anurie mit akut entstehender Urämie erzeugt wird (Fall X).

Die Diagnose einer Urämie ist nicht immer leicht zu stellen, besonders für einen Gutachter, der nur auf den oft leider nur sehr dürftigen Akteninhalt angewiesen ist. Die beobachteten Krämpfe könnten auch epileptische gewesen sein, und da es eine traumatische Epilepsie gibt, so kann sich die Sachlage einmal so stellen: war Urämie vorhanden, dann kann der Tod nicht Unfallfolge sein, handelte es sich um Epilepsie, so lag eine Unfallfolge vor. Der Fall XI gibt für diese Fragestellung ein interessantes Beispiel.

Wie so häufig in Unfallsachen, so kann auch in bezug auf alle möglichen Nierenerkrankungen die Frage auftauchen, ob eine schon bestehende Erkrankung durch einen Unfall wesentlich verschlimmert worden sein könne. In den Fällen VI—X kam diese Frage in Betracht.

Indem ich mich nun zur Mitteilung einer Anzahl bemerkenswerter Fälle aus meiner Praxis wende, weise ich darauf hin, daß ich mich hier auf eine Gruppe von Fällen beschränken, andere, z. B. Tuberkulosefälle, für andere Gelegenheiten zurückstellen muß. In allen Fällen habe ich Obergutachten erstattet, d. h. es waren vor mir schon eine mehr oder weniger große Zahl anderer ärztlicher Sachverständiger gehört worden, deren Ansichten in der Regel nicht übereinstimmten. Das Interessante der Fälle liegt nicht nur in den sachlichen Grundlagen, sondern zum guten Teil auch in der persönlichen Beurteilung der einzelnen Gutachter. Die Berichte über deren Gutachten sowie mein eigenes gebe ich vollständig wieder, die Unfall- und Krankheitsgeschichten habe ich der Raumersparnis wegen vielfach gekürzt.

Keine primäre Niereneiterung, sondern eine traumatische pararenale Eiterung.

Obergutachten vom 13. Mai 1914, betreffend den Maurer O. P. darüber, 1. welches vermutlich die Todesursache des P. gewesen ist, 2. ob mit hinreichender Wahrscheinlichkeit anzunehmen ist, daß die Erwerbsunfähigkeit und der am 5. Juni 1912 erfolgte Tod des P. unmittelbar oder doch mittelbar durch die Folgen seines Unfalles vom 15. März 1909 verursacht worden ist.

Der bis dahin gesunde und arbeitsfähige Maurer O. P. ist am 15. März 1909 etwa 2—3 Meter hoch von einem Gerüst herab- und dabei mit der linken Brustseite auf einen Balken aufgefallen. P. soll sofort über große Atemnot und über Schmerzen in der linken Brust geklagt haben; auf seinem Wege nach wie von der Bahn mußte er geführt werden.

Dr. L. nahm den Verletzten am 16. März 1909 wegen Verletzung des linken Beines und des Kopfes in Behandlung, übersah aber einen Rippenbruch, der erst später von Dr. B. erkannt wurde, der den P. von Mitte März 1909 ab 2 Monate lang wegen Rippenbruch und Kopfverletzung infolge von Unfall in Behandlung hatte.

P. war seit dem Unfall immer kränklich und konnte nur mit Unterbrechungen arbeiten. Der Kranke selbst hat später im Krankenhause H. ebenfalls angegeben, er habe sich seit dem Unfall stets gebrechlich gefühlt.

Vom 14. September bis 23. Oktober 1909 stand P. wegen Rippenfellentzündung bei Dr. G. in Behandlung. Da Exsudat (entzündliche Ausschwitzung) gar nicht oder in nicht erheblichem Maße vorhanden war, wurde keine Punktion (Abzapfung) vorgenommen. Ende Oktober 1909 waren keine Krankheitserscheinungen mehr vorhanden und objektiv nichts nachzuweisen.

Erst anfangs Mai 1912, also nach etwa $2^1/_2$ Jahren, kam P. wieder zu Dr. G., der den Kranken so verfallen fand, daß er an einen Magenkrebs dachte, von dem er aber nichts nachzuweisen vermochte. Wegen der äußerst ernsten Erkrankung kam P. am 21. Mai 1912 in das Krankenhaus H. Daselbst wurde in der linken Lendengegend ein Abszeß diagnostiziert, bei dessen Eröffnung am 27. Mai $1^1/_2$ Liter Eiter entleert wurden. Die Eiterhöhle zeigte eine schwartige zerfetzte Wand. Am 4. Juni mußte von neuem operiert werden (mit Entfernung eines Stückes der 12. linken Rippe), wobei aus dem oberen Wundabschnitt sich wieder 250 ccm Eiter entleerten und ein linsengroßes Loch im Rippenfell festgestellt wurde. Schon am nächsten Tage (9. Juni 1912) erfolgte der Tod.

Die am 6. Juni von Dr. M. K. vorgenommene Leichenöffnung ergab, daß im vorderen Abschnitt des linken Brustfellsackes Gas, in dem hinteren etwa 500 ccm grünlichgelber flockiger Flüssigkeit (eitriger entzündlicher Ausschwitzung) sich befanden. An der linken 11. Rippe fehlte ein mittleres Stück, hier fand sich eine stricknadeldicke Öffnung im Brustfell. Die große eröffnete Eiterhöhle reichte bis zur Fettkapsel der linken Niere, welche hier, in der Nähe des oberen Endes der Niere, stark verdickt und von zahlreichen Eiterherden durchsetzt war. Auch in der Niere selbst fanden sich in der Nähe des oberen Endes unregelmäßige Eiterherde, die von der Rinde bis in die Markkegel hineinreichten. Die Schleimhaut des Nierenbeckens und der Kelche war ebenso wie die andere Niere ohne Veränderung, dagegen fand sich in der etwas vergrößerten Vorsteherdrüse an mehreren Stellen gelblich-grünlicher Eiter. Der Krankenhausarzt hat angegeben, bei der Sektion habe sich eine Verdickung der unteren Rippen links gefunden, in dem Sektionsprotokoll ist über den Zustand der Rippen nichts enthalten, eine private Nachfrage bei dem Obduzenten hat ergeben, daß dieser eine besondere Veränderung an den Rippen der linken Seite nicht bemerkt hat.

Die Gutachten über den etwaigen Zusammenhang zwischen Unfall und Todeskrankheit widersprechen einander; während Dr. C. vom Krankenhaus H. eine vom Unfall herrührende Knochenhäutentzündung annimmt, welche auf die linke Niere übergegriffen habe, meint Prof. N., der Unfall sei ganz geringfügig gewesen, die linke Weichengegend sei gar nicht getroffen worden, aber wenn auch dies der Fall gewesen wäre, so könne doch ein Zusammenhang zwischen der späteren Eiterung und dem Unfall nicht angenommen werden, sowohl aus zeitlichen Gründen als auch weil der Unfall selbst keinen Eiterungsprozeß hervorgerufen habe.

Entsprechend den mir vorgelegten zwei Fragen habe ich mich zunächst über die Todesursache zu äußern. Es kann darüber kein Zweifel bestehen, daß P. infolge der großen Eiterung in der linken Nierengegend und an dem linken Brustfell gestorben ist. Aus der Krankheitsgeschichte geht hervor, daß die Brustfellentzündung erst nach der Eröffnung der großen Eiterhöhle aufgetreten ist, und auch der Sektionsbefund war der einer frischen Brustfellentzündung mit Luftanhäufung, welch letztere infolge Eröffnung der Brustfellhöhle von außen, d. h. von der großen Eiterhöhle her, entstanden ist. Das gleiche darf man für die Entzündung annehmen. Das erste war also der große Eiterherd, und es kommt nun darauf an, wie dieser entstanden ist.

Er könnte von der Niere aus entstanden sein, aber es liegt keine Erklärungsmöglichkeit für eine primäre Niereneiterung vor, da besonders die abführenden oberen Harnwege sowie die Harnblase nicht erkrankt waren, auch die andere Niere von Eiterung frei war. Die kleinen Eiterherdchen in der Vorsteherdrüse machen nicht den Eindruck primärer, sondern können sehr wohl als sekundäre erklärt werden. Es ergibt sich daraus die Annahme, daß die Eiterung in der linken Niere ebenfalls eine sekundäre, von der Binde- und Fettgewebseiterung in der Umgebung des oberen Nierenrandes aus fortgeleitete war. Mit dieser Annahme steht der anatomische Befund sehr gut in Einklang.

Diese Eiterung neben der Niere war schon ein sehr alter Prozeß, das geht nicht nur aus der Menge des nicht unter stürmischen Erscheinungen, also nicht akut, sondern langsam und allmählich entstandenen Eiters ($1^1/_2$ Liter bei der ersten Operation), sondern vor allem auch daraus hervor, daß der Chirurg eine schwartige Wand vorfand; eine solche ist immer ein Zeichen längeren Bestandes der Eiterung.

Woher kommt diese Eiterung? Irgendeine Erklärung für sie hat sich nicht gefunden, und Hr. Prof. N. hat nicht einmal den Versuch gemacht, eine Erklärung für sie zu geben, sondern hat sich nur damit begnügt, anzugeben, warum er sie nicht mit dem Unfall in ursächlichen Zusammenhang bringen will. Seine beiden Gründe kann ich aber nicht anerkennen. Es ist allerdings eine lange Zeit seit dem Unfall verflossen gewesen, ehe die Eiterung entdeckt worden ist, aber wie ich ausgeführt habe, muß bei der Entdeckung der Eiterungsprozeß schon recht lange Zeit bestanden haben, wofür außer den Operationsbefunden auch spricht, daß der Kranke im Anfang Mai 1912 bereits so sehr verfallen war, daß Dr. G. sogar an eine Krebskrankheit dachte. Es lag also kurz gesagt ein chronischer örtlicher Eiterungsprozeß vor, der in seinen Anfängen sehr wohl bis in die Zeit, wo noch deutliche Unfallfolgen vorhanden waren, hineinreichen kann.

Der Unfall war auch keineswegs ein so geringfügiger, wie Prof. N. annimmt. Ich sehe keinen Grund, daran zu zweifeln, daß der Verletzte nur mit Unterstützung zur und von der Bahn weg gelangen konnte, vor allem hat sich aber herausgestellt, daß die Ansicht des zuerst behandelnden Arztes, Dr. L., daß der Verletzte nach wenigen Tagen wieder arbeitsfähig gewesen sei, nicht zutreffend war, daß vielmehr der Versuch zur Arbeit sofort wieder aufgegeben werden mußte, weil ein Rippenbruch vorlag. Die betreffende Angabe der Ehefrau ist von Dr. B. vollkommen bestätigt worden, wenn dieser auch infolge des Verlustes seiner Bücher Einzelheiten nicht mehr angeben konnte. Auch die Schilderung des Unfalles läßt eine Rippenverletzung durchaus wahrscheinlich erscheinen.

Wenn Hr. Prof. N. meint, der Unfall selbst habe keinen Eiterungsprozeß hervorgerufen, so behauptet er etwas, was er nicht beweisen kann, ja, was sogar sehr unwahrscheinlich ist, weil der Kranke zwei Monate bei Dr. B. in Behandlung war, wenn auch zuletzt vielleicht nur ambulatorisch, da die Polizeidirektion L. am 10. April 1909 gemeldet hat, P. sei vollständig wiederhergestellt und stelle keine Rentenansprüche.

Aber schon Mitte September 1909 mußte P. schon wieder in ärztliche Behandlung sich begeben wegen einer Erkrankung, die wiederum im Bereiche der vom Unfall getroffenen Rippen eingetreten war. Sie wurde von Dr. G. für eine Rippenfellentzündung gehalten, aber schon seine Angabe, daß eine entzündliche Ausschwitzung gar nicht oder in nicht erheblichem Maße vorhanden gewesen sei, sowie die wochenlange Erkrankungsdauer (vom 14. September bis 23. Oktober 1909) lassen Zweifel an der Richtigkeit der Diagnose entstehen, weisen vielmehr darauf hin, daß doch wohl damals schon in der Gegend des späteren großen Abszesses ein entzündlicher Prozeß vorhanden war. Herr G. hat diesen Prozeß unter der Voraussetzung, daß Rippenquetschungen oder Rippenbrüche vorausgegangen sind, für einen traumatischen, d. h. mit dem Unfall zusammenhängenden erklärt, Hr. Dr. B. hat aber einen Rippenbruch festgestellt, folglich trifft die Annahme des Hrn. G. zu, und ich gebe ihm in dieser Beziehung durchaus recht.

Selbstverständlich hat der Unfall nicht unmittelbar eine eitrige Entzündung erzeugt, denn zu einer solchen gehören immer Bakterien, aber er hat den Boden geschaffen, auf dem die Bakterien sich ansiedeln konnten. Ein Rippenbruch ist dazu nicht notwendig, es genügt schon eine Quetschung. Daß der Obduzent nach $2^1/_2$ Jahren an den Rippen, soweit sie noch vorhanden waren, nichts Besonderes bemerkt hat, mag auffällig sein, kann aber gegenüber der bestimmten Angabe des Hrn. B. nicht ausschlaggebend sein.

Wenn ich also alles Gesagte kurz zusammenfasse, so liegt die Sache so:

P. hat am 5. März 1909 einen Unfall erlitten, der wohl geeignet war, ihm eine Quetschung im Bereich der linken unteren Rippen und einen Bruch an diesen zu erzeugen. Von dem zuerst zugezogenen Arzte übersehen, ist ein Rippenbruch bald nach dem Unfall von Dr. B. festgestellt worden. Einige Monate später hat Dr. G. an der gleichen Stelle einen entzündlichen Prozeß diagnostiziert, wegen dessen er den Kranken $5^1/_2$ Wochen lang behandelte. Der Kranke will sich seitdem immer gebrechlich gefühlt haben, jedenfalls kam er nach $2^1/_2$ Jahren in sehr verfallenem Zustande wieder in seine Behandlung, so daß der Arzt an ein chronisches Krebsleiden gedacht hat. Ein solches war nicht vorhanden, wohl aber an der vom Unfall betroffenen Stelle eine große, offenbar schon seit längerer Zeit bestehende Eiterung, für die irgendeine andere Erklärung, als daß sie mit jener Erkrankung vom September 1909 und damit auch mit dem Unfall vom März 1909 in ursächlichem Zusammenhange stehe, nicht zu finden ist. Diese Eiterung aber war die Todesursache, folglich ist eine ursächliche Beziehung zwischen Unfall und Tod anzunehmen.

Meine Antwort auf die gestellten Fragen lautet also:

1. P. ist an einer chronischen Eiterung im Bereich der linken unteren Rippen gestorben.

2. Es ist mit großer Wahrscheinlichkeit anzunehmen, daß die Erwerbsunfähigkeit und der am 5. Juni 1912 erfolgte Tod des P. mittelbar durch die Folgen seines Unfalls vom 15. März 1909 verursacht worden ist.

Das Reichsversicherungsamt hat das Gutachten seiner Entscheidung zugrunde gelegt.

II.

Ist eine Cystopyelitis durch einen Unfall wesentlich verschlimmert worden?

Obergutachten vom 2. November 1918, betr. den Zuschneider J. St., darüber, ob mit Sicherheit oder doch mit hoher Wahrscheinlichkeit anzunehmen ist, daß der Tod des J. St. mit seinem Unfall vom 28. Oktober 1915 in einem ursächlichen Zusammenhang gestanden hat.

Der Zuschneider J. St. hat sich vom 26. März bis 20. April 1913 wegen Blasenleidens in ärztlicher Behandlung befunden. Das Leiden war durch eine dauernde Vergrößerung der Vorsteherdrüse bedingt und erforderte fortgesetzt künstliche Entleerung der Harnblase, welche der Kranke 2 Jahre lang selbst mittels Katheter bewirkte. Er hat vom 9. Februar 1911 ab, an dem er sein 70. Lebensjahr beendete, Altersrente bezogen.

Am 7. Juli 1915 wurde in einem ärztlichen Zeugnis erklärt, daß Verdauungsstörungen vorhanden und Zahnersatz zur Erhaltung der Erwerbsfähigkeit und Ausschließung der Invalidität dringend nötig sei. In seiner Stellung als Zuschneider war St. noch andauernd arbeitsfähig bis zum 25. Oktober 1915, an welchem Tage er von einem umkippenden Hocker, auf welchen er getreten war, zu Boden fiel. Er fiel direkt auf das Gesäß auf und empfand heftige Schmerzen; er konnte sich nicht selbst erheben und mußte zu Hause längere Zeit im Bett liegen. Die ärztliche Diagnose lautete nach der Angabe der Ortskrankenkasse vom 19. November 1915 Kontusion des rechten Oberschenkels; in der Niederschrift über die ortspolizeiliche Untersuchung am 29. Dezember 1915 heißt sie Muskelzerreißung im rechten Fuß, wobei offenbar Fuß irrtümlich für Bein gesetzt worden ist. Nach Angabe des Dr. M. vom städtischen Krankenhause, in seinem Bericht vom 1. Februar 1916, heißt es, nach 3 Wochen habe sich der Zustand so weit gebessert gehabt, daß mit Gehversuchen begonnen wurde. Dabei sei St. im Zimmer ausgerutscht und abermals auf die rechte Gesäßseite aufgefallen, worauf eine Verschlimmerung eingetreten sei. Der behandelnde Arzt, Dr. N., hat in seinem sehr kurzen Bericht vom 17. Januar 1916 hiervon gar nichts erwähnt, sondern nur angegeben, »im Verlaufe« habe sich ein Knochenbruch des rechten Schenkelhalses herausgestellt, aus welchem Grunde der Verletzte in das städtische Krankenhaus verbracht worden sei.

Hier wurde bei der Aufnahme am 3. Januar 1916 ein reduzierter Ernährungszustand, auffallend blasse Gesichts- und Hautfarbe, Lungenemphysem (Blähung), rigide (harte) peripherische Schlagadern, Vergrößerung der Vorsteherdrüse mit Harnverhaltung, chronischer eitriger Blasenkatarrh sowie ein noch nicht geheilter Bruch des rechten Oberschenkelhalses festgestellt. Bei Untersuchung mit Röntgenstrahlen sah man einen Spalt in der Kontinuität des Halses des rechten Oberschenkels, nichts von Kallusbildung (Knochenneubildung zur Heilung).

Von Mitte Februar 1916 ab bestand eine Verschlimmerung des Blasenleidens, welches auf die oberen Harnwege (Nierenbecken) übergegriffen hatte, wie aus der Schlußdiagnose (ins Deutsche übersetzt): Bruch des rechten Schenkelhalses, Blasen- und Nierenbeckenentzündung, Eiterblutvergiftung, sich ergibt. Unter zunehmender Schwäche infolge chronischer Eiterblutvergiftung (Sepsis), welche auf die schwere eitrige Harnblasenentzündung zurückgeführt wurde, ist der Kranke am 22. Februar 1916 gestorben. Eine Leichenuntersuchung wurde nicht vorgenommen.

Hr. Oberarzt Dr. Gr. hat am 11. März 1916 erklärt, daß der Knochenbruch, der, wie mit Sicherheit anzunehmen sei, durch den Unfall vom 25. Oktober 1915 gesetzt worden sei, nicht die unmittelbare Ursache des Todes gewesen sei, daß man aber annehmen müsse, daß die Verletzung einen ungünstigen Einfluß auf das Allgemeinbefinden und das Harnblasenleiden ausgeübt und den Tod beschleunigt habe. In einer späteren Äußerung, vom 28. Dezember 1916, hat er das noch weiter durch die Angabe erläutert, durch das Trauma, die Schmerzen, die Bettruhe sei das Allgemeinbefinden in Mitleidenschaft gezogen und dementsprechend die Widerstandskraft des Körpers herabgesetzt worden, vor allem auch in Anbetracht der schon vorhandenen chronischen Erkrankung. Zwar sagt er selbst, es sei »nicht möglich, den Grad der Einwirkung« festzustellen, meint aber doch, es sei diese Wirkung in Rechnung zu ziehen, und Hr. Sanitätsrat Dr. G., mit dessen Ausführungen er im übrigen einverstanden sei, habe diesen Einfluß der Verletzung auf das Allgemeinbefinden zu gering eingeschätzt.

Dieser hatte nämlich in seinem Gutachten vom 3. Dezember 1916 ausgeführt, das ältere Blasenleiden habe an sich die Gefahr, daß der Kranke eine septische Allgemeininfektion erfahre, mit sich geführt, und diese an sich vorhandene Aussicht sei durch den Krankenhausaufenthalt nicht gesteigert worden; gewiß sei durch den Unfall das Allgemeinbefinden ungünstig beeinflußt worden, aber gegenüber der Schwere der Gefahr, welche die Sepsis an sich mit sich bringe, komme sie unter Berücksichtigung des hohen Alters des Kranken, der bei seinem Tod das 75. Lebensjahr überschritten hatte, nicht in Betracht, so daß kein Zusammenhang zwischen Unfall und Tod anzunehmen sei. Das Oberversicherungsamt hat sich der Ansicht des Hrn. Oberarztes Gr. angeschlossen. —

Die Vorgutachter stimmen darin überein, und ich schließe mich ihnen hierin an, daß St. an einer chronischen Sepsis zugrundegegangen ist, welche von der eiterigen Entzündung der Harnwege ihren Ausgang genommen hat, die ihrerseits schon vor dem Unfall bestand. Wir sind ferner darin einig, daß der Knochenbruch nicht die unmittelbare Ursache des Todes gewesen ist; nur darüber besteht zwischen den Vorgutachtern keine Übereinstimmung, wie hoch der von beiden angenommene Einfluß des Unfalls mit seinen Folgen auf das Allgemeinbefinden und dadurch auf die Widerstandsfähigkeit des Körpers zu veranschlagen sei. Hr. G. hält ihn für unwesentlich, Hr. Gr. schätzt ihn höher ein, ohne freilich zu sagen, wie hoch. Ehe ich in dieser Frage meine eigene Anschauung, die mit derjenigen des Hrn. Sanitätsrats G. übereinstimmt, entwickele, muß ich kurz noch auf einen anderen Punkt eingehen. Hr. Oberarzt Gr. hat nämlich auch noch die Behauptung aufgestellt, die Verletzung habe nicht nur auf das Allgemeinbefinden, sondern auch auf das bereits bestehende Harnblasenleiden einen ungünstigen Einfluß ausgeübt. Der Gutachter hat keine nähere Begründung dieser Annahme gegeben, und ich vermag sie nicht für berechtigt anzusehen.

Die Entstehung des Blasenleidens ist eine etwas verwickelte: die vergrößerte Vorsteherdrüse hat die völlige Entleerung der Harnblase verhindert, in den gestauten Harn kamen Kleinlebewesen (Bakterien) — hier wesentlich beim Selbstablassen des Harns —, welche vermittels einer chemischen Umwandlung des Harns eine Entzündung der Blasenschleimhaut erzeugten. Da die Harnstauung sich bis zur Niere fortsetzt, pflegt auch die Entzündung sich nach dieser zu verbreiten, indem zuerst die Schleimhaut des Nierenbeckens erkrankt (Pyelitis) und dann mehr oder weniger auch die Nieren (Nephritis, zusammen Pyelonephritis). Da im vorliegenden Falle eine Leichenöffnung nicht stattgefunden hat, so läßt sich nicht mit Bestimmtheit sagen, ob hier die Nieren bereits sichtbar in Mitleidenschaft gezogen waren, aber nach den klinischen Erscheinungen waren offenbar keine Anzeichen hierfür vorhanden, da die Diagnose nicht Pyelonephritis, sondern nur Pyelitis lautete. Da nun außerdem auch diese Pyelitis aller Wahrscheinlichkeit nach erst Mitte Februar 1916, als die Verschlimmerung des Leidens begann, in die Erscheinung getreten ist, so kann man sie bzw. die schließlich sehr wahrscheinlich doch vorhanden gewesene Pyelonephritis nicht mit dem Unfall, der 4 Monate vor der Verschlimmerung stattgefunden hatte, in ursächliche Beziehung bringen, obgleich es bekannt ist, daß nach Knochenbrüchen Erscheinungen von Nierenreizung in Gestalt von Eiweiß- und Zylinderabscheidung auftreten können, von denen man wohl anzunehmen berechtigt wäre, daß sie eine den Nieren schon drohende Erkrankungsgefahr bzw. eine schon bestehende Erkrankung verstärken könnten. Diese Erscheinungen von Nierenreizung pflegen aber nach 4—6 Tagen zu verschwinden, so daß bei einer eiterigen Entzündung, wie sie hier vorlag, die Wirkung nicht erst nach mehreren Monaten sich hätte bemerkbar machen können. Dasselbe gilt für die Blasenentzündung, ganz abgesehen davon, daß ich keinen Weg anzugeben wüßte, wie die Verletzung auf die Vergrößerung der Vorsteherdrüse auf die Bakterien im gestauten Harn oder auf die Blasenschleimhaut eine ungünstige Einwirkung hätte ausüben können. Im Gegenteil, der Umstand, daß der Kranke nicht mehr selbst in laienhafter, sicherlich nicht ganz aseptischer Weise sich seine Blase zu entleeren brauchte, sondern schon mehrere Wochen vor der Verschlimmerung im Krankenhause unter sachverständiger Pflege stand, war durchaus dazu angetan, günstig auf den Ablauf der Blasenerkrankung zu wirken, so daß also die Unfallfolgen dem Kranken auch Nutzen gebracht haben.

Dies gilt aber in gleicher Weise auch für das Allgemeinbefinden. Durch die etwa 6 Wochen vor Auftreten der Verschlimmerung des Blasenleidens erfolgte Aufnahme in das Krankenhaus war nicht nur für die leidenden Teile, sondern in bezug auf den Gesamtkörper für sachgemäße Pflege gesorgt und eine geeignete Ernährung gewährleistet, für die sich der Kranke — es war schon im zweiten Kriegswinter — keinerlei Sorgen zu machen brauchte. Inwieweit die häusliche Ernährung unter den Kriegsverhältnissen gelitten und zu einer Schädigung und Herabsetzung der Widerstandsfähigkeit des Körpers beigetragen hatte, lasse ich, obgleich der Gedanke nahe liegt, ganz dahingestellt, denn auch ohne solche Mitwirkung kann man die bei der Aufnahme in das Krankenhaus bemerkte auffallend blasse Gesichts- und Hautfarbe sowie den reduzierten Ernährungszustand erklären, ohne den Unfall und seine Folgen heranziehen zu müssen. St. war ein alter Mann, der die gewöhnliche Grenze des menschlichen Lebens bereits überschritten hatte, er hatte Altersblähung der Lungen und rigide Schlagadern, d. h. die Altersverkalkung der Schlagadern fehlte ihm nicht, er hatte ein schlechtes Gebiß, als dessen Folgen schon $3\frac{1}{2}$ Monate vor dem Unfall ärztlicherseits Verdauungsstörungen und die Gefahr drohender Erwerbsverminderung festgestellt wurden. Nimmt man nun noch hinzu, daß ein eiteriger Blasenkatarrh bei der Aufnahme ins Krankenhaus sicher schon bestand, nach der ganzen Sachlage aber höchstwahrscheinlich vor Jahr und Tag schon begonnen hatte — St. hatte etwa 2 Jahre lang sich selbst katheterisiert —, so braucht man wahrlich nicht nach weiteren Gründen für seinen reduzierten Ernährungszustand zu suchen. Auf die Gesichts- und Hautblässe möchte ich nicht zu großen Wert legen, denn ein Schneider gehört zu den Stubenarbeitern, bei denen die blasse »Stubenfarbe« an sich nicht auffällig ist; ihre Stärke bei St. erklärt sich aus den eben dargelegten Umständen ohne weiteres.

Was die Bettruhe betrifft, so kann sie bei Menschen, welche an dauernde Bewegung, besonders Bewegung im Freien, gewöhnt sind, sicherlich auf das Allgemeinbefinden ungünstig wirken, aber wer wie ein Schneider, und sei er auch Zuschneider, an ruhige, vielfach sitzende Lebens- und Arbeitsweise in geschlossenem Raum gewöhnt ist, für den fällt der größte Teil dieser ungünstigen Wirkung weg, für das vorhandene Blasenleiden konnte die Bettruhe nur von günstiger Wirkung sein. Nun ist aber erzwungene Bettruhe bekanntlich für alte Leute — und St. war ein alter Mann — ganz besonders bedenklich, wenn man aber fragt warum, so sind als Antwort wesentlich 3 Gründe anzuführen: 1. Blutstockung in den Lungen mit anschließender Lungenentzündung, 2. Druckbrand (Aufliegen der Haut, besonders am Kreuz), 3. Blutstockung und Pfropfbildung (Thrombose) in den Blutadern der unteren Gliedmaßen mit ihren Folgen. Nichts von alledem ist bei St. vorhanden gewesen, ich muß deshalb die Bettruhe auch in Rücksicht auf das Alter des Verunglückten als nicht wesentlich in Betracht kommend erklären.

Es kommt hinzu, daß der Verletzte gar nicht dauernd im Bett gelegen hat, sondern auffällig bald nach dem Unfall Gehversuche im Zimmer gemacht hat.

Ich komme damit zu einem Punkte, der mir beachtenswert zu sein scheint. Nach dem Befunde der Röntgenuntersuchung war ein sog. intrakapsulärer Schenkelhalsbruch vorhanden, bei dem jede Einkeilung der Bruchenden ineinander fehlte. Ich halte es für ganz ausgeschlossen, daß ein Mann mit einem solchen Bruch schon nach Verlauf von 3 Wochen Gehversuche habe machen können. Es liegt deshalb der Gedanke nahe, daß dieser Bruch erst bei dem zweiten Fall überhaupt entstanden oder mindestens vollendet worden ist, wodurch dann auch die Diagnose des Hrn. Dr. N. gerechtfertigt wäre. Damit würde ja der Bruch selbst der Verschlimmerung des Blasenleidens zeitlich näher rücken, aber bei der trotzdem noch verbleibenden Zwischenzeit nach dem oben Dargelegten die Wahrscheinlichkeit, daß er zu der Sepsis und dem septischen Tod ursächliche Beziehungen hätte, nicht wesentlich größer werden.

Mag es sich aber mit dem Bruche verhalten, wie es will, die Tatsache bleibt bestehen, daß der erste Fall den Mann nicht auf ein dauerndes Schmerzenslager geworfen haben kann, wenn er nach 3 Wochen schon aufstehen und Gehversuche machen konnte. Überhaupt hören bei Brüchen, wenn erst die erste Reaktionszeit vorüber ist, die Schmerzen auf, wenn der gebrochene Knochen nicht bewegt oder gedrückt wird. Ich kann aus diesem Grunde auch nicht anerkennen, daß Schmerzen infolge des Unfalls und des Knochenbruchs irgendwie wesentlich zu einer Verschlechterung der Widerstandsfähigkeit des Körpers beigetragen haben könnten. Also nicht das Trauma, nicht die Schmerzen, nicht die Bettruhe können für den Eintritt des Todes wesentlich in Betracht kommen.

Ich betone das »wesentlich«, denn auch ich will nicht ableugnen, daß die Unfälle — ich glaube, man muß von zweien sprechen, von denen aber der zweite Folge des ersten war — nicht völlig ohne Einwirkung auf das Gesamtbefinden geblieben sind, aber nicht hierauf kommt es an, sondern darauf, ob ohne die Unfälle die Widerstandskraft des Körpers gegenüber der Eiterinfektion vermutlich zu derselben Zeit versagt haben würde. Diese grundlegende Frage hat Hr. Oberarzt Gr. überhaupt nicht beantwortet, sondern er hat nur erklärt, sie sei nicht zu beantworten: ich bin mit Hrn. C. der Meinung, daß man bei Erwägung aller Umstände es für überwiegend wahrscheinlich erklären muß, daß auch ohne die Unfälle der Tod nicht wesentlich später zu erwarten gewesen wäre. Meine Antwort lautet also, daß weder mit Sicherheit noch mit hoher Wahrscheinlichkeit anzunehmen ist, daß der Tod des J. St. mit seinem Unfalle vom 25. Oktober 1915 in einem ursächlichen Zusammenhang gestanden hat.

Die Entscheidung des Reichsversicherungsamtes ist in meinem Sinne ausgefallen.

III.

Metastatische Nierenciterung als Beweis für eine stattgehabte septische Infektion.

Obergutachten vom 18. Januar 1914, betr. den Kutscher E. B. darüber, ob mit überwiegender Wahrscheinlichkeit anzunehmen ist, daß der Tod des B. mit den Vorgängen am 9. November 1911 in einem ursächlichen Zusammenhange steht.

Der Kutscher E. B. ist am 9. November 1911 anscheinend gesund und voll arbeitsfähig in den Wald gefahren, um Holz zu holen. Als er die abgeschirrten Pferde ansträngen wollte, gingen sie ihm durch. Bei dem Bemühen die Pferde anzuhalten, wurde er zu Boden gerissen und ein Stück geschleift, die Pferde aber liefen trotzdem getrennt davon. Dem Zeugen W. kam B., als er im Walde nach seinen

Pferden suchte, wegen deren guter Pflege er in den nächsten Tagen von dem Tierschutzverein eine Prämie erhalten sollte, sehr aufgeregt entgegen, in vollständig beschmutztem Anzug, und fragte nach seinen Pferden, von denen aber W. nichts gesehen hatte.

Auch der Zeuge M. traf B., der das eine Pferd bereits aufgefunden hatte, in sehr aufgeregtem Zustande und erfuhr von dem Scheuwerden der Pferde. Der Zeuge Mx. sah später den B., als dieser im Begriff war, fortzufahren, in sehr erregtem Zustande und mit feuerrotem Gesicht.

Nach Aussage der Ehefrau konnte B. am Abend vor Aufregung die Pferde nicht selbst ausspannen, hat zu Hause nur zu trinken, nicht zu essen verlangt.

Am nächsten Tage ging B. zwar zur Arbeit, klagte aber dem Zeugen D. über heftiges Unwohlsein und erzählte ihm, daß er den Tag vorher bei dem heftigen Laufen nach den durchgegangenen Pferden in größte Aufregung und Erhitzung geraten sei. Dem Zeugen D. fiel an demselben Tage (10. November) der ganz blasse Gesichtsausdruck des B. auf, sowie daß dieser keine Arbeitslust und Energie zeigte. Am Abend schleppte B. sich nur mühsam nach Hause und klagte unterwegs über Frösteln.

An diesem (Freitag-) Abend legte sich B. ins Bett, das er nun nicht mehr verlassen sollte. Nach der Angabe der Ehefrau hatte B. am Abend einen so hochgradigen Schüttelfrost, daß er seine Pferde nicht mehr selbst ausspannen konnte.

Erst am 4. Tage nach dem Ereignis wurde Hr. Dr. W. zu dem Kranken gerufen; er fand diesen zu Bett, heftig fiebernd und über heftige Kopfschmerzen klagend. Ein ausgesprochenes Krankheitsbild war nicht vorhanden, es wurde deshalb an Influenza gedacht. Bereits am 14. war das Bewußtsein getrübt, der Puls rasch, allerhand Abnormes an den Muskeln festzustellen, die Harnblase gelähmt. Nach Beratung mit Hrn. Medizinalrat Dr. N. wurde eine Erkrankung des Zentralnervensystems angenommen. Der Kranke wurde bald ganz bewußtlos und starb am 15. November 1911 in der Frühe. Die Totenscheindiagnose lautete: Gehirnhautentzündung.

Erst 6 Wochen später, am 28. Dezember 1911, wurde die Leichenöffnung gemacht, die wegen vorgeschrittener Verwesung der Leiche eine sichere Todesursache nicht feststellen ließ.

Verletzungen wurden nirgendwo gefunden.

Die weiche Hirnhaut war durchsichtig und ließ sich von der Hirnsubstanz leicht abziehen, die Seitenhöhlen waren leer, an der weichen oder harten Rückenmarkshaut war nichts auf Auflagerungen Hindeutendes zu finden.

Die Lungen waren weit zurückgesunken, weich, dunkelrot, mit den Rippen nirgends verwachsen, in beiden Brustfellsäcken je 3 ccm rötliche Flüssigkeit.

Das Herz war außerordentlich schlapp in allen Abschnitten, hatte die Größe der Faust der Leiche, war von schmutzig brauner Farbe mit starkem Fettansatz. Die Herzmuskulatur war links $1\,^1/_2$, rechts $^1/_2$ cm dick.

Nr. 36. Milz $16 \times 8 \times 3$, schwarz, fast zerfließend.

Nr. 37. Linke Niere $15 \times 7 \times 4$, auf der schmutzig blauroten Oberfläche heben sich eine Anzahl stecknadelkopfgroße gelbliche Erhöhungen ab, welche sich auf dem Durchschnitt in das Gewebe hinein verfolgen ließen. In dem Pathologischen Institut in B. wurden diese Nierenherde als eiterige festgestellt und im Hinblick auf die angenommene Rückenmarkserkrankung als sogenannte pyelonephritische, d. h. von den Harnwegen aus entstandene, angesehen.

Die Obduzenten begutachteten, der Muskelschwund am Herzen sowie die Veränderung der Milz und Nieren deuteten auf einen akut entzündlichen Prozeß. Dafür, daß ein Unfall die Ursache zum Tode gewesen sei, habe die Sektion keinen Anhalt gegeben.

Dr. W. hat in einem späteren Gutachten erklärt, daß er einen mittelbaren Zusammenhang zwischen dem sogenannten Unfall und der Todeskrankheit für zum mindesten möglich halte.

Prof. A. nimmt ebenfalls eine akute Entzündung der Gehirn- und Rückenmarkshäute an, er hält einen Betriebsunfall für wahrscheinlich (Überanstrengung, Erhitzung,

Aufregung), hält aber einen ursächlichen Zusammenhang zwischen Unfall und Tod für unwahrscheinlich. Der Unfall habe vielleicht eine Disposition zur Infektion gegeben, aber es fehle der Beweis dafür.

Die Ärzte der Heilanstalt für Unfallverletzte in B. gehen ausführlich auf die Frage ein, was für eine Krankheit vorgelegen habe, und kommen zu dem Schluß, daß es sich um eine akute Gehirn- und Rückenmarkshautentzündung gehandelt habe, die so schnell verlaufen sei, daß es zu einer nachweisbaren Eiterabsonderung in den Häuten des Gehirns nicht gekommen sei; dagegen seien kleine Eiterherde in den Nieren gefunden worden. Wenn es bei den Vorgängen am 9. November zu einer Verletzung gekommen wäre, die als Eingangspforte für die Entzündungserreger gedient hätte, so hätte man sie finden müssen. Nicht unwahrscheinlich sei, daß die Rachenmandeln die Eintrittsstelle waren; daß eine Erkältung hierfür eine Disposition geschaffen habe, sei nicht erwiesen. Die Widerstandsfähigkeit des Körpers könnte durch die Vorgänge herabgesetzt worden sein, aber bei der außerordentlichen Schwere der Infektion sei mit an Sicherheit grenzender Wahrscheinlichkeit anzunehmen, daß B. auch ohne den Vorfall der Erkrankung erlegen wäre. Auch bei der Annahme, daß es sich doch um eine Influenza gehandelt habe, bliebe immer nur die Möglichkeit, nicht die Wahrscheinlichkeit eines Zusammenhanges zwischen Unfall und Todeskrankheit gegeben. —

Die erste Frage, die erledigt werden muß, ist die, woran B. gestorben ist. Die Krankheitserscheinungen wiesen nur auf eine Erkrankung des Zentralnervensystems hin, waren aber nicht derartig, daß eine sichere Diagnose gestellt werden konnte. Auch die Beratung der HH. Dr. W. und N. führte zu keinem sicheren Resultat. Ebensowenig waren die anderen Gutachter imstande, aus den Aktenangaben über die Krankheitserscheinungen eine sichere Diagnose zu stellen. Alle Gutachter versuchten demgegenüber sich auf das Resultat der Leichenuntersuchung zu stützen, obwohl die Obduzenten zu dem Schluß gekommen waren, daß eine Todesursache nicht mehr sicher festzustellen gewesen sei.

Die Obduzenten schlossen auf einen akut entzündlichen Prozeß wegen dreier Veränderungen, wegen des Muskelschwundes des Herzens, der Veränderung der Milz und derjenigen der Nieren. Ich kann nur anerkennen, daß die letzten gemäß dem Bericht des Pathologischen Institutes in B. für eine frischere eiterige Entzündung sprechen, nicht aber die beiden anderen Umstände. Ein Muskelschwund des Herzens ist überhaupt nicht dagewesen, denn die Maße der Wandungen der Kammern gehen sogar über die normalen hinaus, und selbst, wenn ein Muskelschwund dagewesen wäre, so ist wissenschaftlich völlig unverständlich, inwiefern ein solcher für eine akute entzündliche Krankheit sprechen sollte. Was die Milz betrifft, so halten die Obduzenten offenbar, da ihre schwarze Färbung und fast zerfließliche Beschaffenheit zweifellos Folge der Verwesung ist, ihre Größe für abnorm. Wenn man die angegebenen Durchmesserzahlen 16 × 8 × 3 multipliziert, so erhält man 384, wenn man die normalen Mittelzahlen 12 × 8 × 4 multipliziert, erhält man genau dieselbe Zahl. Die Milz war offenbar gewissermaßen auseinandergeflossen, aber sie war nicht wesentlich vergrößert. Die von den Obduzenten geäußerte Meinung steht also auf schwachen Füßen, erst recht aber die Totenscheinangabe: Gehirnhautentzündung, die auch Hr. Prof. A. ohne auch nur den Versuch eines Beweises zu geben, annimmt. Das entgegenstehende Resultat der Leichenöffnung läßt er völlig unberücksichtigt, hält sich nur daran, daß die Krankheitserscheinungen mit großer Wahrscheinlichkeit diese Diagnose ergeben.

Das Gutachten aus der Heilanstalt für Unfallverletzte läßt die Verlegenheit der Gutachter erkennen gegenüber dem klaren Wortlaut des Obduktionsprotokolles, nach dem die weiche Gehirnhaut' auch nicht die mindeste Spur einer entzündlichen Veränderung zeigte, die Diagnose Hirnhautentzündung zu begründen. Das Auskunftsmittel ist untauglich, denn es ist doch nicht glaublich, daß die Entzündung an der Hirnhaut so schnell verlaufen sei, daß kein Eiter entstanden war, während in den Nieren, die doch erst später erkrankten, bereits Eiter gebildet war. In der weichen Hirnhaut war nicht nur keine eiterige Flüssigkeit, sondern es war nach dem Protokoll überhaupt keine Flüssigkeit vorhanden.

Wenn ferner in diesem Gutachten gesagt wird, es könnte zwar die Widerstandsfähigkeit des Körpers herabgesetzt gewesen sein, aber bei der außerordentlichen Schwere der Infektion sei mit an Sicherheit grenzender Wahrscheinlichkeit anzunehmen, daß ohne den Vorfall der Kranke auch der Infektion erlegen sei, so ist das falsch.

Die Infektion selbst ist ja gar nicht einmal nachgewiesen, geschweige denn, daß sie eine außerordentlich schwere gewesen sei; die Schwere der Krankheit hat ihr Verlauf erwiesen, aber sie verlief so schwer, weil eben der Körper durch den Vorfall am 9. November seine Widerstandskraft eingebüßt hatte, und ich behaupte daher umgekehrt, daß es mit an Gewißheit grenzender Wahrscheinlichkeit anzunehmen ist, daß die Infektion, welche auch ich der Nierenеiterung wegen als wahrscheinlich halte, ohne die vorausgegangenen Umstände (Überanstrengung, Aufregung, Erhitzung) nicht den schweren Verlauf genommen hätte, wie sie ihn genommen hat. Von wo die Infektion ausgegangen ist, kann nicht mehr gesagt werden; daß, wenn sie von einer kleinen Verletzung der Haut ausgegangen sein sollte, diese hätte gefunden werden müssen, kann ich nicht zugeben. Insbesondere an der Leiche war eine solche der Verwesung wegen leicht zu übersehen, und während des Lebens ist gar nicht danach gesucht worden, weil die Ärzte von einem Unfall nichts wußten. Auch für eine Lungenentzündung, an die Zeugen dachten, haben sich keine Anhaltspunkte gefunden.

Es liegt also hier wieder ein Fall vor, bei dem der Tod überhaupt nicht zu erklären ist, bei dem aber ein Unfall stattgefunden hat, der geeignet war (darin stimmen ja die Gutachter überein), den Ablauf einer Erkrankung, auch einer infektiösen, ungünstig zu beeinflussen, und bei dem der zeitliche Zusammenhang zwischen dem Unfall und der zu Tode führenden Krankheit so klar zutage tritt, daß ich kein Bedenken trage, zu erklären, daß mit überwiegender Wahrscheinlichkeit anzunehmen ist, daß der Tod des B. mit den Vorgängen am 9. November 1911 mindestens mittelbar in einem ursächlichen Zusammenhange steht.

Meinem Gutachten entsprechend fiel die Entscheidung des Reichsversicherungsamtes aus.

IV.

Hämorrhagische Nephritis in ursächlichem Zusammenhang mit einer von einer Fingerverletzung ausgegangenen septischen Infektion.

Obergutachten in der Unfallsache des Arbeiters B. vom 8. Januar 1917 darüber, ob mit Sicherheit oder wenigstens mit an Sicherheit grenzender Wahrscheinlichkeit angenommen werden muß, daß die tödliche Nierenentzündung des Arbeiters A. B. als mittelbare Folge des von dem Verstorbenen am 7. Juli 1916 erlittenen Betriebsunfalls anzusehen ist.

Der Arbeiter A. B. hat in den Jahren vom 1. Oktober 1913 bis zu seinem am 15. Oktober 1916 erfolgten Tode krank gefeiert: vom 3. März bis 27. März 1915 wegen Rheuma und Bronchitis, vom 16. Mai bis 15. Juni 1915 wegen Nervenschwäche und vom 8. Februar bis 12. März 1916 wegen Furunkel.

Am 7. Juli 1916 hat er sich eine Rißwunde am Zeigefinger der rechten Hand zugezogen. Zuerst beachtete er die Wunde nicht, als aber der Finger und die Hand anschwollen, begab er sich am 17. Juli zu Hrn. Dr. H., der zwar 10 Tage nach dem Unfall von einer frischen Verletzung nichts mehr sah, aber am Finger eine starke Entzündung und Schwellung fand, die bereits auf die Hand überzugreifen drohte. Der Arzt machte sofort einen Einschnitt, schickte aber bereits am 19. Juli den Kranken in die chirurgische Klinik, von der er am 28. Juli in seine Behandlung wieder entlassen wurde. Die Wunde war noch nicht ganz verheilt, der Finger bedurfte aber nur noch einiger kleiner Verbände.

Dagegen klagte nun der Kranke über kurzen Atem, dicke Füße, hatte Eiweiß im Harn, kurz hatte die Erscheinungen einer schweren Nierenkrankheit.

Am 12. September 1916 wurde der Kranke deswegen auf die medizinische Universitätsklinik in H. aufgenommen, wo er erzählte, er sei früher nie krank gewesen, wenige Tage nach dem Beginn der Entzündung am Finger sei eine Schwellung an den Füßen eingetreten, die seitdem stärker geworden sei. Man fand ausgedehnte Wassersucht, reichlich Eiweiß, Zylinder und rote Blutkörperchen im Harn. Am 15. Oktober 1916 trat der Tod infolge der Nierenerkrankung ein. Eine Leichenöffnung ist nicht gemacht worden.

Während Hr. Dr. H. behauptet, die schwere Nierenentzündung sei zweifellos ganz unabhängig von der Verletzung entstanden, infolge vielfacher Erkältungen, es sei reiner Zufall, daß sie gleichzeitig bzw. kurz nach dem Unfall aufgetreten sei, ein Zusammenhang zwischen beiden sei ganz entschieden in Abrede zu stellen, hat die medizinische Klinik erklärt und diese ihre Erklärung auch gegenüber der Äußerung des Hrn. Dr. H. aufrechterhalten, daß die sehr schwere Nierenerkrankung mit anfangs akutesten Erscheinungen, die später offenbar im Übergang zum chronischen Stadium sich befunden habe, wahrscheinlich durch die Wundinfektion entstanden oder, falls eine Entzündung schon vorher vorhanden gewesen, was man aber nicht mehr feststellen könne, durch diese so verschlimmert worden sei, daß sie manifest wurde und als mittelbare Unfallfolge den Tod herbeigeführt habe. —

Ob B. vor seinem Unfall eine Nierenerkrankung gehabt hat, ist nicht mehr festzustellen. Selbstverständlich ist es möglich, aber es liegen keinerlei Anhaltspunkte dafür vor, daß es wahrscheinlich sei. Im Gegenteil. Von den vielfachen Erkältungen, an denen B. nach Dr. H. früher gelitten haben soll, ist der Ortskrankenkasse wenig bekannt. Einzig das Leiden, wegen dessen B. vom 3. bis 27. März 1915 krank gefeiert hat und das als Rheuma und Bronchitis bezeichnet worden ist, kann man als vielleicht durch Erkältung erworben ansehen, das genügt aber ganz und gar nicht, um eine Erkältungsnierenentzündung wahrscheinlich zu machen. Es kommt hinzu, daß Hr. Dr. H. selbst in den Tagen vom 17. bis 19. Juli nichts von einer Nierenkrankheit bemerkt hat und daß auch in der chirurgischen Klinik, wo der Kranke sich über eine Woche aufhielt, nichts von einer solchen bemerkt worden ist. Die später zutage tretende Nierenkrankheit hatte durchaus den Charakter einer ganz akut einsetzenden Erkrankung, die mit Blutungen einherging (viele rote Blutkörperchen im Harn), also eine sogenannte akute hämorrhagische Entzündung war, wie solche bekanntermaßen durch sogenannte Blutvergiftung infolge septischer Wundinfektion vorkommen.

Eine solche Wundinfektion war aber an der Unfallverletzung zustande gekommen — Hr. Dr. H. schreibt selbst von stark infizierter Wunde —, die Erscheinungen der schweren akuten Nierenentzündung traten frühestens 3 Wochen nach dem Unfall so hervor, daß sie zur ärztlichen Kenntnis gelangten (Unfall am 7. Juli, Infektion offenbar sehr bald danach, erste ärztliche Diagnose nach dem 28. Juli), so daß nicht von gleichzeitigem Auftreten, sondern nur von einem Nacheinander geredet werden kann, für das unter den gegebenen Verhältnissen auch ein Durcheinander oder Voneinander mit großer Wahrscheinlichkeit angenommen werden darf. Gerade dabei kommt auch die von Hrn. Dr. H. anerkannte Bösartigkeit der Infektion in Betracht: die septischen, hier wirksam gewesenen Organismen waren offenbar sehr virulent, und die von ihnen bereiteten Giftstoffe (Toxine) sind eben die Ursache der akuten hämorrhagischen Nierenentzündung bei Sepsis.

Es liegt demnach m. E. gar kein Grund vor, nicht eine primäre septische Nierenentzündung anzunehmen, sondern zu glauben, daß schon beim Unfall eine Nierenentzündung vorhanden oder in der Entwicklung begriffen gewesen wäre. Sollte das aber doch der Fall gewesen sein, so ist die zeitliche Beziehung zu der Wundsepsis doch so auffallend und die akute Natur der Erscheinungen so charakteristisch, daß zweifellos die weit größere Wahrscheinlichkeit dafür spricht, daß hier ein innerer Zusammenhang, eine Verschlimmerung wesentlicher Art eines schon vorhandenen, bisher gänzlich unbemerkt verlaufenen Leidens vorliegt, als daß ein ganz zufälliges Zusammentreffen zweier unabhängiger Erscheinungen stattgefunden hätte.

Bei der mangelhaften Grundlage glaube auch ich, wie die Klinik, über eine weit überwiegende Wahrscheinlichkeit nicht hinausgehen zu können, ich rede also nicht von Sicherheit oder an Sicherheit grenzender Wahrscheinlichkeit, aber die weit überwiegende Wahrscheinlichkeit wird jedem Versicherungsgericht genügen, anzunehmen, daß die tödliche Nierenentzündung als mittelbare Folge des Betriebsunfalles anzusehen ist.

Die Berufsgenossenschaft hat auf dieses Gutachten hin Hinterbliebenenrente bewilligt.

V.

Akute septische, nicht chronische Nephritis bei einer septisch-infizierten Fingerwunde.

Obergutachten vom 29. September 1914, betr. den Koch J. Bl. in B. darüber, ob mit Wahrscheinlichkeit anzunehmen ist, daß der am 24. Juni 1913 erfolgte Tod des Bl. mit dem Unfall vom 16. Juni 1913 in einem ursächlichen Zusammenhang steht.

Nachdem auf meine Veranlassung die Akten vervollständigt worden waren, gab ich das Gutachten wie folgt ab:

Am 16. Juni 1913 hat sich der Koch J. Bl. eine bis in den Knochen dringende Hiebwunde am Mittelfinger der linken Hand zugezogen. Nach einigen Tagen klagte er schon über Schmerzen. Dem am 20. Juni in Anspruch genommenen Hrn. Dr. Sch. klagte Bl. über heftige Schmerzen in dem verletzten Finger und der Hand sowie über schlechtes Allgemeinbefinden. Der Arzt stellte erhöhte Körpertemperatur (38.5° C) und beschleunigten Puls fest sowie schlechtes Allgemeinbefinden. Die Wunde klaffte und sah schmutziggrau aus. Schon damals nahm der Arzt eine sogenannte Blutvergiftung an.

Am 23. Juni wurde Bl. sterbend nach dem R.-V.-Krankenhaus gebracht, wo man die Herzdämpfung verbreitert, Veränderung des Pulses, reichlich Eiweiß und Formbestandteile im Harn fand. Es wurden als wesentliche Erkrankungen eine Nieren- und Herzmuskelentzündung angenommen und angeblich durch die Sektion bestätigt. Die Nierenerkrankung wurde in den Vordergrund gestellt.

Über einen etwaigen ursächlichen Zusammenhang zwischen der Verwundung und dem Tode hat sich der Krankenhausarzt nicht geäußert, aber der behandelnde Arzt Dr. Sch. nimmt an, daß Bl. an einer von der Wunde ausgegangenen Allgemeininfektion gestorben ist, während Hr. Dr. E. den Tod gar nicht auf eine akute Erkrankung, sondern auf ein von dem Unfall unabhängiges chronisches Herz- und Nierenleiden zurückführen will. —

Für die erste wichtige Frage, ob denn überhaupt eine Wundinfektion eingetreten war, hat die Vervollständigung der Akten keine neuen Tatsachen erbracht. Das ist deswegen weniger wichtig, weil die bereits feststehenden Tatsachen, die Schmerzhaftigkeit der verletzten Hand nach wenigen Tagen, das schmutziggraue Aussehen der Wunde am 4. Tage, das bereits an demselben Tage vorhandene hohe Fieber sowie die Allgemeinerscheinungen mit an Gewißheit grenzender Wahrscheinlichkeit anzunehmen gestatten, daß nicht nur eine örtliche, sondern auch eine Allgemeininfektion sich alsbald an die Verwundung angeschlossen hat. Daß der Bericht des Krankenhausarztes und ebenso das Obduktionsprotokoll nichts darüber melden, kann darin seine Ursache haben, daß, wie es so häufig der Fall ist, die Infektionserreger hauptsächlich im Mark des angeschlagenen Knochens gesessen haben (Osteomyelitis), wo die Veränderungen erst am aufgesägten Knochen deutlich sichtbar sind. Eine Aufsägung des Knochens hat aber offenbar nicht stattgefunden.

Sehr wertvolles neues Material ist dagegen für die Frage, woran Bl. gestorben ist, durch das Obduktionsprotokoll erbracht worden. Dieses ergibt mit voller Klarheit, daß Bl. nicht an einer chronischen Nieren- und Herzkrankheit, sondern an einer akuten sogenannten Blutvergiftung (Sepsis, Septikämie) gestorben ist.

In erster Linie ist in dieser Beziehung wichtig das Verhalten der Milz. Sie war eine richtige akute Infektionsmilz (vergrößert, schlaff, Pulpa mit dem Messerrücken abstreifbar), für die gar keine andere Ursache zu finden ist als die Wundinfektion. An den Nieren könnte als Zeichen älterer Veränderungen das Anhaften der Kapsel, die fehlende Glätte der Oberfläche angeführt werden, aber das Protokoll sagt ausdrücklich: Kapsel etwas schwer abziehbar, Oberfläche nicht ganz glatt, das heißt doch nichts anderes, als daß diese Zeichen chronischer Veränderungen ganz geringfügige waren. Gegen eine chronische Nierenentzündung spricht auch, daß anatomisch die im Leben angenommene Vergrößerung des Herzens nicht vorhanden war, denn das Herz hatte die Größe der Leichenfaust, also eine normale, auch war innerer und äußerer Überzug (Endo- und Epicard) ohne Befund. Die Angabe des Protokolls, die Muskulatur sei gelblichrot gewesen, kann ganz und gar nicht eine alte Herzveränderung beweisen, sondern steht durchaus mit der Annahme einer akuten, durch eine Blutvergiftung entstandenen Veränderung in Einklang.

Das gleiche gilt aber auch für den Hauptbefund an den Nieren: beide ziemlich groß, Rinde verbreitert, trübe rotgrau, von auffällig weicher, wenig elastischer Konsistenz. Das ist das Bild einer akuten Infektionsniere, zu deren Erklärung wiederum kein anderer Befund erhoben worden ist als die sicher infiziert gewesene Wunde. Diesem klaren Tatbestand gegenüber muß ich die Ausführungen im Gutachten E. als tatsächlich nicht begründet zurückweisen. Meine schon in meinem Vorgutachten gegebene abfällige Beurteilung der Begründung des E.schen Gutachtens war demnach vollauf berechtigt.

Damit ist aber auch die Sache entschieden, denn wenn die Unfallwunde sicher infiziert war, wenn der Verletzte im unmittelbaren Anschluß daran (nach 7 Tagen) an einer septischen Allgemeininfektion gestorben ist, so kann man fast mit Sicherheit annehmen, daß der am 24. Juni 1913 erfolgte Tod des Bl. mit dem Unfall vom 16. Juni 1913 in einem ursächlichen Zusammenhang steht.

Die Entscheidung des Reichsversicherungsamtes ist in meinem Sinne ausgefallen.

VI.

Verschlimmerung eines chronischen Nierenleidens durch einen Unfall und Beschleunigung des Todes.

Obergutachten vom 3. Dezember 1914, betr. den Torwächter H. H. in H. darüber, ob mit überwiegender Wahrscheinlichkeit anzunehmen ist, daß der Unfall vom 29. Dezember 1914 die bei dem Torwächter H. vorhandenen Krankheiten hervorgerufen oder wesentlich verschlimmert und den Eintritt des Todes meßbar beschleunigt hat oder ob anzunehmen ist, daß der Tod auch ohne das Unfallereignis etwa zu derselben Zeit eingetreten wäre.

Der frühere Hochofenarbeiter H. H. hatte seit zwei Jahren auf ärztlichen Rat, wegen Lungenerweiterung und Bronchialkatarrh, diese Stellung aufgegeben und den Posten eines Torwächters versehen. Noch am 23. Dezember 1914 ist der Kranke mit Klagen über allgemeine Schwäche und Kurzatmigkeit zu dem Arzte (Dr. M.) gekommen, der wiederum Lungenerweiterung und Bronchialkatarrh mit etwas Herzschwäche feststellte. Nach dem Lohnlistenauszug hat H. vom 26. April 1914 bis

28. Dezember 1914 mit Ausnahme der Zeit vom 1. bis 7. November 1914 ununterbrochen gearbeitet. Frühmorgens um 1 3/4 Uhr wollte der in Nachtdienst stehende Torwächter am 29. Dezember 1914 den Abort aufsuchen, rutschte aber auf der Außentreppe des Wächterraumes aus, fiel drei Stufen hinab auf den Rücken und schlug, als er sich aufrichten wollte, nochmals hin, mit dem Kopfe auf eine Stufenkante. Nach seiner Erzählung habe er eine Weile liegen bleiben müssen, da er wie ohnmächtig gewesen wäre.

Der Zeuge K. fand auf seinem nächtlichen Wächtergang um 3/4 4 Uhr den H. mit vorn übergebeugtem Körper auf einer Bank sitzend vor und erfuhr von ihm, er sei kurz vorher die Treppe hinuntergefallen.

Zu Hause hat H. nach der Bekundung der Ehefrau über Kopf- und Rückenschmerzen geklagt, auch bald nach dem Zuhausekommen sich erbrechen müssen. Der hinzugerufene Dr. M. fand den Kranken im Bett und erfuhr von dem Fall auf Rücken und Hinterkopf und den Schmerzen an diesen Stellen. Eine äußere Verletzung war nicht vorhanden. Am 31. Dezember befand der Kranke sich wohler, war außer Bett, berichtete aber, daß er mehrmals gehoben, d. h. gewürgt, habe. Am 3. Januar 1915 war das Befinden wieder schlechter, H. lag im Bett, im Harn wurde Eiweiß festgestellt. Der Kranke war benommen, am 5. Januar bewußtlos, am 6. Januar 1915 trat der Tod ein.

Die von Hrn. Dr. R. vorgenommene Leichenöffnung ergab von wesentlichen Befunden: Keine wassersüchtigen Veränderungen, nur die weichen Hirnhäute in den vorderen Teilen etwas sülzig, dabei stark getrübt, die Blutgefäße der Hirnoberfläche, namentlich in den hinteren Teilen, stark mit Blut angefüllt, Gehirn stark durchfeuchtet, mit vielen Blutpunkten, in der rechten (nicht auch in der linken) Seitenkammer reichlich helle seröse Flüssigkeit, ihr Adergeflecht fast blutleer. Der rechte untere Lungenlappen ödematös, im linken Unterlappen zerstreute kleine Entzündungsherdchen. Muskulatur der linken Herzkammer verdickt bei unveränderten Klappen, die Nieren, besonders die linke, geschrumpft, höckerig, mit verwachsener Kapsel.

Über die Todesursache sind der behandelnde Arzt und der Obduzent verschiedener Meinung, jener nimmt eine seröse Meningitis an, die er von Bakterien des Bronchialkatarrhs ableitet, welche infolge des Unfalltraumas an der Hirnhaut sich angesiedelt hätten, dieser eine Lungenentzündung, von der jener sagt, daß sie im Leben fast gar keine Erscheinungen gemacht habe und nur unbedeutend gewesen sei. Dr. R. führt die Lungenentzündung auf die Quetschung und Erschütterung des Thorax durch den Unfall zurück, weist aber auch ganz allgemein darauf hin, daß H. bis zum Unfall arbeitsfähig war, erst nachher arbeitsunfähig wurde, in akuter Weise erkrankte und bald (8 Tage nach dem Unfall) starb. Dr. R. meint, daß, wenn H. nicht gestürzt wäre, er noch länger gelebt haben würde. Hr. Dr. L. hält den Unfall für geringfügig, das später aufgetretene Erbrechen sei für dessen Schwere nicht beweisend, ihm erscheint ein ursächlicher Zusammenhang zwischen Unfall und Tod nicht sicher.

Hr. Geheimrat Prof. H. lehnt Tod durch Lungenentzündung wie solchen durch Hirnhautentzündung ab. Die erste habe nicht den Charakter einer sog. Kontusionspneumonie gehabt, sei überhaupt nur eine sekundäre, nebensächliche Erscheinung gewesen, eine akute Hirnhautentzündung sei überhaupt nicht vorhanden gewesen, die von Dr. M. auf sie bezogenen Krankheitserscheinungen seien durch Urämie, d. h. Vergiftung des Blutes mit Harnstoffen infolge der seit lange bestehenden Nierenschrumpfung, hervorgerufen worden, auch spreche der Verlauf der Erkrankung gegen eine Gehirnhautentzündung. Das traumatische Moment sei gering gewesen, das Erbrechen beweise nichts für Gehirnerschütterung. Der Tod sei die Folge der Nierenerkrankung, welche in verhältnismäßig kurzer Zeit sicher hätte zum Tode führen müssen. Ein irgendwie wesentlicher Einfluß des Unfalls sei nicht anzunehmen, freilich sei dieser auch nicht völlig gleichgültig gewesen, aber jede andere Kleinigkeit hätte dieselbe Wirkung ausüben können. Wie lange der Kranke ohne den Unfall noch habe leben können, vermöge niemand zu sagen. Der Gutachter unterscheidet einen wissenschaftlichen und einen praktischen Standpunkt: von ersterem aus hält er den Unfall für unwesentlich, aber von dem letzten aus hält er, da »der Tod 7 Tage nach dem Unfall eingetreten ist« und da sich außerdem bereits zwei Ärzte für den Zusammenhang ausgesprochen haben, die Entscheidung für »sehr fraglich«. Das Oberversicherungsamt hat sich auf diesen praktischen Standpunkt gestellt und einen Zusammenhang für wahrscheinlich angenommen. —

In bezug auf die Todesursache stehen sich zwei Gruppen von Anschauungen gegenüber: nach der einen ist der Tod an einer akuten unter Mitwirkung des Unfalls entstandenen neuen Krankheit erfolgt, nach der anderen ist eine schon lange bestehende und von dem Unfall unabhängige Krankheit die Ursache des Todes gewesen.

Die Vertreter der ersten Anschauung, der behandelnde Arzt und der Obduzent, weichen untereinander wieder erheblich ab, indem der erste eine akute Hirnhautentzündung, der letzte eine Kontusionspneumonie als Todesursache betrachtet. Ich kann mich in der Beurteilung dieser Annahmen nur vollkommen den Ausführungen des Hrn. Geheimrats H. anschließen: Wächter H. ist weder an einer serösen Hirnhautentzündung noch an einer traumatischen Lungenentzündung gestorben. Abgesehen davon, daß der ganze Krankheitsverlauf mit seiner vorübergehenden Besserung, seinem achttägigen Verlauf durchaus gegen das Bestehen einer akuten serösen Hirnhauterkrankung spricht, während er mit der Annahme des Hrn. Geheimrats H., daß es sich um urämische Erscheinungen gehandelt habe, in bestem Einklang steht, sind gegen die Annahme des Hrn. Dr. M. zwei Einwendungen zu machen. Erstens ist die Annahme, beim Bestehen eines chronischen Bronchialkatarrhs könne infolge einer Gehirnerschütterung geringfügigen Grades, wie sie hier doch offenbar nur vorhanden gewesen sein konnte, eine Infektion der weichen Hirnhaut von Bakterien aus den Bronchien erfolgen, eine doch etwas gar zu phantastische, der die tatsächlichen Grundlagen fehlen, zweitens, und das ist das wichtigste, ist bei der Leichenöffnung eine Hirnhautentzündung nicht gefunden worden, wenn das auch fälschlicherweise von Hrn. Dr. M. behauptet wird. Die starke Trübung und etwas sülzige Beschaffenheit der weichen Hirnhäute in den vorderen Abschnitten ist nicht durch eine akute Erkrankung hervorgerufen, sondern entspricht dem, was die Pathologen chronische Hirnhautentzündung nennen, wie sie bei zahlreichen Menschen mit chronischen Krankheiten vorkommt. Obwohl ich das Gehirn nicht gesehen habe, kann ich das doch mit Bestimmtheit sagen. Eine starke Trübung der weichen Hirnhaut kann zwei Ursachen haben, erstens eine Ausfüllung ihrer Maschen durch eine getrübte, zelligfibrinöse Ausschwitzung (akute Trübung), zweitens eine Verdickung der Gewebsbalken (chronische Trübung), die sehr häufig mit einer Ausfüllung der Gewebsmaschen durch eine wässerige (seröse) Flüssigkeit verbunden ist. Hr. Dr. M. gibt selbst an, daß die Flüssigkeit bei H. serös, nicht eitrig, war, folglich kann es sich nur um eine chronische, nicht um eine akute Trübung gehandelt haben. Dafür spricht auch, was im Sektionsprotokoll von dem Blutgehalt der Gefäße gesagt wird, denn dieser war nicht im Bereich der Trübung, sondern in den hinteren Abschnitten am stärksten, ein Beweis, daß es sich nicht um eine umschriebene akute entzündliche Blutfülle, sondern um eine Blutsenkung nach den abschüssigen Teilen bei allgemeiner Blutfülle gehandelt hat. Tod durch Hirnhautentzündung ist also sicher auszuschließen.

Eine Lungenentzündung war vorhanden, aber keine solche, wie sie für sich allein den Tod herbeizuführen vermag, keine solche, wie sie als Kontusionspneumonie aufzutreten pflegt. Eine solche würde ganz andere Erscheinungen gemacht haben, als sie bei H. zutage getreten sind. Solche Entzündungen, wie hier eine vorlag, sind uns sehr bekannt als letzte Erscheinungen schwererer Erkrankungen der verschiedensten Art und werden deshalb auch als finale Pneumonien bezeichnet: sie treten auf, wenn und weil das Ende kommt. H. ist also auch nicht an einer selbständigen, erst recht nicht an einer traumatischen Lungenentzündung gestorben. So bleibt als

Todeskrankheit die chronische Nierenerkrankung (Nierenschrumpfung) mit ihren Folgen übrig, unter denen, wie ich schon bemerkt habe, eine Blutvergiftung (Urämie) die letzte Todesursache bildet. Wann und warum ist die Urämie aufgetreten? Hr. Dr. R. hat mit Recht hervorgehoben, daß der bis dahin arbeitsfähige Mann mit dem Unfall arbeitsunfähig geworden und in akuter Weise erkrankt sowie schnell zu Tode gekommen ist, und auch Hr. Geheimrat H. hat ja diesen schnellen Verlauf der urämischen Erkrankung hervorgehoben und als Grund dafür angeführt, daß vom praktischen Standpunkt aus die Entscheidung eines Zusammenhanges zwischen Unfall und Tod sehr fraglich sei. Mir selbst scheint allerdings diese Entscheidung gar nicht fraglich zu sein, sondern der zeitliche Zusammenhang zwischen Unfall und Urämie so zutage zu liegen, daß man gar nicht anders kann, als an einen ursächlichen Zusammenhang zu denken. Das hat ja nun im Grunde auch Hr. Geheimrat H. getan, indem er erklärt. der Unfall sei nicht völlig gleichgültig gewesen, indem er erkennen läßt, daß auch seiner Meinung nach der Unfall den tödlichen urämischen Anfall ausgelöst hat.

Damit hat auch Hr. H. schon anerkannt, daß der Unfall dazu geeignet war. aber er meint, daß er das nicht an sich gewesen sei, sondern weil der geringste Anstoß bei der bestehenden schweren Erkrankung genügte, um die Urämie herbeizuführen. Ich kann in beiden Beziehungen Hrn. H. nicht zustimmen.

Was den Anfall betrifft, so muß man berücksichtigen, daß auch eine leichtere Einwirkung auf das Gehirn gerade wegen der schon bestehenden, das Gehirn schädigenden Nierenerkrankung eine ungewöhnlich starke Wirkung haben konnte, ohne daß notwendig die von der Nierenkrankheit herrührende Gehirnschädigung bereits einen solchen Grad erreicht zu haben brauchte, daß jede Kleinigkeit den Zusammenbruch herbeiführen mußte. Der Unfall war aber gar nicht so ganz geringfügiger Art. Wenn auch zuzugeben ist, daß das späte Auftreten des Erbrechens nichts für Gehirnerschütterung beweist, sondern schon als urämische Erscheinung betrachtet werden kann, so bleibt doch die Angabe des Gefallenen, er habe nach dem Fall eine Weile liegen bleiben müssen, da er wie ohnmächtig gewesen wäre, unwiderlegt, es bleibt die Angabe des Wächters K., daß er zwei Stunden nach dem Fall den Gefallenen mit vornübergebeugtem Körper auf einer Bank sitzend, also offenbar in leidendem Zustand, getroffen habe. Wenn jemand auch nur drei Treppenstufen herunter- und mit dem Kopf auf die Kante einer Treppenstufe auffällt, so kann er sich schon eine tüchtige Quetschung und Gehirnschädigung zuziehen. Ich kann also den Fall nicht als eine solche Kleinigkeit ansehen, wie Hr. Geheimrat H. es getan hat.

Für noch wichtiger halte ich den Umstand, daß Hr. H. einen Beweis dafür. daß die Nierenkrankheit bereits einen so hohen Grad erreicht gehabt habe, daß sie in verhältnismäßig kurzer Zeit sicher zum Tode führen mußte, nicht erbracht hat; er stellt diese Behauptung auf, ohne sie zu begründen. Ich finde einen gewissen Widerspruch darin. daß Hr. H. einmal die bestimmte Behauptung über den baldigen Tod aufstellt, dann aber später doch selbst erklärt, wieviel der Kranke sein Leben hätte verlängern können, könne niemand sagen, der sich der Unvollkommenheit unserer Kenntnisse bewußt sei. Danach kann also ebensogut im Gegensatz zu Hrn. H. mit Hrn. R. gesagt werden, wenn H. nicht gestürzt wäre, hätte er noch länger leben können. Ich halte diese letzte Angabe für die wahrscheinlichere, denn weder die Nierenschrumpfung noch die Herzmuskelvergrößerung hatten den höchsten Grad erreicht; noch waren keine wassersüchtigen Erscheinungen vorhanden. noch hatten keine Erscheinungen den Arzt auf eine Nierenerkrankung, sondern immer nur auf Lungenblähung und Bronchialkatarrh hingewiesen, noch war der Kranke, wenn er auch die schwerere Arbeit am Hochofen aufgegeben hatte, wofür die Lungen- und Bronchialerkrankung eine genügende Erklärung abgibt, bis zum Unfall voll arbeitsfähig, es fehlt also meines Erachtens die Berechtigung, seinen Zustand als einen prekären zu bezeichnen und eine so schlechte Voraussage zu stellen, wie Hr. H. es getan hat.

Damit wird aber die Bedeutung des Unfalls als auslösendes Ereignis für die tödliche Urämie ganz erheblich gesteigert, und ich halte mich für berechtigt, zu erklären, daß mit weit überwiegender Wahrscheinlichkeit anzunehmen ist, daß der Unfall vom 29. Dezember 1914 die bei dem Torwächter H. vorhandene Krankheit wesentlich verschlimmert und den Eintritt des Todes meßbar beschleunigt hat.

Das Reichsversicherungsamt hat dem Gutachten zugestimmt.

VII.

Mittelbare Verschlimmerung eines chronischen Nierenleidens durch Unfallfolgen.

Obergutachten, betr. den Kutscher K. M., vom 29. Oktober 1918, darüber, ob es nicht bloß als möglich, sondern ob mit überwiegender Wahrscheinlichkeit anzunehmen ist, daß der Unfall des verstorbenen Kutschers K. M. vom 13. Dezember 1913 das Leiden, dem er am 23. Mai 1916 erlegen ist, verursacht, oder ob der Unfall derartig verschlimmernd auf das Leiden eingewirkt hat, daß der Tod früher eintrat, als es ohne den Unfall gewesen sein würde.

Der Kutscher K. M. will im Jahre 1905 4—5 Monate lang krank gewesen sein, unter anderem sei auch eine Nierenentzündung festgestellt worden, die langsam ausgeheilt sei, worauf er dann dauernd arbeitsfähig gewesen sei. Nach der Angabe seines letzten Arbeitgebers war M. immer schon kränklich und 8—14 Tage vor seinem Unfall am 13. Dezember 1913 etwa 8 Tage lang krank; nach Angabe seiner Krankenkasse ist er vom 10. bis 12. Dezember 1913 wegen Magenkatarrhs erwerbsunfähig gewesen.

Am 13. Dezember 1913 erhielt er durch einen Scherenbaum einer Deichsel einen Stoß vor den Bauch, der ihn zur Erde warf; er fiel auf den Hinterkopf und soll nach dem Zeugen T., der ihn nach Hause fuhr, 2—2½ Stunden bewußtlos gewesen sein. Die Angaben über die getroffene Stelle lauten ziemlich übereinstimmend: Unterleib oberhalb des Magens, Magen- und Herzgegend. Der am 15. Dezember konsultierte Dr. K. stellte eine blutige Verfärbung der Hautdecke der Oberbauchgegend in der Mitte und unterhalb des rechten Rippenbogens von doppelt Handtellergröße fest. Der Verletzte klagte über Schmerzen im Leibe; die verletzte Stelle war bei leiser Berührung schmerzhaft, stärkerer Druck tat eher wohl, sobald der Arzt aber in die Nähe der Wirbelsäule oder gar an sie kam, wurden die Schmerzen sehr stark. Die ärztliche Diagnose auf dem Krankenschein lautete: Nervenschwäche, Unterleibskontusion, Unfallneurose. Nach wiederholten Angaben der Ehefrau bzw. Witwe klagte ihr Mann hauptsächlich über Magenschmerzen und konnte nicht recht mehr essen. Dasselbe klagte der Kranke Hrn. Dr. P. gegenüber, der ihn vom 25. Juni bis 7. Juli 1914 im Brüderkrankenhause beobachtete: heftige Schmerzen in der Magengegend, wenig Appetit, könne nur leichte Speisen vertragen. Dazu die nervösen Erscheinungen, aus denen auch dieser Arzt eine traumatische Nervenerkrankung diagnostizierte. Am Magen konnte er (abgesehen von einem Tiefstand der unteren Magengrenze, den er auf die Hagerkeit des Mannes bezog) eine ernste Erkrankung nicht finden, der Harn war frei von krankhaften Veränderungen. Die gleichen Verhältnisse bezüglich des Magens und Harns wurden auch am 10. November 1914 in demselben Krankenhause von einem Assistenzarzt von neuem vorgefunden, während Hr. Dr. K., allerdings nur aus dem Gedächtnis, erst den April, dann den Mai 1914 angab als Zeit, von der ab er wechselnd, hauptsächlich wenn M. gearbeitet und an eigentümlichen Unterleibskoliken gelitten hatte, Eiweiß im Harn vorfand. Von diesen Koliken hat Hr. Dr. K. auch schon am 22. Mai 1914 berichtet, dagegen nichts von Eiweißharnen, wohl aber von Blutspucken (ohne abnormen Lungenbefund) und von Abmagerung, die ein Sinken des Körpergewichts von 138 Pfund nach dem Unfall auf jetzt 115 Pfund bewirkt hatte. Auch eine spätere Untersuchung (Dr. K.) gab bezüglich des Magens dieselben Befunde, dagegen war nach Dr. K. von Mitte 1915 an nicht mehr bloß zeitweise nach Anstrengung. sondern dauernd Eiweiß im Harn vorhanden, stellten sich Herzpalpitationen ein. und schließlich wurde eine Vergrößerung der Herzdämpfung nach links festgestellt, der bald Sehstörungen und vorübergehende Blindheit folgten, so daß eine chronische Nierenentzündung diagnostiziert wurde.

Bei der am 14. Mai 1916 erfolgten Aufnahme in das D.-Krankenhaus gab der Kranke nach Dr. R. an, er sei vor 9—10 Wochen, das wäre also in der ersten Hälfte des März 1916, mit Kopfschmerzen und Sehstörungen erkrankt, habe bald heftiges Nasenbluten bekommen usw. Es wurde auch hier eine chronische Nierenerkrankung angenommen und eine Urämie (Harnblutvergiftung) diagnostiert, durch die am 23. Mai 1916 der Tod herbeigeführt wurde. Außer den üblichen Harnveränderungen war ein hoher Blutdruck von 185 mm Hg, außerordentliche Derbheit und Schlängelung der Blutgefäße, Verbreiterung des Herzens nach links sowie Verminderung des Säuregehalts des Magens festgestellt worden.

Auf die Magenstörungen mit ihrem Gefolge der schlechten Nahrungsaufnahme. die sie als Unfallfolgen ansah, legte die Witwe besonderen Nachdruck, in der Annahme, durch sie sei der Kranke so geschwächt worden, daß er der Nierenerkrankung früher als sonst erlegen sei. Hr. Dr. K. dagegen nahm einen unmittelbaren Zusammenhang zwischen Unfall und Nierenerkrankung in der Weise an, daß er glaubte, durch die Deichsel sei das sog. sympathische Nervengeflecht vor der Wirbelsäule gedrückt worden. wodurch die lange Bewußtlosigkeit, die späteren Druckschmerzen in der Wirbelsäulengegend und die Nierenerkrankung als Folge nervöser Störungen sich erkläre.

Im Gegensatze zu ihm erkannte Hr. Dr. R. einen Zusammenhang nicht an, sah vielmehr in der tödlichen Nierenerkrankung nur einen Rückfall der alten Nierenerkrankung des Jahres 1905, der mit dem Unfall nichts zu tun habe, da im Anschluß an diesen keinerlei Anzeichen einer Nierenschädigung (Bluthamen etwa) hervorgetreten. sondern erst nach 2½ Jahren die neuen Erscheinungen aufgetreten seien.

Ein Gutachten, das Hr. Prof. L. ausgestellt haben soll, befindet sich nicht mehr in den Akten, doch scheint es nach dem, was Hr. Geh.-Rat Prof. H. über dasselbe angegeben hat, im wesentlichen nur eine Kritik des K.schen Gutachtens gegeben zu haben, so daß ich glaubte, auf es verzichten zu können.

Hr. Prof. H. hat ein langes, aber wie mir scheint, so unbestimmtes Gutachten erstattet, daß das Oberversicherungsamt nach meinem Dafürhalten gerade das Gegenteil von dem herausgelesen hat, was Hr. H. in Wirklichkeit erklärt hat. Auch dieser gibt eine in vieler Beziehung abfällige Kritik des K.schen Gutachtens, auch er weist darauf hin, daß bei den ersten Untersuchungen nach dem Unfall nichts von Nierenverletzung bemerkt worden ist, daß eine direkte Entstehung einer chronischen Nierenerkrankung durch Trauma hier auszuschließen sei auch in der Form einer Nierenbeckenwassersucht (Hydronephrose, sog. Sackniere), für die ein Beispiel aus der Literatur angeführt wird, von einem Soldaten, der eine Kontusion durch einen Granatsplitter in der linken Seite erfahren hatte und nach 10 Jahren an den Folgen einer Sackniere zugrunde gegangen war. Im vorliegenden Falle könnte es sich höchstens um eine Verschlimmerung eines alten Leidens unter Mitwirkung einer ganz unsicheren, von dem ersten Nierenleiden zurückgebliebenen Veranlagung handeln. Eine solche sei von wissenschaftlichem Standpunkte als möglich anzuerkennen, doch spräche für sie nur eine gewisse beschränkte Wahrscheinlichkeit, wahrscheinlicher sei, daß der Unfall eine Neurasthenie erzeugt habe, die nicht zu inneren Krankheiten disponiere, also auch mit der Nierenerkrankung nichts zu tun habe, die vielmehr allmählich durch die Schädlichkeiten des täglichen Lebens hervorgerufen worden sei. Bei dieser Anschauung habe man auch nicht mit dem unklaren Begriff der Disposition (Krankheitsanlage) zu rechnen, »und schon deshalb ist sie vom rein wissenschaftlichen Standpunkte aus vorzuziehen«. Das kann doch m. E. nichts anderes bedeuten, als daß mit überwiegender Wahrscheinlichkeit anzunehmen ist, daß kein ursächlicher Zusammenhang zwischen Unfall und Nierenkrankheit. d. h. Tod. bestanden hat. —

Ich muß mich in der Beurteilung der Entstehung der Nierenerkrankung durchaus Hrn. Prof. H. anschließen: es besteht durchaus die geringere Wahrscheinlichkeit dafür, daß der Unfall die Nierenerkrankung, mag sie eine selbständige oder nur die Fortsetzung der früheren gewesen sein, direkt erzeugt bzw. auch nur verschlimmert habe. Zunächst sind unmittelbar nach dem Unfall keinerlei Zeichen irgendwelcher Art hervorgetreten, welche auf eine unmittelbare Verletzung der Nieren oder auch nur einer Niere hingewiesen hätten. Abgesehen davon, daß wie Hr. H. selbst dargetan hat, für die Annahme einer Sackniere jeder tatsächliche Anhalt fehlt, ist das von ihm angeführte Beispiel auch deswegen nicht am Platze, weil bei diesem Falle die linke Seite, d. h. die Gegend der linken Niere, von der Gewalteinwirkung betroffen wurde, während das bei M. durchaus nicht der Fall war, sondern, wie auch Hr. Dr. K. annahm, die Mittellinie in der Magengegend und etwas nach rechts die Lebergegend Angriffspunkt war, wo die Nieren gar nicht in Gefahr kamen, verletzt zu werden. Hr. K. hat deshalb auch nur eine sekundäre durch Nerven — gemeint können nur die Gefäßnerven sein — vermittelte Einwirkung auf die Nieren angenommen. Man kennt sehr wohl die Folgen sowohl der Reizung wie der Lähmung der Gefäßnerven: auffällige Veränderungen der Harnabsonderung, vor allem in bezug auf deren Menge. Hr. K. selbst hat während seiner zweijährigen Behandlung des M. nicht eine einzige hierhergehörige Beobachtung gemacht, und wenn er es auch getan hätte; so entbehrte doch seine Meinung, auf solcher nervösen Grundlage könne eine chronische Nierenschrumpfung entstehen, jeder tatsächlichen Berechtigung.

Nun hat ja Hr. Dr. K. eine qualitative, d. h. die Zusammensetzung betreffende Veränderung des Harnes beobachtet, nämlich Eiweißgehalt. Dauernden Eiweißgehalt hat er erst seit Mitte Mai 1915 gefunden, d. h. 1 Jahr 5 Monate nach dem Unfall. Aber schon vorher soll 1 Jahr lang gelegentlich, nach Anstrengung und Leibkolik Eiweißgehalt vorhanden gewesen sein. Seine erste Angabe, das Eiweiß sei zuerst im April 1914 aufgetreten, hat er später als Schreibfehler erklärt, es sei im Mai gewesen, aber er selbst hat in seinem Bericht vom 22. Mai 1914 dieser so wichtigen Erscheinung mit keiner Silbe Erwähnung getan, und weder Hr. Dr. P., der den Kranken zwölf Tage lang im Juni/Juli 1914 im Krankenhause genau beobachtete, noch sein Assistenzarzt, der im November 1914 untersuchte, hat eine Spur von Eiweiß oder sonstigen Fremdstoffen (sog. Harnzylindern, Zellen usw.), die in der Regel die Eiweißausscheidung begleiten, gefunden. Da nun Hr. K. selbst erklärt hat, er habe die Zeitangaben nur ungefähr aus dem Kopf gemacht, weil keine schriftlichen Aufzeichnungen gemacht worden seien, so wird man ihm nicht zu nahe treten, wenn man seine Angabe über das erste Auftreten von Eiweiß nicht für geeignet erklärt, einen zeitlichen Zusammenhang zwischen der späteren ausgesprochenen Nierenerkrankung und dem Unfall herzustellen. Im übrigen ist aber auch ohnedies durchaus unwahrscheinlich, daß die damals schon in ausgeprägter Weise vorhanden gewesenen nervösen Erscheinungen bereits Zeichen einer von einer chronischen Nierenerkrankung erzeugten Harnblutvergiftung gewesen seien, die keiner der untersuchenden Ärzte, auch Hr. K. selbst nicht, vermutete, vielmehr ist es, wie auch der Kliniker Hr. H. meint, bei weitem wahrscheinlicher, daß diese Erscheinungen traumatisch-neurotischer Natur waren. Diese aber können kaum, darin stimme ich wieder Hrn. H. zu, für Entstehung und Verlauf der Nierenkrankheit von wesentlicher Bedeutung gewesen sein.

Die Art dieser Erkrankung steht ja, wie ebenfalls Hr. Prof. H. mit Recht ausgeführt hat, nicht sicher fest, und es ist darum sehr zu bedauern, daß eine Leichenuntersuchung nicht stattgefunden hat, aber man kann sich damit noch abfinden, da wie ja auch Hr. H. anerkennt, der Endverlauf durchaus wie der bei einem sog. chronischen Morbus Brightii, kurz Schrumpfniere genannt, ausgeht. Viel mehr noch ist das Unterlassen der Sektion zu beklagen in bezug auf ein anderes Organ, auf das auffallenderweise die Vorgutachter gar keine Rücksicht genommen haben, während die Witwe es in den Vordergrund gestellt hat, nämlich den Magen.

Es kann gar keinem Zweifel unterliegen, daß der Magen beim Unfall einen gewaltigen Stoß erfahren hat, wenn dieser auch nicht, wie Hr. C. will, die Bewußtlosigkeit bewirkt haben kann, da bei einem gerade durch stumpfe Gewalteinwirkung auf die Bauchnerven erfahrungsgemäß vorkommenden sog. Nervenschock eine Bewußtseinsstörung nicht eintritt. Sollte also M. wirklich besinnungslos gewesen sein, so würde man den Fall auf den Hinterkopf anschuldigen müssen, der auch die Hauptursache der nervösen Unfallfolgen gewesen sein muß. Doch das nur nebenbei; ich wiederhole, daß der Magen zweifellos einen tüchtigen Stoß erfahren hat. Das ist aber deshalb wichtig, weil nicht nur die Schmerzklagen sich immer wieder auf den Magen bezogen haben, sondern weil auch der Kranke selbst wie seine Witwe immer wieder betont haben, daß der Kranke nicht recht essen könne, daß er nur leichte Kost vertrage usw. Zwar konnte die ärztliche Untersuchung außer einem Tiefstand der unteren Magengrenze zunächst — erst zuletzt, kurz vor dem Tode, ist eine Abnahme des Salzsäuregehalts des Mageninhalts festgestellt worden — eine objektive Begründung dafür nicht finden, allein die Tatsache, daß der Verletzte sofort nach dem Unfall stark abzumagern begann — das Körpergewicht war von 138 Pfund unmittelbar nach dem Unfall am 22. Mai 1914, also innerhalb 5 Monaten um 23 Pfund auf 115 Pfund herabgegangen und ist weiterhin noch etwas gesunken (Ende Juni 1914 nur 114 Pfund) — diese Tatsache spricht doch sehr für eine schwere Verdauungsstörung, da die Abnahme noch in die Zeit vor Ausbruch des Krieges fällt. Inwieweit etwa das am 22. Mai 1914 erwähnte Blutspeien bei freier Lunge mit einer Magenerkrankung zusammenhängt, muß ich dahingestellt sein lassen. Jedenfalls ist aber beim Magen die räumliche und zeitliche Beziehung der krankhaften Störung zu dem Unfall eine so zutage liegende, daß man nicht umhin kann, einen ursächlichen Zusammenhang für wahrscheinlich zu erklären. Diese Wahrscheinlichkeit wird dadurch noch gesteigert, daß der Stoß einen seit kurzem erkrankten Magen getroffen hat, denn nach dem Berichte der Krankenkasse war der Verunglückte gerade wenige Tage vor dem Unfall an Magenkatarrh erwerbsunfähig erkrankt. Ich habe mich gewundert, daß der damals behandelnde Arzt, Dr. H., nicht zu einem Bericht aufgefordert worden ist, habe aber darauf verzichtet, die Einholung eines solchen nachträglich noch zu beantragen, da ich meine, daß man kaum etwas anderes als die schon von der Krankenkasse angegebene Diagnose »Magenkatarrh« erfahren würde, und weil das räumliche und zeitliche Zusammentreffen der schweren Magenstörungen mit einem geeigneten Unfall grade deswegen auf einen inneren ursächlichen Zusammenhang hindeuten, weil die später untersuchenden Ärzte objektive Befunde, die etwa auch ohne Unfall die Magenstörungen erklären könnten, nicht haben feststellen können. Folgeerscheinungen der Nierenerkrankung bzw. der Harnblutvergiftung können sie nicht gewesen sein, da diese damals noch nicht bestand. Ich meine also, daß man zweierlei Unfallfolgen wird anerkennen müssen, einmal die traumatische Nervenstörung, dann eine traumatische Magenstörung. Keine von ihnen hat unmittelbar zur Entstehung der tödlichen Nierenerkrankung beigetragen, die erste hat auch kaum wesentlich deren Ablauf beeinflußt, wohl aber kann man das meiner Meinung nach mit erheblicher Wahrscheinlichkeit von der zweiten sagen, die in wesentlicher Weise die Gesamternährung und damit die Widerstandskraft des Gesamtkörpers herabgesetzt und dadurch einen wesentlich beschleunigten Verlauf der Nierenerkrankung verschuldet hat. Von einem beschleunigten Verlauf darf man aber hier reden, weil solche chronischen Nierenerkrankungen oft viele Jahre lang bestehen, während M. schon 1 Jahr nach Feststellung der dauernden Eiweißausscheidung dem Tode verfallen ist. Wenn auch manchmal, ohne daß ein Unfall mitgewirkt hätte, solche Erkrankungen schnell verlaufen sind, so konnte man doch bei M. einen langsameren Verlauf deswegen erwarten, weil er die erste Nierenerkrankung im Jahre 1905 glücklich überstanden hat und danach 9—10 Jahre lang von Erscheinungen einer Nierenerkrankung freigeblieben ist.

Somit beantworte ich die mir gestellten Fragen dahin, daß zwar nicht anzunehmen ist, daß der Unfall des verstorbenen Kutschers K. M. vom 13. Dezember 1913 das Leiden, dem er am 23. Mai 1916 erlegen ist, verursacht hat, daß aber mit überwiegender Wahrscheinlichkeit anzunehmen ist, daß Unfallfolgen derart verschlimmernd auf das Leiden eingewirkt haben, daß der Tod früher eintrat, als es ohne den Unfall der Fall gewesen sein würde.

Das Reichsversicherungsamt hat seiner Entscheidung mein Gutachten zugrunde gelegt.

VIII.

Kein ursächlicher Zusammenhang zwischen einem chronischen Nierenleiden und einem Unfall.

Obergutachten vom 11. Oktober 1916, betr. den Kutscher L. F. in S. darüber, ob das Nierenleiden des Verstorbenen durch den Unfall vom 6. August 1914 verursacht oder doch wesentlich verschlimmert worden ist, im letzteren Falle insbesondere darüber, um welchen Zeitraum der Eintritt des Todes vermutlich beschleunigt worden ist.

Der Kutscher L. F., welcher seit seiner Jugend eine Mißstaltung seines Knochengerüstes hatte, ist am 6. August 1914 beim Verstauen von Heu, auf Häckselsäcken stehend, durch Abrutschen zur Seite gefallen, wobei er mit der linken Seite auf einen Balken, sonst auf die Häckselsäcke fiel. Er zog sich einen Bruch der 3. bis 6. linken Rippe zu, hatte entsprechende Schmerzen, konnte aber allein zum Arzte gehen. Die Brüche heilten ohne Zwischenfall irgendwelcher Art, am 21. September 1914 konnte er die Arbeit wieder aufnehmen.

F. hatte an denselben Rippen schon einmal durch einen Unfall einen Bruch bekommen, nämlich am 2. Mai 1910, wo er sich außer linksseitigen Quetschungen an Brust (Schulter) und Rücken einen Bruch der 4. linken Rippe zuzog. Die Heilung aller Verletzungen ging glatt und ungestört vonstatten, am 4. Juli 1910 konnte F. die Arbeit wieder aufnehmen. Nach dem zweiten Unfall hat F. nur wenig länger als ein Vierteljahr gearbeitet und war nach dem Bericht des Arbeitgebers nur noch ein halber Arbeiter. Schon am 7. Januar 1915 kam er von neuem zum Arzt mit Klagen über Schmerzen in der Gegend der 5. bis 6. Rippe, die gegen den Magen hin ausstrahlten. Als Ursache fand sich ein leichtes pleuritisches Reiben, eine leichte umschriebene trockene Brustfellentzündung anzeigend, zugleich aber wurde eine Vermehrung der abgesonderten Harnmenge und etwas Eiweißgehalt des Harnes festgestellt; er war von strohgelber Farbe und enthielt im Zentrifugat spärliche farblose Blutkörperchen (Leukozyten) sowie hyaline (durchscheinende) Harnzylinder. Das Herz erwies sich als vergrößert. Auf diese Befunde hin wurde die Diagnose Schrumpfniere gestellt.

Die Erscheinungen der Rippenfellentzündung schwanden nach wenigen Tagen, die anderen Erscheinungen nahmen aber immer mehr zu; es traten weiterhin Erscheinungen von Harnvergiftung des Blutes (Urämie) auf, schließlich am 21. Februar 1915 halbseitige Lähmung, die an eine Gehirnblutung denken ließ, und endlich am 22. Februar 1915 der Tod.

Bei der von Phys. Dr. H. und dem behandelnden Arzt Dr. D. vorgenommenen Leichenöffnung fand sich keine Gehirnblutung, aber eine Nierenveränderung, und zwar wesentlich an der rechten Niere, deren Kapsel verwachsen, deren Rinde verschmälert war, so daß die ganze Niere bedeutend verkleinert war. Die linke Herzkammer wurde erweitert, ihre Wand verdickt gefunden, in den serösen Höhlen befand sich wassersüchtige Flüssigkeit, ebenso in den Lungen. An der 3. bis 6. linken Rippe fanden sich Verdickungen, denen entsprechend beide Brustfelle miteinander verwachsen waren.

Die Obduzenten kamen in ihrem Gutachten zu dem Schlusse, daß der Unfall vom 6. August 1914 mit der Todeskrankheit, der Nierenschrumpfung, nicht in ursächlichem Zusammenhange stehe, daß er diese auch nicht verschlimmert habe. —

Für die genaue Bestimmung der Art der Nierenveränderung reicht die Beschreibung nicht hin: eine mikroskopische Untersuchung fehlt ganz. Auffällig ist die Ungleichheit beider Nieren, aber nach der Gesamtheit aller Befunde muß man doch annehmen, daß tatsächlich eine chronische Nierenerkrankung vorlag, welche eine linksseitige Herzveränderung, Wassersucht und Harnvergiftung des Blutes hervorgerufen hat. Die Eigenart dieser Veränderungen deutet darauf hin, daß ihr Beginn vor die Zeit des Unfalles zu verlegen ist, besonders da die Erkrankung im Januar 1915 schon weit vorgeschritten war. Schon dieses spricht dagegen, daß der Unfall diese Krankheit verursacht haben könnte. Bei der Ungleichheit der Veränderung der beiden Nieren könnte man vielleicht meinen, die stärkst veränderte verdanke ihre stärkere Veränderung dem Unfall, aber dagegen spricht sofort, daß nicht die der vom Unfall betroffenen Seite entsprechende, sondern gerade die andere diese stärker veränderte gewesen ist, also kann der Unfall damit nicht wohl etwas zu tun haben.

Der Unfall war aber überhaupt nicht danach angetan, eine Nierenschrumpfung zu verursachen oder eine schon vorhandene wesentlich zu verschlimmern. Er war zunächst ein ganz geringfügiger: Fall durch Ausrutschen auf Häckselsäcken, Niederfallen auf diese; das wäre überhaupt kein Unfall geworden, wenn nicht der Balken gewesen wäre, aber auch er hätte vielleicht nicht viel gemacht, wenn nicht die getroffene Brustseite schon früher einen Rippenbruch in dem getroffenen Bereich erfahren hätte. Jedenfalls ist es ganz unwahrscheinlich, daß die Niere, und gar die rechte, irgendwie gequetscht worden sein könnte, was an sich freilich nicht viel sagen will, da es überhaupt nicht wahrscheinlich ist, daß durch eine Quetschung eine andere als rein örtliche Veränderung erzeugt werden könnte. Eine andere Wirkungsmöglichkeit des Unfalles liegt aber gar nicht vor, denn die Brüche sind ungestört durch irgendeine Infektion geheilt, keinerlei allgemeine Störungen haben die Heilung begleitet. Es besteht demnach nicht der geringste Anhaltspunkt dafür, daß das Nierenleiden durch den Unfall erzeugt oder wesentlich verschlimmert sein könnte; die Angabe des Arbeitgebers kann für eine Verschlimmerung nicht als Beweis gelten, denn daß ein schon von früher her verkrümmter und nun zum zweiten Male mit Rippenbrüchen und einer Brustfellverwachsung versehener Mensch nicht einem völlig gesunden Arbeiter sich gleich verhält, ist begreiflich, besonders wenn er an einer alten Nierenkrankheit leidet, die ihrer Natur nach unheilbar ist, regelmäßig fortschreitet und notwendig irgendwann einmal Erscheinungen machen muß.

Ich kann mich also den Vorgutachtern nur darin anschließen, daß das Nierenleiden des Verstorbenen durch den Unfall vom 6. August 1914 weder verursacht noch wesentlich verschlimmert worden ist.

Das Reichsversicherungsamt hat sich dem gleichlautenden Urteil aller Gutachter angeschlossen.

IX.

Keine ursächlichen Beziehungen zwischen einer Erkältung einerseits, einer Blutaderverstopfung anderseits, auch nicht zwischen diesen beiden und einer chronischen Nierenerkrankung. Die Erkältung hier kein Unfall.

Obergutachten vom 16. Mai 1913 darüber, ob zwischen dem am 13. Januar 1913 eingetretenen Tode des Heizers Carl C. und dessen Unfall vom 13. März 1912 ein ursächlicher Zusammenhang besteht oder nicht.

Der bis dahin anscheinend gesunde, 55 Jahre alte Badeanstaltsheizer Carl C. hat sich infolge seiner Tätigkeit häufig starken Temperaturschwankungen aussetzen müssen. So auch wieder am 13. März 1912, als er im Schwitzraume der Badeanstalt bei 38—39° R hat arbeiten und mehrmals während der Arbeit bei naßkaltem windigem Wetter über den Hof nach seiner Werkstatt hat gehen müssen. Beim zweiten Gehen nach der Werkstatt bemerkte K. auf der Treppe einen Stich im rechten Bein und fand beim Nachsehen, »daß das rechte Bein vom Knöchel bis zum Knie eine rötliche Färbung angenommen hatte«. Späterhin — wann ist aus den Akten nicht zu ersehen — klagte K. dem Bademeister Dr. gegenüber über Schmerzen im rechten Bein, das, wie Dr. durch den Augenschein feststellte, eine blaurötliche Färbung hatte. Der erst 6 Tage später zu Rate gezogene Arzt Dr. Pf. fand gleichfalls die Innenseite des rechten Unterschenkels stark geschwollen und gerötet, bei Betastung schmerzhaft und stellte die Diagnose Venenentzündung.

K. war infolge dieser Erkrankung bis 10. April 1912 erwerbsunfähig, arbeitete dann aber wieder, obgleich er noch bis 7. Mai 1912 in ärztlicher Behandlung verblieb.

Nach fast einem Vierteljahr, am 4. Juli 1912, mußte K. die Arbeit wieder aufgeben und den Arzt zu Rate ziehen. Dieser fand beide Unterschenkel stark geschwollen. Patient klagte über große Mattigkeit und Appetitlosigkeit, im Harn fand sich sehr viel Eiweiß. Die ärztliche Diagnose lautete Nierenentzündung, Schrumpfniere. An dieser Krankheit ist K. am 13. Januar 1913 gestorben.

Dr. Pf. ist der Meinung, daß die Verkühlung am 13. März 1912 die Venenentzündung gemacht und mittelbar auch die Nierenentzündung erzeugt habe, indem durch die Venenentzündung eine verminderte Widerstandsfähigkeit der Nieren bewirkt worden sei, wodurch die denselben Verkühlungsinsulten ausgesetzte Niere nun zu einer Schrumpfniere geworden sei. —

Früher war man der Meinung, daß eine Verkühlung, sogenannte Erkältung selbständig zahlreiche Erkrankungen hervorzurufen imstande sei, heute ist man von dieser Annahme abgekommen und rechnet der Erkältung im allgemeinen keine oder nur eine nebensächliche Bedeutung zu.

Ob eine Erkältung für sich allein eine Venenentzündung oder eine Nierenschrumpfung zu erzeugen imstande ist, darüber werden die meisten Ärzte anderer Meinung sein als Hr. Pf., indessen kommt es m. E. in dem vorliegenden Falle auf diese prinzipielle Frage nicht so sehr an, weil die Verkühlung am 13. März die Venenentzündung gar nicht gemacht haben kann, da diese bereits bestand.

Schon beim zweiten Verlassen des Schwitzraumes, das der ganzen Sachlage nach doch höchstens eine halbe Stunde nach dem ersten Gang, der eine Verkühlung hat bringen können, erfolgte, empfand K. auf der Treppe, also ehe er den Hof erreicht hatte, Schmerzen im rechten Bein und fand dieses vom Knöchel bis zum Knie rötlich gefärbt. Da eine Verbrühung oder Verbrennung nicht in Betracht kommt, vielmehr der ganze Verlauf auf eine sogenannte Venenentzündung hinweist, so muß diese Rötung und dieser Schmerz schon Folge einer Venenentzündung gewesen sein, diese könnte also höchstens bei dem ersten Gang nach der Werkstätte entstanden sein. Daß aber bereits nach so kurzer Zeit so schwere Veränderungen hätten vorhanden sein können, halte ich für ausgeschlossen, vielmehr muß ich annehmen, daß der Beginn der Venenentzündung viel früher zu legen ist.

Bereits am 4. Juli 1912, d. h. knapp 4 Monate nach der Verkühlung, bestand doppelseitige Wassersucht der Beine, die nicht auf die rechtsseitige, geheilte Venenentzündung, sondern auf die Nierenerkrankung, die der Arzt als Nierenschrumpfung bezeichnet hat, zu beziehen ist. Bei der Spärlichkeit der Angaben ist die Richtigkeit dieser Diagnose nicht zu kontrollieren, aber für die Beurteilung des Dr. Pf.schen Gutachtens kommt ja nur dessen eigene Diagnose in Betracht. Dr. Pf. behauptet aber, die Nierenschrumpfung sei durch später einwirkende Temperaturschädigungen, d. h. Erkältungen entstanden, weil durch die Venenentzündung eine Disposition zu Nierenerkrankung gesetzt worden sei. Wie sich Dr. Pf. diesen Zusammenhang denkt, darüber hat er sich gar nicht geäußert; m. E. fehlt einer solchen Annahme, besonders wenn man berücksichtigt, daß die Venenentzündung ja geheilt war, jede tatsächliche Begründung.

Ebenso unmöglich ist aber auch die Annahme, daß die am 4. Juli festgestellte Nierenschrumpfung durch Schädlichkeiten entstanden sei, welche nach der Wiederaufnahme der Arbeit eingewirkt hätten. C. hat vom 10. April an wieder gearbeitet, also bis zum 4. Juli nicht ganz 3 Monate. Die Nierenschrumpfung ist aber eine ganz chronisch verlaufende Erkrankung, so daß es völlig ausgeschlossen ist, daß sie erst innerhalb dieser kurzen Arbeitszeit entstanden ist. Es ist vielmehr auch von ihr anzunehmen, daß sie bereits vor dem 13. März begonnen hat.

Es bliebe die Frage, ob die Verkühlung am 13. März eine Verschlimmerung der nach meiner Annahme schon bestehenden Erkrankungen bewirkt habe. Ob das für die Venenentzündung zutrifft, ist gleichgültig, denn an ihr ist C. nicht gestorben, sondern sie ist geheilt. Auch mittelbar kann ich ihr keine Bedeutung für die Todeskrankheit zuerkennen, wie ich oben schon erwähnt habe.

Somit bleibt nur die eine Möglichkeit, daß jene Verkühlung unmittelbar ungünstig auf das bestehende Nierenleiden eingewirkt habe. Das ist möglich, denn wenn auch eine Erkältung[1] für sich allein kaum eine Nierenschrumpfung machen kann, so kann sie doch mitwirken und insbesondere eine schon bestehende fördern. Anhaltspunkte dafür, daß gerade die Verkühlung am 13. März solche Wirkung ausgeübt habe, liegen nicht vor, denn nach Heilung der Venenentzündung war C. eine Zeitlang wieder arbeitsfähig, und erst 4 Monate nach jenem Ereignis trieb ihn sein Nierenleiden zum Arzte. Es besteht m. E. keine genügende Wahrscheinlichkeit dafür, daß gerade jene Abkühlung am 13. März, die zu den gewöhnlichen Arbeitsereignissen gehörte, im Sinne eines Unfalls für die Nierenerkrankung Bedeutung gehabt habe.

Ich beantworte demnach die mir gestellte Frage dahin, daß keine genügende Wahrscheinlichkeit dafür besteht, daß zwischen dem am 13. Januar 1913 eingetretenen Tode des C. und dessen sogenanntem Unfall vom 13. März 1912 ein ursächlicher Zusammenhang besteht, wobei ich nochmals bemerke, daß m. E. von einem Unfall in Rücksicht auf die Todeskrankheit überhaupt keine Rede sein kann.

Auf Grund des Gutachtens lehnte die Berufsgenossenschaft die Rentenansprüche der Hinterbliebenen ab, und die Ablehnung wurde im Einspruchsverfahren bestätigt.

X.

Traumatische Nierensteinkolik mit (trotz erfolgreicher Steinoperation) völliger Anurie und urämischem Tod.

Obergutachten vom 29. Dezember 1917, betr. den Deputatknecht R. V. in G., darüber, ob mit überwiegender Wahrscheinlichkeit anzunehmen ist, daß das am 1. Mai 1915 erfolgte Ableben des V. mit seinem Unfall vom 27. April 1915 in einem ursächlichen Zusammenhang gestanden hat. Weitere Ermittelungen halte ich nicht für nötig, da mir die Sache vollkommen klargestellt erscheint.

Der Deputatknecht R. V., 47 Jahre alt, seit 17 Jahren verheiratet, ist nie krank gewesen, hat nie über Schmerzen in der rechten Bauchseite geklagt, ist nie wegen Nierenkrankheit in ärztlicher Behandlung gewesen, hat regelmäßig seinen Dienst getan.

Am 27. April 1915 wollte er sich auf dem Felde auf ein angeschirrtes Pferd setzen. Seiner Kleinheit wegen mußte er aufspringen. Beim ersten Versuch dazu stieß er sich nach eigener Angabe sowie nach der Aussage des Augenzeugen M. mit der rechten Bauchseite gegen den Schlüsselring der Sielen, so daß er nicht auf das Pferd gelangte, sondern zurückrutschte. Er machte dem Zeugen den Eindruck, als ob er große Schmerzen habe, da er ganz blaß wurde. V. machte trotzdem einen

[1] Gemeint ist eine einmalige Erkältung.

zweiten Sprung und kam nun seitlich aufs Pferd zu sitzen. Sofort und auf dem Heimritt hat V. über Schmerzen geklagt; angekommen, sagte er zu M., wenn ihm am Nachmittag so wäre wie jetzt, müsse er zu Hause bleiben. Er versorgte dann noch selbst seine Pferde und ging ohne Hilfe nach Hause, wo er sich wegen großer Schmerzen sofort zu Bett legte. Ein Arzt, Dr. F., konnte erst am nächsten Tage, 28. April, gegen Mittag kommen. Er fand den Kranken zu Bett liegend, andauernd stöhnend, einen schwerkranken Eindruck machend. Ihm wurde von dem Kranken berichtet, daß er beim Aufspringen auf das Pferd mit der unteren Bauchgegend sehr heftig an den Schlüsselring sich gestoßen und sofort heftige Schmerzen empfunden habe. Seitdem habe er nur wenig blutgefärbten Harn entleert. Auch der Arzt konnte nur eine kleine Menge blutiger Flüssigkeit mit dem Katheter gewinnen. Die rechte Bauchseite war stark aufgetrieben. Mit der Diagnose Blasenzerreißung wurde der Kranke sofort nach dem St. Krankenhaus Bethanien geschickt.

Hier war in der Unterbauchgegend eine Geschwulst fühlbar. Bei der sofort vorgenommenen Operation fand sich eine unveränderte, leere Blase, aber es war in der rechten Unterbauchgegend eine große, weiche Geschwulst von fast Kindskopfgröße fühlbar, die sich bei weiterer Operation als die sehr stark vergrößerte rechte Niere erwies, bei deren Durchschneidung sich eine große Menge blutiger Flüssigkeit aus ihr und dem Nierenbecken entleerte, in dem sich außerdem ein ungewöhnlich großer Stein von 8 cm Länge und 7 cm Umfang befand. Trotz Entfernung des Steines versagte die Harnabsonderung beider Nieren vollständig, so daß der Kranke an Harnvergiftung zugrunde ging.

Über die etwaigen Beziehungen des Vorkommnisses vom 27. April zu dem Tode liegen vier ärztliche Gutachten vor, von denen zwei, die der St. Krankenhausärzte Dr. N. und Dr. O. sowie des Hrn. Dr. F. für, zwei andere, die des Dr. H. und Dr. Nr., gegen einen Zusammenhang sich aussprechen.

Die Krankenhausärzte legen dar, der Tod sei an Harnverhaltung erfolgt, die reflektorisch durch eine Nierensteinkolik hervorgerufen worden sei; solche Kolikanfälle würden öfters durch Erschütterungen des Körpers (Fahren, Reiten) hervorgerufen. Wenn die Angaben über den Unfall richtig seien, so könne durch den Druck auf die Nierengegend die Kolik und damit in ihren Folgen der Tod herbeigeführt worden sein.

Hr. F. schließt sich diesen Ausführungen an. Gegenüber Hrn. Nr. hebt er hervor, daß V. nicht auf das Pferd gestiegen, sondern gesprungen ist, daß er sich am Geschirring so stark gestoßen hat, daß er wieder zurückgefallen ist, daß der Stoß also sehr wohl so heftig gewesen sein kann, daß durch ihn die Kolik hervorgerufen werden konnte. Er nimmt mit an Sicherheit grenzender Wahrscheinlichkeit den Zusammenhang an.

Hr. H. meint, es habe sich gar kein Unfall ereignet. Die Meinung, daß er sich gedrückt habe, sei bei V. wohl dadurch hervorgerufen worden, daß er bei dieser Gelegenheit gerade den Kolikanfall bekommen habe. Durch bloßen Druck könne ein solcher Anfall nicht ausgelöst werden. Es müsse schon ein starker Stoß sein, denn erst ein solcher könne eine Einwirkung auf einen im Nierenbecken liegenden Stein ausüben, da die Niere von hinten und vorn durch dicke Weichteilmassen geschützt sei. Der Gerichtsarzt Hr. Nr. ist zu dem gleichen Schluß gekommen und hat damit die ablehnende Entscheidung des Oberversicherungsamts herbeigeführt. Er sagt, der Tod sei im Anschluß an die Operation erfolgt; ein eigentlicher Unfall liege gar nicht vor, V. habe sich beim Aufsteigen auf das Pferd gedrückt; wenn ein schwerer Schlag erfolgt wäre, läge die Möglichkeit vor, daß das Nierenleiden verschlimmert worden sei, hier aber könne davon keine Rede sein; der ungewöhnlich große Stein und das damit verknüpfte Leiden hätten über kurz oder lang zu einer Katastrophe führen müssen. —

So viele Behauptungen, so viele Einwendungen sind dagegen zu machen.

Schon die Angabe, der Tod sei im Anschluß an eine Operation erfolgt, kann zu falschen Vorstellungen führen, als ob die Operation mit dem Tode etwas zu tun hätte. Das ist ganz und gar nicht der Fall, sondern die Operation war geeignet, den Tod zu verhindern; dieser ist also nicht etwa wegen, sondern trotz der Operation eingetreten. Seine Ursache war, wie Hr. N. richtig dargelegt hat, die Nierensteinkolik.

Falsch ist die Angabe der HH. H. und Nr., nur ein stärkerer Stoß auf eine Steinniere könne eine Kolik auslösen. Schon aus der durchaus richtigen Angabe des Hrn. N., daß Erschütterungen des Körpers, Fahren, Reiten, eine Nierensteinkolik auszulösen vermöchten, geht hervor, daß es gar nicht einmal nötig ist, daß eine Gewalt unmittelbar die Niere trifft; ich füge noch hinzu, daß es wohl bekannt ist, daß auch Husten, Niesen schon genügen kann, einen Anfall hervorzurufen, Einwirkungen also, die ihrer Stärke nach mit der hier stattgehabten gar nicht verglichen werden können.

Falsch ist die Meinung der beiden Gutachter, es läge kein Unfall vor. Der von Statur kleine Mann, der bis dahin völlig wohl und arbeitsfähig war, mußte springen, um auf das Pferd zu kommen und stieß sich dabei mit dem Leib gegen den metallenen Schlüsselring, empfand sofort einen heftigen Schmerz, wurde bleich, rutschte auf seinen Standort wieder zurück und hatte von da ab ununterbrochen heftige Schmerzen, konnte zwar seine Pferde noch besorgen und sich nach Hause begeben, mußte sich dann aber sofort zu Bett legen, war am nächsten Tage, als der Arzt kam, schwer krank — und da soll nicht ein Unfall vorliegen, da soll man annehmen, daß ganz zufälligerweise genau in dem Augenblicke, wo der Unfall, der geeignet war, eine Nierensteinkolik hervorzurufen, statthatte, ganz unabhängig von ihm, ein solcher Anfall aufgetreten sei, daß erst, weil gerade ganz genau in diesem Augenblick die von selbst entstandenen Schmerzen einsetzten, der Mann den Eindruck bekommen habe, er habe sich gestoßen? Ich habe wohl nicht nötig, auf diese Fragen noch eine Antwort zu geben: sie ergibt sich von selbst.

Nicht richtig ist die Angabe des Hrn. H., die Niere sei von vorn und von hinten durch dicke Weichteile so geschützt gewesen, daß nur ein starker Stoß auf sie eine Einwirkung hätte ausüben können. Abgesehen davon, daß hier durch den hervorragenden schmalen Metallring meines Erachtens ein starker Stoß ausgeübt worden ist, hat der Gutachter nicht berücksichtigt, daß es sich hier nicht um eine gesunde, sondern um eine kranke Niere handelte, die nicht nur durch den mächtigen Stein, sondern auch durch die Flüssigkeit, welche sich im Nierenbecken angehäuft hatte, so verändert war, daß die Niere nach der operativen Freilegung sehr vergrößert erschien, von der eröffneten Bauchhöhle aus als fast kindskopfgroße Geschwulst erschien und auch schon vor Eröffnung der Bauchhöhle als Geschwulst fühlbar war (Krankenhausärzte) bzw. eine starke Auftreibung der rechten Bauchseite bewirkt hatte (Dr. F.). Daß eine so vergrößerte Niere durch einen von vorn her wirkenden Stoß leicht beschädigt werden konnte, liegt auf der Hand.

Falsch ist die Behauptung des Hrn. Nr., der ungewöhnlich große Stein und das damit verknüpfte Leiden hätte über kurz oder lang zu einer Katastrophe führen müssen. In Königs Handbuch der Chirurgie kann man lesen: »Auch bei großen Konkrementen (d. h. Steinen) kann es zur Verschrumpfung der erkrankten Niere kommen, das verödete Organ veranlaßt dann keine weiteren Störungen.« Ein so günstiger Verlauf lag hier um so näher, als die größte Gefahr außer den Kolikanfällen, die den Steinnieren droht, nämlich die eitrige Entzündung der Schleimhaut des Nierenbeckens und schließlich der Niere selbst, hier noch vollkommen fehlte, denn es ist nur blutige, nicht eitrige Flüssigkeit beim Aufschneiden der Niere abgeflossen. Das Blut war erst durch den Kolikanfall dahin gekommen, die Flüssigkeit muß schon vorher dagewesen sein, da ja mit dem Beginn des Anfalls jede Harnabsonderung aufgehört hatte. Solche Flüssigkeitsansammlungen im Nierenbecken infolge Verschlusses der Abfuhrwege durch einen Stein sind den Ärzten wohl bekannt: es handelt sich um den gestauten, von der Niere abgesonderten Harn; der Zustand wird als Hydronephrose bezeichnet. Eine einseitige Hydronephrose, wie sie hier vorlag, bedroht als solche das Leben nicht, da, auch wenn die eine Niere den Dienst versagt, die andere Niere für sie eintreten kann. Da trotz des Hindernisses des Harnabflusses aus der rechten Niere der Mann vor dem Unfall offenbar eine normale Menge Harn abgesondert hat, so muß bei ihm die linke Niere für zwei tätig gewesen sein. Es lagen also für V. die Verhältnisse so günstig wie nur möglich, zumal wenn man berücksichtigt, daß weder der natürlich schon seit langer Zeit vorhanden gewesene Stein noch die ebenfalls schon seit längerer Zeit bestehende Hydronephrose bisher in irgendeiner Weise sich bemerklich gemacht und weder das persönliche Wohlbefinden noch die Arbeitsfähigkeit des V. beeinträchtigt hatte. Erst mit dem — und ich glaube sagen zu müssen, durch den Unfall ist der erste Kolikanfall ausgelöst worden, und gleich in einer Stärke, daß er den schnellen Tod herbeiführte. Hr. F. hat demnach meines Erachtens das Richtige getroffen, wenn er erklärt hat, ein ursächlicher Zusammenhang zwischen Unfall und Tod sei mit an Sicherheit grenzender Wahrscheinlichkeit anzunehmen. Alles spricht dafür, daß seitens der Nieren ohne den Unfall weder ein Kolikanfall noch der Tod jetzt oder vielleicht überhaupt eingetreten wäre.

Sonach beantworte ich die mir gestellte Frage dahin, daß mit höchster Wahrscheinlichkeit anzunehmen ist, daß das am 1. Mai 1915 erfolgte Ableben des V. mit seinem Unfall vom 27. April 1915 in einem ursächlichen Zusammenhang gestanden hat.

Das Reichsversicherungsamt hat seine Entscheidung im Sinne dieses Obergutachtens gefällt.

XI.

Während des Lebens als urämische diagnostizierte Krämpfe können nach dem Leichenbefund keine urämischen gewesen sein, sondern müssen als traumatische hystero-epileptische angesehen werden.

Obergutachten vom 7. Oktober 1911, betr. den Bierfahrer J. W. darüber, ob mit hinreichender Wahrscheinlichkeit anzunehmen ist, daß die bei dem Verstorbenen aufgetretenen Krampfanfälle in einem ursächlichen Zusammenhange unmittelbarer oder mittelbarer Art mit dem Unfall vom 14. August 1907 gestanden haben.

Da das Gutachten ausführlich in der »Unfallversicherungspraxis« Nr. 3 vom 1. November 1915 abgedruckt ist, gebe ich hier nur einen kurzen Auszug.

Am 14. August 1907 Fall von einer Leiter, nach etwa 6 Wochen Ohnmachtsanfall mit Bewußtlosigkeit, danach starker Eiweißgehalt des Harnes. Ohnmachts- und Krampfanfälle, die vor dem Unfall nicht beobachtet worden waren, wiederholten sich in den nächsten Jahren, aber nur im Anschluß an sie wurde Eiweiß im Harn gefunden, nicht in den Zwischenzeiten. Bereits im November 1908 wurde eine Vergrößerung des linken Herzens festgestellt. Bei einem Aufenthalt in der medizinischen Klinik zu E. wurden indessen dauernd geringe Mengen Eiweiß und einzelne Zylinder im Harne beobachtet und wegen starker Blutdruckerhöhung, Verhärtung und Schlängelung von Schlagadern die schon früher von anderer Seite gestellte Diagnose »chronische Nierenentzündung mit Herzhypertrophie« dahin genauer festgestellt: allgemeine Arteriosklerose, arteriosklerotische Nierenschrumpfung, urämische Krämpfe.

Nur ein Gutachter, Dr. B., der früher auch die Krämpfe als urämische angesehen hatte, war von dieser Annahme abgekommen und verteidigte die Annahme einer traumatischen Epilepsie, wobei er die Anwesenheit einer Reihe anderer, offenbar nervöser Störungen mit heranzog. Er erkannte also auch einen ursächlichen Zusammenhang zwischen Unfall und Krankheit an, die anderen Gutachter nicht.

An dem in einem Anfall am 21. Januar 1911 verstorbenen Manne konnte nun durch die Leichenuntersuchung festgestellt werden, daß die Nieren, von einer Blutfülle der linken Niere abgesehen, makro- und mikroskopisch normal waren, weder die Nierenschlagadern noch die Hauptkörperschlagadern zeigten Verkalkung, das Herz war gleichmäßig vergrößert, ohne Klappenveränderungen, in der Leber Zeichen von Blutstauung.

Damit war erwiesen, daß die Krämpfe keine urämischen gewesen sein können, sie waren aber auch keine rein epileptischen, sondern es waren gewisse Erscheinungen vorhanden, welche Ähnlichkeit mit hysterischen hatten. Da auch die Art des Unfalles durchaus dazu geeignet erschien, eine traumatisch-neurotische Erkrankung zu erzeugen, so durften die Anfälle als hystero-epileptische und als Unfallfolgen betrachtet werden. Damit war auch das Auftreten von Eiweiß im Harn nach den Anfällen erklärt, nicht aber die spätere dauernde Abscheidung, wenn auch geringer Mengen Eiweiß und Zylinder. Leber und Nieren boten Blutstauungserscheinungen dar, von denen bekannt ist, daß sie mit Eiweiß- und Zylinderabscheidung einhergehen, also kann man die späteren Harnveränderungen durch eine allmählich eingetretene Blutstauung erklären. Blieb die Herzhypertrophie zu erklären. Der Mann war Bierfahrer, ihm standen täglich 4 Liter Freibier zur Verfügung, er hat früher wenigstens nachweislich viel Bier getrunken, nichts liegt näher als die Annahme, daß es sich um ein sog. Bierherz gehandelt hat. Damit kann auch die Blutdruckerhöhung erklärt werden. Es war durchaus begreiflich, daß man während des Lebens zu einer ande en Auffassung gelangt war und daß auch das Reichsversicherungsamt sich dieser angeschlossen hatte, aber auf Grund des Leichenbefundes mußte ich das Gutachten abgeben, daß eine chronische Urämie ausgeschlossen sei, daß vielmehr mit großer Wahrscheinlichkeit anzunehmen sei, daß die bei dem Verstorbenen aufgetretenen Krampfanfälle in einem mittelbaren ursächlichen Zusammenhange mit dem Unfall vom 14. August 1907 gestanden haben.

Auf Grund dieses Obergutachtens hat das Reichsversicherungsamt unter Aufhebung einer früheren eigenen Entscheidung zugunsten der Hinterbliebenen erkannt.

Ausgegeben am 27. März.

Berlin, gedruckt in der Reichsdruckerei.

1919 XVII

SITZUNGSBERICHTE

DER PREUSSISCHEN

AKADEMIE DER WISSENSCHAFTEN

BERLIN 1919
VERLAG DER AKADEMIE DER WISSENSCHAFTEN
IN KOMMISSION BEI GEORG REIMER

Aus dem Reglement für die Redaktion der akademischen Druckschriften

Aus § 1.

Die Akademie gibt gemäß § 41, 1 der Statuten zwei fortlaufende Veröffentlichungen heraus: »Sitzungsberichte der Königlich Preußischen Akademie der Wissenschaften« und »Abhandlungen der Königlich Preußischen Akademie der Wissenschaften«.

Aus § 2.

Jede zur Aufnahme in die Sitzungsberichte oder die Abhandlungen bestimmte Mitteilung muß in einer akademischen Sitzung vorgelegt werden, wobei in der Regel das druckfertige Manuskript zugleich einzuliefern ist. Nichtmitglieder haben hierzu die Vermittelung eines ihrem Fache angehörenden ordentlichen Mitgliedes zu benutzen.

§ 3.

Der Umfang einer aufzunehmenden Mitteilung soll in der Regel in den Sitzungsberichten bei Mitgliedern 32, bei Nichtmitgliedern 16 Seiten in der gewöhnlichen Schrift der Sitzungsberichte, in den Abhandlungen 12 Druckbogen von je 8 Seiten in der gewöhnlichen Schrift der Abhandlungen nicht übersteigen.

Überschreitung dieser Grenzen ist nur mit Zustimmung der Gesamtakademie oder der betreffenden Klasse statthaft und ist bei Vorlage der Mitteilung ausdrücklich zu beantragen. Läßt der Umfang eines Manuskripts vermuten, daß diese Zustimmung erforderlich sein werde, so hat das vorlegende Mitglied es vor dem Einreichen von sachkundiger Seite auf seinen mutmaßlichen Umfang im Druck abschätzen zu lassen.

§ 4.

Sollen einer Mitteilung Abbildungen im Text oder auf besonderen Tafeln beigegeben werden, so sind die Vorlagen dafür (Zeichnungen, photographische Originalaufnahmen usw.) gleichzeitig mit dem Manuskript, jedoch auf getrennten Blättern, einzureichen.

Die Kosten der Herstellung der Vorlagen haben in der Regel die Verfasser zu tragen. Sind diese Kosten aber auf einen erheblichen Betrag zu veranschlagen, so kann die Akademie dazu eine Bewilligung beschließen. Ein darauf gerichteter Antrag ist vor der Herstellung der betreffenden Vorlagen mit dem schriftlichen Kostenanschlage eines Sachverständigen an den vorsitzenden Sekretar zu richten, dann zunächst im Sekretariat vorzuberaten und weiter in der Gesamtakademie zu verhandeln.

Die Kosten der Vervielfältigung übernimmt die Akademie. Über die voraussichtliche Höhe dieser Kosten ist — wenn es sich nicht um wenige einfache Textfiguren handelt — der Kostenanschlag eines Sachverständigen beizufügen. Überschreitet dieser Anschlag für die erforderliche Auflage bei den Sitzungsberichten 150 Mark, bei den Abhandlungen 300 Mark, so ist Vorberatung durch das Sekretariat geboten.

Aus § 5.

Nach der Vorlegung und Einreichung des vollständigen druckfertigen Manuskripts an den zuständigen Sekretar oder an den Archivar wird über Aufnahme der Mitteilung in die akademischen Schriften, und zwar, wenn eines der anwesenden Mitglieder es verlangt, verdeckt abgestimmt.

Mitteilungen von Verfassern, welche nicht Mitglieder der Akademie sind, sollen der Regel nach nur in die Sitzungsberichte aufgenommen werden. Beschließt eine Klasse die Aufnahme der Mitteilung eines Nichtmitgliedes in die Abhandlungen, so bedarf dieser Beschluß der Bestätigung durch die Gesamtakademie.

Aus § 6.

Die an die Druckerei abzuliefernden Manuskripte müssen, wenn es sich nicht bloß um glatten Text handelt, ausreichende Anweisungen für die Anordnung des Satzes und die Wahl der Schriften enthalten. Bei Einsendungen Fremder sind diese Anweisungen von dem vorlegenden Mitgliede vor Einreichung des Manuskripts vorzunehmen. Dasselbe hat sich zu vergewissern, daß der Verfasser seine Mitteilung als vollkommen druckreif ansieht.

Die erste Korrektur ihrer Mitteilungen besorgen die Verfasser. Fremde haben diese erste Korrektur an das vorlegende Mitglied einzusenden. Die Korrektur soll nach Möglichkeit nicht über die Berichtigung von Druckfehlern und leichten Schreibversehen hinausgehen. Umfängliche Korrekturen Fremder bedürfen der Genehmigung des redigierenden Sekretars vor der Einsendung an die Druckerei, und die Verfasser sind zur Tragung der entstehenden Mehrkosten verpflichtet.

Aus § 8.

Von allen in die Sitzungsberichte oder Abhandlungen aufgenommenen wissenschaftlichen Mitteilungen, Reden, Adressen oder Berichten werden für die Verfasser, von wissenschaftlichen Mitteilungen, wenn deren Umfang im Druck 4 Seiten übersteigt, auch für den Buchhandel Sonderabdrucke hergestellt, die alsbald nach Erscheinen ausgegeben werden.

Von Gedächtnisreden werden ebenfalls Sonderabdrucke für den Buchhandel hergestellt, indes nur dann, wenn die Verfasser sich ausdrücklich damit einverstanden erklären.

§ 9.

Von den Sonderabdrucken aus den Sitzungsberichten erhält ein Verfasser, welcher Mitglied der Akademie ist, zu unentgeltlicher Verteilung ohne weiteres 50 Freiexemplare; er ist indes berechtigt, zu gleichem Zwecke auf Kosten der Akademie weitere Exemplare bis zur Zahl von noch 100 und auf seine Kosten noch weitere bis zur Zahl von 200 (im ganzen also 350) abziehen zu lassen, sofern er dies rechtzeitig dem redigierenden Sekretar angezeigt hat; wünscht er auf seine Kosten noch mehr Abdrucke zur Verteilung zu erhalten, so bedarf es dazu der Genehmigung der Gesamtakademie oder der betreffenden Klasse. — Nichtmitglieder erhalten 50 Freiexemplare und dürfen nach rechtzeitiger Anzeige bei dem redigierenden Sekretar weitere 200 Exemplare auf ihre Kosten abziehen lassen.

Von den Sonderabdrucken aus den Abhandlungen erhält ein Verfasser, welcher Mitglied der Akademie ist, zu unentgeltlicher Verteilung ohne weiteres 30 Freiexemplare; er ist indes berechtigt, zu gleichem Zwecke auf Kosten der Akademie weitere Exemplare bis zur Zahl von noch 100 und auf seine Kosten noch weitere bis zur Zahl von 100 (im ganzen also 230) abziehen zu lassen, sofern er dies rechtzeitig dem redigierenden Sekretar angezeigt hat; wünscht er auf seine Kosten noch mehr Abdrucke zur Verteilung zu erhalten, so bedarf es dazu der Genehmigung der Gesamtakademie oder der betreffenden Klasse. — Nichtmitglieder erhalten 30 Freiexemplare und dürfen nach rechtzeitiger Anzeige bei dem redigierenden Sekretar weitere 100 Exemplare auf ihre Kosten abziehen lassen.

§ 17.

Eine für die akademischen Schriften bestimmte wissenschaftliche Mitteilung darf in keinem Falle vor ihrer Ausgabe an jener Stelle anderweitig, sei es auch nur auszugs-

(Fortsetzung auf S. 3 des Umschlags.)

1919.

XVII.

SITZUNGSBERICHTE

DER PREUSSISCHEN

AKADEMIE DER WISSENSCHAFTEN.

27. März. Gesamtsitzung.

Vorsitzender Sekretar: Hr. Roethe.

*1. Hr. Lüders las über Aśvaghoṣas Kalpanāmaṇḍinikā.

Unter den Palmblättern, die Prof. von Le Coq in Ming-Öi by Kysyl gefunden hat, befinden sich Bruchstücke einer Handschrift des 4. Jahrhunderts, die das Original des im Chinesischen Ta chuang yen ching lun betitelten Werkes des Aśvaghoṣa enthalten. Die Handschrift enthielt ursprünglich etwas über 300 Blätter, von denen gegen 90 in mehr oder minder verstümmeltem Zustande vorliegen. Aus dem Kolophon und den teilweise erhaltenen Einleitungsstrophen ergibt sich, daß der wirkliche Titel des Werkes nicht Sūtrālaṁkāra ist, wie die Chinesen angeben, sondern Kalpanāmaṇḍinikā. Die Handschrift beweist ferner, daß auch die am Schlusse stehenden Parabeln (*dṛṣṭānta*) dem ursprünglichen Werke angehören. Hervorzuheben ist weiter, daß neben den Strophen in Sanskrit gelegentlich auch Strophen in Alt-Prakrit erscheinen.

2. Der Vorsitzende legte vor eine Abhandlung des korrespondierenden Mitglieds Hrn. Bang-Kaup 'Vom Köktürkischen zum Osmanischen. 2. und 3. Mitteilung'. (Abh.)

In der 2. Mitteilung werden die hauptsächlichen Schallwörter auf *-qïr*, *-qïra*, *-ñra* untersucht, sodann die Bildungen auf *-rs*, *-rt*, *-rq* usw. besprochen und deren Ableitungen erläutert.

Die 3. Mitteilung beschäftigt sich mit den Substantiven auf *-ayu*.

In beiden Arbeiten wird eine Anzahl seltenerer Formantien, besonders aus den Turfanfunden, bei Nomen und Verbum besprochen.

Die Gipfelflur der Alpen.

Von Albrecht Penck.

(Vorgetragen am 13. März 1919 [s. oben S. 159].)

Die Gipfel der Alpen zeigen wie die andrer Hochgebirge eine auffällige Konstanz ihrer Höhen. Benachbarte Gipfel haben vielfach nahezu gleiche Höhen, die höchsten Höhen benachbarter Gruppen weichen nur wenig voneinander ab. Steht man auf einer erhabenen Zinne mitten im Gebirge, so erscheinen die umliegenden Gipfel wie ein wogendes Meer, dessen Wellenkämme sich in gleichen Höhen halten und an dem Horizonte nach oben wie abgeschnitten erscheinen. Sie ordnen sich in eine sanftwellige Flur, die wir Gipfelflur nennen wollen.

Zu wiederholten Malen hat die Gipfelflur der Alpen die Aufmerksamkeit von Forschern erweckt. Oft wird ihrer in den Beschreibungen einzelner Gebirgsteile gedacht, aber an eine Erklärung des auffälligen Phänomens ist man erst spät herangegangen. E. von Mojsisovics glaubte, daß zur Aufrechterhaltung des Gleichgewichtes im Gebirgsganzen ein gewisses Maß der Erhebung in den einzelnen Teilen bestehen müsse, infolgedessen der Abtragung durch stetes Nachrücken von unten entgegengearbeitet werde[1]. Ich selbst hielt die Gipfelflur für eine Abtragungserscheinung und führte sie auf ein oberes Denudationsniveau[2] zurück, über welches die Erhebung die Gebirge nicht hinaufschieben könne, das also eine obere Erhebungsgrenze darstellt. Diesem oberen Denudationsniveau stellte sich ein unteres gegenüber, bis zu welchem herab die Gebirge abgetragen werden können. Es ist eine dem Meeresspiegel benachbarte Rumpffläche, während das obere Denudationsniveau eine Berührende der größten Höhen der einzelnen Zonen ist. Nicht alle Gebirge ragen an sie heran; ihre Gipfelfluren verraten meist eine örtliche obere Erhebungsgrenze. Auch strebt ihre Abtragung gewöhnlich nicht direkt dem absoluten unteren Denudationsniveau entgegen, sondern macht örtlich früher im lokalen

[1] Die Dolomitriffe von Südtirol. Wien 1879, S. 109.

[2] Über Denudation der Erdoberfläche. Schriften d. Vereins zur Verbreitung naturwissenschaftlicher Kenntnisse. Wien 27. 1886/87, S. 431.

unteren Denudationsniveau halt. Das ist die untere Abtragungsgrenze des Gebirges, die Erosionsbasis, welche alle Wasserwirkungen in ihm zu einer gegebenen Zeit beherrscht, während das absolute untere Denudationsniveau mit der idealen Peneplain von W. M. Davis identisch ist. Er hat nachdrücklich auf die weite Verbreitung von Rumpfflächen des unteren Denudationsniveaus Gewicht gelegt und die Hochflächen verschiedener Gebirge als gehobene Peneplains gedeutet. Damit hat er eine Anschauung belebt, die früher schon Ramsay, Archibald Geikie, Topley und A. Helland ausgesprochen hatten, daß die Konstanz des Gipfelniveaus bedingt sei durch eine Fläche, bis zu welcher das Gebirge vór seiner Erhebung abgetragen gewesen sei[1]. War aber diese Anschauung bis dahin nur zur Erklärung der Konstanz der Gipfelhöhen von Gebirgen mit plateauartigem Charakter angewendet worden, so übertrugen sie amerikanische Forscher auch auf Gebirge von alpinem Formenschatz im Westen Nordamerikas, und wenn auch Reginald A. Daly[2] davor warnte, sie ohne weiteres auf die Alpen anzuwenden, so geschah dies durch H. von Staff[3], allerdings in sichtlicher Unkenntnis des früher über seinen Gegenstand in Verbindung mit dem oberen Denudationsniveau Geschriebenen. Bedenken gegen seine Art der Beweisführung hat bereits Fritz Machatschek[4] geäußert, während ihr S. van Valkenburg[5] im großen und ganzen beipflichtet und in der Konstanz der Gipfelhöhen eine Abtragungsfläche bewahrt sieht, die er sich allerdings nicht als Fastebene, sondern als eine ausgeglichene Landschaft denkt. Daß das obere Denudationsniveau neben gehobenen Peneplains zur Erklärung der Konstanz von Gipfelhöhen heranzuziehen ist, gibt Davis[6] zu und betont auch Hettner[7].

In sehr klarer Weise hat Daly die Verschiedenheit der beiden Theorien zur Erklärung fast ebener Gipfelfluren herausgearbeitet. Sie sind nach ihm entweder von früher vorhandenen Fastebenen ererbt, mögen diese solche mariner Abrasion oder subaeriler Denudation sein, oder sie sind erst bei der Entstehung des Gebirges in Erscheinung tretende obere Denudationsniveaus, für deren Bildung er verschiedene

[1] Vergl. meine Morphologie der Erdoberfläche. Stuttgart 1894. 2. S. 161.

[2] The Accordance of Summit Levels among Alpine Mountains: The Fact and its Significance. Journal of Geology 13. 1905. S. 105.

[3] Zur Morphogenie der Präglaziallandschaft in den Westschweizer Alpen. Zeitschr. d. Deutschen Geologischen Gesellschaft 64. 1912. S. 1.

[4] Verebnungsflächen und junge Krustenbewegungen im alpinen Gebirgssystem. Zeitschrift der Gesellschaft für Erdkunde. Berlin 1916. S. 602 (614).

[5] Beiträge zur Frage der präglazialen Oberflächengestalt der Schweizer Alpen. Dissertation Zürich 1918.

[6] Die erklärende Beschreibung der Landformen. Leipzig 1912. S. 275, S. 286.

[7] Rumpfflächen und Pseudorumpfflächen. Geographische Zeitschrift 19. 1913. S. 185 (198).

Möglichkeiten erwähnt. Ererbte Formen gehen ihrem Untergang entgegen, in Erscheinung tretende bilden sich fort. Mit dieser Erwägung gehen wir an die Würdigung der alpinen Gipfelflur.

Schärfe der Formen ist das Kennzeichen typischer Alpenhöhen. Scharf sind die Firste des Gebirges; als Zacken und Zinnen, als steile Pyramiden oder Türme ragen die Hochgipfel daraus auf. Rasch vonstatten gehende Zerstörung herrscht allerorten. Sie ist bedingt durch zwei Ursachen, durch die große Intensität der mechanischen Verwitterung sowie die Steilheit der Formen. Jene nimmt mit der Höhe zu. Je höher wir steigen, desto stärkere Kältegrade wirken sprengend auf das durchfeuchtete Gestein, desto größer werden die Temperaturunterschiede, die es bei Insolation und Ausstrahlung erfährt, desto mehr wird am Gefüge gelockert, desto leichter brechen seine Trümmer ab. Unter sonst gleichen Umständen werden daher die höheren Gipfel und Firste stärker zerstört und rascher erniedrigt als die tieferen. Nach lange anhaltender Wirkung müssen sich daher die in der Firstregion auftretenden Höhenunterschiede mindern. Die Konstanz der Gipfelhöhen, wenn nicht schon erreicht, ist in Entwicklung begriffen. Nach einer gewissen Zeit müssen sich aber die Firste und Gipfel in ihre eigenen Trümmer einhüllen, falls diese nicht ständig fortgeführt werden und die Steilheit der Flanken aufrechterhalten wird. In den Alpen erfolgt beides auf zweifachem Wege, durch Eis und rinnendes Wasser. Überall dort, wo das Gebirge über die Schneegrenze aufragt, setzt jenes ein. Es schmiegen sich Schneefelder an den Fuß der steilen Firste, der von letzteren herabfallende Schutt stürzt auf sie herab, wird hier in den Schnee eingebettet und wandert im daraus entstehenden Gletscher als Innenmoräne fort. Ein Teil aber stürzt in die Randkluft und gerät als Untermoräne an die Sohle des Eises, das dadurch gleichsam Zähne erhält, mit denen es seine Unterlage angreift. Von der Randkluft an beginnt die Erosion der kleinen Gletscher, von der Randkluft an schleifen sie ihren Boden ab, setzt eine Erniedrigung des Sockels der Wand ein, so daß diese stetig untergraben wird. Untergrabung ist die Voraussetzung der Wandbildung. So werden die über die Firnfelder aufragenden Wände der Firste und Gipfel frisch erhalten, und deren Abtragung kommt deswegen nicht zur Ruhe. Dieser Vorgang wirkt nicht nur in der Gegenwart, sondern ist auch während der Eiszeit tätig gewesen, und zwar ungefähr an denselben Stellen wie heute; denn es waren während der Eiszeit die Firnbecken nicht wesentlich voller als heute[1]. Langanhaltend wirkt also oberhalb der heutigen Schneefelder der Vorgang, der zur Herstellung einer Gipfelflur führt, und dieser

[1] Penck und Brückner, Die Alpen im Eiszeitalter. Leipzig 1908. S. 1142.

wirkungsvolle Vorgang war während der Eiszeit viel weiter verbreitet als heute. Bis zur damaligen Schneegrenze herab, 1200—1300 m unter der heutigen, waren während der Eiszeit alle Nischen der Gebirgskämme, soweit sie über die Eisüberflutung aufragten, mit Schneefeldern erfüllt, die überall an den Firsten fraßen und sich mit steilen Wandungen umgaben. Dadurch hat das Gebirge seine heutige Firstgestaltung erhalten, seine charakteristischen Gratformen, welche übersteil abfallen zu den Karsohlen, den Betten der nunmehr geschwundenen Firnfelder. Auch hier dauert das Abbrechen und Herabstürzen von Gesteinstrümmern noch fort, welches bei gleicher Widerständigkeit des Gesteins die höheren Gipfel mehr erniedrigt als die weniger hohen und zu einer Annäherung der Höhen beider führt. Nur bleibt der Schutt am Fuße der Wände liegen und häuft sich zu gewaltigen Schutthalden an, die aber selbst dort, wo die Firnfelder schon frühzeitig geschwunden sind, wie im Karwendelgebirge, noch lange nicht bis zu den Firsten heraufgewachsen sind. Deren Zerstörung und Gleichhochmachung dauert also auch hier noch fort.

Alle höheren Firste der Alpen sind Grate; sie fallen mit Wänden ab, die durch abfließendes Eis untergraben worden sind. Dabei sind die Betten der nagenden Schneefelder verschieden stark zur Entwicklung gekommen. Am augenfälligsten sind sie in den minder steilen Teilen des Gebirges. Da sind sie als deutliche Nischen mit oft eingesenktem Boden entwickelt, als typische Kare, oft mit einem blinkenden See. Sie bestimmen die Form des Berges, in dem sie liegen, und stempeln ihn dann, wenn sie nur durch Grate voneinander getrennt sind, zum Karling[1]. In den höchsten und steilsten Gruppen der Alpen hingegen erscheinen die Kare vielfach verkümmert. Die Bodenfläche ist nicht eingesenkt, sondern lediglich minder steil geneigt als die benachbarten Hänge. So ist es in den Zentralalpen, im Zillertale und in den Hohen Tauern, so in den hohen und steilen Schweizer Alpen, namentlich in den Penninischen Alpen. Hier sind die Spiegel der in den Niederen Tauern so häufigen Karseen selten, hier spielt die Karwand keine so eindringliche Rolle wie an den Karlingkämmen; sie bezeichnet lediglich eine Versteilerung des ohnehin schon übersteilen Abfalles. Im Durchschnitt mißt er über Karwand und Karboden mehr als 27°, er ist steiler als der natürliche Böschungswinkel. Gewöhnlich noch steiler fällt das Gehänge vom Karrande zur Talsohle ab: Anfänglich im Bereiche der Schulter langsam, dann rasch steil werdend, und schließlich wandförmig im Bereiche des Troges. Der gesamte Abfall von den Graten bis in die Talmitte kann aufgefaßt werden als

[1] Alpen im Eiszeitalter S. 284.

eine Böschung, die nach oben durch die Kare zugeschärft, unten durch den Trog abgestutzt ist. Denken wir uns diese beiden glazialen Wirkungen entfernt, so bleibt die Übersteilheit des Abfalls bestehen, d. h. auf ihm ist keine bleibende Stätte für losen Schutt. Er kann auf Hängen, die steiler sind als der natürliche Böschungswinkel, wohl zeitweilig auf einem Absatz über einer Wand liegenbleiben, aber bei deren Zerstörung stürzt er zu Tal. Verwitterung und Absturz sind die Faktoren der Gehängegestaltung, und diese wird beherrscht durch die Klüftigkeit des Gesteins. Schneidet der Fluß am Fuße einer übersteilen Böschung ein, so muß sich die von ihm ausgeübte Untergrabung rasch am ganzen Hang, nur zeitweilig durch Wände aufgehalten, bis an den First hin aufwärts fortsetzen. Im Bereiche senkrecht klüftender Gesteine ist natürlich die Neigung zur Wandbildung immer gegeben, und hier allein treffen wir auf wirkliche Talwände. Von diesem Sonderfall sehen wir bei unserer allgemeinen Erörterung ab. Im Bereiche übersteiler Talhänge steht die Höhe des Firstes unter direkter Beeinflussung durch die Taltiefe, er kann sich nicht nur halb so hoch über letzterer halten, als seine Entfernung von derselben ist, und zwischen gleich weit voneinander entfernten Tälern muß er zugeschärft sein. Solche zugeschärften Firste zwischen übersteilen Talhängen nennen wir Schneiden.

Die obengenannten Teile der Alpen haben zwischen ihren tief eingeschnittenen Tälern Schneiden, welche durch glaziale Wirkungen etwas verändert, oben zugeschärft und unten abgestutzt sind, aber in ihrer Gesamtheit von jener unabhängig sind. Sie sind Formen, wie sie zwischen tief einschneidenden Tälern notwendigerweise zur Entwicklung kommen müssen, wenn die Taltiefe größer wird als der vierte Teil der Entfernung der Täler voneinander. Es steht die Gipfel- und Firsthöhe im Innern der höchsten Alpenteile wie in jedem Schneidengebirge unter dem Einfluß der Taltiefe; weil benachbarte Täler sich meist in gleicher Höhe halten, so tun es auch sie, und weil die Talvertiefung in jenen Alpenteilen noch fortdauert, so schärfen sich die Firste immer neu zu.

Aussichtslos erscheint es nach dieser Betrachtung, in den scharfen Firsten der Alpen ererbte Formen zu erblicken; weder ihre Grate noch ihre glazial zugeschärften Schneiden weisen durch die Konstanz ihrer Gipfelhöhe auf das Vorhandensein einer früheren Rumpffläche, aus der das Gebirge herausgeschnitten ist. Die Gipfelhöhe der Alpen ist vielmehr eine Folge von der Höhe des Gebirges, der absoluten, sofern für ihre Herausbildung die Wirkungen kleiner Gletscher in Betracht kommen, und der relativen, sobald sie auf Schneiden zurückzuführen ist.

Neben den scharfen Firsten gibt es in den Alpen vielfach gerundete Kämme sowie ausgedehnte Plateaus namentlich in den nördlichen und südlichen Kalkalpen. Von Staff hat sie als Überreste der Rumpffläche angesehen, die sich nach seiner Meinung über die Alpen gespannt haben soll. Aber damit stimmt ihre Erscheinung nicht. Weder das Plateau des Steinernen Meeres noch das des Dachsteins, weder das der Hochschwab noch das von Rax und Schneeberg bei Wien, noch das der Sieben Gemeinden in den südlichen Kalkalpen sind Rumpfflächen, wenn man letztere als das Endergebnis subaeriler Abtragung ansicht. Sie alle haben recht ansehnliche Unebenheiten[1]. Die Dachsteingipfel erheben sich um 1000 m über das benachbarte Plateau, und auf dem Plateau der Sieben Gemeinden sitzen zahlreiche scharf individualisierte Berge auf. Die Kalkplateaus der Ostalpen haben auf ihren Höhen ein durchaus gebirgiges Relief, das von Ebenheit weit entfernt ist und auch die Höhlenentwicklung besitzt, die für das Karstgebirge charakteristisch ist. Sie ist vom Plateau der Sieben Gemeinden seit langem bekannt, im Dachsteinplateau kürzlich erwiesen[2]. Daß scharfgratige Formen aus solchen Plateaus hervorgehen können, sieht man am Schlern, wo Euringer- und Santnerspitze vom Berge bereits losgelöst sind, und daß solches geschehen ist, lehrt die nördliche Karwendelspitze, in deren Nachbarschaft sich in der Grube eine kleine Doline erhalten hat, wie sie auf Plateaus und nicht auf Firsten entstehen. Gleiches lehrt der Rosengarten. In den oberen Partien der steilen Wände seines Westabfalles gegen das Bozener Porphyrplateau münden zahlreiche Höhlen, die uns verraten, daß der Rosengartengipfel einmal ein von Höhlen durchbohrter Karstberg gewesen ist. Lockende Aufgaben winken hier noch dem Höhlenforscher, der vielleicht in diesen Höhlen alte Flußläufe nachweisen kann, wie dies auf dem Dachsteinplateau geschehen ist, oder auch Spuren des paläolithischen Menschen, wie solche in den Säntishöhlen entdeckt worden sind. Vielleicht bieten die Höhlen in der Gipfelregion von Kalkalpenbergen sogar die Möglichkeit des Nachweises einer präglazialen, selbst pliozänen Fauna. Ebensowenig wie die Kalkplateaus weisen die nicht seltenen gerundeten Berge namentlich in den niederen Alpenteilen auf frühere Rumpfflächen. Mag man an die Hohe Munde in der Mieminger Kette oder an den Patscher Kofel bei Innsbruck oder an den Kronplatz bei Bruneck denken, immer handelt es sich um Berge von ansehnlichen Maßen und einer Steilheit, wie sie Rumpfbergen, die als Härtlinge oder Restberge bei der Abtragung zurückbleiben, nicht zukommt. Ganz unzulässig aber erscheint uns, kleine flachgeneigte Flächenstücke, wie sie in den höchsten Alpenteilen vorkommen, in der Gipfelregion

[1] Vergl. Götzinger, Zur Frage des Alters der Oberflächenformen der östlichen Kalkhochalpen. Mitteilungen der k. k. geographischen Gesellschaft Wien 56. 1913, S. 39.

[2] Bock, Lahner, Gaudenzdorfer, Die Höhlen im Dachstein. 1913.

des Montblanc wie auf der des Ortler nicht fehlen, ohne weiteres als Überreste von Rumpfflächen zu deuten: Sie können ebensogut Hangstücke zerstörter gerundeter Berge sein, worauf ihre Steilheit hinweist. Es gibt eben gute Gründe gegen die Annahme einer völligen Abtragung der Alpen bis zu einer Rumpffläche während der Präglazialzeit. Sie werden durch die geologische Geschichte des Gebirges geliefert. Ein Rumpf als Endergebnis der Abtragung kann seiner Umgebung keinen gröberen Gesteinsschutt liefern; nur Gebirge können jene mit ihrem Gerölle überstreuen. Diese morphologische Fernwirkung der Alpen macht sich während der ganzen jüngeren Tertiärperiode geltend. Die Nagelfluh der Schweizer Molasse zeugt von der Nachbarschaft eines in lebhafter Zerstörung befindlichen Gebirges während der Miozänepoche, und gleiches tut die Nagelfluh der oberen Süßwassermolasse Oberbayerns. Die groben Gerölle im Tertiär des Wiener Beckens erweisen die Existenz eines benachbarten Gebirges, in dessen Abfall die pontischen Gewässer Uferlinien einkerbten. Die miozänen Konglomerate des Mürz- und Murgebietes können nur von Gebirgsbächen abgelagert worden sein. Das grobe Sattnitzkonglomerat im Klagenfurter Becken ist die Ablagerung echt alpiner Flüsse, die, wie es scheint, schon in die Tauern eingeschnitten hatten. Auf steile Gebirgswände weisen die Riesenkonglomerate im Miozän des Steirischen Beckens. Allerdings rückt das marine Pliozän der Poebene in seiner tonigmergeligen Ausbildung als Piacentiano hart an den Südfuß der Alpen, wird sogar in Alpentälern angetroffen. Aber hier weist seine Lagerung auf das gleichzeitige Vorhandensein eines Gebirges; denn es liegt in tiefen Tälern eines solchen. Hier auch verknüpft es sich, wie nicht anders zu erwarten, vielfach mit grobem Gerölle. Mächtige Nagelfluh deckt das Piacentiano am Mte. San Bartolomeo am Gardasee zu. Und bedürfte es noch eines Beweises für das Vorhandensein miozäner Alpen auf französischem Boden, so sei auf das grobe Konglomerat im Winkel zwischen Durance und Bléonne in der Gegend von Digne hingewiesen. Während der ganzen jüngeren Tertiärperiode hat an Stelle der Alpen ein Gebirge bestanden, und währenddem hat es nie eine Zeit gegeben, in der sich eine fast ebene Rumpffläche statt seiner erstreckte. Das hat Machatschek bereits ausgesprochen.

Aber sicher war vor der Eiszeit ihr Formenschatz vielfach ein anderer als heute. Berge mit rundlichen Gipfelformen waren verbreiteter als heute; die Karlinge sind vielfach, wie ich schon früher gezeigt habe, aus Rundlingen durch glaziale Zuschärfung hervorgegangen[1]. Nicht alle scharfen Firste sind jedoch, wie wir nun sehen, so entstanden. Die im

[1] Alpen im Eiszeitalter S. 286.

Bereiche der höchsten Erhebungen in den Alpen gelegenen, in denen ich das Zurücktreten der Kare schon früher bemerkte, erscheinen mir nunmehr als leise zugeschärfte Schneiden. Sie würden auch ohne glaziale Umgestaltung sich als solche darstellen infolge der Tiefe der Täler zwischen ihnen, und anders dürfte es vor der Eiszeit kaum gewesen sein; denn wenn sie auch während der letzteren eine Übertiefung von einigen hundert Metern erfahren haben, so hat doch auch während derselben eine fortwährende Zuschärfung der Firste stattgefunden. Ohne eine solche wäre ihre Schärfe verlorengegangen. Jede Zuschärfung eines Firstes zieht aber dessen Erniedrigung nach sich. Wenn diese gleichzeitig mit der Taltiefe erfolgte, kann sich der Höhenunterschied zwischen Schneiden und Talsohlen nicht wesentlich geändert haben.

Den Gegensatz zwischen gerundeten und schneidigen Firstformen in den Alpen erachten wir hiernach als einen ziemlich alten. Ihr Nebeneinandervorkommen legt uns die Frage nach ihren gegenseitigen genetischen Beziehungen nahe: Sind die Schneiden aus den runden Formen, oder diese aus jenen hervorgegangen, oder leiten sie sich beide aus einer gemeinsamen Stammform her? Letztere Möglichkeit trifft dann und wann gewiß zu. Der Schlern mit seinen rundlichen Formen und der Rosengarten mit seinem scharfen Grate sind beide aus einem Kalkplateau hervorgegangen, dessen Höhlenreichtum an beiden Gipfeln noch zu erkennen ist. Sicher ist ferner, daß sich runde Formen aus den Schneiden entwickeln können. Sobald der Abtransport der durch die mechanische Verwitterung gelösten Trümmer nachläßt, bleiben sie liegen und hüllen den First ein, der dabei seine Schärfe verliert, stumpf wird und schließlich gerundeten Formen weicht. Ansätze zu einer derartigen Übergangsreihe gibt es in den Alpen zwar in manchen Karlingen, in denen die Schutthalden allmählich bis zu den Kämmen emporwachsen, nicht aber kennen wir sie zwischen Schneiden und gerundeten Firsten. Mitten im Schneidengebirge dagegen tauchen dann und wann, wie wir schon bemerkt haben, minder steile Flächenstücke auf, die wir als letzte Überreste von Rundlingen zu deuten geneigt sind. Sie legen uns die Mutmaßung nahe, daß manche Schneiden aus runden Formen hervorgegangen sind.

Die Annahme einer solchen Entwicklung steht im Gegensatz zu der Entwicklungsreihe, die W. M. DAVIS als die typische des geographischen Zyklus aufgestellt hat. Nach ihm entwickelt sich aus dem Gebirge mit scharfen Schneiden allmählich durch Abstumpfung und Zurundung der Firste das unterjochte Gebirge. Allein dieser natürliche Lauf der Dinge ist nicht der allein mögliche. Dies wird uns klar, sobald wir den geographischen Zyklus nicht so, wie es DAVIS tut, bloß als einen normalen Abtragungsvorgang betrachten, der eine bereits gehobene Scholle betrifft, sondern ihn weiter fassen, so wie es dem Wesen des Kreislaufes der Formen von einer ursprünglichen Ebene zu einer aus ihr nach ihrer Dislokation hervorgehenden Abtragungsebene entspricht. Ein solcher geographischer Zyklus beginnt nicht wie der von Davis erst nachdem durch die Dislokation eine Urform entstanden ist, sondern setzt in dem Augenblick ein, wo die als ursprünglich gedachte Ebene disloziert wird. In diesem Augenblick beginnt ihre Abtragung; Flüsse schneiden ein, die Talhänge wachsen nach den Seiten, und das hier liegende Land wird abgetragen. Die Weiterentwicklung erfolgt nun nicht in einer bestimmten Umbildungsreihe, sondern es gibt drei verschiedene Reihen, deren Unterschiede im wesentlichen durch die Intensität und Dauer der Hebung bedingt sind.

Die erste Umbildungsreihe ist gekennzeichnet durch eine starke, lang anhaltende Hebung. In das sich hebende Land schneiden rasch Täler ein; aber sie können in den aufsteigenden Block nicht so rasch einsägen, wie dieser sich hebt, ihre Sohlen kommen über die ursprüngliche Ebene zu liegen und rücken mit dem Lande allmählich empor, obwohl sie tiefer und tiefer werden. Zwischen ihnen steigen Teile der gehobenen Ebene als Riedelflächen empor. Diese werden mehr und mehr verkleinert durch die nach den Seiten hin wachsenden Talgehänge, bis sie verschwinden, wenn die Hänge von Nachbartälern sich in einer scharfen Schneide treffen. Bei weiter dauernder Hebung wachsen die Schneiden nicht in dem Maße empor wie das Land, sondern nur in dem Maße wie die Talsohlen, von denen sie entsprechend unseren früheren Ausführungen durch einen annähernd gleichen Höhenunterschied getrennt bleiben. Wird schließlich der Moment erreicht, wo die stark belebte Erosion der Flüsse stark genug geworden ist, um der Hebung entgegenzuarbeiten, dann gewinnt das sich hebende Land nicht weiter an Höhe, sondern es wird durch die Flüsse und die durch sie ausgelöste Hangzerstörung in dem Maße abgetragen, wie es sich hebt. Die obere Erhebungsgrenze ist erreicht. Solange als die Hebung fortdauert, halten sich die Firste und Gipfel des entstandenen Gebirges in gleichbleibender Höhe. Erst wenn sie nachläßt, vermögen die Flüsse in den hoch gewordenen Sockel einzuschneiden und die zwischen ihnen gelegenen Schneiden herabzuziehen, bis ihre Tiefenerosion sich verlangsamt und die Talsohlen sich verbreitern. Dann stumpfen sich die Schneiden ab und runden sich zu; gerundete Kämme gehen aus ihnen hervor. Schließlich hört die Tiefenerosion auf, die Täler werden flach und breit, und es verflachen sich die Rücken zwischen ihnen; endlich wird das Land fast eben.

In dieser Entwicklungsreihe ist das Stadium das bemerkenswerteste, in dem sich die Schneiden durch längere Zeit in gleichen

Höhen halten. Solange dies der Fall ist, bezeichnet ihre Flur die obere Erhebungsgrenze, über die heraus das Land sich unter den gegebenen Verhältnissen nicht zu erheben vermag. Wir können dann von einer Grenzgipfelflur sprechen als Endergebnis der Erhebung. Ihre Dauer ist kleiner als die der Schneiden, welche sowohl beim Herannahen an die obere Abtragungsgrenze als auch beim Herabsenken darunter zur Entwicklung kommen. Diese scharfen Schneiden haben Abfälle von jugendlichem Charakter, und zwischen ihnen liegen jugendliche Täler, sofern nicht glaziale Erosion störend eingegriffen hat. Diese Jugendlichkeit der Einzelformen hindert uns, das Ganze mit W. M. Davis[1] als reif zu bezeichnen; wir sprechen lieber von einem ausgewachsenen Gebirge mit dem Schneidenstadium der Entwicklung, welches ein Gegenstück zum Schluchtstadium der Täler darstellt, aber von kürzerer Dauer ist. Schneiden und Schluchten sind einander entsprechende sich rasch umbildende Voll- und Hohlformen.

Auch die zweite Umbildungsreihe ist durch eine starke Hebung gekennzeichnet, aber diese ist von beschränkter Dauer. Es kommt wie bei der ersten zunächst rasch zur Riedelbildung, aber bevor die Riedel durch die Entwicklung übersteiler Hänge zerstört werden können, hört die Hebung auf. Es kommt nicht zur Schneidenbildung. Das Gebirge wächst nicht zur oberen Erhebungsgrenze empor; es wächst nicht aus, sondern bleibt mittelwüchsig. Seine Höhen bleiben mäßig ebenso wie seine Höhenunterschiede. Sein späterer Formenschatz steht im Zeichen der Umbildung der Riedel, ihrer Zurundung und Verflachung. Es hat unsere zweite Entwicklungsreihe ähnliche Anfangs- und Endstadien wie die erste, aber die charakteristischen Mittelstadien fehlen. Sie werden gleichsam übersprungen.

Die dritte Umbildungsreihe knüpft sich an sehr langsame Hebung und dauert so lange wie diese. Den Flüssen ist nie die Gelegenheit gegeben, rasch in die Tiefe zu arbeiten. Es kommt nicht zur Bildung tief einschneidender Schluchten, sondern es entwickeln sich breite Täler, gleichzeitig verflacht sich das zwischen ihnen gelegene Land. Wieder überspringt die Entwicklung die mittleren Stadien der letzt gewürdigten Umbildungsreihe. Ohne daß es zur Entwicklung von scharf umgrenzten oder zugerundeten Riedeln käme, geht die sich sehr langsam hebende Ebene durch das Stadium der verflachten Höhen mit Flachtälern in den Rumpf über und erlangt nie größere Höhenunterschiede. Das Bezeichnende an dieser Entwicklung ist, daß das Stadium der Flachtäler, das bei den beiden anderen Entwicklungsreihen so ziemlich am Ende steht, hier dicht am Anfange der Reihe erscheint und in der

[1] Erklärende Beschreibung usw. S. 274 u. 287.

Phase der Hebung auftritt, während es bei den anderen Reihen erst nach Abschluß der Hebung zur Entwicklung kommt. Die ganze Umbildung spielt sich in einem einzigen Entwicklungsstadium ab, und dieses währt nur wenig länger als die Hebung. Folgende Tabelle veranschaulicht den verschiedenen Reichtum der drei verschiedenen Umbildungsreihen:

	Hebung				Höhenabnahme		
	mit Höhenzunahme		mit Höhenkonstanz				
I. Ebene	Riedel und Schluchten	Schneiden und Schluchten	Grenzgipfelflur und Schluchten	Schneiden und Schluchten	Gerundete Kämme Sohlentäler	Verflachte Rücken Flachtäler	Rumpf
	Hebung und Höhenzunahme				Höhenabnahme		
II. Ebene	Riedel und Schluchten				Gerundete Riedel Sohlentäler	Verflachte Rücken Flachtäler	Rumpf
	Hebung und bald folgende Konstanz der Höhen					Höhenabnahme	
III. Ebene						Verflachte Höhen Flachtäler	Rumpf

Es ist bemerkenswert, daß, lange bevor diese drei verschiedenen Umbildungsreihen in ihren prinzipiellen Verschiedenheiten auseinandergehalten wurden, die für sie bezeichnenden Formengruppen unterschieden worden sind. Die sich mit großen Höhenunterschieden paarenden Schneidenformen der ersten Reihe haben längst den Namen von Hochgebirgsformen erhalten, die gerundeten Riedel mit mittleren Höhen der zweiten Reihe gelten als Mittelgebirgsformen[1], und die verflachten Höhen der dritten Reihe mit ihren geringen Höhenunterschieden sind bezeichnend für das Flachland. Natürlich ist bei einer rein empirischen Unterscheidung nach bloßen Höhenunterschieden und damit sich vergesellschaftenden Formentypen in jene drei Gruppen manches zusammengeworfen worden, was besser getrennt bleibt. Unter Flachland sind sowohl Abtragungsformen, wie z. B. die des nördlichen Belgien, als auch glaziale Aufschüttungsformen wie im norddeutschen Flachlande zusammengefaßt worden. Als Hochgebirgsformen segeln sowohl Schneiden- als auch Gratformen, und das kann angesichts ihrer leicht verständlichen räumlichen Vergesellschaftung nicht wundernehmen. Als Mittelgebirgsformen sind sowohl gerundete Riedel als auch gerundete Kämme beschrieben worden; in der Tat fällt in der Natur die Unterscheidung hier vielfach recht schwer und ist manchmal kaum durchführbar. In vielen Fällen wird es nie möglich sein, festzustellen, ob

[1] Morphologie der Erdoberfläche 1894. II. S. 142. 165.

ein Mittelgebirge durch Zerstörung eines Hochgebirges hervorgegangen ist oder einer mittleren Erhebung seinen Ursprung dankt. In keinem Falle darf man das eine oder das andere ohne weiteres annehmen. Ich kann verstehen, daß W. M. DAVIS[1] angesichts der Unbestimmtheit in der Anwendung der Ausdrücke Hoch- und Mittelgebirgsformen beide vermeiden möchte, aber ihre Handlichkeit ist zu groß, als daß sie sich werden ausmerzen lassen. Sie sind vorzüglich für geographische Beschreibungen; der Morphologe, der Umbildungsreihen aufstellt, wird sie nicht an einer bestimmten Stelle unterbringen können, aber sich nicht verhehlen, daß sie im Verein mit dem Ausdrucke Flachland gute Anknüpfungen an die hier unterschiedenen drei Entwicklungsreihen bieten.

Dieselben können in der Natur isoliert vorkommen oder sich zeitlich und räumlich miteinander verbinden. Eine Hebung kann ganz langsam beginnen, so daß flache Höhen und Flachtäler entstehen; wird sie dann kräftiger, so schneiden die Täler tiefer ein und aus den flachen Höhen entwickeln sich Riedel mit rundlichen Formen, aus diesen gehen bei Fortdauer der Hebung scharfe Schneiden hervor. Wir erhalten also die Entwicklungsreihe: Flachland-, Mittelgebirgs- und Hochgebirgsformen, die wir gewöhnt sind in umgekehrter Folge bei der Abtragung eines ausgewachsenen Gebirges in Erscheinung treten zu sehen. Jene Entwicklungsreihe würde dem entsprechen, was wir in den Alpen zu sehen meinen.

Aber es können sich unsere drei Umbildungsreihen räumlich vergesellschaften. Es können sich die einzelnen Teile des Gebirges verschieden rasch heben, die zentraleren rascher als die randlichen. Jene werden die Umbildungsreihe I erfahren, diese eine mehr nach Reihe II und III neigende Formenfolge durchlaufen. Jene werden Schneidenformen erlangt haben, die diesen fehlen. Das entspricht wieder dem, was wir in den Alpen sehen. Die scharfen Schneiden halten sich an die Mitte des Gebirges, die rundlichen Formen mehr an den Rand. Das gilt im einzelnen auch für die einzelnen Gruppen. Scharf und schneidig sind die Firste der Hohen Tauern und der Zillertaler Alpen; an das Inntal und an das Pustertal treten ihre Ausläufer mit gerundeten Formen heran. Schaut man von den Höhen über Franzensfeste in das Pustertal herein, so erblickt man über dem Bereiche der glazialen Übertiefung breite, sanft ansteigende Hangflächen von ganz unalpiner Art. An den Bergen südlich vom Inntale ferner erkennt man eine Menge von Terrassenresten und Ecken, auf welche SÖLCH[2] kürzlich die Aufmerksamkeit ge-

[1] Die erklärende Beschreibung S. 286.

[2] Eine Frage der Talbildung. Festband ALBRECHT PENCK gewidmet. Stuttgart 1918, S. 66.

lenkt hat, die in den inneren Winkeln des Zillertales und Oetztales gänzlich fehlen. Eine viel reichere Talgeschichte offenbart sich in den großen Längstälern als in den inneren Gebirgstälern. Hier geht die Talbildung noch rüstig von statten, und bei der Entstehung der übersteilen Hänge gehen die Gesimse verloren, welche in minder schnell sich vertiefenden Tälern von deren allmählichem, durch Pausen unterbrochenen Einschneiden zeugen. Talformen wie Gipfelformen weisen darauf, daß die durch Schneidenformen sich auszeichnenden Gebirgsgruppen Gebiete besonders starker anhaltender Hebung sind; ihre Gipfelfluren veranschaulichen die obere Erhebungsgrenze, während die Fluchten der großen Längstäler uns als Streifen geringerer erschlaffender Hebung erscheinen. Diese Streifen stehen in den Ostalpen nicht in Beziehung zum innern Gebirgsbau. Die Längstalflucht Inntal, Salzachtal und Ennstal läuft schräge durch die verschiedenen Zonen des Gebirges hindurch, Ähnliches gilt vom Pustertale Man möchte in diesen verschiedenen Fluchten auf der einen und in den schneidigen Gipfelfluren Anzeichen einer Großfaltung im Sinne von Walther Penck[1] erkennen, flache Mulden in den einen, flache Gewölbe in den andern. Diese Großfaltung betraf ein in Zerstörung begriffenes älteres Gebirge, hob einzelne Teile mehr als andere, brachte die Gewölbe bis an die obere Abtragungsgrenze und beließ die flachen Mulden darunter, aber brachte sie hoch über die untere Abtragungsgrenze, so daß sie noch in Zerstörung begriffen sind. Es fehlt nicht an geologischen Beweisen für eine solche Großfaltung. Mannigfaltig sind die Anzeichen einer postpliozänen Hebung am Rande der Alpen insbesondere im Süden, wo das marine padanische Pliozän in den Tälern alpeneinwärts ansehnlich ansteigt. Haben wir früher daraus geschlossen[2], daß die Alpen in ihrer Gesamtheit sich nach ihrer Faltung aufgewölbt haben, so möchten wir heute glauben, daß es sich nicht um die Bildung einer einzigen Aufwölbung handelt, sondern um einen flachen Großfaltenwurf, der maßgebend geworden ist für die Entwicklung der Höhen des Gebirges.

[1] Die tektonischen Grundzüge Westkleinasiens. Stuttgart 1918, S. 115.

[2] Alpen im Eiszeitalter S. 743. 771. 910.

Die Urform des apostolischen Glaubensbekenntnisses.

Von Prof. D. Hans Lietzmann
in Jena.

(Vorgelegt von Hrn. Holl am 13. März 1919 [s. oben S. 159].)

Die Abhandlung des Hrn. Holl »Zur Auslegung des sog. apostolischen Glaubensbekenntnisses« (Sitzungsberichte S. 2 ff.) hat uns die beiden Mittelsätze des zweiten Artikels (τὸν γεννηθέντα bis παρθένου und τὸν ἐπὶ Ποντίου Πιλάτου bis νεκρούς) als Interpretamente der beiden Titel Jesu τὸν υἱὸν αὐτοῦ τὸν μονογενῆ und τὸν κύριον ἡμῶν nach Luk. 1, 35 und Phil. 2, 6 ff. verstehen gelehrt und damit eine neue Grundlage zum Verständnis des Sinnes sowohl wie der Komposition des ganzen Bekenntnisses geschaffen. Es ist naheliegend, auf Grund dieser Feststellung zu vermuten, jene Erläuterungssätze gehörten nicht dem ursprünglichen Bestande an, sondern seien als Ausdruck einer bestimmten theologischen Auffassung dem Symbol später eingefügt worden. Eine solche Annahme findet ihre starke Stütze in der dann klar zutage tretenden symmetrischen Bildung aller drei Artikel. Darauf hat Hr. v. Harnack in seinem Nachwort zu Hrn. Holls Abhandlung (Sitzungsberichte 112 f.) hingewiesen und zugleich betont, daß dem formellen Gleichmaß des Baues auch eine strenge inhaltliche Parallelisierung der Begriffe entspreche. Als ein äußerliches Indizium für die spätere Entstehung jener Mittelsätze erscheint ihm mit Recht die Erwähnung des heiligen Geistes im ersten Satz, während doch vom heiligen Geist erst im dritten Artikel geredet wird (S. 112 Anm. 1).

Hr. v. Harnack gliedert den vermutlichen Wortlaut der Urform des Symbols in folgender Weise:

Πιστεύω εἰς	(1) θεόν	(2) πατέρα	(3) παντοκράτορα
καὶ εἰς	(4) Χριστὸν Ἰησοῦν	(5) τὸν υἱὸν αὐτοῦ τὸν μονογενῆ	(6) τὸν κύριον ἡμῶν
καὶ εἰς	(7) πνεῦμα ἅγιον	(8) ἁγίαν ἐκκλησίαν	(9) { ἄφεσιν ἁμαρτιῶν σαρκὸς ἀνάστασιν.

Es ist ganz augenfällig, daß hier jeder der drei Artikel wieder dreifach gegliedert ist: nur das letzte Glied muß dem Schema gewaltsam angepaßt werden. Hr. v. Harnack bemerkt dazu (S. 115): »Freilich ist es formell störend, daß das letzte Glied nicht in einem Ausdruck zur Darstellung gebracht werden konnte: aber das ist in der Tat unmöglich (Gegenwart und Zukunft mußten berücksichtigt werden), und der Verfasser hat recht daran getan, daß er nicht um der formellen Einheitlichkeit willen einen der beiden Ausdrücke geopfert hat.« In einer Anmerkung verweist er sodann darauf, daß zwar Hahns Rekonstruktion des Symbols Tertullians (Bibliothek[3] 54 f.) die »remissionem peccatorum« fortlasse, diese Auslassung aber nach de bapt. 11 unstatthaft sei. Diese Entlastung des Verfassers will mir nicht als gelungen erscheinen; ἄφεσιν ἁμαρτιῶν und σαρκὸς ἀνάστασιν sind in der so kräftig hervortretenden Gliederung unweigerlich zwei Glieder und nicht ein einziges; ja, wenn da stünde etwa βάπτισμα εἰς ἄφεσιν ἁμαρτιῶν ἐπ᾿ ἀναστάσει σαρκὸς oder sonst eine konstruktiv einheitliche Formel, welche den von Hrn. v. Harnack erschlossenen theologischen Inhalt zum Ausdruck brächte, so würde man sich darein finden, daß der formelle Parallelismus nicht restlos gewahrt wäre. Aber so — der Verfasser müßte, nachdem ihm acht Glieder wohl gelungen wären, am neunten und letzten gescheitert sein.

Unter diesen Umständen werden wir mit besonderem Interesse von einer Glaubensformel Kenntnis nehmen, die einerseits Hrn. Holls Interpretation dadurch bestätigt, daß sie die beiden Erläuterungssätze des zweiten Artikels nicht enthält, anderseits die von Hrn. v. Harnack geforderte neunfache Gliederung einwandfrei darbietet. Sie ist uns als Teil einer ägyptischen Liturgie in dem sog. Papyrus von Dêr-Balyzeh saec. VIII erhalten, den Puniet in der Revue Bénédictine XXVI (1909) p. 34 ff. zuerst veröffentlicht[1] und Th. Schermann in den Texten und Untersuchungen III. Reihe, Bd. 6 Heft 1 b (1910) mit Erfolg aufs Neue behandelt hat. Der Text lautet:

Πιστεύω εἰς θεὸν πατέρα πα[ντοκ]ράτορ[α·]
Καὶ εἰς τὸν μονογενῆ α[ὐτοῦ] υἱὸν τὸ[ν] κύριον ἡμῶν Ἰησοῦν Χριστόν·
Καὶ εἰς [τὸ π]νεῦμα τὸ ἅ[γιον] καὶ εἰς σαρκὸς ἀνάστασι[ν καὶ] ἁγία⟨ν⟩ καθολική⟨ν⟩ ἐκκλησία⟨ν⟩.

Die mancherlei Umstellungen, insbesondere die des Namens Ἰησοῦν Χριστὸν (wie geläufiger statt Χριστὸν Ἰησοῦν) an das Ende des zweiten Artikels, desgleichen die Vertauschung der üblichen Stellung der ἐκ-

[1] Danach das Referat in Cabrols Dictionnaire d'archéologie et de liturgie chrétienne II 2 p. 1881 ff. Der Text des Symbols auch in meinen »Symbolen der alten Kirche« (Kl. Texte 17/18) S. 26.

κλησία und der ἀνάστασις und den Einschub der beiden καὶ im dritten Artikel halte ich für bedeutungslose Zufallsvarianten und erschließe durch Vergleich dieses Textes mit dem überlieferten Wortlaut des römischen Symbols als die zugrunde liegende Urform:

Πιστεύω εἰς	(1) θεὸν	(2) πατέρα	(3) παντοκράτορα
καὶ εἰς	(4) Χριστὸν Ἰησοῦν	(5) τὸν υἱὸν αὐτοῦ τὸν μονογενῆ	(6) τὸν κύριον ἡμῶν
καὶ εἰς	(7) πνεῦμα ἅγιον	(8) ἁγίαν ἐκκλησίαν	(9) σαρκὸς ἀνάστασιν.

Es ist kirchengeschichtlich von hohem Werte, daß uns der beste Zeuge für die Urform des römischen Symbols in einer ägyptischen Liturgie erhalten ist: seine Form ist etwas verwildert, aber ohne die wesentlichen Merkmale der alten Gliederung zu verwischen und frei von Zusätzen, bis auf das auch in Ägypten üblich gewordene καθολική vor ἐκκλησία. Dieser Wortlaut muß schon früh im 2. Jahrhundert sowohl in Ägypten wie in Rom in Gebrauch gewesen sein: es hat seine innere Wahrscheinlichkeit, daß er in Rom entstanden und von dort an den Nil gekommen ist. Man hat in Rom stets ein deutliches Bewußtsein von der engen Zusammengehörigkeit der römischen und der ägyptischen Kirche gehabt: Julius von Rom begründet 342 in seinem Schreiben an Danius und Genossen (Coustant epist. 1, 22: Athanas. apolog. de fuga 35) kirchenrechtliche Ansprüche speziell über Alexandrias Thron mit der »Sitte«. Daß im 6. Kanon von Nicaea die Stellung des alexandrinischen Patriarchen als Analogon zu der des römischen Bischofs bezeichnet wird, dürfte auch damit zusammenhängen. Um 200 sind Bibelkanon und Bibeltext beider Städte aufs engste miteinander in Wechselwirkung, und gegen 220 schreibt Bischof Hippolytos von Rom seine Kirchenordnung, die dann ein reiches Überlieferungsleben auf ägyptischem Boden entfaltet hat: das hat Hr. Schwartz im 6. Heft der Schriften der Wissenschaftlichen Gesellschaft in Straßburg eingehend dargelegt. In dem besten Zeugen dieser im Original für uns verlorenen Kirchenordnung, dem von Hrn. Hauler edierten Veroneser Palimpsest, findet sich nun auch ein Symbol, welches zwar im ganzen den bekannten römischen Typ bringt — entstellt durch Auslassung des μονογενῆ τὸν κύριον ἡμῶν, dafür durch die Wucherungen *et mortuus est* und *vivus* (vor *a mortuis*) erweitert —, aber im dritten Artikel als deutliche Reminiszenz an den ursprünglichen Text fragt: *Credis in spiritu sancto et sanctam ecclesiam et carnis resurrectionem?* Also genau den von uns auf Grund des Papyrus geforderten Wortlaut ohne die ἄφεσις ἁμαρτιῶν bietet. Dann wird es aber auch wahrscheinlich, daß Tertullian zumeist (de cor. 3 de virg. vel. 1 de praescr. haer. 13. 36) eine Regula fidei ohne diese Worte benutzt hat, mag er auch de bapt. 11 Kenntnis derselben verraten: auch das Symbol hat ja Varianten. Wie nahe in liturgischen Dingen Afrika zu Rom und dies zu Ägypten steht, ist von Hermann Usener an dem Beispiel des Gebrauchs von Milch und Honig bei der Firmung gezeigt worden: siehe Rhein. Museum 57 (1912) 183ff. = Kleine Schriften IV 404ff. Als weiterer Zeuge für die dreigliedrige Form des dritten Artikels ist der alexandrinische Bischof Alexander, der Vorgänger des Athanasius zu nennen, der (bei Theodoret hist. eccl. I 4, 53. 54) als Glaubensinhalt des dritten Artikels nennt ἓν πνεῦμα ἅγιον, sodann μίαν καὶ μόνην καθολικὴν τὴν ἀποστολικὴν ἐκκλησίαν und schließlich ἐκ νεκρῶν ἀνάστασιν. Durch diese Zeugnisse wird der Text des Papyrus bestätigt und mit dem Wegfall der Worte ἄφεσιν ἁμαστιῶν die neunfache Gliederung des Symbols völlig klargestellt. Die theologische Auswertung des dritten Artikels muß demgemäß modifiziert werden.

Nun dürfte aber wohl unbestreitbar sein, daß diese neungliedrige Form des Bekenntnisses aus der alten triadischen Formel der Taufe auf den Namen τοῦ πατρὸς καὶ τοῦ υἱοῦ καὶ τοῦ ἁγίου πνεύματος (Matth. 28, 19) erwachsen ist: selbstverständlich als der gelungenste und früh durchgedrungene Versuch einer Fortbildung, neben dem manche andere einhergegangen sind, die als wohlbedachte Erweiterungen dieses oder jenes Teils oder auch als halb unbewußte Wucherungen angesehen werden müssen. Insbesondere scheint die voll ausgebaute römische Form auf ihrem Siegeszuge durch den Osten nicht immer gleichmäßig rezipiert, sondern vielfach nur teilweise — namentlich ihr zweiter Artikel — dem altertümlichen einheimischen Symbol angegliedert zu sein, dessen Spuren auf diese Weise in den überlieferten Formeln noch wohl zu erkennen sind.

Als deutlichstes dieser Rudimente erscheint mir die Fassung des dritten Artikels in den Symbolen[1] von Caesarea καὶ εἰς ἓν πνεῦμα ἅγιον und Nicaea[2] καὶ εἰς τὸ ἅγιον πνεῦμα, die noch besonders unterstrichen wird in der ersten Antiochenischen Formel von 341 καὶ εἰς τὸ ἅγιον πνεῦμα· εἰ δὲ δεῖ προσθεῖναι, πιστεύομεν καὶ περὶ σαρκὸς ἀναστάσεως καὶ ζωῆς αἰωνίου. Auch die vierte Antiochenische Formel hat den kurzen Text καὶ εἰς τὸ πνεῦμα τὸ ἅγιον, desgleichen noch zahlreiche andere orientalische Bekenntnisse.

Sehen wir uns nun den ersten Artikel dieser Symbole an:

Caesarea: Πιστεύομεν εἰς ἕνα θεόν, πατέρα παντοκράτορα, τὸν τῶν ἁπάντων ὁρατῶν τε καὶ ἀοράτων ποιητήν.

---

[1] Die Texte sind in Hahns Bibliothek der Symbole[3] und meinen Symbolen[2] bequem zu finden.

[2] Das nicaenische Symbol ist nicht, wie meistens behauptet wird, eine Überarbeitung des Caesareense, sondern hat eine andere, uns unbekannte Wurzel.

Nicaea: Πιστεύομεν εἰς ἕνα θεόν, πατέρα παντοκράτορα, πάντων ὁρατῶν τε καὶ ἀοράτων ποιητήν. (Ebenso Epiphanius II.)

Antiochia I: Μεμαθήκαμεν γὰρ ἐξ ἀρχῆς εἰς ἕνα θεόν, τὸν τῶν ὅλων θεόν, πιστεύειν, τὸν πάντων νοητῶν τε καὶ αἰσθητῶν δημιουργόν τε καὶ προνοητήν.

Antiochia II: Πιστεύομεν . . . εἰς ἕνα θεόν, πατέρα παντοκράτορα, τὸν τῶν ὅλων δημιουργόν τε καὶ ποιητὴν καὶ προνοητήν.

Streicht man aus diesen Formeln die dem römischen Symbol angehörenden Worte πατέρα παντοκράτορα heraus, so bleibt übrig πιστεύομεν εἰς ἕνα θεόν, πάντων ὁρατῶν τε καὶ ἀοράτων ποιητήν oder εἰς ἕνα θεόν, τὸν τῶν ὅλων δημιουργόν τε καὶ ποιητὴν καὶ προνοητήν.

Ähnlich bietet das Jerusalemer Symbol πιστεύομεν εἰς ἕνα θεόν, [πατέρα παντοκράτορα] ποιητὴν οὐρανοῦ καὶ γῆς, ὁρατῶν τε πάντων καὶ ἀοράτων (vgl. Epiphanius I, Nicaeno-Constantinopolitanum) und bereits Irenaeus εἰς ἕνα θεόν, [πατέρα παντοκράτορα] τὸν πεποιηκότα τὸν οὐρανὸν καὶ τὴν γῆν καὶ τὰς θαλάσσας καὶ πάντα τὰ ἐν αὐτοῖς. Auch hier bleibt nach Beseitigung der römischen Symbolsätze — ich habe sie in [. . .] Klammern gesetzt — das Bekenntnis zu dem einen Gott, dem Weltschöpfer, übrig.

Halten wir daneben das Bekenntnis, welches die Mandate des Hermas eröffnet (1,1) Πρῶτον πάντων πίστευσον, ὅτι εἷς ἐστιν ὁ θεός, ὁ τὰ πάντα κτίσας καὶ καταρτίσας καὶ ποιήσας ἐκ τοῦ μὴ ὄντος εἰς τὸ εἶναι τὰ πάντα καὶ πάντα χωρῶν μόνος δὲ ἀχώρητος ὤν: es ist klar, daß hier die zweite Quelle der genannten Symbole zutage tritt. Es muß außer dem römischen Text noch ein anderer Wortlaut des ersten Artikels vorgelegen haben, indem der Gläubige sich zu dem einen Gott, dem Schöpfer der gesamten Welt, bekannte. Vielleicht war es so: das eine Mal lautete die alte triadische Urformel in ihrem ersten Teil πιστεύω εἰς πατέρα (weiter καὶ υἱὸν καὶ ἅγιον πνεῦμα wie Matth. 28,19) und wurde erweitert zu εἰς θεὸν πατέρα παντοκράτορα. Das andere Mal hieß es πιστεύω εἰς θεόν (weiter καὶ Ἰησοῦν Χριστὸν καὶ τὸ ἅγιον πνεῦμα) und entwickelte sich zu εἰς ἕνα θεόν, τὸν τῶν ἁπάντων ὁρατῶν τε καὶ ἀοράτων (oder οὐρανοῦ καὶ γῆς oder ähnlich) ποιητήν. Das Zusammentreffen beider Formen ergab dann die uns erhaltenen morgenländischen Symboltexte.

Für den zweiten Artikel ist die gesonderte Existenz eines christologischen Bekenntnisses außerhalb der trinitarischen Taufformel von vornherein höchst wahrscheinlich. Hr. Norden hat in seinem Agnostos Theos S. 263ff. zuletzt solche Spuren bei Paulus (I. Kor. 15, 1ff.) und Ignatius behandelt und auch S. 254ff. die liturgische Stelle I. Tim. 3,16 gebührend gewürdigt, Hr. v. Harnack in seiner Dogmengeschichte (1[4] 178 Anm.) darauf hingewiesen, daß dies für sich bestehende »Kerygma von Christus überall denselben geschichtlichen Inhalt hatte, aber in verschiedenen

Schematen ausgeprägt war«. Aus diesem vorliegenden mannigfaltig gebildeten Stoff ist dann im Osten und Westen in vielfach abweichenden Formen der zweite Artikel gebildet. Die scharfe Interpretation des Hrn. Holl hat uns die Zweckbestimmung der römischen, in das trinitarische Bekenntnis eingegliederten Form dieses Kerygmas als nähere Erläuterung der beiden Titel Jesu kennen gelehrt. Wir können dadurch nunmehr mit größerer Sicherheit als bisher der These Hrn. v. Harnacks beipflichten, daß »die morgenländischen Symbole nicht direkt auf das römische zurückgehen, sondern wahrscheinlich nach dem Muster dieses Symbols aus den provinziellen reichhaltigen und stets bereicherten Kerygmen hergestellt worden sind« (Dogmengeschichte I^4 178 Anm.). Insbesondere ist die so häufig auftretende Form, welche die vorweltliche Geburt des Logos beschreibt (θεὸν ἐκ θεοῦ usw. oder τὸν ἐκ τοῦ πατρὸς γεννηθέντα πρὸ πάντων τῶν αἰώνων u. dgl.) und die Heilsbedeutung der Menschwerdung betont (τὸν διὰ τὴν ἡμετέραν σωτηρίαν σαρκωθέντα u. ä.) als klares Zeichen eines in seiner theologischen Haltung vom römischen Symbol verschiedenen, im Orient weitverbreiteten christologischen Bekenntnisses anzusehen, dessen Wurzel wir bereits bei Irenaeus finden, wenn er spricht von dem Glauben εἰς ἕνα Χριστὸν Ἰησοῦν, τὸν υἱὸν τοῦ θεοῦ, τὸν σαρκωθέντα ὑπὲρ τῆς ἡμετέρας σωτηρίας. Daß die Ausdrucksformen im einzelnen große Verschiedenheit aufweisen und zweifellos neben dem erwähnten Typ auch noch andere alte Bekenntnisformen in den zahlreichen, immer wieder um- und neugebildeten Symbolen des Morgenlandes uns vorliegen, verdanken wir der jahrhundertelang bewahrten liturgischen Freiheit und Beweglichkeit des Orients, die sich auch in der Bildung fast zahlloser Meßliturgien ausspricht: das Abendland und insbesondere Rom, hat demgegenüber schon sehr früh das Bestreben nach genauer Festlegung des bedeutendsten liturgischen Materials erfolgreich betätigt. Das Taufsymbol ist ein Teil der Liturgie und aus den Gesetzen des liturgischen Geschehens zu begreifen.

Beschaffung der Kohlehydrate im Kriege.

Reform der Strohaufschließung.

Von E. Beckmann.

(Mitteilung aus dem Kaiser-Wilhelm-Institut für Chemie.
Nach Versuchen unter besonderer Mitwirkung von Dr. Hans Netscher, Dr. Curt Platzmann und Dr. Richard Kempf.)

(Vorgetragen am 24. Oktober 1918 [s. Jahrg. 1918 S. 909].)

Durch die Kriegsblockade war Deutschland u. a. vor die Aufgabe gestellt, fehlende Kohlehydrate (nach Prof. Fr. W. Semmler[1] rund 5 Millionen Tonnen) aus einheimischen Produkten zu ersetzen. Die direkt durch die Verdauungssäfte assimilierbaren Kohlehydrate, Stärke und Zucker, mußten für den Menschen reserviert bleiben. Dadurch wurde dem Vieh eine entsprechende Menge Getreide, Kartoffeln usw. entzogen und war, soweit Abschlachten vermieden werden sollte, in anderer Weise zu beschaffen. Hier half nun die Zellulose aus, welche in dem genügend vorhandenen Stroh zur Verfügung steht, allerdings in einer Form, die für den Menschen unverdaulich ist und auch von den Haustieren schwer verdaut wird. Eine der größten Hilfen, welche die Chemie im Kriege volkswirtschaftlich geleistet hat, besteht darin, daß es auf chemischem Wege gelungen ist, die an sich schwer verdaulichen Zellulosekomplexe des Strohs für Tiere leicht verdaulich zu machen. Für menschliche Verdauung ist das hierdurch gewonnene Kraftstroh allerdings direkt nicht geeignet. Für die letzte Vorbereitung zur menschlichen Ernährung muß das Tier eingeschaltet werden.

Aufschluß mit Alkali, gewöhnlich Ätznatron $NaOH$[2].

F. Lehmann, Göttingen, hat sich bereits 1893 mit Versuchen beschäftigt, Stroh durch Kochen mit Ätznatron verdaulicher zu machen. Anfangs wurde in offenen Gefäßen mit verdünnter Lauge gekocht, so-

[1] Geh. Reg.-Rat Prof. Dr. Fr. W. Semmler (Breslau), Braunschweig 1917, Die deutsche Landwirtschaft während des Krieges und ihre zukünftigen Arbeitsziele nach Friedensschluß.

[2] Statt des Ätznatrons $NaOH$ kann auch die äquivalente Menge Ätzkali, KOH treten. Auch die Sulfide der Alkalien sind verwendbar.

dann aber 6 Stunden unter Überdruck von 4—5 Atm. D. R. P. 128661 IV/53 g. Hierbei ergab sich in letzterem Falle reichliche Bildung von organischen Säuren, welche alles freie Alkali neutralisierten. Dadurch wurde es möglich, ohne weiteres verfütterbares, allerdings ziemlich salzhaltiges Futter zu erzeugen.

Für die Frage, warum aufgeschlossenes Stroh größeren Futterwert als Rohstroh hat, wurde die von O. Kellner (1898/99 Landw. Versuchs-Stat.) gemachte Beobachtung von grundlegender Bedeutung, wonach Rohfaser der Papierfabriken zu 95.8 Prozent verdaulich ist, während Rohstroh nur zu 42 Prozent verdaut wird.

Danach erschien es zweckmäßig, durch den Aufschluß aus Stroh möglichst alles bis auf die Rohfaser herauszulösen.

Der billigen Apparatur wegen begnügte man sich vielfach mit Kochen in offenen Gefäßen (Colsmann, Arthur Müller), für am besten galt aber immer das Kochen unter Druck nach Lehmann.

Unzuträglichkeiten beim Verfüttern haben bald dazu geführt, den hohen Salzgehalt des aufgeschlossenen Strohs durch Auswaschen mit Wasser zu beseitigen. Dadurch wird aber auch eine erhebliche Menge löslicher organischer Bestandteile mitentfernt. Bei sechsstündigem Kochen im offenen Gefäß (bei 100°) hinterbleiben als Ausbeute nur etwa 55—60 Prozent Kraftstroh, beim Kochen unter Druck sogar nur etwa 45—50 Prozent.

Es ist von vornherein auffallend, daß bei solchen Verlusten und den Kosten für die Aufschließung selbst das Verfahren noch für rentabel gehalten wird. Der Grund ist die große Wertsteigerung, welche der verbleibende Rest als Tierfutter erfahren hat. Nach Kellner entsprechen 100 kg Rohstroh 11 Stärkewerten, nach Fingerling aber 100 kg Kraftstroh etwa 70 Stärkewerten. Verliert man also die Hälfte der Strohstoffe beim Aufschließen, so verbleiben als Endergebnis immer noch 35 Stärkewerte statt 11 des Ausgangsmaterials. Ein leicht verdauliches Futter wie es das Kraftstroh ist, bietet ferner den großen Vorteil, daß Tiere davon größere Tagesmengen aufnehmen können. Die Verdauungsorgane sind in ihrem Fassungsvermögen begrenzt, und ein unverdaulicher Ballast schädigt schon dadurch, daß er Platz fortnimmt, er tut es aber auch dadurch, daß er einen hemmenden Einfluß auf die Verdauung des an sich verdaulichen Anteils des Futters ausübt. Bezüglich des Futterwertes gut aufgeschlossenen Kraftstrohs sei darauf hingewiesen, daß nach Prof. Fingerling 1 kg desselben im Kalorienwert etwa $1\frac{1}{4}$ kg Hafer gleichkommt.

Zur Erklärung des Mechanismus der Aufschließung nimmt man an, daß im Stroh eine innige Durchwachsung der Rohfaser oder eine kolloidale Durchdringung mit unverdaulichen oder wenig verdaulichen

Stoffen, Kieselsäure (1—2 Prozent) und Lignin (22—25 Prozent), dem Zutritt der Verdauungsenzyme im Wege ist, und durch Wegnahme dieser sog. Inkrusten vermittels Natronlauge der Angriff sehr erleichtert wird.

Untersucht man, wieviel Kieselsäure und Lignin aus dem Stroh beim Aufschluß entfernt werden und vergleicht man deren Menge (0.5 bis 1 Prozent bzw. 8—12 Prozent) mit dem Gesamtgewichtsverlust (20 bis 25 Prozent), so findet man, daß von letzterem die Inkrusten etwa die Hälfte ausmachen. Das Übrige besteht aus Pentosanen (besonders Xylan), Hexosanen usw., deren Entfernung unerwünscht ist, da sie für die Verdauung wertvoll erscheinen.

Um durch den Aufschluß nur das Schädliche zu beseitigen, aber alles Nützliche zurückzubehalten, erschien eine neue Durcharbeitung des Verfahrens geboten.

Auch lag der Wunsch vor, das Aufschlußverfahren zu vereinfachen und selbst in kleinen Betrieben ausführbar zu machen.

Eine Forderung, welche der Praktiker beim Kochen von Kraftstroh allgemein stellte, war das Weichwerden der Halmknoten. Eine leichte Zerdrückbarkeit derselben zwischen den Fingern galt als Zeichen, daß genügend lange gekocht sei.

Die eigenen Versuche haben nun ergeben, daß ein solches Weichwerden der Knoten auch bei niederer Temperatur als Kochhitze erreicht werden kann, wenn man das Stroh mit Lauge bedeckt und lange genug wartet. Mit der achtfachen Menge $1\frac{1}{2}$ prozentiger Lauge läßt sich in 3 Tagen selbst bei Atmosphärentemperatur der Aufschluß bis zum Weichwerden der Knoten durchführen. Temperaturerhöhung etwa auf 30, 40, 50° und darüber (D. R. P. a. 9. August 1918) kürzen die Aufschlußzeit ab. Es gelingt aber anderseits auch bei tieferen Temperaturen, selbst über 0° hinaus bis zum Gefrierpunkt der Lauge, —1.5°, das Ziel zu erreichen.

Ein Aufschluß ohne Kochen führte naturgemäß zu einfacheren Apparaten und ermöglichte die teilweise oder gänzliche Ersparung von Heizmaterial.

Die Einwirkung von Natronlauge auf Stroh ist außer von der Temperatur in hohem Maße auch von der Konzentration der Lauge abhängig. Erhöhung der Temperatur und Konzentration beschleunigen den Prozeß. Die Lauge zeigt aber auch, besonders bei geringen Konzentrationen eine verschieden lösende Wirkung auf die Inkrusten einerseits und kohlehydratartige Stoffe, z. B. Xylan, anderseits. Ein Mittel, um letzteres neben Lignin festzustellen, besitzen wir nach E. Salkowski[1] in der Fehlingschen Lösung (Kupfervitriol, Weinsäure und Natronlauge). Ist Xylan in größerer Menge in die Lauge übergegangen, so bildet

[1] Zeitschr. f. physiol. Chem. 34, 162—180. 1901.

sich auf Zusatz des gleichen Volumens kalter Fehlingscher Lösung sofort eine gelatinöse Fällung. Kleinere Mengen erfordern einiges Zuwarten und Schütteln. Geht man mit der Konzentration der Lauge von 4 Prozent über 3, 2, 1 bis 0.5 Prozent herab und prüft nach gleicher Aufschlußdauer mit Fehlingscher Lösung, so kann man leicht erkennen, daß bei verdünnterer Lauge die Ausfüllung von Xylan rasch abnimmt.

Lignin, welches auch mit den verdünntesten Laugen noch braungefärbte Lösungen liefert, gibt mit Fehlingscher Lösung keine Fällung, sondern nur eine grüne Färbung, welche als Mischfarbe der blauen Kupferlösung und des braunen ligninhaltigen Strohauszuges angesehen werden kann. Es gibt übrigens keine Konzentration, bei der nur Lignin gelöst würde, und Xylan unangegriffen bliebe. Im Interesse der tunlichsten Erhaltung der kohlehydratartigen Stoffe wird man aber konzentriertere Laugen vermeiden.

Zunächst wurde für kleinere ländliche Verhältnisse empfohlen, das Stroh in einem flachen rechteckigen Holzkasten (2—3 m lang, 1—1$^1/_2$ m breit, 0.3—0.5 m hoch) mit 1$^1/_2$prozentiger Natronlauge in der achtfachen Gewichtsmenge von Stroh während 3 Tagen bei Atmosphärentemperatur aufzuschließen. Das Stroh wird auf der im Bottich befindlichen Lauge ausgebreitet; Auflegen von Holzrosten bringt dasselbe binnen wenigen Stunden zum Einsinken. Dann werden die Roste fortgenommen, um das Stroh völlig in die Lauge niederzudrücken und wenn nötig, gleichmäßig zu verteilen, worauf man wieder mit den Rosten überdeckt. Auch ohne vieles Durcharbeiten ist nach 3 Tagen der Aufschluß fertig. Das folgende Auswaschen kann im Bottich selbst sehr bequem und ohne Wasserverschwendung ausgeführt werden. Das nun fertige Kraftstroh wird naß, halbtrocken oder trocken verfüttert. Die Ausbeute beträgt in trockenem Zustande, auf trockenes Stroh bezogen, 75—80 Prozent.

Diese hohe Ausbeute ist an sich sehr erfreulich, jedoch bestand im Anfang die Neigung, dieselbe als Zeichen ungenügenden Aufschlusses anzusehen. Das Stroh machte sich auch dadurch verdächtig, daß es den üblichen Prüfungsvorschriften nicht genügte.

Von einem gut aufgeschlossenen Stroh war behördlich verlangt, daß es bei Chlorbehandlung nach der Methode von Cross und Bevan mindestens 70 Prozent Rohfaser liefere. Das neue Kraftstroh ergab nur 65 Prozent. Der Grund war der geringere Verlust an verdaulichen Pentosanen usw.

Sodann zeigte 1 prozentige Phloroglucin-Salzsäure starke Rotfärbung, was auf ungenügende Entfernung von Lignin zurückgeführt wurde. Inzwischen ist diese Reaktion als unzuverlässig erkannt und verlassen; sie wird nicht durch Lignin, sondern durch einen noch nicht isolierten, nebensächlichen, Hadromal genannten Stoff veranlaßt.

Einwandfrei wurden durch Prof. G. Fingerling, Leipzig-Möckern, durch Fütterungsversuche die chemischen Bedenken gegen das neue Kraftstroh beseitigt. In seinem Gutachten vom 24. Mai 1918 erklärt er dasselbe als »ein in jeder Beziehung besseres Stroh als das früher im Kochverfahren erzielte«. Die Rohfaser und organische Substanz waren hochverdaulich. Protein, Fett und aromatische Stoffe wurden mehr geschont als beim Kochverfahren. Das neue Futter wurde von den Tieren auch lieber und in größeren Mengen gefressen. Die Vorzüge des neuen Aufschlußverfahrens sind von anderer Seite wiederholt und in vollem Umfange bestätigt worden (vgl. die am Schluß mitgeteilte Literatur).

Trotz der Vorzüge des Verfahrens auf den ersten Blick zeitigte der Vergleich mit dem Kochverfahren noch mancherlei Wünsche; man will nicht gerne Vorteile mit irgendwelchen Nachteilen erkaufen.

Bei dem Kochverfahren hatte man den Natronverbrauch von zuerst 10—12 Prozent auf 8 Prozent vom Stroh herabgesetzt. Bei der neuen, mitgeteilten Vorschrift sind auf 100 Teile Stroh die achtfache Menge 1½-prozentige Natronlauge gleich 12 Prozent Natron vorgesehen. Diese 12 Prozent reduzieren sich aber auf einen Durchschnittsverbrauch von 8 Prozent für einen Aufschluß, wenn man die Ablauge, nach Ergänzung des verbrauchten Natrons, zu einem zweiten Aufschluß und die Ablauge von diesem, wieder unter Ersatz des verbrauchten Natrons, zu einem dritten Aufschluß verwendet. Die Zulässigkeit dieser Ausnutzung der Lauge ist wieder durch Fütterungsversuche erwiesen worden.

Durch wiederholtes Überfüllen der Ablauge auf frisches Stroh läßt sich schon in der Kälte Neutralisieren der Lauge ohne Zusatz von Chemikalien bewirken, und zwar mit weniger Verlust von Strohmaterial als nach Lehmann beim Kochen unter Druck. Die Einwirkung geht sogar bis zur Säuerung.

Um schon vorhandene Bottiche, Gruben usw. für das Aufschlußverfahren verwenden zu können, mußte auf die Schwierigkeiten Rücksicht genommen werden, welche mit Lauge durchtränktes Stroh für die Bearbeitung darbietet. Besonders in tiefen Gefäßen ist es nur mit großem Kräfteaufwand von einer Stelle zur andern zu bringen. Das ändert sich, und zwar ziemlich plötzlich, wenn man soviel Lauge zum Stroh bringt, daß es darin völlig schwimmt. Dann läßt es sich bequem umrühren. Will man daraufhin mechanische Arbeit sparen, so empfiehlt es sich, das Stroh mit der 16fachen Menge 1prozentiger Lauge 3 Tage aufzuschließen. Hier kommen 16 Prozent Natron aufs Stroh, aber bei sechsmaliger Verwendung der Lauge reduziert sich der durchschnittliche Verbrauch für jeden Aufschluß wieder auf weniger als 8 Prozent. Man kann hiernach eine kleinere Menge konzentrierterer Lauge innerhalb bestimmter Grenzen durch eine größere Menge weniger konzentrierter ersetzen. Der Natronverbrauch auf Stroh ist ziemlich der gleiche, und auch das erhaltene Kraftstroh hatte in beiden Fällen die gleichen Eigenschaften.

Für die Massenerzeugung ließ das neue Verfahren hauptsächlich noch deshalb zu wünschen übrig, weil wegen der langen Dauer eines Aufschlusses — 72 Stunden gegenüber 4—6 Stunden beim Kochen — für die Erreichung der gleichen Tagesproduktion große Räume erforderlich waren.

Diese Aufschlußzeit ließ sich natürlich bis zu gewissem Grade herabmindern durch mäßiges Erwärmen, welches das Pentosan, Protein, Fett und Aroma des Strohs noch genügend schont. Dabei könnten etwa ungenützte Wärmequellen wie Abdampf und Kondenswasser oder die Erwärmung bei Auflösung des Ätznatrons ausgenutzt werden. Indessen legte man im allgemeinen gerade Wert darauf, daß bei meinem Verfahren ohne Wärmezufuhr auszukommen war, und fast immer wurde gefragt, ob der Aufschluß auch im Winter ohne Erwärmen möglich sei. Die Aufstellung eines kleinen Ofens zum Erwärmen der Luft erschien bereits als Erschwerung für die Einführung des Verfahrens. Beachtenswert ist auch, daß innere Reaktionswärme dem Aufschluß etwas zu Hilfe kommt.

Genauere Untersuchungen haben bewiesen, daß die zunächst für nötig gehaltenen Aufschlußzeiten auch ohne Erwärmen erheblich herabgesetzt werden können und das Weichwerden der Knoten, welche übrigens nur 7 Prozent des Materials ausmachen, nicht für den Grad des Aufschlusses maßgebend ist.

Beim Aufschluß von Stroh mit der achtfachen Menge $1^1/_2$prozentiger Lauge geht der Titer etwa auf die Hälfte herab, was einem Verbrauch von rund 6 Prozent Ätznatron entspricht. Verfolgt man den Verlauf dieses Vorgangs etwa von 15 zu 15 Minuten durch Titrieren mit Säure und Lackmus[1], so findet man, daß der Natronverbrauch sofort mit großer Schnelligkeit beginnt, aber bald langsamer wird und nach 1—2 Stunden in der Hauptsache erledigt ist. Auch mäßiges Erwärmen ändert nicht mehr viel.

Trägt man auf kariertem Papier auf einer Horizontallinie die Zeitlängen ab, und vom Anfangspunkt aus in der Vertikalen die den Laugenverbrauch entsprechenden Längen, und errichtet an den Enden die Senkrechten bis zu den Schnitten, so ergibt die Verbindung dieser Punkte eine Kurve, die zunächst stark abfällt, aber schon nach 1—2 Stunden fast horizontal wird. — Titrierkurve —.

[1] Wie Lackmus wirkt auch Phenolphthalein als Indikator. Methylorange läßt den Titerrückgang nicht erkennen, weil es sich um die Entstehung einer nur schwachen Säure handelt.

Bestimmt man in einer zweiten Versuchsreihe, wieder in je 15 Minuten, wieviel Stroh nach Abfiltrieren, Waschen und Trocknen hinterbleibt und konstruiert die entsprechende Kurve, so verläuft sie ähnlich wie die erste, wird aber erst nach 3—4 Stunden annähernd horizontal. — Ausbeutekurve —.

Weiterhin kann auch die Färbung der entstehenden sog. Schwarzlauge zur Beurteilung des Verlaufs der Aufschließung dienen. In gleichen Glaszylindern vergleicht man die Färbung einerseits von 100 mm Schicht einer $^1/_{1000}$ Normal-Jod-Jodkaliumlösung, anderseits der Strohlauge, von der soviel in einen zweiten Zylinder gebracht wird, bis die Farbengleichheit beim Durchblicken von oben gegen weißen Untergrund erreicht wird. Die Änderung der Laugenschichthöhen nach je 15 Minuten hört fast auf nach etwa 5—6 Stunden. — Kolorimeterkurve —.

Ergänzend treten zu solchen Kontrollen Ligninbestimmungen in Stroh und Lauge.

Der Verlauf dieser Kurven läßt darauf schließen, daß die Aufschließungsvorgänge viel rascher ablaufen, als bis dahin angenommen wurde. Weiterhin zeigen die Kurven, daß bei der Strohaufschließung verschiedene Vorgänge nebeneinander verlaufen und mit etwas verschiedenen Geschwindigkeiten abklingen.

Am schnellsten erfolgt der Neutralisationsvorgang, dem, wie es scheint, auch die größte Bedeutung zukommt. Er spaltet den Kohlehydratkomplex unter Herauslösen einer schwachen Säure, des Lignins, welches das Verhalten einer Laktonsäure besitzt. Wahrscheinlich wird hierdurch im wesentlichen die größere Verdaulichkeit des Kraftstrohs bedingt. Wieviel von den Spaltstücken in Lösung gebracht wird, hat anscheinend sekundäre Bedeutung für die Verdaulichkeit.

Schon früher ist darauf hingewiesen worden, daß durch verdünntere Laugen nach Prüfungen mit Fehlingscher Lösung Xylan geschont wird. Es ist aber vergebliches Bemühen, eine völlige Entfernung von Lignin aus dem Stroh erreichen zu wollen, ohne viel verdauliche Substanz zu zerstören. Selbst beim Weender-Verfahren der Rohfaserbestimmung durch Kochen von Stroh mit verdünnter Schwefelsäure und darauffolgend mit verdünnter Natronlauge bleibt stark ligninhaltige Rohfaser zurück. Erst durch Chlorbehandlung nach Cross und Bevan wird Lignin vollkommen zerstört. Durch den Aufschluß mit $1\,^1/_2$prozentiger Natronlauge geht der Ligningehalt des Strohs von etwa 23 Prozent auf 12 bis 16 Prozent zurück: etwas mehr als die Hälfte des Lignins verbleibt also im Stroh. Jedenfalls erscheint es als ziemlich unwichtig für die Verwendung als Futtermittel, ob einige Prozent mehr oder weniger Lignin beim Aufschluß zurückbleiben.

Von diesen Gesichtspunkten aus wurde die Aufschlußzeit mit 1½prozentiger Lauge von 72 Stunden auf 12, 6, 4 und 3 Stunden abgekürzt (D. R. P. a. 9. Oktober 18) und das so erhaltene Material auf seinen Futterwert geprüft.

Hr. Prof. Fingerling hatte wiederum die Freundlichkeit, Ausnützungsversuche anzustellen. Daß alle diese Proben laut Gutachten vom 13. September 1918 dem 72stündigen Kraftstroh kaum nachstanden, läßt erkennen, daß es im wesentlichen auf die im Neutralisationsprozeß beim Stroh sich vollziehende Aufspaltung seiner Bestandteile ankommt und die folgenden Herauslösungen nicht vollständig zu sein brauchen. Vermutlich kann man entsprechend den Kurven noch rascher arbeiten.

Die für den Nährwert des Strohs maßgebenden Stoffe werden erst im Darm des Tieres durch Bakterienwirkung verdaulich gemacht. Der Erfolg scheint schon gesichert zu sein, wenn die Inkrusten auch nur teilweise gelöst werden und dadurch die Bakterien hinreichend Zutritt erhalten. Lignin ist bei seiner großen Widerstandsfähigkeit gegen Säuren, z. B. 42prozentige Salzsäure, welche nach Willstätter[1] Holz bis fast auf den letzten Rest in Zucker aufspaltet, wohl als sehr wenig verdaulich anzusehen. Seine völlige Entfernung würde wohl einen Vorteil bedeuten, aber augenscheinlich ist es auch kein großer Nachteil, wenn ein Teil zurückbleibt. Die früher vorgeschriebene qualitative Ligninprobe erscheint dadurch erst recht verfehlt.

Die Abkürzung der Aufschlußzeit beseitigt nun aber alle Bedenken bezüglich der Unbequemlichkeiten in der Massenfabrikation.

Das jedenfalls überraschende Ergebnis, daß für den Aufschluß in der Kälte nicht mehr sondern sogar weniger Zeit gebraucht wird als bei den früheren Kochverfahren, gibt die Möglichkeit einer Umstellung aller früheren Anlagen auf das neue Verfahren, wobei die Produktionsfähigkeit der Anlage und die prozentuale Ausbeute eine Steigerung um mehr als die Hälfte erfährt. Der für das Kochen bisher erforderliche Kohlenverbrauch von über 100 Prozent des Gewichts des Fertigfabrikats kommt völlig in Wegfall.

Für die drehbaren Kugelgefäße (sog. Kugelkocher) erschien es wünschenswert, der früheren Raumausnutzung entsprechend, das Volumen der Lauge zu verringern. Die Versuche besonders im großen ergaben, daß die Drehbewegung des Kugel- oder Zylindergefäßes eine genügende Durchmischung des Strohs mit der Lauge sichert, auch wenn auf das Stroh nur die vierfache Gewichtsmenge Lauge und 8 Prozent des Strohs Natron verwendet werden. Im gleichen drehbaren

[1] Ber. d. deutsch. Chem. Ges. 46, 2407 (1913).

Kugel- oder Zylindergefäß (sog. Sturzkocher) wird auch mit großem Vorteil ohne Umfüllung ausgewaschen, wenn man die Öffnungen mit Siebkörben versieht und das Wasser seitlich oder unten, bald beim Ruhen des Gefäßes, bald beim Drehen zuleitet.

Kochen im Kugelgefäß (Kugelkocher) führt besonders beim Drehen leicht zur Verfilzung des Materials, das mit Rücksicht auf ein Zusammenballen in den Verdauungswegen unerwünscht ist. Bei kalt aufgeschlossenem Material geht die Zerfaserung nicht so weit, daß daraus Nachteile für die Verdauung entstehen könnten.

Die Meinung, daß kalt aufgeschlossenes Stroh sich wegen geringerer Zerteilung schwerer auswaschen lasse als Kochstroh trifft andrerseits nicht zu. Es scheint sogar eine Erleichterung einzutreten.

Ein fertiges Kraftstroh läßt sich auf den Grad seiner Aufschließung nach den bisher gemachten Erfahrungen am einfachsten dadurch prüfen, daß man 10—30 Gramm mit der 16fachen Menge 1prozentiger Lauge vier Stunden bei Zimmertemperatur behandelt und dabei, wie früher angegeben, den Rückgang des Titers beobachtet, welcher auch bei hinreichendem Aufschluß bis zu einem geringeren Grade wieder stattfindet, weiterhin die Ausbeute und die Färbung des Auszugs kontrolliert. Ergänzend werden evtl. Asche, Holzfaser sowie Lignin bestimmt.

Das Kraftstroh ist goldgelb. Eisen aus dem Wasser oder Aufschlußgefäß veranlaßt ein übrigens unschädliches Nachdunkeln besonders beim Trocknen.

Aufschluß mit Kalk u. a.

Besonders erwünscht war es, auch die billigste und zudem unschädlichste Base zum Aufschluß zu verwenden, nämlich Ätzkalk.

Zu 100 Teilen Stroh braucht man etwa 8—10 Teile Kalk und etwa 1000 Teile Wasser. Dies vermag nur 1,5 Teile Kalk, also bei weitem nicht die erforderlichen Mengen Kalk zu lösen. Deshalb ist es nötig, durch Bewegung das Wasser auf dem Sättigungszustand zu erhalten. Ein Überschuß des Kalks bleibt beim Stroh zurück und haftet demselben leicht an. Natürlich kann man auch in einem besonderen Gefäß das Kalkwasser erzeugen und dieses unter Zurücklassung des ungelösten Kalks über Stroh zirkulieren lassen.

Aus einem zweiten Grunde wird das Stroh auch in diesem Falle kalkhaltig. Mit dem Lignin, auf dessen Abspaltung es hauptsächlich beim Strohaufschluß ankommt, wird ein Teil des Kalkes im Stroh zurückgehalten, indem Lignin mit Kalk eine schwer lösliche Verbindung bildet.

Durch gründliches Waschen mit vielem Wasser läßt sich der Kalkgehalt herabdrücken. In bezug auf die physiologische Bedeutung des Kalkgehaltes haben sich in letzter Zeit die Ansichten der Tierphysiologen und Landwirte sehr geändert. Während man früher bei Großvieh 50 g pro Tag zuließ, hält man jetzt 200—250 g für unschädlich.

Auf Grund meiner Patentanmeldung vom 25. März 1918 hat Hr. Prof. Fingerling mit dem in der Kälte aufgeschlossenen Kalkstroh Fütterungsversuche ausgeführt. Dieselben zeigten, daß Kalkstroh etwa die Verdaulichkeit von Wiesenheu besitzt.

Neuerdings haben auch W. Ellenberger und P. Waentig (Deutsche Landwirtschaftl. Presse vom 1. Januar 1919 S. 1) das Verfahren der Behandlung des Strohs mit Kalk in der Kälte geprüft, ohne von meinen Kalkversuchen Kenntnis zu haben und sind ebenfalls zu der Ansicht gelangt, daß in dieser Weise der Futterwert des Strohs beträchtlich erhöht wird. Dr. Baron von Vietinghoff baut auf das Kalkverfahren bereits große Hoffnungen unter unberechtigter Verwarnung vor meinem Natronstroh (Deutsche Landwirtschaftl. Presse vom 18. Januar 1919 S. 30). Wie meine Versuche gezeigt haben, wird durch Kalkbehandlung der Ligningehalt kaum verringert, es scheint also auch hiernach weniger auf eine Entfernung des Lignins als auf dessen primärer Abspaltung aus seiner Verbindung mit dem Kohlehydratkomplex im Stroh anzukommen.

Kalk kann auch dazu dienen, aus kohlensaurem Natron (Soda) oder aus kohlensaurem Kali (Pottasche), deren Kohlensäure durch Kalk unlöslich wird, indem Kalziumkarbonat entsteht, während des Aufschlusses Alkalilauge zu erzeugen. Gerade bei Gegenwart von viel Wasser, wie es beim Aufschließen verwendet wird, findet diese Umsetzung fast vollständig schon in der Kälte statt. Zur Entfernung des unlöslichen kohlensauren Kalkes ist natürlich besonders gründliches Durchspülen und Waschen nötig, wofür aber bereits geeignete apparative Vorrichtungen geschaffen worden sind. Auch hier kann die Lauge in besonderen Gefäßen hergestellt und ohne ungelösten Kalk in das Aufschlußgefäß gebracht werden.

Nachdem festgestellt war, wie leicht bei Einwirkung von basischen Stoffen Stroh aufgeschlossen wird, ist auch mit Erfolg versucht worden, Alkalikarbonate (Soda, Pottasche, Holzasche) ohne Zusatz von Kalk sowie Ammoniak[1] und dessen Karbonate zu verwerten. Näheres darüber soll erst später mitgeteilt werden.

---

[1] Vgl. F. Lehmann D. R. P. 169880 Kl. 53g 26. März 1905.

Man hat während des Krieges auch wiederholt versucht, Stroh durch bloßes Vermahlen oder Behandlung mit Säuren, wie Salzsäure und Schwefelsäure verdaulich zu machen, ohne damit irgend Erfolg zu erzielen. Offenbar ist zur Abspaltung des Lignins mit Säurecharakter wohl eine Basis, aber nicht eine Säure geeignet.

Die hier in groben Zügen angedeuteten neuen Verfahren der Strohaufschließung sind zum Teil bereits lebhaft diskutiert worden und haben sich, wie es scheint, allenthalben bewährt[1].

Daß man an einen Erfolg glaubt, geht auch aus dem Bestreben hervor, sich Patentschutz auf Variationen des Verfahrens zu sichern. Dadurch ist die Veredelungsgesellschaft für Nahrungs- und Futtermittel (Venafu) Berlin W, Tauentzienstraße 15, welche die Einführung in die Praxis übernommen hat, zu immer neuen Patentanmeldungen gezwungen, deren Zahl sich zur Zeit bereits auf 27 beläuft.

Dem tatkräftigen Begründer dieser Gesellschaft (gleichzeitig Leiter der Otwi-Werke zu Bremen), Hrn. Dr. Otto Sprenger, ist es zu danken, daß viele bisherigen großen Widerstände, die von verschiedenen Seiten geleistet wurden, überwunden werden konnten.

Berlin-Dahlem, 12. März 1919.

---

[1] 1. Prof. Dr. Henkel, München, Fortschritte der Strohaufschließung. Wochenbl. d. Landw. Vereins in Bayern Nr. 35, S. 154, 28. August 1918.

2. Geh. Reg. Rat Prof. Dr. Semmler, Breslau, Referat über seinen Vortrag »Stand des Stroh- und Holzaufschlusses«, Mitteil. d. Deutsch. Landwirtsch. Ges. Nr. 37, S. 527, 14. September 1918.

3. Prof. Dr. Henkel, München, Ein neues Strohaufschließungsverfahren auf kaltem Wege, Der prakt. Landwirt Nr. 42, S. 272, 18. Oktober 1918.

4. Dr. D. Meyer, Breslau, Der gegenwärtige Stand der Strohaufschließung f. Fütterungszwecke, Deutsche Landw. Presse Nr. 84, S. 519, 19. Oktober 1918 und Nr. 85, S. 525, 23. Oktober 1918.

5. Geh. Reg.-Rat Prof. Dr. Hansen, Königsberg, Aufschließ. von Stroh mit kalter Natronlauge nach dem Verfahren von Beckmann, Mitteil. d. Deutsch. Landwirtsch. Ges. Nr. 4, S. 41, 25. Januar 1919.

6. Geh. Hofrat Prof. Dr. Ellenberger und Prof. Dr. Waentig, Dresden, Über einige Ausnutzungsversuche am Pferd mit sogen. »Beckmannstroh«, Deutsch. Landwirtsch. Presse Nr. 14, 15. Februar 1919.

Ausgegeben am 3. April.

Berlin, gedruckt in der Reichsdruckerei.

1919 XVIII. XIX

SITZUNGSBERICHTE

DER PREUSSISCHEN

AKADEMIE DER WISSENSCHAFTEN

BERLIN 1919
VERLAG DER AKADEMIE DER WISSENSCHAFTEN
IN KOMMISSION BEI GEORG REIMER

an die Druckerei abzuliefernden Manuskripte
wenn es sich nicht bloß um glatten Text handelt,
ende Anweisungen für die Anordnung des Satzes
Wahl der Schriften enthalten. Bei Einsendungen
Fremder sind diese Anweisungen von dem vorlegenden
Mitgliede vor Einreichung des Manuskripts vorzunehmen.
Dasselbe hat sich zu vergewissern, daß der Verfasser
seine Mitteilung als vollkommen druckreif ansieht.

1919.

XVIII.

SITZUNGSBERICHTE

DER PREUSSISCHEN

AKADEMIE DER WISSENSCHAFTEN

3. April. Sitzung der physikalisch-mathematischen Klasse.

Vorsitzender Sekretar: Hr. von Waldeyer-Hartz.

1. Hr. Liebisch sprach über die Dispersion doppeltbrechender Kristalle im ultraroten Spektralgebiete. (Ersch. später.)

Die Ergebnisse der Messungen, die Hr. Rubens über das Reflexionsvermögen einer Auswahl von doppeltbrechenden Kristallen im langwelligen Ultrarot angestellt hat (diese Sitzungsber. S. 198), wurden verglichen mit den Eigenschaften dieser Körper im sichtbaren Spektralgebiet und im kurzwelligen Ultrarot.

2. Hr. Struve legte eine Arbeit von Hrn. Prof. Dr. Schweydar in Potsdam vor: »Zur Erklärung der Bewegung der Rotationspole der Erde«. (Ersch. später.)

Der Verfasser berücksichtigt bei der Behandlung des Rotationsproblems die Verlagerung der Hauptträgheitsachse, verursacht durch Luftmassenverschiebungen im Laufe des Jahres, ausgehend von einer Tafel von Gorczynski (1917), welche die Isobaren für die ganze Erdoberfläche von Monat zu Monat angibt. Es wird gezeigt, daß die sich daraus ergebende Bewegung des Rotationspols in einer Spirale erfolgt, welche beiläufig einen sechsjährigen Zyklus gleich der fünffachen Chandlerschen Periode aufweist und sich der aus dem internationalen Breitendienst abgeleiteten Bewegung des Rotationspols gut anschließt.

Ausgegeben am 10. April.

1919.

XIX.

SITZUNGSBERICHTE

DER PREUSSISCHEN

AKADEMIE DER WISSENSCHAFTEN.

3. April. Sitzung der philosophisch-historischen Klasse.

Vorsitzender Sekretar: Hr. Roethe.

1. Hr. Tangl sprach über »Bonifatiusfragen«. (Abh.)

Er greift aus der Gesamtarbeit heraus Mitteilungen über die Dauer des Reiseverkehrs und Nachrichtendienstes zwischen Deutschland und Italien im Mittelalter und zeigt an Beispielen vom 9. bis 15. Jahrhundert, daß hierfür ein Monat genügte, in wichtigen Fällen nicht einmal benötigt wurde.

2. Hr. Erman sprach über die Mahnworte eines ägyptischen Propheten. (Ersch. später.)

Die Schrift, die von H. O. Lange 1903 in einem Leidener Papyrus entdeckt und von A. H. Gardiner 1909 herausgegeben wurde, stammt noch aus dem mittleren Reich (um 2000 v. Chr.) und bezieht sich augenscheinlich auf ein wirkliches geschichtliches Ereignis, einen Zusammenbruch des ägyptischen Staates, bei dem die Beamten und die höheren Stände überwältigt und unterdrückt werden: Angriffe äußerer Feinde spielen, wenn überhaupt, dabei höchstens eine Nebenrolle.

Den eigentlichen Inhalt des Buches bilden sechs Gedichte, die den schrecklichen Zustand des Landes schildern, noch Schlimmeres vorhersagen und schließlich auf bessere Zeiten hinweisen, wo man den Dienst der Götter wieder pflegen, wieder arbeiten und sich wieder freuen wird. Die Erzählung, die den Rahmen zu diesen Gedichten bildet, ist verloren: aus den erhaltenen Anspielungen scheint hervorzugehen, daß der bejahrte König, der »ein guter Hirte war« und »in dessen Herz nichts Böses war«, nichtsahnend in seinem Palaste lebte, denn »man sagte ihm Lügen«. Aber der weise Ipu-wer, dem er »zu antworten befahl«, zeigte ihm und dem Hofe die Wahrheit.

3. Hr. W. Schulze legte eine Mitteilung des Hrn. Dr. Ernst Lewy in Wechterswinkel vor: Einige Wohllautsregeln des Tscheremissischen. (Ersch. später.)

Der Verfasser zeigt aus fremden und eigenen Textaufzeichnungen, daß das Tscheremissische dissimilatorischen Silbenschwund und Vereinfachung gleicher zusammentreffender Konsonanten nicht nur in der Wortbildung durch Suffixe, sondern auch im Satze zuläßt.

Cormacs Glossar

nach der Handschrift des Buches der Ui Maine.

Herausgegeben von Kuno Meyer.

(Vorgelegt am 20. März 1919 [s. oben S. 161].)

Nachdem Thurneysen in seiner Abhandlung über Cormacs Glossar[1] die Bedeutung der Handschrift M für die Wiederherstellung der ursprünglichen Fassung dieses wichtigen Textes erkannt hat, muß allen Fachgenossen an einer Veröffentlichung derselben liegen. Da von dem Artikel *Imbas forosnai* an die eng verwandte Handschrift L (Laud 610) in der Stokesschen Ausgabe vorliegt[2], ist jedoch ein vollständiger Abdruck nur bis zu diesem Eintrag erforderlich. Einen solchen gebe ich hier nach einer Photographie und beschränke mich im übrigen auf die Wiedergabe der von L abweichenden Lesarten. Die Artikel *Mug eme* und *Prull* lasse ich aus, da Thurneysen ersteren kollationiert und letzteren vollständig gedruckt hat[3].

Die endlosen Verlesungen des Schreibers von M, der seine Vorlage nur hie und da verstand, erhieschen eigentlich auf Schritt und Tritt ein warnendes *sic*! Da aber der Text dadurch arg verunstaltet und fast unleserlich gemacht worden wäre, habe ich davon abgesehen und bitte meine Leser, der Genauigkeit des Abdrucks Glauben zu schenken, selbst wenn sie häufig *n* und *m* verwechselt, *fordingair* als *s̄ dingair* (S. 2, 32), *a menci concanur* als am*en* cichanaiꝫ (S. 2, 38), *nauilmuire* statt *nanilmuire* (S. 14, 2) und zahlloses andere der Art gedruckt finden. Die Handschrift ist so deutlich geschrieben, daß ein Zweifel über die richtige Lesung nicht bestehen kann; nur am Rande sind gelegentlich einige Buchstaben durch Verwischung etwas unleserlich geworden. Mit *h* bezeichne ich den vom Schreiber gesetzten Spiritus asper, mit ^{h} den von einer korrigierenden Hand besonders im ersten Teil häufig über Spiranten gesetzten Punkt.

[1] Festschrift für Ernst Windisch (Leipzig 1914) S. 8ff.

[2] Transactions of the Philological Society 1891—92.

[3] Auf S. 12 seiner Ausgabe ist in Z. 17 mit der Hs. imdaid*h* zu lesen, Z. 20 lomcæla und breacdubha, Z. 23 bacuasa, Z. 32 gofacad*ur*. Z. 46 ceade und auf S. 13, Z. 55 snalsem.

fol. 177a [1].

Adam ·i· duine l. in*ter*rigena [2] ad^{h}amnan ·i· ho*mun* culu (?) [3] ad^{h}rad^h abdratione [5] ard ·i· abarduo [6] Asgalt ·i· eisgeilt no as colt ·i· colt biad [7] Asgland ·i· uasgland gland ·i· guala [4] Arad^h·i· riad^h fr*ia* ·a· gach nard. [8] adaltrach ·i· abadulterio [10] Acauis ·i· acausa [9] Altrom ·i· abeo q*uod* est [11] alacer abeo q*uod est* ac*h*erlaind [12] Amos ·i· inti arnabi fos ach oloc goloc ·i· ogach ti-. g*er*na goroile [14] Aine ·i· cuairt. ueteres enim an procircu*m* ponebant. unde ann*us* ·i· circuitus [15] Arces ·i· abarceo ·i· iarsa*n*dni timaire anitic indti [17] Ansearg ca an*n*sa aseirc [18] Airged ·i· asinairgent abargento [20] Arcofui*n* do*m* dia ·i· arcomarco ·i· postulo ueniam deo ·i· adlochur dilg^{h}ud^h dodia post peccatum Ailit*er* ·i· arceo ·i· finem qua*m*uis primo peccaui [19] Ascul ·i· abascula ·i· slisen [21] Ascaid^{h}i ·i· scalund ascaid^{h}c*h*e ·i· læcd*h*a arnat*h*maire inlæich am*al* l. sgath [23] Aūam ·i· dialtudug^h gæ d*h*ailgi ·i· am*al* rogab nath ⁊ a*n*nath eim ⁊ aneim^h neart ⁊aimn*er*t [22] Ad^{h}amra ·i· abamiratione [24] Auȝdam ·i· ausdon*n* aurtedais [25] Almsa ·i· abelimosina [26] Art ·i· treid^{h}e f*or*di*n*gair ·i· art ·i· uasal ·unde d*icitu*r art fineart ·i· dia unde d*icitu*r fuath nart ·i· fuath dei aracæim^{h}e. Iteim cucul*ainn* post mortu*m* d*icere* pe*r*hibetȝ do*m*menad art uasal art ·i· dāclot*h* *cuius* dimi*n*utiuum *est* artei*n*e inde dix*it* guaire aigne docælad^h mori nainre nahartteine bit*h*e f*or*alige m*h*arcain m*ic* ædh*a* m*ic* mairceine [27] Arg treid^{h}e s̄ di*n*gair arg ·i· ban*n*da unde d*icitu*r ruarg ·i· robanda ·i· snig^{h}e mor dolochud arg da*no* ·i· læch unde argd^{h}a ·i· læchd^{h}a *cuius* uxor argeind ·i· isgein do arg ·i· dolæch abeith aice l. arg cui*n*. isarg ·i· læc*h* cuiniu bean arg da*no* aird*ric* unde d*icitu*r airceadul ·i· arg ceadal ·i· ceadal ardricar am*en* cichanaiȝ asoire da*no* niceadal læch adberar arnid oleithib nama dognit*her* [28] Ab abeo q*uod est* post abas l. ebraico q*uo*d est aba ·i· pater [29] At*h*air at*h*er primitȝ dicebat*ur* asin pater [30] Alt ·i· abaltitudine. [31] Ana ·i· m*ate*r deoru*m* hib*er*nensium roho maith da*no* nobiat*h*ad^{h} soideos decuiȝ nomi*n*e ana d*icitu*r imbed ⁊decuiȝ no*m*i*ne* doc*h*ig ana*m*ne iarluacair nominant*ur* ut paulo erunt[1]. l. ana q*uod* ai*n*mo*n*sge q*uod* ip*er*dapes [32] Amȝat*h* ·i· nephrat*h* ·i· tabar rath tara eisi ar-as iarmbas duine dognitear Ailiter biamas ·i· eg amrath da*no* ·i· rath iar negaib^{h} ·i· dob*er* muindter inti dianden-tar log*h*air s*ed* h*oc* p*ost* tre*n*inium s*ed* h*oc* non tamlug^{h} d*ho* [33] Aed ·i· tei*ne* tre impod^{h} a-na*n*ma asdea ·i· ban*n*dea ar ip̄a *.est* ue-nitusta ·i· bai*n*d de t^{h}einead^{h} ⁊aruesta illam deam esse ignis fabulaueru*n*t uesta ip̄a ignis d*icitu*r ·i· æd [34] Amnas

fol. 177a².

asin aimne abeo q*uod est* aimnesti*n*a ·i· ui-lidilgeand [35] Aursu ·i· orsin ·i· indara hor araill frisin ailiter aursa ·i· airisu ·i· iar sani airises inteach fuirre [36] Aitidiu ·i· ath detiu iterum iarnaitsium nach naili p*ri*us [37] Anairt ·i· inirt. irt ·i· bas ut dS̄ mora*n*d m*a*c mai*n* ·i· dath do*n*dicirt Anairt da*no* inba is arbani ascosmail frili bais airnibi d*er*g. andarsin exsangi*ne* mortus [38] Aud^{h}*acht* ·i· uath feac*h*t ·i· intan teid induine f*ri* feac*h*t uat*h*ad^{h} ·i· bais [39] Andsomain ·i· ainm airċea-dail ·i· ȧn*n*somain ·i· armed aluaig^{h}e ⁊ased anollaman inde d*icitu*r inl̇oing ollam^{h}an ano-main [40] Ansruth ·i· no*men* pig*ra*idȝ poetaru*m* ·i· sruth an nacai molta uad^{h} ⁊sruth namai*ne* cuice dara eise [41] Anair ·i· ai*n*m airceadail ase dagni cli ·i· anær ·i· nih̄ær *acht* as molad^{h} ·i· ambud^{h} ⁊gidead^{h} sin doca*ch*molad^{h} isdilsi don alt airc^{h}eadailsea airis ḟuirmead^{h} poetaru*m* ro*n*idar h*ec* no*m*i*na* dunerc*h*eadlaib^{h} ⁊nihait*h*nid^{h} ron*n*dir leo [42] anf*or*bracht ·i· ai*n*m doduine s-

[1] Über *paulo erunt* in Kursivhand des 17. Jahrhunderts *fabule ferunt.*

irgeis 7timairces. gal*ar*. gonabi feoil na sug^{h} andbrac*h*t beoil uocabatur [43] Adart ɫ*ua*si adirt ·i· ada inb^{h}ais airis bas adorimt^{h}er cotlud isai*n*m irt dobas isai*n*m do*n*sua*n* isada dintealcud*h* f*ri*hadart 7 asairdi cotalta unde *dicitur* deasgaid^{h} c^{h}odalta f*re*islige [44] Ara ·i· airiu f*ria*hanair ara ·i· rehuac*h*t arach no*mi̅n*is [45] Atle ·i· atfola ·i· ismecid oldas fola [47] axail ·i· auxilium q*uo*d hominibꝫ p*re*bent [46] Arathar ·i· abaratro [48] ana ·i· staba becca bitt*h*e (?) isna t*ri*b^{h}p*ra*tib isnacanoib^{h} dluit*h*aib^{h} inde *dicitur* dai*m*mid ana f*or*linaib 7batar guth batir (?) mai*n*e ut m*a*c urcearda *dixit* f*or*cnuic crabfa*n*d INrath hi f*or*sanfil imbid tip*ra*n fo aingil babind gaircaill lonc*h*e imraith fiach m*i*c mai*n*c*h*e f*ri*thol t*ra* dodainib^{h} scat*h*aib donigdis h*e*c uasa 7 dofagbadis do oleisib^{h} f*or*snatip*ra*daib^{h} origaib dofromad a cana dob*er*dis [50] At*h*gabail ·i· iarsin ni adgab cac*h* aleas treithe Ailiter ·i· gahail ·i· natribæ tuis eachu rogab^{h} aisal armug mug m*a*c nuad*h*ad At*h*gab^{h}ail ·i· nase bæ arnamaireac*h* [51] Athlach ·i· aith 7eoc*h*o ·i· nama at*h*ach di*diu* ·i· namaith 7 nihai*n*m *acht* dodeag^{h}la·ch [52] Aithc*h*es uxor eiꝫ qm*odo* laiceis allaiceo [53] Ao ɫ*ua*si abau ·i· abuaire [54] Aunosg ·i· nasg aue [55] Aig^{h}ean ·i· og^{h} foean ·i· ai*n*m bid^{h} leith nuig^{h}e [56] Aiteand ·i· ait*h* tei*n*did^{h} *acht* isaith istei*n*d un*de* m*a*c samain *dixit* Ni pi*n*mainfid^{h} fuirig*h*in fil atæb^{h} an tuirig^{h}in ato*m*c^{h}aine aduile nimana igair druibe [57] Aurdune ·i· ardoirrsib^{h} nandu-ine [58] Airb^{h}ir ·i· fort anair nomb*er*a et*er* do dialaim airisfort inumb*er*e naeire archeana [59] Air ·i· cach nairt*h*ear ut *est* eirta (?) uait ut iarmuma 7 ut *dicitur* aratir quia sunt natri airne and ·i· aru artir

fol. 177b[1].

asneasa deirind Art iart^{h}air asi asia oeiri*n*d siar 7 asisid^{h}ein ara iartarthach [60] Aine ·i· denomi*n*e aine ingean eogab^{h}ail [61] apartu ·i· seac*h*tmad^{h}

furirid induine gabt*h*ar isin apart*h*ain asia apairt di*diu* dobar i*n*duine dialaili usiu niar-dar illiud*h* ceana *acht* ep*er*t dófr*ia* cele nodgeib^h*im* inapartain arcob^{h}le di*diu* dob*er*ar [62] Ailges ·i· ailgeis guide isarail di*diu* dob*er*ar· inguid^{h}e sin ·i· mar-molad^h seactmai*n* dalog^{h}e aeinig^h indi cois a-camgegar indailges teac*h*ta [63] At*h*aba ·i· isin bath ·i· vas [64] Ami*n*d abeo q*uo*d est amenum [65] Airci*n*deach ·i· aircenach ·i· arcos isin gr*e*c ex-celsus isinlaitin aircindeac*h*tain ·i· uasal ce-and [66] Ambue ·i· nembunad*h*ach ·i· bue buna-d^{h}ach [67] Ad^{h}æ ·i· ad*h* d^{h}æ dir do dia [69] Adam ·i· oenit^{h}arna ut colman m*a*c leinin d*ix**it* luin ocela-ib^h hui*n*ge ocdirnaib crotha ban nathach o-cruad^{h}aib^h rig^{h}naib ri oc do*m*nall dord ocaib-si Adaim ocaimdill calg ocmoc*h*ailg sea [70] A ·i· fen ut fermu*m*an aquibȝ flebilibȝ audiuit inaqui*n*ñali parte INnesarda*n* ·i· imt*h*a toma-.. ma mo aara taire moamo. im̄ mad*h* do ato [71] Aiteire ·i· iter ade ·i· it*er* dafoceamain [73] Aig-rere (?) ·i· aiger eire ·i· bretheam [74] aigne ·i· fr*i*aige-s (?) ai [76] Ait*h*inde ·i· ateine ·i· aathli teinead^h [77] Apstal ·i· abapost*ulo* [79] aner ·i· bean ·i· mider ·i· niingenā der eni*n*filia ⁊uirgo uocatur [78] Am .. ·i· amdon ·i· an fodiultad^h idan h*autem* ·i· ida*n* abeo q*uo*d *est* idoinȝ ·i· tareisi [80] Ad^{h}b^{h}a othæ ·i· ad.. uath hua*n*ne ·i· uatur ⁊ ond cloch ·i· adba uire ⁊cloit*h*e [72] Aingel abeo q*uo*d *est* ange-lus [81] Aggilne ·i· augu giallna ·i· adorat*h* i*n*fear setta urclot*h*a dialaile ·i· loga einig^h arairitin setuad arbes asa uca do iarum gillnæ doimirsin ⁊airitin sed uad^h arbes nairceand næ cidail do di*diu* airitin set one-..h eile imcu*mang* *acht* anairitin ofir o*m*b*er* seo-tu taurclot*h*a cidarnatitiut*ra*set arbes nair-cainæ onacelib donaflait*h*eib^h asainm agillne donaceilib^h ⁊ si*n* p*r*oso*n* p*r*op*rie* h*autem* *dicitu*r do*n*-fearaib*h* gabtai scoto tuarclotha ceinbra-ith aran fognam nair coad*na* ꝯ/ꝧ tione

[103] Beandacht asin benedictȝ ·i· abenedi*c* [104] buanand ·i· muim*e* nafian ·i· nanan*n*co sinailes ·i· ṡroamatair tiea ·i· una asamla-

ig*h* sin buanand ·i· dag*h* mathair ·i· ambua*n* ·i· isbon ·i· dendi ashoua unde *dicitur* geinid*h* buanoambuan ·i· maith oule anan*n*. di*diu* filis indias anu ·i· *mater* deo*rum* buanand da*no* ·i· dag^{h} math*air*. ac forceadal gaisgid*h* donafiannaib^{h}. [105] bran ·i· flach un*de* bran*d^{h}*a ·i· fiac*hd^{h}*a ·i· arduib^{h}e scoit*h*i 7bra*n*dub^{h} ·i· fiac*h*dub^{h} unde *dicitur* bron norgui*n* ·i· nioirgeis fiach. [106] Beist ·i· abestia. [107] Bes abeo q*uo*d est besus ·i· bes [109] breath ·i· bret*h* ·i· fuid^{h}el ·i· airis fuid^{h}el neic*h* eile inbreat*h* arugad[1] and [110] Brath ·i· combreth den-

fol. 177b².

di asbraut ·i· iudex isla breit*h* eaman di*diu* ænur inlasin inbratha ·i· la issa [111] brathair ·i· frathair ·i· airis*frater* rotruaillnead^{h}. [112] bacall asin bacul abaculo [113] bad^{h}ud^{h} ·i· ondiasbath ·i· muir [114] Baiten ·i· muirtceand ·i· atbail ænur arbath i*n*tan asc*u*mbair isbas dofoir*ne* [115] Bairene ·i· caitb^{h}ean fobith isain buire dofucad [116] babluan ·i· no*men* m*u*lieris asin baibi loin ·i· confussio ·i· dicumusg i*nd* ænberla aco*n*tur anilb*er*laib^{h} imaig^{h} scanair [117] Bablor ·i· aium dofadraig^{h} [118] Baobb ·i· i*n*te*n*acht adli*n*gte dæuine bainb breis m*ic* ealad^{h}an arniroib^{h}e i*n*eir*inn* muc bag*ra*tib^{h} ailigt*er* di*diu* ai*n*m sidein [119] Brosna ·i· breisne iarsani bristear colland docrinach 7nibiail gabt*h*ar do [120] boll asin bull deno*mine* bulla ·i· bolg. [121] Bilor ·i· bir tipra no sruth or ·i· mo*n*g bir or di*diu* ·i· mo*n*g tibra nosrot*h*a [122] Beiltine ·i· biltine ·i· tei*ne* se*n*meach ·i· diateinid*h* danidis druad*h*a 7doleicdis naceathra searteat andaib^{h} gacha blia*dna* [123] Braic cille ·i· brac ·i· lam^{h} 7 cail ·i· coimed [124] bracoid ·i· combrac bracoid di*diu* iss*ed* labrat imbrac iar*um* ·i· braic*h*ath *hautem* ·i· samlind Brogoid di*diu* ·i· lind soineamail donit*h*ear dobraith [125] Binid ·i· bein ith ·i· beanaid i*n*as gonid*h* ting [126] Biail ·i· bithail [130] buac*h*ul ·i· cail coimed [131] Buarach ·i· bo 7arach buarach ·i· bo eirg*he* ·i· maidea*n* moc*h* unde

[1] Vor dem ersten *a* vielleicht noch ein Buchstabe.

di*citur* feascor imbuarac*h* [132] basc ·i· cech ndearg basc da*no* inta*n* asdocuimriuc*h* braig cid asai*n*m isdonameallaib^{h} draco*n*naib^{h} as diles [133] Brisg ·i· abeo q*uod* *est* p*r*iscus arisbrisg gac*h* crin ⁊ gach narrsaig [134] Bo ·i· ai*n*m desono uocis *suæ* factum [137] Bolg beilceo ·i· bel ceo ·i· ceo tic asa bel [138] Blind ·i· saile marb un*de* di*citu*r bas blinac*h* [140] Bean*n*traige ·i· bi*n*eth rig^{h}e ·i· millsean dli-gęs rig caisil dib^{h} no abeanta p*at*re eoru*m* [141] Buige ·i· no*men* do c*h*aire sainte fognit*h* la æs ceard ase di*diu* cruith nobith ·i· ix slab^{h}rad^{h}a as ⁊ nirbamoso*m* inaceand ci*n*g git*h*e moire brefe di*diu* fo*r*cind gach slabraid^{h} ⁊nonb*ur* æs-aceard inaseasa*m* imbe acur nacliara ⁊ rind gæ gach nonb*ur* tre brefe naslabrad^{h} naslabraidi baneasa do inti iarum^{h} dob*er*ęd^{h} rat*h* forro no dib baisi*n* coire sin dob*er*id^{h} un*de* di*citu*r coire sai i*m*de bahæ lan corbertnas dar dahua*n*ga dec ⁊rl. [142] Boige da*no* ai*n*m do-ballan bic ambidis cuic uinge oir ⁊nobid*h* di*diu* f*r*ihol sai*n* leanda as ⁊nobid^{h} frigeall do-fileadhaib^{h} ⁊do ollamnaib inde isnabreath aib^{h} neimid*h* balanbuig se bog*h*e cuic nui*n*ge oir [143] Briar ·i· dealg uinge oir ut *est* is-nabreat*h*aib^{h} neimid*h* briar dealg dealg ui*n*ge [144] Breathac*h*ai ·i· breithceo ailit*er* q*uo*d u*er*iꝫ ·i· cai cainbreathac*h* dalta fei*n*c ise indeisgiba-il sin rosiac*h*t m*a*ccu isr*ae*l friafog^{h}laim i*n*nea-b^{h}raid*h* e ⁊ase fabreitheam^{h} laloingęs mac milęd*h* asaire adh*er*ar cainbreathach ris as breatha rac*h*ta nob*er*ead*h* ⁊asaire atimdai

fol. 178a[1].

sin b*er*lu nac*h*tan di*diu* beit*h*ir ganrig isnanat*h*a-ib^{h} isbrath ai fogni eaturru f*r*ia haur ra-thas diambe. im*morro* ri isrec*h*tge som s*ic* ault [145] Bru-ineach ·i· math*air* ·i· arindi biathas naideana forabruin*n*ib^{h} id *est* is mameillis [146] Balb abeo. q*uod* *est* balbꝫ [147] Bot ·i· tei*n*e un*de* boiteine huilag*h*-doclos ees [148] Buas ·i· soas nairceadail imas iarmuais inde *dicitu*r barr buaise [149] Bricac*h* no-tꝫ ut *est* ambreat*h*aib neimid^{h} Briamum smcart*h*ac*h* ·i· aium nemtusa danid filid*h* im neach ata toi*n*g ·i· milid si*n*it. i*n*da ue 7 do cite. im*morro* dui*n*e imande*n* ine*m*tes firmitaso*n* ṡ isf*ri*dui*n*e anecac*h*tar ata inballsa isf*ri*dui*n*e aneac*h*tair ata indui*n*esa s̊ astimiu ·i· aslaithe inballsa aralia neamȝais amlaid*h* sin 7ich*onn*o [150] Brigid ·i· ba*n*fili indag*h*d^{h}ai asi*n*an*n* sei*n* 7brigid bein cicse ·i· baindea noad*h*raidis filid*h* arbaromor 7baroan af*ri*chnana ideo eam deam uocant *cuius* soror sarnait Brig*h*id beleig^{h}is 7brigid beg^{h}oib^{h}ne i*n*gea*n* indag^{h}d^{h}a an*n*sin 7rl. dequar*um* no*min*ibȝ pene om*ne*s hib*er*nenses dea*m* brigid uocaba*ntur* Brigid di*diu* ·i· breo aigid nobreo saigid*h* [151] becasin eiciec ebruthi [152] Bidbu grece beitheumatus ·i· bis mortus ·i· adroilli abas fadi

[153] Bil ·i· obiail ·i· dia adail un*de* beilti*ne* ·i· tine bil [154] Baire ·g· barontes f*o*rtes d*icuntur* [155] chaire ·i· buire [156] Bi*n*d ·i· api*n*dro ·i· ocruit [157] Brinda ·i· au*er*ho fearn*n*deo ·i· arinlabrad*h* reil uel abruto eloquio ·//· m*ac* carbaid f*or*. corm*ac* geal-

[204] Corm*ac* ·i· corm*ac* corb carbat corb m*ac* di*diu* ·i· ta gaithi dolaig*h*nib toiseach tucad airsicarbat rogenair side*n*. iss*ed* iar*um* coir ortagraiphe i*n*anmaso ·i· corb m*ac* ·i· coraib b. and isindalt toiseach 7 no*n* corm*ac* sine ·b·

[205] Coirbre quasi corbaire ·i· aire cairbait [206] Cathal ·i· combrecc i*n*si*n* ·i· catell cat^{h} di*diu* isin coimbreicc iscath inscotica an. ell. isail cathail di*diu* ·i· ail catha [207] Cobt*h*ach ·i· buadach cob ·i· buaid [209] Clithar set. alii d*icu*nt comb^{h}a ai*n*m doboin inluig ·i· arindi doceil alæg inti q*uo*d n*on est* uerum sed u*er*iȝ clethar set ·i· ri ṡet arisain*m* dorig isinduil fed^{h}a moir anias clithar 7is*ed* an̄odreith. set gabla di*diu* ase asluga a*n*d ·i· dartaid firend 7colpt*h*ach boineand l. c*h*olpd*h*ach firend 7dart boinend Samaisc i*n*set tanaisde loilgeac*h* l. dam timceill arat*h*air intres set 7isse sin inrig*h* set. 7is se crut*h* adrenait*er* i*m*brath chai cach trẹs set. set gablæ samaisc. alaile laulgac*h* no da*m* timc*h*ill arat*h*air alaile i*m*pud f*or*aib*h* beos corri-

cend naercai. 7ithe sin naseoit accobuir asb*er*ar hicain patraic aritleithi uingi aseoit sid*h*e **[210]** Circend ·i· cuairt aimsire ·i· acircin*n*io ·i· ogobulrind **[211]** Cruimt*h*er ·i· go-idelgg i*n*di as p*re*spiter p*re*imther di*diu* ac*h*om

fol. 178a².

brecc side penniar isinc*h*ombrecc iscruim isin-goidilg. niti*n*tud coir di*diu* dondi asp*re*spit*er* ani as cruimthir. istintud coir imdondni as p*re*mter ani ascruimther. inbretnaig di*diu* ro-batar hicomaitecht patraic ocinprecept. ithe dori*n*toiset. isfoi iar rolasat leig*h*nig*h*e nabretnach anisi*n* ai*n*m aslom i*n*cruim 7rl. sic decet p*re*spit*er*um bes lom opeccaib*h* 7bes nim-noc*h*t odomon 7rl. *secundum* e*u*m q*ui* d*ixit* ego su*m* u*er*mis 7rl. **[213]**[1] Cloch *tri* banma*n*na le ·i· ond ahiarb*er*la cloc*h* agnathb*er*la cleoch ab*er*la nairb*er*t*h*ai ·i· ari*n*di cloes gach ret 7rl. **[214]** Cros q*u*asi crux **[215]** Corp a corpore **[216]** Cret*h*air acreatura **[217]** Caithi gud ·i· suigiud f*ri*acaith ·i· asamail 7 acon-delg *fri* caith *con*afasi 7 aetoirg*h*i **[218]** Cæch ·i· aceco q*u*asi cæc*h* **[219]** Cerb scoire ·i· ascoire aser uisa **[220]** Cuana ·i· fi*n*da ·i· aramed loictes i*n*-edach **[221]** Cuma ·i· abeo q*uo*d est co*m*munis und*e* d*icitu*r ascumalium ·i· comdeas gid*h* fead*h* gid*h* be dib **[222]** Cainte ·i· acanæ ·i· arisi*n*and da*n* da nid **[223]** Cath ·i· acatho ·g̅· i· uniu*ers*ʒ inde d*icitu*r. **[224]** Ceite acoitin n̄ arobe eq*u*i currunt cito **[225]** Cle ·i· aclepeo **[226]** Cen ·g̅· ceus ·i· noub sund bith cc arinceart 7imobil*is est* **[227]** Cich ·i· cicis ·g· luibar atethas **[228]** Cimas ·i· acima ·i· im-mectus lignorum **[230]** Cin me æ*m*rui*m*e ·i· a. u. air it cuic sduag*h*a ata teac*h*tai dobith indti **[229]** Cimba asin cumba ·i· oeioioen[2] seci*n* **[231]** Co-mous ·i· acompos ·i· potens **[232]** Cai ·i· cained ·i· cinod*h* ·g· i· lam*en*tatio **[233]** Conair ·i· cai cenfer l. gei*n* ar **[216]** Crethar acreatura **[234]** Crand ·i· cre afoud **[235]** Caimse ·i· lene ·i· acamisia **[237]** Caill cr*u*imon ·i· creathmon ·i· cleas Caill

[1] In meiner Ausgabe von Y ist 212 durch Versehen in der Zählung ausgefallen.
[2] Vielleicht *osioiden*.

criumon di*diu* ·i· caill ·i· caill asataeth cle as naut*h* ·i· airceadul [238] Camon ·i· airis ca mond cain [239] centecul ·i· combrec rot*ru* aillnead*h* ·i· cainecul isdo iarum asai*n*in labreatnu oill. cillceis ·i· dian dene pell [236] Comia ·i· com*h*luth ·i· co*mane* dluaiges tuas agȝ tis [240] Cucęnd ·i· acuicina [241] Coic abeo ɋ*uod est* cocȝ [242] Crocęnd ·i· crocc find ·i· fi*n*d garit ishe insamgemen insin cui *contra*i rie *dicitu*r gai*m*en ·i· gai*m*find issia afindside q*uo*d hieme occidit*ur*. ainm coitcęnd doib ce- che ·i· sicce q*uando* sit inpariete [243] Caile ·i· cail ·i· comet docaillig cometa tige as ainm [244] Capęll. capp ·i· carr pell ·i· each docapull carr 7cire isnom*en* [244a][1] Cat abeo ɋ*uod est* catȝ [392][2] Creitir ·i· sial a cretera [244b][3] Carr ·i· acaruca [245] Cat*h*asach ·i· cathfeassach ·i· feiss foite i*n*doic i*n*nacathgremmi*m* coma- tin cat*h*fessac*h* iar*um* cechfer asgnath and [246] Cathlac*h* abeo ɋ*uod est* catholicȝ ·i· uniu*er*sal*is* [247] Cruithnęc*ht* ·i· cruth gac*h* corc*ra* gach nd*er*g gac*h* nglan ·i· arind*h*i asin nd*er*g 7asin n glan cruithnec*ht* [248] Cattur ·i· aquatuor

fol. 178b¹.

libris [249] Culpait ·i· cail ·i· comet 7fuit ·i· fu ac*ht* ·i· comet arfuac*h*t hi [391][4] Caiseil ·i· cisail ·i· ailcisse ·i· roices [250] Cosmail ·i· cossamail ·i· co*m* samail [251] Coairt ·i· coir afert docur [252] Cassal ·i· acasula [253] Clerec*h* ·i· aclerico. [254] Ceir ·i· acera [255] Cosc ·i· coasc [256] Cubuc*h*ul q*ua*si cubicul ·i· acu- biculo [257] Colbdæ dianmai*n*m i*n*dfir diam- buaige locor m*ac* hitig midchuarda Ailit*er* colpda q*ua*si calbda ·i· calb cęnd isinduil fe- d*ha* mair Colpda di*diu* do*n*cind bis fair roai*n*mni- gęd ·i· inloiscęnd 7rl. [258] Cundomui*n* ·i· co*m*domui*n* ·i· comda*m*nide [259] Cæra ·i· acaro [260 261] Carna ·i· car gac*h* mbrisc. carna di*diu* carnue ·i· cesunna

[1] Fehlt in Y (YBL).
[2] Hier auch in B; unter den 'Additional Articles' in Y.
[3] Dasselbe Lemma, aber mit anderer Erklärung in Add. Art. 337.
[4] Hier auch in B: in Y unter den Add. Articles.

isbrisc uair isbruithi. aris rigin intan isfeoil Feoil di*diu* ·i· fofuil Manac im*morro* q*ua*nd*o* manducat*ur* Mainc im*morro* intan isdolamaind asai*n*m abeo *q*u*o*d est manica [262] Coc*h*ul *q*u*a*si cucul abeo q*uo*d est cuculla ut est. n*un*c retinet sumu*m* sola cuculla locum. l. ut scoti d*icu*nt ·i· cocoel aris let*h*an ahictur 7iscoeliusa coeliu corrici auactur s*ed* meiliȝ atuissech [263] Circul acirculo [264] Cicul aciculo. ciclos g*re*ce orbis latine d*icitu*r iscicul dun olinduine *q*u*a*si dixiset iscuairdbel dun so [235][1] Caimse ·i· no*men* doleinid ·i· acamisia [265] Callaid abeo q*uo*d *est* callidus [266] Casc q*ua*si pasc ·i· apascha [267] Crid*h*i dein crith forsambi. [268] Cengciges ·i· q*ui*nquages ·i· quinquagesimȝ dies ·i· coecatmad laithe ocaisc [269] Comed ·i· cu*m*ma met ·i· amet 7ani dianid comed [270] Cu*m*muin ·i· comamuin ·i· muin cho*m*m*h*a dia lailiu [271] Cunruth ·i· cu*m*ma doratȝ ·i· rath desiu 7 anall [272] Caindel ·i· acandela [273] Crochit ·i· crochcuit ·i· croch gac*h* nard 7gac*h* nind cuit airegdæ hisein [274] Cingid ·i· cuingit ·i· comthrom acoss 7acenn am*al* bid i*m*chuing mede foceirtais [275] Cli arac*h*osmaliȝ f*ri*cli tigi as- . . brad ·i· isbesad eminna isbalc iclar is cæl oclithiu isdiriuch doheim dohemer sic cli it*er*filethaib. isbalc asuire i*n*nacrichaib fesin. isseimiu hicricaib*h* sec*h*tair am*al* adchu*m*aic i*n*cli isi*n*tegdais olar cocleit*h*e sic da*no* adcumaic airegas i*n*graidso dianaai*n*m cli oanrut*h* cofoc*h*locoin diheim da*no* cli i*n*ui*n* basidnisliu isdiring himessaib adana [276] Cano no*men* da*no* graid fileth ·i· canrith arindhi aracai*n*[2] corȝ acherdda fiadrigaib 7 tuat*h*aib isse admall ·i· admoltaid. isse asg*re*sgem f*r*iadmolad 7scelugud cid fiadgradaib filed [277] Cuirpthe ·i· corrupte h*oc est* corruptum [278] Clare ·i· cliu aræ ·i· mullac*h* cliach [279] Cru ·i· acruore [280] Class ·i· aclasse [281] Caindelbræ q*ua*si caindel foræ candelefor*u*m [237][3] Caill c*ri*mon ·i· cret*h*mon cret*h* ·i· ai 7mon

[1] Schon einmal oben S. 298. 37. In B nur an dieser Stelle.
[2] Statt des Striches für *n* hat die Hs. den spiritus asper.
[3] Schon einmal oben S. 298. 38. In B steht es nur an dieser Stelle.

cless Caill crim mon di*nu* ·i· caill asatæt*h* cless naaduat*h* |238| Camon aris cam hod chai*n* |281a|[1] Castot ·i· acastitate |282| Cartot ·i· acaritate. |283| Cel ·i· ne*m* inde d*icitur* cotias alebel |284| Celebrat*h* di*din* ·i· airdaircugud anma

fol. 178b².

de |285| Cass acausa q*ua*si calls un*de* d*icitur* niarchais namiscais ·i· niardenam c*h*aingni f*ri*nech |286| Colba ·i· coelfi ·i· coelfithe, |287| Coll abeo q*uo* *est* coll₃ |288| Crontsaile ·i· grantsaile ·i· grant gach liach |289|[2] Celt gec*h* ditiu un*de* dec*h*elt |290| Cetsamon ·i· cet samsin ·i· cedlud sine samraig |291| Cath ·i· g*re*c cades isingreic iss*anctu*m isindlaiti*n*. un*de* d*icitur* cat*h* cechret cocanoine comuai*m* |292| Coibsi*n* ·i· confessiones |292a|[3] Cornd ·i· acornu |293| Cernn ·i· buaid. un*de* d*icitur* *con*all c*er*nach |294| Cernnem ·i· miasa ut coirp*re* m*ac* eithne infili d*ixi*t Cenc*h*olt f*or*cruib cernæ niu ·i· nimost (?) airic biad f*or*miasa labres m*ac* neladan |397|[4] Cerm nas ·i· brec 7tog æs ·i· q*ua*si cermainfics ·i· fis 7dan cermain Inde d*icitu*r hisingaire eoc*h*ac*h* cenuath cermnas 7rl. |295| Cethernn ·i· caire aminite un*de* cath c*er*nach Cethernd di*diu* ·i· cath 7ornd ·i· orguin |296| Caplait ·i· nom*en* decennlai casc ·i· q*ua*si capitoru*m* lauacrum ·i· cenndiunach ·i· ari*nd*h*i* berrthar cach and 7 dennig achenn ocaurfocill achosmoda isinc*h*aisc Cenlæi da*no* *non* decapite s*ed* decena d*omi*ni ·i· cenæ ·i· cenlai ·i· lait*h*e naflide cri*st* 7aapstal |297| Cerc*h*ail ·i· ciarc*h*ail ·i· ciarc*h*omet l. abeo q*u*od *est* ceruical. ailiter acer filand isondi asceruus ·i· ag nallaid 7is diabianaidi dognither Coimet i*m*moncluim isdoncomet si*n* asai*n*m cail amal asai*n*m do c*h*omet olc*h*ena. ailit*er* isaceruice rohai*n*mni ged |298| Ceandid*h* ·i· cenfid ·i· iscennais nitet fofid nadithrub. cui *contrarium* *est* allaid ·i· al fid ·i· alair hifid 7dithrub |299| Cuil ·i· acu

[1] Fehlt in Y.
[2] Fehlt in B.
[3] Durch ein Versehen ist in meiner Ausgabe von Y § 292 zweimal gezählt.
[4] Add. Art. in Y: in B ebenfalls hier.

lice [300] Cuic ·i· ru*n* ut ncige m*a*c agna d*ixit*. ni cuala cuic muir olmbed gair 7rl. [301] Caitit ·i· dealg ·i· belræ cruit*h*nech ·i· dealgg aracuirthear achos [302] Coth ·i· biad [303] cot*h*ut*h* und*e est* isin di*m*macallaim i*n*dat huara foreim cothaid [304] Ci*ma*n ·i· arget ·i· dindarg *u*t dob*er*the hicis donafomorib adroilli ai*n*mnigud Cimb di*diu* no*men* docech cis oscin. cepodoargut ba hai*n*m p*r*ius arameinci 7aramet dob*er*the donafomoraib. und*e est* isnabret*h*aib*h* nemed. ci*n*m ui*n*m olasnui*n*m hipunccirnn puinc 7rl. [305] Coceng ·i· cocuing ·i· co*m*chuing. co*m*mæ as co*m*chuing fo*r*cechtar daleithe [306] Cumlachfaid ·i· no*men* dohurc muice inta*n* tete asachru conet*h*et amatair f*r*ideol q*ua*si cum lacte ambulans. und*e* d*icitu*r cumlechtach indui*n*e loigtech algen ernes nidocach. *sicut* porca suu*m* suo largitur lac [307] Clariu ·i· fodail inde *est* leniud clarenn ·i· tairmesc fodlæ 7ramne [308] Cru*n*fectæ[1] ·i· bodb [309] Cul ·i· carpat. und*e* culgaire [310] Caubar ·i· sinen [311] Coinfodornæ ·i· doborchoin fodobordai ·i· huiscidi dobur enim coitchenn h*er*læ hit goidelgg 7 combreicc[2] ·i· usce und*e est* doborchu 7 dobreit doborci i*n*nusci chombreicc [312] Case abeo q*uod est* caseus. ut d*icit* uirgiliʒ pingis 7ingrate p*re*meret*ur* caseus urbi [313] Cairt acar

fol. 179a^{1}.

ta. carta eni*m* inq*u*a non du*m* q*ui*dq*ua*m sc*r*ibit*ur* ishe domembru*m* [314] Crui*m*dum*e* ·i· octrach und*e* d*icitu*r ci*n* *con* cru*m*dumai ·i· ci*n* *con* oc*h*traic*h* [315—318] Cel ·i· nem 7cel ·i· bas 7cil cech ni nomuin 7cil cech cloen. und*e* d*icitu*r leithcil [319] Cicht ·i· gebiac*h* ·i· rin*n*aire [320] Culmaire ·i· cairpteoir [321] Cusnit ·i· cosnait ·i· coss na dala fo*r*sanair isi idair indalaige iscuicce 7ishuaide toaccair 7isfuirre arsisidar isde nibuit mall indai [322] Colu*m*na ais ·i· amsera ais ·i· nuidenac*h*t 7macctugillas 7oclæc*h*as sentu 7dimlithetu [323] Coire brec-

[1] Der *n*-Strich scheint später hinzugefügt.
[2] *i* unter der Zeile.

cain ·i· sa*b*c*h*oire morfil etir heirin*n* 7alba-* in hilleith attuaid*h* ·i· comrace nauilmu-ire ·i· a*m*muir timceill neiri*n*d aniartuaith 7timcell nalpal anairtuaid*h* 7a*m*muir andesc*e*rt eirind 7albain. fosceird iar*u*m ima-sẹch focosmailꝫ loncho̊ire 7 dacuiredar cachar hituaim alaile amorceil taurr-echta 7suigthius sis afudomuin combi ac*h*o-re oeblai nusuigfet*h* cidherin*n* nuile focer-ra i*n*dforoen choi 7rl. sceid it*er*um aloi*m*msi*n* suas 7rocluint*er* atharandbruc*h*t 7 abreis-immec*h* 7ahesgal it*er* nellaib focossmailiꝫ ngalaiget*h*ar coire bis f*or*teni. Breccan di*din* ceandaige andehuib nei l. coicca curach do ocennaigecht int*er* eiri*n*d 7albain Dacu-ridar iar*u*m f*or*sincoire sin 7rodosluicce huile i*m*malle 7 nitherna cid sceolu oirggne ass. 7nifess aaided corrainic lugaid dallecas cobennc*h*or. doc*h*uaid di*din* amuint*er* hitrac*h*t inbir bicce cofuaratar clocain loi*m* mbic a*n*d 7ta*m*b*er*tatar leo colugaid 7 int*er*rogauer*un*t eum cuiꝫ *esse*t. 7ille eis d*i*x*it*. tabraid cenn na-flisce fair 7 doronadson. 7asb*er*t iar*u*m lugaid. Dobus dethrean ard atinba breccan usque noc*h*oiriu cenn orcai breccain i*n*so 7isbecc dim-or i*n*so arrobad[h]ed breccain 7rl. [324] Cumal ·i· cu*m*-mola ·i· bẹn bis f*ri* bleith mbröin olishe mod f*ri*sinbedis cumala dæra resiu dorontais muili*n*d [325] Crapscuil ·i· crepscuil abeo q*uo*d *est* crepusculum ·i· dubia lux ·i· no*men* despar-tain. inde d*i*x*it* colman *mac* leini*n* ropothana-ise triuin craspscuil ceirdd p*ro*mt*h*aidi pe-lair apstail [326] Cotut ·i· gach secctha ab-eo q*uo*d *est* cotis ·i· liæ ·i· airne*n* f*or*sa*m* mealtair ernai [326a][1] Centicul ·i· combrecc rotruallne-ad and ·i· cainicul isdo iaru*m* ishai*n*m i*n*-nisi*n* labrẹtnu doolaind c*h*ilces ·i· diande-nipell unde d*icitu*r doro*n*nais centicul de 7rl. [327] Cuissil ·i· combrecc i*n*sin 7islatendan rotruallnẹd[h] issid*h*iu ·i· q*u*asi co*n*sil abeo q*uo*d

[1] Nicht in Y.

est consilium. inde d*icitur* is as do chuisil dor- [403] Domnall ·i· uuall i*n*domuin ⁹//₎ ronad imbi. [404] Diarmait ·i· nifil airmit fair ·i· geiss [405] Duithc*h*eirnn ·i· di(sui)thceirnn ·i· nisuithceirrnn [406] dis ·i· abeo *quod est* disrectꝫ [407] Deinmne ·i· dianmne ·i· di fod*h*iultud [408] Discert ·i· discretus locꝫ [409] Dothceth ·i· ditho-iceth [410] Diumasach ·i· diamusach ·i· nit*h*a-

fol. 179a².

bair a*mu*u. f*or*ni acht atholchaire ænur [411] Diutach ·i· no*men* doloris genet*h*ar deimcomailt da sliasda agimt*h*eac*h*t [412] Dairmitiu ·i· diarmit t*h*iu ·i· nepharmitiu [413] Dal ·i· rand inde d*icitur* dal riatai [414] Dabach ·i· deab*h*ach ·i· dancio fuirri arnibitis aue f*or*nænaib [415] Domun ·i· de mui*n* ·i· adc*h*otharnem ⁊talam trit [417] Dire ·i· dierrethe doneinthib aranuaslidetaid l. digal re [418] Digal ·i· nem*h*gal ·i· anaid gal caich diandentar digal aaprainde Ailit*er* diegal ·i· cuine lasidala fairin*n* ⁊galond fa-irind aile [419] die ·i· laithe inde d*icitur* olc die ·i· olcc laithe. die d*ano* cuine ut colman m*ac* hui chluaisaig*h* d*ixit*. nimæth cride cechie marb teind cochbe adie i*n*naroe*m*detar iarcliu oabeo iar c̄meniu [420] Deithbir ·i· diathbir [421] Dinim ·i· diṡim ·i· nibi snim imbi [422] Dasacht ·i· di osoc*h*t ·i· nibi i*n*naṡoc*h*t et*ir* ac*h*t oluc deloc it*er* ut maille ⁊labrai [423] Doss ai*n*m graid filed ·i· arachosmailiꝫ f*r*i doss ·i· doss di*diu* isi*n*bliaid*in* tanisi i*n*foc*h*luc ·i· itcethor duille fair. cethrur dā dodus f*or*tuaith [424] Dobur dede f*or* diṅgair ·i· dobur cetumꝫ ·i· usq*ue* und*e* d*icitur* doburchu. dob*ur* d*ano* gach ṅdorche ·i· gach ni*n*gle ·i· di. fodiultad. ⁊pur ondi as purꝫ ·i· glan. dob*ur* d*ano* ·i· dipur ·i· iṅgle [425] Diburtud ·i· diabruaitiud ·i· dered ner cai in sci*n* ·i· alt*er*nas narabole menmæ nic*h* [435]. Dobrith ·i· dobur ⁊ith ·i· huisce ⁊arbor ·i· cuit æasa aithrige [426] Dedol ·i· de dual ·i· dual de aithce ⁊ dual delaithiu couad soilse cumaiscàid*h* odorc*h*aib **[427]** Droch ·i· gac*h* nolc un*de* d*icitu*r drochdune **[428]** Drauc ·i· adracone *q*uasi drac **[429]** Drenn ·i· debuid un*de* d*icitu*r drennach ·i· debt*h*ac*h* **[430]** Del ·i· sine bo inde d*icitu*r isnabre-athaib nemeth. combo do dilac*h*te del ·i· m*a*c dabo **[431]** Deligud ·i· sinegud ·i· etarscarad 7 deligud indreta f*ri*araile. am*al* rodeligthe sinidiandat anmand delæ **[432]** Dithreb ·i· bith gan treabu and **[433]** Disert ·i· discre tus loc*ꝫ* ·i· roboth and riam **[434]** Drochet ·i· dorochet ondorsa cosandornaill ind uisq*ue* no nafeda Ailit*er* drog set ·i· drog gach ṅdiriuch drogset di*diu* ·i· set diriuch ·i· nithalla nem dirgi do ar napsothuisledach. **[436]** Desruith ·i· de fo di-ultud ·i· nisruith **[437]** Deme ·i· teme tem ·i· g ach ndorche. deme di*diu* fodoirc*h*e naidche **[438]** De mes ·i· mess dede. airitascan lais **[439]** Dom-mæ ·i· diso*m*mæ ·i· niso*m*ma. **[440]** Dubach ·i· ni-subach du no do fodiultud **[441]** Dulbair ·i· disulbair ·i· nisulbair ·i· nisolabair **[442]** Dimse ·i· dimaise **[409]** Dothcet ·i· dithsoced ·i· nisothced **[443]** Donæ ·i· dianæ ·i· bith cen anæ **[444]** Darḟine ·i· corccolaigde ·i· fine dare doimtich ·i· isuadrochinset **[445]** Duar ḟine im*morro* ·i· no*men* doḟilethaib ·i· fine duar duar di*diu* ·i· focul. Duarḟine iar*um* ·i· fine bis f*ri*ordugud foccul Duar di*diu* is no*men*

fol. 179b[1].

dorann ut d*icitu*r. duar donessa nath ·i· rand asaurdarcom denmolad **[446]** Diancecht ai*nm* dosuith leigis ·i· dianacecht ·i· nacumachta ·i· chet no*men* dogachcu*m*achta ut neig*h*e m*a*c ad*h*na dix*it*. Cecht sun dercoaith scenmai*m* ailene ·i· cu*m*achta sum ailene ·i· scellec beicc ro*m*mema-id*h* dindalich *con*dabi f*ri*asuilsom *con*id coech ·i· imrub*art* accu*m*achta fair no*n* ut i*m*periti d*icu*nt. cec*h*t sum ·i· cæchsum 7rl. **[447]** Deach ·i· deuath ·i· de afoccul ·i· fuach foccul. comracc di*diu* diailt f*ri*dialt deach aslugu*m* and isnadeac*h*aib*h*

arciasb*er*thar deach dondealt i*n*auraisse ·
acht isaire asb*er*ar deach de fobith isfotha
ndeach ⁊isses f*or*b*er*at cof*or*cend m̄brechta[1] im-
biat. oc*h*t ndialt asb*er*ar lasi*n*laitnoir. unʒ
no*n* *est* numerʒ sed abco crescunt Ocht ṅde-
ich tra adrimet fileth naṅgoid^{h}el ⁊cosi*n*de
altson ·i· ari*n*di nadfil alt and ⁊nadror-
naithear rocomorgg indeach tancuisse ·i·
re dochomrocud *fri*naill ·i· dialt *fri*dialt
ut *est* corm*a*c iarcomrucc ai*n*m intrę̄s deich ·i·
iarcomrucud iarsin comrucud tuisech ut
est corm*a*can feles no*men* intrę̄s deich ·i· ari*n*dhi
filles ·i· cedob*er*tar i*n*acethair i*m*chrann a*n*nu-
as l. i*n*nachret naile isfillind filles i*n*bi
i*n*cethardam ·i· adan ille ⁊adan i*n*nonn nibi
cloen i*n*terisin airnibi dialt. *for*cruid i*n*nech-
tar adaleithe ut *est* mu*r*cẹrtach. Nisamla-
id dondeach fil i*n*nadiaith ·i· cloein isaire
di*diu* asb*er*ar cloenidesuidiu fobith islethro*m*
cefodailt*er* ⁊cedob*er*thar i*n*ni airittrumu ⁊il-
lia i*n*natri oldate i*n*nadoairit cuic dealt
fil hicloẹn reu amal rogab fiannama-
il. lubenec*h*ossach inseis*ed* deach ·i· lubai*n* naner
nalaime ⁊cossa eisib^{h} suas ·i· i*n*drig ⁊ i*n*de
cossi*n* nalt naṅguaille airis *fri*soda*in* sa-
mailt*er* indeachsin hicurp duine. se ais-
lid*h*i filot*h*a cin*n* i*n*meoir coalt nagualand
se dialt da*no* fil illubenches ut *est* fianna
mailech Claidebmonus insechtmad^{h} dẹc*h*
·i· claidebmanʒ ·i· nalaime claidebson
huile ot*h*a cin*n* i*n*meoir corruige i*n*nalt fil
hit*er* inni*m*dai ⁊a*n*maethan. seacht naisle
di*diu* i*n*sein ·un· ndialt da*no* fil hiclaidebmonʒ
ut *est* fiannamailech dae Bricht in-
tochtmad deach ·i· airidhi m̄brigthar
airis de danit*er* nath. ishe da*no* deach asair
egdam dub i*n*ti onellagar naṭh Oc*h*t naisli
t*ra* fil oind i*n*meoir *con*athgabail maethan i*n*-
nai*m*dai. oc*h*t dialt da*no* fil imbricht ut *est*
fiannamailec*h*ar [448] Deledind ·i· deligud o-

[1] punctum delens auch über *b*.

ind ·i· odeud ut *est* ref ·i· delidi*n*d indi asfer [449] Deme ·i· cech neut*ur* lasi*n*laitneoir isdeme lasi*n*filid ngoidelach. [450] Doeduine ·i· dechdu-ine ut nethe m*ac* adnai d*ixit*. sed meliꝫ do-dae duine da di*diu* cech maith isi*n* chombreice [451] drucht dea ·i· ith 7 blicht ut scoti dicunt

[502] **E**muin ·i· comuin co ·i· rin*n* · Emuin di*diu* ri*n*d tar muin airisamlaid dorindt*h*er.

fol. 179b^{2}.

torai*n*d indliss do*m*mnai ·i· orobai*n* i*n*nasuidiu ocais-cid abroitt dororai*n*d i*m*pe i*n*macuairt *con*adelgg. sia iarum rosiacht andelgg huadi sair arabe-laib oldaas tarahais isare iselen inless [504] Ecmac*h*t ·i· ecumac*h*t ·i· e. fodiultud ·i· nitil hi cu*m*achtu. [503] Emon ·i· e. da*no* fodiultud . emon iaru*m* ·i· e . oen in oen acht it dalel apgeinter and ro-suidigset iaru*m* infilid*h* muin armedon and doingabail menaigthi arrobuaillin leoemoen l. emon oldas coen. Ailit*er* emon e 7mon amon di*diu* isdi*n*d hi asmonos isi*n* greicc amonos ·i· unꝫ emon di*diu* n*on* unꝫ sed duo [505] Eligud ·i· elugud *com*na biluge [506] Essirt ·i· ess fodiultud 7fert. ess fert di*diu* ·i· nicoir fert laiss [507] Erboll ·i· iarball ·i· ball dedenach i*n*danmandai [508] Elgon ·i· elguin ·i· iseol docegontai [509] Eden ꝗasi eder abeo ꝗ*uo*d *est* edera [510] Elgg ·i· eriu [511] Eisine ·i· ess ·i· en. ess di*diu* fodiultud Eisi*ne* di*diu* ni*n* en cidacht ·i· m*athair* ate crastar cluim [512] Eim-de ·i· finta l. decce. [513] Edel ·i· aurnaithe l. depre-coit ut cumai*ne* fota d*ixit* Mothri brain do dia dob*er*at edel. bran trimaige bran lagen. bran find f*or*aicce femen [514] Eissem ·i· eiss ·i· da*n* 7saim ·i· corait iscorait iarum inteissem octuidmu naecui*n*ge danadamaib [515] Eisrecht ·i· nitaircel la recht [516] Etarce ·i· geis eni*n* gr*e*ce t*e*rra int*er*pretat*ur* Etarce di*diu* etarthalam ·i· talam as isliu et*er* d*h*at*h*alamai*n* arda ·i· et*er* inda inmaire [517] Esbae ·i. esbeu ·i· nifil beo nand l. inba netir ·i· ꝗasi ess-baa [518] Edam ·i· edo airbiri*m* bit*h*. eda*m* di*diu* dirdair birt bith 7dinmenmugud menmaig*h*the cechtu-arae caithess duine mega*m* ut imp*er*iti dicunt.

[519] Escońn ·i· esscand ·i· esc ·i· huisce cand ·i· no*men* in*n*lestair. escand di*diu* ·i· lestar bis ocdail uis- cc 7ac*h*oss tre medon. [520] Eirge ·i· cumcabail au*er*ho erigo. [521] Escaid ·i· ne*m*scith. [522] Essad ·i· eissid essed asid intslaine. [523] Enbreth ·i· en usq*ue* 7broth ·i· arbor. broth aute*m* normanica est lin gua [524] Englas ·i· usq*ue* glas [525] Enbruithe ·i· us*ce* bruithe [526] Eugen ·i· *grec.* eu di*diu* bonȝ l. bona l. bo- num. gen im*morro* dindhi asgenisis. genisis h*autem* gene ratio. eugen di*diu* bona generat*io*. [527] Eugenacht ·i· eugenicht ·i· icht cenel eugenicht di*diu* ·i· cenel roc*h*in oeugun. [528] Ethur ·i· ethaid our coor [529] Etar- bort ʇ*uasi* etarbe*r*t ·i· et*er* dabeirt. Etarb- no*men* seuin lasnadruide. [530] Enbarr. ·i· en huisq*ue* enbarr di*diu* auanbus *for*huisq*ue*. inde *dicitu*r gilithir enbarr. [531] Einecland ·i· arid*h*i clantar i*n*nichuib duine deneoch basdiles dobeodil[1] marbdil[1] nad- cosna alalam *fr*io lanlog neinech caich fo- miad is*ed* adroillither de [532] Einech recca ·i· ei- nech ru cian ·i· cian oinc*h*aib aru ·i· ai*n*deregad a*n*ni rongab m*a*c domathair m*a*c doṡethar. cele fois maceile tait sil ni nadbitai dilius sec*h*t mad loige einęch caich bis de [533] Einech gris i*n*ni*n*ndaib ·i· i*n*ni*n*dfoglai. iscubaid iarum ind i*n*nalaill ·i· ind nerca i*n*ni*n*d faglai am*al* ro*n*gab set neich aile gatar astothir nad geibi fort *c*homarc*h*i nasnad*h*ud*h* [534] Ercc ·i· nem. [535] eirccni ·i· bai auad*h* ·i· bai dob*er*thar illog*h*

fol. 180a[1].

nadud [536] Ebron ·i· iarnn ut *est* isna breathaib*h* neimid*h*. ebron i*m*memui*n*ether merg ·i· immatimchęl- la meirgg 7i*m*maith [537] Etan ingę*n* ·i· inge*n* deincecht beanleccerd decuiȝ no*mine* *dicitu*r etan ·i· airceclal [538] E- chess ·i· eicmacht ches ·i· eicmacht ac*h*ess do- airiuc hicetheorannaib fiss filidechta [539] Eap- scop fina isnamuirbreat*h*aib ·i· escr*æ* toi*m*iss fina lacennu gall 7francc.

[575] Flaith ·i· folaith laith ·i· coirm. bl*u*d da*n*o la- ith ·i· ass. ut *est* isintṡeancus. laith find[2]

---

[1] Zwischen *d* und *i* ein *a* ausradiert.

[2] Daneben am Rande *Nota*.

*for*teilrig ·i· ass nambo *for*talmain 7rl. [576] Fine ab-eo *quod est* uinia aris gnath i*n*d comsam*h*la sin lait-neoir isfern f*ri*sinle lasingoidel ut *est* uir ·i· fer uisio ·i· fis uita ·i· fir fit uirtȝ ·i· firt *quam*uis h*oc* nom*en* p*er*singula currat [577] Fin abeo *quod* est uinu*m* [578] Ferius ·i· fiarses ·i· diferi incraind. [579] Fim ·i· de-og. [580] Fell ·i· ech. [581] Felec ·i· bunchur airbed i*n*de d*icitu*r forolatar findairbed fellec fill. [582] Flesc ·i· flechud. [583] Fit*h*al no*men* iudicis. Fithal di*no* loeg bo [584] Ferbb ·i· trede f*or*dingar ·i· ferb bo c*h*etamȝ ut *est* issin tṡencas ·i· teora fearba fira. fe-arb di*no* bolg dochuiretar f*or*aigid induine iar-naair l. iarnaguịbreith. ut *est* gel fir nadfer-bai f*or*b*er*tatar f*er* iarninc*h*aib. fẹrb da*no* brithar ut *est* rofess isfas feneeas ·i· *con*dulgȝ fẹrh ṅde. [585] Fir ·i· find ut fac*h*tna m*ac* senc*h*ad*h* d*ixit*. f*or*tomdiur tri-dirnu diarcut arru arteora fira ferrba li sula soc*h*or. baed di*diu* ecosc nandere nechidi echbeoil aalpæ toac*h*t curui ·i· baifin*n*a auder-ga 7rl. [586] Feiren*n* ·i· idbus imcolpdai fir inciȝ uice crec*h*thir id crec*h*t*h*a i*nch*olbdu am*al* nobit*h* di*n*-indile comdascach issi di*diu* dognitis nafeiren*n* u*er*bi gr*at*ia. ferenn oir imchois rug 7rl. Ferinn da*no* ai*n*m doc*h*ris bis i*m*minduine. Inde d*icitu*r taccmaic sneac*h*ta fernu fer [587] Fochluc no*men* graid fileth arcosmailiȝ frifoc*h*locai*n* asb*er*ar ·i· daduilind f*or*suidiu inc*h*etbliadai*n* diis da*no* dofoc*h*luc f*or*tuaith [588] Frecræ ·i· fre cec*h* re [589] fogal ·i· inf*or*ard dogniter [590] Folmen ·i· ai*n*m doaithliu broit q*u*asi foluman [591] Fochonod ·i· fochonud lassamuin dob*er*ar fo t*h*e-inid is cibind iaru*m* geilt*h*ene inc*h*rinaig*h*sin. Inde d*icitu*r. giliu fochondud noc*h*is nochisallas airson deo dictum est. grian i*n*gai*m* gelt*h*ene [592] Fedilmit*h* ·i· fedil maith ·i· maith suthain. [593] Fes-cer q*u*asi uesper hoc *est* uesp*er*u*m* ·i· uésp*er*um. [594] Fes aidc*h*e debiud abeo q*uo*d *est* uescor. [595] Fis auisione [596] Fual ·i· bual ·i· huisce. inde d*icitu*r docuatar arcos-sai hifual ·i· imbual. [597] Fot*h*urcud q*u*asi ot*h*orcud. airis doot*h*raib ·i· doæs lobuir ismeincib. sed meliȝ. fot*h*racit ·i· intan ad^{h}naim duine alama 7acossa i*n*dlat insin ·i· inlot ·i· lotum ·i· diunag nind Fothurcud im*morro* fot*h*rocit insin ·i· trocid ·i· corp uile foi. [598] Foi ·i· cnamcoill. inde *dixit* gruibne file *fri*corrcc *mac* luigt*h*ig*h* Infess fo foi ·i· be fessach cnamcaille. Item mug roith *per*hibet q*uo*d roth fail *per*ueniet dicens Corri[1] daurlus find iar foi ·i· iarcna*mch*aill [599] Felm*a*c ·i· m*a*c auad fel ·i· ai fele ·i· eces unde

fol. 180a².

filidec*h*t ·i· ecse. [600] file ·i· fianaeras 7li ammolas infile. [601] Fogomur dinmi dedenach is diless a*n*si*n* fogam*ur* ·i· fota mis ṅgam 7rl. [602] Faath ·i· foglenn unde faithsine 7faith. [603] Feme*n* ·i· fe 7men darig damrithe nerenn isin maigi*n* sin robatar isde asb*er*ar Cirbe *nomen* inbaile i*m*mitis occocnam acire. [604] Flechud ·i· fliuc*h*suth ·i· sug fliuch suth di*din* .i· sin. [605] Fair ·i· turcabail ṅgrene mat*h*i abeo q*uo*d *est* iubar. inde d*ixit* colu*m* cille dia limm frifuin dia li*m*m *fri*fair ·i· *fri*turcbail. [606] Fe ·i· abeo q*uo*d *est* nae arisgnath ·f· doresdul uau *con*saine lagoedelu[2] ut *pre*diximȝ Ailite*r* f*or*rugeini lagoedu. flescidaith to*m*mitte *fri*snacolluai 7*fri*sanadnacul i*n*nadnaigtis 7nobith indflesc do*gres* icnareilcib innaṅgeinte *fri*snaadnaclu 7ba uath lacach aṅgabail i*n*nalaim 7cac*h* ret baaideitchide lasnaduine nobenta *frie*. un*de* *prouer*biu*m* est uenit fe *fris* ·i· amalas nadeitchide ind fiesc cui no*men* *est* fe sic 7alia res cui comparatur. huaire t*ra* badeidath nobith i*n*dflesc 7ba adeitc*h*ide isaire asb*er* morand isinbrathar ogum ærc*h*aidfid ·i· edath ·i· indaer rolil inflesc cui nom*en* *est* fe. [607] Fithc*h*eall ·i· feit*h* ciall l. fat*h*ciall ·i· fath 7ciall. occaimbeirt l. fuathc*h*ell ·i· fuat*h* cille ·i· iscet*h*roc*h*oir cetumȝ indfit*h*cell 7itdirge atæ 7find 7dubfuirre 7 isai*n*mui*n*ter cac*h*lafectas beos beires dochill. sic 7eccl*es*ia p*er*singula p*er*q*ua*tuor t*er*re partes ·IIII· euangeliis pasta indirgi i*m*messaib lasnat*h*i nascreptra nigri 7albi

[1] Vielleicht *coiri*.
[2] Das zweite *e* aus *u* korrigiert.

indi ·i· boni 7mali. [608] Fraig ·i· friaig ·i· f*ri*uac*h*t. [609] Folassai ·i· arindi foloi*n*g coiss indui*ne* alit*er* fol q*u*asi sol abeo q*uod* *est* solꝫ latine. fol ·i· cean*n*achros ·i· f. *pro* ·s· [610] Fuit*h*ir ·i· fæthir ·i· inti dobeir tir. fondcoraith anechtair is doisfuit*h*ir [611] Fassac ·i· fossosech ·i· dobeir inbreit*h*em cosmailius donc*h*ai*n* gini*m*mafuigliter ·i· cainge*n* cossmail doailaile 7adfet iarum i*n*nbreith rouuieset brithemuin gætha fuirri. sechid dit*in* fosein brit*h* f*or*sincaingin. freenuire [612] feirn*n* 7gach maith ·i· iarmberla insin.

[670] Gloir ·i· agloria. [671] Galar q*u*asi calor. [672] Gam abeo q*uod* *est* gamos isingreic ·i· nouemb*er* un*de* etiam m*u*lieres d*ucu*nt imgamon [673] 7gaimred 7 inde colman m*ac* huaclusaig*h* d*ixit* i*m*marbnaith cu*m*maine fotai. huæ coirpre hua cuirec. basai bahanba airdirc. dirsan marban i*m*migam niliach nidecaib iaru*m* [674] Gelestar ·i· ai*n*m do ath huisci imbit cethræ forhocbiull 7 doeipithergul pande cech ferunn imbi 7 dogniter carnn imbe nibi[1]. Ma dit*h* comaithc*h*ib beith i*n*tath arnacombaiset nabæ ingurta ainmonsetsi*n* iaru*m* dogniat nacethraisi*n* isiṅdath is do is ainm gelestar 7dlegar bothur docech comaithiuc*h* adochum cidtir cenbeolu bess laiss [675] Gabur treailmaisi*n* caper airis s rotruaill-

fol. 180b[1].

ned and Gabur[2] im*morro* tre ond doeoch is no*men* son 7iscombrece rotruaillned dam issuidiu ·i· gobur gach solꝫ isuidi. Inde d*icitu*r gobur doneoch gil 7rl. Cid*h* nach dathaile da*m* bes f*or*sin deoch diambe gid*h* beg dogile bes and is gobur a nom*en* airis asin d*h*ath asaireg dom bis and nomi*n*at*ur* [676] Gildæ ·i· iscosmail frigil. is he di*din* abesadside tosugud. isse di*din* bes i*n*gilldai tosugud f*or*cetail detengaid afit*h*edra. ut d*icitu*r isnabreat*h*aib*h* nemed*h*. ta*n*-

[1] Vielleicht *ninbi*.
[2] Mit *o* über *a*.

glen gil tengad [677] Gemin agemina. [678] Grad*h* agradu [679] Glang ·i· guala. *unde* d*icitu*r asglang [679a] Guitl ·i· gut*h* [680] gel abeo q*uod est* gelu. [681] Giabor ·i· meirdrech. [682] Gol ·i· der *unde* golgaire. [683] Gall ·i· coirt*h*e cluic*h*e ut *est* niscomaithig comatar selba cobrandaib gall. Gall cetharda *for*di*n*gair gall cluic*h*e cetumȝ ut p*re*diximȝ. isaire asb*era*r gall desuidiu air itgaill cet rosuidistar innere. ⁊gaill fraincc. gaill da*no* nom*en* dos:ercla*nn*aib francc. tresgaillie ⁊excandore corporis rohainmniged doib. gall eni*n* grece lac latine d*icitu*r und*e* gailli ·i· indastai. sic da*no* gall isno*men* doelu. inde fermum*en* d*ixit*. cochuill c*h*oss ngall gaimin bran gall da*no* nom*en* docailech dindi asgallȝ ⁊isagailia capitis no*min*atȝ est [684] Graȝagum atlagud buide fognid pad*ra*ic q*uod* scoti corrupte d*icun*t. sic aute*m* dici debȝ ....[2] u*m* doduin ·i· gr*ati*as d*e*o agimȝ· [685] Galing ·i· gælang ·i· cacc ainech f*ri* corm*a*c m*ac* taide m*ic* cein asrobrath dorignisede fleid dotadcc ·i· diaathair. cet cech cenele anmandai occæ inge bruicc noma, docaid di*diu* corm*a*c dobroccennaich ropomallais anat*h* f*ri*atogail cotacart cuicc imach *for*fir aat*h*ar ·i· taid*h*g talotarson i*n*bruic. nos marb iar*um* corm*a*c cet diib ⁊toaispen ocundfleit*h* rograin cride taidg f*ri*e ⁊ etarobaid rofitir iar*um* andorigned and ⁊roai*n*mnigister am*a*c hoc no*mine* corm*a*c gælang. ⁊inde galenga n*un*cupant*ur* [686] Ged nom*en* desono f*actu*m. [687] Gamai*n* ·i· imi gaim iarsamai*n* und*e* gamnach arindi as mlucht imimga*m* migaimraith. [688] Gorm ·i· gæ oirnæ ·i· gæ oirgne ·i· aithinne und*e* gruibne d*ixit* icfailte fri corcc m*ac* lugduc*h* imocuirter guirnngair [689] Glass ·i· suillse ut est isnabret*h*aib nemed tofet ooec iarngluis ·i· isairegdu intooc *con*dagruse oldaas insen *con*dibul aruisce· [690] Gret*h* ·i· ainm i*n*gilla athairni cui amorgene m*ac* eccetsa-

---

[1] Vielleicht *guide*.

[2] Unleserlich.

lachgohand obuas d*ixit*. INith greth gruth. grinmuine graimuine. gass cremaeue hu innubla grete. cruth. [691] gart dede f*or*dingar. gart ·i· cend. ut *est* isi*n*duil fedamair. gart da*no* ·i· fele asc*h*enn f*or*cedail amrai dogni duine. [692] Gruitten ·i· grot sen ·i· sec*h* isen isg*rot* ·i· isgoirt airis grot[1] cech goirt. un*de* d*icitur* grottmes 7rl· [693] Gno ·i· euitbiud. un*de* d*icitur* ni*n*drecht nagno ·i· nidir dorecht armbad maith nigno ·i· nimuith dogairib. Gnoe im*morro* cech segda ut *est* isin senças mor cnoi gnoi [694] Gro*m*ma ·i· ær un*de* grom fa ær fea 7inde d*icitur* grui*m*m ·i· cec*h* sluag min adetc*h*ide

fol. 180b².

dodeilb aseruso doair 7ecdug gruam nduine asber arde. [695] Glam ·i· q*u*asi clam abeo q*uo*d *est* clamor. [696] Glaudemui*n* ·i· meicc thire Glaidite ·i· fochertat huala [697] Gudemui*n* ·i· huat*h*a 7mor rignai [698] Gari ·i· gair seglæ ·i· gairre ·i· re gair. ut *est* isindair dorigne neithe m*ac* adnai m*ic* gutheir dorig *con*nacht ·i· dobrat*h*air aat*h*ar fadeisin doc*h*aiar m*ac* gutheir issi in dær. Mali bari. gari. caiar. cotmbetar celtai catlla caiar. caiar diba. caiar dira. caiar faro fomora foc*h*ora caiar. Male di*diu* ·i· olcc ondhi asmalu*m* bari ·i· bas. gari ·i· gair se glecair ·i· doc*h*aiar celtai ·i· catha ·i· gai. inde d*icitur* dic*h*eltair ·i· crann gæ gan iari*n*d fair. furo ·i· four ·i· i*m*mordd fedæ. foc*h*ora ·i· fochlocha

[733] ISu ·i· abeo q*uod* *est* ihc hoc est nom*en* nos*t*ri saluatoris. [734] Ibar ·i· cobair ·i· huarnadscara abarr fris. [735] Itharne ·i· ith 7 orrnæ ·i· simein airit giaini 7ith nacethræ not*h*eiged isna cain*n*lib apue ucteres. [736] Iascc ·i· inese ·i· esc huisce arindohusciu di*diu* f*or*cu*m*aicc isand da*no* bith. [737] INmȝ ·i· inammȝ [738] ISel ·i· isaill airnieper anisel manibe ard occa. all im*morro* abaltitudine [739] Iarnn ·i·

[1] Aus *gort* verbessert.

iart *in*nort manica lingua [740] IMsergon ·i· *im*meserguin diecchtar *in*daleithe. [741] IMrim ·i· imirei*m* ·i· reim indeich 7reim inf̄ir sic 7dirim ·i· dercim ·i· reim ndede. [742] IMbliu *q*uasi umblu a abu*m*bilico. [743] IMbliuch ·i· *im*loch ·i· loch *im*bi *im*macuairt. [744] Inis abinsola. [745]· insc ·i· anhuisce ·i· *in*huisce. [746] INsā muin ·i· anas amuin ·i· messamui*n*. [747] INdrosg ·i· indarosc ·i· arosc and breithre. [748] Ib*h* q*ua*si bib ·i· bibe. [749] IMort*h*an. *im*portan ·i· imbreith. [750] IA ·i· cenele fo*r*gill insi*n*. ai*rm* is*ed* indalana *in*nindeoch ondingar arcr*ist* laebreu. [751] Idol ·i· ab idulo. Idos asi*n* gr*e*ic fo*r*ma. l. inde d*icitur* idolu*m* ·i· delb 7arroc*h*t indadula dognitis ingeinti. [752] INdelba ·i· anma*n*na naltore nanidal sin airi*n*dhi dofoirnitis indib delbai innadula adortais and u*er*bi gr*atia* fig*ur*a solis· [753] IMbath ·i· ocian ·i· bath mair ut *est* muir edir eir*in*n 7albain. l. aliud *quo*dcunq*ue* mare natimcella i*m*macuairt ut mare t*er*renu*m* 7rl. IMbath im*morro* ·i· i*m*muir ·i· mu ir immatimc*h*ell i*m*macuairt. ise i*n*tocian duit sion. [754] Idan q*ua*si idon abeo q*uod est* idoniʒ iar*m*berla isaire ish*er*ar araduibe i*n*berlai 7ardoirchedetaid 7 aratluithe co*n*nach burusu tascelad*h* ind [756] IMbas fo*r*osnai — sec*h*iret — amlai dī dogniter son concna*m* — dicharnu deirg — dicain — atopeir — fogaib — foradabais *om*. — cuici — tairmescar — contuile 7bither acca forfaire arnachnimparra 7 arnachtairmeisce nech 7 doberar — arridbi — nomaide — fotgairti cotnessed ocund aidbairt — desiu — atrarpura —

fol. 181a[1].

fo*r*drorgeill napanime — diultud baisti — dichennaib· im*morro* foracbadson hicorʒ cerde foragbadsoi*n* airis soas fodtera son — audpart — docennaib ac*h*aine [794] Lach — 7di*n*dfeis :-- [796] Lug*n*asad ·i· lognasad — ceit*h*len*n* — t*h*ate fogmuir [797] Lelap — mbeis — [798] Lesm*a*c — ari*n*dhi asliss — as — liss di*din* — [799] Legam — niarid*h*i cm — aircelltar 7fosa*n*dther — [804] Loarg —˜aaige. [807] Laman*n* — citit*h*ir dī. [809] Lautu — mbeicc ·i· huair ised mer asluige*m* fil fo*r*sindlaim. [810] Lie — litos ·i· grec — [811] Laith — lait*h* ·i· lait*h* gaile — a*m*meid lughai cerda — fachtnæ anarget — sluindit — [812] Lang̃phetir — non sic aurchumul

·i· etir die*h*oiss nairthir bid son. |814| Long — longua. |815| Luachar — luchar. |817| Lott — meirdrecas. |820| Laithirt ronort. |821| Lugbart. meliȝ *est* luibgort. |824| Lanamuin ·i· lansomain — lethšomain — alaile. |825| Lethach cetumȝ

fol. 181 a².

doncenelu — ainm *for*aleit*he* ⁊arathanidetaid airismor leithet neich bis de inocciano — dolosaithi — leathaitir bairgin amal asmbert cruit*h*ene fec*h*tas luide lais ·i· cicseini eside — Forrolaig — cruit*h*ne — ⁊leicis — huigidacht — Dobreit*h* doiscabul — collcic — darroraigestar inteicess iar*u*m — laiget · lobo — tarr — cicsene — tofot*h*a — athcebail dentein ⁊isba cofes s so*n* — toberad — rocualaso*m* — occumaidim — ingante — ardais sed — nirocretison inteicess im*morro*. ba airi im*morro* asb*ert* — dofromad i*n*deicsene inofot*h*a tairr teini — laisi*n* — cruit*h*ene — adfed — tofota tarr — cruit*h*ne — af*r*issi asbē sin f*ris* — leataig foin f*ris* ·i· fon tairr — chaindil — dofessid*h* i*n*teicsene toe let*h*aig[1] ⁊rl. rodtormai — cruit*h*ene. — failte — core desiu — indeicsene cotnaitib — cechotnaiclestar cruit*h*ne. |826| Leos ·i· imdergad immadergadar iarndair l. iarnceduc*h*. |827| Loess ·i· suillse — isi*n*duil roscad gri*n*niud loiss — suillse ut est isi*n*duil ·i· cain*n*le — i*m*muloess — i*m*mathimeela suillse. |828| Loc*h*rann.

|850| Modebroth od — scotici corrupte uocant — muinduirbrait. ammuin di*diu* isoīs anduir is*ed* ambraut. |851| Marc — lais imbit —

fol. 181 b¹.

colcedach — |854| Methel — meto l. meta. |855| Muccurbi · m*ac* diandofuirem — |856| Mallan*n* — tar i*n*mullach — |857| Mass *q*uasi massa. |859| Miscad. |860| Milgetan — dorsaire — daig — forsna — tet ass tet ind. |861| Melgg ·i· ass — m̄blegar. — un*de* d*icitu*r mellgg theme. teme m̄bais. |863| Morann — baid i*n*sen ai*n*m — nachadeperad fris. — isainm — albair — main — rolensat — nadanai*n*m infersa ardon oenanma m*ac* som im*morro* coirp*ri* c*h*ind caitt. |864| Menad. |865| Moth ·i· chachferde — no*men est* — fer in*n*sce — no*men est* — |867| Manach — manacho. |868| Monach im*morro* clesach — |869| Methos — molod — mence — is od aragnadchi |871| Menmec*h*osach — casach lais — |874| Mulend —

[1] *isintig* — *dixit* om.

i*m*muliunn. [875] Merdręch [877] Mand — senc*h*an — admidiur — cachtu — cichsite morgniu muigsine[1] — concobur [878] Mundu ·i· mofinddu — fin*n*tan — moidoc fernę — thulcan — thulc*h*an — ruc am*ac* nansa [881] Mal — arget [882] Mairend. dede — cetumȝ ·— fot*er*a

fol. 181b².

[884] Mumu — eocho — momo ·i· moo — greit*h* — oldaas — di*n*amumu rohai*u*mnitea mu*m*ain ⁊muim*h*nig*h* *dicuntur* [885] Mugh — fognoma bid [886] Mugsine — mogad. [887] Mug — un*de* muc*h*ad. [889] Midach — medich [890] Mer — isa oenur

fol. 182a¹.

isaoenur i*m*miteit — merulus lon — ceneol fadesin — chomaitec*h*t [891] Meracht — ·i· ic*h*t mer l. ac*h*t [892] Mairt — no*men* — chosecrait inlathe sein — ·i· marta [895] Mortlaid [895a][2] Malait amalitia [896] Manan*n*an — cennaige — asdec*h* — iarthur indomai*n* — tri nemgrac*h*t ·i· tridec*h*si*n* ·i· gne i*n*dni*m*e ·i· i*n*dænir i*n*neret nobiad inśuthnen*n* no i*n*duthnen*n* — nochomclaibad — britanni — manana*n*d insule — dictȝ [959] Nie — nie duine ticfa ipse *est* ihc̄ [960] Ne*m*nall — moam — nuaill fear nime[3] [961] Ni*n*os ·i· ni*n*ios — tond donfairge — isinær — tir gondeirgni tiprat dī un*de* — corcomruad*h* inni*n*dais [966] Niac — mecc. ·i· guin duine [969] Nae — ·i· *bis* tir *om*. [970] Ńoeis — feis — intśeancȝ [971] Nim ·i· bronac*h* — fohuilib*h* — arric*h*t — ni*m*bi [972] Nairime ·i· gla*m**h* l. nairme — asb*er*t toeici*n* — t*ra*. i*n*diu — toith dui*n*d — [974] Neit*h*is di*d*iu [975] Neasgoid — goibnean*n* — ceardc*h*a — iuc*h*re — friadenum isnagæd*h*e

fol. 182a².

donit*h* lucre — feith i*n*snas — degenenach dib — creid*h*ne — goibnen*n* — teancoir isi*n*daursai*n*d — luic*h*re — lor di*n*dsma — creid*h*ne — naseama*n*na — teancara — lor dindsma — Cid*h* t*ra* *acht* buid*h*e goibnen*n* — adfiadar so*n* do*n*goibneand — heidig*h* — do*n*o dogne fris ⁊bai — adfedas — hainm — forsin — domc*h*id dab*er*ad fuasmand do dincrand — dohurguin — dolumc*h*ru — follusgęd*h* — tcinid*h* — crand donid

[1] *crisu — moigfite* om.
[2] Fehlt in allen anderen Hss.
[3] *imbi* om.

ainm neas 7sooid ·i· lind[1] ceactar de — ainm do i*n*dam-ma*n*di — doc*h*ru*n*d — goibnend dorigni — scalla — ilfrig d*h*eirc deirc — bei*m*mu*n* — isi*n*tšeanc̨ m*h*ar afeinib*h* cachfarus aminib*h*gein isagein rib cuirp di ut *est* isasc̨*n*eus mar afeinib acac*h* f*or*us amainib*h* gac*h* measai d*h*irib*h* cuirp dui*ne* citu lia fuili rohordaidead*h* neas ·i· ai*n*m ni beas ahurgnathu — bit aciric — nad*h*aig*h* l. naedan no smeach formit*er* i*n*d*h*ait*h*is — heiric — beith increic*h*t — lugaide aheric

[998] Olld*h*am ·i· ollad*h*am — olluai*m* — faig*h*id namebis i*n*aildsc*r*i isdoirb*h* — eisi — olldei*m* [999] Ol — oisesc [1000] Omnc̨lg — isi*n*aimsirsi*n* aticasc airich [1002] Oenach ·i· unec*h*t [1004] Oar ·i· gut*h* uiria quo oirbrige [1010] Orn ·i· cirgun [1011] [Om] inbig*h* greic [1013] Ong foichid — unde

fol. 182b[1].

[1015] Oslugud — legud as [1016] Ogtach at*h*ach [1018] Orc treth — rig*h* treth — brandub*h* 7fit*h*ceall*acht* 7carpaid — cisdreac*h*a — unde — loman tiruit*h* iarua bei*m*iun*n* orch — nadire roimsi*n* .roran*n* arai*n*d — coirpre — be ani si*n* dosom — ropo — daruaraid*h* — dolaig*h*nib*h* — gonafein — beusa badar banbriug*h*so*n* 7badar mait*h* dofulugud*h* natian — anene — lamad neac olc Doc*h*aemneacair — fe*cht* an*n* — atreat*h*b*h*ai naraig lom*h*na afus amaisid*h*cin — amuig*h* — cairpre ·i· laig*h*nib*h* illing*h*u — itaig*h*in — adic*h*lai — lomna — indtescin — ife lan*n* nairgigr*a*d aithi ifot*h*roc*h*t — fein — f*or*ahuallaind Lin inluigi — bagnasach — onlomna — rocuadas uaithe cocairpre — dognitson — tallaig*h* — dambert cairpre — colaind — colund — incolan*n* — aordain — goneb*h*airt — nicorubian doini — deargraid — torc — nicotorḡ nicon adb*er*t — indsin — find — thuigsaid — 7toisgelaig*h* arslic*h*t. Teid f*or*si*n* slic*h*t — fofuair — agfuine — indeoin 7bai — dorala forind dindin — coirpre → daa — nonborib*h* — tart*h*aig*h* — olsoduin — fianna

fol. 182b[2].

isan*n*sin doraides dair friu — bron*n*. find mbradana dimad*h*air ·i· isindoimne. — tanaisde da*no* tan — *con*idimui*n* — cairpre — roind fonail nat*h*rai*n*d ran*n*at baig*h* iaru*m* iarmuig*h* —

[1] *nobid* — *nescoit* om.

mirine t*h*uail — linda — senc*h*ais nuocul dui*n*d — coirpre — romeactardar cleith cuiri ruith — aige — ten — find da*no*.

[1043] Pein*n* ·i· apenitentia. [1044] Peacadh ·i· apeccato. [1045] Patu ·i· poitio — isdo — inpat*h*u acosa — forru [1046—48] Propost — prepositȝ ·i· aparrotia [1049] Parnn — bloc*h* — nihiced^{h} dia altra — bloc*h* donn di*n*asparnd. [1050] Puincne — isisin — ofi*n*gi*n*d [1051] pugini mbe ·i· sellau ceirnne. [1052] Pain — un*de* — eat*h*ach — fine fomgeallsad — neat*h*ac*h* — gair *con*eloilig — f*or*sci*n* — p*ro*inter — pugain Puin cearn*n* — cremnais co*m*milg — ime oligen cosge si*n* ge*n*us mesed go nach i*n*nabet*h* nib*h*a — di*di*u *om.* — tomȝ indle ·i· i*n*meid i*n*dm^{h}eac*h*

fol. 183a^{2}.

[1078] Rachtaire ·i· rector airege [1079] Ros ·i· trede lin ⁊ros uisce sain di*di*u acuis — c^{h}eadmȝ — ruios — rofoss onar nib^{h}i [1080] Rem ainm duirseoir — fuirseoir*ech*t*a* — riasda [1082] Rout — atait tra annanda f*or*sna gona roibe ·i· sed ⁊srith[1] ⁊ramad^{h} — lam*h*rota ⁊tuag*h* roda — decomad carp*at* — impi — [1081] Rindtad^{h} — aescas ri*n*d asgach aig*h*i. [1082] Rañad*h* ·i· oldas roat — bis *om.* — coimit*h*each — doraig*h* — doscuaidearpat — sech *bis* carpat *om.* — easp*oic* ari*n*dec*h*e seoc*h* nuile — moneto alele tardeisc*er*t do — treb*h*air — raithca — afot*h*raic ai*n*m gac*h* di*n*e imidred gac*h*a hala blia*dna* — ala ai — alaile — a*n*gamnai anarrad*h* — innadiaid*h* bed irus — dieis — inglantar — each ruathar — cnae — f*or*cua — arnaeasairlait*h*er [1083] Roe ·i· g*re*c reo reoi

fol. 183b^{1}.

[1084] Rindcne — coicer — luiḡ m*ic* mac neit — adaac*h*t — doleig — f*or*luig — find — coicear [1085] Robuth — roebuth ·i· rembutud*h* [1091] Ranc is*ed* is̄ cenel namaile ranc dn̄s ase is̄ cenel. — Saalt*ra*sa — combia caisi — bugerad [1092] Ridhan - uaidh [1095] Rosead^{h} — roi*n*dse ed de deoc*h* indse. [1096] Raileac — reli*q*uiis [1097] Rop — da*no* — uisisi*m* — [1099] Ris — eatana — aeir dō doronad*h* ineiri*n*d — rise rosei*n* brise. [1100] Ruad^{h} rofoesa.

[1129] Suil — trithe — suillse — Suill abeo [1133] Sanais. [1135] Seag^{h}m^{h}lac*h*t — sedg di*du* un*de* dicit*ur* ·i· blicht isna

[1] Scheint zu *sraith* korrigiert.

— linesair buair asegamla. [1136] Smerfuait — fuid^{h}e [1143] Seac*h*t — seipt — [1144] Se ·i· abeo q*uo*d *est* sex 7c.

· fol. 183b^{2}.

[1145—46] *om.* [1151] Seaceng — imscing — a*m*d^{h}atinncęll — d*icitu*r 7c*on*earrad buiil [1152] Sorb — asordeno. [1153] Slabrad q*u*asi slabar cac*h* cu*m*ang ·i· iad*h*ad^{h} cu*m*ang ęslab^{h}ar cac*h* fairsaing. [1154] Sam^{h}rad^{h} — doaithne asuilse 7ahairde 7rl. [1156] Sinsear [1157] Salc*h*oid ·i· salc^{h}oit ·i· caill — comb*ric* salc*h*aid — coill — dosailec*h*aib^{h} bi an*n*. [1158a] Sene asi*n*tan. [1159] Sgeanb ing^{h}ean insi*n* ceit*h*arn andruad^{h} — rosaid^{h} — dub^{h} 7daour dibeoi — dorala — dalla o — corm*a*c naloi*n*geas m*a*c [1160] Sin — mabraig^{h}it — 7intan — dabraigid 7intan nob*er*ead^{h} gofa cu*m*ang da b^{h}raig^{h}id [1161] Searrach ·i· searrach nuacell ·i· gac*h* searr og dam^{h} l. searrac*h* ·i· andiaid^{h} — bis se. [1162] Scuit ·i· scota ingean foraind rig^{h} egipte. [1163] Satii — sathach. [1164] Sanb m*a*c ugui*n*e — dicitur *om.* [1165] Seg*h*ala — araglicȝ. [1165a][1] Subaig^{h} ·i· subiate. [1134] *om.* [1166] Sopaltar ·i· sepultar — nadui*n*eba [1167] Saim — no et*er* dafiach. [1168] Sed^{h} ·i· oslæd*h* allaig^{h} — gonos os nallaig^{h}. [1169] Sancc [1172] Sau — faired*h*it*h*er — maithi — soc*h*airde. [1200] tortue ·i· bairgenam. [1201] Toisc — asad^{h}lac laduine asb*er*t. [1202] Triath — 7t*r*iath ·i· torc. 7t*r*iath ·i· tulach 7 t*r*iath ·i· torch deilig*h*t*h*er — [1207] Tet*h*ru — fomoire — tuar — t*r*iunu.

fol. 184a^{1}.

[1211] Teit [1220] Træth [1224] Tuirigein — oe*n*aiter — ige*n*a alamæse

[1] Nur in LM.

Ausgegeben am 10. April.

Berlin, gedruckt in der Reichsdruckerei.

1919 XX

SITZUNGSBERICHTE

DER PREUSSISCHEN

AKADEMIE DER WISSENSCHAFTEN

BERLIN 1919
VERLAG DER AKADEMIE DER WISSENSCHAFTEN
IN KOMMISSION BEI GEORG REIMER

und leichten Schreibversehen hinausgehen. Umfängliche Korrekturen Fremder bedürfen der Genehmigung des redigierenden Sekretars vor der Einsendung an die Druckerei.

1919.

XX.

SITZUNGSBERICHTE

DER PREUSSISCHEN

AKADEMIE DER WISSENSCHAFTEN.

10. April. Gesamtsitzung.

Vorsitzender Sekretar: Hr. Roethe.

1. Hr. Haberlandt las: Zur Physiologie der Zellteilung. Dritte Mitteilung, Über Zellteilungen nach Plasmolyse.

In jungen, aber schon ausgewachsenen Haarzellen von *Coleus Rehneltianus* und einiger anderer Pflanzen, sowie in den Epidermiszellen der Zwiebelschuppen von *Allium Cepa* treten nach Plasmolyse in Zuckerlösungen unvollständige und eigentümlich modifizierte Zellteilungen auf, die in mancher Hinsicht den primitiveren Zellteilungsweisen bei Algen und Pilzen gleichen. Die Auslösung dieser Teilungsvorgänge wird darauf zurückgeführt, daß infolge der Plasmolyse der in den Zellen enthaltene »Zellteilungsstoff«, dessen Existenz in zwei früheren Mitteilungen nachgewiesen wurde, eine solche Konzentration erfährt, daß der Schwellenwert des Reizes überschritten wird.

2. Hr. Einstein legte eine Arbeit vor über die Frage: Spielen Gravitationsfelder im Aufbau der materiellen Elementarteilchen eine wesentliche Rolle?

Es wird gezeigt, daß die allgemeine Relativitätstheorie die Hypothese zuläßt und nahelegt, daß die Kohäsionskräfte, welche die elektrischen Korpuskeln zusammenhalten, Gravitationskräfte sind. Diese Hypothese wird auch durch den Nachweis gestützt, daß durch sie die Einführung einer besonderen universellen Konstante für die Lösung des kosmologischen Problems unnötig gemacht wird.

3. Hr. Roethe legte vor eine Mitteilung von Hrn. Dr. Helmuth Rogge in Charlottenburg, 'Die Urschrift von Adalbert von Chamissos Peter Schlemihl'. (Ersch. später.)

Aus dem Nachlaß des ehemaligen Professors der Botanik Dietrich Franz Leonhard von Schlechtendal, der mit Chamisso befreundet war, ist an seinen Urenkel Dr. Rogge ein Heft gelangt, das, von Chamisso selbst geschrieben, in Kap. I—III und VI—XI vermutlich die erste Aufzeichnung, in Kap. IV. V eine eigenhändige Reinschrift des ersten Schlemihltextes bietet. Datiert ist das Manuskript: 'Cunersdorf den 24. 7br. 13'. Der erste Druck, der ohne Chamissos Wissen veranstaltet wurde, beruht auf einer jüngeren redigierten Abschrift. Der Urtext hat, von Einzelheiten abgesehen, vor dem Druck voraus eine große Reiseschilderung des mit den Siebenmeilenstiefeln gerüsteten Weltreisenden, die später aus künstlerischen Gründen stark gekürzt wurde.

Zur Physiologie der Zellteilung.

Von G. Haberlandt.

Dritte Mitteilung.

Über Zellteilungen nach Plasmolyse.

I.

In zwei früheren Mitteilungen[1] glaube ich den Nachweis erbracht zu haben, daß in kleinen Gewebestückchen der Kartoffelknolle, der Stengel von *Sedum spectabile*, *Althaea rosea* und der Kohlrabiknolle für den Eintritt von Zellteilungen das Vorhandensein von Gefäßbündelfragmenten unentbehrlich oder wenigstens in hohem Maße förderlich ist. Es handelt sich dabei um einen Einfluß des Leptoms, das einen Reizstoff ausscheidet, der in Kombination mit dem Wundreiz die Zellteilungen bewirkt. Durch die Untersuchungen Lamprechts[2], der mit kleinen Blattstückchen verschiedener *Peperomia*-Arten und *Crassulaceen* (*Bryophyllum*, *Kalanchoe*, *Crassula*) experimentierte, sind meine Ergebnisse bestätigt und erweitert worden. Lamprecht hat auch gezeigt, daß der fragliche Reizstoff nicht arteigen ist, doch nur zwischen nahe verwandten Arten und Gattungen (*Bryophyllum* und *Kalanchoe*) wirksam wird.

Schon in meiner ersten Mitteilung[3] habe ich ferner die Ansicht ausgesprochen, daß das Urmeristem der Vegetationsspitzen die Fähigkeit besitzt, den Zellteilungsstoff selbst zu erzeugen. Beim Übergange der primären Bildungsgewebe in die verschiedenen Dauergewebe geht diese Fähigkeit der Mehrzahl der letzteren früher oder später verloren und beschränkt sich nunmehr auf das Leptom, und zwar vermutlich auf seine Geleitzellen. Unter dieser Voraussetzung wird man annehmen dürfen, daß in jungen Dauergewebszellen, welche die letzten Zellteilungen noch nicht lange hinter sich haben, der Zellteilungsstoff noch vorhanden ist, wenn auch in geringerer Menge, so daß seine Konzentration zur Auslösung von Zellteilungen nicht mehr ausreicht. Auch dürfte die Emp-

[1] G. Haberlandt, Zur Physiologie der Zellteilung, Sitzungsber. d. Berl. Akad. d. Wiss. 1913, XVI u. 1914, XLVI.

[2] W. Lamprecht, Über die Kultur u. Transplantation kleiner Blattstückchen, Beiträge zur Allgemeinen Botanik, I. B. S. 353 ff. 1918.

[3] A. a. O. S. 344.

findlichkeit der Protoplasten für den Reizstoff allmählich abnehmen. Natürlich ist nicht ausgeschlossen, daß auch ältere Zellen die fragliche Substanz in noch geringerer Menge enthalten. Eine Stütze findet diese Annahme in der Beobachtungstatsache, daß bei der Kartoffel und bei *Sedum spectabile* auch bündellose Rinden- und Markstückchen spärliche Zellteilungen zeigen.

In der vorliegenden Mitteilung soll nun die Frage beantwortet werden, ob es möglich ist, jüngere und ältere Dauergewebszellen zu Teilungen zu veranlassen, wenn durch Plasmolyse mittels unschädlicher Plasmolytika eine genügende Konzentration des im Zellsaft oder im Protoplasma eventuell noch vorhandenen Zellteilungsstoffes bewirkt und so der Schwellenwert des Reizes überschritten wird. Dabei war von vornherein mit der Möglichkeit zu rechnen, daß bei den Versuchen Abweichungen vom normalen Teilungsprozesse oder nur gewisse Teilvorgänge desselben in Erscheinung treten werden.

II.

Die Vorgänge, die sich in plasmolysierten Protoplasten abspielen, sind bereits von verschiedenen Forschern zum Gegenstande mehr oder minder eingehender Untersuchungen gemacht worden.

Als erster hat N. Pringsheim[1] beobachtet, daß bei der Plasmolyse häufig ein Zerfall des Plasmakörpers in zwei oder mehrere Portionen eintritt, die anfänglich noch durch Verbindungsstücke miteinander zusammenhängen. Diese werden allmählich dünner und reißen endlich. »Die Hautschicht schließt sich um jeden isolierten Teil ringsherum ab und bildet einen völlig glatten Überzug; jeder Teil erscheint jetzt gerade so scharf begrenzt wie früher der ganze Inhalt.« Ein Jahr später hat Nägeli[2] denselben Vorgang für *Spirogyra* beschrieben und abgebildet. Auch W. Hofmeister[3] hat ihn besprochen und als Beispiele die Wurzelhaare von *Hydrocharis morsus ranae*, inhaltsarme Zellen von *Spirogyra* und *Cladophora*, die unterirdischen Vorkeimfadenenden von Moosen und gestreckte Parenchymzellen saftreicher Phanerogamen angeführt.

Alle diese Zerfallserscheinungen plasmolysierter Protoplasten werden von Berthold[4] auf gleiche Weise zu erklären versucht wie von Plateau der Zerfall von Flüssigkeitszylindern unter dem Einfluß der Oberflächenspannung. In der Tat handelt es sich um ganz ähnliche

---

[1] N. Pringsheim, Bau und Bildung der Pflanzenzellen, 1854.

[2] Pflanzenphysiologische Untersuchungen von C. Nägeli und C. Cramer, I. Heft, 1855, Primordialschlauch, S. 3, Taf. III Fig. 10 und 16.

[3] W. Hofmeister, Die Lehre von der Pflanzenzelle, 1867, S. 70, 71.

[4] G. Berthold, Studien über Protoplasmamechanik, Leipzig 1886, S. 86 ff.

Bihler: zuerst flache Einschnürung, die, weiter fortschreitend, zur Bildung dünner zylindrischer Verbindungsfäden zwischen den größeren Teilstücken des Protoplasten führt; dann Zerreißung dieser Fäden und Einziehung in die sich abrundenden Teilstücke.

Neben derartigen auf Einschnürung beruhenden Zerfallserscheinungen hat später de Vries[1] bisweilen auch Ausstülpungen der kontrahierten Plasmaschläuche bzw. ihrer Vakuolenwände beobachtet und abgebildet (*Spirogyra*, Oberhautzellen von *Tradescantia discolor*). Dieselben runden sich oft kugelig ab und lösen sich vom absterbenden Protoplasten los. Das Hauptgewicht legt aber de Vries auf die Feststellung der Tatsache, daß nach der Plasmolyse mit Salpeterlösung (weniger häufig bei Anwendung von Zuckerlösungen) die Vakuolenwände weit länger am Leben bleiben als die übrigen Teile des Protoplasten.

Einen wichtigen Fortschritt bedeutete dann die Beobachtung Klebs'[2], daß bei der Kultur in 16—20prozentiger Rohrzucker- oder in 10prozentiger Traubenzuckerlösung die plasmolysierten Protoplasten verschiedener Süßwasseralgen (*Zygnema*, *Spirogyra*, *Oedogonium* u. a.) der Blätter von *Funaria hygrometrica*, der Prothallien von *Gymnogramme* und der Blätter von *Elodea canadensis* sich mit neuen Zellhäuten umgeben, die bei *Funaria* und *Elodea* sehr zart, bei vielen Algen aber oft stark verdickt und deutlich geschichtet sind. Bei dikotylen Pflanzen ist es Klebs nicht gelungen, eine Neubildung von Zellhaut zu erzielen. — Eine weitere bedeutungsvolle Beobachtung Klebs' ist bekanntlich die, daß nach dem Zerfall der plasmolysierten Protoplasten in zwei Teilstücke nur das kernhaltige Fragment sich mit einer Zellhaut umgibt. Dies wurde insbesondere bei *Zygnema* und den Blattzellen von *Funaria hygrometrica* nachgewiesen. — Was das Auftreten von Zellteilungen betrifft, so hat Klebs kein einheitliches Resultat erzielt. *Zygnema* zeigt in Zuckerlösungen seltener Zellteilungen als in Wasser, *Mesocarpus* und *Spirogyra* verhalten sich umgekehrt: ebenso *Cladophora fracta*. Bei *Oedogonium* verläuft die Zellteilung nach Plasmolyse in vereinfachter Weise, indem statt Ringbildung usw. nur eine einfache Querwand auftritt, die von der Peripherie nach innen vordringt. Bei einer ganzen Anzahl von Pflanzen hat aber Klebs nach Plasmolyse in konzentrierten Zuckerlösungen keine Teilung beobachtet, so bei Farnprothallien, *Funaria hygrometrica*, *Elodea canadensis*. In schwächer kon-

---

[1] H. de Vries, Plasmolytische Studien über die Wand der Vakuolen, Jahrbücher f. wiss. Botanik, 16. Bd. 1885, S. 501, 552.

[2] G. Klebs, Beiträge zur Physiologie der Pflanzenzelle, Untersuchungen aus dem bot. Institut zu Tübingen, II. Bd. 1888. Vgl. auch H. Miehe, Berichte der Deutsch. Bot. Gesellsch., 23. Bd. S. 257.

zentrierten Lösungen wäre es wahrscheinlich zur Teilung gekommen. Darauf weist eine Beobachtung an einer *Desmidiacee*, *Euastrum verrucosum* hin, die, auf einem Objektträger in 10 Prozent Rohrzucker kultiviert, bei allmählicher Wasseraufnahme im feuchten Raum sehr lebhafte Zellteilungen zeigte. Klebs gibt an, daß eine Plasmolyse der Zellen von *Euastrum* nicht zustande kam. Wahrscheinlicher ist mir aber, daß die anfängliche Plasmolyse allmählich wieder zurückging.

Die Folgerung, die Klebs aus seinen Beobachtungen über Zellhautbildung an kernhaltigen und kernlosen Plasmateilen gezogen hat, ist von Palla[1] und Acqua[2] angegriffen worden. Von Palla wurde gezeigt, daß nach Plasmolyse in Zuckerlösung auch kernlose Teile der Protoplasten in Pollenschläuchen, *Marchantia*-Rhizoiden und *Urtica*-Brennhaaren Zellulosehäute bilden können und daß die gegenteilige Annahme Townsends[3], wonach Zellhautbildung nur eintreten kann, wenn das kernlose Stück mit dem kernhaltigen durch zarte Plasmafäden in Verbindung steht, unrichtig ist. Daß der Kern trotzdem die Membranbildung beeinflußt, wird auch von Palla angenommen. Wie sich dieser Einfluß geltend macht, braucht hier nicht diskutiert zu werden[4].

Die Untersuchungen von Němec[5] über den Einfluß der Plasmolyse auf die Kern- und Zellteilung haben im allgemeinen ergeben, daß durch die Plasmolyse ähnlich wie durch verschiedene andere äußere Einwirkungen die in Ausführung begriffene Kern- und Zellteilung sistiert wird, wobei die Spindelfasern verschwinden.

Verschiedene bemerkenswerte Beobachtungen an plasmolysierten Protoplasten hat Küster angestellt. An dieser Stelle sollen nur jene erwähnt werden, die mit unserem Thema in Beziehung stehen. Zunächst beschreibt Küster[6] folgende Erscheinung: Behandelt man Oberflächenschnitte von der Außenseite der Zwiebelschuppen von *Allium Cepa* mit *n*-Rohrzuckerlösung, so sind die Epidermiszellen nach 24 Stunden stark plasmolysiert. Wird die Zuckerlösung unter dem Deckglas allmählich durch Leitungswasser ersetzt, so sieht man, daß in vielen Zellen das

---

[1] E. Palla, Beobachtungen über Zellhautbildung an des Zellkerns beraubten Protoplasten, Flora, 1890, B. 73, S. 314; derselbe, Über Zellhautbildung kernloser Plasmateile. Ber. d. Deutsch. Bot. Ges. 1906, B. 24, S. 408.

[2] C. Acqua, Contribuzione alla conoscenza della cellula vegetale, Malpighia. 1891, Vol. V, S. 1.

[3] Ch. O. Townsend, Der Einfluß des Zellkerns auf die Bildung der Zellhaut. Jahrb. f. wiss. Bot., 30. B., 1897, S. 484.

[4] Vgl. E. Küster, Aufgaben und Ergebnisse der entwicklungsmechanischen Pflanzenanatomie, Progressus rei botanicae, II. B. 1908, III. Membranbildung. S. 502 ff.

[5] B. Němec, Das Problem der Befruchtungsvorgänge und andere zytologische Fragen, Berlin 1910, S. 266 ff.

[6] E. Küster, Über Veränderungen der Plasmaoberfläche bei Plasmolyse, Zeitschrift f. Bot., 2. Jahrg. 1910, S. 692 ff.

Plasma an irgendeiner Stelle der Oberfläche des Protoplasten bruchsackartig vorquillt. Es handelt sich dabei nicht um das de Vriessche Phänomen (s. oben S. 324), sondern um die Sprengung einer festen oder besonders zähen Oberflächenschicht, die Küster mit Ramsden als »Haptoganmembran« bezeichnet. Sie ist aber wohl nichts anderes als die äußere Plasmahaut. — In einer späteren Arbeit schildert Küster[1] ausführlich das Auftreten zahlreicher Plasmawände in den plasmolysierten Protoplasten der Zwiebelschuppenepidermis von *Allium Cepa*, die sich etwa 3 Tage nach Anhäufung des Zytoplasmas um den Zellkern herum einstellen. Diese Plasmawände zerteilen die ursprüngliche Vakuole in mehrere, oft zahlreiche Vakuolen und verleihen dem Protoplasten eine grobschaumige Beschaffenheit. Die Entstehung der Plasmawände führt Küster vermutungsweise auf eine segelartige Verbreiterung von Plasmafäden zurück. Weitere Beispiele für diesen Vorgang konnte Küster nicht auffinden.

An dieser Stelle sei auch gleich auf die Beobachtungen Åkermans[2] hingewiesen, wonach in den Epidermis- und Rindenparenchymzellen verschiedener Pflanzen, so z. B. in der Epidermis der Zwiebelschuppen von *Allium Cepa*, bei schwacher oder mäßig starker Plasmolyse zahlreiche Plasmastränge entstehen, die die Vakuolen nach allen Richtungen hin durchkreuzen. Später werden sie oft wieder eingezogen, und das Zytoplasma häuft sich um den Kern herum an.

Von besonderem Interesse sind endlich für unsere Frage Untersuchungen, die Isaburo-Nagai[3] im Heidelberger Botanischen Institut über den Einfluß der Plasmolyse auf die Adventivsproßbildung von Farnprothallien angestellt hat. Von der zufälligen Beobachtung ausgehend, daß Prothallien von *Asplenium nidus*, deren Zellen in einer durch Verdunstung sehr konzentriert gewordenen Knopschen Nährstofflösung stark plasmolysiert waren, nach Zusatz einer schwach konzentrierten Lösung Adventivsprosse bildeten, brachte Isaburo-Nagai die Prothallien zunächst 20 Minuten lang in verschieden konzentrierte Plasmolytika (darunter auch Zuckerlösungen) und übertrug sie dann in Knopsche Nährlösung. Es stellten sich nun in den plasmolysiert gewesenen Zellen häufig Teilungen ein, die zur Adventivsproßbildung führten. Da die Verschiedenheit der zur Plasmolyse benutzten Substanzen keine Rolle spielt, wird gefolgert, »daß der Reiz der Plasmolyse

[1] E. Küster, Über Vakuolenteilung und grobschaumige Protoplasten, Ber. d. Deutsch. Bot. Ges., 36. Jahrg. 1918.

[2] A. Åkerman, Studier över trådlika Protoplasmabildningar i växtcellerna (mit deutschem Resumé), Lunds Universitets-Arsskrift, N. F., Avd. 2, Bd. 12, Nr. 4, 1915.

[3] Isaburo-Nagai, Physiologische Untersuchungen über Farnprothallien, Flora, Neue Folge, Bd. 6, 1914, S. 305ff.

für die Adventivsprossung rein physikalischer und nicht chemischer Natur ist«. Im Anschluß an eine von Klebs ausgesprochene Vermutung wird weiter als möglich hingestellt, daß durch die Plasmolyse schädliche Stoffwechselprodukte, die das Wachstum hemmten, irgendwie beseitigt wurden. Als wahrscheinlicher aber wird betrachtet, daß bei der Plasmolyse die Plasmodesmen, welche die Protoplasten untereinander verbinden, zerrissen werden, wodurch die älteren Zellen dem hemmenden Einfluß der jüngeren entzogen werden und nun von neuem ihr Wachstum[1] aufnehmen können. Daß auch dieser Erklärungsversuch sehr unwahrscheinlich ist, geht aus meinen früheren »Kulturversuchen mit isolierten Pflanzenzellen«[2] hervor, in denen mechanisch isolierte Zellen zwar mancherlei Wachstumserscheinungen, aber niemals Zellteilungen zeigten. Die interessanten Ergebnisse Isaburo-Nagais drängen vielmehr zu der Annahme, daß die mit der Plasmolyse zunehmende Konzentration des Zellteilungsstoffes zu einer chemischen Reizung der Protoplasten führt, die ihre Teilung auslöst. Freilich sind auch noch andere Erklärungsmöglichkeiten gegeben, die später besprochen werden sollen.

Sehen wir von den leitbündellosen Farnprothallien ab, die sich in bezug auf die Teilungsfähigkeit isolierter Zellen oder kleiner Gewebefragmente überhaupt wie andere leitbündellose Pflanzen, wie Algen, Pilze und Lebermoose verhalten[3], so ergibt die vorstehende historische Übersicht, daß Zellteilungen oder Teilprozesse solcher als Folge der Plasmolyse bei höheren Pflanzen bisher nicht beobachtet worden sind.

III.

Der leichten Beobachtung wegen stellte ich meine Versuche mit Haaren und Epidermiszellen an. Um nur den Einfluß des Plasmolytikums walten zu lassen und die Wirkungen des Wundreizes und Wundschocks zunächst auszuschalten, sah ich von der Kultur von Schnitten in der plasmolysierenden Lösung einstweilen ab und wählte als erstes Versuchsobjekt eine Pflanze mit kleinen hängenden Zweigen, deren obere Enden sich leicht in Glasschälchen eintauchen ließen, die die plasmolysierende Flüssigkeit enthielten. Auf der Suche nach einer solchen Pflanze fiel mein Blick zufällig auf den im Gewächshause des Pflanzenphysiologischen Instituts kultivierten *Coleus Rehneltianus* Berger[1], der sich bald als ein sehr günstiges Versuchsobjekt erwies.

---

[1] Isaburo-Nagai unterscheidet nicht genügend zwischen Zellwachstum und Zellteilung.

[2] G. Haberlandt, Kulturversuche mit isolierten Pflanzenzellen, Sitzungsber. d. Akad. d. Wiss. in Wien, 111. Bd., 1902.

[3] Vgl. G. Haberlandt, Zur Physiologie der Zellteilung, I. Mitteilung, a. a. O. S. 344.

[1] Vgl. Alwin Berger, Ein neuer *Coleus*, Englers Bot. Jahrbücher, B. LIV. 1917. Beiblatt Nr. 120, S. 197. Diese neue, sehr hübsche, kleinblättrige *Coleus*-Art wurde von

An den Stengeln dieser Pflanzen treten, von kurzen Drüsenhaaren abgesehen, zweierlei Haare auf: sehr zahlreiche kleinere Haare, die bogig basalwärts gekrümmt sind und bedeutend längere, gerade abstehende Haare, die nur neben den Blattinsertionen auftreten. Die ersteren, auf die sich die nachstehenden Beobachtungen in erster Linie beziehen, bestehen aus 4—7 Zellen, die in der Mitte des Haarkörpers 85—130 μ lang und 20—22 μ breit sind. Die basalen Zellen sind bedeutend breiter, die Endzelle läuft spitz zu. Die Krümmung des Haarkörpers wird fast ausschließlich durch schwache Knickung an den Zellenden hervorgerufen. Die Wände sind mäßig verdickt, mit Kutikularknötchen versehen, die nur den basalen Zellen fehlen. Die Protoplasten erscheinen in Form dünner Plasmabelege, die eine einzige Vakuole umschließen. Der kleine, rundliche Zellkern liegt stets in der basalen Zellhälfte, und zwar entweder auf der unteren Querwand oder in dem Winkel, den diese mit der Längswand auf der Konkavseite des Haarkörpers bildet. Nicht selten rückt er auch auf die Längswand hinüber, gelangt aber nie über die Zellmitte hinaus. Umgeben ist er von einigen Leukoplasten oder ganz blassen Chloroplasten, die übrigens auch zerstreut im Plasmabelege vorkommen. — In den längeren, geraden Haaren treten in den unteren Zellen schön grüne Chloroplasten auf, die gegen die Haarspitze zu verblassen.

Betreffs der Versuchsmethode sei folgendes bemerkt: Wenn mit der intakten Pflanze experimentiert wurde, ließ man das beblätterte fortwachsende Ende eines herabhängenden Zweiges in eine genügend große Glasschale tauchen, die mit der plasmolysierenden Lösung gefüllt war. Durch Bedeckung der Schale mit entsprechend zugeschnittenem Pappendeckel wurde die Verdunstung möglichst eingeschränkt. Der Topf stand auf einem Laboratoriumstisch in diffusem Tageslichte. In einer anderen Reihe von Versuchen wurden nicht zu dünne Längsschnitte durch junge Stengelinternodien in kleinen Glasschälchen kultiviert, die 8—10 cm^3 des Plasmolytikums enthielten. Die Schälchen standen vor einem Nordfenster und waren gut beleuchtet. Da die Versuche im Winter 1818/19 ausgeführt wurden, betrug die Temperatur im Versuchsraume 18—20° C. Als Plasmolytikum wurde meist eine 10prozentige Traubenzuckerlösung verwendet, die nur um weniges stärker konzentriert ist als eine $^1/_2\,n$-Lösung. (Die n-Lösung ist 18prozentig.) Um Fadenpilze fernzuhalten, setzte man den Zuckerlösungen

---

F. Rehnelt 1914 bei Anuradhapura auf Ceylon, wo sich früher ein botanischer Garten befand, gesammelt. Ob sie auf Ceylon einheimisch ist, muß dahingestellt bleiben. Da sie dem *C. Bojeri* am nächsten steht, stammt sie möglicherweise aus Madagaskar. Die Pflanze wird jetzt schon in verschiedenen botanischen Gärten kultiviert.

nach dem Vorgange von KLEBS eine Zeitlang 0.05 Prozent Kaliumchromat zu, eine Vorsichtsmaßregel, die sich bei sorgfältiger Sterilisierung der Glasschälchen, Stahlnadeln usw. als überflüssig erwies. Zuweilen erfolgte auch ein Zusatz von 0.1 Prozent Asparagin.

Die nachstehend beschriebenen Erscheinungen, die an den plasmolysierten Protoplasten der Haarzellen zu beobachten waren, traten um so häufiger und prägnanter auf, je kräftiger und gesünder das Versuchsobjekt war. Pflanzen, die eine Zeitlang (10 — 14 Tage) im Laboratorium verweilt hatten, waren meist schon so geschädigt, daß die Protoplasten der Haare die zu schildernden Veränderungen nur noch vereinzelt und unvollkommen zeigten. An unversehrten Sproßenden stellten sich diese Veränderungen häufiger und schöner ein als an Schnitten. Auch das Alter der Haare war nicht gleichgültig. Am besten reagierten Haare jüngerer, noch kurzer Internodien, die zwar schon ausgewachsen waren, aber die Kutikularknötchen erst in schwacher Ausbildung aufwiesen.

Selbstverständlich wurde bei der mikroskopischen Untersuchung der Schnitte stets das Plasmolytikum als Einschlußmittel benutzt.

Gleich der erste Versuch, bei dem ein Sproßende in eine 10prozentige Traubenzuckerlösung mit 0.1 Prozent Asparagin und 0.05 Prozent Kaliumchromat tauchte, hatte ein sehr bemerkenswertes Ergebnis. Als nach 10 Tagen die Haare der jüngeren Internodien an Längsschnitten untersucht wurden, da zeigte sich, daß sich die Mehrzahl der Protoplasten in merkwürdiger Weise geteilt hatten. Die stark plasmolysierten meist auch von den Längswänden abgehobenen Protoplasten waren schon sämtlich abgestorben und wiesen gewöhnlich in ihrem apikalen Teile eine Querwand auf, die den Protoplasten in zwei ungleich große Fächer teilte. Das obere Fach war meist nur ebenso lang wie breit, das untere Fach dagegen 2—4 mal so lang (Fig. 1, Fig. 2). Ausnahmsweise kam es auch vor, daß die untere Zelle kleiner blieb, und nicht selten ließ sich eine Teilung in drei Fächer beobachten (Fig. 2 *D*), wobei dann stets das mittlere Fach

Fig. 1.

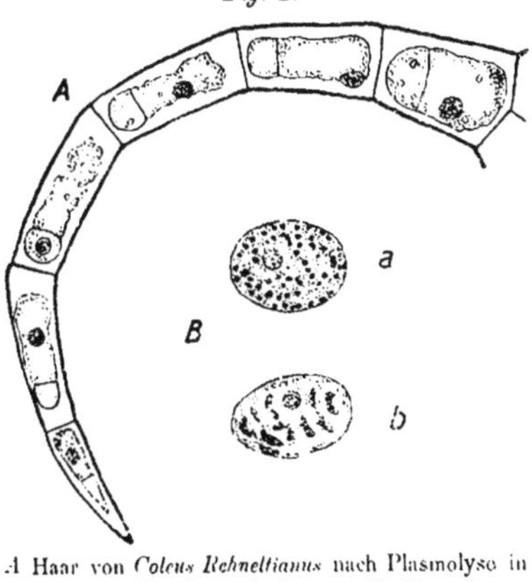

A Haar von *Coleus Rehneltianus* nach Plasmolyse in 10prozentiger Traubenzuckerlösung. Die Protoplasten sind gefächert und abgestorben. *B* Kerne der Haarzellen: *a* vor der Plasmolyse, *b* nach der Plasmolyse. Färbung mit Eisenhämatoxylin nach BENDA.

das längste war. Wie häufig die Teilungen eintraten, geht aus folgender Zählung hervor: zehn hintereinanderliegende Haare eines Längsschnittes bestanden aus insgesamt 50 Zellen, von denen sich 36, d. i. 72 Prozent, in der angegebenen Weise geteilt hatten. Bisweilen sind sämtliche Zellen des Haares gefächert (Fig. 1 *A*).

Eine Teilung des Kernes war, von einer einzigen Ausnahme abgesehen, nicht eingetreten. Er befand sich regellos gelagert meist in dem unteren, größeren Fache (82 Prozent) (Fig. 1 *A*, Fig. 2 *A*, *C*), zuweilen aber auch im oberen (18 Prozent) (Fig. 2 *B*).

In der Mehrzahl der Fälle machte sich ein Unterschied in der Beschaffenheit der Plasmawände beider Fächer geltend. Das obere, kleinere Fach besaß in der Regel derbere glattere Wände als das untere, dessen Plasmahaut meist gefaltet und kollabiert war. Auch war es häufig plasmareicher und enthielt meist einige Leukoplasten (Fig. 2). Auch dann,

Fig. 2.

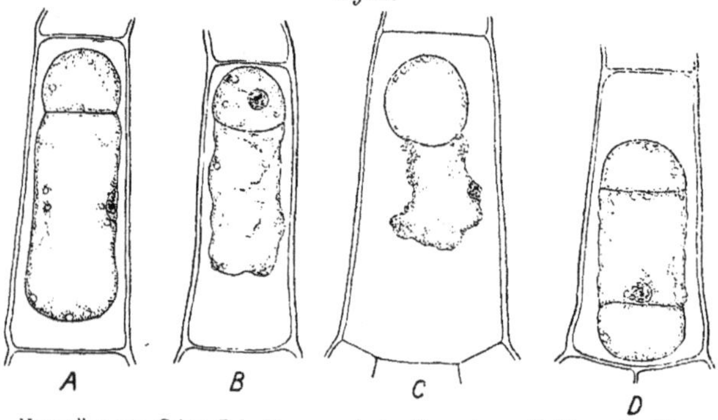

Haarzellen von *Coleus Rehneltianus* nach der Plasmolyse. Erklärung im Text.

wenn das obere Fach gleichfalls zarte, gefältelte Wände aufwies, war die neugebildete Querwand relativ derb und glatt. In 70 Prozent der Fälle war sie zugleich vollkommen eben, was darauf hinweist, daß in beiden Fächern ein annähernd gleich großer osmotischer Druck geherrscht hatte. Häufig kam es aber auch vor, daß die Querwand in das größere Fach hinein vorgewölbt war (20 Prozent), zuweilen so weit, daß das obere Fach zu einer kugeligen Blase wurde (Fig. 2 *C*). Nur in 10 Prozent der Fälle trat das Umgekehrte ein.

Beziehungen dieses verschiedenen Verhaltens der Wände beider Fächer zur Lage des Zellkerns ließen sich nicht feststellen. Immerhin mußte es überraschen, daß sich der Zellkern häufiger in dem unteren Fache mit seinen zarteren, augenscheinlich weniger widerstandsfähigen Wänden befand als in dem derbwandigen oberen Fach.

Zellhautbildung ließ sich an den von den Haarwänden abgelösten Plasmabelegen nicht nachweisen. Nur in den neugebildeten Querwänden blieb nach 24stündiger Behandlung mit Eau de Javelle, das alle Plasmabestandteile vollkommen löste, gewöhnlich eine sehr zarte Zelluloschaut übrig, deren Ränder nach unten, gegen das größere Fach zu umgeschlagen waren, das ja in der Regel den Zellkern enthielt. Für die Beantwortung der Frage, ob die Fächerung der Protoplasten als eine Zellteilung aufzufassen sei, ist das Auftreten zarter Zelluloschäute in den anfänglich rein plasmatischen Querwänden natürlich wichtig.

Ebenso sind für diese Frage die Veränderungen von Bedeutung, die der Zellkern erfährt. Nach Fixierung der Kerne mit Pikrinsäurelösung und Färbung mit Eisenhämatoxylin (nach Benda) zeigt sich, daß das Chromatin im ruhenden Kern in Form von nicht sehr zahlreichen Körnchen auftritt, die die Neigung zeigen, sich an der Peripherie des Kerns anzuhäufen (Fig. 1 *Ba*). In den Kernen der geteilten Protoplasten dagegen hatte das Chromatin nicht selten die Gestalt von kurzen, dicken, kommaförmig gekrümmten Chromosomen angenommen, deren Zahl bei der Kleinheit der Kerne schwer zu bestimmen war (Fig. 1 *Bb*). Es dürften 12—16 gewesen sein.

Fig. 3.

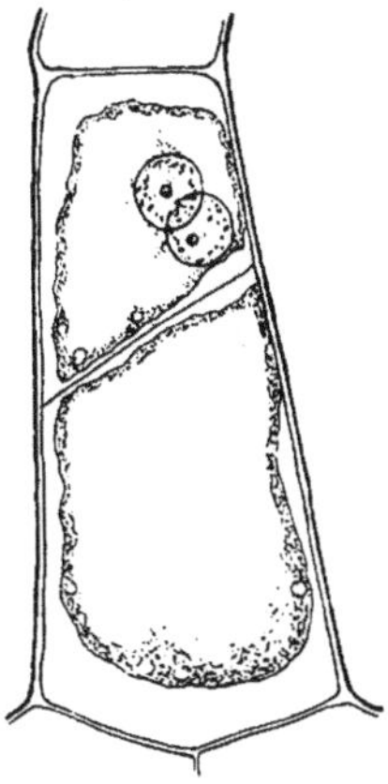

Haarzelle von *Coleus Rehnelianus* nach der Plasmolyse: Zell- und Kernteilung.

Daß die Zellkerne tatsächlich einen Anlauf zu mitotischer Teilung genommen hatten, geht auch aus dem leider vereinzelt gebliebenen Falle hervor, in dem es zu wirklicher Zell- und Kernteilung gekommen war. Fig. 3 stellt diesen Fall möglichst genau dar. Von der zarten, schräg orientierten Zellulosequerwand haben sich die beiden Teilprotoplasten beim Absterben abgelöst. Im oberen kleineren Fache bzw. in der oberen Tochterzelle, wie man in diesem Falle bestimmt sagen darf, befinden sich dicht nebeneinander zwei gleich große kugelige Kerne, von denen einer in der Nähe der Querwand liegt, während die untere größere Zelle kernlos ist. Wie es kommen konnte, daß beide Kerne in eine Tochterzelle gerieten, kann erst später, nach Schilderung der Entstehung der Querwände, erörtert werden.

Ich gehe nunmehr zur Besprechung der entwicklungsgeschichtlichen Verhältnisse über. Es fragt sich vor allem: wie entsteht die Querwand, die die Protoplasten fächert? Zu diesem Zwecke wurden Längsschnitte im hängenden Tropfen und in Glasschälchen kultiviert und von Tag zu Tag untersucht. Als Plasmolytikum diente wieder eine 10 prozentige Glukoselösung mit und ohne Kaliumchromatzusatz.

Die erste sichtbare Veränderung, die in den Haarzellen eintritt, besteht, abgesehen von der Ablösung der Protoplasten von den Querwänden, darin, daß der im basalen Teil der Zelle befindliche Kern (s. oben S. 328) längs der Außenwand, von der sich der Plasmaschlauch noch nicht abgehoben hat, nach oben wandert und im obersten Viertel bis Drittel der Zelle, seltener schon in der Mitte, zur Ruhe gelangt. Er wölbt sich nun stark gegen das Zellumen vor und ist von einer dünnen Zytoplasmaschicht mit einigen Leukoplasten umgeben. Von dieser Zytoplasmaschicht strahlen nach 24 Stunden einige zarte Plasmastränge aus und treten mit dem gegenüberliegenden Wandbelege in Verbindung. Dabei wird sichtlich die senkrechte Richtung bevorzugt (Fig. 4 *A*). Die Plasmastränge stellen sich immer

Fig. 4.

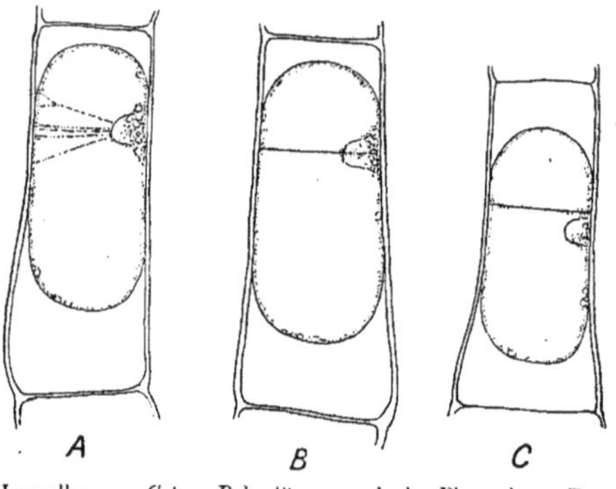

Haarzellen von *Coleus Rehneltianus* nach der Plasmolyse; Entstehung der Plasmaplatte. Erklärung im Text.

mehr in der Ebene der späteren Querwand ein, was durch Heben und Senken des Tubus mit Sicherheit zu ermitteln ist. Sehr bald verschmelzen nun die in einer Ebene ausgespannten, vom Kern ausstrahlenden Plasmafäden zu einer einheitlichen Plasmaplatte (Fig. 4 *B*). Wie diese Verschmelzung vor sich geht, ob dabei eine flächige Verbreiterung der Plasmastränge stattfindet, läßt sich nicht sagen. Doch muß angenommen werden, daß die damit verbundene Volumzunahme durch einen Zufluß von Zytoplasma vom plasmatischen Wandbeleg her ermöglicht wird. Die so entstandene plasmatische

Querwand enthält am Rande noch den Zellkern. Dieser tritt nun bald aus dem Loche in der Querwand heraus und rückt längs der Außenwand in das untere, seltener in das obere Fach hinein (Fig. 4 C). Das Loch in der Querwand wird dann geschlossen. Wenn der plasmolysierte Protoplast in drei Fächer zerteilt wird, so geht dies offenbar in der Weise vor sich, daß der von unten nach oben wandernde Zellkern zuerst im unteren Abschnitt der Zelle zur Ruhe gelangt, zur Entstehung einer Plasmawand Veranlassung gibt, dann weiterwandert und nun ein zweites Mal zum Ausgangspunkt für die Entstehung einer Plasmaplatte wird.

An dieser Stelle möchte ich nochmals auf den schon oben (S. 331) beschriebenen vereinzelten Fall zurückkommen, in dem die Teilung des Protoplasten von einer Kernteilung begleitet war (Fig. 3). Zweifelsohne wurde die Querwand ebenso gebildet wie bei unterbleibender Kernteilung. Der Kern, der ja auch sonst Vorbereitungen zu seiner Teilung trifft (S. 331), wanderte dann vor seiner vollständigen Teilung in die obere Tochterzelle hinein. Wäre der sich teilende Kern in dem Loche in der Plasmaplatte geblieben, so hätte sich wahrscheinlich durch Verdickung der Spindelfasern eine kleine »Zellplatte« gebildet, die die Plasmaplatte ergänzt und das Loch geschlossen hätte. Jede Tochterzelle wäre dann in den Besitz eines Kernes gekommen.

Die Abhängigkeit der Wandbildung von der Lage des Zellkerns ist meinen Betrachtungen zufolge eine ausnahmslose. **Stets bestimmt der Kern den Ort der Entstehung der Plasmaplatte.** Wie dieser Einfluß des Kerns sich geltend macht, ist freilich ungewiß. Es handelt sich möglicherweise nur um einen mechanischen Einfluß, insofern die Entsendung von Plasmasträngen von einer in den Zellsaftraum vorspringenden Protuberanz des Protoplasten begünstigt wird. Wahrscheinlicher ist mir aber, daß eine chemische Reizung der Vakuolenhaut seitens des Kernes vorliegt, die lokale Depressionen der Oberflächenspannung über den Kern zur Folge hat, die zur Aussendung von Plasmasträngen führt. Daß es übrigens auch ohne Modifikation der Oberflächenspannung zur Bildung eines Pseudopodiums usw. kommen kann, hat PFEFFER[1] ausgeführt.

Bei der Teilung der plasmolysierten Protoplasten kommt in doppelter Weise die **Polarität** der Haarzellen zum Ausdruck. Zunächst dadurch, daß nach der Teilung das obere Fach meist ansehnlich kleiner ist als das untere. Es muß irgendwie im polaren Bau des Protoplasten begründet sein, daß der Zellkern auf seiner Wanderung von der Basis gegen die Spitze zu erst im oberen Abschnitte der Zelle

---

[1] W. PFEFFER, Pflanzenphysiologie, 2. Aufl. II. B. S. 716, 717.

in seinem weiteren Vordringen gehemmt wird, zur Ruhe gelangt und nun den Ort der Anlage der Querwand bestimmt. An untergetauchten Sproßenden trat die ungleiche Größe der beiden Fächer häufiger und bestimmter in Erscheinung als an Längsschnitten. Es hängt dies wohl damit zusammen, daß unter ungünstigeren Lebensbedingungen und in weniger lebenskräftigen Zellen der Kern früher seine Wanderung spitzenwärts einstellt. — Die Polarität der Protoplasten kommt ferner auch dadurch zur Geltung, daß das obere kleinere Fach in der Regel derbere, resistentere Wände und einen höheren osmotischen Druck aufweist[1] als das untere, und zwar unabhängig davon, ob es den Kern enthält oder nicht. Das kann nur darauf beruhen, daß der Protoplast, insbesondere seine äußere und innere Plasmahaut, im oberen Teil der Zelle von vornherein eine andere Beschaffenheit zeigt als im unteren.

Alle die Vorgänge, die im vorstehenden beschrieben wurden, spielen sich rascher oder langsamer, jedenfalls aber innerhalb der beiden ersten Tage ab; den Zeitpunkt der Entstehung der zarten Zellulosehaut in der dickeren Plasmaplatte konnte ich nicht feststellen. — Bei Zusatz von 0.05 Prozent Kaliumchromat zur Zuckerlösung beschränkt sich die Zahl der vom Kern ausstrahlenden Plasmafäden fast stets auf die senkrecht zur Längswand gerichteten Fäden, wodurch der ganze Vorgang noch auffallender wird.

Bevor ich zur Besprechung anderer Versuchsobjekte übergehe, ist vorher auf Versuche hinzuweisen, die angestellt wurden, um zu prüfen, ob die beschriebenen Erscheinungen tatsächlich ein Erfolg der Plasmolyse und nicht etwa die Folge einer besseren Ernährung oder einer direkten chemischen Reizung seitens der Zuckerlösung sind. Zu diesem Zwecke wurden Längsschnitte in Leitungswasser, in 0.05 prozentiger Kaliumchromatlösung, in 0.1 prozentiger Asparaginlösung und in 4.5 prozentiger Glukoselösung ($^1/_4$ n-Lösung) kultiviert. Letztere war nicht hypertonisch, bewirkte also keine Plasmolyse, war aber natürlich genügend konzentriert, um evtl. bessere Ernährung oder chemische Reizung zu bewirken. In keinem Falle kam es auch nur andeutungsweise zur Bildung von Querwänden. In Leitungswasser und in der $^1/_4$ n-Zuckerlösung rückten allerdings die Kerne aus den Zellbasen auf die Seitenwände hinüber, auch wurden häufig spärliche Plasmafäden gebildet, doch kamen Plasmaplatten nie zustande. In der Kaliumchromat-

[1] Dieser höhere osmotische Druck macht sich erst später geltend, wenn das untere Fach schon abgestorben oder dem Absterben nahe ist. Da der in ihm herrschende osmotische Druck unter allen Umständen mindestens so groß ist, wie der des Plasmolytikums, so muß in dem oberen Fach eine Zunahme osmotisch wirkender Stoffe stattgefunden haben.

lösung starben die Haarzellen früher ab als im Leitungswasser und in der Zuckerlösung. Die Giftwirkung des Kaliumchromats ist unverkennbar, doch wird sie in der Traubenzuckerlösung gemildert. In $^1/_2$ *n*-Rohrzuckerlösung ließen sich dieselben Erscheinungen beobachten wie in $^1/_2$ *n*-Traubenzuckerlösung, wenn auch anscheinend in weniger ausgeprägtem Maße. In der *n*-Traubenzuckerlösung (18 Prozent) verblieben die Kerne meist im basalen Zellende und starben samt dem umgebenden Plasma bald ab; nur die Vakuolenhaut, die sich oft in zwei Blasen teilte, blieb länger am Leben. Es trat also das DE VRIESsche Phänomen ein. In 5prozentiger Glyzerinlösung (etwas über $^1/_2$ *n*-Lösung) waren nach 24 Stunden nur wenige Haarzellen plasmolysiert. Offenbar ist die Plasmolyse infolge der Permeabilität der Plasmahäute für Glyzerin bald wieder zurückgegangen. Plasmaplatten wurden nicht gebildet. Nach zwei Tagen waren keine lebenden plasmolysierten Protoplasten mehr zu sehen. Einzelne Protoplasten waren bereits abgestorben. In $^1/_2$ *n*-$CaCl_2$- und in $^1/_2$ *n*-$NaNO_3$-Lösung kam es nur hier und da zur Fächerung der Protoplasten: in diesen vereinzelten Fällen vollzog sich aber der ganze Vorgang genau so wie in der Glukoselösung. — Aus all diesen Kontrollversuchen geht hervor, daß die beschriebenen Teilungsvorgänge tatsächlich eine Folge der Plasmolyse sind, wenn auch die chemische Beschaffenheit des Plasmolytikums für den Ablauf der Erscheinungen nicht gleichgültig ist.

Ein weniger günstiges Versuchsobjekt als *Coleus Rehneltianus* ist *C. hybridus* HORT. Bei der Kultur von Längsschnitten durch jüngere Stengelteile in 10prozentiger Traubenzuckerlösung mit 0.05 Prozent Kaliumchromatzusatz zeigten die Protoplasten der ähnlich gebauten Haare nur ziemlich spärlich die beschriebene Fächerung. Der Kern befand sich zuerst wieder in der Plasmaplatte. Für die Beobachtung ist nicht günstig, daß die Kutikularknötchen der Haarwände stärker entwickelt sind als bei *C. Rehneltianus*. Übrigens ist es leicht möglich, daß im Sommer bei höherer Temperatur angestellte Versuche ein günstigeres Ergebnis liefern werden.

Querschnitte durch den jungen Blattstiel von *Saintpaulia ionantha* WENDL. (Gesneriacee) zeigen in 10prozentiger Traubenzuckerlösung mit 0.05 Prozent Kaliumchromat in den plasmolysierten Protoplasten der an ihren Enden etwas angeschwollenen Haarzellen nach einem Tage eine schön faserige Struktur ihrer vom Zellkerne ausstrahlenden Plasmastränge und -balken. Neben der Hauptmasse des Protoplasten treten im Zellumen kleine kugelige Plasmaballen mit Chlorophyllkörnern auf, welch letztere zum Teil auch den Kern umgeben. Zuweilen wird im Hauptprotoplasten vom wandständigen Kern aus wie bei *Coleus* eine Plasmaplatte gebildet, die den Protoplasten in zwei Fächer teilt. Nach zwei Wochen haben sich die noch lebenden ungeteilten Protoplasten zuweilen mit zarten Zellulosehäuten umgeben. Hat Teilung stattgefunden, so ist nur das kernhaltige Fach umhäutet.

Kultiviert man Querschnitte durch den jungen Blattstiel von *Primula sinensis* in 10prozentiger Traubenzuckerlösung mit 0.05 Kaliumchromat, so zeigen die plasmolysierten Protoplasten der unteren, größeren Stielzellen der Drüsenhaare zunächst eine reichliche Bildung von Plasmasträngen, die vom im Zellsaftraum suspendierten Kerne ausstrahlen. Nur selten ist der Kern wandständig, und dann strahlen die Plasmafäden mehr minder senkrecht hinüber auf die gegenüberliegende Wand. Zuweilen kommt es dann auch zur Bildung einer den Kern in sich aufnehmenden Plasmaplatte. Das obere Fach ist wieder kleiner als das untere.

Ein günstigeres Objekt ist *Cissus njegerre* Gilg[1]. An Stengeln und Blattstielen treten schlanke, mehrzellige Haare von sehr verschiedener Größe in großer Anzahl auf. Sie sind dünnwandig und enthalten Chlorophyllkörner; der Zellsaft ist häufig anthozyanhaltig. Bei der Kultur von Längs- und Querschnitten in 10prozentiger Glukoselösung mit dem üblichen Kaliumchromatzusatz sieht man nach 24 Stunden vom wandständigen Kern, der von Chloroplasten umgeben ist, Plasmastränge nach verschiedenen Richtungen ausstrahlen. Bevorzugt ist die Richtung senkrecht auf die gegenüberliegende Wand. Noch deutlicher als bei *Coleus* läßt sich beobachten, daß bald nur noch die in der Teilungsebene liegenden Plasmastränge vorhanden sind, die dann zu einer ziemlich dicken, feinkörnigen Plasmaplatte verschmelzen. Nach 10 Tagen ist noch eine große Anzahl von Zellen am Leben, doch ist keine weitere Veränderung eingetreten; der Kern liegt noch immer in der Plasmaplatte. Nach drei Wochen sind die meisten Protoplasten abgestorben. Die beiden Fächer sind mit resistenten Plasmahäuten versehen, die dünnen Zellulosehäuten gleichen, sich aber so wie die plasmatische Querwand in Eau de Javelle vollständig auflösen.

Nach diesen wenigen Stichproben zu urteilen, dürfte dieser Teilungsmodus plasmolysierter Protoplasten bei Pflanzenhaaren eine ziemlich verbreitete Erscheinung sein.

Etwas eingehender habe ich mich noch mit den Vorgängen beschäftigt, die sich in plasmolysierten Epidermiszellen der Außenseite (morphologischen Unterseite) der Zwiebelschuppen von *Allium Cepa* abspielen. Die Oberflächenschnitte wurden mit der Epidermis nach oben auf eine *n*-Lösung von Traubenzucker (18 Prozent) schwim-

---

[1] Vgl. E. Gilg und M. Brandt, Vitaceae africanae, Englers Bot. Jahrb., 46. Bd. S. 451.

mend kultiviert, was für den guten Erhaltungszustand der Protoplasten vorteilhafter war als völliges Untergetauchtsein. Kaliumchromatzusatz wurde vermieden, da sonst infolge der Vergiftung des Zytoplasmas nur die Vakuolenhaut am Leben bleibt und lediglich das de Vriessche Phänomen eintritt. Auf die Schwierigkeiten, die sich bei Benutzung dieses Versuchsobjekts aus dem oft recht ungleichen Verhalten der verschiedenen Varietäten, oft auch verschiedener Zwiebeln ein und derselben Varietät ergeben, hat schon Küster aufmerksam gemacht (1910 S. 692). Ja selbst an ein und demselben Präparate können die einzelnen Zellen sich recht verschieden verhalten.

In mehreren Kulturen stellte sich schon nach 2—3 Tagen in den plasmolysierten Protoplasten die von Küster beschriebene Vakuolenteilung und Schaumstruktur ein. Nach 5—8 Tagen ging sie meist wieder verloren, die zahlreichen Plasmaplatten verschwanden, und die Protoplasten nahmen ein gleichmäßiges Aussehen an. Bald danach starben sie ab.

Bei Verwendung anderer Zwiebeln, die von einer im Versuchsgarten des Instituts kultivierten Varietät stammten, zeigte die Mehrzahl der Protoplasten ein ganz anderes Verhalten. Der Plasmaschlauch wies nach 1—2 Tagen häufig scharfe Einkerbungen und Einschnürungen auf, die äußerlich den von Küster nach Zusatz von Wasser beobachteten und auf Sprengung der erstarrten Plasmahaut zurückgeführten Bildern glichen, allein entwicklungsgeschichtlich auf ganz andere Weise zustande kamen (Fig. 5)[1]. Der Plasmaschlauch faltete sich vielmehr an einer oder auch an zwei Stellen aktiv ein, es kam zur Bildung einer mehr oder minder tiefen Ringfurche, durch die der Protoplast in zwei (bisweilen in drei) ungleich große Teile zerschnürt wurde. Gewöhnlich trat keine vollständige Durchschnürung ein; nicht selten aber wurde der Protoplast in zwei bis drei vollkommen getrennte Teile zerlegt, von denen dann einer den Kern enthielt. Mehr minder zahlreiche Plasmastränge durchsetzten in jeder Plasmaportion den Zellsaftraum.

Fig. 5.

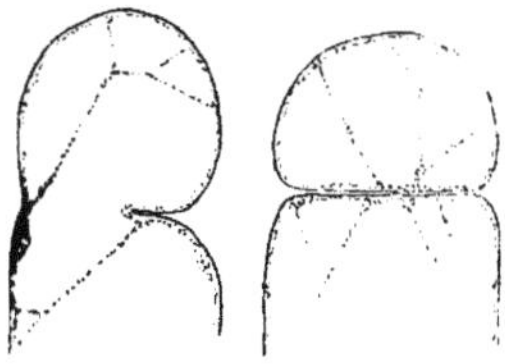

Protoplasten der Epidermiszellen der Zwiebelschuppen von *Allium Cepa* nach der Plasmolyse. Einschnürung des Plasmaschlauches.

[1] In einer vor kurzem erschienenen Abhandlung von K. Höfler (Eine plasmolytisch-volumetrische Methode usw., Denkschriften der Akad. d. Wissensch. in Wien, math.-naturw. Klasse, 95. Bd., 1918, S. 156) wird gleichfalls darauf hingewiesen, daß die »Kerbplasmolyse«, wie er sie nennt, nicht immer durch nachträgliche Ausdehnung des Protoplasten infolge von Wasseraufnahme verursacht wird.

Nach 7—8 Tagen war das Bild ein wesentlich anderes. Die Plasmolyse war vollständig zurückgegangen[1], offenbar deshalb, weil die Plasmahäute für Traubenzucker durchlässig wurden (Fig. 6). Der Plasmaschlauch hatte sich ringsum wieder an die Zellwände angelegt, die Einfaltungen aber blieben erhalten, die aneinandergepreßten Faltenwände verschmolzen nicht miteinander[2], so daß die betreffende Epidermiszelle ganz den Eindruck machte, als hätte sie sich ein- bis zweimal quer-

Fig. 6.

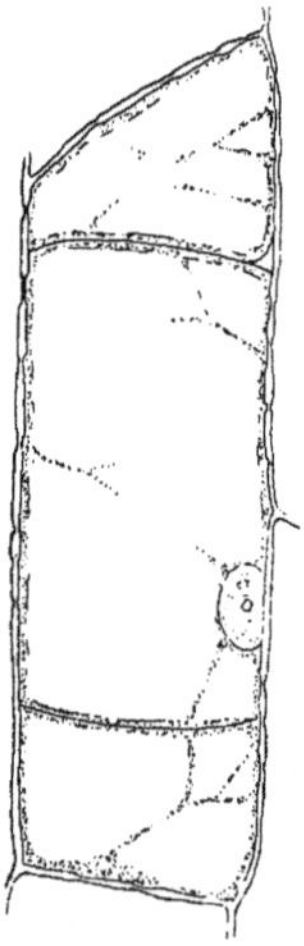

Epidermiszellen von *Allium Cepa*. Die Plasmolyse ist zurückgegangen. Die Teilprotoplasten haben sich wieder dicht aneinandergelegt.

Fig. 7.

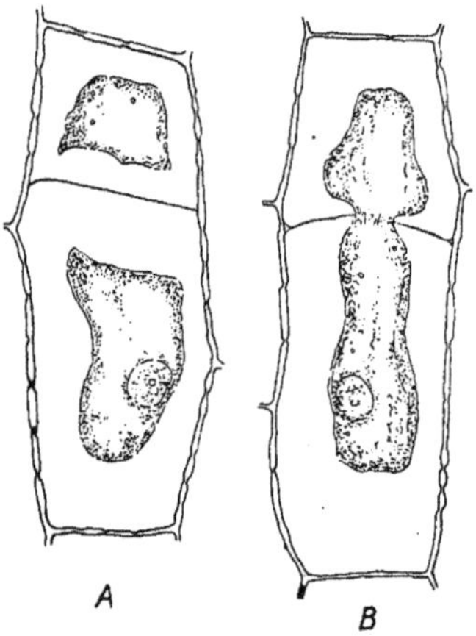

Epidermiszellen von *Allium Cepa*, *A* gefächert. *B* gekammert. Nach erneuter Plasmolyse werden die neugebildeten Zellhäute sichtbar.

geteilt, nur an den Ecken waren die Teilprotoplasten noch hier und da etwas abgerundet. Auch jetzt noch durchzogen Plasmastränge die Zellsafträume. Der Zellkern lag stets ungeteilt im größeren Teilprotoplasten.

Ob in den aus zwei Plasmaplatten bestehenden, vollständigen oder unvollständigen Querwänden auch Zellulosehäute gebildet wurden, ließ sich durch die unmittelbare Beobachtung nicht feststellen. Wenn man aber neuerdings vorsichtig plasmolysierte (natürlich mit einem gegenüber der n-Zuckerlösung hypertonischen Plasmolytikum), so lösten sich die Plasmabelege von zarten Z e l l h ä u t e n los, die entweder als voll-

[1] Von einer »Erstarrung« der äußeren Plasmahaut konnte also keine Rede sein: die Annahme ihrer Wiedererweichung wäre wohl etwas gezwungen.

[2] Vgl. Küster, Über Veränderungen der Plasmaoberfläche usw., a. a. O. S. 703 ff.

ständige Querwände das Zellumen fächerten (Fig. 7 *A*), oder, wenn die Teilprotoplasten noch zusammenhingen, in der Mitte ein großes Loch aufwiesen: das Zellumen war dann nur gekammert (Fig. 7 *B*). Zuweilen kam es auch vor, daß die neugebildete Zellhaut nicht bis an die Längswände heranreichte oder von einer Längswand ausgehend nicht das ganze Zellumen durchsetzte. Dieselbe Erscheinung ließ sich auch nach dem Absterben der Protoplasten beobachten.

Daß diese zarten Zellhäute tatsächlich Zellulosewände waren, ging daraus hervor, daß sie nach 24stündigem Verweilen der Schnitte in frischem Eau de Javelle nicht aufgelöst wurden, während die Protoplasten vollständig verschwanden. Die Chlorzinkjodreaktion ließ sich wegen intensiver Violettfärbung der Außen- und Innenwände der Epidermiszellen nicht anwenden.

Bemerkenswert war, daß die Teilprotoplasten sich ebensowenig wie bei *Coleus Rehneltianus* mit Zellhäuten umgaben[1]. Doch konnte man häufig feststellen, daß bei vollständiger Trennung der Teilprotoplasten die Querwand am Rande gegen den größeren Teilprotoplasten zu, der den Zellkern enthielt, umgeschlagen war. Dieselbe Erscheinung haben wir bereits bei *Coleus* kennen gelernt. War die Trennung der Teilprotoplasten eine unvollständige, so war auch der an die Querwand grenzende Teil der kernlosen Plasmaportion zuweilen von einer schmalen Zellulosehaut umsäumt. Der Einfluß des Kernes auf die Zellhautbildung war also ganz unverkennbar.

Schließlich ist auch noch auf das Verhalten der Zellkerne einzugehen. Zu einer Teilung derselben kommt es, wie schon erwähnt wurde, nicht, auch nicht zu einer Einschnürung, Lappung oder Fragmentation. Immerhin zeigt aber ihre Chromatinsubstanz gewisse Veränderungen. Während dieselbe im ruhenden Kern nach Färbung mit Eisenhämatoxylin (nach Benda) feinkörnig erscheint (Fig. 8 *A*), wird sie, während sich an den plasmolysierten Protoplasten die geschilderten Vorgänge abspielen, grobkörniger, die einzelnen Körnchen zeigen die Neigung, sich aneinanderzureihen und miteinander zu chromosomenähnlichen Gebilden zu verschmelzen (Fig. 8 *B*). Daß es sich hier um Ansätze zur Karyokinese handelt, darf als wahrscheinlich angenommen werden.

Fig. 8.

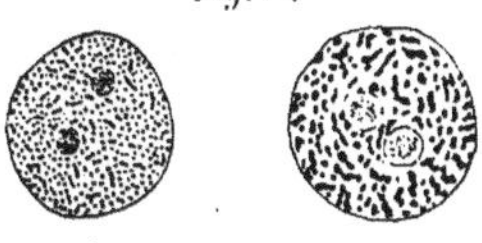

A *B*

Kerne der Epidermiszellen von *Allium Cepa*; *A* vor, *B* nach der Plasmolyse.

[1] Küster (Über Veränderungen der Plasmaoberfläche usw., a. a. O. S. 694) gibt zwar an, bei Präparaten, die 3 Tage lang in *n*-Rohrzuckerlösung gelegen hatten, eine sehr feine, durch neuerliche Plasmolyse sichtbar zu machende Zellhaut, die die Protoplasten umgab, nachgewiesen zu haben, doch vermißt man den Nachweis, daß es sich tatsächlich um Zellulosehäute gehandelt hat.

IV.

Indem wir nun zur Beantwortung der Frage übergehen, ob und inwieweit die im vorstehenden Kapitel beschriebenen Vorgänge an plasmolysierten Protoplasten als Zellteilungen oder als Teilprozesse solcher aufzufassen sind, haben wir die bei *Coleus* und bei *Allium* beobachteten Erscheinungen, da sie doch wesentliche Verschiedenheiten aufweisen, getrennt zu besprechen.

Zwei Unterschiede sind es vor allem, die zwischen einer typischen vegetativen Zellteilung bei den höher entwickelten Pflanzen und der Protoplastenteilung der Haarzellen von *Coleus* nach Plasmolyse bestehen: 1. die verschiedene Art der Querwandbildung und 2. das verschiedene Verhalten der Zellkerne.

Bei der typischen Zellteilung ist die Entstehung der sogenannten »Zellplatte« bekanntlich an das Vorhandensein einer Kernspindel geknüpft. Die von Pol zu Pol reichenden Spindelfasern, die Verbindungsfäden, die dicht gedrängt sind und durch Einschaltung neuer vermehrt werden, schwellen in der Teilungsebene knötchenförmig an, und diese Verdickungen bilden zusammen die »Zellplatte«. Durch Verschmelzung der Körnchen kommt eine Plasmaplatte zustande, die sich spaltet und zwischen den beiden Plasmalamellen eine zarte Zellulosewand ausscheidet. In den Haarzellen von *Coleus* dagegen kann es, da die Kernteilung fast ausnahmslos ausbleibt und keine Kernspindel gebildet wird, zu keiner körnigen »Zellplatte« kommen, die Plasmaplatte, in der dann die Zellhaut entsteht, muß auf andere Weise gebildet werden. Kommt es auch nicht zu einem Ineinandergreifen von Kern- und Zellteilung, so ist die Entstehung der Plasmaplatte doch insofern vom Kerne abhängig, als dieser den Ort ihrer Entstehung bestimmt. Es bildet sich in der Teilungsebene ein Komplex von Plasmafäden aus, eine fädige Zellplatte, wie man sie nennen könnte, worauf durch Verschmelzung der Fäden die Plasmaplatte entsteht, in deren Mitte wieder eine ganz zarte Zellhaut gebildet wird.

Berechtigt nun dieser Unterschied, der Fächerung des plasmolysierten Protoplasten den Charakter der »Zellteilung« abzusprechen? Ich glaube nicht, denn es gibt ja bekanntlich auch noch andere Abweichungen vom typischen Zellteilungsvorgange, andere Arten der Querwandbildung, ohne daß man deshalb Bedenken trüge, von Zellteilung zu sprechen. Es liegt beim *Coleus*-Typus eben nur ein neuer Teilungsmodus vor, der überdies vom typischen Teilungsvorgange mit körniger Zellplatte nicht einmal so grundverschieden ist, wie man anfänglich meinen könnte.

Es kommt nämlich nach Strasburgers Untersuchungen[1] bei der Entstehung des Endosperms nicht selten vor, daß die Verbindungsfäden nicht sehr zahlreich sind und »weiter auseinanderstehen«. Das ist z. B. bei *Myosurus minimus* der Fall, wo dann zwischen den Körnchen der Verbindungsfäden »quer ausgespannte, zarte Protoplasmaplatten« gebildet werden. Für *Reseda odorata* gibt Strasburger folgendes an: »Da die Verbindungsfäden hier relativ wenig zahlreich sind und deren seitliche Abstände somit bedeutend, so können die Körnchen der Zellplatten nur durch quer ausgespannte Plasmabrücken in ihrer Lage gehalten werden.« Strasburger spricht nichtsdestoweniger das ganze Gebilde als »Zellplatte« an, und zwar, wie ich meine, mit allem Rechte. Eine solche Zellplatte ist nun ein Mittelding zwischen einer typischen »körnigen« und einer »fädigen« Zellplatte, wie sie bei *Coleus* auftritt.

Die erwähnten Beobachtungen Strasburgers sind vielleicht zu sehr in Vergessenheit geraten, es hat sich in Lehr- und Handbüchern eine gar zu schematische Darstellung der Entstehung der Zellplatte eingebürgert, die wohl einer Revision bedürftig ist. Namentlich dürfte auch darauf zu achten sein, ob in Zellen mit größeren Zellsafträumen und wandständiger Kernspindel die Entstehung und Ergänzung der Zellplatte bzw. der neuen Scheidewand immer nach dem bekannten Treubschen *Epipactis*-Schema erfolgt oder ob nicht in manchen Fällen die Ergänzung der Zellplatte nach dem *Coleus*-Typus vonstatten geht.

Diese Frage ist um so berechtigter, als nach Strasburger[2] die Bildung der plasmatischen Scheidewand bei der Teilung der *Oedogonium*-Zellen in einer Weise erfolgt, die mit dem *Coleus*-Typus die größte Ähnlichkeit besitzt. Bei der Teilung des wandständigen Zellkerns wird keine Kernspindel gebildet; zwischen den beiden jungen Tochterkernen liegt kein fädiges, sondern nur körniges Plasma. Die Tochterkerne rücken bald wieder nahe aneinander, das zwischen ihnen befindliche Plasma wird spärlicher. »Auf diesem Stadium oder schon früher bemerkt man einzelne Fäden, welche das zwischen den Kernen noch vorhandene Plasma mit dem umgebenden Wandbelag durch das Zellumen hindurch verbinden. Die Zahl dieser Fäden vermehrt sich, und zwischen dieselben zieht sich alsbald von allen Seiten das Wandplasma hinein, mit dem Plasma zwischen den Kernen eine Brücke bildend, die den ganzen Querschnitt der Zelle überspannt. . . . Hierauf entsteht innerhalb der Plasmabrücke, simultan im ganzen Querschnitt der Zelle, die

---

[1] E. Strasburger, Zellbildung und Zellteilung. III. Aufl., 1880, S. 11 und 17.

[2] E. Strasburger, Zellbildung und Zellteilung, III. Aufl. 192ff. Vgl. auch H. Klebahn, Studien über Zygoten, II., Jahrb. f. wiss. Bot. 24. Bd. 1892, S. 240.

Zellplatte[1]. Sie zeigt deutlich körnige Struktur.« — Aus dieser Darstellung ergibt sich eine weitgehende Übereinstimmung des *Oedogonium*- mit dem *Coleus*-Typus, doch liegt es mir selbstverständlich fern, den letzteren als eine phylogenetische Reminiszenz an den ersteren aufzufassen. Es liegt eben nur eine auffallende Konvergenzerscheinung vor, die sich aus der weitgehenden Ähnlichkeit der Voraussetzungen ergibt, unter denen sich die Zellteilung vollzieht. Daß bei *Oedogonium* innerhalb der Plasmaplatte nachträglich noch eine Körnchenplatte entsteht, ist für den Vergleich wohl nebensächlich; vielleicht tritt sie auch bei *Coleus* auf und entzieht sich hier bei der Kleinheit des Objektes der Beobachtung.

Wichtiger ist, daß in der Plasmaplatte so häufig auch eine Zellhaut gebildet wird und daß sich diese Membranbildung fast ganz auf die Querwand beschränkt. Sie ist also nicht der Umhäutung plasmolysierter Protoplasten an die Seite zu stellen, sondern charakterisiert sich als Teilprozeß der Zellteilung.

Auch bei den Pilzen kommt es, wenn das Protoplasma nur als Wandbeleg auftritt, nach den spärlichen Untersuchungen, die hierüber vorliegen, zur Bildung von Plasmaplatten, die den Zellsaftraum durchqueren, in denen dann die Zellplatten bzw. Zellwände gebildet werden. Strasburger hat diesen Vorgang für die Entstehung der Querwand, die des Sporangium oder Oogonium von *Saprolegnia ferax* abgegliedert, näher beschrieben (a. a. O. S. 220).

Wir sehen also, daß die Scheidewandbildung in den plasmolysierten Zellen der *Coleus*-Haare mit der Bildung der Querwände bei normaler Zellteilung durch mancherlei Übergänge verbunden ist. Um so mehr sind wir berechtigt, die Fächerung der *Coleus*-Protoplasten als eine, wenn auch modifizierte, primitivere Zellteilung anzusprechen. Es ist eben, wie auch schon Pfeffer[2] betont hat, von vornherein möglich, »daß auch die bei der Zellteilung einzuschaltende Scheidewand in verschiedener Weise formiert wird«.

Auch das Verhalten der Zellkerne spricht dafür, daß Zellteilung vorliegt. Schon oben wurde erwähnt, daß sich das Chromatin des Kernes nach der Plasmolyse in chromosomenähnliche Stücke sondert, daß also der Kern die Vorbereitungen zu seiner Teilung trifft. Allerdings hat L. Huie[3] in den Drüsenzellen der *Drosera*-Tentakel nach Fütte-

---

[1] Diese »Zellplatte« kann aber nicht der durch Verschmelzung der knötchenförmigen Verdickungen der Verbindungsfäden entstandenen Zellplatte gleichzusetzen sein.

[2] W. Pfeffer, Pflanzenphysiologie, II. Aufl. 2. Bd. S. 46.

[3] Lily Huie, Changes in the Cell-organs of *Drosera rotundifolia*, produced by Feeding with Egg-Albumen. The quarterly Journal of microscopical Science, Bd. 39. 1896. S. 424.

rung mit Hühnereiweiß, also nach chemischer Reizung, gleichfalls die Aggregation des Chromatins in V-förmige Segmente beobachtet und daraus geschlossen, daß diese Erscheinung kein charakteristisches Merkmal der Mitose, sondern nur ein Zeichen größerer Aktivität des Kernes sei. PFEFFER[1] dagegen erblickt darin »einen gewissen Anlauf« zu einer Teilung. Für die *Coleus*-Kerne trifft dies um so bestimmter zu, als es in einem Falle ja tatsächlich zu vollständiger Kernteilung gekommen ist.

Wir werden also aus der Tatsache, daß in den plasmolysierten Protoplasten der *Coleus*-Haare die Kernteilung fast ausnahmslos unterbleibt oder, besser gesagt, frühzeitig unterbrochen wird, gleichfalls kein Argument gegen die Annahme ableiten dürfen, daß die Fächerung der Protoplasten eine Zellteilung darstellt.

Wenn von den beiden Zellen, in die sich der plasmolysierte *Coleus*-Protoplast teilt, die eine den Kern enthält, die andere kernlos ist, so liegt ein ganz ähnlicher Fall vor, wie ihn GERASSIMOFF[2] bei einigen Konjugaten (*Spirogyra* u. a.) beobachtet hat, wenn durch Abkühlung einer sich teilenden Zelle die Kernteilung wieder rückgangig gemacht, die Scheidewandbildung aber nicht unterbrochen wird. Auch so entstehen »kernlose Zellen«. Später hat NĚMEC[3] in Wurzelspitzen nach Behandlung mit Chloralhydrat Zellteilungen beobachtet, bei denen die Mutterzelle durch eine uhrglas- oder meniskenförmige Zellwand in eine größere und eine kleinere Zelle zerlegt wurde. Letztere war kernlos, erstere enthielt einen eingeschnürten Kern oder zwei Kerne. Auch NĚMEC spricht das kernlose Fach als »Zelle« an.

Das Endergebnis vorstehender Diskussion ist, daß wir die Fächerung der Protoplasten der *Coleus*-Haarzellen nach Plasmolyse in der Tat als eine Zellteilung aufzufassen haben, die allerdings in bezug auf die Kernteilung nicht vollständig, in bezug auf die Teilung des Plasmakörpers modifiziert ist.

Bei der Beurteilung der Teilungsvorgänge, die sich in plasmolysierten Epidermisprotoplasten der Zwiebelschuppen von *Allium Cepa* abspielen, dreht sich alles um die Frage, als was der Einschnürungsprozeß der Protoplasten aufzufassen ist. Es wurde bereits oben hervorgehoben, daß es sich dabei weder um das DE VRIESsche Phänomen handelt, noch um eine physikalische Einschnürung im Sinne von PLATEAU und BERT-

[1] W. PFEFFER. Pflanzenphysiologie. II. Aufl., 2. Bd. S. 49.

[2] J. GERASSIMOFF. Über die kernlosen Zellen bei einigen Konjugaten. Bulletin de la Société des Naturalistes de Moscou Nr. 1, 1892.

[3] B. NĚMEC, Über die Einwirkung des Chloralhydrats auf die Kern- und Zellteilung, Jahrb. f. wiss. Bot. 39. Bd., 1904.

HOLD, noch endlich um das Austreten einer plasmatischen Blase nach Sprengung der erstarrten Plasmahaut, wie es KÜSTER beschreibt. Es liegt vielmehr eine aktive Einschnürung vor, eine allmählich fortschreitende Einfaltung des Plasmaschlauches, die oft zu vollständiger Durchschnürung führt, häufiger aber unvollständig bleibt und nur eine Kammerung des Protoplasten zur Folge hat. Hält man sich aber an die Beobachtungstatsachen, so muß dieser Vorgang durchaus der Zellteilung durch von außen nach innen fortschreitende Einschnürung des Plasmaleibes an die Seite gestellt werden, die im Tierreiche so verbreitet, im Pflanzenreiche dagegen sehr selten und auf die Teilung nackter, membranloser Zellen bei Algen und Myxomyzetenschwärmern beschränkt ist[1]. Daß die Kernteilung unterbleibt und die Kerne nur einen schwachen Anlauf zur Karyokinese machen, ist kein Grund, den Einschnürungsprozeß bei *Allium* als einen wesentlich anderen Vorgang zu betrachten. Ebensowenig darf dies aus dem häufigen Ausbleiben der vollkommenen Durchschnürung gefolgert werden. Die bloße Kammerung der *Spirogyra*-Zellen wird ja auch als eine, wenn auch unvollständige Zellteilung aufgefaßt. — Daß nach spontanem Rückgang der Plasmolyse die *Allium*-Epidermiszellen auch Zellulosescheidewände bilden, vervollständigt zwar das Bild der stattgefundenen Zellteilung, ist aber für die Beurteilung des Gesamtprozesses nicht entscheidend, denn diese Zellhautbildung ist ja nichts anderes als derselbe Vorgang, der sich an der Außenfläche plasmolysierter Protoplasten und ihrer Teilstücke so häufig einstellt. Freilich bleibt es auffallend, daß sich die Zellhautbildung fast ganz auf die Bildung von Scheidewänden beschränkt. Dieselbe erinnert an die Entstehungsweise der Scheidewände der Ausbildung der Zoosporangien und Oogonien von *Vaucheria*. Auch hier kommt es nach STRASBURGER[2], OLTMANNS[3] u. a. zuerst zu einer Trennung der Plasmakörper, die anfänglich auseinanderweichen und sich dann, nachdem an den Trennungsflächen zarte Plasmahäute entstanden sind, wieder aneinanderlegen und nun zwischen sich die neue zarte Zellwand bilden.

Nach all dem werden wir auch die in dieser Mitteilung beschriebenen Vorgänge in plasmolysierten Protoplasten der Zwiebelschuppenepidermis von *Allium Cepa* als modifizierte und unvollständige Zellteilungen betrachten dürfen.

---

[1] Vgl. E. STRASBURGER, Zellbildung und Zellteilung, III. Aufl. S. 225ff. Vgl. auch die hier zitierte Literatur.

[2] E. STRASBURGER, Zellbildung und Zellteilung, III. Aufl., S. 211 ff.

[3] FR. OLTMANNS, Über die Entwickelung der Sexualorgane bei *Vaucheria*, Flora 80. Bd., 1895, S. 397.

V.

Zum Schlusse ist nun die Frage aufzuwerfen: wie erklärt sich der Einfluß, den die Plasmolyse durch Zuckerlösungen auf die Zellteilungsvorgänge ausübt? Die in dieser Hinsicht bestehenden Möglichkeiten sollen im nachstehenden Punkt für Punkt erörtert werden:

1. Die Annahme, daß der Zucker als Nährstoff dienen könnte, ist schon oben zurückgewiesen worden. In 5prozentiger Glukoselösung, die nicht zur Plasmolyse führt, bleiben die beschriebenen Vorgänge aus. Daraus folgt, daß der Zucker auch nicht als ein die Zellteilungen auslösender Reizstoff wirksam ist. Die Zuckerlösung wirkt nur als Plasmolytikum. Daß in hypertonischen Salzlösungen die beschriebenen Vorgänge sich viel seltener oder gar nicht einstellen, ist offenbar auf die schädigende Wirkung der betreffenden Stoffe zurückzuführen.

2. Die Wirkung der Plasmolyse könnte ferner darauf beruhen, daß die Protoplasten durch Ablösung von den Zellwänden und Zerreißung der Plasmodesmen isoliert und der Beeinflussung seitens der Nachbarzellen, des ganzen Organs und der ganzen Pflanze entzogen werden. Es wäre ja möglich, daß im normalen Gewebsverbande die Teilungen ausgewachsener Zellen nur deshalb unterbleiben, weil seitens der Gesamtpflanze oder gewisser Organe und Gewebe derselben ein Hemmungsreiz ausgeht, so wie ein solcher betreffs der Einstellung des Wachstums der Zellen im normalen Gewebsverbande anzunehmen ist. Wie ich in einer früheren Arbeit gezeigt habe[1], fangen ja ausgewachsene isolierte Zellen in geeigneten Nährlösungen oft wieder in sehr beträchtlichem Maße zu wachsen an. Daß der Eintritt von Zellteilungen nach Plasmolyse nicht auf die Beseitigung eines solchen Hemmungsreizes durch Isolierung zurückzuführen ist, geht schon mit großer Wahrscheinlichkeit aus der Tatsache hervor, daß ich bei meinen Versuchen mit isolierten Pflanzenzellen niemals Zellteilungen beobachten konnte. Um ganz sicher zu gehen, wurden dünne Oberflächenschnitte junger *Coleus*-Stengel in einem Tropfen Leitungswasser auf dem Deckglas mit einem scharfen Skalpell gründlich zerhackt und weiter kultiviert. Das Deckglas kam auf den Glasring einer feuchten Kammer: im hängenden Tropfen befanden sich zahlreiche Haarfragmente, die oft nur aus einer einzigen lebenden Zelle bestanden. Nach 1 bis 2 Tagen rückten zwar die Kerne aus den Zellbasen häufig auf die Außenwände hinüber, auch bildeten sich zuweilen zarte Plasmafäden aus, doch lassen sich dieselben Erscheinungen auch an größeren Längs-

[1] G. Haberlandt, Culturversuche mit isolierten Pflanzenzellen. Sitzungsberichte der Akad. d. Wissensch. in Wien, math.-naturw. Klasse Bd. 111, 1902.

schnitten mit intakten Haaren, die in Leitungswasser kultiviert werden, beobachten (vgl. S. 334). Plasmaplatten, die die isolierten Zellen fächern, treten niemals auf.

Nach diesem Ergebnis muß also auch die Annahme Isaburo-Nagais, daß die begünstigende Wirkung der Plasmolyse auf die Adventivsproßbildung der Farnprothallien durch Beseitigung eines Hemmungsreizes infolge Zerreißung der Plasmodesmen zustande komme, als unzutreffend bezeichnet werden.

3. Auch noch auf andere Weise könnte die Plasmolyse eine die Zellteilung verhindernde Hemmung beseitigen. Diese Hemmung könnte nämlich darin bestehen, daß sich, wie schon Klebs[1] für das Wachstum als möglich hingestellt hat, in den Zellen allmählich schädliche Stoffwechselprodukte ansammeln. Auch Goebel[2] hat offenbar Ähnliches im Sinne, wenn er die »somatischen« Zellen als »embryonale« Zellen betrachtet, »die gewissermaßen inkrustiert sind«. Wird die »Inkrustation«, falls sie nicht schon zu weit vorgeschritten ist, wieder aufgelöst, dann kehrt die Zelle zum embryonalen Zustande zurück. Wenn nun tatsächlich in den Dauergewebszellen Hemmungsstoffe vorhanden sein sollten, die die Teilung hintanhalten, so wäre anzunehmen, daß diese Stoffe durch die Plasmolyse irgendwie beseitigt werden, vielleicht dadurch, daß die Plasmahäute für sie permeabel werden. — Eine solche Annahme hat manches für sich, sie läßt sich aber weder beweisen noch widerlegen.

4. Die plasmolysierten Protoplasten erfahren infolge der Wasserentziehung eine bedeutende Volumabnahme. Ihr molekulares und micellares Gefüge wird dadurch zweifellos Änderungen unterworfen, und diese strukturellen Änderungen, verbunden mit mechanischen Beschädigungen bei der Ablösung der Protoplasten von den Zellwänden, bilden möglicherweise den Reizanlaß, der zur Zellteilung führt. Auch diese Annahme ist weder beweisbar noch widerlegbar.

5. Die Wasserentziehung, die bei der Plasmolyse eintritt, hat eine beträchtliche Zunahme der Konzentration der im Zellsaft und im Zytoplasma gelöst auftretenden Stoffe im Gefolge. Es ist von vornherein nicht ausgeschlossen, daß schon die stärkere Konzentration der im Zellsaft gelösten, osmotisch wirksamen Substanzen, vor allem der organischen Säuren und ihrer Salze, teilungsauslösend wirkt. Für wahrscheinlicher muß ich es aber auf Grund meiner sonstigen Erfah-

---

[1] G. Klebs, Zur Physiologie der Fortpflanzung einiger Pilze, III. Allgem. Betrachtungen, Jahrb. f. wiss. Bot. 35. B., 1900, S. 186.

[2] K. Goebel, Über Regeneration im Pflanzenreich. Biolog. Zentralblatt, 22. B., 1902, S. 486.

rungen über die Bildung und Wirksamkeit eines besonderen Zellteilungsstoffes halten, daß die nach der Plasmolyse bedeutend stärkere Konzentration dieses Stoffes es ist, die den Schwellenwert des Reizes überschreitend, die Zellteilungen auslöst. Daß es dabei nicht zu typischen Teilungen kommt, liegt vielleicht nur an der Unvollkommenheit der Versuchsmethode.

Wenn demnach die erhaltenen Untersuchungsergebnisse auch keinen direkten Beweis für die Richtigkeit der in der Einleitung gemachten Annahmen liefern, so bilden sie doch für die Auffassung, daß bei den Zellteilungen ein besonderer Reizstoff, ein Hormon, eine wichtige Rolle spielt, eine neue, beachtenswerte Stütze[1].

VI.

Die Hauptergebnisse der vorliegenden Arbeit lassen sich in folgende Punkte zusammenfassen:

1. Die Protoplasten der ausgewachsenen, aber noch jüngeren Haarzellen von *Coleus Rehneltianus* werden nach Plasmolyse mittels $^1/_2$ *n*-Traubenzuckerlösung gewöhnlich in zwei ungleich große Fächer geteilt. Das kleinere Fach befindet sich in der Regel im oberen Teil der Zelle. Zuweilen werden auch drei Fächer gebildet.

2. Die Fächerung kommt dadurch zustande, daß der vor der Plasmolyse im basalen Teil der Zelle befindliche Kern an der Außenwand aufwärts wandert, im oberen Teil zur Ruhe gelangt und daß nun von ihm aus Plasmafäden gegen die gegenüberliegende Wand ausstrahlen. Diese Fäden ordnen sich in einer Ebene an und verschmelzen miteinander zu einer Plasmaplatte, die den Protoplasten fächert. Dann rückt der Kern aus der Platte heraus, gewöhnlich in das untere Fach hinein, und die Öffnung in ihr wird geschlossen. In dieser Plasmaplatte entsteht häufig eine zarte Zellulosehaut.

3. Der Zellkern bestimmt den Ort der Anlage der Plasmaplatte, teilt sich aber in der Regel nicht. Doch findet häufig ein Anlauf zu mitotischer Teilung statt, indem sich sein Chromatin in chromosomenähnliche Stücke sondert. Nur ausnahmsweise kam es einmal zu vollständiger Kernteilung.

4. In dem Umstande, daß das obere Fach des geteilten Protoplasten fast immer bedeutend kleiner ist als das untere und in der

[1] Inwiefern das Ergebnis der vorliegenden Untersuchung geeignet ist, auf die experimentelle Parthenogenesis tierischer (und pflanzlicher?) Eizellen mittels hypertonischer Salz- und Zuckerlösungen ein Licht zu werfen, soll bei späterer Gelegenheit erörtert werden.

Regel derbere, resistentere Wände besitzt, spricht sich sehr deutlich die Polarität der Haarprotoplasten aus.

5. Ähnliche Teilungsvorgänge wurden nach Plasmolyse durch Traubenzuckerlösungen auch an den Protoplasten der Haare von *Coleus hybridus*, *Saintpaulia ionantha*, *Primula sinensis* und *Cissus njegerre* beobachtet.

6. Die Epidermiszellen der Außenseite der Zwiebelschuppen von *Allium Cepa* verhalten sich in *n*-Traubenzuckerlösung verschieden. In einer Reihe von Fällen trat aktive Einschnürung der Protoplasten an ein oder zwei Stellen ein, die zu vollständiger oder unvollständiger Durchschnürung führte. Wenn dann später die Plasmolyse spontan zurückging und die Plasmahäute an den Durchschnürungsflächen sich aneinanderlegten, traten zwischen ihnen zarte Zellulosehäute auf, die als Scheidewände das Zellumen fächerten oder in Kammern teilten. Der Zellkern blieb stets ungeteilt, doch zeigte er häufig die ersten Ansätze zu mitotischer Teilung.

7. Die beschriebenen Vorgänge in den plasmolysierten Protoplasten sind als unvollständige und modifizierte Zellteilungen aufzufassen. Sie erinnern an jene primitiveren Teilungsvorgänge, die bei verschiedenen Algen und Pilzen auftreten.

8. Es ist wahrscheinlich, daß die beschriebenen Zellteilungen durch einen besonderen Reizstoff ausgelöst werden, der im Zellsaft und Protoplasma jüngerer, zuweilen auch älterer Zellen enthalten ist. Durch die Plasmolyse beziehungsweise die osmotische Wasserentziehung nimmt die Konzentration dieses Zellteilungsstoffes zu, der Schwellenwert des Reizes wird überschritten, es kommt zur Teilung der Protoplasten.

Spielen Gravitationsfelder im Aufbau der materiellen Elementarteilchen eine wesentliche Rolle?

Von A. Einstein.

Weder die Newtonsche noch die relativistische Gravitationstheorie hat bisher der Theorie von der Konstitution der Materie einen Fortschritt gebracht. Demgegenüber soll im folgenden gezeigt werden, daß Anhaltspunkte für die Auffassung vorhanden sind, daß die die Bausteine der Atome bildenden elektrischen Elementargebilde durch Gravitationskräfte zusammengehalten werden.

§ 1. Mängel der gegenwärtigen Auffassung.

Die Theoretiker haben sich viel bemüht, eine Theorie zu ersinnen, welche von dem Gleichgewicht der das Elektron konstituierenden Elektrizität Rechenschaft gibt. Insbesondere G. Mie hat dieser Frage tiefgehende Unternehmungen gewidmet. Seine Theorie, welche bei den Fachgenossen vielfach Zustimmung gefunden hat, beruht im wesentlichen darauf, daß außer den Energietermen der Maxwell-Lorentzschen Theorie des elektromagnetischen Feldes von den Komponenten des elektrodynamischen Potentials abhängige Zusatzglieder in den Energie-Tensor eingeführt werden, welche sich im Vakuum nicht wesentlich bemerkbar machen, im Innern der elektrischen Elementarteilchen aber bewirken, daß den elektrischen Abstoßungskräften das Gleichgewicht geleistet wird. So schön diese Theorie, ihrem formalen Aufbau nach, von Mie, Hilbert und Weyl gestaltet worden ist, so wenig befriedigend sind ihre physikalischen Ergebnisse bisher gewesen. Einerseits ist die Mannigfaltigkeit der Möglichkeiten entmutigend, andererseits ließen sich bisher jene Zusatzglieder nicht so einfach gestalten, daß die Lösung hätte befriedigen können.

Die allgemeine Relativitätstheorie änderte an diesem Stande der Frage bisher nichts. Sehen wir zunächst von dem kosmologischen Zusatzgliede ab, so lauten deren Feldgleichungen

$$R_{i\varkappa} - \frac{1}{2} g_{i\varkappa} R = -\varkappa T_{i\varkappa}, \qquad (1)$$

wobei $(R_{i\varkappa})$ den einmal verjüngten Riemannschen Krümmungstensor, (R) den durch nochmalige Verjüngung gebildeten Skalar der Krümmung, $(T_{i\varkappa})$ den Energietensor der »Materie« bedeutet. Hierbei entspricht der historischen Entwicklung die Annahme, daß die $T_{i\varkappa}$ von den Ableitungen der $g_{\mu\nu}$ nicht abhängen. Denn diese Größen sind ja die Energiekomponenten im Sinne der speziellen Relativitätstheorie, in welcher variable $g_{\mu\nu}$ nicht auftreten. Das zweite Glied der linken Seite der Gleichung ist so gewählt, daß die Divergenz der linken Seite von (1) identisch verschwindet, so daß ans (1) durch Divergenz-Bildung die Gleichung

$$\frac{\partial \mathfrak{T}_i^\sigma}{\partial x_\sigma} + \frac{1}{2} g_i^{\sigma\tau} \mathfrak{T}_{\sigma\tau} = 0 \tag{2}$$

gewonnen wird, welche im Grenzfalle der speziellen Relativitätstheorie in die vollständigen Erhaltungsgleichungen

$$\frac{\partial T_{i\varkappa}}{\partial x_\varkappa} = 0$$

übergeht. Hierin liegt die physikalische Begründung für das zweite Glied auf der linken Seite von (1). Daß ein solcher Grenzübergang zu konstanten $g_{\mu\nu}$ sinnvoll möglich sei, ist a priori gar nicht ausgemacht. Wären nämlich Gravitationsfelder beim Aufbau der materiellen Teilchen wesentlich beteiligt, so verlöre für diese der Grenzübergang zu konstanten $g_{\mu\nu}$ seine Berechtigung; es gäbe dann eben bei konstanten $g_{\mu\nu}$ keine materielle Teilchen. Wenn wir daher die Möglichkeit ins Auge fassen wollen, daß die Gravitation am Aufbau der die Korpuskeln konstituierenden Felder beteiligt sei, so können wir die Gleichung (1) nicht als gesichert betrachten.

Setzen wir in (1) die Maxwell-Lorentzschen Energiekomponenten des elektromagnetischen Feldes $\phi_{\mu\nu}$

$$T_{i\varkappa} = \frac{1}{4} g_{i\varkappa} \phi_{\alpha\beta} \phi^{\alpha\beta} - \phi_{i\alpha} \phi_{\varkappa\beta} g^{\alpha\beta}, \tag{3}$$

so erhält man durch Divergenzbildung nach einiger Rechnung[1] für (2)

$$\phi_{i\alpha} \mathfrak{J}^\alpha = 0, \tag{4}$$

wobei zur Abkürzung

$$\frac{\partial \sqrt{-g}\, \phi_{\sigma\tau} g^{\sigma\alpha} g^{\tau\beta}}{\partial x_\beta} = \frac{\partial \mathfrak{f}^{\alpha\beta}}{\partial x_\beta} = \mathfrak{J}^\alpha \tag{5}$$

gesetzt ist. Bei der Rechnung ist von dem zweiten Maxwellschen Gleichungssystem

[1] Vgl. z. B. A. Einstein, diese Sitz. Ber. 1916. VII S. 187, 188.

$$\frac{\partial \varphi_{\mu\nu}}{\partial x_\sigma} + \frac{\partial \varphi_{\nu\sigma}}{\partial x_\mu} + \frac{\partial \varphi_{\sigma\mu}}{\partial x_\nu} = 0 \tag{6}$$

Gebrauch gemacht. Aus (4) ersieht man, daß die Stromdichte ($\mathfrak{J}^\nu$) überall verschwinden muß. Nach Gleichung (1) ist daher eine Theorie des Elektrons bei Beschränkung auf die elektromagnetischen Energiekomponenten der Maxwell-Lorentzschen Theorie nicht zu erhalten, wie längst bekannt ist. Hält man an (1) fest, so wird man daher auf den Pfad der Mieschen Theorie gedrängt[1].

Aber nicht nur das Problem der Materie führt zu Zweifeln an Gleichung (1), sondern auch das kosmologische Problem. Wie ich in einer früheren Arbeit ausführte, verlangt die allgemeine Relativitätstheorie, daß die Welt räumlich geschlossen sei. Diese Auffassung machte aber eine Erweiterung der Gleichungen (1) nötig, wobei eine neue universelle Konstante λ eingeführt werden mußte, die zu der Gesamtmasse der Welt (bzw. zu der Gleichgewichtsdichte der Materie) in fester Beziehung steht. Hierin liegt ein besonders schwerwiegender Schönheitsfehler der Theorie.

§ 2. Die skalarfreien Feldgleichungen.

Die dargelegten Schwierigkeiten werden dadurch beseitigt, daß man an die Stelle der Feldgleichungen (1) die Feldgleichungen

$$R_{i\kappa} - \frac{1}{4} g_{i\kappa} R = -\kappa T_{i\kappa} \tag{1a}$$

setzt, wobei ($T_{i\kappa}$) den durch (3) gegebenen Energietensor des elektromagnetischen Feldes bedeutet.

Die formale Begründung des Faktors $\left(-\frac{1}{4}\right)$ im zweiten Gliede dieser Gleichung liegt darin, daß er bewirkt, daß der Skalar der linken Seite

$$g^{i\kappa}\left(R_{i\kappa} - \frac{1}{4} g_{i\kappa} R\right)$$

identisch verschwindet, wie gemäß (3) der Skalar

$$g^{i\kappa} T_{i\kappa}$$

der rechten Seite. Hätte man statt (1a) die Gleichungen (1) zugrunde gelegt, so würde man dagegen die Bedingung $R = 0$ erhalten, welche unabhängig vom elektrischen Felde überall für die $g_{\mu\nu}$ gelten müßte. Es ist klar, daß das Gleichungssystem [(1), (3)] das Gleichungssystem [(1a), (3)] zur Folge hat, nicht aber umgekehrt.

[1] Vgl. D. Hilbert, Göttinger Ber. 20. Nov. 1915.

Man könnte nun zunächst bezweifeln, ob (1a) zusammen mit (6) das gesamte Feld hinreichend bestimmen. In einer allgemein relativistischen Theorie braucht man zur Bestimmung von n abhängigen Variabeln $n-4$ voneinander unabhängige Differenzialgleichungen, da ja in der Lösung wegen der freien Koordinatenwählbarkeit vier ganz willkürliche Funktionen aller Koordinaten auftreten müssen. Zur Bestimmung der 16 Abhängigen $g_{\mu\nu}$ und $\phi_{\mu\nu}$ braucht man also 12 voneinander unabhängige Gleichungen. In der Tat sind aber 9 von den Gleichungen (1a) und 3 von den Gleichungen (6) voneinander unabhängig.

Bildet man von (1a) die Divergenz, so erhält man mit Rücksicht darauf, daß die Divergenz von $R_{i\varkappa}-\frac{1}{2}g_{i\varkappa}R$ verschwindet

$$\phi_{\sigma\alpha}J^{\alpha}+\frac{1}{4\varkappa}\frac{\partial R}{\partial x_{\sigma}}=0. \tag{4a}$$

Hieraus erkennt man zunächst, daß der Krümmungsskalar R in den vierdimensionalen Gebieten, in denen die Elektrizitätsdichte verschwindet, konstant ist. Nimmt man an, daß alle diese Raumteile zusammenhängen, daß also die Elektrizitätsdichte nur in getrennten Weltfäden von null verschieden ist, so besitzt außerhalb dieser Weltfäden der Krümmungsskalar überall einen konstanten Wert R_0. Gleichung (4a) läßt aber auch einen wichtigen Schluß zu über das Verhalten von R innerhalb der Gebiete mit nicht verschwindender elektrischer Dichte. Fassen wir, wie üblich, die Elektrizität als bewegte Massendichte auf, indem wir setzen

$$J^{\sigma}=\frac{\mathfrak{J}^{\sigma}}{\sqrt{-g}}=\rho\frac{dx_{\sigma}}{ds}, \tag{7}$$

so erhalten wir aus (4a) durch innere Multiplikation mit J^{σ} wegen der Antisymmetrie von $\phi_{\mu\nu}$ die Beziehung

$$\frac{\partial R}{\partial x_{\sigma}}\frac{dx_{\sigma}}{ds}=0. \tag{8}$$

Der Krümmungsskalar ist also auf jeder Weltlinie der Elektrizitätsbewegung konstant. Die Gleichung (4a) kann anschaulich durch die Aussage interpretiert werden: Der Krümmungsskalar R spielt die Rolle eines negativen Druckes, der außerhalb der elektrischen Korpuskeln einen konstanten Wert R_0 hat. Innerhalb jeder Korpuskel besteht ein negativer Druck (positives $R-R_0$), dessen Gefälle der elektrodynamischen Kraft das Gleichgewicht leistet. Das Druckminimum bzw. das Maximum des Krümmungsskalars im Innern der Korpuskel ändert sich nicht mit der Zeit.

Wir schreiben nun die Feldgleichungen (1a) in der Form

$$\left(R_{i\varkappa}-\frac{1}{2}g_{i\varkappa}R\right)+\frac{1}{4}g_{i\varkappa}R_0=-\varkappa\left(T_{i\varkappa}+\frac{1}{4\varkappa}g_{i\varkappa}[R-R_0]\right). \quad (9)$$

Anderseits formen wir die früheren, mit kosmologischem Glied versehenen Feldgleichungen

$$R_{i\varkappa}-\lambda g_{i\varkappa}=-\varkappa\left(T_{i\varkappa}-\frac{1}{2}g_{i\varkappa}T\right)$$

um. Durch Subtraktion der mit $\frac{1}{2}$ multiplizierten Skalargleichung erhält man zunächst

$$\left(R_{i\varkappa}-\frac{1}{2}g_{i\varkappa}R\right)+g_{i\varkappa}\lambda=-\varkappa T_{i\varkappa}.$$

Nun verschwindet die rechte Seite dieser Gleichung in solchen Gebieten, wo nur elektrisches Feld und Gravitationsfeld vorhanden ist. Für solche Gebiete erhält man durch Skalarbildung

$$-R+4\lambda=0.$$

In solchen Gebieten ist also der Krümmungsskalar konstant, so daß man λ durch $\frac{R_0}{4}$ ersetzen kann. Wir können daher die frühere Feldgleichung (1) in der Form schreiben

$$\left(R_{i\varkappa}-\frac{1}{2}g_{i\varkappa}R\right)+\frac{1}{4}g_{i\varkappa}R_0=-\varkappa T_{i\varkappa}. \quad (10)$$

Vergleicht man (9) mit (10), so sieht man, daß sich die neuen Feldgleichungen von den früheren nur dadurch unterscheiden, daß als Tensor der »gravitierenden Masse« statt $T_{i\varkappa}$ der von dem Krümmungsskalar abhängige $T_{i\varkappa}+\frac{1}{4\varkappa}g_{i\varkappa}[R-R_0]$ auftritt. Die neue Formulierung hat aber den großen Vorzug vor der früheren, daß die Größe λ als Integrationskonstante, nicht mehr als dem Grundgesetz eigene universelle Konstante, in den Grundgleichungen der Theorie auftritt.

§ 3. Zur kosmologischen Frage.

Das letzte Resultat läßt schon vermuten, daß bei unserer neuen Formulierung die Welt sich als räumlich geschlossen betrachten lassen wird, ohne daß hierfür eine Zusatzhypothese nötig wäre. Wie in der früheren Arbeit zeigen wir wieder, daß bei gleichmäßiger Verteilung der Materie eine sphärische Welt mit den Gleichungen vereinbar ist.

Wir setzen zunächst

$$ds^2 = -\sum \gamma_{i\varkappa}\, dx_i\, dx_\varkappa + dx_4^2 \text{ (Summation über } i \text{ und } k \text{ von } 1\text{—}3). \quad (12)$$

Sind dann $P_{i\varkappa}$ bzw. P Krümmungstensor zweiten Ranges bzw. Krümmungsskalar im dreidimensionalen Raume, so ist

$$R_{i\varkappa} = P_{i\varkappa} \text{ (}i\text{ und }\varkappa\text{ zwischen 1 und 3)}$$
$$R_{i4} = R_{4i} = R_{44} = 0$$
$$R = -P$$
$$-g = \gamma.$$

Es folgt also für unsern Fall

$$R_{i\varkappa} - \frac{1}{2} g_{i\varkappa} R = P_{i\varkappa} - \frac{1}{2} \gamma_{i\varkappa} P \text{ (}i\text{ und }\varkappa\text{ zwischen 1 und 3)}$$

$$R_{44} - \frac{1}{2} g_{44} R = \frac{1}{2} P.$$

Den Rest der Betrachtung führen wir auf zwei Arten durch. Zunächst stützen wir uns auf Gleichung (1a). In dieser bedeutet $T_{i\varkappa}$ den Energietensor des elektromagnetischen Feldes, das von den die Materie konstituierenden elektrischen Teilchen geliefert wird. Für dies Feld gilt überall

$$\mathfrak{T}_1^1 + \mathfrak{T}_2^2 + \mathfrak{T}_3^3 + \mathfrak{T}_4^4 = 0.$$

Die einzelnen $\mathfrak{T}_i^\varkappa$ sind mit dem Orte rasch wechselnde Größen; für unsere Aufgabe dürfen wir sie aber wohl durch ihre Mittelwerte ersetzen. Wir haben deshalb zu wählen

$$\mathfrak{T}_1^1 = \mathfrak{T}_2^2 = \mathfrak{T}_3^3 = -\frac{1}{3}\mathfrak{T}_4^4 = \text{konst.}$$

$$\mathfrak{T}_i^\varkappa = 0, \text{ (für } i \neq k)$$

$$\text{also } T_{i\varkappa} = +\frac{1}{3}\frac{\mathfrak{T}_4^4}{\sqrt{\gamma}}\gamma_{i\varkappa}; \quad T_{44} = \frac{\mathfrak{T}_4^4}{\sqrt{\gamma}}.$$

Mit Rücksicht auf das bisher ausgeführte erhalten wir an Stelle von (1a)

$$P_{i\varkappa} - \frac{1}{4}\gamma_{i\varkappa} P = -\frac{1}{3}\gamma_{i\varkappa}\frac{\varkappa\mathfrak{T}_4^4}{\sqrt{\gamma}} \quad (13)$$

$$\frac{1}{4} P = -\frac{\varkappa\mathfrak{T}_4^4}{\sqrt{\gamma}}. \quad (14)$$

Die skalare Gleichung zu (13) stimmt mit (14) überein. Hierauf beruht es, daß unsere Grundgleichungen eine sphärische Welt zulassen. Aus (13) und (14) folgt nämlich

$$P_{i\varkappa} + \frac{4}{3}\frac{\varkappa \mathfrak{T}_4^4}{\sqrt{\gamma}}\gamma_{i\varkappa} = 0, \tag{15}$$

welches System bekanntlich[1] durch eine (dreidimensional) sphärische Welt aufgelöst wird.

Wir können unsere Überlegung aber auch auf die Gleichungen (9) gründen. Auf der rechten Seite von (9) stehen diejenigen Glieder, welche bei phänomenologischer Betrachtungsweise durch den Energietensor der Materie zu ersetzen sind; sie sind also zu ersetzen durch

$$\begin{matrix} 0 & 0 & 0 & 0 \\ 0 & 0 & 0 & 0 \\ 0 & 0 & 0 & 0 \\ 0 & 0 & 0 & \rho, \end{matrix}$$

wobei ρ die mittlere Dichte der als ruhend angenommenen Materie bedeutet. Man erhält so die Gleichungen

$$P_{i\varkappa} - \frac{1}{2}\gamma_{i\varkappa}P - \frac{1}{4}\gamma_{i\varkappa}R_0 = 0 \tag{16}$$

$$\frac{1}{2}P + \frac{1}{4}R_0 = -\varkappa\rho. \tag{17}$$

Aus der skalaren Gleichung zu (16) und aus (17) erhält man

$$R_0 = -\frac{2}{3}P = 2\varkappa\rho \tag{18}$$

und somit aus (16)

$$P_{i\varkappa} - \varkappa\rho\gamma_{i\varkappa} = 0, \tag{19}$$

welche Gleichung mit (15) bis auf den Ausdruck des Koeffizienten übereinstimmt. Durch Vergleichung ergibt sich

$$\mathfrak{T}_4^4 = \frac{3}{4}\rho\sqrt{\gamma}. \tag{20}$$

Diese Gleichung besagt, daß von der die Materie konstituierenden Energie drei Viertel auf das elektromagnetische Feld, ein Viertel auf das Gravitationsfeld entfällt.

§ 4. Schlußbemerkungen.

Die vorstehenden Überlegungen zeigen die Möglichkeit einer theoretischen Konstruktion der Materie aus Gravitationsfeld und elektromagnetischem Felde allein ohne Einführung hypothetischer Zusatzglieder im Sinne der Mieschen Theorie. Besonders aussichtsvoll erscheint die ins Auge gefaßte Möglichkeit insofern, als sie uns von der Notwendigkeit

[1] Vgl. H. Weyl, Zeit. Raum. Materie. § 33.

der Einführung einer besonderen Konstante λ für die Lösung des kosmologischen Problems befreit. Anderseits besteht aber eine eigentümliche Schwierigkeit. Spezialisiert man nämlich (1) auf den kugelsymmetrischen, statischen Fall, so erhält man eine Gleichung zuwenig zur Bestimmung der $g_{\mu\nu}$ und $\phi_{\mu\nu}$, derart, daß jede kugelsymmetrische Verteilung der Elektrizität im Gleichgewicht verharren zu können scheint. Das Problem der Konstitution der Elementarquanta läßt sich also auf Grund der angegebenen Feldgleichungen noch nicht ohne weiteres lösen.

Zur Erklärung der Bewegung der Rotationspole der Erde.

Von Prof. Dr. W. SCHWEYDAR
in Potsdam.

(Vorgelegt von Hrn. STRUVE am 3. April 1919 [s. oben S. 287].)

Die sorgfältigen, seit 1900 fortlaufend durchgeführten Beobachtungen des Breitendienstes der Internationalen Erdmessung haben gezeigt, daß die Rotationspole der Erde komplizierte Spiralen beschreiben, deren Schleifenweite in einem nahezu sechsjährigen Zyklus zu- und abnimmt. Doch weder schließt sich die Polbahn nach Ablauf dieser Periode, noch sind die Maxima und Minima der Schleifenweiten konstant. Die genauere, von verschiedenen Autoren durchgeführte Untersuchung hat ergeben, daß die Bewegung sich hauptsächlich aus zwei Schwingungen der Pole mit den Perioden von 433 und 365 Tagen zusammensetzt; die Amplituden sind namentlich bei der letzteren variabel. Die Interferenz beider Schwingungen erzeugt den nahezu sechsjährigen Zyklus. Sie können die komplizierte Bewegung nicht völlig darstellen; in der Entwicklung nach harmonischen Funktionen der Zeit müssen noch Glieder mit kürzeren und längeren, auch mehrjährigen Perioden angesetzt werden. Die von WANACH[1] sehr genau bestimmte und als konstant erkannte 433tägige, die sogenannte CHANDLERsche Periode ist die Periode der kräftefreien Nutation der Erdachse; sie ist bestimmt durch die Differenz der Hauptträgheitsmomente und die Elastizität der Erde.

Schon NEWCOMB hat vermutet, daß Massentransporte auf der Erde, namentlich Luftmassenverschiebungen, die Schwingung mit jährlicher Periode hervorrufen und die freie Nutation beeinflussen. Diese Vermutung wurde durch SPITALER[2] gestützt, der berechnete, daß die durchschnittliche Verschiedenheit in der Luftmassenverteilung im Januar und Juli die Trägheitspole um 0''1 verlagert. Bei dem günstigen Ver-

[1] B. WANACH, Resultate des Internationalen Breitendienstes. Bd. V, 1916.

[2] R. SPITALER, Die periodischen Luftmassenverschiebungen . . . Petermanns Mitteil. Ergänzungsheft Nr. 137. 1901.

hältnis der Periode der freien Nutation zu der jährlichen Periode der Luftmassenverschiebungen reicht dieser Betrag aus, um das jährliche Glied in der Polbewegung der Größenordnung nach zu erklären. Doch ist das Spitalersche Ergebnis nicht völlig überzeugend, weil er weder den Ausgleich der Luftmassenverschiebung durch die Wassermassen auf dem Meere noch die Nachgiebigkeit der festen Erdteile berücksichtigte; auch genügt es nicht, um die Bahn der Rotationspole zum Vergleich mit den Beobachtungen abzuleiten.

Im allgemeinen faßte man in den letzten Jahren das Problem so auf, daß sich über einer Kreisschwingung der kräftefreien Nutation mit der Chandlerschen Periode die von Massentransporten herrührenden »erzwungenen« Schwingungen der Erdachse lagern[1], die im wesentlichen mit Jahresperiode erfolgen, aber wegen des unregelmäßigen Charakters ihrer Ursache sich nicht genau durch eine jährliche Periode darstellen lassen. Von diesem Standpunkte aus erschien es schwierig, die Änderungen in der Amplitude der freien Nutation zu erklären, und man dachte vielfach an die dynamische Wirkung der Erdbeben, die jedoch viel zu gering ist. Namentlich hat Zwiers[2] eine bedeutende Änderung der Amplitude im Jahre 1907 aufgedeckt. Diese Schwierigkeit verdankte man nicht zuletzt dem Bestreben, die verwickelte Bewegung der Pole durch eine Reihe von harmonischen Funktionen der Zeit darzustellen. Diese Entwicklung hat nur interpolatorischen Wert für den betrachteten Zeitraum und kann zur Aufdeckung der Ursachen wenig beitragen, ja sie kann zu Irrtümern in der Deutung führen. Schumann fand Perioden, die in der Nähe von Perioden kosmischer Vorgänge liegen, und glaubte so in der Polbewegung die Wirkung elastischer Bewegungen der Erde unter dem Einfluß der Flutkraft des Mondes zu erkennen. Ich kann mich seinen Folgerungen nicht anschließen, da diese weder mit unseren gut begründeten Vorstellungen über die Elastizität der Erde vereinbar sind, noch in der aus den Beobachtungen von δ Cassiopejae abgeleiteten Polbewegung die Hauptglieder der Flutkraft nachgewiesen werden können[3]. Andererseits wird auch die Bewegung der Erdachse im Raume, die Präzession und Nutation, deren Konstanten für die Ableitung der Polbahn aus den astronomischen Messungen sehr wichtig sind, durch die Elastizität der Erde ganz unbedeutend beeinflußt, wie ich gezeigt habe[4].

[1] B. Wanach a. a. O.

[2] Zwiers, Preliminary investigation into the motion of the pole ... Kon. Akad. Amsterdam 1911.

[3] W. Schweydar, Über kurzperiodische Änderungen der geographischen Breite. Astr. Nachr. Bd. 193, p. 347 ff. 1912.

[4] W. Schweydar, Die Bewegung der Drehachse der elastischen Erde im Erdkörper und im Raume. Astr. Nachr. Bd. 203, p. 101 ff. 1916.

In dieser Abhandlung wird mit Hilfe der Rotationsgleichungen nachgewiesen. daß die Änderungen in der Amplitude der freien Nutation eine einfache Folge von Massentransporten ist, und an der Hand des durchschnittlichen Verlaufs der Luftdruckschwankungen im Laufe des Jahres gezeigt, daß die gesamte Polbewegung der Form und Größe nach im wesentlichen durch Luftmassenverschiebungen erklärt werden kann. Die Untersuchung wurde ermöglicht durch eine Veröffentlichung von Gorczyński[1], in der die Isobaren für die ganze Erdoberfläche für jeden Monat gezeichnet sind. Nach diesen konnte unter Berücksichtigung der Verteilung von Land und Meer und der Elastizität der Erde die relative Lage des Trägheitspoles für jeden Monat und seine durchschnittliche Bahn im Laufe des Jahres abgeleitet werden. Durch geschlossene numerische Integration der Rotationsgleichungen ergab sich die Bahn des Rotationspoles, die für den Zeitraum von sieben Jahren verfolgt wurde und ähnliche Spiralen und Schleifen und nahe dieselben Dimensionen aufweist wie die Beobachtung. Da der Rechnung nur Durchschnittswerte des Luftdrucks zugrunde gelegt werden konnten, so ist auch eine völlige Übereinstimmung zwischen Theorie und Beobachtung nicht zu erwarten.

Die theoretische Grundlage. Wir fassen die Luftmassenverteilung im Mittel eines bestimmten Jahres als die normale Anordnung auf. Die diesem Zustand entsprechenden Hauptträgheitsachsen für den Schwerpunkt nehmen wir als die Koordinatenachsen; die Z-Achse fällt mit der Figurenachse zusammen und ist nach dem Nordpol gerichtet; die X-Achse liegt im Meridian von Greenwich und die Y-Achse im Meridian mit der westlichen Länge von 90°. Die Verschiebung der Luftmassen gegen die normale Anordnung bewirkt eine bestimmte Verlagerung der Hauptträgheitsachsen, so daß das Koordinatensystem nicht mehr Hauptachsensystem ist. Auf dem Meere bleibt im wesentlichen die Summe der Luft- und Wassermassen an jeder Stelle konstant; hier sind also die aus den Luftdruckdifferenzen folgenden räumlichen Variationen der Luftmassen nicht zu berücksichtigen, es bleibt nur eine im Laufe des Jahres variierende Konstante wirksam. Auf dem Lande verursachen die bewegten Luftmassen eine Deformation, die wiederum zu einer Verlagerung der Hauptachsen Anlaß gibt. In der neuen Massenanordnung seien die Trägheitsprodukte um die X- und Y-Achse e und f. Beträgt der Zuwachs an Luftmasse an einem Punkte x, y, z der Erdoberfläche h auf die Flächeneinheit und bezeichnet dS das Flächenelement, so ist

$$e = \int yzh\,dS \qquad f = \int xzh\,dS.$$

[1] W. Gorczyński, Pression atmosphérique en Pologne et en Europe. Warszawa 1917.

Bezeichnet R den Erdradius, ϑ die Poldistanz und λ die Länge, so ist

$$x = R\sin\vartheta\cos\lambda,\ y = R\sin\vartheta\sin\lambda,\ z = R\cos\vartheta,\ dS = R^2\sin\vartheta d\vartheta d\lambda$$

und

$$e = R^4\int_0^\pi\int_0^{2\pi} h\sin^2\vartheta\cos\vartheta\sin\lambda d\vartheta d\lambda,\quad f = R^4\int_0^\pi\int_0^{2\pi} h\sin^2\vartheta\cos\vartheta\cos\lambda d\vartheta d\lambda.$$

Die Integration ist für das Meer und das Land getrennt durchzuführen, wobei beachtet werden muß, daß h auf dem Meere eine aus den Isobaren zu bestimmende räumliche Konstante ist. Auf dem Lande kommt noch die Wirkung der Deformation infolge der Massenverschiebung hinzu. Beträgt der Anteil an e und f, der durch die Massenverschiebung allein auf dem Lande beansprucht wird, e_1 und f_1, so wird der Beitrag zu den Trägheitsprodukten, der auf die Nachgiebigkeit des Landes bei den Verlagerungen der Luftmassen zu setzen ist, $-\varkappa_1 e_1$ bzw. $-\varkappa_1 f_1$ sein, wo $\varkappa_1$ einen von der Elastizität der Erde abhängigen Faktor bedeutet. Wegen der Konstanz der gesamten Luftmasse ist $\int hdS = 0$ für die ganze Erdoberfläche oder

$$(1)\qquad \int_{\text{Meer}} hdS + \int_{\text{Land}} hdS = 0.$$

Da h auf dem Meere eine Konstante h_0 ist, so erhält man:

$$(2).\qquad h_0 = -\int_{\text{Land}} hdS \Big/ \int_{\text{Meer}} dS.$$

Demnach ist

$$(3)\quad e = R^4\left[h_0\iint_{\text{Meer}}\sin^2\vartheta\cos\vartheta\sin\lambda d\vartheta d\lambda + (1-\varkappa_1)\iint_{\text{Land}} h\sin^2\vartheta\cos\vartheta\sin\lambda d\vartheta d\lambda\right]$$

und ähnlich f.

Beträgt die h entsprechende Änderung des Luftdrucks B mm Quecksilberhöhe, so ist $h = 1.36\ B$ Gramm.

Die Richtungskosinus der polaren Hauptträgheitsachse in der neuen Massenanordnung seien ξ und η. Diese können als die rechtwinkligen, durch die zugehörigen geozentrischen Winkel gemessenen Koordinaten des neuen Trägheitspoles, bezogen auf den ursprünglichen Trägheitspol Z als Nullpunkt, aufgefaßt werden. Die ξ- und η-Achse sind ebenso orientiert wie die X- und Y-Achse. Sind die Hauptträgheitsmomente um die Koordinatenachsen X, Y, Z bzw. A, A, C, so ist

$$\xi(C-A) = -f \qquad \eta(C-A) = -e.$$

Setzen wir

$$(4)\quad J = \iint_{\text{Land}} B\sin^2\vartheta\cos\vartheta\sin\lambda\, d\vartheta d\lambda + \frac{B_0}{1-\varkappa_1}\iint_{\text{Meer}}\sin^2\vartheta\cos\vartheta\sin\lambda d\vartheta d\lambda$$

und für J_1 einen ähnlichen Ausdruck, in dem $\cos\lambda$ statt $\sin\lambda$ steht. ferner

(5) $\xi_1(C-A) = -1.36\,R^4 J_1 \qquad \eta_1(C-A) = -1.36\,R^4 J,$

so wird

(6) $\xi = (1-\varkappa_1)\xi_1 \qquad \eta = (1-\varkappa_1)\eta_1 .$

Aus der Konstante der Präzession ergibt sich $C-A = C/305$; C hat nach Helmert den Wert $0.332\,R^2 \times$ Erdmasse. Hiermit findet man aus (5) und (6)

(7) $\xi = (1-\varkappa_1)\,0''0175\,J_1 \qquad \eta = (1-\varkappa_1)\,0''0175\,J.$

Obwohl es keine besonderen Schwierigkeiten bereitet, den Koeffizienten $\varkappa_1$ genauer theoretisch abzuleiten, so habe ich hier seinen Wert doch nur abgeschätzt nach den Ergebnissen meiner früheren Untersuchungen[1]. Er wird auf etwa 0.2 zu veranschlagen sein. Die Koordinaten des Rotationspoles, bezogen auf dasselbe System wie die Koordinaten ξ und η des Trägheitspoles, seien x und y. Wir bezeichnen mit β die Winkelgeschwindigkeit der freien Nutation, mit α dieselbe Größe bei absoluter Starrheit der Erde (Eulersche Winkelgeschwindigkeit) und mit $\varkappa$ einen Faktor, der von der Elastizität und der Dichteverteilung der Erde abhängt[1]. Die Bewegung der Rotationspole mit Rücksicht auf Massenverschiebung und Elastizität der Erde ist in dem Schlußkapitel meiner oben auf S. 358, Fußnote 4 zitierten Arbeit kurz behandelt. Hierbei ist aber das Potential der infolge der Verlagerung der Rotationsachse entstehenden deformierenden Kraft so verwendet (Gleichung (3) S. 102) wie bei der Hauptuntersuchung, wo die polare Hauptträgheitsachse ursprünglich mit der Z-Achse zusammenfällt, der Trägheitspol also im Anfang der Bewegung im Nullpunkt des Koordinatensystems (x, y) liegt. Bei dem allgemeineren Problem der Massenverschiebung liegt er beliebig, so daß in den Gleichungen (39) der angeführten Arbeit der Faktor $1/(1-\varkappa)$ fortfallen muß. Die Rotationsgleichungen, die wir hier anwenden müssen, sind daher

(8) $$\frac{dx}{dt} = -\beta\big(y-(1-\varkappa_1)\eta_1\big) \quad \frac{dy}{dt} = \beta\big(x-(1-\varkappa_1)\xi_1\big) \quad \beta = \alpha(1-\varkappa).$$

Bezeichnen ξ' und η' die Differentialquotienten nach t von ξ und η, so erhält man durch Integration von (8):

---

[1] W. Schweydar, Theorie der Deformation der Erde durch Flutkräfte. Veröff. d. Geodät. Inst. N. F. Nr. 66, 1916.

$$x = \xi + \cos\beta t \left| A - \int_0^t (\xi' \cos\beta t + \eta' \sin\beta t)\, dt \right|$$
$$+ \sin\beta t \left| B + \int_0^t (\eta' \cos\beta t - \xi' \sin\beta t)\, dt \right|$$

(9)

$$y = \eta - \cos\beta t \left[B + \int_0^t (\eta' \cos\beta t - \xi' \sin\beta t)\, dt \right]$$
$$+ \sin\beta t \left[A - \int_0^t (\eta' \sin\beta t + \xi' \cos\beta t)\, dt \right].$$

A und B sind Integrationskonstanten. Die Integration ergibt die wichtige Folgerung, daß die Amplitude und Phase der freien Nutation mit der Periode $2\pi/\beta$ veränderlich sein müssen und völlig durch die Form und Größe der Massentransporte bestimmt werden. Hierdurch finden die wahrgenommenen Änderungen dieser Größen eine einfache Erklärung. Der Pol wird im allgemeinen komplizierte Spiralen ähnlich den beobachteten beschreiben. Die Integration zeigt ferner, daß die Bestimmung der Periode der freien Nutation sehr schwierig ist, weil die Luftmassenverschiebungen unregelmäßig erfolgen und ξ und η daher sich immer nur für einen bestimmten Zeitraum durch eine bestimmte Fouriersche Reihe darstellen lassen. Deshalb sind alle Ergebnisse über die Veränderlichkeit jener Periode mit größter Vorsicht aufzufassen. Mit Rücksicht auf die folgenden Resultate würde die Bestimmung der Länge der Periode am besten so erfolgen, daß ξ und η aus meteorologischen Beobachtungen berechnet und die Integrale in (9) bestimmt werden. Nach der heutigen Kenntnis der Elastizität der Erde ist der Wert von etwa 429 Tagen zu erwarten.

Numerische Ausführung. Die schon erwähnten Isobaren für jeden Monat von Gorczyński beruhen auf Durchschnittswerten des Luftdrucks aus einer Reihe von Jahren; leider ist das benutzte Material nicht einheitlich. Für Europa sind die Jahre 1851—1900, für den Atlantischen Ozean 1881—1905, für die Arktis und Antarktis 1901—1905 und die übrigen Erdteile verschiedene Daten verwendet. Da nichts Besseres vorliegt, müssen wir uns begnügen, eine durchschnittliche jährliche Bahn der Trägheitspole hieraus abzuleiten, die aber zum Studium der allgemeinen Charakteristik der Polbewegung genügen wird. Aus den Karten wurden zunächst die Luftdruckwerte für Punkte von 20° zu 20° in Länge und 10° zu 10° in Breite entnommen, wobei die Land- und Seewerte zu unterscheiden waren. Von diesen Zahlen wurde der mittlere Luftdruck, 758 mm, abgezogen. Von 50° südlicher Breite bis zum Südpol ist die Luftdruckverteilung wenig oder gar nicht bekannt. Doch scheint in dieser Zone der Luftdruck längs der Parallelkreise konstant zu sein, so daß er für die Änderung der Lage der Trägheitspole ohne Bedeutung ist. Die Karten geben den auf das Meeresniveau reduzierten Druck: für die Beurteilung der Luftmassenverschiebung müßten, wie Spitaler hervorgehoben hat, streng genommen die wahren auf dem Lande herrschenden Drucke verwendet werden. Da hier jedoch abweichend von Spitaler Land und Meer getrennt behandelt, also die Luftdruckdifferenzen über Punkten mit keinen größeren Höhenunterschieden genommen werden, so wurden die unmittelbaren Werte der Isobarenkarten benutzt. Zunächst ist die Konstante B_0 für jeden Monat nach (2) zu berechnen. Diese Konstante kann anderseits zur Kontrolle aus dem Mittelwert der Luftdruckwerte auf dem Meere gefunden werden; dieser Mittelwert sei B_0'. Für diese Rechnung wurde in der Zone von 50° südlicher Breite bis zum Südpol für das ganze Jahr derselbe Druck von 745 mm angenommen.

Man erhält für die Meeresfläche $\int dS = 2.811\,\pi R^2$ und für B_0 und B_0' folgende Werte in mm:

	B_0	B_0'		B_0	B_0'		B_0	B_0'		B_0	B_0'
Januar	−1.0	−1.1	April	−0.2	−0.1	Juli	+0.5	+0.5	Oktober	−0.5	−0.4
Februar	−0.9	−0.9	Mai	+0.1	+0.2	August	+0.2	+0.3	November	−0.7	−0.5
März	−0.5	−0.7	Juni	+0.2	+0.4	September	−0.1	−0.1	Dezember	−0.7	−0.7

Zu diesen Zahlen ist 758 hinzuzufügen. Die Übereinstimmung von B_0 und B_0' ist befriedigend. Ferner findet man für das Meer

$$\iint \sin^2\vartheta \cos\vartheta \sin\lambda\, d\vartheta\, d\lambda = +0.21\,, \quad \iint \sin^2\vartheta \cos\vartheta \cos\lambda\, d\vartheta\, d\lambda = -0.13\,,$$

entsprechend der Orientierung des Koordinatensystems auf S. 359. Die Werte der Integrale J und J_1, der Koordinaten des nördlichen Trägheitspoles ξ und η und der Größen ξ_1 und η_1, die letzteren vier Größen in 0''001, sind:

	J	J_1	η_1	ξ_1	η	ξ		J	J_1	η_1	ξ_1	η	ξ
Januar	−3.8	+0.4	+66	−7	+53	−6	Juli	+2.7	−0.4	−47	+7	−38	+6
Februar	−3.0	+0.2	+53	−4	+42	−3	August	+1.7	−0.3	−30	+5	−24	+4
März	−1.7	−0.2	+30	+4	+24	+3	September	0.0	+0.1	0	−2	0	−2
April	−0.4	+0.1	+ 7	−2	+ 6	−2	Oktober	−1.6	+0.4	+28	−7	+22	−6
Mai	+0.5	+0.2	− 9	−4	− 7	−3	November	−2.9	+0.5	+51	−9	+41	−7
Juni	+1.9	−0.3	−33	+5	−26	+4	Dezember	−3.1	+0.3	+54	−5	+43	−4

Mit $\xi\,\eta$ erhält man die in Fig. 2 gegebene mittlere jährliche Bahn des nördlichen Trägheitspoles; die Lage in den einzelnen Monaten ist mit 1 (Jan.), 2 usw. bezeichnet. In der langgestreckten, schleifenförmigen

Bahn erreicht der Pol seine größte westliche Elongation von 0."053 im Januar und seine größte östliche Elongation von 0."038 im Juli. Entsprechend dem Charakter der meteorologischen Vorgänge wird man für jedes Jahr größere oder kleinere Abweichungen von der mittleren Bahn in Form und Dimensionen zu erwarten haben. Solche Variationen ersieht man aus den Figuren 4 und 5, welche die von Wanach aus der beobachteten Bahn der Rotationspole berechneten Bahnen des nördlichen Trägheitspoles darstellen.

Mit Hilfe der Größen ξ und η ist nach (9) durch numerische Auswertung der Integrale die Bahn des nördlichen Rotationspoles für sieben Jahre gerechnet worden; es ist also für jedes Jahr die obige durchschnittliche Bewegung des Trägheitspoles benutzt. ξ' und η' wurden durch graphische Interpolation für jeden Monat gefunden. Für β ist $2\pi/1.185$ Jahre angenommen. Ferner ist der Einfachkeit wegen vorausgesetzt, daß der Rotationspol für $t = 0$ (September des ersten Jahres) mit dem mittleren Trägheitspol zusammenfällt. Das Ergebnis der Rechnung ist in Fig. 1 dargestellt. Die Kurve fängt mit dem Oktober des ersten Jahres an und zeigt die Lage des Poles in jedem Monat an. Der Beginn der einzelnen Jahre ist mit 0, I, II... bezeichnet. Der Sinn der Drehung des Poles ist derselbe, wie ihn die Beobachtungen zeigen. Wir sehen das überraschende Ergebnis, daß die Kurve ähnliche Eigenschaften aufweist wie die aus Beobachtungen ermittelte; ihre Dimensionen stimmen mit denen der Polkurve von 1910 und 1911 überein (vgl. Fig. 3). Kleine Schleifen, wie sie bei VI auftritt, kommen auch bei älteren Beobachtungen vor. Nach Ablauf von sechs Jahren kommt die Kurve ähnlich wie bei den Beobachtungen in die Nähe des Ausgangspunktes zurück, ohne ihn jedoch zu erreichen. Im folgenden Sechs-Jahre-Abschnitt wird die Kurve zwar ähnlich verlaufen, doch werden weder Form noch Dimensionen völlig mit der im ersten Zyklus übereinstimmen, weil nun die Stellung des Pols zum Trägheitspol als Anfangszustand eine andere ist. Derartige Verschiedenheit der Bewegung in den einzelnen Sechs-Jahre-Abschnitten tritt sehr deutlich in den Beobachtungen hervor. Eine völlige Übereinstimmung mit den letzteren in allen Punkten ist nicht zu erwarten, da hier nur durchschnittliche Luftdruckwerte verwendet werden konnten. Wir kommen zu dem Schluß, daß die Luftmassenverschiebungen die komplizierte Form und die Dimensionen der gesamten Bewegung der Rotationspole im wesentlichen erklären. Es wäre dem Studium der Polbewegung sehr förderlich, wenn die Meteorologie Karten der tatsächlichen Isobaren für jeden Monat für sechs Jahre aus der Zeit nach 1900 herstellen würde.

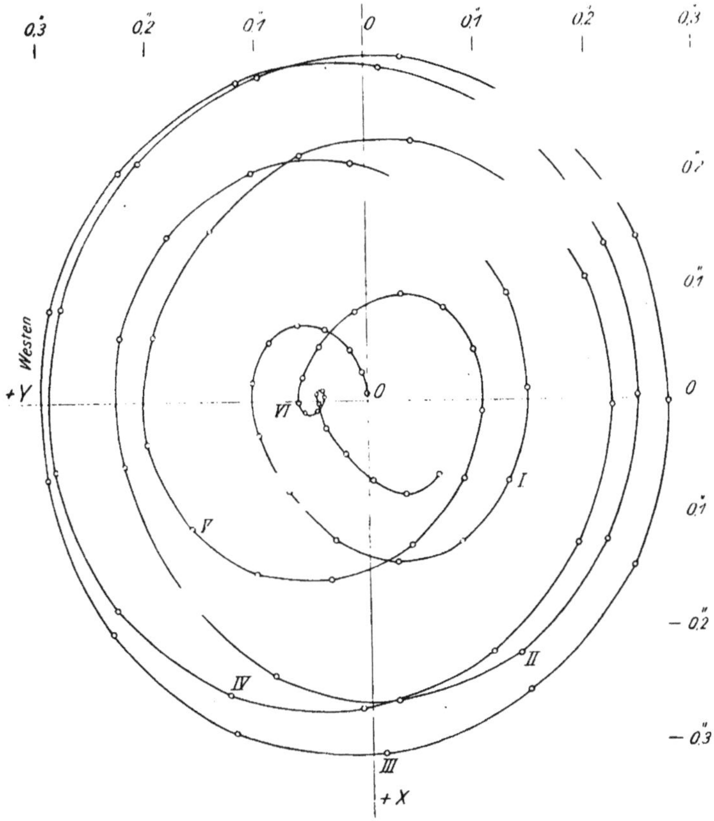

Fig. 1. Berechnete Bahn des nördlichen Rotationspols.

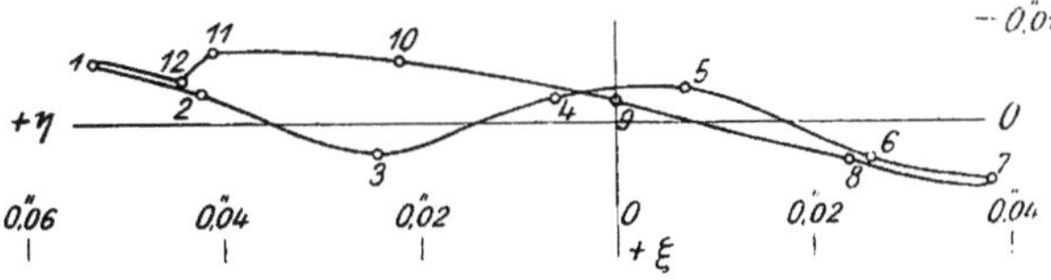

Fig. 2. Mittlere jährliche Bahn des Trägheitspols nach dem Verlauf des Luftdrucks.

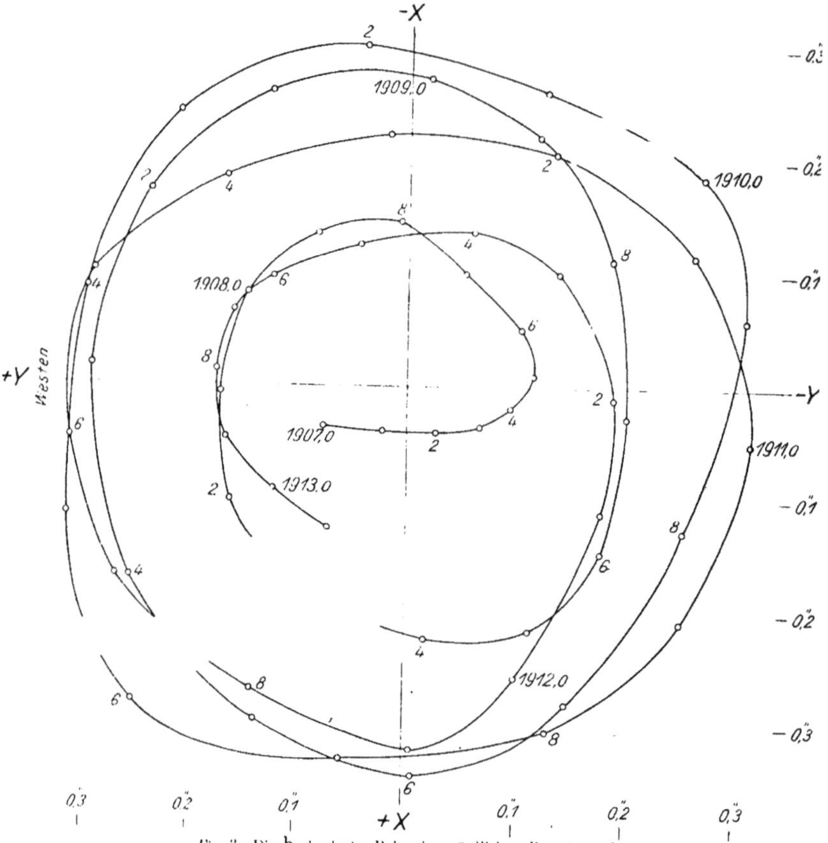

Fig. 3. Die beobachtete Bahn des nördlichen Rotationspols.

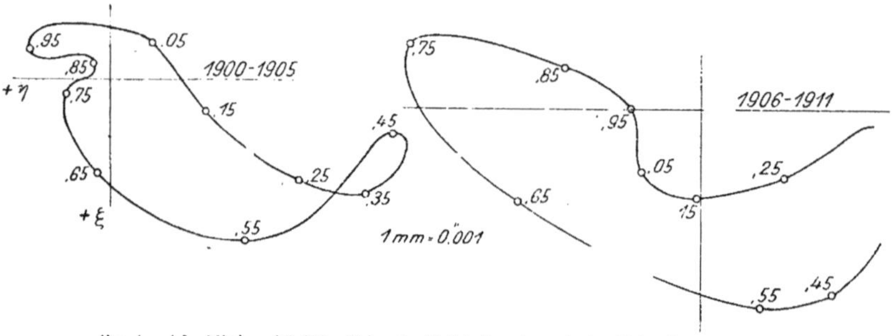

Fig. 4 und 5. Mittlere jährliche Bahn des Trägheitspols nach der Bahn des Rotationspols.

Indische Zahlwörter in keilschrifthittitischen[1] Texten.

Von Prof. Dr. P. Jensen
in Marburg (Hessen).

(Vorgelegt von Hrn. W. Schulze am 6. März 1919 [s. oben S. 137].)

Im dritten Heft der »Keilschrifttexte aus Boghazköi« (weiterhin als KTB zitiert) finden sich in zwei gleichartigen keilschrifthittitischen Texten[2] und in gleichartigem Zusammenhang die folgenden gleichartigen Wörter oder Wortverbindungen:

a-i-ka + *u̯a-ar-ta-an-na* (*aika* + *u̯artanna* bzw. *-tāna*): S. 22 Z. 17 und Z. 22;

ti-e-ra + *u̯a-ar-ta-an-na* (*tēra*, falls nicht *tiera*, + *u̯artanna* bzw. *-tāna*): S. 10 Z. 65;

pa-an-ṣ(z)a + *u̯[a]-ar-ta-an-na* (*panṣ(z)a* + *u̯artanna* bzw. *-tāna*): S. 10 Z. 58;

ša-at-ta + *u̯a-ar-ta-an-na* (*šatta* + *u̯artanna* bzw. *-tāna*): S. 6 Z. 8; S. 8 Z. 18;

na-a + *u̯a-ar-ta-an-na* (*nā*, falls nicht *naa*, + *u̯artanna* bzw. *-tāna*): S. 9 Z. 36.

Statt *ti-e-ra-* findet sich S. 8 Z. 66 *t[i]-e-ru-*, S. 26 Z. 17 *ti-e-ru-*, mit *u* statt *a*, gewiß hervorgerufen durch das *r* (und das nachfolgende *u̯* von [*u̯a(u)rt*]*anna* bzw. *u̯urtanna*?); statt *nā-* bzw. *na-a-* S. 6 Z. 24 *na-*; statt *u̯artanna* ebendort *u̯artanni*, dessen *-i* im Zusammenhang mit dem nur dort folgenden *u̯ašannašai̯a* zu stehen scheint (s. aber u. S. 369), und

[1] »Keilschrifthittitischen« (abgekürzt kshitt.), im Gegensatz zu »hieroglyphisch-hittitischen«. Der Verschiedenheit der in beiden angewandten Schrift entspricht die der darin zum Ausdruck kommenden Sprachen: die beiden sind im Gegensatz zu der herrschenden, völlig unbegründeten Ansicht gänzlich verschieden. Das »Hieroglyphisch-hittitische« ist nach meinen Ermittelungen eine ältere Form unseres indogermanischen Armenisch, das Kshitt. trotz Hrozný nicht einmal indogerm., dabei aber — in Übereinstimmung mit einer vor langen Jahren in der Z. f. Assyr. XIV 179 ff. von mir geäußerten, mittlerweile offenbar vergessenen, Vermutung — mit den indogerm. Sprachen entfernt verwandt.

[2] Für deren Kenntnis vor ihrer Veröffentlichung schulde ich Hrn. Prof. O. Weber aufrichtigsten Dank.

S. 24 Z. 37 sowie S. 26 Z. 17, *u̯urtan(n)a*, dessen *u* gewiß ohne Frage dem Einfluß des vorhergehenden *u̯* (und des nachfolgenden *r*?) zuzuschreiben ist: also an der letzten Stelle *tēru* + *u̯urtanna* statt *tēra* + *u̯artanna*.

Diese fünf Wörter oder Wortverbindungen, so viel läßt sich sicher sagen, stellen keine Verba dar, keine Adjektiva, allem Anscheine nach auch keine Substantiva, keine Pronomina und keine Prä- oder Postpositionen, ebensowenig etwa Konjunktionen, sondern mit höchster Wahrscheinlichkeit nähere Bestimmungen zum Verbum, also irgendwie Adverbien. Dabei finden sich aber sonst nirgends Wörter, die man als zugehörige Adjektiva in Anspruch nehmen könnte. Und überhaupt stehen die fünf Wörter oder Wortverbindungen, abgesehen von dem Bestandteil *na-* (*nā-*, *naa-*), auch rein äußerlich betrachtet, innerhalb des Kshitt., soweit die mir bekannten Texte einen Schluß gestatten, vollkommen isoliert da. Nun erinnern aber die ersten Bestandteile der vier letzten von ihnen eindringlich an die indogerm. und zumal die ind. Zahlwörter für 3, 5, 7 und 9, der des ersten aber gerade und nur an ind. *ēka-* = 1. Somit ist schon jetzt die Vermutung unabweisbar, daß wir in diesen ersten fünf Bestandteilen die indischen[1] Zahlwortformen *ēka-*, *tri-*, *pañca*, *sapta* und *nava* wiederzuerkennen haben. Die kleinen Abweichungen von diesen Formen sind wohl restlos zu erklären und zu rechtfertigen: Hatte das Kshitt. kein *č* (skrt. *c*) — und wir wissen von einem solchen nichts —, so war ein keilschriftliches *ṣ* so gut ein geeignetes Äquivalent dafür wie z. B. ein *č* in altpers. *Nabukudračara* für *ṣ* in babylon. **Nabūkodroṣor*-Nebukadnezar. Somit wäre ein hitt. *panṣ(z)a* ein durchaus angemessener Vertreter von einem *pañca*. — Das Kshitt. verwendet m. W. die Keilschriftzeichen für *sa*, *si* usw. nicht als Silbenzeichen, sondern für Zischlautverbindungen außer Zeichen für *ṣ* oder *z* + *a*, *i* usw. nur noch solche für *ša*, *ši* usw., besitzt also allem Anscheine nach kein eigentliches ind. *s*, konnte dies daher durch *š* ersetzen. Anerkanntermaßen hat es das ja auch in *Našattii̯anna* für ind. *Nāsatyā* (s. dazu u. S. 369) getan. Ein *tt* für *pt* in ind. *sapta* hätte nicht etwa nur z. B. an italien. *sette* für *septem*, sondern auch an einem *satta* auf ind. Boden (Pali und Prakrit) für unser *sapta* ein genauestes Gegenstück. Und somit wäre hitt. *šapta* für ind. *sapta* durchaus einwandfrei. — Ein *na-* oder *nā-* bzw. *na-a*

[1] Daß ein neupersisches *i̯ek* = 1 nicht etwa eine speziell ind. Herkunft in Frage stellen könnte, zeigt die Etymologie von *i̯ek*, das auf ein *aiu̯aka*, nicht etwa ein *aika* oder *ēka* zurückgeht: Horn, Grundriss der neupers. Etymologie S. 252. Gerade für ind., statt etwa möglicherweise auch iranischen Ursprung der fünf Wörter spricht ja auch *šatta* mit seinem *S*-Laut gegenüber altiran. *hapta* = 7. Indes hätte man hierbei allenfalls den freilich nicht naheliegenden Ausweg, für eine Übernahme der Zahlwörter eine Zeit in Anspruch zu nehmen, in der indogerm. *s* im Iran. noch nicht zu *h* geworden war.

für *nava-* kann, da mit diesem ein nachfolgendes *uartanna* verknüpft war, durch Haplologie erklärt werden. Zudem wissen wir nicht, ob gerade ein hitt. *u* ein genauer Repräsentant von ind. *v* war. Das erstere wechselte jedenfalls mit *m*, d. h. vielleicht nur in der Schrift, so daß z. B. ein assyr.-babylon. *uardūti* »... Knechtschaft« der alten Zeit im Hitt. als *mu-er(ir)-du-(ut-)ti* = eigenhittitischem *maniaḫḫanni* (*maniāḫāni*) erscheint (KTB III S. 32 Z. 37; S. 33 Z. 11 unten; S. 33 Z. 42; S. 30 Z. 23). — Abseits steht nur *tēra-* (*tiera-*) für *tri-*: denn ersteres scheint aus letzterem nicht restlos abgeleitet werden zu können. Indes, da einerseits das *a* eine Analogiebildung nach anderen Zahlen (*aika-* usw.) sein kann und anderseits eine Doppelkonsonanz im Anfang hitt. Wörter wenigstens nicht nachweisbar ist, so würde jedenfalls ein *tira-*, aus einem *tir-* oder einem *tria-*, für *tri-* durchaus erklärbar sein. Und das *e* vor *r* statt eines zu erwartenden *i* könnte dann auf einer Beeinflussung durch das *r* beruhen: ein assyr. *utēr* z. B. geht auf ein *utīr* zurück. Somit stehen der bedeutsamen Übereinstimmung im großen und ganzen nur solche Verschiedenheiten gegenüber, die nicht unerklärlich sind, und wir haben deshalb keinen Grund, unsere Hypothese dieserwegen fallen zu lassen.

Wenn nun aber *aika-uartanna* usw. nähere Bestimmungen adverbialer Natur zu sein und dabei Zahlen zu enthalten scheinen, so hat man sich unter ihnen doch wohl am ehesten Ausdrücke für einmal, dreimal usw. zu denken. Und nun ist, wie mir Kollege Geldner auf eine Anfrage hin mitteilt, indisches *vāra-* ein ganz gebräuchliches Wort für »mal«, so daß einem *aika-uar-* usw. mit einer dafür vermuteten Bedeutung »einmal« usw. ein ind. *ēka-vāra-* entsprechen würde. Damit würde nun aber alsbald auch auf das *-tanna-tanni* oder *-tāna-tāni* von *uartanna(i)* ein Licht fallen. In den assyr.-babylon. Briefen aus El-amarna aus der Zeitperiode unserer hitt. Texte finden wir zahllose Male ein *ši(ī)bi(e)-tān* für »siebenmal«, für das doch eigentlich indeklinable *-tān* in dem Worte aber in einer Reihe von Fällen *-tāna* als einen Akkusativ und *-tāni* als einen Genitiv (s. z. B. Knudtzon, El-amarna-Tafeln, Nr. 203 ff. und Nr. 212). Bei dem gewaltigen Einfluß des Assyrisch-Babylonischen auf die Sprache unserer Texte scheint es daher nicht zu gewagt, in *-tanna* (*-tāna*) und *-tanni* (*-tāni*), dem zweiten Teil von *uartanna(i)*, unser assyr.-babylon. *-tān-* zu erkennen[1]. Und

---

[1] Wenn wirklich kshitt. *-tanna-tanni* ein »assyr.-babylon.« *-tān* sein sollte, dann dürfte auch für eine andere bisher unerklärte Erscheinung in Keilschrifttexten aus Boghazköi eine Erklärung möglich sein: diese bieten die zwei indischen *Nāsatya*-s (s. o. S. 368) unter der Bezeichnung (*ilāni*)*Na-ša-at-ti-ia-an-na-Našattiianna* (KTB I S. 14 Z. 24 und S. 7 Z. 56), d. i. »(Götter)*Našattiianna*«. Sollte die Endung *-anna* (*āna*) die assyr.-babylon., in älterer Zeit noch erhaltene, Dualendung *-ān* sein? Das

somit dürften die in Rede stehenden fünf Wortformen schon an und für sich unsere Vermutung über ihre Bedeutung vollauf rechtfertigen.

Dazu kommt nun aber der Zusammenhang, in dem sie sich finden. Zunächst etwas von geringerem Wert: Zu *tēra(u)-u̯a(u)rtanna* und einem Verbum *bar(maš?)ḫai* oder gleichbedeutendem *bar(a)ḫzi* gehört nach S. 8 Z. 66 a. o. a. O. als eine nähere Bestimmung $^1/_2$ Doppelstunde (und 7 KAN), nach S. 10 Z. 65 $^1/_2$ Doppelst. [. . . .], nach S. 24 Z. 36f. $^1/_2$ Doppelst. (und 7 KAN), nach S. 26 Z. 17f. $^1/_2$ Doppelst. Dagegen gehört zu *šatta-u̯artanna* und *barḫai* nach S. 6 Z. 8f. 1 Doppelst., nach S. 8 Z. 61f. (s. u. Abs. 5) vermutlich ebenso und bestimmt ebenso nach S. 8 Z. 18. Und endlich ist mit *na-u̯artanni* und *barḫai* nach S. 6 Z. 24f. 1 Doppelst. (und 20 KAN) verknüpft. Also entspricht jedesmal unserer 3 $^1/_2$ Doppelst., unserer 7 aber und unserer 9 1 Doppelst., gewiß als Zeitraum für die ganze, vermutlich 3, 7 oder 9mal ausgeübte Handlung des *barḫuu̯ar* (Infinitiv), also der niederen Zahl nach unserer Deutung die niedere, den höheren die höhere, ein Umstand, der unserer Annahme jedenfalls zur Bestätigung gereicht.

Bewiesen wird sie offenbar durch die nachfolgende Beobachtung: Mit einer Handlung *barhuu̯ar* ist in dem einen unserer Texte als eine darauffolgende Handlung ein *uu̯aḫnuu̯ar* verknüpft. Dabei entspricht nun:

einem *tēra-u̯artanna barḫai* ein *ḫalṣ(z)iššuu̯ar* von drei *uuaḫnuu̯ar*: S. 10 Z. 65f.;

einem *panṣ(z)a-u̯artanna barḫanzi* ein *ḫalṣ(z)iššuu̯ar* von fünf *uu̯aḫnuu̯ar*: S. 10 Z. 58f.;

einem *šatta-u̯artanna barḫai* ein *ḫalṣ(z)iššuu̯ar* von sieben *uu̯aḫnuu̯ar*: S. 6 Z. 8f., gewiß auch S. 8 Z. 18f., wo *TA-aḫ-nu-u̯a-ar-ma* doch wohl ohne Frage in *U* + *U̯A-aḫ-nu-u̯a-ar-ma* zu verbessern ist, und nach o. Abs. 1 wohl auch S. 8 Z. 61f.;

einem *na-u̯artanni barḫai* ein achtmaliges *u̯aḫnuu̯ar*: S. 6 Z. 24f. und 27, falls dort nicht gar für eine keilschriftliche VIII, mit 8 Keilen, eine IX mit 9 zu lesen ist.

Also den von uns vermuteten Zahlwörtern für 3, 5, 7 und 9 entsprechen jeweilig die mit Ziffern geschriebenen, also ganz eindeutigen, Zahlwörter für 3, 5, 7 und 8 oder gar 9. Das genügt. Damit dürfte unsere These endgültig erwiesen sein.

-šil oder *-šel* der mit *Našattii̯anna* an den angeführten Stellen zusammen genannten (Götter)*Mitraššil* und (Götter)*Arunaššil* oder *Uruu̯(a)naššel*, in dem man schon einen Ausdruck für einen Dual hat sehen wollen (vgl. Ed. Meyer in diesen Sitzungsberichten 1908 S. 16 Anm. 2), erinnert darum nicht nur wegen seiner Form an ein *ši-el-la* in dem einen unserer kshitt. Texte (a. a. O. S. 23 Z. 46), das dort hinter einem doch wohl assyr. Worte *šini* = 2(?) erscheint (vgl. das dort Vorhergehende und Z. 48: *ḫalzišsanzima* II(!)-*an-ki bar(maš?)ḫuu̯ar*, wozu S. 23 Z. 78 und S. 24 Z. 13f.).

Unsere ind. Zahlen scheinen zunächst für die ind. Sprachgeschichte von einigem Belang zu sein.

Einem ind. *ēka-* steht hitt. *aika* gegenüber. Da für das Kshitt. das Keilschriftzeichen für *e* ausgiebig verwertet wird, jenes also ein *e* gehabt haben dürfte, so lag, scheint's, kein Grund vor, ein fremdsprachiges *e* durch *ai* zu ersetzen. Um so weniger, weil ein *ai* bzw. *'ai* im Innern oder im Anfang eines echthitt. Wortes m. W. bisher gar nicht bezeugt ist. Denn *ḫa-i-kal-* in einem kshitt. Text, mit *ai* im Wortinnern (KTB II, S. 11 Z. 3), erinnert doch allzu stark an assyr.-babyl. *ēkallu* »Palast«, hebräisches הֵיכָל (*hēkāl*), nur : »Palast« (!), und aramäisches *haikal-haiklā* »Palast«, »Tempel«, als daß es nicht als ein assyr.-babyl. Lehnwort innerhalb des Hitt. in Anspruch genommen werden müßte. Dabei würde das *ai* und wohl auch das *ḫ* anscheinend zunächst auf einen aram. Ursprung hinweisen: und Beeinflussung des Hitt. auch durch das Aram., im Wortschatz und in der Syntax, scheint auch sonst nachweisbar! So müßte denn ein hitt. *aika-* für ind. *ēka-* befremden. Nun aber geht ind. *ēka-* ja auf **oiko-*, und zwar über ein *aika-*, zurück. Und somit könnte unser hitt. *aika-* diesem älteren ind. *aika-* entsprechen, so daß jenes eine ältere Sprachstufe als unser ind. *ēka-* darstellen würde. Freilich wird von indologischer Seite für die ältere vedische Zeit noch eine Aussprache *aika-* behauptet, aber auch bestritten (Wackernagel, Altindische Grammatik I, S. 39; Mitteilung Geldners).

Andrerseits zeigt, wie schon oben bemerkt, das Pali und das Prakrit in dem Zahlwort für 7 dieselbe Angleichung des *p* an das *t* wie die hitt. Form *šatta*. Es scheint daher nicht ausgeschlossen, daß diese nicht unabhängig von der jüngeren ind. Form ist, also bereits auf einer späteren Entwicklungsstufe als unser klassisches Sanskrit steht.

Daß die neuen Tatsachen in einem Zusammenhang stehen mit dem schon genugsam bekannten von H. Winckler entdeckten Auftreten arischer Götternamen in assyr. Texten aus Boghazköi (s. Mitteilungen der Deutschen Orientgesellschaft Nr. 35, S. 51 und o. S. 368 und S. 369f.), erscheint unabweisbar. Und damit erklärt sich nun wohl auch, daß beide Gruppen ind. Wörter in Boghazköi ähnliche Lautveränderungen aufweisen: Für ind. *Varuṇa* erscheint in Boghazköi ein *Aruna-* und ein *Uruu̯(a)na-* (KTB I, S. 14, Z. 24 und S. 7 Z. 56), also mit Schwund des *v* wie in *nanā*, *(naa)-u̯artanna* (o. S. 368 f.) für ein **nau̯au̯artanna*, und mit *u* für *a* vor *r* (und hinter *u̯*) wie in *tēru-u̯urtanna* (o. S. 367 f.). Es muß hervorgehoben werden, daß wir keinen Grund zu einer Annahme haben, daß sich diese Veränderungen erst auf kshitt. Boden entwickelt haben. Steht es nun aber fest, daß unsere Zahlen gerade altind. und nicht etwa möglicherweise statt dessen altiran. Ursprungs sind, so ist mit ihnen die nach einigen Gelehrten noch nicht entschiedene Streitfrage, ob jene Götternamen altind. oder trotz allem altiran. sind (s. dazu Ed. Meyer in diesen Sitzungsberichten 1908 S. 15ff.; H. Jacobi, H. Oldenberg, A. Berriedale Keith, A. H. Sayce und J. Kennedy im JRAS. 1909, S. 721ff. und 1095ff.; 1910, S. 456ff.) nunmehr entschieden: Die Namen sind mit H. Jacobi speziell altindisch und zeigen, ebenso wie jetzt die oben besprochenen Zahlwörter, die anscheinend bedeutsame Tatsache einer Einwirkung der alten Inder auf Kleinasien und Nachbargebiete. Wie diese aber zu denken ist, darüber darf ich mir kein Urteil anmaßen. Die Zahlen finden sich in zwei gleichartigen Texten, die sich mit Pferdezucht befassen. Das Pferd ist wenigstens in Babylonien aus dem Osten eingeführt. Vielleicht ist das verwendbar. Vgl. Ed. Meyer, a. o. a. O. S. 15.

[Nachtrag vom 23. März 1919. Zum vorstehenden s. jetzt S. XIf. des mittlerweile erschienenen Buches von Hrozný, *Hethitische Keilschrifttexte aus Boghazköi*, 1. Lieferung, 3. Heft der *Boghazköi-Studien*, herausgegeben von Otto Weber, wo auch Hrozný die Wörter *aika-*, *panš(z)a-* und *šatta-* für indische Zahlen erklärt.]

Ausgegeben am 24. April.

Berlin, gedruckt in der Reichsdruckerei.

1919 XXI. XXII. XXIII

SITZUNGSBERICHTE

DER PREUSSISCHEN

AKADEMIE DER WISSENSCHAFTEN

MIT TAFEL IV

BERLIN 1919

VERLAG DER AKADEMIE DER WISSENSCHAFTEN

IN KOMMISSION BEI GEORG REIMER

zu unentgeltlicher Verteilung ohne weiteres 50 Freiexemplare; er ist indes berechtigt, zu gleichem Zwecke auf Kosten der Akademie weitere Exemplare bis zur Zahl

1919.

XXI.

SITZUNGSBERICHTE

DER PREUSSISCHEN

AKADEMIE DER WISSENSCHAFTEN.

24. April. Sitzung der philosophisch-historischen Klasse.

Vorsitzender Sekretar: Hr. Roethe.

1. Hr. K. Meyer las über einige keltische Orts- und Völkernamen.

Wie die altirische Präposition *ar* (in Komposition *air-*) bei Ortsbestimmungen und in Ortsnamen 'östlich von', 'Ost-' bedeutet, so ist für das verwandte gall. *are* dieselbe Bedeutung anzunehmen. Danach heißt *Arelate* so viel als 'östlich vom Sumpfe', *Arelicca* 'östlich von der Felsplatte', *Arecambiata* 'östlich von der Flußkrümmung', *Arevaci* 'Ostwaken' usw. Ein bisher unvermerktes altir. *dor* 'ostium' wird dem gall. *duron* in derselben Bedeutung gleichgesetzt. Der Name des irischen Volksstammes der *Airgíalla* liegt im Kymrischen in dem *Arwystli* genannten Gebiete vor.

2. Hr. Schuchhardt überreichte sein Buch »Alteuropa in seiner Kultur- und Stilentwicklung«. Straßburg und Berlin 1919.

Zur keltischen Wortkunde. IX.

Von Kuno Meyer.

190. Gall. *are-* in Ortsnamen.

Dieses häufige Präfix wird gewöhnlich seiner Etymologie entsprechend mit 'vor', auch 'an, bei' übersetzt, indem es mit der Präposition, die ir., kymr., bret. *ar* lautet, dem gr. παρ, παρα, got. *faúr*, *faúra* usw. identisch ist. Ich möchte eine etwas andere, sowohl ursprünglichere als prägnantere Übersetzung vorschlagen.

Im Altirischen hat *ar* mit dem Dativ, auf Ortschaften angewandt, die Bedeutung 'im Osten von', ebenso wie *īar n-* 'nach, hinter', bei Ortsbestimmungen 'im Westen von' bedeutet. Das hängt bekanntlich mit der Indogermanen und Semiten gemeinsamen Orientierung zusammen, eine Vorstellung, an welcher die westlichsten aller Indogermanen länger als andere festgehalten haben, wie die Ortsadverbien *tair* 'östlich, vorn', *tīar* 'westlich, hinten', *dess*[1] 'südlich, rechts', *tūaid* 'nördlich, links' zeigen[2]. Wenn es also in einem altirischen Texte, den ich in § 191 zitiere, von einem Geschlechte heißt, daß es *ar Doraib* angesiedelt ist, so meint das, daß es östlich von einem Orte Duir wohnt, ebenso wie *īar nDoraib* westlich von Duir bedeutet, was gleich darauf mit *fri Duru anīar*, wörtlich 'gegen Duir vom Westen her' ausgedrückt wird. Oder wenn einer von den vielen Ūi Briūin genannten Stämmen als *Ūi Briūin ar chaill* unterschieden wird (Rl 502, 140b 46), so wird damit gesagt, daß er östlich von einem Walde ansässig ist.

Auch in der Komposition hat *air-* diese Bedeutung. So heißt ein östlich vom Lūachairgebirge (*Slīab Lūachra*) gelegenes Gebiet *Airlūachair* im Gegensatz zu dem westlich von demselben gelegenen

---

[1] Thurneysen, Handb. § 477 setzt diese Form mit einem Fragezeichen an. Sie findet sich z. B. LL 322c 8 *Cīarraige des cechair* 'die C. südlich vom Sumpfe'; RC XXIV 54 § 14 *des Almain* 'südlich von Almu': LL 52b 23 *Hū[i] Chendselaig dess flatha* 'die U. C. zur Rechten des Fürsten' usw.

[2] So wird der Stammesname *ind Airthir* von den Iren selbst bald mit 'Orientales', bald mit 'Anteriores' übersetzt. Siehe Hogan, Onomasticon s. v.

Iar-lūachair[1]. Ein anderes gutes Beispiel ist die *Air-bri* genannte Gegend, wörtlich 'ein Ort östlich von Bri ('Hügel, Hügelfeste')', oder, wie es in O'Mulconrys Glossar § 70 erklärt wird, *fri Bri Eli anair* 'gegen B. E. von Osten her'. Dieses *Airbri*, ein gutturaler Stamm (Gen. *la Fertaib Airbrech* Rl 502, 126a, *la Fothartu Airbrech* ib.), ist nun mit gall. *Ara-briga* und *Are-brigion*[2] verwandt, für das wir also dieselbe oder eine ähnliche Bedeutung, etwa 'Östliche Hügelfeste' anzunehmen haben. Denn in der Komposition kann *air-* auch die Bedeutung 'Ost-' haben, wie sie in *Air-mumu* 'Ostmunster' im Gegensatz zu *Īar-mumu* 'Westmunster'[3], *Tūath-mumu* 'Nordmunster' und *Dess-mumu* 'Südmunster' vorliegt.

Auf britischem Sprachgebiet läßt sich diese Bedeutung der Präp. *ar* nicht mehr klar nachweisen. Hier scheint sie seit alter Zeit nur im Sinne von 'vor, gegenüber, an, bei' verwendet zu werden, wie in kymr. *Ar-von* für den der Insel Mon gegenüberliegenden Distrikt, *Ar-llechwed* für den Küstenstrich zwischen Conway und Bangor, der sich an einer Bergseite entlang hinzieht; *Ar-vynyð* für ein am Gebirge, *Ar-goed* (vgl. oben *ar chaill*) für ein am Walde gelegenes Gebiet[4]. Letzteren Namen finden wir im bretonischen *Ar-goad* wieder, womit die innere Bretagne im Gegensatz zum *Ar-vór*, dem der See zugekehrten Teil, bezeichnet wird. So wird auch der zu ältest überlieferte britische Ortname dieser Art, *regio Are-clūta* (Vita Gildae 1, 1), wohl den ganzen Distrikt am Clydeflusse, nicht bloß den östlich der (oberen) Clyde gelegenen, bezeichnet haben. Der Name findet sich im altirischen als *Er-chlūad* (ā) f.: *do Bretnaib hErclūade* LB 238 a 3 und 13, was nicht, wie Hogan 400a will, für *Ail Clūaide* verschrieben ist.

Was nun die gallischen Namen betrifft, so beschränke ich mich auf solche, die etymologisch durchsichtig sind und Ortschaften bezeichnen, über deren Lage ich gut orientiert bin.

Are-late, jetzt Arles (aus einem späten Nom. *Arelas*) an der Rhone. Hier paßt die Bedeutung 'östlich vom Sumpfe'; denn die Stadt war ursprünglich eine Gründung am linken Ufer des Flusses und wurde erst später die 'duplex urbs' des Ausonius. Sie liegt in sumpfiger Niederung und ist noch heute Überschwemmungen aus-

---

[1] Wenn *Aes Iarborchuis* LL 323d richtig überliefert ist (Rl 502, 153b16 hat freilich *Āes Iarborcun*), so könnte es einen westlich vom Flusse Forgus ansässigen Stamm bedeuten.

[2] Vgl. *Are-dūnum*, jetzt Ardin, formell = Ir. *urdún* Corm. S. 38 s. v. *rót* (B), wo es 'Vorderhof, Vorhof' bedeutet (*urscor bis for urdūnib*).

[3] Vgl. noch *Īarconnacht* 'Westconnacht'.

[4] *o Argoet hyt Arvynyd*, Skene, FAB. II 189. Davon *Argoedwys* 'die Bewohner von Argoed'.

gesetzt. Gall. *late*, mit lat. *latex* verwandt, entspricht genau dem irischen *i*-Stamm *laith*, Gen. *latha* 'Sumpf', der bisher nur aus einer Glosse bei O'Davoren § 514 (*laith ·i· fēith*) bekannt war[1]. Das Wort findet sich z. B. in einem Gedichte etwa des 11. Jahrhunderts, wo es von einem schönen aber törichten Menschen heißt: *is blāth for laith* 'er ist eine Blüte auf einem Sumpfe' (CZ VI 267 § 5).

Die Lage eines anderen *Arelate*, jetzt Arlét (Haute-Loire) kann ich nicht genau bestimmen.

Are-lica, jetzt Peschiera am Gardasee, möchte ich 'östlich von der Felsenplatte' übersetzen. Denn gall. *lĭca*, besser *licca*, entspricht genau dem ir. weiblichen *ā*-Stamm *lecc*, kymr. *llech* f., bret. *lec'h* f. 'Steinplatte', ein Wort, welches in Irland, Schottland und Wales in Ortsnamen ungemein häufig ist[2]. S. fürs Irische Hogans Onomasticon 477 ff., wo noch *Lecc Lebar* 'Lange Felsenplatte' Ir. I. III 73 § 32 und *Lecc Ōinfir* 'Einmannstein' RC XXX 392 hinzukommen. Auf kymrischem Gebiete haben wir *Harδ-lech*, jetzt Harlech, den 'schön geformten Felsen', *y Llech Las* 'den grünen Stein', oder, nach Personen genannt, *Llech Elidyr*, *Llech Echymeint* usw.

Bei der Frage, welche *licca* im Falle von Peschiera in Betracht kommen kann, hat Hr. Penck mich auf das landschaftliche Hauptmerkmal des südlichen Gardasees hingewiesen, die felsige Erhöhung, in welche die Landzunge von Sirmione ausläuft und auf welcher die Ruinen der sogenannten Villa des Catullus liegen. Die Definition, welche Joyce, Irish Names of Places S. 403 vom ir. *lecc* gibt, beschreibt genau den Charakter dieses Felsenvorsprungs: 'a flat-surfaced rock, a place having a level rocky surface'. Daß von der wie ein Horn (gall. *bennon*) in den See hineinragenden Halbinsel der See selbst seinen gallo-lat. Namen *Lacus Bēnācus* 'gehörnter See' hat, habe ich CZ VII 270 und 509 nachzuweisen gesucht.

Die Form *Ariolica*, die sich für drei andere Orte findet, halte ich für eine bloße Variation von *Arelica*, indem wir für *are-* auf Inschriften und bei Schriftstellern eine bunte Reihe von Schreibungen haben, wie ΑΡΗ-, ΑΡΑΙ-, *ari-*, *ara-*, *arra-*, *arro-*, *era-*, *iera-*, und *ario-* für *are* liegt auch in *Ariobriga* vor. Die drei Ortschaften sind das heutige La Thuile

[1] Davon abgeleitet ist *lathach*, das seit Glück bei Besprechungen der Etymologie von Arelate herangezogen wird. Verwandt ist auch kymr. *llaid* 'Lehm, Kot' aus *lat-io-*. Ob *laith* in ir. *Laithlinde* (Gen.), der in AU 847 und 852 vorliegenden Form des späteren *Lochlann*, enthalten ist?

[2] *Licca* ist bekanntlich auch der gallische Name des Lech (vgl. den ir. Flußnamen *in Leccach*), außerdem gewiß auch der Gail, an welcher die *Ambi-lici* saßen (Νωρικοὶ καὶ Ἀμβίδραυοι καὶ Ἀμβίλικοι Ptol. 2, 13, 2), deren Name die 'Umwohner der Licca' bedeutet. In Irland gibt es zwei Flüsse (in Antrim und Kilkenny), die ebenfalls einfach *Cloch* 'Stein' genannt sind.

nordöstlich am Kleinen St. Bernhard, Avrilly-sur-Loire und Pontarlier am Doubs. Dazu kommt wohl noch Arlay am linken Ufer des Seilleflusses, der von Osten her in die Saône fließt. Näheres über die Lage dieser Orte ist mir nicht bekannt.

Ar-cambiata, jetzt Archingeay, an der östlichen Spitze einer markanten Krümmung der Boutonne, eines Nebenflusses der Charente, gelegen. Es bedeutet also wohl 'Ort östlich der Krümmung', denn *Cambiata, Cambate* (Kembs), *Cambete* (Kaimt a. d. Mosel), *Cambeton* (Cambezes), Κάμβαιτον (Chambois), *Cambiacum* (Chaingy) sind wie ir. *Cambas* gewöhnliche Bezeichnungen für Ortschaften, die an der Biegung eines Flusses liegen.

Ar-taunon (Ἀρταυνον Ptol.), Ort oder Gegend 'östlich vom Taunus', nach Holder Heddernburg zwischen Praunheim und Heddernheim.

Are-morica, nicht wie kymr. *arfor, arfordir* als das 'an oder längs der See', etwa am Ärmelkanal und darüber hinaus gelegene Küstenland zu deuten, sondern das 'östlich vom Ozean' gelegene Gebiet, das ganze Land zwischen Loire und Seine, die heutige Bretagne und Normandie, umfassend.

Are-brigion, jetzt Derby in den Grajischen Alpen, und ***Arebrignus*** (pagus), jetzt Ariège bei Beaune, ostwärts der Côte d'Or, lassen sich beide als 'östlich vom Berge' deuten.

Auch ein Stammesname scheint mir hierher zu gehören.

Die ***Are-vaci*** saßen am oberen Duero πρὸς ἕω (Strabo 3, 4, 13), östlich von den Vacaei am mittleren Laufe des Flusses, so daß ihr Name wohl Ostwaken bedeutet.

Hier muß ich abbrechen. Vielleicht setzen andere, mehr Ortskundige, die Untersuchung fort, wieweit sich meine Vermutung bewahrheitet. Auf der sprachlichen Seite bemerke ich nur noch, daß alle diese Namen ursprünglich gewiß präpositionelle Ausdrücke gewesen sind, mit der Betonung auf dem Nomen, *are Láte* wie *an der Mátt*, bis sie, als Eigennamen gefühlt, den Akzent nach vorne warfen, *Ár(e)late, Árlatum, Árelas* wie *Ándermatt*. Was die Stammesnamen betrifft, so ist es nicht etwa meine Ansicht, daß *are-* nun in allen die östliche Lage bezeichnet. Daß das auch mit ir. *air-* nicht der Fall ist, zeige ich in § 193 an dem Namen *Air-gīalla*.

191. Gall. *duros*, altir. *dor*.

Über gall. *duro-* (*doro-*) in Ortsnamen hat zuerst Meyer-Lübke (Die Betonung im Gallischen S. 36ff.) und nach ihm E. Philipon[1] (Rev. Celt.

[1] Seltsamerweise erwähnt der französische Gelehrte seinen Vorgänger nicht, obgleich ihm die bahnbrechende Arbeit desselben, die acht Jahre vor der seinigen erschienen war, bekannt sein mußte.

XXX 73ff.) das Richtige gelehrt, daß es nämlich mit ir. *dūr*, kymr. bret. *dir*, die vielmehr aus dem Lateinischen entlehnt sind, nichts zu tun hat und mit kurzem *u* anzusetzen ist. Es stellt sich somit als Maskulinum oder Neutrum, denn sowohl *duros* als *duron* findet sich im Gallischen, zu dem kymrischen und bretonischen Femininum *dor* 'Tür', welches zunächst aus *dhurā-* entstanden genau dem griech. θύρα entspricht. Endlichers Glossar gibt also in der Glosse *doro osteum* die Bedeutung gewiß richtig an.

Es wäre nun seltsam, wenn sich das Wort nicht auch im gälischen Sprachzweige erhalten hätte, und es läßt sich in der Tat nachweisen. Zwar eine große Rolle spielt es da nicht, so daß es der Aufmerksamkeit bisher entgangen ist. Aber gerade als Ortsname tritt es auch hier auf. Der Nom. sg. ist freilich nicht belegt, muß aber nach dem GPl. *dor* und dem APl. *duru*, *dor* gelautet haben. Das Wort ist also ein *o*-Stamm und männlich und entspricht so genau dem gall. *duros*. Es heißt in Rawl. 502, 155a 15 (= LL 325f 32, BB 196e 25): *Deich maic Conaill Clōen, a cōic dīb ar Doraib, a cōic aile īar ṅDoraib .... Inna cōic ar Doraib: Eogan* usw. *Inna cōic fri Duru anīar: Mac Tāil* usw. Es handelt sich hier also um einen Ortsnamen im Plural, dessen Nom. als *Duir* anzusetzen ist. Fünf Söhne Conalls wohnen östlich, die fünf anderen westlich von diesem Orte.

Der GPL liegt in dem bekannten Namen *Cūan Dor* für eine der tief ins Land einschneidenden Buchten der Grafschaft Cork vor, heute nach der an ihr liegenden Ortschaft Glandore, d. i. *Glenn Dor*, Glandore Harbour genannt. Da der in dem Zitat aus Rawl. 502 erwähnte Conall Clōen dem Stamme der Ui Lugdach maic Ītha angehört, die im südlichen Cork saßen[1], so handelt es sich in *Duir* und Cūan *Dor* ohne Frage um denselben Ort, d. h. eben um die Bucht von Glandore. Der Plural *Duir* scheint also im Irischen die Bedeutung des lat. Ortsnamens *Ostia* zu haben, ein artiges Zusammentreffen mit der in Endlichers Glossar in anderem Sinne gegebenen Glosse.

Ob nicht got. *daúr*, altengl. *dor*, ahd. *tor* aus dem gallischen Wort mit unverschobenem *d* entlehnt sind, wie *Dōnawi* aus *Dānuuios*?

In seinem 'Premiers Habitants de l'Europe' S. 267 setzt D'ARBOIS, sich auf das ir. *Durlas* stützend, irrtümlich ein gall. **Duro-lissos* an, während der irische Ortsname, auch *Dairlas*, *Derlus* geschrieben, nicht unser Wort enthält, sondern *daur* (u), *dair* (i) 'Eiche'[2]. Zu den im

---

[1] Das ergibt sich aus Cathrēim Cellachāin (ed. A. BUGGE, S. 41), wo drei Könige der Ui Luigdech dem Cellachān *a descert Muman anes* (Z. 18) zu Hilfe kommen. Sie werden ebenda Z. 29 als zu den *clanna Ītha* gehörig genannt.

[2] JOYCE, Place names S. 264 und WILLIAMS. Die franz. Ortsnamen S. 57 haben fälschlich *Dūrlas* 'starke Festung'.

Wörterbuch der Ir. Akad. angeführten Formen kommen noch der Gen. *Durluis* LL 140b 36 (im Reim mit *urmais*), in dem Personennamen *Dub Daurlais* RI 502, 129a 52 und der Dat. *i nDaurlus* RI 502, 150a 7. Die Bedeutung ist wohl 'eine aus Eichenholz gebaute Burg' (*less*).

192. Altbret. *doodl*.

Die aus dem Cod. Leid. Voss. fol. 24 stammende und von Thurneysen CZ II 83 abgedruckte Glosse *gurtonicum doodl* hat bisher noch keine Deutung erfahren[1]. Zwar daß das Lemma aus der bekannten Stelle bei Sulpicius Severus, Dial. I 27, 2 stammt, wo Gallus sich als *gorthonicum*[2] *hominem nihil cum fuco aut cothurno loquentem* bezeichnet, hat Thurneysen sofort erkannt[3]. Der Zusammenhang der Stelle weist aber auch auf die Erklärung von *doodl* hin, das einen Menschen bezeichnen soll, der auf Beredsamkeit keinen Anspruch machen kann. Das Wort zerlegt sich in das bekannte Präfix *do-*, kymr. *dy-*, das wir z. B. in *dy-hineð* 'Unwetter', *dy-heð* 'Unfriede', *dy-bryd* 'ungestalt' haben, und ein dem kymr. *awdl*[4] 'Gesang, Dichtung', auch 'Metrum, Reim', entsprechendes Wort, ist das Gegenteil von kymr. *hy-awdl* 'wohlredend, beredt' und bedeutet also 'nicht redegewandt'. Was den Sinn angeht, trifft der bretonische Glossator mit E.-Ch. Babuts[5] Auffassung der Stelle zusammen, der das Wort mit *rusticus* auslegt[6]. Wenn aber dieser Gelehrte *gorthonicus* von einem dem ir. *gort* 'bestelltes Feld, Garten' entsprechenden gall. **gortos* ableiten will, so kann ich ihm darin nicht folgen. Da bliebe doch die ganze Endung *-onico-* unerklärt, die ja nur in Ableitungen von Personen- oder Stammesnamen wie *Carantoni-*

[1] In der dort ebenfalls unerklärt gebliebenen Glosse *niga quurthcod* ist *niga* als *nega* zu nehmen mit der auf gallischem Boden so häufigen Einsetzung von *i* für *ē*. Siehe Seelmann, Aussprache des Latein S. 188. *quurthcod* ist dann wohl als dem kymr. *gurthod* entsprechend zu fassen.

[2] Dies scheint die beste Lesart, nicht *gurdonicum*. Auch das von Halm in seiner Ausgabe nicht benutzte Buch von Armagh fol. 209v° liest *gorthonicum* und in Babuts Worten (Revue historique CIV, S. 2) 'l'accord du manuscrit irlandais avec l'une des deux branches de la tradition continentale donne la leçon de l'archétype'. Es ist das auch die Form, welche der bekannten ahd. Glosse *chorthonicum auh uualho lant* (Steinmeyer III 610) zugrunde liegt und sich ebenfalls an der einzigen anderen Stelle, wo das Wort noch vorkommt (Hodoeporicon S. Willibaldi, Mon. germ. Script. XV 91) findet.

[3] Seitdem ist er, wie er mir schreibt, selbst auch auf die hier vorgeschlagene Erklärung gekommen.

[4] Aus **ā-tlā* mit demselben das Ergebnis oder Erzeugnis bezeichnenden Suffix wie *chwedl* f. 'Erzählung'. Siehe Pedersen, Vgl. Gramm. II 46.

[5] 'Gorthonicus et le celtique en Gaule au début du Ve siècle', Rev. hist. CIV 1910.

[6] Dazu stimmt es, wenn Gallus z. B. Dial. II 1, wo von dreifüßigen Stühlen die Rede ist, sagt 'quas nos rustici Galli tripeccias, vos scholastici aut certe tu (zu Namausianus gewendet), qui de Graecia venis, tripodas nuncupatis'.

cus und *Santonicus* auftritt. Das Suffix *-icus* wird bekanntlich durch *-ensis* abgelöst, und so finden wir bei Gregor v. Tours ein *monasterium Gurthonense*, dessen Name sich in dem heutigen Gourdon (Saône-et-Loire) erhalten haben soll. Aus diesem oder einem anderen so genannten Orte stammte also Gallus. Wenn auch ein Personenname *Gorto* bisher nicht nachgewiesen ist, so wird *Gortonicus* doch von einem solchen abgeleitet sein; denn an einen Volksstamm *Gortones* ist nicht zu denken[1].

193. Altir. *Airgīalla.*

Für diesen bekannten Gesamtnamen einer Gruppe von Stämmen im Nordosten Irlands setzt Stokes im Index zum Tripartite Life nach *gīall* (o) m. 'Geisel' den NPl. *Airgēill* an, der aber nirgends vorkommt. Er heißt stets *Airgīalla,* Gen. *Airgīalla* AU 696, 851 usw., in diesem Kasus freilich auch *Airgīall* ib. 962, 998, 1022 und im Akk. *Airgīallu* (Trip. 254, 25; 486, 20). Es scheint, daß sich der ursprüngliche *o*-Stamm an das Abstraktum *gīalla* (ā) f. angelehnt hat, welches Ml 72b 11 in *dun giallai* gl. ad ditionem vorliegt[2]. Der Name stellt sich zum Verbum *ar-gīallaim* eig. 'ich werde Geisel für etwas (*ar*, um etwas abzuwenden), stelle Geiseln', wie Ir. T. I 118, 1 die Könige der Provinzen dem Oberkönig von Irland: *argīallsat cōic cōicid Ērenn do Eochaid Airem.* Im Kymrischen lebt das entsprechende Verb noch heute als *ar-wystlo* 'to pledge, pawn'. Während sich hier aber auch ein Nomen *arwystl* 'Pfand' findet[3], ist mir ein ir. *airgīall* unbekannt. Besonders interessant ist es nun, daß das Wort im Kymrischen schon in ältester Zeit als Personenname vorkommt. Im Buch von Llandaf z. B. haben wir eine ganze Reihe *Arguistil* Genannter und im Bretonischen einen Heiligen *Argoestl*[4]. Die hier zugrunde liegende Personifizierung des Wortes im Sinne von 'Bürge, Gewährsmann', dann 'Schirmer, Schützer' findet sich auch in der Dichtung. So nennt Euein Kyveiliauc (12. Jh.) in dem

---

[1] Babut meint, daß sowohl die oben zitierte ahd. Glosse als auch der Gebrauch des Wortes bei der Nonne von Heidenheim, die das Hodoeporicon etwa um 785 schrieb (*Gorthonicum ex parte peragrantes*), aus unserer Stelle geflossen sei. Darin hat er wohl recht; denn ein Gorthonicum genannter größerer Landstrich wird schwerlich existiert haben.

[2] Ebenso *dobert a macc i ṅgiallai fria lāim* LL 288a 2. Es wird auch *giallna* geschrieben (*hi ngiallnai* Trip. 58, 4; Br. D. D. § 94), und auch eine männliche oder neutrale Nebenform kommt vor, z. B. *atrulla sede a gīallu* Er. III 136, 16; *i ngiallu* Br. D. D. § 94 Y.

[3] So nennt Iolo Goch den Verlobungsring *arwystl serch* 'Liebespfand' (Gweithiau, ed. Ch. Ashton S. 466, 22).

[4] Aber der von Courson im Index zu seiner Ausgabe des Cartulaire de Redon angesetzte Name *Aruuistl* ist zu streichen. Es handelt sich um die Worte *yn aruuistl* 'als Pfand'. Vgl. Loth, Chrestomathie bretonne S. 107 n. 2.

Hirlas Euein genannten Gedichte den von ihm gefeierten Gruffud (Anwyl, The Poetry of the Gogynfeirdd S. 79a)

dragon Arwystli, arwystyl tervyn
'den Drachen von Arwystli, den Schirm (Bürgen) der Grenze'.

Es wird also der Eigenname *Arwystl* etwa 'Unterpfand' bedeuten, ähnlich wie der verwandte gallische Name *Con-geistlos*[1], der wieder genau dem Kymr. *cyngwystl* 'a mutual pledge, a gage, a wager' entspricht. In dem eben zitierten Verse haben wir ferner einen Ortsnamen *Arwystli*[2], den ich als Plural von *arwystl* ansehe[3], so daß er genau dem ir. *Airgīalla* entspricht. Daß der Plural eines Stammesnamens zur Bezeichnung des von dem Stamme bewohnten Gebietes wird, ist ja besonders bei den Kelten üblich. So ist also *Airgīalla* wie *Arwystli* wohl ein Ehrenname, den sich Gruppen von Stämmen beilegten, indem sie sich als 'Bürgen' für ihr Land bezeichneten.

194. Engl. *to let on* = gäl. *leigean air*.

Im Gegensatz zu der geringen Anzahl aus dem Keltischen entlehnter Wörter steckt die englische Sprache voller idiomatischer Wendungen, die aus dem Gälischen Irlands oder Schottlands herübergenommen sind. Es sind das wörtliche Übersetzungen Zweisprachiger, die mechanisch und ohne Rücksicht auf feinere Unterschiede der Bedeutung für jeden Teil der Redensart das nächstliegende Wort einsetzen. Solche Wendungen sind denn auch dem, der sie zuerst hört, unverständlich und können nur aus dem Zusammenhang der Rede erraten werden. Doch gerade dadurch gewinnen sie einen besonderen geheimnisvollen Reiz, wie das ja auch mit vielen schwererklärlichen Ausdrücken des *slang* der Fall ist, werden schnell beliebt und verbreiten sich von Mund zu Mund über die ganze britische Sprachwelt.

Ihre Heimat sind natürlich zunächst Irland und die Hochlande Schottlands, dann aber auch die großen Städte Englands, die besonders seit der irischen Hungersnot von 1845—48 eine nach Millionen zählende irische Bevölkerung erhalten haben, und Nordamerika. In der englischen Literatur finden wir sie zuerst bei Schriftstellern irischer oder schottischer Herkunft, auf welche sie lange beschränkt bleiben, weil sich das feinere Sprachgefühl denn doch gegen eine Redensart sträubt,

---

[1] *Bassus Congeistli f(ilius) v(ivus) f(ecit) sibi et Camuliae Quarti f(iliae) coniugi pientissimae et suis* CIL III 4887.

[2] Er bezeichnet das Hochland des Quellgebiets des Severnflusses.

[3] Vgl. *Eryri*, den alten Plural von *eryr* 'Adler' als Namen für die Gebirgsgegend des Snowdon.

der das Unenglische und die Herkunft aus den unteren Schichten des Volkes anhaftet.

Ein gutes Beispiel für all dieses ist der Gebrauch von *to let on* im Sinne von 'sich merken lassen, sich stellen, vorgeben' oder, wie das New English Dictionary es erklärt, 'to reveal, divulge, disclose, betray a fact by word or look'. Nach den dort angeführten Beispielen tritt die Wendung zuerst im 17. Jahrhundert auf, und zwar in den Briefen des Schotten Samuel Rutherford (1600—61), bei dem es heißt: 'He lets a poor soul stand still and knock, and never let it on him that he heareth'. Die anderen Beispiele stammen ebenfalls sämtlich von schottischen Schriftstellern wie Allan Ramsay ('let nae on what's past'), Burns ('I never loot on that I kenn'd it or cared'), Walter Scott und R. L. Stevenson. Aus der eigentlichen englischen Literatur ist keine Belegstelle angeführt, obgleich sich solche jetzt gewiß finden lassen.

Die Phrase ist nun eine wörtliche Übersetzung eines gälischen Idioms, und zwar bietet das älteste oben gegebene Zitat die wortgetreuste Wiedergabe, indem es den Gebrauch des Reflexivum (*on him*) beibehält, der in den späteren Beispielen aufgegeben ist. So heißt im heutigen Irisch 'er stellte sich krank' *do léig sé galar bréige air féin*, wörtlich 'er ließ eine fingierte Krankheit auf sich selbst', und alle gälischen Bibeln übersetzen Sam. II 13, 5 'stelle dich krank' mit *léig ort féin bheith tinn* (irisch), *leig ort a bhi tinn* (schottisch), *lhig ort dy vel oo ching* (manks). Wenn Strachan CZ I 56, 32 den Vers eines Liedes, das er auf der Insel Man gehört hatte, '*ha liggym orm dy vāyym ī*' mit 'I will not let on that I see her' übersetzt, so läßt er ebenfalls dem modernen Sprachgebrauch folgend das Reflexivum aus. Noch ein Beispiel statt vieler, aus Campbells 'West Highland Tales' II 462: *tharruinn e sreann a' leigeil air gu'n robh e na chadal* 'he drew a snore, pretending that he was asleep'.

Es ist eine der vielen idiomatischen Verwendungen des Verbums *léicim*, die sich schon in der älteren Sprache finden. So heißt es in einem frühmittelir. Texte CZ I 464, 2 von Finn ūa Bāiscne, der sich stellte, als ob er nicht wisse, daß die Seinigen seine Altersschwäche bemerkten: *nī lēic air*. Daß die Präposition *ar* hier wie so oft für altir. *for* steht, zeigt eine Stelle in LL 263a 24 *lēcfat-sa fair*, wo freilich ein etwas anderes Idiom vorliegt, das etwa bedeutet 'ich werde es zulassen', 'ich will mich damit zufrieden geben'.

195. Ir. *dem-* 'binden'.

Von diesem Verbum, das bei Pedersen im Verbalverzeichnis fehlt, liegen bisher so wenige Beispiele vor, daß jedes neue willkommen sein muß. Mit *to-* komponiert (dazu das Abstr. *tuidme*) kommt es bei O'Dav. § 702 vor, wo so zu lesen ist: *dosndime cintaib cen dīluth ·i· curab ris tuidmes tū hī re cinta nā rodīladh roime* 'du bindest sie durch unbezahlte Verpflichtungen'.

Dasselbe Verbum liegt Anecd. III 59, 13 vor: *ind aduig tondemi Corc i nhÉrinn* 'die Nacht, in welcher Corc in Irland landet', wörtlich: '(sein Schiff) anbindet'.

196. Ir. *beth.*

In Amra Coluimb Chille § 8 lesen alle Hss. *Colum cen beith cen chill*, und der mittelirische Kommentar faßt *beith* als das Abstraktum des Verbum substantivum. Das ist natürlich bei einem so frühen Texte nicht möglich. Es ist gewiß *beth* zu lesen, ein aus dem Hebräischen herübergenommenes Wort, und zu übersetzen: 'daß Columba ohne Haus, ohne Kirche ist'.

197. Altir. *soglus.*

Stokes Idg. Forsch. XXVI 144 setzt mit Cormac § 689 und O'Dav. § 1024 ein Wort *gluss* 'brightness' an. Dies ist aber nur aus den Wörtern *soglus* 'helles Licht', *doglus* 'trübes Licht', *īarnglus* 'spätes Licht' erschlossen, die mit einem *u*-Stamm **glēss* 'Licht, Glanz' zusammengesetzt sind, der freilich bis jetzt nicht nachgewiesen ist. Er stellt sich zu dem Adj. *glēsse* (s. oben § 156) und dem *iā*-Stamm *glēsse* f. 'Glanz', der Fél. Ep. 454 (*a Rī glésse glandae!*) und CZ XI 154 § 89 (*co ngnīm glēsse*) vorliegt. Daß er existiert hat, beweist das Adj. *glēsta* 'glänzend': *Mīchēl glan glēsta* CZ VIII 232, 5; *renna roglēsta*, Aid. Muirch. § 16.

Das Zitat bei Cormac 689 aus Bretha Nemed lautet in M: *tofed ooec iarngluis* (l. *iarnglus* mit den anderen Hss. und Laws IV 376, 22), was sprachlich mindestens auf den Anfang des 8. Jahrhunderts hinweist.

198. Altir. *lethet*, mittelir. *lethēit.*

Das altir. *lethet* 'Breite' ist wie *tiget* 'Dicke', *treisset* 'Stärke', *siccet* 'Frost' (AU 855) und wohl auch *léchet* (*leichet* Y), das LU 20a 29 mit *cāime* glossiert wird, ein mit *-nt*-suffix gebildetes Nomen, dessen Stammesausgang und Geschlecht aber Schwierigkeiten machen. Pedersen II 48 setzt als Nom. *lethit* (*-anti-*) an, das Sg 3b 13 als Akkusativ vorkommt. Dativ und Akkusativ lauten aber gewöhnlich *lethet* mit nicht palatalem *t*, so *co llethet* Fél. 13. Oktober (*lethat* EF), *cona lethet* Laws I 26, 23, *'na letheat* LL 198a 2, *'na lethet* SR 4308 (: *cert*), *i llethet* ib. 4240 (: *dechelt*) usw. Ebenso *èter tiget 7 lethet*

Laws I 132, 34; *ar a teget* Ml 48d 14, *fri tiget* SR 100; *ri treisset ind imrama* TTr 199. Laws II 132, 31 heißt der Dat. *tigut.* Anderseits finden wir LU 80b 16 *ba sī tiget ind āirbaig,* wo LL *ba sē* liest.

Schon im Altir. wird ein festgewordenes *a lethet* im Sinne von 'seinesgleichen' verwendet, wie z. B. *nī fil i nHērinn filid a lethet* Thes. II 307, 20. Daneben liegt eine Genitivkonstruktion: *file mo lethite-se* Ir. T. III 61 n. 20; *nā fil and a llethete* Sgl. Conc. § 34; *nī dēma siriti bras birda na letheti ūt fri bruth 7 feirg nīad do letheti-siu* TBC 1706.

In dieser Bedeutung setzt sich nun im Mittelir. eine Form mit langer Endsilbe fest, die augenscheinlich in Anlehnung an *mēit* (i) f. 'Quantität' entstanden ist. So finden wir LL 254a 46 in einem Gedichte *ar nī fil drūi*[1] *do lethēit* im Reim mit *brēic.* Ebenso TBC (Wi.) 3506. Ferner *tech a leithéid,* Aid. Muirch. § 6; *ba terc a lethēid nā mac samla ar bith uili* YBL 159b 19; *nocon facca-sa rīam a leithēit* LL 253b 36. Dazu die Genitivform *a lethéti sin* 'desgleichen' O'Dav. 954. Im Neuir. liegen *leithead* m. 'Breite' und *leithéid* f. 'Art' nebeneinander, letzteres dialektisch, z. B. in Omeath, auch in der älteren Form *leithid*[2].

199. Altir. *aithem* 'Rächer'.

Dieses ungebuchte Wort kenne ich nur aus Personen- und Geschlechtsnamen. In Rawl. B 502, 118b 20 haben wir einen *Cairpre Aithem, diatā cenēl nAtheman Serthen*[3] (*·i·nomen fontis hic Fid Chuilenn*). Außerdem führen noch zwei andere Geschlechter den Namen, *cenēl nAtheman Crīathar* (*·i·nomen siluae hic ceneol Auchae*), ib. 22, und die *Ūi Aithemon Mestige*[4] ib. 124a 4 = LL 315b 11. Das als nomen agentis von *aithim* 'ich vergelte' abgeleitete Wort ist also ein n-Stamm.

200. Altir. *fidōt* 'Knittel'.

In 'Bidrag &c.' S. 45 hat Marstrander sich ein ir. *id fota* zurechtgemacht, das Übersetzung eines nicht existierenden an. *langfjoturr* sein soll. Er zitiert dazu LU 79a 14 und druckt *id ata,* während die Hs. *idata* hat. Statt dessen lesen Eg. und H. *a fidhada* (Wind. TBC 2538), was natürlich die richtige Lesart ist, wie es denn gleich darauf *a del* heißt. Wir haben es mit einem Wort *fidat, fidot* zu tun, das TBC 6158 (St) ed. Wind. in *gabastar fidat* (*fiodhath* H) und TBC 807 (Y)

---

[1] Lies vielleicht *druid.*

[2] *lehəd* m. und *lēdə, lēj* f. bei Fink, Araner Mundart.

[3] Dieser Ortsname, dessen Nom. wohl als *Serthiu* anzusetzen ist, fehlt bei Hogan. Unter Cenél Aithemna S. 216a findet er sich *na Derthean* geschrieben, was wohl von Mac Firbis verlesen ist.

[4] Wohl der Gen. eines sonst nicht belegten Ortsnamens *Mes-tech.*

in *bentatar trī fidot* (*fidoid* Eg.) *dia n-aradaib* vorliegt und an ersterer Stelle *fogeist darbo lān a glacc* in LL entspricht. Es handelt sich also nicht um Fesseln oder Gerten, sondern um einen derben Knittel zum Antreiben der Pferde, wie sie die Wagenlenker gebrauchten. Der GSg. steht Eriu, Suppl. 57, 31 *mar cāenna ślat bhfidhaid bhfinn*.

201. Ir. *ar son*.

Diese bekannte mittel- und neuir. Redensart scheint sich im Altir. noch nicht zu finden. Da das *s* nicht leniert ist, muß sie auf älteres *for son* zurückgehen und so lautet sie in der Tat in dem ältesten Beispiel, das ich kenne. In SR 4409 heißt es:

Rī rorāid friu: 'sernnaid sreith 'mond eclais di cach ōenleith,
for son reilgce co rebaib do anartaib ōengelaib.

'Der König sprach zu ihnen: 'Breitet mit Lust eine Reihe von ganz weißen Leintüchern auf jeder Seite um die Kirche aus nach Art eines Friedhofs'.

Das dem lat. *sonus* entlehnte *sòn* hat die Bedeutungen 'Laut, Stimme, Wort', so daß *for son* zunächst so viel heißt wie 'auf die Weise'. Weitere Bedeutungsentwicklungen sind dann 'um willen, wegen' wie CZ VIII 223 § 16:

nī thiubor, ar Murchad mer, ar son dā sleg ocus scéith

'ich werde ihn (den Zweikampf) um zweier Speere und eines Schildes willen nicht gewähren'; ferner 'an Stelle von, anstatt', ib. IX 174 § 31:

nī gēbtar sailm i ndamlīac, acht scairb is brēc ar son fers

'es werden keine Psalmen in der Kirche gesungen werden, sondern räudige und lügenhafte Sachen anstatt Versen'. Ferner *ar son anma* gl. pronomen, Ir. Gl. 996.

Ganz ebenso wurde auch *i son* gebraucht, und zwar schon in recht frühen Texten, z. B. Rawl. 502, 124a 42: *'nī bat brōnach, rotbē mo bennacht hi son forbbæ'* 'sei nicht traurig, du sollst meinen Segen an Stelle von Erbschaft haben'; Dinds. § 15: *romarbad hē i son āire rīg Temra* 'er wurde getötet wegen Schmähung des Königs von Tara'[1].

202. Altir. *dronei* 'turpitudo'.

Diese Glosse in Wb 22b 16 ist bisher nicht erklärt worden. Zimmer und Thurneysen (Handb. II 73a) dachten an *drochgnē*, die Herausgeber des Thesaurus an *drochgnīm*, was doch beides in Anbetracht der großen

[1] Im eigentlichen Sinne liegt *i soni* (*sond* Hs) De Arreis § 32 vor, wo es 'alta voce' bedeutet. Ferner in der Wendung *nī thōet guth i sson* (*in son* Hs), ib. § 31 = *nī tāet guth i sson* Thes. II 253, 7.

Präzision der Würzburger Glossen dem Sinne nach zu fern liegt. Auch ich kann keine Erklärung bieten, möchte aber darauf aufmerksam machen, daß ein ähnliches, vielleicht identisches Wort CZ III 25, 18 vorliegt, wo *dronua brīathar* zusammen mit *fursi dochraite, daille menman* usw. als von der Sünde *luxoria ·i· drūis* geboren genannt wird[1]. Es wird sich um 'lose, schmutzige Redeweise' handeln, wie ja auch in dem kommentierten Texte in Wb *aut stultiloquium aut scurrilitas* unmittelbar folgt.

203. Altir. *to-ad-sech-, fo-ad-sech.*

Von dem ersteren Kompositum handelt Pedersen § 814, 1. Zu *dofarsiged* Wb 7 d 11 kommt noch das aktive Präteritum *tafaisig* 'sie meldete ihn an' in der ältesten Version von Tochmarc Emire, RC XI 446 Z. 63. Das dazu gehörige Abstraktum ist schon altirisch mit *ā* anzusetzen (Sarauw, CZ V 514), welches in betonter Silbe wie in *·fācaib* (aus *fo-ad-gaib*) entstanden ist[2]. Ebenso *fāsc* zu *fo-ad-sech-*, das z. B. LL 162 b 52 im Reime mit *Māsc* steht:

fūair fāsc cecha fini in fer, Mdsc bá sini is ba sessed

'bei jeder Familie fand der Mann Ruhm, Māsc, der der älteste und sechste war'.

In BB 428 b wird das Wort ganz wie *tāsc* im Sinne von 'Bericht, Gerücht' gebraucht: *ōtchūalatar tra na slūaig sin na Trōianda fāsc in choblaig grēcdai do thiachtain dochum in tīre.*

204. Altir. *boimm* 'Bissen'.

Pedersen I S. 87 stellt dies Wort zu skr. *bhas-man-* 'Asche' und vergleicht nhd. *bamme*, gr. γωμός. Aus *bong-smn̥* entstanden gehört es aber doch wohl zur √ *bong* 'brechen', wie *loimm* 'Schluck' zu *long-* (Thurn. KZ 48, 59). Strachan, Compensatory Lengthening S. 16 setzte fälschlich einen nom. *bomm* aus **bogsmen* an.

205. Altir. *erc* 'Himmel'.

Dies bisher nur in Glossaren belegte Wort, welches Stokes zu arm. *erkin*, skr. *arká-ḥ* stellt (Fick II[4] 40), findet sich CZ VIII 197 § 11 in folgender Strophe:

Columb Cille, caindel tōides teora rechta,
rith hi rrōidh tuir, dorēd midnocht maigne erca

[1] Derselbe Text in LBr. 186 a bricht leider kurz vorher mit *ón dualaig si* ab.
[2] Atkinson im Glossar zu den Gesetzen und Pedersen § 814 Anm. drucken *tasc*.

'Colum Cille, eine Leuchte, die drei Gesetze[1] erhellt — ein Lauf im großen Walde des Herrn, — befährt um Mitternacht die Himmelsgefilde'.

206. Altir. *coibdil.*

Die von Windisch CZ IX 121 ff. abgedruckte Egertonversion von Tāin Bō Cūalnge ist öfters die einzige Handschrift, welche die richtige Lesart bewahrt hat. S. Thurneysen, ib. 438 ff. Das ist auch an folgender Stelle der Fall (143, 2), wo König Ailill seinen Wagenlenker ausschickt, um Medb und Fergus zu beobachten, und sagt: *Finta dam indiu Meidb 7 Fergus. Nī fetur cid rodafuc* (l. *rodanuc*) *don choibdil si* 'Schaffe mir heute Kunde von Medb und Fergus. Ich weiß nicht, was sie zu dieser Genossenschaft gebracht hat'. Hier hat LU (TBC 924) für *coibdil* das bekanntere, aber hier unpassende Wort *coibdin* eingesetzt, während YBL sich aus beiden ein ungetümes *coibdinil* zurechtmacht.

Coibdil ist mir zwar ein ἅπαξ λεγόμενον, aber dem Ursprung und der Bedeutung nach klar. Es zerlegt sich in *com-fedil* und bedeutet ursprünglich 'gemeinsames Joch', ist also eines der vielen der Viehwirtschaft entnommenen Wörter, die sich in übertragener Bedeutung festgesetzt haben[2]. Vgl. dazu lat. *con-iux.* Das Simplex *fedil* 'Joch' kennen wir aus O'Mulconrys Glossar § 298 und 500. Es ist ein mit *l*-Suffix aus der idg. √ *wedh-* 'binden' gebildeter *ī*-Stamm (NPl. *feidli*) und stellt sich zu altir. *feden* (*fedan*) und kymr. *gwedd.* S. Pedersen II S. 516.

Bekannte Ableitungen von *coibdil* sind *coibdelach* 'Blutsverwandter', *coibdelachas* 'Blutsverwandtschaft'. S. meine 'Contributions', wo aus Wb 9c 32 das als Abstraktum gebrauchte *coibdelag* (*is acus a coibdelag*) und aus LL 311c 47 der Stammesname *Ui Choibdelaig* = *Ui Chaibdeilche a hōchtor Fine* Rl 502, 118b 45 hinzuzufügen sind, die LL 380a 27 fälschlich *Hui Choibdenaig* genannt werden.

207. Mittelir. *dolta* 'eundum'.

Bei Gorman, 31. Januar, lautet eine Verszeile:

do Metrān mhōr molta dān dolta 'sin dagrund.

Hier übersetzte Stokes 'a poem told (?) in the good stanza', während Strachan vorschlug, *dolta* als für *daltai* stehend zu nehmen. Aber

[1] Nämlich *recht n-aicnid, recht litre* und *r. nūfīadnaise* 'das Gesetz der Natur, des alten und neuen Testaments'. Dazu kam als viertes noch *recht fātha* 'das Gesetz des Propheten', Otia Mers. II 95.

[2] So wäre statt 'union' in W. Faradays Übersetzung S. 44 'yoke-fellowship' eine wörtlichere Wiedergabe.

dolta ist eine mittelir. Form des part. nec. zu *dul* 'gehen' und *dān* steht für altir. *diand* 'cui est', so daß zu übersetzen ist: 'dem großen gepriesenen Metrān, der in die gute Strophe hineingehen (hineingebracht werden) muß'. Zu *dolta* vgl. *iondolta* 'ineundum' CZ XII 381, 26. Andere Beispiele für mittelir. *-tha* statt altir. *-thi* im part. nec. sind *dēnta* ATK. Pass., *cuinncesta* Arch. III 3, 1 = *cuintesta* Aisl. M. 3, 1.

208. Altir. *ad-canim* 'trage vor'.

In 'Betha Colmāin' S. 78, 13 habe ich *clū adcanar* mit 'fame that is sung again' übersetzt. Wie aber das entsprechende Nomen *aicetal* 'Vortrag' ausweist, welches mehrfach in den Gesetzen und bei O'Dav. § 18 und 33 (*āer aicetail*)[1] vorkommt, handelt es sich um ein Kompositum mit *ad-*, der Bildung nach dem lat. *accino* (*accentus*) entsprechend. In Laws V 308, 10 scheint *aiccetal ind ēigme* 'das Erschallen des Hilfeschreis' zu bedeuten.

209. Altir. *to-in-gair-*, *di-in-gair-*.

In § 736, 8 schlägt Pedersen vor, zwischen diesen Kompositis so zu unterscheiden, daß ersteres 'hüten' (eigentlich: heran- und hereinrufen), letzteres 'rufen, benennen' bedeutet. Mit vollem Recht.

Außer *Maire Iosēph donringrat* 'Maria und Joseph mögen uns behüten!' Thes. II 301, 6 liegt ersteres noch CZ VIII 197 § 12 vor: *tinghair niulu nime dogair* 'er hütet die Wolken des trüben Himmels', wie es von der ΝΕΦΕΛΟΣΚΟΠΊΑ Colum Cilles heißt. Zu den Belegen von *di-in-gair* zitiere ich noch Rawl. 502, 125b 18, wo in einer *retoric* von der hl. Brigitta mit etymologischer Spielerei auf ihren Namen gesagt wird: *co ndingērthar dia mōrbūadaib Brig-ēoit fīrdīada, bid alaMaire mārchoimded māthair mass dia brāithrib* 'so daß sie von ihren großen Tugenden die wahrhaft göttliche Brigitta genannt werden wird, eine zweite Maria, die stattliche Mutter des mächtigen Herrn, wird sie sein für ihre Brüder'.

210. Altir. *denn* (*ā*) f. 'Farbe'.

Deklination und Geschlecht dieses bekannten Synonyms von *dath*, das vom Adj. *den* streng zu scheiden ist, sind bisher nicht festgestellt worden. Sie ergeben sich aus dem Dat. *dinn*, der in der Glosse *na*

---

[1] = Laws V 228, 26. Dazu lautet die Glosse (230, 9): *aicetal na haoire adta* (= *itā*) *ainm 7 us 7 domnus*, was Atkinson unbegreiflicherweise mit 'an ending in *us* and *domnus*' übersetzen will, wozu er im Glossar unter *domnus* einen ganz tollen Einfall vorbringt, während doch *ainm*, *us* und *dom*[*y*]*nus* mit 'Name, Herkunft und Wohnsitz' zu übersetzen sind. S. Thurneysen, Ir. T. III 122.

fordinn 'minio' Thes. II 48, 33 vorliegt, wo *for-denn* wie *for-dath* die aufgelegte Farbe bezeichnet, und dem Akk. *deinn* in dem bei Dichtern gewöhnlichen Ausdruck *rochlōechlōi deinn* 'er wechselte die Farbe', d. h. er starb, der z. B. Metr. Dinds. III 214, 3 im Reim auf *Erinn* vorkommt. Wenn es dagegen Three Fragm. 200, 1 heißt: *ma rochlōi denn rī sēitrech* und BB 372b 30: *ingena macdachta as cōemem cruth 7 denn*, so haben wir entweder nom. pro acc. oder *denn* ist ungenaue Schreibung für *deinn*. An letzterer Stelle hat übrigens Dinds. § 42 *dēnum* statt *denn*.

211. Altir. ***uss-bond-*** 'weise ab, verweigere'.

Zu diesem wenig belegten Verbum (Ped. § 668) gehört die Form *opon[n]ar* aus einer gesetzlichen Bestimmung in H. 3. 18, 20b (CZ XIII 23, 10). Es handelt sich um die Söhne von noch lebenden Vätern. *Atāit trī maicc bēo-athar la Fēne ·i· macc ūar 7 macc Dē 7 macc aille. Macc hūar, is ēside*[1] *bīs ina hōcht i ngnæ hēlōtha athar co n-opon[n]ar a lepaith*· 'Der in die Kälte verstoßene Sohn, das ist einer, der in dem Falle der Pflichtentziehung des Vaters in der Kälte gelassen ist, so daß er aus dem Bett gewiesen wird'. Die 2. Sg. Konj. Präs. findet sich CZ III 454, 10: *nī geiss, nī obbais* 'du sollst sie (nämlich Tod und Alter) nicht herbeiwünschen, du sollst sie nicht verweigern'.

212. Altir. ***eclais dalta.***

Dieser weder von Atkinson noch von Marstrander verzeichnete Ausdruck findet sich, mit bloßem *dalta* wechselnd, in Anc. Laws III 74, 2ff. Es handelt sich dort um die Wahl eines Abtes, eine Würde, zu der u. a. auch ein Mitglied der *eclais dalta* berechtigt war. Damit wird wohl eine von dem Kloster aus, dessen Abt zu wählen ist, gegründete Kirche bezeichnet, also etwa 'Tochterkirche'. Die a. a. O. gedruckte Strophe, die sich auch in H. 1. 11, S. 143a findet, ist so zu lesen:

Ērlam, griān, manach mīn, eclais dalta co nglanbrig,
compairche ocus deoraid Dē, ūadaib gabthar apdaine.

213. Altir. ***Fīngein*** n. pr. m.

Dieser bekannte Personenname ist stets mit kurzem *i* angesetzt worden, und auch ich habe gemeint, daß er wie *Fingal*, *Finguine* (s. CZ V 184), *Finchar* AU 920 (neben *Finichar* LL 191b 45, 200b 6) zu *fine* 'Familie' zu stellen sei, bis ich fand, daß er LL 198b 5 auf

[1] isidhe Hs.

sīdib, 140a 38 auf *līngil* und ebenda 40 auf *fīrgil* reimt. Er bedeutet also 'Weingeburt'[1] und stellt sich neben *Fīn-teng* 'Weinzunge' LL 160a 33 (*F. ō fil Dún Fīnteing*), *Fīn-ṡnechte* 'Weinschnee' AU, später meist *Finnechta, Finnachta* geschrieben. Hierher gehört auch die Koseform *Fīnān*, die bei Gorman 4. Okt. im Reim mit *rīgdāl* steht. Von weiblichen Namen mit *fīn-* erwähne ich *Fīnscoth* 'Weinblüte' Er. III 166, 3, *Fīnchell* Gorm. 25. Apr. im Reim mit *fīrthenn*, mit den Koseformen *Fīnōc* (: *mīnōc*) Gorm. 4. Okt. *Fīne* AU 804 und *Fīna* Rl 502, 140a 39. Übrigens ist es möglich, daß hier vielmehr Komposita mit *fīne* 'vinea' vorliegen, was namentlich bei *Fīnscoth* 'Rebenblüte' besseren Sinn zu geben scheint.

Manche mit *Fin-* geschriebene Namen enthalten aber *find-* 'weiß, blond, segensreich, selig', wie auch umgekehrt das oben erwähnte *Fīnteng* LL 378b 5 *Findteng* geschrieben ist. So ist *Finchū* AU 756 sicher *Findchū* 'Weißhund', wie LL 348a, 352e steht; ebenso *Fintigern* Rl 502, 160b 22 = *Findtigern* 'Weißherr' ib. 18; *Finmác* Cog. 22, 1 = *Findmac* LL 310a 32; *Finall* LL 349a = *Findall* 'Weißfels' Fél. 132; *Finlug* 'Weißluchs' Rl 502, 144a 19 = *Findloga* (nom.) 137b 40; *Finer* ib. 161a 37 = *Finder* LL 332b 2, d. i. *Find-fer* 'Weißmann'.

Bei manchen Namen verhilft uns das Gesetz der Gleichheit des ersten Bestandteils mit dem Namen des Vaters zur richtigen Ansetzung. Wenn z. B. in Rl 502, 144a 18 ein *Fingoll* Sohn eines *Fintan*, Enkel eines *Find* ist, so haben wir es mit dem Namen *Find-goll* zu tun, wie übrigens 136a 19 geschrieben steht.

214. Altir. *forfess, forbas* (ā) f.

Pedersen § 87 möchte dies Wort, welches bekanntlich 'Belagerung' bedeutet, zu kymr. *gormes*, latinisiert *ormesta*, und so zu einem mit *fo-ro-* komponierten *midiur* stellen, während im Kymrischen Verwechselung mit *gor-* eingetreten sei. Ich halte es dagegen für ein mit *for-* komponiertes *fess* (ā) f., dem Nomen zu *fo-* 'übernachten'. *Forfess* wäre dann, was das zweite *f* betrifft, etymologische Schreibung für gesprochenes *forvess* mit dem nach Konsonanten als *v* erhaltenen *u̯*, das in der später gewöhnlichen Schreibart durch *b* (*bh*) ausgedrückt wird. Gelegentlich wird auch beides geschrieben, wie in dem Personennamen *Forbflaith* 'Oberherr' AU 779.

Andere mit idg. *u̯* anlautende und mit *for-* zusammengesetzte Wörter sind *forbaid* 'Akzent'[2], eig. 'Überbuchstabe' aus *u̯or-u̯id-*, so

[1] Ähnlich *Mid-gen* 'Metgeburt' LU 115b 7, LL 316 m. i., welches mit gall. *Medugenos* zu vergleichen ist.

[2] *forbaid* ·i· *aiccent lasin laitneōir* BB 322a 14.

benannt nach dem über die Zeile gesetzten Akzentzeichen; *forbāilid* 'überfroh' Aisl. M. 97, 3, LL 274b 49; *forbās* eig. 'überleer', 'nichtig, eitel' (*i rrētaib forbāsaib 7 i rētaib dīmāine* RC XXV 392).

215. Altir. *samit.*

Dies seltene Wort kommt Laws II 326, 7 vor, wo es mit *crim-mes* 'Knoblauchspeise'[1] zusammen erwähnt und von O'Donovan als ein 'Sommergericht von Quark, Butter und Milch' erklärt wird. Stokes in seiner Kritik von Atkinsons Glossar S. 25 möchte es in *sam-ith* 'Sommerkorn' zerlegen; aber es ist wohl vielmehr als *sam-fīt* 'Sommerration' zu fassen. *fīt* ist ja ein öfter vorkommendes Wort für eine Mönchen und Büßern auferlegte Ration, und es fragt sich nur, ob es mit kurzem oder langem *i* anzusetzen ist. Für letzteres spricht die Schreibung *doborfiit* 'Wasserration' Thes. II 38, 29 in einem Texte, der auch *siir* = *sīr* schreibt[2], der Reim *terc-phīt* : *martīr* Fél. 8. Sept. und *fīt muirbrind* Dinds. 42. CZ XIII 29, 19 reimt es auf *benedic.* Es scheint weiblichen Geschlechtes: *fit chaisse* LB 9b 24, Gen. Sg. *cosmailius fitta* Mon. Tall. § 69. So mag Cormac Recht haben, wenn er es § 576 mit lat. *vīta* in Zusammenhang bringt, aus dem es entlehnt sein könnte[3]. Wenn daneben auch die Form *pit* vorkommt (*in phit beac min* LB 10b 50, *in phit mōr anmin* 11 b 1, *tōrmach pite* ib., *pit bec doroimles indē* Fél. CXL), so ist die Substitution von *p* für *f* wie öfters durch Auffassung von *fit* als einer lenierten Form zu erklären.

216. Kymr. *Guriat* im Irischen.

In den Annalen von Ulster heißt es unter dem Jahre 657 (recte 658): *mors Gureit regis Alo Clūathe.* Es handelt sich um einen britischen König Guriat von Dumbarton, dessen Name hier nach irischer Weise dekliniert ist[4]: Gen. *Gurēit* wie *ēisc* von *īasc* u. dgl. Er ist gewiß identisch mit dem in den Triaden erwähnten König *Gwryat uab Gwryan yn y Gogled* (Red Book of Hergest I 308, 19).

217. Altir. *at at!*

Über diese etwa 'still! nicht doch!' bedeutende und ungefähr dem engl. *tut tut!* entsprechende Interjektion des Einwurfs s. Sitzungsber.

[1] Dies Wort wird H. 3. 17, col. 422. so erklärt: *an tan tiec in crim ·i· feis doberar a n-aimsir in chreama don flaith ·i· maothla 7 loim.*

[2] Cormacs *dobrith ·i· dobur-ith ·i· usce 7 arbor ·i· cuit āessa aithrige* (M) § 435 ist wohl ein anderes Wort und seiner Erklärung gemäß als ein Dvandvakompositum zu fassen.

[3] Ducange belegt *vita* im Sinne von *vita mensalis, cibus, victus* freilich erst aus dem 15. Jahrhundert.

[4] Hennessy, AU I 115 setzt fälschlich *Guret* als Nom. an.

1918, S. 374. Sie findet sich auch in einem SG I 74 gedruckten Texte, wo in Z. 1 die von O'Grady benutzte Handschrift fälschlich *atagat* schreibt. Es ist nach dem Buch von Ui Maine fol. 133 vielmehr zu lesen: *At at, a chlērigh, ar Dīarmaid, do ōgrīar duit!*

218. Altir. ***Ernaide***, n. l.

Dieser Ortsname, auch *Ernede* und palatalisiert *Eirnide* geschrieben, ist durch Synkope aus dem Adj. *iárn-ide* 'eisenhaltig' entstanden, und sein häufiges Vorkommen zeugt von der weiten Verbreitung von Eisenerz (*ern-mēin* O'Mulc. § 420) in Irland. S. darüber Joyce, Irish Names of Places (2. ser.) S. 349. Die heutige anglo-irische Form ist *Urney* oder *Nurney*, letzteres mit dem Überrest des irischen Artikels, der bei diesem Namen zur Unterscheidung der vielen so genannten Orte besonders oft gesetzt wurde: *icon Ernaide i Maig Ītha* Fél.[2] 50, 10, *issind Ernaide*[1] *Dicollo* Trip. 248, 12[2], wo eine kleine eiserne Glocke (*cluccēne becc iairnd*) aufbewahrt wurde, die man wegen ihres Griffes aus Birkenholz *Bethechān* nannte. Neben dieser alten synkopierten Form liegt ein späteres dreisilbiges Adj. *īarnaide*.

219. Altir. ***immarbe*** n.

Zu den von Pedersen II 580 aufgezählten Zusammensetzungen mit *imb-ro-*, das er mit russ. *o-pro-* vergleicht, fügt sich auch das obige Wort, welches 'Unrichtigkeit, Falschheit' bedeutet: *nat epēra immarbe* Trip. 150, 10 (*·i· brég* Arch. III 24 § 62); *cen immarbae* SR 5434; *nocho n-aithesc imarbá* LL 154a 6. Die eigentliche Bedeutung ist 'sich verhauen', indem *imb-* in reflexivem Sinne gebraucht wird und *ro-* unserem 'ver-' entspricht. Es ist das Nomen zu *imb-ro-ben-*.

220. Altir. ***Fōmuin*** (i) n. l.

Hogan hat im Onomasticon 427b einen Eintrag *Fomuin*, ein Ort, der in Leinster zu suchen ist. Wie ein Reim in dem Gedichte auf Cell Chorbbāin LL 201b zeigt, ist *Fōmuin* zu schreiben. Es heißt dort Z. 25:

Gorm[f]laith glōrda cen gainni rīgan rīg Fōmna finni.

Mit *rī Fōmna* wird hier König Cerball mac Muirecāin von Leinster (gest. 909) bezeichnet.

[1] Hier schlägt Stokes fälschlich 'oratory' als Übersetzung vor. Bei Hogan fehlt der Name.

[2] Hogans *Dernide* (col. 343a) ist eine vox nihili, die er aus *inderníde* erschlossen hat.

221. Altir. *debrū.*

Dies von Marstrander nicht gebuchte Wort kommt in dem Ortsnamen *Loch Debru* vor, der in der von Skene herausgegebenen Chronik der Pikten und Schotten S. 102, 16 erwähnt wird. Es heißt dort von König Lulach von Schottland (gest. 1058):

ba lāna fir domain de, 's co Loch Debhru a libuine

'die Männer der Welt waren voll von ihm, und bis hin nach Loch Debru gingen seine Schiffe' (*libuirne*)[1]. Hogan erwähnt den Namen nicht, und ich kann ihn nicht identifizieren. Aber seine Bedeutung ist klar. Es handelt sich um einen See mit zwei hohen Ufern, *brū* eig. 'Braue'.

Hier schließe ich noch einige andere bisher nicht verzeichnete Komposita mit *de-* 'zwie-' an, die sich in einigen leider schwer zu entziffernden Versen auf dem unteren Rande von Rawl. 502, 95 finden und Find mac Umaill in den Mund gelegt werden. Ich lese:

:: arlaich ndiscirr :: odedmaib fritgart cuan dithrib dechno :: garto dechorro addebna ·i· Find mac Umaill [·cc·]

Hier ist *dedmaib* mit *dā dam* glossiert, so daß wir es mit einem Kompositum *de-dam* 'Hirschpaar' zu tun haben. Über *dechno* steht *duo canes*; es ist also der A. Pl. von *de-chū* 'zwei Wölfe'. Zu *dechorro* lautet die Glosse *·ii· grues*, es ist A. Pl. von *de-chorr* 'Kranichspaar'; und *a ddebna* wird mit *a dī ban* erklärt, so daß wir ein *de-ben* 'zwei Frauen' anzusetzen haben.

222. Altir. *nōinendach* 'neunspitzig'.

Dieses Wort steht in der Anecd. III 53 abgedruckten Version von *Siaburcharpat Conculaind*, Z. 21: *basa cethreochur a cath, basam cethreochur a nīth, basa nāinendach mo nāmad* 'ich war vierkantig in der Schlacht, ich war vierkantig im Kampfe, ich war neunspitzig gegen meine Feinde'. LU hat hier einfach *ennach* 'spitzig', das von *ind* 'Ende, Spitze' abgeleitete Adjektiv.

223. Altir. *do-snī-.*

Pedersen § 832, 4 führt von diesem Verbum nur das Abstraktum *tuinnem* an, so daß es sich lohnt, auf das Vorkommen anderer Formen aufmerksam zu machen. CZ III 454, 2 lesen wir: *cresine deid dosnī ar mōrsōeth, bid mōr a promad hi tein, bid becc a fochraic for nim; cresine gnīmach dosnī ar mōrdīdnad, bid bec a promad a tein, bid mōr a fochraic for nim* 'träge Frömmigkeit, die sich gegen große Arbeit

[1] Skenes Übersetzung 'and at Loch Deabhra his habitation' ist nur Raterei.

sträubt, ihre Prüfung im Feuer wird groß sein, klein ihr Lohn im Himmel; tätige Frömmigkeit, die sich gegen große Abnahme der Arbeit[1] sträubt, gering wird ihre Prüfung im Feuer sein, groß ihr Lohn im Himmel'. Ein zweites Beispiel liegt CZ XI 150 § 20 vor: *grinne sengān de thōib thalman dosnī ethar* 'eine Schar von Ameisen von der Seite der Erde macht sich an das Boot (strebt dem Boote zu)'.

Ein von *tuinnem* abgeleitetes Verbum *tuinnmim* 'spinne' findet sich CZ IV 239, 33: *tuinnim lat in ceirtli it lāim no co roisir in Minadúir* 'spinne du das Knäul in deiner Hand, bis du den Minotaur erreichst', sagt Medea zu Theseus.

224. Altir. *echtach* (ā) f. 'Kauz'.

Dies bei O'Mulconry § 368 und mehrfach in Cath Catharda belegte Wort, welches dort in Z. 4171 *strix nocturna* (Phars. VI 689) übersetzt[2], wollte Stokes zu altind. *aktu* 'Nacht' stellen. Er begegnet sich dabei mit dem irischen Glossator, der es *quasi nechtach* [·i·] *aidchi*[*de*] . . . *echtach didiu, ar is i n-aidchi folūatar* 'denn in der Nacht fliegen sie umher' erklärt. Doch ist das Tier wie στρίξ, *strix* und engl. *screech-owl* nach seinem charakteristischen Schrei genannt, und der Name stellt sich mit *īachtaim* (*ēchtaim* Wb 4a 22) und *ēgem* zu einer √ *eig* 'aufschreien', mit altem Ablaut *ig-*. Der GSg. ist bei Cormac § 662 belegt (*ósnad echtge*).

Auch die bei O'Mulc. angeführten Wörter *echt-bran* 'Schreikrähe' und *echt-gal* 'Schreikampf' gehören wohl hierher, ebenso wie die Personennamen *Echt-guide* m. eig. 'Schreigebet', etwa 'Stoßgebet' Mon. Tall. § 25 und *Echtach* f., Gorm. 5. Febr. und CZ VI 269 § 4.

225. Frühirisch *ess* 'hinaus'.

In einem Texte, den ich 'Finn and the man in the tree' genannt habe (RC XXV 346) und der seiner altertümlichen Formen wegen wohl früh ins 8. Jahrhundert zu setzen ist, findet sich in dem Satze *eirgg es! olse* 'geh hinaus! sagte er' (Z. 13) die Präposition *ess* mit dem Pron. des 3. Sg. n. in der Form *ess*, wo *a* noch nicht wie im späteren Altirisch in die betonte Stellung eingedrungen ist. Andere alte, z. T. den Würzburger Glossen vorausliegende Sprachformen dieses Textes

---

[1] Ein gutes Beispiel des ursprünglichen Sinnes von *dīdnad* 'jemandes Platz (*dón*) einnehmen', worüber Thurneysen, CZ XI 101 Anm. 18 gehandelt hat.

[2] *gerāna na mbufa 7 grēchach na n-echtach.* Hier ist *bufa*, Z. 880 *bubu bofo* geschrieben, nicht mit Stokes als 'toad' aufzufassen, wie es Z. 4348 in Verbindung mit *loiscenn* 'Frosch' richtig ist, sondern mit 'Uhu' zu übersetzen. Es ist ein gelehrtes Lehnwort aus lat. *būbo*, freilich wohl mit *būfo* verwechselt, von dem auch das neuir. *buaf* 'Kröte' stammt.

sind: *degeni* 344, 4, *atecobor ide* 346, 6, *deag* 346, 11, *atagegai* 346, 12, *dican* 348, 7. S. 346, 1 ist zu lesen *a donicas a frithisi* 'als er ihn (den Finger, *mēr*) wieder herauszog'. Vgl. *a ddonichas* 348, 6.

226. Altir. *opunn* 'plötzlich'.

Dies bekannte Adverb möchte ich als Dativ eines aus *uss-* und *bann* (o) m. 'Streich' zusammengesetzten Wortes **opann* erklären. Zu ältest wird es stets alleinstehend gebraucht, wie z. B. *conaca a ammain opunn co mbūi for a mullach* Otia I 114 § 2, *foscenn ūad opunn* RC III 344, 4, *docuirethar obonn* (*opunn* LB) *anmannae ar a chinn* Corm. § 1229. Erst später finden wir *co hopunn*, wie z. B. CZ II 432 § 14. Zur Bedeutungsentwicklung vergleiche unser 'plötzlich' aus *plotz* 'Schlag' und lat. *subito*, wenn Johansson I. F. III 237 recht hat, der es mit altind. *subhnāti* 'entzündet' eig. 'schlägt' zusammenbringt.

227. Altir. *co fescor*.

Aus *co* (*cho*) *haidchi* 'bis zur Nacht' hat sich bekanntlich *chaidchi*[1] entwickelt, das neben seiner ursprünglichen Bedeutung[2] auch so viel wie 'immer, stets' und mit dem Negativ 'nie' heißen kann. Ganz ebenso wird nun auch das Lehnwort *fescor* verwendet, wenn es TBC 650 heißt: *maini tetarrais isin chētforgam, nī thetarrais co fescor* 'wenn du ihn nicht im ersten Wurf erreichst, wirst du ihn nie erreichen'. Übrigens kommt *fescor* auch in der Bedeutung 'Ende' vor, wie z. B. *gura fescar flaithiusa 7 gura athchor airechais d'Ulltaib* MR 122, 4 oder *is he fescur na haessi sin* Rl 502, 73 a 50, was 70a 1 erklärt wird: *ar robāe matan 7 fescōr cacha hāessi.* Und so finden wir dann sogar *fescur aidche* 'am Ende der Nacht' Chron. Pict. ed. Skene 102, 12.

228. Mittelir. *sine* = *sin*.

Seit Ausgang der altirischen Periode haben wir neben dem Pronomen *sin* eine gleichbedeutende Form *sine*, *saine*, die ebenfalls indeklinabel ist. Sie kommt sowohl in Prosa wie in der Dichtung vor. So steht in der Egerton-Version von Tāin Bō Frāich *iar sine*, wo LL *iar sain* hat (CZ IV 40, 18) und in Tāin Bō Cūalngi liest LU 63b 36 *iar sini*. In Eg. (CZ IX 140, 31) ist die Stelle verwischt. Ferner *iar saine* YBL 126b 26, *iar sene*, ib. 11; *in tinnscra sine* CZ IV 39, 6. Aus Gedichten zitiere ich *go fessabair-si sine* (: *aile*) Anecd. II 35 § 15; *iar*

---

[1] Dottin, Manuel I 200 setzt fälschlich *cóidche*, *cáidche* an. LL 148b 6 reimt es auf *coirthe* und LBr. 2 m. s. auf *roindfe*.

[2] In diesem Sinne finden sich beide Formen auf S. 71 von 'Hibernica minora', wo die eine Handschrift *anaidh-som co haidhchi forsan purt*, die andere *anaid-sium chaidchi forsin phurt* liest.

saine Metr. Dinds. III 392, 1; LL 195a 2, 198b 11; *de sene* Ir. Nenn. 136 n. a. Es handelt sich gewiß um eine analogisch nach *suidė*, mittelir. *saide*, *side*, *sede*, gebildete Form.

229. Altir. *scele*.

Stokes setzt dieses Wort RC XXVI 170 mit *ē* an und will es RC XII 122 (*mochscéla*) mit *scēl* identifizieren, während es, wie der Reim LL 201 b 39 zeigt, kurzes *e* hat. Es heißt dort von König Cerball mac Muricāin (gest. 909):

Ni raibi rīam a chomfial, *nī tharat bīad do branēon,*
reme nīrchin a chomchāem, *scele ạ mochthāeb ̣fo fannḟēor!*[1]

'Keiner war je so freigebig wie er, (doch) gab er dem Raben keine Atzung; nie wurde vor ihm ein gleich holder geboren, wehe daß sein Leib so früh[2] unter schwankem Grase ruht!' Hier haben wir Anfangsreim zwischen *reme* und *scele*. Es fragt sich aber, ob nicht mit altirischer Lautgebung noch *remi* und *sceli* zu lesen ist. O'Clery setzt ein *sceile ·i· truaighe* an, womit er den Sinn so ungefähr getroffen haben wird. 'Unheil', dann 'Jammer' scheint eine prägnantere Wiedergabe, wie z. B. RC XII 88 § 95 *ecol leo iarum mochscelie den ōclaich ar imot a dān* und LL 204b 14 *mōr in ṡceli*! An der oben aus LL 201 zitierten Stelle und in '*is sceli lind ar sīat* '*nach faicem Ēli 7 Enōc*' YBL 90a 23 (= RC XXVI 164 § 52), wo 'es ist ein Jammer', 'es ist schade' zu übersetzen ist, haben wir dann vielleicht den Genitiv. Jüngere Beispiele finden sich Eriu, Suppl. 41, 10 (: *eile*), 42, 26 (: *bleide*).

230. Altir. *esnad*.

In seiner Ausgabe von O'Davorens Glossar § 777 nahm Stokes Verwandtschaft dieses bekannten Wortes mit lat. *insono* an, wozu er wohl durch die sekundäre Bedeutung 'Gesang, Weise' veranlaßt wurde. Es ist aber vielmehr aus **ess-anad* eig. 'Ausatmen, Hervorblasen, Schnaufen'[3] herzuleiten, so daß es sich zu *osnad* 'Seufzer' aus **uss-anad*, *cumsanad* 'ausruhen' (eig. 'sich verschnaufen') aus **com-uss-anad* und *fūasnad* 'Schnauben' aus **fo-uss-anad* stellt. (S. Pedersen § 655 u. vgl. Thurn. Handb. II 99[4].) Das Wort wird immer mit Bezug auf

---

[1] fofaiḋeor Fcs.

[2] Wörtlich 'seine frühe Seite'.

[3] Das entsprechende bret. *ehana* bedeutet dagegen 'ausruhen'. Im Kymr. ist das Wort ausgestorben.

[4] Zu den dort angeführten Kompositis kommt noch *com-an-* 'verweilen', 3. Pl. Präs. Ind. *glūair conanat i cach dāil* O'Mulc. § 2.

das mit dem Ausstoßen der Luft verbundene Geräusch gebraucht, so von der Frühlingswindbraut (*esnad gāithe adnaire errchaide* TTr. 1382, vgl. ἄνεμος, *anima*), vom Tosen des Wasserfalls (*ūasal esnad na cōic n-ess* Metr. Dinds. I 42), vom Schrei des Hirsches (*esnad daim* LL 298 a 31) oder des Schwanes (*esnad ela* King and Hermit 29); dann auch von Tönen und Weisen des Gesanges oder musikalischer Instrumente, wie bei Cormac § 562 (*esnad ainm in chiūil dognītis na fīana immon fulacht fīansae*), *esnad in chōicat cruitire* RC XXV 32, 3, ib. Anm. 2, wo es mit *sianān* und *andord* zusammengestellt wird, usw. In einigen Versen des Dichters Flann mac Lonāin auf den 887 in der Schlacht gefallenen Häuptling der Ui Bairrche Maige, Tressach mac Becāin, wird es mit *osnad* zusammen von dem Wehklagen[1] um den Toten gebraucht.

Da O'Donovan, FM. A. D. 884, die Verse fehlerhaft gedruckt und übertragen hat, setze ich sie her.

Tromm ceō[2] for cōiced mBressail ōtbath leō Liphi lessaig[3],
tromma[4] esnada Assail do brōn tesbada Tressaig.
Scīth mo menma, mūad mo gnās, ō lluid Tressach i tingbās,
osnad ōenaig Liphi lāin Laigen[5] co muir mac Becāin.

'Schwer lastet der Nebel über Bressals Provinz hin[6], seit der Löwe des vestereichen Life gestorben ist; schwer ertönen die Klageweisen Assals[7] aus Kummer über den Verlust Tressachs.

Matt ist mein Sinn, verstört mein Anblick[8], seit Tressach in den Tod gegangen ist; bis an das Meer von Leinster dringt das Seufzen von Oenach Lifi um den Sohn Becāns[9].'

231. Altir. *cano* m.

Dies Wort gehört als nomen agentis auf *-ont-* zum Verbalstamm *can-* 'singen' und bedeutet also ursprünglich 'Sänger', wie denn Cormac § 267 es richtig mit *cantaid* glossiert[10], während es speziell zur

---

1 Vgl. *Esnada Tige Buchet.*

2 *trom-cheó* O'D. Es besteht aber Reim zwischen *ceō* und *brō.*

3 *i Liphi lessaigh* O'D. Aber *Liphe* ist Neutrum.

4 *tromm* O'D.

5 *Laigin* O'D.

6 D. h. Leinster, so nach König Bressal Bēlach (gest. 435) genannt.

7 Ein Ort in der Provinz Mide, nach dem der König von Mide in Gedichten *rī Asail* tituliert wird (Ir. T. III 12 § 22).

8 Zu der Bedeutung 'Gebaren, Aussehen, Miene' von *gnās* vgl. *gnāsa ingen macdacht leó* LU 89 b 23 (Br. D. D. § 92).

9 Wörtlich: 'Becāns Sohn ist ein Seufzen', d. h. Anlaß zum Seufzen.

10 Hier ist mit M und B zu lesen: *·i· cantith, arindī arachain cōrus a cherddae fiad rīgaib 7 tūathaib.*

Bezeichnung des vierten Grades der *filid* dient. Der N. Sg. *cano* (später *cana*) liegt Corm. § 276 M, Laws II 154, 1, V 26, 25 vor, der G. Sg. *canat* Ir. T. III 31, 18, der D. Sg. CZ IX 172, 3 in der Verszeile[1]

sē bā do chlī, nach anait, a cethair don chōemchanait

'sechs Kühe dem *clī*, was nicht unerfreulich ist, ihrer vier dem holden *cano*'.

232. Altir. *fo-in-oss-melg-*.

In KZ 48, S. 61 behandelt Thurneysen Formen des Verbums *to-in-oss-melg*. Auch ein Kompositum mit *fo-* in ungefähr derselben Bedeutung kommt in LU 99a 29 = Br. D. D. § 168 App. vor: *asbert Niniōn drūi . . ni* (leg. *nā*) *fuinmilsed gata ina flaith 7 nā gabtha dīberg* 'Ninion der Druide sagte, er solle keine Diebstähle unter seiner Herrschaft verfolgen lassen (eig. ausrufen, proklamieren), noch solle ein Räuber ergriffen werden'[2].

Ferner scheint es in ACC § 95 (RC XX 272) an einer dunklen Stelle (*doellar foinmuilg*) vorzuliegen.

233. Kymr. *Pentyrch* n. l.

Dieser bekannte Name für einen Ort in Glamorgan (*ecclesia Penntirch* Lib. Land.) entspricht genau dem irischen Ortsnamen *Cenn Tuirc*, heute *Kanturk*. In *tyrch* haben wir es also wohl mit dem alten GSg. von *twrch* 'Eber' zu tun, nicht mit dem Plural, was ja auch keinen guten Sinn gäbe. Vgl. unsere Ortsnamen 'Schweinskopf' und 'Schweinshaupten'.

234. Altir. *imb-ro-la-*.

Daß das ir. *imroll* eigentlich 'Fehlwurf' bedeutet und sich zu obigem Verbum stellt, hat Pedersen II S. 580 gelehrt, aber keine finite Form des letzteren angeführt. Eine solche findet sich Er. VIII 156, Z. 23. Es heißt dort: *atberat na maccléirig immotrala-su* 'die jungen Kleriker sagen, du hast dich geirrt'.

---

[1] In diesem Gedichte, das Muirgius ō Duib dā Boirenn zum Verfasser hat, dessen Lebenszeit leider unbekannt ist, sind folgende Verbesserungen anzubringen. § 1 statt *ocus tūath* lies *etir tūaith*; § 3 steht *rosoith* für *rosoich* (vgl. § 14); st. *na eochair* l. *'na deochair*; § 4 *leithorach* = *lēigtheōrach*, G. Sg. von *lēigtheōir* 'lector'; § 5 st. *nach ūaill* wohl besser *nach sūaill*; § 6 *rasabra* = *fresabra* (E. Gwynn); ib. *ris dā raib fresabra tra, d'ūaim, d'innis nō a'ur lēna* 'wenn aber Widersetzung gegen ihn ist, (so erhält er nur 63 Kühe) aus Höhle, Meierei oder Wiesenrand'; § 10 st. *aire* l. *airig* im Reim mit *doilig*; § 16 l. *samaisc* st. *samaisdi*; § 19 l. *a ndīre 's a n-eneclann*.

[2] Stokes übersetzt fehlerhaft 'that he should not allow(?) thefts in his reign, and that plunder should not be taken'.

235. Nachträge und Berichtigungen.

§ 12. St. *mitan* l. *mintan*. Das *ēn-ogam* findet sich auch in Additional 4783, fol. 3a', wo die Varianten *besen* — *dreen* — *truit* — *nged* — *rocrag* (?) lauten.

§ 22. Dazu *coimēt t' urged-su* 'dein Hodensack' YBL 208a 49.

§ 33. Ir. *-uc*, *-oc* in Kosenamen entspricht dem gall. *-ucā* in *bullucā* 'Äpfelchen'.

§ 40. Andere Beispiele des Namens *Artūir* im Irischen sind Artūir mac Coscraig RI 502, 125a 41; Suitheman m. Artūir aus Leinster (A. D. 858) Three Fragm. 138, wohl ein Sohn von dem 847 gestorbenen König Muiredach von Iarthar Lifi (AU); ferner Artūir m. Brain, von dem die Hūi Artūir ihren Namen führten, BB 184b 35 und 39.

§ 42. Ein *Rāith Ērenn i nAlbain* wird bei Gorman 20. Juni erwähnt. Nach Skene, Chron. Pict. CXXXVII lag es am Ostende von Loch Earne.

§ 60 ist zu streichen, da *cacrīch* dem Reim mit *slatbrīg* zuliebe für *cocrīch* geschrieben ist, wie Marstrander RC XXXVI 376 gesehen hat.

§ 61. Statt 'hoher Mut' lies 'Schlauheit', da *accail* (im Reim auf *saccaib*) nicht mit *gal*, sondern mit *cīall* komponiert ist, wie Marstrander a. a. O. 377 wahrscheinlich gemacht hat.

Zu § 62 schreibt mir Hr. Herm. Gröhler: 'Am wahrscheinlichsten ist es doch, daß die Überlieferung der Tab. Peut. (*Corobilium*) ungenau und als ursprüngliche Form **Corbóiālon* anzusetzen ist wie für Corbeil, Seine-et-Oise (Franz. Ortsnamen S. 126), das ich besprochen habe. Die nächsten belegten Formen für Corbeil (Marne) lauten Corbolium 1179, Corbueil um 1200, Corboil 1240, welche alle zeigen, daß hinter *b* urspr. ein *o*, nicht aber ein *i* gestanden hat'.

§ 66. Vgl. noch Anecd. II 79, 5: *conid ē a ainm Āth mBennchoir ·i· fobīth na mbenn* ('Helmzinken') *rolaigsit na curaid dīb ann.*

§ 83. Zu *grefel* vgl. noch: *ferr gre[i]mm grefel* LL 345b 54; *fri tress grefil gābaid* Gorm. 27. Jan. und das Adj. *greiflech* LL 28a 49.

§ 86. *Fomuir* kommt auch als Personenname vor. S. RI 502, 156a 50 (*mac Fomuir m. Argatmāir*).

§ 88. Vgl. Strachan, Ériu II 228 zu *fri Crīst diam glan do chride.*

§ 91. Zu *Inaepius* statt *Inepios* vgl. *Aemerius* statt *Emerius* § 26.

§ 95. Eine Konjunktivform zu dem von mir angesetzten *in-ad-saig-* findet sich Laws II 336, 4 (vgl. O'Dav. § 707): *mad ar diumand in chēili inasa in flaith a seotu*, wo Stokes, Criticism S. 47 *indsassá* und in seiner Anm. zu O'Dav. *indsá* lesen wollte.

§ 132. Der zweite Teil des Artikels von 'Ebenso' an ist auszulassen. In dem Zitat aus Tochm. Ētāine ist *issint* [*s*]*ossud na fīrflatha* zu lesen und 'an dem Sitz der wahren Herrschaft' zu übersetzen.

§ 133. Es ist wohl der Nom. *Oirc* anzusetzen. CZ III 461, 18, wo sich *tūatha Orca* findet, liest R *tūatha Orcc.*

§ 138. *fīr-medam* Laws IV 266, 2. Ein anderes Wort für 'Richter' aus derselben V ist *midid* Tec. Corm. § 6, 45.

§ 140. Gorman dagegen muß *Līban* gesprochen haben, denn er hat den Stabreim *Līban lōgmar* (18. Dez.).

§ 154. Vgl. noch *frisnach āen* Aisl. M. 95, 5.

§ 155. Statt 'wie z. B. *Echodius*' lies 'ebenso wie die gutturalen Stämme *Echodius* usw.'.

§ 159. So schon Stokes, Rc III 277.

§ 161. Pedersen macht mich darauf aufmerksam, daß das Wort *aicce* 'Pflegeschaft' auch Wb 5 b 27 *is na n-aicci atái* vorliegt, wie das gleich darauffolgende *nodnail* zeigt. Andere Beispiele des Wortes sind *conad ragbad mac nō ingen de asa aici* (·*i*· *ucht*) O'Dav. 63 'so daß weder Sohn noch Tochter ihm aus der Pflegeschaft genommen wurde' und *altrom a maicc eter theora aicce* (*i teora aicce* St.) ·*i*· *na haiti rosnaltatar* Br. D. D. § 8.

§ 164. Aus der angeführten Stelle stammt O'Clerys *sughainte* ·*i*· *sughmaire.*

§ 171. Der dem gall. *Blāros* entsprechende ir. Personenname *Blār* findet sich BB 197 a 37 in der Genealogie der Ui Meic Eircc. Hier hat RI 502, 155 b 5 augenscheinlich *balar* in *blar* korrigiert. LL 325 h z hat *bla.* Aus diesem *Blār* und dem folgenden *Russ* macht Misc. Celt. Soc. 38 *blarus*!

§ 174. Die Sitte, sich nackt durch Schlafen auf Nesseln oder Nußschalen zu kasteien, bezeugen folgende Verse aus Laud 615, S. 42:

is da codlad mar tuilg tair *ar nenaidh buirb nō ar plāescaib.*

In De Arreis § 8 (*feis for nenaid*) und § 15 (*adaig for nenaid cen ētach, alaile for blāescaib cnō*) wird es Laien als Buße für schwere Vergehen auferlegt.

§ 177. Als ich diesen Paragraphen schrieb, war ich der Meinung, daß *siliud*, welches Arch. III 243 § 61 auf *siriud* reimt, langes *i* habe, wie auch Atkinson Laws Gloss. *silim* ansetzt. Es ist jedoch das Abstr. zu *silim* 'tröpfle' und reimt z. B. LL 45 b 21 auf *ciniud.* Damit fällt aber auch die Stütze für das von mir angesetzte *sīrim*, und wir haben eben doch nur, wie Bergin Ér. VIII 196 wollte, ein *i*-Verb *sirim* in allen von mir angegebenen Bedeutungen. Auf S. 627, Z. 9 ist statt *sīrim* zu lesen *sīraim* und in Z. 20 'zu 3' statt 'zu 2'.

§ 185. Zu den angeführten Formen kommt noch *arandāigset* 'laßt sie fürchten' RC XII 422 § 4 und *bēs adāgind* 'vielleicht würde ich fürchten' Arch. III 295, 4.

§ 186. Marstrander schlägt vor, *homan* lieber in *omthan* zu verbessern, so daß zu übersetzen wäre: 'wo weder Brombeer-, noch Dorngestrüpp noch Distel an ihrer Mähne oder ihrem Schwanze hängen bleibt'.

§ 188. Auch Beispiele von prototonierten Formen des Verbums *do-ocbaim* mit *ŏ* sind häufig. So finden wir Ér. VI 115 § 7 *co romthocba* im Reim auf *fota*; im Metr. Dinds. I 6, 2 *tocbāil* (: *lotbāig*) und ebenda III 128, 11 *rochomthocaib* (: *focail*). Vgl. Thurneysen S. 475, der, auf *topar* und *tossach* gestützt, kurzen Vokal hier als das Ursprüngliche annimmt.

Ausgegeben am 8. Mai.

1919.
XXII.

SITZUNGSBERICHTE
DER PREUSSISCHEN
AKADEMIE DER WISSENSCHAFTEN.

24. April. Sitzung der physikalisch-mathematischen Klasse.

Vorsitzender Sekretar: Hr. von Waldeyer-Hartz.

1. Hr. Hellmann sprach I. »über die Bewegung der Luft in den untersten Schichten der Atmosphäre«. (Dritte Mitteilung.)

Der Bodenwind wurde durch Geschwindigkeitsmessungen in fünf verschiedenen Höhen zwischen 5 und 200 cm über dem Erdboden untersucht. Es ergab sich, daß in dieser untersten Luftschicht die mittleren Windgeschwindigkeiten sich zueinander verhalten wie die vierten Wurzeln aus den zugehörigen Höhen.

II. trug Hr. Hellmann vor: »Neue Untersuchungen über die Regenverhältnisse von Deutschland«. (Erste Mitteilung.)

Die Konstruktion einer neuen Regenkarte von Deutschland auf Grund zwanzigjähriger gleichzeitiger Beobachtungen an rund 3700 Orten gestattet die Feststellung der regenreichsten und der regenärmsten Gebiete sowie derjenigen Gegenden, in denen die Winterniederschläge vorherrschen. Die Grenzwerte des jährlichen Regenfalls sind 2600 mm in den Allgäuer Alpen und 380 mm am Goplosee südlich von Hohensalza. Während ganz Deutschland ausgesprochene Sommerregen hat, überwiegen die Winterniederschläge in den höheren Lagen der westdeutschen Berglandschaften. In den Alpen treten sie aber nicht auf.

2. Hr. Einstein überreichte eine »Bemerkung über periodische Schwankungen der Mondlänge, welche bisher nach der Newtonschen Mechanik nicht erklärbar schienen«.

Eine periodische Schwankung (Periode etwa 19 Jahre) der Mondlänge um ihren theoretischen Wert wird zurückgeführt auf periodische Schwankungen der mittleren Drehgeschwindigkeit der Erde, welche durch die Mondflut verursacht sind.

Über die Bewegung der Luft in den untersten Schichten der Atmosphäre.

Von G. Hellmann.

Dritte Mitteilung.

1.

Auf dem Windmeßversuchsfeld bei Nauen hatte ich Anemometer in 2, 16, 32, 123 und 258 m Höhe über dem Erdboden aufgestellt, um unter anderem die Zunahme der Windgeschwindigkeit mit der Höhe zu untersuchen (vgl. die zweite Mitteilung in diesen Sitzungsberichten 1917, S. 174ff.). Die Aufstellung eines Anemometers in nur 2 m Höhe, die man bei meteorologischen Stationen kaum einhalten wird[1], mag manchem überflüssig erschienen sein; sie hatte aber den Zweck, die Änderungen im absoluten Betrage wie im täglichen Gange der Windgeschwindigkeit von der normalen Höhe in 16 m bis möglichst zum Erdboden kennen zu lernen. Ich hatte daher auch den Versuch gemacht, die Windgeschwindigkeit am Boden auf rechnerischem und auf graphischem Wege zu extrapolieren, und dafür einen Wert gefunden, dessen auffällig hoher Betrag, nämlich 87 Prozent der mittleren Windgeschwindigkeit in 2 m, mir den Wunsch nahelegte, durch wirkliche Messungen noch näher am Boden den Wert direkt zu bestimmen. Auf dem Versuchsfeld bei Nauen konnten diese Beobachtungen nicht gemacht werden, weil die bodennahe Schicht infolge von Neubauten nicht mehr frei genug ist. Dagegen fand ich auf den großen Nuthewiesen, die südöstlich vom Meteorologischen Observatorium bei Potsdam und südlich von Nowawes liegen, ein für solche Versuche sehr geeignetes Gelände. Ich entschloß mich daher, auf einer etwa eine halbe Stunde vom Observatorium entfernten Stelle dieser Wiese ein neues kleines Versuchsfeld zum Studium des Bodenwindes einzurichten.

[1] Nur einmal habe ich einen so niedrig aufgestellten Windmesser gesehen, nämlich in Westerland auf Sylt, als die meteorologische Station sich im ganz isoliert stehenden südlichsten Gehöft befand. Das Schalenkreuz stand etwa 2 m hoch auf einer Wiese weitab vom Hause und konnte von einem niedrigen Trittbrett aus abgelesen werden.

Eine weitere Anregung zu solchen Untersuchungen gab auch die Tatsache, daß der Bodenwind im Kriege beim Abblasen des Gases eine große Rolle spielte. Mußte das im Felde bei den allerverschiedensten Terrainverhältnissen geschehen, wodurch die meteorologische Fragestellung sehr verwickelt wurde, so erschien es mir am richtigsten, die experimentelle Untersuchung zunächst einmal unter möglichst einfachen Bedingungen, d. h. über einer ebenen Bodenfläche, auszuführen.

Nachdem auf den genannten Wiesen die Heuernte eingebracht war, wurde ein etwa 100 qm großes und ebenes Stück für die Messungen ausgewählt und das Gras auf ihm durch wiederholtes Schneiden dauernd kurz gehalten, während auf den Wiesen ringsum der zweite Grasschnitt (Grummet) am 7. September erfolgte. Auf die Weise dürfte es erreicht worden sein, daß die Reibung der Luft am Boden, welche die untersten Anemometer am meisten beeinflußt, während der Dauer der Versuche die gleiche geblieben ist.

Um den Anschluß an die Nauener Messungen zu gewinnen, wurde in 2 m Höhe über dem Erdboden ein Rotationsanemometer aufgestellt, auf das die übrigen bezogen werden können. Daneben kamen Anemometer von gleicher Konstruktion in 1.0, 0.5, 0.25 und 0.05 m Höhe zur Aufstellung, und zwar sind diese Höhen so zu verstehen, daß sich die Mitten der Schalenhalbkugeln in den genannten Entfernungen vom Boden befanden. Verwendet wurden wieder die auch in Nauen in 2, 16 und 32 m Höhe gebrauchten kleinen Anemometer mit Schalendurchmessern von 41 mm. Ich hatte an ihnen nur die Abänderung treffen lassen, daß der Stiel, d. h. die vertikale Achse, die das Schalenkreuz trägt, länger wurde, damit dieses von dem darunter befindlichen rechteckigen Gehäuse mit der Kontaktvorrichtung weiter entfernt und dadurch etwaigen Windstauungen weniger ausgesetzt ist. Bei dem niedrigsten Anemometer war also der untere Rand der Schalen nur 3 cm über dem Boden. Bei diesem geringen Abstand mußte der Unterbau des Schalenkreuzes in die Erde eingesenkt und mit einem Holzdeckel im Niveau des Bodens zugedeckt werden. Außerdem schien es geraten, an dieser Stelle die Grasnarbe ganz zu entfernen und eine Kreisfläche von 2 m Durchmesser ringsum einzuebnen.

Die Stellung der fünf Anemometer zueinander ersieht man am besten aus dem Lageplan. Die niedrigen wurden wegen der häufigen Westwinde absichtlich westlich von den höheren aufgestellt, die aber auch bei den ganz seltenen Ostwinden auf die niedrigen kaum störend eingewirkt haben werden, da die schlanken Gasröhren, auf denen die Schalenkreuze standen, genügend weit (je 4 m) voneinander entfernt waren. Absichtlich habe ich es unterlassen, ein Anemometer so aufzustellen, daß die Mitte der Schalenhalbkugeln genau im Niveau des

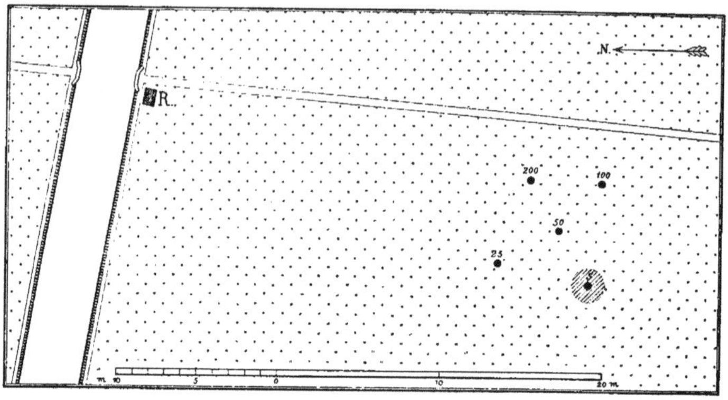

Fig. 1. Windmeßversuchsfeld auf den Nuthewiesen bei Potsdam.

Erdbodens rotierte, also die Höhe von 0 m über ihm hätte. Es wäre das nur so möglich gewesen, daß sich die untere Hälfte der Schalen in einer entsprechenden Vertiefung des Bodens befunden hätte. Dadurch wären aber kleine Wirbelbewegungen und Stauungen, bei Regenwetter möglicherweise auch Störungen durch angesammeltes Wasser verursacht worden. Die Registrierung der Windgeschwindigkeit in 0.05, 0.5 und 2 m Höhe geschah auf einem Blatt mittels eines Chronographen mit drei Federn, diejenige in 0.25 und 1.0 m auf einem zweiten; beide standen zusammen mit den Batterien in einem niedrigen Kasten (*R* des Lageplans), der 23 m vom nächsten Anemometer entfernt war.

Die Bestimmung der Anemometerkonstanten erfolgte wiederum durch längere Zeit ausgeführte Vergleiche mit dem Hauptanemographen des Observatoriums und lieferte für die neu konstruierten Instrumente gut übereinstimmende Werte. Die im vorliegenden Fall besonders wichtige Reibungskonstante schwankte zwischen 0.59 und 0.65 mps; bei zwei zeitweilig zur Aushilfe genommenen Instrumenten hatte sie den größeren Wert 0.76 bis 0.85, doch wurden diese nur in den obersten Aufstellungen verwendet. Es wäre natürlich erwünscht gewesen, namentlich für die unteren Aufstellungen, noch empfindlichere Anemometer mit kleinerer Reibungskonstante benutzen zu können, da die Dauer der absoluten Windstille am Boden sodann noch schärfer hätte ermittelt werden können. Ganz leichte, aus Aluminium gefertigte Schalenkreuze würden dieser Forderung wohl genügen, sie könnten aber nicht wochen- und monatelang allen Unbilden der Witterung ausgesetzt werden.

Da die Natur der anzustellenden Messungen jede Einfriedigung des Versuchsfeldes unmöglich machte, mußte, um es gegen unbefugte Eingriffe zu schützen, persönliche Überwachung in Anspruch genommen werden. Durch freundliche Vermittlung von Hrn. Prof. Regener, der damals im Heeresdienst stand, gelang es, Mannschaften von der Potsdamer Garnison zu erhalten, die Tag und Nacht Wache hielten und von einem genügend weit entfernten kleinen Schilderhaus aus das Versuchsfeld überschauen konnten.

Obwohl die für die Versuche nötigen Anemometer bereits 1916 bei R. Fueß bestellt wurden, konnten sie erst im Sommer 1918 geliefert werden, so daß Ende Juni 1918 die vergleichenden Messungen in 0.5 und 2.0 m Höhe, Mitte Juli in 0.25 und 1.0 m und endlich Ende Juli auch in 0.05 m ihren Anfang nahmen. Am 15. Oktober 1918 wurden sie abgebrochen. Kürzere Störungen in der Registrierung wegen mangelhafter Kontakte oder Versagen der Batterie sind mit Ausnahme des Monats September wiederholt vorgekommen, konnten aber bald behoben werden, da das Versuchsfeld vom Observatorium aus täglich besucht und das Auswechseln der Registrierstreifen dabei vorgenommen wurde.

Ich habe im vorstehenden die Versuchsanordnung absichtlich ausführlich beschrieben, damit auch Fernerstehende, die das Terrain des Versuchsfeldes nicht kennen, sich ein deutliches Bild von den Bedingungen machen können, unter denen die Messungen erfolgten, und weil die einzigen vereinzelten Beobachtungen dieser Art, die bisher angestellt wurden, ungenügend beschrieben worden sind. Ich meine die bereits in meiner zweiten Mitteilung, S. 193, Anmerkung 1 erwähnten Versuche von Th. Stevenson in Edinburg, der neunmal in verschiedenen (wechselnden) Höhen über dem Boden von 0 bis 16 m die Windgeschwindigkeit direkt gemessen hat. Ich habe die Registrierung vorgezogen, um die Zeitdauer der Vergleiche auszudehnen und zugleich um etwaige Eigentümlichkeiten im täglichen Gang der Windgeschwindigkeit aufzudecken.

2.

Aus den in der zweiten Mitteilung S. 176 angegebenen Gründen beginne ich wieder mit der Untersuchung der täglichen Periode. Für diese liegen die Aufzeichnungen an 62 Tagen mit vollständigen 24stündigen gleichzeitigen Registrierungen an allen fünf Anemometern vor, nämlich 24 im August, 30 im September und 8 im Oktober. Ihre Zusammenfassung zu Mitteln lieferte die in Tabelle 1 niedergelegten Werte, die den Übergangstypus vom Sommer zum Herbst veranschaulichen.

Diesen Zahlen, oder noch besser ihrer graphischen Darstellung, entnehmen wir die interessante Tatsache, daß in der nur 2 m hohen untersten Luftschicht trotz einer weitgehenden Übereinstimmung doch

Tabelle 1.

Täglicher Gang der Windgeschwindigkeit (mps) auf den Nuthewiesen bei Potsdam in verschiedenen Höhen über dem Erdboden an 62 Tagen im August, September, Oktober 1918.

	0.05 m	0.25 m	0.50 m	1.0 m	2.0 m		0.05 m	0.25 m	0.50 m	1.0 m	2.0 m
0—1[a]	0.73	1.23	1.54	1.93	2.15	1—2	1.62	2.33	2.76	3.34	3.58
1—2	0.75	1.16	1.52	1.93	2.17	2—3	1.53	2.28	2.68	3.18	3.52
2—3	0.76	1.16	1.49	1.92	2.15	3—4	1.45	2.10	2.51	3.04	3.31
3—4	0.81	1.18	1.53	1.94	2.16	4—5	1.20	1.85	2.24	2.79	3.05
4—5	0.80	1.32	1.58	2.02	2.21	5—6	0.94	1.50	1.83	2.21	2.61
5—6	0.84	1.40	1.69	2.15	2.33	6—7	0.69	1.17	1.47	1.90	2.08
6—7	0.87	1.50	1.81	2.27	2.39	7—8	0.66	1.02	1.33	1.76	1.98
7—8	1.10	1.75	2.09	2.60	2.76	8—9	0.58*	1.01*	1.27*	1.74*	1.92*
8—9	1.28	1.94	2.38	2.85	3.12	9—10	0.66	1.13	1.41	1.87	2.08
9—10	1.45	2.16	2.53	3.06	3.28	10—11	0.77	1.20	1.47	1.88	2.15
10—11	1.56	2.32	2.72	3.27	3.55	11—12	0.71	1.14	1.41	1 87	2.02
11—12	1.68	2.40	2.82	3.39	3.64						
12—1[p]	1.67	2.38	2.80	3.38	3.67	Mittel	1.04	1.61	1.95	2.43	2.66

noch charakteristische Verschiedenheiten im täglichen Gange der Windgeschwindigkeit bestehen. Während nämlich bei Nacht die Kurven nahezu parallel verlaufen, wölben sie sich bei Tage zwischen 8 und 5 Uhr mit wachsender Höhe über dem Boden immer mehr empor. Das kommt auch im Betrage der Amplitude (Maximum — Minimum) deutlich zum Ausdruck; sie hat folgende Werte:

Höhe:	0.05	0.25	0.50	1.0	2.0 m
Amplitude:	1.08	1.35	1.49	1.65	1.82 mps,

nimmt also in den alleruntersten Schichten sehr schnell, in den oberen langsam zu. Diese Zunahme erfolgt so regelmäßig, daß die Größe der Amplitude durch eine einfache Interpolationsformel gut dargestellt werden kann. Bezeichnet man mit a_1 die Amplitude in 1 m Höhe, so gilt die Formel $a = a_1 \sqrt[7]{h}$; die Differenzen zwischen Rechnung und Beobachtung betragen nur 0.00 bis 0.07. Die Formel darf natürlich nicht zu Extrapolationen nach oben gebraucht werden, wohl aber zu solchen nach unten; sie lehrt z. B., daß in $^3/_4$ cm über dem Boden die Amplitude rund halb so groß ist wie in 1 m Höhe. In dieser alleruntersten Luftschicht von beiläufig 1 cm Höhe wird die mittlere tägliche Periode der Windgeschwindigkeit darin bestehen, daß in der Zeit von etwa einer Stunde vor Sonnenuntergang die ganze Nacht hindurch bis nach Sonnenaufgang nahezu Windstille herrscht, daß dann etwas Bewegung in die stagnierende Luftschicht kommt und daß ihre Geschwindigkeit um Mittag etwa 0.8 mps erreicht. Das sind mikro-meteorologische Vorgänge, die des Interesses nicht entbehren und die durch direkte Messungen nicht leicht festgestellt werden könnten.

Da die Amplitude von 2 m nach unten abnimmt und nach den Nauener Versuchen in 16 m bereits kleiner als in 2 m ist, muß es über ebenem Gelände zwischen 2 und 16 m Höhe eine Schicht geben, in der die Amplitude ein Maximum erreicht, in der also der untere oder Bodentypus des täglichen Ganges der Windgeschwindigkeit am stärksten ausgeprägt ist. In welcher Höhe diese Schicht liegt, läßt sich aus den vorhandenen Messungen noch nicht feststellen; man muß aber annehmen, daß sie im Sommer höher liegt als im Winter. In methodologischer Hinsicht lehrt dieser Befund, daß nicht bloß der absolute Betrag der Windgeschwindigkeit, sondern auch deren tägliche Periode an verschiedenen Orten nur dann streng vergleichbar sind, wenn unter sonst gleichen Umständen die Anemometer gleich hoch über dem Boden stehen.

Das Flacherwerden der Tageskurven näher am Boden verträgt sich gut mit der Espy-Köppenschen Theorie: die absteigende Bewegung, die schneller strömende Luft nach unten bringt, verliert immer mehr von ihrer Energie, je näher sie dem Boden kommt, und vermag daher die Windgeschwindigkeit nicht mehr so zu erhöhen wie weiter oben.

Tabelle 1 zeigt ferner, daß das Maximum der Windgeschwindigkeit in 2 m Höhe etwa eine halbe Stunde später eintritt als darunter, was gleichfalls mit der genannten Theorie im Einklang steht. Diese Feststellung war mir sehr interessant; denn ich hätte nicht erwartet, daß innerhalb einer so niedrigen Luftschicht schon zeitliche Verschiedenheiten im Eintritt des Maximums vorkommen.

Das Minimum fällt in allen Schichten auf die Stunde von 8 bis 9 Uhr abends[1].

3.

Für die Untersuchung der Abnahme der mittleren Windgeschwindigkeit von 2 m Höhe bis zum Erdboden stehen zunächst die Mittel aus den gleichzeitigen Registrierungen an den oben

---

[1] Die Registrierungen der Anemometer in 0.5 und 2.0 m im Juli zeigen dieselben Verschiedenheiten im täglichen Gange der Windgeschwindigkeit, die aus den gleichzeitigen Messungen an allen fünf Instrumenten oben abgeleitet wurden. Nur sind die Amplituden im Juli etwas größer, nämlich 1.74 bzw. 2.07 mps. Der Unterschied beider ist aber genau derselbe wie oben. Charakteristisch für die Julikurven ist die Unentschiedenheit im Eintritt des Maximums: in 2 m Höhe schwankt der Wert der Geschwindigkeit in den fünf Stunden von 10^a bis 3^p zwischen 3.69 und 3.76 und in 0.5 m Höhe zwischen 2.73 und 2.78 mps.

genannten 62 Tagen zu Gebote. Diese 1488 Stunden liefern folgende mittlere Geschwindigkeiten:

h	0.05	0.25	0.50	1.0	2.0 m	(1)
v	1.04	1.60	1.95	2.43	2.66 mps.	

Ich habe sodann noch aus 9 Tagen mit unvollständigen Aufzeichnungen 135 Stunden gleichzeitiger Registrierung der fünf Anemometer hinzugenommen, wodurch aber nur der Wert für 0.25 m Höhe um 0.01 (1.61 statt 1.60) erhöht wurde, während alle übrigen Mittel unverändert blieben[1]. Das beweist, daß die erhaltenen Mittelwerte schon recht stabil sind und die Änderung der Windgeschwindigkeit mit der Höhe gut darstellen.

Da die viel längere Beobachtungsreihe bei Nauen, die alle Jahreszeiten umfaßte, für 2 m Höhe eine mittlere Geschwindigkeit von 3.33 mps. ergeben hatte, müssen obige Zahlen, um den Anschluß an die Nauener Messungen zu gewinnen, mit 1.25 multipliziert werden. Wir erhalten dann folgende Windgeschwindigkeiten:

h	0.05	0.25	0.50	1.0	2.0 m	(2)
v	1.30	2.01	2.44	2.84	3.33 mps.	

Aus den Nauener Messungen in 2 m Höhe und darüber war durch graphische und rechnerische Extrapolation für die Windgeschwindigkeit am Erdboden der Wert 2.8 mps abgeleitet worden. Die Beobachtungen auf den Nuthewiesen zeigen nun, daß dieser Wert erheblich zu hoch ist; er entspricht etwa der Höhe von einem Meter. Die Extrapolation war also unstatthaft, und zwar offenbar deshalb, weil die Zunahme der Windgeschwindigkeit mit der Höhe in den bodennahen Schichten nach einem anderen Gesetz erfolgt als in höheren. Wegen der stärkeren Reibung am Boden geht die Abnahme in der untersten Luftschicht schneller vor sich als in größerer Höhe. Auch die von einigen anderen Gelehrten[2] gemachten Versuche, aus den bei Nauen in allen Höhen von 2 bis 258 m angestellten Beobachtungen eine allgemein gültige Formel abzuleiten, die zugleich zur Extrapolation nach oben und nach unten dienen könnte, liefert für die Windgeschwindig-

[1] Die Juliregistrierungen ergaben die Werte:

h	0.5	2.0 m
v	1.93	2.70 mps.

[2] Die Ergebnisse des Windmeßversuchsfeldes bei Nauen haben anscheinend in weiteren Kreisen Interesse erweckt. Hr. Pilgrim hat eine Formel entwickelt, die bereits in meiner zweiten Mitteilung S. 192 Anm. 1 veröffentlicht wurde. Sodann haben die HH. Grosse, Brädtke und Laska in der Meteorologischen Zeitschrift 1917 S. 324 bzw. 1918 S. 313, 1918 S. 315 neue Formeln dafür aufgestellt. Am besten entspricht die Formel des Hrn. Laska den wirklichen Verhältnissen, gibt aber für die untersten Luftschichten auch noch zu hohe Werte.

keit am Boden unrichtige Werte. Es war daher durchaus gerechtfertigt, durch wirkliche Messungen die Frage zu klären.

Wenn in meinen beiden früheren Mitteilungen über die Nauener Versuche vom Betrag der Windgeschwindigkeit für $h = 0$ die Rede war, so muß das nachträglich als eine nicht ganz richtige Ausdrucksweise bezeichnet werden, denn es bedeutet streng genommen $h = 0$ die Grenzfläche zwischen Boden und Luft, die natürlich keine Bewegung haben kann. Gemeint war mit $h = 0$ die allerunterste Luftschicht am Boden, die von oben her erreicht wird, wenn h immer kleiner wird und sich schließlich dem Grenzwert 0 nähert, also z. B. wenn h gleich 0.001 oder 0.0005 m wird. Eine so dünne Luftschicht über dem Boden läßt sich freilich nur über einer ganz ebenen und glatten Bodenfläche (asphaltierte Straße oder Granitboden, wie er in den skandinavischen Schären vielfach vorkommt) wirklich abmessen. Über einer Wiese, die selbst bei kurzgehaltenem Rasen eine rauhe Oberfläche hat, würde man als bodennächste Luftschicht höchstens eine solche von 0.01 m Höhe betrachten können.

Bei dem Versuch, die auf den Nuthewiesen erhaltenen numerischen Resultate in eine mathematische Formel zusammenzufassen, fand ich die einfache Beziehung, daß sich in der Luftschicht unterhalb 2 m über dem Erdboden die mittleren Windgeschwindigkeiten zueinander verhalten wie die vierten Wurzeln aus den zugehörigen Höhen. Das paßt vortrefflich zu dem Gesetz, das sich für die Höhen oberhalb 16 m ergeben hatte, daß nämlich die mittleren Windgeschwindigkeiten proportional den fünften Wurzeln aus den entsprechenden Höhen sind. Es gelten also die Formeln

$$\frac{v}{v'} = \sqrt[4]{\frac{h}{h'}} \qquad h < 2\text{ m} \qquad (3)$$

$$\frac{v}{v'} = \sqrt[5]{\frac{h}{h'}} \qquad h > 16\text{ m}. \qquad (4)$$

Bezeichnet man mit v_1 die mittlere Windgeschwindigkeit in 1 m Höhe, so ergibt sich aus (3)

$$v = v_1 \sqrt[4]{h}\,. \qquad (5)$$

Die Anwendung dieser Formel auf die Zahlenreihe (2) liefert folgende Werte:

h	0.05	0.25	0.50	1.0	2.0 m
v	1.34	2.01	2.39	2.84	3.38 mps
Rechnung — Beobachtung	0.04	0.00	−0.05	0.00	0.05 » ,

also eine gute Übereinstimmung zwischen den beobachteten und berechneten Werten.

Nunmehr dürfte es kein Wagnis mehr sein, von 5 cm Höhe nach der Erdoberfläche hin zu extrapolieren. Man erhält für die Höhe von 1 cm die mittlere Geschwindigkeit 0.90 und für $^1/_2$ cm noch 0.75 mps. Es herrscht also unmittelbar über dem Boden eine mittlere Windgeschwindigkeit, die zwar bei weitem nicht an den mehrfach erwähnten extrapolierten Wert von 2.8 mps heranreicht, die aber doch noch so groß ist, daß man von einem sprunghaften Anwachsen der Windgeschwindigkeit in der alleruntersten Luftschicht sprechen kann.

Da die tägliche Periode der Windgeschwindigkeit in der Schicht bis zu 2 m Höhe Verschiedenheiten aufweist, bleibt auch die Zunahme der Geschwindigkeit den ganzen Tag über nicht die gleiche; sie ist in den Mittagsstunden größer als bei Nacht, wie aus folgenden Zahlen[1] hervorgeht:

h		0.05	0.25	0.50	1.0	2.0 m
v	9^a—5^p	1.52	2.23	2.70	3.18	3.45 mps
	5^p—9^a	0.76	1.29	1.63	2.05	2.58 » .

In der alleruntersten Schicht ist also die Windgeschwindigkeit während der Tagesstunden, in denen konvektive Ströme am kräftigsten entwickelt sind, rund doppelt so groß als während der Nacht, in der die häufigen Windstillen den Mittelwert stark herabdrücken. In 2 m Höhe ist das Verhältnis nur noch 1 : 1.34. Auf die Tageswerte bis zu 1 m Höhe paßt wieder die Formel $v = v_1 \sqrt[4]{h}$, während die Nachtwerte besser durch die Formel $v = v_1 \sqrt[3]{h}$ dargestellt werden.

In kürzeren Zeitabschnitten, z. B. innerhalb einer Stunde, bestehen wesentlich andere numerische Beziehungen zwischen den Windgeschwindigkeiten in den einzelnen Höhen. Leider war die Periode, in der die Messungen auf den Nuthewiesen gemacht wurden, arm an starken Winden. Der windigste Tag war der 30. September 1918, an dem der Wind in der Nacht[2] zum 1. Oktober an Stärke sehr zunahm und zwischen 10^p und 11^p in 2 m Höhe ein Stundenmittel von 7.4 erreichte[3]. Ich teile (außer den Tagesmitteln) die Einzelwerte für diese

---

[1] Diese Werte ergeben sich unmittelbar aus den Zahlen in Tabelle 1, sind also nicht mit 1.25 multipliziert, d. h. nicht auf die Nauener Reihe reduziert.

[2] Während der Versuche ist mehrmals der Fall eingetreten, daß beim Vorübergang einer Depression die Windgeschwindigkeit in den Nachtstunden merklich zunahm. Vielleicht beruht es hierauf, daß sich im täglichen Gang der Geschwindigkeit (Tabelle 1) in der Nacht zwischen 9 und 11 Uhr ein kleines sekundäres Maximum bemerkbar macht.

[3] Das Anemometer auf dem Turm des Observatoriums Potsdam registrierte in der gleichen Stunde 13.2 mps mittlere Geschwindigkeit.

Stunde hier mit und stelle ihnen diejenigen einer der vielen Stunden mit geringer Luftbewegung gegenüber, wobei aber eine solche Stunde vermieden wird, in der das unterste Anemometer Windstille anzeigte:

h		0.05	0.25	0.50	1.0	2.0 m
v	30. September 10—11ᵖ	3.6	4.8	5.8	6.6	7.4 mps
	3. August 1—2ᵖ	0.7	1.3	1.6	2.0	2.1 »
	30. September, Tagesmittel	2.4	3.3	3.9	4.4	5.0 » .

Diese Zahlen sowie die nach ihnen gezeichneten Kurven *b*, *c* und *d* in Fig. 2 lassen den Einfluß deutlich erkennen, den der absolute Betrag der Windgeschwindigkeit auf deren Zunahme mit der Höhe ausübt:

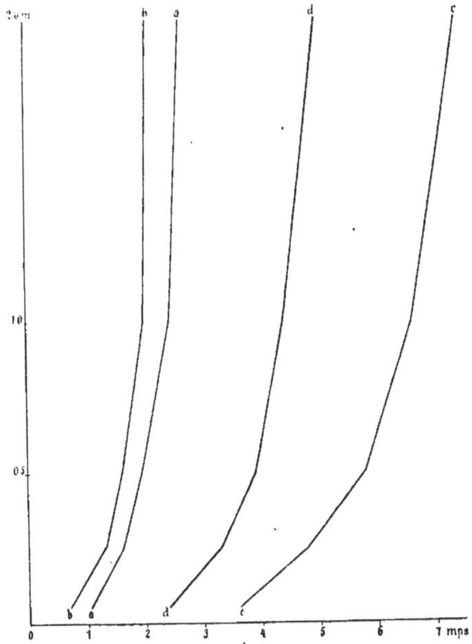

Fig. 2. Zunahme der Bodenwindgeschwindigkeit mit der Höhe,
a Mittel, *b* schwacher, *c* starker Wind (Stundenmittel), *d* starker Wind (Tagesmittel).

Bei schwachen Winden erfolgt die Zunahme langsam, bei starken rasch. Der Grund für dieses gegensätzliche Verhalten liegt im Reibungswiderstand, der proportional der Windgeschwindigkeit angenommen werden darf[1]. Daraus ergibt sich, daß die Beziehun-

[1] Ich erblicke in der gesetzmäßigen Abhängigkeit des Betrages der Reibung von dem der Windgeschwindigkeit den Grund für die verschiedene Zunahme der Ge-

gen zwischen Höhe und Windgeschwindigkeit in den untersten Luftschichten auch einer jährlichen Periode unterliegen; im Winter muß die Änderung der Geschwindigkeit mit der Höhe schneller erfolgen als im Sommer. Ebenso wird ein solcher Unterschied zwischen windigen und windarmen Gegenden bestehen, z. B. zwischen Küste und Binnenland. Aber auch die Beschaffenheit der Erdoberfläche ist von Einfluß. Über einer ebenen und glatten Fläche ist die Reibung geringer und darum die Abnahme der Windgeschwindigkeit nach unten kleiner als über einer rauhen. Aus allen diesen Gründen dürfen die auf den Nuthewiesen während einiger Monate gewonnenen Messungsergebnisse nicht als allgemein gültig angesehen werden; sie haben ein lokales und zeitliches Gepräge, das aber doch gewisse allgemeine Gesetzmäßigkeiten deutlich erkennen läßt.

Der Vergleich der Kurven *a* und *b* in Fig. 2 zeigt, daß die allgemeinen Mittelwerte aus sämtlichen Messungen durch die vielen Tage mit schwachen Winden, die während der Versuchsperiode herrschten, stark herabgedrückt worden sind. Unter diesen windarmen Tagen befanden sich zahlreiche, an denen besonders die untersten Anemometer Windstille anzeigten. Es ist lehrreich, sich über deren Auftreten nach Raum und Zeit eine Vorstellung zu machen. Dazu dient Tabelle 2.

Die Anzahl der windstillen Stunden nimmt sehr regelmäßig vom Boden nach oben hin ab: in 5 cm Höhe herrschte in reichlich einem Viertel der ganzen Zeit Windstille, in 2 m betrug die Dauer der Windstillen etwa viermal weniger. Die Verteilung auf die Tageszeiten zeigt, daß in 5 cm nur während der Stunde von 12 bis 1 Uhr nachmittags keine Windstille eingetreten ist, während in 2 m Höhe die Stunden von 9 Uhr morgens bis 5 Uhr nachmittags ohne Windstillen blieben. Die rasche Zunahme in der Häufigkeit der Windstillen nach Sonnenuntergang und die ebenso rasche Abnahme nach Sonnenaufgang tritt in allen Höhen, besonders aber in den untersten scharf hervor. In diesen letzteren fällt das Häufigkeitsmaximum der Windstillen nicht auf Mitternacht, sondern zwischen 7 und 10 Uhr abends, wenn die Ausstrahlung des Erdbodens am energischsten vor sich geht und die bodennahe Luftschicht infolgedessen so rasch und stark abgekühlt wird, daß sie das Bestreben hat, am Boden fest liegen zu bleiben.

schwindigkeit bei westlichen und östlichen Winden, die zuerst Hr. Berson für größere Höhen aus Beobachtungen bei Ballonfahrten nachgewiesen und die soeben Hr. Cannegieter auf Grund reicheren Beobachtungsmaterials genauer ermittelt hat (Hemel en Dampkring, Januar 1919, S. 132). Da Westwinde im allgemeinen stärker als Ostwinde sind, erfolgt die Zunahme der Windgeschwindigkeit mit der Höhe bei ersteren schneller als bei letzteren. Für den Bodenwind ließ sich ein solcher Einfluß der Windrichtung nicht ermitteln, da es während der ganzen Versuchsdauer nicht einen einzigen Tag gab, an dem alle 24 Stunden hindurch östliche Winde wehten.

Tabelle 2.

Zahl der windstillen Stunden in 62 Tagen auf den Nuthewiesen in verschiedenen Höhen über dem Boden.

	0.05 m	0.25 m	0.50 m	1.0 m	2.0 m
0—1a	26	17	12	12	9
1—2	25	20	14	12	7
2—3	26	20	15	9	9
3—4	24	24	14	11	8
4—5	22	13	11	7	7
5—6	21	12	8	7	7
6—7	22	8	4	3	6
7—8	13	5	2	1	1
8—9	11	6	1	—	2
9—10	6	1	1	1	—
10—11	3	—	—	—	—
11—12	2	—	—	—	—
12—1p	—	—	—	—	—
1—2	4	—	—	—	—
2—3	6	—	—	—	—
3—4	3	1	—	—	—
4—5	10	2	—	—	—
5—6	17	10	5	3	1
6—7	26	16	10	8	8
7—8	28	24	16	13	8
8—9	31	22	15	9	6
9—10	28	20	15	10	5
10—11	26	21	16	13	10
11—12	26	23	16	13	12
Summe	406	265	175	132	106

Ich habe diesen Vorgang kürzlich in meiner Untersuchung »Über die nächtliche Abkühlung der bodennahen Luftschicht« (diese Sitzungsberichte 1918 S. 806 ff.) eingehender besprochen.

Wenn in 2 m Höhe Windstille herrscht, erstreckt sie sich in der Regel bis zum Boden hinunter; es kommen aber auch bisweilen Ausnahmen vor: Windstille oben und unten, in der Mitte ganz schwache Luftbewegung. Überhaupt sind Anomalien in der Zunahme der Windgeschwindigkeit nach oben gar nicht so selten; Stromfäden schneller bewegter Luft fließen manchmal unter solchen mit geringerer Geschwindigkeit.

Ich habe bedauert, bei den Versuchen kein Instrument verwenden zu können, das die vertikale Komponente des Windes registriert; denn diese muß die Änderung der Windgeschwindigkeit mit der Höhe stark beeinflussen. Wenn man das »Einfallen« des Windes auf Wasserflächen beobachtet, kommt man zu der Überzeugung, daß dadurch die mittlere Abnahme der Windgeschwindigkeit nach unten merklich verlangsamt wird. Diese wohl meist in kurz dauernden Stößen erfolgende Einwirkung auf den Bodenwind kann, wenn sie sich oft genug wiederholt, natürlich auch im Stundenmittel zum Ausdruck kommen. Das Rotationsanemometer ist aber zur Aufdeckung solcher Einflüsse nicht recht geeignet. Ich habe an windigen Tagen allerdings mehrere Stundenmittel gefunden, die in den untersten Schichten relativ hohe Geschwindigkeitswerte aufweisen, z. B.

	h	0.05	0.25	0.50	1.0	2.0 m
20. September 11—12ª	v	4.3	4.2	4.9	5.6	6.3 mps,

aber aus den Anemogrammen geht natürlich nicht hervor, ob in dieser Stunde eine starke absteigende Komponente des Windes vorhanden war. Auch bei leichten Winden scheint bisweilen eine absteigende Bewegung zu bestehen; denn beim Aufhören einer Windstille konnte ich ein paarmal beobachten, wie zuerst das Schalenkreuz in 2 m Höhe zu rotieren anfing und wie dann der Reihe nach die übrigen sich in Bewegung setzen, bis zuletzt auch dasjenige in 0.05 m ansprach. Es könnte diese Erscheinung allerdings auch im Sinne von Sprung (Lehrbuch der Meteorologie S. 124 ff.) dahin gedeutet werden, daß eine darüber fließende Luftschicht eine darunter befindliche ruhende mit fortreißt und daß diese Beeinflussung sich allmählich bis zum Boden fortpflanzt.

Neue Untersuchungen über die Regenverhältnisse von Deutschland.

Von G. Hellmann.

Erste Mitteilung.

Hierzu Taf. IV.

Im Jahre 1906 veröffentlichte ich eine Regenkarte von Deutschland, in der auf Grund gleichzeitiger zehnjähriger Messungen an rund 3000 Orten zum erstenmal ein genaueres Bild von der Verteilung der Niederschläge in Deutschland gegeben werden konnte. Seitdem ist weiteres Beobachtungsmaterial von den alten und von zahlreichen neu eingerichteten Stationen hinzugekommen, so daß die Wiederaufnahme und Erweiterung der auf die Erforschung der Regenverhältnisse Deutschlands gerichteten Studien geboten erschien.

Zunächst wurde die räumliche und die zeitliche Verteilung der Niederschläge untersucht und in Karten bzw. Diagrammen zur Darstellung gebracht. Von den dabei erhaltenen Ergebnissen will ich hier nur je eines behandeln, nämlich die Frage nach den Gebieten extremen Niederschlags und nach dem Auftreten vorwiegender Winterniederschläge. Über das erste Thema habe ich bereits 1886 in der Meteorologischen Zeitschrift eine Abhandlung veröffentlicht, die wesentlich kritischer Natur war. Es galt damals, die vielen Irrtümer zu beseitigen, die sich bezüglich der Regenarmut und des Regenreichtums einzelner Orte eingeschlichen hatten. Erst nach der Schaffung eines dichten Netzes von Regenstationen ließ sich die Frage positiv beantworten.

Zur Zeichnung der neuen Jahresregenkarte wurden die gleichzeitigen Aufzeichnungen an 3700 Orten in den 20 Jahren von 1893 bis 1912 benutzt, wobei wieder kürzere Reihen auf die vollständigen von Nachbarstationen reduziert wurden. Nur in den bayerischen Gebirgen, in denen es an hochgelegenen Meßstellen früher noch vielfach fehlte, habe ich auch Beobachtungen aus den Jahren 1912 bis

1916 mit herangezogen und auf die genannte 20jährige Periode reduziert. Dadurch ist das Bild der Niederschlagsverteilung in Süddeutschland mannigfaltiger geworden, während im übrigen die großen Züge unverändert geblieben sind. Ich werde bei Gelegenheit der Veröffentlichung der neuen Karte darauf näher eingehen und verweise bezüglich Norddeutschlands auf meine in diesen Sitzungsberichten 1914 S. 980—990 erschienene Mitteilung »Über die Verteilung der Niederschläge in Norddeutschland«.

1.

In Deutschland kann als regenreich ein Ort bezeichnet werden, der 1000 oder mehr Millimeter Niederschlag im Jahre erhält, als regenarm ein solcher, dessen Jahresmenge unter 500 mm bleibt. Durch Einzeichnung der Isohyeten von 1000 und 500 mm in die beifolgende Karte sind die regenreichen und die regenarmen Gebiete abgegrenzt, durch Hinzufügung der Isohyete von 2000 mm auch die regenreichsten Gebiete kenntlich gemacht worden.

In Deutschland gibt es Orte mit 1000 oder mehr Millimeter Niederschlag nur in den Berglandschaften; denn im Tiefland beträgt die größte Jahresmenge nicht ganz 850 mm (Schleswig 828 mm, Marne in Holstein 830 mm).

Ich habe den Versuch gemacht, mit Hilfe der in großem Maßstabe gezeichneten Arbeitskarten, in denen alle Stationen mit den zugehörigen Regenmengen eingetragen und die Isohyeten entworfen wurden, die Höhenlage der Jahres-Isohyete von 1000 mm zu ermitteln. Es kann sich dabei natürlich nur um eine ungefähre Bestimmung handeln, die aber, wie die Resultate zeigen, genau genug ist, um Vergleiche anstellen zu können. Da die Regenmenge im allgemeinen von Westen nach Osten abnimmt, was am deutlichsten im ebenen Norddeutschland hervortritt, kann man schon von vornherein annehmen, daß die Isohyetenflächen von Westen nach Osten ansteigen. In welchem Maße dies geschieht und welche Besonderheiten dabei im einzelnen auftreten, läßt sich aber nur an den aus wirklichen Beobachtungen bestimmten Höhenlagen beurteilen. Diese sind in der nachfolgenden Zusammenstellung gegeben, die zugleich die niederschlagreichsten Orte in dem betreffenden Gebiet enthält.

Mittlere Höhenlage der Jahres-Isohyete von 1000 mm in Deutschland.

Gebirge	Höhe der Isohyete in Metern	Regenreichste Orte
Glatzer Gebirge		
a) Schneeberg	750	Schweizerei (1217 m) am Schneeberg 1210 mm?
b) Hohe Mense	700	Grunwald (900 m) 1348 mm.
Riesengebirge		
a) Landeshuter Kamm, Ostseite	700	Rothenzechau (740 m) 1053 mm. Wüsteröhrsdorf (710 m) 1006 mm.
b) Hauptkamm[1]	630	Schneegrubenbaude (1490 m) 1552 mm, Prinz-Heinrich-Baude (1400 m) 1455 mm, Schneekoppe (1602 m) 1137 mm (?).
Isergebirge	450—500	Groß-Iser (880 m) 1528 mm. Karlsthal (828 m) 1450 mm.
Erzgebirge		
a) östlicher Teil......	630—650	Altenberg (754 m) 1223 mm.
b) mittlerer Teil	600—650	Oberwiesenthal (922 m) 1245 mm, Kriegwald (745 m) 1141 mm, Reitzenhain (772 m) 1110 mm, Fichtelberg (1213 m) 1081 mm (?).
c) westlicher Teil . ..	500—600	Karlsfeld (824 m) 1244 mm.
Fichtelgebirge		
a) Ostseite	650—700	Alexanderbad (590 m) 845 mm.
b) Südseite	600	Brand (576 m) 989 mm.
c) Westseite	550	Bischofsgrün (678 m) 1189 mm, Warmensteinach (628 m) 1109 mm.
Frankenwald	600	Titschendorf (596 m) 1004 mm.
Thüringer Wald		
a) östlicher und mittlerer Teil.........	500—550	Schmücke (907 m) 1313 mm, Siegmundsburg (784 m) 1268 mm, Hämmern (570 m) 1223 mm, Oberhof (810 m) 1188 mm.
b) westlicher Teil	350—500	Inselsberg (915 m) 1197 mm, Brotterode (580 m) 1112 mm, Winterstein (355 m) 1000 mm.
Harz		
a) Nordostseite.......	500	Brocken (1142 m) 1637 mm, Torfhaus (800 m) 1538 mm. Grabenhaus Rose (550 m) 1492 mm.
b) Südwestseite	250—300	Forsthaus Schluft (580 m) 1662 mm, Sieber (340 m) 1425 mm, Oderhaus (430 m) 1417 mm, Klausthal (578 m) 1336 mm.
Teutoburger Wald und Egge..........	200—300	Veldrom (350 m) 1179 mm. Driburg (208 m) 1046 mm.

[1] Auf der böhmischen Südseite liegt die Isohyete etwas niedriger, nämlich in 500—600 m Höhe.

Gebirge	Höhe der Isohyete in Metern	Regenreichste Orte
Rheinisch-Westfälisches Bergland (Sauerland, Rothaargebirge und Westerwald)		
a) Nordseite, westlicher Teil	180—300	Altena (180 m) 1076 mm.
b) Nordseite, östlicher Teil	300—400	Winterberg (667 m) 1331 mm, Eslohe (312 m) 1100 mm, Bigge (325 m) 1057 mm.
c) Ostseite	550—650	Hohenroth (635 m) 1275 mm, Brunskappel (400 m) 1165 mm.
d) Westseite	150—200	Wegeringhausen, Kr. Olpe (418 m) 1324 mm, Welschenennest, Kr. Olpe (420 m) 1313 mm, Lennep (340 m) 1287 mm, Wermelskirchen (310 m) 1260 mm, Hückeswagen (258 m) 1255 mm, Kreuzberg, Kr. Wipperfürth (373 m) 1254 mm, Müllenbach (400 m) 1246 mm, Ober-Klüppelberg, Kr. Wipperfürth (300 m) 1241 mm.
Hohes Venn und Schneifel		
a) Nordseite	270—380	Eupen (270 m) 1015 mm.
b) Südostseite	550—600	Schneifelforsthaus (657 m) 1058 mm, Hollerath (614 m) 1056 mm.
c) Südseite	350	Monte Rigi (am Westabhang der Botrange, 675 m) 1408 mm.
Hochwald	400—450	Reinsfeld (495 m) 1070 mm. Otzenhausen (420 m) 1032 mm.
Haardt (Frankenweide)	550	Die höchsten Erhebungen, Kalmitt (683 m) bei Neustadt a. H. und Eschkopf (610 m), werden über die Isohyetenfläche von 1000 mm noch etwas hinausragen.
Odenwald		
a) Westseite	300—400	Felsberg (512 m) 1157 mm, Lindenfels (363 m) 1140 mm.
b) Ost- und Südostseite	450—550	Beerfelden (429 m) 977 mm, Strümpfelbrunn (527 m) 950 mm.
Spessart	400—500	Lohrhaupten (465 m) 964 mm, Rechtenbach (338 m) 930 mm, Rohrbrunn (456 m) 928 mm.
Vogelsberg	430—550	Ulrichstein (578 m) 1052 mm, Grebenhain (436 m) 1051 mm.
Rhön		
a) Westseite	600	Wüstensachsen (572 m) 967 mm.
b) Ostseite	700—750	Rhönhaus (735 m) 1005 mm.

Gebirge	Höhe der Isohyete in Metern	Regenreichste Orte
Löwensteiner Berge und Welzheimer Wald	500—550	Wüstenroth (496 m) 1011 mm.
Rauhe Alb	650—750	Schopfloch (764 m) 1068 mm, Lauterburg (670 m) 1022 mm.
Böhmer Wald	600—750	Arber See (934 m) 1678 mm, Schachtenbach (840 m) 1505 mm, Buchenau (750 m) 1359 mm.
Bayerischer Wald	450—600	Oedwies (etwa 900 m) 1401 mm.
Alpenvorland		
a) Schwäbisches Hügelland vom Bodensee bis zur Iller	350—700	Wegen größter Regenmengen vgl. weiter unten.
b) Schwäbisches Hügelland von der Iller bis zum Lech	700	
c) Oberbayerische Hochebene vom Lech bis zum Inn	650—600	
d) Oberbayerische Hochebene vom Inn bis zur Salzach	600—350	
Schwarzwald		
a) nördlicher und mittlerer Teil, Westseite	200—450	Ruhstein (915 m) 2017 mm, Herrenwies (758 m) 1973 mm, Rippoldsau (562 m) 1759 mm, Kniebis (901 m) 1673 mm, Zwieselberg (850 m) 1646 mm, Freudenstadt (738 m) 1510 mm, Schömberg bei Freudenstadt (745 m) 1459 mm, Kaltenbronn (863 m) 1447 mm, Gaisthal (428 m) 1347 mm.
b) nördlicher und mittlerer Teil, Ostseite	600—700	
c) südlicher Teil, Westseite	450—600	Feldberg-Gasthof (1267 m) 1885 mm (?), Hofsgrund (1056 m) 1741 mm, Todtmoos (807 m) 1739 mm, Bürchau (630 m) 1722 mm, Triberg (687 m) 1670 mm, Todtnauberg (1027 m) 1663 mm, St. Blasien (780 m) 1504 mm.
d) südlicher Teil, Ostseite	750—1000	
Vogesen		
a) Saar- und Breuschtal-Gebiet	300—350	Melkerei (935 m) 1457 mm, Hirschkopf (700 m) 1442 mm.
b) mittlerer Teil, Ostseite	400—600	Alfeldsee (620 m) 2172 mm, Lauchensee (925 m) 2107 mm, Sulzer Belchen (1394 m) 1993 mm, Wildenstein (570 m) 1992 mm, Sewen (500 m) 1792 mm, Mittlach (650 m) 1663 mm, Odern (465 m) 1543 mm, Masmünster (410 m) 1507 mm.
c) südlicher Teil	300—450	

Die vorstehenden Angaben lassen erkennen, daß die Isohyetenfläche von 1000 mm Jahresmenge in Nord- wie in Süddeutschland von Westen nach Osten ansteigt. Von der Nordwestecke des Rheinisch-Westfälischen Berglandes bis zum Glatzer Schneeberg beträgt der Anstieg 570 m, nämlich von 180 bis zu 750 m Meereshöhe, und fast ebenso groß ist er von der Westseite des nördlichen Schwarzwaldes bis zum Böhmer Wald. Dieser Unterschied in der Höhenlage der Isohyetenfläche zeigt sich aber nicht bloß zwischen weit entfernten Berglandschaften des westlichen und östlichen Deutschland, sondern auch an jedem einzelnen Gebirge, das eine deutlich ausgeprägte Luv- und Leeseite bezüglich der Hauptregenwinde besitzt. Auf der ersteren liegt die Isohyete tiefer als auf der letzteren, und da in Deutschland die Luvseite zumeist die West-[1] bzw. Südseite ist, liegen in den deutschen Gebirgen die Isohyeten — man darf von der 1000-mm-Isohyete auch auf die anderen schließen — auf der Westseite tiefer als auf der Ostseite und ebenso auf der Südseite tiefer als auf der Nordseite. Schöne Beispiele dafür liefern das Fichtelgebirge, der Thüringer Wald, der Harz, das Rheinisch-Westfälische Bergland, das Hohe Venn und der Schwarzwald. In letzterem sind die Gegensätze zwischen den verschiedenen Seiten des Gebirges am größten. Interessant ist auch der Verlauf der Isohyetenfläche von 1000 mm Jahresmenge im Alpenvorland: bei Lindau liegt sie nur 350 m hoch, steigt von da nach Nordosten ganz allmählich an, erreicht ungefähr beim Illerabschnitt die Höhe von 700 m, auf der sie sich lange hält bis etwa zum Lech, von da und namentlich vom Amperabschnitt senkt sie sich langsam bis zum Inn und sodann viel rascher bis zur Landesgrenze gegen Salzburg, wo sie auch nur 350 m hoch liegt. Diese Senkung deutet schon den Regenreichtum der Salzburger Alpen an.

Was die Ausdehnung der Gebiete mit mehr als 1000 mm Niederschlag im Jahre anlangt, so ist das alpine weitaus das größte; das Rheinisch-Westfälische und das im Schwarzwald gelegene haben ungefähr den gleichen Umfang.

Jahresmengen von 2000 oder mehr Millimetern kommen in Nord- und Mitteldeutschland nicht vor. Die Gebirge sind zu niedrig, um eine solche Menge durch Steigungsregen hervorzurufen. Würde sich das Rheinisch-Westfälische Gebirge da, wo es die größten Regenmengen aufweist, also in den Kreisen Lennep, Wipperfürth und Olpe, bis zu 1200 m erheben, dann würde die jährliche Niederschlagsmenge auf diesen Bergen sicherlich 2000 mm überschreiten.

[1] Auch Nordwest gehört, je nach der Lage, häufig mit zur Luvseite: so z. B. in Schlesien, in den nördlichen Kalkalpen usw.

Die tatsächlich größte Regenmenge in Norddeutschland fällt im Harz, wo der Brockengipfel und das oberste Siebertal rund 1700 mm erhalten[1].

Dagegen gibt es in Süddeutschland mehrere, allerdings kleine Bezirke mit mehr als 2000 mm Niederschlag im Jahre.

Das regenreichste Gebiet gehört den Allgäuer Alpen an, wo im Einzugsgebiet der oberen Iller Jahresmengen von rund 2500 mm in Höhen von etwa 1800 bis 1900 m fallen. Die kleinen Seitentäler der Iller und des Bregenzer Argen erhalten schon in 1000 bis 1200 m Höhe Regenmengen bis zu 2300 mm: Rohrmoos (1070 m) 2348 mm, Balderschwang (1044 m) 2100 mm, Wärterhaus am Steigbach (935 m) 2080 mm, Ehrenschwang (1114 m) 1963 mm, Wengen (808 m) 1818 mm. In noch größeren Höhen besteht zwar keine Regenmeßstation, die das ganze Jahr hindurch Beobachtungen macht, aber auf einigen Alpenvereinshütten wird während zwei oder drei Sommermonaten der Niederschlag gemessen, so daß die Jahresmenge durch Vergleich mit einer tiefer gelegenen Vollstation berechnet werden kann. Da die Zunahme des Niederschlags mit der Höhe in der kalten Jahreszeit etwas größer ist als in der warmen, kann die so berechnete Jahresmenge nur einen unteren Grenzwert darstellen. Für die Rappenseehütte (2092 m) ergibt sich 2050 mm, für das Prinz-Luitpold-Haus (2165 m) 2069 mm und für die Kempnerhütte (1845 m) 2534 mm. Eine so große Jahresmenge ist für die deutschen Alpen bisher noch nicht konstatiert worden. Der große Regenreichtum der Allgäuer Alpen, der in ihren saftigen Wiesen und grünen Matten deutlich zum Ausdruck kommt, beruht auf der nach Westen vorgeschobenen Lage, so daß die West- und Westnordwestwinde sie zuerst treffen. Daß namentlich die letzteren im ganzen Gebiet der Allgäuer und der Bayerischen Alpen am häufigsten in der Höhe von etwa 1000 bis 3000 m wehen, ersieht man aus den Aufzeichnungen des frei im Alpenvorland gelegenen Hohen Peißenberg (988 m) und namentlich der Zugspitze (2964 m), auf der das ganze Jahr hindurch Nordwestwinde vorherrschen. Bei der bekannten Rechtsdrehung der Winde mit zunehmender Höhe muß in etwas tieferen und freien Lagen WNW der Hauptwind sein.

---

[1] Auf den Regenreichtum des Siebertales im Südharz habe ich schon früher (Die Niederschlagsverteilung im Harz, Bericht über die Tätigkeit des Preuß. Meteorol. Instituts i. J. 1913, S. 14 und diese Sitzungsberichte 1914, S. 983) hingewiesen und auch eine Erklärung dafür zu geben versucht. Die dort in Aussicht gestellten Versuche mit einem zweiten Regenmesser oberhalb des Forsthauses Schluft sind ausgeführt worden. Es wurde ein Regenmessertotalisator, der eine ganze Monatsmenge fassen kann, etwa 60 m oberhalb der Regenstation aufgestellt und während der Sommermonate der Jahre 1914 bis 1918 am Schluß der Monate entleert. Diese Messungen lassen aber keine weitere Steigerung der Regenmenge erkennen: der obere Regenmesser lieferte im Gegenteil 8 Prozent weniger. Möglicherweise ist die ganz ungeschützte und darum windige Aufstellung daran schuld.

Die östlich sich anschließenden Alpen im Einzugsgebiet der Wertach, des Lech, der Ammer und der Loisach sind erheblich niederschlagsärmer als die Allgäuer. Hier ist nirgends eine Jahresmenge bis zu 1900 mm festzustellen. Ob freilich das für die Zugspitze (2964 m) sich ergebende Mittel von nur 1337 mm der Wirklichkeit entspricht, muß in Anbetracht der großen Schwierigkeiten genauer Schneemessungen auf Berggipfeln stark in Zweifel gezogen werden[1]; denn auf der 2000 m tiefer und nahe gelegenen Station »Reintaler Bauer« (951 m) beträgt die Jahresmenge 1631 mm. Man könnte allerdings annehmen, daß die Maximalzone der Niederschläge bereits unterhalb des Gipfels liegt; indessen spricht die Tatsache, daß der Säntis (2504 m) 2500 mm erhält, entschieden dagegen. Die größten Jahresmengen in diesem mittleren Teil der Bayerischen Alpen sind 1817 mm beim Herzogstandhaus (1575 m), 1768 mm in Urfeld (844 m), 1718 mm bei der Fallmühle (928 m) im Einzugsgebiet der zum Lech fließenden Vils.

Außer der mehr nach Osten vorgeschobenen Lage dieses Alpengebiets darf wohl auch die Konfiguration der Täler und namentlich ihre Streichrichtung als Ursache für den geringeren Regenfall angesehen werden: die Täler öffnen sich vorzugsweise nach Nordosten, erschweren also den Nordwestwinden den Aufstieg im Tal.

Östlich von der Isar, da wo sie einen nach NNW gerichteten Lauf annimmt, werden die Regenmengen wieder größer. Im Mangfallgebirge erhalten Stuben (874 m) 1839 mm, Bad Kreuth (829 m) 1837 mm, Valepp (903 m) 1868 mm, und die Station »Bauer in der Au« (904 m), westlich vom oberen Tegernsee, registriert 1887 mm, während in Tegernsee (735 m) nur 1409 mm fallen. Daß Neuhaus (792 m) westlich vom Wendelstein 1784 mm aufweist, erscheint durchaus wahrscheinlich, daß aber beim Wendelsteinhaus (1727 m) nur 1303 mm gemessen werden, erregt wieder Zweifel.

Ein auffällig regenreiches Gebiet ist das kurze Tal des Prien, der in den Chiemsee fließt. Hier fallen in geringer Meereshöhe mehr als 2000 mm im Jahre: Grattenbach (700 m), in der Mitte des Tales, 2285 mm, Hohenaschau (550 m), etwas unterhalb, 2019 mm, während Sachrang (740 m) am Ende des Tales 1940 mm erhält. Ich vermag keine ausreichende Erklärung für diese großen Regenmengen zu geben; möglicherweise übt die östlich aufsteigende Kampenwand (1760 m) und der Geigelstein (1808 m) eine Stauwirkung aus. In so niedrigen Ortslagen kommen solche Mengen jedenfalls im Bereich der nördlichen und der zentralen Alpen nirgends mehr vor. Denn der bis jetzt be-

[1] Das gilt auch für die Werte der Niederschlagsmenge auf den anderen Berggipfeln, wie Schneekoppe, Fichtelberg, Inselberg, Feldberg im Schwarzwald, Sulzer Belchen u. a.

kannt gewordene regenreichste Ort in den nördlichen österreichischen Alpen, Alt-Aussee (950 m), erhält nur 2058 mm, und in den nördlichen Schweizer Alpen gibt es gleichfalls keinen niedrig gelegenen Ort mit so großer Regenmenge[1].

Wenn auch weiter östlich, im Gebiet der Traun und der Saalach, die Niederschläge nicht so reichlich bemessen sind wie im Prientale, so müssen sie doch sehr ansehnlich genannt werden: Ruhpolding (664 m) hat eine Jahresmenge von 1744 mm, Weißbach (611 m) sogar 1875 mm. Die Hochregionen südlich von Berchtesgaden, das selbst im Regenschatten liegt und bei 600 m Seehöhe nur 1397 mm erhält, werden sicherlich über 2000 mm haben; denn in Falleck (1150 m) werden bereits 1974 mm gemessen. Auch die höchsten Erhebungen zwischen Berchtesgaden, Reichenhall (479 m mit 1393 mm) und Salzburg (430 m mit 1358 mm) müssen mehr als 2000 mm erhalten, da der Station Loipl (Gaßalpe, 830 m) 1825 mm zukommen und auf dem Untersberghaus in 1663 m Höhe am Nordabhang des Hochthron 2093 mm durch langjährige Messungen festgestellt sind.

Im Schwarzwald gibt es zwei Gebiete, in denen die jährliche Niederschlagsmenge 2000 mm übersteigt: auf der Hornisgrinde und auf dem Massiv des Feldberges. Der flache und sumpfige Gipfel der Hornisgrinde (1164 m) wird eine Jahresmenge von rund 2200 mm haben; denn Herrenwies (758 m) auf der Nordseite empfängt 1973 mm und Ruhstein (915 m) auf der Südseite, da, wo die Straße von Achern nach Freudenstadt den höchsten Punkt erreicht, sogar 2017 mm. Die Niederschlagsmengen beim Feldberg-Gasthof (1267 m), die durch die starken Winde ungünstig beeinflußt sein sollen[2], ergeben als 20jähriges Mittel 1885 mm, so daß der Gipfel des Berges (1495 m) sicherlich mehr als 2000 mm erhält. Der im Verhältnis zur Höhe größere Regenreichtum der Hornisgrinde dürfte darin begründet sein, daß ihr gegenüber auf der Westseite der Rheinebene nur niedriges Berg- und Hügelland liegt, während gegenüber dem südlichen Schwarzwald die Hochvogesen aufragen. Der dadurch bewirkte Regenschatten muß sich, wenn auch in abgeschwächtem Maße, bis in die oberen Regionen des südlichen Schwarzwaldes erstrecken.

Die Vogesen besitzen in ihrem südlichen und höchsten Teile zwei Gebiete mit mehr als 2000 mm Niederschlag, nämlich im obersten Einzugsgebiet der Doller, wo am Alfelder Stausee in nur 620 m Höhe

---

[1] Nur auf der Südseite der Alpen fallen in geringen Seehöhen so große Regenmengen wie im Prientale, nämlich im Gebiet der oberitalienischen Seen, in Friaul (Gebiet des mittleren Tagliamento) und auf dem Krainer Karst.

[2] CHR. SCHULTHEISS, Die Niederschlagsverhältnisse des Großherzogtums Baden. Karlsruhe 1900. 4°. S. 19.

2172 mm gemessen werden, so daß der Gipfel des westlich davon aufsteigenden Welschen Belchen (1245 m) wahrscheinlich weit über 2000 m erhält, und sodann die Hochregion, die sich vom Sulzer Belchen über den Lauchensee in nordwestlicher Richtung nach der Landesgrenze hinzieht. Auf dem Westabfall des Gebirges haben diese regenreichsten Gebiete jedenfalls eine sehr viel größere Ausdehnung und reichen in tiefere Regionen herab.

Am Schluß dieses Abschnittes gebe ich noch eine Zusammenstellung über die mittlere größte Jahresmenge des Niederschlags in den deutschen Gebirgen, wie sie nach den vorhandenen Messungen als wahrscheinlich angenommen werden muß:

	mm		mm
Alpen	2600	Fichtelgebirge	1300
Vogesen	2300	Teutoburger Wald und Egge	1200
Schwarzwald	2200	Hochwald	1200
Böhmer Wald	1800	Odenwald	1200
Harz	1700	Vogelsberg	1150
Riesengebirge	1600	Rhön	1150
Isergebirge	1600	Rauhe Alb	1150
Bayrischer Wald	1500	Frankenwald	1100
Glatzer Gebirge	1400	Eifel und Schneifel	1100
Thüringer Wald	1400	Solling	1050
Rheinisch-Westfälisches Bergland	1400	Spessart	1050
Hohes Venn	1400	Haardt	1000
Erzgebirge	1300	Knüll	900

2.

Die regenarmen Gebiete Deutschlands liegen hauptsächlich im mittleren und östlichen Teil von Norddeutschland, während in Süddeutschland nur zwei ganz kleine Bezirke weniger als 500 mm Niederschlag im Jahre erhalten.

Das umfangreichste und zugleich intensivste Trockengebiet ist das westpreußisch-posensche. Es erstreckt sich von der unteren Weichsel (Dirschau–Marienburg) über das Weichselknie und über die mittlere Warthe bis zur Obra. Südlich von Hohensalza, in der Umgebung des langgestreckten Goplosees, geht die Jahresmenge sogar unter 400 mm herab; in Lachmirowitz beträgt sie 377, in Janotschin 386, in Lostau 416 und in Kruschwitz 424 mm, durchschnittlich also am nördlichen Goplosee 400 mm. Bei dem Mangel eines dichten Netzes von Regenstationen in Polen läßt sich die östliche Begrenzung dieser extremen Regenarmut nicht feststellen. Das große westpreußisch-posensche Trockengebiet findet seine Erklärung durch die Lage im Regenschatten der Pommerschen Seenplatte, deren Höhen, so unbedeutend sie an sich sind, gerade im Flachlande auf die im Lee gelegenen Gegenden eine derartige Wirkung ausüben müssen.

Das brandenburgisch-pommersche Trockengebiet liegt zu beiden Seiten der unteren Oder und erstreckt sich von Greifenhagen über den Oderbruch bis etwas südlich von der Warthemündung. Die Regenmenge geht am Südende des Madüsees bis auf 458 mm und westlich von Gartz a. O. bis auf 454 mm herab.

Das sächsisch-thüringische Trockengebiet zieht sich in wechselnder Breite, im allgemeinen aber als ein schmaler, gewundener Streifen von der mittleren Elbe bei Parey über die untere Saale und die mittlere Unstrut bis in die Gegend von Tennstedt und von Herbsleben an der oberen Unstrut. Es ist ausgesprochenes Regenschattengebiet des Harz. Die kleinsten Jahresmengen zwischen Eisleben und Halle betragen nur 430—440 mm, so daß hier die größten Gegensätze im Ausmaß des Regens nahe beieinander liegen: Brocken mit nahezu 1700 mm und Ober-Röblingen zwischen Eisleben und Halle mit 430 mm. Nur im Elsaß gibt es noch größere Kontraste zwischen den Regenmengen in den Hochvogesen (rund 2000 mm) und in der nahen Ebene bei Kolmar (477 mm). Besonders lehrreich ist das nachstehende Regenprofil quer durch die Längserstreckung des Harz von seiner Stirnseite bei Seesen bis nach Eisleben und darüber hinaus bis in die trockenste Gegend westlich von Halle:

	Seehöhe (m)	Jährliche Niederschlagsmenge (mm)
Seesen	220	829
Wildemann	400	1193
Klausthal	578	1336
Rose (Grabenhaus)	550	1492
Torfhaus	800	1538
Brocken	1142	1637
Braunlage	565	1199
Schierke	620	1153
Grünthal	513	1023
Hasselfelde	450	722
Harzgerode	398	615
Wippra	215	566
Eisleben	120	494
Seeburg	95	440
Ober-Röblingen	94	430

Die Länge des ganzen Profils beträgt nur etwa 105 km.

Außer diesen drei großen Trockengebieten gibt es in Norddeutschland noch fünf kleine, die einen mehr lokalen Charakter haben und die bei Zugrundelegung einer anderen Beobachtungsreihe und bei Beibehaltung der oberen Grenze von 500 mm möglicherweise ganz oder teilweise verschwinden werden. Es sind folgende: an der unteren Obra bei Meseritz (490 mm), im Regenschatten der Zielenzig–Sternberger Höhen; an der mittleren Oder zwischen Beuthen und Loos (462 mm), im Regenschatten der Grünberger Höhen; südlich von Glogau an der Oder (484 mm), im Regenschatten des Katzengebirges; an der oberen Havel bei Grabowsee–Kremmen (481 mm); an der mittleren Spree und Dahme (482 mm), im Regenschatten des Fläming.

An der Grenze von Nord- und Süddeutschland liegt im Regenschatten von Hunsrück, Soonwald und Taunus das rheinisch-hessische Trockengebiet, das wieder etwas größeren Umfang hat. Es erstreckt sich im Rheintal von Mainz abwärts bis Lorch, die Nahe aufwärts bis gegen Sobernheim und findet seinen südlichen Abschluß in Rheinhessen bei Wöllstein und Nieder-Saulheim. Bingen und Langenlonsheim im Nahetal sind mit 471 mm die trockensten Orte.

Ganz engbegrenzt sind die Trockengebiete bei Schweinfurt am Main (486 mm) und bei Kolmar im Elsaß (477 mm), wo der Regenschatten der Vogesen am schärfsten hervortritt.

Wir können somit den allgemeinen Schluß ziehen, daß die Trockengebiete Deutschlands fast ausschließlich Regenschattengebiete sind.

Als Grenzwerte im Ausmaß der jährlichen Niederschläge in Deutschland dürfen nach den bisher vorliegenden Messungen rund 2600 und 380 mm angesehen werden.

Die regenreichsten Gegenden eignen sich zum Grasbau und zur Viehwirtschaft, sie liefern deshalb reichlich Fleisch, Milch und Milchprodukte (Allgäu, Schleswig-Holstein). Dagegen gedeiht in den Trockengebieten, die etwas reichlicheren Sonnenschein haben, vorzüglich die Zuckerrübe (Norddeutschland) und der Wein (Rheingau, Süddeutschland), ebenso wie im böhmischen Trockengebiet an der mittleren Eger zwischen Kaaden und Laun der Hopfenbau sehr lohnend ist.

3.

Zur Untersuchung der jährlichen Periode der Niederschläge habe ich nur die Stationen mit vollständigen 20jährigen Beobachtungsreihen verwendet, da die bei der Jahresmenge sehr brauchbare Reduktionsmethode kürzerer Reihen auf längere bei den Monatsmengen nicht genügend sichere Werte liefert. Infolgedessen verkleinert sich die Zahl der verwertbaren Stationen, doch reicht sie zur Feststellung der Gebiete mit vorherrschenden Winterregen noch aus.

Ich habe diese Frage schon einmal ausführlicher in meinem Regenwerk[1] behandelt, kann sie aber jetzt an der Hand von gleichzeitigen 20jährigen Reihen noch besser beantworten. Eine allgemeine Überlegung zeigt schon, wo man vorwiegende Winterniederschläge zu suchen hat.

In Gebirgen nimmt die Niederschlagsmenge mit der Höhe im allgemeinen zu (Steigungsregen). Das Maß dieser Zunahme wechselt sehr von Ort zu Ort, da die Konfiguration des Geländes, die Exposition, die vorherrschenden Winde und andere Faktoren darauf von Einfluß sind, doch besteht insofern eine weitgehende Übereinstimmung, daß überall die Zunahme in der kalten Jahreszeit stärker ist als in der warmen. Infolgedessen müssen in einem Berglande, das in einem Gebiet mit ziemlich gleichmäßig über das Jahr verteilten Niederschlägen liegt, schon in mäßigen Höhen die Winterniederschläge vorherrschen, während in Gebieten mit ausgesprochenen Sommerregen erst in großen Höhen eine solche Umkehr eintreten kann. Ist das Gebirge nicht hoch genug oder wird die Maximalregion der Niederschläge überschritten, so kommt es zu einer solchen Umkehr überhaupt nicht.

Nun gehört Deutschland dem Regime der Sommerregen an, die in der Richtung von Westen nach Osten immer stärker hervortreten. Am Niederrhein entfallen auf den Sommer 30 Prozent, in Oberschlesien links von der Oder aber 42 Prozent der Jahresmenge. Wir werden also vorzugsweise im westlichen Deutschland Gebiete mit vorherrschenden Winterregen zu suchen haben. Inwieweit dies zutrifft, lehren die nachfolgenden Tabellen. In diesen sind die Stationen mit gleicher Jahresperiode zu regionalen Gruppen vereinigt, und zwar: bei Vogelsberg (Südabhang) 2 Stationen in Seehöhen von 385 bis 436 m; Rothhaargebirge 5 Stationen zwischen 280 und 370 m; Rheinisch-Westfälisches Bergland 12 Stationen zwischen 220 und 420 m; Eifel-Schneifel 3 Stationen zwischen 584 und 657 m; Hochwald 5 Stationen zwischen 275 und 495 m; Westrich[2] 4 Stationen zwischen 227 und 336 m; Lothringisches Hügelland 2 Stationen in Seehöhen von 175 und 180 m; Vogesen, mittlere Region 3 Stationen zwischen 270 und 392 m; Vogesen, Hochregion 12 Stationen zwischen 410 und 1394 m; nördlicher Schwarzwald 4 Stationen zwischen 562 und 915 m; südlicher Schwarzwald 4 Stationen zwischen 630 und 1027 m. Zum Vergleich mit den

[1] Die Niederschläge in den norddeutschen Stromgebieten Bd. I. S. 98 ff.; vorher schon 1887 in der Meteorologischen Zeitschrift.

[2] Dieser beinahe in Vergessenheit geratene Landschaftsname bezeichnet den westlichen Teil der bayrischen Pfalz.

abweichenden Verhältnissen im Rheintal habe ich noch die Mittelwerte für das obere aus 4 Stationen zwischen 140 und 195 m und für das untere Rheintal aus 5 Stationen zwischen 38 und 65 m hinzugefügt.

Jährliche Periode der Niederschläge, ausgedrückt in Prozenten der Jahresmenge.

	Januar	Februar	März	April	Mai	Juni	Juli	August	September	Oktober	November	Dezember	Schwankung
Vogelsberg	8.6	8.8	7.7	6.5*	7.6	6.8	9.2	9.2	7.6	9.4	8.7	9.9	3.4
Rothaargebirge	9.0	9.5	8.2	6.5*	7.2	7.6	9.4	8.6	7.1	8.7	8.2	10.1	3.6
Rhein.-Westfäl. Bergland	8.9	9.3	8.0	6.7*	6.9	7.3	9.6	8.9	7.1	8.7	8.6	10.1	3.4
Eifel-Schneifel	9.1	9.2	8.5	7.2	6.7*	7.7	8.9	8.3	7.7	8.9	8.0	9.9	3.2
Hochwald	9.1	8.5	8.7	6.3*	6.4*	7.9	8.4	8.9	7.3	9.5	8.1	10.9	4.6
Westrich	8.6	8.1	8.4	6.7*	6.8	8.7	8.8	8.8	7.5	9.0	8.3	10.3	3.6
Lothringen	8.2	7.6	8.4	6.4*	6.8	8.6	8.2	9.0	7.8	9.6	8.8	10.5	4.1
Vogesen { mittlere Region	8.8	8.3	7.9	7.4	7.7	8.5	8.9	7.4	7.3*	8.7	9.0	10.1	2.8
Vogesen { Hochregion	9.9	9.4	9.2	7.5	6.8	6.9	7.2	6.8	6.7*	8.8	9.0	11.8	5.1[1]
Schwarzwald { nördlicher	9.1	9.2	9.0	7.9	7.6	7.8	8.9	7.8	7.1*	7.7	8.0	10.0	2.9
Schwarzwald { südlicher	8.0	8.7	8.4	7.5*	8.2	8.5	8.9	8.1	7.7	8.4	7.6	10.1	2.6
Rheintal { unteres	6.7	6.9	6.7	6.6*	8.2	9.8	12.8	9.9	8.4	9.1	7.0	7.9	6.2
Rheintal { oberes	5.5	5.2*	5.4	7.5	8.9	11.7	13.9	10.5	9.7	9.1	6.9	5.8	8.7

In den genannten Berg- und Hügellandschaften, die sämtlich Westdeutschland angehören, fällt die größte monatliche Niederschlagsmenge auf den Dezember, und zwar auf den Luvseiten schon in geringer Höhe über dem Meere. Begünstigt wird das Zustandekommen dieses Maximums dadurch, daß auch das Tiefland im westlichen Deutschland ein sekundäres Maximum im Dezember aufweist, dessen räumliche Ausdehnung ich im Regenwerk I, S. 87 kartographisch dargestellt habe. Das für die Niederungslandschaften charakteristische Maximum im Juli, an dem die ergiebigen Gewitterregen den größten Anteil haben, tritt auch noch in den Gruppenmitteln für die Gebirge als sekundäres Maximum auf, und nur in den Hochvogesen ist es so gut wie verschwunden. Hier herrscht fast ganz rein der ozeanische Typus der jährlichen Periode des Regenfalls. Schon Grad und van Bebber haben, allerdings auf Grund von unzulänglichem Material, auf das Vorherrschen der Winterniederschläge in den Hochvogesen hingewiesen, das aber später von J. Müller und Rubel wieder geleugnet wurde[2].

[1] Mit zunehmender Höhe nimmt die Amplitude ab; ist aber das Umkehrniveau der jährlichen Periode überschritten, dann nimmt sie nach oben wieder zu. Das zeigt sich sehr deutlich, wenn man oberes Rheintal, mittlere und obere Vogesenregion miteinander vergleicht.

[2] O. Rubel, Die Niederschlagsverhältnisse im Oberelsaß. Stuttgart 1895. 8°. S. 294.

An seiner Richtigkeit kann nach den obigen Nachweisen kein Zweifel mehr sein[1].

Der Gegensatz zwischen der jahreszeitlichen Verteilung der Niederschläge auf den Höhen der Vogesen und des Schwarzwaldes einerseits und der oberrheinischen Tiefebene anderseits ist außerordentlich groß und bestätigt wieder die schon früher von mir festgestellte Tatsache, daß die im Lee gelegenen Flußtäler sehr scharf ausgeprägte Sommerregen haben.

Besondere Erwähnung verdient noch der Umstand, daß in geringen Meereshöhen Lothringens und des Westrichs das Maximum der Niederschläge auf den Dezember fällt. Sogar noch viel weiter nach Osten, durch die ganze Rheinpfalz über den Rhein hinweg bis zum mittleren Kocher und Jagst, zeigt sich in der Jahresperiode ein dem Hauptmaximum im Juli nahezu ebenbürtiges im Dezember.

Auch die mitteldeutschen Gebirge Harz und Thüringer Wald weisen Gebiete mit vorwiegenden Winterniederschlägen auf. Um den Brocken mit in die Untersuchung einbeziehen zu können, ließen sich nur die Beobachtungen in den 22 Jahren von 1897 bis 1918 verwerten, die auch für die Orte Braunlage (565 m), Grünthal (513 m), Klausthal (578 m), Buntenbock (546 m) und Wieda (394 m) vorliegen. Faßt man die Stationen mit gleicher Jahresperiode zusammen, so ergeben sich folgende drei Gruppen:

	Jan.	Feb.	März	April	Mai	Juni	Juli	Aug.	Sept.	Okt.	Nov.	Dez.
Brocken, Braunlage, Grünthal	10.8	8.8	8.4	7.1	6.6*	6.7	9.1	8.1	8.3	7.5	8.3	10.3
Klausthal, Buntenbock......	10.3	8.5	7.9	7.0	6.5*	6.7	10.8	8.6	8.0	7.5	8.2	10.0
Wieda..................	11.3	9.2	7.7	6.8	6.5*	6.4*	9.3	7.6	7.5	7.8	8.7	11.2

Es ist sehr interessant, daß das niedrig, aber auf der Südseite im Luv gelegene Wieda die Umkehr der jährlichen Periode der Niederschläge deutlicher zeigt als die höchsten Erhebungen und daß auf dem eigentlichen Oberharz die Juliregen noch so stark hervortreten.

Auf den Höhen des Thüringer Waldes überwiegen die Dezembermengen ein wenig in der 35jährigen Periode 1881—1915, die für Großbreitenbach (648 m) im Dezember 10.5 Prozent, im Juli 9.6 Prozent liefert, aber in der 20jährigen Periode 1893—1912 zeigen die auf dem Kamm gelegenen Orte Neuhaus (800 m), Neustadt a. R. (772 m) und Schmücke (907 m) nur eine starke Neigung zur Umkehr. Das gilt auch für die höchsten Erhebungen des Erzgebirges, wo der Dezember

[1] Nachträglich sehe ich, daß das Vorherrschen der Winterniederschläge auch aus der Dissertation von E. E. Wagner (Regenkarten von Elsaß-Lothringen. Straßburg 1916. 8°) sicher hervorgeht. Er kann es aber beim Schwarzwald nicht feststellen. Die vom Verfasser gegebenen Erklärungsversuche sind hinfällig.

dem Juli wenig nachsteht. Dagegen herrschen im Riesengebirge bis hinauf in die höchsten Regionen ganz ausgesprochene Sommerregen; denn in dem genannten 35jährigen Zeitraum entfallen folgende Prozente der Jahresmenge auf

	Juli	Dezember
Eichberg (346 m).......	15.2	5.2
Schreiberhau (632 m)....	11.6	7.7
Wang (872 m).........	12.6	6.5
Schneekoppe (1602 m)...	13.6	7.2[1]

Im Böhmer Wald dürfte in den oberen Regionen Umkehr der Jahresperiode bestehen; während nämlich das 35jährige Mittel für Cham (373 m) 13.8 Prozent im Juli und 7.1 Prozent im Dezember ergibt, sind in Rabenstein (675 m) die Werte schon nahezu gleich groß, 10.7 Prozent im Juli und 10.2 im Dezember[2].

Von dem zum Rhein entwässernden Alpengebiet habe ich im Regenwerk (I S. 105) gezeigt, daß eine Umkehr der jährlichen Periode der Niederschläge in der Höhe nicht stattfindet. Ich habe dafür das Bestehen des winterlichen Hochdruckgebietes über den Alpen mitverantwortlich gemacht, eine Erklärung, der sich Hr. J. Maurer (Das Klima der Schweiz S. 172) angeschlossen hat. Nunmehr kann ich hinzufügen, daß auch in den deutschen Alpen keine solche Umkehr vorhanden ist. Bis hinauf in die höchsten Täler herrscht der kontinentale Typus mit stark ausgeprägten Juliregen, und mitten im Hochgebirge ist die Amplitude der Jahresperiode ebenso groß wie in der Hochebene von Oberbayern und im Donautal, wo sie 8 bis 10 Prozent beträgt. Der Regenreichtum der deutschen Alpen rührt demnach wesentlich von den sommerlichen Niederschlägen her, während an den großen Jahresmengen der westdeutschen Gebirgslandschaften die Winterniederschläge einen sehr erheblichen Anteil haben. So hängen also die beiden hier behandelten Probleme, die Feststellung der Gebiete mit großen Regenmengen und derjenigen mit vorherrschenden Winterniederschlägen, eng zusammen.

[1] Die alten Niederschlagsmessungen in Hohenelbe (484 m) hatten zu der Annahme verleitet, daß auf der Südseite des Riesengebirges die Winterniederschläge schon in geringer Meereshöhe überwiegen. Die neuen richtigen Beobachtungen seit 1879 zeigen aber nichts davon: auf den Juli entfallen 12.2, auf den Dezember 7.9 Prozent der Jahresmenge. Übereinstimmend damit sind die entsprechenden Prozentwerte für zwei andere Orte auf der böhmischen Seite des Gebirges, nämlich Friedrichsthal (735 m) 11.3 bzw. 8.8 und Neuwelt (683 m) 11.5 bzw. 8.1; also auf der Südseite nur eine kleine Zunahme des Dezemberanteils.

[2] Die auf der böhmischen, also auf der Leeseite gelegenen Stationen Hurkenthal (1010 m), Außergefild (1058 m) und Buchwald (1162 m) haben noch ausgesprochene Sommerregen (Periode 1876—1900; Beiträge zur Hydrographie Österreichs, X. Heft, Wien 1914. Fol.).

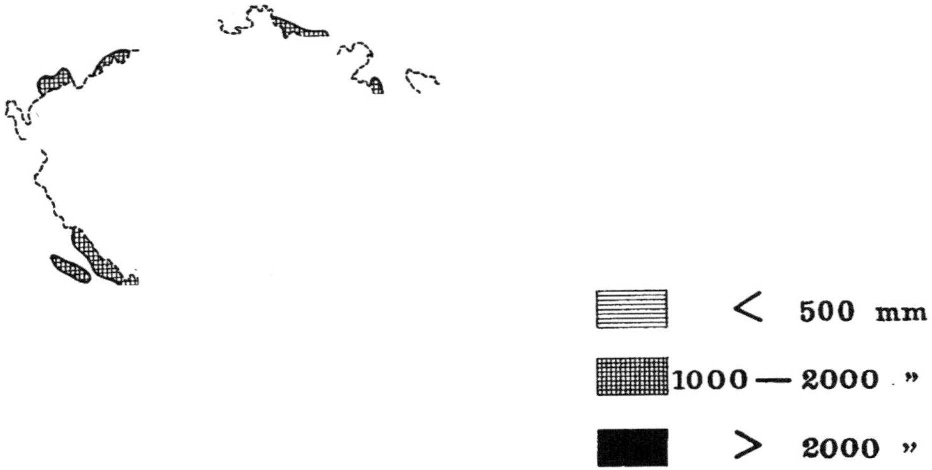

HELLMANN: Die regenreichsten und die regenärmsten Gebiete in Deutschland.

Bemerkung über periodische Schwankungen der Mondlänge, welche bisher nach der Newtonschen Mechanik nicht erklärbar schienen.

Von A. Einstein.

Es gibt bekanntlich kleine systematische Abweichungen der beobachteten Mondlängen, welche noch nicht mit Sicherheit auf ihre Ursachen zurückgeführt sind. Aus diesen hat zunächst ein empirisches periodisches Glied von einer Periode von 273 Jahren ausgesondert werden können. Die übrigbleibenden Abweichungen scheinen ebenfalls mindestens annähernd periodischen Charakter zu haben, wobei die Periode knapp 20 Jahre und die Amplitude von der Größenordnung einer Bogensekunde ist. Um diese letzteren handelt es sich im folgenden.

C. F. Bottlinger hat in einer von der Münchener Universität gekrönten Preisschrift »Die Gravitationstheorie und die Bewegung des Mondes« (Freiburg i. Br. 1912. C. Troemers Universitätsbuchhandlung) eine Erklärung dieser Abweichungen zu geben versucht, indem er anschließend an eine wichtige kosmologische Überlegung Seeligers[1] die Hypothese einführte, daß Gravitationskraftlinien beim Durchgang durch ponderable Massen eine Absorption erleiden.

Es scheint mir aber, daß die Abweichungen ohne Einführung einer neuen Hypothese sehr einfach gedeutet werden können, wie ich im folgenden kurz ausführe. Nach meiner Ansicht handelt es sich nicht um periodische Schwankungen der **Mondbewegung**, sondern um solche der unser Zeitmaß bildenden **Drehbewegung der Erde**.

Die vom Monde erzeugte Flut erhöht nämlich das Trägheitsmoment der Erde bezüglich der Erdachse, und zwar um einen Betrag, der von dem Winkel abhängt, welchen die Linie Erde–Mond mit der Äquatorebene der Erde bildet. Demnach durchläuft das Träg-

[1] Seeliger, Über die Anwendung der Naturgesetze auf das Universum (Ber. d. Bayer. Akademie 1909 p. 9). Diese Arbeit hätte ich auch in meiner Abhandlung »Kosmologische Betrachtungen zur allgemeinen Relativitätstheorie« (diese Berichte 1917. VI S. 142) zitieren müssen; was dort in § 1 dargelegt ist, ist Seeligers Gedanke, dessen Arbeit mir damals leider nicht bekannt war.

heitsmoment der Erde, und mithin auch deren Drehungsgeschwindigkeit, monatlich zwei Maxima und zwei Minima. Wäre die Neigung der Bahnebene des Mondes gegenüber dem Erdäquator konstant, so würde die über einen Monat gemittelte Drehgeschwindigkeit der Erde konstant sein. Dieser Winkel ändert sich aber periodisch wegen der durch die Anziehung der Sonne auf den Mond hervorgerufenen Präzessionsbewegung der Mondbahn (bezüglich der Ekliptik), wobei die Periode etwa 18.9 Jahre beträgt (Zeit eines Umlaufs des Mondknotens). Deshalb ändert sich die mittlere Drehgeschwindigkeit der Erde periodisch. Setzt man daher — wie es in der Astronomie geschieht — die Drehung der Erde als genau gleichförmig voraus, so resultiert eine scheinbare periodische Schwankung der Mondlänge mit der Periode 18.9 Jahre.

Wir wollen die soeben qualitativ gekennzeichnete Wirkung nun angenähert berechnen. Wir fassen die Flutwelle auf als rotationsellipsoidische Deformation der Wasserhülle der Erde, wobei die große Achse durch den Mond hindurchgeht. Dann erhält man durch einfache Rechnung für das Trägheitsmoment der Erde (J) in bezug auf ihre Rotationsachse den Ausdruck

$$J = J_0\left(1 + \frac{1}{3}\frac{h}{\rho R_0} - \frac{h}{\rho R_0}\sin^2\phi\right). \tag{1}$$

Dabei bedeutet J_0 das Trägheitsmoment ohne Flutwirkung, h den Niveauunterschied zwischen Flut und Ebbe, R_0 den Erdradius, ρ die (als konstant betrachtete) Dichte der Erde, ϕ den Winkel zwischen der Linie Erde–Mond und der Äquatorebene. Da es uns nur auf die Abhängigkeit von ϕ ankommt, können wir die Formel durch

$$J = J_0\left(1 - \frac{h}{\rho R_0}\sin^2\phi\right) \tag{2}$$

ersetzen. Bezeichnet daher ω die Rotationsgeschwindigkeit der Erde, ω_0 diejenige für $\phi = 0$, so haben wir nach dem Satz von der Erhaltung des Impulsmomentes zu setzen

$$\omega = \omega_0\left(1 + \frac{h}{\rho R_0}\sin^2\phi\right). \tag{3}$$

Für den Mittelwert der Rotationsgeschwindigkeit für einen Monat ergibt sich

$$\bar{\omega} = \omega_0\left(1 + \frac{h}{2\rho R_0}\sin^2 i\right), \tag{4}$$

wobei i die Neigung der Mondbahn zum Erdäquator bedeutet. In dem sphärischen Dreieck, welches durch Ekliptikpol, Nordpol und Mondbahnpol bestimmt ist, sind die Seiten gleich

dem Winkel i zwischen Mondbahn und Erdäquator,
der Neigung β der Mondbahn gegen die Ekliptik (etwa 5°),
der Neigung α des Äquators gegen die Ekliptik (etwa 20°).

Der in diesem Dreieck der Seite i gegenüberliegende Winkel ist die um 180° verminderte Länge l des aufsteigenden Knotens der Mondbahn. Es ist daher mit hinreichender Annäherung

$$i = \alpha + \beta \cos l, \tag{5}$$

wobei α und β als konstant anzusehen sind, während l proportional der Zeit zunimmt. Es ergibt sich hieraus mit hinreichender Annäherung

$$\sin^2 i = \sin^2 \alpha + \beta \sin 2\alpha \cos l.$$

Hieraus ergibt sich bei etwas geänderter Bedeutung von ω_0

$$\omega - \omega_0 = \frac{\omega_0 h \beta}{2\rho R_0} \sin 2\alpha \cos l. \tag{6}$$

Durch Integration dieses Ausdrucks nach der Zeit erhält man den Voreilungswinkel der Erde Δ gegenüber der Lage, welche sie bei gleichmäßiger Drehung einnehmen würde. Das Negative davon ist die scheinbare Voreilung des Mondes. Man erhält

$$(-\Delta) = -\frac{h}{2\rho R_0} \frac{T_m}{T_e} \beta \sin 2\alpha \sin l. \tag{7}$$

wobei T_m die Umlaufzeit des Mondknotens, T_e die Umlaufzeit der Erde bedeutet. Setzt man $h = 1.5$ m, welche Größe allerdings mit bedeutender Unsicherheit behaftet ist, so ergibt sich für die Amplitude der Wert 1", also von der richtigen Größenordnung. Wir haben noch die Phase des Effektes mit der Erfahrung zu vergleichen. Wir haben für die Länge des Mondknotens, von Neujahr 1900 ab gerechnet, genügend genau

$$l = 259° - 19.35° t.$$

Hieraus ergeben sich aus (7) die Jahre, in welche Maxima und Minima der Voreilung fallen sollen. Wir vergleichen sie mit den von Bottlinger als Ergebnis der Beobachtung angegebenen Jahren:

Maxima		Minima	
nach (7)	beob.	nach (7)	beob.
1843	1843	1834	1830
1862	1861	1853	1852
1880	1880	1871	1874
		1895	1892

Angesichts der Unsicherheit, welche die Kleinheit der behandelten Abweichungen mit sich bringt, ist diese Übereinstimmung eine völlig genügende. Eine genauere Untersuchung bezüglich der Übereinstimmung der Amplitude des Effekts in Abhängigkeit von den empirisch gegebenen Flutamplituden wäre zu wünschen; aber es ist nach diesen Ergebnissen bereits sehr wahrscheinlich, daß die Erscheinung sich auf dem angegebenen Wege vollständig erklären läßt.

P. S. Unsere Rechnung ergibt die Amplitude des Effektes zu klein. Dies dürfte damit zusammenhängen, daß wir mit einer räumlich konstanten Dichte des Erdkörpers gerechnet haben, d. h. mit einem zu großen Trägheitsmoment der Erde.

Ausgegeben am 8. Mai.

1919.

XXIII.

SITZUNGSBERICHTE

DER PREUSSISCHEN

AKADEMIE DER WISSENSCHAFTEN.

30. April. Gesamtsitzung.

Vorsitzender Sekretar: Hr. Roethe.

1. Hr. Schuchhardt sprach über skythische und germanische Tierornamentik. (Ersch. später.)

Die skythische Tierornamentik ahmt nur zum Teil griechische Gestaltungen nach (Vettersfelde), zum anderen Teil wurzelt sie in einer älteren, besonders im Kaukasus erhaltenen Übung, Spiralen und andere geometrische Gebilde durch animalische Zutaten zu beleben. Die skythische Ornamentik ist donauaufwärts gegangen und hat in der keltischen Kultur, von Süddeutschland bis nach England hin, den Stil stark beeinflußt. In der Völkerwanderungszeit hat in Südrußland die alte Wurzel neu ausgeschlagen, und die Germanen haben die Ableger durch ganz Europa getragen.

2. Hr. F. W. K. Müller legte eine Arbeit des Hrn. Prof. Dr. A. v. Le Coq vor, die unter dem Titel Türkische Manichaica aus Chotscho II eine Anzahl neuer türkischer Texte manichäisch-religiösen Inhalts bringt. (Ersch. später.)

Der Inhalt der Arbeit setzt sich zusammen aus einer Mithrasgeschichte, einem Fragment einer kosmogonischen Erzählung und aus zwei Arten von Hymnen. Das erste Lied ist ein buddhistisch anmutender Lobgesang auf eine ungenannte Gottheit; zwei weitere Hymnen sind gerichtet an den Gott der Morgenröte bzw. an die vier großherrlichen Wesenheiten. Die beiden wichtigsten endlich behandeln, leider an der interessantesten Stelle abbrechend, das Schicksal der Seele nach dem Tode und die Erscheinung einer dämonischen Schreckgestalt.

3. Hr. Roethe überreichte sein Buch »Goethes Campagne in Frankreich 1792. Eine philologische Untersuchung aus dem Weltkriege« (Berlin 1919).

4. Die preußische Regierung hat durch Erlaß vom 12. April 1919 die Wahl des ordentlichen Professors der Zoologie an der Universität Berlin Geheimen Regierungsrats Dr. Willy Kükenthal zum ordentlichen Mitglied der physikalisch-mathematischen Klasse bestätigt.

5. Zu wissenschaftlichen Unternehmungen haben bewilligt:

die physikalisch-mathematische Klasse dem Assistenten am Zoologischen Institut in Halle a. S. Dr. Ernst Knoche zu Untersuchungen über die Biologie der Nonnen 1200 Mark, den ordentlichen Mitgliedern der Akademie HH. Rubens und Liebisch zur Herstellung von Platten zur Untersuchung von Kristallen im langwelligen Spektrum 2500 Mark;

die philosophisch-historische Klasse als Nachbewilligung für die photographische Aufnahme französischer Handschriften in Valenciennes 1500 Mark.

6. Das korrespondierende Mitglied der physikalisch-mathematischen Klasse Hr. Roland Eötvös ist am 8. April 1919 in Budapest gestorben.

Die Urschrift von Adelbert von Chamissos »Peter Schlemihl«.

Von Dr. Helmuth Rogge
in Charlottenburg.

(Vorgelegt von Hrn. Roethe am 10. April 1919 [s. oben S. 321].)

Es ist eine viel beachtete Tatsache, daß von den Dichtungen der späteren romantischen Bewegung Berlins gerade diejenigen besonders tief und schnell im Bewußtsein des deutschen Volkes Wurzel gefaßt haben, die von einem Manne verfaßt sind, der weder Berliner, noch Märker, noch überhaupt Deutscher, sondern Franzose war: Adelbert von Chamisso. Aber wie innig auch sich Chamissos Wesen mit dem Deutschen verband, er blieb doch bis an sein Lebensende Franzose, der das Deutsche nicht rein sprach. Und dasjenige seiner Werke, das zu einem der besten deutschen Volksbücher geworden ist, der unsterbliche »Peter Schlemihl«, verdankt seine Entstehung dem Gegensatz zwischen deutschem und französischem Nationalgefühl, der den Dichter zwang, ein einsames Asyl aufzusuchen, als seine Freunde begeistert in den Befreiungskampf gegen sein altes Vaterland zogen. Die kurzen 11 Kapitel, die Chamisso damals als seinen »Peter Schlemihl« niederschrieb, wurden allmählich in unzähligen Exemplaren gedruckt. In neuerer Zeit ist fast kein Jahr vergangen, in dem nicht eine oder mehrere Ausgaben erschienen. Die Niederschrift des Dichters aber aus jenen großen Tagen war verschollen, niemand wußte zu sagen, wohin sie gekommen sei, und sie blieb verschollen bis zum heutigen Tage.

Dennoch war sie nie verloren. Es war freilich nur ein kleiner Kreis, der etwas von ihr wußte, nämlich die Familie meines Urgroßvaters, des Professors der Botanik Dietrich Franz Leonhard von Schlechtendal[1] und seiner Nachkommen. Sie hatten die Urschrift des »Peter Schlemihl« in ihrem Besitz. Wann und unter welchen Umständen sie,

[1] 1794—1866. Sein Sohn Eugen war Pate Chamissos, seine Tochter Anna heiratete meinen Großvater, den Chirurgen und Dichter von Volkmann-Leander. Siehe den Artikel in der Allgem. Deutschen Biographie.

die ursprünglich für Julius Eduard Hitzig bestimmt gewesen war, in ihre Hände gelangt ist, wissen wir vorläufig nicht. Es steht zu hoffen, daß noch Materialien vorhanden sind, welche hierüber Aufschluß geben können. Wir wissen aber, daß Chamisso und Schlechtendal sich eng verbunden waren. Sie kannten sich seit dem Jahre 1812 und haben von 1819 bis 1833 Tag für Tag im Botanischen Garten in Berlin zusammengearbeitet, bis Schlechtendal zum Direktor des Botanischen Gartens und Professor an der Universität in Halle berufen wurde. Als Chamisso im Jahre 1838 starb, veröffentlichte sein Freund Schlechtendal einen Nachruf auf ihn, der die Innigkeit ihrer wissenschaftlichen und menschlichen Beziehungen noch einmal dokumentiert[1]. Es ist also wohl möglich, daß der Dichter die Urschrift seinem Freunde zum Geschenk gemacht hat. — Schlechtendal starb erst im Jahre 1866 und vererbte sie seinen Kindern. Das jüngste von diesen war der spätere Professor Dr. h. c. Dietrich von Schlechtendal in Halle. Er hat die Urschrift bis zu seinem Tode im Jahre 1916 unter seinen sonstigen Sammlungen aufbewahrt und ängstlich gehütet, so daß auch die Mitglieder der Familie sie nur selten gesehen haben. Die Öffentlichkeit erfuhr nichts von ihr, für sie war die Urschrift tatsächlich verloren. Wenn ich sie jetzt, nachdem sie in meinen Besitz gelangt ist, zum erstenmale der Wissenschaft vorlege[2], so glaube ich, damit eine Pflicht gegen den Dichter zu erfüllen.

Freilich können die folgenden Ausführungen nur den Charakter einer vorläufigen Mitteilung haben. Es wird Aufgabe späterer Untersuchungen sein, den glücklichen Fund in seiner vollen Bedeutung zu würdigen.

Die Urschrift besteht aus einem in braunmarmorierten Pappdeckel gebundenen Heft mit 40 verschieden starken, gerippten Blättern in Quart, die 8 bis 9 Wasserquerlinien und entweder ein Posthorn oder die Worte »Extra Fein« als Wasserzeichen haben. Blatt 1 (Titelblatt), 2 (Widmungsblatt) und das Schlußblatt sind einseitig, alle übrigen Blätter doppelseitig beschrieben, und zwar so, daß immer ein Drittel der ganzen Breite freigelassen und vielfach zu Verbesserungen und Zusätzen benutzt ist. Die Blätter sind im allgemeinen tadellos erhalten, nur vom

[1] »Dem Andenken an Adelbert von Chamisso als Botaniker, von D. F. L. von Schlechtendal.« Linnaea Bd. XIII, 1839, S. 93 ff. — Siehe die Briefe Chamissos an de la Foye v. April 1824, 22. 6. 1824, Jan. 1825, 10. 2. 1828 in Chamissos Werken[5] V, S. 197, 198, 215; ferner Urban, Geschichte des Kgl. Botanischen Gartens zu Berlin, 1881, S. 99 ff. — Die reichhaltigen ungedruckten Materialien über die Beziehungen Chamissos zu Schlechtendal kann ich erst später bekannt geben.

[2] Eine erste kurze Mitteilung habe ich in der Sitzung der Gesellsch. f. deutsche Philologie zu Berlin am 26. März 1919 gegeben.

8. Kapitel ab sind sie in der unteren rechten Ecke an- oder ausgebrannt, so daß auf den letzten zehn Seiten etwa pfenniggroße Ecken fehlen. Die hierdurch verloren gegangenen Worte hat Chamisso selbst zum größten Teil nachträglich ergänzt.

Mit Ausnahme des Titels ist die Urschrift durchweg in Antiqua und gut leserlich, wenn auch mit wechselnden Zügen geschrieben. Sie weist alle Merkmale einer ersten Niederschrift auf. In der Vorrede und in den Kapiteln I—III und VI—XI hat Chamisso an zahllosen Stellen einzelne Worte und Wendungen wie auch ganze Sätze gestrichen und fortlaufend im Text durch andere ersetzt. Wo er besonders sorgfältig verfahren wollte, setzte er seine Lettern ziemlich gerade oder sogar steil hin, schrieb er flüchtig oder im Zuge, so stark nach rechts geneigt. So ist die Widmung an Hitzig mit zierlichen senkrechten Lettern geschrieben, ebenso der nachträglich angefügte Schluß der Vorrede, den er sich anscheinend genau überlegt hat, und der Kontrakt auf dem Pergament des Teufels, mitten im schnell hingeworfenen übrigen Text, ebenso viele Korrekturen.

Die Eigenheiten der Schrift in Verbindung mit den brieflichen Zeugnissen des Dichters an Hitzig[1] gestatten uns einen genaueren Einblick in die Entstehung der Urschrift.

Er legte sich zunächst das Heft an und begann dann zu schreiben, und zwar wahrscheinlich zuerst das Titelblatt, denn auf ihm nennt er Schlemihl zunächst noch »W. A.«, während er ihn im Text gleich »Peter« nennt. Dann schrieb er die Vorrede bis auf den Schlußabsatz, die ersten beiden Kapitel und den Anfang des dritten. Das Vollendete schickte er an Hitzig mit der Bitte, es zu lesen und zu beurteilen. Auf dessen freudig überraschte und ermunternde Antwort hin schrieb er nach Rückempfang des Heftes weiter. Aber die deutsche Prosa fiel ihm nicht leicht, besonders das IV. Kapitel wollte gar nicht vorwärtskommen. Er mußte es erst in sein »brouillon« und dann in das Heft ins Reine schreiben, ebenso wahrscheinlich das V. Kapitel. In der Urschrift läßt sich das gut verfolgen. Während die Vorrede namentlich, aber auch die meisten Kapitel im laufenden Text viele Verbesserungen aufweisen, fehlen solche im IV. und V. fast ganz; man sieht ihnen an, daß sie in Reinschrift geschrieben worden sind. Nach Überwindung dieses Berges ging es wieder rascher vorwärts. In den letzten Tagen des September 1813 hatte Chamisso die Niederschrift beendet und konnte sein »Explicit« unter sie setzen. Nachdem er noch den Schlußabsatz der Vorrede hinzugefügt hatte, schrieb er als Datum der Vollendung »Cunersdorf den 24. $7^{br.}$ 13«, verbesserte aber drei Tage später das

[1] Werke[5] V, S. 384 und 387.

Datum, vermutlich nach nochmaliger Überprüfung des Ganzen und Einfügung von Verbesserungen in »27.«, die endgültige Fassung[1].

An eine Drucklegung des für seine intimen Freunde bestimmten Märchens dachte Chamisso ursprünglich nicht[2]. Sie erfolgte heimlich durch Fouqué. Chamisso ließ nur bald nach der Vollendung der Urschrift eine Abschrift anfertigen. Es ist jenes Manuskript, das Walzel in seiner Chamisso-Ausgabe vergleichend herangezogen hat. Er hatte es durch Vermittlung Erich Schmidts wahrscheinlich von Professor Eduard Hitzig, dem Enkel von Chamissos Freunde, erhalten[3]. Es besteht aus 92 in leuchtend grünen[4] Glanzkarton gebundenen Blättern[5].

Die Abschrift ist durch einen Schreiber minderen Ranges ausgeführt worden, der sich an vielen Stellen verlas und dann sinnlose Worte schrieb oder auch Lücken ließ, wo er die Handschrift des Dichters nicht lesen konnte. Dieser schrieb den Titel, die Widmung an Hitzig, die Nachschrift der Vorrede und das Schlußwort »Explicit« selbst, verbesserte auch vielfach eigenhändig den schlechten Text des Abschreibers[6].

Die Hitzigschen Erben scheinen indessen, da sie die Urschrift nicht kannten, die Abschrift für die Urschrift gehalten zu haben. Im Jahre 1907 starb Professor Eduard Hitzig, der gesamte literarische Nachlaß seines Großvaters wurde gemäß testamentarischer Verfügung dem Märkischen Museum in Berlin überwiesen. Eine Notiz in der Deutschen Literaturzeitung sprach damals ausdrücklich von einer Überweisung der Originalhandschrift[7]. Tatsächlich ist dann auch die Abschrift im Märkischen Museum bis heute als Originalhandschrift ausgestellt worden.

Man darf vielleicht vermuten, daß Chamisso diese Abschrift bald gegen Rückerstattung der Urschrift Hitzig ausgehändigt hat. Soviel steht jedenfalls fest, daß die erste Ausgabe des Schlemihl[8] auf der

[1] Man kann vermuten, daß Chamisso das eben vollendete Werk nach Berlin gebracht und Hitzig selbst übergeben hat, denn laut Protokoll des Universitätssekretärs war er bereits am 3. Oktober 13 zum Botanisieren in Marzahn in Niederbarnim (Max Lenz, Gesch. d. Universität Berlin I, 522 f.).

[2] Brief an Trinius v. 1829 in Werke5 VI, S. 115.

[3] Chamissos Werke, herausg. v. Dr. Oskar Walzel, Stuttgart 1892 (Kürschners Nationalbibliothek, Bd. 148), S. 465.

[4] Der Einband stammt von Hitzig. Er hatte auch die Urschriften von Fouqués Gedichten, die er besaß, so einbinden lassen. zur Erinnerung an die »grüne Zeit« des Musenalmanachs.

[5] Die Einsicht in die Handschrift verdanke ich dem Direktor des Märk. Museums, Hrn. Prof. Pniower.

[6] In den Kap. IV und V sind die Verbesserungen von Hitzigs Hand.

[7] Bd. XXVIII, 1907, S. 2528.

[8] »Peter Schlemihl's wundersame Geschichte, mitgetheilt von Adelbert von Chamisso und herausgegeben von Friedrich Baron de la Motte-Fouqué. Mit einem Kupfer. Nürnberg, bei Johann Leonhard Schrag, 1814.«

Abschrift, nicht auf der Urschrift beruht. Fouqué konnte diese schon deswegen nicht benutzen, weil Chamisso von der Drucklegung nichts wissen sollte, auch tatsächlich nichts gewußt hat[1]. Aber auch abgesehen hiervon zeigen die Abweichungen, die die Urschrift von der Ausgabe von 1834 aufweist, daß sie ihr nicht zugrunde gelegen hat. Weder die Ausgabe von 1814 noch die nachfolgenden von 1827, 1835, 1836, 1839 usf. stellen einen Abdruck der Urschrift dar. Die Urschrift ist ungedruckt.

Bevor eine Übersicht der sachlichen Abweichungen gegeben wird, soll auf die besonders hervortretenden hingewiesen und gezeigt werden, welche Bedeutung die Abweichungen im ganzen für unsere Erkenntnis von dem Charakter des Werkes und den Absichten des Dichters haben.

Der Titel lautet in seinen verschiedenen Fassungen vollkommen anders, als er uns aus den Ausgaben bekannt ist, und zwar in der ursprünglichsten:

W. A. Schlemiels
Abentheuer.

Als Beitrag zur Lehre des Schlagschattens
mitgetheilt
von
Adelbert von Chamisso.

Erst später hat der Dichter den Vornamen Peter der Erzählung auch auf das Titelblatt gesetzt und die Anspielung auf A. W. Schlegel, die in dem »W. A.« lag oder liegen konnte, fallen gelassen[2]. »Abentheuer« hat er in das mildere »Schicksale« gewandelt, aus denen dann in der Abschrift die »sonderbare«, später in letzter und noch zarterer Fassung die »wundersame Geschichte« wurde. »Als Beitrag zur Lehre des Schlagschattens« hat er ganz gestrichen.

Hieraus geht erneut hervor, was Chamisso selbst und auch Hitzig betont haben, daß das Märchen ohne bestimmten Zweck begonnen ist[3]. Es ist wie jede echte Dichtung spontan entstanden. Erst während der Niederschrift bildete sich sein besonderer Charakter heraus, von dem »Abentheuer« bis zur »wundersamen Geschichte«.

In derselben Richtung liegt die außerordentliche Kürzung der ausführlichen und, wie wir sagen müssen, grandiosen Beschreibung

---

[1] Brief Chamissos an Rosa Maria v. 1. 10. 1814 in Werke V, S. 390. — Siehe auch die Vorreden von Fouqué und Hitzig, Walzel S. 477 ff.

[2] Brief Chamissos an Hitzig in Werke V, S. 385 f.

[3] Siehe Hitzig in Werke VI, S. 114, Anmerkg.

der Siebenmeilenstiefelreise im X. Kapitel, der umfangreichsten Abweichung von den späteren Ausgaben. Wir können hier abermals verfolgen, wie Chamisso mit dem Stoffe gerungen hat[1]. Er war Naturforscher und aus naturwissenschaftlichen Studien heraus begann er im Sommer 1813 in Kunersdorf den »Peter Schlemihl«[2]. Daher auch ursprünglich der scherzhafte Untertitel über den Schlagschatten. In der großen Reisebeschreibung erfüllte er sich seine übermächtige Sehnsucht, forschend durch die ganze Welt zu streifen. Prophetischen Blickes nahm er in ihr die Ergebnisse seiner Weltreise von 1815—18 voraus. Aber die große Reisebeschreibung drohte den ohnehin stark angespannten Rahmen der Novelle zu sprengen, und so strich er diesen Abschnitt zusammen. Daß er es vermocht hat, zeugt von dem hohen künstlerischen Ernst, mit dem er arbeitete. Merkwürdig bleibt nur, daß er keinen Ersatz für die gestrichenen Stellen einfügte, so daß in der Urschrift ein Vakuum entstanden ist.

Die sonstigen Abweichungen erstrecken sich auf einzelne Wörter und Sätze. Ein Vergleich ergibt, daß die Druckausgaben vielfach den schlechteren Text haben. In der ersten von 1814 hat zudem Fouqué öfters eigenmächtige Änderungen am Text der Abschrift, den er zugrunde legte, vorgenommen, die Chamisso dann später nicht beseitigt hat. Auch so sind Abweichungen entstanden. Ein genauer Abdruck der Urschrift wird auch hier den ursprünglichen Absichten des Dichters gerecht werden müssen.

Übersicht der wesentlicheren Abweichungen der Urschrift (U.) von den Ausgaben.

[Die Ziffern beziehen sich auf die Ausgabe von Walzel.]

Titel.

465, 1ff. U. »Peter Schlemiels Schicksale mitgetheilt von Adelbert von Chamisso. Cunersdorff. MDCCCXIII.«

Vorreden.

467—474 fehlt U. | 475, 1–4 fehlt U. | 475, 6 »Schlemihls« U. »Schlemiel« | 475, 21 »Eduard« U. »Ede« | 476, 5 »würde« U. »müßte«, darüber »würde« | 476, 26 »Adelbert von Chamisso« fehlt U. | 476, 27–30 fehlt U. | 477—482 fehlt U.

Kapitel I.

483, 16 »Bündel« U. »Bündelchen« | 484, 12 »einer Million« U. »einer halben Million« | 484, 15 »Sie hier« U. »Sie nur hier« | 485, 11

[1] Vgl. Hitzig in Werke VI, S. 262 u. 265.

[2] Briefe Chamissos an Varnhagen v. 27. 5. u. an Hitzig v. Juni 1813 in Werke V, S. 381 u. 382.

»John« U. »Herr John« | 486, 11 »faßte endlich« U. »faßte mir endlich« | 486, 12 »Mann «U. »Menschen« | 486, 16 »der einem Schneider« U. »das einem Schneider« | 488, 1 »des Schweigens« U. »Schweigen« | 488, 17 »heiß« U. »hieße« | 488, 30 »Schatten aufheben« U. »Schatten von der Erde aufheben« | 489, 3 »auch« U. »oder« | 489, 4 »der seine« U. »das Seine« | 489, 9 »diesen Seckel« U. »dies Seckel« | 489, 18 »vom Kopf bis« U. »vom Kopf herab bis« | 489, 21 »zog sich dann nach« U. »zog sich nach«.

Kapitel II.

490, 9 »der Herr« U. fehlt »Herr« | 491, 27 »gegessen« U. »genossen« | 491, 29 »kurz vorher« U. »kurz zuvor« | 492, 10 »seither« U. »solange« | 492, 15 »los zu werden« U. »los zu sein« | 492, 16 »schien mir« U. fehlt »mir« | 492, 31 »bezeigten« U. »bezeugten« 492, 32 »tiefste Mitleid« U. »tiefe Mitleiden« | 493, 20 »nach den« U. »nach drei« | 493, 30 »denen« U. »der« | 493, 34 »hatte alle« U. »hatte sie alle« | 493, 36 »keiner« U. »niemand« | 494, 14 »ein Auftrag« U. »einen Auftrag«.

Kapitel III.

496, 8–9 »erwiderte« U. »sagte« | 496, 22 »der du meine Leiden« U. fehlt »du« | 498, 1 »war« fehlt U. | 498, 5 »wo« U. »wie«.

Kapitel IV.

500, 1 »Geld« U. »Gold« | 500, 22 »seines Volkes« U. »seiner Völker« | 501, 3 »und entfernte« U. fehlt »und« | 501, 6 »schwang sich« U. »sprang« | 501, 20 »sei« U. »wäre« | 503, 19 »vergeuden« U. »vergeudern« | 503, 22 »mir laste« U. »mich lastete« | 504, 2 »der allgemeiner Achtung genoß« U. »die allgemeine Achtung genoß« | 505, 4 »teuren Eidschwüren« U. »theurem Eidschwur« | 505, 27 »könnte« U. »konnte« | 505, 30 »mißdeute« U. »mißverstehe« | 507, 18 »er kaufte auch nur für ungefähr eine Million« U. »er konnte auch nur für einige hundert Tausend Ducaten auftreiben« | 507, 32 »anblickte« U. »erblickte« | 508, 4 »überschwenglicher« U. »unüberschwänglicher«.

Kapitel V.

508, 30 »wollte« U. »wolle« | 509, 34 »einem freien« U. »dem freien« | 509, 36 »unterbrechen« U. »brechen« | 511, 24 »Scherz« U. »Spass« | 512, 21 »einst« U. »erst« | 513, 4–5 »mich und meine Geliebte« U. »mir und meiner Geliebten« | 513, 6 »innigstes« U. »innerstes« | 513, 27 »sogleich« U. »zugleich« | 514, 2 »die unglückliche« U. »die arme unglückliche«, »Schuftes« U. »Schuften«.

Kapitel VI.

514, 29 »überschwenglichen« U. unüberschwänglichen« | 515, 18 »Sonne beschien« U. »Sonne hell beschien« | 515, 28 »hinzu, mich« U. »hinzu, um mich« | 516, 21 »in den Händen« U. »in Händen« | 516, 34 »der Art zu« U. »der Art schnell zu« | 517, 1 »nachschallen« U. »nachhallen« | 517, 24 »Herzen« U. »Harren« | 517, 36 »Laube« U. »Linde« | 518, 33 »dem« U. »diesem« | 518, 39 »hat« U. »hatte« | 519, 11 »den Linden« U. »der Linde« | 519, 39 »statt des Blutes« U. fehlt »des«.

Kapitel VII.

520, 29 »die Weltgeschichte« U. »der Weltgeschichte« | 522, 5 »aus« U. »auf« | 522, 32 »zurückgekehrt« U. »zurückgekehrt sei« | 523, 18 »weisst« U. »siehst«.

Kapitel VIII.

524, 4 »hielten« U. »machten« | 524, 26 »eine« fehlt U. | 526, 3 »an« U. »ein« | 527, 30 »gesucht« U. »versucht« | 528, 14 »den Weg« U. »die Wege« | 528, 26 »Ferne« U. »entfernung«.

Kapitel IX.

529, 24 »freundlichem« U. »freudigem« | 530, 8 »mich« U. »mir« | 531, 4 »auf meinen Wangen« U. »in meinen Wimpern« | 531, 31 »in meinen Gedanken« U. »in meine Gedanken« | 532, 2 »Steinbrucharten« U. »Steinbrech Arten« | 532, 17 »und Maulbeerbäumen« U. »unter Maulbeerbaume«.

Kapitel X.

533, 14—534, 10 lautet in U. (durchgestrichen): »# Es war auf den hohen Ebenen des Tibet, dass ich still gestanden, und die Sonne, die mir vor wenigen Stunden aufgegangen war, neigte sich hier schon am Abend Himmel. Ich raffte mich auf um ohne Zeugern mit flüchtigem Ueberblick Besitz von dem Felde zu nehmen wo ich künftig ärnten sollte. Ich durchwanderte von Morgen gegen Abend den hohen und breiten Rücken der Alten Welt, vermeintliche Wiege der jetzigen organischen Schöpfung auf unserer Erde und der Menschheit. Ich stieg mit den Gewässern zum Aralsee herab, liess den und das Caspische Meer nördlich liegen, kam durch das blühende Persien, das Land verhalter Gesänge an die Mündungen des Tigris und des Euphrats und trat bei Bassora in das sandige Arabien. Ich ging gen Mocca zu, und kam langst der Küste vom rothen Meer, an der Wiege und dem Grabe des kriegerischen Propheten vorbei, durch einen duftigen Garten nach dem Hauptthor Africa's zu Suez. ich machte bevor ich über diese Schwelle trat, einige Schritte in Palestina und beschaute mir die dreimal heilige Stadt. dann trat ich erst in Aegypten ein, in den Delta und vor Alexandrien. Ich lauschte vergebens in der Wüste nach der Oasis Ammon. dann stieg ich in seltsamen Gedanken den Nil hinauf. Ich staunte im vorübergehen die Pyramiden an, Buchstaben eines verloren[en][1] Wortes, und die Ewigen Monumente der Aegy[pter,][1] beladen noch mit den Mystischen Zeichen ihrer Weisheit, sie selber sind auf der Erde vorübergegangen. — Ich sah die hunderttorigen Theben und Memnons Bildseule. Ich erblickte in der nahen Wüste die Hölen, die sonst christliche Einsiedler bewohnt, Es stand plötzlich klar und fest in mir hier sollst du wohnen. — ich erkor mir gleich eine der verborgenste die zugleich geraumig bequem und den Schakal unzuganglig war, zum Aufenthalt, dann verfolgte ich meinen Weg am Nil hinauf, ich sah seine Fälle seine Quellen, ich bestieg den noch von keinem Europaeer erschauten hohen Bergrücken der bis an das Vorgebürge der guten Hoffnung die östlichen und westlichen Gewässer trennt, die grosse Scheideck Affricas, ich schritt langsam und staunend einher durch eine ganz neue Thier und Pflanzenwelt, der Loewe und der Elephant waren fast die einzigen Gestalten, die meine Gedanken an das Bekannte knüpften, ich drang bis zum Cap vor. ich nahm in den sudlichen hohen Ebenen einen Ei aus einem Straussen Nest und brit es an einem verlassenen Buschmannsfeuer, ich setzte mich um dieses Gericht zu geniessen auf den Abhang eines Felsen, und freute mich als ich den Nahmen Lichtenstein[2] darinnen eingegraben fand. Den Rest meiner Mahlzeit mit mir nehmend ging ich durch das innere Land wieder nach Norden. und stieg uber das Gebürge in das innere Thal des Niegers hinab, ich durchstreifte die weiten Moräste wo die Sonne seine träg gewordenen Gewässer wieder aufsaugt. welche andere Ausbeute ward dort meinem forschenden Fleiss verheissen! welche neue Formen der Monocotyledonen! Ich stieg den Nieger an seinem linken Ufer hinauf, und glücklicher als der redliche Mongopark betrat der erste Europaeer die Strassen der vielbegehrten Tombuktu, diese weite und volkreiche Stadt der Mauren hat aber nichts schönes. Ich wandte mich von den Quellen des Nigers nordwärts zu der Wüste. die Sonne, dort scheitelrecht am Mittag, wich kaum nach Westen ab, die Hitze war im beweglichen brennenden Sande furchtbar. und ich konnte mich selbst nicht an dem eigenen Schatten letzen, Ich verweilte mich nicht bei den Salzminen Tischit, und erreichte mit wenigen raschen Schritten die Küste des Mittelländischen Meeres. ich schritt bei Ceuta nach Europa über.

---

[1] Ausgebrannt.

[2] Prof. Lichtenstein, der Naturforscher, Chamissos Freund und Lehrer, der ihm das Kunersdorfer Asyl vermittelt hatte.

Ich löschte meinen Durst im goldführenden Tago, schritt über die Pyrenaeen, durchwanderte das flache Land Frankreich, liess einen düstern Rauch, der mir am Horizont Paris bezeichnete, rechter Hand liegen, [pflückte][1] einige Aepfel in der Normandie, und schritt leicht [nach][1] Engelland über. Ich sah mich unter einem neblichten Himmel in den drei Reichen um, wo die Menschen, von denen ich mich getrennt fühlte, ein großes Rätzel gelöst zu haben scheinen. Ich durchschritt Frankreich zum zweiten Mal, und bestieg in der glücklichen Schweitz die erhabenen Alpen, ich warf vom Gipfel des Montblanc den Blick um mich, ein Wolkenmeer trennte mich von der Erde, ich verfolgte mit behutsamen Schritten das Gebürge nach Süden, die Alpen und die Apeninen, Ich setzte mich, einen Augenblick auszuruhen, in Cicilien auf den Gipfel des Erderschütterer Ethna, der Himmel war klar und mild; welche Aussicht! Ich wandte mich durch die Thäler Italiens wieder nach norden, Ich sah Neapel, Rom, die zweimalige Herrin der Welt, Florenz, Ich schritt über die Apeninen in das Thal das der Po bewässert, sah Venedig, umging das Adriatische Meer und setzte nach Grichenland meinen Weg fort. — Jetzt Türken da! — ich weinte auf den Stufen des Parthenion. Ich schritt bei Constantinopel nach Asien über und suchte vergebens, indem ich mir Verse aus dem letzten Gesang der Ilias hersagte, nach Spuren der heiligen Feste Trojas. Ich wandte meine Schritte nach dem Caucasus, ich durchstreifte seine Wälder sah mich vor seinen beschneieten gipfeln um, und stieg in die Nördliche Thäler hinab, ich trat über die Wolga, und verfolgte aufwärts den Lauf der Donau nach meinem geliebten Deutschland. ich eilte mit traurigem Herzen weiter, Ich ging durch Dänemark über den Belt und den Sund nach der scandinavischen Halbinsel, von da durch Lappland das Gebürg und die Küste bei abnehmender Vegetation verfolgend nach Asien, und suchte mit schnelleren Schritten von der nordlichen Küste innerhalb des Polarkreises einen durchgang über den Polar glätscher. noch war der Nord Ost Cap davon nicht getrennt, ich ging über diesen natürlichen Damm, und richtete meinen Lauf auf die rothe stralenlose Sonnenscheibe am horizont. ich fand nach ungefähr sechsig Schritte Land und nackte Felsen und eilte südlicher zu kommen. ich hatte die Sonne ungefähr am Mittag. ich vermuthete auf Groenland zu sein und fand meine Vermuthung bestätigt, ich mußte langst der westlichen Küste wieder meine Schritte zurückgehn, und wieder durch die Region des ewigen Eises America suchen. Ich kam südwärts schreitend an der Baffins und Hudsons Bay vorüber ohne

---

[1] Ausgebrannt.

den Lang gesuchten durchgang des Atlantischen Oceans nach dem Stillen Meer zu finden. Ich erspaarte [mir][1] die genauere geographische Untersuchung dieser Polarregionen auf eine andere zeit, und kam mich etwas links haltend an die reich umgrünten Seen, die ihre Gewässer in den raschen Fluss Sanct Lorens entladen. Ich schritt über den Fall des Niagara, ein herrlicher Anblick! und folgte dem Laufe des Ohio und des Meschasepe hinab, mich freuend, wo ich neue Pflanzungen der Menschen antraf, der schönen kräftigen Jugend dieser freien Völker,. und wo die ungebändigte Natur noch allein waltete, der üppigen Fülle ihrer Kraft in den schönsten Wälder, die ich je gesehen hatte. ich umschritt den Mexicanischen Meer Busen, und kam durch die Landenge Panama's nach dem südlichen America. Ich nahm links durch die llanos am Rionegro und dem Amazonenfluss meinen Weg, ging durch das innere Land nach dem Panama Fluss und drang immer weiter sudwärts vor. alles was ich sah war mir neu. der strengste Winter herrschte schon auf der südlichen Spitze der neuen Welt und alle Vegetazion hatte aufgehört. der Schnee der mit überaus dichtem gestöber auf dem Feuerlande fiel, trieb mich erstarrt vom Cap Horn schnell nordwärts zurück, ich nahm meinen weg langst der westlichen Küste und verfolgte den Lauf der Cordilleras de los Andes. Ich entdeckte gegen den südlichen Wendekreiss in einer Menschen unbewohten Gegend des Gebürges, eine bequeme Felsenhöle in einem anmuthigen Thale, ich beschloss sogleich sie mir zu einem Absteige Quatier einzurichten, wo ich etwa einen südlichen Sommer bequem zubringen konnte um mir den ofteren übergang durch den nördlichen Winter über die Behringstrasse zu ersparen, wann ich hier die Natur studiren wollte. — die Nacht herrschte jetzt noch über den östlichen Theil Asiens wo ich hin zu gehen hatte, Ich weihte mein neues Haus ein, genoss darinnen den von druben aus Affrica mitgenommenen Rest meines ersten Mahles, und ein paar Stunden Ruhe, dann erst verfolgte ich meinen Weg der noch über die höchsten bekannten Unebenheiten unserer Kugel führte. ich trat langsam und vorsichtig von [gip]'fel zu gipfel, über flamende Vulkane [un]'d beschneiete Kugeln, oft mit mühe athmend. [Ich sa]'h zu meinen Füssen das Reich der Sonnenkindern, und mein Blick überschaute fern das Ocean. — ich durchwanderte die Landenge zum zweiten Mal, und verfolgte den hohen Rücken durch das Reich Montezumas' ich setzte mich traurend am Ufer des Sees wo seine Hauptstadt nun, wie die der Inca's, die fremde Brut hegt — ich folgte dem gebürge immer nordwestlich die Sonne bald in ihrem

[1] Ausgebrannt.

Mittag wieder erreichend, ich kam an den Helias berg machte von da noch einige Schritte nordwestlich, und sprang vom Cap prinz Wales nach Asien hinüber auf das Land der Tschuktschen. — Ich folgte von da der asiatischen Küste, in der hauptrichtung sudwestlich aber mit vielfachen Wendungen, und untersuchte mit besonderer Aufmerksamkeit welche der dort liegenden Insel mir zugänglich waren. Ich kam in der Corea an die grosse Chinesische Mauer, schwächeres Bollwerk als das der Sitte, welches dieses Volk, merkwürdiges und ehrwürdiges Beispiel in der geschichte, von Anbegin derselben an durch alle Zeiten mit ungebrochener Macht geschützt hat. Ich trat in das innere des Reiches, dieses jedem Fremden unbequeme Land, war es auch mir wegen seiner außerordentlichen Bevölkerung. ich eilte Cochinchina und die Halb-insel Malaca zu erreichen. Meine 7 Stiefel trugen mich« | 534, 30 »dieses schlechte Land« U. »dieses enge schlechte Land« | 535, 5—9 lautet in U. (durchgestrichen) »Ich trat von Lamboc über Bali Java Sumatra und die halb Insel wieder zurück, und kam über die heiligen Gewässer des Ganges nach dem alten mystischen Indien. aber ich war der Geschichte der Menschen entfremdet, und die Erinnerungen der Vorzeit sind dort nicht wie in Aegypten Risenhaften Monumenten aufgepragt, ich folgte der Küste und sah überall nur Europaer. Ich schritt, der Sonne vorauseilend, über den Indus, den Tigris und den Euphrates, und kam noch in der Nacht zu Hause in der Thebaïs, wo ich in den Nachmittags Stunden des vorigen Tages gewesen war.« | 536, 3 »Bananen« U. »Bananengewächse«.

Kapitel XI.

536, 29—30 »herumtaumelte« U. »herum tummelte« | 537, 6 »aber« U. »immer«. »an der Wand« U. »in der Wand« | 537, 17 »schwarzer Kleidung« U. »schwarzen Kleider« | 538, 7 »langen« U. »bangen« | 538, 21 »gehen« U. »ergehen« | 538, 26 »oder« U. »ob« | 538, 34 »Flechten« U. »Flechsen« | 539, 28 »niedergelegt. — Ich habe« U. »niedergelegt. Ich lege meinen Erfahrungen über den Magnetismus der Erde einen besondern Wehrt bei. — Ich habe« | 539, 34 »ein Drittel« U. »ein drittheil« | 540, 3 »fleissig« U. »eifrig« | 540, 10 »so lerne« U. fehlt »so« | 540, 11 »Geld« U. »Gold«.

Ausgegeben am 8. Mai.

Berlin, gedruckt in der Reichsdruckerei.

1919 XXIV. XXV

SITZUNGSBERICHTE

DER PREUSSISCHEN

AKADEMIE DER WISSENSCHAFTEN

BERLIN 1919

VERLAG DER AKADEMIE DER WISSENSCHAFTEN

IN KOMMISSION BEI GEORG REIMER

Die Kosten der Herstellung der Vorlagen haben in der Regel die Verfasser zu tragen. Sind diese Kosten aber auf einen erheblichen Betrag zu veranschlagen, so

SITZUNGSBERICHTE

1919.

XXIV.

DER PREUSSISCHEN

AKADEMIE DER WISSENSCHAFTEN.

8. Mai. Sitzung der physikalisch-mathematischen Klasse.

Vorsitzender Sekretar: Hr. Planck.

Hr. Beckmann sprach I. über Signalvorrichtungen, welche gestatten, in unauffälliger Weise Nachrichten optisch zu vermitteln (ersch. später),

II. über Sicherungen der Atmungsorgane gegenüber schädlichen Beimischungen in der Luft. (Ersch. später.)

Ausgegeben am 15. Mai.

1919.
XXV.

SITZUNGSBERICHTE
DER PREUSSISCHEN
AKADEMIE DER WISSENSCHAFTEN.

8. Mai. Sitzung der philosophisch-historischen Klasse.

Vorsitzender Sekretar: Hr. Diels.

1. Hr. Seckel las über »die Haftung des Sachschuldners mit der geschuldeten Sache (praecise teneri) im römischen Recht und nach der Lehre der mittelalterlichen Legisten«. (Ersch. später.)

Untersucht wurden das Kognitionsverfahren der klassischen Zeit, das spätrömische Recht, der widerspruchsvolle Inhalt der Justinianischen Rechtsbücher und die Weiterentwicklung der Haftung mit der Sache im Mittelalter, die zur gewohnheitsrechtlichen Anerkennung der Naturalhaftung aller Sachschuldner führt.

2. Hr. Norden legte eine Abhandlung des Hrn. Prof. Dr. H. Degering in Berlin vor: Über ein Bruchstück einer Plautushandschrift des 4. Jahrhunderts. Erster Teil. Beschreibung der Hs. (Ersch. später.)

Das aus der allen Hs. einzig erhaltene Blatt, jetzt im Besitz der Preuß. Staatsbibliothek, ist mit Purpurtinte beschrieben und enthält 51 Verse aus der Cistellaria. Hr. Norden wies auf die hohe Bedeutsamkeit des Fundes hin.

3. Hr. Erman legte einen Aufsatz des Hrn. Prof. Dr. Heinrich Schäfer in Berlin »über die Anfänge der Reformation Amenophis' IV.« vor. (Ersch. später.)

Ein neuerdings aufgetauchtes Relief des Königs zeigt ihn bei der Feier des sogenannten Jubiläums. Da der König auf ihm, wie deutliche Spuren zeigen, ursprünglich noch seinen Namen Amenophis getragen hat, so muß er dieses Jubiläum vor der zwischen Jahr 5 und 6 erfolgten Namensänderung gefeiert haben. Auf ebendieses Jubiläum geht auch eine Inschrift der Steinbrüche von Silsilis, die der Errichtung eines großen Obelisken gedenkt. — Mit diesem Feste treten wesentliche Änderungen im Namen des neuen Gottes und in seinem Bilde ein, die auf den entscheidenden Schritt zur Reformation deuten.

4. Hr. W. Schulze legte eine Mitteilung des Hrn. Prof. Dr. H. Jacobsohn in Marburg vor: Das Namensystem bei den Osttscheremissen. (Ersch. später.)

Die Namen der Kinder werden gern unter sich oder mit denen der Eltern durch Wiederholung derselben Elemente, durch lautliche Anklänge, Alliteration u. dgl. gebunden.

5. Hr. von Wilamowitz-Moellendorff legte den 2. Band seines Buches »Platon« (Berlin 1919) vor.

Einige Wohllautsregeln des Tscheremissischen.

Von Dr. Ernst Lewy.

(Vorgelegt von Hrn. W. Schulze am 3. April 1919 [s. oben S. 289].)

1. a) In den im III. Bande der Nyelvtudományi Közlemények (= NyK.) von Budenz veröffentlichten tscheremissischen Beispielsätzen Regulys finden wir als nr. 493 *tudo užo meň pört* (v. *pörtöm*) *onžumem* 'er sah mein das Haus ansehen' (d. h. 'er sah, wie ich das Haus ansah'), als nr. 494 *meň užom tudon pört onžumožom* 'ich sah sein das Haus ansehen'. *onžumo* ist das Verbalnomen 'das Sehen', an das im Satze 494 zuerst das Possessivsuffix der 3. Pers. Sing. *žo* und dann das Akkusativsuffix *m* angetreten ist. Im doch völlig analog gebauten Satze 493 finden wir in *onžum-em* nur ein Suffix.

b) Nr. 557 derselben Sätze lautet *kanadegeče ešte* [l. *ešta*] 'ohne Ausruhen arbeitet er', nr. 558 *meň šüdögeče it ešte* 'ohne meinen Befehl arbeite nicht.' Hier ist vom Verbalstamm *kan* das mit dem Kasussuffix *geče* versehene negative Verbalnomen auf *de* gebildet, während in nr. 558 an den Verbalstamm *šüd-* nur ein Suffix antritt.

c) In nr. 620 finden wir schließlich folgendes: *vara kandak šüdüreš punež el'e* 'dann für 8 Rubel wollte er es geben'; wo die Form *kandak* überrascht, da '8' in dem betreffenden Dialekt *kandakš(e)* heißt (NyK. III 436).

2. Für diese drei auffälligen Formen ergibt sich sofort die Erklärung, wenn man die Formen einsetzt, die man nach der theoretischen Analogie der Grammatik vorfinden sollte: ein *onžumo-žo-m* würde ein **onžum-em-em*, ein *kana-de-geče* ein **šüdö-de-geče* erwarten lassen, und natürlich müßte '8 Rubel' **kandakše šüdür* heißen. Es hat aber eben offenbar in diesen drei Fällen das stattgefunden, was man syllabische Dissimilation oder Haplologie nennt, wofür aus dem Gebiete der idg. Sprachen reiches Material vereint ist bei Brugmann, Gndr. d. vgl. Gr. d. idg. Spr. I² 857—863. (Zufällig finde ich bei Willmanns, Deutsche Grammatik II² 470 *gotechtic* 'gottesfürchtig' = *gote-dæhtic*, das ebenfalls in diesen Zusammenhang gehört.) Doch ist auf die Form

šüdögeče, die sich so schön erklären ließe, wenig oder gar nichts zu geben: sie scheint nur einem Verlesen ihr Dasein zu verdanken; denn Budenz erklärt am Schlusse seiner tscheremissischen Studien NyK. IV, 105, daß, wie in Satz 557 *ešta* statt *ešte*, so in Satz 558 *šüdödegeče* statt *šüdögeče* zu lesen ist. Wir haben also kein Recht mehr, *šüdögeče* als »zusammengezogene Form« (összevont alak) zu betrachten, wie es auch Beke, Cseremisz Nyelvtan (Budapest 1911) S. 168a* zu tun scheint, der aber aus einem Liede bei Porkka zwei andere Formen anführt, für die unser Erklärungsprinzip doch wohl zutrifft: *šüškaltə-δeč-at* 'ohne Pfeifen' z. B. gegenüber *koδə-te-γeče* 'ohne Auslassen' (Beke S. 166) oder *mante-γeče* G.[1] 53⁴⁻⁵ 'ohne zu sagen' etwa, von den Stämmen *šüškalt-* und *koδ-*, *man-* mit den Suffixen *-δeč* bzw. *γeče* von dem Verbalnomen auf *-te*, *δe* gebildet, erklärt sich so, wie wir für das apokryphe *šüdögeče* vermuteten.

3. Dennoch bleiben die Beispiele für die unter 1. b erwähnte Formenreihe ganz spärlich, während die für die unter 1. a erwähnte so häufig sind, daß Beke in seiner Grammatik, nachdem er das von mir als Ausgangspunkt gefaßte Beispiel im § 150 auch erwähnt hat, im § 218 so weit geht, die Regel zu formulieren: Bei Worten mit Possessivsuffix kann das Akkusativsuffix fortbleiben (Személyragos szókon is elmaradhat a tárgyrag). Aber die Beispiele, die er für das Fortbleiben des Akkusativsuffixes anführt, sind alle mit dem Possessivsuffix der **1.** Pers. Sing. versehen. Nur ein Beispiel zeigt das Possessivsuffix der **3.** Pers. Sing.: *worugem-že*. Hier haben wir, wenn nicht etwa der Auslauf des Wortes *worugem*[2] dissimilierend gewirkt hat[3], eine Folge des Anlauts des folgenden Wortes *moškukta*, wie

[1] Die Abkürzungen, die hier gebraucht werden, sind: B. = Пособіе къ изученію черемисскаго языка на луговомъ нарѣчіи протоіерея Θеодора Васильева, Kazan 1887. G. = A. Genetz, Ost-tscheremissische Sprachstudien. Helsingfors 1889. P. = V. Porkkas Tscheremissische Texte ... ebd. 1895. R. = G. J. Ramstedt, Bergtscheremissische Sprachstudien, ebd. 1902. R.-B. = Budenz, Cseremisz tanulmányok in NyK. III. IV (1864/65). Sz. = Szilasi, Cseremisz szótár ... Budapest 1901. W. = Wichmann in NyK. XXXVIII (1908). Wiedemann, Versuch einer Grammatik der tscheremissischen Sprache ... Reval 1847. Diese Quellen, von denen ich die erste der Güte Dr. A. Dirrs in München verdanke, vertreten folgende Dialekte: R. und Wiedemann westliche Dialekte von Kosmodenjansk. B., P., Reguly (in R.-B.) Dialekte des Ujezd Carewokokschajsk. G. den permischen, W. den uržumschen Dialekt. Die von mir hier zitierten eigenen Aufzeichnungen beziehen sich auch auf einen Dialekt von Carewokokschajsk, und zwar der Dörfer Onisola und Pamaštur der Wolost Šijakow.

[2] Als Akkusativ dieses Wortes habe ich in zusammenhängenden Texten notiert: *oza·n burgə·m̄ tš̄i·e·n*, neben *oza·n burgə̄·mem tš̄i·a·* und *burgə̄·mem*. Ähnlich habe ich notiert *ma·n* neben *mā·nən*.

[3] Ferndissimilationen haben wir wohl auch im Tscheremissischen. *eltem* = *eltä·lem* R. 20; *leγəldəm* aus **lektəldəm* Beke § 370, *3a·γaltaš* R. 9 a aus **3akt-alt-* Beke § 378: *3a·ktàš* R. 9 b.

dieses Budenz, NyK. III 446 richtig bemerkt hat[1] (weiteres hierüber s. unten § 10).

4. Obwohl im heutigen Magyarischen »das Akussativsuffix nach den mit den Possessivsuffixen — insbesondere der 1. und 2. Pers. Sing. — behafteten Stämmen weggelassen« werden kann (Riedl, Magyarische Grammatik S. 157), ist jene tscheremissische Eigentümlichkeit also nicht unmittelbar damit zu vergleichen, weil es sich hier um eine speziell tscheremissische Regelung handelt, die übrigens, begreiflicherweise, nicht überall und nicht völlig durchgeführt ist. Freilich liegt auch hier die Gefahr als möglich vor, daß die Aufzeichner nicht alle so fein und naiv gehört und notiert haben, wie es Reguly in jenen beiden Sätzen (493. 494) getan hat, die Gefahr, daß die Aufzeichner das Akkusativzeichen, das sie erwarteten, auch in die Sprache hineinhörten[2].

Beke führt § 193b Beispiele aus G. und R. an, in denen Nomina mit dem Possessivsuffix der 1. Person mit dem Akkusativsuffix versehen sind. Jedoch treten auch bei G. neben Beispielen der Art *ik ćəβe-m-əm naləm kaje* 8^{29} 'nimm eine meiner Hennen und geh', *ik taγa-m-əm naləm kaje* 9^{15}, *joltaš-em-əm kińelte* 13^{8}, *iγe-m-əm . . . kočkən* 26^{21} solche auf wie *kepšəl-em kušak pəštem?* 8^{26} 'meine Pferdefessel wohin lege ich?', *ćəβem kušak pet'rem?* 9^{2} 'Wo schließ ich meine Henne ein?', *ćəβem luδet tošken puštən* 9^{4}— 'deine Ente hat meine Henne totgetreten'; *luδem kušak pet'rem?* 9^{7}, *luδem kombet tošken puštən* 9^{9}—, *ik kombem naləm kaje* 9^{10}; 9^{12} *kombem*, 9^{16} *taγam*, 9^{20} *üškəžem* 9^{22}, 9^{25}; *üjem kočkeš* 36^{33}. Diese Fälle beweisen, daß auch im permischen Dialekt jene Regelung wirkt. Durchgeführt ist sie, wie ich nach meiner persönlichen Erfahrung behaupten darf, in manchen Gegenden des Ujezd Carewokokschajsk, und wohl auch bei P. Vgl. außer dem von Beke § 218 angeführten noch P. 4^{12} *šəδáñ-pərćém kuš pəštém?* 'mein Weizenkorn wohin leg ich?', . . . *ik ǯörätəmə ćəβém nal* 4^{16} 'eins von meinen lieben Hühnern nimm', vgl. noch 4^{19}; 4^{29} *luδém*, $5^{2,4}$ *kombém*, $5^{14, 23}$ *üškəžém*.

5. Bei R. kommt, soviel ich sehe, der Silbenschwund nicht in der betreffenden Formenkategorie des Nomens vor; daß er aber der westtscheremissischen Mundart nicht ganz fremd ist, beweist das auch

[1] Ist *jämv maskalen* 'er höhnt Gott' R. 196^{1} auch so zu erklären? Es darf aber nicht verschwiegen werden, daß auch sonst gelegentlich die Akkusativendung fehlt. R. 182_{9} *tsatkan lüen*ʸ*-golta* 'er schießt den Teufel'. In solchen Fällen wäre die reine Stammform emphatisch gebraucht. Vgl. Finck in diesen Ber. 1904. 1322—.

[2] Einen ähnlichen Fall glaube ich »Zur fi.-ugr. Wort- u. Satzverbindung« S. 21a *** aufgedeckt zu haben. Auch da mußte man die geniale Sprachauffassung Regulys bewundern.

von Beke S. 229a * mit Auszeichnung erwähnte Beispiel *oksam nama'l-yer'mem opten* ... 'Gold, soviel ich tragen konnte, steckte ich' (in meine Tasche). *yer'mem* ist das bereits erwähnte *-m*-Verbalnomen, versehen mit dem Possessivsuffix der 1. Pers. Sing., aber auffallenderweise ohne Akkusativsuffix, das man bei dem nachgestellten Attribut ebenso wie bei dem Nomen (*oksa-m*) unbedingt zu erwarten hätte. Ob in dem anderen westtscheremissischen Dialekte, über den mir Angaben zugänglich sind, dem von Wiedemann behandelten, etwas Vergleichbares existiert, kann ich nicht feststellen: vielleicht ist es der Erwähnung wert, daß unter den Beispielen für die Verbindung der Possessivsuffixe und Kasussuffixe, die Wiedemann § 37 aufzählt, zwar mehrere für die der Possessivsuffixe der 2. und 3. Pers. mit dem Akkusativsuffix sich finden, aber keins für die des Possessivsuffixes der 1. Pers. mit dem Akkusativsuffix.

6. Es werden sich wohl noch manche Bildungen im Tscheremissischen finden, die sich auf diese Weise erklären lassen: *kūgo'rno* 'Chaussee' aus **kūg₀go'rno* 'großer Weg' (P. 13^{26} *kúgə kórnə*); *kugéče* 'Ostern' Sz. 95 aus **kug₀geče* 'großer Tag', daneben auch *kueče* Beke § 114b (die daselbst angeführten Beispiele für »Ausfall des γ« werden wohl alle anders zu verstehen sein). Weiter *šəm* '7' neben *šəšəm* (Beke § 114f); vgl. noch *šəm* neben *šəšəm* bei G. 403, dessen Bedeutung freilich dunkel ist. Ferner *šör* 'Milch' neben *šüžer* (Sz. 228, 239).

7. Schließlich kann so vielleicht eine Erklärung von Budenz, die ich selbständig gefunden hatte, ohne zu ahnen, daß sie schon vor mehr als 50 Jahren gegeben worden ist, zumal da Beke § 153 seiner Grammatik sie der Erwähnung nicht einmal für wert hält, wieder zu Ehren kommen. Es handelt sich um jene Fügung, die, um sich der Worte Wiedemanns (§ 143) zu bedienen, dem 'Gerundium der vergangenen Zeit in den slavischen und romanischen Sprachen' entspricht und dazu dient, 'um deutsche, mit »nachdem« gebildete Adverbialsätze der Zeit auszudrücken'. Sie ist überall häufig, nur bei G. kommt sie nicht vor. Bei P. 18^{21-22} heißt es z. B. *šóšəm šuméŋgə βütá körgə γəčən βöľəkəm lüktən koltəméŋgə, nur šerəmžəm kumδám əštə* 'nachdem der Frühling gekommen ist, aus den Viehställen das Vieh herausgelassen ist, die Weideplätze breit mache'; bei G. 57^{23-24} entspricht dem: ... *šošəm šuən; kum neřən lüktən koltən nur šerəške; susəržəm taza ləštən* ... 'der Frühling kam; in drei Gruppen herausgelassen ist (das Vieh) auf die Weideplätze; das Kranke gesund machend ...' Der Satzbau bei G. ist so einfach, daß jene Vorstufe der Periode — ein Vorgangsausdruck wird einem anderen untergeordnet — nicht existiert. In den übrigen Texten liegen die Verhältnisse, soweit ich sie übersehen kann, folgendermaßen:

Westliche Dialekte

-mynga[1]	*-maka, makə*[2]
Wiedemann § 143	R. (s. Beke § 153)

Östliche Dialekte

-meke, meg[3]	*-méñgə*[4]	*-(mə)mö̆ñgə*[5]
R.-B. (s. NyK. IV 92)	P. (Unscha), B. 32	P. (Morki [und Nöröpsola])
	-mē·kε[6]	*-(mə̑)möŋgə̑*[7]
	Ońisola	W.

Aus dem Nebeneinander von Formen auf *-mö̆ñgə, möŋgə̑* und *-mə, mə̑ mö̆ñgə, möŋgə̑* bei P. und W. folgt geradezu mit Notwendigkeit, daß auch die Formen auf *méñgə* auf dem Wege haplologischer Kürzung entstanden sind, und auch Beke § 114e und § 286 erkennt *tolme·ŋgəna* als aus **tolmə me°* entstanden an. Die Formen mit bloßem *-k* von denen mit *-ŋg* zu trennen, scheint trotz der lautlichen Schwierigkeit[8] kaum möglich; vielleicht darf man auch in diesem Zusammenhang an das mordw. *ḿeḱej*... (Beke § 286) erinnern. (Vgl. Setälä, Stufenwechsel 86, Paasonen KSz. 16. 59a**). Bemerkenswert ist noch, daß die Trennung in *-ŋg* und *-k*-Formen nicht etwa der Einteilung in westliche und östliche Dialekte entspricht[9].

---

[1] Z. B. *koltemynga, l'äkmynga* oder *l'äktemynga, kejemynga, kolemynga, ertemynga.*

[2] Z. B. R. 195^{6} *šoŋgemmakəžə kolen'-geä* 'als er alt geworden ist (*šoŋgem-*), stirbt er'.

[3] Z. B. R.-B. nr. 713 *meñ tudəm šongemegše iže šiǐžem* 'ich kenne ihn nur, nachdem er alt geworden ist'.

[4] *kaiméñgə* P. 16^{29-30}, $19^{4.22.25.28}$, 20^{5} (= *-gemakəžə* R.); *koltəméñgə* 15^{21}, 18^{22}; *ləkméñgə* $17^{7.21}$ (= *lü'makəžə* R.); *oilaméñgə* 19^{33}; *purəméñgə* 16^{32}, 19^{35-36}, *purméñgə* 20^{8} (= *paramaka* R.); *šəndəméñgə* 15^{13} (= *šindəmakə* R.); *šoγalméñgə* $19^{7-8.31}$, *šoγalmeñgəná* 16^{11}, 17^{26}; *šuméñgə* $18^{21.26}$, $19^{1.7}$; *šuktəméñgə* 16^{10}; *tolméñgə* 17^{34-35}, *tolméñgəna* 15^{10} (= *tolmaka* R., *tolmeg* R.-B.); *tüñalmeñgəná* 16^{1} (= *tiŋgälmakə* R.); *užaləméñgə* 17^{31}.

[5] *čiktəmə mö̆ñgə* P. 13^{2}; *értəmə* 9^{2}; *kolmə* 9^{6}, 14^{9}; *lékmə* 10^{14}, 13^{8}; *limə* 8^{17}; *mánmə* 13^{10}, 14^{8}; *múrmə* 12^{14}; *pítmə* 9^{16}; *pə̑štəmə* 9^{14}; *potárəmə* 8^{12}, *patarmem* 8^{29-30}; *šimə* 21^{9}; *šúmə* 8^{24}, 14^{4}; *tólmə* 9^{1}, 12^{15}, *tólmə mö̆ñgəžə* 12^{23-24}; *užmə* 8^{19}, 9^{79}, 10^{2}; daneben aber auch *šúktə(mə) mö̆ñgel* 20^{28}, *limö̆ñgə* $21^{3.14}$ (neben *limə mö̆ñge!*), *nalmö̆ñgə* 21^{10-11}.

[6] Z. B. *izi/ə·k limē·kε* 'nach einiger Zeit' = *izišák limə mö̆ñgə* P. $8^{2-3.4}$, 10^{22}, 12^{32}, 13^{13-14}; *iziš limakə* R. 196^{2}; *pi/tεmē·kε*; *tī·dε wərgē·mam t/imē·kε pε/ sorā·lam kojē·/* 'wenn man dies Kleid angezogen hat, sieht es sehr schön aus'.

[7] *pi uρ̌šaš purmöŋgə̑, möŋgeš nàlə̑n ol kert* W. 211 nr. 21 'nachdem es in den Mund des Hundes gekommen ist, zurücknehmen kannst du es nicht'; *alašäžə̑m kil'škàlə̑n šoγa'ltə̑mə̑-möŋgə̑, šül'əž-at ogeš kül* 218 nr. 2 'wenn man das Pferd angespannt hat, braucht es keinen Hafer'.

[8] Die auch Budenz schon (NyK. IV 93) hervorhob, und die wohl Beke zu seiner neuen Erklärung der *-k*-Formen (aus einem [hier weiterhin aus *-tkə* entstandenen § 115.6] *-kə*-Lativ des *-m*-Verbalnomens § 153) veranlaßt hat. Warum soll sich aber dies alte Lativsuffix nur hier erhalten haben, da doch gerade die an das betreffende Verbalnomen tretenden Kasussuffixe durchaus die regelmäßigen sind?

[9] In einem kleinen Букварь для горныхъ черемисъ (Kazan 1892), das ich auch Hrn. Dr. Dirr verdanke, finde ich (ich transkribiere) S. 11: *jumə̑lan ə̑dəlmə̑ket, päšäm ə̑štaš təŋgäl* 'wenn du zu Gott gebetet hast, fange deine Arbeit an'; S. 13: *tə̑n pumə̑ŋgət*

8. Zur Begründung seiner Erklärung[1] hat Budenz (NyK. IV 93; vgl. auch III 445) bemerkt, daß das Tscheremissische gleichartige doppelte Konsonanten nicht liebt. Er hat mit dieser Feststellung durchaus recht, wenn ich auch bei dem Neufund seiner Erklärung nicht die Kürzung langer Konsonanten, sondern die Haplologie zu berufen für richtiger hielt. Man ist freilich manchmal sehr im Zweifel, was richtiger ist, *pundašte* z. B. auf **pundaš-šte* oder auf **pundašə-šte* zurückzuführen; vorläufig ist wohl weder das eine noch das andere zwingend zu beweisen. Beke entscheidet sich § 116 für die Erklärung durch Kürzung langer Konsonanten und führt da zunächst die *škə-*, *štə-*Kasus der auf *š* und *ž* auslautenden Nomina (vgl. noch § 160 c, d)[2], dann die Negativa auf *te* und *təmə* der auf Dental auslautenden Stämme an. Dazu stellt er *βa·tər* aus *βat-tər* R. 19 und *tsero·tona* aus *tserot tona* R. 151 sowie *ia·lapa* neben *ia:lla·pa*. Wir fügen hinzu *βütelə̑žəm* P. 42 nr. 52 'Schnepfe' = *wüttele* Sz. 290 (*wüt*), 245 (*tel'e*); ferner *pakӯ·žə* 'Taschenmesser' (vgl. Sz. 156) und *pȯty·r* 'Topfrand' aus eigener Aufzeichnung; weiterhin den *geč(ən)*-Kasus der auf Guttural auslautenden Nomina: *saldakeč* R.-B. nr. 21 (aus *saldak-k°*), *esslekeč* nr. 73 (daneben *jugkuč* nr. 74), *mešäkytsən* R. 68 (unter *lè·lə*), Beke § 252 (daneben *γarak·kyts* R. 190[7], Beke § 252, *šündək-kytsən* R. 189[6]); *ikana*, *kokana* 'einmal, zweimal' Beke § 345; die Kausativa auf *-tar*, *tär* der auf Dental auslautenden Verba (Beke § 384); *ertä·räš : e·rtäš* R. 20, *ošta·raš : o·štaš* R. 33, *patä·räš : patäš* R. 112; *ürəktäräš* R. 93 wohl aus **ör-əkt-tär-*. Wenn schließlich R. 6 *ämä·ľläš* neben *ämä·läš* verzeichnet, haben wir wohl hier einen Fall der Verkürzung (anders freilich Beke S. 286a *).

9. Zu den Beispielen der Vereinfachung von *-ll-* ist vielleicht noch ein Beispiel zu zählen, dem Beke S. 190 eine wichtige Rolle zugeteilt hat. Er sieht nämlich in dem *än* des Wortes *stelän* bei R. 210[7]— *ši stelän pišten . . . kanam kerδeš* 'auf den Silbertisch stellen . . . wenn er kann' 209[4] *ik stelän opten . . . kanam kerδeš* 'auf einen Tisch legen . . . wenn er kann' die alte finnisch-ugrische Lativendung in der Form *an*, *än* bewahrt. Es schiene mir nun schon höchst sonderbar, um nicht zu sagen, unbegreiflich, daß in einem Worte (Lehnworte übrigens), das weder durch seine Form noch durch seine Bedeutung eine irgendwie eigentümliche Stellung im Bau der Sprache ein-

nənə pogat... 'wenn du es gegeben hast, sammeln sie es'. Die betreffenden Stücke sind also in zwei verschiedenen Färbungen des Bergtscheremissischen abgefaßt; anders ist das Nebeneinander der Formen nicht zu verstehen.

[1] Ebenso NyK. XX (1886—87) 278.

[2] So auch *kərme·štäš : ko·rmaž* (R. 54) aus **kormaž-ešt-* Beke § 353. Vielleicht so auch *ərβè-šämət'š* W. 208 nr. 26 als Plural von *ərβèžə* (Beke § 114 g), zunächst aus **ərβèžə-šämət'š*; *ərβe(zə)-šámač* steht bei P. 8[29]. s(z?) wechseln ja mit š(ž?); s. R. X, was ich aus eignem Hören bestätigen kann.

nimmt, eine alte Endung allein (außer in einigen Postpositionen) bewahrt sein sollte, wenn nicht die erwähnte Vereinfachung von Doppelkonsonanten geradezu dazu aufforderte, *stelän* aus **stel-län* zu erklären. Daß R. 184^{12} *skallan* hat (Beke S. 210), stört, wie ich glaube, diese Annahme nicht. Ich halte es für durchaus möglich, daß auch Ramstedt, dieser vorzügliche Aufzeichner, sein phonetisches Können dem grammatischen Analogisierungstrieb einmal unbewußt hat opfern können, wenn nicht gar wirklich der Sprecher langsam geradezu *skal-lan* gesprochen hat. (Die Bedingungen sind übrigens bei *stelän* und *skallan* nicht ganz die gleichen.) Und *mešäkɨtsən* neben *sündəkkɨtsən* (s. § 8) liegen ja bei R. nebeneinander[1]. Leider kann ich einen ganz analogen Gebrauch des *-lan*-Kasus aus den mir bekannten Texten bei den Verbalstämmen *pišt*, *pəšt-* und *opt-* nicht nachweisen. Diese werden in den meisten Fällen mit den vielfach ja ganz gleichbedeutenden *əš* ~ *eš-*[2] und *ške*[3]-Kasus verbunden. Jedoch stehen auch diese Suffixe der Bedeutung nach der von *-lan* nicht völlig fern, wie W. 227 nr. 18 *izi βüδet joγaleš, kuγu βüδəšket ušnaleš* 'das kleine Wasser fließt, mit dem großen Wasser vereinigt es sich' beweist, dem bei P. 44 nr. 64 *izi βüδet ǯoγaleš, kuγu βüδlan ušnaleš* entspricht. Ähnlich gibt R.-B. nr. 68 'für den Diebstahl schlugen sie ihn' durch *šološtmolan* (oder *šološtmašeš*) *tudom kerece*; vgl. auch noch R.-B. nr. 38 *miň tudom oroleš* (*orollan* ritkább [seltener]) *tarlešem* 'én öt örül (örnek) fogadtam (béreltem)' 'ich

[1] Ich möchte darauf hinweisen, daß wohl alle, die sich bis jetzt mit lebenden Tscheremissen beschäftigt haben, phonetische Varianten aufgezeichnet haben. Ich gebe hier eine Liste solcher Doppelformen: **R.-B.** nr. 351 *šukerak* ~ 355 *šukorak*, 413 *senže*, *sinže*, 816 *miň* ~ 817 *meň*, 836 *petemeške*, *potemeške*; **G.** 39^{18} *šüδr-at* ~ 41^{12} *šüδ'r-at*, 31^{11-12} *liən*, *lin*, 40^{4} *ul'mo kürəm* ~ 40^{13} *ul'mo γürəm*, 45 nr. 7 *uφšašte*, *umšašte*, 46 nr. 35 *uχšəž*, *ukšəž*, 47 nr. 41 *opša*, *oφša*, 56^{12} *sakləza*, *-źa*, 56^{27} *keče*, *kečə*, 56^{32} *šište*, *šištə*, 57^{25} *kočmo*, *kotmo*, 58^{22} *oto*, *otə*, 58^{32} *βüč*, *βič*, 60^{29} *talβe*, *talβə*; Paasonen KSz. II 126 *č'inž'e-punan* ~ 127 *č'inž'e-wunan*, 206 *təlmač'len* ~ 130 *tolmat'len*; **P.** 6^{2} *akai* ~ *akəi*, 6^{18} *kaikšə* ~ 6^{20}*ka'ikšät*, 83 *limə* ~ 8^{17} *limə*, 15^{23} *türlə* ~ $17^{9,10,17}$ *türl'ə*, 21^{8} *ǯəδá*, *ǯeδá*; **R.** 2 *a·iδü* ~ *aiδa·*, 3 *a·matäδər* ~ *amatä·δər*, 4 *araša-* ~ *arаša*, 7. *äŋgəsər* ~ *üŋgsər*, 56 *kötəryen* ~ 201^{8} *kötəryen-geä*, 88 *nündžɨkam* ~ 40 *nündžakam* (*katskalanda·raš*), 55 *γo·ršen* ~ 118 *γoršen*, (*sändälək*), *manəš* ~ 184^{1} *manəš* ~ 184^{11} *manš*, 68 *lək'šä·rγə* ~ *ləšä·rγa*; **W.** 208 nr. 21 *koremeš* ~ 209 nr. 34 *korèməš* (Beke § 223); vgl. noch Beke § 182, 184. Es handelt sich ja oft um sehr kleine Differenzen; einige sind vielleicht nur Druckfehler, aber bei weitem nicht alle, ja **G.** besonders gibt ausdrücklich Doppelformen an. Ich führe diese Fälle an auch als Vorbereitung für die Texte, die ich veröffentlichen werde, und möchte nur bemerken, daß ich es für gefährlich halte, das Ziel phonetischer Aufzeichnungen in einer möglichst verfeinerten Orthographie zu sehen.

[2] *pišt* — R. 181^{6}, 182^{5}; R.-B. nr. 424; P. 46 nr. 79; G. 5^{20} (*kočkašəžə pərəš βoleš pəšten puat imne unžəšəlan* 'ihre Speise in den Trog der Katze legen sie der Pferdehüterin'), $6^{6,7}$, $8^{26,27}$, 14^{20-}, 29^{1}, 36^{34}, 37^{15}, $40^{11,18}$, 48 nr. 62; *opt* — R. 171^{2}, $178^{10,11}$, 178—79, 210^{4-5}; P. $21^{7,11}$, 35 nr. 6, 37 nr. 21; G. 7^{28}, 8^{14}, 51^{14}.

[3]) *pišt* — R. 191^{9}, 203^{4}; R.-B. nr. 96, 107, 423, 488, 663; G. $14^{2-,17,31-}$, 22^{14}, 37^{24}; *opt* — R. 171^{1}, 186^{8}, $192^{9,10}$; P. 19.

mietete ihn als Wächter'; nr. 39 *tudó miň-dekem kütüčöš* (*kütüčölan* ritkábl) *tol'o* 'er kam zu mir als Hirt'. Erinnern darf man vielleicht an *kö jumalan nadïram pïšten* 'wer Gott ein Opfer gab' Nyk. III 153 nr. 1, *küčen tolšəlan pəšten kolten* G. 58 34 'dem bettelnd Kommenden spendend'. *tuδo kok munəštə ik munəžəm pəšten uləl kinδə-perkelan* P. 37 nr. 19 'von diesen beiden Eiern das eine Ei legten sie auf Saatenglück'; wohl auch an die postpositionalen Verbindungen: . . . *tuməžə ǯümalan* . . . *pəžašəm opten* P. 53 nr. 114 'unter die Eiche bauten sie ihr Nest'; *kušmə šuδən ümbalanžə*[1]. . . *pəžašəm opten* P. 55 nr. 127 'auf das gewachsene Gras bauten sie ihr Nest'; *šáγəže ümbalán*[1] *tüšmáš kinδəm pəštén* P. 15[11] 'auf die Bank ein ganzes Brot legten wir'; *peste poγšelan pəšta* G. 23[22]— 'in eine Umzäunung legt er ihn'.

10. Bei der Bildung der Komposita herrschen, wie Beispiele in § 8 zeigten, dieselben Regeln wie bei der Wortbildung durch Suffixe. Sie scheinen aber, wenn es auch klar noch nicht ausgesprochen worden ist (vgl. aber Budenz' Bemerkung § 3), auch für den Satzzusammenhang zu gelten. Für die Erscheinung des Silbenschwundes im Satz hat Reguly das § 1 c aufgeführte Beispiel aufgezeichnet, und bevor ich noch jenen Silbenschwund erkannt hatte, habe ich aufgezeichnet: *nv·no ʃu̇·k ʃone·n olv·t* 'diese dachten, es ist ein Wurm' (*ʃu̇·kʃ₀*). Ich traute bei der Aufzeichnung der Erzählung zuerst meinen Ohren nicht, aber der Satz kam mehrmals vor, und die Erklärung ist ja wohl einwandfrei. Nun ist auch die Vereinfachung gleicher zusammentreffender Konsonanten schwer zu beobachten, jedenfalls nicht bei langsamem Sprechen, wo der Erzähler auf den mangelhaft verstehenden Zuhörer Rücksicht nimmt und die Pausaformen anwendet. (Bei der Aufzeichnung mordwinischer Texte habe ich das auch deutlich beobachtet.) Für die folgenden Beispiele glaube ich aber die Verantwortung übernehmen zu dürfen: *keta·tök mī* 'wenn du kannst (*keta·t-tök*), geh', *sū tutla·n ok suji·tl* 'das Gericht (*sūt*) urteilt deshalb (*tutla·n*) nicht', *a ʃkε·ʒε ε·rla ada·k kaj tʃodra· koʃta·ʃ* 'aber du selbst gehst (*kajεt*) wiederum morgen im

[1] Vgl. *üstembalnə šinǯəšə köraγažə* P. 36 nr. 11 'der auf dem Tisch stehende Humpen', *nemnan kuməl üstembalnə* P. 39 nr. 32 'unsere Freude ist auf dem Tische' (vgl. B. Beilage 7 истэл умбална . . . на столѣ . . .). Mit der Anführung der obigen Beispiele im Texte soll nicht behauptet werden, daß *ümbalán* auf **ümbal-lan*, *poγšelan* auf **poγšel-lan* zurückgehen s. Wichmann JSFO u. XXX 6.15—. Nur hat diese Form der Postpositionen die Funktion des *lan*-Kasus beim Nomen, wie der *č*-Kasus der Postpositionen die Funktion des *geč(ən)*-Kasus der Nomina. Für die Möglichkeit, den *lan*-Kasus an den betreffenden Stellen zu gebrauchen, spricht schließlich schwach auch noch der Umstand, daß *pəšt-* auch mit *ümbak* verbunden auftritt, also mit einer mit einem andern alten Lativsuffix gebildeten Postposition: *sorlám βač ümbák pəštén* P. 21[1] 'die Sichel auf die Schulter legend', *ik uškalém kapká ümbák βuižəm pəšta* . . . P. 27 nr. 92 'eine meiner Kühe legt ihren Kopf auf die Pforte . . .' (vgl. noch P. 16[21], 19[16], 20[8—9]).

Walde (*tʃodra*) streifen', *erla·da ka·in tʃodra·ʃ* (aus *erla· ada·k ka·im tʃodra·ʃ*) 'wiederum morgen geh' ich in den Wald', *i kutko welε· o·k pᵤł* 'eine (*ik*) Ameise nicht nur beißt', *bordε· kaja·* 'er geht zu dem Diebe (*bordεk*)', *oza· robotniktε· kaja·* 'der Herr geht zu dem Knecht (*robotniktεk*)', *bȳ·tε·kajā·* 'er geht nach Wasser (*byttεk*)', *ka·łökᵢʃtε młatʃε·m ada· kua·tlē ₒłmā·ʃın* 'im Volke ist einer noch (*adak*) stärker als ich', *pī·ŕε ōko·ị* 'der Wolf erscheint nicht (*ok koị*)'; *d'ī ʃā·mötʃ małā·t ᵢlε·* 'die Familienmitglieder (*d'īʃ* und »Plural«zeichen *ʃāmötʃ*) schliefen', *tʃodra·tᵧr ʃue·ʃ* 'er kommt an den Waldrand (*tʃodratᵧ·r.ʃ*)'; *b'e srabō·tʃm̥* 'einen andern (*b'es*) Schlüssel'; *ko·rnᵤ mūdā·* 'ihr findet den Weg (*ko·rnᵤm*)', *kēta· manε·ʃ* 'ich kann (*ketam*), sagt er', *kū marī· ułna·* 'wir sind drei (*kum*) Tscheremissen'. Es schwindet also der erste der beiden zusammentreffenden gleichen Konsonanten, wie es scheint, öfter unter Längung des vorausgehenden Vokals. Es handelt sich also wohl um eine »Verschiebung der Silbengrenze« in umgekehrter Richtung, als sie bei Sievers, Phonetik[5] § 839 beschrieben ist. In einem gewissen Zusammenhang mit dieser muß wohl auch jene andere satzphonetische Erscheinung stehen (Verschiebung der Silbengrenze in derselben Richtung auch da), die, soviel ich weiß, überhaupt im Tscheremissischen noch nicht beobachtet ist, und für die ich einige Beispiele anführen will: *a mo·tᵢ ka·lök o·ntʃen ʃo·łgat ty·lnə* 'aber das andere Volk steht zusehend unten (*ylnə*)'; *ʃo·lʒo ʃındʒa·ʒᵢ o·k kuʒ* 'des kleinen Bruders Augen sehen nicht (*ok uʒ*)', in der Hoffnung, daß andere diese Beobachtungen an lebenden Sprechern vervollständigen werden.

Ausgegeben am 15. Mai.

Berlin, gedruckt in der Reichsdruckerei.

1919 XXVI. XXVII. XXVIII. XXIX

SITZUNGSBERICHTE

DER PREUSSISCHEN

AKADEMIE DER WISSENSCHAFTEN

MIT TAFEL V

BERLIN 1919

VERLAG DER AKADEMIE DER WISSENSCHAFTEN

IN KOMMISSION BEI DER
VEREINIGUNG WISSENSCHAFTLICHER VERLEGER WALTER DE GRUYTER U. CO.
VORMALS G. J. GÖSCHEN'SCHE VERLAGSHANDLUNG. J. GUTTENTAG, VERLAGSBUCHHANDLUNG.
GEORG REIMER. KARL J. TRÜBNER. VEIT U. COMP.

der Sitzungsberichte, in den Abhandlungen 12 Druckbogen von je 8 Seiten in der gewöhnlichen Schrift der Abhandlungen nicht übersteigen.

1919. XXVI.

SITZUNGSBERICHTE

DER PREUSSISCHEN

AKADEMIE DER WISSENSCHAFTEN.

15. Mai. Gesamtsitzung.

Vorsitzender Sekretar: Hr. Diels.

1. Hr. Einstein sprach über eine Veranschaulichung der Verhältnisse im sphärischen Raum, ferner über die Feldgleichungen der allgemeinen Relativitätstheorie vom Standpunkte des kosmologischen Problems und des Problems der Konstitution der Materie.

Der Vortrag war im wesentlichen ein Referat über die Abhandlung des Verfassers »Spielen Gravitationsfelder im Aufbau der materiellen Elementarteilchen eine wesentliche Rolle?« (Sitzungsber. XX, S. 349—356. 1919.)

2. Hr. Norden legte den zweiten, die plautinische Überlieferungsgeschichte betreffenden Teil der Abhandlung des Hrn. Prof. Dr. H. Degering in Berlin »Über ein Bruchstück einer Plautushandschrift des 4. Jahrhunderts« vor. (Ersch. später.)

Die Handschrift, der das erhaltene Blatt angehörte, entstammt einer Überlieferung, die der palatinischen nahe verwandt war. Der Wert ist für die Erkenntnis der alten Handschriftenfiliation der plautinischen Stücke beträchtlich.

3. Hr. Penck legte eine im Geographischen Institut der Berliner Universität bearbeitete Karte über die Verbreitung der Deutschen und Polen längs der Warthe-Netze-Linie und der unteren Weichsel vor.

Die Karte ist im Maßstabe 1:100000 entworfen und gibt die Zahl der Deutschen und Polen in den einzelnen Siedlungen durch farbige Punkte an. Sie gestattet mit einem Blicke deren absolute Zahl und ihr gegenseitiges Verhältnis zu überblicken. Die 18 bisher gedruckten Karten zeigen deutlich, daß sich eine deutsche Brücke von der Mark Brandenburg nach Ostpreußen zieht. Die Darstellung läßt ferner erkennen, daß eine vom Ingenieur Jakob Spett entworfene Nationalitätenkarte der östlichen Provinzen des Deutschen Reichs, verlegt bei Moritz Perles in Wien, gedruckt bei Justus Perthes in Gotha, nicht das ist, was sie vorgibt, nämlich nach den Ergebnissen der amtlichen Volkszählung vom Jahre 1910 bearbeitet zu sein. Sie gibt vielmehr das Prozentverhältnis von Deutschen zu Polen in zahlreichen Fällen zu klein und die Gebiete für polnische Ortschaften zu groß an. Sie erzielt dadurch ein für die Polen äußerst günstiges Bild, das als eine dreiste Fälschung bezeichnet werden muß.

4. Hr. Dragendorff überreichte sein Buch »Westdeutschland zur Römerzeit«. 2. Aufl. (Leipzig 1919).

5. Die Akademie hat auf den Vorschlag der vorberatenden Kommission der Bopp-Stiftung aus den Erträgnissen der Stiftung Hrn. Dr. Gustav Burchardi in Berlin-Friedenau zur Förderung seiner Forschungen über Zahlensysteme 1350 Mark zuerkannt.

6. Das korrespondierende Mitglied der physikalisch-mathematischen Klasse Hr. Friedrich Merkel in Göttingen feierte am 4. Mai sein goldenes Doktorjubiläum; die Akademie hat ihm eine Adresse gewidmet, welche in diesem Stück abgedruckt ist.

Adresse an Hrn. FRIEDRICH MERKEL zum fünfzigjährigen Doktorjubiläum am 4. Mai 1919.

Hochgeehrter Herr Kollege!

Der Tag, an welchem Sie vor fünfzig Jahren mit Ihrem Erstlingswerke in die Reihe der wissenschaftlichen Forscher eintraten, gibt der Preußischen Akademie der Wissenschaften vollen und gern gesehenen Anlaß, Ihnen als korrespondierendem Mitgliede aufrichtige und herzliche Glückwünsche zu Ihrer reichen Lebensarbeit auszusprechen.

Kein Feld der anatomischen Disziplinen ist von Ihnen unbebaut geblieben, und auf allen Feldern hat Ihre Arbeit vollwertige Frucht gebracht. Ihre Inauguraldissertation und die bald darauf erschienene Habilitationsschrift wendeten sich dem feineren Baue des Sehorganes zu, dessen gründlicher Erforschung Sie auch später in einer monographischen Bearbeitung treu blieben. Auf dem Gebiete histologischer und mikroskopisch-anatomischer Forschung bestätigten und deuteten Sie die wichtige Entdeckung SERTOLI's besonderer verästigter Zellen in den Samenkanälchen und wiesen nach, daß nicht diese die Mutterzellen der Spermien, die »Spermatoblasten«, seien, wie es von hochangesehener Seite angenommen worden war, sondern die auch bisher als Spermienbildner angesehenen, zwischen ihnen gelegenen rundlichen Zellen. Erst seit diesem Nachweise konnte in dem ungemein schwierigen Gebiete der Spermiogenese auf sicherem Wege vorgegangen werden. Weitere Forschungen führten Sie zu der Entdeckung der Tastzellen und zu der Feststellung, daß die sogenannten Thoraxfibrillen der Insekten echte gestreifte Muskelfasern sind. Dem chemotechnischen Rüstzeuge mikroskopischer Forschung führten Sie das vielfach benutzte Xylol zu und widmeten ihr ein wertvolles Werk mit Ihrem Buche »Das Mikroskop und seine Anwendung«. Weitere histologisch-mikroskopische Beiträge lieferte Ihre Sammelschrift von Arbeiten aus dem von Ihnen geleiteten anatomischen Institute der Universität Rostock und Ihre grundlegende Monographie über die Endigungen der sensiblen Nerven in der Haut der Wirbeltiere. Vieles Neue brachten Ihre Untersuchungen über das Altern der Gewebe, ein bis dahin kaum beachtetes Gebiet der Gewebelehre. Kritisch beleuchteten Sie noch jüngst die so viel umstrittene Frage des Epithelbegriffes.

Das zweite von Ihnen besonders bebaute Feld ist die systematisch-beschreibende und topographische Anatomie. Sie führten sich darin ein mit Ihrer Abhandlung über die Linea nuchae suprema am menschlichen Hinterhauptsbein. Das Werk kann als ein Muster gründlicher anatomischer Untersuchung bezeichnet werden und zeigt, wie ein scheinbar kleiner Fund in guter Darstellung und richtiger Verwertung nach vielen Seiten anregend und weitergreifend wirken kann. Es folgten Ihre Beschreibung der Halsfascie, die maßgebend geworden ist, der Nachweis des Halsfettkörpers, des Schenkelsporns und Ihre Arbeit über die Lendenwirbelsäule, in allen diesen Erwerbe von bleibendem Werte. Die reifste Frucht Ihrer anatomischen Tätigkeit bringt aber Ihr großes »Handbuch der Topographischen Anatomie«, in welchem Sie in vieler Jahre Arbeit ein fundamentales Werk durchaus eigenster Forschung schufen; jede Zeile zeigt, daß sie das Ergebnis eigener Prüfung ist, fast jede Abbildung ist Original; es wird eine reiche Fundgrube topographisch-anatomischer Feststellungen bleiben. Damit ruhte aber Ihre Arbeit auf diesem Gebiete nicht; erst im vorigen Jahre vollendeten Sie Ihr Lehrbuch nebst Atlas der systematischen Anatomie des Menschen.

Auch der Entwicklungsgeschichte und der Anthropologie sind Sie nicht fremd geblieben. Die von Ihnen gelieferten Schnittbilder menschlicher Embryonen, und besonders Ihre Untersuchungen über das postembryonale Schädelwachstum bringen dauernd wertvolle Erwerbe. In der Anthropologie beteiligten Sie sich durch eine Darstellung der einschlägigen Verhältnisse der Bewohner des Leinegaues.

Dankbar sind Ihnen sicher alle Fachgenossen und viele über diesen Kreis hinaus, darunter auch die Preußische Akademie der Wissenschaften, für das treue und schöne Lebensbild, welches Sie pietätvoll von Ihrem Ihnen persönlich nahestehenden Lehrer und Vorgänger im Amte, der größten Meister einem aus der Zunft Vesals, von Jakob Henle, entworfen haben.

Wie hoch Ihre gründliche und erfolgreiche Arbeit bewertet wurde, zeigt die rasche Folge Ihrer Berufungen, die Sie schon zwei Jahre nach Ihrer Habilitation in Göttingen als Ordinarius nach Rostock und zehn Jahre darauf zum Lehrstuhle Karl Ernst von Baers und Heinrich Rathkes nach Königsberg brachten, und von da zwei Jahre später nach Göttingen zurückzogen. Auch die Straßburger neue deutsche Universität hatte Sie im Jahre 1883 in Vorschlag gebracht.

Sollen wir mit dieser Erinnerung unsere heutige Feier Ihrer wissenschaftlichen Arbeit und unsere Wünsche für Sie abschließen? Ja!

Aber verbinden wir die Vergangenheit mit einem Blick in die Zukunft: sehen wir den Geschicken unseres Vaterlandes, so hart sie erscheinen, fest und unverzagt ins Auge! Ihre wissenschaftliche Arbeit begann in den großen Jahren der Gründung und des glänzenden Aufstiegs des neuen deutschen Reichs, der heutige Erinnerungstag fällt in die Zeit unseres tiefsten Niederganges; aber, so fügen wir hinzu, die deutsche Wissenschaft, die wir heute in einem ihrer berufensten Vertreter feiern, kann und wird Niemand niederringen! Und wenn wir, in die Zukunft schauend, mit einem Wunsche schließen, so sei es der, daß es Ihnen vergönnt sein möge, noch den sicheren Wiederaufstieg unseres teuern Vaterlandes in voller Frische und Rüstigkeit zu erleben! Wir meinen, hochgeehrter Herr Jubilar, daß Ihnen, als treuem Sohne der kerndeutschen, mit Deutschlands Ruhm und Ehre innig verwobenen Stadt Nürnberg, dieser Wunsch im Herzen wohltun werde.

Die Preußische Akademie der Wissenschaften.

Über ein Bruchstück einer Plautushandschrift des vierten Jahrhunderts. I.

Von Prof. Dr. Hermann Degering
in Berlin.

(Vorgelegt von Hrn. Norden am 8. Mai 1919 [s. oben S. 453].)

Hierzu Taf. V.

I. Fundbeschreibung.

In dem Kataloge Nr. 462 des Antiquars Karl W. Hiersemann in Leipzig war unter den Nachträgen als Nr. 1120 angezeigt: »Fragmentum forense. Pergamentblatt der ausgehenden römischen Kaiserzeit. 5. Jahrhundert (etwa 450) n. Chr., beiderseitig in Purpurschrift beschrieben mit lateinischem Texte profanantiken Inhalts, wahrscheinlich aus einer Verteidigungsrede. Jederseits 25 vollständige Zeilen von 18 cm Länge. Das Blatt diente in einem Ovid-Codex des 12. Jahrhunderts als Verkleidung der Innenseite des Holzdeckels.« Als ich das Blatt zur Ansicht erhielt, erkannte ich sofort an der Ungleichheit der Zeilen, daß hier kein Prosatext vorliegen konnte, und es war dann die Arbeit weniger Minuten, um den Inhalt als Vers 123—147/8 und Vers 158—182 der Cistellaria des Plautus festzustellen. Das wertvolle Fragment ist von der Preußischen Staatsbibliothek angekauft (Acc. ms. 1918. 134) und als Ms. lat. qrt. 784 den Handschriftenbeständen derselben einverleibt.

Das Blatt mißt im jetzigen Zustande in der Breite 210 mm, in der Höhe an der höchsten Stelle ungefähr 152 mm. Der obere Blattrand ist verschiedentlich mehr oder minder tief ausgerissen, doch reichen die Pergamentverluste glücklicherweise nie bis zur ersten Textzeile herab[1]. Aber auch abgesehen von diesen Verletzungen ist das

[1] Die beiden rechtwinkligen Ausbuchtungen, die man auf unserer Taf. V an dem oberen Blattrande sieht, sind jedoch keine Ausschnitte im Pergament, sondern es werden dadurch zwei weiße Leinenstreifen wiedergegeben, mit denen das Pergamentblatt auf einem Pappkarton befestigt war. Jetzt ist es zwischen zwei Glasplatten gerahmt.

Blatt nicht in seiner ursprünglichen Form erhalten, sondern es ist aus einem Blatte größeren Formates für den Zweck, als Deckelspiegel einer anderen Handschrift verwendet zu werden, zurechtgeschnitten. Dabei ist an der linken Seite des Blattes nur ein ganz schmaler Streifen abgeschnitten. Infolgedessen ist hier vor den Zeilenanfängen der Vorderseite ein ziemlich breiter Rand geblieben, und auf der Rückseite sind die Zeilenschlüsse vom Schnitt nicht betroffen worden. An der rechten Seite des Blattes verläuft der Schnitt dagegen unmittelbar dicht vor den Zeilenanfängen der Rückseite her, die aber glücklicherweise gerade noch unversehrt geblieben sind; von den Zeilenenden der Vorderseite sind dagegen bei einigen über die normale Schriftfeldbreite hinausreichenden Zeilen einige Buchstaben mit abgeschnitten. Im ganzen sind jedoch nur fünf Verse davon betroffen, und zwar Vers 126 mit vier, Vers 132 mit neun, Vers 133 mit einem, Vers 135 mit zwei und Vers 142 mit drei Buchstaben.

Die normale Breite des Schriftspiegels, die durch die Zeilenanfänge auf der Vorder- und Rückseite bestimmt wird, beträgt 175 mm. Dem an der linken Seite erhaltenen schriftfreien Rande von ungefähr 40 mm Breite muß rechts ein gleich breiter Rand entsprochen haben. Somit ergibt sich also eine Gesamtblattbreite von etwa 255 mm.

Die Höhe des Schriftspiegels und die des Blattes lassen sich gleichfalls annähernd bestimmen. Zwischen der letzten vollständigen Zeile der Vorderseite und der Anfangszeile der Rückseite fehlen nämlich die Verse 148 bis 147 und die Szenenüberschrift (*Prologus Auxilii Dei*), zusammen also 11 Zeilen. Die erhaltenen 25 Zeilen messen in der Höhe 140 mm, demnach würden also elf Zeilen 65 mm Höhe beanspruchen und die Gesamthöhe des Schriftspiegels 205 mm ausmachen. Das Schriftfeld war also mit 205 × 175 mm annähernd quadratisch, und ähnlich wird auch das Verhältnis von Höhe und Breite des ganzen Blattes gewesen sein, dessen Höhe sich somit auf ungefähr 290 mm daraus berechnen läßt. Die Handschrift gleicht im Format außerordentlich dem Ambrosianus, dessen Blätter 275 × 240 mm messen.

Die Anzahl der Zeilen einer Blattseite betrug 36, von denen auf dem Fragmente je die oberen 25 Zeilen erhalten sind. Auf der Vorderseite kommen dazu noch an der rechten unteren Ecke, weil die Zeilen, für welche keine Leitlinien vorgezogen sind, am unteren Blattende eine leichte Neigung zum Steigen haben, die Köpfe der Buchstaben des Zeilenschlusses einer 26. Zeile zum Vorschein, so daß man dort noch das Schlußwort des Verses 148 *domu*[*m*] erkennen bzw. ergänzen kann. Auf der Rückseite des Blattes verläuft der Schnitt mitten durch die 25. Zeile, jedoch ist ihr Buchstabenbestand aus den erhaltenen oberen Hälften überall mit Sicherheit festzustellen.

Da die Zeilenzahl also bei unserem Fragmente fast die doppelte ist als bei dem Mailänder Palimpseste, der nur 19 Zeilen auf jeder Seite hat, bedurfte die Handschrift nur ungefähr der Hälfte der Blätter, wie sie zu jenem nötig waren. Wenn sie nun aber auch hierin an Kostspieligkeit dem Ambrosianus nachsteht, so übertrifft sie ihn anderseits in einem wesentlichen Punkte, nämlich durch die Verwendung von echter Purpurtinte für die Schrift. Unser neues Fragment ist in dieser Hinsicht, soviel mir bekannt ist, bisher ganz ohne Gegenstück. Ein weitverbreiteter Gebrauch des Purpurs in Handschriften war der, damit das ganze Pergamentblatt oder den Schriftspiegel zu färben und auf diesem purpurgefärbten Grunde dann mit Gold- oder Silbertinte zu schreiben[1]. Von solchen Handschriften sind uns vollständige Exemplare und Fragmente aus der Zeit vom 5. bis 10. Jahrhundert in beträchtlicher Anzahl erhalten, von denen hier nur die Wiener Genesis, der Codex Rossanensis und der Codex argenteus des Ulfilas erwähnt seien. Wieweit zu dem Einfärben der Pergamentblätter aber echter Purpur, d. h. das Produkt der Purpurschnecke, benutzt worden ist, darüber liegen freilich sichere Beobachtungen nicht vor. Die jüngeren Handschriften des 7. bis 10. Jahrhunderts sowie die purpurgefärbten Einzelblätter in karolingischen Evangeliaren sind wohl kaum noch mit echtem Purpur eingefärbt. In unserm Fragment ist aber, wie gesagt, die Schrift selbst mit einer blauroten Farbe geschrieben, die von der ziegelroten Mennige sowohl wie von dem sattroten Zinnober im Farbentone wesentlich verschieden ist und meiner Ansicht nach nur als echter Purpur angesprochen werden kann. Ich schließe das besonders auch aus dem Umstande, daß die verwendete rote Tinte nicht aus einer Pigment- oder Deckfarbe, wie das ja sowohl Mennige als auch Zinnober sein würden, sondern aus einer den Grundstoff nicht deckenden, sondern vielmehr ihn selbst oberflächlich färbenden Flüssigkeit besteht, von der Art unserer heutigen Anilintinten. Bei aufmerksamer Beobachtung kann man das selbst auf unserer Lichtdrucktafel noch mit einer scharfen Lupe feststellen, obwohl die Photographie das Durchscheinen der Struktur des Pergaments durch die rote Farbe hindurch nicht mehr so deutlich erkennen läßt, als das am Original der Fall ist, bei dessen Betrachtung man darüber gar nicht im Zweifel sein kann.

Mit solcher färbenden und nicht deckenden Tinte geschriebene Handschriften sind aber anderweitig nicht bekannt[2]. Wohl gibt es einige Handschriften, in denen neben schwarz geschriebenem Randkom-

---

[1] Vergl. Wattenbach, Schriftwesen3 (1896) S. 132 ff.
[2] Vergl. Wattenbach, Schriftwesen3 (1896) S. 244 ff.

mentar der Text mit roter Farbe geschrieben ist, und andere Handschriften, in denen einige Seiten mit roter Tintenschrift ausgezeichnet sind, aber die verwendete rote Farbe ist hier stets Mennige oder Zinnober, nur in einem von Mitgliedern des griechischen Kaiserhauses Alexius und Emanuel Comnenos geschriebenen Evangeliar, das sich in der Curzon library befindet, scheinen zwei Seiten gleichfalls mit echter Purpurtinte geschrieben und diese Schrift dann mit Goldstaub übergoldet zu sein. Von einer solchen Vergoldung durch Schaumgold oder Goldstaub kann aber hier gar keine Rede sein, denn von einer Goldauflage ist nicht eine Spur zu merken, und es kann somit gar keinem Zweifel unterliegen, daß die Schrift allein durch ihre schöne blaurote Farbe wirken sollte. Und in der Tat muß sie auch auf dem leicht gelblichen, hellen Pergamentgrunde (jetzt ist das Pergament namentlich auf der Vorderseite des Blattes, die frei lag, unter dem Einflusse des Lichtes und der Luft stark gebräunt) einen prächtigen Eindruck hervorgerufen haben. Die heller gebliebene, leider aber sonst durch anhaftenden Leim, durch Verletzungen der Oberhaut beim Loslösen vom Deckel und durch Schrumpfungen stark beeinträchtigte Rückseite des Blattes gibt von dieser Farbenwirkung immerhin noch einen etwas besseren Begriff.

Unser Fragment ist also nach der Ausstattung zu schließen ein Blatt eines Luxuskodex, der gerade durch die zu seiner Herstellung verwendete echte Purpurfarbe seine Herkunft aus der Bibliothek eines reichen Römers der höchsten Gesellschaftsklassen, ja vielleicht sogar aus kaiserlichem Besitze verrät. In Ostrom, wo freilich das Hofzeremoniell stärker und strenger ausgebildet war als im westlichen Reiche, war wenigstens, wie wir aus dem Kodex Justinians I. 23. cap. 6 erfahren, der Gebrauch der echten Purpurtinte durch eine Verordnung des Kaisers Leo vom Jahre 470 für den Kaiser selbst vorbehalten. Wenn das darin ausgesprochene Verbot der Verwendung dieses »sacrum encaustum« durch andere Personen sich zunächst auch nur direkt auf die Ausführung der Namensunterschrift in Urkunden bezieht, so zeigt doch die jener Verordnung angehängte, mit schweren Strafandrohungen behaftete Verfügung über die Herstellung der heiligen Tinte ausschließlich für den kaiserlichen Hofstaat, daß sie nachmals auch zu anderen Schriften außerhalb des kaiserlichen Hofes nicht zur freien Verfügung stehen konnte. Ob man dieses Verbot nun freilich bereits auf frühere Zeiten und auch auf das Westreich übertragen darf, kann zweifelhaft sein, aber es ist doch immerhin nicht unwahrscheinlich, daß wie für den Gebrauch der Purpurstoffe auch in Westrom in früherer Kaiserzeit bereits beschränkende Bestimmungen in Kraft waren, so dort bereits damals auch die Purpurtinte ausschließlich den Kreisen vorbehalten war, denen allein der Gebrauch der Purpurstoffe erlaubt war. Danach müßten wir dann aber die Handschrift als Eigentum eines Mannes der höchsten Kreise des römischen Staatswesens betrachten.

Aus der oben angeführten Notiz des Hiersemannschen Kataloges ersehen wir, daß unser Fragment aus einer Ovidhandschrift des 12. Jahrhunderts ausgelöst ist, dem es als Verkleidung der Innenseite des vorderen Holzdeckels gedient hat. Diese Ovidhandschrift ist aber in einem anderen Hiersemannschen Kataloge, nämlich Nr. 460, auf S. 20 unter der Nummer 115 verzeichnet und wird daselbst folgendermaßen beschrieben. »P. Ovidius Naso: Metamorphoseon libri XV. Latein. Perg. Handschrift des 12. Jahrh. italienischen Ursprungs. Im alten venezianischen Originaleinband vom Anfang des 16. Jahrh. (Rücken ausgebessert) Holzdeckel und Kalbldr. mit Blindpressung ... Die alten pergamentenen Vorsatzblätter vorn und hinten, zum ursprünglichen Blattbestande gehörig, wurden von den verschiedenen Benutzern mit allerhand Versen und anderen Eintragungen vollgeschrieben. Italienische Strophen auf S. 1 des Schlußblattes. In dem längeren Eintrag daselbst liest man noch: Die XV mensis ... testimonio coram ch ... de palumbo de cade ... grevio de funtanelle ... friolor Lipilo ... pitrus Siculus de ... terra Siracusanor ... temeritatis. Nicolaus de ... ausus fuit sibi ... totalem pecuniam ... mo veniet tempus ... Die Deckel waren innen mit je einem Blatt aus sehr viel älteren Handschriften beklebt; das vordere ist gut erhalten.« Der sofort bei der Erwerbung des Fragmentes gemachte Versuch, diese Ovidhandschrift zur näheren Untersuchung nach hier zur Ansicht zu bekommen, scheiterte leider daran, daß sie inzwischen bereits anderweitig verkauft worden war. Somit sind wir also vorläufig bezüglich der Provenienz nur auf diese Notizen des Hiersemannschen Kataloges angewiesen, die aber auch insoweit genügen, als sie das Friauler Gebiet (Fontanelle liegt bei Treviso) als die Bibliotheksheimat der Ovidhandschrift feststellen lassen. Freilich soll nun aber der Einband der Ovidhandschrift aus dem Anfange des 16. Jahrhunderts sein, und da kaum anzunehmen ist, daß dem Beschreiber der Handschrift in Hinsicht der Datierung des Einbandes ein wesentlicher Irrtum untergelaufen sein könnte, so hat es demnach zunächst den Anschein, als ob der wertvolle Plautuskodex erst im 16. Jahrhundert in Italien vom Buchbinder zerschnitten sein könnte. Man wird mit mir aber diese Annahme wohl allgemein für unglaubhaft und unmöglich halten und eher geneigt sein, die Vernichtung und Zerstörung desselben dem 12. Jahrhundert zuzurechnen, in welchem der Ovid nach der Angabe des Kataloges geschrieben war. Wir mußten dann also annehmen, daß unser Plautusblatt bereits in dem alten Einbande der Ovidhandschrift die gleiche Verwendung als Deckelspiegel oder als Vorsatzblatt gefunden hatte und vom Buchbinder des 16. Jahrhunderts aus dem alten Einbande des 12. Jahrhunderts in den neuen übernommen worden sei.

Die Hoffnung, aus dem Einbande der Ovidhandschrift noch genauer ihre Bibliotheksheimat zu bestimmen, als das oben geschehen, und dann unter deren etwa noch nachweisbaren anderen alten Beständen weitere Fragmente der kostbaren Plautushandschriften ausfindig zu machen, ist doch wohl rein utopisch.

Geschrieben ist die Plautushandschrift wohl kaum an dem Orte, wo sie später, sei es nun im 12., sei es im 16. Jahrhundert, ihren Untergang gefunden hat, sondern nach den oben geschilderten Umständen liegt die Vermutung näher, daß sie stadtrömischen Ursprunges war und als Kriegsbeute der Heruler, Goten oder Longobarden ihren Weg nach Norditalien gefunden hat. Die Schrift, eine schöne, gleichmäßig und kräftig geformte Unziale, hat alle Merkmale der ältesten Periode dieser Schriftart an sich. Als solche fasse ich auf die breiten quadratischen Formen von ɴ ɋ und ᴜ, die hoch hinaufgerückten Mittelstriche vom ꜰ und vom ᴇ, die kurzen, spitz auslaufenden, leicht nach links gewendeten Unterlängen von ꜰ ɢ ɪ ᴘ ɋ und ʀ, das Fehlen dieser Unterlänge beim ɴ und endlich das nur mäßige Überragen der Oberlängen der Buchstaben ᴅ und ʟ. Auch ᴀ, das sich meist innerhalb des Zweilinienschemas hält, ragt zuweilen etwas mit dem leicht geschwungenen Kopfende über die normale Höhe hinaus. Als besonderes Charakteristikum italienischen Ursprunges der Schrift möchte ich die Unterlängen des ɪ ansehen, die sich in gleicher Weise bei den auch sonst im Schriftcharakter unserm Fragmente sehr ähnlichen Unzialhandschriften italienischen Ursprunges, nämlich dem Palimpseste von Ciceros de re publica (= Vatic. 2727)[1] und der Veroneser Handschrift (L 1), den Predigten des Maximus Taurinensis[2] und in anderen italienischen Unzialhandschriften wiederfinden, während sonst das ɪ z. B. auch in der Schrift des Papyrus der Epitome des Livius[3] fast durchweg mit stumpfem Ende auf der Zeile endigt. Eine genauere Datierung der Handschrift auf Grund ihres Schriftcharakters zu wagen, halte ich für unmöglich, aber ich sehe anderseits auch keinen Grund, der es verbieten könnte, derselben ein noch höheres Alter zuzuschreiben, als es in der obigen Kataloganzeige geschehen ist, und ich halte es durchaus nicht für unmöglich, die Schrift noch in das vierte Jahrhundert zu datieren. Italien war im fünften Jahrhundert, in welchem eine feindliche Überflutung des Landes der anderen folgte, sicherlich

[1] S. Chatelain, Paléographie des classiques latins. T. 1 pl. 32. 1.
[2] S. Chatelain, Uncialis scriptura. T. 7.
[3] S. Steffens. Lat. Paläographie 2. Aufl. T. 10.

nicht der Ort, wo Prachthandschriften des Plautus hergestellt sein konnten, und es ist meines Erachtens nach für den damaligen Zustand der Überlieferung und der Kenntnis der frührömischen Literatur in Italien bezeichnend, daß weder Boethius noch Cassiodor den Plautus auch nur ein einziges Mal erwähnen, geschweige denn zitieren, während zu derselben Zeit in Gallien Sidonius Apollinaris noch eine intime Bekanntschaft mit seinen Komödien verrät.

Ich lasse nun hier einen diplomatisch getreuen Abdruck der beiden Seiten des Fragmentes folgen und zugleich von der Vorderseite desselben eine Lichtdrucktafel. Auf die Wiedergabe der Rückseite habe ich geglaubt verzichten zu dürfen, da eine solche bei dem schlechten Zustande dieser Seite, die der photographischen Reproduktion erhebliche Schwierigkeiten bereitet, doch die Nachkontrolle am Original noch weniger als die der Vorderseite völlig zu ersetzen imstande sein würde. Ich bemerke jedoch ausdrücklich, daß ich in keinem Falle hinsichtlich der von mir eingesetzten Ergänzungen der durch das Beschneiden oder sonstige Verletzungen des Blattes (Löcher, Abrisse der Oberhaut, Überdeckung mit anderer roter Farbe und mit Leim) ganz fortgefallenen, unleserlich gewordenen oder beschädigten Buchstaben irgendwie im Zweifel bin. Im übrigen ist in kurzen Fußnoten über diese Ergänzungen genaue Auskunft gegeben.

NAMILLANCEGOOLIMQUAEHINCFLENSABIITPARUOLAM
PUELLAMPROIECTAMEXANGIPORTUSUSTULI
ADOLESCENSQUIDAMHICESTAPPRIMENOBILIS
QUINEGONUNCQUIASUMONUSTAMEAEXSENTE[NTI]A
QUIAQUEADEOMECOMPLEUIFLORELIBERTI
MAGISLIBERAUTILINGUACONLIBITUMESTMIHI
TACERENEQUEOMISERAQUODTACITOUSUSEST
SICIONESUMMOGENEREEIUIUITPATER
ISAMOREMISEREHANCDEPERITMULIERCULAM
QUAEHINCMODOFLENSABIITCONTRAAMOREHAECP[ERDITAEST]
EAMMEAEEGOAMICAEDONOHUICMERETROCIDED[I]
QUODSAEPEMECUMMENTIONEMFECERIT
PUERUMAUTPUELLAMALICUNDEUTREPERIREMSI[BI]
RECENSNATUMEAPSEQUODSIBISUPPONERET
UBIMIHIPOTESTASPRIMUMEUENITILLICO
FECIEIUSEIQUODMEORAUITCOPIAM
POSTQUAMPUELLAMEAMAMEACCEPITILLICO
EADEMPUELLAMPEPERITQUAMAMEACCEPERAT
SINEOBSTETRICISOPERAETSINEDOLORIBUS
ITEMUTALIAEPARIUNTQUAEMALUMQUAERUNTSI[BI]

NAMAMATOREMALEBATESSEPEREGRINUMSIBI 143
SUPPOSITIONEMEIUSREIFACEREGRATIA
IDDUAENOSSOLAESCIMUSEGOQUAEILLEDEDI 145
ETILLAQUAEAMEACCEPITPRAETERNOSQUIDEM
HAECSICRESGESTAESTSIQUIUSUSUENERIT
[MEMINISSEEGOHANCREMUOSUO]L[OEGOABEO]DOMU[M]

123 Von dem M ist gerade noch ein Stück des vorderen Bogens erhalten. 126 Die roten Flecke am rechten Rande des Blattes, die, was auf der Lichtdrucktafel nicht recht deutlich in Erscheinung tritt, im Farbenton sich von der Schrift unterscheiden, rühren wahrscheinlich von der Farbe des Lederbezuges des Einbandes her. In der vierten Zeile sind unter diesen Farbflecken die Buchstaben NTI verdeckt. Vom A glaube ich dagegen ganz am Rande des Blattes noch die Schleife erkennen zu können. 128 Im Original sind beide Buchstaben noch HI zu erkennen. 132 Von dem Worte PERDITA ist dicht am Rande im Original noch eine Spur vom P erhalten. In der Photographie ist davon nichts sichtbar geworden. 133 I ist abgeschnitten. 135 BI abgeschnitten, SI im Original noch zu erkennen. 142 NTSI im Farbflecken, BI abgeschnitten. 143 SIBI durch die Farbe verdeckt. 144 Das zweite E in FACERE hat auffallenderweise eine Cauda, ebenso das E in QUAE im folgenden Verse. Auf unserer Tafel ist in dem zweiten Falle diese Cauda nicht so deutlich herausgekommen, als sie im Original zu erkennen ist. 146 Beim I ist ein Loch im Pergament. 147 C, UE durch Löcher im Pergament verletzt. 148 Von dem I ist ein winziges Stück der Oberlänge erhalten, ebenso sind auch von DOMU nur die Köpfe der Buchstaben erhalten, M ist mit dem Rande abgeschnitten.

ISQUEHICCOMPRESSITUIRGINEMADOLESCENTULUS 158
UINULENTUSMULTANOCTEINUIA
ISUBIMALAMREMSCITSEME[R]UISSEIL[LI]CO 160
PEDIBUSPERFUGIUMPEPERITINLEMNUMAUFUGIT
UBIHABITABATTUMILLAQUAMCOMPRESSERAT
U
DECIMOPOSTMENSEEXACTOHICPEPERITFILIAM
QUONIAMREUMEIUSFACTINESCITQUIFIET
PATERNUMSERUOMSUIPARTICIPATCONSILII 165
DATEAMPUELLAMEISERUOEXPONENDAMADNECEM
ISEAMPROIECITHAECPUELLAMSUSTULIT
ILLECLAMOBSERUAUITSERUOS
QUOAUTQUASINAEDEISHAECPUELLAMDEFERAT
UTEAMPSEUOSAUDISTISCONFITERIER 170
DATEAMPUELLAMMERETRICIMELAENIDI
EAQUEEDUCAUITEAMSIBIPROFILIA
BENEACPUDICETUMILLICAUTEMLEMNIUS
PROPINQUAMUXOREMDUXITCOGNAT[AM]SUAM
EADIEMSUUMOBIITFACTAMORIGERAESTUIRO 175
POSTQUAMILLEUXORIIUSTAFECITILLICO
HUCCOMMIGRAUITDUXITUXOREM[HICSIBI]

EANDEMQUAMOLIMUIRGINEMHICCOM[PRESSERAT] 178
ETEAMCOGNOSCITESSEQ[UAM]COMPR[ESSERAT]
ILLAILLIDICITEIUSSEEXINIURIA 180
PEPERISSEGNATAMATQUEEAMSESERUOILLICO
DEDISSEEXPONENDAMILLEEXTEMPLOSERUOLUM

160 Das R ist vom Leim verzehrt, ebenso die übrigen bezeichneten Buchstaben ganz oder zum Teil. 162 M völlig verlöscht. 168 B vom Leim verzehrt. 174 AM völlig verschwunden, von SUAM noch Spuren. 175 Vom Schluß der Zeile nur Spuren erhalten. 177—179 Zeilenschlüsse vom Leim verzehrt, unter dessen Einwirkung auch das Pergament zusammengeschrumpft ist. 181 Von AM sind nur noch schwache Spuren erhalten. 182 Von dieser Zeile sind die Füße der Buchstaben ziemlich dicht über der Zeile abgeschnitten.

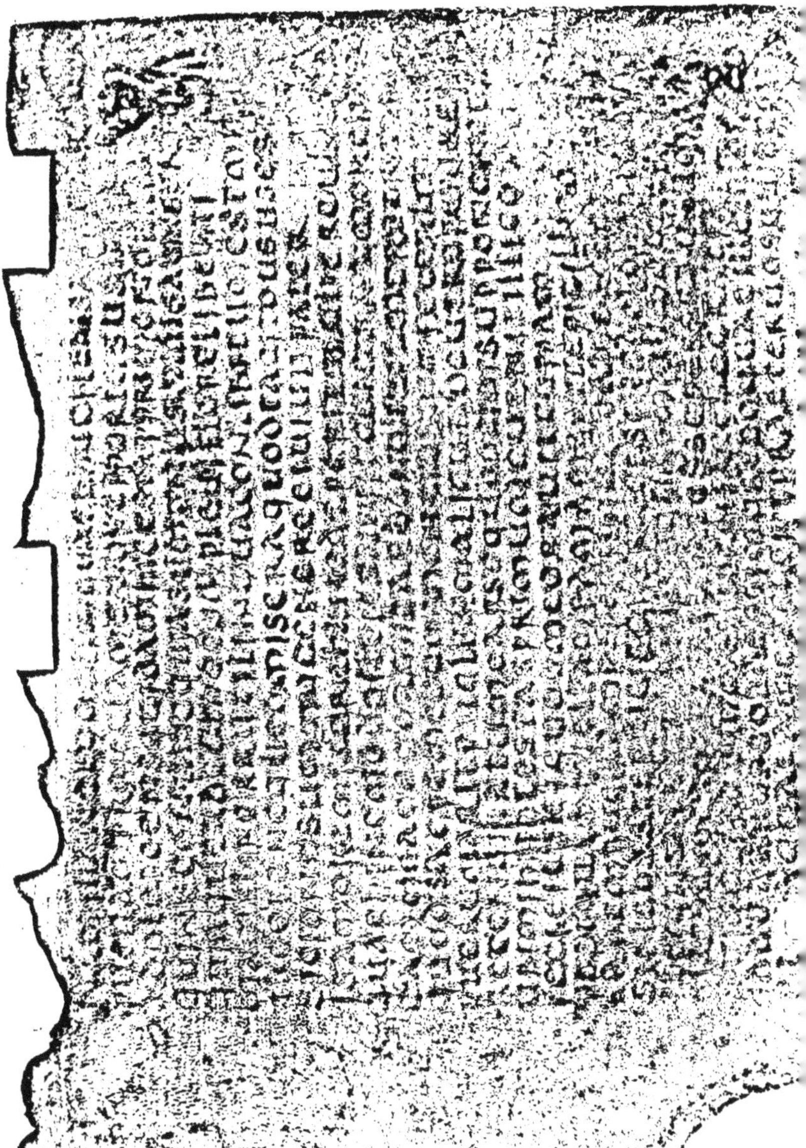

H. Degering: Über ein Bruchstück einer Plautushandschrift des vierten Jahrhunderts

Kalksteinblock, 1918 als Leihgabe des Hrn. Gayer Anderson im Ashmoleanmuseum zu Oxford. Größe 54×23 cm[1].

Die Anfänge der Reformation Amenophis des IV.

Von Prof. Dr. Heinrich Schäfer
in Berlin.

(Vorgelegt von Hrn. Erman am 8. Mai 1919 [s. oben S. 453].)

König Amenophis IV, der es um 1365 v. Chr. wagte, die ägyptische Götterwelt durch die Verehrung der Sonne (des atôns) zu verdrängen, hat im Verlaufe seines Unternehmens[2] den eigenen Namen, den seines neuen Gottes und auch den seiner Gemahlin verändert. Zur Erkenntnis der Stufen im Fortschritt der Glaubenserneuerung sind diese Veränderungen wichtige Mittel, besonders die eine, die wir ziemlich genau aufs Jahr festlegen können. Wir wissen nämlich, daß der König bis zum 19. Phamenoth seines 5. Regierungsjahres noch seinen Geburtsnamen Amenophis führte[3], mit dem Zusatz »der Gott, der Herr-

---

[1] Nach Angabe Hrn. L. Borchardts.

[2] Über den Stand der Hauptfragen unterrichten: Borchardt, Mitt. Deutsch. Or.-Ges. Nr. 57, Schäfer, Äg. Zeitschr. Bd. 55, S. 1—49 und Amtl. Ber. Preuß. Staatsslgen. Bd. 40, Dez. u. Juli. — Zu dem letzten Aufsatz ist darauf hinzuweisen, daß die Schranke zwischen den Throuhimmelsäulen schon im Grabe Harembabs vorkommt (Boeser, Beschrbg. d. äg. Sammlg. Leiden 1911. Neues Reich I, Gräber. Taf. 23 = 24 b), also unter Amenophis dem IV selbst. Ferner, daß von Bissings Bemerkung, Denkmäler zur Gesch. d. Kunst Amenophis IV (Sitzungsber. Akad. München 1914), S. 11 unten, zu meinen Ausführungen stimmt.

[3] Gauthier, Livre des rois. Amenophis IV, Nr. VI.

scher Thebens«: 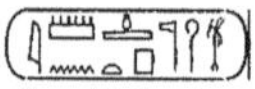. Am 13. Pharmuthi seines 6. Jahres dagegen — es ist der Gründungstag der Atônstadt bei Tell el-Amarna[1] — hat er bereits den neuen Namen Echnatôn  angenommen[2], um den im ersten steckenden Namen des Gottes Amûn auszuscheiden. Zwischen diesen beiden Tagen muß also die Umnennung erfolgt sein.

Ohne es zu wissen, hat nun Hr. F. Ll. Griffith im Journ. of eg. arch. Bd. 5 (1918), S. 61 ff. mit Taf. 8, ein neues Denkmal für diese Namenänderung bekanntgegeben. Es handelt sich um einen Kalksteinblock, der jetzt als Leihgabe eines 1914 bei Heliopolis wohnenden[3] Herrn im Ashmoleanmuseum zu Oxford aufgestellt ist[4].

Das Bildfeld ist geteilt durch einen Streifen, den Griffith bezeichnet als what may be a stout pillar or wall with a curious incision at the base. In diesem Ausschnitt glaubte ich eine Türschwelle zu erkennen, Borchardt hat dann aber richtiger das ganze Gebilde für einen Türflügel erklärt. Sein oberes Ende ist zerstört, dagegen ist am linken Blockrande ein anderer senkrechter Streifen erhalten, der entweder den zweiten Türflügel oder die Hinterwand des Gebäudes vorstellen muß. So haben wir also ein Dachgebälk zu ergänzen, und zwar wird dessen Unterkante, wie wir sehen werden, nur wenig über dem oberen Blockrande gelegen haben.

In dies geöffnete Haus hinein sendet[5] die Sonne ihre Strahlen. Die über dem Dach stehende Scheibe ist nicht mehr erhalten; ihre Strahlen liefen im Bilde durch das Gebälk hindurch, etwa so wie bei N. de Garis Davies, el Amarna Bd. 1, Taf. 7.

Drinnen reicht der König seinem Gott ein Salbgefäß dar. Er trägt die oberägyptische Krone mit einem seltsam von ihrer Mitte herabhängenden straffen Bande, und ist bekleidet mit dem kurzen

---

[1] Die angebliche Datierung des Denksteins K von Tell el-Amarna vom 13. Pharmuthi des 4. Jahres, die schon Breasted angezweifelt hat (Anc. rec. Bd. 2, S. 392 Anm. c), erledigt sich dadurch, daß der König in der Inschrift Echnatôn heißt. Vgl. auch S. 484 Anm. 3.

[2] Gauthier, a. a. O., Nr. IX.

[3] Nach Angabe Borchardts.

[4] Nur die wichtigeren Abweichungen von Griffith sind im folgenden angemerkt.

[5] Durch die Tür oder irgendeine andere Öffnung. Auch in Heliopolis scheint es zwar verschlossene Kultgebäude des Sonnengottes Rê gegeben zu haben (Pianchi Z. 104), aber es wird doch auch (Z. 102) ein Opfer gebracht »auf dem hohen Sande in Heliopolis angesichts des aufgehenden Gottes«. In Tell el-Amarna scheint es im Tempel keinen geschlossenen Kultraum gegeben zu haben, nur eine Kette von offenen Höfen: es ist also ähnlich wie im Sonnenheiligtum von Abusir. Man wird auch die τράπεζα ἡλίου (Herodot 3, 18) in Meroë heranziehen müssen.

Mantel, den wir mit dem Dreißigjahrfeste[1] zu verbinden pflegen, der hier aber wegen der Bewegung unter die Achseln gegürtet ist und so, gegen die sonstige Art, die Arme freiläßt. Vor dem Könige steht ein Altar, an dem sich ein klein gezeichneter Priester zu schaffen macht.

Die leeren Hände der Sonnenstrahlen greifen nach den Speisen[2], eine aber, wie üblich, nach der Schlange an der Königskrone, als ob sie sie ansetze, während die zerstörte Hand daneben wohl ein Lebenszeichen an die Nase des Herrschers führte. Zwischen Tür und Sonnenstrahlen steht in kleiner Schrift der Name des Atons[3]: 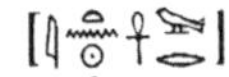  »Der große lebende Atón, der am Dreißigjahrfeste ist (= scheint), der Herr des Himmels, der Herr der Erde, in (dem Tempel) . . . .[4]« Doch sind das nur die Worte, die dem »lehrhaften«[5] Namen des Atons, wenn er in Königsringe eingeschlossen ist, zugefügt zu werden pflegen. Jene Ringe selbst standen wohl über dem Dache neben der Scheibe. Die Inschrift beginnt auffällig tief, offenbar weil unmittelbar darüber das jetzt verlorene Dach des Gebäudes lag.

Wie so oft ist auch gleich der nächste Schritt der Handlung zu sehen: Der König schreitet aus dem linken Hause nach rechts, gekleidet wie vorher, nur umhüllt der Mantel hier in der üblichen Weise die Schultern, so daß nur die Hände mit dem langen Krummstab und der Geißel hervorsehen. Bemerkenswert ist diesmal, daß kein Sonnenstrahl die Hand zur Kronenschlange oder ein Lebenszeichen zur Nase des Königs streckt, daß aber alle, auch die an der Gestalt vorbeifahrenden Strahlen, abwechselnd die Zeichen »Leben« und »Glück« halten, ähnlich wie in dem Relief bei Prisse, Monuments, Taf. 10, 1; gewöhnlich sind nämlich die Hände der Nebenstrahlen leer. Zur Seite der Strahlen stehen rechts die Worte ». . . ., der Herr der Erde, in (dem Tempel) . . . .«, also ein Teil einer ähnlichen Beischrift wie links. Wie man sieht, begann diese Inschrift, in größeren Buchstaben, höher als jene entsprechende kleinere bei der linken Sonne. Hier war eben der Künstler nicht durch ein Dach beengt, da der König unter freiem Himmel zu denken ist.

Dem Könige treten voran zwei gebückte Priester mit Stirnbändern: Der erste ist fast ganz zerstört; der zweite, der in der linken Hand

[1] Ägyptisch *ḥb-sd*; ins Griechische bekanntlich mit τριακονταετηρίς übersetzt.

[2] So auch oft in Tell el-Amarna.

[3] Alle im Druck nach links gerichteten Zeichen sehen auf dem Steine nach rechts.

[4] Zur Übersetzung des Schlusses siehe Abschnitt IV.

[5] So nenne ich den Namen »Harachtes, der im Sonnengebirge (gemeinhin »Horizont«) jubelnde, in seinem Namen Schow (Sonne), welches der Atón (die Sonnenscheibe) ist«.

wohl eine Buchrolle trägt, ist bezeichnet als »Hauptvorlesepriester«. Hinter dem Herrscher folgt in derselben Haltung ein Priester, der nach einem unleserlichen Titel (?), ».... erster Prophet Amenophis des IV« genannt ist, und einen Kasten sowie einen Stab mit einem Paar Sandalen[1] trägt.

Die rechte Ecke des Blockes nimmt, von den Resten des Sonnennamens durch eine feine senkrechte Linie getrennt, die folgende vierzeilige Inschrift ein, die nach rechts sieht, also sich auf den König bezieht. Offenbar ist die Lücke unter dem ersten Königsring des »lehrhaften« Atônnamens wie angegeben zu ergänzen[2], und die Inschrift besagte, daß »König Amenophis IV« zum Heiligtume des »Atôns im Tempel des Rê im oberägyptischen Ôn (d. i. Hermonthis)«[3] schreite. Wir sehen ja am rechten Blockrande einen senkrechten Streifen, der gewiß zur Darstellung dieses Atônheiligtums gehörte[4].

In Königsnamen bemerken wir nun, daß das ganz ungebührlich in die Länge gezogen ist, und daß seine Füße sowie das darunter stehende von einer scharfen ⌉-förmigen Senkrechten durchschnitten sind, neben der deutlich Spuren zweier weiterer senkrechter Schäfte durchscheinen. Es ist klar, daß dies Spuren älterer, nicht völlig getilgter Schrift sind, und zwar der Zeichen »der Gott, der Herrscher Thebens«, mit denen, wie oben gesagt, der Name schloß, den der König führte, bevor er sich Echnatôn nannte. Wir haben also hier die wichtige Tatsache, daß der Name des Königs auf dem Denkmal nachträglich geändert ist.

* * *

Das ist, was man unmittelbar aus Bild und Beischriften ablesen kann; sehen wir nun, wie es sich in die sonst bekannten Tatsachen einordnet. Einige vortreffliche Bemerkungen dazu hat Hr. Sethe beigesteuert.

[1] Wie Davies, el Amarna Bd. 3, Taf. 24.

[2] Griffith übersetzt nur »in — in southern Ôn«.

[3] Ähnliche Schachtelnamen von Tempeln sind in dieser Zeit häufig, vgl. ÄZ. Bd. 55, S. 33.

[4] Auch Griffith sagt: The king was probably proceeding towards a shrine of Aton.

I. Das ursprüngliche Relief ist hergestellt, bevor der König seinen Namen Amenophis änderte, also vor einem gewissen Tage zwischen dem 19. Phamenoth des 5. und dem 13. Pharmuthi des 6. Jahres. Später ist der neue Name Echnatôn über den alten geschnitten.

II. Die dargestellte Handlung ist, wie Griffith natürlich erkannt hat, ein Teil des noch immer rätselhaften[1] Dreißigjahrfestes, das also auch Amenophis IV gefeiert hat[2], und zwar, wie wir nun lernen, schon in seiner Amenophiszeit[3]. Dadurch erscheinen jetzt einige bekannte Dinge in neuem Lichte.

Sethe hat den Gedanken ausgesprochen, die Worte »der am Dreißigjahrfeste ist (später »Herr d. D.«)« im Titel des Strahlenatôns deuteten vielleicht darauf hin, daß dessen Bild am Dreißigjahrfeste vom Könige eingeführt worden sei. Aus den Worten allein dürfte man aber das wohl nicht mit Sicherheit schließen, denn es ließe sich ja denken, daß ihm nur dieser Anhang zum »lehrhaften« Namen damals verliehen worden sei. Es kommt jedoch anderes dazu, um Sethes Vermutung zur Gewißheit zu erheben: In einer gewaltigen Felsinschrift bei Silsile[4] gibt der König Auftrag, Steinmetzen aus ganz Ägypten aufzubieten, um Steine zu brechen zu einem großen Obelisken[5] für den Harachtes-Atôn in Karnak, der dort als falkenköpfiger Mensch in seinem von Amenophis dem III erbauten Tempel verehrt wurde. Die Inschrift beginnt mit den ausführlichen Titeln des Königs. Ihnen schließen sich die Worte  an, und dann folgt der Auftrag, eingeleitet durch 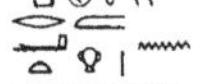 usw. Hier hat auch Breasted[6] noch übersetzt »First occurrence of his majesty's giving command to . . .«. Aber das ist im Zusammenhang der ganzen Inschrift ein Unding, und zudem ein arger Verstoß gegen die Grammatik. In Wirklichkeit gehört das *sp tpj n ḥm·f* mit dem vorhergehenden Königsnamen zusammen, dem es wie ein Datum angehängt ist; erst mit *rdj·t m ḥr n* beginnt der eigentliche Text (vgl. Erman, Gr. 1911, § 421). Es scheint

---

[1] Daß man auf Grund des körperlichen Befundes Amenophis dem IV nur mit großem Widerstreben 30 Lebensjahre zugestehen will, und daß er das Fest in einem der ersten seiner rund 18 Regierungsjahre gefeiert hat, gibt eine neue Schwierigkeit für die Lösung des Rätsels.

[2] Aus den Anspielungen in den Inschriften glaubte man das noch nicht entnehmen zu können (Griffith).

[3] Für den Tag wäre, wenn heil, vielleicht die Inschrift Lepsius, Denkm. Text Bd. 3, S. 52 von Wert; weniger das Datum im Text der einen Inschrift von Zernik (S. 482 Anm. 3). Über Feiern vor dem 30. Regierungsjahre siehe Sethe, ÄZ. Bd. 36, S. 65 Anm.

[4] LD. 3, Bl. 110 i = Legrain, Ann. du Service Bd. 3, S. 262.

[5] *Bnbn.* Über das Obeliskenbild siehe ÄZ. Bd. 55, S. 29 Anm. 2.

[6] Breasted, Ancient records Bd. 2, S. 384. Alle Früheren ebenso.

mir klar, daß mit den Worten »Erstes Mal Seiner Majestät« nur die erste Feier des Dreißigjahrfestes[1] gemeint sein kann, zumal ja bekanntlich die Obelisken in enger Beziehung gerade zu diesem Feste stehen[2].

In der Inschrift von Silsile und ebenso in denen von Zernik[3], werden neben dem Atôn andere Götter, ja sogar der Amûn genannt, der Name des Atôns ist noch nicht in Königsringe eingeschlossen, und am Kopf der Darstellungen über den Inschriften, da, wo später der Strahlenatôn erscheint, steht noch das alte Bild der geflügelten Sonne von Edfu[4]: alles ganz wie unter Amenophis dem III. Auch die falkenköpfige Menschengestalt des Atôns wird man damals noch geduldet haben. Die beiden zuletzt genannten, für das Auswachsen der Bewegung zu einer Reformation grundlegenden Neuerungen Amenophis des IV, vor allem die den Atôn entmenschlichende Schöpfung des Strahlenbildes, sind aber im Gebrauch bei unserem neuen Relief und auf jenen Trümmern des Obeliskengebäudes, die wir als Bausteine in späteren Bauten noch besitzen[5]. Das beweist, daß die Neuerungen erst eingeführt worden sind, während der König mit seinem Dreißigjahrfeste beschäftigt war; genauer: zwischen dem Auftrag zur Errichtung des Obelisken und der Ausführung des Reliefs[6]. Die Umnennung des Königs zu Echnatôn und damit die entscheidende eingöttische Wendung der Bewegung, erfolgt erst einige Zeit später; im sechsten Jahre[7] dann die Gründung der Stadt für den Atôn in Tell el-Amarna.

III. Die Handlung geht vor sich in Hermonthis, und zwar zwischen einem gewissen Gebäude und dem Heiligtume des Atôns im dortigen Rê-Tempel. Daß der Block selbst daher stamme, ist damit nicht gesagt[8]. Wir wissen, daß Amenophis IV persönliche Beziehungen zu Hermonthis hatte, vor allem, daß er dort gekrönt worden ist[9]; dem entspricht nun diese Festfeier dort. Wir hatten auch schon

[1] Das später in ganz kurzen Abständen wiederholt wurde.

[2] Siehe Sethe, Untersuchungen Bd. 1, S. 10.

[3] Legrain, Ann. du Service Bd. 3, S. 259.

[4] Vgl. dazu ÄZ. Bd. 55, S. 41, 1.

[5] Siehe die nicht ganz klar scheidende Zusammenstellung bei Breasted, Anc. rec. Bd. 2, S. 382 Anm. c. Es ist dringend nötig, das, was noch erreichbar ist, in photographischen Abbildungen zusammenzustellen. Probe bei Borchardt, Kunstwerke (Kairo), Taf. 27 unten.

[6] Prisse, Monum., Taf. 10. 1 reicht ein Atônstrahl dem Könige das Zeichen der Dreißigjahrfeste. Siehe auch Bouriant, Rec. d. trav. Bd. 6, S. 54 Z. 10.

[7] Vgl. S. 478 Anm. 1.

[8] Aus Tell el-Amarna kommt er gewiß nicht; dem widerstreitet der Name Amenophis. Den Wohnort des früheren Besitzers (Heliopolis) darf man wohl nicht zu Schlüssen benutzen.

[9] Wie Borchardt bemerkt hat. Man lasse sich nicht verleiten zu denken, daß das neue Relief die Krönung darstelle; die Unmöglichkeit geht aus Abschnitt II hervor.

eine Spur von einem dortigen Heiligtume des Atôns[1]. Dafür haben wir also nun ein neues Zeugnis, welches zugleich beweist, daß dies Heiligtum schon in der Amenophiszeit, einige Zeit vor Tell el-Amarna, bestanden hat. Wann und von wem es aber gegründet ist, wissen wir nicht; jedenfalls kennen wir bis heute immer noch keine Erwähnung eines Atônheiligtums in Hermonthis vor Amenophis dem IV[2].

IV. Den Schluß des Atônnamens beim linken Bilde, den ich oben noch offengelassen habe, übersetzt Griffith durch »in the midst of ‚Rejoicing' in Achet-Atôn«, wobei er das Wort *ḥ'j* »Jubel« als Namen eines Heiligtums, und *ꜣḫw·t itn* »Sonnengebirge des Atôns« als den bekannten Namen von Tell el-Amarna faßt. Das gibt aber schwere Bedenken: Erstens bildet das Wort »Jubel« allein gar keinen richtigen ägyptischen Gebäude- oder Ortsnamen[3]. Zweitens können wir den Namen von Tell el-Amarna nicht annehmen, da wir doch wissen, daß die Stadt erst in der Echnatônzeit gegründet ist[4]. Sethe schlägt mir daher vor, *ḥ'j m ꜣḫw·t itn* »Jubel (ist) im Sonnengebirge des Atôns« als Namen des Gebäudes zu fassen[5] und erinnert an die Worte »der im Sonnengebirge jubelnde« im »lehrhaften« Namen des Atôns. Dadurch sind alle Schwierigkeiten behoben.

V. Das neue Relief hat, wenn auch in milder Form, alle Eigenheiten, die wir als Stil Amenophis des IV kennen, und die auch dessen Bild im Grabe des Ramose zeigt, das ebenfalls noch der Amenophiszeit angehört. Die Bilder auf den Denksteinen von Silsile und Zernik bleiben auf die Königsfiguren hin zu untersuchen[6], ebenso das bei Prisse, Monum., Taf. 10, 1, veröffentlichte, auf dem zwar der König den Strahlenatôn anbetet und Echnatôn heißt, aber die Gesichtszüge, wenigstens wie sie Prisse bietet, noch wenig zu den andern Bildern der Echnatônzeit stimmen[7]. Noch immer ist die Frage offen, ob nicht in der Kunst der Verlauf ebenso gewesen ist wie in der Religion, daß nämlich der Sohn anfangs noch in der Art des Vaters auftrat und erst später neue Wege einschlug.

VI. Es gibt einen ersten Propheten des Königs schon bei dessen Lebzeiten. Er folgt damit dem Beispiel seines Vaters, der sich selbst

---

[1] Es hieß *ꜣḫw·t n itn* oder ... *m ꜣḫw·t n itn*, siehe ÄZ. Bd. 55, S. 30 Anm. 2. Vgl. unten Anm. 5.

[2] Zur späteren Ausmerzung des Namens von Hermonthis aus den älteren Titeln des Königs siehe ÄZ. Bd. 55, S. 30.

[3] Die von Griffith a. a. O. herangezogenen Namen mit *ḥ'j* sind denn auch anders gebildet.

[4] Vgl. S. 478 Anm. 1.

[5] Vgl. vielleicht den Namen in Anm. 1 (Sethe).

[6] Siehe dazu ÄZ. Bd. 55, S. 41, 1.

[7] Vgl. ÄZ. Bd. 55, S. 9 Anm. 3 und S. 46 Anm. 2.

Kulte in Memphis[1] und in Soleb, seiner Gemahlin Teje einen in Sedeinga[2] eingerichtet hat.

VII. Man hat öfters die Anzahl der dargestellten Kinder des Königs zur zeitlichen Ordnung seiner Denkmäler benutzt. Ob Gewicht darauf zu legen ist, daß er hier allein ist, muß dahingestellt bleiben[3]. Vielleicht erforderte das dieser Festabschnitt, während an anderen, wie wir wissen, gerade die Königskinder eine Rolle spielten.

* *

Die eingehende Prüfung des neuen Fundes hat uns wieder einige Schritte in der Erkenntnis dieser bedeutsamen Zeit Ägyptens vorwärts geführt; aber auch manche neue Frage hat sich erhoben. Auf diesem unsicheren Boden gilt als Grundforderung, daß man jedes Denkmal einzeln ausfrage, ehe man es unter die andern reiht, und daß man nicht vorschnell verallgemeinere. So werden wir, vorsichtig trennend und verbindend, allmählich genauer erkennen, welche Stufen die Glaubensreinigung durchlaufen hat.

Leider ist wenig Hoffnung, daß sich zu dem Block seine einst neben ihm stehenden Genossen finden. Denn, wie der Kalkmörtel auf seiner Oberfläche zeigt, ist der Stein nicht unmittelbar den Trümmern des Tempels entnommen, aus dem er stammt, sondern inzwischen irgendwo verbaut gewesen.

---

[1] Siehe Breasted, Anc. rec. Bd. 2, S. 254 Anm. a.

[2] ÄZ. Bd. 55, S. 34 zweiter Absatz wäre also wohl etwas weniger schroff zu fassen.

[3] Breasted, Anc. rec. Bd. 2, S. 387 Anm. e, betont, daß im Grabe des Ramose nur die Königin, keine Kinder, neben dem Könige erscheinen. Man übersieht übrigens stets, daß schon in der Amenophiszeit zwei Töchter geboren sind: Prisse, Monum., Taf. 11, 3. Das ist wichtig für die Beurteilung der Darstellung auf den Grenzsteinen K, M, X von Tell el-Amarna, Davies, el-Amarna Bd. 5, S. 20 Anm. 3; 21; 25; 27. (Vgl. S. 478 Anm. 1.)

Das Namensystem bei den Osttscheremissen.

Von Prof. Dr. H. Jacobsohn
in Marburg.

(Vorgelegt von Hrn. W. Schulze am 8. Mai 1919 [s. oben S. 453].)

Bei meiner Beschäftigung mit einem östlichen Dialekt des wolgafinnischen Stammes der Tscheremissen im Gießener Kriegsgefangenenlager habe ich einige Aufzeichnungen über ein eigentümliches Namensystem gemacht, das bei ihnen angewandt wird. Meine Gewährsmänner waren Schamkaj Schumatof aus dem Dorfe Jenoktajewo (tscheremissischer Name Tschjormak) und Kusjükpaj Paizulin aus dem Dorfe Malo Gulsjetowo (tscheremissischer Name Tschara Mari), beide aus dem Bezirk Birsk des Gouvernements Ufa.

Die Osttscheremissen sind noch zum großen Teil Heiden. Die Form ihres Heidentums ist schon verschiedentlich untersucht worden, ich verweise auf Smirnow in seiner Abhandlung Черемисы in den Извѣстія общества Археологіи, Исторіи и Этнографіи при Императорскомъ Казанскомъ Университетѣ 7, 117 ff., auf Paasonens wertvolle Darlegungen in Keleti szemle II, auf das Gebet bei Genetz, Osttscheremissische Sprachstudien, Journal de la société finno-ougrienne 7, 54 ff. Allein an einer zusammenfassenden Darstellung dieser Religion, die wohl vom Mohammedanismus stark beeinflußt ist, aber sich dabei in weitem Umfange ihre Selbständigkeit bewahrt hat, fehlt es noch. Soweit nun die Tscheremissen bei ihrem Glauben geblieben sind, haben sie noch ihre Eigennamen im Gebrauch, daneben auch freilich schon russische. Dagegen von den Getauften führen die alten Männer und Frauen noch Doppelnamen, einen tscheremissischen und einen russischen. Und zwar erhielten sie den tscheremissischen Namen bei der Geburt, den russischen bei der Taufe. In Schumatofs Dorf waren alte Leute, die die Doppelnamen *a·rdïgan*[1] und *pɔtr* (= russ. Петръ), *a:ptɑt* und *nɪ·kɔłai̯* (= russ. Николай), *jü:zai̯* und *ku:žma* (= russ. Кузьма) führten. Aber in der jüngeren Generation haben die als Kinder Ge-

[1] Die tscheremissischen Namen und Wörter habe ich nach dem Alphabet der internationalen phonetischen Gesellschaft umschrieben.

tauften nur noch den einen russischen Namen. Nur wer später übertritt, empfängt dann natürlich einen neuen Taufnamen und kommt so wieder zu einem Doppelnamen. Ein *ʃa:mɪ: ʃa:dɪ:jɛf* ließ sich im Berezowschen Kloster, das 18 Werst von Schumatofs Heimatdorf entfernt liegt, taufen und erhielt den Namen Николай Ефимовичъ Берёзкинъ, ein *ju:zaĭ ju:zɪ·kajef*, der sich taufen ließ, um Lehrer zu werden, ward in der Taufe Александръ Василевичъ Юзыкаевъ genannt.

Die Namengebung der heidnischen Tscheremissen weist nun darin eine Ähnlichkeit mit dem indogermanischen Namensystem auf, daß die Kinder vielfach Namen erhalten, die an die der Eltern anklingen. Wenn nach Thukydides 1, 29, 2 die Feldherren, die die Korinther an die Spitze ihrer Expedition gegen Kerkyra stellen, Καλλικράτης ὁ Καλλίου, Τιμάνωρ ὁ Τιμάνθους, Ἀρχέτιμος ὁ Εὐρυτίμου, Ἰσαρχίδας ὁ Ἰσάρχου heißen, wo überall der Sohnesname im Anschluß an den Namen des Vaters gebildet ist, so treffen wir ganz Ähnliches bei den Tscheremissen an. So heißt etwa der Vater *ɪ:żɛvaĭ*, die Söhne *ɪ:żɛrgɛ*, *ɪ:żïlan*, *ɪ:żɛruʃ*, *ɪ:żɛma:rɪ·*, *kɛżïmbaĭ*, *ɪ:śɛnbaĭ*. Die Namen der vier älteren Söhne enthalten das erste Glied im Namen des Vaters, *ɪ:żɛ* 'klein' — *ɪ:żɛruʃ* ist beispielsweise 'der kleine Russe', *ɪ:żɛma:rɪ·* 'der kleine Tscheremisse' —, die Namen der zwei jüngsten das zweite Namensglied *-vaĭ*, *-baĭ*.

Ferner	Namen des Vaters:	der Söhne:
1.	*jaŋger*	*jandïwaĭ*, *jaŋgɛłdɛ*
2.	*mandi:jɛr*	*manïkaĭ*, *manaĭ*
3.	*paĭmɛt*	*paĭmïrza*, *paĭgɛłdɛ*
4.	*paĭżɔła*	*pajazet*, *paĭvat'r*
5.	*tɛm'raĭ*	*tɛm'rka*, *tɛm'rʃa*, *tɛm'rgalɪ:*, *tɛmɛraʃ*.

Auch das kommt vor, daß der Name eines Sohnes die Kurz-(Kose-)namenform zu der des Vaters darstellt. So heißt etwa der Vater *saĭnɔła*, die Söhne haben die Namen *saĭnʊk* und *saĭpɔła*. Das ist ein Verhältnis wie bei den Brüdern Ἵππαρχος und Ἱππίας, es begegnet bekanntlich in indogermanischen Sprachen nicht selten. *saĭnʊk* ist Kurznamenform zu *saĭnsła*, *-ʊk* als Kosenamensuffix wird häufig angewandt. So gibt es *pażʊ·k* zu *païzɔła*, *ʃaïtʊ·k* zu *ʃaĭdɔła*, *tʃa:nʊk* zu *zaĭnɔła*, *zaĭnïk* zu *zaĭnɛtin*, *kʊ:tʃʊ·k* zu *kʊ:guwaĭ*. Neben *ɛslɛwaĭ* ist als Kosename *e:tsʊk* gebräuchlich, neben *paĭgɛldɛ pajʊ:k*, neben *jamïtɪ: jamʊ·k*, neben *ʃamïtɪ: ʃamʊ·k*. Russisches Вася, Kosename zu Василій, erscheint als *wasjʊ:k*, zum russischen Матвей existiert als Kurzname *ma:tsʊ·k*, zum Frauennamen Анна *aŋʊ·k*.

Häufig genug fangen die Namen auch nur mit demselben Laut an, sie alliterieren wie so vielfach im Germanischen. So heißt der Vater *ɛʃt'waĭ*, die Söhne *ɛśɛn*, *e:man*, *e:maʃ*, *e:l'gaĭ*; oder der Vater *ʃʊ:ma:t*, die Söhne *ʃʊ:ma:taï*, *ʃamkaĭ*; der Vater *ʃʊ:ma·tpaï*, die Söhne *ʃawakaï*, *ʃa·maï*; der Vater *ʃakir*, die Söhne *ʃamra:t*, *ʃa:kɪ:*.

Und doch ist ein Unterschied zwischen dem Indogermanischen und Tscheremissischen hier vorhanden. Ohne Zweifel spielt der Gleichklang in der indogermanischen Nomenklatur eine große Rolle, Namenpaare wie iranisch *Spitamenes* (Vater) : *Spitaku* (Sohn), althochdeutsch *Heribrant* (Vater) : *Hiltibrant* (Sohn) lassen das deutlich erkennen. Aber er ist daran gebunden, daß derselbe Wortstamm wiederholt wird, er ist eine Folge des offenbar primären Prinzips, den Namen des Sohnes inhaltlich mit dem des Vaters zu verknüpfen, ohne daß der Name einfach wiederholt wird. Darüber hinaus sind die germanischen Stämme gegangen. Im Zusammenhang mit der Ausbildung des Stabreims in der Dichtung ist dieser auch bei Eigennamen vielfach angewandt, um Verwandtengruppen zu vereinen. Vgl. *Segimerus* und *Sesithacus*, Vater und Sohn, im Beowulf *Hređel* Vater : *Herebeald*, *Hæđcyn*, *Hygelác* Söhne usw. (Schrader, Reallexikon der indogerm. Altertumskunde² 575; A. Heusler, Reallexikon der germanischen Altertumskunde 4, 232 ff.). Dagegen ist es bei den Tscheremissen offenbar das Wohlgefallen am Gleichklang, das dazu führt, ähnliche Namen innerhalb der Familie zu schaffen. Es begegnet dabei oft genug, daß nur ein Teil der Namen der Söhne dem Namen des Vaters ähnlich ist, während die übrigen so gewählt sind, daß sie lediglich an die Namen der älteren Brüder anklingen. So heißt ein Vater *ʃa·dr*, seine Söhne *ʃamtr*, *ʃa:mr*, *ʃa:maĭ*, *ʃamkaĭ*, *ʃajĕkpaĭ*, alle durch Assimilation gebunden, aber der Name des jüngsten Sohnes ist *maŋkaĭ*, offenbar im Anschluß an *ʃamkaĭ*, den Namen des Drittjüngsten, gegeben. Andere Beispiele sind:

	Vater	Söhne
1.	*jaʃkɛłdɛ*	*akɛłdɛ*, *ákä:wak*, *apïk*, *a:puł*
2.	*jantsïwaĭ*	*jaʃkɛłdɛ*, *ɛʃkɛłdɛ*
3.	*japar*	*jamïtɪ:*, *ʃamïtɪ:*, *ʃamaĭ*, *jamaï*
4.	*mandi:jer*	*manïkaĭ*, *manaĭ*, *βaĺkaĭ*, *saĺikaĭ*
5.	*päktügan*	*päktĕwaĭ*, *ewaĭ*
6.	*ʃakti·ɛr*	*ʃakɪ:*, *japɪ:*, *ʃamra·t*
7.	*tɔïmïrza*	*paĭmïrza*, *paĭki:*, *paĭđɛmïr*, *paiyɛłdɛ*.

Eine solche Ähnlichkeit zwischen den Namen der Brüder wird schließlich auch da hergestellt, wo der Vater einen russischen Namen trägt, also eine Beziehung zu seinem Namen nicht besteht. So hießen die Söhne eines Марко: *wa:lɛ̦ʃa*, *wa:lɪ:*, *ma:dɪ:*, *ka:lɪ:*, eines Николай: *patr̥waĭ*, *patr̥kaĭ*, *pa:tʳra*. Diese Art der Namengebung ist den Tscheremissen offenbar so in Fleisch und Blut übergegangen, daß ein bestimmter Name geradezu dazu prädestiniert, etwaigen Söhnen bestimmte Namen zu verleihen, natürlich mit einem beträchtlichen Spielraum in der Auswahl. Denn die Fülle der tscheremissischen Namen ist groß. So sagte Paizulin, er kenne einen Mann namens *tɔ̈mïrza* und dessen einen Sohn *tɔpła:t*, wisse aber die Namen der übrigen Söhne nicht. Sie würden etwa heißen: *akmïrza*, *tɔkmïrza*, *tɔ̆kɪ:*, *aïtɪ:* (vgl. S. 487).

Ganz dasselbe finden wir bei den Frauennamen wieder. Allerdings wußten meine Gewährsleute nur wenige Beispiele dafür, daß die Namen der Töchter an den der Mutter angeknüpft werden, wie wenn etwa die Mutter *kömɪ:* heißt, die Töchter *kïwɪ:*, *kïłwïka*. Ob das Zufall ist, läßt sich natürlich nicht beurteilen. Häufiger gaben sie solche Fälle an, in denen der Name der Mutter keine Gemeinsamkeit mit den Namen der Töchter hat, diese aber unter sich Gleichklang zeigen. Man wird vermuten dürfen, daß hier, wie bei den Söhnen, die Vorliebe der Eltern für gewisse Namen entschieden hat, ohne Rücksicht auf den eignen Namen, daß aber, nachdem einmal der erste Name gewählt war, sie die folgenden Namen der Sitte gemäß in Anlehnung an diesen gaben. Vgl.

	Mutter	Töchter
1.	*ɪjɛmbɪ:*	*śäška*, *śäškawɪ:*, *ʋ:nawɪ:*, *ʋ:nałtsɛ*, *ajałtsɛ*, *jandałtsɛ*
2.	*jamał*	*ʋ:na·wïka*, *ʋ:nałtsɛ*, *ʋ:nawɪ:*, *aĭgawɪ:*
3.	*kïłwïka*	*esëłwɪ:*, *asëłwɪ:*, *asëłwïka*, *asëł*
4.	*sakɛ:wa*	*ʋ:nałtsɛ*, *ajałtsɛ*.

An 1. und 2. sieht man gut, wie ein Name immer den andern nach sich zieht: in 1. reimt *ʋ:nawɪ:* auf *śäškawɪ:*, das seinerseits zu *śäška* als Reimwort genommen ist. *ʋ:nawɪ:* aber führt auf *ʋ:nałtśɛ*, und dies wieder veranlaßt die Wahl von *ajałtśɛ*, *jandałtśɛ*. Daß der Gleichklang sowohl auf dem vorderen wie auf dem hinteren Teil der Namen beruhen kann, lehren die Beispiele. Folgende Reihen von Schwestern, bei denen meine Gewährsmänner den Namen der Mutter nicht wußten, können das Bemerkte noch veranschaulichen:

1. *sakɛ·ła*, *sakɛ·wa*, *sagɛ·da*
2. *ma:rɛ:pa*, *markɛ:wa*, *markɪ:*, *makɛ:wa*, *amɛ:ka*
3. *ajałtśɛ*, *ï:jałtśɛ*, *pɪ:gałtśɛ*, *pɪ:kɛ:tś*, *pɪ:kɛ̇:ĭ*.

Bei der großen Fülle von Namen innerhalb derselben Familie, die eine so starke Ähnlichkeit besitzen, liegt der Gedanke nahe, daß die einzelnen Brüder oder Schwestern durch Namensnennung nicht immer scharf geschieden werden könnten. Aber die Tscheremissen versicherten, daß der Gebrauch der Namen im Verkehr gar keine Schwierigkeiten bereite.

Unter den tscheremissischen Namen gibt es eine ganze Anzahl tatarischer Namen und Namensglieder, auch unter den angeführten. Vgl. etwa *fakir* = грамотный oder etwa den Frauennamen *kïlwïka* = tatarisch *gïlwi:ka* 'schöne Blume': *gïl* ist 'Blume' = tscheremissisch *šäška*, *wi:ka* ist 'schön'. Hier und in andern Fällen ist der tatarische Name als Name herübergenommen, denn die Appellativa, aus denen er zusammengesetzt ist, hat das Tscheremissische nicht entlehnt. Aber als Namensglieder wuchern sie weiter. In einem Frauennamen z. B. wie *üdürwïka* ist das tatarische *wi:ka* 'schön' mit tscheremissisch *üdür* 'Tochter' zusammengetreten, das aus einer indogermanischen Sprache, wahrscheinlich aus litauisch *dukter-* stammt. Bei den außerordentlich engen Beziehungen, die zwischen Tataren und Osttscheremissen bestehen — die Osttscheremissen sprechen alle tatarisch —, kann das nicht wundernehmen. Eine weitere Frage aber ist die, ob nicht die ganze Art der Namengebung, wie ich sie dargestellt habe, dem Tatarischen nachgebildet ist. Die Entscheidung muß ich Kundigeren überlassen, da mir hier die Kenntnisse fehlen.

Ausgegeben am 19. Juni.

SITZUNGSBERICHTE

1919.

XXVII.

DER PREUSSISCHEN

AKADEMIE DER WISSENSCHAFTEN.

22. Mai. Sitzung der philosophisch-historischen Klasse.

Vorsitzender Sekretar: Hr. Diels.

1. Hr. de Groot las über die Pagoden in China, die vornehmsten Heiligtümer der Mahajana-Kirche. (Abh.)

Die Pagode war Grabmonument, wurde Heiligtum zur Beisetzung von Reliquien Buddhas, Sitz seines Geistes und Mittel zur Ausstrahlung seines Lichts und seiner Lehre, folglich Heiligtum der allerhöchsten Ordnung.

2. Hr. Sachau berichtete über »syrische und arabische Literatur, welche sich auf die Klöster des christlichen Orients bezieht«. (Abh.)

Speziell wird über das Klosterbuch von Alšâbuštî, das wegen einer größeren Zahl kulturgeschichtlich merkwürdiger Exkurse besondere Beachtung verdient, gesprochen. Das Leben in Bagdad, im Zentrum des abbasidischen Chalifats, besonders im 9. christlichen Jahrhundert, am Hofe wie in der höchsten Gesellschaft, erhält durch diese Exkurse vielfache Aufklärung, die man in den eigentlichen Geschichtswerken vergebens sucht.

3. Hr. Meinecke legte der Akademie die Denkschrift vor, die er im Auftrag des Auswärtigen Amtes für die Friedensverhandlungen ausgearbeitet hat: »Geschichte der linksrheinischen Gebietsfragen.«

Ausgegeben am 19. Juni.

SITZUNGSBERICHTE 1919. XXVIII.

DER PREUSSISCHEN

AKADEMIE DER WISSENSCHAFTEN.

22. Mai. Sitzung der physikalisch-mathematischen Klasse.

Vorsitzender Sekretar: Hr. Planck.

Hr. Haber überreichte einen Beitrag zur Kenntnis der Metalle. (Ersch. später.)

Er zeigt, daß aus Atomvolumen und Zusammendrückbarkeit der einwertigen Metalle beim absoluten Nullpunkte die Summe von Ionisierungsenergie und Verdampfungswärme richtig berechnet werden kann, wenn die Metalle nach früherer Vorstellung des Vortragenden als Gitter aus Ionen und Elektronen angesehen werden. Diese Auffassung wird weiter gestützt durch die Darlegung, daß sich aus der Gittervorstellung der Metalle der Charakter des selektiven Photoeffektes als einer Metalleigenschaft zugleich mit dem numerischen Werte eines beschleunigenden Voltapotentials an der Metalloberfläche ergibt, dessen Wert im Falle des Kaliums das gelegentlich beobachtete Verschwinden des Effektes verständlich macht.

Ausgegeben am 19. Juni.

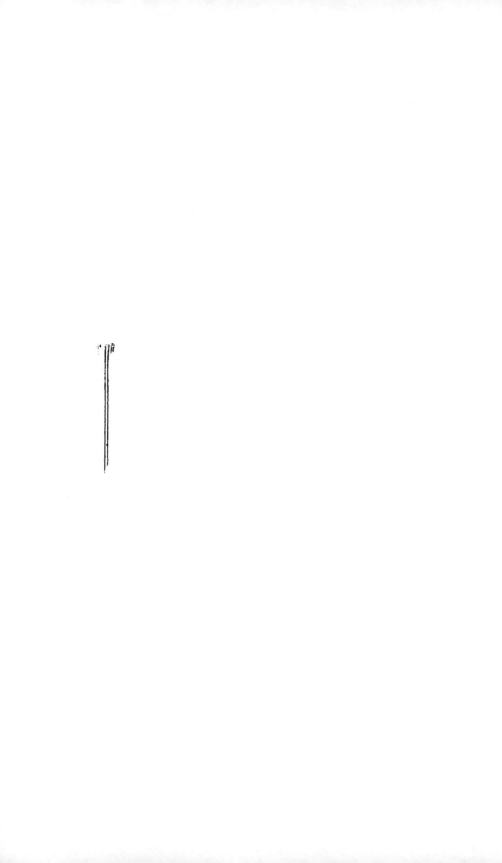

SITZUNGSBERICHTE 1919.

XXIX.

DER PREUSSISCHEN

AKADEMIE DER WISSENSCHAFTEN.

5. Juni. Gesamtsitzung.

Vorsitzender Sekretar: Hr. DIELS.

*1. Hr. NORDEN sprach über: »Der Rheinübergang der Kimbern und die Geschichte eines keltischen Kastells in der Schweiz«.

Die Angabe des Tacitus Germ. c. 37 über die Lagerplätze der Kimbern bezieht sich auf den Oberlauf des Rheins. Der Übergang fand bei dem helvetischen Kastell Tenedo statt. Dasselbe Kastell ist in dem Berichte des Tacitus in den Historien I anläßlich der Ereignisse des Jahres 69 gemeint. Beide Berichte gehen auf Plinius, jener auf die Bella Germaniae, dieser auf die Annalen, zurück. Die Geschichte des Kastells läßt sich von den Zeiten der Kimberninvasion bis auf die Gegenwart, in der die Ortschaft den alamannischen Namen Zurzach trägt, verfolgen.

2. Das korrespondierende Mitglied Hr. K. MÜLLER überreichte zwei »Kritische Beiträge«. (Ersch. später.)

Die erste Abhandlung befaßt sich mit den Auszügen des Hieronymus (ep. ad Avitum) aus des Origines περὶ ἀρχῶν. Sie sucht die Einordnung der Bruchstücke sicherer als bisher festzulegen und gewinnt dabei wichtige Ergebnisse für die Theologie des Origenes und das Verfahren Rufins bei seiner Übersetzung. — Die zweite Abhandlung »Zur Deutschen Theologie« stellt fest, daß der ausführlichste Text dieser Schrift der ursprüngliche ist.

3. Das korrespondierende Mitglied Hr. BRESSLAU überreichte seine Abhandlung »Aus der ersten Zeit des großen abendländischen Schismas«. (Abh.)

Die mitgeteilten und erläuterten Aktenstücke stammen aus dem Archiv der Avignonesischen Päpste, das wichtigste unter ihnen ist eine eigenhändige Aufzeichnung des Gegenpapstes Klemens' VII., in der er zu Anträgen des Königs Juan von Kastilien Stellung nimmt.

4. Hr. DRAGENDORFF übergab das von P. CLEMEN herausgegebene Werk: »Kunstschutz im Kriege, Berichte über den Zustand der Kunstdenkmäler auf den verschiedenen Kriegsschauplätzen und über die deutschen und österreichischen Maßnahmen zu ihrer Erhaltung, Rettung, Erforschung«. Bd. I: Die Westfront (Leipzig 1919).

5. Zu wissenschaftlichen Unternehmungen haben bewilligt:

die physikalisch-mathematische Klasse zur Fortführung des Unternehmens »Das Tierreich« 4000 Mark; zur Fortführung des Nomenclator animalium generum et subgenerum 3000 Mark; Hrn. Engler zur Fortführung des Werkes »Das Pflanzenreich« 2300 Mark; dem Verlage des Jahrbuchs für die Fortschritte der Mathematik als Zuschuß zu den Kosten der Herausgabe des Jahrgangs 1919 5000 Mark; Hrn. Prof. Dr. Hermann von Guttenberg in Berlin-Dahlem für Untersuchungen über den Einfluß des Lichtes auf die Blattstellung der Pflanzen 800 Mark:

die philosophisch-historische Klasse Hrn. Hintze zur Fortführung der Herausgabe der Politischen Korrespondenz Friedrichs des Großen 6000 Mark; zur Fortführung der Arbeiten der Orientalischen Kommission 20000 Mark; zur Fortführung der Arbeiten der Deutschen Kommission 4000 Mark; für die Bearbeitung des Thesaurus linguae Latinae über den planmäßigen Beitrag von 5000 Mark hinaus noch 1000 Mark; für das Wörterbuch der ägyptischen Sprache 5000 Mark; zur Bearbeitung der hieroglyphischen Inschriften der griechisch-römischen Epoche für das Wörterbuch der ägyptischen Sprache 1500 Mark.

Die Akademie hat das ordentliche Mitglied der physikalisch-mathematischen Klasse Hr. Simon Schwendener am 27. Mai durch den Tod verloren.

Über ein Bruchstück einer Plautushandschrift des vierten Jahrhunderts. II.

Von Prof. Dr. Hermann Degering
in Berlin.

(Vorgelegt von Hrn. Norden am 15. Mai 1919 [s. oben S. 463].)

II. Überlieferunggeschichtliches.

Wir kommen nun zu der Erörterung der wichtigsten Frage: wie unser neues Fragment sich zu der übrigen Plautusüberlieferung verhält. Diese beruht bekanntlich auf zwei Rezensionen, von denen eine durch den ambrosianischen Palimpsest A vertreten wird, während die andere auf einem verlorenen Archetypus (P) aller übrigen Handschriften beruht. Die Bibliotheksheimat von A ist das Kloster Bobbio, wo Teile der Plautushandschrift im 7./8. Jahrhundert nach Tilgung des Plautustextes zur Aufzeichnung eines Teiles der Bibel (Regum libri) benutzt wurden. Der im 4. Jahrhundert geschriebene Plautustext ist also aller Wahrscheinlichkeit nach italienische Schreiberarbeit.

Dagegen läßt sich P^s als eine Handschrift gallischen Ursprungs erweisen, die nicht viel älter gewesen sein kann als die älteste der aus ihr abgeleiteten Handschriften (B), die dem 10. Jahrhundert angehört. Es folgt das mit Bestimmtheit aus einer Reihe von Fehlern ihrer Abkömmlinge, aus denen hervorgeht, daß sie in karolingischer Minuskel geschrieben war. Selbstverständlich war aber auch P^s ihrerseits wieder die Abschrift einer älteren Vorlage P^a und auf diese läßt sich nun wiederum aus einer Reihe von Fehlern, die für P durch die Übereinstimmung ihrer Abschriften bezeugt werden, der Schluß ziehen, daß sie in Kapitalschrift geschrieben war. Damit rückt aber P^a zeitlich in die Nähe des Ambrosianus, der bekanntlich gleichfalls in Kapitalschrift (Rustica) geschrieben ist. Es würde sich also für uns darum handeln, festzustellen, in welchem Verhältnisse N, wie wir unser neues Fragment benennen wollen, zu A und P^a steht, in deren Zeitbereich es der Schrift nach gleichfalls gehört.

Die beiden Rezensionen A und P^a, die Leo[1] in das 2. bis 3. Jahrhundert datiert, haben ihrerseits wieder zur gemeinschaftlichen Grundlage eine ältere Rezension[2], über deren Alter die Meinungen auseinandergehen. Wir können aber diese Streitfrage hier beiseitelassen, da sie für das Abhängigkeitsverhältnis von N zu A und P^a keine Bedeutung hat. Daß nun auch N ebenso auf dieser älteren Rezension beruht wie A und P^a, wird durch eine Reihe von Fehlern erwiesen, die A, P^a und N gemeinsam haben. Hierhin gehört es zunächst, daß sich auch in N die zu Unrecht in den Text eingedrungenen Verse 125. 130—132, deren Unechtheit Windischmann erkannt hat, im Texte finden. Gleichfalls unecht sind aber auch meiner Ansicht nach die Verse 168. 169, die ja auch nur verstümmelt überliefert sind und schon dadurch verdächtigt werden, obwohl sie von N und P übereinstimmend bezeugt werden, während das Zeugnis von A fehlt. Der Inhalt dieser beiden Verse widerspricht nämlich, ganz abgesehen davon, daß sie auch den offensichtlichen Zusammenhang der Verse 167 und 170 zerstören, völlig dem Aufbau der Handlung, wie im weiteren Verlauf des Stückes zutage tritt und wie ihn gleich darauf die Verse 182—187 uns klar vor Augen stellen. Dort heißt es:

. . . . Ille extemplo servolum
Iubet illum eundem persequi, si qua queat
Reperire quae sustulerit. Ei rei nunc suam
Operam usque assiduo servos dat, si possiet
Meretricem illam invenire, quam olim tollere,
Quom ipse exponebat, ex insidiis viderat.

Demnach hatte der Sklave Lampadio sich also nach der Aussetzung des Kindes in der Nähe des Aussetzungsortes versteckt, um zu beobachten, wer das Kind aufnehmen würde, und hatte von diesem seinen Versteck aus (*ex insidiis*), das er, wie wir später (Vers 549) erfahren, im Hippodrom gefunden hatte, auch die Kupplerin das Kind aufnehmen sehen. Daß er dann aber diese Frau verfolgt und festgestellt hätte, wohin sie das Kind gebracht hätte, davon ist nur in den beiden fraglichen Versen die Rede; im ganzen übrigen Stücke wird darauf nie wieder zurückgegriffen. Im Gegenteil ist die Voraussetzung des weiteren Handlungsablaufs die, daß er gar nichts davon weiß, wohin das Kind gebracht ist, und daß er nicht das Haus sucht, sondern die Frau, welche er bei der Aufnahme des Kindes beobachtet und deren äußere Er-

---

[1] S. Plauti Commoediae rec. Leo. Berlin 1895. p. III.
[2] S. Leo, Plautinische Forschungen. ² (1912) S. 48 ff.

scheinung er sich eingeprägt hat, und daß er diese wiedererkennt, sobald er sie zufällig (etwa Vers 415) trifft. Er erkennt sie offenbar an gewissen Eigentümlichkeiten ihrer Erscheinung, wovon in dem leider nur sehr lückenhaft überlieferten Monologe Lampadios (Vers 381 ff.) eine witzige Schilderung gegeben war. Das Haus spielt bei der Wiedererkennung dagegen ganz und gar keine Rolle. Somit sind die Verse 168/69 ein störender Einschub. Wer sie einsetzte, hatte aber seinen guten Grund dazu, denn tatsächlich wird man eine Erwähnung der heimlichen Beobachtung der Kupplerin durch den Sklaven bei der Aufnahme des Kindes, wie sie nachher in den Versen 182/83. 185/86 vorausgesetzt wird, schon hier erwarten. Aber für die Absicht des Dichters, mit dem Prolog des Auxilium die notwendigste Exposition der nachfolgenden Handlung zu geben, ist die doppelte Erwähnung immerhin nicht notwendig. Wie gesagt, fehlt für diese Stelle das Zeugnis von A, und wir können deshalb nicht wissen, ob die Verse nicht ebenso wie die Verse 126—130 von A als unechte ausgelassen waren.

Ein anderer gemeinsamer Fehler von A, P^a und N ist dann noch Vers 143 *aiebat* st. *aibat.* Außerdem werden aber vermutlich auch noch die meisten von den Fällen hierher zu rechnen sein, wo wir nur für N und P^a gemeinsame Fehler feststellen können, weil uns, wie bei Vers 168/69 das entsprechende Zeugnis von A fehlt. Es sind das Vers 159 [*vi*] und 179 *Et eam* st. *Ut eam.* In diesem letzten Falle bin ich freilich mit Leo im Zweifel, ob die Weisesche Konjektur *Ut* st. *Et* richtig ist, und ob es nicht möglich ist, die Überlieferung zu halten.

Neben diesen auf die gemeinsame Grundlage von A P^a und N zurückzuführenden Fehlern, treffen wir nun in N eine andere Fehlerreihe, mit der N gegen A an die Seite von P^a tritt. Hierher gehört es zunächst, daß sich auch in N wie in P die Verse 126—129 finden, die von A mit Recht als nicht plautinisch ausgelassen sind. Ferner gehört hierher der Schluß von Vers 136, den uns N mit: *haec p[erdita est]* überliefert. Die Ergänzung der durch das Beschneiden fortgefallenen Buchstaben ist wohl als sicher zu bezeichnen, da hinter *haec*, in dem Farbfleck, noch der Anfang eines p zu erkennen ist. Auf keinen Fall folgte ein d. Außerdem fehlt in N aber jedenfalls das Wort *eum*, das neben *perdita est* sachlich und sprachlich unmöglich ist und nur zu der richtigen, von A überlieferten Lesart: *deperit* paßt, und hier zugleich aber auch notwendig ist. Daß es in P (P^a) neben der falschen Lesart *perdita est* auftritt, kann man wohl kaum anders erklären als dadurch, daß in *AP^aN* zu den Worten *eum haec deperit* die Worte *haec perdita est* am Rande oder zwischen den Zeilen als Variante hinzugesetzt waren. Die Stelle beweist aber zugleich auch, daß P^a nicht aus N abgeleitet sein kann, wohl aber könnte anderseits trotz des Unterschiedes N aus P^a stammen, da der Schreiber von N natürlich den groben Fehler, den er in P^a vorfand, aus eigener Konjektur verbessern konnte. Wir werden aber bald sehen, daß auch N nicht auf P^a zurückgeht, sondern daß wir vielmehr eine gemeinsame Vorlage NP^a für N und P^a vorauszusetzen haben, die zwischen ANP^a einerseits und N und P^a anderseits vermittelt.

Am Schlusse des Verses 134 bietet N dasselbe fehlerhafte *fecerit*, wie P, und es wird in N auch dadurch nicht erträglicher, daß hier der Satz mit *Quod* statt mit *Quae* eingeleitet wird. Das Zeugnis von A fehlt leider wieder. Möglicherweise gehört das falsche *fecerit* also nicht nur P^aN, sondern bereits AP^aN an.

In Vers 144 können wir dagegen wieder einen P^aN-Fehler feststellen, indem N und P beide das wegen des Fehlens der Satzverknüpfung unmögliche *suppositionem eius rei* bieten, wofür A als richtige Lesart *suppositionemque eius* überliefert.

Weniger beweiskräftig für die nahe Verwandtschaft von N und P^a ist es, wenn beide in Vers 145 mit *solae scimus* gegen die Lesart von A: *scimus solae* in Richtigem übereinstimmen.

Den angeführten Übereinstimmungen von N und P steht nun aber auch eine erhebliche Anzahl von Abweichungen gegenüber und hier hat N in den meisten Fällen die grammatisch, sachlich oder metrisch richtige Lesart, P dagegen fast durchweg die falsche. Wir werden aber sehen, daß diese Fehler meist erst P und nicht bereits P^a angehören. Nur in drei Fällen hat N offenbar das Unrichtige gegen P, und in einem Falle muß man sich mit einem non liquet begnügen.

Die drei Fehler von N sind folgende: Vers 127: *Liberti* st. *Liberi*, Vers 133: *meretroci* st. *meretrici*, Vers 164 *fiet* st. *siet*. Aus den Fehlern *Liberti* für *Liberei* und *fiet* für *siet* möchte ich den Schluß ziehen, daß die Vorlage von N, d. h. also NP^a, in Kapitalkursive geschrieben war. *Meretroci* ist wohl nur ein lapsus calami, oder ist es etwa eine eingeschlichene Vulgärform der Art, wie sie Priscian de accentu § 34 mit *infelox*, freilich ohne Angabe der Bedeutung, aber doch wohl zweifellos als Nebenform, für *infelix* bezeugt.

Bei Vers 145 *ille* statt *illi* (A und P^a) könnte man zunächst im Zweifel sein, ob *ille* ein einfacher Schreibfehler für *illi* ist oder ob *ille* für *illae* steht. Da aber die Metrik ein langes *ē* (*ae*) verlangt, hat die letztere Annahme die größere Wahrscheinlichkeit für sich, obwohl in unserm Fragmente der ä-Laut sonst stets durch *ae* wiedergegeben ist. In dem vorausgehenden Worte *quae* hat nun aber das *e* ganz überflüssigerweise eine cauda, es liegt also nahe, anzunehmen, daß der

Schreiber diese cauda nachträglich und versehentlich bei dem falschen *e* zugefügt hat. Wir müssen also annehmen, daß A und P^a die Form *illae*, die dann also in A N P^a und N P^a noch erhalten war, unabhängig voneinander modernisiert haben.

Nicht als eigentliche Fehler, sondern als orthographische Neuerungen sind zu bewerten:

Vers 123. *Adolescens* st. *Adulescens* (A P),
» 158. *adolescentulus* st. *adulescentulus* (P),
» 125. *apprime* st. *adprime* (P),
» 137. 139. 160. 176. 181. *illico* st. *ilico* (P),
» 163. *decimo* (mit Korrektur durch Überschreiben) st. *decumo* (P),
» 165. *consilii* st. *consili*,
» 175. *suum* st. *suom* (P).

Diesen orthographischen Neuerungen von N stehen jedoch andere Fälle gegenüber, in denen N zum Teil in Übereinstimmung mit A gegen P die richtigen Formen bewahrt hat:

Vers 130. *Sicione* (N und A) st. *Sycione* (P),
» 134. *saepe* st. *sepe* (P),
» 142. *quaerunt* (N und A) st. *querunt* (P),
» 165. *servom* st. *servum* (P),
» 169. *aedeis* st. *aedis* (P),
» 171. *Melaenidi* st. *Melenidi* (P).

Da diese beiden orthographischen Variantenreihen sich annähernd die Wage halten, geben sie keinen Anhalt für die relativen Altersverhältnisse von N und P^a.

Ziehen wir nun aus den bisherigen Feststellungen das Fazit, so ergibt sich:

1. N geht mit A und P^a auf eine gemeinsame Rezension (A P^a N) zurück, weil alle drei eine erhebliche Anzahl gemeinsamer Fehler aufweisen.

2. Wohl stellt sich N mit einer Reihe von Fehlern an die Seite von P^a gegen A, dagegen nie mit Fehlern an die Seite von A gegen P^a, wie auch P^a niemals in Fehlern mit A gegen N übereinstimmt. N und P^a bilden also zusammen eine Klasse gegenüber von A.

3. Da N und P^a beide ihre besonderen Fehlerreihen haben, und da ferner A in richtigen Lesarten bald mit N, bald mit P^a übereinstimmt, so kann weder N aus P^a noch P^a aus N abgeleitet werden, sondern wir müssen für beide eine gemeinsame Vorlage N P^a ansetzen.

Das Stemma der Überlieferung ist also folgendes:

Bei dieser Sachlage sind natürlich diejenigen Varianten unseres Fragmentes von besonderem Interesse, welche offensichtliche Fehler der Palatinischen Rezension berichtigen oder sachliche und metrische Abweichungen enthalten, obwohl die Lesarten von P bisher keinen Anstoß gegeben haben.

Was die Fehler von P anbetrifft, so ist eine beträchtliche Anzahl derselben bereits durch ältere Konjekturalkritik erkannt und, wie nun die neuen Lesarten von N zeigen, auch bereits richtig geheilt worden.

Vers 123: *illanc ego* st. *illam ego*. Daß für *illam illanc* einzusetzen sei, hat bereits Pareus erkannt.

Vers 124: *angiportu* st. *anguiportu*, ist bereits in den Humanistenhandschriften geheilt.

Vers 124 *sustuli* st. *sustulit*. Schon vom Korrektor der Handschrift B richtig verbessert. In N P[a] hat vermutlich noch *sustulei* gestanden, aus welchem *sustuli* in N durch Modernisierung, *sustulit* in P[a] durch Verlesen der Kapitalkursive entstanden ist.

Vers 126. *quia sum onusta* st. *quasi sum honesta* hat bereits Camerarius völlig richtig hergestellt. Die doppelte Veränderung des ursprünglichen Wortlauts wird schwerlich auf einmal und durch einen Abschreiber entstanden sein, sondern sich mindestens auf die Schreiber von P und P[a] verteilen. Den Ausgangspunkt bildete wohl zunächst die Verwechselung von *onusta* mit *onesta* ohne *h* in P[a], wozu dann in P eine den spätern Abschreibern mißverständliche Abkürzung für *quia* trat, die sie fälschlich mit *quasi* auflösten.

Vers 134. *Quod* st. *Quae* (*Que* und *-que*). Vermutlich beruht auch hier der Fehler der Palatini auf einer Abbreviatur in P.

Vers 139. Hier ist der in P überlieferte Hiat *a mé accepit illico* durch die Umstellung der vorausgehenden Worte *eam puellam* beseitigt:

Postquám puellam eam á me accepit illico

Vers 140. *Eadem* st. *Eandem*. Das von N überlieferte *Eadem* gibt dem Gedanken eine besondere Note, verdient also deshalb vielleicht den Vorzug vor der von P.

Vers 147. *sic* st. *si* ist bereits vom Korrektor von B (B²)[1] verbessert.

Vers 147. *qui* st. *quid*. Die Lesart von N verdient vielleicht trotz des Hiatus Erwägung.

Vers 175 *morigera* st. in *in origera* ist bereits von den italienischen Humanisten verbessert.

Vers 176. *Postquam* st. *Post* ist gleichfalls bereits in den italienischen Handschriften richtig ergänzt.

[1] Für die Beurteilung des Verhältnisses von N zu B² erscheint mir das Material nicht genügend; nur soviel kann man aber wohl sagen, daß N sicher nicht die Vorlage gewesen ist, nach welcher B² korrigierte.

Ausgegeben am 19. Juni

Berlin, gedruckt in der Reichsdruckerei

1919 XXX. XXXI

SITZUNGSBERICHTE

DER PREUSSISCHEN

AKADEMIE DER WISSENSCHAFTEN

BERLIN 1919

VERLAG DER AKADEMIE DER WISSENSCHAFTEN

IN KOMMISSION BEI DER
VEREINIGUNG WISSENSCHAFTLICHER VERLEGER WALTER DE GRUYTER U. CO.
VORMALS G. J. GÖSCHEN'SCHE VERLAGSHANDLUNG. J. GUTTENTAG, VERLAGSBUCHHANDLUNG.
GEORG REIMER. KARL J. TRÜBNER. VEIT U. COMP.

kripte-
es sich nicht bloß um glatten Text handelt,
ende Anweisungen für die Anordnung des Satzes
Wahl der Schriften enthalten. Bei Einsendungen
Fremder sind diese Anweisungen von dem vorliegenden

1919.

XXX.

SITZUNGSBERICHTE

DER PREUSSISCHEN

AKADEMIE DER WISSENSCHAFTEN.

19. Juni. Sitzung der physikalisch-mathematischen Klasse.

Vorsitzender Sekretar: Hr. Planck.

Hr. Correns berichtete über Vererbungsversuche mit buntblättrigen Sippen. I. *Capsella Bursa pastoris chlorina* und *albovariabilis*. (Ersch. später.)

Außer einer *chlorina*-Sippe wurde bei *Capsella Bursa pastoris* auch eine weißbunt gescheckte *albovariabilis*-Sippe gefunden und seit 10 Jahren in Kultur gehalten. Bei ihr ist die Weißbuntheit eine mendelnde, durch eine Anlage, ein Gen, bedingte Eigenschaft. Gleichzeitig zeigt aber die Selektion einen Erfolg, der nicht durch die Auswahl unter verschiedenen, durch Kreuzung vermischten Biotypen, sondern durch eine veränderliche Erbanlage zu erklären ist. Als Ursache wird ein Krankheitszustand der Anlage angenommen, der schwankend stark und ausheilbar ist.

Beitrag zur Kenntnis der Metalle.

Von F. Haber.

(Vorgelegt am 22. Mai 1919 [s. oben S. 493].)

Hr. Grüneisen[1] hat in mehreren Arbeiten die Theorie der Metalle auf Grund des Mieschen[2] Ansatzes erfolgreich so weit ausgebaut, daß das weitschichtige Beobachtungsmaterial, zu dem er durch eigene Messungen wesentliche Beiträge geliefert hat, im Rahmen der theoretischen Vorstellung Platz findet. Der Grundgedanke Mies, auf dem Grüneisen fußt, scheint aber das Wesen der Sache nicht ganz zu treffen. Er geht nämlich dahin, daß zwischen den Atomen im festen Metall eine van der Waalschen Anziehung tätig ist; ergänzend wird eine Abstoßung angenommen, deren potentielle Energie einer höheren Potenz des Abstandes der Atommittelpunkte umgekehrt proportional ist. Die Vorstellung, die ich für fruchtbarer halte, habe ich früher dahin ausgesprochen[3], daß die Metalle Gitter aus Elektronen und Ionen darstellen, so daß im Potential der anziehenden Kräfte das Quadrat der elektrischen Elementarladung, gebrochen durch die erste Potenz des Abstandes, erscheinen sollte. Zur Stütze dieser Vorstellung konnte ich nur einen Dimensionalansatz benutzen, der die Größenordnung des Wertes der Elementarladung aus Volumen und Kompressibilität der einwertigen Metalle richtig lieferte[4] und auf einen Zusammenhang zwischen

[1] Grüneisen, Verb. d. deutschen Phys. Ges. **13**, 836 (1911). **14**, 322 (1912); Ann. der Physik **26**, 393 (1908), **39**, 257 (1912).

[2] Mie, Ann. der Physik **11**, 657 (1903).

[3] Haber, Verb. d. deutschen Phys. Ges. **13**, 1128 (1911).

[4] Ein zweiter Dimensionalansatz, der damals gemacht wurde, um die Ladung des Elektrons aus der Schmelztemperatur des einatomigen festen Körpers bis auf eine dimensionslose Konstante zu berechnen, gab kein brauchbares Resultat, kann aber leicht so geändert werden, daß er zu einer auffallenden Bestätigung führt. Dazu dient der Vergleich der Energieänderung bei einer Gitterdehnung um den Betrag der beim Schmelzen eintretenden Volumänderung mit dem Verbrauch an Wärmeenergie beim Schmelzvorgang, für den mit Einführung der von Grüneisen (a. a. O.) verständlich gemachten J. W. Richardsschen Regel RT_s gesetzt wird (R = Gaskonstante, T_s = absoluter Schmelzpunkt). Für die Gitterenergie wird der nach Dimension und Größenordnung entsprechende Wert $e^2 N^{4/3} V^{-1/3}$ gesetzt (e = Ladung des Elektrons, N = An-

den charakteristischen Frequenzen im Ultrarot und im Ultraviolett hinweisen. Es verhält sich nämlich die langwelligste Schwingungsfrequenz im Ultraviolett zu der kurzwelligsten im Ultrarot umgekehrt wie die Wurzel aus den schwingenden Massen. Nun haben die HH. Born[1] und Landé ganz neuerdings, fußend auf Madelungs[2] sehr eleganter Berechnung des Potentials elektrischer Punktgitter, Ausdrücke für die potentielle Energie eines Ionengitters abgeleitet, in dem zwischen den Ionenmittelpunkten neben der Mie-Grüneisenschen Abstoßung eben die Coulombsche Anziehungskraft tätig ist, die ich mir für den Zusammenhang des Metalles als maßgeblich vorstelle. Es liegt nahe, diese Ausdrücke, die ohne weiteres auf ein Gitter von Elektronen und Ionen übertragen werden können, auf die einfachsten Metalle anzuwenden und zuzusehen, ob die Ergebnisse mit der Grundvorstellung im Einklang sind und deren weitere Verfolgung als eine nützliche Aufgabe erkennen lassen.

Es ist klar, daß der Gegenstand durch die Benutzung der Bornschen Ausdrücke nicht erledigt werden kann. Die Herleitung des

zahl der Moleküle im Mol, V = Molekularvolumen). Damit folgt (const. = Konstante des Dimensionalansatzes)

$$\text{const.}\ (e^2 N^{4/3} V_s^{-1/3} - e^2 N^{4/3} V_l^{-1/3}) = RT_s\,.$$

(Die Indizes beziehen sich s auf den festen, l auf den flüssigen Zustand beidemals beim Schmelzpunkte.) Mit Einführung des Atomgewichtes A und der Dichte beim Schmelzpunkte (d_s im festen, d_l im flüssigen Zustand) entsteht

$$\frac{\text{const.}\ e^2 N^{4/3}}{R} = \frac{T_s A^{1/3}}{d_s^{1/3} - d_l^{1/3}}\,.$$

Die linke Seite dieses Ausdruckes hat den Wert const. $1 \cdot 41 \cdot 10^5$. Der Wert der rechten Seite ist für 8 Stoffe in der folgenden Tabelle angegeben, von denen 5 auf den Zahlenwert 1 für const. mit einer Genauigkeit führen, die aus der Ableitung weder vorausgesehen noch ohne weiteres verstanden werden kann. Die Tatsache, daß der völlig aus der Reihe fallende Phosphor nur eine Abweichung um den Faktor 2 ergibt, zeigt zudem das Vorliegen eines Zusammenhanges, der über die einatomigen Metalle hinausgreift. Daß es Fälle gibt, in denen dieser Zusammenhang gar nicht besteht, lehrt das Wismut, das sich bekanntlich beim Schmelzen zusammenzieht.

Metall	A	$A^{1/3}$	d_s	$d_s^{1/3}$	d_l	$d_l^{1/3}$	T_s	$\frac{A^{1/3} \cdot T_s \cdot 10^5}{d_s^{1/3} - d_l^{1/3}}$
1 Pb	207	5.916	11.005	2.224	10.645	2.200	598	1.47
2 Cs	133	5.104	1.886	1.2355	1.836	1.2245	299.5	1.39
3 K	39.1	3.394	0.851	0.9476	0.8298	0.9397	335.1	1.44
4 Na	23.0	2.844	0.9519	0.9837	0.9287	0.9757	370.6	1.30
5 Sn	119.0	4.919	7.1835	1.930	6.988	1.912	499.3	1.36
6 Cd	112	4.820	8.366	2.030	7.989	1.999	591	0.92
7 P	31.0	3.141	1.814	1.220	1.7555	1.206	317.2	0.71
8 Hg	200.0	5.848	14.193	2.421	13.6902	2.392	234.15	0.47

[1] Born und Landé, Sitzungsber. d. Preuß. Akad., 1918, S. 1048. Verh. d. deutschen Phys. Ges. 20, 202 (1918). Born, ebenda 20, 224 (1918), 21, 13 (1919).

[2] Madelung, Phys. ZS. 19, 524, 1918.

Abstoßungsgesetzes aus dem Atomaufbau und die Angabe der Quantenbeziehungen, die vermutlich die Stabilität des Gitters bedingen, bilden offene Fragen, die im folgenden unberührt bleiben. Auch den Übergang von der Gitterenergie, die lediglich über die Eigenschaften beim absoluten Nullpunkte Auskunft geben kann, zur Zustandsgleichung des festen Körpers bleibt vorerst unbehandelt, da Hr. Born diesen Gegenstand selber bearbeitet.

Die Bornschen Ausdrücke für die Gitterenergie U pro Mol sind mit Einführung des Molekularvolumens V und der kubischen Kompressibilität $\varkappa$

$$U = \frac{n-1}{n} \cdot \frac{x}{V^{1/3}} \cdot 10^{13} \tag{1}$$

$$U = \frac{9}{n} \frac{V_0}{\varkappa}. \tag{2}$$

Alle Werte beziehen sich auf den absoluten Nullpunkt und verstehen sich in absolutem Maße. Das Volumen V_0 ist das Molekularvolumen beim Drucke Null, das mit dem druckabhängigen Molekularvolumen V im Gebiete kleiner und mittlerer Drucke praktisch zusammenfällt. Der Buchstabe x bezeichnet eine reine Zahl, deren Zusammenhang mit der Gitteranordnung bei Born genau angegeben ist[1]. Ihr Wert ist für Gitter vom Kochsalztypus 2.5658 und für solche vom Flußspattypus[2] 7.1231.

Die Gitterenergie U wird gewonnen, wenn die (unendlich weit getrennten) Ionen eines Salzmoles beim absoluten Nullpunkt zu einem Kristall vom Volumen V zusammentreten. Durch Kombination von (1) und (2) kann der Exponent des Abstoßungsgesetzes n leicht eliminiert und die Gitterenergie durch Volumen, Kompressibilität und die Zahl x ausgedrückt werden.

Die Benutzung der Ausdrücke gibt noch Anlaß zu der Vorbemerkung, daß sie die Verhältnisse um so exakter darstellen dürften, je enger die Elektronen, die keinen Gitterpunkt besetzen, sich um den positiven Ionenkern schmiegen, dem sie zugehören. Unsicher erscheint mir, ob die Leistung der Formeln noch völlig ausreicht, wenn Elektronen, die zum Ionenverbande gehören, ohne am Gitteraufbau teil-

[1] In Borns ausführlicherer Schreibweise (Verb. d. deutschen Phys. Ges. 21. 15 (1919) Formel 7) lautet der Ausdruck (1) für den Fall des Kochsalzgitters ($x = 2.5658$)

$$U = \frac{13.94}{4\sqrt[3]{4}} \cdot \frac{n-1}{n} \cdot e^2 N^{4/3} \cdot \sqrt[3]{\frac{\text{Dichte}}{\text{Molekulargewicht}}}$$

Der Ausdruck (2) ergibt sich durch Verbindung der Formeln 4, 5, 6 bei Born und Landé, Verh. d. deutschen Phys. Ges. 20. 213 und 214 (1918).

[2] Landé, Verh. d. deutschen Phys. Ges. 20. 217 (1918).

zunehmen, den gitterbildenden Elektronen räumlich nahekommen. Dieser Fall wird besonders dann vorkommen können, wenn Metalle, die chemisch mehrere Wertigkeiten haben, als einwertige Ionen gitterbildend auftreten.

Die Gitterenergie U stellt im Falle der Metalle den Energiegewinn dar, wenn ein Mol Metallionen mit (unendlich weit getrennten) Ionen zu einem Mol festen Metalles zusammentritt und ist entgegengesetzt gleich dem Energieaufwand, um ein Mol des Metalles beim absoluten Nullpunkt durch Zufuhr der Sublimationswärme $-D$ zu verdampfen und den Dampf durch Zufuhr der Ionisationsenergie $-J$ in Ionen und Atome zu spalten. Daraus folgt

$$U = J + D\,. \tag{3}$$

Zwischen der Ionisierungsarbeit J und der ultravioletten Grenze der Hauptserie (Absorptionsserie des unerregten Metalldampfes) ν_m besteht nach Bohr[1] beim einwertigen Metall der fundamentale Zusammenhang

$$J_{,} = Nh\nu'_m = 1.2124 \cdot 10^8\, \nu'_m \text{ erg.}\,, \tag{4}$$

wenn ν'_m, wie bei den Angaben über Spektren üblich, als Wellenzahl pro Zentimeter Länge ausgedrückt wird. Wegen der näheren Erläuterung sei auf die neuere eingehende Darstellung der Verhältnisse von Franck und Hertz[2] verwiesen, denen die wichtigsten Feststellungen auf diesem Gebiete zu danken sind. Bei zweiwertigen Metallen stellt $J_{,}$ nach (4) den Wert für die Abspaltung des ersten Elektrons aus dem Metalldampfe dar. Für die Abspaltung zweier Elektronen aber gilt

$$J_{,,} = Nh\,\nu'_m + Nh\,\nu''_m\,. \tag{5}$$

Hier ist ν''_m die ultraviolette Grenze einer Serie, die zum einwertigen Metallion in demselben Verhältnis steht wie die Serie, die mit ν'_m endet, zum Metallatom. Nach einer Mitteilung der HH. Kossel und Sommerfeld, die Hr. Einstein vor einigen Tagen in der Sitzung der Deutschen Physikalischen Gesellschaft zum Vortrag gebracht hat, wird sich die mit ν''_m auslaufende Serie, die nach Hrn. Stark im Funkenspektrum anzutreffen sein wird, herausfinden lassen. Ich beschränke mich zunächst auf den Fall des einwertigen Metalles, in welchem für J in (3) der Wert $J_{,}$ aus (4) einzusetzen ist und nehme an, daß sein Aufbau dem des Kochsalzes derart entspricht, daß an der Stelle des Chlorions ein Elektron sitzt. Die positiven Massen sollen also regulär angeordnet sein, wie dies für die einwertigen Metalle Kupfer, Silber und

[1] Bohr, Phil. Mag. 26. 487 (1913).
[2] Franck und Hertz, Phys. ZS. 20. 132 (1919).

Gold von W. H. BRAGG und L. VEGARD[1] gezeigt worden und bei den Alkalimetallen zwar nicht bewiesen, aber nach dem Aufbau ihrer Halogenide wahrscheinlich ist. Dementsprechend ist für alle diese Metalle x gleich dem früher angegebenen Werte von 2.5658 für das Kochsalz gesetzt. Es ist noch Thallium hinzugenommen, das vorzugsweise einwertige, den Alkalisalzen ähnliche Verbindungen liefert.

Zum Teil sind bei den nachstehend mitgeteilten Rechnungen die Ausdrücke 1 und 2 in der Form

$$U = \frac{9\,V}{\varkappa + 0.35077 \cdot V^{4/3} \cdot 10^{-12}} \qquad (6)$$

zur Bestimmung von U benutzt. Diese Werte sind mit dem Werte von U zu vergleichen, der sich aus (3) und (4) ergibt. In diesen Fällen ist dann n nachträglich mit dem U-Werte nach (6) aus (2) berechnet. Bei den Alkalimetallen Natrium, Kalium, Rubidium und Cäsium ist die Rechnung anders geführt, indem mit Hilfe der Beziehung (aus (1) und (3))

$$J + D = \frac{n-1}{n} \cdot \frac{2.5658}{V^{1/3}} \cdot 10^{13} \qquad (7)$$

n bestimmt und mit Hilfe dieses Wertes die Kompressibilität (gemäß (2) und (3))

$$\varkappa = \frac{9}{n} \cdot \frac{V}{J+D} \qquad (8)$$

berechnet worden ist. Die Ergebnisse vereinigt Tabelle 1 und 2. In Tabelle 2 ist dort, wo die erste Rechenweise benutzt ist, die Zahl für die berechnete Kompressibilität in Klammern gesetzt, weil sie keine Bestätigung des Erfahrungsergebnisses darstellt, sondern lediglich durch die Abrundung bei der numerischen Rechnung davon abweichen kann. Wo die zweite Rechenweise benutzt ist, gilt dasselbe von dem Werte der Gitterenergie U, der deshalb in Klammern gesetzt ist.

Tabelle 1.

	Wellenzahl/cm	J erg. 10^{12}	D erg. 10^{12}	U erg. 10^{12}
Li	43434	5.272	—	—
Na	41445	5.025	0.85	5.87_5
K	35006	4.244	0.89	5.13
Rb	33685	4.084	0.8	4.8_8
Cs	31407	3.808	0.75	4.56
Cu	62306	7.554	3.14	10.6_9
Ag	61093	7.407	2.76	10.1_7
Tl	7.3 Volt	7.0	1.71	8.7_1

[1] W. H. BRAGG, Phil. Mag. 28, 355 (1914) bez. Cu; L. VEGARD, Phil. Mag. 31, 83 (1916) bez. Ag; derselbe, Phil. Mag. 32, 65 (1916) bez. Au; vgl. SCHERRER, Phys. ZS. 19, 23 (1918).

Tabelle 2.

	Atomvolumen ccm		Kompressibilität abs. Einheiten 10^{12}		n	U erg. 10^{12}	Kompressibil. aus Gleich. 8
	bei 20° C	bei 0° abs.	bei 20° C	bei 0° abs.			
Li	13.1	12.56	9.0	7.12	2.44	6.51	(7.12)
Na	23.7	22.5	15.6	12.3	2.83	(5.88)	12.2
K	45.5	42.7	31.7	24.0	3.32	(5.13)	22.6
Rb	56.0	50.9	40.2	25.1	3.36	(4.86)	28.0
Cs	71.0	62.5	61.0	33.2	3.39	(4.56)	36.4
Cu	7.1	7.03	0.74	0.67	8.0	11.73	(0.67)
Ag	10.3	10.2	1.04	0.98	9.0	10.50	(0.97)
Tl	17.2	17.0	2.8	2.56	7.0	8.56	(2.55)

Die Wellenzahlen der Tabelle 1 sind dem Werke von H. M. Konen[1] entnommen. Für Thallium scheint das der Ionisierungsarbeit entsprechende Serienende nicht bekannt zu sein. Es ist deshalb die von Foote und Mohler[2] bestimmte Ionisierungsspannung in Volt eingetragen. Die Ziffern für die Sublimationsenergie beim absoluten Nullpunkte stammen für Natrium, Kalium und Cäsium aus der letzten Arbeit von Born, der sie aus Dampfdruckdaten näherungsweise berechnet hat[3]. Der Wert für Rubidium ist aus den Werten für die anderen Alkalimetalle von mir geschätzt. Die Werte für Kupfer und Silber habe ich von Grüneisen[4] übernommen, bei Silber mit einer geringen Korrektur, die der Angabe v. Wartenbergs[5] (Verdampfungswärme beim Siedepunkte 61 kg Cal.) Rechnung trägt. Den Wert für Thallium habe ich nach der Angabe v. Wartenbergs[6] (l. c.) für die Verdampfungswärme zwischen 634° C und 970° C (38.2 kg Cal.) zu rund 39 kg Cal. beim Schmelzpunkt (301° C, Tripelpunkt) geschätzt. Die Schmelzwärme wird zu 1.47 kg Cal. angegeben; die Sublimationswärme wird also beim Schmelzpunkt 40.5 kg Cal. und beim absoluten Nullpunkt (mit $\beta\nu = 100$ nach Nernst [Privatmitteilung]) gleich 40.8 kg Cal. oder $1.71 \cdot 10^{12}$ erg. sein.

In der Tabelle 2 sind zunächst die Atomvolumina nach Richards[7] angegeben. Bei der Abschätzung ihrer Veränderung beim Übergange zum absoluten Nullpunkt habe ich für die Metalle Lithium, Natrium und Kalium eine freundliche private Angabe Grüneisens über den wahr-

[1] H. M. Konen, Das Leuchten der Gase und Dämpfe, Braunschweig 1913. S. 146. Konen folgt nach seiner Bemerkung den Angaben von Dunz, Die Seriengesetze der Linienspektra, Leipzig 1911.

[2] Foote und Mohler, Phil. Mag. 37. S. 46. (1919).

[3] Genauere Berechnung wäre nach W. Nernst, Die theoretischen und experimentellen Grundlagen des neuen Wärmesatzes, Halle 1918. Kapitel XIII, Formel 122 und 125 auszuführen.

[4] Verh. d. deutsch. Phys. Ges. 10, 324 (1912).

[5] Zeitschr. f. Elektrochemie 19, 482 (1913).

[6] l. c. vergl. auch Zeitschr. f. anorg. Chem. 56, 320 (1908).

[7] Th. W. Richards, Zeitschr. f. physik. Chem. 61, 196 (1908).

scheinlichsten Wert der relativen Volumenänderung von 0° C bis 0° abs. zugrunde gelegt. Für Kupfer, Silber und Thallium ist das Volumen beim absoluten Nullpunkte aus den geläufigen Angaben über den Ausdehnungskoeffizienten mit einer für die vorliegenden Zwecke jedenfalls ausreichenden Sicherheit zu entnehmen gewesen. Bei Rubidium und Cäsium ist eine Willkür bei dem Stande unserer Kenntnisse unvermeidlich. Der Einfluß der Unsicherheit, die hinsichtlich der Volumenänderung beim Übergang zum absoluten Nullpunkte besteht, wird aber durch die für die Metalle Natrium, Kalium, Rubidium und Cäsium gewählte Art der Berechnung stark herabgesetzt, weil nur die dritte Wurzel aus dem Volumen in die Gleichung (7) eingeht. Die Werte für die Kompressibilität bei 20° sind aus der gleichen Mitteilung von Richards hergenommen, aber durchweg mit der Grüneisenschen Korrektur[1] versehen, deren Berechtigung Bridgemans Angaben bestätigen. Für ihre Umrechnung auf den absoluten Nullpunkt stand mir durch private Freundlichkeit von Hrn. Grüneisen bei Lithium, Natrium und Kalium seine Schätzung des Verhältnisses der relativen Volumenänderung und der relativen Kompressibilitätsänderung zwischen 0° C und 0° abs. zu Gebote, der ich gefolgt bin. Dasselbe Verhältnis habe ich auch für Cäsium und Rubidium angenommen. Sein Wert ist $^1/_6$. Für die drei anderen Metalle der Tabelle 2 habe ich ihn entsprechend Grüneisens bekanntem Vorgehen zu $^1/_7$ angenommen.

Ein Vergleich der Kompressibilität innerhalb der Tabelle 2 und der Gitterenergie in Tabelle 1 und 2 zeigt ein Maß der Übereinstimmung, das meines Erachtens nur beim Kupfer zu wünschen übrig läßt, bei dem unter den Metallen der Tabelle die Eigenschaft der Einwertigkeit am schlechtesten ausgeprägt ist. Ein bemerkenswerter Sachverhalt besteht noch weiter beim Lithium. Der aus den Richardsschen Werten für Volumen und Zusammendrückbarkeit abgeleitete Wert der Gitterenergie beim absoluten Nullpunkte läßt für die Sublimationsenergie einen Wert voraussehen, der $1^1/_2$mal größer als beim Natrium ist. Mit einem solchen Werte erscheint das Ergebnis von Ruff und Johannsen[2] nicht ohne weiteres im Einklange, die das Lithium bei 1400° unter 1 Atm. Druck nicht zur Destillation bringen

[1] Ann. d. Physik 25, 848 (1908).

[2] Ruff und Johannsen, Ber. d. d. Chem. Ges. 1905 S. 3601. Die Unterlagen des Vergleiches sind a) der Wert $\beta\nu = 463$ nach Nernst; b) die chemische Konstante des Lithiums nach Sackur in Nernstscher Ausdrucksweise $C = -0.36$; c) die Schmelzwärme des Lithiums geschätzt nach Ratnowsky (Verb. d. deutschen Phys. Ges. 1914, 1038) zu rund 1.5 kg Cal. Daraus folgt mit den Werten von U und J aus Tabelle 1 und 2 der Dampfdruck $1.7 \cdot 10^{-9}$ Atm. und die Verdampfungswärme 28.2 kg Cal. beides beim Tripelpunkt.

konnten. Die Dampfdruckuntersuchung dieses Metalles bietet deshalb besonderes Interesse. Den Zahlenwerten des Abstoßungsexponenten, die die Tabelle 2 gibt, möchte ich entsprechend meiner Auffassung von der Natur der Abstoßung die Bedeutung reeller Naturkonstanten im Kraftgesetz nicht zuschreiben. Ihr Gang in der Reihe der Alkalimetalle bringt aber den Einfluß wachsender Ausbildung der Elektronenhülle um den positiven Ionenkern, der mit steigender Ordnungszahl der Elemente erwartet werden muß, gut zum Ausdruck.

Wenn in den vorgebrachten Überlegungen eine Stütze für die Gittertheorie der Metalle gelegen ist, so wird eine zweite in dem Zusammenhang erkannt werden müssen, den die eingangs erwähnte Wurzelbeziehung ausspricht, die formelmäßig lautet:

$$\nu_{rot} \cdot M_{rot}^{1/2} = \nu_s \mu^{1/2}, \qquad (9)$$

Bei den Metallen ist ν_{rot} als Frequenz des kurzwelligen Endes des Wärmespektrums, also als DEBYES ν_{max} aufzufassen. M_{rot} ist die im Ultrarot schwingende Masse, also die des Metallions, die — wegen der relativ verschwindenden Masse des Elektrons — für alle praktischen Zwecke mit der Masse des Atoms gleichgesetzt werden darf. Das Zeichen μ bedeutet die Masse des Elektrons, so daß mit Einführung der Zahlenwerte gilt

$$\nu_{rot}\, 42.81 \sqrt{A} = \nu_s, \qquad (9a)$$

wo A das Atomgewicht darstellt. Die HH. BORN und v. KARMAN[1] haben gezeigt, daß dieser Zusammenhang vom Standpunkte der Theorie als die charakteristische Eigenschaft eines Gitters angesehen werden muß, in dem Ionen und Elektronen als gleichwertige Bausteine auftreten. Bei den Alkalimetallen ergibt sich, wie ich früher bemerkt habe, ν_s gleich der Frequenz des selektiven Photoeffektes nach POHL und PRINGSHEIM[2], der dadurch als eine wichtige Materialkonstante gekennzeichnet wird.

Nun ist aber gerade dieser Zusammenhang des selektiven Photoeffektes mit den Materialeigenschaften des Metalles durch die Untersuchungen WIEDMANNS[3] in neuester Zeit zweifelhaft geworden. Während die HH. POHL und PRINGSHEIM[4] die Erscheinung beim Kalium nach jeder Reinigung unverändert fanden, beobachtet Hr. WIEDMANN, daß sie beim Kochen zum Verschwinden zu bringen sei und faßt sie als

---

[1] Phys. ZS. **13**, 297 (1912). Ausführlich behandelt in BORN, Dynamik der Kristallgitter, Leipzig und Berlin 1915, namentlich S. 71.

[2] Verb. d. deutschen Phys. Ges. **12**, 218, 344, 682 (1910), **13**, 475 (1911), **14**, 46 (1912).

[3] Verb. d. deutschen Phys. Ges. **17**, 343 (1915); **18**, 333 (1916).

[4] Verb. d. deutschen Phys. Ges. **16**, 336 (1914).

Wirkung einer Gashaut auf. So scheint der selektive Photoeffekt in das Meer der Gaserscheinungen mit untergetaucht, die sich über den Zusammenhang des photoelektrischen Effektes mit den Metalleigenschaften überlagern und die Ausnutzung der wichtigen Ergebnisse, die Hallwachs und seine Schüler gefunden haben, für die Theorie der Metalle erschweren. So müssen wir umgekehrt versuchen, aus der Gittervorstellung einen führenden Gesichtspunkt zu gewinnen, welcher geeignet erscheint, Gas- und Metalleinflüsse voneinander zu sondern. Um die Verhältnisse richtig zu überblicken, ist es zweckmäßig, die Reaktion zu betrachten, die von den entgegengesetzt geladenen Ionen eines Salzes geübt wird, wenn elektromagnetische Wellen auffallen. Sind diese Wellen von sehr großer, die Wellenlänge der Reststrahlen erheblich übertreffender Wellenlänge, so wird die Reaktion zunächst gering sein. Bei abnehmender Wellenlänge wird sie stärker und stärker, und im Resonanzfalle tritt die intensive Mitschwingung des Ionengitters durch die intensive Zurückwerfung der auffallenden Strahlung in die Erscheinung, die wir als selektive Reflektion bezeichnen und dank Hrn. Rubens und seinen Mitarbeitern genau kennen. Zum Zustandekommen dieser selektiven Reflektion gehört aber außer der Resonanz der Gitterschwingung auf die einfallende elektromagnetische Strahlung offenbar noch als weitere Bedingung, daß die Festigkeit des Gitters der Beanspruchung widersteht, der der Ionenverband bei der Mitschwingung ausgesetzt ist. Diese Forderung ist bei den Salzen, die Reststrahlen geben, offenbar durchaus erfüllt. Die Werte, die Hr. Born[1] ermittelt hat für die Zerlegung eines solchen Ionengitters in seine (unendlich getrennten) Bestandteile, gehen weit über 100000 Gramm-Kalorien pro Mol. in allen Fällen hinaus, während der Wert $N \cdot h \cdot \nu$ für die Wellenlänge der Reststrahlen einen kleinen Bruchteil von 100000 Gramm-Kalorien pro Mol. ausmacht. Anders liegen aber die Dinge in einem Gitter von Ionen und Elektronen, wie wir es nach der hier erörterten Vorstellung in den Metallen vor uns haben. Die Energie, die die gitterbildenden Bestandteile in das Unendliche auseinanderführt, haben wir in Tabelle 1 für die einwertigen Metalle kennengelernt. Sie ist von derselben Größenordnung wie der Wert bei den Salzen. Hierin steckt ein Zusammenhang, auf den ich in einer folgenden Mitteilung zurückzukommen gedenke. Die Frequenz, die in Debyes charakteristischer Temperatur bei den Metallen auftritt, ist von derselben Größenordnung wie die Frequenz der Reststrahlen. Aber die quantenmäßige Energie des Lichtes $N \cdot h \cdot \nu_s$, wo ν_s die aus Gleichung (9) berechnete Frequenz ist, ist nach (9a) um den Faktor

[1] Verh. d. deutschen Phys. Ges. 21. 16 (1919), Tabelle 1.

42.81 V.A größer und erreicht damit die Größenordnung der Gitterenergie. Infolgedessen kann an Stelle der selektiven Reflektion eine selektive Elektronenemission auftreten. Eine Bedingung dafür ist offenbar, daß der Lichtvektor nach seiner Richtung zur Oberfläche ein elektrisches Feld liefert, das die Elektronen bei Sprengung des Gitterverbandes über die Oberfläche hinaustreibt. Diese Bedingung haben Pohl und Pringsheim beim selektiven Photoeffekt experimentell als unerläßlich erkannt. Wir können also verstehen, daß bei der durch Gleichung (9) gekennzeichneten Frequenz ν_s eine Häufungsstelle im Photoeffekt erscheint, wenn der Lichtvektor senkrecht zur Oberfläche schwingt.

Zum weiteren Einblick verhilft eine Überlegung, welche die Frequenz dieser Häufungsstelle mit der Gitterenergie quantitativ verbindet. Wir haben in den Gleichungen (1), (2), (3) drei Ausdrücke für die Gitterenergie kennengelernt.

Einen vierten erhalten wir, wenn wir die Zerlegung des Gitters auf einem neuen Wege vollzogen denken. Wir stellen uns vor, daß wir einzeln nacheinander ein Elektron und ein positives Ion von der Oberfläche eines unendlich großen Metallstückes in der Nähe des absoluten Nullpunkts in einen Dampfraum überführen, der keinen dem Metall fremden Stoff enthält, und diesen Vorgang Nmal wiederholen. Wir erhalten dann

$$U = Nh\nu_s + x\,. \tag{10}$$

Hier ist x die Sublimationsenergie für N positive Ionen bei 0° abs. und ν_s die Mindestfrequenz des Lichtes, deren es zu der Entfernung des Elektrons auf photoelektrischem Wege bei diesem Vorgehen bedarf, beides, sofern an der Oberfläche des Metalles gegenüber dem Dampfraum, in den wir Ionen und Elektronen überführen, keine elektrische Kraft tätig ist. Zum Auftreten einer solchen Kraft an der Phasengrenze des Metalles gegen den Gasraum bestände nun keinerlei Anlaß, wenn der Arbeitsaufwand für den Übertritt der Elektronen in das Vakuum und für den Übertritt der positiven Bestandteile gleich wäre. Besteht aber ein solcher Unterschied, so muß eine Phasengrenzkraft auftreten, deren Wirkung diese Gleichheit des Arbeitsaufwandes herbeiführt und die demnach durch (11) bestimmt ist. Ohne diese Grenzkraft vermöchte die Verdampfung des in seiner Gesamtheit neutralen Metalles zu elektrisch neutralem Dampf nicht zu erfolgen.

$$\frac{Nh\nu_s + x}{2} - x = P\,. \tag{11}$$

Durch Vergleich dieses Wertes mit (10) folgt unmittelbar

$$2\,Nh\nu_s = U + 2\,P$$

und mit Hilfe von (3)

$$P = Nh\nu_s - \frac{J+D}{2}. \qquad (12)$$

Es bedeutet P das Voltapotential an der Grenzfläche des Metalles gegen den Gasraum, gemessen in erg. Das Vorzeichen bezieht sich dabei auf den Gasraum. Ist $N \cdot h \cdot \nu_s$ größer als $\frac{J+D}{2}$, so ist die Gasseite der Doppelschicht positiv, und das Voltapotential wirkt beschleunigend auf die Elektronen, die von der Lichtfrequenz ν_s aus dem Gitterverbande gelöst werden. Die rote Grenze des Photoeffektes ν_e rückt in diesem Falle über ν_s nach der Seite der langen Wellen. Das Verschwinden jedes Photoeffektes, soweit er von Gitterelektronen herrührt und von der Temperatur unabhängig ist, muß erwartet werden, wenn

$$Nh\nu_s - Nh\nu_e = P \qquad (13)$$

ist. Der Wert von P in Volt ergibt sich durch Multiplikation mit $1.036 \cdot 10^{-12}$ aus dem Werte in erg. Seinen ziffernmäßigen Betrag habe ich nach (12) mit Benutzung der beobachteten Werte für den selektiven Photoeffekt bei den Alkalimetallen und aus Debyes[1] charakteristischer Temperatur mit Hilfe von (9a) bei Kupfer und Silber berechnet, indem ich für $J+D$ die Werte aus Tabelle 1 (für Lithium aus Tabelle 2) benutzt habe.

Tabelle 3.

Metall	$Nh\nu_s$ erg. 10^{12}	$0.5(J+D)$ erg. 10^{12}	P in Volt
Rb	2.51	2.44	+0.07
K	2.75	2.56	+0.20
Na	3.56	2.94	+0.64
Li	4.32	3.27	+1.1
Cu	8.77	5.35	+3.4
Ag	7.85	5.08	+2.7
Tl	5.2	4.4	+0.8

Wesentlich ist, daß alle diese Zahlen dasselbe positive Vorzeichen haben, wie es gefordert werden muß, damit der selektive Photoeffekt dieser Überlegung zufolge zustande kommen kann.

Für die kinetische Energie E der Ionen, die bei einer Frequenz ν des auffallenden Lichtes austreten, erhalten wir

$$Nh\nu = Nh\nu_e + E = (Nh\nu_s - P) + E \qquad (14)$$

[1] Ann. d. Physik 39. 789 (1912).

Dies ist das Einsteinsche[1] Gesetz, wenn statt des Klammerausdruckes das Einsteinsche Voltapotential gesetzt und eine reine Oberfläche angenommen wird, an der keine gasförmigen Fremdstoffe die Materialeigenschaften verschleiern.

Nun ist es klar, daß der Wert von P erheblich geändert werden kann, sobald fremde Gase auf den Vorgang einwirken. Der einfachste Fall liegt wohl vor, wenn diese fremden Moleküle ihre Wirkung darauf beschränken, daß sie vermöge einer erheblichen Elektronenaffinität negative Ionen bilden, die sich der Metalloberfläche vorlagern. Dann werden sie das Voltapotential kleiner positiv, ja negativ machen und damit den selektiven Effekt zum Verschwinden bringen. Beim Kalium, bei dem ein solches Verschwinden tatsächlich beobachtet worden ist, begünstigt die Kleinheit des Voltapotentials die Störung. Der Widerspruch der Beobachtungen von Pohl und Pringsheim (a. a. O.) und von Wiedmann (a. a. O.) kann deshalb durch die kleinsten Mengen eines elektronegativen Gases zustande kommen, das z. B. von dem Metall selbst, vermöge seiner Herstellung, beim Sieden geliefert werden mag. Weitergehende Einwirkung durch Lösung oder chemische Einwirkung der Gase kann beide Glieder des Klammerausdruckes in (14) ändern. Damit wird qualitativ verständlich die Schwierigkeit, die Pohl und Pringsheim mehrfach für die genaue Reproduktion des Maximums ihres selektiven Effektes gefunden haben und die große Verschiebung, die die rote Grenze des Photoeffekts bekanntlich leicht erfährt, wenn Gase zugegen sind. Besonders interessant sind in diesem Zusammenhange die Beobachtungen von Millikan und Souder[2], die mit Licht dessen quantenhafte Energie $Nh\nu$ nur $2.22 \cdot 10^{12}$ erg. beträgt (5461 Angström-Einheiten) an frisch geschnittenem Natrium, bei dem die reine Oberfläche verhältnismäßig wahrscheinlich ist, keinen photoelektrischen Effekt erhalten in Übereinstimmung mit dem Ergebnis der voranstehenden Überlegungen, danach die rote Grenze am reinen Metall bei Licht von der quantenhaften Energie $(J + D) \cdot 0.5$, also für Natrium bei $2.94 \cdot 10^{12}$ erg. gelegen sein sollte.

Ich hoffe, daß diese Überlegungen geeignet erscheinen, die Bedenken zu zerstreuen, die gegen die Auffassung des selektiven Photo-

[1] Ann. d. Physik 17, 145 (1905), 20, 203 (1906). Bei Einstein hat das Voltapotential der Definition nach das entgegengesetzte Vorzeichen wie hier, weil das Voltapotential nicht durch den Arbeitsgewinn, sondern durch den Arbeitsaufwand bestimmt gedacht wird, den ein Elektron beim Übertritt vom Metall zum Dampfraum erfährt. Demgemäß erwartet Einstein, Anm. 1, S. 146, der erstangezogenen Abhandlung für den Klammerausdruck der Formel 14 einen Summenterm aus zwei Gliedern, falls eine Ablösearbeit zu leisten ist.

[2] Millikan und Souder, Phys. Review IV. 73 (1914).

effektes als Materialkonstante und damit gegen die Gitterauffassung der Metalle bestehen.

Einige weitere Überlegungen, die an die mitgeteilten anschließen und hinsichtlich der Salze der Metalle und der Energie der Salzbildung Aussagen erlauben, hoffe ich später hinzuzufügen.

Es ist mir eine Freude, der Anregung und Belehrung zu gedenken, die ich aus wiederholter Besprechung dieses Gegenstandes mit Hrn. J. Franck geschöpft habe.

Ausgegeben am 26. Juni.

SITZUNGSBERICHTE

1919.

XXXI.

DER PREUSSISCHEN

AKADEMIE DER WISSENSCHAFTEN.

19. Juni. Sitzung der philosophisch-historischen Klasse.

Vorsitzender Sekretar: i. V. Hr. Roethe.

1. Hr. Erdmann berichtete von den Resultaten einer Untersuchung über »Berkeleys Philosophie im Lichte seines wissenschaftlichen Tagebuchs«. (Abh.)

Die bisher unbeachtet gebliebenen Berichtigungen von Frasers Texten des von ihm sogenannten Commonplace Book von Berkeley, die Theodor Lorenz schon 1902 gegeben hat, ebenso dessen Andeutungen über die Konstitution des Tagebuchs (1905), sind von ihm 1913 privatim in dankenswerter Weise ergänzt worden. Daraufhin war es möglich, einen im wesentlichen gesicherten Text herzustellen, aus dem Chaos der Fraserschen Veröffentlichungen einen geordneten, deutlich fortschreitenden Gedankenzusammenhang zu gewinnen, der einer künftigen Ausgabe des Tagebuchs als Grundlage zu dienen hat, und die Philosophie Berkeleys, die Bedingungen ihres Ursprungs und ihre historische Stellung neu zu beleuchten.

2. Hr. von Harnack reichte eine Abhandlung ein: Über I. Korinth. 14, 32ff. und Röm. 16, 25ff. nach der ältesten Überlieferung und der Marcionitischen Bibel. (Ersch. später.)

I. Kor. 14, 32ff. ist mit der Marcionitischen Bibel und Ambrosiaster zu lesen: »Die Geister der Propheten sind den Propheten unterwürfig; denn sie sind nicht aufsässige, sondern friedfertige Geister, wie in allen Kirchen der Heiligen.« (Also ist nicht zu lesen: »denn Gott ist nicht ein Gott der Unordnung, sondern des Friedens«.) — Röm. 16, 25ff. ist höchstwahrscheinlich eine Marcionitische, katholisch überarbeitete Doxologie. Ob ihr eine Paulinische Urform zugrunde liegt, läßt sich nicht mehr erkennen.

3. Hr. Kuno Meyer legte eine Abhandlung über den altirischen Totengott und die Toteninsel vor. (Ersch. später.)

Es wird nachgewiesen, daß die Iren sich eine Tech Duinn »Haus Donns« genannte Insel an der Südwestküste Irlands als den Sitz des Totengottes Donn vorstellten, der zugleich, wie der gallische Dis pater und der indische Yama, als Stammesvater galt.

Ausgegeben am 26. Juni.

Berlin, gedruckt in der Reichsdruckerei

1919 XXXII

SITZUNGSBERICHTE

DER PREUSSISCHEN

AKADEMIE DER WISSENSCHAFTEN

BERLIN 1919

VERLAG DER AKADEMIE DER WISSENSCHAFTEN

IN KOMMISSION BEI DER
VEREINIGUNG WISSENSCHAFTLICHER VERLEGER WALTER DE GRUYTER U. CO.
VORMALS G. J. GÖSCHEN'SCHE VERLAGSHANDLUNG. J. GUTTENTAG, VERLAGSBUCHHANDLUNG.
GEORG REIMER. KARL J. TRÜBNER. VEIT U. COMP.

Abdrucke zur Verteilung zu erhalten, so bedarf es dazu der Genehmigung der Gesamtakademie oder der betreffenden Klasse. — Nichtmitglieder erhalten 50 Freiexemplare und dürfen nach rechtzeitiger Anzeige bei dem redigierenden Sekretar weitere 200 Exemplare auf ihre Kosten

SITZUNGSBERICHTE

1919.

XXXII.

DER PREUSSISCHEN

AKADEMIE DER WISSENSCHAFTEN.

26. Juni. Gesamtsitzung.

Vorsitzender Sekretar: Hr. Diels.

*1. Hr. Heider las »über die morphologische Ableitung des Echinodermenstammes«.

Bei allen Echinodermen beschreibt der Darmkanal ursprünglich eine Spiraltour. welche in einer horizontalen (äquatorialen) Ebene gelegen ist. Diese spiralige Einkrümmung des Darmes ist auf die hufeisenförmige Krümmung des Larvendarms zurückzuführen. Es ergibt sich, daß die Medianebene der Larve der äquatorialen Ebene des ausgebildeten Echinoderms gleichzusetzen ist. Der linke Somatocölsack der Larve wird zum oralen (aktinalen) Cölom, der rechte Somatocölsack der Larve zum aboralen Cölom der ausgebildeten Form. Das die beiden Somatocöle trennende Mesenterium, welches in der Medianebene der Larve lag, nimmt im ausgebildeten Echinoderm eine horizontale Lage ein. Die durch die Lage der Madreporenplatte gekennzeichnete bilaterale Symmetrie des ausgebildeten Echinoderms ist nicht auf die ursprüngliche Bilateralsymmetrie der Larve zurückzuführen. sondern als sekundäre Erwerbung zu betrachten.

2. Hr. Engler überreichte Heft 68 und 69 des »Pflanzenreichs« (Leipzig 1919).

3. Hr. Penck überreichte weitere 12 Blätter der »Karte der Verbreitung von Deutschen und Polen längs der Warthe-Netze-Linie und der unteren Weichsel«.

4. Es wurde vorgelegt: Max Lenz, Geschichte der Königlichen Friedrich-Wilhelms-Universität zu Berlin, 2. Bd., 2. Hälfte (Halle a. S. 1918).

5. Das korrespondierende Mitglied der physikalisch-mathematischen Klasse Hr. Wilhelm Konrad Röntgen in München feierte am 22. Juni, und das korrespondierende Mitglied der philosophisch-historischen Klasse Hr. Harry Bresslau in Hamburg am 23. Juni das goldene Doktorjubiläum. Die Akademie hat ihnen Adressen gewidmet, welche in diesem Stück abgedruckt sind.

Adresse an Hrn. W. C. Röntgen zum fünfzigjährigen Doktorjubiläum am 22. Juni 1919.

Hochgeehrter Herr Kollege!

Die fünfzigste Wiederkehr des glücklichen Tages, an welchem Sie Ihre Gelehrtenlaufbahn begonnen haben, ist auch für unsere Akademie ein Tag festlichen Gedenkens. Wir können ihn nicht vorübergehen lassen, ohne der stolzen Freude darüber Ausdruck zu geben, daß wir Sie, dessen glanzvoller Name von der gesamten Menschheit dankbar gepriesen wird, zu den Unsrigen zählen dürfen.

Ein gütiges Geschick führte Sie in jungen Jahren in das Kundtsche Laboratorium und gestattete Ihnen, unter den Augen dieses Meisters der Experimentierkunst Ihre Ausbildung zu vollenden.

Schon Ihre erste größere Arbeit über das Verhältnis der spezifischen Wärmen einiger Gase ist ein Muster scharfsinniger und kritischer Präzisionsarbeit. Standen Sie hier noch unter dem Einfluß Ihres Lehrers, so betraten Sie sehr bald neue Bahnen, welche die Eigenart Ihrer wissenschaftlichen Persönlichkeit deutlich hervortreten ließen. So zeigte sich Ihre hohe Begabung für die Auffindung neuer Methoden bereits in dem einfachen und geistvollen Verfahren, die Wärmeleitung der Kristalle durch Festlegung einer Hauchfigur zu messen.

Ihr staunenswertes Konstruktionstalent offenbarten Sie in vollem Umfang in der gemeinschaftlich mit August Kundt unternommenen Untersuchung über die elektromagnetische Drehung der Polarisationsebene in Gasen. In dieser klassischen Arbeit gelang es Ihnen, den von Faraday vergeblich gesuchten Effekt zu beobachten und für eine Reihe von Gasen quantitativ zu messen.

Dieselbe Gewandtheit in der Überwindung experimenteller Schwierigkeiten bewährten Sie in den zahlreichen Untersuchungen, die Sie mit Ihren Schülern über den Einfluß des Druckes auf die Kompressibilität, Kapillarität, Viskosität und Lichtbrechung verschiedener Körper unternommen haben. Als ein Ergebnis dieser wertvollen Arbeiten ist auch Ihre Theorie der Konstitution des flüssigen Wassers zu betrachten, welche sich als ungemein fruchtbar erwiesen hat.

Durch Anwendung einer eigenartigen neuen Methode haben Sie die alte Streitfrage zwischen John Tyndal und Gustav Magnus über das Absorptionsvermögen des Wasserdampfs für Wärmestrahlen zur endgültigen Entscheidung gebracht.

Eine Frage von fundamentaler Bedeutung behandelten Sie in Ihrer Arbeit über die elektrodynamische Wirkung eines im homogenen elektrischen Felde bewegten Dielektrikums. Daß es Ihnen gelang, den durch die Maxwellsche Theorie vorausgesagten äußerst geringen Effekt mit Sicherheit zu beobachten, ist wiederum ein Zeichen Ihrer aufs höchste entwickelten Experimentierkunst.

Alle diese Arbeiten, unter denen auch Ihre umfassenden, von einheitlichen Gesichtspunkten geleiteten Untersuchungen über die Pyro- und Piezoelektrizität der Kristalle nicht unerwähnt bleiben dürfen, sind geeignet, Ihnen unter den führenden Physikern Deutschlands einen ehrenvollen Platz zu sichern. Aber diese hervorragenden wissenschaftlichen Leistungen verblassen gegenüber Ihrer großen Entdeckung des Jahres 1895 wie die Sterne vor der Sonne. Wohl niemals hat eine neue Wahrheit aus dem stillen Laboratorium des Gelehrten ihren Siegeslauf so schnell über den ganzen Erdball vollzogen als Ihre bahnbrechende Entdeckung der wunderbaren Strahlen. Ungeheuer waren von Anfang an die Erwartungen, die sich an die theoretische und praktische Auswertung der neuen Entdeckung knüpften, aber weit sind sie durch die Wirklichkeit noch überboten worden.

Die Geschichte der Wissenschaft lehrt, daß bei jeder Entdeckung Verdienst und Glück sich in eigenartiger Weise verketten, und mancher weniger Sachverständige wird vielleicht geneigt sein, in diesem Falle dem Glück einen überwiegenden Anteil zuzuschreiben. Wer sich aber in die Eigenart Ihrer wissenschaftlichen Persönlichkeit vertieft hat, der begreift, daß gerade Ihnen, dem von allen Vorurteilen freien Forscher, welcher die vollendete Experimentierkunst mit der höchsten Gewissenhaftigkeit und Sorgfalt verbindet, diese große Entdeckung gelingen mußte.

Die drei Abhandlungen, in welchen Sie die wunderbaren Eigenschaften der neuen Strahlen schildern, gehören auch äußerlich in ihrer schlichten Form, ihrer sachlichen Kürze und meisterhaften Darstellung zu den klassischen Werken der physikalischen Wissenschaft. Der in Ihrer Entdeckung enthaltene Erkenntniswert hat eine neue Epoche unserer Wissenschaft eingeleitet, welche zu immer schöneren Resultaten gelangt und sich zu immer höheren Zielen erhebt.

Die eminente praktische Bedeutung der neuen Strahlen, welche von Ihnen sofort erkannt wurde, deren Ausnutzung Sie aber in edler Selbstlosigkeit der Allgemeinheit überließen, hat sich im ungeheuersten

Maßstabe im Weltkrieg offenbart. Man darf mit Fug behaupten, daß Hunderttausenden von armen Verwundeten, Freund und Feind, durch die Früchte Ihrer Forschertätigkeit das Leben oder der Gebrauch ihrer Glieder erhalten geblieben ist. So verehrt Sie nicht nur die physikalische Wissenschaft als unsterblichen Meister, sondern die ganze Welt als ihren Wohltäter.

Möge Ihnen an Ihrem heutigen Ehrentage das beseligende Gefühl, so Großes zur Förderung unserer Erkenntnis und zum Segen der leidenden Menschheit beigetragen zu haben, über den Schmerz hinweghelfen, den Sie wie wir alle über den Zusammenbruch unseres geliebten Vaterlandes empfinden. Möge es Ihnen vergönnt sein, die Morgenröte einer besseren Zeit noch zu erschauen. Dies ist unser inniger Wunsch.

Die Preußische Akademie der Wissenschaften.

Adresse an Hrn. Harry Bresslau zum fünfzigjährigen Doktorjubiläum am 23. Juni 1919.

Hochgeehrter Herr Kollege!

Die wissenschaftliche Tätigkeit der Gelehrten ist von der zufälligen Lage der einzelnen Gebiete mehr, als man gemeiniglich annehmen sollte, abhängig. Dem einen ist es vergönnt, neue Straßen zu eröffnen, während es anderen, nicht minder tüchtigen Forschern nur verstattet ist, auf gebahnten Wegen erfolgreich weiterzuarbeiten. So traf es sich für Ihre Studien nicht günstig, daß Sie, als Sie sich dem Studium der mittelalterlichen Geschichte und der historischen Hilfswissenschaften zuwandten, das Feld durch Georg Waitz und Theodor Sickel bereits abgesteckt fanden: in engem Anschluß an diese beiden Männer haben Sie sich entwickelt; ihnen sind Sie Ihr Leben lang treu geblieben. Indessen ein bloßer Fortsetzer ihrer Arbeiten sind Sie nicht gewesen. Das, was Ihre besondere Stellung in der Wissenschaft ausmacht, ist, daß Sie das Arbeitsgebiet und die methodische Forschung beider zu verbinden verstanden und eben durch diese Verbindung die historische Wissenschaft beträchtlich gefördert haben. Jener war Meister auf dem Gebiete der mittelalterlichen Quellenforschung, dieser der Erneuerer einer wissenschaftlichen Diplomatik; ein jeder stark in seiner Einseitigkeit, die Sie, indem Sie, beweglicheren Geistes als jene, beider Meisterschaft, allerdings unter stärkerer Anlehnung an Sickel, sich anzueignen wußten, gleichsam auf eine höhere Stufe erhoben und so überwunden haben. Wie überaus fruchtbar diese Verbindung für die historische Wissenschaft geworden ist, bezeugt die lange Liste Ihrer Arbeiten von Ihrer Erstlingsschrift über die Kanzlei Konrads II. an bis zu der Geschichte der Monumenta Germaniae, die wir zu ihrem hundertjährigen Jubiläum von Ihnen bekommen sollen. Während fünfzig Jahre haben Sie an dem kritischen Ausbau der Geschichte des deutschen Mittelalters durch scharfsinnige Einzelforschungen und musterhafte Editionen, sowohl auf dem Gebiete der Quellenkunde wie vorzüglich auf dem Gebiete des Urkundenwesens, mitgearbeitet und besonders durch Ihr Handbuch der Urkundenlehre sich um die Diplomatik ein bedeutendes Verdienst und ein großes Ansehen auch außerhalb der deutschen Grenzen erworben. Mit Vergnügen bemerkt man, daß Sie in glücklichem Selbstvertrauen auch in ferner liegende Gebiete erfolgreiche Streifzüge unternommen haben.

Aber die Akademie hat noch eine besondere Veranlassung, Ihrer Wirksamkeit zu gedenken. Denn ein großer Teil Ihrer Arbeiten galt und gilt den Monumenta Germaniae historica, an denen die Akademie außer dem durch die Neuordnung der Gesellschaft für ältere deutsche Geschichtsforschung vorgeschriebenen Interesse auch einen durch eine Folge engster wissenschaftlicher und persönlicher Beziehungen begründeten Anteil hat. Gerade Ihr Name ist der Akademie längst vertraut durch die regelmäßigen, in unseren Berichten mitgeteilten Jahresberichte der Monumenta, in denen sie Jahr für Jahr von Ihrem steigenden Anteil an dem Fortschreiten des größten Unternehmens unserer nationalen Geschichtsforschung Kenntnis erhielt, dem Sie sich zuletzt, der Bürde Ihres akademischen Amtes ledig, ganz gewidmet haben.

Auch Ihrer Verdienste um die Straßburger Wissenschaftliche Gesellschaft gedenken wir mit besonderer Teilnahme. Sie waren einer ihrer Begründer, ihr Haupt und Führer in glücklicheren Zeiten. Mit ihr haben Sie in diesen schmerzlichsten Tagen die Not des Vaterlandes am eigenen Leibe erduldet; selbst ein guter deutscher Bürger der deutschen Stadt Straßburg und ein alter Lehrer der Kaiser-Wilhelm-Universität, mußten Sie die Heimat Ihrer Wahl und die Stätte Ihrer fruchtbarsten Wirksamkeit als Flüchtling verlassen. Ohne Hoffnung, die Heimkehr noch selbst zu erleben, dennoch ungebeugt, trotz allem Mißgeschick mit unverwüstlicher Arbeitsfreude Ihren Studien zugewandt, unverzagt im Glauben an Deutschlands und der deutschen Wissenschaft unzerstörbare Zukunft, feiern Sie ferne von der Heimat dieses seltene Jubiläum, zu dem wir Ihnen, in dankbarer Anerkennung Ihrer Verdienste und mit warmer Teilnahme an Ihrem Geschick, die herzlichsten Glückwünsche entbieten.

Die Preußische Akademie der Wissenschaften.

Über I. Kor. 14, 32 ff. u. Röm. 16, 25 ff. nach der ältesten Überlieferung und der Marcionitischen Bibel.

Von Adolf von Harnack.

(Vorgelegt am 19. Juni 1919 [s. oben S. 519].)

1. Die Verse I. Kor. 14, 32 ff. bieten Schwierigkeiten, die die Ausleger bisher nicht zu beseitigen vermocht und deshalb nicht deutlich ans Licht gestellt haben. Paulus wendet sich vom 26. Verse ab gegen die Unordnungen, die in den korinthischen Gottesdiensten durch die »Geistesträger« verursacht worden sind. Sie drängen alle auf einmal mit ihren Gaben vor und veranlassen ein unwürdiges Durcheinander. Auch die »Propheten«, die doch nicht aus der Ekstase heraus sprechen, sondern ihren Verstand beieinander haben, sind hier nicht unschuldig. Die Ausrede, daß der Offenbarungsgeist jeden zu sofortiger Aussprache treibt und ein Prophet daher auf den anderen nicht Rücksicht nehmen könne, weist er zurück; denn

»(V. 32) die Geister der Propheten sind den Propheten unterwürfig; (33) denn Gott ist nicht (ein Gott) der Unordnung, sondern des Friedens, wie in allen Kirchen der Heiligen. (34) Die Frauen sollen in den Kirchen schweigen«, usw.[1].

Klar ist der gewaltige, in der Religionsgeschichte Epoche machende erste Satz[2]; aber dann erheben sich zwei Schwierigkeiten, von denen die eine zur Not beseitigt werden kann, die andere unüberwindlich ist.

Erstlich ist die Begründung des akuminösen Satzes nur dann verständlich, wenn man ein Mittelglied einschiebt, das aber nicht fehlen durfte. Über Natur und Art der Prophetengeister sagt er etwas aus, daß

[1] 32 Πνεύματα προφητῶν προφήταις ὑποτάσσεται· 33 οὐ γάρ ἐστιν ἀκαταστασίας ὁ θεὸς ἀλλὰ εἰρήνης, ὡς ἐν πάσαις ταῖς ἐκκλησίαις τῶν ἁγίων. 34 αἱ γυναῖκες ἐν ταῖς ἐκκλησίαις σιγάτωσαν κτλ.

[2] Er mußte dem Zeitalter paradox und unwahrscheinlich dünken. Wohl wußten die Christen, »ὅτι πνεύματα ἡμῖν ὑποτάσσεται« (Luk. 10, 20), aber daß τὰ πνεύματα προφητῶν τοῖς προφήταις ὑποτάσσεται — d. h. nicht ein Prophet dem anderen, sondern der Prophetengeist dem Propheten — diese Erfahrung, die auf heiliger Selbstzucht beruht, hatten die wenigsten gemacht.

sie nämlich dem reflektierenden Willen der Propheten selbst sich unterordnen. Wie kann das aber durch eine Aussage über Gott begründet werden? Man muß den Gedanken einschieben, daß von den Prophetengeistern ohne weiteres gilt, was von Gott gilt, der sie begeistert. Aber die Gleichung ist doch nicht einfach selbstverständlich: »Die Geister der Propheten = Gott«! Indessen diese Schwierigkeit mag man zur Not in den Kauf nehmen; aber

zweitens: Wie können die Worte: »wie in allen Kirchen der Heiligen« neben (d. h. nach) »Gott ist nicht ein Gott der Unordnung, sondern des Friedens« bestehen? Schon in der alten Kirche ist die Unmöglichkeit empfunden, und daher in zahlreichen abendländischen (griechischen und lateinischen) Mss. und auch von einigen griechischen Kirchenvätern und in der Peschittho »ich lehre« oder »ich ordne an« (διδάσκω, διατάσσομαι) hinzugesetzt worden, vgl. den Satz I. Kor. 4, 17: καθὼς πανταχοῦ ἐν πάσῃ ἐκκλησίᾳ διδάσκω. Dann ist wenigstens ein erträglicher Sinn geschaffen, wenn auch ein wenig befriedigender; denn warum braucht der Apostel ausdrücklich zu versichern, daß er in allen Gemeinden lehre, die Geister der Propheten seien den Propheten unterwürfig, oder: Gott sei nicht ein Gott der Unordnung, sondern des Friedens? Indessen der Zusatz ist ein reiner Verlegenheitszusatz und als solcher zu verwerfen. Daher haben sich schon seit vielen Jahrhunderten viele Textkritiker und Exegeten anders geholfen, und die Auskunft, die sie gewählt haben, ist heute zum Siege gekommen: sie trennen die Worte: »wie in allen Kirchen der Heiligen« vom Vorhergehenden ab und verbinden sie, einen neuen Absatz des Briefes beginnend, mit dem Folgenden: »Wie in allen Kirchen der Heiligen sollen die Frauen in den Kirchen schweigen.« Allein diese Lösung schafft einen Satz von unerträglicher Schwerfälligkeit und ein ἐν πάσαις ταῖς ἐκκλησίαις ohne als Gegensatz dazu (ἐν ταῖς ἐκκλησίαις) ὑμῶν. Es müßte mindestens heißen: ὡς ἐν πάσαις ταῖς ἐκκλησίαις τῶν ἁγίων[1], καὶ παρ' ὑμῖν (oder: ἐν ταῖς ἐκκλησίαις ὑμῶν) αἱ γυναῖκες σιγάτωσαν[2]. Der Satz ist also unmöglich: Das doppelte ἐκκλησίαις weist gebieterisch darauf hin, daß das erste ἐκκλησίαις zum Vorangehenden gehört; aber beim Vorangehenden ist es unerträglich[3].

Die Lösung bringen zwei Zeugen, deren Zeugnis zwar bei Tischendorf steht, das aber meines Wissens von keinem Exegeten auch nur er-

[1] Als unpaulinisch empfinde ich Lachmann's Satzkonstruktion: ὡς ἐν πάσαις ταῖς ἐκκλησίαις, τῶν ἁγίων αἱ γυναῖκες ἐν ταῖς ἐκκλησίαις σιγάτωσαν.

[2] Die Lösung der Schwierigkeit durch die Annahme, ἐκκλησίαι habe an den beiden Stellen einen verschiedenen Sinn (Lietzmann: »Wie in allen Gemeinden der Heiligen sollen die Weiber in den Gemeindeversammlungen schweigen«) ist prekär und auch nicht durchschlagend.

[3] Die Auskunft einer mehrere Verse umfassenden Parenthese lasse ich beiseite.

wählt wird[1]. Tertullian (adv. Marc. IV, 4) schreibt, aus dem Apostolikon Marcions schöpfend, denn ihm hält er die Stelle vor: »Spiritus prophetarum prophetis erunt[2] subjecti; non enim eversionis sunt, sed pacis«[3], und Ambrosiaster, der nicht πνεύματα gelesen hat, sondern mit fast der gesamten lateinischen Überlieferung πνεῦμα, bietet: »non est enim dissensionis auctor sed pacis«. Beide also haben in Vers 33 ὁ θεός nicht gefunden, und in der Tat ist durch die Ausstoßung dieses Worts alles in Ordnung gebracht[4]. Es heißt nun:

»Die Geister der Propheten sind den Propheten unterwürfig; denn sie sind nicht aufsässige, sondern friedfertige Geister, wie in allen Kirchen der Heiligen«. —

»Die Frauen sollen in den Kirchen schweigen« usw.

Jetzt begründet der Begründungssatz den ersten Satz wirklich, und zugleich hebt sich jede Schwierigkeit in bezug auf die Worte: »wie in allen Kirchen der Heiligen«: Weil die Prophetengeister Geister nicht der Unordnung, sondern des Friedens sind, darum ordnen sie sich dem gebietenden Willen der Propheten unter; diese Erfahrung hat der Apostel in allen Kirchen gemacht[5]. Dann beginnt ein neuer Absatz des Briefes.

Der gegebene Text erhält aber noch eine Stütze dadurch, daß die Vorstellung von πνεύματα (δαιμόνια, ἄνδρες) ἀκαταστασίας bzw. ἀκατάστατα dem Zeitalter geläufig war. Jakobus spricht (1, 8) von einem ἀνὴρ ἀκατάστατος, Hermas (Mand. 2) von einem ἀκατάστατον δαιμόνιον[6]. Derselbe spricht von verschiedenen Lastern als von bösen »Geistern« (πνεύματα), die in den Menschen einziehen (Mand. V, 2); der heilige Geist hat dann keinen Raum mehr, zieht aus καὶ γίνεται ὁ ἄνθρωπος ἐκεῖνος κενὸς ἀπὸ τοῦ πνεύματος τοῦ δικαίου, καὶ λοιπὸν πεπληρωμένος τοῖς πνεύμασι τοῖς πονηροῖς ἀκαταστατεῖ ἐν πάσῃ πράξει αὐτοῦ.

Zur Einschiebung von »ὁ θεός« aber forderte der Text sowohl einen gedankenlosen als auch einen falsch denkenden Kopisten geradezu auf; fehlte doch den Worten οὐ γάρ ἐστιν ἀκαταστασίας ἀλλὰ εἰρήνης scheinbar das Subjekt, verlockte doch ἐστιν zu einem Subjekt im Singular und

[1] Das ist besonders auffallend bei Joh. Weiss, der die ganze Stelle so eingehend erwogen hat.

[2] Das Futurum erklärt sich aus dem Kontext.

[3] Rönsch, sonst so sorgsam, ist diese Stelle in seinem Werk »Das Neue Testament Tertullians« (1871) entgangen.

[4] Auch darauf darf man hinweisen, daß die artikellosen Wörter ἀκαταστασία und εἰρήνη besser zu πνεύματα passen als zu ὁ θεός. Wäre ὁ θεός ursprünglich, so erwartete man (τῆς) ἀκαταστασίας und τῆς εἰρήνης. Wiederholung von πνεύματα in 33 war unnötig.

[5] Ὡς ἐν πάσαις ταῖς ἐκκλησίαις wird am besten auf beide vorangegangenen Sätze bezogen.

[6] Wenn Jakobus 3, 8 die Zunge ein ἀκατάστατον κακόν nennt, das niemand zähmen kann, so denkt er auch an etwas Dämonisches.

bot sich daher ὁ θεὸς als Ausfüllung um so mehr an, als Paulus öfters in seinen Briefen vom θεὸς τῆς εἰρήνης gesprochen hat, ja der Friede zu Gottes konstitutiven Attributen nach ihm gehört. Der Kopist aber, der ὁ θεὸς einsetzte, muß noch im apostolischen Zeitalter selbst geschrieben haben; denn sonst ist nicht erklärlich, daß Morgenland und Abendland in dem Fehler übereinstimmen und sich das Richtige nur auf einer schmalen Linie innerhalb des 𝔚textes erhalten hat.

Ich habe bereits früher an anderen Stellen des N. T.s gezeigt, daß der 𝔚text trotz mancher uralten Verwilderung Schätze birgt, die teils noch nicht gehoben, teils nicht gewürdigt sind, aber daß manchmal auch in ihm nur wenige Zeugen den Urtext erhalten haben. An unserer Stelle sind es Marcion und Ambrosiaster allein, denen wir den Urtext verdanken. Daß ihre Texte überhaupt die nächste Verwandtschaft aufweisen, wird meine Monographie über Marcion lehren. Der Ambrosiaster-Text steigt im Werte, wenn erkannt ist, daß er dem ältesten Zeugen für den Text der Paulusbriefe, dem Marcion-Text, besonders nahesteht.

II. Daß die cc. 15, 16 des Römerbriefs, also auch c. 16, 25—27 im Apostolikon Marcions gefehlt haben, steht nach dem Zeugnis Tertullians und Origenes' fest; aber anderseits ist auch nach denselben Zeugen und anderen Gewährsmännern gewiß, daß spätere Marcioniten nicht geringe Veränderungen an der Bibel ihres Meisters vorgenommen und auch Verworfenes wieder aufgenommen haben[1]. Selbst die Pastoralbriefe sind von einer Marcionitischen Gruppe nachträglich rezipiert worden, wie ein Marcionitischer Prolog zum Titusbrief beweist[2]. Eben diesen Prolog aber haben zahlreiche abendländische Kirchen zusammen mit den anderen Marcionitischen Prologen arglos in ihre Bibeln aufgenommen. Das haben uns die Entdeckungen de Bruyne's und Corssens gelehrt.

Aber nicht nur die Prologe sind in die katholischen Kirchen eingedrungen, sondern neben Marcionitischen Lesarten, die sich, wenn auch selten, in katholischen Bibeln finden, auch ein Marcionitischer Text, allerdings mit Zusätzen, die seinen Sinn umgestalteten. Im fol-

[1] Grundsätzlich schwerlich gegen den Willen und die Erlaubnis Marcions; denn er konnte gar nicht behaupten, daß der von ihm gebotene gereinigte Text unfehlbar sei. Berief er sich doch für seine Korrekturen weder auf ältere Handschriften noch auf eine göttliche Offenbarung; dann aber kann es ihm selbst nicht sicher gewesen sein, daß er gegenüber den zahlreichen »judenchristlichen« Fälschungen das Richtige durchweg wieder hergestellt und umgekehrt nichts Echtes beseitigt habe.

[2] Der Prolog lautet: »Titum commonefacit et instruit de constitutione presbyterii et de spiritali conversatione et haereticis vitandis, qui in scripturis Iudaicis credunt.« Hier ist offenbar der Ausdruck Tit. 1, 14 Ἰουδαϊκοὶ μῦθοι — das A. T. verstanden: die Anerkennung desselben ist eben die Häresie.

genden wird sich zeigen, daß Röm. 16, 25—27 ein katholisch überarbeiteter Marcionitischer Text ist.

Die Geschichte dieser Verse in ihrer gegenwärtigen Gestalt innerhalb der handschriftlichen Überlieferung des Briefes ist in den letzten Jahrzehnten durch die Bemühungen zahlreicher Gelehrter, vor allem Corssens, Zahns und Lietzmanns (Römerbrief[2] S. 124 ff.), so weit aufgehellt worden, daß sich eine neue Untersuchung erübrigt. Es ist sehr wahrscheinlich, daß die Verse, die sich an verschiedenen Stellen des Briefes in den Handschriften finden, unecht sind, und bereits ist die Hypothese aufgetaucht, sie stammten aus Marcionitischen Kreisen (Lietzmann S. 125), ohne daß noch eine Begründung versucht worden ist. So wie sie lauten, können sie freilich unmöglich Marcionitisch sein; aber es wird sich zeigen, daß sie in der jetzt vorliegenden Gestalt einen Text bieten, der nicht zu bestehen vermag, und daß daher hinter dieser Gestalt ein älterer Text liegen muß:

(25) Τῷ δὲ δυναμένῳ ὑμᾶς στηρίξαι κατὰ τὸ εὐαγγέλιόν μου καὶ τὸ κήρυγμα Ἰησοῦ Χριστοῦ, κατὰ ἀποκάλυψιν μυστηρίου χρόνοις αἰωνίοις σεσιγημένου, (26) φανερωθέντος δὲ νῦν, διά τε γραφῶν προφητικῶν κατ' ἐπιταγὴν τοῦ αἰωνίου θεοῦ εἰς ὑπακοὴν πίστεως εἰς πάντα τὰ ἔθνη γνωρισθέντος, (27) μόνῳ σοφῷ θεῷ διὰ Ἰησοῦ Χριστοῦ, ᾧ ἡ δόξα εἰς τοὺς αἰῶνας τῶν αἰώνων. ἀμήν.

So wird der Text jetzt einhellig von den Textkritikern gedruckt, und so muß er konstituiert werden, weil er das überwältigende Zeugnis der großen Mehrzahl der Zeugen für sich hat[1] und die lehrreichen Varianten, wie sich sofort zeigen wird, diesen Text voraussetzen, nicht aber etwa eine ältere Gestalt. Lehrreich sind sie, weil sie auf schwere Anstöße, welche dieser Text bietet, hinweisen.

V. 25 Origenes läßt (Comm. in Joh. VI § 125 Preuschen) κατὰ τὸ κήρυγμα Ἰ. Χρ. fort[2]. Richtig hat er, oder schon ein Früherer, es nach τὸ εὐαγγέλιόν μου als überflüssig und störend empfunden, und dieselbe richtige Empfindung liegt der Variante im Sinait. (Erste Hand) zugrunde: κατὰ τὸ εὐαγγέλιόν μου καὶ κυρίου. Das ist freilich eine Verschlimmbesserung!

V. 26. An fünf Stellen liest man bei Origenes nach den Worten γραφῶν προφητικῶν den Zusatz: καὶ τῆς ἐπιφανείας τοῦ κυρίου (καὶ σωτῆρος add. an zwei Stellen) ἡμῶν Ἰ. Χρ. Dieser Zusatz ist wohl verständlich; er soll den eklatanten Widerspruch — freilich in ganz unzureichender

[1] Besonders wichtig ist, daß Clemens Alex. diesen Text bezeugt (s. Strom. IV, 39 v. 26 von εἰς bis v. 27 Χριστοῦ und Strom. V, 10 von κατὰ ἀποκάλυψιν v. 25 bis γνωρισθέντος v. 26); er lautete also schon um d. J. 190 so wie wir ihn heute lesen.

[2] Es ist das einzige griechische Zitat der Stelle bei Origenes: in dem nur lateinisch erhaltenen Kommentar zum Römerbrief hat er aber die Worte gelesen; denn sie stehen nicht nur im Text (das könnte der Übersetzer veranlaßt haben), sondern auch in der Erklärung: »Praedicatio Pauli, quae est et Christi praedicatio.«

Weise — heben, der zwischen νῦν und den γραφαὶ προφητικαί besteht, bzw. das νῦν rechtfertigen (s. u.).

Eine große Reihe von Zeugen (D 34 Chrysost., Origenes [nach Rufin], Hilarius, Ambrosius d e f vulg syr cop arm) bietet aus demselben Motiv τε nicht; infolge davon schwebt γνωρισθέντος nun in der Luft. Vulg d[3] f Pelag. verwandeln es in γνωρισθέντι (»cognito«) und ziehen es zum folgenden Vers: »Cognito solo [sic] sapienti deo per Jesum Christum« (auch Cod. c muß hierher gerechnet werden; denn »Cogniti solo sap. deo« ist natürlich ein Schreibfehler)[1].

Diese Varianten weisen darauf hin, daß in v. 25 (καὶ τὸ κήρυγμα Ἰ. Χρ.) ein erheblicher und in v. 26 (φανερωθέντος δὲ νῦν, διά τε γραφῶν προφητικῶν κτλ.) ein unerträglicher Anstoß liegt.

Der Ausdruck κατὰ τὸ εὐαγγέλιόν μου καὶ τὸ κήρυγμα Ἰ. Χρ. ist in der Tat nicht nur pleonastisch, sondern auch (durch das nachgestellte Kerygma Christi) pervers. So kann kein ursprünglicher Text lauten, und Origenes hat ganz richtig gesehen (oder schon ein Vorgänger), daß der Fehler bei καὶ τὸ κήρυγμα Ἰ. Χρ. liegt, diese Worte also ein Zusatz sind. In dem Augenblicke aber, in dem man erkennt, daß ursprünglich nur die Worte gestanden haben: »Τῷ δυναμένῳ ὑμᾶς στηρίξαι κατὰ τὸ εὐαγγέλιόν μου«, und dann von der jetzt geschehenen Offenbarung des Geheimnisses gesprochen wird, welches χρόνοις αἰωνίοις in Schweigen gehüllt war, muß jeder Kenner der ältesten Kirchengeschichte erkennen, daß er sich hier nicht bei Paulus, sondern bei Marcion befindet.

Marcion, so bezeugen es uns einstimmig Tertullian (adv. Marc. V, 2 zu Galat. 1, 7), Origenes (Comm. in Joh. V, S. 104) und Adamantius (Dial. I, 6), legte auf die paulinische Aussage: κατὰ τὸ εὐαγγέλιόν μου, das stärkste Gewicht; er schob sie in Gal. 1, 7 willkürlich ein, betrachtete sie als streng exklusiv und als den Maßstab für alles Christliche. Marcions Grundlehre war es ferner, daß das Heilsgeheimnis, d. h. der wahre Gott selbst, vor der Erscheinung Christi schlechthin verborgen gewesen und erst durch Christus geoffenbaret worden ist[2]. In diesem Sinne strich er in dem Satze Ephes. 3, 9 das ἐν vor τῷ θεῷ, so daß er nun lautete: Ἡ οἰκονομία τοῦ μυστηρίου τοῦ ἀποκεκρυμμένου ἀπὸ τῶν αἰώνων τῷ θεῷ τῷ τὰ πάντα κτίσαντι[3]. Selbst der Weltschöpfer hat von dem wahren Gott nichts gewußt vor Christus, wieviel weniger die Welt und die Menschen!

[1] Ambrosiaster bietet »cognitum«, bezieht es also auf v. 25 f. »mysterii, quod ...« zurück.

[2] Eben in dieser Erkenntnis besteht nach Marcion das Eigentümliche des Evangeliums des Paulus gegenüber seinen apostolischen Vorgängern.

[3] Siehe Tert. adv. Marc. V, 17.

Genau dieser Gedanke aber steht in unsern Versen: κατὰ ἀποκάλυψιν μυστηρίου χρόνοις αἰωνίοις σεσιγημένου, φανερωθέντος δὲ νῦν, nur daß noch unzweideutiger hier durch σεσιγημένου zum Ausdruck kommt, daß vor Christus das Geheimnis des wahren Gottes keinen Verkündiger gehabt hat.

Ist das aber zweifellos, dann sind die folgenden Worte: »διά τε γραφῶν προφητικῶν .... γνωρισθέντος« ein unerträglicher, weil im vollen Widerspruch zu dem Hauptgedanken stehender Zusatz. Das Heilsgeheimnis kann nicht zugleich erst jetzt geoffenbart und schon vom A. T. kundgetan sein. Die Auskunft einiger Ausleger aber, die »prophetischen Schriften« seien nicht das A. T., sondern Schriften christlicher Propheten, ist unstatthaft, da diese nicht eine Sammlung bzw. ein Instrument bilden und da sie niemals sonst in der Kirche als das Mittel bezeichnet werden, durch welches Gott die Völker beruft[1]. Wohl aber begreift man den Zusatz eines frühen Lesers; denn der Satz, daß das Heil bis auf Christus verschwiegen geblieben sei, forderte auf dem Boden der herrschenden Glaubensvorstellung notwendig eine Korrektur. Diese ist hier, ungeschickt genug, durch einen bloßen Zusatz vorgenommen worden. Daher fügte ein Späterer einen weiteren Zusatz hinzu (s. o.), nämlich τῆς ἐπιφανείας τοῦ κυρίου ἡμῶν Ἰησοῦ Χριστοῦ, dadurch entstand ein τε - καί, und nun ergab sich ein halb erträglicher Sinn, weil mit διὰ γραφῶν προφητικῶν nicht ein neuer Satz eintritt, sondern nun alles zu φανερωθέντος νῦν gehört, so daß übersetzt werden muß: »daß es jetzt aber geoffenbart worden ist, sowohl durch das A. T. als auch durch die Erscheinung unsers Herrn Jesu Christi«. Allerdings bleibt es bei dieser Korrektur dunkel, welcher Zeitraum nun unter χρόνοις αἰωνίοις zu verstehen ist; es muß an die Zeit vor der Weltschöpfung gedacht werden, und ferner muß γνωρισθέντος entfernt oder zu dem Folgenden gezogen werden. Die andere Korrektur (Auslassung des τε) ist aus demselben Anlaß entsprungen. wie die vorige und kommt zu demselben Ergebnis: διὰ γραφῶν προφητικῶν gehört nun zu νῦν und steht nicht mehr als zweites Glied neben ihm. Damit ist scheinbar die Hauptschwierigkeit weggeräumt; aber nicht nur bleibt auch hier χρόνοις αἰωνίοις dunkel und γνωρισθέντος muß entfernt werden, sondern auch die Schwierigkeit ist hier besonders drückend, daß νῦν durch die alttestamentlichen Schriften allein epexegesiert wird. Die Stelle bleibt also auch mit diesen Korrekturen sachlich unerträglich.

Aber nicht nur sachlich, sondern auch formell erregt sie den stärksten Anstoß. Diese gewaltige Doxologie verlangt einen eben-

[1] Die Artikellosigkeit von γραφῶν προφητικῶν ist nicht auffallender als die Artikellosigkeit von μυστηρίου und gehört zum Stil.

mäßigen Bau, aber wie sie vorliegt, leidet sie an einem doppelten Mangel: 1. dem σεσιγημένου (A) wird nicht ein Gegensatz zugeordnet, sondern zwei: φανερωθέντος (B¹) und γνωρισθέντος (B²); schon das ist ungewöhnlich und störend, zumal der zweite durch τε als nachhinkend empfunden werden muß; 2. die Glieder B¹ und B² sind ganz verschieden ausgebaut:

B¹ φανερωθέντος νῦν,
B² διά τε γραφῶν προφητικῶν κατ᾿ ἐπιταγὴν τοῦ αἰωνίου θεοῦ εἰς ὑπακοὴν πίστεως εἰς πάντα τὰ ἔθνη γνωρισθέντος.

So kann eine hymnische Doxologie ursprünglich nicht gelautet haben; aber sowohl der sachliche Widerspruch, den dieser Text enthält, als auch der schwere formelle Anstoß wird mit einem Schlage beseitigt, sobald man die zu χρόνοις αἰωνίοις σεσιγημένου und zu νῦν nicht passenden Worte: »διά τε γραφῶν προφητικῶν γνωρισθέντος« streicht und dazu die Worte: »καὶ τὸ κήρυγμα Ἰησοῦ Χριστοῦ«. Dann lautet der Text:

Τῷ δυναμένῳ ὑμᾶς στηρίξαι κατὰ τὸ εὐαγγέλιόν μου[1],
κατὰ ἀποκάλυψιν[2] μυστηρίου χρόνοις αἰωνίοις σεσιγημένου,
φανερωθέντος δὲ νῦν κατ᾿ ἐπιταγὴν τοῦ αἰωνίου θεοῦ,
εἰς ὑπακοὴν πίστεως εἰς πάντα τὰ ἔθνη,
μόνῳ σοφῷ θεῷ διὰ Ἰησοῦ Χριστοῦ,
ᾧ[3] ἡ δόξα εἰς τοὺς αἰῶνας τῶν αἰώνων. ἀμήν.

Dies aber ist ein rein Marcionitischer Text. Nicht nur der Hauptgedanke beweist das, sondern auch die drei Attribute, die Gott gegeben werden und die sich alle drei bei Paulus nicht finden: 1. αἰώνιος — Marcion wies dem Schöpfer-Gott nur das natürliche, zeitliche Leben zu und reservierte das ewige Leben dem höchsten Gott. Beweis: nach Tertullians ausdrücklicher Angabe (adv. Marc. IV, 25) hat Marcion in Luk. 10, 25 in der Frage des Gesetzeslehrers: »Was muß ich tun, daß ich das ewige Leben erwerbe?« das Wort »ewig« gestrichen; denn der zum Kreise des Weltschöpfers gehörige Lehrer konnte nur

[1] Στηρίξαι κατὰ τὸ εὐαγγέλιόν μου kann nicht bedeuten »Laut meines Evangeliums« (Luther), sondern »in Beziehung auf mein Evangelium«, also sachlich gleich »in meinem Evangelium« (s. II. Thess. 2, 17 στηρίξαι ἐν παντὶ λόγῳ καὶ ἔργῳ). Dann aber ist der Ausdruck überpaulinisch, also Marcionitisch.

[2] Schwerlich parallel zu κατὰ τὸ εὐαγγέλιόν μου, sondern zu τῷ δυναμένῳ ὑμᾶς στηρίξαι zu ziehen = »zufolge«, »gemäß«.

[3] Dies ᾧ macht den vorangehenden Satz anakoluthisch, aber ist gewiß nicht zu tilgen, wie im Cod. Vatic. und einigen anderen Handschriften geschehen. Stammt die Doxologie in dieser Gestalt von einem echten Marcioniten, so kann sogar in diesem ᾧ eine Absicht liegen: denn Marcion hielt den Unterschied von Gott und Christus nur für einen relativen.

nach dem zeitlichen Leben fragen. 2. μόνος — gegenüber dem Weltschöpfer, obgleich er sich den Namen »Gott« auch anmaßte, war für Marcion nur der Vater Jesu Christi wirklich »Gott«; der Weltschöpfer war nur κοσμοκράτωρ. 3. σοφός — Tert. (adv. Marc. V, 5) berichtet, daß Marcion in I. Kor. 1, 18 zu den Worten: »ὁ λόγος τοῦ σταυροῦ .... τοῖς σωζομένοις ἡμῖν δύναμις θεοῦ ἐστίν«, die Worte »καὶ σοφία« (nach δύναμις) gesetzt habe; man erkennt also, daß ihm die σοφία Gottes besonders wichtig war.

Hiernach kann schwerlich mehr ein Zweifel bestehen, daß die Doxologie in ihrer gereinigten Gestalt Marcionitisch ist.

Ihre Geschichte ist demnach folgende: Nicht lange nach Marcion[1] haben (wo?) Marcionitische Christen diese Verse entworfen und an den Schluß des Römerbriefs (c. 14) gestellt. Sie verraten sorgfältige Lektüre der Paulusbriefe und auch der Pastoralbriefe[2]. Natürlich fanden sie nicht mehr in alle Marcionitischen Bibeln Eingang, sondern nur in einen Teil derselben. Sie wurden auch in der katholischen Kirche bekannt und machten Eindruck, was bei ihrer gedrungenen Kraft nicht auffallen kann. Aber sie enthielten auch schwere dogmatische Anstöße; daher nahm man an, daß sie Marcion, seinen Grundsätzen gemäß, verfälscht habe, daß man also seine Fälschungen korrigieren müsse, um den Versen wieder ihren ursprünglichen Sinn zurückzugeben. Aus den paulinischen Briefen und aus der Apostelgeschichte mußten die Lücken ergänzt werden. So fügte man zwei Sätzchen ein; vgl. zu dem κήρυγμα I. Kor. 1, 21; 15, 14; II. Tim. 4, 17; Tit. 1, 3 und zu μυστηρίου διὰ γραφῶν προφητικῶν γνωρισθέντος Ephes. 1, 9; 3, 3. 5; 6, 19; Act. 3, 18. 21. 24; 10, 43; 13, 27; 26, 22 usw. Man glaubte, so den echten Text wiederhergestellt zu haben[3]. Schärferer Prüfung aber konnten diese mechanischen Hinzufügungen nicht genügen, und so ist an dem Text noch im 2. Jahrhundert in verschiedener Weise weiter korrigiert worden. Es ist hier also einem Marcionitischen Texte dasselbe widerfahren, was Marcion dem echten Text angetan hat — ein merkwürdiges Spiel der Geschichte, das jedoch bei den auch sonst bezeugten, aber bisher noch nicht ins Licht gerückten, zahlreichen mündlichen und schriftlichen Auseinandersetzungen zwischen den Vertretern der beiden christlichen Hauptkirchen ältester Zeit und bei den nachweisbaren

[1] Marcion selbst kommt hier nicht in Frage (denn bei ihm fehlten Röm. 15. 16 ganz), es sei denn, daß die Verse ursprünglich nichts mit dem Römerbrief zu tun haben.

[2] Darüber, daß auch diese Briefe bald nach Marcion in Marcionitischen Kirchen Beachtung gefunden haben, s. o.

[3] Vor Clemens Alex. muß dies geschehen sein, ja wahrscheinlich erheblich früher.

Einflüssen ihrer Bibeltexte aufeinander nicht auffallen kann. Zu den Marcionitischen Lesarten in katholischen Bibelhandschriften tritt nun noch diese Doxologie, die in ihrer Urform der Marcionitischen Kirche angehört[1] und nur in dieser Form ihre volle Kraft und Schönheit offenbart.

[1] In ihrer Urform — aber Marcion und den alten Marcioniten ist sonst niemals nachzuweisen, daß sie Texte frei konstruiert, sondern nur, daß sie sie korrigiert haben. Liegt etwa auch hier ihrer Fassung ein echter Paulustext zugrunde? Ein solcher wäre indes nicht leicht herzustellen, und man würde sich bei Verfolgung dieser Hypothese — einer Marcionitischen Korrektur vor der katholischen — ins Ungewisse verlieren. Ein merkwürdiger Zufall ist es übrigens, daß durch die Lesart der Vulgata: »Cognito solo sapienti deo« ein Satz entstanden ist, der in die Marcionitische Frage vom bekannten und unbekannten Gott eingreift.

Der irische Totengott und die Toteninsel.

Von Kuno Meyer.

(Vorgelegt am 19. Juni 1919 [s. oben S. 519].)

Im äußersten Südwesten Irlands, in sagenumwobener Gegend, ragen der größeren Insel Dursey vorgelagert drei winzige aus Fels und Sand bestehende Inseln aus dem Atlantischen Meer hervor, die im Volksmunde heute der Größe nach 'Bull, Cow and Calf' genannt werden und so auch auf den Karten eingetragen sind. Diese Bezeichnung ist eine Erweiterung des ursprünglich nordischen Brauches, eine kleinere Insel in der Nähe einer größeren deren Kalb zu nennen[1]. Aber die noch gälische Bevölkerung der Umgegend hat für die größte der drei Inseln einen Namen bewahrt, den sie seit ältester Zeit geführt hat. Derselbe lautet *Teach Duinn* und bedeutet 'Haus des Donn'[2].

Zur Erklärung dieses Namens haben die altirischen Gelehrten, welche zuerst im 7. Jahrhundert eine künstliche Frühgeschichte Irlands, den sogenannten *Lebor Gabāla*[3], ausarbeiteten, die dann immer weiter ausgeschmückt wurde[4], dem von ihnen erfundenen Stammvater der Iren, Mil[5], einen Sohn Donn beigelegt, den sie mit mehreren Brüdern bei der Landung in Irland in der Nähe von *Tech Duinn* ertrinken und dort begraben lassen, so daß die Insel nach seiner Grabstätte benannt worden sei. In der ältesten Version dieser Fabeleien, die in Nennius' 'Historia Brittonum' vorliegt, findet sich diese Erzählung noch nicht, wohl aber in ihrer irischen Übersetzung[6]. Sie mag also erst der zweiten

[1] Vgl. *Manarkálfr* 'Calf of Man', *Rostarkálfr* in den Hebriden, *Calf of Eday* in den Orkaden, *Calf Island* in Roaringwater Bay usw.

[2] Hogan nimmt im Onomasticon noch ein zweites *Tech Duinn* in Connacht an. Aber nach der von ihm zitierten Stelle (Atlantis IV 146, 35) liegt kein Grund zu solcher Annahme vor. Es handelt sich auch dort um unsere Insel.

[3] D. h. 'Liber Capturae', Buch der Eroberung und Ansiedlung eines Volkes nach dem andern auf irischem Boden.

[4] Siehe darüber besonders A. G. van Hamel, 'On *Lebor Gabāla*' CZ X 193 ff.

[5] Ein aus lat. *miles* geprägter Name, der nicht etwa, wie D'Arbois, Le Cycle mythologique, S. 225 meint, zu gall. *Miletumaros* zu stellen ist. Auch schreibt er den Nom. fälschlich stets *Mile*.

[6] Ir. Nenn. S. 54 (vgl. auch Thes. II 316): *Rex hautem eorum mersus est .i. robāided in rī .i. Donn ac Tig Duind.* Ferner Rawl. 502, 147 a 11: *qui mersus est in occiano.*

der von VAN HAMEL angesetzten Perioden der Ausarbeitung von *Lebor Gabāla* (650—800) angehören. In der ersten Hälfte des 9. Jahrhunderts existierte sie, wie wir sehen werden, auf jeden Fall.

Ich wiederhole, daß wir es in *Lebor Gabāla* in der Hauptsache nicht mit volkstümlicher Sage und Überlieferung zu tun haben, die sich, wie leider noch oft geschieht, ohne weiteres zu mythologischen Zwecken benutzen ließe, sondern mit bewußter und planmäßiger Erfindung klassisch gebildeter Gelehrten. Was *Tech Duinn* betrifft, so müssen wir annehmen, daß diese entweder die wahre Bedeutung des Namens nicht kannten oder eine noch gebliebene Erinnerung verwischen oder in andere Bahnen lenken wollten. Zur Entscheidung dieser Frage trifft es sich nun glücklich, daß der erste Dichter, welcher *Lebor Gabāla* in Verse brachte, der 887 gestorbene Māel Muru von Othan, an der Stelle, wo er von dem Tode Donns berichtet[1], einen Zusatz anfügt, der uns einen Blick in eine ganz andere Welt, die Welt wirklicher irischer Überlieferung und religiösen Glaubens, tun läßt und uns mit dem echten Donn bekannt macht. Nachdem er den Tod des Pseudo-Donn durch Ertrinken berichtet hat, fährt er fort:

Artocbad[2] *carn liā*[3] *chenēl* *ās lir lethan*[4],
sentreb sontech, *conid Tech Duinn dē dongarar.*
Co mba[5] *ēsin a edacht adbul* *dia chlaind chētaig:*
'Cucum dom thig tīssaid uili *īar bar n-ēcaib'.*

'Es wurde von den Seinigen ein Steinhügel über dem breiten Meer errichtet,
eine alte feste Wohnstätte, die nach ihm Haus Donns genannt ward.

---

id est oc Tig Duind īar nĒrind 'bei T. D. westlich von Irland'; LL 13b 18: *co robāitte oc na dumachaib oc Taig Duind. Duma cach fir and. Et is and robā*[*ided*] *Dīl ben Duinn amal rāidit araile* 'so daß sie bei den Sandbänken bei T. D. ertranken. Dort befindet sich der Grabhügel eines jeden von ihnen. Und dort ertrank Dīl, Donns Frau, wie andere sagen'. Rawl. 512, 94a läßt denn auch nur Dīl ertrinken: *Robāidet Dīl ingen Mīled ben Duinn asin luing a mbūi Bres 7 Būas 7 Būaigne ic Tig Duinn icna dumchaib 7 dobert Hērimōn fōd for Dil, unde Fōdla dicitur.*

Im 11. Jahrhundert bringt Flann Manistrech das folgendermaßen in Verse (LL 16a 29):

Dond is Bile is Búan a ben, *Dīl is Ērech mac Mīled,*
Būas, Bres, Būagne cosin mblaid *robūite* (*robūided* Hs.) *oc na dumachaib.*

[1] Siehe Ir. Nenn. S. 248.

[2] So oder vielleicht *arocbad* ist mit dem Buch von Lecan zu lesen (nicht *co tūarcbad* mit LL), der Strophenbindung wegen, die durch das ganze Gedicht geht.

[3] *liaa* LL, um die zweisilbige Aussprache zu bezeichnen. Sonst ist die ganze Zeile in LL arg verballhornt, indem der Schreiber u. a. *liaa cheneoil* 'Stein des Geschlechts' hineinlas.

[4] *lethach* LL; aber vgl. *dar ler lethan* Ir. Nenn. 242, 7.

[5] Auch hier gibt *co mba* von Lec. dem *va* von LL gegenüber die nötige Bindung mit *garar*.

Und dies war seine erhabene letzte Verfügung an seine hundertfältige
Nachkommenschaft:
'Zu mir zu meinem Hause sollt ihr alle nach eurem Tode kommen'.

Mit der zweiten Strophe ist Māel Muru unbewußt aus seiner Rolle als getreuer Bearbeiter von *Lebor Gabala* gefallen und setzt sich in Widerspruch zu dessen Angaben. Denn Donn, dem Sohn Mils, werden überhaupt keine Nachkommen beigelegt. Der Dichter vergißt sich und verrät uns, daß er noch von einem anderen Donn wußte, dem Stammvater der Gesamtheit der Gälen und zugleich ihrem Totengott, der auf der Toteninsel Tech Duinn seinen Sitz hatte. Daß er dabei seinem ertrinkenden Donn gleichsam als Testament (*edocht*) Worte in den Mund legt, die sich nur für den Ahnherrn des Volkes und den Beherrscher des Totenreiches passen, ist ein origineller und hübscher Gedanke. Wenn aber ein 'Dichterfürst Irlands' (*rīgfili Ērenn*), wie ihn die Annalen nennen, im 9. Jahrhundert diese heidnische Vorstellung in sein Gedicht aufnehmen konnte und sie also bei seinen Lesern oder Hörern als bekannt voraussetzte, so muß auch der gelehrte Herr, welcher den Donn mac Miled erfand, mit ihr vertraut gewesen sein. Wenn ihn oder einen anderen Mitarbeiter die Sucht, irische Ortsnamen durch Erfindung von Personen zu erklären, nach denen sie genannt sein sollten, dazu veranlaßte, dem Mil einen Sohn Colptha beizulegen[1] oder Amargen eine Gattin Scēne zu geben[2], so war ihnen wohl die ursprüngliche und natürliche Bedeutung dieser Ortsnamen gerade wegen ihrer Einfachheit unverständlich geworden. Denn *Inber Colptha* heißt 'Wadenbucht', eine treffliche Bezeichnung für die wadenartige Ausbuchtung des Boyne kurz vor seiner Mündung, und *Inber Scene*[3] bedeutet 'Messerbucht', weil sie wie ein Messer ins Land schneidet. Bei *Tech Duinn* aber liegt die Sache doch anders. Die Bedeutung 'Haus Donns' war ja klar und blieb auch bestehen. Wenn hier ein Pseudo-Donn an die Stelle des alten Gottes geschoben wurde, von dem die Verfasser von *Lebor Gabāla* ebenso wie Māel Muru noch wußten, so sollte offenbar ein Überbleibsel heidnischen Glaubens getilgt werden. Wie dem aber auch sei, ganze Arbeit ist nicht gemacht worden, denn sonst hätte dieser Donn auch zum Stammvater der Gälen erhoben werden müssen, wie Māel Muru es tut,

[1] LL 12b 1: *Secht maic Míled: Dond, Colptha* usw.

[2] LL 12b 18: *Athath for muir acco in ben, co n-érbairt: 'In port i ngēbam-ne, biaid ainm Scéne fair'.* Ib. 32: *Iarnobárach rohadnacht Scéne 7 Érennān ic Inbiur Scéne.*

[3] Über diesen Orosius (I 2 § 39) bekannten Namen der Bucht habe ich *Ériu* II S. 85 gehandelt, dort aber fälschlich angenommen, daß Alfred der Große seine Kenntnis desselben von den drei irischen Pilgern hatte, die ihn 891 besuchten, während er sie einfach Orosius verdankte. Auch drucke ich dort unrichtig *scēne* anstatt *scene*, dem synkopierten Gen. Sg. des zweisilbigen *scian* 'Messer'.

während *Lebor Gabāla* ihn zu den Söhnen Mīls zählt, die keine Nachkommen hinterließen.

Die Verse Māel Murus sind nun glücklicherweise nicht die einzige Stelle in der altirischen Literatur, die uns Kenntnis von der Toteninsel, dem Totengotte und den Anschauungen über das Leben nach dem Tode gibt.

Schon früher bin ich auf den Gedanken gekommen, daß die Iren sich das Totenreich im Südwesten ihrer Insel vorstellten, wozu mich eine altirische Erzählung veranlaßte, die ich im ersten Bande der 'Voyage of Bran' S. 44 ff. veröffentlicht habe. Folgendes ist ihr Inhalt. Eines Tages war zwischen König Mongān mac Fiachnai von Ulster und seinem *fili* oder Sagenerzähler Forgoll ein Streit darüber ausgebrochen, wo der berühmte Held der Vorzeit, Fothad Airgdech, seinen Tod gefunden habe. Forgoll nennt einen Ort, der König widerspricht ihm. Darüber gerät der *fili* in Zorn und droht, daß er Vater, Mutter und Großvater Mongāns verspotten und die Gewässer, Wälder und Felder seines Landes verfluchen werde, so daß sie auf ewig unfruchtbar blieben. Um sich loszukaufen bietet Mongān ihm große Schätze und schließlich sein ganzes Land an. Aber Forgoll verweigert alles und verlangt nur Mongāns Gemahlin Brēothigern zur Sklavin, wenn sie nicht innerhalb drei Tagen erlöst werde, d. h. wenn nicht irgendwie der Beweis erbracht werde, daß er im Unrecht sei. Dies wird ihm zugestanden. Die Frau bringt die drei Tage in Tränen zu, aber Mongān vertröstet sie auf Hilfe. Am dritten Tage, da schon der Augenblick ihrer Auslieferung nahe war, sagte Mongān: 'Traure nicht, ich höre die Füße deines Erretters im Flusse Labrinne'. Nach einiger Zeit sagt er von neuem: 'Ich höre seine Füße im Main[1]'; dann 'im See von Killarney' und so in einem Gewässer nach dem andern bis zum Larne vor der Burg Rāith Mōr in Ulster, wo sie sich befanden. Plötzlich stand dann ein Krieger im Mantel vor ihnen, in der Hand einen Speer mit abgebrochener Spitze. Es war der berühmte, längst abgeschiedene Held Cāilte, der als 'Wiedergänger' aus der Totenwelt erschien, um gegen den *fili* Zeugnis abzulegen. Denn er selbst war es, der Fothad Airgdech im Zweikampfe getötet hatte und konnte Ort und Umstände der Tat und die Grabstätte des Erschlagenen genau beschreiben. So war die edle Frau gerettet.

Die in dieser Erzählung erwähnten Flüsse, welche der aus der Welt der Toten kommende Cāilte durchschreitet, folgen in einer Linie vom äußersten Südwesten Irlands bis zum Nordosten einer auf den

[1] Dieser Flußname (*Māin*, *Maoin*, ursprünglich *Mōin*) ist augenscheinlich mit gall. *Mōinos*, unserem *Main*, verwandt, nur daß es ein weiblicher *ā*-Stamm ist.

andern, so daß wir über die irische Vorstellung von der Lage des Totenreiches nicht im Zweifel sein können[1]. Von *Tech Duinn* ausgehend, war der Labrinne, jetzt Caragh genannt, der erste größere Fluß, der auf dem Wege nach Nordosten lag.

Der älteste mir bekannte Beleg in der irischen Literatur für *Tech Duinn* als Ort, wo die Toten erwartet werden und wohin sie kommen, findet sich an einer leider recht dunklen und schlecht überlieferten Stelle in der Sage Bruden Dā Derga, die ins 8. Jahrhundert zu setzen ist. Es heißt dort § 79 von den todgeweihten Kriegern König Conaires: *atmbīa bās . . . for trāig maitne*[2] *do Thig Duind matin moch imbārach*, 'der Tod wird sie schlagen[3] auf dem Strand der Morgenebbe (zur Fahrt) zum Hause Donns in der Morgenfrühe des morgenden Tages'.

Für das 9. Jahrhundert haben wir dann Māel Murus Zeugnis. Wahrscheinlich demselben Jahrhundert[1] gehört eine Strophe aus einem verlorengegangenen Gedichte an, in welchem ein König Congal, der auf der Insel seinen Wohnsitz hatte, gefeiert wird. Hier wird Donn das Beiwort *dāmach* 'scharenreich', eigentlich 'von vielen Gästen besucht', beigelegt, was sich auf die Scharen der Toten, die zu ihm kommen, bezieht. Die Verse, die zugleich eine Beschreibung der Insel geben, lauten (Ir. T. III S. 22 § 66):

Tech Duinn dāmaig, dūn Congaile, carrac rūadfāebrach rāthaigthe,
rūith rig fri lān lir fēthaigthe, fail nir, net griphe grādaigthe.

'Haus des scharenreichen Donn, Veste Congals, rotkantiger Fels der Bürgschaft, Königsburg an stiller Meeresflut, Lagerstatt eines Ebers, Nest eines Greifen von hohem Range'.

Im 10. Jahrhundert finden wir in einem Gedichte in der *Airne Fīngin* genannten Sage das letzte mir bekannte Beispiel für die Toten-

[1] Im Gegensatz dazu war der Norden die Gegend, wo böse Geister hausten. Dort, *i n-insib tūascertachaib in domuin* 'auf den nördlichen Inseln der Welt', lernten die Tūatha Dē Danann Zauberkünste (Schlacht bei Moytura § 1, RC XII 56). Auch in christlichen Zeiten dachte man sich dort den Aufenthalt der Dämonen. So heißt es Arch. III 233 von einer Kirchenglocke:

sceinnid demun re guth nglūair, co tēit fathūaid isa muir

'sie scheucht den Teufel mit heller Stimme, so daß er gen Norden ins Meer geht'.

[2] Eg. hat zuerst *for trācht iffirnd* 'auf dem Strande der Hölle', dann aber bei der Wiederholung ebenfalls *for trāig maitni*. Dabei ist zu bemerken, daß *maten* ebenso wie *fescor* öfters für eine am Morgen oder Abend gelieferte Schlacht gesetzt wird.

[3] *atmbīa*, 3. Sg. Fut. zu *ad-ben-*. Die 1. Sg. liegt in *atabiu com lui* 'ich werde sie mit meinem Fußtritt erschlagen' CZ III 216, 5 und in *atabiu-sa* LL 119b40 vor. Dazu möchte ich als Abstraktum *apa* (io) n. in der Redensart *ar apu* (*ar abba*) stellen, eig. 'vor dem Hiebe'. Vgl. *fo bīth* eig. 'unter dem Hiebe'.

[4] Besonders wegen des streng durchgeführten Kettenstabreims ist das Gedicht kaum später zu setzen.

insel. Tech Duinn wird dort (Anecd. II 8,13) als südwestlichster Punkt[1] des von König Conn Cētchathach beherrschten Gebietes erwähnt, und zwar mit dem Zusatz *frisndālait*[2] *mairb*, 'Tech Duinn, wo sich die Toten treffen' (wörtlich 'ein Stelldichein geben').

Nun wird schließlich auch eine Stelle klar, die ich seinerzeit nur zweifelnd und falsch übersetzt habe[3] und an der uns Donn selbst als Beherrscher des Totenreichs, freilich in christlicher Entstellung, entgegentritt. Sie findet sich in einem aus dem 8. Jahrhundert stammenden Gedicht, in welchem der Geist eines erschlagenen Helden seiner Geliebten bei einem letzten Stelldichein Lebewohl sagt. Dieses Gedicht enthält im ersten Teil noch manche heidnische Vorstellungen und liefert uns z. B. eine der anschaulichsten Schilderungen der Schlachtgöttin *Morrīgan*, lenkt dann aber in einen christlich gefärbten Schluß ein. Dort heißt es in der vorletzten Strophe:

Scarfaid frit cēin mo chorp toll, m'anim do phīanad la Donn

'Mein wundendurchlöcherter Leib wird auf eine Weile von dir scheiden, meine Seele Donn zur Peinigung überliefert werden'.

Hier liegt offenbar eine Verquickung der heidnischen Vorstellung von dem Stammvater Donn, der seine abgeschiedenen Kinder in sein Reich aufnimmt, und dem christlichen Teufel vor. Dies veranlaßte mich seinerzeit, *la Donn* mit 'by the black demon' zu übersetzen, was schon sprachlich nicht gut tunlich ist[4].

Nach all diesem glaube ich es als gesichert betrachten zu können, daß die heidnischen Gälen an ihre gemeinsame Abkunft von einem Stammesvater Donn glaubten, der zugleich der Totengott war, dessen Wohnsitz auf einer Insel lag, wohin alle echten Gälen nach ihrem Tode kamen. Als Ahnherr und Totengott ist Donn somit das genaue Gegenbild des gallischen *Dis pater*, der nach Caesar (De bello gallico VI 18) ebenfalls beide Rollen in sich vereinigte[5]. Daß die daran geknüpfte Bemerkung Caesars über die Gewohnheit der Gallier, die Nacht dem Tage in der Berechnung voraufgehen zu lassen, auch auf die

---

[1] Als solcher wird es öfters bei Ortsbestimmungen in Gedichten genannt, so z. B. LL 146b 33: *ō inbiur Ātha Clīath chruind co Tech nDuind īar nhĒirinn aird.* Ebenso 147a 12: *do nert ō Thaig Duind sair co hĀth cruind Clīath.* Ähnlich *ō Baoi Bēirre* (was doch wohl Dursey ist) *go hAlbain*, Sitzungsber. 1919, S. 92.

[2] So, nicht *dāilit*, ist im Reim auf *Fānait* zu lesen.

[3] Fianaigecht. S. 16 § 48.

[4] Als Beiwort für den Teufel kommt *donn* öfters vor, z. B. *demon dub donn* Arch. III 231, 15.

[5] Er ward aber nicht etwa, wie D'Arbois. Cycle mythol. S. 381 ihn nennt, als 'père du genre humain' aufgefaßt.

Gälen paßt, habe ich Aisl. Meic Con-Glinne S. 134 erwähnt[1]. Dieser Glaube an Stammesvater und Totengott in einer Person ist aber nicht nur gemeinkeltisch, sondern indogermanisch, wie der indische Yama beweist.

Was nun den Namen *Donn* betrifft, so ist es das personifizierte Adjektiv *donn* (o)[2], welches 'dunkelfarbig' bedeutet[3], auf *dhus-no-* zurückgeht und mit kymr. *dwnn*, altengl. *dunn*, weiterhin auch mit lat. *fus-cus* usw. verwandt ist. S. Stokes, Altkelt. Sprachschatz S. 152, und Walde s. v. *furvus*. Es wird wohl die Kurzform von einem komponierten Vollnamen sein, etwa von *Donn-ainech* 'dunkelgesichtig'[4]. Ob der folgende Vers in einer bei O'Mulconry § 595 erhaltenen Strophe sich wirklich auf den Totengott bezieht, kann ich bei der Unverständlichkeit der übrigen Verse nicht entscheiden. Es heißt dort:

Donnainech di Bodbae bairc[5]

'D. aus der Behausung[6] der Bodb', d. h. der Schlachtgöttin.

Von sonstigen Vorstellungen der alten Iren über das Leben nach dem Tode ist mir wenig bekannt geworden. In der wohl am Ende des 9. oder früh im 10. Jahrhundert entstandenen Klage der Caillech Bērri[7], die als uralte Frau und Nonne wehmütig ihrer Jugendgeliebten gedenkt, findet sich eine Stelle, die freilich, wenn sie sicher zu deuten wäre, Licht darauf werfen würde. Nachdem sie einen besonderen Freund erwähnt hat, dessen Besuch sie nun auch nicht mehr erwartet[8], sagt sie von all diesen längst Verstorbenen:

Is ēol dam a ndognīāt: rāït ocus darrāāt
curchasa Ātha Alma, is ūar in adba i fāāt.

[1] Vgl. noch das schottische Sprichwort *Thig an oidhche roimh an latha huile latha ach latha inide* (weil zur Fastnacht keine öffentliche Vesper gehalten wurde).

[2] So heißen Br. D. D. § 112 drei Schweinehirten *Dub*, *Donn* und *Dorcha* 'Schwarz, Dunkelfarbig und Finster'.

[3] In Silva Gadelica I 238, 29 wird *donn* z. B. von dunkelroten Weinfässern gebraucht: *is amlaid robātar na dabcha sin 7 sīad donna ar lī dergiubair* 'dunkel wie die Farbe des roten Eibenbaums': ferner von dunklem Blut (*donn-fuil*).

[4] Das ist z. B. der Name, mit dem in Baile in Scáil § 62 verdeckt (*ainm temen*) auf einen König hingewiesen wird (*dāil do for Donnainech nDabaill*).

[5] Das ist die Lesart von H. 3. 18, 81a.

[6] *barc* (ā) f., mit kurzem a (es reimt auf *airc* und *mairc*) und so von *bārc* (ā) f. 'Barke' unterschieden, scheint etwa 'Haus' zu bedeuten, da *Barc Ban* und *Long na Lāech* dasselbe Gebäude bezeichnen (Metr. Dinds. I 18, 5).

[7] Sie gehörte dem *Corco Dubne* genannten Stamme an, der auf einer der südwestlichen Halbinseln seinen Sitz hatte.

[8] Mit § 15 *Fermuid (Fer Muid?) mac Moya indiu l nī frescim do chēiliain* vgl. Ir. T. I 78,25: *ba dirsan nad fresco indiu l mac Uisnig do idnaidiu.*

'Wohl weiß ich, was sie tun: sie rudern und sie rudern über das Schilfröhricht der Furt von Alma, — kalt ist die Stätte, wo sie schlafen.'

Danach scheint es, daß die Abgeschiedenen eine lange Reise zu Schiff über Gewässer zu machen haben, ehe sie die Totenwelt erreichen. Ob die Abbildung eines Bootes auf einem der Steine in den Grabkammern von Newgrange[1] sich auf diese Totenfahrt bezieht? *Āth Alma* wird leider sonst nicht erwähnt. Aber auf der Halbinsel, an deren Ende Dursey und die Toteninsel liegen, findet sich ein kleiner, heute Moyalla genannter Fluß, dessen *alla* wohl altes *Alma* sein könnte.

Daß die Abgeschiedenen die Oberwelt wieder besuchen können, und zwar in der Gestalt, in der sie einst leibten und lebten, davon haben wir oben in der Erzählung von Mongān und Forgoll ein Beispiel gehabt. Ein anderes findet sich in der folgenden in *Hibernica Minora* S. 76ff. veröffentlichten altirischen Geschichte.

Athechda, König der Ūi Māil, hatte seinen Feind Māel Odrāin mit dessen eigener Lanze getötet und sich dann seine Frau angeeignet. Ein Jahr darauf, am Todestage des Erschlagenen, lag Athechda auf seinem Ruhebette, schaute sich die Lanze, die auf dem Gestell an der Wand lag, an und sagte zu seiner Frau: 'Ein volles Jahr ist es heute, seit ich Mael Odrāin mit der Lanze dort gefällt habe.' 'Wehe!' rief die Frau, 'das hättest du nicht sagen dürfen. Wenn je einer nach seinem Tode gerächt worden ist, so wird es Mael Odrāin sein.' Und schon sehen sie ihn, wie er die Vorderbrücke der Burg entlang schreitet. 'Er ist es!' rief die Frau. Athechda will sich auf die Lanze stürzen, aber Mael Odrāin ist schneller und stößt sie seinem Feinde durch den Leib, daß er tot niedersinkt.

Die Erzählung von der Erscheinung Cū Chulinns nach seinem Tode, welche unter dem Titel *Sīaburcharpat Con Culainn* 'Gespensterwagen Cū Chulinns' bekannt ist, sowie diejenige von der Wiedererweckung des Fergus mac Rōich aus seinem Grabe, sind dagegen christlichen Ursprungs. Und dasselbe ist mit einem dem Geiste Fothad Cananns in den Mund gelegten Gedichte der Fall, worin er die Qualen der Hölle schildert[2].

Zum Schluß muß ich mich noch mit D'Arbois de Jubainville auseinandersetzen, der in seinem 'Cycle mythologique irlandais' S. 16 ein Kapitel hat mit dem Titel 'Le roi des morts et le séjour des morts dans la mythologie irlandaise'. Auf vier mißverstandene Zeilen des

[1] S. Georg Coffey, Transactions Royal Ir. Academy XXX, S. 1.

[2] Von diesem Gedichte hat sich leider nur eine Strophe erhalten, die LBr. 115 m. sup. steht mit der Erläuterung: *Spirut Fathaid Chanand .cc. er tūaruscbāil phēini hiffirn.*

alten Textes *Echtra Condla Chāim* LU 120a gestützt, die er freilich weder abdruckt noch übersetzt, konstruiert er hier einen irischen Totengott namens *Tethra*, der einst König der Fomoren, in der Schlacht bei Mag Tured besiegt, 'König der Toten in der geheimnisvollen Gegend, die sie jenseits des Ozeans bewohnen', geworden sei. Daran fügt er dann fünf Seiten vermeintlicher Parallelen aus der griechischen und indischen Mythologie. In der angezogenen Stelle handelt es sich aber gar nicht um das Totenreich, sondern um ein draußen im westlichen Ozean gelegenes Land, in dem Unsterbliche wohnen, die gerne ihre besonderen Lieblinge unter den Menschen veranlassen sie aufzusuchen, damit sie bei ihnen der Unsterblichkeit teilhaftig werden. So sagt eine der Unsterblichen zu dem Königssohn Condla[1]: 'Ich bin aus dem Lande der Lebenden gekommen, wo es weder Tod, noch Sünde, noch Vergehen gibt. Wir genießen ewige Feste' usw. Und an der von D'Arbois angezogenen Stelle[2]: 'Condla sitzt auf hohem Sitz unter vergänglichen Sterblichen[3], des schrecklichen Todes gewärtig. Die ewig lebenden Lebendigen laden dich ein. Sie werden dich zu den Menschen von Tethra rufen[4], die dich jeden Tag in den Versammlungen deines Vaterlandes unter deinen lieben Freunden sehen.'

D'Arbois ist hier also in den Fehler verfallen, daß er das Reich der Toten mit den Inseln der Seligen verwechselt, wohin nicht die Toten, sondern nur wenige bevorzugte Sterbliche während ihres Lebens gelangen. Die Inseln der Seligen, deren es nach *Imram Brain* § 25 hundertundfünfzig gibt, die zwei- und dreimal so groß sind wie Irland, liegen weit draußen im westlichen Ozean und sind erst nach mehrtägiger Fahrt zu erreichen, während sich die irische Toteninsel dicht an der Küste befindet. Erstere entsprechen also dem Ἠλύσιον πεδίον Homers und den μακάρων νῆσοι Hesiods, letztere dem Ἀίδης.

Was nun D'Arbois' Totengott *Tethra* betrifft, so nimmt er an, daß in dem Ausdruck *dōini Tethrach* ein Personenname vorliegt, und zwar der eines Königs. Als solcher wird aber vielmehr *Boadach* genannt, der also dem Ῥαδάμανθυς entspräche; denn die Botin der Unsterblichen fährt fort: *cotgairim do Maig Mell inid rī Bōadag bidsuthain,*

---

[1] *'Dodeochad-sa a tírib béo, áit innā bí bás nó peccad nā immorbus. Domelom fleda búana'* usw. Vgl. Zimmers Übersetzung in Kelt. Beitr. II S. 262.

[2] *Nallsuide saides Condla eter marbu duthainai oc idnaidiu éca úathmair. Totchuretar* (*totchurethar* Hs.) *bíi bithbī, atgérat do dáinib Tethrach ardotchīat cach dīa i ndálaib t'athardai eter du gnāthu inmaini*, ib.

[3] *marb* bedeutet im Irischen nicht ausschließlich 'tot', sondern auch, wie das verwandte altind. *mártaḥ* und βροτός, 'Sterblicher, Mensch'. Ferner kann es auch 'sterbend' bedeuten, z. B. *grēch muicce mairbe* 'das Geschrei einer sterbenden Sau'.

[4] Nicht 'thou art a champion' (*at gērat*), wie Nutt Imr. Br. I 145, nach P. MacSweenys Übersetzung druckt.

rī cen gol usw. 'ich rufe dich nach Mag Mell ('Campus amoenus?'), wo Boadach der Ewigdauernde König ist, ein König ohne Klage' usw.. Übrigens setzt *dōini Tethrach* im Sinne von den 'Angehörigen' oder den 'Untertanen Tethras' eine Verwendung von *dōini* voraus, die sonst nicht vorkommt. Angenommen aber, es gebe einen Herrscher namens Tethra auf den Inseln der Seligen, so läge nicht der geringste Grund vor, ihn mit dem Könige der Fomoren gleichen Namens zu identifizieren.

Tethrach ist nach meiner Ansicht als Ortsbestimmung aufzufassen (vgl. *dōini in domuin* u. dgl.), und wenn O'Clery mit seiner Glosse *tethra ·i· muir* recht hat, so ist es vielleicht der Gen. Sg. dieses Wortes.

Leider ist ein großer Teil des D'Arboisschen Buches auf ähnlich ungenauen Interpretationen aufgebaut[1], vor allem aber auf der obenerwähnten falschen Anschauung, daß den Fabeleien der altirischen Gelehrten immer irgendwie heimische Sage und Überlieferung zugrunde liegt. So bespricht er z. B. gleich im ersten Kapitel den Inhalt von *Lebor Gabāla* unter dem Titel 'Le cycle mythologique irlandais' und stellt ohne weiteres Vergleichungen mit Hesiods Theogonie an. Die Zeit, wo man in diesem Machwerk die Urgeschichte Irlands sah, ist hoffentlich auf immer vorüber; es wäre aber auch an der Zeit, es nicht ohne weiteres als Fundgrube für irische Mythologie und Sagengeschichte zu benutzen[2]. Es ist das Verdienst van Hamels[3], manche der Quellen aufgedeckt zu haben, meist mißverstandene Stellen bei klassischen Schriftstellern, aus denen die Verfasser von *Lebor Gabāla* ihre Weisheit schöpften. Die Iren aber, welche ihre echt gälische Abstammung bezeichnen wollen, täten gut daran, sich nicht länger *clanna Míleadh* zu nennen, sondern *clanna Duinn*.

---

[1] Dazu kommen oft haarsträubende Etymologien, wie *Tigernmas* aus *tigern bāis* 'Herr des Todes', S. 111; *Partholōn* (die irische Wiedergabe von *Bartholomaeus* mit der in alter Zeit beliebten Deminutivendung *-ōn* in Kosenamen) aus *bar* 'See' und *tōla* 'Flut', S. 25; *Gricenchos* = *Gri cen chos* 'Gri ohne Fuß', der dann sofort mit Vritra verglichen wird, S. 32, usw.

[2] Auf S. 21 seines Buches nennt D'Arbois als alleinige 'Quellen der irischen Mythologie' den *Lebor Gabāla* des 11. Jahrhunderts, Nennius, Giraldus Cambrensis und Keating!

[3] S. CZ. X S. 172 ff.

Ausgegeben am 3. Juli.

Berlin, gedruckt in der Reichsdruckerei.

SITZUNGSBERICHTE

DER PREUSSISCHEN

AKADEMIE DER WISSENSCHAFTEN

JAHRGANG 1919

ZWEITER HALBBAND. JULI BIS DEZEMBER

STÜCK XXXIII–LIII MIT ZWEI TAFELN,
DEM VERZEICHNIS DER EINGEGANGENEN DRUCKSCHRIFTEN, NAMEN- UND SACHREGISTER

BERLIN 1919
VERLAG DER AKADEMIE DER WISSENSCHAFTEN

IN KOMMISSION BEI DER
VEREINIGUNG WISSENSCHAFTLICHER VERLEGER WALTER DE GRUYTER U. CO.
VORMALS G. J. GÖSCHEN'SCHE VERLAGSHANDLUNG. J. GUTTENTAG, VERLAGSBUCHHANDLUNG.
GEORG REIMER. KARL J. TRÜBNER. VEIT U. COMP.

INHALT

Inhalt

1919 XXXIII

SITZUNGSBERICHTE

DER PREUSSISCHEN

AKADEMIE DER WISSENSCHAFTEN

BERLIN 1919

VERLAG DER AKADEMIE DER WISSENSCHAFTEN

IN KOMMISSION BEI DER
VEREINIGUNG WISSENSCHAFTLICHER VERLEGER WALTER DE GRUYTER U. CO.
VORMALS G. J. GÖSCHEN'SCHE VERLAGSHANDLUNG. J. GUTTENTAG, VERLAGSBUCHHANDLUNG.
GEORG REIMER. KARL J. TRÜBNER. VEIT U. COMP.

Aus dem Reglement für die Redaktion der akademischen Druckschriften

Aus § 1.

Die Akademie gibt gemäß § 41, 1 der Statuten zwei fortlaufende Veröffentlichungen heraus: »Sitzungsberichte der Preußischen Akademie der Wissenschaften« und »Abhandlungen der Preußischen Akademie der Wissenschaften«.

Aus § 2.

Jede zur Aufnahme in die Sitzungsberichte oder die Abhandlungen bestimmte Mitteilung muß in einer akademischen Sitzung vorgelegt werden, wobei in der Regel das druckfertige Manuskript zugleich einzuliefern ist. Nichtmitglieder haben hierzu die Vermittelung eines ihrem Fache angehörenden ordentlichen Mitgliedes zu benutzen.

§ 3.

Der Umfang einer aufzunehmenden Mitteilung soll in der Regel in den Sitzungsberichten bei Mitgliedern 32, bei Nichtmitgliedern 16 Seiten in der gewöhnlichen Schrift der Sitzungsberichte, in den Abhandlungen 12 Druckbogen von je 8 Seiten in der gewöhnlichen Schrift der Abhandlungen nicht übersteigen.

Überschreitung dieser Grenzen ist nur mit Zustimmung der Gesamtakademie oder der betreffenden Klasse statthaft und ist bei Vorlage der Mitteilung ausdrücklich zu beantragen. Läßt der Umfang eines Manuskripts vermuten, daß diese Zustimmung erforderlich sein werde, so hat das vorlegende Mitglied es vor dem Einreichen von sachkundiger Seite auf seinen mutmaßlichen Umfang im Druck abschätzen zu lassen.

§ 4.

Sollen einer Mitteilung Abbildungen im Text oder auf besonderen Tafeln beigegeben werden, so sind die Vorlagen dafür (Zeichnungen, photographische Originalaufnahmen usw.) gleichzeitig mit dem Manuskript, jedoch auf getrennten Blättern, einzureichen.

Die Kosten der Herstellung der Vorlagen haben in der Regel die Verfasser zu tragen. Sind diese Kosten aber auf einen erheblichen Betrag zu veranschlagen, so kann die Akademie dazu eine Bewilligung beschließen. Ein darauf gerichteter Antrag ist vor der Herstellung der betreffenden Vorlagen mit dem schriftlichen Kostenanschlage eines Sachverständigen an den vorsitzenden Sekretar zu richten, dann zunächst im Sekretariat vorzuberaten und weiter in der Gesamtakademie zu verhandeln.

Die Kosten der Vervielfältigung übernimmt die Akademie. Über die voraussichtliche Höhe dieser Kosten ist — wenn es sich nicht um wenige einfache Textfiguren handelt — der Kostenanschlag eines Sachverständigen beizufügen. Überschreitet dieser Anschlag für die erforderliche Auflage bei den Sitzungsberichten 150 Mark, bei den Abhandlungen 300 Mark, so ist Vorberatung durch das Sekretariat geboten.

Aus § 5.

Nach der Vorlegung und Einreichung des vollständigen druckfertigen Manuskripts an den zuständigen Sekretar oder an den Archivar wird über Aufnahme der Mitteilung in die akademischen Schriften, und zwar, wenn eines der anwesenden Mitglieder es verlangt, verdeckt abgestimmt.

Mitteilungen von Verfassern, welche nicht Mitglieder der Akademie sind, sollen der Regel nach nur in die Sitzungsberichte aufgenommen werden. Beschließt eine Klasse die Aufnahme der Mitteilung eines Nichtmitgliedes in die Abhandlungen, so bedarf dieser Beschluß der Bestätigung durch die Gesamtakademie.

Aus § 6.

Die an die Druckerei abzuliefernden Manuskripte müssen, wenn es sich nicht bloß um glatten Text handelt, ausreichende Anweisungen für die Anordnung des Satzes und die Wahl der Schriften enthalten. Bei Einsendungen Fremder sind diese Anweisungen von dem vorlegenden Mitgliede vor Einreichung des Manuskripts vorzunehmen. Dasselbe hat sich zu vergewissern, daß der Verfasser seine Mitteilung als vollkommen druckreif ansieht.

Die erste Korrektur ihrer Mitteilungen besorgen die Verfasser. Fremde haben diese erste Korrektur an das vorlegende Mitglied einzusenden. Die Korrektur soll nach Möglichkeit nicht über die Berichtigung von Druckfehlern und leichten Schreibversehen hinausgehen. Umfängliche Korrekturen Fremder bedürfen der Genehmigung des redigierenden Sekretars vor der Einsendung an die Druckerei, und die Verfasser sind zur Tragung der entstehenden Mehrkosten verpflichtet.

Aus § 8.

Von allen in die Sitzungsberichte oder Abhandlungen aufgenommenen wissenschaftlichen Mitteilungen, Reden, Adressen oder Berichten werden für die Verfasser, von wissenschaftlichen Mitteilungen, wenn deren Umfang im Druck 4 Seiten übersteigt, auch für den Buchhandel Sonderabdrucke hergestellt, die alsbald nach Erscheinen ausgegeben werden.

Von Gedächtnisreden werden ebenfalls Sonderabdrucke für den Buchhandel hergestellt, indes nur dann, wenn die Verfasser sich ausdrücklich damit einverstanden erklären.

§ 9.

Von den Sonderabdrucken aus den Sitzungsberichten erhält ein Verfasser, welcher Mitglied der Akademie ist, zu unentgeltlicher Verteilung ohne weiteres 50 Freiexemplare; er ist indes berechtigt, zu gleichem Zwecke auf Kosten der Akademie weitere Exemplare bis zur Zahl von noch 100 und auf seine Kosten noch weitere bis zur Zahl von 200 (im ganzen also 350) abziehen zu lassen, sofern er dies rechtzeitig dem redigierenden Sekretar angezeigt hat; wünscht er auf seine Kosten noch mehr Abdrucke zur Verteilung zu erhalten, so bedarf es dazu der Genehmigung der Gesamtakademie oder der betreffenden Klasse. — Nichtmitglieder erhalten 50 Freiexemplare und dürfen nach rechtzeitiger Anzeige bei dem redigierenden Sekretar weitere 200 Exemplare auf ihre Kosten abziehen lassen.

Von den Sonderabdrucken aus den Abhandlungen erhält ein Verfasser, welcher Mitglied der Akademie ist, zu unentgeltlicher Verteilung ohne weiteres 30 Freiexemplare; er ist indes berechtigt, zu gleichem Zwecke auf Kosten der Akademie weitere Exemplare bis zur Zahl von noch 100 und auf seine Kosten noch weitere bis zur Zahl von 100 (im ganzen also 230) abziehen zu lassen, sofern er dies rechtzeitig dem redigierenden Sekretar angezeigt hat; wünscht er auf seine Kosten noch mehr Abdrucke zur Verteilung zu erhalten, so bedarf es dazu der Genehmigung der Gesamtakademie oder der betreffenden Klasse. — Nichtmitglieder erhalten 30 Freiexemplare und dürfen nach rechtzeitiger Anzeige bei dem redigierenden Sekretar weitere 100 Exemplare auf ihre Kosten abziehen lassen.

§ 17.

Eine für die akademischen Schriften bestimmte wissenschaftliche Mitteilung darf in keinem Falle vor ihrer Ausgabe an jener Stelle anderweitig, sei es auch nur auszugs

(Fortsetzung auf S. 3 des Umschlags.)

1919.
XXXIII.

SITZUNGSBERICHTE
DER PREUSSISCHEN
AKADEMIE DER WISSENSCHAFTEN.

3. Juli. Öffentliche Sitzung zur Feier des Leibnizischen Jahrestages.

Vorsitzender Sekretar: Hr. Planck.

Der Vorsitzende eröffnete die Sitzung mit folgender Ansprache:

In ernster, schicksalsschwerer Stunde vereinigt sich die Akademie zu der jährlichen Festsitzung, welche dem Andenken ihres Schöpfers Leibniz gewidmet ist. Der furchtbarste Krieg, den die Welt gesehen hat, ist beendigt, aber was tiefer brennt als alle seine Schrecknisse und Leiden, das ist die Schmach des uns von den Feinden aufgezwungenen Friedensschlusses. Wehrlos liegt Deutschland darnieder, blutend aus tausend Wunden, und, was schlimmer ist, durchzuckt von inneren Fieberschauern, deren Hartnäckigkeit die Aussicht auf eine dereinstige Gesundung beinahe auszuschließen scheint. Wohl mag manchen, auch unter denen, die bisher noch tapferen Mut bewahrt haben, in dunklen Augenblicken der Gedanke völliger Hoffnungslosigkeit anwandeln. Und doch wäre gerade jetzt, in dieser für die Geschichte unseres Volkes vielleicht auf immer entscheidenden Zeit, nichts verwerflicher und schmachvoller als die Neigung, die Hände in den Schoß zu legen und in dumpfem Hinbrüten die Erfüllung des Schicksals zu erwarten. Denn je ernster die Not der Stunde droht, je unabwendlicher das Verhängnis heranzunahen scheint, um so schwerer lastet auf jedem einzelnen Angehörigen des heutigen Geschlechts die Verpflichtung zur Rechenschaft, die er einst der Nachwelt darüber wird ablegen müssen, ob er auch wirklich alles, was in seinen Kräften stand, getan hat, um das Hereinbrechen des gänzlichen Unterganges abzuwehren. Am allerschwersten aber trifft die Verantwortung diejenigen, denen ein gütiges Geschick nicht nur die Arbeitsfähigkeit bewahrt, sondern dazu noch wertvolle Güter in die Hand gegeben und zur Pflege überlassen hat.

Auch unserer Akademie ist ein besonders kostbares Pfand zur Verwaltung und Vermehrung anvertraut worden. Zwar, was die Bewertung der reinen Wissenschaft betrifft, so machen sich gerade gegenwärtig recht verschiedenartige Ansichten geltend. Manchen gilt die Wissenschaft, bei aller Achtung, die sie in der Entfernung für sie hegen, doch im Grunde als eine Art Luxus, den sich ein Volk leisten kann, wenn es sich auf der Höhe seines materiellen Wohlstandes befindet, den es aber in Zeiten der Not sich abgewöhnen und mit nützlicheren Beschäftigungen vertauschen muß. Sollte eine solche Auffassung bei uns je die Herrschaft gewinnen, dann allerdings, aber auch erst dann, wird es Zeit sein, an der Zukunft des deutschen Volkes zu zweifeln. Denn die Wissenschaft gehört mit zu dem letzten Rest von Aktivposten, die uns der Krieg gelassen hat, den einzigen, denen auch die Begehrlichkeit unserer Feinde bisher nichts Wesentliches anhaben konnte. Und gerade diese idealen Güter werden uns am allernötigsten sein, wenn wir auf die Wiederaufrichtung unseres Vaterlandes hoffen wollen. Denn der Geist ist es, der die Tat gebiert, im politischen und wirtschaftlichen Leben nicht anders als in der Wissenschaft und in der Kunst. Darum war eine treue zielbewußte Pflege der geistigen Güter niemals nötiger als in der jetzigen Zeit der beginnenden allgemeinen wirtschaftlichen Verarmung. Daß sie sich auch nach der materiellen Seite belohnen kann, zeigt jedem, der sehen will, der Blick auf den gewaltigen Aufschwung, den unser Volk im vorigen Jahrhundert aus tiefer Armut und Knechtschaft heraus genommen hat.

Freilich kann gerade die Wissenschaft niemals auf unmittelbares Interesse in der breiten Öffentlichkeit rechnen; ja man darf sagen, daß die reine Wissenschaft ihrem Wesen nach unpopulär ist. Denn das geistige Schaffen, bei dem der arbeitende Forscher in heißem Ringen mit dem spröden Stoff zu gewissen Zeiten einen einzelnen winzigen Punkt für seine ganze Welt nimmt, ist, wie jeder Zeugungsakt, eigenstes persönliches Erlebnis, und erfordert eine Konzentration und eine Spezialisierung, die einem Außenstehenden ganz unverständlich bleiben muß. Erst wenn das Erzeugnis zu einer gewissen Reife gediehen ist, vermag es auch nach außen zu wirken und einen seiner Bedeutung entsprechenden Eindruck zu erwecken. Darum würde jeder wenn auch wohlgemeinte Versuch, die wissenschaftliche Forschung durch Hemmung ihres natürlichen Triebes nach Spezialisierung gemeinverständlich zu machen, schließlich mit Notwendigkeit zu einer Verflachung und Verarmung des ganzen öffentlichen wissenschaftlichen Lebens führen. Man würde damit gerade demselben Strome, dessen belebende Kraft in ununterbrochenem Flusse der Allgemeinheit zugute kommen soll, die still im Verborgenen rieselnden Quellen abgraben. Der wahrhaft soziale Geist äußert sich nicht darin, daß die Arbeit möglichst gleichmäßig auf alle verteilt wird, sondern dadurch, daß man jeden einzelnen nach seiner Eigenart für die Allgemeinheit arbeiten läßt, und zwar um so selbständiger, je schwerer er durch andere ersetzt werden kann. Nur unter dieser Voraussetzung wird es auch gelingen können, dem so tief beklagenswerten Mangel an Arbeitsfreudigkeit allmählich wieder abzuhelfen. Es scheint gegenwärtig in manchen Kreisen unseres Volkes leider ganz in Vergessenheit geraten zu sein, daß man seine Arbeit auch um ihrer selbst willen lieben kann, daß die Arbeit unter normalen Umständen einen Quell der Befriedigung, des Trostes, des körperlichen und geistigen Wohlbefindens vorstellt; daß sie auch die Empfänglichkeit für die kleinen Freuden des Lebens viel wirksamer steigert, als alle die Tagesvergnügungen vermögen, mit denen oberflächliche Naturen sich über den bitteren Ernst der Zeit und die trüben Ausblicke in die Zukunft auf kurze Stunden hinwegzutäuschen suchen.

In unserem wissenschaftlichen Leben hat, das darf man ohne Überhebung sagen, die Arbeitsfreudigkeit bis heute noch keine merkliche Einbuße erfahren. Unter schwierigen und oft äußerst bescheidenen Verhältnissen sind die Gelehrten, selbst auf die Gefahr hin, der Weltfremdheit geziehen zu werden, auch in den letzten aufregenden Zeiten ihrem Beruf treu geblieben, und dieser stillen Arbeit haben wir es mit zu verdanken, daß die deutsche Wissenschaft noch auf voller Höhe steht, ja, daß sie auf manchen Gebieten auch heute eine führende Rolle im internationalen Wettbewerb spielt. Wie lange noch, das wird davon abhängen, welcher Geist sie weiter beseelen wird, aber auch davon, welches Maß von Interesse und Unterstützung ihr von seiten weiterer Kreise entgegengebracht werden wird.

Die preußische Akademie der Wissenschaften, welche es als eine ihrer Hauptaufgaben betrachtet, der deutschen Forschung auch über die Grenzen der Länder hinaus den Weg zu bahnen, sieht sich gegenwärtig vor ungewöhnlich schwierige Aufgaben gestellt. Es sind schon allzuviel Stimmen der Unversöhnlichkeit und des Hasses aus dem feindlichen Lager zu uns herüber geklungen, als daß wir hoffen dürften, es werde sich nach dem Friedensschluß der alte, auf gegenseitige Achtung gegründete Gedankenaustausch der Geister bald wieder von selber einstellen. Fast möchte es scheinen, als ob den deutschen Gelehrten ihre Vaterlandsliebe als Makel angerechnet werden soll; während es doch für jeden aufrechten Mann, der Sinn für Heimat und Herd besitzt, nichts anderes bedeutet als die selbstverständliche Erfüllung einer Pflicht der Dankbarkeit und der Treue, wenn er zum Schutze dessen, was ihm im Laufe seines Lebens teuer geworden ist, im Augenblick der Gefahr sein Höchstes einsetzt. Täte er es nicht, so würde er sich in gleicher Weise vor Freund und Feind, vor allem aber vor sich selber erniedrigen, und von einer

50*

solchen Schmach würde ihn keinerlei Erklärung, auch kein öffentlicher Friedensvertrag, befreien können.

Aber wir haben mit den gegebenen Verhältnissen zu rechnen und müssen den Schwierigkeiten gerade ins Auge sehen. Die Wissenschaft ist nun einmal ihrem Wesen nach international. Es gibt weite Gebiete derselben, große bedeutende Aufgaben, sowohl in der Philosophie und Geschichte als auch in der Naturwissenschaft, die zu ihrer gedeihlichen Bearbeitung des internationalen Zusammenschlusses bedürfen. Bei manchen derselben war unsere Akademie bisher in vorderster Reihe beteiligt und hatte zur Förderung der gemeinsamen Interessen nach Kräften mitgewirkt. Nun ist darin ein vollständiger Wandel eingetreten. Manche Unternehmungen sind durch den Krieg jäh unterbrochen worden, manche, die nahezu reif waren, haben überhaupt nicht das Tageslicht erblickt. Wird man später noch auf sie zurückkommen? Wird überhaupt jemals die alte internationale Arbeitsgemeinschaft wieder neu erstehen?

Unsere Akademie wird sich nicht durch eine vorzeitige Vertiefung in diese dunkle Frage von dem ihr durch ihren geistigen Schöpfer Leibniz klar vorgezeichneten Wege abbringen lassen. Sie wird vor allem ihre wissenschaftliche Arbeit mit voller Energie fortsetzen. Soweit ihre Unternehmungen internationalen Charakter tragen, wird sie dieselben, wenn und insoweit es möglich ist, als deutsche Unternehmungen weiterführen und ihre ganze Kraft, ihren ganzen Ehrgeiz daran wenden, sie zu einem guten Abschluß zu bringen. Sie wird aber auch außerdem ganz wie bisher bestrebt sein, jedwede gediegene, Erfolg verheißende wissenschaftliche Arbeit, die ihrer Unterstützung bedarf, nach Maßgabe der ihr zur Verfügung stehenden Mittel zu fördern. Denn sie ist sich dessen wohlbewußt: Solange die deutsche Wissenschaft in der bisherigen Weise voranzuschreiten vermag, solange ist es undenkbar, daß Deutschland aus der Reihe der Kulturnationen gestrichen wird. Sollte es sich dann zugleich ergeben, daß die Gelehrten der feindlichen Länder es in ihrem eigenen Interesse finden würden, die abgebrochenen wissenschaftlichen Beziehungen mit den deutschen Kollegen wieder anzuknüpfen, so wäre dadurch jedenfalls eine aussichtsreichere Grundlage für eine Wiederannäherung der Geister geschaffen, als das durch eine noch so aufrichtig gemeinte und noch so geschickt abgefaßte grundsätzliche Erklärung je geschehen könnte.

Freilich müssen uns die äußeren Schwierigkeiten, mit denen die wissenschaftliche Arbeit gerade heutzutage zu kämpfen hat, mit bedenklicher Sorge erfüllen. Die Kosten für die Ausrüstung von Forschungsreisen, für den Ankauf von Materialien und Instrumenten, für die Anstellung von Hilfskräften, und nicht zum mindesten diejenigen für die Drucklegung wissenschaftlicher Schriften, haben gegenwärtig eine derartig schwindelnde Höhe erreicht, daß dadurch die Fortsetzung mancher seit Jahren mit wachsendem Erfolg betriebenen Unternehmungen geradezu in Frage gestellt wird. Deshalb sieht sich die Akademie schon jetzt genötigt, ihre letzten Geldreserven heranzuziehen, sowie auch die Erträgnisse der ihrer Verwaltung anvertrauten hochherzigen Stiftungen und Vermächtnisse, soweit es sich satzungsgemäß irgendwie ermöglichen läßt, zur Deckung solcher Mehrausgaben zu verwenden. Fürwahr: diese Opfer sind beträchtlich, und die Aussicht auf eine baldige Besserung der Verhältnisse einstweilen sehr gering. Doch der Gedanke, daß ihre Arbeit den höchsten Zielen gilt, erfüllt die Akademie mit der zuversichtlichen Hoffnung, daß es ihr mit Anspannung aller Kräfte gelingen wird, getragen von dem Bewußtsein ernster Pflichterfüllung, und gestützt durch eine weitausschauende Fürsorge der Staatsregierung, der sie in dieser stürmisch bewegten Zeit schon manchen Beweis tatkräftigen Wohlwollens zu verdanken hat, über die Schwierigkeiten der nächsten Jahre ohne dauernden Nachteil hinwegzukommen.

Es folgten die Antrittsreden der neu eingetretenen Mitglieder der Akademie nebst den Erwiderungen durch die Sekretare.

Antrittsreden und Erwiderungen.

Antrittsrede des Hrn. Fick.

Sie haben mir die Ehre erwiesen, mich in Ihren erlesenen Kreis aufzunehmen; das ist mir eine um so größere Freude, als auch schon mein Vater, Adolf Fick, der Akademie als korrespondierendes Mitglied angehörte.

Es ist ein althergebrachter Brauch, in seiner akademischen Antrittsrede von seinem eigenen wissenschaftlichen Werdegang zu berichten und hier gewissermaßen sein wissenschaftliches Glaubensbekenntnis abzulegen.

Auch dabei muß ich auf die Erinnerung an meinen Vater, auf seine wissenschaftliche Richtung zurückgreifen, denn — wie leicht erklärlich — wurde ich durch sie wesentlich beeinflußt.

Seine Forschungsrichtung lag, wie die seines großen Lehrers und Freundes, Carl Ludwig, in der Bahn der physikalischen Biologie, dieser in Deutschland entstandenen und in ihrem Wesen echt deutschen Wissenschaft. Gerade Ihrer Körperschaft war es ja vergönnt, die beiden leuchtendsten Sterne dieser Wissenschaft, H. Helmholtz und Emil du Bois-Reymond, lange Jahre als eifrige Mitglieder zu besitzen.

Noch eines Ihrer korrespondierenden Mitglieder war übrigens mit bestimmend für meine wissenschaftlichen Ziele, nämlich Wilhelm Roux, namentlich durch seine geistvolle Schrift: Der Kampf der Teile im Organismus.

Durch diese Einflüsse wurde ich gleich von Beginn meiner wissenschaftlichen Tätigkeit an in den Bannkreis der physikalischen Biologie gezogen. Gleich eine meiner ersten Arbeiten galt einer mechanischen Frage, der Frage nach der Entstehung der verschiedenen Gelenkformen, die mich auch heute noch festhält.

Das verlockendste Gebiet für die physikalische Untersuchungsweise in der Anatomie ist natürlich die Forschung nach den Bewegungen der menschlichen Maschinenteile, die Gelenk- und Muskelmechanik. Es ist das ein Gebiet, das trotz seiner auf der Hand liegenden Wichtigkeit für den praktischen Arzt, sei es, daß er es mit der Erkennung und Heilung von Brüchen oder von Lähmungen zu tun hat, seit jeher etwas vernachlässigt ist. Das ist aus dem Grunde erklärlich, weil der Anatom die Untersuchung der Tätigkeit der Körperwerkzeuge im allgemeinen dem Physiologen überlassen muß, der Physiologe aber, namentlich seit die physiologischen Lehrstühle von der Anatomie getrennt sind, sich mit den menschlichen Gelenken und Muskeln überhaupt kaum näher beschäftigen kann, weil ihm das dazu nötige menschliche Leichenmaterial fehlt. So ist dieses Grenzgebiet wenig bearbeitet und wenig beliebt, und ich möchte es nicht unterlassen, hier auszusprechen, daß es mit die Anerkennung unseres Meisters Waldeyer, auf der Anatomenversammlung in Wien, vor nunmehr fast 30 Jahren, war, die mich ermunterte, doch in dieser Richtung weiterzuarbeiten.

Eigentlich ein Zufall brachte mich auch in nähere Berührung mit der vergleichenden tierischen Mechanik. Im Leipziger Zoologischen Garten verendeten zwei Riesenorangs und ein großer Schimpanse, deren Leichen mir zur Verfügung gestellt wurden. Da bearbeitete ich denn vor allem die Gewichtsverhältnisse der Muskeln im Vergleich zu denen des Menschen, wobei sich manche Schlüsse auf die menschliche und tierische Mechanik ergaben. Es wäre sehr zu wünschen, daß sich diesem Wissenszweig, einem fast noch brachliegenden Feld, mehr Bearbeiter zuwendeten. Jeder Untersuchung auf diesem Gebiet sind belangreiche Ergebnisse sicher.

Bei meinen gelenk- und muskelmechanischen Arbeiten machte sich mir nun immer wieder der Mangel eines gründlichen Werkes über diesen Gegenstand sehr fühlbar, und so übernahm ich denn die Bearbeitung der Gelenk- und Muskelmechanik in dem anatomischen Sammelwerk von K. Bardeleben. Diese Aufgabe nahm etwa 20 Jahre lang meine Arbeitszeit fast ganz in Beschlag. Aber trotz aller Zeit und Mühe, die ich auf das Buch verwandte, kann ich es doch nur als einen »ersten Versuch« bezeichnen, denn eine Unsumme von Fragen mußte ich darin noch ungelöst lassen. Gerade heute wäre übrigens die Lösung mancher dieser Aufgaben für die Behandlung und Heilung von vielen Kriegsbeschädigten besonders wichtig.

Wenn sich nun auch meine Arbeiten vorwiegend auf dem Gebiet der sogenannten groben, der makroskopischen Anatomie bewegen, so wäre es doch wohl unnatürlich und undankbar zugleich gewesen, wenn ich, obwohl ich der Schule Albert Köllikers in Würzburg, des Altmeisters der mikroskopischen Anatomie, entstammte, nicht mich auch auf mikroskopischem Gebiet betätigt hätte. Hauptsächlich beschäftigten mich da die ersten Entwickelungsvorgänge, die Reifung und Befruchtung des Eies des merkwürdigen mexikanischen Molches, des Axolotls, und im Anschluß daran die Bedeutung der färbbaren Kernschleifen, der von Waldeyer sogenannten Chromosomen, bei der Zellteilung und der Vererbung. Aber auch auf diesem Felde verfolgte ich meinen sonstigen Weg und suchte einer möglichst streng physikalischen, chemischen und logischen Betrachtung der mikroskopischen Präparate zum Recht zu verhelfen. Ich widerlegte sich in der Zellteilungslehre breit machende falsche Vorstellungen und Schemata und nahm den Kampf auf gegen das schwindelnd kühne und bestechend ausgeschmückte Lehrgebäude von der Dauererhaltung und bis ins einzelne gehenden Wesensdeutung der Chromosomen bei der Vererbung. Ich war und bin der Überzeugung, daß die darüber jetzt allgemein verbreiteten Lehren nicht als Tatsachen hingestellt werden dürfen, solange die Grundlage für das ganze Gebäude, der Vorgang bei der sogenannten Reduktionsteilung im Verlaufe der Geschlechtszellenreifung (bei der die Chromosomenzahl halbiert wird), noch bei keinem einzigen Lebewesen wirklich einwandfrei aufgeklärt ist; denn auch für die mikroskopische Biologie hat der Satz Kants zu gelten, daß »in jeder Naturlehre nur soviel wahre Wissenschaft ist, als Mathematik im weiteren Sinn darin enthalten ist«.

Erwiderung des Sekretars Hrn. W. von Waldeyer-Hartz.

Daß ich Ihnen, Hr. Fick, meinem erwünschten Nachfolger in dem Amte, welches mir einst den Weg zur Mitgliedschaft unserer Akademie ebnen half, als vielleicht letzte Amtshandlung in meiner Sekretar-Stellung den Bewillkommungsgruß in dieser öffentlichen Sitzung bieten soll, gereicht mir zur besonderen Freude und Befriedigung.

Sie gedachten der Männer, die auf Ihren wissenschaftlichen Entwicklungsgang und auf Ihre Forschungsrichtung bestimmenden Einfluß geübt haben und nannten Ihren Herrn Vater, erinnerten an Hermann v. Helmholtz, Emil du Bois-Reymond und Wilhelm Roux, alle unsere wirklichen oder korrespondierenden Mitglieder. Ihre so vorbereitete Forschungsrichtung entspricht genau dem Namen der Klasse, in die Sie bei uns eingetreten sind, der physikalisch-mathematischen. Unter den lebenden Anatomen, welche in dieser Linie arbeiten, stehen Sie sicherlich mit an erster Stelle. Viel zu bescheiden nennen Sie Ihre meisterhaften Untersuchungen über eines der schwierigsten und wichtigsten Arbeitsfelder der Anatomie und Physiologie, über den aktiven und passiven Bewegungsapparat, einen Versuch, während alle Sachverständigen Ihr großes Gelenkwerk als eine Leistung ersten Ranges anerkennen, dessen Wert die Flucht der Zeiten überdauern wird. Aber auch da, wo es anscheinend nicht viel mechanistische Betrachtungsweise anzusetzen gab, haben Sie es verstanden, eine streng physikalisch-chemische Richtung zur Geltung zu bringen, wie es Ihre mit Recht hochgeschätzte Arbeit über die Befruchtung und Entwicklung des Axolotl-Eies erweist. Und selbst da, wo es auf die einfach beobachtende und beschreibende Anatomie ankam, die für weitere Forschungen den ersten Grund zu legen hat, zeigten Sie, wie in der vergleichend-anatomischen Untersuchung des Orang, Ihre Meisterschaft.

Vor Ihnen, hochgeehrter Herr Kollege, liegt ein weites Feld der Forschung, worauf Sie mit Recht hinwiesen, die vergleichende tierische Mechanik, und mit Recht bekennen Sie sich zu dem Satze Kants, der das wahrhaft wissenschaftliche in jeder Naturlehre in deren mathematischem Kerne sieht. Möge Ihnen und damit uns noch manche volle Ernte auf diesem Felde beschieden sein!

Antrittsrede des Hrn. G. Müller.

Wenn mir die Ehre zuteil geworden ist, noch im vorgerückten Alter in den Kreis der Akademie eintreten zu dürfen, so weiß ich sehr wohl, daß diese hohe Auszeichnung in erster Linie dem Institut gilt, dessen Leitung mir anvertraut ist. Es sind jetzt gerade 40 Jahre verflossen, seit auf den stillen Waldeshöhen bei Potsdam das Astrophysikalische Observatorium im Bau vollendet wurde, als Pflegstätte für den damals aufblühenden jungen Zweig der Astronomie. Was man bei der Gründung hoffte und wünschte, ist in glänzender Weise in Erfüllung gegangen. Aus dem zarten Zweige ist ein stattlicher Baum geworden, der bereits so fest mit dem alten ehrwürdigen Stamm der Astronomie zusammengewachsen ist, daß eine Trennung nicht mehr denkbar scheint. Es ist mir vergönnt gewesen, dem Potsdamer Observatorium seit seinem Bestehen anzugehören, zuerst als junger Assistent, dann als Observator und zuletzt als Direktor. Seine Entwicklungsgeschichte ist ein Bild meiner eigenen Lebensgeschichte. Als Schüler und Gehilfe habe ich Hermann Vogel, den eigentlichen Schöpfer des Observatoriums, auf seinem Ruhmesweg begleiten und an seinen Arbeiten teilnehmen dürfen. Seinem Nachfolger, dem viel zu früh dahingegangenen Karl Schwarzschild, habe ich als Mitarbeiter und Freund zur Seite gestanden. Es ist kein leichtes Erbe, welches mir als Nachfolger dieser beiden bedeutenden Männer zugefallen ist; ich glaube es nicht besser verwalten zu können, als daß ich mich bemühe, ihren Bahnen zu folgen und in ihrem Sinne weiter zu wirken, soweit meine Kräfte reichen.

Als das Potsdamer Observatorium vor 40 Jahren seine Tätigkeit eröffnete, stand den Forschern auf dem Gebiete der Astrophysik ein unermeßlich weites Arbeitsfeld offen. Galt es doch zunächst, feste Grundlagen zu schaffen, vor allem das Sonnenspektrum, als Basis für alle Untersuchungen am Himmel, bis ins kleinste zu studieren, ein absolutes Wellenlängensystem mit astronomischer Genauigkeit festzulegen, ferner die Fixsternspektra in bestimmte Klassen einzuordnen und durch Messung der Linienverschiebungen die Bewegungskomponenten in der Richtung der Gesichtslinie zu ermitteln. Bei allen diesen grundlegenden Arbeiten hat das Potsdamer Observatorium in den ersten Jahrzehnten seines Bestehens die Führung gehabt, und ich bin stolz darauf, an den meisten dieser Arbeiten in größerem oder geringerem Grade teilgenommen zu haben.

Die überraschend schnelle Entwicklung auf dem Gebiete der Astrophysik und die ungeahnten Fortschritte in der Vervollkommnung der Spektralapparate sowie der anderen instrumentellen Hilfsmittel brachten es mit sich, daß manche der groß angelegten Potsdamer Unternehmungen in verhältnismäßig kurzer Zeit überholt wurden. So ist der Wellenlängenkatalog von 300 ausgewählten Linien des Sonnenspektrums trotz der Feinheit der Messungen nicht lange in Gebrauch geblieben, weil gerade zu der Zeit, wo diese Arbeit vollendet war, Rowland seine ausgezeichneten Interferenzgitter auf Spiegelmetall herstellte und damit ein Hilfsmittel schuf, welches den in Potsdam benutzten Wanschaffschen Glasgittern weit überlegen war und die Möglichkeit gab, die Genauigkeit der Wellenlängenbestimmungen um eine Dezimale zu steigern.

Auch die Potsdamer spektroskopische Durchmusterung, welche den ersten umfangreichen Katalog von Fixsternspektren lieferte, hat ihren Vorrang nur eine beschränkte Zeit hindurch behaupten können;

sie mußte der auf der Harvard-Sternwarte in viel größerem Umfang und mit besseren Hilfsmitteln hergestellten Klassifizierung der Fixsternspektren den Platz räumen.

Ein Ruhmesblatt in der Geschichte des Potsdamer Observatoriums bilden die Arbeiten über die Bewegung der Fixsterne in der Gesichtslinie, Arbeiten, die eine ganz neue Ära der astrophysikalischen Forschung eröffnet haben, und deren Bedeutung immer mehr und mehr hervortritt. Vogels Vorgehen hat allenthalben begeisterte Nacheiferung gefunden, und es gibt wohl kaum ein anderes Gebiet der Astronomie, auf welchem in den letzten Jahrzehnten so viel gearbeitet worden ist als auf diesem. Kein Wunder, daß in dem regen Wettstreit diejenigen die reichste Ernte davongetragen haben, die wie die amerikanischen Fachgenossen den Vorteil der mächtigeren Instrumente voraus hatten und daher die Untersuchungen auf die zahlreichen schwächeren Sterne ausdehnen konnten. Seit das Potsdamer Institut in den Besitz eines großen Refraktors gelangt ist, hat es wieder in vollem Umfange an diesen Arbeiten teilnehmen können, und auch unter meiner Leitung soll die Pflege dieses Zweiges eine der Hauptaufgaben des Observatoriums bleiben.

Dasselbe gilt von einem anderen Spezialfach der Astrophysik, den Helligkeitsbestimmungen der Gestirne. Auf diesem Gebiet, dem ich mich gleich bei meinem Eintritt in das Potsdamer Observatorium mit Vorliebe zugewandt habe, bin ich bis zum heutigen Tage ununterbrochen tätig geblieben. Die exakte Photometrie der Gestirne ist noch verhältnismäßig jungen Datums; sie begann erst in den letzten Jahrzehnten des vorigen Jahrhunderts, nachdem die Beobachtungsmethoden und die photometrischen Apparate wesentlich verbessert und vervollkommnet waren. Fast gleichzeitig wurden auf den Sternwarten in Cambridge (Amerika) und in Potsdam ausgedehnte Messungsreihen in Angriff genommen mit dem Ziel, die Helligkeiten der Sterne bis zu einer gewissen Größenklasse mit einer bisher nicht erreichten Genauigkeit festzulegen. Die Cambridger Helligkeitskataloge enthalten eine größere Anzahl von Sternen als der unter dem Namen der Potsdamer Photometrischen Durchmusterung bekannte Generalkatalog von 14199 Sternen, welcher auf fast zwanzigjährigen Messungen beruht; dagegen ist die Potsdamer Durchmusterung an Genauigkeit überlegen und hat außerdem noch den Vorzug, daß sie neben den Helligkeitsmessungen auch Farbenschätzungen für sämtliche Sterne enthält. Die Potsdamer photometrischen Arbeiten erstrecken sich bisher nur auf den nördlichen Himmel, während die Cambridger beide Hemisphären umfassen. Mein Vorgänger Schwarzschild hat schon wiederholt diesen Nachteil beklagt und die Absicht geäußert, eine Zweigstation auf der südlichen Halbkugel zu errichten, um dort die Potsdamer Durchmusterung fortsetzen zu lassen. Ich habe keinen dringenderen Wunsch, als diesen Plan verwirklicht zu sehen, und ich werde ihn trotz der gegenwärtigen ungünstigen Zeitverhältnisse niemals aus den Augen verlieren.

In neuerer Zeit stehen die Untersuchungen auf dem Gebiete der Stellarstatistik im Vordergrunde des Interesses. Die Fragen nach dem Bau des Weltalls, nach der Verteilung der Sterne im Raum und nach der Form und Ausdehnung desjenigen Sternsystems, dem unsere Sonne angehört, beschäftigen uns heute lebhafter als je, und an der Beantwortung dieser Fragen sind Astronomen und Astrophysiker in gleichem Grade beteiligt. Es will mir scheinen, als ob Theorie und Praxis auf diesem Gebiet nicht ganz gleichen Schritt halten. Wenn man bedenkt, von wie wenigen Sternen wir genaue Parallaxenwerte besitzen, und wie gering die Zahl namentlich der schwächeren Sterne ist, von denen wir die Eigenbewegungen, die Geschwindigkeiten in der Gesichtslinie, die Helligkeiten und den Spektraltypus kennen, dann scheinen doch manche der aufgestellten Hypothesen und Schlüsse keineswegs genügend sicher fundamentiert zu sein. Die Theorie ist, wie so oft in der Wissenschaft, weit vorausgeeilt, und die Forscher auf diesem Gebiet bedürfen jetzt dringend neuer Hilfstruppen, um weiter in das geheimnisvolle Dunkel des Universums vordringen zu können. Es ist Aufgabe der großen Sternwarten, die mit starken Instrumenten ausgerüstet sind und über ein ausreichendes Beobachterpersonal verfügen, diese Hilfstruppen zu stellen und immer neues Material zur weiteren Erforschung eines der wichtigsten Probleme der Stellarastronomie herbeizuschaffen. Dabei ist es unbedingt notwendig, daß zwischen den einzelnen Sternwarten ein enger Zusammenhang aufrechterhalten bleibt, damit eine zweckmäßige Verteilung der Arbeiten stattfinden kann und die Gefahr der Isolierung vermieden wird. Wir Astronomen bilden ja eine verhältnismäßig kleine Gemeinde, fast eine einzige Famlie, die über den ganzen Erdkreis zerstreut ist, und deren Mitglieder zum großen Teil auf Kongressen und wissenschaftlichen Expeditionen miteinander in persönliche Berührung gekommen sind. Leider sind auch an dieser Familie die schweren Kriegsjahre nicht spurlos vorübergegangen. Manche Fäden sind gelockert oder gar zerrissen, manche gemeinschaftliche Unternehmungen sind unterbrochen, ja es sind sogar, zum Glück nur vereinzelt, gehässige und feindselige Stimmen laut geworden. Ein Trost ist für uns, die wir gewohnt sind, mit langen Zeiträumen zu rechnen, der Gedanke, daß wohl vorübergehend ein Stillstand, aber niemals ein Rückgang in der astronomischen Entwicklung eintreten kann, und daß, wenn erst die menschlichen Leidenschaften sich beruhigt haben, ein um so eifriger Wettstreit zwischen den Völkern entstehen wird. Ich werde nicht aufhören, mit allen Kräften dahin zu wirken, daß das Potsdamer Observatorium wohlausgerüstet an diesem Wettstreit teilnehmen kann, und ich werde, ebenso wie meine Vorgänger, stets bemüht bleiben, den engen Zusammenhang mit den Nachbarwissenschaften, der Mathematik, Physik und Chemie, zu pflegen, dankbar eingedenk der unschätzbaren Anregungen und Förderungen, die uns von ihnen zuteil geworden sind. Der wohlwollenden Unterstützung der Akademie glaube ich bei diesen Bestrebungen stets sicher sein zu können.

Erwiderung des Sekretars Hrn. Planck.

Der Willkommengruß, den ich Ihnen, hochverehrter Herr Kollege, heute im Namen der Akademie zu entbieten habe, kommt verhältnismäßig reichlich spät. Ist es doch schier ein volles Jahr, daß wir Sie den Unsrigen nennen und zugleich zu denjenigen Mitgliedern zählen dürfen, welche unseren Sitzungen am regelmäßigsten ihre persönliche Teilnahme gewähren. Der Rückblick auf Ihre langjährige Tätigkeit am astrophysikalischen Institut, in dem Sie durch ununterbrochene ebenso erfolgreiche wie hingebende Arbeit von Stufe zu Stufe emporgestiegen sind, und an dessen glänzender Entwicklung Sie hervorragenden Anteil genommen haben, gibt uns eine Gewähr dafür, daß Sie das reiche und vielversprechende Arbeitsprogramm, welches Sie uns soeben entwickelten, auch durchzuführen in der Lage sein werden.

Mit Ihrem Eintritt in die leitende Stellung nimmt das astrophysikalische Institut die bewährten Traditionen seines Begründers und ersten Direktors Hermann Carl Vogel wieder auf, nachdem es dazwischen auf kurze Zeit in der leuchtenden Persönlichkeit unseres unvergeßlichen Karl Schwarzschild einen besonders auch für das Neuland der Theorie begeisterten Führer empfangen hatte. Aber Sie sind im vollen Recht, wenn Sie hervorheben, daß bei der heutzutage so üppig emporschießenden Fülle der theoretischen Spekulationen eine gründliche Bearbeitung des Bodens, auf dem sie wachsen sollen, um so dringender nottut, damit sie nicht anstatt gehaltreicher Früchte nur taube Blüten zeitigen. Eben diese Tätigkeit, die Schöpfung der für jede Theorie unentbehrlichen Grundlage durch Aufstellung und Sichtung des Tatsachenmaterials, haben Sie stets als Ihre Lebensaufgabe betrachtet. Und, was ich Ihren Worten ergänzend hinzufügen möchte, da sonst vielleicht der Eindruck erweckt werden könnte, als sei Ihre Arbeitsstätte auf Potsdam beschränkt gewesen: Ihre mit zäher Ausdauer durch mehr als zwanzig Jahre durchgeführten Helligkeitsmessungen an Fixsternen und Planeten, in Verbindung mit den damit zusammenhängenden Untersuchungen über die Extinktion des Lichtes in der Erdatmosphäre, haben Sie im Laufe der Jahre an die verschiedensten Orte der Erde, nach Nordamerika, nach Rußland, auf den Säntis und auf den Ätna, nach Portugal und nach Teneriffa geführt. Von überall her brachten Sie reiches Material mit nach Hause, um es in der Ruhe von Potsdam zu bearbeiten.

Auch diese Unternehmungen sind jetzt durch den furchtbaren Krieg jäh unterbrochen worden. Um so erfreulicher wirkt auf uns Ihre hoffnungsvolle Ansicht, daß in absehbarer Zeit Deutschland wieder in den internationalen wissenschaftlichen Wettbewerb eintreten werde, sowie die Aufrechterhaltung Ihres Gedankens, die photometrische Durchmusterung des Fixsternhimmels nach der in Potsdam angewandten Methode auch auf die südliche Hemisphäre auszudehnen, gegebenenfalls durch Errichtung einer Zweigstation in Südamerika. Sie können Sich versichert halten, daß Sie Sich mit Ihren Plänen zu solchen Untersuchungen stets auf das weitgehende Interesse der Akademie stützen können.

Antrittsrede des Hrn. Heider.

Die Auszeichnung, welche Sie mir durch die Aufnahme in Ihren hervorragenden Kreis zuteil werden ließen, ist mir ein Zeichen der Zustimmung zu den Bestrebungen, welche mich bei meinem wissenschaftlichen Wirken geleitet haben. Im Hause eines Arztes aufgewachsen, in einer Familie, in welcher Beschäftigung mit Gegenständen der Naturwissenschaften seit langer Zeit gepflegt wurde, erschien es mir von Kindheit an als erstrebenswertestes und fast selbstverständliches Ziel, mein Leben diesem Wissenszweige zu widmen. Meine Jugendjahre fielen sodann in jene Zeit, in welcher Ernst Haeckel durch seine »Generelle Morphologie der Organismen« auf die heranwachsende Generation anregend und bestimmend wirkte. Waren diese Anregungen zunächst nur von allgemeinerer Art, so erhielten sie eine bestimmtere Richtung unter dem Einflusse hervorragender Lehrer, unter denen ich Franz Eilhard Schulze in erster Linie dankbarst zu nennen habe. Frühzeitig erschien es mir als nächste in Angriff zu nehmende Aufgabe, das Reich der tierischen Organismen als ein historisch gewordenes Ganzes zu erfassen und den Zusammenhang seiner einzelnen Teile, ihre Beziehungen zueinander auf Grund vergleichender Betrachtung zu erforschen. Vor Allem schien die vergleichende Entwicklungsgeschichte das hervorragendste Mittel zu sein, um das morphologische Verständnis der Organismen zu fördern. Diesem Ziele folgte ich, als ich es versuchte, in einer Anzahl von Einzeluntersuchungen unsere Kenntnis von der Embryologie verschiedener Formen zu vervollständigen. Bald sah ich mich aber zu weitausgreifenderer Tätigkeit veranlaßt, indem ich es gemeinsam mit Eugen Korschelt unternahm, in übersichtlicher Darstellung den derzeitigen Stand unserer Kenntnis von der Entwicklung der wirbellosen Tiere zusammenzufassen. Die Mitarbeit an diesem Lehrbuchunternehmen hat meine Kraft durch eine ganze Reihe von Jahren fast ausschließlich in Anspruch genommen.

Es war im Entwicklungsgange, den die zoologische Wissenschaft in den letzten 30 Jahren genommen hat, begründet, daß ich allmählich von der rein morphologischen Betrachtungsweise tierischer Formen zu Fragen der allgemeinen Physiologie hinübergeführt wurde. Dieser Übergang wurde zunächst durch meine Beschäftigung mit der Embryologie vermittelt. Denn immer mehr und mehr gewann jene Richtung an Boden, welche es versuchte, unter Anwendung experimenteller Methoden die Ursachen des Entwicklungsgeschehens zu ermitteln. Diese Richtung — von W. Roux begründet und als Entwicklungsmechanik der Organismen bezeichnet —, von einer Reihe von Forschern erfolgreich betreten, mußte bald die Aufmerksamkeit auf sich ziehen, und es erschien als dankenswerte Aufgabe, die einschlägigen Angaben zusammenfassend zu bearbeiten. Die Beschäftigung mit diesen Fragen konnte aber nicht auf das ursprüngliche Gebiet beschränkt bleiben. Unwillkürlich sah man sich dazu geführt, die Entwicklungserscheinungen als Reizreaktionen zu betrachten, und so war man auf das umfangreiche Gebiet der Reizphysiologie verwiesen. Es lag nahe, auch Fragen der Vererbungslehre in den Kreis der Betrachtungen einzubeziehen, und vor allem war es die zytologische Erklärung der Vererbungserscheinungen, welche mich zu einer Zeit, als das ganze Gebiet noch im Werden war, in intensiverer Weise beschäftigte. Die Behandlung derartiger Fragen allgemeinerer Art lag für mich um so näher, als mir durch die österreichische Regierung die Abhaltung eines Kollegs über »Allgemeine Biologie der Organismen« zur Pflicht gemacht war.

Wenn ich in flüchtigen Umrissen den Entwicklungsgang, den die zoologische Wissenschaft in den letzten Jahren eingeschlagen hat, angedeutet habe, so liegt darin gewissermaßen auch ein Arbeitsprogramm. Ich habe einige Wissenszweige gekennzeichnet, welche sich derzeit von seiten der Zoologen größerer Beachtung erfreuen und von denen ohne Zweifel für die Zukunft eine bedeutende Förderung unserer Wissenschaft zu erwarten ist. Wenn auch naturgemäß die Morphologie die Grundlage für die Betrachtung der zahlreichen und vielfach unterschiedenen tierischen Formen abgeben muß, so ist doch nur von der

Einführung vergleichend-physiologischer Gesichtspunkte eine Vertiefung unseres Wissens zu erwarten. Auf diesem Wege nähern wir uns dem Ziele, das der unendlichen Mannigfaltigkeit tierischer Formen Gemeinsame zu erfassen und die allgemeinen Gesetzmäßigkeiten der Lebenserscheinungen zu erkennen.

Antrittsrede des Hrn. Kükenthal.

Mit Dankbarkeit gedenke ich heute, wo ich die Ehre habe, als neugewähltes Mitglied dieser Körperschaft die Antrittsrede zu halten, meines Lehrers Ernst Haeckel, der es verstand, die Begeisterung, welche er selbst den Schönheiten und Wundern der Natur entgegenbrachte, auf den jungen Studenten zu übertragen. Ihm habe ich es zu verdanken, daß er meinen Enthusiasmus auf ein Arbeitsgebiet lenkte, auf dem er selbst so Großes geleistet hat, auf die Tierwelt des Meeres.

Es gibt keine Erscheinungsform, in welcher die Natur sich machtvoller offenbart als das Meer. In seinen wechselnden Stimmungen wird es uns zum Spiegelbild unserer Seele und läßt uns ahnen, daß auch wir nur ein Teil des Naturganzen sind. Uns Naturforschern ist es die Wiege alles Lebens, das in ihm seine Entstehung genommen hat. Alle Stämme des Tierreichs sind in ihm vertreten, und die Fülle der Aufgaben, welche es uns bietet, ist unerschöpflich.

So wird es verständlich, daß ich immer wieder hinausgezogen bin, um an näheren oder ferneren Gestaden die Mannigfaltigkeit tierischen Lebens zu studieren und die Beziehungen der einzelnen Formen zueinander wie zur Umwelt kennen zu lernen.

Unauslöschlichen Eindruck hat es auf mich gemacht, als ich noch als Student, an der Westküste Norwegens beobachtend und sammelnd, zum ersten Male jene geheimnisvollen Riesen des Meeres aus den Fluten auftauchen sah, die der Zoologe zur Ordnung der Wale rechnet. Mit dem Mute, den nur die Jugend aufbringt, beschloß ich, mich der Erforschung dieser noch sehr wenig bekannten und durch die Habgier des Menschen mit dem Untergange bedrohten Säugetiergruppe zu widmen, trotz aller Schwierigkeiten, welcher ihrer Beobachtung wie der Beschaffung geeigneten Untersuchungsmaterials entgegenstehen. Auf einem Walfänger, der uns tief in die Polarwelt hineinführte, lies sich dies erreichen und eine zweite arktische Reise vermochte manche Lücken auszufüllen.

Die Bearbeitung des Materials ließ bald erkennen, daß eine rein morphologische Betrachtungsweise, die zur damaligen Zeit unsere Wissenschaft völlig beherrschte, unmöglich zu einem tieferen Verständnis der eigenartigen Organisation des Walkörpers führen konnte, und es wurde auf Grund der Tatsache, daß Form und Funktion in innigster Wechselbeziehung stehen, gewissermaßen eine Gleichung bilden, ein anderer Weg beschritten, indem auch die Funktion in den Kreis der Untersuchung einbezogen wurde. Durch eine Verbindung dieser vergleichend anatomischen und ökologisch-physiologischen Betrachtungsweise mit embryologischen Studien, gelang es, das Dunkel, welches über der Herkunft der Wale lagerte, zu lichten, und einen Einblick in die Schritt für Schritt erfolgende Umformung des Körpers eines Landsäugetieres in den fischartigen des Wales zu erhalten. Gleichzeitig einsetzende Paralleluntersuchungen an anderen im Wasser lebenden Säugetieren, besonders den Sirenen, die einem ganz anderen Stamme entsprossen sind wie die Wale, ergaben die große Wichtigkeit der Konvergenzerscheinungen als Resultat gleichartiger Anpassungen. An diese Arbeiten schlossen sich als Ausläufer Studien über einzelne Organsysteme, so das Gehirn und die Bezahnung der Säugetiere an.

Dabei habe ich aber das Ziel, meine Kenntnisse der Fauna der verschiedenen Meeresgebiete stetig zu erweitern, nicht aus den Augen verloren. Von den europäischen Küsten hinweg führten mich später größere Studienreisen nach Hinterindien, dann ins Karaibische Meer, wobei mir die Unterstützung der Akademie zuteil wurde, und später an die atlantischen und pazifischen Küsten Nordamerikas. Dabei wandte ich besondere Aufmerksamkeit der Gruppe der achtstrahligen Korallen zu, deren monographische Bearbeitung nunmehr beendet ist. Diese Arbeiten sollen der Ausgangspunkt werden für tiergeographische Studien allgemeinerer Art, denen ich die Kraft der mir noch übrigbleibenden Lebenszeit widmen will.

Erwiderung des Sekretars Hrn. W. von Waldeyer-Hartz.

In Ihnen, Hr. Heider, begrüßt die Akademie einen bei uns bereits früher heimisch gewesenen Forscher, denn längere Zeit waren Sie als Schüler und Mitarbeiter unseres Mitgliedes Franz Eilhard Schulze in Berlin tätig und haben hier einen hervorragenden Teil Ihrer Forscherarbeit ausgeführt; ich nenne nur Ihre in den Abhandlungen unserer Akademie erschienene ausführliche Bearbeitung der Entwicklungsgeschichte von *Hydrophilus*, die für die Kenntnis der Insektenentwicklung überhaupt bedeutungsvoll ist. Mit lebhaftem Interesse erfahren wir von Ihnen sowohl wie aus Ihren Worten, Hr. Kükenthal, daß Sie Beide aus des Seniors der deutschen Zoologen, aus Ernst Haeckels Werken, große Anregung für Ihr Studium gewonnen haben, Sie, Hr. Kükenthal, auch als unmittelbarer Schüler. Gern geselle ich mich in bezug auf diese Anregung, wenn auch einem andern Lebensberufe gefolgt, zu Ihnen, denn durch das Studium der Werke unseres Altmeisters veranlaßt, versuchte ich mein zoologisches Wissen durch zweimaligen längeren Aufenthalt am Meere, in Triest und Neapel, wo ich der erste Laborant an Anton Dohrns mustergültiger Schöpfung war, zu vertiefen. Ihre warm empfundenen Worte, Hr. Kükenthal, über die hohe Bedeutung des Meeres für das Studium des Lebendigen wecken in mir lebhaft die damals gewonnenen Eindrücke.

Wenn Sie, Hr. Heider, bei Ihren Meeresforschungen sich der so reichen und mannigfaltigen Lebensquelle des Mittelmeeres zuwendeten, suchten Sie, Hr. Kükenthal, zuerst die nordischen Meere auf, um dann in den drei großen Weltmeeren, dem Atlantischen, Indischen und Stillen Ozean, ihre Arbeiten fortzusetzen. Im Norden waren es insbesondere die gewaltigsten Lebensformen, welche die Natur uns bis jetzt erhalten hat, die Waltiere, denen Sie Ihre Studien widmeten und deren Embryologie Sie wesentlich begründet haben. Diese Arbeiten führten Sie dann zu vergleichenden Betrachtungen der gesamten Säugetierfauna. Aber Ihre Jugendarbeiten über den feineren Bau und die Physiologie der Anneliden sowie Ihr erst in diesen Tagen vollendetes großes Werk über die Oktokorallen, in deren Gattung *Gorgonaria*, zeigen Ihre umfassende Beherrschung der Tierwelt, die Sie dann zur besonderen Bearbeitung tiergeographischer Aufgaben führte, denen Sie weiter Ihre reich bewährte Kraft zu widmen gedenken.

Ihre große Arbeitsleistung, Hr. Heider, liegt auf dem schier unendlich weiten Gebiete der Entwicklungsgeschichte der wirbellosen Tiere. Sie schufen im Verein mit Ihrem Kollegen Korschelt das große zusammenfassende Werk über die Entwicklungsgeschichte der Wirbellosen, eine Arbeit vieler Jahre, die aber eine Grundlage für Jahrhunderte bleiben wird, und krönten damit Ihre Jugendarbeit. Manche andere Sonderforschung auf diesem Gebiete wurde dabei durchgeführt, so über die skelettlose Spongie Oscarella, benannt nach dem verdienstvollen Spongienforscher Oscar Schmidt, meinem einstmaligen Straßburger Kollegen, ferner über die Entwicklung der Salpen und über die merkwürdige, an die Würmer anschließende Gattung *Balanoglossus*. Im weiteren Verfolge Ihrer Lebensarbeit wendeten Sie sich dann den neueren Forschungsweisen der Entwicklungsgeschichte, der experimentellen und vergleichenden Richtung sowie der Physiologie, zu, auf welchen Bahnen wir noch die Errichtung mancher Marksteine von Ihnen erwarten dürfen. In Ihnen, und damit lassen Sie mich schließen, begrüßen wir einen Sohn Deutschösterreichs, der zu uns kam, dann nach seinem Vaterlande, nach dem uns Allen vertrauten Innsbruck, zurückging, um nun, wiederkehrend, dauernd der Unsere zu bleiben. So hat es sich denn für die Ergänzung unserer gelichteten Reihen am heutigen

Tage gefügt, daß wir zwei aus dem echtesten Deutschösterreich, aus Innsbruck kommende, uns für die Dauer angeschlossene Gelehrte zu bewillkommnen haben. Nehmen wir dies in der heutigen so bedeutungsvollen Zeit als ein gutes Omen, der von nun an für immer untrennbaren Einheit Deutschösterreichs und des Deutschen Reiches!

Antrittsrede des Hrn. Schmidt.

Es ist den großen Errungenschaften im Gebiete der mathematischen Wissenschaften oft eigentümlich, daß, wenn auch ihre Entstehung im Geiste der Schöpfer durch die darauf hindrängende Entwicklung der Wissenschaft psychologisch bedingt war, die Schöpfung selbst logisch diese Entwicklung nicht voraussetzt. Ihr Fundament ruht tiefer in der Vergangenheit, so daß sie ihrem materiellen Gehalt nach schon um Generationen früher die Anknüpfung an den Stand der Wissenschaft gefunden hätte.

So verhält es sich auch mit der Begründung der Theorie der Integralgleichungen und der Analysis der unendlich vielen Veränderlichen durch Fredholm und Hilbert.

Ich hatte es oft schmerzlich empfunden, daß bei der Schnelligkeit der Entwicklung unserer Wissenschaft die Zeit vorüber ist, wo wir die größte Weisheit in den ältesten Büchern fanden und so das Glück genießen konnten, das Bewußtsein der Belehrung mit dem Gefühl der Pietät für das Ehrwürdige zu verbinden. Wir müssen heute bei Inangriffnahme eines Gegenstandes in der Regel zunächst das Neueste durchstudieren und verfallen dadurch bei der großen Zunahme der Produktion und bei der Beschwerlichkeit mathemathischer Lektüre leicht einer Ermüdung, durch welche die Frische der Initiative und die Ursprünglichkeit der Auffassung, mit denen wir an das Problem herantraten, beeinträchtigt werden. Daher zog mich jener elementare, von der neuesten Entwicklung unabhängige, ihr mehr gebende als von ihr nehmende Charakter der Theorie der Integralgleichungen besonders an, und ich ließ es mir in meinen Arbeiten stets angelegen sein, diesen Vorzug zur Geltung zu bringen.

Die Hauptschwierigkeit, die den Ausblick in dieses fruchtbare Gebiet solange verschleiert hat, dürfte sich vielleicht folgendermaßen skizzieren lassen.

Der von allem Rechnerischen freie Hauptsatz der Theorie linearer Gleichungen mit endlich vielen Unbekannten läßt sich dahin aussprechen, daß ein inhomogenes Gleichungssystem immer dann und nur dann unbedingt lösbar ist, wenn das homogene außer der trivialen identisch verschwindenden keine Lösung zuläßt. Dieser Satz gilt aber nur, wenn die Anzahl der Gleichungen gleich der Anzahl der Unbekannten ist. Andernfalls lassen sich sehr schwer nicht triviale einfache Sätze ohne Benutzung formaler oder rechnerischer Prinzipien, insbesondere der Determinanten, aussagen, zu deren Übertragung ins Unendliche sehr viel Mut gehörte. Eine lineare Intregalgleichung oder ein unendliches lineares Gleichungssystem kann man nun aber ebensowohl als Grenzfall eines endlichen Gleichungssystems mit mehr wie mit weniger Unbekannten als Gleichungen auffassen. Es liegt also gar kein Grund vor, bei einer beliebigen Integralgleichung auf Übertragbarkeit der einfachen Sätze zu hoffen, die nur für Gleichungssysteme mit gleichviel Unbekannten wie Gleichungen Gültigkeit haben. Die Gleichungen mußten dazu eine besondere Gestalt haben. Auf diese wurde man für unendliche lineare Gleichungssysteme durch die Mondtheorie von Hill und für Integralgleichungen durch die Potentialtheorie in der Wendung geführt, welche ihr Poincaré gegeben hatte, indem er bei der Durchleuchtung dieses spezielleren Problems den Standpunkt der späteren allgemeinen Theorie antizipierte.

Das Grundprinzip der Theorie, die Probleme, welche Integrale enthalten, in eine solche Gestalt zu bringen, daß die bei Ersetzung der Integrale durch endliche Summen gültigen algebraischen Sätze erhalten bleiben oder sich doch in ihrer Abwandlung übersehen lassen, hat zweifellos noch eine große, sich nicht nur auf den Fall des Linearen erstreckende Zukunft. Methodisch wird es dabei immer zwei Wege geben. Entweder man beweist die Sätze zunächst für den endlichen Fall und führt nachher den Übertragungsprozeß aus, oder man sucht die Sätze von vornherein so zu formulieren, daß sie die Endlichkeit nicht voraussetzen, und führt so den Aufbau gleichzeitig für das Endliche wie für das Unendliche durch. Ich habe den letzteren Weg bevorzugt, weil er mir als der prinzipiell einfachere erscheint und ohne weiteres eine starke Verallgemeinerungsfähigkeit in sich schließt.

So habe ich denn überhaupt in der Erinnerung an die großen Schwierigkeiten, die mir das Lesen mathematischer Abhandlungen bereitet hat, stets viel Mühe darauf verwandt, Beweise zu vereinfachen. Dabei fallen einem sofort zwei Arten von Beweisführung in die Augen. Entweder man geht gerade aufs Ziel los — durch Gestrüpp und Sumpf, über Stock und Stein. Man hat dabei den Vorteil, das Ziel stets vor Augen zu haben und im großen die geradeste Linie einzuhalten, während man im kleinen den Weg oft nicht übersieht und hin und her springen muß. Oder man macht einen Umweg auf bequemer Straße. Hierbei verliert man das Ziel aus den Augen, das oft erst nach einer Wendung im letzten Augenblick überraschend vor einem steht, aber man übersieht dafür stets leicht das vor und hinter einem liegende Stück Wegs und erfreut sich an mancher schönen Aussicht. Der Entdecker hat oft den einen Weg hingefunden und kehrt den andern zurück. Ein großartiges Beispiel der ersten Art ist der Hilbertsche Beweis für das Dirichletsche Prinzip, ein bewunderungswertes Beispiel der zweiten der Dirichletsche Beweis für die Existenz von Primzahlen in einer arithmetischen Progression unter Heranziehung der Klassenzahlen quadratischer Formen.

In den letzten Jahren ist meine wissenschaftliche Initiative infolge der innerlichen Ablenkung durch die Ereignisse der Zeit gehemmt gewesen. Ich werde aber alles, was in meinen Kräften steht, daransetzen, um das ehrenvolle Vertrauen, das Sie mir durch die Aufnahme in diese erlesene Körperschaft geschenkt haben, nachträglich zu rechtfertigen.

Antrittsrede des Hrn. C. Carathéodory.

Für die große Auszeichnung, die Sie mir, hochgeehrte Herren, durch die Aufnahme in die Akademie erwiesen haben, spreche ich Ihnen meinen wärmsten Dank aus. Meine Herkunft, Jugenderziehung und auch meine erste Ausbildung weisen auf verschiedene Länder und Kulturkreise hin, und deshalb möchte ich Ihnen zunächst sagen, weshalb ich mich in diesem Lande nicht ganz als Fremder fühle.

Schon rein äußerlich ist Berlin die Stätte meiner Geburt, aber was für mich persönlich wertvoller war: von frühester Jugend an erhielt ich Eindrücke, die es mir nicht schwer machten, seit zwei Jahrzehnten hierzulande eine Heimat zu finden. Im Elternhause blieb mir deutsche Geschichte und Literatur und noch mehr deutsche Wissenschaft und Kunst auch in der Ferne nicht fremd, da durch viele persönliche Beziehungen immer wieder die Fäden weitergesponnen wurden, die einmal angeknüpft waren.

Aber noch darüber hinaus lebte ich mich hinein in eine Tradition, die in Zeiten zurückführt, an die man in dieser gelehrten Körperschaft mit besonderer Ehrfurcht stets zurückdenken wird: hatte doch mein Vater viele von den großen Männern, die bei der Reorganisation der Akademie unter Friedrich Wilhelm III. mitgewirkt hatten, in ihrem höheren Alter gekannt. Den Namen eines Mannes aus jener Zeit, der indirekt auch für eine Entscheidung in meinem Leben von Bedeutung geworden ist, darf ich wohl besonders erwähnen: in unserem Hause befand sich ein vor mehr als sechzig Jahren eigenhändig gewidmetes Bild Alexander v. Humboldts, das ich immer noch mit Stolz in meinem Arbeitszimmer aufbewahre. Und durch diesen Umstand blieb auch für mich eine Tradition lebendig, die mich fast unbewußt — als ich in nicht mehr ganz jungen Jahren den Entschluß faßte, mich dem Studium der Mathematik zu widmen — nach der Stätte führte, in der dieser greise Fürst im europäischen Geistesleben die Summe seiner Lebensarbeit gezogen hat.

Damit hatte mich ein guter Genius an einen Ort gebracht, wo ich auch für mein persönliches Studium eine ganz besondere Einwirkung erfahren sollte. Hier war es nämlich, wo ich zum ersten Male die Bedeutung Weierstrass', vermittelt durch Hrn. Schwarz, seinen bedeutendsten und liebsten Schüler, zu würdigen lernte. Hier erfuhr ich auch zum ersten Male von den Gedanken, durch die Weierstrass die Variationsrechnung neu belebte, indem er sie mit den Forderungen an Strenge, die er in der mathematischen Wissenschaft eingebürgert hat und die heute noch üblich sind, in Einklang brachte. Und es sind gerade Fragen, die mittelbar oder unmittelbar mit der Variationsrechnung zusammenhängen, die mich später — sogar bei funktionentheoretischen Untersuchungen — immer wieder angezogen haben.

Der eigentümliche Reiz, den die Variationsrechnung ausübt, hängt einmal damit zusammen, daß sie von Problemen ausgeht, die zu den ältesten und schönsten zählen, die sich der Mathematiker je gestellt hat, Probleme, deren Bedeutung auch jeder Laie erfassen kann, aber sodann auch vor allem, daß sie seit Lagrange im Mittelpunkte der Mechanik steht, und daß eine immer wiederholte Erfahrung gezeigt hat, daß der mathematische Kern fast sämtlicher Theorien der Physik schließlich auf die Form von Variationsproblemen zurückgeführt werden konnte.

Es ist daher nicht erstaunlich, daß man der Weierstrassschen Theorie der Variationsrechnung eine geometrische Gestalt geben kann, durch welche sich nachträglich gezeigt hat, daß die Weierstrasssche Theorie in wichtigen Teilen mit Überlegungen übereinstimmt, die der Physiker schon längst, wenn auch zu anderen Zwecken, angestellt hatte, und die zuerst in den optischen Arbeiten Hamiltons zu finden sind.

Ebenso sind die Fragen, die heute vom rein theoretischen Standpunkt in der Variationsrechnung als die wichtigsten erscheinen, solche, die zugleich Probleme der Himmelsmechanik vorwärts bringen würden, und die auch sonst für die mathematische Beschreibung der Natur von Nutzen wären. Bei diesen Fragen handelt es sich hauptsächlich darum, den Verlauf der Bahnkurven nicht nur in der Umgebung einer Stelle, sondern als Ganzes zu beurteilen.

Für die Behandlung dieses Komplexes von Fragen stehen uns vor allem zwei Instrumente zur Verfügung, die die abstrakte Mathematik während der zwei letzten Generationen in scharfsinnigster Weise geschliffen hat. Das eine ist die Analysis Situs, das andere die von

Cantor geschaffene Theorie der Punktmengen, ohne deren feinste Ideenbildungen man z. B. — um einen praktischen Fall zu nennen — den für die statistische Mechanik wichtigen Widerkehrsatz von Poincaré nicht genau formulieren, geschweige denn beweisen kann.

Man darf aber nicht vergessen, daß in den Problemen, in welchen zwischen reiner Mathematik und Naturwissenschaften eine Wechselwirkung besteht, der Mathematiker, der sich schon befriedigt fühlt, sobald die Fragen, die sein Geist gestellt hat, beantwortet sind, sehr viel öfter der Nehmende als der Gebende ist. Ein Beispiel unter vielen: Man kann sich die Frage stellen, wie man die phänomenologische Thermodynamik aufbauen soll, wenn man nur die direkt meßbaren Größen, d. s. Volumina, Drucke und die chemische Zusammensetzung der Körper, in die Rechnungen einsetzt. Die Theorie, die dann entsteht, ist vom logischen Standpunkte unanfechtbar und befriedigt den Mathematiker vollkommen, weil sie, von den wirklich beobachteten Tatsachen allein ausgehend, mit einem kleinsten Bestand von Hypothesen auskommt. Und doch sind es gerade diese Vorzüge, die sie vom allgemeineren Standpunkt des Naturforschers wenig brauchbar machen, nicht nur weil in ihr die Temperatur als abgeleitete Größe erscheint, sondern vor allem, weil man durch die glatten Wände des zu kunstvoll zusammengefügten Gebäudes keinen Durchgang zwischen der Welt der sichtbaren und fühlbaren Materie und der Welt der Atome herstellen kann.

Solche Erwägungen sollten aber trotz allem den reinen Mathematiker nicht davon abhalten, sich auch mit Fragen zu beschäftigen, die scheinbar außerhalb seiner Sphäre liegen, wenn sie nur der präzisen mathematischen Behandlung angepaßt werden können. Geben doch derartige Fragen oft den Anstoß für die Entwicklung neuer Methoden, die wieder bei den Schwesterwissenschaften eine, wenn auch späte Anwendung finden können, so daß die Pflege der logischen Deduktion und die theoretische Beschreibung der Natur, sich gegenseitig stützend, jede ihren Beitrag zum Fortschritt des menschlichen Geistes liefern.

Erwiderung des Sekretars Hrn. Planck.

Wenn die Akademie heute Sie Beide, Hr. Schmidt und Hr. Carathéodory, gemeinsam in ihrer Mitte willkommen heißt, so würdigt sie damit ganz besonders die Bedeutung dieses für die Vertretung der Mathematik in unserer Körperschaft so wichtigen Tages. Darf man ihn doch zugleich auch in gewissem Sinne als den Abschluß einer nun zu Ende gegangenen Ära bezeichnen, in deren Mittelpunkt einstmals durch lange Jahre hindurch die Namen des Dreigestirns Weierstrass, Kummer, Kronecker glänzten. Wir sehen damit eine Forderung erfüllt, welche unsere Vertreter der Mathematik schon seit längerer Zeit erhoben haben und bei jeder Gelegenheit immer wieder zu betonen nicht müde geworden sind: dem altehrwürdigen Stamm durch Aufsetzung jüngerer Reiser frische Säfte zuzuführen und dadurch zu neuer Blüte zu verhelfen.

Wenn ich den Versuch wagen darf, die Eigenart der neuen Anregung, um welche die mathematische Forschung durch diesen Zuwachs bereichert worden ist, durch ein kurzes Begleitwort zu kennzeichnen, so möchte ich sie in einer gewissen Rückkehr zur Natur erblicken. Doch möchte ich nicht dahin mißverstanden werden, als ob es mir in den Sinn käme, die Souveränität der Mathematik auf ihrem Gebiete anzutasten. Beruht doch gerade auf dieser Souveränität, in der ihr keine andere Wissenschaft gleichkommt, der vornehme Zauber, den ihre stolze Schönheit auszuüben vermag. Aber anderseits ist es doch auch unzweifelhaft, daß die Mathematik, ebenso wie sie ursprünglich von einer natürlichen Beschäftigung, nämlich vom Zählen, ausgegangen ist, auch heute noch durch Fragen der Naturwissenschaft zu ihren bedeutendsten Problemen fortwährend neu angeregt und insofern auch befruchtet wird. Vielleicht liegt sogar hierin eine Erklärung für die merkwürdige Tatsache, die Sie, Hr. Schmidt, in Ihren Anfangsworten betont haben, daß eine bedeutende mathematische Schöpfung keineswegs immer dann zu entstehen pflegt, wenn der Boden für sie fertig bereitet ist, sondern daß manchmal Generationen darüber vergehen, bis sie durch einen scheinbar zufälligen, der Sache an sich genommen fremden Anstoß ans Tageslicht gefördert wird. Kein Beispiel kann diese Auffassung besser bekräftigen als der von Ihnen berührte Zusammenhang der Theorie der Integralgleichungen mit der Potentialtheorie.

Und Sie, Hr. Carathéodory, haben selber mit Wärme auf den doppelten Reiz hingewiesen, der der Variationsrechnung innewohnt: den einen, unmittelbaren, der wohl darauf beruht, daß sie den Blick von dem schwer entwirrbaren Einzelnen auf das leichter überschaubare Ganze lenkt und eben dadurch die Möglichkeit gewinnt, eine Fülle von Einzelaussagen in einen einzigen einfachen Satz zusammenzufassen, und den anderen, noch merkwürdigeren, der damit zusammenhängt, daß offenbar nicht nur der Mensch, sondern auch die Natur diese besondere Art der Betrachtungsweise begünstigt, mag man nun diesen eigentümlichen Umstand mit unserem Leibniz als eine prästabilierte Harmonie oder auf eine andere Weise bezeichnen. Es ist der nämliche Reiz, welcher einst unseren berühmten Präsidenten Maupertuis bei der Aufstellung seines Prinzips der kleinsten Wirkung begeisterte, freilich später ihm auch zum Verhängnis wurde, weil er noch nicht so leicht und sicher, wie das die heutigen Mathematiker verstehen, mit dem scharfen Werkzeug der Variationsrechnung umzugehen wußte.

Wenn nun heute mit Ihnen Beiden eine jüngere Mathematikergeneration ihren Einzug in unsere Akademie hält, so haben wir dabei den Eindruck, daß Sie Sich nach Ihrer Arbeitsrichtung wie nach Ihrer Persönlichkeit gegenseitig in vortrefflicher Weise ergänzen. Der mehr analytischen Orientierung auf der einen Seite steht eine mehr geometrische auf der anderen gegenüber. Ebenso der spezifisch deutschen Bildung ein durch langjährige Tätigkeit im Ausland nach verschiedenartigen Richtungen bereicherter Ideenschatz. Was anderseits Ihre wissenschaftliche Laufbahn betrifft, so hat zwar Ihnen Beiden die Wiege in Göttingen gestanden, aber gerade Sie, Hr. Carathéodory, sind auch fernerhin mit dem Göttinger Kreise mehr oder weniger eng verbunden geblieben, während Sie, Hr. Schmidt, es bald vorgezogen haben, Ihren Weg mehr nach selbständiger Richtung zulenken.

Doch ich will mich nicht weiter an einer Analyse versuchen, die im besten Falle nur sehr unvollkommen bleiben müßte, sondern lieber namens der Akademie der Freude Ausdruck geben, Sie Beide gewonnen zu haben, und der Hoffnung, daß in Zukunft noch manche Frucht Ihrer wissenschaftlichen Tätigkeit unsere akademischen Schriften schmücken wird.

Hierauf hielt Hr. Haberlandt die Gedächtnisrede auf Simon Schwendener, die in den Abhandlungen der Akademie abgedruckt wird

---

Es folgten die nachstehenden Mitteilungen des vorsitzenden Sekretars über die Preisarbeiten für das von Miloszewskysche Legat vom Januar 1919, den Preis der Graf-Loubat-Stiftung, die Stiftung zur Förderung der Sinologie, das Stipendium der Eduard-Gerhard-Stiftung, und über die Stiftung zur Förderung der kirchen- und religionsgeschichtlichen Studien im Rahmen der römischen Kaiserzeit (saec. I—VI).

Urteil über die beiden Preisarbeiten für das von Miloszewskysche Legat vom Januar 1919.

Die 1915 aus dem von Miloszewskyschen Legat zum zweiten Male, damals mit dreijähriger Frist gestellte Preisaufgabe »Geschichte des theoretischen Kausalproblems seit Descartes und Hobbes« hat 2 Bearbeitungen gefunden.

Die eine, ungemein umfangreiche, auch »die vorhergehenden Kausaltheorien« umfassende Arbeit mit dem Motto: »Οὐδὲν γίγνεται ἐκ τοῦ μὴ ὄντος« verdient Anerkennung des für sie aufgewandten Fleißes. Leider aber ist es ihrem Verfasser so wenig wie dem Bearbeiter des Problems vom Jahre 1915 gelungen, dem philosophischen Gehalt der Aufgabe gerecht zu werden. Er begnügt sich mit einer zum Teil aus veralteten sekundären Quellen geschöpften, an Zitaten überreichen, kaum irgendwo um das Problem konzentrierten, vielfach weit abschweifenden Darstellung. Nur da, wo physikalisch-mathematische Kausalfragen in Betracht kommen, bekundet sich ein selbständigeres, hin und wieder auch über Landläufiges hinausgehendes Wissen und Urteil. In die Idee des theoretischen Kausalproblems, die Arten ihrer Entfaltung und die Richtung ihrer Entwicklung einzudringen, ist dem Verfasser nicht gelungen; am wenigsten da, wo sich seine Darstellung der Problementwicklung seit Kant nähert und diese zu verfolgen sucht. Es fehlt dem Verfasser an der philosophischen Vorbildung, welche allein die geforderte Untersuchung erfolgreich machen konnte. Die Akademie ist deshalb nicht in der Lage, dem Verfasser einen Preis zuzuerkennen.

Einen wesentlich anderen Charakter zeigt die zweite Preisarbeit mit dem Motto: »Οὐδὲν χρῆμα μάτην γίνεται, ἀλλὰ πάντα ἐκ λόγου τε καὶ ὑπ' ἀνάγκης«. Was immer der Verfasser aus dem Gebiet der neueren Philosophie in den Bereich seiner spezielleren Untersuchung zieht, ist aus den ersten Quellen geschöpft, um die theoretischen Kausalprobleme konzentriert, selbständig durchdacht und in lichtvoller Darstellung wiedergegeben. Deutlich scheiden sich, abgesehen von der Einleitung über die Vorgeschichte des Problems, zwei Teile der Arbeit voneinander: die Entwicklung der Kausalprobleme von Descartes bis Kant, und von Kant bis Sigwart. Mehrfache Korrekturen erfordert die Einleitung. Vortrefflich aber ist die historische Entwicklung in der ersten Phase zu einem historischen Ganzen abgerundet, so daß kleinere Lücken, das Fehlen einer Skizze der Problemlage um den Anfang des 17. Jahrhunderts, speziell der kausalen Naturauffassung von Galilei und Kepler, ferner von Crusius' Kritik des Leibnizischen Satzes vom Grunde sowie von Reids Begründung der Common sense-Lehre und ihrer Kritik durch Priestley, ebensowenig ernstlich stören wie kleinere, leicht ausmerzbare Einzelverfehlungen. Weniger gelungen ist die Darstellung der zweiten Entwicklungsphase. Auch wenn zugestanden wird, daß uns zur unbefangenen historischen Würdigung der Problementwicklung im 19. Jahrhundert noch die rechte historische Distanz fehlt, hätte der Verfasser zu einem volleren historischen Verständnis gelangen können, wenn er die metaphysisch fundierte Rückbildung der Probleme in der spekulativen Philosophie von Fichte bis Hegel ähnlich eindringend behandelt hätte, wie die Fortbildung bei Schopenhauer und Herbart, Comte, St. Mill, Fechner und Lotze; und die Umbildungen durch Fries und Apelt sowie späterhin durch Herbert Spencer nicht beiseite gelassen hätte. Dennoch bleibt so viel des Gelungenen, Eindringenden und Weiterführenden, daß dem Verfasser der volle Preis in der Voraussetzung zuerkannt werden kann, er werde die erwähnten Mängel vor der Drucklegung in sorgsamer Darstellung beseitigen.

Die Eröffnung des Umschlags mit dem Motto: »Οὐδὲν χρῆμα μάτην γίνεται, ἀλλὰ πάντα ἐκ λόγου τε καὶ ὑπ' ἀνάγκης« ergab als Verfasser: Frau Else Wentscher, Bonn a. Rh.

Preis der Graf-Loubat-Stiftung.

Nach dem Statute der von dem Grafen (später Herzog) Joseph Florimond de Loubat bei der Preußischen Akademie der Wissenschaften begründeten Preisstiftung soll alle fünf Jahre durch die Akademie ein Preis von 3000 Mark an diejenige gedruckte Schrift aus dem Gebiete der amerikanistischen Studien erteilt werden, die unter den der Akademie eingesandten oder ihr anderweitig bekannt gewordenen als die beste sich erweist.

Die amerikanistischen Studien werden zum Zwecke dieser Preisbewerbung in zwei Gruppen geteilt: die erste umfaßt die präkolumbische Altertumskunde von ganz Amerika; die zweite begreift die Geschichte von ganz Amerika, insbesondere dessen Kolonisation und die neuere Geschichte bis zur Gegenwart. Die Bewerbung um den Preis und seine Zuerkennung beschränkt sich jedesmal, und zwar abwechselnd, auf die eine dieser beiden Gruppen und Schriften, die innerhalb der letzten zehn Jahre erschienen sind. Als Schriftsprache ist die deutsche und die holländische zugelassen.

Die letzte Preiserteilung fand im Jahre 1916 statt und betraf eine Schrift über Volks- und Altertumskunde eines bestimmten Gebietes im nordwestlichen Mexiko. Die nächste Preiserteilung muß demnach im Jahre 1921 erfolgen, und zugelassen sind gedruckte Schriften über koloniale und neuere Geschichte von Amerika bis zur Gegenwart. Die Bewerbungsschriften müssen bis zum 1. März 1921 der Akademie eingereicht sein.

Stiftung zur Förderung der Sinologie.

Das Kuratorium der Stiftung für Sinologie hat beschlossen, von einer Verwendung der Zinsen in diesem Jahre abzusehen.

Stiftung zur Förderung der kirchen- und religionsgeschichtlichen Studien im Rahmen der römischen Kaiserzeit (saec. I—VI).

Bei der Stiftung zur Förderung der kirchen- und religionsgeschichtlichen Studien im Rahmen der römischen Kaiserzeit (saec. I—VI) waren für das Jahr 1919 1940.65 Mark verfügbar. Das Kuratorium der Stiftung hat diesmal keinen Verwendungsvorschlag gemacht. Der Betrag wächst dem Kapital der Stiftung zu.

Stipendium der Eduard-Gerhard-Stiftung.

Das Stipendium der Eduard-Gerhard-Stiftung war in der Leibniz-Sitzung des Jahres 1918 für das laufende Jahr mit dem Betrage von 9000 Mark ausgeschrieben. Von dieser Summe sind Hrn. Prof. Dr. Ernst Herzfeld in Berlin für seine Forschungen in Kilikien 5000 Mark und Hrn. Dr. Fritz Weege in Tübingen zur Bearbeitung der Wandmalereien der etruskischen Gräber 4000 Mark zuerkannt worden.

Für das Jahr 1920 wird das Stipendium mit dem Betrage von 2700 Mark ausgeschrieben. Bewerbungen sind vor dem 1. Januar 1920 der Akademie einzureichen.

Nach § 4 des Statuts der Stiftung ist zur Bewerbung erforderlich:

1. Nachweis der Reichsangehörigkeit des Bewerbers;
2. Angabe eines von dem Petenten beabsichtigten, durch Reisen bedingten archäologischen Planes, wobei der Kreis der archäologischen Wissenschaft in demselben Sinne verstanden und anzuwenden ist, wie dies bei dem von dem Testator begründeten Archäologischen Institut geschieht. Die Angabe des Planes muß verbunden sein mit einem ungefähren, sowohl die Reisegelder wie die weiteren Ausführungsarbeiten einschließenden Kostenanschlag. Falls der Petent für die Publikation der von ihm beabsichtigten Arbeiten Zuschuß erforderlich erachtet, so hat er den voraussichtlichen Betrag in den Kostenanschlag aufzunehmen, eventuell nach ungefährem Überschlag dafür eine angemessene Summe in denselben einzustellen.

Gesuche, die auf die Modalitäten und die Kosten der Veröffentlichung der beabsichtigten Forschungen nicht eingehen, bleiben unberücksichtigt. Ferner hat der Petent sich in seinem Gesuch zu verpflichten:

1. vor dem 31. Dezember des auf das Jahr der Verleihung folgenden Jahres über den Stand der betreffenden Arbeit sowie nach Abschluß der Arbeit über deren Verlauf und Ergebnis an die Akademie zu berichten;

2. falls er während des Genusses des Stipendiums an einem der Palilientage (21. April) in Rom verweilen sollte, in der öffentlichen Sitzung des Deutschen Instituts, sofern dies gewünscht wird, einen auf sein Unternehmen bezüglichen Vortrag zu halten;
3. jede durch dieses Stipendium geförderte Publikation auf dem Titel zu bezeichnen als herausgegeben mit Beihilfe des Eduard-Gerhard-Stipendiums der preußischen Akademie der Wissenschaften;
4. drei Exemplare jeder derartigen Publikation der Akademie einzureichen.

Verleihungen der Leibniz-Medaille.

Der Vorsitzende fuhr fort:

Zum Schlusse obliegt mir noch die Aufgabe, die von der Akademie beschlossenen und von dem vorgeordneten Ministerium genehmigten diesjährigen Verleihungen der Leibniz-Medaille hier öffentlich zu verkündigen.

Es ist seit mehreren Jahren heute das erste Mal, daß die silberne Leibniz-Medaille wieder zur Verteilung gelangt. Als die Wirkungen des Krieges vermöge seiner unerwartet langen Dauer sich tiefer und stärker in dem Berufsleben auch der Nichtkämpfer geltend machten, glaubte die Akademie für eine Zeitlang von der Ausübung ihres schönen Privilegiums absehen zu sollen, in der Erwägung, daß es sich empfehle, die öffentliche Aufmerksamkeit auf keine anderen Leistungen zu lenken als auf solche, die mit der Verteidigung des Vaterlandes in unmittelbarem Zusammenhang stehen. Heute, da Waffenruhe eingetreten ist, erachtet es die Akademie als eine ihrer vornehmsten Pflichten, ihrer Anerkennung in verstärktem Maße überall da Ausdruck zu geben, wo ihr Auge auf wertvolle Früchte echt wissenschaftlichen Strebens trifft, die inzwischen in der Stille, oft abseits vom Wege, herangereift sind, und die von selbständiger und zielbewußter Geistesarbeit Zeugnis geben, gleichgültig, in welchem Fache es auch immer sei.

Daher trägt sie kein Bedenken, auch einem Meister auf dem Gebiete der technischen Mechanik, Hrn. Otto Wolff in Berlin, die silberne Medaille zu verleihen, der als erster die Schwierigkeiten, welche sich der fabrikmäßigen Behandlung der neuen Widerstandslegierung Manganin entgegenstellten, überwunden und durch Verwendung dieses Materials in Rheostaten, Meßbrücken und Kompensatoren einen wesentlichen Fortschritt in der elektrischen Meßtechnik aller Länder der Erde herbeigeführt hat.

Echter wissenschaftlicher Tätigkeitsdrang überwindet nicht nur äußere Schwierigkeiten, sondern versteht es sogar, widrige Schicksalsfügungen auszunutzen und sie direkt in den Dienst produktiver Arbeit zu stellen. Der deutsche Privatgelehrte Professor Dr. C. Dorno aus Königsberg, der sich vor zwölf Jahren durch Krankheit in der Familie genötigt sah, nach Davos überzusiedeln, begann daselbst bald die günstigen atmosphärischen Verhältnisse des Davoser Hochtals für Untersuchungen über Sonnenstrahlung, Helligkeit und Polarisation des Himmelslichtes, Dämmerung und Luftelektrizität in ausgiebigster und erfolgreichster Weise zu verwerten. Er hat darüber eine Anzahl von Abhandlungen veröffentlicht, die eine Fülle von Ergebnissen und neuen Gesichtspunkten enthalten und die den Verfasser als vorsichtigen, kritischen und erfindungsreichen Beobachter zeigen. In besonderer Anerkennung dieser Arbeiten verleiht ihm die Akademie die silberne Leibniz-Medaille.

Eine wahrhaft wissenschaftliche Leistung, wenn auch zunächst durch Bedürfnisse praktischer Art angeregt, erblickt die Akademie in der Schaffung des Handatlas von Debes, der unter den deutschen Atlanten eine hervorragende und insofern einzigartige Stellung einnimmt, als er in seiner vorliegenden Gestalt ein Werk aus einem Guß vorstellt, dessen zielbewußte Planlegung die Gedanken eines tüchtigen Geographen, und dessen ausgezeichnete Ausführung die Hand eines hervorragenden Kartographen verrät. Die Einheitlichkeit der Planlegung offenbart sich sowohl in der verständnisvollen Wahl der Kartenprojektionen als auch namentlich in der überaus gelungenen Geländedarstellung, ferner in der Auswahl der geographisch richtigen Namen und deren Rechtschreibung. Viele Blätter des Atlas, wie die Karten einzelner Teile des Deutschen Reiches, stellen unübertroffene Zusammenarbeitungen des vorliegenden Materials dar und würden jeder rein wissenschaftlichen Stelle zur Ehre gereichen. Die Akademie verleiht daher Hrn. Prof. E. Debes in Leipzig die silberne Leibniz-Medaille.

Besonderes Interesse nimmt die Akademie, welche dem Erkenntnisdrang grundsätzlich keine Schranken gesetzt sehen will, an solchen wissenschaftlichen Bestrebungen, welche, über den engeren Kreis eines speziellen Faches hinausgreifend, die weiteren sachlichen und historischen Zusammenhänge aufzuspüren und zu durchdringen trachten. Daher gedenkt sie heute der Arbeiten des Hrn. Prof. Dr. Edmund von Lippmann, Direktor der Zuckerraffinerie Halle a. S., welcher zunächst durch geschichtliche Forschungen im Umkreise seines engeren Berufes veranlaßt wurde, im Jahre 1890 mit seiner grundlegenden »Geschichte des Zuckers« hervorzutreten, und sodann, den Kreis seiner Forschungen erweiternd, die gesamte Naturwissenschaft, speziell die Physik und

Chemie des Altertums und des Mittelalters durch die Renaissance hindurch bis zur Neuzeit nach der geschichtlichen Seite hin durchforschte. Zuletzt hat er in seinem umfangreichen Werk »Entstehung und Ausbreitung der Alchemie« eine eingehende quellenmäßige Durchforschung des ungeheuren Materials gegeben. das die Zusammenhänge der Alchemie mit den philosophischen Anschauungen des Altertums lichtvoll erläutert und deren Weiterentwicklung bis zum Beginne der Neuzeit schildert. Die Akademie ehrt diese verdienstlichen Leistungen durch die silberne Leibniz-Medaille.

Wie reich ein wissenschaftliches Werk dadurch befruchtet werden kann, daß sein Urheber in der Lage ist, aus zwei innerlich verwandten, aber aus äußeren praktischen Gründen für gewöhnlich als getrennt behandelten Wissensgebieten zugleich zu schöpfen, das zeigt die in langjähriger Arbeit jetzt zu einem relativen Abschluß gebrachte akten- und quellenmäßige Erforschung und Darstellung der preußischen und deutschen Münz- und Geldgeschichte, verfaßt von Hrn. Prof. Dr. Freiherr von Schrötter in Berlin-Wilmersdorf. Nur weil der Verfasser erst nach Vollendung seiner umfassenden verwaltungs- und wirtschaftsgeschichtlichen Studien zur Münzkunde überging, konnte es ihm gelingen, in seinem Werke neben der numismatisch-technischen Seite auch die finanz- und wirtschaftsgeschichtliche und den Zusammenhang mit den politischen Ereignissen und Zuständen zu voller Geltung zu bringen, ein Erfolg, dessen Anerkennung in der silbernen Leibniz-Medaille ihren würdigen Ausdruck findet.

Dankbar gedenkt die Akademie heute auch der Leistungen ihres treuen Mitarbeiters Hrn. Prof. Dr. Johannes Kirchner in Berlin-Wilmersdorf, der schon seit dem Jahre 1893 bei der Sammlung der attischen Inschriften tätig mitwirkt. Im Jahre 1901 erschien, von der Akademie unterstützt, sein großes Werk Prosopographia Attica, das jedem unentbehrlich ist, der sich mit athenischen Dingen beschäftigt. So erschien er als der berufene, die notwendige Neubearbeitung der attischen Steine zu übernehmen, und seinem unermüdlichen Fleiße ist es zu danken, daß die Psephismen vom Jahre des Euklides ab schon vorliegen. Diese anerkennenswerten Verdienste glaubt die Akademie durch die silberne Leibniz-Medaille ehren zu sollen.

Nach den für ihre Verleihung maßgebenden Bestimmungen ist die Leibniz-Medaille nicht auf die Krönung rein wissenschaftlicher Leistungen beschränkt; vielmehr ist es der Akademie gestattet, durch sie auch Nichtgelehrte auszuzeichnen, als Anerkennung für besondere

Verdienste, welche der Wissenschaft mehr oder weniger indirekt zugute gekommen sind. Doch pflegt die Akademie in einem solchen Falle, als ein unterscheidendes Merkmal, den zarten, intimeren Glanz des Silbers durch das kräftiger und auf weitere Entfernungen leuchtende Gold zu ersetzen.

Vor wenig Monaten waren in aller Munde die Taten der frisch heimgekehrten Heldenschaar, die im fernen Ostafrika durch mehr als vier Jahre hindurch dem Ansturm der Feinde erfolgreich bis zum Ende standgehalten hat. Vor Ausbruch des Krieges war die deutsche Kolonie Deutsch-Ostafrika in bester wissenschaftlicher Erforschung begriffen. Die Oberflächengestalt und die Grundzüge des geologischen Baues waren in großen Zügen festgelegt. Ein Netz meteorologischer Stationen war eingerichtet, die Pflanzenwelt wurde erforscht, eine botanische Station war ins Dasein gerufen. Die Tierwelt wurde studiert; eingehende Forschungen waren den Eingeborenen gewidmet. Sind diese Arbeiten zwar vielfach von einzelnen Forschern und einzelnen wissenschaftlichen Institutionen im Reiche gefördert gewesen, so sind doch viele von seiten des Kolonialamts durch das Gouvernement bewirkt worden; alle Arbeiten aber fanden durch den Gouverneur von Deutsch-Ostafrika, Dr. Schnee, zielbewußte Förderung. Heute sind die Früchte aller dieser Bemühungen in Frage gestellt. Aber wie sich auch die Zukunft unseres Kolonialbesitzes gestalten mag, die Akademie ist der Meinung, daß die deutsche Kulturarbeit dort nicht umsonst getan wurde, und daß heute der richtige Augenblick gegeben ist, Hrn. Dr. Schnee für die Förderung, die er der wissenschaftlichen Arbeit in Deutsch-Ostafrika gewährt hat, durch die Verleihung der goldenen Leibniz-Medaille auszuzeichnen.

Möge das Bild des unvergleichlichen Mannes, welches die Medaille schmückt, allen ihren Inhabern ein gern gesehener Gefährte auf ihrem ferneren Lebensweg sein; möge es ihren wissenschaftlichen Interessen als ein heller Leitstern voranleuchten und mit unserer Akademie zu gemeinsamer Gesinnung vereinigen, zu der Gesinnung rastloser Arbeit, im Dienste unseres teuren, schwer geprüften Vaterlandes.

Ausgegeben am 10. Juli.

Berlin, gedruckt in der Reichsdruckerei

1919 XXXIV. XXXV. XXXVI

SITZUNGSBERICHTE

DER PREUSSISCHEN

AKADEMIE DER WISSENSCHAFTEN

BERLIN 1919

VERLAG DER AKADEMIE DER WISSENSCHAFTEN

IN KOMMISSION BEI DER
VEREINIGUNG WISSENSCHAFTLICHER VERLEGER WALTER DE GRUYTER U. CO.
VORMALS G. J. GÖSCHEN'SCHE VERLAGSHANDLUNG. J. GUTTENTAG, VERLAGSBUCHHANDLUNG.
GEORG REIMER. KARL J. TRÜBNER. VEIT U. COMP.

lagen, so
mie dazu eine Bewilligung beschließen. Ein
ter Antrag ist vor der Herstellung der betreffenden Vorlagen mit dem schriftlichen Kostenanschlage

SITZUNGSBERICHTE 1919. XXXIV.

DER PREUSSISCHEN

AKADEMIE DER WISSENSCHAFTEN.

10. Juli. Sitzung der physikalisch-mathematischen Klasse.

Vorsitzender Sekretar: Hr. Planck.

Hr. Carathéodory las über den Wiederkehrsatz von Poincaré.

Er trug einen Beweis für den Poincaréschen Wiederkehrsatz vor, der sich auf den Lebesgueschen Maßbegriff stützt, ohne welche Grundlage der ursprüngliche Poincarésche Beweis nicht einwandfrei ist.

Über den Wiederkehrsatz von POINCARÉ.

VON C. CARATHÉODORY.

Der Beweis, den POINCARÉ von seinem berühmten Wiederkehrsatz gegeben hat[1], schwebte ursprünglich in der Luft, weil schon die Aussage des Satzes nur mit Hilfe der LEBESGUEschen Théorie des Inhalts von Punktmengen, die mehr als ein Jahrzehnt nach der POINCARÉschen Abhandlung entstanden ist[2], einen präzisen Sinn erhält. Der POINCARÉsche Beweis enthält aber nicht nur sämtliche Gedanken, aus denen die Richtigkeit seines Satzes folgt, sondern ist auch bei sachgemäßer Deutung der Schlüsse bindend, wenn man die LEBESGUEsche Theorie voraussetzt[3].

Wenn ich mir trotzdem erlaube, auf diesen Gegenstand zurückzukommen, so ist es nur, weil man durch eine geringe Modifikation des POINCARÉschen Gedankenganges seinen Beweis außerordentlich vereinfachen und ihn in wenigen Strichen führen kann.

1. In seiner einfachsten Gestalt lautet der POINCARÉsche Satz folgendermaßen[4]:

Es sei G ein Gebiet (d. h. eine offene zusammenhängende Punktmenge des n-dimensionalen Raumes), dessen Inhalt mG endlich ist und in dem eine stationäre Strömung einer inkompressibeln Flüssigkeit stattfindet.

---

[1] Sur les équations de la Dynamique et le Problème des trois corps. Acta Mathematica 13 (1890) p. 1—270; der betreffende Satz p. 67—72. Les méthodes nouvelles de la mécanique céleste T. III (Paris 1899) p. 140—157. Siehe auch für die weitere Literatur den Artikel von P. HERTZ über statistische Mechanik im Repertorium der Physik von RUDOLPH WEBER und R. GANS (Bd. I, 2 p. 461).

[2] Intégrale, Longueur, Aire. Thèse. Annali di Matematica (3). 7 (1902).

[3] Die Lücke im POINCARÉschen Beweise besteht darin, daß er, nachdem er die Wahrscheinlichkeit einer Teilmenge von G gleich dem Inhalte dieser Punktmenge dividiert durch den Inhalt von G gesetzt hat, ohne Bedenken die Sätze über zusammengesetzte Wahrscheinlichkeit anwendet und auf diese Weise die Wahrscheinlichkeit von Punktmengen ausrechnet, für welche der Inhalt ohne LEBESGUEsche Maßbestimmung nicht zu existieren braucht, so daß man nicht wissen kann, ob nicht durch eine andere Anordnung der Rechnungen für dieselben Punktmengen andere Wahrscheinlichkeitszahlen gefunden werden könnten.

[4] Siehe für die Bezeichnungen mein Buch: Vorlesungen über reelle Funktionen (Leipzig 1918).

Bezeichnet man mit P_0 einen beliebigen Punkt von G und mit $P_1, P_2, \cdots$ die Orte, in denen der materielle Punkt, der zur Zeit Null mit P_0 zusammenfällt, sich zu den Zeiten $\tau, 2\tau, \cdots$ befindet, wobei τ eine beliebige feste positive Zahl bedeutet, so ist P_0 ein Häufungspunkt der abzählbaren Punktmenge $\{P_1, P_2, \cdots\}$ außer höchstens wenn P_0 in einer Teilmenge von G enthalten ist, die vom (LEBESGUEschen) Inhalt Null ist.

Fällt einer der Punkte $P_1, P_2, \cdots$, z. B. der Punkt P_k, mit P_0 zusammen, so ist die durch P_0 gehende Stromlinie geschlossen, und es fallen, weil die Strömung stationär ist, die Punkte $P_{2k}, P_{3k}, \cdots$ ebenfalls mit P_0 zusammen. Der Punkt P_0 ist also in diesem Falle ein Häufungspunkt der Punktmenge $\{P_1, P_2, \cdots\}$.

Hieraus folgt, daß P_0 nur dann kein Häufungspunkt der betrachteten abzählbaren Punktmenge ist, wenn die Entfernung zwischen P_0 und der Punktmenge $\{P_1, P_2, \cdots\}$ von Null verschieden ist, oder was auf dasselbe hinaus kommt, wenn eine Umgebung U_{P_0} von P_0 gefunden werden kann, die keinen einzigen der Punkte $P_1, P_2, \cdots$ enthält.

Bezeichnet man mit $A(h)$ diejenige Teilmenge von G, für welche die Entfernungen $\overline{P_1 P_0}, \overline{P_2 P_0}, \cdots$ sämtlich größer als h sind, so sind sämtliche Punkte P_0 von G Häufungspunkte von $\{P_1, P_2, \cdots\}$, außer wenn sie in der Punktmenge

$$A\left(\frac{1}{2}\right) + A\left(\frac{1}{3}\right) + A\left(\frac{1}{4}\right) + \cdots$$

enthalten sind. Der POINCARÉsche Satz wird also bewiesen sein, sobald wir zeigen können, daß die Punktmenge $A(h)$ für jedes h eine Nullmenge ist.

2. Wir beweisen zunächst, daß die Punktmenge $A(h)$ für jedes h von meßbarem Inhalte ist. Zu diesem Zweck bezeichnen wir mit $A_n(h)$ diejenige Teilmenge von G, für welche die n Entfernungen

$$\overline{P_1 P_0}, \overline{P_2 P_0}, \cdots, \overline{P_n P_0}$$

sämtlich größer als h sind, und bemerken, daß die Punktmengen $A_n(h)$, wegen der Stetigkeit der Strömung, offene Punktmengen sind, d. h. daß sie aus lauter inneren Punkten bestehen. Sie sind also meßbar, und dasselbe gilt von unserer Punktmenge $A(h)$, die man ja gleich dem Durchschnitte dieser abzählbar unendlich vielen Punktmengen $A_n(h)$ setzen kann.

Man kann nun die Punktmenge G mit endlich oder abzählbar unendlich vielen offenen Punktmengen

$$U_1, U_2, \cdots$$

überdecken, von denen jede einen Durchmesser besitzt, der kleiner ist als h. Wir betrachten den Durchschnitt

$$B_j = A(h)\,U_j \qquad (j = 1, 2, \cdots)$$

der Punktmenge $A(h)$ mit jeder der Punktmengen U_j und bemerken, daß, weil $A(h)$ gleich der Vereinigung aller Punktmengen B_j ist, die Relation

$$mA(h) \leqq \sum_j mB_j$$

besteht.

Die Punktmenge $A(h)$ wird also sicher eine Nullmenge sein, wenn wir zeigen können, daß jede der Punktmengen B_j diese Eigenschaft besitzt.

Der Teil der Flüssigkeit, der zur Zeit Null die Punktmenge B_j ausfüllt, wird zu den Zeiten τ, 2τ, $\cdots$ in Teilmengen von G enthalten sein, die wir mit

$$B_j',\ B_j'',\ B_j''',\ \cdots$$

bezeichnen wollen. Die Punktmengen B_j, B_j', $\cdots$ liegen aber getrennt; würden nämlich zwei unter ihnen wie $B_j^{(i)}$ und $B_j^{(i+k)}$ gemeinsame Punkte besitzen, so müßten, da die Strömung stationär ist, die Punktmengen B_j und $B_j^{(k)}$ ebenfalls gemeinsame Punkte haben, was aber unseren Voraussetzungen widerspricht. Denn dann würde die Punktmenge B_j Punkte P_0 enthalten, deren k^{tes} Bild P_k ebenfalls in B_j enthalten ist; die Entfernung $\overline{P_0P_k}$ wäre aber dann kleiner als die Zahl h, die, nach unserer Konstruktion, den Durchmesser von B_j übertrifft, und B_j könnte infolgedessen nicht Teilmenge von $A(h)$ sein.

Die unendlich vielen Punktmengen B_j, B_j', B_j'', $\cdots$ liegen also außerhalb einander; sie sind außerdem als Durchschnitt der zwei meßbaren Punktmengen $A(h)$ und U_j bzw. als stetige Bilder dieses Durchschnitts ebenfalls meßbare Punktmengen und für ihre Summe S gilt also die Relation

$$mS = mB_j + mB_j' + mB_j'' + \cdots. \tag{1}$$

Nun haben aber die Punktmengen $B_j^{(k)}$, weil die strömende Flüssigkeit inkompressibel ist, alle denselben Inhalt wie B_j und ihre Summe S hat als Teilmenge von G einen endlichen Inhalt. Dies ist mit der Gleichung (1) nur dann verträglich, wenn

$$mB_j = 0$$

ist, woraus, wie wir schon bemerkten, die Gleichung

$$mA(h) = 0 \tag{2}$$

folgt.

3. Poincaré hat seinen Satz auch auf den allgemeineren Fall angewandt, daß die strömende Flüssigkeit zwar nicht inkompressibel ist,

aber eine positive Integralinvariante besitzt. Hierunter ist folgendes zu verstehen: Es sei $M(P)$ eine über G summierbare positive Funktion, die höchstens in einer Nullmenge von G verschwindet; ist dann W eine willkürliche meßbare Teilmenge von G und führt man die Bezeichnung ein

$$\mu W = \int_W M(P)\, dw, \tag{3}$$

so soll

$$\mu W(0) = \mu W(t)$$

für jeden Wert von t sein, wenn $W(0)$ und $W(t)$ beliebige Teile von G bezeichnen, in welchen sich dieselben Flüssigkeitsmassen zur Zeit Null bzw. t befinden. Ersetzt man in dem Beweise des vorigen Paragraphen überall den Inhalt mA durch das Integral μA, so findet man mit den obigen Bezeichnungen

$$\mu A(h) = 0.$$

Das Integral (3), über die meßbare Punktmenge $A(h)$ erstreckt, kann aber unter den gemachten Voraussetzungen dann und nur dann verschwinden, wenn der Inhalt der Punktmenge $A(h)$ gleich Null ist[1], so daß auch hier die Gleichung (2) ihre Gültigkeit behält.

4. Für die mechanischen Anwendungen des Wiederkehrsatzes ist eine weitere Verallgemeinerung desselben wichtig. Wir wollen nämlich nicht mehr voraussetzen, daß die offene n-dimensionale Punktmenge G als Teilmenge des n-dimensionalen Raumes angesehen werden muß[2]. Jedes n-dimensionale Gebiet G kann aber, auch unter den allgemeinsten Voraussetzungen, stets als die Vereinigung von endlich oder abzählbar unendlich vielen offenen Punktmengen $G_1, G_2, \cdots$ vom Typus der n-dimensionalen Kugel dargestellt werden.

Man kann nun innerhalb eines jeden der Teilgebiete G_i und folglich auch innerhalb des ganzen Gebietes G abzählbar unendlich viele offene Punktmengen

$$U_1, U_2, U_3, \cdots \tag{4}$$

finden, von der Eigenschaft, daß, wenn P irgendein Punkt von G und U_P irgendeine Umgebung von P ist, mindestens eine dieser Punktmengen z. B. U_k nicht nur den Punkt P in ihrem Innern enthält, sondern auch selbst samt ihrer Begrenzung in U_P enthalten ist[3].

[1] Siehe z. B. meine Vorlesungen über reelle Funktionen § 405.

[2] So können z. B. die mehrfach zusammenhängenden RIEMANNschen Flächen zwar als 2-dimensionale offene Punktmengen, aber nie als Teilmengen der schlichten Ebene aufgefaßt werden.

[3] Die abzählbar vielen n-dimensionalen Würfel mit rationalen Mittelpunktskoordinaten und rationalen Kantenlängen bilden z. B. innerhalb des $\mathfrak{R}_n$ eine Folge von Gebieten, die die geforderten Eigenschaften besitzen.

Wir bezeichnen nun (für jede natürliche Zahl j) mit B_j die Punktmenge, die aus sämtlichen Punkten P_0 innerhalb U_j besteht, für welche kein einziger von den übrigen dem Punkte P_0 zugeordneten Punkten $P_1, P_2, \cdots$, die wir im § 1 betrachtet haben, weder im Innern von U_j noch auf der Begrenzung dieser Punktmenge liegt[1]. Man beweist nun mit ähnlichen Schlüssen wie in den §§ 2 und 3 erstens, daß B_j meßbar ist, und zweitens, daß μB_j und daher auch mB_j gleich Null ist.

Die Vereinigung

$$A = B_1 + B_2 + \cdots$$

aller dieser Punktmengen ist dann ebenfalls eine Nullmenge, die aus sämtlichen Punkten P_0 besteht, für welche P_0 nicht Häufungspunkt von $\{P_1, P_2, \cdots\}$ ist. Es ist erstens klar, daß nach unserer Konstruktion jeder Punkt von A diese Eigenschaft besitzt. Aber auch umgekehrt: ist P_0 ein Punkt, der kein Häufungspunkt von $\{P_1, P_2, \cdots\}$ ist, so gibt es, wie wir im § 1 sahen, eine Umgebung U_{P_0} von P_0, die keinen der auf P_0 folgenden Punkte $P_1, P_2, \cdots$ enthält, und ferner nach Voraussetzung unter den Punktmengen (4) mindestens eine U_k, die mit ihrer Begrenzung in U_{P_0} enthalten ist und die außerdem noch P_0 enthält. Hieraus folgt aber, daß P_0 in B_k und folglich auch in A enthalten ist, weil sonst mindestens einer unter den Punkten $P_1, P_2, \cdots$ entweder in der Punktmenge U_k oder auf deren Begrenzung, d. h. jedenfalls innerhalb U_{P_0} enthalten wäre, was unserer Voraussetzung widerspricht.

---

[1] Diese letzte Voraussetzung erlaubt, die Meßbarkeit von B_j in ähnlicher Weise, wie wir am Anfang des § 2 die Meßbarkeit von $A(h)$ bewiesen haben, abzuleiten.

Vererbungsversuche mit buntblättrigen Sippen.

I. Capsella Bursa pastoris albovariabilis und chlorina.

Von C. Correns.

(Vorgetragen am 19. Juni 1919 [s. oben S. 505].)

Vor 10 Jahren (1909 a, b) habe ich im ersten Band der Zeitschrift für induktive Abstammungs- und Vererbungslehre eine Anzahl »Chlorophyllsippen« in ihrer Vererbungsweise beschrieben, die *chlorina-*, *albomaculata-*, *variegata-* und *albomarginata*-Sippe. Davon ist die letzte kaum beachtet worden, wohl weil sie in keines der neuen Lehrbücher der Vererbungswissenschaft aufgenommen wurde, obgleich sie als erstes Beispiel mendelnder Weißbuntheit ein gewisses Interesse hätte beanspruchen dürfen. Denn sie beweist, daß Weißbuntheit auch ohne erbungleiche Zellteilung und Zellenmutation und ohne Übertragung ungleichartiger Chloroplasten durch die Keimzellen zustande kommen kann.

Im gleichen Heft veröffentlichte E. Baur (1909) die ersten Mitteilungen über das anatomische und genetische Verhalten der weißbunten Periklinalchimären bei *Pelargonium zonale*, die ich, um einen kurzen Ausdruck dafür zu haben, im folgenden die *albotunicata*-Sippe nennen will. Kurz vorher hatte er schon (1908) die merkwürdige *aurea*-Sippe des *Antirrhinum majus* beschrieben. Daran haben sich zahlreiche andere Untersuchungen angeschlossen, so von Baur (*Antirrhinum*, *Aquilegia*, *Melandrium*), Emerson (Mais), Gregory (*Primula*), Ikeno (*Capsicum*), Kiessling (*Hordeum*, *Faba*), Lodewijks (*Nicotiana*), Miles (Mais), Nilson-Ehle (Getreide), Pellew (*Campanula*), Shull (*Melandrium*), Stomps (*Oenothera*), Trow (*Senecio*), Winge (*Humulus*), De Vries (*Oenothera*), van der Wolk (*Acer*) und anderen. Ich kann an dieser Stelle auf all diese Arbeiten nicht eingehen, werde aber auf sie zurückkommen.

Eine Einteilung der buntblättrigen Sippen nach anatomischen Gesichtspunkten verdanken wir Küster (1916), der auch über das ontogenetische Zustandekommen des Mosaiks Untersuchungen und Überlegungen angestellt hat. Ich selbst habe meine Versuche fortgesetzt und erweitert und will nun über einige berichten.

Eine bunte Sippe ist selbstverständlich erst dann wirklich bekannt, wenn ihr anatomischer Bau und ihre Vererbungsweise bekannt sind. Ich mußte deshalb stets auch auf den ersteren Rücksicht nehmen. Dabei kam ich bald zur Überzeugung, daß die Kenntnis der Anatomie keine sicheren Schlüsse auf die Vererbungsweise zuläßt. Wir werden dafür später überzeugende Beweise kennen lernen.

Jeder in Bau und Vererbungsweise genau umschriebene Typus sollte einen weiterhin nur für ihn verwendeten Namen erhalten, weil er in den verschiedensten Verwandtschaftskreisen wiederkehren kann. Ein gutes Beispiel sind die eingangs erwähnten *chlorina-*, *variegata-* und *albomaculata*-Sippen, die bei *Mirabilis Jalapa* aufgefunden, von mir und anderen auch bei ganz anderen Arten nachgewiesen worden sind, z. B. alle drei auch bei *Urtica pilulifera* vorkommen.

Die Fülle der unter sich deutlich verschiedenen weißbunten Sippen ist offenbar groß, und nur durch Auseinanderhalten des Unterscheidbaren wird sich allmählich Ordnung hineinbringen lassen. Wenn dann schließlich ein Teil der Typen wieder zusammengezogen werden kann, indem das bloß korrelativ, durch die Anwesenheit anderer Anlagen Bedingte ausgeschieden wird[1], so ist das gewiß sehr erwünscht, bis dahin ist Trennen vorzuziehen.

I. Capsella Bursa pastoris chlorina und albovariabilis.

A. Capsella Bursa pastoris chlorina.

Von der *chlorina*-Sippe fand ich (am 5. Juni 1909) bei Probstdeuben in der Nähe Leipzigs auf Gartenland zwei Pflanzen, eine in Blüte und eine als Rosette. Sie fielen sehr auf; der Gehalt an Rohchlorophyll betrug denn auch, verglichen mit dem normaler Pflanzen desselben Standortes, nur etwa 44 Prozent, bei Extraktion gleicher Gewichtsteile Blätter. 1910 bestand die Nachkommenschaft[2] des einen, allein weiterverfolgten Stückes (Versuch 1) aus 23 *chlorina* und 2 typisch grünen Sämlingen, die sicher ihr Dasein ungenügender Isolation ver-

[1] Man kann sich z. B. vorstellen, daß das Fleckenmosaik der *albomaculata*-Sippen der *Mirabilis*, des *Antirrhinum* usw. bei einem Gras als bunte Streifung einer *albovittata*-Sippe vorkommt, infolge des Baues und der Entwicklung der Monokotyle. In einem solchen Fall genügte eigentlich die Bezeichnung *albomaculata* für beides.

[2] Die Erde wurde bei diesem und allen folgenden Versuchen für die Aussaat mit Dampf sterilisiert, zum Teil sogar zweimal hintereinander.

dankten. Denn von einer wurden 1911 (als Versuch 24) die Nachkommen aufgezogen: 5 *typica* und 2 *chlorina*; sie war also ein spaltender Bastard gewesen.

Bei der Weiterzucht brachten die *chlorina*-Pflanzen des Versuches 1 in mehreren Generationen bei genügend vorsichtiger Isolation nur ihresgleichen hervor. Bei manchen Versuchen wurden über 100 Keimlinge ausgezählt.

Die Bestimmungen des Rohchlorophyllgehaltes wurden einige Male wiederholt; ich erhielt dabei auch höhere Werte für die *chlorina*. So fand ich 1910 etwa 70 Prozent, 1917 47, 50 und 65 Prozent, 1919 45 und 65 Prozent. Die letzten Beobachtungen sprechen dafür, daß es zwei *chlorina*-Sippen gibt, eine hellere (*euchlorina*) und eine dunklere (*subchlorina*); sie müssen aber noch fortgesetzt werden.

Schon die obenerwähnte Nachkommenschaft des normal grünen Vizinisten aus Versuch 1 legt die Annahme nahe, daß das *chlorina*-Merkmal rezessiv ist und einfach abgespalten wird im Verhältnis 3 *typica* : 1 *chlorina*. Das geht auch aus den später (S. 600 u. f.) zu besprechenden Bastardierungsversuchen mit der Sippe *albovariabilis* hervor. Die Abgrenzung der *typica* und *chlorina* ist aber in F_2 nicht leicht, weil der Chlorophyllgehalt stark modifizierbar ist, und die Intensität sich im Laufe der Entwicklung sowieso ändert. Ich habe deshalb angefangen, die Keimlinge zunächst ohne Wahl in gleichen Abständen in Schalen zu pikieren und erst bei Beginn des Blühens auszuzählen. Solche Versuche (209, 210 S. 602) gaben wohl nur zufällig zuviel *chlorina*.

Auffallend genau die richtige Verhältniszahl erhielt ich bei der Auszählung der unreifen Samen von F_1 (Versuch 191, S. 603)[1]. Der ganz junge Embryo und ebenso der des reifen Samens ist farblos, dazwischen ist er — auch seine Radicula — erst zu- dann abnehmend grün, schön grün bei der Sippe *typica*, hellgrün bei der Sippe *chlorina*. Auf dem richtigen Entwicklungsstadium sind die beiderlei Embryonen leicht zu unterscheiden und ebenso die jungen Samen, die, bei schwach grüner Eigenfarbe der übrigen Teile, durch die durchscheinenden Embryonen bei *typica* dunkler grün aussehen als bei *chlorina*[2]. Die

[1] Sind zwei Anlagen für die homogene Blattfärbung vorhanden (hat die *chlorina* die Erbformel $CCttH_1H_1H_2H_2$ und die *albovariabilis* die Erbformel $CCTTh_1h_1h_2h_2$) (S. 601), so sind in F_2 auf 45 *typica* 15 *chlorina* und 4 *albovariabilis* (3 auf *typica*- und 1 auf *chlorina*-Grund) zu erwarten. oder 70.31 *typica* : 23.44 *chlorina* : 6.25 *albovariabilis*. Gefunden wurden bei der Aussaat (S. 602) zu viel *chlorina*, 28 und 31 Prozent statt 23.44 Prozent, beim Auszählen der unreifen Samen dagegen an einer sehr viel größeren Menge (Tabelle 7) fast genau die zu erwartende Prozentzahl (23.29).

[2] Es kann also hier bei *Capsella* »falsche« Xenien geben, wie bei *Matthiola* oder *Pisum*.

Samen eines Schötchens einer Pflanze der F_1-Generation des Bastardes *typica* + *chlorina* sind dann also ziemlich leicht als *typica*- und *chlorina*-Samen zu trennen und zu zählen[1].

Schon 1917 hatte ich unter den *chlorina*-Pflanzen einer Aussaat eine gefunden, an der ein Ast deutlich dunkler grün gescheckt war. Die wenigen Nachkommen zeigten davon aber nichts mehr. (7 stammten von dem bunten Ast, 19 von der übrigen Pflanze.) Dieses Jahr ist wieder in einer sonst reinen *chlorina*-Deszendenz (aber mit *euchlorina* und *subchlorina*) eine überall heller und dunkler grün gescheckte Pflanze aufgetreten, über deren erbliches Verhalten ich später zu berichten hoffe.

B. Capsella Bursa pastoris albovariabilis.

I. Das Aussehen der albovariabilis.

Die weißbunte Pflanze zeigt an allen grünen Teilen ein gröberes oder feineres Mosaik, wobei Weiß oder Grün annähernd gleich stark vertreten sein können, oder das eine oder andere überwiegt. Dann treten auf weißem Grunde grüne Inseln auf, bis herab zu einzelnen normalen grünen Zellen inmitten weißen Gewebes (Fig. 1*A*): oder es

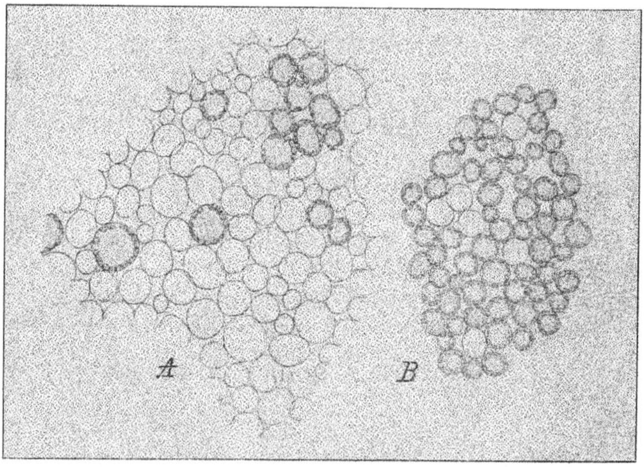

Fig. 1. Palisaden in der Aufsicht. *A* von einem vorwiegend weißen, *B* von einem vorwiegend grünen Blatt. Seibert Obj. 6, Ok. 1. 11. VI. 10. Dr. G. Tobler gez. — In die grünen Zellen sind die Chloroplasten eingezeichnet.

[1] Am sichersten geht man, wenn man die Embryonen herauspräpariert, wobei sie ja nicht ganz intakt zu bleiben brauchen. Übrigens kommen im selben Schötchen merkliche Unterschiede im Reifungsgrade der Samen vor, was die Beurteilung erschweren kann.

finden sich auf grünem Grunde weiße Inseln bis herab zu einzelnen weißen, rings von Grün umgebenen Zellen (Fig. 1 *B*). Außer der Intensität der Scheckung ist auch ihr Charakter verschieden. Oft ist das Mosaik so fein und gleichmäßig, daß die Blätter schon in einiger Entfernung fast homogen hell- oder blaßgrün aussehen. In anderen Fällen sehen die Blätter dagegen weißrandig aus, ganz ähnlich denen einer Periklinalchimäre und zeigen dann auch den entsprechenden anatomischen Bau, nur

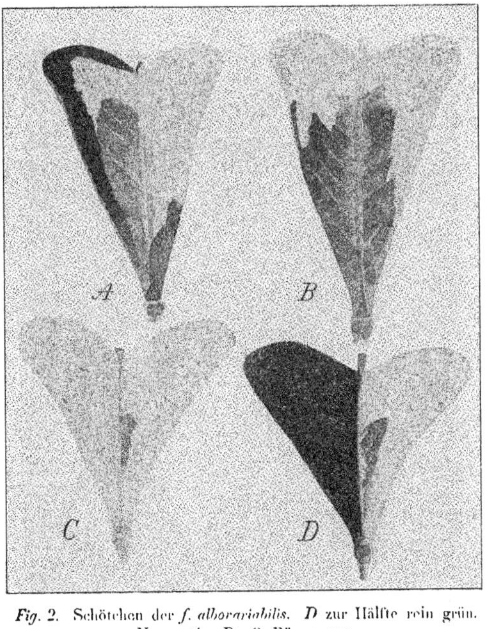

Fig. 2. Schötchen der *f. albovariabilis*. *D* zur Hälfte rein grün. Vergr. 5/1. Dr. O. Römer gez.

daß die »weiße Haut« nicht ganz rein weiß ist, sondern stets mindestens einzelne grüne Zellen enthält. Dazu gehören dann Schötchen, bei denen sich von der Basis aus keilförmig Flecke grünen Gewebes ausbreiten (Fig. 2 *A*, *B*), während bei dem erstgeschilderten Fleckungstypus die Schötchen dasselbe feine, gleichmäßige Mosaik zeigen wie die Laubblätter (Fig. 2 *C*). Beide Typen können, durch Übergänge verbunden oder sektorweise getrennt, bei derselben Pflanze vorkommen, der eine Ast den einen, der andere den anderen Typus zeigen.

Endlich kommen auch ganz unzweifelhafte Abstufungen im Chlorophyllgehalt der Chloroplasten vor, neben den grünen Zellen auch solche mit blasseren Plastiden. Sehr selten sah ich normale grüne und farblose Chloroplasten in derselben noch lebenden (plasmolysierbaren) Zelle. — Das »Weiß« ist in der Jugend stets grünlichgelblich und bleicht erst allmählich völlig aus.

Sät man die Samen einer isolierten und sich selbst überlassenen, mäßig stark bunten Pflanze aus, so erhält man eine vollständige Übergangsreihe von anscheinend rein weißen Sämlingen, die bald eingehen,

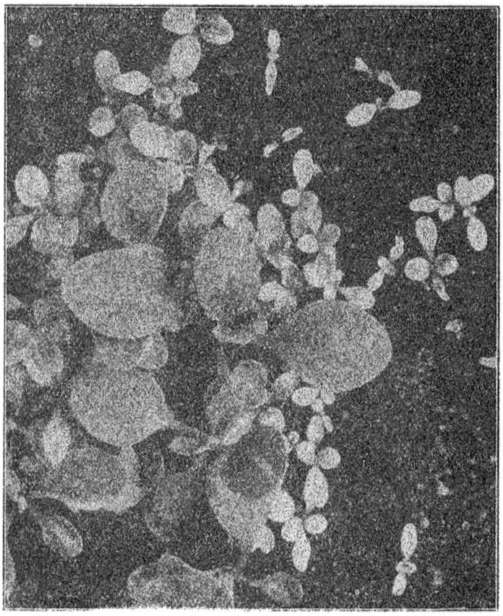

Fig. 3. *F. albovariabilis* im Saattopf. Je grüner die Sämlinge sind, desto größer sind sie. Vergr. $^2/_1$. E. Lau phot.

bis zu fast oder ganz rein grünen, an denen sich aber doch noch — oft recht spät — Spuren von Weißbunt zeigen können. Die rein weiß aussehenden Sämlinge umgekehrt wiesen stets — in allen genauer untersuchten Fällen — wenigstens einzelne inselartig zerstreute normale grüne Zellen auf, deren photosynthetische Tätigkeit aber offenbar nicht ausreichte, um den Keimling am Leben zu erhalten. Bei längerem Suchen werden sich wohl auch einzelne rein weiße Keimlinge finden lassen.

Je weniger Grün vorhanden ist, desto kleiner bleibt, ceteris paribus, der Sämling. Fig. 3, die einen Teil eines Saattopfes mit mehr oder weniger stark bunten Keimlingen darstellt, zeigt das ganz gut[1]. Man könnte den Durchmesser der Rosette direkt als Maß der Buntheit nehmen, wenn sich die äußeren Bedingungen und die Keimungsschnelligkeit ganz gleich machen ließen.

Fig. 4 zeigt einen sehr stark weißen Sämling, der sich eben doch noch anschickt zu blühen, ungefähr in Naturgröße. Seine normalen gleichaltrigen Geschwister (er ist aus dem Bastard *chlorina* + *albovariabilis* herausgemendelt) sind schon verblüht und teilweise abgestorben gewesen, als er photographiert wurde.

Fig. 4. Sehr stark weißer Sämling, im Begriff zu schossen. Etwas verkleinert. E. Lau phot.

Um einen Begriff vom Chlorophyllgehalt der *albovariabilis* zu geben, hat Hr. Dr. Kappert einige Rohchlorophyllbestimmungen für mich gemacht. Dabei wurden die ganzen Pflanzen, ohne die Wurzeln, möglichst unter den gleichen äußeren Bedingungen erwachsen, als Rosetten oder im

[1] Bei näherer Betrachtung der Fig. 3 wird bei manchen Kotyledonen auffallen, daß sie rinnig nach oben zusammengefaltet, wie von den Seiten her zusammengebogen sind. Die Ursache ist eine merkwürdige Erkrankung der Embryonen, bei denen das Gewebe der Kotyledonen, zuweilen, wenn auch viel seltener, das der Radicula, teilweise abstirbt. Das tote Gewebe und der Abschluß des lebendigen von ihm rufen bei der Entfaltung die Verbildung hervor. Man kann es den reifen Samen schon äußerlich ansehen, ob sie einen Embryo enthalten, der stark erkrankt war; dem der Radicula anliegenden Kotyledo entspricht dann nicht, wie beim normalen Samen, ein leichter Wulst, sondern eine seichte Furche. Je stärker weiß der Keimling wird, desto häufiger sind die Kotyledonen krank; doch fand ich diese Nekrose nicht auf die Sippe *albovariabilis* beschränkt, sondern gelegentlich, wenn auch nur selten, bei rein grünen Sippen.

Beginn der Streckung untersucht; die grünen Vergleichspflanzen waren also viel jünger als die *albovariabilis*. Setzt man den Chlorophyllgehalt einer kräftigen normalen Rosette mit dem Frischgewicht von 1.32 g gleich 100, so hatte die in Fig. 4 abgebildete *albovariabilis* mit 0.86 g Frischgewicht 20 Prozent, eine ähnliche, 1.30 g schwer, sogar nur 9 Prozent. Zwei Rosetten, die ich mäßig bunt genannt hätte, besaßen bei 0.96 und 0.38 g Gewicht noch 42 und 38 Prozent. Nimmt man dagegen eine besonders helle *typica*-Rosette zum Vergleich, die beim Gewicht von 0.74 g nur 64.7 Prozent des Rohchlorophylls der ersten Vergleichspflanze hatte, so sind die Prozentzahlen der *albovariabilis* 14, 32, 61 und 67.

Die Bestimmungen lehren also, daß eine Pflanze noch mit einem Zehntel der Chlorophyllmenge einer andern am Leben bleiben und, wenn auch sehr langsam, weiter wachsen kann.

Eine ausgesprochene Neigung zur Bildung ungleich stark bunter Sektoren ist die Ursache, daß aus dem Sämling oft eine Pflanze mit sehr verschiedenartigen Ästen entsteht; stark weiße und fast rein oder rein grüne können nebeneinander stehen oder auseinander hervorgehen. Die Trennungslinie zweier Sektoren halbiert oft ganz scharf einen Schötchenstiel und ein Schötchen, dessen eine Hälfte dann ganz oder doch stark grün, dessen andere Hälfte stark oder fast ganz weiß ist (Fig. 2 *D*).

Wie wir schon bei der Besprechung der *chlorina*-Sippe sahen (S. 587), sind die Embryonen der unreifen Samen, und deshalb diese selbst, bei den typischen Sippen relativ dunkelgrün, bei der *chlorina*-Sippe hellgrün. Man würde nun erwarten, die jungen Embryonen und unreifen Samen der *albovariabilis*-Sippe würden, entsprechend der später daraus hervorgehenden Keimpflanze, mehr oder weniger stark weißbunt sein, wenigstens die herauspräparierten Embryonen. Das ist aber auffallenderweise nicht der Fall. Die Färbung der *albovariabilis*-Samen und Embryonen im unreifen Zustand ist stets homogen und schwankt zwischen grünlich-gelblichem Weiß und dem schönen Grün der *typica*. Bei stark weißbunten Pflanzen oder Ästen finde ich nur blaß oder hellgrün gefärbte Samen und Embryonen; je stärker grün die Pflanze oder der Ast ist, desto häufiger kommen stärker grüne Samen vor; aber selbst noch bei fast völlig grünen Pflanzen sind, außer den an Zahl überwiegenden dunkelgrünen und helleren, einzelne blasse zu finden. Hält man diese Tatsache mit den Ergebnissen der später zu besprechenden Vererbungsversuche zusammen, so kann es demnach kaum einem Zweifel unterliegen, daß nach der Keimung die Pflanze um so stärker weiß wird, je blasser im unreifen Samen der Embryo gewesen war.

Derselbe Kotyledo, der zunächst gelblich weißlich oder höchstens homogen hellgrün war wie ein *chlorina*-Kotyledo gleichen Alters, kann also später, wenn er zum zweitenmal grün wird, mosaikartig weiß und grün werden. Es ist einstweilen ganz unverständlich, warum sich dies Mosaik nicht schon auf dem ersten Stadium zeigen kann, und sich die spätere Weißbuntheit nur durch eine Abschwächung der Intensität bei homogener Färbung verrät. An der Jugend der Zellen im unreifen Embryo kann es nicht liegen, denn der ebenso unreife Embryo der *typica*-Sippen hat schon schön grüne Zellen.

Wir werden bald sehen (S. 604), daß die Buntheit durch ein Gen bedingt wird; dieses Gen muß zwei Wirkungsweisen haben, außer einer, die die Menge des Chlorophylls durch Mosaikbildung aus Weiß und typischem Grün herabsetzt, eine, die sie, bei ganz gleichförmiger Verteilung, einfach vermindert.

Nach einer orientierenden Untersuchung nimmt einerseits die Zahl der Zellen in der Kotyledonarspreite bei der Keimung nicht wesentlich zu; die Vergrößerung beruht zumeist auf dem Wachstum schon vorhandener Zellen und der Erweiterung der Interzellularen. Anderseits hält die erste Färbung der Embryonen fast bis zu ihrer definitiven Größe im reifen Samen an. Der Hauptsache nach muß also beim zweiten definitiven Ergrünen das Mosaik dadurch zustande kommen, daß Zellen, die das erstemal blaß grünlich oder gelblich wie ihre Nachbarn waren, normal grün werden, oder, wenn der *albovariabilis*-Embryo im unreifen Samen schon deutlich grün war, ein Teil seiner Zellen noch stärker grün wird, ein anderer aber blaß bleibt. Zellteilungen können keine wesentliche Rolle mehr spielen[1].

II. Das Verhalten bei Selbstbestäubung.

Die *albovariabilis*-Sippe stammt von einer Pflanze ab, die ich im Juni 1909 als Unkraut auf einem Blumentopf im Botanischen Garten zu Leipzig fand. Sie hatte einen nahezu weißen, immerhin noch fein und schwach grün gesprenkelten Sektor an der Hauptachse, die sonst rein grün war (oder die ich damals wenigstens dafür ansah). In der Infloreszenz waren die auf der Grenze stehenden Schötchen mit ihren Stielen zur Hälfte grün, zur Hälfte fast weiß, unter ihr die Achsel-

[1] Auch der Fruchtknoten in der Blüte der *albovariabilis* ist homogen grünlich-gelblich und zeigt noch nichts von den grünen Sprenkeln, die er später erhält, während der der *typica* schön grün ist. Doch habe ich hier nicht verfolgt, ob und wieweit die Zellenzahl zunimmt.

sprosse und die sie tragenden Blätter in der entsprechenden Weise gefärbt.

Es wurden die verschieden gefärbten Teile der isolierten, sich selbst überlassenen Pflanze gesondert abgeerntet und im Frühjahr 1910 als Versuch 2 bis 10 ausgesät, mit folgendem Ergebnis:

Grün, Haupttrieb und Seitenast, Versuch 2 und 3: 99 und 73 grüne Keimlinge.

Vier mehr oder weniger stark weiße Schötchen, Versuch 4, 5 und 6: Eines gab 11 weißbunte Keimlinge, zwei weitere 8 weißbunte und eines 7 grüne Sämlinge.

Weiße und grüne Hälften zweier Schötchen, Versuch 7 und 8: Weiße Hälften: 7 grüne Keimlinge; grüne Hälften: 1 weißbunter und 6 grüne.

Zwei mehr oder weniger stark, meist sehr stark weißbunte Äste, Versuch 9 und 10: Der eine gab 28 Keimlinge, alle weißbunt, aber sehr ungleich, der andere 78 weißbunte (35 sehr stark) und 25 grüne.

1911 wurden die Versuche mit der Nachkommenschaft fortgesetzt:

Versuch 25—29. 5 Pflanzen aus Versuch 3, also rein grüne Nachkommen eines grünen Astes der Stammpflanze, gaben nur rein grüne Keimlinge, nämlich 164, 197, 266, 137 und 69, zusammen also 833.

Versuch 35, 37—39, 56 A. 5 Pflanzen aus Versuch 5, grüne Nachkommen eines weißbunten Schötchens, brachten ebenfalls nur grüne Sämlinge hervor, und zwar 150, 50, 199 und 106, zusammen 549.

Versuch 40 und 41. Ebenso verhielten sich zum Teil die grünen Nachkommen eines stark weißbunten Seitenastes. Zwei derartige Pflanzen aus Versuch 9 gaben 51 und 32 rein grüne Keimlinge.

Versuch 36 und 42. Zwei andere, ebenfalls als rein grün angesprochene Nachkommen desselben Astes brachten dagegen auch weißbunte Keimlinge, der eine 32 schwach bis sehr stark bunte neben 206 grünen, der andere 2 mittelstark bunte neben 21 grünen.

Versuch 31, 32, 34 und 43 bis 49. *Albovariabilis*-Pflanzen aus Versuch 4, 9 und 10 verhielten sich unter sich ganz übereinstimmend: Die Nachkommenschaft war fast ausnahmslos wieder weißbunt, und zwar von anscheinend rein weiß bis fast völlig grün. Nur an einzelnen Sämlingen war keine sichere Spur von Weiß zu finden. Ich stelle die Ergebnisse in einer Tabelle zusammen.

Von etwa 900 (882) Keimlingen waren fast alle (876) mehr oder weniger weißbunt und nur 5 anscheinend rein grün; einer blieb fraglich. Schaltet man die zwei Versuche 43 und 44 aus, bei denen es sich um die Nachkommenschaft stark grüner Pflanzen handelt, so bleibt nur ein grüner Keimling unter 865 weißbunten übrig.

Dies Ergebnis, das durch spätere Versuche bestätigt wurde, steht in auffälligem Gegensatz zu dem der ersten Versuche 4 bis 7 und 9

Tabelle 1. Nachkommenschaft bunter Pflanzen.

Fortsetzung von Versuch	Aussehen der Elternpflanze	Nummer des Versuchs	Keimlinge ± stark weißbunt	Keimlinge fast ganz grün	Keimlinge rein grün
4	weißbunt	31	66	—	1?
4	"	32	69	1	—
4	"	34	77	—	—
9	stark grün	43	3		2
9	" "	44	2	—	2
10	fast ganz grün	45	65	—	1
10	" " "	46	180	8	
10	" " "	47	145	2	—
10	" " "	48	45	—	—
10	zum Teil stark grün	49	212	1	—

und 10, in denen aus weißbunten Schötchen der Stammpflanze auch reichlich grüne Keimlinge hervorgingen. Man könnte annehmen, daß die seinerzeit gefundene sektoriale Ausgangspflanze die erste ihrer Art gewesen sei und sich deshalb anders als ihre Nachkommen verhalten habe. Es ist aber auch zu berücksichtigen, daß ich damals die Keimlinge zum Teil sehr früh gezählt und ausgezogen hatte, und spätere Beobachtungen lehrten, daß auf rein grüne Kotyledonen und rein grüne erste Laubblätter doch noch bunte folgen können. Von den als grün bezeichneten Sämlingen wären wohl noch manche weißbunt, wenn auch nur mäßig bis schwach, geworden. — Eine der letzten Aussaaten (184) gab als Nachkommen einer stark weißen Pflanze 159 Sämlinge, von denen keiner dauernd grün blieb, wenn das Weißbunt auch bei manchen erst mit dem vierten Laubblatt deutlich bemerkbar wurde. Die meisten waren stark weißbunt bis fast ganz weiß.

Die zahlreichen späteren Versuche teile ich hier nur zum Teil mit.

Zunächst seien einige weitere Angaben über die Nachkommenschaft von Schötchen gemacht, deren eine Hälfte sehr stark weißbunt, deren andere Hälfte aber rein grün oder doch sehr stark grün war (Fig. 2 *D*).

Diese weiteren Versuche haben also ergeben, daß kein wesentlicher Unterschied in der Nachkommenschaft der verschieden stark bunten Schötchenhälften besteht, wenn diesmal auch fast ausschließlich bunte Keimlinge gefunden wurden. Darin liegt ein sehr wesentlicher Unterschied der *albovariabilis*-Sippe gegenüber einer *albomaculata*- oder *variegata*-Sippe, bei der die Nachkommenschaft verschieden gefärbter Teile ganz verschieden ausfällt und sich genau nach der Grenze dieser Teile richtet. Ganz grüne Teile geben hier nur grüne, ganz weiße nur weiße Keimlinge.

Tabelle 2. Nachkommenschaft halbbunter Schötchen.

Stark weißbunte Hälften						Grüne Hälften					
Versuch	Gesamtzahl	sehr stark weiß	mäßig weiß	Spur weiß	grün	Versuch	Gesamtzahl	sehr stark weiß	mäßig weiß	Spur weiß	grün
95	9	3	3	2	1	96	5	3	—	1	1
102	6	4	2	—	—	103	12	11	1	—	—
{ 114	5	5	—	—	—	115	6	5	1	—	—
{ 118	3	3	—	—	—	119	7	6	1	—	—
{ 120	5	4	1	—	—	121	9	7	2	—	—
{ 125	8	7	1	—	—	126	7	5	2	—	—
{ 127	4	3	1	—	—	128	8	8	—	—	—
{ 130	7	6	1	—	—	129	4	4	—	—	—
Zus. . .	47	35	9	2	1	Zus. . .	58	49	7	1	1
Prozent		74	19	4	2	Prozent		84	12	2	2

Versuche mit Schötchen derselben Pflanze sind durch eine Klammer zusammengefaßt.
Die Versuche auf jeder Zeile stammen vom selben Schötchen.

Dagegen ist ein sehr deutlicher Unterschied in der Nachkommenschaft zwischen verschieden stark bunten Ästen desselben Individuums, vor allem zwischen stark weißen und fast oder ganz grünen, vorhanden. Dafür bringt Tab. 3 eine Anzahl Belege.

Tabelle 3. Nachkommenschaft verschieden stark bunter Äste.

A. Fortsetzung von Versuch 74.

Elternpflanze	Aussehen der Äste	Nummer des Versuchs	Aussehen der Keimlinge					
			äußerst stark bis starkbunt	mäßig bunt	wenig bunt	Spur bunt	rein grün	rein grün in Prozent
74c rot	stark weiß	100	64	2	2	2	15	18
	homogen grün	101	25	4 (mäßig + wenig bunt)		4	72	69
74d blau	stark weiß	105	25	1	—	—	—	—
	stark grün	104	5	14	10	5	35	51
74d grün	mäßig bunt	193	163	16	7	2	—	—
	» »	194	39	2	—	—	—	—
	homogen grün	195	20	33 (mäßig + wenig bunt)		6	51	46

B. Fortsetzung von Versuch 75.

Elternpflanze	Aussehen der Äste	Nummer des Versuchs	äußerst stark bis starkbunt bis Spur bunt	rein grün	rein grün in Prozent
75g rot	sehr schwach bunt	197	120	19	14
	homogen grün	198	59	73	55
	» »	199	31	44	59

C. Fortsetzung von Versuch 78.

Elternpflanze	Aussehen der Äste	Nummer des Versuchs	äußerst stark bis starkbunt	mäßig bunt	wenig bunt	Spur bunt	rein grün	rein grün in Prozent
78a rot	sehr stark weiß	146	110	2	—	—	3	2,6
	» » »	147	201	7	—	1	—	—
	mäßig grün	148	6	3	1	—	—	—

Je grüner ein Ast ist, desto mehr grüne Nachkommen bringt er also hervor; doch gaben auch solche, die ich dem Aussehen nach für homogen grün gehalten hatte, immer noch eine beträchtliche Anzahl weißbunter Nachkommen, und zwar nicht nur schwach weiße, sondern auch mäßig und stark bis sehr stark weiße. Bei den mitgeteilten Versuchen betrugen die weißbunten Keimlinge im für sie ungünstigsten Fall (Versuch 101) noch 31 Prozent.

Der Unterschied zwischen den Nachkommen stark und schwach bunter Äste und den Nachkommen fast weißer und grüner Schötchenhälften muß auffallen. Dort ein Einfluß des Aussehens des die Samen bildenden Teiles, hier keiner. Vielleicht spielt ein Übergreifen des Zustandes der einen Hälfte auf die andere eine Rolle. Wie sich bei dem als Fig. 2 *D* abgebildeten Schötchen das Grün der einen Hälfte an einer Stelle noch ein Stück weit auf die sonst sehr stark weiße andere Hälfte erstreckt, könnte ein solches Übergreifen auch die Plazenten treffen, ohne äußerlich kenntlich zu werden, und ein gleiches Verhalten der beiden äußerlich ungleichen Hälften bedingen.

In der folgenden Tabelle sind Versuche über die Nachkommenschaft fast ganz grüner und ganz grüner Pflanzen mitgeteilt, wie man sie bei der Aussaat der Samen isolierter bunter Individuen erhalten kann.

Je grüner die Mutterpflanze ist, desto mehr stark und ganz grüne Nachkommen bringt sie also hervor, und desto seltener sind stark oder fast ganz weiße. Es ist folglich nicht bloß die relative Zahl der weißbunten Keimlinge, sondern auch ihr durchschnittliches Aussehen vom Grade der Buntheit der Stammpflanze abhängig. Auffällig ist, wie oft Pflanzen, die für rein grün angesprochen worden waren, noch bunte Nachkommen gegeben haben, wenn auch nur ganz wenige. Eine nachträgliche Kontrolle ist leider wegen der Einjährigkeit nicht möglich; auch fand ich es schwierig, die letzten Spuren des Weißbunt von kleinen helleren Fleckchen und Stippen zu unterscheiden, die leichten Beschädigungen der Blätter ihr Dasein verdanken. Tatsächlich werden aber öfters auch ganz grüne Samenträger noch mehr oder weniger bunte Nachkommen geben müssen, wenn unsere Vorstellung über die Vererbungsweise der *albovariabilis*-Sippe (S. 606 u. f.) zutrifft.

Nach diesen Versuchen, die ich noch ausdehnen werde, hat unzweifelhaft die Selektion unter den verschieden bunten Individuen (wie unter den verschieden bunten Ästen desselben Individuums) Einfluß auf das Verhalten der Nachkommenschaft, und zwar läßt sich offenbar durch sie zweierlei erreichen: 1. ein vorübergehender Erfolg, der nur solange anhält, als die Selektion fortgeführt wird, und 2. ein dauernder, der auch anhält, wenn sie nicht mehr wirkt.

Tabelle 4.

Nachkommenschaft verschieden stark bunter Pflanzen.

<table>
<tr><th rowspan="2">Eltern-pflanze Nummer</th><th rowspan="2">Aussehen</th><th rowspan="2">Nummer des Ver-suchs</th><th colspan="8">Aussehen der Keimlinge</th></tr>
<tr><th>äußerst stark bunt</th><th>sehr stark bunt</th><th>stark bunt</th><th>mäßig bunt</th><th>wenig bunt</th><th>Spur bunt</th><th>rein grün</th><th>rein grün in Pro-zent</th></tr>
<tr><td>56 b 1</td><td>weißbunt, fein, aber stark</td><td>65</td><td colspan="3">75</td><td colspan="2">16</td><td>5</td><td>18</td><td>15.8</td></tr>
<tr><td>56 b 2</td><td>» » » »</td><td>66</td><td colspan="3">22</td><td colspan="2">14</td><td>9</td><td>—</td><td>—</td></tr>
<tr><td>65 A3</td><td>sehr stark, weißbunt</td><td>74</td><td>29</td><td>65</td><td>39</td><td>14</td><td>9</td><td>—</td><td>1</td><td>0.6</td></tr>
<tr><td>65 A4</td><td>» » »</td><td>75</td><td colspan="2">96</td><td>63</td><td>38</td><td>16</td><td>10</td><td>3</td><td>1.3</td></tr>
<tr><td>65 C4</td><td>rein grün</td><td>76</td><td colspan="2">6</td><td>4</td><td>2</td><td>1</td><td>—</td><td>141</td><td>91.6</td></tr>
<tr><td>65 C5</td><td>» »</td><td>77</td><td colspan="2">11</td><td>12</td><td>24</td><td>12</td><td>13</td><td>112</td><td>60.9</td></tr>
<tr><td>66 A1</td><td>sehr stark weißbunt</td><td>78</td><td>12</td><td>92</td><td>98</td><td>43</td><td>23</td><td>11</td><td>8</td><td>2.8</td></tr>
<tr><td>66 A2</td><td>» » »</td><td>79</td><td>21</td><td>114</td><td>62</td><td>22</td><td>10</td><td>7</td><td>3?</td><td>1.3?</td></tr>
<tr><td>77 A</td><td>sehr stark weißbunt</td><td>139</td><td>10</td><td colspan="3">28</td><td>2</td><td>—</td><td>—</td><td>—</td></tr>
<tr><td>77 D1</td><td>rein grün</td><td>140</td><td>—</td><td>1</td><td>—</td><td>—</td><td>—</td><td>—</td><td>19</td><td>95.0</td></tr>
<tr><td>77 D2</td><td>» »</td><td>141</td><td>—</td><td>—</td><td>—</td><td>3</td><td>3</td><td>1</td><td>16</td><td>70.0</td></tr>
<tr><td>77 D3</td><td>» »</td><td>142</td><td>—</td><td>1</td><td>—</td><td>—</td><td>—</td><td>—</td><td>1</td><td>50.0</td></tr>
<tr><td>77 D4</td><td>» »</td><td>143</td><td>—</td><td>—</td><td>—</td><td>—</td><td>—</td><td>—</td><td>17</td><td>100.0</td></tr>
<tr><td>77 E1</td><td>» »</td><td>144</td><td>—</td><td>—</td><td>—</td><td>—</td><td>—</td><td>—</td><td>36</td><td>100.0</td></tr>
<tr><td>77 E2</td><td>» »</td><td>145</td><td>—</td><td>—</td><td>—</td><td>—</td><td>—</td><td>—</td><td>8</td><td>100.0</td></tr>
<tr><td>77 E3</td><td>» »</td><td>200</td><td>—</td><td>—</td><td colspan="4">27</td><td>163</td><td>85.8</td></tr>
<tr><td>77 E4</td><td>» »</td><td>201</td><td colspan="2">38</td><td>—</td><td>—</td><td>—</td><td>—</td><td>142</td><td>78.9</td></tr>
<tr><td>77 E5</td><td>» »</td><td>202</td><td>—</td><td>—</td><td colspan="4">10</td><td>154</td><td>93.9</td></tr>
<tr><td>80 A1</td><td>schwach bunt</td><td>152</td><td>—</td><td>—</td><td>—</td><td>1</td><td>1</td><td>—</td><td>2</td><td>50.0</td></tr>
<tr><td>80 A2</td><td>» »</td><td>153</td><td>—</td><td>3</td><td>3</td><td>4</td><td>5</td><td>4</td><td>28</td><td>59.6</td></tr>
<tr><td>80 A3</td><td>» »</td><td>203</td><td>—</td><td>—</td><td colspan="4">8</td><td>26</td><td>76.5</td></tr>
<tr><td>80 C1</td><td>rein grün</td><td>154</td><td>—</td><td>—</td><td>—</td><td>—</td><td>—</td><td>1</td><td>16</td><td>94.0</td></tr>
<tr><td>80 C2</td><td>» »</td><td>155</td><td>—</td><td>—</td><td>1</td><td>—</td><td>1</td><td>1</td><td>58</td><td>95.1</td></tr>
<tr><td>80 C3</td><td>» »</td><td>204</td><td>—</td><td>—</td><td>—</td><td>—</td><td colspan="2">8</td><td>232</td><td>96.7</td></tr>
<tr><td>80 C4</td><td>» »</td><td>205</td><td>—</td><td>—</td><td>—</td><td>—</td><td>—</td><td>—</td><td>205</td><td>100.0</td></tr>
<tr><td>80 C5</td><td>» »</td><td>206</td><td>—</td><td>—</td><td>—</td><td>—</td><td>—</td><td>1</td><td>232</td><td>99.6</td></tr>
</table>

Den vorübergehenden Erfolg sehen wir, wenn wir nach Weiß hin auslesen, den bleibenden, wenn wir nach Grün hin Selektion treiben. — Wählen wir immer die weißesten noch blühenden und fruchtenden Pflanzen als Samenträger aus, so behalten wir eine Nachkommenschaft, die überwiegend stark bis äußerst stark weißbunt ist, können aber jederzeit von den stärkst grünen Sämlingen aus rascher oder langsamer zu reinem Grün gelangen, das konstant ist und kein Bunt hervorbringt.

Vielleicht hat die Selektion nach Weiß hin nur deshalb keinen dauernden Erfolg, weil die Keimlinge ja nur am Leben bleiben und zum Blühen kommen, wenn noch eine gewisse Menge grüner Zellen vorhanden ist, extrem weiße also nicht zur Weiterzucht verwendet werden können. Es handelt sich bei der Auswahl bald nicht mehr um das Fortschreiten gegen Weiß hin, sondern um die Erhaltung eines gewissen Durchschnittswertes durch Auswahl entsprechender Samenträger.

Zwei solche Selektionsprozesse sind in den folgenden Stammbäumen zusammengestellt; die Einzelversuche sind nur zum Teil schon in den vorangehenden Tabellen aufgeführt worden.

I. Weißbunter Ast der Stammpflanze.

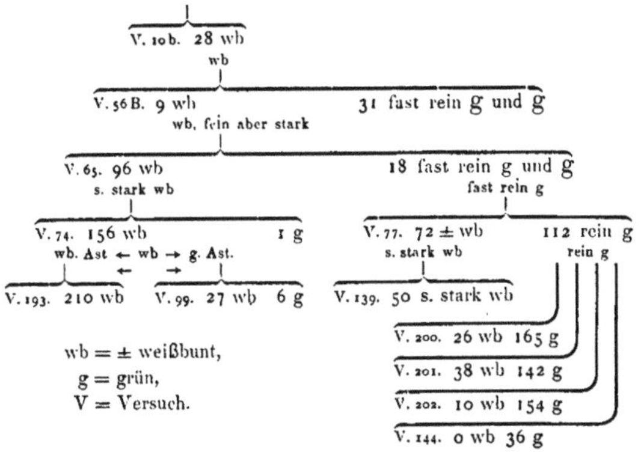

II. Weißbuntes Schötchen der Stammpflanze.

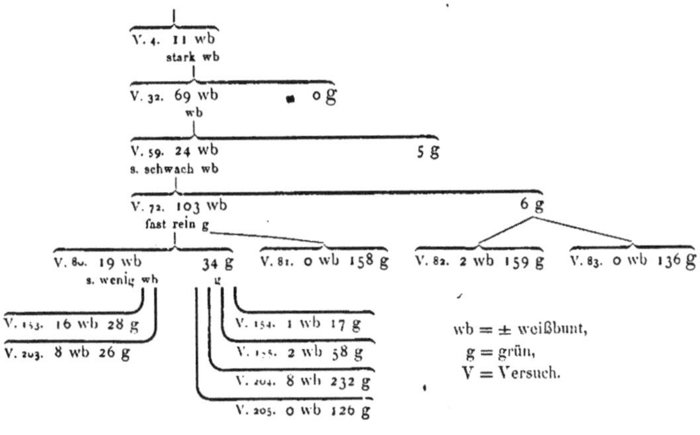

III. Das Verhalten bei der Bastardierung.

Aus dem bisher Mitgeteilten geht hervor, daß eine gewisse unverkennbare Ähnlichkeit der *albovariabilis*-Sippe mit der *albomaculata*-Sippe, wie sie etwa bei *Mirabilis Jalapa* auftritt, nur äußerlich ist. Abgesehen von der Feinheit des Mosaiks sind bei der *albovariabilis* Sämlinge ganz ohne Zellen mit normalen Chloroplasten, also rein weiße, nicht beobachtet, wenngleich der Chlorophyllgehalt so gering sein kann, daß der Sämling sehr bald eingeht; auch rein weiße Äste habe ich nicht gesehen. Anderseits sind, auch unter den Nachkommen mäßig stark bunter Pflanzen, homogen grüne Sämlinge mit einer konstant grünen Nachkommenschaft selten. Bei der *albomaculata* sind dagegen die Sämlinge gewöhnlich entweder ganz weiß oder ganz grün, und solche, die wieder bunt sind, kommen relativ selten vor.

Das Verhalten der *albomaculata*-Sippe führte zu der Vorstellung, daß das Mosaik von Weiß und Grün der vegetativen Teile auch die von ihnen gebildeten Keimzellen trifft, daß diese, kurz gesagt, für gewöhnlich entweder »weiß« oder »grün« sind. Ein selbstbefruchteter weißer Ast gibt nur weiße, ein selbstbefruchteter grüner nur grüne, ein bunter weiße, grüne und etliche bunte Keimlinge. Diese Vorstellung läßt sich auf die *albovariabilis* nicht übertragen, weil die Nachkommenschaft gewöhnlich wieder bunt, selten grün, vielleicht nie rein weiß ist.

Der wichtigste Unterschied liegt aber darin, daß die *albovariabilis*-Eigenschaft, wie wir gleich sehen werden, durch einen besonderen, mendelnden Faktor bedingt wird und nicht nur durch das Plasma der Eizelle weitergegeben wird, wie die *albomaculata*-Eigenschaft.

Für Bastardierungsversuche mit der *albovariabilis* empfiehlt sich die *chlorina*-Sippe, weil hierbei das Gelingen des Versuchs stets nachzuweisen ist, sowohl wenn die *albovariabilis* den Pollen, als wenn sie die Eizellen liefert. Diese Vorsicht ist nicht überflüssig, denn ich erhielt, besonders bei den ersten Versuchen, neben den Bastarden hier und da einzelne, der Mutterpflanze entsprechende Nachkommen, die auf Fehler bei der Kastration zurückzuführen waren. Nach größerer Erfahrung und Übung gelang die reine Kastration dann fast immer.

Ich führe einige einschlägige Versuche an.

A. *C. B. p. chlorina* bestäubt mit *albovariabilis*.

Versuch	18	gab	20	*typica*	und	9 *chlorina*,
»	21	»	20	»	»	0 »
»	23	»	12	»	»	0 »
»	85	»	3	»	»	1 »

Versuch 87 gab 6 *typica* und 1 *chlorina*,
» 89 » 10 » » 0 »
» 91 » 2 » » 0 »
» 191 » 46 » » 0 » .

B. *C. B. p. albovariabilis* bestäubt mit *chlorina*.

Versuch 19 gab 9 *typica* und 1 *albovariabilis*.

Die Bastarde zwischen *albovariabilis* und *chlorina* sind also stets homogen und typisch (dunkel)grün. Die einen Versuche (A) zeigen, daß die Eizellen die Weißbuntheit nicht direkt übertragen, wie die *albomaculata*- und die *albotunicata*-Eigenschaft, und der andere Versuch (B), daß auch der Pollen sie nicht direkt überträgt, wie es nach BAUR bei der *albotunicata*-Eigenschaft der Fall ist. Sie könnte aber nach dem Versuchsergebnis auch ganz verschwinden.

Auf den ersten Blick überrascht es vielleicht, daß die Verbindung *chlorina* + *albovariabilis* in der ersten Generation *typica* gibt und nicht eine auf *chlorina*-Grund dunkelgrün gescheckte Sippe, eine *chlorino-variabilis*. Das Verhalten läßt sich aber ohne weiteres so deuten, daß *chlorina* mit der Erbformel *CCttHH* (wobei *C* den Faktor für *chlorina*-Grün, *t* das Fehlen des Steigerungsfaktors von diesem *chlorina*-Grün bis zu *typica*-Grün und *H* einen Faktor für homogene Färbung bedeutet) hinsichtlich der Grundfarbe rezessiv, hinsichtlich der Gleichmäßigkeit der Färbung dominant ist, während *albovariabilis* mit der Erbformel *CCTThh* mit dem Steigerungsfaktor *T* dominiert, der die *chlorina* zu *typica* macht. Der Bastard mit der Erbformel *CCTtHh* muß dann homogene *typica* sein. Nur darf man nicht vergessen, daß das eine rein formale Erklärung ist, und daß weder die *chlorina* als phylogenetische Vorstufe der *typica*, noch die bunte Sippe als solche Vorstufe der homogen gefärbten aufgefaßt werden dürfen, wie es die Presence- und Absence-theorie aus ihrem Rezessivsein schließen muß. Für *chlorina* verweise ich auf die oben (S. 588) mitgeteilten Beobachtungen über das Auftreten dunkler grüner Scheckung in einer reinen Deszendenz und auf frühere Darlegungen gelegentlich eines ähnlichen Falles bei *Mirabilis Jalapa chlorina* (1918, S. 242). Für die Scheckung ist ohne weiteres klar, daß sie, trotzdem sie rezessiv ist, erst phylogenetisch später aus dem homogenen Grün durch das Auftreten eines neuen Faktors oder die Veränderung eines vorhandenen entstanden ist.

In der zweiten Generation der sich selbst überlassenen Bastarde treten nun neben *chlorina*-Sämlingen stets eine Anzahl Individuen der Sippe *albovariabilis* auf. Es wären zwei Typen zu erwarten gewesen, einer, der auf normal grünem Grunde weißbunt ist, und einer, der es auf *chlorina*-Grunde ist. Diesen letzteren Typus habe ich noch nicht mit Sicherheit gefunden. Tabelle 5 gibt die Resultate der zwei größten Versuche wieder; *chlorina* und *typica* sind nicht auseinandergehalten.

Tabelle 5.

F2 des Bastardes *chlorina* ♀ + *albovariabilis* ♂, Aussaat.

Nummer des Versuchs	Gesamtzahl der Keimlinge	*typica* und *chlorina*	*albovariabilis*	*a. v.* in Prozent
157	147	112	35	24
158	140	112	28	20

Die Ergebnisse zweier Versuche, bei denen eine andere *chlorina* verwendet worden war, sind in Tabelle 6 zusammengestellt.

Tabelle 6.

F2 des Bastardes *chlorina* ♀ + *albovariabilis* ♂, Aussaat.

Nummer des Versuchs	Gesamtzahl der Keimlinge	*typica* und *chlorina*	*albovariabilis*	*a. v.* in Prozent
209	75	70	5	6.7
210	139	130	9	6.5
Zusammen...	214	200	14	6.54

Um die *typica* und *chlorina* sicher trennen zu können (S. 587), ließ ich aus jeder Versuchsnummer 54 Sämlinge ohne Wahl pikieren. Bei Versuch 209 fand ich dann 37 *typica* und 17 *chlorina*, also 31 Prozent, bei Versuch 210 38 *typica* und 15 *chlorina*, also 28 Prozent, statt 25 Prozent (ein Sämling war eingegangen). (Vgl. S. 587, Anm.)

Wie wir schon sahen (S. 587 und 592) lassen sich die unreifen Samen der drei Sippen *typica*, *chlorina* und *albovariabilis* an der Farbe der durchscheinenden Embryonen unterscheiden. Eine Untersuchung der unreifen Samen kann also einigermaßen über die Zusammensetzung der Nachkommenschaft einer Bastardpflanze orientieren. Dabei ist jedoch zu beachten, daß bei der *albovariabilis*-Sippe, sobald sie mehr Grün im Mosaik enthält, neben den häufigsten gelblichweißlichen Samen auch blaß- und selbst stark grüne vorkommen können, die dann für *chlorina*- oder gar *typica*-Samen genommen werden. Doch ist, wie wir gleich sehen werden, diese Fehlerquelle nicht groß. In Tabelle 7 ist das Ergebnis für 4 Bastarde von anderer Herkunft als die Eltern der Nachkommenschaften von Tabelle 5 und 6 zusammengestellt. Gewöhnlich sind je zwei Äste jedes Individuums untersucht worden.

Tabelle 7.

F2 des Bastardes *chlorina* ♀ + *albovariabilis* ♂, Zählung unreifer Samen.

Versuchs-pflanze	Unreife Samen					
	typica	in Prozent	*chlorina*	in Prozent	*albovariabilis*	in Prozent
191 F	126	*72*	38	*22*	12	*7*
	101	*73*	29	*21*	8	*5.8*
191 J	138	*70*	51	*26*	7	*3.6*
	185	*76*	58	*24*	1	*0.4*
191 AJ	86	*70*	32	*26*	5	*4*
	94	*70*	33	*24*	8	*5.9*
191 AP	97	*77*	24	*19*	5	*4*
Zusammen...	827	*72.67*	265	*23.29*	46	*4.02*

Es wird sofort auffallen, daß bei der zweiten Aussaat (Tabelle 6) und bei der Auszählung der unreifen Samen sehr viel weniger *albovariabilis*-Nachkommen gefunden wurden als bei der ersten Aussaat (Tabelle 5), statt 20 bis 24 Prozent nur 6,6 und 4 Prozent. Nun sind ja bei der Auszählung sehr wahrscheinlich einige *albovariabilis*-Samen für *chlorina* oder *typica* genommen worden. Das kann aber lange nicht soviel ausmachen. Es wurden möglichst stark weißbunte *albovariabilis* zu der Bastardierung benutzt, die, wie wir noch sehen werden (S. 604), im wesentlichen unverändert, also stark und sehr stark weiß, wieder abgespalten werden. Solche stark weißbunten Sämlinge gehen aber gewöhnlich aus Embryonen hervor, die im unreifen Zustand gelblichweiß sind (S. 592), also nicht mit *typica*- oder *chlorina*-Embryonen verwechselt werden können. — Auch die folgende, gleich zu besprechende Versuchsreihe hat bei Aussaat eine ähnlich niedrige Prozentzahl *albovariabilis* gegeben.

Statt mit der *chlorina*-Sippe wurde die *albovariabilis* auch mit einer *typica*-Sippe mit sehr stark fiederschnittigen Blättern bastardiert. Wurde eine *albovariabilis* mit fast ganzrandigen Rosettenblättern benutzt, so war das Gelingen der Bastardierung *a. v.* ♀ + *t.* ♂ an den fiederschnittigen Blättern zu erkennen.

Versuch	112	gab	65	*typica* und	2	*albovariabilis*
»	113	»	24	» »	0	»
»	175	»	30	» »	2	»

Die Samen von 10 sich selbst überlassenen Pflanzen des Versuchs 175 gaben die in Tabelle 8 zusammengestellten Resultate.

Tabelle 8.

F2 des Bastardes *albovariabilis* ♀ + *typica* ♂.

Pflanze	Nummer des Versuchs	Sämlinge			Pflanze	Nummer des Versuchs	Sämlinge		
		grün	weiß-bunt	in Prozent			grün	weiß-bunt	in Prozent
A	177	28	1	*3.6*	G	185	95	2	*2.1*
B	178	32	4	*12.5*	H	184 a	34	5	*14.7*
C	179	40	3	*7.5*	H	184 b	34	1	*2.9*
D	180	38	4	*10.5*	J	186	30	3	*9.1*
E	181	54	2	*3.7*	K	187	112	10	*8.2*
F	182	45	5	*11.1*	Zusammen...		542	40	***6.9***

Die 14.7 Prozent *albovariabilis* bei Versuch 184a erklären sich dadurch, daß in diese Aussaat ausgesucht faltige Samen (S. 591, Anm.) aufgenommen wurden, die vorwiegend *albovariabilis* geben.

Darüber, daß eine besondere Anlage für Weißbunt vorhanden ist, die im Bastard abgespalten wird, kann nach dem Mitgeteilten kein Zweifel sein. Die beobachteten Zahlenverhältnisse homogen grün : bunt legen es aber nahe, daß für die Bastardierungen zwei genetisch verschiedene, aber äußerlich ununterscheidbare *chlorina*-Sippen verwendet wurden. Bei der einen (z. B. für den Versuch 209—210 der Tabelle benutzten) würde die homogene Färbung durch zwei Anlagen bedingt (Erbformel $CC\,tt\,H_1 H_1 H_2 H_2$ vgl. S. 601), bei der andern (für Versuch 157 und 158 der Tabelle benutzten) würde die homogene Färbung durch eine dieser Anlagen bedingt (Erbformel $CC\,tt\,H_1 H_1 h_2 h_2$), die für sich allein auch schon homogen gäbe. Im einen Fall wären 6.25 Prozent *albovariabilis* zu erwarten (beobachtet 6.9, 6.5 und 4 Prozent) im andern 25 Prozent (beobachtet 20 und 24 Prozent. Weitere Versuche müssen hier volle Klarheit bringen. Etwas ganz Ähnliches hat Trow (1916) bei seinen Versuchen über eine homogen weiße (*albina*-)Sippe von *Senecio vulgaris* beobachtet: Zwei Anlagen für (homogenes) Grün, von denen jede allein schon ein davon ununterscheidbares Grün gibt. Ich habe das gleiche bei der genetischen Untersuchung der *Urtica pilulifera albina* gefunden.

Es besteht, soweit meine Erfahrungen reichen, ein deutlicher Unterschied zwischen den weißbunten Sämlingen, die ein Bastard (zwischen einem stark weißen Exemplar der *albovariabilis*-Sippe und einem der *typica*- oder *chlorina*-Sippe) abspaltet und den weißbunten Sämlingen, die eine nahezu rein grüne Pflanze aus einer bei Inzucht gehaltenen *albovariabilis*-Linie hervorbringt. Die weißbunten Nachkommen des Bastardes sind, wie die der zum Versuche verwendeten stark weißbunten Pflanze, fast alle stark bis sehr stark weißbunt, zum Teil so stark, daß sie völlig lebensunfähig sind — die in Fig. 4 dargestellte Pflanze ist aus einem Bastard *chlorina* + *albovariabilis* abgespalten. Die weißbunten Nachkommen der fast ganz grünen Pflanze sind gewöhnlich mehr grün, oft nur mäßig bis schwach bunt oder wieder nur spurenweise.

Es spricht also nichts dafür, daß das Gen für Weißbunt bei der Bastardierung irgendwie »verunreinigt« wird; es wird nicht anders abgespalten, als wie es auch bei Selbstbefruchtung der *albovariabilis* abgespalten wird.

Die Vererbung der Blattform und Schötchenform habe ich mit Rücksicht auf Shulls einschlägige Untersuchungen (1911) nicht verfolgt und nur festgestellt, daß in F2 auch *albovariabilis*-Sämlinge mit sehr schön fiederschnittigen Blättern auftreten.

IV. Allgemeines.

Das Merkwürdige an der *albovariabilis*-Sippe ist, daß es sich bei ihr um ein Merkmal handelt, das einerseits sicher auch genotypisch, nicht nur phänotypisch veränderlich ist und anderseits den Mendelschen Gesetzen folgt, daß die Sippe, kurz gesagt, durch eine veränderliche Erbanlage bedingt ist.

Der Fall erinnert an den oft besprochenen der »Haubenratten«, wie ihn die ersten Beobachter, Mac Curdy und Castle (1907), aufgefaßt haben. Auch hier ist — darüber herrscht Einigkeit — Selektion wirksam, wenn man auf eine Steigerung und eine Abschwächung des dunklen Rückenstreifens ausgeht. Gegenüber der Deutung aber, die Mac Curdy und Castle ihren Beobachtungen gaben, haben schon A. Lang (1914, S. 613) und A. L. und A. C. Hagedoorn (1914) darauf hingewiesen, daß es sich bei der Selektion vermutlich um die Isolierung von Biotypen handle, die in einer Population durch Kreuzung zusammengeworfen waren, und E. Baur (1914, S. 274) und neuerdings auch H. E. Ziegler (1918, S. 151, 1919) sind auf Grund ihrer Versuche zur selben Auffassung gelangt[1].

Eine solche Erklärung halte ich bei der *albovariabilis*-Sippe der *Capsella Bursa pastoris* ausgeschlossen. Wenn ich auch weiß, daß bei ihr nicht selten Fremdbestäubung vorkommt, und die Nachkommenschaft von Pflanzen aus dem Freien durchaus nicht, oder doch nicht

[1] Die Kritik, die Ziegler (1918, S. 157, Anm.) an Baur übt, scheint mir nur durch Mißverständnisse bedingt.

immer genetisch homogen ist, so halte ich doch bei ihr eine so starke Mischung verschiedener Genotypen, wie sie bei den Ratten durch die Geschlechtertrennung bedingt ist, für ausgeschlossen. Vor allem aber sind, nach Selektion nach grün hin, durch Rückselektion wieder stark weiße Pflanzen zu erhalten, die dann eine im Durchschnitt stark weißbunte Nachkommenschaft geben, solange noch eine Spur von bunt beim Samenträger vorhanden ist oder noch bunte Keimlinge hervorgebracht werden. Umgekehrt ist von sehr starkem Weißbunt aus auch fast reines und reines Grün rascher oder langsamer zu erreichen. Die Stammbäume auf S. 599 geben Belege dafür. Der Erfolg der Selektion ist, nach allem, was ich bis jetzt gesehen habe, erst dann bleibend, wenn die rein grüne Endstufe erreicht ist, während bei den Haubenratten Zwischenstufen erblich fixiert werden können (vgl. auch Castle und Phillips, 1914). Endlich wirkt die Selektion auch bei Auswahl verschiedener Äste desselben Individuums, das doch, auch als noch so sehr zusammengesetzter Bastard, genetisch eine Einheit ist.

Das charakteristische erbliche Verhalten der *albovariabilis*-Sippe kommt wohl dadurch zustande, daß die Mosaikbildung durch eine an ein Gen gebundene Krankheit bedingt wird, die heftiger und schwächer werden, auch wieder ganz verschwinden kann. Ein solches Zu- und Abnehmen einer Krankheit und ihr — experimentell veranlaßbares — Verschwinden kennen wir aus E. Baurs Arbeiten über infektiöse Panachure. — Das kranke Gen verhält sich bei der Vererbung sonst ganz wie ein normales; dadurch wird das Mendeln erklärt.

Man könnte sich zum Beispiel, um wenigstens ein Bild zu haben, vorstellen, an das materielle Substrat des Gens, gedacht als ein großes Molekül, würde dieselbe Atomgruppe mehrmals, sagen wir zehnmal, angelagert werden können. Die Zahl wäre veränderlich, sie könnte unter (für das Gen) äußeren Bedingungen, die wir nicht kennen, zunehmen oder abnehmen. Jeder Zahl der Atomgruppen am Molekül entspräche ein bestimmtes Verhältnis von Weiß und Grün im Mosaik an der Pflanze. Das würde dann getrennte kleine Stufen des Mosaik von ganz weiß bis ganz grün geben, die aber transgressiv modifizierbar wären.

Der Unterschied dieser Deutung von der durch Poly- bzw. Homomerie läge darin, daß der Zustand des Genes, die Zahl der Atomgruppen, die an das Gen-Molekül angelagert werden, nicht beständig ist, daß neue Gruppen angelagert und alte wegfallen können, auch während der Ontogenese des Individuums. Nur ein Zustand oder vielleicht zwei wären konstant (S. 598), wenn alle möglichen Atomgruppen angelagert sind oder alle wegfallen. Der eine entspräche dem homogenen Grün, der andere dem homogenen Weiß.

Die Selektion greift zum Beispiel ein Individuum heraus, dessen Gene zunächst den Zustand mit fünf Atomgruppen hätten, und das mäßig bunt ist, weil etwa gleich viel gesunde grüne und kranke weiße Zellen gebildet werden. Während der Ontogenese fallen Atomgruppen weg und treten neue hinzu, aus den fünf werden hier vier und dort sechs oder hier zwei und dort acht. Dementsprechend entstehen Äste mit mehr weißen oder mit mehr grünen Zellen im Mosaik, und Keimzellen, die mehr für Weiß oder mehr für Grün veranlagt sind. Bei einer bestimmten Zellteilung brauchte das nicht zu geschehen; der Anstoß, der die Veränderung bedingt, könnte gleich einen ganzen Zellkomplex treffen. Je nach der Herkunft der Samen, die zur Weiterzucht verwendet werden, von unveränderten oder veränderten Teilen, erhält man dann Nachkommen von verschiedener Durchschnittsfärbung, dem Zustand mit fünf oder dem mit vier oder zwei und mit sechs oder acht Gruppen entsprechend. Diese Zustände sind selbst wieder nicht stabil. Es kann aus dem mit vier Atomgruppen z. B. der mit sechs oder der mit einer Gruppe hervorgehen usw., und schließlich sind die Endzustände, rasch oder langsam, zu erreichen, von denen dann wenigstens einer konstant ist. Dies so entstehende Mosaik aus Teilen mit verschieden stark kranken Genen muß aber, wo es vorhanden ist, sehr viel gröber sein als das direkt sichtbare von weiß und grün[1].

Solche Änderungen im Krankheitszustand des Gens müßten vor allem auch bei der Bildung der Keimzellen eintreten, damit die Mannigfaltigkeit der Nachkommenschaft einer *albovariabilis* erklärt ist. Ist die ganze Vorstellung richtig, so könnten dann auch bei Selbstbefruchtung Keimzellen in verschiedenem Krankheitsgrade bei der Bildung der neuen Individuen zusammenkommen, und da jedem Zustand eine gewisse Dauer zukommen könnte, würde auch ein Wiederaufspalten in der Nachkommenschaft möglich sein, so daß deren Vielförmigkeit einerseits durch Änderungen des Zustandes der Keimzellen, anderseits durch Spalten und dann durch Neukombination zustande käme. Ob sich die beiden Vorgänge trennen und nebeneinander nachweisen lassen werden, muß einstweilen dahingestellt bleiben.

Manches spricht für ihr Vorkommen. So, daß Pflanzen, die ich für rein grün gehalten hatte, und die aus reingehaltenen Linien stammten,

[1] Was im einzelnen entscheidet, ob eine Zelle oder Zellgruppe des Blattgewebes grün oder weiß wird, ist eine andere Frage. Der Mechanismus dafür kann bei einer *variegata*-, einer *albomaculata*- und der *albovariabilis*-Sippe gleich sein, abgesehen von der gröberen oder feineren Verteilung des Grün. Könnte man aber je eine weiße und eine grüne Zelle isolieren und sie für sich allein zur weiteren Entwicklung bringen, so würde voraussichtlich bei der *albomaculata* jene eine weiße, diese eine grüne Pflanze geben, bei der *albovariabilis* beide, grün und weiß, wieder *albovariabilis*, wenn auch vielleicht verschieden stark weiße.

doch noch so oft *albovariabilis*-Keimlinge gaben (Tabelle 4 und Stammbäume), und daß derartige Keimlinge alle sehr stark und äußerst stark weiß und nicht lebensfähig sein können (Versuch 201, Tabelle 4). — Würden an Stelle der stark weißen Pflanzen, die bisher für die Bastardierungen verwendet wurden, stärker grüne verwendet, so wären unter den Bastarden auch solche zu erwarten, die sofort konstant grün sind und aus der Vereinigung eines »gesund« gewordenen Gens der *albovariabilis* mit einem von vornherein gesunden des andern Elters entstanden sind.

Ob man die Änderungen in der Stärke der Krankheit, also im Zustand der Gene nach unserer Annahme, Mutationen nennen will oder nicht, scheint mir weniger wichtig. Ich habe schließlich die neue Sippe auch nicht *albomutabilis* genannt, wie ich früher vorhatte. Für eine Mutation spricht, daß die Änderung das Idioplasma, ein Gen trifft (sonst könnte sie nicht mendeln), gegen sie die Labilität der Änderung.

Die Fortsetzung der Versuche soll das Tatsachenmaterial verstärken und erweitern. Ungünstig ist, daß sich der Grad der Weißbuntheit so schwer genauer fassen läßt. Chlorophyllbestimmungen, wie sie S. 591 erwähnt werden, bedingen den Verlust des Individuums (oder des Astes) zur Zucht. Hier sind die Haubenratten, deren Rückenstreif einigermaßen genau gemessen werden kann, ein viel besseres Versuchsobjekt.

Es braucht kaum hervorgehoben zu werden, daß sich unser Objekt und die Annahmen, zu denen es uns geführt hat, mit dem klassischen Mendelismus völlig verträgt. Nichts zwingt uns z. B., einstweilen wenigstens, ein »unreines« Spalten anzunehmen. Dagegen wird sich wohl die Vererbungsweise auch noch anderer Krankheiten, vielleicht auch beim Menschen, in gleicher Weise deuten lassen.

Albovariabilis-Sippen dürften insbesondere bei anderen Cruciferen vorkommen, doch sind meine Versuche mit bunter *Barbarea vulgaris* und *Alliaria officinalis* technischer Schwierigkeiten wegen noch nicht weit genug gediehen. Sicher ist bereits, daß es sich auch hier um mendelndes Weißbunt handelt.

Über Selektionsversuche mit bunter *Barbarea vulgaris* hat Beyerinck (1904, S. 24) im Anschluß an seine Untersuchungen über *Chlorella variabilis* berichtet. Stecklingsselektion unter verschieden bunten Zweigen hatte gar keinen Erfolg, Selektion unter früher und später buntwerdenden Individuen einen sicheren, wenn auch offenbar geringen. Nach sieben Jahren war die »grüne« Familie von der »weißen« deutlich verschieden. Bei einer späteren Besprechung der *Chlorella variegata* (1912) kommt Beyerinck leider nicht mehr auf diese Versuche zurück.

Die *albomarginata*-Sippe der *Lunaria vulgaris* (1909, S. 326) mendelt, wie die *albovariabilis*, unterscheidet sich aber zunächst einmal dadurch, daß die weißbunte Sprenkelung auf den Blattsaum beschränkt ist. Es fiel mir auch leicht, bei Wiederaufnahme meiner 1907 aufgegebenen Versuche aus dem gekauften Saatgut eine Sippe mit breiterem und eine mit schmälerem weißen Rande zu isolieren. Näheres kann ich aber noch nicht angeben.

V. Zusammenfassung einiger Ergebnisse.

Die *chlorina* der *Capsella Bursa pastoris* verhält sich wie die übrigen *chlorina*-Sippen, zerfällt aber wahrscheinlich wieder in eine chlorophyllärmere (*euchlorina*) mit etwa 45 und eine chlorophyllreichere (*subchlorina*) mit etwa 65 Prozent des Rohchlorophyllgehaltes der *typica*-Sippe.

Die *albovariabilis*-Sippe vererbt ihre Weißbuntheit nach den MENDELschen Gesetzen, ist aber nicht konstant, sondern veränderlich. Durch Auswahl mehr weißer oder mehr grüner Pflanzen oder entsprechender Äste einer Pflanze als Samenträger läßt sich eine Verschiebung der durchschnittlichen Färbung der Nachkommenschaft erzielen, die auf der einen Seite bis zu konstantem Grün geht, auf der andern Seite, vielleicht nur aus technischen Gründen, nur bis zu einer stark weißen Durchschnittsfärbung, die durch gleichgerichtete Auswahl auf derselben Höhe gehalten werden kann. Solange noch keine Konstanz (homogenes Grün) erreicht ist, kann die Selektion hin und her betrieben werden; die Zwischenstufen sind nicht fixiert worden.

Die Weißbuntheit ist als eine Krankheit aufzufassen, die ab- und zunehmen, auch ganz verschwinden kann, und die durch die schwankende Veränderung (Erkrankung) einer Anlage, eines Genes, bedingt wird, das bei der *typica*-Sippe in normalem Zustand vorhanden ist.

Eigenartig ist u. a., daß die *albovariabilis*-Embryonen auf dem Reifestadium, auf dem die *typica*-Embryonen schön grün sind, nur homogen gelblich bis mehr oder weniger grün, nie bunt gefunden wurden, und ihr weißbuntes Mosaik erst in der zweiten Ergrünungsperiode, bei der Keimung, ausgebildet wird.

Literaturverzeichnis.

E. BAUR, 1907. Untersuchungen über die Erblichkeitsverhältnisse einer nur in Bastardform lebensfähigen Sippe von *Antirrhinum majus*. Ber. d. Deutsch. Botan. Gesellsch. Bd. XXV, S. 442.

—, 1908. Die *Aurea*-Sippen von *Antirrhinum majus*. Zeitschr. f. indukt. Abstamm. u. Vererbungslehre Bd. 1, S. 124.

—, 1909. Das Wesen und die Erblichkeitsverhältnisse der »Varietates albomarginatae hort.« von *Pelargonium zonale*. Zeitschr. f. indukt. Abstamm. u. Vererbungslehre Bd. 1, S. 330.

—, 1914. Einführung in die experimentelle Vererbungslehre, II. Aufl. Berlin.

W. Beyerinck, 1904. *Chlorella variegata*, ein bunter Mikrobe. Recueil des trav. bot. Neerl. Bd. I, S. 14.

—, 1912. Mutationen bei Mikroben. Folia microbiologica Bd. I, S. 1.

W. E. Castle and J. C. Phillips, 1914. Piebald Rats and Selection.. Publ. Carneg. Instit. 195. Washington.

C. Correns, 1909a. Vererbungsversuche mit blaß(gelb)grünen und buntblättrigen Sippen bei *Mirabilis Jalapa*, *Urtica pilulifera* und *Lunaria annua*. Zeitschr. f. indukt. Abstamm. u. Vererbungslehre Bd. I, S. 291.

—, 1909b. Zur Kenntnis der Rolle von Kern und Plasma bei der Vererbung. A. a. O. Bd. II, S. 331.

—, 1918. Zur Kenntnis einfacher mendelnder Bastarde. Diese Sitzungsber., 28. Febr., S. 221.

A. L. Hagedoorn and A. C. Hagedoorn, 1914. Studies on Variation and Selection. Zeitschr. f. induct. Abstamm. u. Vererbungslehre Bd. XI.

E. Küster, 1916. Pathologische Pflanzenanatomie. Jena.

—, 1917. Die Verteilung des Anthocyans bei *Coleus*-Spielarten. Flora Bd. 110, S. 1.

—, 1918. Über Mosaikpanaschierung und vergleichbare Erscheinungen. Ber. d. Deutsch. Bot. Gesellsch. Bd. XXXVI, S. 54.

A. Lang, 1914. Die experimentelle Vererbungslehre in der Zoologie seit 1900. Jena.

H. Mac Curdy and W. E. Castle, 1907. Selection and Croß-breeding in Relation to the Inheritance of Coat-pigments and Coat-patterns in Rats and Guinea-pigs. Publ. Carnegie-Instit. Washington.

G. H. Shull, 1911. Defective inheritance-ratios in Bursa hybrids. Verhandl. d. naturf. Vereines in Brünn Bd. XLIX.

A. H. Trow, 1916. On Albinism in *Senecio vulgaris L.* Journ. of Genet. Vol. VI. S. 65.

E. Ziegler, 1918. Die Vererbungslehre in der Biologie und in der Soziologie. Jena.

—, 1919. Zuchtwahlversuche an Ratten. Festschrift zur Feier des 100jährigen Bestehens der Kgl. Württ. Landwirtschaftlichen Hochschule Hohenheim S. 385.

Ausgegeben am 24. Juli.

1919.
XXXV.

SITZUNGSBERICHTE

DER PREUSSISCHEN

AKADEMIE DER WISSENSCHAFTEN.

10. Juli. Sitzung der philosophisch-historischen Klasse.

Vorsitzender Sekretar: Hr. Diels.

*1. Hr. Stutz las über: Die Cistercienser wider Gratians Dekret.

Der vielbesprochene Beschluß des Generalkapitels der Cistercienser von 1188, wonach außer einem Corpus canonum (Pseudoisidor?) auch das Dekret Gratians zur Vermeidung von Irrungen unter besonderen Verschluß genommen werden sollte, hat mit der von Rudolph Sohm behaupteten Verdrängung des angeblich durch Gratian zuletzt und am vollendetsten vertretenen »altkatholischen« Kirchenrechts durch ein im Widerstreit damit stehendes »neukanonisches« nichts zu tun. Er scheint veranlaßt zu sein durch die Zuwendung einer Dekrethandschrift an die Abtei Clairvaux von seiten des ehemaligen Abtes von Larivour und Bischofs von Auxerre Alanus. Und er dürfte sich erklären 1. aus der Abneigung gegen das damals aufkommende, den theologischen Lehrbetrieb im Orden gefährdende Studium namentlich des kirchlichen Rechtes und 2. aus Bedenken, zu denen der Gegensatz, in dem gewisse Ausführungen Gratians, z. B. über die Beteiligung der Mönche an der Seelsorge, über den Kirchen- und Zehntbesitz und über die Zehntfreiheit der Orden, zu den Grundsätzen der Cistercienser standen, nicht weniger Anlaß gab als der Mißbrauch, der da und dort in Cistercienserklöstern mit einigen Gratianischen Kanones, z. B. betreffend die Abendmahlsprobe, getrieben worden war.

2. Hr. Kuno Meyer legte den ersten Teil einer Sammlung von Bruchstücken der älteren Lyrik Irlands mit Übersetzung vor. (Abh.)

Die Sammlung umfaßt Gedichte auf Personen (Loblieder, Spott- und Schmähgedichte, Totenklagen), solche auf Örtlichkeiten, und Natur- und Liebesgedichte. Sie gehören alle der alt- und frühmittelirischen Sprachperiode (von dem 8. bis 11. Jahrhundert) an.

3. Hr. von Wilamowitz-Moellendorff legte eine Abhandlung des wissenschaftlichen Beamten der Akademie Frhrn. Hiller von Gaertringen vor: »Voreuklidische Steine«. (Ersch. später.)

Zu einer Anzahl attischer Urkunden, wie den Hekatompedonsteinen (IG I 18. 19), einem Beschlusse, in dem [Perikles und] die Söhne und Enkel des Staatsmannes geehrt werden (IG Is. p. 194, 116[1]), sowie drei Beschlüssen, die vornehmlich dem Apollonkult gelten (IG I 79; Svoronos Διεθν. ἐφ. νομισμ. ἀρχαιολ. XIII 1911, 301: IG I 8), werden Ergänzungen und Erklärungen vorgetragen.

Ausgegeben am 24. Juli.

1919.
XXXVI.

SITZUNGSBERICHTE
DER PREUSSISCHEN
AKADEMIE DER WISSENSCHAFTEN.

17. Juli. Gesamtsitzung.

Vorsitzender Sekretar: Hr. Diels.

1. Hr. Sering sprach über die Preisrevolution seit dem Ausbruch des Krieges. (Abh.)

Nach den allgemeinen Ursachen der Geldentwertung kamen die besonderen Entwicklungen für die verschiedenen Warengruppen zur Sprache und wurden aus den Ergebnissen die politischen Schlußfolgerungen für den Preisabbau gezogen.

2. Das auswärtige Mitglied der Akademie Hr. Hugo Schuchardt in Graz übersandte eine Arbeit über den »Sprachursprung. I.« (Ersch. später.)

Dieser erste Teil bezieht sich auf die Frage: Monogenese oder Polygenese der Sprache und entscheidet sie in dem Sinne, daß gar keine Alternative vorliegt.

3. Das Ministerium für Wissenschaft, Kunst und Volksbildung überreichte das Werk von Ernst Müsebeck, Das Preußische Kultusministerium vor hundert Jahren (Stuttgart und Berlin 1918).

4. Hr. Norden überreichte den Bericht der Kommission für den Thesaurus linguae latinae über die Zeit vom 1. April 1918 bis 31. März 1919.

Die Akademie hat in der Gesamtsitzung vom 26. Juni den Wirklichen Geheimen Rat Prof. Dr. Dr. ing. h. c. Karl Engler in Karlsruhe, den ordentlichen Professor der Chemie an der Universität Heidelberg Dr. Theodor Curtius und den ordentlichen Professor der Chemie an der Universität Göttingen Dr. Gustav Tammann zu korrespondierenden Mitgliedern ihrer physikalisch-mathematischen Klasse gewählt.

Die Akademie hat das ordentliche Mitglied der physikalisch-mathematischen Klasse Hrn. Emil Fischer am 15. Juli durch den Tod verloren.

Bericht der Kommission für den Thesaurus linguae Latinae über die Zeit vom 1. April 1918 bis 31. März 1919.

Von Eduard Norden.

Die Kommission hat im Jahre 1918 keine Plenarsitzung abhalten können; es sind aber am 8. Juni die zum Kartelltag der vereinigten Akademien erschienenen Delegierten der Berliner und Leipziger Akademie (von jener der Berichterstatter, von dieser Hr. Heinze) mit dem Vorsitzenden und dem Generalredaktor zu einer Konferenz zusammengetreten, auf der die dringendsten Angelegenheiten besprochen und erledigt wurden. Dabei wurde Hr. Prof. O. Plasberg als Mitglied der Kommission kooptiert.

Während der Satz langsam weitergeführt wurde, hat die Drucklegung wegen Mangels an Papier völlig stillgestanden; erst in den allerletzten Wochen gelang es, die Bewilligung von geeignetem Papier durchzusetzen, so daß die Ausgabe neuer Lieferungen im Berichtsjahre 1919—1920 wird erfolgen können. Die Artikel im Band VI bis *fluctus* sind in Bogen, bis *flumineus* in Fahnen, bis *funesto* im Manuskript fertiggestellt worden.

Der Finanzplan für 1919 ist am 1. April d. J. wie folgt festgesetzt worden:

Einnahmen.

Beiträge der fünf Akademien	30000	Mark,
Sonderbeitrag von Wien	1000	»
Beitrag der Wissenschaftlichen Gesellschaft zu Straßburg	600	»
Giesecke-Stiftung 1919	5000	»
Zinsen, rund	150	»
Honorar von Teubner für 40 Bogen	5200	»
Stipendien des Preußischen Ministeriums	2400	»
Beiträge Hamburg	1000	»
» Württemberg	700	»
» Baden	600	»
Summa	46650	Mark.

Ausgaben.

Gehälter des Bureaus	31000 Mark,
Laufende Ausgaben	3500 »
Honorar für 40 Bogen	3200 »
Verwaltung (einschließlich Mietsbeitrag, Heizung, Angestelltenversicherung, Material- und Namenordnung)	5000 »
Exzerpte und Nachträge	1000 »
Unvorhergesehenes	500 »
Sparfonds	3000 »
Summa	46200 Mark.

Im Jahre 1918 betrugen

die Einnahmen	56859.80 Mark,
die Ausgaben	56450.65 »
Überschuß	409.15 Mark.

Unter den Ausgaben sind verrechnet 5500 Mark, die als Rücklage für den Sparfonds verwendet worden sind.

Die als Reserve für den Abschluß des Unternehmens vom Buchstaben R an bestimmte WÖLFFLIN-Stiftung betrug am 1. Januar 1919 80015.27 Mark.

Bestand des Thesaurusbureaus am 31. März 1919:

Generalredaktor Dr. DITTMANN (vom Preußischen Staat beurlaubter Oberlehrer).

Sekretäre: Prof. Dr. HEY (vom Bayerischen Staat beurlaubter Oberlehrer) und Dr. BANNIER.

Assistenten: Dr. HOFMANN, Dr. RUBENBAUER, Dr. BACHERLER, ERWIN BRANDT, Dr. IDA KAPP, FR. MÜLLER, Dr. LUISE ROBBERT, Dr. LEO.

Beurlaubter Gymnasialoberlehrer (außer den obengenannten): Dr. LACKENBACHER (beurlaubt vom österreichischen Ministerium für Unterricht).

Kritische Beiträge.

Von Karl Müller.

(Vorgelegt am 5. Juni 1919 [s. oben S. 507].)

I. Zu den Auszügen des Hieronymus (ad Avitum) aus des Origenes Περὶ ἀρχῶν.

Ich untersuche im folgenden eine Anzahl Exzerpte, die Hieronymus seinem Brief an Avitus (ep. 124) aus des Origenes Schrift Περὶ ἀρχῶν eingefügt hat, und versuche ihr Verhältnis zu Rufins Übersetzung neu zu bestimmen. Es sind meist Kleinigkeiten, in denen ich von Kötschaus sorgfältiger Arbeit abweiche. Aber vielleicht können auch sie noch einmal einen gewissen Wert bekommen. Und außerdem hat Origenes es verdient, daß man sich um sein entstelltes und verstümmeltes Werk immer wieder bemüht. Ich gehe nicht auf alle Exzerpte ein, sondern nur auf die bedeutenderen unter denen, die sich auf den Fall und die Vollendung der Geister, insbesondere die Ewigkeit oder Nichtewigkeit ihrer Leiblichkeit und der körperlichen Materie überhaupt beziehen.

Hieronymus folgt bekanntlich genau der Anordnung des Origenes selbst. Er nennt jedesmal das Buch, das er eben vor sich hat und schließt ein Exzerpt an das andere meist mit Ausdrücken, die zeigen, daß er dabei dem Text des Origenes nachgeht. Nicht alle seine Auszüge sind wörtlich: zum Teil sind sie sogar nur in indirekter Rede und stark verkürzt. Andere aber sind auch offenbar recht genau. So ist der Platz, an dem sie bei Origenes gestanden haben, wohl im allgemeinen immer zu bestimmen. Aber für die genaue Einreihung fehlt häufig der Anhaltspunkt, weil eben Rufin zu stark verändert oder gar gestrichen hat. Auch die schärfste Untersuchung wird hier öfters nicht zum Ziel führen.

Den Brief des Hieronymus zitiere ich nach Hilberg im Corpus scriptorum ecclesiasticorum latinorum Bd. 56, 96ff., Origenes-Rufin nach Kötschau.

1. Hieronymus § 3 (98_{9-12}): *Grandis neglegentiae atque desidiae est in tantum unumquemque defluere atque evacuari, ut ad vitia veniens inrationabilium iumentorum possit crasso corpore conligari.*

Über den allgemeinen Ort des Stückchens kann kein Zweifel sein. Es steht in dem Abschnitt, der der Abhandlung über die Trinität folgt, also frühestens in c. 4, und es steht andererseits vor dem Schluß von c. 5. Denn das Exzerpt, das dem unsrigen unmittelbar folgt (*et in consequentibus*), gibt, wie allgemein anerkannt ist, eben diesen Schluß von c. 5 wieder. In c. 4 oder 5 also ist sein Platz. Für das Nähere ist vor allem der Zusammenhang des Ganzen festzustellen.

Origenes hat in I 3 die Trinitätslehre abgeschlossen. Der absteigenden Entwicklung der Trinität selbst — vom Vater durch den Sohn zum Geist — ist der Aufstieg gefolgt, in dem der durch den Geist Geheiligte zum Sohn als dem ewigen Logos, der Weisheit und Heiligkeit, und von ihm zum Vater geführt wird, von dem er die Unvergänglichkeit gewinnt, die höchste Vollendung, zu der so die Geister gelangen können.

Und nun faßt Origenes wie fast immer, wenn er auf dieser Höhe der Vollendung angekommen ist, die Möglichkeit eines neuen Herabsinkens ins Auge. Er betont aber, daß das selbst wieder eine langsame Entwicklung darstelle, so wie (c. 4) bei einer Kunst oder Wissenschaft das Aneignen und Verlernen langsam gehe. Diese Parallele führt er etwas weiter aus und bezeichnet als die Quelle des Verlernens die *neglegentia*, ebenso wie die des Erlernens die *industria* war. Darauf kehrt er von dem Bild zu dem zurück, was er damit hatte verständlich machen wollen (63 29): *Transferamus nunc haec ad eos, qui dei se scientiae ac sapientiae dediderunt, cuius eruditio atque industria inconparabilibus omnes reliquas disciplinas supereminet modis, et secundum propositae similitudinis formam vel quae sit adsumptio scientiae, vel quae sit eius abolitio contemplemur; maxime cum audiamus ab apostolo quod de perfectis dicitur, quia »facie ad faciem« gloriam domini »ex mysteriorum revelationibus« speculabuntur.*

Hier sieht nun Kötschau eine Lücke. Die versprochene Ausführung über Zu- und Abnahme der Erkenntnis fehle, und der Abschnitt De imminutione vel lapsu (63 10—65 7) sei entgegen der Art des Origenes recht dürftig. Vom Fall sei fast gar keine Rede, und der »Exkurs de anima«, der S. 65 3. 4 entschuldigt werde, sei überhaupt nicht vorhanden. Rufin müsse also hier kräftig gestrichen haben, und so habe wohl hier außer einem Zitat aus des Hieronymus Schrift gegen Johannes von Jerusalem auch das aus dem Brief an Avitus gestanden. sei aber von Rufin mit andern als anstößig gestrichen worden.

Ich habe einen andern Eindruck von der Stelle bekommen. Zunächst halte ich den Zweifel Kötschaus (zu 63 8. 9), ob die Überschrift c. 4 De imminutione vel lapsu überhaupt von Rufin stamme, für sehr berechtigt. Bei Origenes hat da gewiß kein neues Kapitel begonnen.

Der Inhalt schließt sich aufs engste an den Schluß von c. 3 an. Und der Abschnitt, den Kötschau aus der Hss. Gruppe A neu eingefügt hat (De creaturis vel conditionibus S. 65 8—68 15), ist nur ein Nachtrag zu der These von Gottes ewigem Schaffen, Walten und Zeugen, die schon in c. 2 2. 3 und 10. 11 aufgestellt worden war. Wir stehen also noch ganz im Abschnitt von der Trinität. Alles andere ist nur dadurch veranlaßt, daß der Abschluß dessen, was von der Trinität zu sagen war, auf die Endvollendung und diese wieder auf den neuen Abfall geführt hatte.

Dem entspricht nun vollkommen, wie der Text Rufins den Worten, die ich aus 63 29 ff. entnommen habe, unmittelbar folgen läßt: *Verum nos volentes divina in nos beneficia demonstrare, quae nobis per patrem et filium et spiritum sanctum praebentur, quae trinitas totius est sanctitatis fons, excessu quodam usi haec diximus et sermonem de anima quae inciderat, strictim licet, contingendum putavimus, vicinum utpote locum de natura rationabili disserentes. Opportunius tamen in loco proprio de omni rationabili natura .... disputabimus.* Also: er ist bei dem Thema, das den Schluß von I 3 gebildet hatte, nur in einer Abschweifung (*excessu quodam*) auf dieses neue Thema de anima gekommen, hat es, weil es ihm eben in den Weg getreten war, wenigstens kurz berührt und ist damit schon in das Kapitel geraten, das doch erst gleich nachher behandelt werden sollte. Darum bricht er hier ab und verschiebt alles Weitere auf den kommenden Abschnitt De omni rationabili natura.

Ich denke also, das *Transferamus* und *Contemplemur* leitet nicht einen neuen Abschnitt ein, sondern schließt den bisherigen ab, indem es auffordert, das Ergebnis des Gleichnisses auf die Sache zu übertragen und auch das Herabsinken der Geister als einen allmählichen Verlauf anzusehen. Dann bricht Origenes ab und verweist für das Nähere auf den richtigen Ort, den Abschnitt De rationabili natura.

Dieser Abschnitt aber ist c. 5, »περὶ λογικῶν φύσεων«, »De rationabilibus naturis«. Origenes selbst hat ihn so bezeichnet, wie der Eingang (68 19) deutlich zeigt: *Post eam dissertionem, quam de patre et filio et spiritu sancto .... digessimus, consequens est etiam de naturis rationabilibus .... pauca disserere.* Vgl. auch 70 28: *In eo sane loco, in quo de rationabilibus naturis disserimus.* In dieses Kapitel gehört auch das Abschnittchen *Grandis neglegentiae.* Denn Hieronymus leitet es mit den Worten ein: *Cumque venisset ad rationabiles creaturas.* Dahin hat es denn auch Schnitzer S. 60 Anm. * versetzt und zwar an die Stelle, wo nach Hiob 40 20 vom »Drachen« die Rede ist, der der Teufel sei (77 17). Nun paßt es freilich an sich dorthin nicht: der Drache ist kein *iumentum* und der Teufel auch nicht. Das Exzerpt sagt einfach: so wie die Geister in die Leiber von Menschen und

Engeln, so können sie um ihrer Laster willen auch in die von unvernünftigem Vieh gesteckt werden. Trotzdem könnte es vielleicht dorthin gehören. Denn wie das Exzerpt aus Justinian (bei Kötschau 104_{8-13}) und Hieronymus (100_{19-24}) zeigt, hat Origenes am Schluß des ersten Buchs nicht nur an die Verwandlung von Geistern in Vieh (ἀποκτηνοῦσθαι), sondern auch an die in wilde Tiere (ἀποθηριοῦσθαι) und die Möglichkeit gedacht, daß sie in der Qual ihrer Strafen und dem Brand des Feuers τὸν ἔνυδρον βίον wählten. Da mag er an den »Drachen« gedacht haben, den der Mensch nach Hiob 40_{20} nicht mit der Angel herausziehen kann[1]. Es wäre also möglich, daß Origenes schon an der früheren Stelle 77_{15-18}, wo von dem Drachen, dem Abtrünnigen[2], die Rede war, diese Möglichkeit erörtert hätte.

Trifft das nicht zu, so kann ich den genaueren Platz, an den das Stückchen »*Grandis*« hingehört, nicht angeben. Den Schluß von c. 5 (78_{1-5}) setze ich wie Kötschau mit Hieronymus § 3 (98_{13-18}) *Quibus moti — verterentur* identisch[3]. Er folgt aber bei Hieronymus dem Satz *Grandis* nach. Damit wäre dann die Grenze nach vorne sicher gegeben. Aber die nach rückwärts bliebe unsicher. Hieronymus bestimmt sie innerhalb des Kapitels De rationabilibus creaturis so: *Cum . . . dixisset, eas [rationabiles creaturas] per neglegentiam ad terrena corpora esse delapsas.* Von *terrena corpora* steht nun freilich bei Rufin nichts; und wenn er 75_{17} von *ruere in terramque demergi* und 77_{9} von *cadere in hunc locum* spricht, so ist nicht sicher, ob Hieronymus gerade diese Stelle gemeint und nur nicht genau wiedergegeben hat. Aber Sicherheit ist da überhaupt nicht zu gewinnen, wo Rufin ein Stück gestrichen haben muß, das mit seinem ganz besonders auffallenden Gedanken gewiß nicht nur in diesem kurzen Sätzchen bestanden hat.

2. Hieronymus § 3 (98_{18-22}): *Rursumque nasci ex fine principium et ex principio finem et ita cuncta variari. ut et, qui nunc homo est, possit in alio mundo daemon fieri et, qui daemon est, si neglegentius egerit, in crassiora corpora religetur, id est homo fiat. Sicque permiscet omnia, ut de archangelo possit diabolus fieri et rursum diabolus in angelum revertatur.* Dieses Exzerpt will Schnitzer S. 63* bei Origines-Rufin in I 6_2 S. 80_2 hinter dem Wort *initium*, Kötschau S. 80_3 hinter *varietates* einfügen.

Über den allgemeinen Ort kann ja wieder kein Zweifel sein. Das unmittelbar vorangegangene Exzerpt (S. 98_{13-18}) steht bei Rufin

[1] Gemeint ist das Krokodil.

[2] Das *apostata* stammt nicht aus Hiob 40_{20}, sondern aus 26_{13}: προστάγματι δὲ ἐθανάτωσε δράκοντα ἀποστάτην. Origenes hat die beiden Stellen zusammengezogen.

[3] Schnitzer 61 läßt den Text Rufins 78_{1-5} auf das Exzerpt des Hieronymus *Quibus moti* folgen, weil er dessen Anwendung auf die Menschen bringt. Aber er ist dazu nur durch falsche Übersetzung beider Texte gekommen, wobei er verkannte, daß die *contrariae fortitudines* und die *contraria virtus* die dämonischen Geister bedeuten.

am Schluß von c. 5, das unmittelbar folgende (S. 98_{23}—99_{9}) in c. 6[2] (S. 81_{27}ff.). In Betracht kommen kann also nur c. 6, und zwar entweder § 1 oder der Anfang von § 2. Nun hat § 1 gezeigt, daß das Ende der Welt die Rückführung aller Geister zu Gott, ihre Unterwerfung unter ihn bringe. Und nach der sonstigen Gewohnheit des Origenes müßte man dann darauf sofort den Ausblick auf die neue Auseinanderentwicklung der Geister erwarten.

So ist es nun aber auch bei Rufin. Allerdings sieht er 79_{21} vielmehr von der Endvollendung auf den früheren Anfang zurück: »denn immer ist das Ende dem Anfang gleich«. Und wie das All als Ganzes, so muß auch für seine Unterschiede und Mannigfaltigkeiten dem einheitlichen Ende entsprechend ein einheitlicher Anfang angenommen werden. Das wird dann wiederum für die drei großen Klassen der Geister, die himmlischen, irdischen und unterirdischen, ausgeführt. Sie alle haben denselben Anfang gehabt und sich dann auseinanderentwickelt: zunächst (80_{15} Justinian und 81_{11} Rufin) die einzelnen Unterklassen der Engel, dann (81_{6} Justinian und 81_{27} Rufin) die Menschen und endlich (§ 3, 82_{20} Rufin) die Dämonen, worauf dann wieder § 2 (82_{5}) für die Menschen, § 3 (83_{5} Justinian, 83_{9} Rufin) für die Dämonen die Möglichkeit des neuen Aufstiegs folgt. Es ist also derselbe Kreislauf der Entwicklung, nur daß er nicht wie sonst vom Ende einer Welt vorwärts zum neuen, sondern rückwärts zum alten Anfang geführt wird. Bei Hieronymus geht es vom Ende zum neuen Anfang und von ihm wieder vorwärts zum neuen Ende. So wird es bei Origenes keinenfalls gewesen sein. Man sieht auch hieran, daß man bei Hieronymus an dieser Stelle überhaupt keinen wörtlichen Auszug suchen darf: er spricht ja auch in indirekter Rede. Und darum wird man das Exzerpt überhaupt nicht an einem genau bestimmten Platz unterbringen dürfen. Hieronymus gibt nur den allgemeinen Inhalt von Origenes 79_{19}—81_{27} wieder und faßt ihn eben darum wohl freier. Erst mit 98_{23} beginnt dann wieder die eingehendere Wiedergabe von Origenes 81_{27}—84_{21}, ein Auszug, der schon bisher mit voller Sicherheit untergebracht war.

3. Hieronymus § 4. a) 99_{19-27}: *Corporales quoque substantias — corpore esse vestitos.* Kein Zweifel kann sein, daß der erste Satz (99_{19-22}, *Corporales — perspicuum est*) zu Rufin I, 6_{4} gehört und dort dem Abschnitt 85_{14-24} entspricht. So haben es auch Schnitzer und Kötschau gefaßt. Dagegen kann ich ihnen nicht zustimmen, wenn sie den zweiten Satz bei Hieronymus (*Solem quoque — vestitos* 99_{22-27}) bei Rufin 90_{22} unterbringen wollen. Denn der Satz, der sich hieran bei Rufin anschließt (91_{7-10} *Quantum ergo* usf.), hängt ja mit dem vorhergehenden Abschnitt aufs engste zusammen und würde durch

jenes Exzerpt vollständig von ihm abgerissen. Rufins § 4 will doch die Frage beantworten, ob die Gestirne als beseelte Wesen mit Leib und Seele zusammen oder ob sie erst als Geister erschaffen und dann in Körper eingesetzt worden seien. Origenes tritt für das zweite ein, und zwar teils *per coniecturas*, d. h., wie das Folgende zeigt, in einem Schluß a minori ad maius, vom Menschen auf die Gestirne, teils durch Bibelstellen, die diesem Schluß eingefügt sind. Und nun zieht er die Summe: *Quantum ergo ex comparatione humani status conici potest, consequens puto multo magis haec de caelestibus sentienda, quae etiam in hominibus ratio ipsa et scripturae auctoritas videtur ostendere.* Wie könnte da ein Stück dazwischen gestanden haben, das noch einmal die These aufstellt, daß die Gestirne lebende Wesen seien und wie wir Menschen Leiber erhalten hätten, um heller oder dunkler zu leuchten, und daß die Dämonen wegen ihrer schwereren Vergehungen mit Luftleibern bekleidet worden seien? Dieses Exzerpt *Solem quoque* ist also doch wohl nur eine ganz kurze Wiedergabe von Rufin 7 2. 3 und der Hauptmasse von 4, dem Hieronymus noch kleine eigene Zutaten aus den sonstigen Anschauungen des Origenes beigegeben hat[1].

b) 99 27—100 17: *Omnem creaturam — vel angeli fiant.* Das Exzerpt beginnt in indirekter Rede, die dem Satz bei Rufin 91 12—92 1 (in I 7 4) entspricht. Die Fortsetzung, die ausdrücklich *ipsius verba* geben will, schließt sich unmittelbar an den Satz § 5 S. 93 27 f. an: *Videamus nunc quae sit etiam libertas creaturae vel quae absolutio servitutis.* Allein das Exzerpt des Hieronymus handelt gar nicht von dieser *libertas* und *absolutio*, sondern von der verschiedenen Entwicklung der Geister. Verstehe ich es richtig, so ist es in zwei Teile zu zerlegen. Der erste schildert, wie am Ende der Welt die Geister sich der Vollendung zu entwickeln, die einen langsamer, die andern in raschem Flug. So wird dann, füge ich hinzu, wiederum der einheitliche und gleichförmige Vollendungszustand erreicht. Und nun beginnt — im zweiten Teil — kraft des *liberum arbitrium* die Entwicklung wieder verschiedene Richtungen einzuschlagen, zu *vitia* und zu *virtutes*, und daraus ergibt sich wieder das verschiedene Schicksal der Geister, das, verglichen mit ihrem jetzigen Stand in dieser Welt (*quam nunc sunt*), teils besser, teils viel schlimmer ist, so daß Engel der jetzigen Welt zu Menschen oder Dämonen, Dämonen zu Menschen und Engeln werden können.

[1] Aber auch das Zitat aus Justinians Brief an Mennas wird 91 4—7 nicht an der richtigen Stelle eingesetzt sein. Es ist, wie die letzten Worte οἶμαι ἀποδεῖξαι δύνασθαι deutlich zeigen, nicht Rückblick auf den vollzogenen, sondern Hinweis auf den folgenden Beweis, muß also wohl an Stelle von Rufin 89 17—90 4 eingesetzt werden.

Vermutlich hat Hieronymus hier zwar die Worte des Origenes gebraucht, aber doch gekürzt. Der Inhalt der Stelle aber zeigt, daß nach der ständigen Gewohnheit des Origenes auch hier wieder von dem gleichförmigen Vollendungszustand hinausgeblickt wird auf das neue Auseinandergehen. Darum möchte ich das Exzerpt, wie das schon SCHNITZER getan hat, ganz an den Schluß von c. 7 setzen. Der Schluß Rufins kann sich unmittelbar an den Satz *Videamus — servitutis* angeschlossen haben. Dann erscheint eben die *libertas* und *absolutio* erläutert durch I. Kor. 15 28, daß die Geister unmittelbar unter der Herrschaft Christi und dann des Vaters stehen und so Gott alles in allen sein wird. Möglich aber ist natürlich auch, daß Rufin hier gekürzt hat.

c) 100 17—101 4. *Cumque omnia — penitus intractata viderentur*. Der erste Satz (bis 100 19 *capere virtutem*) ist = Rufin 99 25. Der *latissimus sermo* dagegen, wonach die am tiefsten gesunkenen und darum am schwersten gepeinigten Geister es vorziehen Tiere zu werden, im Wasser zu wohnen oder den Leib eines Viehs anzunehmen, entspricht dem, was Justinian erhalten hat (104 8—13 bei KÖTSCHAU). Nach Rufins Text wäre diese These von anderen vertreten und durch Lev. 20 16, Exod. 21 29, Num. 22 28—30 begründet, von Origenes jedoch entschieden abgelehnt worden. Justinian und Hieronymus aber zeigen, wie auch SCHNITZER und KÖTSCHAU annehmen, daß jene Meinung vielmehr von Origenes für möglich erklärt und darum erörtert worden ist. Dann stammt natürlich auch jene biblische Begründung von ihm. Die aber kann und wird wohl ausführlich gewesen sein. Denn so einfach war das Ergebnis aus jenen Bibelstellen nicht herauszulesen. Der *latissimus sermo* kann also ganz wohl durch deren Behandlung ausgefüllt gewesen sein.

KÖTSCHAU dagegen (S. CXVII) möchte in die Lücke, in der der *latissimus sermo* gestanden hat, noch weitere Ausführungen einfügen, die er bei Gregor von Nyssa findet (De anima et resurrectione und De hominis opificio). Ich halte das aber für unrichtig und verweise auf die Beilage.

4. Hieronymus § 5: (101 5—103 6.) Damit treten wir in das 2. Buch von Origenes. Hier kann nun über die Einreihung der Exzerpte keine Frage sein: sie sind schon bisher völlig richtig bestimmt. Vielleicht aber lohnt es sich — auch mit Rücksicht auf einen späteren Abschnitt (III 6) —, die Art festzustellen, wie Hieronymus hier exzerpiert hat.

Die Anordnung bei Rufin ist so: Er findet schon von anderer Seite aufgestellt die Frage vor, ob die Materie mit den Geistern gleich ewig sei, und als erste Unterfrage, ob die Materie überhaupt dieselbe ewige Dauer habe wie die Geister oder ob sie ganz zugrunde gehen müsse.

Er sieht aber das ganze Problem als viel verwickelter an und stellt daher zunächst die beiden Vorfragen:

1. über die Geister: können sie, die Geschaffenen, in ihrem höchsten Vollendungsstand überhaupt einmal ohne Leiblichkeit bestehen? (112 7 ff.).

2. über die Welt: a) Ist unsre materielle Welt die erste? oder ist ihr etwas vorausgegangen, sei es eine andere materielle Welt — und wie verhielt sich dann die zu der unsrigen? — oder nur ein Zustand, wie der, der nach der Endvollendung (I. Kor. 15 24) eintreten wird, und ist dieser Zustand wieder nur das Ende einer früheren Welt gewesen, so daß Gott nach ihm wieder eine neue Welt geschaffen hätte, weil die Geister wieder abgewichen wären? (c. 2, 113 13—114 6). b) Wird nach dieser unsrer Welt ein weltloser Zustand sein, in dem die Besserung und Vollendung der Geister stattfinden wird, oder wird zu diesem Zweck eine neue Welt erstehen und wie wird sie sich zu der unsrigen verhalten? (114 6—17). c) Wird einmal ein weltloser Zustand sein? ist einer einmal gewesen? oder kann man beides als öfter sich wiederholend annehmen? (114 17—20).

Schon diese Stellung der Probleme zeigt, wie für Origenes die Frage der Leiblichkeit der Geister untrennbar verknüpft ist mit der nach der Dauer der materiellen Welt überhaupt. M. a. W.: Leiblichkeit der Geister und Welt sind unzertrennliche Stücke des Ganzen, der Materie, der *natura corporalis* in ihrem Gegensatz gegen die *natura rationalis*. Von vornherein ist die Welt lediglich um der Geister willen da. Können sie die Leiblichkeit nicht entbehren, so muß auch die Welt ewig sein. Müssen sie aber zu ihrer Vollendung von ihr frei sein, so muß auch die Welt ganz vergehen, bis die Geister den Vollendungszustand wieder verlassen und dann ihre Leiblichkeit und damit auch die Welt wieder erstehen muß. Das Kennwort, das schon hier auftritt (112 13), ist, ob die Welt und die Leiblichkeit *per intervalla* (= ἐκ διαλειμμάτων 361 10) bestehen oder ob sie ewig bleiben und dann sich dem Zustand der Geister gemäß in groben und dichten oder in feinen, verklärten, geistigen Zustand wandeln werde.

Der Art, wie Origenes die Probleme aufgestellt hat, entspricht nun die ihrer Durchführung (II 3 2 ff.), daß die beiden Hauptfragen, Leiblichkeit der Geister und materielle Welt, zusammen erörtert werden (vgl. bes. 114 24—27).

Die Erörterung selbst entspricht dann nicht genau der Reihenfolge, in der die einzelnen Fragen von Origenes aufgestellt waren. Doch wird man daraus und aus der großen Verschiedenheit des Umfangs, in dem das geschieht, kaum schließen dürfen, daß Rufin dabei sehr frei verfahren sei. Die einzelnen Punkte waren für Origenes eben an Gewicht verschieden. Nur an einem Punkte hat Rufin sicher geändert, wenn er den Origenes $112_{9.15}$ die schließliche Leiblosigkeit der Geister für fast oder wirklich unmöglich erklären läßt.

Die Hauptfrage, der ich hier allein nachgehe, ist dann die, ob die Leiblichkeit der Geister und damit die Materie überhaupt ewig sei oder vergehen werde. Origenes hat dafür drei Möglichkeiten:

1. Die Leiblichkeit der Geister und damit die Materie überhaupt ist ewig und wird sich nur wandeln von der Vergänglichkeit zur Unvergänglichkeit und höchsten Reinheit (3_2, S. 114_{27}—117_6). Beweis: I. Kor. 15_{53-56} (Anziehen der Unverweslichkeit).

2. Leiblichkeit und Materie werden nur *per intervalla* existieren (§ 3, S. 117_6—119_3). Beweis: andere Erklärung von I. Kor. 15_{53-56} sowie $_{28}$ (Unterwerfung aller unter Christus und Gott).

3. Vernichtung der sichtbaren und darum vergänglichen Sphären der Welt, verklärte Leiblichkeit der Geister in den obersten, unsichtbaren Sphären (§ 6, S. 124). Beweis: II. Kor. 4_{18}, 5_1 (Sichtbares = Vergängliches, Unsichtbares = Ewiges. Bau von Gott im Himmel). Zu dieser Lösung hat sich Origenes den Weg gebahnt durch eine Untersuchung über das, was Welt heißt. Er folgt dabei der antiken Anschauung vom Aufbau der Welt in konzentrischen Schalen: zu unterst die Erde, dann die Schalen der Planeten, darüber die der Fixsterne. Aber nun überbietet er diesen Aufbau durch die Einsetzung weiterer Schalen, die er aus Stellen der Bibel entnimmt: der oberen Erde und des oberen Himmels, von denen unsre Erde und unser Himmel nur Abbilder sind, der Erde, die in der hl. Schrift »die gute Erde« oder »die Erde der Lebenden« heißt[1], die den Sanftmütigen verheißen ist, und des Himmelreichs, d. h. des Himmels, in dem die Namen der Heiligen geschrieben sind. Diese Erde und dieser Himmel sind dann die beiden Räume, in denen sich die höchste Vollendung der Heiligen abspielen wird, der Bau, das Haus von Gott gemacht, das ihrer wartet, wenn ihre irdische Behausung abgebrochen wird (II. Kor. 5_1). Diese obersten Schalen sind nicht geistiger, unkörperlicher Art, also nicht nach ihrem Wesen, sondern nur für unsre Augen unsichtbar und darum, obwohl geschaffen, doch durch Gottes Willen und Kraft ewig. In ihnen könnten also die vollendeten Geister in verklärter Körperlichkeit leben, und sie blieben, wie sie geschaffen waren, während die sichtbare Welt der Erde, der Planeten und der Fixsterne aus ihrem vergänglichen Zustand[2] herausgehoben und verklärt würde.

[1] Zu dem Ausdruck der »Erde der Lebenden« vgl. außer den biblischen Stellen, die Kötschau angeführt hat, auch Buch der Jubiläen 22_{22} (bei E. Kautzsch, Die Apokryphen und Pseudepigraphen des A. Ts. 2, 78).

[2] Zu *habitus* ist zu vgl. 84_{27}, $85_{1.5.8.10}$.

Diese drei Möglichkeiten legt Origenes also bei Rufin den Lesern vor und überläßt ihnen die Entscheidung.

Hieronymus dagegen hat von den drei Möglichkeiten nur die zweite eingehender vorgetragen als diejenige, die der kirchlichen Meinung seiner Zeit die unerträglichste war[1]. Erst am Schluß (102_{16}) gibt er die drei nebeneinander, so wie sie Origenes auch nach Rufin am Ende des Kapitels wiederholt hatte. Und dabei weicht er nur an einem Punkt von Rufins Übersetzung ab, indem er bei der dritten Möglichkeit die sichtbare Welt nicht verwandelt, sondern vernichtet werden läßt. Sie erscheint also bei ihm nicht wie bei Rufin als eine Unterart der zweiten, sondern der ersten.

5. Hieronymus §9 und 10 (109_{19}—112_{20}). Während die ersten Auszüge aus dem 3. Buch keine Schwierigkeiten machen, kommen in denen aus seinem 6. Kapitel wieder verwickeltere Fragen. Ich verfolge zunächst den Gang der Erörterung in den Hauptzügen der Übersetzung Rufins.

Ganz deutlich steht da zuerst der Beweis für die These, daß der Anfang und das Ende der Entwicklung die Materie und Leiblosigkeit sei (§ 1—3 bis S. 285_{7}). Darauf folgt die zweite Möglichkeit, die wir aus II, 3 kennen und die dort die erste war, die Verklärung der Materie und der Geistleib (§ 4—9, S. 285_{8}—291_{2}). Zum Schluß überläßt es Origenes wieder dem Leser, wofür er sich entscheiden wolle. Von der dritten Möglichkeit ist diesmal keine Rede.

Dieselbe Anlage findet sich auch bei Hieronymus. Der erste Teil 109_{19}—112_{12} vertritt durchweg die Meinung, daß Materie und Leiblichkeit aufhören werden. Dann erwähnt er des Origenes *disputatio longissima* über die Verwandlung und Verklärung der Materie und Leiblichkeit. Er geht jedoch ganz über sie hinweg und schließt mit einem Satz, der bei ihm und Rufin im wesentlichen gleich ist.

Rufin: ... *sit eis deus omnia in omnibus. Tunc ergo consequentur etiam natura corporea illum summum et cui addi iam nihil possit recipiet statum* (290_{22}—291_{3}).

Hieronymus: ... *et erit deus omnia in omnibus, ut universa natura corporea redigatur in eam substantiam, quae omnibus melior est* (112_{17-20}).

Es kann nach dem Zusammenhang des Ganzen gar kein Zweifel sein, daß damit der höchste Grad der Verklärung, Vergeistigung der Materie gemeint ist. Trotzdem fügt Hieronymus hinzu *in divinam videlicet, qua nulla est melior*. Er zeigt damit aber nur, daß er Origenes nicht richtig verstanden hat. Denn die Verwandlung der körperlichen

[1] Ebenso hat es Justinian gehalten (bei Kötschau 118_{4-8}).

Natur in die göttliche ist ja bei Origenes ein Unding: entweder wird die Materie und Leiblichkeit vernichtet, dann kommt der Geist in die engste Gemeinschaft mit dem rein geistigen Gott, oder sie wird verwandelt in die feinste Leiblichkeit, dann bleibt sie eben doch immer körperlich, materiell. Der Zusatz hätte also bei Kötschau wie bei Hilberg nicht als Zitat gesperrt, sondern als Zutat des Hieronymus einfach gedruckt werden müssen.

Für die zweite Möglichkeit ist also über den Aufbau im einzelnen aus Hieronymus nichts zu entnehmen. Dagegen bietet er für den der ersten wertvolle Aufschlüsse.

Im ersten Exzerpt *Quia, ut crebro iam diximus—vita incorporalium incorporalis* (109_{19}—110_{1}) setzt Hieronymus nicht sofort an die Spitze, aber doch an den Anfang der Erörterung über das Ende der Welt[1] den von Origenes oft ausgesprochenen Grundsatz, daß aus dem Ende wieder ein neuer Anfang entspringe. Auf die Frage, ob dann im Zwischenstadium die Körper fortdauern oder die Geister körperlos leben werden wie Gott, antwortet er: wenn alle Körper zu dieser sinnlichen Welt gehören, die der Apostel das Sichtbare nenne, dann müsse das Leben der Geister zweifellos unkörperlich werden.

Dieser Hinweis auf die Sichtbarkeit und darum Vergänglichkeit der Welt erinnert deutlich an Rufin II 3 6 (122_{22}—124_{25}), wo von der dritten Möglichkeit gehandelt wird, obwohl in diesem Exzerpt nicht die dritte, vermittelnde, sondern die Ansicht von der zeitweisen Vernichtung der Materie entwickelt wird. Es wird aber daraus klar, daß mit dem Wort des Apostels nicht, wie Kötschau und Hilberg meinen, Col. 1_{16}, sondern II. Kor. 4_{18} gemeint ist.

Im zweiten Exzerpt *Illud quoque — omnia in omnibus* (110_{1-12}), das bei Origenes dem ersten nach einem ganz kleinen Zwischenraum (*post paululum*) folgt, wird dieselbe These von der zeitweisen Vernichtung der Materie weiter dadurch erwiesen, daß alle Kreatur von der Knechtschaft der Vergänglichkeit zur Herrlichkeit des Sohnes Gottes befreit werden werde, Röm. 8_{21}. Und dabei wird zugleich hingewiesen auf I. Kor. 15_{28}, wodurch dieser Zustand der künftigen Unvergänglichkeit gleichgesetzt wird mit dem, ob Gott alles in allen sein werde.

Das dritte Exzerpt, das aus demselben Zusammenhang stammt (*in eodem loco*; 110_{12}—111_{5}), gründet den Beweis für dieselbe Möglichkeit auf die Worte Jesu Joh. 17_{21} *ut quomodo ego et tu unum sumus, sic et isti in nobis unum sint.* Die volle Gemeinschaft der Geister, die

[1] *Cumque de fine disputare coepisset, haec intulit* (109_{19}).

der von Vater und Sohn entspricht, kann nur bei körperlosem Zustand bestehen.

Daran muß sich dann ein Abschnitt geschlossen haben, den Hieronymus in § 10 (111_{9}–112_{9}) zunächst in indirekter, dann in direkter Rede wiedergibt: *Rursumque de mundorum — amisere virtutem.* Er handelte *de mundorum varietatibus* und von der Möglichkeit des Übergangs von einer Geisterklasse in jede andere. Die Materie lebt wieder auf: es entstehen wieder die Körper und die Verschiedenheiten in der Welt.

So haben also die drei ersten exzerpierten Abschnitte den Beweis für die endliche Körperlosigkeit aus Bibelstellen geführt: II. Kor. 4_{18}, Röm. 8_{21}, Joh. 17_{21}. Der vierte fügte dann wie immer die Wiedererhebung der Materie *per intervallum* an.

Wie verhält sich nun dazu Rufin? Das erste Exzerpt hat bei ihm kein Gegenstück. Den Abschnitt, der es wiedergibt und der sich auf II. Kor. 4_{18} stützte, hat er unterdrückt. Er kann aber bei Origenes nicht da gestanden haben, wo Kötschau ihn sucht, in der angeblichen Lücke 281_{12}, sondern nur ganz am Anfang des Kapitels 280_{2} vor dem Abschnitt *Igitur summum bonum.* Das wird durch die scharfe Betonung der Reihenfolge bei Hieronymus gefordert.

Der Abschnitt sodann, der bei Rufin eben 280_{2} beginnt, handelt zunächst 1. von dem *similem fieri deo* als dem Ziel der Entwicklung und beweist das a) aus Gen. 1_{26-28} (280_{6-17}), b) aus I. Joh. 3_{2} (280_{17-22}), c) aus Joh. 17_{24} und $_{21}$ (280_{22} — 281_{12})[1]. Darauf folgt 2. in § 2 und 3 (283_{1}ff.) die Erörterung von I. Kor. 15_{28}, wonach Gott alles in allen sein werde. Damit schließt der Abschnitt. Er hat also deutlich einen Teil derselben Bibelstellen erörtert, die sich in dem Bericht des Hieronymus fanden. Von II. Kor. 4_{18} und Röm. 8_{21} ist freilich keine Spur bei Rufin, und anderseits fehlt I. Joh. 3_{2} bei Hieronymus.

Wohl aber sind nun, wenn auch versteckt, bei Hieronymus die Spuren von Gen. 1_{26}ff. zu finden. Aus dieser Stelle hatte Origenes nach Rufin das *similem fieri deo* als Ziel der Entwicklung des Menschen erwiesen. Vor der Schöpfung des Menschen hatte Gott die Absicht ausgesprochen, den Menschen nach seiner *imago* und *similitudo* zu schaffen. Die Schöpfung aber ist nur nach der *imago* geschehen: das ist also nur die *prima conditio*, und die *similitudo* muß deshalb erst der Vollendung vorbehalten sein.

Diese Stelle ist bei Hieronymus offenbar in dem Satz 110_{5-12} wiedergegeben. Da ist die Rede von der Befreiung der Kreatur zur Herrlich-

[1] Kötschau hätte also zwischen 281_{5} und $_{6}$ keinen Absatz machen dürfen. Die Erörterung der Stelle aus Job. 17_{24} geht, wie 281_{11} deutlich zeigt, weiter bis 281_{12}. Dann erst beginnt ein neuer Abschnitt.

keit der Söhne Gottes (Röm. 8 21). Früher hatte der Text, der die paulinischen Worte erklärt, allgemein so gelautet: *ut primam creaturam rationabilium et incorporalium esse dicamus, quae non serviat corruptioni, eo quod ⟨non⟩ sit vestita corporibus, et ubicunque corpora fuerint, statim corruptio subsequatur*. So steht er auch noch bei Kötschau 282 2. Dagegen hat Hilberg nach dem Vorschlag Engelbrechts das *quae non* der Handschriften in *quae nunc* verwandelt und das zweite *non* (vor *sit vestita*), das in den Handschriften gefehlt hatte, wieder gestrichen. Ich glaube mit vollem Recht. Nach dem früheren Text hätte Origenes gesagt, die erste Schöpfung der Geister sei die, die der Vergänglichkeit nicht unterworfen sei, weil sie nicht mit Körpern bekleidet gewesen sei und überall, wo Körper seien, sofort Vergänglichkeit sich einstelle. Das ist doch kein richtiger Zusammenhang: man müßte mindestens statt »überall« »nur da« oder ähnliches erwarten. Vor allem aber bekäme man bei der alten Lesart drei Stadien: 1. die *prima creatura* ohne Körper und Vergänglichkeit, 2. die Bekleidung mit Körpern und darum Vergänglichkeit, 3. das *postea* der Befreiung von beidem. Das erste aber hätte im paulinischen Text keinen Grund. Er setzt ja nicht einen leiblosen, von Vergänglichkeit freien Zustand an erste Stelle, sondern gerade umgekehrt. Und das zweite würde gar nicht erwähnt, obwohl gerade ihm das *postea* entgegengesetzt wäre. Die *prima creatura* kann also nur die sein, in der die Vergänglichkeit herrscht, und das *postea* bringt dann das zweite Stadium, das der Freiheit von ihr.

So entspricht dann aber auch die *prima creatura* genau der *prima conditio* bei Rufin 280 7.12 in der Erörterung des Genesisberichts. Wir haben also hier bei Hieronymus einen Widerhall der längeren Erörterung bei Rufin.

Damit läßt sich nun aber wohl der Gedankengang des ursprünglichen Originals einigermaßen herstellen. Man wird ohne weiteres berechtigt sein, der Ordnung des Hieronymus dabei zu folgen. Seine Wiedergabe folgt ja nach seiner eigenen Angabe genau dem Original, und sie ist auch gerade bei der ersten Möglichkeit, der Annahme der Leiblosigkeit, völlig durchsichtig.

Man wird also das erste Exzerpt nicht mit Kötschau mit dem Abschnitt 281 6–12 (*In quo — doceat*) gleichsetzen, sondern an den Anfang des Kapitels, vor *Igitur summum bonum* (280 2), stellen müssen.

Das zweite Exzerpt hat ohne Zweifel da gestanden, wo es Kötschau anbringt, 281 13—282 6. Nur hätte dann der Abschnitt Rufins 283 1—285 7 ihm nicht folgen dürfen. Denn er ist nichts anderes als eine Erörterung über I. Kor. 15 28, entspricht also eben dem Inhalt des zweiten Exzerpts. Die beiden Abschnitte bei Rufin und Hieronymus decken sich.

Das dritte Exzerpt über Joh. 17 findet sein Gegenstück bei Rufin nur in 280 22—281 5. Rufin hat es also dort hineingearbeitet und so den ursprünglichen Zusammenhang zerrissen.

Das vierte Exzerpt endlich setzt Kötschau gleich mit 284 10—285 5 (*Verum istam — interseratur admixtio*). Aber das kann nicht einfach richtig sein. Der Sinn ist beidemal ganz anders. Nach Rufin hätte Origenes — denn er ist natürlich mit den *quidam* gemeint — gesagt, der Zustand der Vollkommenheit, daß Gott alles in allen sei, könne nur bei der Annahme des leiblosen Zustandes bestehen (*permanere*). Die Beimischung körperlicher Substanz müßte die Seligkeit hindern. Das Exzerpt dagegen spricht von dem neuen Abfall und Auseinandergehen der Geister und dem Wiedererstehen der Materie und Leiblichkeit (*per intervalla*). Höchstens könnte man in dem *permanere* eine Erinnerung an den Inhalt des Exzerpts suchen. Dann hätte Rufin den Text gefälscht. Aber ich möchte das bezweifeln und das Wort *permanere* nicht so pressen. Der Inhalt des vierten Exzerpts ist also bei Rufin einfach ausgefallen. Es müßte sich an das Ende von § 3 angeschlossen haben, wie ja jedesmal nach der Möglichkeit einer körperlichen Vollendung sofort gesagt wird, daß dann mit dem neuen Abweichen der Geister die Materie wiederkommen müßte.

6. Hieronymus § 14 (116 5—17). Hier kann nun ein Zweifel wieder nicht bestehen: Kötschaus Einsetzung ist durch den Text Rufins selbst gefordert. Justinian bietet außerdem hier wieder das griechische Original, dem die Übersetzung des Hieronymus ganz entspricht. Beide aber bezeugen wiederum, wie Rufin IV 4 8 (35) S. 360 10 ff. geändert hat. Nach ihm erforderte die Wandelbarkeit (Freiheit) der Geister, wie Gott voraussah, eine Materie, die dem sittlichen Zustand der Geister gemäß in alle Formen umgesetzt werden könnte. Sie müsse ewig bleiben zur Bekleidung der Geister, außer wenn jemand glaube beweisen zu können, daß die Geister auch ohne Leiblichkeit leben könnten, eine Annahme, deren Schwierigkeit, ja Unmöglichkeit er schon früher dargelegt habe. Damit kehren also die beiden Hauptmöglichkeiten wieder, die uns schon in II 3 und III 6 begegnet sind.

Dagegen hat Hieronymus auch hier wieder von der Möglichkeit einer ewigen Materie nichts. Aber schon sein Anfang *Si quis autem potuerit ostendere* usw., mit dem er die andere Möglichkeit einleitet, beweist, daß die erste vorangegangen sein muß. Er entspricht ja auch den Worten der Rufinischen Übersetzung: *nisi si quis putat* usw. Deutlich wird aus ihr aber auch, daß die ablehnende Stellung zum Vergehen und Wiederaufleben der Materie Rufins Fälschung ist.

Beilage.

Über die angeblichen Auszüge des Gregor von Nyssa aus Περὶ ἀρχῶν.

Kötschau hat seiner Ausgabe in I 8_4 (S. 102—104) einige Stücke eingefügt, die nach seiner Meinung Gregor von Nyssa ziemlich wörtlich aus Περὶ ἀρχῶν entnommen hätte. Er stellt zunächst S. CXVII fest, daß Gregor an einer Stelle seiner Schrift De hominis opificio (Migne, Patrol. S. G. 44, 229 B) das Werk des Origenes — doch ohne seinen Namen — benutzt und genannt habe. Auf Grund dieser Feststellung entnimmt er dann S. 102_{12}—103_{16} der Schrift De anima et resurrectione (Migne, Patrol. S. G. 46, 112 C — 113 A und 113 D) ein weiteres Stück über die Entwicklung der Geister, die aus dem Guten fallen. Dieses Stück führt Gregor mit den Worten ein: »Ἤκουσα γὰρ τῶν τοιαῦτα δογματιζόντων«, also ohne einen Namen zu nennen. Aber weil darin 103_{12} der Ausdruck vorkommt »ἀπὸ τούτου δὲ πάλιν διὰ τῶν αὐτῶν ἀνιέναι βαθμῶν« und Gregor in einer dritten Schrift De anima (45, 221 A) den Origenes von βαθμοὶ τῶν ψυχῶν καὶ ἀναβάσεις schreiben läßt, so nimmt Kötschau an, daß das ganze Stück von Origenes, und zwar aus Περὶ ἀρχῶν, stamme und ein ziemlich wörtliches Referat sei. Weil dann endlich in De hom. opif. 28 (44, 232 BC) ganz dieselben Gedanken erscheinen, so fügt Kötschau auch dieses Stück als Ergänzung ein (103_{17}—104_7).

Ich kann dem nicht zustimmen. Der Ausdruck βαθμοὶ τῶν ψυχῶν kann m. E. nicht viel beweisen: er kommt beidemal nicht in wörtlichen Zitaten vor und liegt ja außerordentlich nah, wenn ein stufenweises Hinabsinken und Emporsteigen gelehrt wird. Dazu kommt, daß Origenes, soviel wir sehen können, in Περὶ ἀρχῶν nirgends so schreibt, wie es die Auszüge Gregors tun. Sie sind, wie schon Kötschau hervorgehoben hat, durch Platos Phaedrus bestimmt: in einer besonderen πολιτεία verwahrt, führen die guten Seelen τῇ τοῦ παντὸς συμπεριπολοῦντος δινήσει ein körperloses Leben ἐν τῷ λεπτῷ τε καὶ εὐκινήτῳ τῆς φύσεως αὐτῶν. Die anderen dagegen, ῥοπῇ τινι τῇ πρὸς κακίαν πτερορρυοῦσαι — ein Bild, das mehrfach wiederkehrt —, werden in Körper gesteckt. Vor allem aber ist die ganze Anschauung anders als bei Origenes. Schon daß von einem Teil der Seelen ganz ohne Vorbehalt gesagt wird, sie seien körperlos, weil im Guten geblieben, entspricht nicht den Aufstellungen von Π. ἀ. Sodann aber lassen die Autoren, die Gregor zitiert, die Seelen, die sich zum Bösen hinabwenden, zunächst zu Menschen, weiter zu Tieren, endlich aber zu

Pflanzen werden[1] und dann dieselben Stufen wieder emporsteigen in den himmlischen Raum, von wo aus dann derselbe Gang sich wiederholt. Diese Verwandlung in Pflanzen ist dem Origenes völlig fremd: auch Justinian und Hieronymus erwähnen nur die tierischen Leiber und auch sie nur für ganz besonders schwere Fälle. Und doch hätten sie sich die Pflanzen gewiß noch weniger entgehen lassen. Anderseits aber erwähnen die Gewährsmänner Gregors die Dämonen überhaupt nicht.

Allerdings scheint mir Gregor in De hom. opif. jene Anschauung denen zuzuschreiben, οἷς ὁ Περὶ τῶν ἀρχῶν ἐπραγματεύθη λόγος. Denn nachdem 232 A die Torheiten eines griechischen Weisen angeführt waren, kehrt er zu ihnen zurück: (καθώς φασιν 232 B) und schließt ihre Darstellung mit den Worten (232 D): Ἀλλὰ μέχρι τούτου προϊὼν ὁ λόγος αὐτοῖς usw. Aber der Unterschied dieser Meinungen von denen des Origenes scheint mir es ganz unmöglich zu machen, daß Gregor hier seine Περὶ ἀρχῶν benutzt habe.

II. Zur »Deutschen Theologie«.

Die sogenannte Deutsche Theologie ist seit nun 400 Jahren unendlich viel abgedruckt, gelesen und behandelt worden. Und doch fehlt es in der wissenschaftlichen Forschung über sie an allen Punkten. Wir haben auch heute noch keinen zuverlässigen Text von ihr, und mit ihrem Verständnis ist es neuerdings zum Teil noch schlimmer geworden als früher. Ich kann nun nicht daran denken, alle die Aufgaben anzufassen, die hier erledigt werden müßten. Aber ich möchte doch einen Beitrag zu zwei Fragen geben, die mir in erster Linie zu stehen scheinen, zu der Frage nach ihrer ursprünglichen Gestalt und nach der Art ihrer Mystik, insbesondere auch, was damit unmittelbar zusammenhängt, nach der Stellung, die in ihr die Person Christi einnimmt.

I.

Die Deutsche Theologie liegt uns in drei Gestalten vor: einer kürzesten, die Luther 1516, einer mittleren, die er 1518 herausgegeben hat[2], und einer ausführlichen, die zuerst Franz Pfeiffer mit

[1] Es sind drei Stufen: die λογικὴ δύναμις der Menschen (103 9), das ἄλογον des Viehs (103 4. 5. 9) und die ἀναίσθητος ζωὴ ἐν φυτοῖς (103 11). Ebenso im zweiten Exzerpt, vgl. bes. 104 6. 7. Deutlich ist hier, daß 103 6 statt τᾶς φυσικᾶς ταύτης καὶ ἀναισθήτου ζωᾶς vielmehr φυτικᾶς zu lesen ist.

[2] Das Nähere über die beiden Ausgaben Luthers s. in Luthers Werken, Weimarer Ausgabe 1, 152 f. und 1, 375—379. Die neue Ausgabe, die Knaacke dort S. 376 angekündigt hat, ist nie erschienen.

willkürlichen sprachlichen Änderungen[1], dann Willo Uhl getreu aus einer Handschrift des ehemaligen Zisterzienserklosters Bronnbach im Taubertal, jetzt der fürstlich Löwenstein-Wertheim-Rosenbergischen Bibliothek zu Klein-Heubach a. M. bei Miltenberg herausgegeben hat[2]. Ich unterscheide die drei Gestalten, wie es schon bisher geschehen ist, als A, B, [P oder] U.

Die Frage, welche Textgestalt die ursprüngliche sei, ist schon öfters gestellt und beantwortet worden. Pfeiffer hat es ohne weiteres von der seinigen angenommen, Knaacke ist für den Lutherischen Text B eingetreten, ohne Gründe anzugeben; er sieht in P eine matte Erweiterung der Urschrift. Soweit A und B zusammengehen, findet er — im allgemeinen mit Recht — den besseren Text bei A. Diesem Urteil hat sich H. Mandel in seiner Ausgabe im wesentlichen angeschlossen[3]: es könne kein Zweifel sein, daß A und B bei weitem ursprünglicher seien. P suche den Text Luthers zu glätten und zu verdeutlichen. In den meisten Fällen gebe es überflüssige Erweiterungen, während Luthers Text den Vorzug größerer Knappheit habe. In anderen Fällen ändere es den Sinn und bringe Fremdes in den Zusammenhang.

Eine eingehendere Untersuchung hat erst H. Hermelink gegeben[4]. Er sieht in A den ursprünglichen Text, in B eine erste, in P = U eine zweite, auf Grund von B vorgenommene Erweiterung und führt außerdem die Meinung Mandels, daß P = U andere Anschauungen eintrage, an verschiedenen Stellen durch. Auf Grund davon betrachtet er sein Urteil, daß P = U aus B entstanden sei, als abschließend, das umgekehrte Verhältnis als undenkbar. Den Einwand, den W. Schleussner[5] gegen die Ursprünglichkeit von B gemacht hatte, daß die angeblichen Zusätze in P doch in Geist und Stil von B gehalten seien, erkennt er nicht an. Ich werde mich im folgenden mit Hermelink allein auseinanderzusetzen haben[6].

[1] Theologia Deutsch 1851. 3. Aufl. 1875.

[2] In den Kleinen Texten für Vorlesungen und Übungen, hrsg. von Hans Lietzmann Nr. 96 »Der Franckforter«. 1912. In dem Schluß der Hs. *Sit lauss vitam hñti insemetipso* löst der Herausgeber das *hñti* seltsamerweise auf in *homilianti* statt *habenti*. Ich gebe im folgenden die Texte in vereinfachter Schreibweise wieder.

[3] Theologia Deutsch 1908. (Quellenschriften zur Geschichte des Protestantismus, hrsg. von J. Kunze und C. Stange H. 7.) Nach dieser Ausgabe (M) zitiere ich A und B.

[4] Text und Gedankengang der Theologia Deutsch (in der Festschrift zum 70. Geburtstage von Th. Brieger: »Aus Deutschlands kirchlicher Vergangenheit«, 1912, S. 1 ff.).

[5] Im »Katholik« 89, 173 f., 1909.

[6] Ganz absehen möchte ich von dem Versuch, den H. Büttner, Das Büchlein vom vollkommenen Leben, eine deutsche Theologie, 1907, gemacht hat, aus den drei Gestalten die ursprüngliche neu aufzubauen. Denn Büttner ist dabei völlig willkürlich und ohne jede Methode nach seinem Geschmack verfahren und hat sich auch um den geschichtlichen Sinn der Schrift wenig gekümmert.

Hermelink beginnt mit dem Verhältnis von B und U. Sein Urteil ist, daß U den ursprünglichen Gedankenfortschritt von B durch Einschübe durchbreche, in geschwätziger, bilderliebender Tonart die abstrakte Kürze und Gedrungenheit, die lakonischen, nicht selten ungenügend erscheinenden Ausführungen von B mit einem guten Stück theologischer Gelehrsamkeit und mit beispielsüchtiger Pädagogik und Salbaderei in einer Reihe von schulmeisterlichen Anmerkungen und Verdeutlichungen erweitere.

Das ist nun aber doch wohl nicht nur ein anfechtbares Geschmacksurteil, sondern es setzt auch ohne weiteres voraus, daß solche Geschmacklosigkeiten nur einem Überarbeiter zur Last fallen können. Und doch könnte es auch umgekehrt sein, daß der ursprüngliche Verfasser so schriebe und ein anderer Kürzungen vornähme an Stellen, die ihm zu lang und zu breit erschienen. Beispiele wären für beides wohl leicht zu erbringen.

Ernster wäre es zu nehmen, wenn Hermelinks Meinung zu Recht bestände, daß U den Text von B sachlich umgestalte, die neuplatonisch-pantheistische Grundschrift im Sinne der aristotelisch-kirchlichen, semipelagianischen Scholastik und moralisierender, anthropozentrischer Gesichtspunkte ändere. Ich werde mich daher namentlich mit dieser Meinung auseinandersetzen müssen. Man könnte freilich auch da ebensogut sagen: B habe an der Eigenart von U keinen Gefallen gehabt und habe die semipelagianische Grundschrift in seinen Neuplatonismus umgestaltet. Allein ich will darauf keinen Wert legen. Ich will versuchen, ob man nicht aus den subjektiven Geschmacksurteilen zu objektiveren Anhaltspunkten kommen und danach ein sichereres Urteil gewinnen kann.

Sogleich der erste »Einschub«[1]

1. U 7_{32} – 8_{10}

wird als eine breite und unnötige Unterbrechung des Gedankenfortschritts bezeichnet, die auch mit ihrem Inhalt aus dem Rahmen des übrigen falle und Gott als das höchste Gut bezeichne, während er bisher nur das Vollkommene genannt worden sei. Die semipelagianische Art, die sich aus der Vermischung des aristotelischen Informationsschemas mit den neuplatonischen Gedankenreihen ergebe, zeige, wie die neuplatonische Grundlage von A und B noch mehr, als der ursprüngliche Verfasser es schon getan habe, durch Betonung der eigenen sittlichen Arbeit mit Hilfe der aristotelisch-kirchlichen Scholastik abgeschwächt werden solle.

Nun wird freilich daraus, daß auf dem ersten Blatt für das »Vollkommene« auch einmal »Gott, der das höchste Gut ist« eintritt, nicht

[1] Der Kürze halber behalte ich diesen Ausdruck bei.

viel zu schließen sein. »Das Vollkommene« für »Gott« stammt aus I. Kor. 13 10, wo τὸ τέλειον dem ἐκ μέρους entgegensteht. Beides wird dann vom Verfasser im neuplatonischen Sinn für das absolute und das geteilte Sein verwendet. Ebenso neuplatonisch aber ist auch die Bezeichnung Gottes als des höchsten Guts. Und wenn eine Schrift des 14. oder 15. Jahrhunderts neben den neuplatonischen Elementen auch einen mehr oder weniger starken Einschlag von aristotelischen enthält, so ist das doch ganz natürlich. Denn die ganze Theologie der klassischen Scholastik arbeitet ja die beiden Systeme ineinander. Wenn also B mit einer rein neuplatonischen Erörterung beginnt, so folgt daraus nicht, daß stärkere aristotelische Einschläge von einer anderen Hand stammen müßten, zumal da ja nach Hermelink auch schon der wirkliche Verfasser der D. Th. die neuplatonischen Grundlagen in dieser Weise abgeschwächt hätte.

Hermelink hat aber auch noch etwas Weiteres nicht beachtet. Das Kapitel beginnt mit den Worten des Paulus in I. Kor. 13 10: »Wenn das Vollkommene kommt, so vernichtet man das Unvollkommene und das Geteilte.« Das ist das Thema, und nun folgen vier Abschnitte: 1. U 7 16: was ist das Vollkommene? was das Geteilte? 2. 7 31: wann kommt das Vollkommene? 3. 8 10: wie kann es in der Seele erkannt werden, da es doch für Kreaturen unfaßbar sein soll?[1] 4. 8 22: Wie kann aus dem Vollkommenen etwas ausfließen, da doch außer ihm nichts ist? Die beiden ersten Abschnitte erläutern unmittelbar das paulinische Wort; die beiden letzten erheben Einwände gegen diese Erläuterungen. Alle vier beginnen mit *Nu*; der erste mit *Nu merk*, der dritte und vierte mit *Nu mocht man [auch] sprechen.* Alle vier sind in U ungefähr gleich lang. Wäre 7 32 — 8 10 wirklich eingeschoben,

---

[1] In diesem Abschnitt findet sich (U 8 14) das Wort *ichtheit* in Verbindung mit *selbheit*, während A und B *ichheit und selbheit* lesen. Darauf baut Büttner große Schlüsse für seine Ansicht von der Entstehung der verschiedenen Gestalten und dem Sinn, den das Wort *ichheit* auch sonst habe. Aber auch Hermelink, der S. 9f. dem widerspricht, legt der Form *ichtheit* eine viel zu große Bedeutung bei. Er ist geneigt, darin eine Verbesserung von U zu sehen, dessen gelehrter und um den Stil besorgter Redaktor die Tautologie empfunden und durch ein einfaches Mittelchen habe beheben wollen. Doch sei zuzugeben, daß *ichtheit* einen ursprünglicheren Schimmer an sich trage, und dann sei anzunehmen, daß das *t* in den Ausgaben Luthers ausgefallen und so das geläufigere *ichheit* entstanden sei. — Nun findet sich in der ganzen Schrift nur an dieser einen Stelle von U mit *selbheit* verbunden das Wort *ichtheit*, sonst immer in unzähligen Fällen bei B wie U *ichheit*, und sogleich zwei Zeilen nachher 8 16 schreibt U selbst: *muß creaturlicheit, geschaffenheit, ichheit, selbheit und der gleichen alles verloren und zu nicht werden.* Und wiederum zwei Zeilen später Z. 19 folgt dieselbe Reihe von Wörtern nur an Stelle von *und der gleichen: und liebheit.* U scheut also diese Tautologie keineswegs, weder sonst noch in dieser Gegend, sondern hat sogar eine gewisse Vorliebe für sie. *ichtheit* ist also an der ersten Stelle sicher nur ein Schreibfehler.

so schrumpfte der zweite Abschnitt so zusammen, daß er in gar keinem Verhältnis zu den anderen stünde. Er gäbe nur eine ganz kurze Antwort, während alle andern zu der ihrigen noch eine längere Ausführung geben.

Nun soll aber dieser »Einschub« nach Hermelink auch von dem übrigen abweichen. Auf die Frage nämlich, wann das Vollkommene komme und das Geteilte verschmäht werde, antwortet B nur: wenn es soweit als möglich in der Seele erkannt, empfunden und geschmeckt werde. Darauf führt der »Einschub« von U aus, warum nur jenes »soweit als möglich« gelte. Der Mangel an der Erkenntnis des Vollkommenen liege nicht in ihm, sondern in uns. Es sei wie mit der Sonne, die die ganze Welt erleuchte und doch von dem Blinden nicht gesehen oder von Wolken und Dunst verdeckt werde. So werde auch Gott in der Seele nur nach dem Maß ihrer Reinigung und Läuterung und damit ihrer Empfänglichkeit erkannt. In diesem »Einschub« aber liegt nach Hermelink eine Abschwächung des ursprünglichen Neuplatonismus durch die Betonung der eigenen sittlichen Arbeit.

Nun frage ich: gibt es wohl einen Neuplatoniker, der die Wahrheit, die U ausspricht, nicht anerkennte oder vielmehr sie nicht zu den fundamentalsten Dingen zählte? Aber noch mehr: B hatte ja selbst schon gesagt »soweit als möglich«. Hatte er also nicht ein Recht und nach dem Vorbild der andern drei Abschnitte den begründetsten Anlaß, dies näher dahin zu erklären, daß wenn Gott in uns nicht vollkommen erkannt werde, die Schuld nicht an seiner, sondern an unserer Unvollkommenheit liege?

Aber auch das ist grundlos, daß das aristotelische Informationsschema, wie es nach Heim zuerst bei Alexander von Hales erscheine, in 7 33 ff. herangezogen werde. Heim bemerkt an der von Hermelink zitierten Stelle, die Begnadigung werde von Alexander so erläutert, daß er nach älteren Vorgängen die Gnade als die aristotelische Form, den freien Willen als die Materie ansehe und das nun zum erstenmal folgerichtig durchführe. Er denke sich dieses Eintreten der Form in die Materie nach biblischem Vorgang wie die Erleuchtung des mit Luft erfüllten Raumes. Was aber sagt die D. Th.? Hermelink selbst bemerkt, daß bei ihr allerdings das Auge an Stelle des Luftraumes trete: es fällt also gerade das Charakteristische weg. Und auch die »Sache« bleibt keineswegs dieselbe. Denn es fehlt in der D. Th. jede Analogie zu dem, was Alexander erreichen will, zum Verständnis des Eindringens der Form in den Stoff. Es fehlt überhaupt jede Beziehung auf diese aristotelischen Begriffe. Es handelt sich aber auch nicht um die Begnadigung im Sinne jener Ausführungen Alexanders,

d. h. um die Eingießung der habitualen Gnade, sondern um die fortgehende und vollkommene Reinigung der Seele von allem Kreatürlichen, um die Vervollkommnung im Gnadenstand. Der Blinde kann die Sonne gar nicht sehen. Und das Auge, das noch nicht vollkommen sonnenhaft geworden ist, kann sie eben nur sehen nach dem Maß seiner Aufnahmefähigkeit.

Nach alledem darf ich wohl sagen, daß U 7_{30}—8_{10} unentbehrlich ist und nur B wie die Kritiker von U nicht genau genug beobachtet haben.

2. U 10_{17}—$_{28}$.

Das fünfte Kapitel stellt das Thema: was bedeutet die Forderung, die »etliche Menschen« erheben, man solle ohne Wissen[1], Willen, Liebe, Begierde, Erkenntnis u. dgl. sein? Die Antwort ist: es bedeutet nicht den völligen Mangel an jenen Dingen, sondern — und nun folgt in B 13_{10}—$_{13}$ ein kurzer Satz, in U eine erheblich längere Ausführung. Beide endigen damit, daß auf diese Weise geschehe, was in c. 2—4 ausgeführt war, daß der Mensch sich keines Dinges »annehme«.

In seinem kurzen Satz verlangt B, daß die Erkenntnis Gottes so vollkommen sei, daß sie nicht des Menschen oder der Kreatur, sondern Erkenntnis des Ewigen, d. h. des ewigen Wortes sei. Darin findet Hermelink den »schlechthin pantheistischen« Gedanken, daß die vollkommene Erkenntnis »die Sprache des ewigen Wortes im Menschen« sei. Und er meint, das wolle U durch seine längere Ausführung zu dem Gedanken abschwächen, »daß alles Gute, das wir haben, eben von Gott komme«.

Nun wäre, wenn B wirklich jenen Sinn hätte, damit für die Mystik noch lange kein wirklicher Pantheismus gegeben. Denn was für uns pantheistisch aussieht, ist es für sie in Wirklichkeit nicht, weil sie trotz aller neuplatonischen Fassung des Gottesbegriffs doch immer an der Persönlichkeit Gottes festhält[2]. Der Quietismus z. B. hat ursprünglich den Gedanken vertreten, daß im Zustand der Vollkommenheit, der völligen Stille des Willens, Gott selbst sich mit seinem Licht in die Seele ergieße, so daß nun in ihr Gottes Wollen und Wissen sei. Und diesen Gedanken hat U selbst (3_{24}—$_{8}$) ohne Anstand genau so

---

[1] B *weißlos*, d. h. ohne Führer. hilflos, verlassen, U *wissenlos*. Die Parallelen zeigen, daß U richtiger ist.

[2] So hat auch die D. Th. trotz allem Neuplatonismus die Persönlichkeit Gottes mit aller Bestimmtheit festgehalten. Vgl. U 36_{32} (= B 61_{17}): *Also gar ist ichheit und selbheit von got gescheiden, und es gehört im nicht zu, sunder als vil sein not ist zu der persönlikeit.* Man darf ja nur an das Erbe Augustins denken, der da, wo er theologisch redet, den vollen neuplatonischen Pantheismus zu vertreten scheint, während er überall im religiösen Denken die Persönlichkeit Gottes nie verliert.

ausgesprochen wie B (53_{10-17}): die »Vereinigung« besteht darin, daß man lauter, einfältig und gänzlich in der Wahrheit sei mit einfältigem, ewigem Willen Gottes, daß man zumal ohne Willen sei und der geschaffene Wille geflossen sei in den ewigen Willen Gottes und in ihm verschmolzen und zunichte worden sei, also daß der ewige Wille allein daselbst wolle, tue und lasse. Hätte da nicht ein so aufmerksamer Korrektor, wie U bei Hermelink erscheint, auch an dieser Stelle den Pantheismus bemerken müssen?

Indessen kommt es hier darauf gar nicht an. Denn was Hermelink in den Worten von B 13_{10-13} findet, ist gar nicht der Sinn von B. Es kann gar kein Zweifel sein, daß auch B nur sagen will, die vollkommene Erkenntnis sei nicht das Werk des Menschen, sondern eben eine Gnadengabe Gottes[1]. Die Worte, daß die vollkommene Erkenntnis nicht des Menschen oder der Kreatur, sondern des ewigen Wortes sei, werden ja sofort dahin umgesetzt, daß der Mensch sich dieser Erkenntnis nicht annehme, d. h. sie nicht als sein Werk und Verdienst beanspruche, sondern sie ganz als Gottes Gabe hinnehme. Das ganze 4. Kapitel hatte das erörtert: wenn ich mich etwas Gutes annehme, d. h. wenn ich beanspruche, daß ich es sei oder könne oder wisse oder tue, daß es mir gehöre, gebühre o. ä., so greife ich in Gottes Ehre und nehme mich dessen an, was Gott allein gebührt; denn alles, was gut heißt, gehört nur der ewigen wahren Güte zu. Nichts anderes ist aber auch der Sinn des »Einschubs« von U. Er hat gar nichts abgeschwächt, sondern nur, wie das in U mehrfach zu finden ist, noch eine Anzahl Bibelstellen hinzugefügt[2].

3. U 1 2 35—40.

Sol dan das link auge seine werk üben nach der auswendigkeit, das ist die zeit und di creatur handeln, so muß auch das rechte auge gehindert werden an seinen werken, das ist an seiner beschauung. Darumb wer eines haben wil, der muß das ander lassen faren. Wan es mag nimant zweien herren gedinen. Die gesperrten Worte fehlen in B 17_{26}—18_{2}. Hermelink findet auch hier wieder den Bearbeiter tätig. Seine Zusätze können nach seiner Meinung als Erläuterung und Schlußfolgerung in Anlehnung an ein Bibelwort gedeutet werden, und in der Mahnung des Wortes Jesu von den zwei Herren erscheine wieder sein sittlich energischer, an die Kraft der Selbstleistung appellierender Ton.

[1] Das hat auch Mandel (S. 13 Anm. 4) bemerkt.

[2] Vgl. z. B. auch B 23_{8-12}, U 15_{22-26}: *Und diser begerung stehen si ganz ledig und nemen sich der nit an, wan si erkennen wol, daß dise begerung des Menschen nit ist, sunder der ewigen gutigkeit, wan alles das do gut ist, des sol sich nimant annemen mit eigenschaft, wan der ewigen güte gehoret es allein zu.*

Ich kann von einem solchen Appell, der U eigentümlich wäre, nichts finden. Wenn U die Notwendigkeit der eigenen Leistung noch so schroff ausspräche, so stände es damit in gar keinem Widerspruch zu B. Ich erinnere nur an Stellen wie B c. 20 f. und 23, besonders S. 43 8—44 8, wo Selbstbereitung, Begierde, Fleiß, steter Ernst und Übung die Grundbedingung für das göttliche Eingießen und den Aufstieg zur Vollkommenheit bilden, oder S. 45 3—7: *Darumb zu dem liepplichen leben Jhesu Christi ist kein ander pesser weg oder bereitung, dann dasselb leben und sich darin geubt als vil es muglich ist.* Hermelink achtet eben immer nur auf die Stellen, in denen B kürzer ist als U, und findet dann in dessen Mehr besondere Absichten, ohne zu fragen, ob nicht in dem, was B mit U gemein hat, sich genau dieselben Gedanken finden.

Aber die Worte, die U mehr hat, sind im Zusammenhang des Ganzen auch gar nicht zu entbehren. Das ganze 9. Kapitel von U (in B c. 7) führt zunächst das Vorbild Christi aus, der mit dem linken Auge der Seele (d. h. nach dem äußeren Menschen) in allen Leiden, mit dem rechten aber (d. h. nach dem inneren Menschen) in göttlicher Freude gestanden habe, so daß beide voneinander getrennt gewesen seien und die Werke des einen durch das andere nicht hätten gehindert werden können. So sei es auch bei der geschaffenen Seele des Menschen. Auch sie habe zwei Augen, und wenn das rechte in die Ewigkeit sehe, so müsse das linke alle seine Werke einstellen und wie tot sein. Wenn aber das linke Auge seine Werke ausübe, so könne das rechte seine Werke, d. h. seine Beschauung, nicht ausüben. Darum, was eines haben wolle, müsse das andere fahren lassen. — Ich kann nicht verstehen, wie bei dieser Entwicklung dem Umstand irgendein Gewicht beigelegt werden kann, daß das letzte »seine Werke d. i.« sich nur in U finden. Kurz vorher hatte doch auch B (17 23) von dem Werk beider Augen gesprochen. Ihm gilt also doch auch die Beschauung als »das Werk« des rechten Auges. U setzt in seinen Worten doch nur die Parallele fort. Und wenn in B die Worte fehlen »Darum, wer eines haben-will, der muß das andere lassen fahren«, so fehlt ihm damit einfach die praktische Spitze, auf die die ganze Parallele angelegt ist.

Auch hier hat also der Text von U nichts Fremdes eingetragen, erweist sich vielmehr gerade als der ursprüngliche.

4. U 13 besonders 26—30, 32—40

verglichen mit B 19 8—10. — Voran steht die Frage, ob es möglich sei, daß die Seele, solange sie im Leibe sei, einen Blick in die Ewigkeit tue und einen Vorschmack der Seligkeit empfange. Hermelink stellt nun die Lage in den beiden Textgestalten so dar: In B werde die Antwort sehr vorsichtig gegeben. Der Areopagite und ein Meister (sein Kommentator) erklärten jenen Blick und Vorschmack für möglich. Aber B selbst antworte zurückhaltend lediglich, daß solcher Blick göttlich und übernatürlich sei. U dagegen bringe einen längeren Abschnitt, der dartun solle, daß man durch Selbstanstrengung zur Einigung kommen könne. Und dabei rechne U übertreibend damit, daß der Mensch in einem Tag bis zu tausendmal eine neue wahre Vereinigung eingehen könne. Diese Zusätze fallen also nach seiner Meinung wieder aus dem Zusammenhang von B und stammen mit ihren moralisierenden und anthropozentrischen Gesichtspunkten aus anderem Geiste.

Zunächst hat nun Hermelink nicht erkannt, daß das ganze Kapitel als scholastische Quaestio angelegt ist: 1. *Man fraget, ob es muglich sei* = Quaeritur an. 2. (Z. 5): *Man spricht gemeinlich nein darzu* = Videtur quod non. 3. (Z. 14): *Aber Sant Dionisius der wil, es sei muglich* = Sed contra. Also muß nun 4. das Respondeo dicendum folgen. Nach Hermelinks Meinung läge dies nun in der ursprünglichen Fassung B 19 8—10 lediglich in den Worten: *Und der plick ist keiner, er sei edler und got lieber und wirdiger denn alles das, das alle creatur geleisten mugen als creatur.* Wäre aber denn das überhaupt eine Antwort auf die Frage? Der Satz spräche doch nur aus, wie diese Blicke sein müßten und wie wertvoll sie wären, nicht aber, ob sie überhaupt möglich seien. Also kann hierin unmöglich die ganze Antwort liegen.

Nun ist allerdings die scholastische Quaestio nicht in der ganzen Strenge der Form durchgeführt wie etwa bei Thomas von Aquino. Bei dem Videtur quod non hat U keine Autoritäten oder Gründe, sondern nur: *Man spricht gemeinlich nein.* Und erledigt wird dieses Videtur quod non nicht, wie bei Thomas, am Schluß der ganzen Quaestio, sondern sofort. Aber die Art der Erledigung ist ganz so, wie wir's bei den klassischen Scholastikern gewöhnt sind: das verhältnismäßige Recht des Einwands wird anerkannt (*und das ist war in dem sinne* usw.), d. h. seine Geltung wird eingeschränkt auf einen Sinn, der die vom Verfasser verfochtene Wahrheit nicht mehr aufhebt: unmöglich ist der Blick in die Ewigkeit, solange die Seele auf die Außenwelt sieht und sich in deren Vielheit zerstreut. Will also die Seele jenen Blick erreichen, so muß sie von allen Kreaturen und zuerst von sich selbst ledig sein. Das halten zwar viele Menschen für unmöglich. Aber — und nun folgen der Areopagite und sein Erklärer[1]. Darin und in der ganzen Anlage der Quaestio liegt also klar und

[1] U 13 22 muß es statt *lemet* natürlich *lernet* (= lehrt) heißen.

deutlich, daß der Verfasser der D. Th. dem Areopagiten zustimmt, daß er den Blick in die Ewigkeit und den Vorschmack der Seligkeit schon in diesem Leben für möglich hält. Darum sind die folgenden Sätze — sowohl das, was Hermelink anerkennt, als das, was er als Einschub ansieht — nähere Ausführungen über die Art, wie der Blick durch Übung möglich, ja leicht wird, und über seinen alles überbietenden Wert.

So ergibt schon der ganze Aufbau des Abschnitts das Gegenteil von Hermelinks Aufstellung. Es besteht aber auch keinerlei Widerspruch oder Unterschied zwischen der Anschauung von B und dem »Einschub«. Zunächst ist es auch hier wieder wohl ein Gemeingut aller Mystik, daß die Übung die mystische Vereinigung leichter mache, da ja dabei die Mitwirkung der Gnade keineswegs ausgeschlossen ist. Mindestens spricht es aber eben hier der Erklärer des Areopagiten, den ja auch B zitiert, aus (19$_5$—$_7$): Die Einigung sei möglich *und das es auch einem menschen also dick geschech, das er darine wirt verwenet, das er das luget ader sehe als dick er will.* Aber auch andere Stellen in B zeigen ganz deutlich, daß der Verfasser den »Blick« für möglich und die »Selbstanstrengung« für unentbehrlich hält. Für das letztere verweise ich nur wieder auf die Stellen, die ich schon oben S. 638 aus c. 20 f. angeführt habe. Für die Möglichkeit des Blicks aber genügt schon S. 26$_3$—$_7$: *Und wer also in der zeit in die helle kumpt, der kumpt nach der zeit in das himelreich und gewint sein in der zeit einen vorsmack, der ubertrifft allen lust und freude, die in der zeit von zeitlichen dingen je geward oder gewerden mag*[1].

Wenn nun aber Hermelink endlich darin, daß U 13$_{35}$ hypothetisch von tausendmaliger Wiederholung der Einigung an einem Tag spricht, einen Zug des Redaktors sucht, so ist vielmehr gerade diese »Übertreibung« in Zahlen eine ganz häufige Manier der D. Th. selbst. Ich nenne aus B die Stellen 11$_6$ (= U 9$_9$): *Hett er [Adam] sieben upfel gessen und wer das annemen nit gewesen, er were nit gefallen. Aber do das annemen geschach, do was er gefallen und hett er nie keins öpfels enpissen. Nu dar, ich bin hundertmal tiefer gefallen und verrer abgekert dan Adam.* 20$_6$ (= U 14$_{17}$): *doch were es hundertfeltig [U: tausentmal] pesser* usw. 36$_{17}$ (= U 22$_8$): *das .... gern er hundert tod wolt leiden, auf das er den ungehorsam in eim menschen ertötet.* 42$_{20}$ (= U 25$_{34}$): *Aber ich furcht, hundert tausend oder an zal sind mit dem*

---

[1] Diese Worte hat freilich Mandel in Klammern gesetzt und streichen wollen, weil sie angeblich den Zusammenhang unterbrechen und dem Späteren widersprechen, wonach »das Himmelreich nicht im scholastischen Sinn naturhaft und transzendent, sondern sittlich-religiös gefaßt und darum auf die Erde verlegt« werde. Aber das ist ein so völliges Mißverständnis, daß darüber kein Wort zu verlieren ist.

teufel besessen, da nit eins mit gots geist besessen ist. 61 28 (— U 37 3): *ja, der einen vergotten menschen hundertmal tötet und wurd wider lebentig.* 68 13 (= U 41 3): *und solt derselb mensch tausend töd sterben.* 70 28 (= U 42 29): *wan ein liebhaber gottes ist pesser und got lieber dan hundertausent loner.* 74 12 (= U 44 31): *ertolete er zehen menschen, es wer im als klein gewissen, als ob er ein hund ertötet.* 77 32 (= U 47 1): *und er wolt lieber hundertvert sterben dann unrecht leben.* 83 8 (= U 50 17): *solt er hundert schemlich peinlich tode leiden.* Oder, als Beispiel ohne Zahlen, 28 8 (= U 17 23): *Und alle dieweil der mensch in der zeit ist, so mag er gar dick aus einem in das ander fallen, ja unter tag und nacht etwan vil*[1].

Ich stimme also Hermelink zu, daß dieser Abschnitt für das Verhältnis der beiden Textgestalten besonders charakteristisch sei, aber ich meine, für das entgegengesetzte Ergebnis: U muß ursprünglich sein. B kann nur die Kürzung eines Abschreibers darstellen, der auf Sinn und Bau seiner Vorlage nicht genügend geachtet hat.

5. U 14 8—11. 11—14. 20—28.

Das 9. Kapitel beginnt in B und U mit dem Satz: alle Tugend und Güte, auch das ewige Gut, d. h. Gott selbst, machten den Menschen nimmermehr tugendsam, gut oder selig, so lange es[2] auswendig der Seele sei. — Darin sieht Hermelink die »etwas pantheistisch klingende Wissenschaft vom Gott in uns« und meint, U wolle sie unschädlich machen durch seinen »Zusatz«: *das ist, di weil er mit seinen sinnen und vornunft auswendig umbgehet und nit in sich selber keret und lernet erkennen sein eigen leben, wer und was er sei.* Nun verstehe ich freilich nicht, wiefern dieser Zusatz jenen Pantheismus unschädlich machen könnte. Er klingt ja genau so, als ob die Einkehr des Menschen in seiner Seele dasselbe sei wie das Wohnen Gottes in uns. Und wo ist der Mystiker, der sich zu sagen scheute, daß auch Gott den Menschen nicht gut oder selig mache, solange er nicht in der Seele sei? Scheut sich etwa U selbst davor? Wenige Zeilen nachher (17) sagt er: *so wer es tausentmal besser, daß der mensche in im erfüre, erlernet und erkennet, wer er were, wie und was sein eigen leben were und auch was got in im were und in im wurket.* Und 30 ff.

[1] Nur ein einziges Mal läßt B die Zahl weg (67 9 im Verhältnis zu U 40 12).

[2] U 14 8 hat *er*. Das könnte nicht Gott, sondern nur der Mensch sein, denn es heißt sofort weiter: »d. i. weil er mit seinen Sinnen und Vernunft auswendig umgeht« usf. Allein schon der nachfolgende Vergleich mit der Sünde zeigt vielmehr, daß das ewige Gut gemeint ist. Und 15 4 heißt es gleichfalls von Gott und seinen Werken und Wundern und aller seiner Güte, daß *es* mich nicht selig mache, solange es *auswendig mir* sei und geschehe. Also ist auch 14 8 *es* zu lesen, wie ja auch B hat.

erscheint als die Bedingung der Seligkeit, daß das Eine, d. h. Gott, allein in der Seele sei. Ja, es braucht gar nicht in die Seele zu kommen: es ist schon darin, nur unerkannt. Ebenso 15 4—7: man soll nicht nur alle Kreatur mit ihren Werken, vor allem sich selbst, sondern auch alle Werke und Wunder Gottes, ja Gott selbst mit aller seiner Güte, sofern *als es auswendig mir ist und geschicht,* lassen. Denn so *macht es mich nimmer selig, sunder als vil es in mir ist* und in mir geschieht, geliebt, erkannt, geschmeckt und empfunden wird. Nach HERMELINK S. 13 ist diese Stelle 15 4—7 (= B 21 7—11) »faustdicker Neuplatonismus«. Warum hat denn U nicht auch da mit seiner ängstlichen Korrektur eingesetzt? Auch in diesem Fall hat eben HERMELINK nur darauf gesehen, wie sich B und U in der einen Stelle verhalten, nicht aber auf das Gesamtgepräge beider Gestalten.

Wenn dann HERMELINK in dem Satz U 14 20—28 wieder ein Zeichen der schriftstellerischen Art des Redaktors sieht, der hier in breiter, das gesamte Wissen der Zeit vom Lauf der Gestirne bis zur Komplexion des Menschen aufzählender Paraphrase die vom Himmel geoffenbarte Wahrheit des »Erkenne dich selbst« als höchste Kunst empfehle, so genügt es wohl, den Satz selbst herzusetzen mit der Frage, ob damit seine Art richtig bezeichnet sei. Er lautet: *Wan wer sich selber eigentlich wol erkennet in der warheit, das ist uber alle kunst. Wan es ist di hochste kunste. So du dich selbs wol erkennest, so bistu vor got besser und loblicher, dan daß du dich nit erkennest und erkennest den lauf der himel und aller planeten und sterne und auch aller kreuter kraft und alle complexion und neigung aller menschen und di natur aller thier und hest auch darzu alle di kunst aller der, die in himel und auf erden sein. Wan man spricht, es sei ein stimm von dem himel komen: »mensche, erkenne dich selber«.* Ich glaube wirklich, daß diese Ausführung sich von dem übrigen Stil von B in nichts unterscheidet. Man darf doch auch für die Schreibweise von U nicht nur das heranziehen, was in B fehlt, sondern auch das, was es mit U gemeinsam hat. B zeigt nirgends eine Spur von Kürze und Gedrängtheit.

Die Abweichungen und »Einschübe« in c. 10 (B 22ff., U 15ff.) übergehe ich, da auch HERMELINK sie nicht verwertet[1] und wende mich zu

6. U 17 31—19 16 (cap. 12—14) = B 28 15—30 10 (cap. 12).

HERMELINK S. 8f. findet hier den Einschub bezeichnet formell durch eine »Salbaderei« (18 17—20), sachlich durch drei Punkte: 1. daß

[1] An sich bieten die Stellen, namentlich in c. 11, Anlaß genug zur Erörterung des Werts der beiden Texte AB und U. Aber es ist meines Erachtens nichts Sicheres für die Frage zu entnehmen, mit der ich mich hier befasse.

U wieder die pantheistisch erscheinende Ausdrucksweise von B verwische, 2. daß es die antipelagianische Begründung eines Satzes in B so ziemlich fallen lasse, 3. daß die ins einzelne gehende Zerspaltung der Begriffe Reinigung, Erleuchtung und Vereinigung (197—16) nicht im geringsten zu den folgenden Ausführungen passe.

Daß der Abschnitt U 1 S 17—20 irgendwie mehr »Salbaderei« enthalte als andere Ausführungen, die auch in B stehen, kann ich nun zwar nicht finden[1]. Aber ich will darauf keinen Wert legen. Viel wichtiger wären ja doch die sachlichen Abweichungen. Allein ich kann auch hier nicht das geringste von einer solchen entdecken. Was an der Ausdruckweise von B pantheistisch klingen soll, weiß ich wirklich nicht; etwa daß Gott als der wahre ewige Friede bezeichnet wird[2]? Aber »du bist die Ruh, der Friede mild«, ist doch wohl noch von niemand mißverstanden worden. Sonst müßte man am Ende auch noch »Gott ist die Liebe« mit einem solchen Schutz umgeben. Und ebensowenig verstehe ich, wie der »Einschub« von U jenes Mißverständnis sollte verhindern können.

Nicht anders ist es mit der Behauptung, daß U mit 1 S 26—41, dem Hauptteil von U c. 13, die »antipelagianische« Begründung von B 2911—305 fallen lasse. Beide Texte warnen zunächst davor, den Bildern zu früh Urlaub zu geben, ehe man dazu reif sei. B fährt dann kurz fort: darum solle man mit Fleiß der Werke und Vermahnung Gottes, nicht der Menschen, wahrnehmen. U dagegen hat dafür einen längeren Abschnitt, der zuerst die Verkehrtheit jenes Unterfangens — zu früh die Bilder hinter sich zu lassen — näher ausführt und dann den Weg angibt, wie man zu einem guten Ende, zur Vollkommenheit des beschaulichen Lebens kommen könne.

Nun findet Hermelink die Wendung von B gegen den Pelagianismus eben in jenem Sätzchen, das U nicht hat, wonach man auf Gottes Werke warten müsse. Allein Hermelink gibt jenen Satz hier nicht richtig wieder. Nicht auf Gottes Werke zu warten gilt es nach B, sondern wahrzunehmen, darauf zu achten, was Gott tut, heißt, treibt und vermahnt, d. h. ob Gott und nicht der eigene Wunsch, die eigene Einbildung einen für reif erklären. Und das ist wesentlich dasselbe, wie wenn U verlangt, man solle sich erst selbst ganz verleugnen, dann

[1] Die »Salbaderei« seiner »beispielsüchtigen Pädagogik« besteht darin, daß U sich nicht begnügt mit dem was B sagt — wer mit Liebe, Fleiß und Ernst als Nachfolger Christi in allen Leiden den innerlichen Frieden bewahrte und darin fröhlich und geduldig wäre, der möchte wohl den wahren ewigen Frieden, Gott selbst, erkennen, soweit es der Kreatur möglich sei —, daß er vielmehr noch hinzufügt: »also daß ihm süß würde, was ihm zuvor sauer war, und daß sein Herz unbewegt allezeit in allen Dingen stünde und er nach diesem Leben zum ewigen Frieden käme«.

[2] Vgl. den Text in der vorigen Anmerkung.

das Kreuz auf sich nehmen und dem Rat der vollkommenen Diener Gottes, nicht seinem eigenen Kopf folgen. In beiden Fällen ist eben der Gedanke: man muß erst reif werden. Von Pelagianismus ist also in U keine Spur.

Endlich der dritte Punkt. In dem Abschnitt, der bei U das 14. Kapitel, bei B den Rest des 12. bildet (U 19_{1-16}, B 30_{6-10}) führen beide zunächst die drei mystischen Stufen Reinigung, Erleuchtung und Vereinigung vor. B begnügt sich damit. U aber beschreibt noch kurz den Inhalt jeder Stufe. Und Hermelink urteilt nun, diese ins einzelne gehende Begriffszerspaltung passe nicht zum folgenden und sei daher ein sicherer Beweis, daß U eine spätere Bearbeitung sei.

Nun ist richtig: die Art, wie in den folgenden Kapiteln c. 15—24 der Inhalt der drei Stufen bestimmt wird, ist anders als hier. Allein U 19_{7-16} soll auch nicht der Wegweiser für die folgende Erörterung sein, sondern ist nur eine gelehrte Extratour[1]. Der Abschnitt, der den Inhalt der folgenden Kapitel kurz vorwegnimmt und mit ihnen wirklich übereinstimmt, liegt in jenem »Einschub« in U c. 13, über den Hermelink hinweggegangen ist, speziell in 18_{30-40}. Beidemal, in der kurzen Übersicht und in der breiteren Ausführung, hat der Verfasser die Stufen nicht richtig auseinanderhalten können. Im Grunde genommen bringt er auf jeder dasselbe; die erste und zweite insbesondere lassen sich kaum wirklich unterscheiden. Er paßt sich also nur ganz äußerlich an das mystische Schema an. Aber die Ausdrücke sind doch so gewählt, daß die Stufen deutlich in ihrem Unterschied hervortreten sollen. So erscheint denn in der vorläufigen Übersicht c. 13 die Reinigung als die Verleugnung seiner selbst, das Verlassen aller Dinge, der Verzicht auf den eigenen Willen und alle natürliche Neigung, das Ablegen aller Untugenden und Sünden, die Erleuchtung als die Aufnahme des Kreuzes, die Nachfolge Christi und der Gehorsam gegen Vorbild und Unterweisung, Rat und Lehre frommer, vollkommener Diener Gottes, die Vereinigung als die Vollkommenheit in beschaulichem Leben. Ebenso aber erscheint auch in der längeren Ausführung offenbar — denn die Namen der Stufen werden hier nicht genannt — in c. 15—17 zunächst die Reinigung unter dem Gegensatz von Gehorsam und Ungehorsam, dem neuen und alten Menschen, der Freiheit von sich selbst und dem Suchen des Seinen,

[1] Nur schwache Beziehungen zu den folgenden Ausführungen finden sich. 19_7 f. gehört die Reinigung zu dem anfangenden oder büßenden Menschen. Damit wäre zu vergleichen c. 16, wo $21_{8.11.14.16}$ vom Büßen und Bessern der Sünde die Rede ist, jedoch ohne daß so deutlich wie in 19_7 auf das Bußsakrament hingewiesen würde. Die Anklänge auf der zweiten Stufe sind noch unbedeutender, und auf der dritten ist es eben nur die Beschauung.

der Selbheit und dem Verzicht auf sich selbst und der Selbstverleugnung (20_{18}), der Sünde und ihrer Besserung in der Rückkehr zu Gott (21_{6-14}). Dann folgt c. 18–22 die Erleuchtung: darauf deuten die Begriffe Erkenntnis (23_{13}ff. im ganzen c. 18), Licht (S. 23_{38}, $24_{32.33.40}$), Wahrheit ($24_{9.11.17}$, 25_{15}) sowie der Gegensatz der Blindheit (24_{14}) und des wertlosen vielen Fragens, Lesens und Studierens mit hoher Kunst und großer Meisterschaft ($23_{38}-24_{1}$). Und wie in dem vorläufigen Hinweis ist auch hier das Wesentliche dieser Stufe die Nachfolge des Lebens Christi (c. 18f.), und unter den vier Mitteln, um diese Kunst zu lernen, ist das dritte, daß man dem Lehrmeister dem später sogenannten Gewissensleiter — mit ganzem Fleiß eben und wohl zusehe, mit Ernst auf ihn merke und ihm in allen Dingen gehorsam sei, glaube und nachfolge (26_{15-18}). Endlich geben c. 23f. die Stufe der Vereinigung ($27_{20.41}$) wiederum wie in dem vorläufigen Überblick als die der Vollkommenheit, des letzten Ziels, zu dem man in dieser Zeit kommen könne (26_{32-34}), da man allen Dingen leidend untertan, in einem schweigenden Inbleiben in dem inwendigen Grund seiner Seele ($_{38}$f.) [also eben in einem beschaulichen Leben] stehe.

Ist es nun wahrscheinlich, daß U eine solche vorausgehende Summe der nachfolgenden Ausführungen eingeschoben hätte? Ist es nicht viel wahrscheinlicher, daß dem Leser von vornherein ein Faden in die Hand gegeben werden sollte, der ihn durch die nächsten Kapitel hindurch leitete?

7. U $21_{37}-22_{2}$ und B 36_{4-10}.

Ich stelle die beiden Textgestalten einander gegenüber, lasse die größeren Unterschiede sperren und benenne die Abschnittchen mit [1. 2. 3]

U: [1] *Were nu ein mensche leuterlich und genzlich in gehorsam als Christus was.*	B: [1] *Wer nu ein mensch lauterlich und genzlich in dem gehorsam als wir glauben, das Christus were, und auch was (er were anders nit Christus gewesen),*
[2] *im were alle ungehorsam ein grosse pitterlich pein.*	[2] *dem wer aller menschen ungehorsam ein iemerlich pitterlich leiden.*
[3] *Wan ob alle menschen wider in weren, di mochten in alle nit bewegen oder betruben;*	[3] *Wann all menschen weren wider in. das merket man;*
[4] *wan der mensche wer in dieser gehorsam ein dingk mit gott. und got wer auch selber der.*	[4] *wan der mensch in disem gehorsam*[1] *were eins mit gott, und gott wer selber auch da der mensch.*

---

[1] Mandel liest das Schluß-*m* durchweg als *z* und gibt deshalb, wo es vorkommt, Wörter wie *gehorsam, dem* durchweg mit *gehorsaz, dez* wieder!

Nun findet HERMELINK S. 9, daß U 1. in [1] die einschränkenden Sätze weglasse, 2. den Gedanken in [3] gröblich mißverstanden, 3. in [4] den verunglückten Versuch gemacht habe, eine allzu starke Identifizierung von Gott und gehorsamen Menschen abzuwehren.

Inwiefern nun in den gesperrten Worten von B [1] eine Einschränkung gelegen haben soll, weiß ich nicht. In dem Glauben, daß es so gewesen sei, kann sie doch nicht liegen, zumal da sofort die Tatsache ausdrücklich festgestellt und begründet wird. Ich weiß aber auch nicht, wie die Streichung dieser einschränkenden Worte der Tendenz entspricht, die HERMELINK sonst bei U wahrnimmt.

Ebensowenig verstehe ich, inwiefern U in [4] den Versuch machen könnte, jene Identifikation abzuwehren: *eins* und *ein dingk* ist doch wohl dasselbe, und der Versuch, durch die Streichung von *mensch* jenen Erfolg zu erreichen, wäre doch von Hause aus gar zu sehr verunglückt. Man kann doch höchstens fragen, ob ein Schreibversehen vorliege, also das Wort *mensch* ausgefallen sei oder ob *der* eben den betreffenden Menschen bedeute. Aber es ist mir nicht zweifelhaft, daß das erstere der Fall ist[1].

Dazu kommt aber noch eins. U wie B sagen nur: »Wäre ein Mensch* lauter und ganz in dem Gehorsam, der bei Christus war, der wäre eins mit Gott«. Und beide haben kurz zuvor (U 21_{18-32}, B 34_{23}—35_{8}) ausgeführt: Wäre es möglich, daß ein Mensch ganz und gar im wahren Gehorsam wäre wie die Menschheit Christi, so wäre er ohne Sünde und eins mit Christo und das von Gnaden, was Christus von Natur wäre. Aber sie lassen dahingestellt, ob das möglich sei, und beschränken sich auf den Satz: je näher man diesem Gehorsam sei, um so weniger Sünde und um so mehr Gott im Menschen, und je ferner, um so mehr Sünde und um so weniger Gott in ihm. Und am Ende des 16. (bei B 14.) Kapitels wiederholen beide (U 22_{10-13}, B 36_{21} — 37_{1}): Wenn auch [»vielleicht« B] kein Mensch in jenem Gehorsam vollkommen sein könne wie Christus, so könne er doch nahe dazu kommen, so daß er göttlich und vergottet heiße und sei. Also auch nicht der geringste Unterschied[2]!

Endlich das »grobe Mißverständnis«[3]! Nach B käme das bittere Leiden des vollkommen gehorsamen Menschen davon her, daß alle andern Menschen wider ihn wären. Nach U wäre dem Vollkommenen

[1] Vgl. die Analyse des ganzen Zusammenhangs unten S. 648. Vgl. aber auch U $27_{24, 31}$ und $_{36}$: in der Einigung von Gott und Mensch (in Christus) ist Gott Gott und doch der Mensch.

[2] Auf jenes »vielleicht« in B wird doch wohl auch HERMELINK keinen Wert legen, da ja beide es weiter oben dahingestellt sein lassen, ob es unmöglich sei.

[3] Wie HERMELINK, so hat auch schon MANDEL S. 36 A. 1 das Mißverständnis bei P, also U gesucht.

jeder Ungehorsam als solcher eine bittere Pein. Aber auch wenn alle Menschen wider ihn wären, machte ihn das nicht irre (in seinem Gehorsam). Denn er wäre in solchem Gehorsam eins mit Gott. Welcher Gedanke paßt nun besser in diese ganze Mystik? Und für welchen spricht vor allem der Zusammenhang der Stelle?

Im Anschluß an die Ausführung U 21 18–32, B 34 23 – 35 8, die ich oben (S. 646) im Auszug wiedergegeben habe, und unmittelbar vor der Hauptstelle, um die es sich hier in Nr. 7 handelt, sagen beide Texte: Wären alle Menschen im wahren Gehorsam, so wäre kein Leid noch Leiden, sondern — so hat nur B — bloß leichtes sinnliches, und wie A hinzufügt, liebliches[1] Leiden, über das man nicht klagen dürfte. Denn — und nun fährt auch U wieder fort — dann wären alle Menschen eins, und niemand täte dem anderen Leid noch Leiden an, und niemand täte auch wider Gott. Aber nun sind leider alle Menschen und die ganze Welt im Ungehorsam. — Das heißt doch deutlich: Wenn überall wahrer Gehorsam wäre, so gäbe es keine Sünde, weder gegen Menschen noch gegen Gott. Dann gäbe es aber auch kein wirkliches, sondern nur ein Leiden, über das der Vollkommene gar nicht klagen, über das er sich nur freuen könnte. Und da soll dann in dem, was sogleich sich anschließt, das bittere Leiden des Vollkommenen darin bestehen, daß die Menschen wider ihn wären? Da liegt doch viel näher der Gedanke, daß B eben diesen Text nur oberflächlich angesehen, sich nur an die Worte »niemand täte den andern Leid noch Leiden an« gehalten und danach den Sinn des folgenden gröblich mißverstanden und umgeformt hätte. Aber ich will nicht einmal so weit gehen. Offenbar ist in den Abschnittchen [3] und [4] von B der Text überhaupt nicht in Ordnung. Was sollen die Worte *das merket man*? Sie könnten doch nur den Satz besonders betonen wollen, wie z. B. B 34 14 *das merk* oder 35 11: *das merk man*, die in U gleichfalls fehlen. Sie wären also wohl selbst schon verschrieben (*merket* für *merk*). Aber was sollten sie betonen? Daß alle Menschen wider den Vollkommenen wären? Und wenn sich daran der neue Satz mit *wan* anschließt, wie sollte da die Behauptung, alle Menschen wären wider ihn, damit begründet werden, daß im vollkommenen Gehorsam Gott und Mensch eins wären? A hat hier denn auch einen etwas andern Text als B: es liest *wer der mensch in disem gehorsam, so were er eins mit gott* usw. Es fiele also die Absicht der Begründung weg. Aber auch so bliebe der Zusammenhang noch unklar. Der Satz stände in der Luft. Dagegen gibt U einen vollkommen klaren und geschlossenen Sinn.

---

[1] A hat *lieplich*, nicht *liplich*. Es kann also nicht nur ein anderer Ausdruck für sinnlich sein.

Nun wird aber außerdem im folgenden wiederholt ausgeführt, daß der Ungehorsam aller Menschen dem Vollkommenen eben als Sünde der größte Schmerz sei. Die beiden Texte sind da freilich wieder nicht gleich. Sie beginnen damit, daß Gott alles gefalle außer dem ungehorsamen Menschen. Dann geht es weiter:

U 22 6—10: [1], *der gefellet im als gar übel und ist im als gar wider und clagt als sehr do von; [2] ob es müglich wer, daß ein mensche hundert töd möcht erleiden, [3] di lide er alle gern vor einen ungehorsamen menschen, auf das daß er ungehorsam in einem menschen ertödt und sein gehorsam wider geberen mocht.*

B 36 16—21: [1] [*der*] *behagt im also ubel und ist im also gar wider und clagt also sere davon, [2] das an der stat, da der mensch leidenlich und des befindlich und fulich ist, das im wider ist, [3] gern er*[1] *hundert tod wolt leiden, auf das er den ungehorsam in eim menschen ertötet und seinen gehorsam da wider gepern möchte.*

Der Unterschied liegt in dem Abschnittchen [2]. U hat hier einen selbständigen Satz, nicht wie B einen Folgesatz mit »daß«. Man hat also, wenn man nicht einen Fehler der Handschrift annehmen will, nur die Wahl, entweder das *als* nach dem Sprachgebrauch, der in Süd- und Westdeutschland noch heute verbreitet ist, im Sinne von immer zu nehmen oder den Satz *ob es müglich wer* usw. als selbständig geformten Folgesatz zu nehmen: »Der Ungehorsam gefällt Gott so übel —, er litte gerne 100 Tode dafür«. Als Ganzes wäre jedenfalls der Sinn derselbe wie in B.

Nun findet freilich Mandel (S. 36 A. 3) in [1] und [3] den Sinn: Der Ungehorsam ist Gott so sehr zuwider, daß der Gottergebene lieber hundertmal stürbe, wenn er dadurch den Ungehorsam eines Menschen ertöten könnte[2]. Allein das ist ein offenbarer Irrtum. Schon der nächste Zusammenhang zeigt das deutlich. Der Gedankengang ist so: Wäre ein Mensch so vollkommen im Gehorsam wie Christus, so wäre ihm aller Ungehorsam bitteres Leiden. Denn er wäre dann eins mit Gott, und Gott selbst wäre der Mensch. [Das ist ja Christi Natur: Gottheit und Menschheit in einer Person.] Darauf nun wird 11—21 dargelegt, wie es bei Gott sei, dessen Natur ja der vollkommene Mensch trüge: ihm ist der Ungehorsam so leid, daß er gerne hundertmal stürbe, um den Ungehorsam auch nur eines einzigen Menschen zu ertöten und ihn wieder zum Gehorsam zu bringen. Freilich — und nun kommt der Verfasser 36 21—37 4 wieder auf den vollkommenen Menschen zurück — so vollkommen wie Christus ist kein Mensch. Aber er kann ihm doch,

[1] So trenne ich das *gerner* in M.

[2] Er fügt hinzu: »Was er aber nicht kann; jeder Mensch muß selbst büßen.« Allein davon ist im Text gar keine Rede.

nahekommen, und je näher er ihm kommt, um so mehr wird auch für ihn der Ungehorsam bitteres Leiden.

Dazu kommt nun eine Dublette zu unserer Stelle, die Hermelink und Mandel unberücksichtigt gelassen haben: U c. 37 (40 4ff.), B c. 35 (66 26ff.). Da heißt es: In Gott als Gott könne kein Leid oder Mißfallen kommen. Das könne nur geschehen, wo Gott Mensch oder in einem vergotteten Menschen sei. Da sei ihm die Sünde so leid, daß er — Gott — selbst gern Marter und Tod litte, um auch nur eines Menschen Sünde damit zu vertilgen. Ja, er würde lieber [tausendmal U] sterben. Denn eines Menschen Sünde wäre ihm leider als eigene Marter und Tod. Wie wäre es dann aber vollends mit aller Menschen Sünde! —

Damit glaube ich bewiesen zu haben, daß das »grobe Mißverständnis« nicht auf Seiten von U liegt.

Nun sind freilich die sieben Abschnitte, in denen ich Hermelinks Versuch entgegengetreten bin, nicht alle gleich geeignet, den Beweis für die Ursprünglichkeit von U und das kürzende Verfahren von B zu führen. In Nr. 2, 5 und 7 kann ich nur zeigen, daß Hermelinks Beweis mißlungen ist. Die Ursprünglichkeit von U ergibt sich nicht notwendig daraus: eine wie die andere Fassung wäre schließlich möglich. Anders aber ist es bei den Nrn. 1, 3, 4 und 6, wo meines Erachtens nur in U die ursprüngliche Form vorliegen kann, B aber eine verständnislose Kürzung darstellt. Ich brauche mich daher mit der Art, wie Hermelink die Methode und Eigenart des »Redaktors« U zeichnet (S. 10—12) nicht weiter abzugeben.

Hermelink will dann weiter beweisen, daß B selbst wieder eine Erweiterung und Umarbeitung von A sei. B habe den wesentlich praktisch gehaltenen Ausführungen von A eine spekulative Begründung gegeben, so daß das Ganze ein stärker neuplatonisches Gepräge erhalten habe. Und zugleich habe er die Polemik gegen die freien Geister erweitert. Aber wie auch hier wieder für Hermelink alles als ganz sicher, offenbar und deutlich, ohne den mindesten Zweifel erscheint, so erscheint mir doch alles ebenso unbegründet wie das Bisherige[1].

Auf die Unterschiede in dem Abschnittchen M. 18 15—19 2, einem Zitat aus dem Areopagiten, scheint Hermelink selbst keinen großen Wert zu legen; ich gehe daher nicht darauf ein[2]. Bedeutsamer für Hermelink

[1] Ich habe die beiden Ausgaben Luthers A und B verglichen, gebe aber, da der Text Mandels (= M) leichter zu erreichen ist, die Texte mit seinen Seiten- und Zeilenzahlen.

[2] Nur in einer Anmerkung möchte ich darauf hinweisen, daß in U, bei dem angeblich nur ein einziges Mal die Möglichkeit bestände, eine von B unabhängige Textüberlieferung zu bieten, auch in diesem Fall (13 15) eine solche vorläge. Denn A hat: *aus seinen Worten, die er schreibt zu Thimotheo und spricht: Freund Thimotheo*. B läßt außer der Anrede auch *und spricht* weg. U aber setzte sie wieder ein: *do er*

ist die Lage in c. 9 (M. 21 1–14); hier könne gar kein Zweifel sein, daß Anfang und Schluß des Kapitels in der Fassung von A einen glatten Zusammenhang geben und daß der in B durch den Einschub, die Definition der Seligkeit, unterbrochen werde. Nun wäre das an sich nicht verwunderlich: der straffe Zusammenhang ist wahrhaftig nicht die Stärke der D. Th., auch nicht in der Form von A. Aber es ist gar nicht richtig. Das Thema von c. 9 ist, wie auch Hermelink annimmt, daß das Gutsein und die Seligkeit nicht am Guten und an Gott an sich hängen, sondern daran, daß sie inwendig in der Seele seien, d. h. wie es später erklärt wird, daß sie in ihr empfunden und erkannt werden. Das führt dann A in zwei, B in drei Abschnitten aus. Der erste beginnt 20 1 mit *Darumb*, die beiden andern (21 1, 21 14) mit *Auch*, und beidemal folgt darauf, woran die Seligkeit liege. Nach dem ersten hängt sie nicht an der Kenntnis dessen, was heilige Menschen getan haben und Gott in ihnen gewirkt hat, sondern an der Erkenntnis des eigenen Lebens und des göttlicben Wirkens in ihm. Nach dem zweiten hängt sie nicht an der Vielheit, sondern an dem Einen[1], sofern man es erkennt und empfindet, nach dem dritten nicht an den Kreaturen, sondern an Gott und seinem Wirken, sofern es nämlich in der eigenen Person geliebt und empfunden wird. Daß im zweiten, dem angeblichen Einschub, eine Definition der Seligkeit gegeben werde und den Zusammenhang unterbreche, ist nicht richtig. Wenn etwas definirt wird, so ist es das »Eine«. In allen dreien wird also das Thema des Kapitels dreimal wiederholt, ohne daß man viele Fortschritte bemerkte, ein Verfahren, das ja für die D. Th. ganz bezeichnend ist. Im zweiten Abschnitt einen Einschub zu sehen, dafür liegt also gar kein Grund vor. Vielmehr ist vermutlich einfach die Handschrift, die A zugrunde liegt, von dem einen *Auch* (21 1), das ihn eröffnet, sofort zum dritten Abschnitt, der gleichfalls mit *Auch* beginnt (21 15), also wohl von einem Alinea zum andern hinübergeglitten und hat das, was dazwischen lag, übersehen.

Weiter untersucht Hermelink ein Abschnittchen in c. 14 von B, das in A fehlt, M. 34 8–10. Da sei bei A der Zusammenhang geschlossen: in Gehorsam mit Christo leben heiße mit Gott leben; Ungehorsam sei Sünde. B aber schiebe zwischen diese beiden Glieder die Worte ein: *Auch ist geschriben: sund ist. das sich die creatuer abkert von dem schepfer.*

---

also spricht. Da liegt doch auf der Hand, daß B nicht den ursprünglichen Text hat. Er hat entweder das zweimalige »Thimotheus« für unnötig gehalten oder — und das liegt wohl am nächsten — er ist beim Abschreiben von dem ersten sofort zum zweiten hinübergeglitten und hat darum auch das *und spricht* ausgelassen.

[1] B liest S. 21 1: Die Seligkeit liege *an im al ein.* A und U (14 30) haben richtig *einem allein.*

Daz ist aber disem gleich und ist dasselb, eine Erinnerung an seine erste Sündendefinition, die zugleich die Feststellung der Identität von Ungehorsam und Sünde vorausnehme. Aber wie liegt es denn wirklich? In der ersten Hälfte von c. 14 hatte B im Anschluß an die biblische Redeweise — *man spricht* (32 28, 33 3. 7) oder *Paulus spricht* (33 9. 19) — den Unterschied des alten und neuen Menschen, Adams und Christi, des Ungehorsams und Gehorsams geschildert und das Sterben des einen, die Geburt des andern beschrieben. Das Ergebnis war, daß alle Kinder d. h. Nachfolger Adams tot seien. Darauf fährt B fort: *Auch ist geschriben*, Sünde sei Abkehr vom Schöpfer. Das sei aber dasselbe. Denn — hier schließt sich A wieder an — wer im Ungehorsam sei, sei in Sünden. Sünde und Gutsein sei nichts anderes als Ungehorsam und Gehorsam. — M. a. W.: B führt sein Thema an der Hand von zweierlei Ausdrücken, biblischen und scholastisch-mystischen, aus und betont, daß beide dasselbe sagen. Und die Überleitung von der ersten Ausdrucksweise zur zweiten ist eben der Satz, den Hermelink als Einschub und Unterbrechung des Zusammenhanges ansieht! Fehlte er, so fehlte gerade das Verbindungsglied.

Eine weitere »offenbare Glosse« von B soll im Anfang seines c. 20 (M. 42 8—11) vorliegen. Der Text liegt hier zunächst (42 3) so:

[A:] *Wer es nun als man spricht, das der bös geist besitz und behaffte etwan einen menschen,*	[B:] *Man spricht, der teufel und sein geist hab etwen einen menschen besessen und behaft.*

worauf in A und B ein Satz folgt, der mit *daß* eingeführt das Wesen der Besessenheit schildert. Dann folgt nur in B: *Es ist war in eim sinne, das alle die werlt besessen und behafft ist mit dem teufel, das meinet man mit lugen und mit falscheit und ander pößheit und untugent: das ist alles teufel, wie das es auch in eim andern sin sei.* Dann gehen die Texte wieder auseinander:

[A:] *Wer nun das, daß der mensch also mit dem geist gottes besessen und begriffen were, das er nit weßt usw.*	[B:] *Der nu besessen und begriffen were mit dem geist gottes, das er nit weßt usw.*

Übersieht man diese ganze Anlage, so ist ja sofort klar, daß die göttliche und die satanische Besessenheit einander gegenübergestellt werden: beidemal ist Besessenheit nicht buchstäblich zu nehmen, sondern nur in dem Sinn zu verstehen, daß das eine Mal die Ichheit und Selbheit, das andere Mal der Geist Gottes im Menschen regiert. Der Zusatz, wonach die satanische Besessenheit nicht wörtlich zu verstehen sei, ist also keine Abschwächung, sondern gehört notwendig dazu und gilt entsprechend auch für die göttliche Besessenheit. Außerdem aber hätte ja in A der erste Satz des Kapitels *Wer es nun* gar keinen Nachsatz! Das ist so klar, daß ich mir nur denken kann, Hermelink habe den Unterschied des Textes an dieser Stelle nicht bemerkt, weil ihn Mandel nicht wie jenen »Einschub« in der Anmerkung, sondern nur in seinem verzweifelten Variantenverzeichnis (S. 114) anführt[1].

Aber den entscheidenden Abschnitt sieht nun Hermelink in dem großen »Einschub« in c. 21 Ende und 22 (M 45 7—46 27). Auch hier kann für ihn kein Zweifel sein, daß A den ursprünglichen Zusammenhang gibt. Nun glaube ich freilich, daß er diesen Zusammenhang nicht ganz richtig faßt. Aber ich gehe der Kürze halber darauf nicht ein, sondern hebe nur eins hervor. Hermelink meint, mit dem Wort B 45 6. 7 *Und was darzu gehort, davon ist etwas vor gesagt* schließe deutlich das Kapitel und der Zusammenhang ab. Die wirkliche Fortsetzung liege in c. 23: *Auch sol man merken.* Der klare Zusammenhang werde unterbrochen durch eine Erörterung über Gott und Mensch, die sich schon in den Einführungsworten als Glosse kundtue[2].

Aber der Schluß, den A in c. 21 hat, ist nichts weniger als ein Abschluß. Der Zusammenhang ist meines Erachtens ganz klar. Um zu der göttlichen »Besessenheit« zu kommen, von der c. 20 die Rede ist, muß der Mensch sich selbst bereiten. Und diese »Bereitung« (M 43 11) wird nun im einzelnen verfolgt. Zunächst werden 1. in der zweiten Hälfte von c. 20 (M 43 16) *etlich werk hiezu* erwähnt: es sind dieselben, die zum Erlernen jeder Kunst nötig sind. Dann fährt 2. B in c. 21 fort: *Auch sagt man von etlichen wegen und bereitung hiezu,* nämlich, daß man Gott leiden, ihm gelassen sein solle. (44 9 ff.) Daß diese *wege* dabei nur ein anderer Ausdruck für das *werk* sind, ist schon an sich deutlich, wird aber vollends klar aus dem Text von U 26 30: *Es sagen etliche menschen von anderen wegen und bereitung.* Aber der beste Weg und Bereitung ist 3. die Übung im lieblichen Leben Christi (44 26—45 11, besonders 45 4. 5). Sein Inhalt sei schon früher beschrieben. Aber — und hier setzt der angebliche Einschub ein — überhaupt ist ja alles, was in diesem Büchlein steht, nur Weg und Wegweiser zum rechten Ziel, d. h. zum lieblichen Leben Christi: doch der sicherste Weg bleibt — hier ist wieder

[1] In der Handschrift, auf die die Vorlage des Drucks A zurückgeht, hat dann wohl der Satz, der bei B mit *Es ist wahr* beginnt, die Form des Nachsatzes gehabt. Aber schließlich könnte auch die Fassung von B als Nachsatz gestanden haben.

[2] Welche Worte damit gemeint sind, weiß ich nicht: ich finde keine, die dazu passen.

U 27 13–15 deutlicher — die Nachfolge in diesem Leben selbst. 4. Trotzdem gibt es (c. 22. U c. 24) zu diesem Leben Christi noch weitere Wege (wieder hat U 27 19 den besseren Text: *Noch sein meher wege*), nämlich die Vereinigung von Gottheit und Menschheit. Dabei sieht es freilich zunächst aus, als ob nun lediglich beschrieben würde, worin diese Vereinigung in der Person Christi bestehe und wie sie da wirke. Aber M 46 14–16 und besonders 21–27 (U 27 39. 40 und besonders 28 1–7) zeigen, daß die Vereinigung in Christus eben das Vorbild für das Verhältnis zwischen Gott und dem frommen Menschen sein soll.

Wo ist nun da ein störendes Glied, das den Zusammenhang zerrisse? Und wie sollte gerade der Satz, mit dem Hermelink den Einschub beginnen läßt, dazu den Anlaß bieten?

Der Irrtum Hermelinks wird noch deutlicher durch folgendes: Er meint, A gehe von seinem angeblichen Schluß sofort zu c. 23 über. Aber das ist gar nicht der Fall. Wieder hat ihn Mandels falsche Angabe S. 45, Anm. 1 irregeführt! Vielmehr folgt in A auf den angeblichen Schlußsatz von c. 21 der Schlußsatz von c. 22: *Wan wo die creature oder mensch sein eigen und sein selbheit und sich verleuset und ausget, da get got ein mit seim eigen, das ist mit seiner selbheit.* Dieser Satz aber kann sich gar nicht an jenen angeblichen Schluß von c. 21, sondern nur an den unmittelbar vorangehenden Satz von B anschließen, wo von Gottes Eigen die Rede war. Es ist also deutlich: wie bei M 21 1–14, so ist die Handschrift, auf die A zurückgeht, von dem Schlußsatz von c. 21 sofort zu dem von c. 22 hinübergeglitten: es ist wieder bloße Unachtsamkeit des Schreibers gewesen[1]!

Das Verhältnis der drei Texte ist also meines Erachtens gerade umgekehrt, als Hermelink denkt. U hat, soweit wir bei den bisherigen Mitteln schließen können, den ursprünglichen Text. B, d. h. natürlich die Handschrift, die Luther benutzt hat, oder eine ihrer Vorgängerinnen, hat ihn gekürzt, und A — wiederum eben seine Handschrift — hat, zumeist aus Nachlässigkeit, aus B einzelne Abschnitte ausgelassen. Vor allem aber war die ganze Handschrift unvollständig: am Anfang und in viel größerem Umfang am Schluß fehlten Blätter. Daß der Text von A aus der Gruppe B stammt, ist klar: nichts von dem, was in B fehlt, findet sich in A. Und auch im einzelnen geht er.

[1] Hier hat dann freilich nicht wieder dasselbe Anfangswort mitgewirkt wie in M 21. Wohl aber wird das der Fall sein bei der Auslassung 34 18–21: *kommen, er wurd — kommen, er war*, vielleicht auch 35 1: *pöß, poeser oder aller pöst*, wo A *poeser* ausläßt. Weiter verfolge ich die Differenzen zwischen A und B nicht.

trotz aller Abweichungen, im ganzen wohl durchaus mit B gegen U. Er ist manchmal besser als B: aber das umgekehrte Verhältnis ist auch nicht ganz selten.

Daß andrerseits U nicht die Originalhandschrift ist, ist sicher. Darauf weisen schon die Überschrift, die Vorrede und der Schluß mit seinem Datum 27. September 1497, das doch wohl die Vollendung der Abschrift bezeichnet. Darauf weisen aber auch die Fehler der Handschrift, vor allem Auslassungen, die durch Homoioteleuta veranlaßt sind. Ich nenne nur die beiden Fälle: M 46_{12} hat den Text *also wirt es auch umb das, das dem menschen wider ist, und sein leiden wirt gar zu nicht gegen dem, das got wider ist und sein leiden ist.* U 27_{39} aber ist von dem ersten *wider ist, und sein leiden* sofort zu dem *ist* übergesprungen, das dem zweiten folgt. Und vor M 73_{3-7} läßt U 43_{40} alles, was zwischen den beiden *selber* steht, samt dem nun sinnlos gewordenen *ist* nach dem zweiten *selber* aus. Auch sonst wird man im einzelnen manchmal die Lesarten von A oder B vorziehen. Andrerseits ist AB in vielen Fällen offenbar verdorben, während U einen klaren und guten Text bietet. Aber meist wird in den kleinen Varianten an sich überhaupt nicht zu entscheiden sein, wo der ursprüngliche Text ist. Denn die Handschriften von A und B sind eben frei und doch oft ganz sinngemäß abgeschrieben.

II.

Die D. Th. ist durch Luthers überaus rühmendes Urteil innerhalb der lutherischen Kirche und auch darüber hinaus in starken Gebrauch gekommen und hat sich trotz des ablehnenden Urteils vor allem Calvins darin erhalten. Luther selbst hatte nur die warmen Töne persönlicher Frömmigkeit und den Gegensatz gegen das rechnende Christentum der Werke und des Lohns herausgehört und den Unterschied zwischen ihrer und seiner Frömmigkeit nicht bemerkt. Manche Wendungen und Darstellungsformen des Büchleins klingen in seinen Schriften der Jahre, da er es fand, nach[1]. Dagegen haben die Täufer

---

[1] So wäre auf die Art hinzuweisen, wie Luther namentlich in seinen ältesten Predigten 1516/17 das Wesen des Glaubens in fast quietistischen Ausdrücken beschreibt, nicht minder auf einige Stellen in Luthers Resolutionen zu den 95 Thesen, die aus 1517/18 stammen. Wenn z. B. Luther seine einstigen Höllenqualen schildert und dabei sagt: *Hic Deus apparet horribiliter iratus et cum eo pariter universa creatura. Tum nulla fuga, nulla consolatio nec intus nec foris, sed omnium accusatio* (W. A 1, 557_{37} ff), so fühlt man sich erinnert an U c. 11 (S. 16f): Wie Christi Seele, so muß auch die des Menschen erst in die Hölle, ehe sie in den Himmel kommen kann, und dabei kommt er in eine so tiefe Selbstverschmähung, daß er meint, *daß es billich sei, daß alle creatur in himmel und auf erden wider in aufstehen und rechen an im iren schopfer und im alle leide anthon und in peinigen.* Oder 558_1: *In hoc momento (mirabile dictu) non potest anima credere, sese posse unquam redimi* mit U 16_{37} ff: *Und diweil der mensche*

und Männer wie Sebastian Franck, Castellio u. a. den andern Geist erkannt[1], obwohl gerade sie die Schrift auch wieder gar nicht richtig verstanden haben. Denn von ihnen ging die Anschauung aus, die in der D. Th. das klassische Denkmal einer Mystik sah, die den Gegensatz gegen die reformatorische Heilslehre darstelle, sofern sie das religiöse Heil von der kirchlichen Vermittlung unabhängig mache und den ganzen geschichtlichen Gehalt des Christentums zu spiritualisieren beginne, so daß schließlich an die Stelle des geschichtlichen Heilswerks und der in ihm erscheinenden Offenbarung Gottes in Christus die unmittelbare und zeitlose Beziehung der beständigen Natur des menschlichen Geistes zum göttlichen trete. Dieses Urteil hat sich bis in die neuste Zeit erhalten; auch HEGLER teilt es mit gewissen Einschränkungen[2]. Und vollends herrscht es vollständig bei denen, die mit der Geschichte der Mystik ihre Liebhaberkünste treiben[3]. So ist es

also in der helle ist, so may in nimant trosten weder got noch di creatur, als geschriben stet: in der helle ist kein erlosung. und 17$_{10}$ff: *Auch sol der mensch merken, wen er in diser hell ist, so may in nichts getrosten, und er kan nit glauben, daß er imer erloset oder getrost werde.* Aber das sind Anklänge und Ausdrucksformen, die ja ohnedies nabeliegen. Und wenn MANDEL (S. III—V) meint, Luther sei nach seiner eigenen Meinung als reformatorischer Theologe im wesentlichen nichts anderes als ein Schüler und Vertreter der Denkweise Taulers und seiner Epitome (d. h. der D. Th.) gewesen und habe die Hauptstücke seiner neuen Denkweise — von Gott und Welt, von der Schöpfung, vom natürlichen Menschen und in der Christologie — von der D. Th. übernommen und erlernt, und diese ihre Grundgedanken seien nach Luthers eigenen Worten und Schriften zu sehr mit seinem ganzen theologischen Denken verwachsen gewesen, als daß er sich später von ihr hätte abwenden können, so ist das eines jener wunderlichen Mißverständnisse, wie sie uns bei MANDEL auf Schritt und Tritt begegnen.

[1] Vgl. besonders A. HEGLER, Seb. Francks lateinische Paraphrase der D. Th. Tübinger Universitätsprogramm 1901, S. 4—12.

[2] Ebendas. S. 33f. — Mit den älteren Vertretern dieser Auffassung kann ich mich nicht im einzelnen auseinandersetzen. Und von MANDEL sehe ich ganz ab. Ich teile das Urteil, das HERMELINK (Zeitschrift für Kirchengeschichte 30. 125, 1909) über Wissen, Verständnis und Geschmack, wie sie in den Erklärungen und Kritiken der Ausgabe hervortreten, vollständig, könnte es höchstens noch verschärfen.

[3] Statt aller weiteren Belege nenne ich nur G. FITTBOGEN, Die Probleme des protestantischen Religionsunterrichts an höheren Lehranstalten 1912, S. 200, wo es von der D. Th. heißt: »Der dogmatische Christus als Mittler zwischen Gott und Mensch ist ausgeschaltet. Objekt des Glaubens ist die Gottmenschheit und ihre Verwirklichung im Menschen, die nur deshalb mit dem Namen Christus bezeichnet wird, weil sie in Christus zuerst vorhanden war. Der Name könnte aber ruhig fehlen, ohne daß sich in der Religion des Gottesfreundes das geringste änderte.« Dabei wird dann an KANT erinnert, wo das Ideal oder Urbild des Menschentums als der Sohn Gottes bezeichnet werde, der in die Gesinnung aufzunehmen sei. Der kirchliche Neuprotestantismus stehe hier mit der Mystik und KANT gegen Katholizismus und protestantische Orthodoxie. Nach FITTBOGEN fällt dann für diese Mystik auch das Mittlertum der katholischen Kirche fort. Sie sei für sie keine Heilsanstalt im Sinne Cyprians und der katholischen Kirchenlehre, sondern etwas, was in der Wahrheit unnötig sei

wohl der Mühe wert, einmal zu untersuchen, ob diese Auffassung richtig ist.

Der Sinn der D. Th. ist ja nun zunächst ganz klar. Es ist die quietistische Mystik: die Ichheit muß niedergelegt werden, alleiniger Gehorsam gegen Gott walten. Der Wille muß gänzlich von den Kreaturen gelöst, Gott der vollkommene Herr in der Seele sein. Sein Wille, wie er auch kommen mag, muß ganz den menschlichen füllen, nicht Furcht vor der Hölle oder Hoffnung auf den Himmel, sondern lediglich der Gehorsam gegen Gott darf regieren. Man muß Gott und alle Dinge leiden.

Diese Mystik wird nun aber gegen eine scheinbar verwandte Form abgegrenzt, nach einem kurzen vorläufigen Hieb (U c. 17) von c. 25 an.

Der Anspruch dieser Mystik der falschen Freiheit ist, auf der höchsten Höhe der Vollkommenheit zu stehen, bedürfnislos (28_{23}), ganz abgestorben, von sich selbst ausgegangen zu sein, so daß für sie keine Kreatur mehr ist (22_{24}) und daß sie von Leiden und allen Dingen nur noch sinnlich und leiblich, nicht aber innerlich berührt wird (22_{21-24}, 44_{11-13}). Sie hat das Kreuz auch nicht mehr nötig (59_{27-29}), ist zu hoch dafür. Ihre Vertreter fühlen sich hinausgehoben über Christi Menschheit und menschliches Leben, wollen sein wie er war nach der Auferstehung in seiner Gottheit (33_{8-20}, $44_{4-6.\,14-16}$, 48_{27-30}, 58_{41}). Sie wollen die volle Wahrheit haben, Gott ganz erkennen, ja Gott selbst sein ($44_{2.\,8.\,35}$, 48_{26}), in ihm sich selbst lieben (48_{19}), so daß sie aller Kreatur, auch aller Menschen Herren und Gebieter wären und alle ihnen dienen müßten (28_{27-41}). Darum sind sie auch über alle Ordnungen und Gesetze der Kirche erhaben, brauchen weder Schrift noch Lehre, d. h. keine Unterweisung in der Theologie und im Dogma, keine Sakramente (28_{22}, 29_{3-6}, 33_{37-40}, 34_{29-32}, 44_{4-6}), keine göttlichen Räte (42_{31}). So sind sie auch über die guten Werke hinaus (Tugend 33_{37}, 48_{24}), nicht minder über das Gewissen (44_{29}, $45_{33.\,37-40}$) und Reue und Jammer um die Sünde (45_{37-40}, 58_{38-40}). Alles das ist ihnen nur Grobheit und Torheit (45_{34}), d. h. Äußerungen eines untergeordneten Zustands.

---

und nicht sein sollte, nämlich wenn die Menschen so wären, wie sie sein sollten. Nur für menschliche Blindheit, Gebrechlichkeit und Bösheit sei sie von Bedeutung: solche Menschen könne sie mit ihren Ordnungen, Satzungen und Geboten ans Gängelband nehmen: aber den wahren Weg könne sie ihnen nicht zeigen. — Also genau das, was die von der D. Th. bekämpften freien Geister lehren! Ähnlich aber sprechen sich auch andere Stimmen aus, so B. M. Mauff, Der religionsphilosophische Standpunkt der sog. D. Th. Diss. Jena 1890, S. 38: sie halte keinen Stellvertreter für uns bei Gott für nötig. Christus sei ihr nur die Verwirklichung des sittlichen Ideals, ein Vorbild auf dem Wege zur Vereinigung.

Das 'sind die echten Brüder des freien Geistes'[1]. Alles Geschichtliche der Offenbarung, alles Sichtbare und Zeitliche, alle Gnadenmittel, Einrichtungen und Gebote der Kirche, alle Werke und äußeren Übungen, alle Gemütsbewegungen gehören der untergeordneten Stufe an. Der Vollkommene steht darüber. Er lebt durch die Gelassenheit seines Willens in der unmittelbaren Gemeinschaft, die die Seele nach ihrer eigenen ewigen Natur mit Gott haben kann.

Das Gemeinsame der beiden Formen ist der Quietismus. Ihr Gegensatz aber liegt nicht nur in den Schranken, die sich die D. Th. für die Vereinigung mit Gott auferlegt, sondern vor allem darin, daß sie an der kirchlichen Heilsvermittlung und Autorität und an der Bedeutung des geschichtlichen Lebens Jesu festhält. Auf ihrer Seite ist darum das wahre ewige Licht, nämlich Gott, oder sein geschaffenes und doch göttliches Licht, die Gnade, auf der andern nur das falsche Licht, Natur (34_{40-42}, 43_{7}, 44_{18-27}), und darum auch die falsche Liebe, Selbstliebe, Selbstruhm (47_{29}—48_{17}, 28_{23}—29_{2}, 43_{6-21}, 49_{3-4}).

Die Mystik der D. Th. ist also die Mystik der Kirche und ihrer Gnadenmittel, ihrer Überlieferungen, Lehren und Ordnungen, die Mystik der göttlichen Offenbarung, der Nachfolge des menschlichen Lebens Jesu. Es fehlt auch der theologisch-technische Ausdruck nicht, daß die Gnade eingegossen werde, und dieses Eingießen ist unentbehrlich, wenn es zum vollen Verzicht auf sich selbst, zu der göttlichen Besessenheit kommen soll (26_{2-10}). Ausdrücklich wird betont, daß man im hl. Sakrament (des Altars) das Leben Christi und Christus selbst empfange, und zwar um so reichlicher, je häufiger man zum Sakrament gehe (53_{17-19}). Und so geht auch die wahre Erkenntnis, das wahre Wissen nur über den Glauben (c. 48 S. 55).

Nun ist doch ganz klar: die Gnade als das geschaffene göttliche Licht setzt nicht nur die Vermittlung der Kirche voraus, sondern auch das geschichtliche Werk Christi. Denn wie Christus nach der scholastischen Lehre durch sein Leben und Leiden jene Gnade den Menschen verdient hat und wie er nach der D. Th. selbst (U 40_{7-15}) durch seinen Tod die Sünde der Menschen vertilgen wollte, so gehen ja auch die grundlegenden Ordnungen der Kirche, vor allem ihre Sakramente auf ihn zurück. Alles das bildet also den festen Unter- und Hintergrund der Mystik der D. Th. Ihre Mystik erhebt sich von dieser Grundlage aus über die Durchschnittsfrömmigkeit nur so, daß sie von der Gnade als der übernatürlichen Liebesverbindung mit Gott immer tiefer in seine Gemeinschaft geführt wird. Die Mittel dieser Gnade aber sind

[1] Vgl. meine Kirchengeschichte 1, 612 f. (nach den Sätzen bei W. Preger, Geschichte der Deutschen Mystik in M A 1. 461 ff. und H. Haupt in Zeitschr. für Kirchengeschichte 7, 556 ff. 1885.)

die Sakramente ebenso wie ihre Quelle das Werk Christi. Von ihm und von der kirchlichen Gnadenordnung kommt also die Mystik niemals los.

Darum ist es ebenso falsch, der D. Th. eine Mystik zuzuschreiben, die auf der Verbindung der immer gleichen Natur der Seele mit der Gottheit beruhte — nur in der von der Gnade überformten Seele kann Gott Wohnung nehmen —, als zu denken, die Bedeutung Christi für die D. Th. erschöpfe sich in seinem Vorbild für die Vereinigung mit Gott im Gehorsam und in der Gelassenheit. Es ist genau so wie in der bernhardinischen Mystik, die auf die Verähnlichung mit Christus im Leiden und auf den Liebesverkehr mit ihm gestellt ist. Beidemal handelt es sich nur um den Weg, auf dem man von dem einfachen Gnadenbesitz weiter kommen, zur mystischen Vollkommenheit geführt werden kann. Beidemal aber bildet die Masse des Dogmas und der kirchlichen Institutionen die unverbrüchliche Voraussetzung.

So erscheint denn auch das Dogma von der Gottmenschheit Christi in seinen allgemeinen Zügen in c. 24 (S. 27). In ihm sind Gottheit und Menschheit in vollkommener Wahrheit ganz und gar vereinigt, ein Ding. Aber das regierende Subjekt ist die Gottheit: der Mensch »entweicht« Gott, d. h. verschwindet vor ihm so, daß der Mensch zunichte wird und Gott alles allein ist (c. 24 S. 27 22—39). Dieses Dogma aber wird nun in der Weise fruchtbar gemacht, daß die Wirkung der Vereinigung auf das menschliche Leben Christi geschildert und zum Vorbild für den gemacht wird, der vollkommen werden will. Die Wiedergabe des Dogmas in c. 24 hat überhaupt nur diesen Zweck. Denn der Vollkommene ist eben das Abbild des Lebens Christi, die allmähliche Annäherung an seine Höhe (21 18—26), auf der er Gott gänzlich gehorsam ist, ihn allein in sich wirken läßt, seine Selbheit aufgibt und Gott mit seiner Selbheit Raum gibt. Da ist es so, wie 3 24—9 es ausdrückt, daß man lauter und einfältig und ganz in der Wahrheit mit einfältigem, ewigem Willen Gottes ist, oder daß man ohne Willen, der geschaffene Wille in den ewigen Willen geflossen, mit ihm verschmolzen und zunichte geworden ist, so daß der ewige Wille allein daselbst will, tut und läßt. Denn so war es, wie immer wieder ausgeführt wird, bei Christus[1].

Man wird geradezu sagen können, daß der Kampf gegen die Mystik der Brüder des freien Geistes ein Hauptanliegen der D. Th. sei: die kirchlichen und geschichtlichen Grundlagen aller wahren Mystik sollen festgestellt und verteidigt werden. Die D. Th. steht der modernen pantheistischen Mystik so fern als irgendein Denkmal der übrigen mittelalterlichen kirchlichen Mystik.

[1] Ich verweise nur auf die Stellen c. 7 (S. 12). S. 15 30, 19 39—20 8, 24 22—28, 27 19 ff.

Ausgegeben am 24. Juli.

Berlin, gedruckt in der Reichsdruckerei.

zember 1918.) (S. 673.)
Sitzung der physikalisch-mathematische

Aus dem Reglement für die Redaktion der akademischen Druckschriften

Aus § 1.

Die Akademie gibt gemäß § 41, 1 der Statuten zwei fortlaufende Veröffentlichungen heraus: »Sitzungsberichte der Preußischen Akademie der Wissenschaften« und »Abhandlungen der Preußischen Akademie der Wissenschaften«.

Aus § 2.

Jede zur Aufnahme in die Sitzungsberichte oder die Abhandlungen bestimmte Mitteilung muß in einer akademischen Sitzung vorgelegt werden, wobei in der Regel das druckfertige Manuskript zugleich einzuliefern ist. Nichtmitglieder haben hierzu die Vermittelung eines ihrem Fache angehörenden ordentlichen Mitgliedes zu benutzen.

§ 3.

Der Umfang einer aufzunehmenden Mitteilung soll in der Regel in den Sitzungsberichten bei Mitgliedern 32, bei Nichtmitgliedern 16 Seiten in der gewöhnlichen Schrift der Sitzungsberichte, in den Abhandlungen 12 Druckbogen von je 8 Seiten in der gewöhnlichen Schrift der Abhandlungen nicht übersteigen.

Überschreitung dieser Grenzen ist nur mit Zustimmung der Gesamtakademie oder der betreffenden Klasse statthaft und ist bei Vorlage der Mitteilung ausdrücklich zu beantragen. Läßt der Umfang eines Manuskripts vermuten, daß diese Zustimmung erforderlich sein werde, so hat das vorlegende Mitglied es vor dem Einreichen von sachkundiger Seite auf seinen mutmaßlichen Umfang im Druck abschätzen zu lassen.

§ 4.

Sollen einer Mitteilung Abbildungen im Text oder auf besonderen Tafeln beigegeben werden, so sind die Vorlagen dafür (Zeichnungen, photographische Originalaufnahmen usw.) gleichzeitig mit dem Manuskript, jedoch auf getrennten Blättern, einzureichen.

Die Kosten der Herstellung der Vorlagen haben in der Regel die Verfasser zu tragen. Sind diese Kosten aber auf einen erheblichen Betrag zu veranschlagen, so kann die Akademie dazu eine Bewilligung beschließen. Ein darauf gerichteter Antrag ist vor der Herstellung der betreffenden Vorlagen mit dem schriftlichen Kostenanschlage eines Sachverständigen an den vorsitzenden Sekretar zu richten, dann zunächst im Sekretariat vorzuberaten und weiter in der Gesamtakademie zu verhandeln.

Die Kosten der Vervielfältigung übernimmt die Akademie. Über die voraussichtliche Höhe dieser Kosten ist — wenn es sich nicht um wenige einfache Textfiguren handelt — der Kostenanschlag eines Sachverständigen beizufügen. Überschreitet dieser Anschlag für die erforderliche Auflage bei den Sitzungsberichten 150 Mark, bei den Abhandlungen 300 Mark, so ist Vorberatung durch das Sekretariat geboten.

Aus § 5.

Nach der Vorlegung und Einreichung des vollständigen druckfertigen Manuskripts an den zuständigen Sekretar oder an den Archivar wird über Aufnahme der Mitteilung in die akademischen Schriften, und zwar, wenn eines der anwesenden Mitglieder es verlangt, verdeckt abgestimmt.

Mitteilungen von Verfassern, welche nicht Mitglieder der Akademie sind, sollen der Regel nach nur in die Sitzungsberichte aufgenommen werden. Beschließt eine Klasse die Aufnahme der Mitteilung eines Nichtmitgliedes in die Abhandlungen, so bedarf dieser Beschluß der Bestätigung durch die Gesamtakademie.

Aus § 6.

Die an die Druckerei abzuliefernden Manuskripte müssen, wenn es sich nicht bloß um glatten Text handelt, ausreichende Anweisungen für die Anordnung des Satzes und die Wahl der Schriften enthalten. Bei Einsendungen Fremder sind diese Anweisungen von dem vorlegenden Mitgliede vor Einreichung des Manuskripts vorzunehmen. Dasselbe hat sich zu vergewissern, daß der Verfasser seine Mitteilung als vollkommen druckreif ansieht.

Die erste Korrektur ihrer Mitteilungen besorgen die Verfasser. Fremde haben diese erste Korrektur an das vorlegende Mitglied einzusenden. Die Korrektur soll nach Möglichkeit nicht über die Berichtigung von Druckfehlern und leichten Schreibversehen hinausgehen. Umfängliche Korrekturen Fremder bedürfen der Genehmigung des redigierenden Sekretars vor der Einsendung an die Druckerei, und die Verfasser sind zur Tragung der entstehenden Mehrkosten verpflichtet.

Aus § 8.

Von allen in die Sitzungsberichte oder Abhandlungen aufgenommenen wissenschaftlichen Mitteilungen, Reden, Adressen oder Berichten werden für die Verfasser, von wissenschaftlichen Mitteilungen, wenn deren Umfang im Druck 4 Seiten übersteigt, auch für den Buchhandel Sonderabdrucke hergestellt, die alsbald nach Erscheinen ausgegeben werden.

Von Gedächtnisreden werden ebenfalls Sonderabdrucke für den Buchhandel hergestellt, indes nur dann, wenn die Verfasser sich ausdrücklich damit einverstanden erklären.

§ 9.

Von den Sonderabdrucken aus den Sitzungsberichten erhält ein Verfasser, welcher Mitglied der Akademie ist, zu unentgeltlicher Verteilung ohne weiteres 50 Freiexemplare; er ist indes berechtigt, zu gleichem Zwecke auf Kosten der Akademie weitere Exemplare bis zur Zahl von noch 100 und auf seine Kosten noch weitere bis zur Zahl von 200 (im ganzen also 350) abziehen zu lassen, sofern er dies rechtzeitig dem redigierenden Sekretar angezeigt hat; wünscht er auf seine Kosten noch mehr Abdrucke zur Verteilung zu erhalten, so bedarf es dazu der Genehmigung der Gesamtakademie oder der betreffenden Klasse. — Nichtmitglieder erhalten 50 Freiexemplare und dürfen nach rechtzeitiger Anzeige bei dem redigierenden Sekretar weitere 200 Exemplare auf ihre Kosten abziehen lassen.

Von den Sonderabdrucken aus den Abhandlungen erhält ein Verfasser, welcher Mitglied der Akademie ist, zu unentgeltlicher Verteilung ohne weiteres 30 Freiexemplare; er ist indes berechtigt, zu gleichem Zwecke auf Kosten der Akademie weitere Exemplare bis zur Zahl von noch 100 und auf seine Kosten noch weitere bis zur Zahl von 100 (im ganzen also 230) abziehen zu lassen, sofern er dies rechtzeitig dem redigierenden Sekretar angezeigt hat; wünscht er auf seine Kosten noch mehr Abdrucke zur Verteilung zu erhalten, so bedarf es dazu der Genehmigung der Gesamtakademie oder der betreffenden Klasse. — Nichtmitglieder erhalten 30 Freiexemplare und dürfen nach rechtzeitiger Anzeige bei dem redigierenden Sekretar weitere 100 Exemplare auf ihre Kosten abziehen lassen.

§ 17.

Eine für die akademischen Schriften bestimmte wissenschaftliche Mitteilung darf in keinem Falle vor ihrer Ausgabe an jener Stelle anderweitig, sei es auch nur auszugs-

(Fortsetzung auf S. 3 des Umschlags.)

1919.
XXXVII.

SITZUNGSBERICHTE
DER PREUSSISCHEN
AKADEMIE DER WISSENSCHAFTEN.

24. Juli. Sitzung der philosophisch-historischen Klasse.

Vorsitzender Sekretar: Hr. Diels.

*1. Hr. Goldschmidt sprach über »Mittelbyzantinische Plastik«.

In der byzantinischen Plastik zwischen dem Bilderstreit und dem Eindringen abendländischer Renaissance laufen zwei Richtungen nebeneinander, eine mehr naturalistische, bewegte, sich eng an die hellenistische Antike anlehnende und eine feierlichere hieratische in strenger stilisierten Typen. Die erste Richtung empfängt ihre Ausbildung kurz nach dem Bilderstreit, als die erneute Kunstpflege auf alte Vorbilder zurückgriff, während die zweite als eine Weiterführung der schon in altbyzantinischer Zeit, besonders unter syrisch-palästinensischem Einfluß eingeschlagene Richtung angesehen werden kann. Beide wirken stark auf die abendländische Kunst, doch wird gegen Ende des 12. Jahrhunderts der bewegtere Stil, der damals auch in Byzanz die Vorherrschaft gewinnt, für die spätromanische Kunst maßgebend.

2. Hr. Eduard Meyer legte eine Abhandlung vor: Die Gemeinde des neuen Bundes im Lande Damaskus, eine jüdische Schrift aus der Seleukidenzeit. (Abh.)

Die von Schechter 1910 veröffentlichten, in zwei Handschriften der Synagoge von Kairo gefundenen Schriftstücke sind kein Erzeugnis einer Sekte, sondern völlig orthodox. Sie entstammen aus den Kreisen der Frommen, die in scharfem Gegensatz gegen das hellenisierende Reformjudentum der Seleukidenzeit standen und sich um 170 v. Chr., vor dem entscheidenden Eingreifen des Antiochos Epiphanes, von der abtrünnigen Judenschaft Palästinas separierten und als eine Diasporagemeinde in Damaskus konstituierten, die den alten Bund der Vorfahren erneuert hat und das unmittelbar bevorstehende Kommen des Weltgerichts und des Messias erwartet. Ihre Schriften, eine prophetische, in zwei Redaktionen erhaltene Mahnrede und ein Gesetzbuch, stehen in engstem Zusammenhang mit den ältesten Bestandteilen des Henoch, des Jubiläenbuchs und der Testamente der zwölf Patriarchen, deren Zeit dadurch bestimmt wird. Von besonderer Bedeutung sind sie dadurch, daß in ihnen eine rein auf jüdischem Boden verlaufene Entwicklung, ohne hellenistische Einwirkungen, zum Ausdruck gelangt. Auch die dem Danielbuch eigentümlichen, auf parsischen Einfluß zurückgehenden, eschatologischen Anschauungen fehlen in ihnen noch völlig.

Voreuklidische Steine.

Von F. Freiherrn Hiller von Gaertringen.

(Vorgelegt von Hrn. von Wilamowitz-Moellendorff am 10. Juli 1919 [s. oben S. 611].)

Die Versuche, den attischen Volksbeschlüssen des fünften Jahrhunderts, ihrer Ergänzung und Erklärung näher zu kommen, erstrecken sich auf mehrere Jahre; erschwert wurden sie durch die Entfernung von den Steinen, das Fehlen eigener Anschauung und in den meisten Fällen auch durch den Mangel von Abklatschen oder Photographien. Zu abschließenden, voll befriedigenden Ergebnissen zu gelangen, mußte von vornherein aufgegeben werden; doch ist zu hoffen, daß einige Gedanken und Formulierungen die Sache gefördert haben. Nicht nur als Berater, sondern geradezu als Mitarbeiter darf ich J. Kirchner und U. von Wilamowitz nennen, auch G. Karo und A. Wilhelm danke ich wertvolle Unterstützung. Wenn wir uns jetzt zu einer Veröffentlichung entschließen, so geschieht dies mit dem Wunsche, daß andere daran anknüpfen und Besseres finden mögen. Der Wert der hier behandelten Urkunden dürfte jede auf ihre Herstellung aufgewandte Mühe lohnen.

IG I s. 1a. Das Psephisma über Salamis ist von mir im Hermes LI 1916, 305 behandelt; Fr. Groh hat ebenda S. 478 unter Billigung des Übrigen eine Verbesserung vorgetragen, die ich früher schon bei Cavaignac (Etudes sur l'histoire financière d'Athènes 1908, 4[2]) gelesen, aber nicht gewürdigt und vergessen hatte: V. 8 τὰ δὲ *h*όπλα π[αρέχεσ]θα[ι ἒ τίνεν τ]ριάκοντα δρ[αχμάς[1]. In den letzten Zeilen wird man ergänzen können mit der verlangten Zahl von 22 Buchstaben in der Zeile:

ταῦ̣τ' ἔδοχσ]-
εν : [ἐπ]ὶ τε͂ς β[ολε͂ς τε͂ς πρότες],

nämlich in der ersten Sitzung des Rats, ähnlich wie in dem Beschlusse von 410/9 (IG I 59 = Syll.[3] 108$_{40}$ τὲν βολὲν βολεῦσ]αι ἐν τε͂ι πρότει *h*έδ[ραι τὲν ἐν Ἀρείοι πάγ]οι. Anders zu erklären ist der vielbehandelte

[1] Berichtigt Hermes 1919, 112.

Schiedsspruch der Argeier zwischen Melos und Kimolos Syll.³ 261: hier wird man gegen Vollgraff Mnemos. XLIII 1915, 383. XLIV 1916. 61 ἀρήτευε Λέων [β]ωλᾶσσευτέρας beibehalten, wenn es auch weit leichter ist, die Assimilierung von δσ als von σδ zu σσ anzunehmen; denn an einen Namen Εὐτέρας zu glauben, dürfte nicht bloß uns schwer fallen. Sonach besteht kein Zweifel, daß es sich hier um den Rat des zweiten Semesters handelt, und es hat etwas Verlockendes, diese Einteilung des Amtsjahrs von Argos über Rhodos nach Tenos zu verfolgen. Wenn hierüber längst das Richtige gesagt ist, so bleibt es Vollgraffs Verdienst, die Setzung der Ortsnamen statt der Demotika durch Beispiele wie Ὀρθαγόρας Πυθίλα Κλεοδαΐδας (= Phratrie) Στιχέλειον (= Demos) erwiesen zu haben (a. a. O. XLIV 53. 59); wir müssen also die Zusammengehörigkeit von ἀρήτευε Λέων [β]ωλᾶσσευτέρας Ποσίδαον, Πέριλλος Πεδίον anerkennen, so wie man heutzutage Müller-Meiningen, Schulze-Naumburg sagt, und erkennen in der Trennung des Personennamens vom Demos jene altertümliche Wortstellung, die in den frühen attischen Inschriften so häufig und von Wilhelm Beitr. 10f. durch zahlreiche Beispiele erläutert ist.

Hekatompedonurkunden.

IG I 18. 19. Vgl. Ziehen, Leg. sacr. 1. Die ersten Zeilen dürften mit Benutzung der Vorschläge von G. Körte (Gött. G. A. 1908, 838ff.; vgl. Jahn-Michaelis, Arx Ath. 99, 20) für Z. 2 und der Einsetzung des Artikels in Z. 2 Anfang, die O. Rubensohn fordert, so herzustellen sein:

§ I [τὰ χαλκία τὰ ἐ]μ πόλει hόσοις χρôνται ⁝ π[λ]ὲν hόσα
[ἐν τοῖς σεσεμ]ασμένοις ⁝ οἰκέμ[ασι ἐ]ᾶν παρ᾽ ἑκάστ-
[οισιν ⁝ τὰ δὲ κα]τὰ τὲν πόλιν γρά[φσα]σθαι ⁝ τὸς ταμί-
§ II [ας ⁞ hόταν δρô]σι τὰ hιερὰ ⁝ hοι ἔ[νδο]ν hιε[ρ]οργôντ-
[ες ⁝ μὲ ἐᾶν ⁝ hιστ]άναι [⁝] χύτραν usw.

Das heißt: § I. »Die Schatzmeister sollen die ehernen Geräte auf der Burg, die man im Gebrauch hat, außer denen, die sich in den versiegelten Kammern befinden, bei den einzelnen Personen belassen, die aber über die Burg verstreuten aufschreiben«. Hier steht κα]τὰ τὲν πόλιν nicht, wie es zunächst scheint, im Gegensatze zu ἐμ πόλει, so daß dies die bekannte Bedeutung »auf der Burg« hat, jenes als »in der Unterstadt« aufzufassen wäre, obwohl es diesen Sinn im neugriechischen Κατάπολα, der Hafenstadt der hochragenden Feste Minoa auf Amorgos, der Παναγία Καταπολιανή in Amorgos und Paros zu haben scheint, während ἁ κατὰ πόλιν ὑπάρχουσα στοὰ ἁ π[ρ]ὸς τᾶι ἀγορᾶι auf den Mittelpunkt der eigentlichen Stadt Thera geht (IG XII 3, 325₂₉), sondern zu πλὲν hόσα [ἐν τοῖς σεσεμ]ασμένοις οἰκέμασι. Die in den verschlossenen

Kammern aufgehobenen Geräte waren ja schon hinreichend gesichert; inventarisiert sollten deshalb für diesen Fall nur die frei herumstehenden oder benutzten Geräte werden. Für G. Körtes ἀγγεῖα habe ich aus der anderen Tafel (s. u.) χαλκία eingesetzt, worin der Wert stärker ausgedrückt ist. Offenbar war es heiliges Gerät der Göttin. In Z. 4 wird der Hauptinterpunktion ihre Stelle zugewiesen. § II. »Wenn die im Inneren heilige Handlungen Verrichtenden ihre Tätigkeit ausüben« usw. bezieht sich auf den Tempel selbst: Zweck der Vorschriften ist die Abwehr der Feuersgefahr.

Für die Bruchstücke der ersten Tafel, an deren Zusammensetzung sich noch keiner gewagt hat — wenigstens soweit dies aus den Veröffentlichungen entnommen werden kann —, wurden Möglichkeiten erwogen, von denen einige hier mitgeteilt werden. Bruchstücke *a* + *k* + *e*, ϲτοιχηδόν, 40 Buchstaben:

- - τ]-
[ο̂ν τ]αμιο̂ν [- - - - - - - - - - - - - - - - - - τὲ]-
[γ κ]αθέκοϲ⟨⁝⟩α[ν ἐπιμέλειαν ποε̂ϲθαι. ἐὰν δέ τιϲ λειπε]-
[ι], ἐὰν δυνατὸ[ϲ ε̂ι παρε̂ναι, τὰϲ εὐθύν]αϲ *h*[έχεν τὸπρύ]-
τανιν ⁝ καὶ δι[δόναι ϲτατε̂ραϲ ἱε]ρὸϲ τρε̂[ϲ, ἐϲ δὲ τὰ χα]-
λκία καὶ ὀβελ[ὸν καὶ *h*εμιοβέλ]ιον, καὶ τ[ὸμ π]ρύτα[νι]-
ν ϲεμαίνε[ϲθαι τὰϲ οἰκίαϲ ⁝ τὸ δ]ὲ *h*εμι . . . . . ιον τόδ-
[ε] ἐν δε[μοϲίοι θε̂ναι ⁝ ἄρχοντοϲ δ]ὲ *h*ι[πποκράτ]οϲ ⁝ ἔδο-
[χϲεν τε̂ι βολε̂ι καὶ το̂ι δέμοι, Αἰα/Λεο ν]τ[ὶϲ ἐπρυτάνευε]

In Z. 3 κ]αθέκοϲ ⁝ α[ν ist die Interpunktion verkehrt gesetzt; vgl. unten S. 664. Die Strafe für das Fehlen ist aus der anderen Tafel Z. 21: *h*ὸϲ δ᾽ ἂν λεί]πει ⁝ δυν|ατὸϲ ο̂ν ⁝ ἀποτίνεν. »Wenn einer von den Schatzmeistern ohne genügende Entschuldigung fehlt, soll der Prytane, der Vorsitzende des Kollegiums, (ihn) zur Verantwortung ziehen (τὰϲ εὐθύν]αϲ *h*[έχειν), und er (der Fehlende, mit dem in älteren Urkunden so häufigen Subjektswechsel) soll drei Statere Strafe zahlen an die Göttin und obendrein für die Erzgeräte $1^1/_2$ Obolen geben; und der Prytane soll die Gemächer versiegeln.« Hier haben wir also mehreres von dem, was die andere Tafel am Anfange voraussetzt. Über den Anlaß der Maßregel kann man verschieden urteilen; sehr möglich, daß es eine außerordentliche, durch Unterschlagungen veranlaßte war (Platon Gesetze 954a, Aristoph. Lys. 1195). Die auffallende Assimilation τὸπρύ]τανιν = τὸν π. hat Körte m. E. mit vollem Recht in der zweiten Tafel Z. 22/23 eingesetzt:

- - ἐϲπρ]άττε-
[ν δὲ τὸπ]ρύ[τανιν ⁝] ἂν δὲ μέ, κα[τὰ τὰ νομιζόμενα] εὐθ-
[ύνεϲθ]αι ⁝ φα[ί]νεν δὲ ⁝ τὸπ[ρύτανιν τὰ ἀδικέματα] το-
[ι̂ϲ] ταμίαϲι ⁝ τὰ ἐν το̂ι λί[θοι γεγραμμένα].

Ziehens Bedenken (a. a. O. S. 6) halte ich nicht für zwingend, obwohl wir daneben einmal τ[ὸμ π]ρύτανιν haben (oben Z. 4 der ersten Tafel); solchen orthographischen Inkonsequenzen begegnen wir nicht bloß in den älteren Inschriften auf Schritt und Tritt. Es macht keinen Unterschied, ob wir den Konsonanten einfach oder doppelt schreiben. τὸπρύτανιν oder τὸππρύτανιν; in τὸλλίθος der Eleusinischen Übergabeurkunde von 408/7 (Sardemann, El. Üb. 9; Bannier, Berl. phil. Woch. 1915, 738) haben wir eine gute Analogie. Z. 6 finde ich nur *h*εμι[παίνθ]ιον; die Inschrift stände dann auf einem Stein, der von seiner Form benannt wäre, nämlich der eines Halbziegels, wie die goldenen waren, auf denen der Löwe des Kroisos in Delphi stand (Herodot I 50, dazu Tsuntas Ἀρχ. Δελτ. I 1915, 111 ff.). Ebenso ist bekanntlich die Bezeichnung des ganzen Ziegels, ἡ πλίνθος, auf quadratische Teile der Säulenbasis und des Säulenkapitells übertragen (Vitr. III 5, 1 sqq.; Hes. πλίνθος). Da sich, an der Photographie der zweiten Platte gemessen, Länge (nach Lolling 1.02) zu Höhe wie 13 : 15 verhalten, so kann die Halbierung der Plinthe wohl nur auf die Tiefenausdehnung bezogen werden; zwei solcher ἡμιπλίνθια hintereinander aufgestellt würde also eine etwas höhere als breite πλίνθος ergeben. Damit soll noch nicht ausgesprochen sein, daß diese beiden Inschriftsteine Rücken an Rücken aufgestellt waren; Lolling (Ἑκατόμπεδον 1890, 4 f.) möchte ihnen einen Platz nebeneinander an der Innenseite der linken Ante des alten Hekatompedon anweisen, zwischen den Ziffern 1, 2, 3 seines Planes. Jedenfalls zeigen sowohl die Form, die jeder Profilierung entbehrt, als auch die Bezeichnung der beiden Steine als τὼ λίθω in der zweiten Urkunde:

26 ταῦτ' ἔδοχσεν τôι δέ[μοι ἐπ]ὶ Φ[ιλοκράτος ἄρχοντ]-
ος : τὰ ἐν τοῖν λίθοι[ν τούτ]οιν,

daß es sich nicht um selbständige στῆλαι, sondern um Steine handelt, die man sich am liebsten als Baumaterial, als Teile der Ante oder eines anderen Bauglieds denken möchte. Denn auch in der Inschrift von Thasos IG XII 8, 262_{16} steht ἀναγράψαντες εἰς λίθον im Gegensatze zu ἀντίγραφά τε τῶν γραμμ[άτων ἐς σανίδας ὡς λ]ειοτάτας. Grenzstein bedeutet es in der parischen Bustrophedoninschrift IG XII 5, 150 ἔσω τῶν λίθων (= ὅρων). Z. 7 ἐν δε[μοσίωι ohne Artikel wie im Salamisdekret Z. 7 ἐς δεμόσιον, wie ἐμ πόλει u. a. staatlichen Ausdrücken. Die sonst denkbare Ergänzung ἐν δε[μοσίοι τόποι θεῖναι· ἐπὶ Ἀ]ὲ *h*ι[πποκράτ]ος : ἔδοχσε verwirft Kirchner, weil bei der Datierung in jener Zeit ἄρχοντος unumgänglich sei. Doch damit sind wir bei einer großen Schwierigkeit, die Wilamowitz nachdrücklich geltend machte. Wenn man von Kirchners Archontentabelle (PA II p. 633) ausging, die Folgendes bot: 487/6 Τελεσῖνος, 486/5 noch frei, 485/4 Φιλοκράτης. dann nur noch

482/1 frei, und erwog, daß die andere Tafel ἐπὶ Φιλοκράτος datiert war, der auch in den Bruchstücken *lmn* + *b* + *cd* ἐπὶ Φ|[ιλοκράτ]ος ἄρχ[οντ]ος erwähnt wird, muß man den Archon Hippokrates für 486/5 annehmen; aber der Hippokrates, an den man dann am liebsten denken möchte, der Sohn des Megakles aus Alopeke, PA 7633, auf dessen Tod Pindar einen Threnos dichtete, »moritur ante a. 486«, kommt also für 486/5 schon nicht mehr in Betracht. Trotzdem möchte ich deswegen die sich aufdrängende Ergänzung nicht fallen lassen; dann muß es eben ein anderer Hippokrates gewesen sein.

Auch die Stücke *i*+*fgh* ergeben einen Zusammenhang, und zwar στοιχηδόν zu 42 Buchstaben in der Zeile:

- - δι]δό[να]-
[ι - - -⁶- - - πε]ντέκοντα ⁝ δ[ραχμὰς ζε]μί[αν ⁝ παρὲκ δ[ὲ ταύτ[ε]-
[ς τε͂ς τιμε͂ς] ἔς<⁝>πραχσιν δ[ίδοσθαι] δυοῖν [δρα]χμαῖν ⁝ τὲ[ν]
[δὲ στέλεν] ἐν ἀγορᾶι ⁝ Ἀν[αθε͂ναι ἐν τ]ο͂ι δεμοσίοι τόπ[οι] usw.

Auch hier steht die Interpunktion wieder, wie wir sagen würden, an falscher Stelle, d. h. zwischen der Präposition und dem mit ihr zusammengesetzten Worte, wie der Divisor in der kyprischen Silbenschrift, wo die Bronze von Idalion SGDI $60_{12.\,13.\,24.\,25}$ viermal *e-xe*|*o-ru-xe* = ἐξ|ορύξη aufweist (vgl. Larfeld, Handb. gr. Epigr.³ 201). Auch hier also werden wir vielleicht besser tun, die Anomalie zu beachten als zu tilgen, was uns ein so feiner Sprachkenner, wie Nachmanson in so manchen derartigen Fällen angeraten hat. Es sei hier noch erwähnt, daß wir der freundlichen Vermittlung unseres Athenischen Instituts vortreffliche Photographien dieser Bruchstücke verdanken; mehrere derselben lagen schon in der richtigen Reihenfolge, so daß wir wohl auf eine baldige erschöpfende Behandlung von berufener Seite hoffen dürfen.

Beschluß über öffentliche Arbeiten. Perikles und Nachkommen.

IG I s. p. 194, 116', vgl. Bannier, Berl. ph. Woch. 1916, 1068. Στοιχηδόν, 56 Buchst.

[I Der Hauptbeschluß ist verloren.]

II ερ_[- - -⁴⁰- - *h*ιππ]-
όνικο[ς εἶπε· - - -⁴⁶- - -]
ἑκαστο[- - -⁴⁰- - δ]-
ραχμὲν τε͂[ς ἑμέρας - - -⁴¹- - -]
III ι τε͂ς ἀγογε͂ς [το͂ *h*ύδατος - - -²³- - - Νικόμαχος εἶπε· τ]
[ὰ] μὲν ἄλλα καθ[άπερ τε͂ι βολε͂ι, μεδένα δὲ λο͂σθαι μεδὲ πλύνεν ἐν τε͂ι κρέν]-
ει, *h*όπος ἂν ῥέος[ιν οἱ ὀχετοὶ κάλλιστα καὶ καθαρότατα· *h*όπος δ'ἂν ἀπὸ ὀ]-
λιγίστον χρεμάτο[ν *h*ε ἀγογὲ ἐχσοικοδομεθε͂ι, τὸς πρυτάνες, *h*οὶ ἂν λάχ]-

οcι πρôτοι πρυτανεύ[εν, δôναι περὶ αὐτôν τὲν φcêφον ἐc τὲν πρότεν τὸν]
κυρίον ἐκκλεcιôν πρôτ[ον μετὰ τὰ ʰιερά, τὲν δὲ βολέν, καθὸ ἂν δοκêι ἀγα]-
θὸν ε̂ναι τôι δέμοι τôι Ἀθε[ναίον, ἐπιμελε̂cθαι, ʰόπος ἂν μὲ ἀνάλοcιc με]-
IV δεμία γίγνεται καὶ ἔχει Ἀθε[ναίοιc ἄριcτα καὶ εὐτελέcτατα. -"- ε]-
ι̂πε· τὰ μὲν ἄλλα καθάπερ Νικόμα[χοc· ἐπαινέcαι δὲ καὶ Περικλεῖ καὶ Παρ]-
άλοι καὶ Χcανθίπποι καὶ τοι̂c ὑέ[cιν αὐτô· ἐcπρâχcαι δὲ καὶ τὰ χρέματα]
ʰόcα ἐc τὸν φόρον τὸν Ἀθεναι̂ον τελ[ε̂ται, ʰόπος ἂν ἐχc αὐτôν ʰε θεὸc λαμ]-
βάνει τὰ νομιζόμενα.

Der Inhalt dürfte klar sein und für die Leser dieser Abhandlung keiner Übersetzung bedürfen. Kirchhoff hat nur wenig ergänzt; Bannier bemerkt: »... Reste eines Dekrets, über dessen Inhalt sich nichts Bestimmtes sagen läßt. Man erkennt nur, daß das Fragment den Schluß des Dekrets bildete, welcher aus zwei Zusatzanträgen bestand, von denen sich der letztere auf den φόροc bezog. In der dritten Zeile (14) ist Ξανθίππῳ καὶ τοῖc ὑέ[cι mit Sicherheit zu erkennen. Es wundert mich, daß man die vorangehenden Reste nicht zu Πα]ράλῳ ergänzt, da die beiden ältesten Söhne des Perikles bekanntlich Paralos und Xanthippos hießen. Von Söhnen dieser beiden ist uns allerdings nichts bekannt. Aber ὑέcι braucht sich ja nur auf Ξανθίππῳ zu beziehen, welcher verheiratet gewesen ist und wohl Söhne gehabt haben kann (vgl. Kirchner PA s. v.). Wie sie aber auf einem Dekret erwähnt und mit dem Bundesgenossentribut in Verbindung gebracht werden konnten, ist mir nicht klar.« Kirchner und ich hatten uns, bevor wir diese sehr einsichtigen Erwägungen beachteten, schon über das Wesentliche der Ergänzung im Briefwechsel geeinigt; wertvolle kritische Winke danken wir Wilamowitz und U. Wilcken.

Die Gliederung wird ganz klar, wenn wir 2 ονικο als ersten Antragsteller fassen. Z. 5 steht, schon von Kirchhoff erkannt, der zweite, auf den V. 13 zurückverwiesen wird; Z. 12 war der dritte genannt. Also (wenigstens) drei Zusatzanträge zu einem sicherlich recht wichtigen Gesetze, auf das man aber nur unsichere Rückschlüsse machen kann. Von den Antragstellern ist Nikomachos unbestimmbar (PA 10933); Hipponikos aber wird der reichste der Hellenen sein (PA 7658), dessen geschiedene Frau nach Plutarch (Per. 24) nachher den Perikles heiratete und Mutter des Xanthippos und Paralos wurde — während Beloch Gr. Gesch. II² 35 aus anfechtbaren Gründen einen Irrtum des Plutarch annimmt und den Hipponikos zum zweiten Gatten der von Perikles geschiedenen Frau stempeln möchte. Wie dem auch sei; für uns kommt es darauf an, daß das Wort Z. 5 ἀγωγὰc eine Wasserleitung bezeugt, wie im nächsten Antrag ῥέωc[ιν; beides stützt sich gegenseitig. Freilich ist es noch nicht viel; aber daraufhin konnte es Kirchner wagen, des Beispiels halber eine Ergänzung aus der Verordnung von Karthaur auf Keos heranzuziehen (IG XII 5, 569 [c. add.] mit Wilhelm Beitr. 158): ὅπως ἂν ἐ͂ι [κ]α[θ]αρ[ὸς ὁ ὀχ]ετὸς ὁ κρυπτός, ἐπιμελεῖ[σθαι καὶ τῆς κά]τω κρήνης, ὅπως ἂν μήτε [λό]ωνται μήτε πλύνωσιν ἐ[ν ταῖς κρήναις, ἀ]λλὰ καθαρὸν τὸ ὕδωρ εἴσεισιν ἐς τὸ ἱερὸν τῆς Δήμητρος. Wir kennen viele Brunnen und Wasserleitungen in Athen und dem Piräus, so die des Meton, die vor 415, das Jahr der Vögel des Aristophanes, vielleicht in die Zeit des Nikiasfriedens fällt (Judeich Topogr. Ath. 78. 186f.), von den mächtigen Anlagen der Peisistratiden, der Enneakrunos, ganz zu schweigen. Über die staatliche Fürsorge für die Wasserleitungen im 5. Jahrhundert vgl. Wilamowitz Aristot. I 207 A. 35. In Z. 3/4 scheint das Gehalt eines außerordentlichen Beamten festgelegt zu sein, eine Drachme für den Tag.

Der Antrag des Nikomachos hat zwei Teile, die Reinlichkeitsvorschrift und einen Bau; daß dieser der Stadt möglichst wenig koste, dafür soll der Rat sorgen. Hier ist viel ergänzt, aber die Reste und die festen Formeln geben leidlich sichere Anhaltspunkte. Endlich der dritte Antrag. Wenn die Söhne des Perikles (und seine Enkel von Xanthippos) genannt werden, die vor dem Vater an der Pest starben, so erwarten wir, daß Perikles selbst auch genannt war, und ergänzen nach dem bekannten älteren Brauch zu den Dativen das Verb ἐπαινέσαι. Für die Motivierung ist kein Platz; sie wird also im Hauptbeschlusse enthalten gewesen sein, am wahrscheinlichsten in der Weise, daß Perikles und seine Nachkommen im Zusammenhange mit öffentlichen Werken genannt waren. Ein spätes Beispiel mag zeigen, wie das aufgefaßt werden könnte: Nach einer Inschrift von Megalopolis IG V 2, 440 gab für den Mauerbau Πασέας Φιλοκλέος (für sich) καὶ ὑπὲρ τὰν γυναῖκα. Ἀρχενίκαν Ξενάνδρου καὶ τὸν υἱὸν Φιλοκλῆν, ὑπὲρ ἑκάστου [β′]; N. 439 gibt einer ὑπὲρ τᾶς θυγατέρος γενεάς, für die Nachkommenschaft seiner Tochter. Man darf auch an die große Stifterliste von Kos (Paton-Hicks 10) erinnern. Es könnte sich hier aber auch um ein Amt handeln, das nur ein reicher Mann übernehmen durfte, der dann mit seinem ganzen Vermögen für die Summen haftete, wie das des ἐκλογεὺς τῶν φόρων oder das des oder der Strategen, der mit der Eintreibung beauftragt wurde (Busolt Gr. Staatsalt.[2] 326). Nach dem Vorausgegangenen wird man es vorziehen, an die Verwaltung von Staatsgeldern für öffentliche Werke, zumal Bauwerke, zu denken, wie sie Perikles als Stratege und im besonderen als Epistates gehabt hat. Wenn dann die ganze Nachkommenschaft mit ihrem Vermögen bzw. Erbe die Garantie mitübernahm, konnte sie auch nach der Rechenschaftsablage mitbelobt werden — so wunderlich es auch scheint, daß die unmündigen Enkel des Perikles ausdrücklich in die staatliche Belobigung eingeschlossen sein sollen.

Z. 14/6 ging wohl auf die Verwendung der Tribute durch Perikles als Strategen, der die Benutzung des aus Delos nach Athen überführten Schatzes zum Schmucke der Hauptstadt nach Plutarch (Perikl. 12) gegen manche Angriffe gerechtfertigt hat, so daß es keine Schwierigkeiten hat, anzunehmen, daß es sich im Hauptbeschlusse um solche öffentlichen Arbeiten gehandelt habe. Doch könnte man, wie U. v. Wilamowitz bemerkt, auch auf gewisse Werke hinweisen, die Athen besonders im Jahre des Krates 434/3 auf Delos ausführte, wobei es dem delischen Tempelschatze für eine Badeanlage (βαλανεῖον) einen Vorschuß gab (IG I 283$_{10}$). Das wäre also eine Hilfe für die Bundesgenossen gewesen, von denen die Beiträge kamen, wenn auch keine reine und uninteressierte. Die νομιζόμενα legen den Gedanken an eine Gottheit, also an das der Burggöttin geschuldigte Sechzigstel nahe.

Die Zeit wird durch die korkyräischen Wirren und die Belagerung von Poteidaia nach unten — also vor dem Jahre 433/2 — und die Geburt der Söhne des Xanthippos nach oben begrenzt. 433/2 wurden die Arbeiten am Parthenon und den Propyläen vorläufig abgeschlossen — daß es an Nachträgen nicht fehlte, ist genügend bekannt. 434/3 ist ein Panathenäenjahr, maßgebend für die Tributeinschätzung. In seinem Verlauf mag der Beschluß gefaßt sein. Wir wüßten gern, was sein Hauptinhalt gewesen war, und das möge die Mühe verständlich machen, die wir auf die Herstellung dieser Reste verwendet haben.

Apollinische Urkunden.

I. IG I 79. Vor zehn Jahren schrieb Wilhelm, Beitr. 248: »Für das ληξιαρχικὸν γραμματεῖον« [vgl. Z. 6] »und seine Erklärungen sei auf Toepffers Aufsatz, Hermes XXX 391, verwiesen; leider stößt die Ergänzung der Inschrift IG I 79 gerade in dem Satze, in dem das ληξιαρχικὸν γραμματεῖον erwähnt ist, auf Schwierigkeiten; im übrigen ist die Herstellung leicht, wie einmal erkannt ist, daß die Zeilen, στοιχηδόν geordnet,« [trotz Fourmont, auf dem all unsere Kenntnis beruht] »38 und von mindestens der neunten an 39 Buchstaben zählten«.

[- - - - - - - - - - - - - - - - καταβάλλεν δὲ τ].
[ὸ]ς *h*ιππ[έ]ας δ[ίδρ]αχμ[ο]ṇ, [τ]ὸς [δὲ *h*οπλίτας δραχμὲν] στοιχ. 38
[καὶ τὸς τοχσότας τός τε ἀσ[τὸς καὶ τὸς χσένος τρ]. 38
ἒς ὀβολ̣ὸς τô ἐνι[αυτ]ô ἀπὸ τô [*h*ομολογεμένο μισθô]· 39
ἐκπραττόντον δὲ *h*οι δέμαρ[χοι παρὰ τôν δεμοτôν] (τôν)
ἐς τὸ λεχσιαρχικὸν γραμματ[εῖον γραφέντον· οἱ δ]-
[ὲ] ṭόχσ̣αρχοι παρὰ τôν τοχσο[τôν. ἐὰν δέ τινες μὲ ἀπ]-
οδιδôσι, ἐκπραττόντον [οἱ ταμίαι, *h*οὶ τὸς μισθὸ̣ς ἀ]-
ποδιδόασιν, παρὰ τούτον ἐκ [τôν μισθôν. *h*ε δὲ βολὲ]
*h*ε ἀεὶ βολεύοσα σφôν αὐτôν [*h*αιρέσθο ταμία δύο ἀ]-

ΝΔΡΕ ΤÔ ἈΡΓΥ[Ρ]ÍΟ ΤÔ ἈΠÓΛΛΟΝ[ΟϹ, ὍΤΑΝ ΚΑÌ ΤÔΝ ΤÊϹ Με]-
ΤΡÒϹ ΧΡΕΜÁΤΟΝ ΑἹΡÊΤΑΙ· ΤΟ[ÝΤΟΙΝ ΔÈ . . . . ΠΑΡÓ]-
ΝΤΟΙΝ ΠΑΡΑΔΙΔÓΝΤΟΝ *h*οί ΤΕ [ΔÉΜΑΡΧΟΙ ΚΑÌ ΟἹ ΤÓΧϹ]-
ΑΡΧΟΙ ΚΑÌ *h*ΟΙ ΠΡΥΤÁΝΕϹ *h*ὸ Â[Ν ΛΑΜΒÁΝΟϹΙΝ ἈΡΓΥΡΙ]-
ΟΝ. Τ[Ò] ΔÈ ΤΑΜÍΑ ΜΕΤÀ [ΤÔ] *h*ΙΕ[ΡÉΟϹ ΤÔ ἈΠÓΛΛΟΝΟϹ ΤÔ ΤΕ]-
ΜÉΝΟϹ ΤÔ ἈΠÓΛΛΟΝΟ[Ϲ ἘΠΙΜΕΛÉϹΘΟΝ, ὍΠΟϹ ÂΝ ΚÁΛΛΙϹ]-
ΤΑ ΘΕΡΑΠΕÝΕΤΑΙ ΚΑÌ . . . . ΕΥ - - -[17]- - -
ΝΕΙ. ΧΡΕΜΑΤÍΖΕΝ ΔÈ ΑΥ̓ΤΟÎ[Ϲ ὍΤΑΜΠΕΡ ΠΡÔΤΟΝ Ἐ ΒΟΛÈ]
ΚΑΘÊΤΑΙ ΠΡÓΤΟΙϹ [ΜΕΤÀ ΤÀ *h*ΙΕΡÀ - - -[14]- - -]

Die Ergänzung wird in den wesentlichen Stücken Wilamowitz verdankt, der einiges geflissentlich offen läßt; 1, 3 und 4 ist von Kirchner. Da Fourmont sicher Abschreibefehler begangen hat (wofür wir ihn noch nicht tadeln wollen), bleibt uns gegenüber seinen Angaben immer eine beschränkte Berechtigung zum Zweifel. 2 ΗΓΠΠ, ΛΧΜΕΙΙΝΟΣ 4 ΟΒΟΖΟΣ 7 .ΡΟΧΣ, ΤΟΧΣΟΣ 8 ΠΡΑΤΤΟΝΚΑΙ 11 ΑΡΑΥ.Ι.Ο 13 ΗΟΤΤΕ 14 ΚΑΙΒΟΙ 14 ΗΟΑΙ 15 ΤΑΔΕ, ΜΕΤΑ .. ΕΙΣ 17 ΟΕΡΑΠΕΥΣΤΑΙ 19 ΠΡΟΤΟΙΚΗΙ Z. 5 nehmen wir Weglassung des zweiten ΤΟΝ an. 15/6 Das doppelte Ἀπόλλονος ist nicht schön, aber die versuchten Möglichkeiten befriedigen erst recht nicht. 17 Eine Ergänzung wie καὶ [τὸ βολ]ευ[τέριον σôον (vgl. Meisterhans[3] 66 [580]) wollen wir nicht in den Text setzen, trotzdem ein gewisser topographischer Anhalt dafür vorhanden ist.

Leider fehlt der Anfang. Es ist von jährlichen (V. 4) Beiträgen die Rede, die die Soldaten, Reiter, Hopliten, Bogenschützen, und zwar von diesen sowohl die aus den Bürgern genommenen wie die fremden, in abgestufter Höhe entsprechend ihrem verschiedenen Solde zu entrichten haben. Und zwar sollen es die Demarchen von den Angehörigen ihrer Demen eintreiben, die im Verzeichnis der ληξίαρχοι eingetragen sind. Das sind die Wohlhabenden, Reiter und Hopliten, die eine λῆξις oder einen κλῆρος besitzen (Toepffer, Hermes a. a. O.). Die Bogenschützen aber sind arme Teufel, auch die aus den Bürgern genommenen, haben also keine λῆξις und sind in dem Verzeichnisse nicht zu finden; von ihnen treiben es also ihre unmittelbaren militärischen Vorgesetzten ein. Wer aber trotzdem sich sperrt, dem ziehen es die Zahlmeister von ihrem fälligen Solde ab.

Für die Verwaltung der gesammelten Gelder, die dem Apollon geweiht sind, wählt der Rat jedes Jahr aus seiner Mitte zwei Schatzmeister, gleichzeitig mit denen der Göttermutter; diesen übergeben die Demarchen, Toxarchen und Prytanen das empfangene Geld; die Schatzmeister aber verwenden es gemeinsam mit dem Priester des Apollon für die Pflege des Apollonheiligtums und [. . *zerstört*], und der Rat soll in der nächsten Sitzung gleich im Anfange mit ihnen verhandeln.

Fragen wir nach dem Ort, so weist der Fundort, nach Fourmont τῆς Σωτῆρας Κατάκης, nach A. Mommsen Athenae Christianae 69. 70

(vgl. die Karte) Ἁγίου Σωτῆρος Κοτάκη, im NO der Burg bei den Straßen Kydathenaia und Kodros, in die Gegend weit östlich vom alten Staatsmarkt. Bei Apollon wird man zunächst an den Patroos denken, für dessen Lage unweit des Marktes ich auf den Rekonstruktionsvorschlag von Robert, Pausanias 330, aber auch auf Judeich, Topogr. 306 verweise. Das Kultbild hatte Euphranor gefertigt (Paus. I 3, 3), dessen Tätigkeit in den letzten Jahrzehnten des 5. Jahrhunderts begann (Robert, Realenc.² VI, 1191); Metroon, Buleuterion, Tholos, Prytaneion, Tempel des Apollon Patroos liegen dort auf der Südseite der Agora oder nahebei zusammen. Wenn Z. 17 des Buleuterion genannt war, so würde dazu passen, daß Pausanias I 3, 5 eine dort aufgestellte Statue des Apollon von Peisias erwähnt, neben Zeus und Demos. So sehen wir, wie stark Apollon den athenischen Staatsmarkt des 5. Jahrhunderts beherrscht.

Nicht ohne Bedeutung scheint auch die Nennung der Göttermutter. Die Schatzmeister des Apollon werden gleichzeitig mit denen der Meter gewählt; darin liegt, daß der Meterkult mit seinen ταμίαι schon kürzere oder längere Zeit bestand. Es hat ja auch Pheidias oder sein Schüler Agorakritos das Bild der Meter gefertigt (Robert, Realenc.² I 883); daß die Verbindung mit der Pest von 430 und vollends die Herleitung dieser echthellenischen Meter-Demeter aus Phrygien nur späte und schlechte Kombinationen sind, ändert für diesen Zusammenhang nichts (vgl. von Wilamowitz, Hermes XIV 195³; Judeich, Ath.-Topogr. 307 und zuletzt über diesen und die verwandten Kulte, die von Delphi aus empfohlen und gefördert worden sind, A. W. Persson, Die Exegeten und Delphi 1918, 55ff.).

II. I. N. Sboronos hat in seiner internationalen Zeitschrift der numismatischen Archäologie vor einigen Jahren (XIII 1911, 301ff.) ein bemerkenswertes Relief veröffentlicht, das schon 1898 am Markttor im Norden der Burg gefunden, dann ins epigraphische Museum überführt war. Es stellt den Omphalos mit den beiden Raben zur Seite dar, links und rechts am Rande Apollon und Artemis. Darunter steht der stark beschädigte Anfang eines Psephisma in der Schrift der letzten Jahrzehnte des 5. Jahrhunderts v. Chr. Einige gelegentliche Erwähnungen in der Literatur verzeichnet Sboronos; wir halten uns zunächst an seinen Text und die beigefügte Abbildung. Sboronos Lesung und Ergänzung lauten wie folgt (seine griechischen Fragezeichen [;] ersetze ich durch unsere):

[Λεοντ?]ὶς ἐπρυτάνευε.
[ἔδοχσεν τε̃ι βο]λε̃ι καὶ τõι δέμοι, Ἀντικρατίδες ἐ[γρα]-
[μμάτευε, ...]ος ἐπεστάτε, Φιλόχσενος εἶπε· τõ[ι Διο]-
[ι? ἐπαινέσαι ἐπ]ειδὲ ἀνεῖλεν ἑαυτὸν ἐχσεγετὲ[ς γενό]-

[μενοϲ Ἀθεναίο]ιϲ, θρόνον τε ἐχϲελε͂ν ἐν το͂ι πρ[υτανεί]-
[οι αὐτο͂ι τὸϲ ἐπιϲτ]άταϲ *h*όϲ κάλλιϲτα, καὶ κά[θιϲμα ἐν]
[το͂ι θεάτροι νε]μόντον οἱ ἐπιϲτάται πα[ρὰ τὸν *h*ιερέα]
[τὸν Διονύϲο, αὐ]τοὶ ἀναλίϲκοντεϲ μέχ[ρι ...... ἀπὸ τ]-
[ο͂ν δεμοϲίον, *h*ότ' ἂν] θέα περ, ἐϲ τά γε [Διονύϲια τὰ μεγάλ]-
[α. ἐχϲέϲτο δὲ *h*ο αὐ]το͂ ὑὸϲ ἕδραϲ με[τέχειν τε͂ϲ ἐν το͂ι πρ]-
[υτανείοι. καὶ τε͂ϲ θυγα]τ[ρὸϲ ε]ἰ[ϲ ἔκδοϲιν διδόναι τὸν]
[δε͂μον προῖκα *h*όϲεν ἂν βόλεται. διδόναι δὲ αὐτο͂ι καὶ]
[εἰϲ ἐπανόρθοϲιν το͂ν ἰδίον κατ' ἀξίαν το͂ν εὐεργετημ]-
[άτον αὐτο͂]. κτλ. κτλ.

Unsere Anmerkungen und Bedenken wollen wir zu den einzelnen Versen der Reihe nach äußern, ohne auf kleine Versehen, wie die dem 5. Jahrhundert nicht mehr entsprechende Orthographie in den letzten Zeilen (ξ, η), einzugehen.

2 Ἀντικρατίδηϲ, 3 Φιλόξενοϲ kann auch Sundwall, Nachträge zur Prosopographia Attica, Helsingfors 1909/10, der das Relief aus eigener Anschauung erwähnt, nicht anderweitig nachweisen; der erste Name steht bisher in Athen allein da. 3. 4 Zu der häufigen Verbindung von ἐπαινέϲαι mit dem Dativ vgl. oben S. 666. Aber wie kann ein Privatmann Dios der Belobigte sein, wenn es dann von ihm heißt: ἀνεῖλεν ἑαυτόν? Kommt dieser Ausdruck nicht nur dem Gotte zu, dessen Omphalos im Bilde darüber steht? Zum Glück nimmt dieselbe Buchstabenzahl das, was wir erwarten, in Anspruch: το͂[ι Ἀπό|λλονι θῦϲαι. 4. 5 selbstverständlich ἐχϲεγετὲ[ν γενόμενον]. Exeget ist der Gott selbst. Die Belege hat Sboronos in seinem reichen Kommentar gesammelt; hier seien nur angeführt: Aischylos Eum. 609: ἤδη ϲὺ μαρτύρηϲον· ἐξηγοῦ δέ μοι Ἄπολλον, εἴ ϲφε ϲὺν δίκῃ κατέκτανον, und Platon Staat IV 427 c οὐδὲ χρηϲόμεθα ἐξηγητῇ ἀλλ' ἢ τῷ πατρίῳ· οὗτοϲ γὰρ δήπου ὁ θεὸϲ περὶ τὰ τοιαῦτα πᾶϲιν ἀνθρώποιϲ πάτριοϲ ἐξηγητὴϲ ἐν μέϲῳ τῆϲ γῆϲ ἐπὶ τοῦ ὀμφαλοῦ καθήμενοϲ ἐξηγεῖται. 5 Der Thron gebührt nicht dem Priester, von dem überhaupt nicht die Rede ist, sondern dem Gotte, dem schon der amykläische Thron geweiht war. Von den Ergänzungen der folgenden Zeilen, die wir uns nicht zu eigen machen können, dürfen wir hier absehen.

Daraus ergibt sich folgender Text:

- - $^{6-7}$- - ὶϲ ἐπρυτάνευε. 2 Sp. ϲτοιχ. 42
[ἔδοχϲεν τε͂ι βο]λε͂ι καὶ το͂ι δέμοι, Ἀντικρατίδεϲ ἐ[γρα]-
[μμάτευε, ...]οϲ ἐπεϲτάτε, Φιλόχϲενοϲ εἶπε· το͂ι [Ἀπό]-
[λλονι θῦϲαι, ἐπ]ειδὲ ἀνεῖλεν ἑαυτὸν ἐχϲεγετὲ[ν γενό]-
[μενον Ἀθεναίο]ιϲ, θρόνον τε ἐχϲελε͂ν ἐν το͂ι πρ[υτανέο]-
[ι, ϲτρόματα παρ]έ[χο]ν̣ταϲ *h*οϲ κάλλιϲτα, καὶ κα . . . .^{7}. . .
- - -^{13}- - - - - - όντον οἱ ἐπιϲτάται πα - - - - -^{11}- - -

- - -[12]- - - - - - τοι ἀναλίϲκοντεϲ μέχ[ρι - - - -[10]- - -]
- - -[13]- - - - - - καθhάπερ ἐϲ τὰ γε - - - - - -[15]- - -
- - -[17]- - - - - - - - οϲ εγρα - - - - - - - - - -[19]- - -

Z. 6 παρ]έ[χο]ṇταϲ. Das ε bezeugt durch eine freundliche Mitteilung von A. Wilhelm im August 1915. 6 Ende erinnert Kirchner an Syll.² 588_{187}: κανοῦν ὀρθὸν ἐπίχρυϲον ἄϲτατον, ἐπιγραφὴ ,Ἀπόλλωνοϲ Δηλίου‘. 10 war schwerlich -οϲ ἐγρα[μμάτευε, weil man davor in der Zeile nur [ἔδοχϲεν τε͂ι βολε͂ι . .] ergänzen könnte; eher noch κατὰ τὸ φϲέφιϲμα hὸ - -]οϲ ἔγρα[φϲε, vgl. Syll.³ 334_{21} κατὰ ψήφιϲμα βουλῆϲ ὃ ἔγραψεν Ϲαυρίαϲ Αἰξωνεύϲ.

III. IG I S. Zu diesen beiden Apollinischen Urkunden rechnen wir den Beschluß über die Speisung im Prytaneion hinzu, wo Kirchhoff leider die sehr schönen und schlagenden Ergänzungen Schoells nur teilweise aufgenommen hat (Hermes VI 1870, 31; XXII 1886, 561; Bannier, Berliner philol. Wochenschr. 1917, 1216). Hier sei nur der Satz herausgehoben:

ἔπειτα τοῖϲι Ἁρμ- ϲτοιχ. 45 B
[οδίο καὶ τοῖϲι Ἀριϲτογέ]τονοϲ, hὸϲ ἂν ε͂ι ἐγγυτάτο γένοϲ
[hυιο͂ν γνεϲίον μὲ ὄντον, ε͂ν]αι αὐτοῖϲι τὲν ϲίτεϲι[ν κ]ạὶ ἐ[ϲ]
[τὸ λοιπὸν ὑπάρχεν δορειὰ]ν παρὰ Ἀθεναίον κατὰ τὰ δεδομ-
[ένα κατὰ τὲν μεντείαν hὲ]ν hο Ἀπόλλον ἀνhε͂λ[εν] ἐχ[ϲ]εγόμε-
[νοϲ τὰ πάτρια, λαβε͂ν τοῦτο]ϲ ϲίτεϲιν. καὶ τὸ λοιπόν, hοϲ ἂν
[γένεται, τε͂ν ϲίτεϲιν ε͂ναι] αὐτοῖϲι κατὰ ταὐτά.

Die alten vollständigen Dative auf -οιϲιν auf der einen Seite, die späte Form des ϲ (auch des ρ) auf der andern haben Kirchhoff veranlaßt, diesem Beschlusse einen Platz unter den ältesten, vor dem großen über Erythrai, zu geben, aber anzunehmen, daß er erst viele Jahre später aufgezeichnet sei. Richtig wird sein, daß alte Vorlagen und der hieratische Charakter einwirkten. Die Urkunde als solche gehört darum doch erst in die Zeit, in der sie aufgezeichnet ist. Durch die Formel: τὴν μαντείαν h]ὲν hο Ἀπόλλον ἀνhε͂λ[εν] ἐχ[ϲ]εγόμε[νοϲ τὰ πάτρια werden wir unmittelbar an die andere Prytaneioninschrift ἀνεῖλεν ἑαυτὸν ἐχϲεγετὲ[ν γενόμενον Ἀθεναίο[ιϲ erinnert. Diese Exegetenrolle des Gottes wird uns nun freilich schon an der oben angeführten Stelle der Eumeniden, also vom Jahre 458, bezeugt. Aber dann kam eine Zeit der Blüte und Macht, in der die religiösen Interessen mehr zurücktraten. Während des Archidamischen Krieges nahm Delphi sogar auffallend stark für Sparta Partei, was freilich nicht ausschloß, daß es mit Rücksicht auf seine panhellenische Haltung auch die Weisungen des Gegners annehmen mußte (vgl. Realenc.² IV 2558). Der Nikiasfrieden sicherte wieder den freien Verkehr mit dem Orakel. Schon der etwas früher, c. 423/2, fallende Beschluß über die Eleusinische Aparche (Syll.³ 83) zeigt die Verständigung mit dem Gotte von Delphi. Athen tat damals ungemein viel für die Erneuerung seiner Kulte. Die Einführung des Epidaurischen Asklepios 420/19 (Syll.³ 88), der Beschluß für das Neleusheiligtum 418/7 (Syll.³ 93) mögen nur gestreift werden. Der gesamte Bezirk der Burggöttin wurde weiterhin dauernd verschönert (Syll.³ 91 b mit Beloch Griech. Gesch. II 2, 344), der Niketempel erhielt seinen Abschluß[1], der Neubau des »Erechtheions« wurde geplant, eingeleitet, wenn man will, durch den Erechtheus des Euripides (421, vgl. v. Wilamowitz Eur. Her. I² 134). Auch an die Hephästienordnung von 421/0 (Ziehen Leg. sacr. 12) darf man erinnern. Es ist der Geist, den der fromme Nikias vertrat, der bei ihm selbst und bei anderen zu Bigotterie und Deisidaimonie ausgeartet ist, der im Hermokopidenprozeß durch gewissenlose Parteiausnutzung zum Verderben der glänzend angelegten sizilischen Expedition geführt hat. Noch einmal kehrt er wieder im Euripideischen Ion, den man früher auch in die Jahre zwischen dem Frieden von 421 und der Niederlage bei Mantinea 418 anzusetzen pflegte, während ihn Kranz und mit ihm U. und Tycho von Wilamowitz (Dramat. Techn. des Sophokles 257²) in die zweite, letzte Zeit des Alkibiades, etwa 410—409, herabrücken, unter Ablehnung der von O. Klotz Unters. zu Eur. Ion 1917, 12 vorgetragenen Verteidigung des älteren Ansatzes. Den apollinischen Urkunden darf schließlich auch das schöne Relief aus dem Phaleron an die Seite gestellt werden, das Staes Ἐφημερίς 1909 Taf. 8 veröffentlicht und erklärt hat. Die ungemeine Bedeutung des delphischen Orakels im attischen Drama bei Sokrates und Platon bedarf keiner nochmaligen Hervorhebung. Uns kommt es auf die Inschriften und die Zeit und Umstände ihrer Entstehung an, wie sie oben anzudeuten versucht sind.

---

[1] Die beiden Inschriften des Niketempels Syll.³ 63, dazu die schlagenden Ausführungen von A. Körte, Hermes XLV 1910, 623. Danach war der Antragsteller des älteren Beschlusses, der nur den Kallikrates als Baumeister vorsah, [Ἱππόν]ικος; das Amendement des Hestiaios gab dem leitenden Architekten drei Männer aus dem Rat (als Hemmschuh?) an die Seite. Das war in der Kimonischen Zeit um 450. Den zweiten Antrag stellte Kallias, wohl der Sohn eben jenes Hipponikos, vermutlich nach dem Nikiasfrieden. Αἰγεῒς ἐπρυτάνευε, Νεοκλείδες ἐγραμμάτευε. Aus derselben Prytanie ist, wie man zuversichtlich sagen darf, das Bündnis zwischen Athen und den Galiern der Argolis; das Präskript lautet:

[Νε]οκλείδ[ες - - - ἐγρα]μμάτευε
ἔδοχσεν τε̃ι βολε̃ι καὶ το̃ι δέμοι, Αἰγεῒ]ς ἐπρυτάνευε = 428
Νεοκλείδες [ἐγραμμάτευε, . . . 7 . . . ἐπεσ]τάτε, Λάχες ε-
ἶπε.

Die Zeit ist die des Bundes mit Argos Thukydides V 47, IG I s. p. 14, 46b, Nachmanson Hist. Att. I. 17; Sommer 420 vor den Olympien.

Zum dramatischen Aufbau der Wagnerschen 'Meistersinger'.

Von Gustav Roethe.

(Vorgelegt am 19. Dezember 1918 [s. Jahrg. 1918 S. 1247].)

Daß ich die Beobachtungen über Wagners dramatische Technik, die ich im folgenden vorlege, nicht an die einheitliche Größe des 'Tristan' oder eine andere der ernsten Dichtungen des Künstlers anknüpfe, sondern ihnen, wenn auch weiter ausholend, sein einziges bürgerliches Lustspiel[1] zugrunde lege, das hat einen doppelten, mehr persönlichen als sachlichen Grund. In der schweren Zeit, die wir Deutschen seit 1914 unter beständig steigendem Druck verleben mußten, sind mir die 'Meistersinger', mehr als die übrige Kunst Richard Wagners, so oft eine stärkende Zuflucht gewesen, daß sie mir dadurch unwillkürlich in den Vordergrund meines Schauens gerückt sind. Dazu trat, daß ich gelegentlich auf die schlagenden Beziehungen stieß, die zwischen Deinhardsteins 'Salvator Rosa' und den 'Meistersingern' bestehen: das Quellenfündlein reizte mich, seinen Platz im Aufbau des Ganzen festzustellen, in dem es wirklich zwei lockere Fügungen erklärt. Erst als dieser Aufsatz niedergeschrieben war, bemerkte ich zufällig, daß Glasenapp schon 1880 jenen Zusammenklang auf einer bunten Schüssel 'aus dem deutschen Dichterwalde' in den Baireuther Blättern III 102 aufgetischt hatte; sein Hinweis ist aber so wenig beachtet worden, daß dieser Vorgänger mir zu nachträglicher Änderung keinen Anlaß gab. —

Die früher vielumstrittene Frage, ob Richard Wagner ein Dichter sei, ist längst keine Frage mehr. Er gehört ebenso in die Literatur- wie in die Musikgeschichte und nimmt eben durch diese Doppeltheit in beiden eine Sonderstellung ein. Die wundervolle Kraft seines festen, schlichten dramatischen Aufbaus ist mir früh aufgegangen; die Würdigung seiner Dichtersprache hat sich mir zögernder eingestellt, da hier die Bedingungen des Musikdramas das rein literarische Urteil

[1] Die merkwürdig talentlose Posse 'Männerlist größer als Frauenlist' kommt nicht in Betracht. Es ist schwer, hier irgendwelche Wagnerschen Züge zu entdecken.

zu verbieten schienen. In Wahrheit hat Wagner schon durch das Vorlesen seiner Dichtungen, manchmal lange vor der Komposition, im engeren Kreise große Wirkungen erzielt, freilich, wenn er selbst las, wo dann Vorahnungen der kommenden musikalischen Vertiefung in seinem Vortrage mitschwangen; er war sich, wie er Schr. IV 316 bezeugt, des musikalischen Ausdrucksvermögens für die Ausführung seiner Dichtungen im voraus bewußt. Die Sprache, Rhythmus und Stil, ist bei ihm abwechselnder, weil inniger mit dem jedesmal gewählten Gegenstand verwachsen, als bei den meisten Wortdramatikern. Die gegenseitige Anpassung und Durchdringung von Musik und Sprache erzwang für die inneren Unterschiede auch das Gegenbild des äußeren Gewandes. Bei den 'Meistersingern' und im 'Ring' wurde dies Gewand zum Teil schon durch die Quellen bestimmt: Sprach- und Versform heben sich ebenso ab wie das Kostüm der handelnden Personen[1]. Aber welch ungeheurer Unterschied trennt auch die Sprache im 'Lohengrin' und 'Tristan' und 'Parsifal', die sich nach ihrem Stoffgebiet nahe genug stehn, und man fühlt voraus, daß der Stabreim im 'Wieland' ein anderes Ethos gehabt hätte als im 'Ring des Nibelungen'. Mindestens vom 'Lohengrin' an zeigt Wagners Dichtersprache bei jedem seiner Werke eine tiefliegende Besonderheit, wie sie etwa Goethes drei große Jambendramen trotz metrischer Gleichheit scheidet, während sich Schillers Dramen trotz ihrer verschiedenen rhythmischen Ausstattung sprachlich weniger abheben. Die philologische Forschung hat hier noch wichtige Aufgaben zu lösen.

Am einheitlichsten offenbart sich die Sicherheit, mit der Wagner die eignen Formen des Tondramas zu finden weiß, wohl im 'Tristan'. Auch in der Sprache. Hier interjektionsreiche lyrische Reihen, oft verballos, ohne festen syntaktischen Zusammenschluß, locker und doch in sicherer Gliederung aneinandergefügt ('ohne Wähnen sanftes Sehnen, ohne Bangen süß Verlangen; — — neu Erkennen, neu Entbrennen; endlos ewig ein-bewußt: heiß erglühter Brust höchste Liebes-Lust!'), an Tiecksche Lyrik gemahnend, aber doch glühender, superlativischer, gedrängter, wie denn das gesungene Wort sich stets viel knapper fassen darf und muß als das nur gesprochene. Und demgegenüber eine grübelnde Dialektik, die an den Minnesang der Provence, an Reinmar den Alten, auch an das leidenschaftliche Tüfteln Shakespeares gemahnt und in der sich der große Kampf von Tag und Nacht, Licht und Dunkel, Leben und Tod zuweilen fast logisch-grammatisch auskämpft: ich erinnere an das tiefsinnige Gespräch über das Wörtchen 'und',

---

[1] In diesem Sinne sollte sogar das Sprechdrama von 'Friedrich I' in das mittelalterliche Reimpaar, nach der Art von Lamprechts Alexanderlied, gekleidet werden.

das zugleich bindet und trennt, eine sprachgeschichtliche Tatsache, die Wagners Liebende zu ahnen scheinen. Jene 'Doppelform' des Liebesausdrucks, die lyrisch schwimmende Art und die dialektisch sondernde, die in Baireuth besonders scharf herausgearbeitet wurde, sucht die Liebe zugleich gefühlsmäßig und gedanklich zu erfassen: das nahezu Unvereinbare wird in den musikalischen Fluten eins, ohne sich aufzugeben[1].

Höher noch steht der dramatische Aufbau des 'Tristan', wiederum unter dem Gesichtspunkt des Musikdramas gesehen. Die Musik hat den Dramatiker Wagner nicht gelähmt, sondern gefestigt. Die geplanten Sprechdramen (Friedrich I., Jesus von Nazareth) zeigen den dramatischen Nerv viel schwächer: wobei die wunderliche Beschränkung auf den Verstand, die Wagner dem Wortdichter zumutete, mitgespielt haben mag. Wie mit Worten, so wird im 'Tristan' mit Scenen gespart: die bunte Scenenfülle der mit Episoden und Nebenmotiven überladenen epischen Handlung des mittelalterlichen Erzählers drängt sich in drei Akte zusammen, die, wie Gottfried Keller wohlgefällig empfand, kaum mehr als drei Scenen bilden und doch in aller ihrer Kürze es fertig bringen, den Liebeszauber des mittelhochdeutschen Epikers in den zwingendsten seelischen Vorgang zu wandeln. Dem dramatischen Helden darf der Zauber nichts von Schuld und Tat abnehmen; er hat für alles einzustehen. Es ist von klassischer Schönheit und Notwendigkeit, wie lückenlos Wagner im 'Tristan' dieses Problems Herr wird: der Zaubertrank bleibt nur für die Gestalten der zweiten Reihe eine Macht, weil sie an ihn glauben; den beiden Liebenden drängt er das Geständnis, das jeden inneren Widerstand niederreißt, auf die Lippen, weil sie ihn für den Todestrank halten; als Liebestrank ist er für sie nichtig. Die reine Lösung ist um so bewundernswerter, als Wagner sie in zwei verwandten Fällen nicht fand. Das Zaubermotiv entstammt bei ihm nicht der Oper, wie man gesagt hat, sondern stets der Sage; sie ist es, die ihn beflügelt und lähmt. Im 'Wieland' hätte er den Ringzauber bei der Ausführung vielleicht bewältigt; Bathildens Wort 'Nein, nicht der Zauber dieses Ringes, der Zauber deiner Leiden läßt mich dich lieben' deutet einen Weg an, auf dem auch Wielands Liebesschwanken menschlich begreifbar werden konnte. In 'Siegfrieds Tod' dagegen hat sich Wagner dem überlieferten Vergessenheitstrank unterworfen und ihn durch einen Erinnerungstrank gar noch gemehrt: aber die

[1] Vergleichbar sind dieser widerspruchsvoll-einheitlichen Dialektik des 'Tristan' nur einige der Zusätze, die der 3. Akt der 'Götterdämmerung' über 'Siegfrieds Tod' hinaus in Siegfrieds und Brünnhildens Schlußreden erhalten hat: sie wurden aber nicht alle komponiert.

Dichtung entstand auch schon 1848, und, so paradox es klingt, Siegfried ist schon hier nicht in Tristans und Wielands Art der dramatische Held, wenn es auch erst in dem vollendeten 'Ring' deutlich heraustritt, daß nur Wotan und neben ihm höchstens Brünnhilde diesen Platz zu beanspruchen haben[1].

Die drei Tristanakte, jeder in sich fest geschlossen, bieten je ein Motiv: Liebesnot, Liebesnacht, Liebestod; sie haben nur für drei Gestalten Raum, deren jeder ein 'Confident' zur Seite steht; und in dieser klassischen Vereinfachung schlagen sie die bunte, prangende Fülle Gottfrieds von Straßburg bei weitem. Auch an Wolframs noch bunterer Welt hat Wagner den gleichen Versuch gemacht. 'Parsifal' steht mit seinen drei Akten (Knabe, Jüngling, Mann; Unreife, Versuchung, Reife) dem 'Tristan' im Aufbau nahe; aber hier ist die dramatische und psychische Handlung nicht zu der dichterischen Geschlossenheit des 'Tristan' gelangt. Schon die Zweiteiligkeit aller drei Akte verrät das. Freilich war die Aufgabe, die Wolframs Tiefsinn und Reichtum stellte, erheblich schwerer. Und die anderen Dreiakter Wagners erreichen die strenge innere Einheit der Tristanakte noch weniger[2].

Die seit dem 'Rienzi' durchgeführte Dreiaktigkeit[3] gegenüber dem Fünfakter des Sprechdramas kennzeichnet schon die Pflicht der Vereinfachung und Vereinheitlichung (Schr. IV 322), die dem Tondrama oblag. Nur einmal machte die Quelle durch ihre Dürftigkeit eine Ergänzung nötig. Heines im Salon I 7 nur sprunghaft gegebene und durch absichtlich große Lücke unterbrochene Skizze eines angeblich in Amsterdam aufgeführten Dramas vom 'Fliegenden Holländer' bot kein klar gesehenes dramatisches Bild. Der dramatische Konflikt fehlte. Wagner half im Anschluß an Marschners 'Heiling' durch seinen melancholischen Erik nach: aber der dünne Tenor, der hinter seinem Vorbild, dem heiter kräftigen Jäger Konrad, dramatisch weit zurückbleibt, reichte nicht aus, eine ehrliche Dreiaktigkeit zustande zu bringen. Wagner hat den 'Holländer' zu Baireuth bekanntlich ohne Unter-

[1] Die 'Götterdämmerung' mildert das Fatalistische des Vergessenheitszaubers keineswegs; ja die 'schnell entbrannte Leidenschaft' für Gutrune, das 'feurige Ungestüm', zu dem Siegfried alsbald nach Genuß des Trankes umschlägt, macht ihn greller als der sanftere Übergang in 'Siegfrieds Tod'. Aber da das Zaubermotiv doch beibehalten werden sollte, war der jähe Umschlag, weil märchenhafter, schon vorzuziehen.

[2] Am meisten noch der 'Tannhäuser'. Daß er Venusberg und Heimkehr zur Oberwelt in einen Akt verbindet und diese Gegensätze nicht, wie es im 'Hans Heiling' geschieht, auf Vorspiel und ersten Akt zerlegt, zwischen die sich bei Marschner gar die Ouvertüre schiebt, ist dramatisch nur günstig.

[3] Vom 'Rheingold' sehe ich überall ab, es hat seine eignen Bedingungen.

brechung spielen lassen. Der sogenannte erste und selbst der dritte Akt stehen an Gewicht allzusehr hinter dem zweiten zurück. Erst im 'Tannhäuser', wo eine Hoffmannsche Novelle und ein Heinesches Lied sich verschmelzen, wird das rechte Maß gefunden. Hoffmann, der seinen Teufel Nasias 'von den überschwenglichen Freuden des Venusberges' singen läßt, hatte selbst eine erste Brücke zum Tannhäuserliede geschlagen, der Königsberger Gelehrte Lucas bekanntlich die zweite: es ist doch ganz Wagners Verdienst, daß es ihm gelingt, die lückenlose innere Einheit herzustellen, deren Bestandteile wir ohne Kenntnis der Quellen nie trennen würden. Er bewährt auch hier schon die Meisterschaft, sich streng auf die fruchtbaren Motive zu beschränken und schlechterdings keine spielenden Abwege zu gestatten: nur in seinem Lustspiel, dem allein er nachsagte, 'das Buch an und für sich sei ein wirkliches Stück — auch ohne Musik', hat er sich das Recht des anmutigen Spieles gegönnt.

Jene sieghaft sichere Stoffauswahl tritt besonders deutlich zutage, wo breite epische Quellen Wagners Dichtung dienten: sie gestatteten ihm die volle Entfaltung seiner schöpferischen Freiheit. Die entscheidenden Scenen hoben sich schnell aus der Fülle des epischen Stoffes heraus. Freilich blieb bei der beschränkten Akt-, Scenen- und Personenzahl eine Schwierigkeit: es war nicht möglich, alle Voraussetzungen der Handlung auf die Bühne zu bringen. Schiller, der seine Dramen gerne analytisch aufbaut, hilft sich da durch die Erzählung, die bei ihm in der Exposition ihren Hauptplatz hat. Wagner hat von ihm gelernt, obgleich er kein Analytiker war, gelernt vielleicht auch von den Botenberichten der antiken Tragödie, die ihm von jeher besonders am Herzen lag: wirkt doch gerade im 'Tristan' der 'Philoktet' nach. Nicht daß Wagner entscheidende Ereignisse aus der dramatischen Handlung in die Erzählung verlegt; aber er konnte aus jenen Botenberichten lernen, wie wirksam die ruhige epische Darstellung auch zum Abschluß helfen könne.

So verteilen sich seine ausgeführten Erzählungen. Die 'Feen' bringen gleich am Eingang einen Bericht, dann ganz opernhaft gar noch eine 'Romanze'. 'Die Sarazenin' setzt nahe am Anfang mit einer bedeutenden exponierenden Romanze ein, die auch weiterhin wiederholt anklingt. Im 'Wieland' sollte nach der Skizze der erste Akt zwei oder gar drei größere Berichte bringen, Schwanhildes Erzählung, Wielands Lied vom Golde und etwa noch Wielands Mitteilung über Rothar: aber wer weiß, wie sich das in der Ausführung gestaltet hätte? Denn in den vollendeten Dramen entlastet Wagner die Anfänge. Die große Ballade des 'Fliegenden Holländers', ein Meisterstück ungezwungener Exposition[1], das den ersten Akt dramatisch fast überflüssig macht, steht auf hohem Piedestal erst in der Mitte des Werkes, und noch später folgt Eriks eindrucksvolle Traumerzählung. Die große, fest abgegrenzte recitierende Erzählung, die mit Tannhäusers Pilgerfahrt einsetzt, bevorzugt dann geradezu den dritten Akt: Lohengrins Gralerzählung, Siegfrieds Jugenderinnerungen, beide ursprünglich erheblich länger angelegt als sie es blieben, bilden Höhepunkte, denen die bescheidneren Gegenstücke aus den Anfängen, wie Telramunds Anklage und Elsas Traum, nicht die Wage halten können. Nur Gurnemanz Gralsbericht hat ein ähnliches Gewicht[2]. Eine große, ja entscheidende Erzählung im 3. Akt war anscheinend dem Buddha der 'Sieger' zugedacht. Der Haupttummelplatz der Erzählung war aber 'Siegfrieds Tod'. Hier hat Wagner gegen sein Programm, daß der leicht übersichtliche Gang der Handlung 'kein Verweilen zur äußerlichen Erklärung des Vorganges' nötig machen solle, am stärksten verstoßen. Jeder Akt bringt seinen eigenen epischen Bericht: galt es hier doch verwickelte Voraussetzungen aufzurollen, die viel zu schwer waren für das Einzeldrama. Wie Siegfried im 3. Akt den Inhalt des 'Jungen Siegfried' vor uns aufsteigen läßt, so exponieren Hagen und Brünnhilde im 1. Akt den Inhalt namentlich der 'Walküre', Alberich im 2. den des 'Rheingolds': und nicht genug damit, nachträglich schiebt Wagner die Nornenscene vor, die abermals, wenn auch mehr andeutend, exponierende Winke gibt. Die 'Götterdämmerung' wurde dann freilich von diesem Expositionsballast gutenteils entlastet; dafür wächst ihr Waltrautens große Erzählung zu, und außerdem breiten sich, zumal da Wagner die Tetralogie in umgekehrter Folge dichtete, die epischen Materialien in 'Walküre' (Siegmunds und Wotans Erzählung) und 'Siegfried' (des Wanderers Scenen mit Mime und Erda) doch wieder anspruchsvoll aus. Diese musikalischen und dichterischen Rekapitulationen gehören zum Stil des 'Ringes'. Wer möchte sie missen? Dramatisch sind sie aber doch eine Beschwerung. Es liegt in der rückläufigen Entstehungsgeschichte, besonders aber in der für das Musikdrama allzu verwickelten Konstruktion des Mythus, daß Wagner hier seines Stoffes dramatisch nicht Herr wurde. Auch darin zeigt sich wieder die einzige Über-

---

[1] Sie erwächst an sich aus der Operntradition: man denke an Raimbauds Romanze im Anfang von 'Robert dem Teufel', vor allem an Emmys Lied vom Vampyr ('Sieb, Mutter, dort den bleichen Mann mit seelenlosem Blick'): auch dies erst im 2. Akt; es war wohl Wagners unmittelbares Vorbild.

[2] Die allenfalls vergleichbaren Erzählungen der Kundry im 2., des Gurnemanz im 3. Akt sind mehr lyrisch-dramatisch gedacht und nehmen es episch mit der Erzählung des 1. Akts nicht auf.

legenheit des 'Tristan', daß er der exponierenden Erzählung scheinbar entraten kann. Sie ist schon vorhanden; aber es gelingt, sie in den dramatischen Dialog aufzulösen. Ohne erzählende Exposition kommen dagegen die 'Meistersinger' aus; in ihnen ergeben sich die Voraussetzungen der Handlung aus ihr selbst, und nur bei dem kulturhistorischen Hintergrund wird retardierend verweilt.

Eine gewisse Unfreiheit haftet dem 'Ring', gerade in seinen Anfängen, auch dadurch an, daß Wagner sich hier mehr an dramatische als an epische Vorlagen gehalten hat. Das Vorspiel und die ersten beiden Akte von 'Siegfrieds Tod', noch deutlicher der ganze 'Siegfried', schließen sich so weit an Fouqués 'Helden des Nordens', daß neben Einzelzügen auch volle Scenenbilder und weithin die Stoffauswahl durch den romantischen Vorgänger bestimmt wird. Die geformte dramatische Handlung wirkte um so stärker nach, da auch Fouqués Sprache, die wie Wagner eddischen Vorbildern folgt, dem Tondichter einging. Und in der Edda selbst lebten so kräftige dramatische Elemente, daß sie ganze Scenen hergeben konnte. Die besonders im 'Siegfried' auffallende Vorliebe für das Zwiegespräch, neben dem personenreichere Scenen dort gar nicht vorkommen[1], deutet auf eddische Dialoge hin und sticht von Wagners sonstiger Art ab: denn das große Zwiegespräch Tristans und Isoldens, neben denen alle anderen Personen nur Statisten sind, gehört auf ein besonderes Blatt: die Dialoge des 'Siegfried' lassen an dramatischer Bewegung manches vermissen, die des 'Tristan' nie. Es spricht für Wagners dramatische Eigenkraft, daß ihn geformte theatralische Vorbilder mehr hemmen als fördern.

Sonst hat ihn denn auch, abgesehen vom 'Liebesverbot', dessen überreicher, unruhiger Dialog sehr deutlich die dramatische Quelle verrät, das Kunstdrama nicht ernstlich bestimmt. Dagegen hat er von Opernlibretti gern gelernt. Es ist bekannt, wie im 'Holländer' — und nicht nur in ihm — Marschners 'Hans Heiling' für die Hauptgestalt und die Handlung wichtige Züge hergibt, wie der 'Lohengrin' die hohe Spannung seines Gottesgerichts schon in Marschners 'Templer' vorbereitet fand, wie stark vor allem 'Euryanthe' auf Gestalten und Aufbau des Wagnerschen Werkes gewirkt hat, nicht immer zu seinem Vorteil: das Stockende des zweiten Lohengrinaktes, das Zurücktreten des Helden und Königs haftet wesentlich an der übermächtigen Dreiheit Euryanthe, Eglantine, Lisuart. Ein Libretto hat wesentliche Anregungen auch für die 'Meistersinger' hergegeben, die bekanntlich weniger Deinhardsteins Originaldrama 'Hans Sachs' als

[1] Daß in das Gespräch des Wanderers mit Alberich schließlich auch die Stimme des Drachens hereindröhnt, ist kaum eine Ausnahme.

vielmehr Regers Textbuch zu Lortzings gleichnamiger Oper verwerteten[1]. Reger (1840) und seine Grundlage, Deinhardstein, berühren sich so eng, daß man bei Wagner oft zweifeln kann, wer ihm im Sinne lag. Im Zweifelsfalle wird man doch Reger bevorzugen, dessen Bühnenbilder und Bühnengestalten Wagner runder vor Augen stehn; daneben läßt sich exakt feststellen, daß im einzelnen auch Deinhardstein zur Geltung kam. Reger wies selbst auf dies Vorbild hin, das obendrein durch Goethes empfehlenden Prolog (1828) die Aufmerksamkeit auf sich zog. Gerade 1845, in dem Jahre, da Wagner die 'Meistersinger' zuerst skizzierte, erschien die Sammlung von Deinhardsteins 'Künstlerdramen', die nicht nur durch den 'Hans Sachs', sondern auch durch den 'Salvator Rosa' auf die 'Meistersinger' Einfluß geübt hat.

Deinhardstein und Reger ist gemein, daß Hans Sachs noch sehr jugendlich (23 Jahre alt), ein stattlicher, leidenschaftlich und zärtlich liebender Mann ist, der sein ganzes Herz an Kunigunde, die Tochter des angesehenen Goldschmieds und späteren Bürgermeisters Steffen gehängt hat. Diesem ist der Beruf des Schusters nicht fein genug, und das Töchterlein sucht den Geliebten vergeblich dem ehrsamen Handwerk abwendig zu machen. Der Vater begünstigt den geckenhaften Eoban Runge (bei Reger mit grobem Mißgriff: Eoban Hesse). Kaiser Maximilian aber, der zufällig nach Nürnberg kommt, nimmt sich warm des Hans Sachs an, dessen Verse er lebhaft schätzt; Runge wird als Schwindler entlarvt, und in ein Hoch auf den Kaiser klingt alles aus. Dieser Grundstock hat mit Wagners Handlung so gut wie nichts zu tun. Aber Reger fügt die echt Lortzingsche Gestalt des komischen Schusterjungen Görg hinzu, der zugleich Verse und Schuhe macht und an Kunigundens Vertrauter Cordula eine überlegene Liebste hat: also die Vorlage für David und Magdalene. Und wichtiger: Eoban wetteifert bei Reger nicht nur als Liebhaber, sondern auch als Meistersänger mit Hans Sachs und wird unrettbar blamiert, als er versucht, selbst lächerlich unfähig, sich vor dem Kaiser mit gefundenen Versen seines Nebenbuhlers zu schmücken: dieser törichte Pedant, der dennoch die Sympathie der Zunft auf seiner Seite hat, während das Volk ihn verlacht, ist das deutliche Urbild Meister Beckmessers, mit dem Deinhardsteins Eoban noch keine Ähnlichkeit zeigt. Die drei Figuren dankt Wagner also der Lortzingschen Oper, aber sie sind eben doch mehr belebende und verschärfende Zutaten, für die reiche, muntere Handlung höchst schätzbar, Träger der Tendenz und der kulturhistorischen Ausschmückung; in den innersten Kern der Handlung reichen sie nicht.

[1] Vgl. Egon v. Komorszynski, Euph. 8, 349.

Dieser ist Wagner ganz eigen. Sein 'Hans Sachs' ist ein würdiger Mann an der Schwelle des Alters: die bekannten Hans-Sachs-Bilder legten diese Auffassung ebenso nahe wie die behaglich neckende Fabulierlust des Dichters, die nie etwas Jugendliches hat[1]. Dieser ergreisende Dichter wird von Wagner nun in eine für ihn typische Dreiheit gerückt. Er gestaltet mit Vorliebe die Frau zwischen zwei Männern, von denen der eine ihr mit jugendlicher, selbst sündiger Leidenschaft und Wärme, der andre mit abgeklärter Resignation zugetan ist oder auch der eine in lichten, der andere in melancholischen, selbst düsteren Farben gemalt wird. Wagner fand diese Dreiheit schon bei Marschner vor: Malwina zwischen Aubry und Ruthwen, Rebekka zwischen Ivanhoe und Guilbert, vor allem Anna zwischen Konrad und Hans Heiling boten Analogien. Aber Wagners 'Hochzeit', die Ada zwischen den hellen Arindal und den düster dämonischen Cadolt rückt, liegt schon vor dem 'Hans Heiling'. Es handelt sich um eine Grundform des dramatischen Gestaltens bei Wagner: nur der 'Lohengrin' zeigt keine ernstliche Spur dieses Typus, da der aufgehetzte Ankläger Telramund für Elsas Herz noch viel weniger bedeutet als der Lisuart der Chezy für Euryanthe. Im übrigen aber geht jene Dreiheit durch: Bianca zwischen Rivoli und Giuseppe, Irene zwischen Adriano und Rienzi, Senta zwischen Erik und dem Holländer, Ulla zwischen Jöns und Elis, Fatima zwischen Manfred und Nurredin[2], Sieglinde zwischen Siegmund und Hunding, Kundry zwischen Amfortas und Parsifal: eine Fülle von Variationen, die Wagners Meisterschaft in der Aus- und Umbildung desselben dramatischen Leitmotivs überwältigend klarlegt. Vor allem gehört auch Elisabeth zwischen Tannhäuser und Wolfram hierher; diese Dreiheit, die Wagner schon bei E. T. A. Hoffmann fand, hat innerlich das Übergewicht über die andere Dreiheit, in der der Mann zwischen zwei Frauen, Tannhäuser zwischen Elisabeth und Venus, steht: dramatisch dominiert dieser erst von Wagner in den Stoff eingeführte Gegensatz, aber seelisch bedeutet dem Dichter sein Wolfram sehr viel mehr als die Göttin des Hörselbergs. Der Mann zwischen den zwei Frauen beherrscht nur den Wielandentwurf: Wieland, 'der nie zufriedene Geist, der stets auf

---

[1] Daß dieser ältliche Hans Sachs durch die Oper 'Hans Sachs. Im vorgerückten Alter' von Adalbert Gyrowetz veranlaßt sei, ist mir sehr unwahrscheinlich. Sie soll 1834 in Dresden zur Aufführung angenommen sein; aber Wagner kam bekanntlich erst 1842 nach Dresden; es ist also mehr als zweifelhaft, ob er von jener Oper etwas wußte. Das Libretto war mir nicht erreichbar; die Inhaltsangabe in der 'Musik' II 16, 296 ff. gibt keinen Anhalt für eine Kenntnis Wagners.

[2] Schon der traditionelle Typus hebt mir jeden Zweifel, daß Nurredin, obgleich er in der Inhaltsangabe der 'Mitteilung an meine Freunde' (IV 271) fehlt, doch von vornherein zu dem Plane gehörte.

Neues sinnt', ist aber überhaupt eine isolierte Gestalt unter Wagners Helden, und selbst hier fehlt das gewohnte Motiv nicht ganz: Bathilde zwischen Wieland und Gram oder Neiding wächst sich vorübergehend zur Ebenbürtigkeit aus. Verkümmert sind diese Dreiheiten in 'Siegfrieds Tod': weder Brünnhilde zwischen Siegfried und Gunther, noch Siegfried zwischen Brünnhilde und Gudrune entsprechen dem Typus, da die Gibichungen zu flüchtig behandelt sind. Aber in der 'Götterdämmerung', im vollendeten 'Ring' ist es klar, daß Brünnhilde zwischen Siegfried und Wotan sich zu entscheiden hat: Waltrauten versagt sie um Siegfrieds willen den Ring, der schließlich dem Gott die Erlösung bringt: 'Ruhe, ruhe, du Gott!'

Es ist die echteste Wagnersche Form dieser Dreiheit, daß die Frau über die irdische Vereinigung hinaus zu der höheren Gemeinschaft strebt, die vielleicht Tod und Entsagung bringen. So kann auch der Bruder, der Vater der ringenden Frau das eine Glied der Dreiheit bilden: Senta, Elisabeth, Kundry, aber auch Fatima, die einer hohen Idee dient, Bathilde, deren Liebe aus Mitleid erwächst, Prakriti, die Buddha zum Verzicht auf Anandas Sinnenliebe leitet, machen diese Entwicklung durch. Die klassische Vollendung bedeutet auch hier wieder 'Tristan und Isolde', gerade weil hier der Enthusiasmus über die Entsagung siegt. Isolde steht typisch zwischen Tristan und Marke. Der herrlichste Wagnersche Held verdunkelt den alternden König, der doch nicht verleugnet, daß er wie Wolfram und Fricka der Träger einer sittlichen Weltordnung ist. Die 'sittliche Weltordnung' ist aber nicht unbedingt das Höhere. Der Dichter steht mit seinen Sympathien und seinen sittlichen Überzeugungen so wenig auf Markes Seite, wie er sich auf Frickas Seite stellen würde. Die beiden hochstehenden Ausnahmemenschen der großen allverzehrenden Liebe leben in einer andern Welt; ihre Umgebung, auch König Marke, verstehen nicht die Sprache, die sie reden. Ihre Qual war die unstillbare Sehnsucht des Lebens und des Tages; Nacht und Tod bedeutet ihnen die jubelnd begrüßte Erfüllung und Vereinigung. So ist dieser erfüllende und vermählende Liebestod ebensowenig tragisch wie der Tod Sentas oder Brünnhildens. Etwas müde Tragik haftet an Marke; tragische Helden sind Rienzi und Wotan; tragische Linien zeigen Tannhäuser und Siegmund: im ganzen aber war Wagner kein Tragiker. Seine Helden haben selten den Willen zur Tat und zum Siege; sie lechzen nach Erlösung, nach Erfüllung und Vollendung in Selbstaufgabe und Tod. Das Ende, wie ihr Wunsch es will, gewährt ihnen ihr Dichter, und seine Töne zumal sorgen dafür, daß der irdische Tod, von tragischer Bitterkeit geläutert, sich zum ersehnten liebenden Aufstieg vollende.

In den 'Meistersingern' nimmt Hans Sachs selbst auf Markes Schicksal Bezug und deutet den Zusammenhang an, in dem das Lustspiel mit dem tiefsinnigsten Drama Wagners steht. Aber die gesunde verzichtende Güte des bürgerlichen Dichters läßt es zu keinem tragischen Zwiespalt kommen. Auch Evchen steht zwischen dem jugendlichen Ritter und dem väterlichen Freunde, dem eine Ahnung wärmerer Empfindung durch das kindliche Mädchen selbst nahegelegt wird. Aber er läßt sich nicht irren. Er fühlt sich als Vertreter nicht der sittlichen Weltordnung, aber der gut bürgerlichen Ordnung; er versteht es, revolutionäre Auflehnung und Entführung zu verhindern, indem er die durch Natur und Jugend füreinander Bestimmten vereinigt. So ermöglicht er die gesunde Lösung, die sonst durch Leidenschaft, Schicksal, menschliche Satzung, Schuld so oft verhindert wird. Immerhin dringt jener typische dramatische Konflikt bis in das Lustspiel hinein, mir wieder ein Beweis dafür, daß hier frühe und tiefe Erlebnisse zugrunde liegen. Hans Sachsens entsagende Zuneigung zu Evchen ist erst für den zweiten Entwurf, also etwa 1861, erwiesen; aber die Grundzüge der Handlung stehn schon für 1845 fest, und die typische Dreiheit reicht noch tiefer in Wagners Jugend zurück. Die Selbstbiographie verrät nichts. Wagner deutet einmal an, daß er künstlerisch meist früher erlebte als menschlich. Meldete sich jene Form schmerzlich seliger Dreiheit, die Wagner später zweimal beschieden war, in seinem Schaffen als ein Vorklang künftiger Leiden? Aber gerade die besondere Art der erdichteten Dreiheit stimmt nicht zu den bekannten Erlebnissen.

Neben jener typischen Dreiheit ist für Wagners dramatisches Schaffen noch eine zweite wiederkehrende Gruppe bedeutend, der Erlöser und der Erlöste. Merkwürdig genug taucht dies Paar schon in dem Erstling, den 'Feen' auf, freilich unter Märcheneffekten von der Art der 'Zauberflöte'. Hier erlöst der Mann. Dann folgen Frauen, die durch ihre Liebe erlösen, Senta und Elisabeth. Endlich der männliche Erlöser, die Religionsstifter Jesus und Buddha, die reinen königlichen Helden Lohengrin und Parsifal. Wieland, der sich selbst zu erlösen vermag, kann des Erlösers entbehren, und ebenso Tristan. Wagner dachte einmal daran, den in seelischen und körperlichen Schmerzen zuckenden Liebeshelden durch Parsifals Reinheit entsühnen zu lassen; das ist zum Glück unterblieben. Tristan bedarf des Helfers so wenig wie Wieland; ihn erlöst seine heilige, sterbensfreudige Liebe, vor der das Sittengesetz wesenlos wird. Dagegen lechzt nach Erlösung der Gott des 'Ringes'. Er hoffte das Heil von Siegfrieds kindlicher Heldenunschuld; aber erst nach des Helden Ermordung vollzieht Brünnhilde, ihn gleichsam vertretend, den erlösenden Akt. Siegfried teilt mit dem jungen Parsifal die unschuldige Reinheit, die naive Sicherheit: aber Parsifal reift (das hatte Wagner von Wolfram gelernt), Siegfried stirbt in arglosem Vertrauen. Etwas von dem jugendlich Naiven dieses Helden strahlt auch aus Worten und Weisen des jungen Frankenritters Walther von Stolzing. Seine ungeschulte und eben darum unschuldige Kunst hilft Hans Sachs von der Beengtheit des Meistersanges zu erlösen: er hört aus des Ritters Kehle den Lenz selber singen; aus seiner Frühlingsnatur erwächst ihm eigne Verjüngung. Ganz abgeschwächt klingt uns auch aus dieser poetischen und menschlichen Ursprünglichkeit das Erlösermotiv durch. Wie Wagner selbst den Sängerwettstreit von Nürnberg als eine heitere Parodie des Wartburgkrieges ansah, so bergen die 'Meistersinger' auch sonst eine Verbürgerlichung der sagenhaften und ritterlichen Poesie andrer Wagnerscher Schöpfungen, und die Erkenntnis dieser Gemeinsamkeit ist wesentlich für das Verständnis des Lustspiels und seiner bürgerlichen Alltagspoesie.

Hans Sachs, den ein Hauch der Erlösung streift, steht schon dadurch als der Held des Spieles da. Sein jugendlicher Freund, der Junker, heißt bekanntlich, in der ersten Skizze namenlos, seit dem zweiten Entwurf 'Konrad' und verrät ebenso durch den Vornamen wie durch seine stürmische Hitze, der eine leise Komik nicht mangelt — selbst Jung-Evchen ist besonnener —, die Verwandtschaft mit E. T. A. Hoffmanns jungem Ritter, der das Küferhandwerk in Nürnberg lernen will, weil er des Küfermeisters Martin schönes Töchterlein freien möchte. Da der Name erst seit 1861 auftaucht, könnte man auch an Lortzings 'Waffenschmied' (1846) denken, wo sich der verkleidete Graf gleichfalls 'Konrad' nennt. Aber Hoffmann liegt näher: Wagner liebte ihn sehr und las ihn gerne, 'mit unvergleichlichem Feuer', vor.

Nicht dem Meistergesang, sondern der Meisterstochter gilt auch des Junkers von Stolzing Werbung: das ist seit dem zweiten Entwurf klar, während der erste Anlauf, der in Jakob Grimms Weise Minne- und Meistersang viel zu eng verknüpfte, den Ritter[1] von der alten Ritterpoesie her zu der neuen Dichtkunst streben läßt, die er bei den Meistern sucht. Die endgültige Umtaufung in Walther ruht natürlich auf dem Vogelweider: ursprünglich sollte die mhd. Poesie, Heldenbuch, Wolfram, Walther, Nibelungen usw., durchweg reichlicher hereinschimmern. Wagner begünstigt in den 'Meistersingern' alle solche historischen, literarischen, kulturellen Nebenbeziehungen: hat er doch im Fortgang seines Schaffens neben Dichtern auch Gelehrte, vor allem den ihm schon von

[1] Er ist in der ersten Skizze 'verarmt'; sehr gut, daß Wagner dies irreführende Motiv später fallen läßt und auch die 'verödete Ritterburg' des zweiten und dritten Entwurfs in der Ausführung nicht stark betont. So kommt jetzt der Gedanke an den Reichtum Pogners nicht in Betracht, der früher nahe lag.

E. T. A. Hoffmann her geläufigen Wagenseil, dann die Kulturbilder in Hagens 'Norica', fleißig herangezogen. Er hat ernsthafte Studien gemacht, eifrig Stoff gesammelt, und aus allen seinen Quellen lernte er die Liebe zu dem schönen, stolzen Nürnberg, das übrigens auch Deinhardsteins Held warm im Herzen trägt[1]. Dem bürgerlichen Charakter des Spiels entspricht es auch, daß die große Liebe des Dichterjünglings von vornherein zur Ehe strebt: diese einfache gradlinige und ehrbare Liebe, die an nichts anderes denkt als an Heirat, gehört wieder zum gutbürgerlichen Kostüm, aber auch zu dem gravitätisch hellen C-Dur-Klang des Lustspiels.

Der erste Akt spielt in der Kirche,[2] die ursprünglich als Sebaldus- und erst in der endgültigen Ausführung als die nach Wagenseil und Hagen für die Sitzungen der Meister bestimmte Katharinenkirche bezeichnet wird: St. Sebaldus erschien gerade bei Hagen als die Lieblingskirche der Nürnberger. Der einleitende Choral gibt den protestantischen Grundton her und bereitet die 'Wittenbergische Nachtigall' des Schlußaktes vor. Dem Stimmung schaffenden Liede am Eingang des Werks oder der Scene neigt Wagner zu: ich erinnere an die Seemannslieder des 'Holländers' und des 'Tristan', an das Hirtenlied des 'Tannhäuser', an den Gesang der Sirenen und Rheintöchter; der typische Eingangschor der alten Oper ist ihm freilich kein Bedürfnis. Der Gottesdienst, der der Meistersitzung vorangeht, entspricht nicht nur der geschichtlichen Überlieferung, sondern fördert auch die Handlung. War doch die Kirche von jeher ein Lieblingsplatz für das verabredete oder gesuchte Rendezvous: das junge, behütete Mädchen wagte sich unter dem Schutz der heiligen Mauern am ehesten in die Öffentlichkeit: man denke an 'Emilia Galotti', an 'Clelia und Sinibald', an 'Faust'. Auch die nachsichtige Begleiterin, Amme oder Magd, ist typisch, wie wiederum Wielands 'Clelia' zeigen mag. Wagner bedient sich glücklich geprägter Form, da er hier die Liebenden zum schweigenden Wechsel der Blicke und zu oft unterbrochenem Flüstergespräch[3] zusammenführt.

Der Ritter erfährt hier, daß die Geliebte dem Sieger im Wettgesang des Johannisfestes bestimmt sei. Das Motiv des Sangespreises wirkt unwahrscheinlich und opernhaft, mindestens wie ein Rest aus sagenhafter Ritterzeit, wo wohl der Sieger des Turniers oder des entscheidenden Ernstkampfes auf die Hand der Schönsten Anspruch erheben mag. Das ließ sich begreifen: aber '*swâ mîn ellen si gespart, swelhiu mich*

[1] Besonders im Eingangsmonolog des 3. Akts.

[2] Reger läßt seine Meistersinger in einem Saal ihren Wettgesang halten.

[3] Im ersten Entwurf birgt sich der Jüngling 'hinter einer Säule': das paßt zu Deinhardsteins feigem Runge, der III 10 'hinter dem Baume' mitspielt, nicht zu der kühnen Offenheit Konrads, dem jedes Versteckspielen widerstrebt.

minnet umbe fanc, sô dunket mich ir witze kranc'. Die Vorgänger boten kaum Stützen. Regers Eoban erntet durch einen drolligen, vom Volk bestrittenen Sangessieg nur eine Verheißung, die er, der längst gewünschte Schwiegersohn, auch ohnedem von dem Schwiegervater erhalten hatte; und wenn gegen Ende des Regerschen Textes Meister Steffen erklärt, 'daß ich mein Kind nur einem Dichter gebe', so ist das nur eine Concession an den Kaiser und ein Mittel, den inzwischen lästig gewordenen Eoban abzuschütteln. Daß aber Hoffmanns Meister Martin die Hand seiner Rosa an das tüchtigste Küpermeisterstück knüpft, nun, das hat nichts Phantastisches; hier liegt der alte gute Brauch zugrunde, daß der Schwiegersohn mit der Tochter das Geschäft erheiraten und seine Traditionen, seine Geheimnisse fortpflanzen soll. So haftet Meister Pogners Angebot etwas Gesuchtes, Unwahrscheinliches an, das durch 'der Jungfer Ausschlag-Stimm' gemildert wird, aber immer noch brutal und anstößig bleibt: droht doch Evchen die Gefahr, nur zwischen der alten Jungfer oder der Beckmesserin wählen zu dürfen. Wagner fühlte das selbst: Vater Pogner (Bogler) will im ersten Entwurf außer dem Meister auch das Volk, dies sogar an erster Stelle, mitstimmen lassen, ein Vorschlag, den jetzt Hans Sachs vergeblich vertritt. Ferner gibt Pogner seit dem zweiten Entwurf eine eingehende Begründung seines Entschlusses, der beweisen soll, wie hoch der Nürnberger Bürger die Kunst schätze; als Zunftältester[1] will er etwas Besonderes leisten und darum sein Hab und Gut mit der Hand der Tochter dem Sieger darbringen. Aber all die schönen Worte und Töne überzeugen kaum die Meister: es ist das Motiv, das auch dem heutigen Publikum in dieser bürgerlichen Sphäre am ehesten berechtigten Anstoß erregt.

Den Schlüssel gibt eine Notiz des ersten Entwurfes: 'er wolle zeigen, daß die Zunft auch noch alte Rittersitte pflege'. Auch hier wieder spielt das ritterlich-sagenhafte Vorbild des Wartburgkrieges mit. Kündet nicht auch der Landgraf dem, der der Liebe Wesen

'am würdigsten
besingt, dem reich' Elisabeth den Preis:
er ford're ihn so hoch und kühn er wolle,
ich sorge, daß sie ihn gewähren solle'.

Freilich, er zweifelt nicht, wem dieser Preis zufallen werde, und will in dieser Verheißung den tiefsten Seelenwunsch der edlen Jungfrau erfüllen. Die Übertragung in die Meistersphäre hat das romantisch mögliche Motiv verbogen.

[1] Dies Motiv ist übernommen. Bei Deinhardstein und Reger bestärkt die Wahl zum Bürgermeister den Vater Kunigundens in seiner Halsstarrigkeit; auch Meister Martin ist besonders zähe, weil er eben zum Kerzenmeister gewählt ist.

Nun spielt aber eine zweite Anregung herein. Wagner hat, als er Deinhardsteins 'Hans Sachs' las, auch den in den 'Künstlerdramen' von 1845 ihm unmittelbar vorangehenden 'Salvator Rosa' (früher 'Das Bild der Danae') gelesen. Schon der Titel gemahnt sofort an E. T. A. Hoffmanns 'Signor Formica'[1], und die Handlung deckt sich weithin mit Hoffmanns erstem Abschnitt, der wohl Deinhardsteins Quelle war[2]. Der berühmte Maler, dem man nachsagt, daß er einst zu Masaniellos Scharen gehört und sich dort die romantische Wildheit angeeignet habe, wird, schwer erkrankt, durch die liebevolle Pflege eines jungen Wundarztes gerettet; diesen hatte die Bewunderung für seinen Pflegling um so mehr befeuert, da er selbst im Verstohlenen sich malend versuchte. Salvator mißtraut zunächst dem Dilettanten, erkennt dann aber freudig, zumal an einem Frauenporträt, die hohe künstlerische Begabung des jungen Freundes. Bald kommt er dahinter, daß dem Jüngling nicht nur die Kunst, sondern auch die Liebe den Pinsel geführt hat. Das Original jenes Porträts ist ein junges Mädchen, das ein eifersüchtiger und geiziger alter Vormund, der sie selbst heiraten will, peinlich vor allen männlichen Blicken hütet. Das regt Salvator Rosas Erfindungsgabe besonders an; durch allerlei Listen, die bei Hoffmann grotesk-phantastisch, bei Deinhardstein sehr viel einfacher gestaltet sind, verhilft er seinem Schützling nicht nur zur akademischen Auszeichnung, sondern auch zur Hand der Geliebten; der lächerliche Oheim muß sogar gute Miene zum bösen Spiel machen. Die Handlung stimmt völlig überein: man setze nur für Hoffmanns Rom Florenz, für Antonio Scacciati, für Pasquale Capuzzi und seine Marianna vielmehr Bernardo Ravienna, Andrea del Calmari und seine Laura, verwandle das Bild der heiligen Magdalena in ein Bild der Danae, die Malerakademie von San Luca in die von San Carlo, und wir haben Deinhardsteins Handlung vor uns. Rich. Wagner mag es gerade angezogen haben, als er den vertrauten Hoffmann in der theatralisch nüchternen Maske Deinhardsteins wiedererkannte.

Aber Deinhardstein fand auch da bei ihm Eingang, wo er eigne Wege beschritt. Der Vater der schönen Laura hat, in heißer Liebe zur edlen Malerkunst, testamentarisch bestimmt:

> daß von den Freiern, die der Tochter Hand
> begehren würden, der nur sie erhalte,
> der bei der Preisvertheilung von San Carlo
> den ersten Preis bekäme.

---

[1] Kurzer Hinweis schon bei Goedeke[2] IX 94.

[2] Der Versteckname Signor Formica und der Bühnenleiter Niccolo Mussi bei Hoffmann sind geschichtlich bezeugt (Baldinucci, La Vita di Salv. R., 1830, S. 21): Deinhardsteins Gestalten fand ich in den Salvator-Biographien nicht wieder.

Man sieht, das ist genau Pogners Fall, und sogar eine Einschränkung, wie der Jungfer Ausschlagsstimm', ist vorgesehen: der Sieger soll Schön Laura nur heimführen, wenn der alte Vormund del Calmari, der Direktor der Malerakademie von San Carlo, 'geg'n ihn nichts einzuwenden hätte'. Als letzter Wille eines leidenschaftlichen Kunstschwärmers, der starb, eh seine Tochter mannbar war, und der zu seinem Freunde volles argloses Vertrauen hat, ist die Anordnung begreiflicher denn als Stiftung des lebenden Vaters der blühenden Jungfrau. Jedenfalls ist klar, wie Wagner auf die künstliche und gesuchte Preisstellung des braven Pogner verfiel, die eben in ihrer Schwäche den fremden Einfluß verrät.

Evchen (Emma), deren Schicksal der Sangessieg entscheiden wird, ist keine blasse traumselige Maid wie Senta und Elsa; sie hat etwas erfrischend Rotbäckiges und Resolutes bei aller jungfräulichen Zartheit und Unschuld. Aber die Vorherbestimmung, die Naturnotwendigkeit ihrer Liebe besteht auch hier wie nahezu bei allen Liebenden Wagners; 'das war ein Müssen, war ein Zwang'; längst ehe sie ihn selbst erschaute, den Geliebten, sah sie ihn als David, 'wie ihn uns Meister Dürer gemalt', gerade so wie Senta den Kommenden im alten Bilde, wie Elsa ihn im Traum, wie Sieglinde ihn im Wasser erschaute, wie die Liebe zum Bilde im Märchen und in der Romantik eine Stätte findet. Und im 3. Akt rückt sie mit ihrem langen festgebannten stummen Aufblick zu Walther heran an das lange erste Erschauen Sentas, an Isoldens lange Umarmung, an Kundrys langen Kuß. Man erprobt wieder und wieder, wie stark Wagner durch gewisse feste künstlerische Anschauungsformen bestimmt wird[1]. Mit der naiven Urgesundheit Evchens, die das Herz stets auf dem rechten Fleck hat und den klügeren Männern durch ihr gesundes Gefühl öfters überlegen ist, verträgt sich jene Schwärmerei darum, weil sie eben als sehr jung gefaßt ist. Dieser Eindruck wird verstärkt, indem ihr in Magdalene ihre 'Amme', also eine sehr viel ältere Vertraute zur Seite gestellt wird; als 'Frau' erscheint die verliebte 'Haushälterin' schon im ersten Ent-

[1] Wie merkwürdig z. B., daß die verhängnisvolle Frage aus dem 'Lohengrin' schon in den 'Feen' auftritt, wo 'der verliebte Prinz, von heftiger Begier getrieben, in seine Gattin drang, zu sagen, wer und woher sie sei' und dadurch sein Glück verscherzt. Und auch im 'Wieland' I 2 klingt das Motiv herein, wenigstens für Schwanbildens Vorgeschichte. Die prophetische Sarazenin, die Manfred zu heldenhafter Tat anfeuern will, wehrt seiner gierigen Frage: 'Wer bist du? wie darf ich dich nennen?', weil sie den Zauber störe. Umgekehrt ist dann freilich im 'Parsifal' Wolframs bedeutendes Fragemotiv von Wagner nicht verstanden und daher verschmäht worden. — An den 'Lohengrin' erinnern die 'Feen' übrigens auch durch die dreifache Zaubergabe und durch den Rat, den Gernot Arindal erteilt, der Geliebten den kleinen Finger zu verletzen, um ihre wahre Gestalt zu sehen.

wurf. Ihre Freundschaft für den Lehrbuben war durch Reger vorgebildet; aber Cordula mag dort mit Kunigunde annähernd gleichaltrig sein. Die verliebte Alte neben dem bengelhaften Burschen schmeckt stark nach der Tradition der komischen Oper[1], wo der weibliche Alt neben dem Tenorbuffo zu dieser Rolle längst neigte; auch Frau Marthe und die Amme Juliens, die mit Evchen manche naive und kräftige Züge teilt, mögen bei der ältlichen Vertrauten des blutjungen Mädchens mitgestempelt haben. Dieser traditionell komische Zug hinterläßt ein gewisses Unbehagen; er wirkt unecht, gerade bei der schönen Menschlichkeit des Ganzen. — Die altmodische Vertrautenrolle, die durch Webers Ännchen und Regers Cordula vorbereitet war, liegt sonst nicht in Wagners Personen sparender Art; nur im 'Tristan' sind die Confidents von Bedeutung; aber wer dächte bei Isoldens Gesprächen mit Brangäne, bei Tristans Schmerzausbrüchen zu Curwenal an die traditionellen Vertrauten der französischen Tragödie?

Auf den Rat der Alten läßt sich nun der Junker wohl oder übel vom Lehrjungen über die Meisterkunst belehren, wie bei Reger Eoban den stotternden Meistersinger (I 11) befragt, was er 'allenfalls zu beobachten habe'[2]. Und auch bei Reger umspottet ein lachender Chor (I 1) den kunstkundigen Schusterjungen, der es in sieben Jahren noch nicht zum Gesellen gebracht hat. Aber wie prachtvoll versteht es Wagner, seine Wagenseilexcerpte hier zur drolligsten Lehrhaftigkeit auszugestalten und den Charakter der Meisterkunst mit fröhlicher Übertreibung zu exponieren. Er weiß ausgezeichnet Bescheid; spaßhafte, selbsterdachte Tontitel läßt er nur in den Neckversen der Lehrjungen zu; was David und Beckmesser lehrhaft ausbreiten, ist alles urkundlich belegt, und nur ein bitterböser Pedant wird sich daran stoßen, daß Davids Weisenverzeichnis gerade in seinen effektvollsten Namen ein kräftiger Anachronismus ist: gehört doch Ambrosius Metzger, der erfindungsreiche Vater der Schwarz-Dintenweiß und der Schreibpapierweis, und mancher andere Ton, den Wagenseil seiner von Wagner excerpierten Liste einverleibt hat, erst späterer Zeit, ja dem 17. Jahrhundert an.

Ob bei der Ausführung der folgenden Singschule das Bild mitwirkte, das Hagen im 2. Teil seiner 'Norica' anmutig zeichnet, läßt

[1] So denkt man gleich bei der 1. Scene an Lortzings erstes Finale im 'Waffenschmied', wo Irmentraut, gleichfalls ältliche und verliebte Erzieherin im Mezzosopran, sich auf die Seite des ritterlichen Werbers stellt. Im ersten Entwurf spielt die Haushälterin hier noch keine Rolle; erst 1861 rückt die hütende und vermittelnde Amme Kathrine mehr in den Vordergrund.

[2] Doch kennt erst der zweite Entwurf der 'Meistersinger' diese Scene, die eingehende Studien voraussetzt, wie sie Wagner 1845 noch nicht gemacht hatte.

sich nicht ganz sicher stellen, da auch er aus Wagenseil schöpft. Aber die gemeinsame Bevorzugung Fritz Kothners, der bei Wagner jetzt die Tabulatur verliest, was im ersten Entwurf Hans Sachs zufiel, und der auch sonst die Sitzung leitet, sowie das bei Hagen wie bei Wagner (sogar zweimal) stark betonte 'Fanget an!'[1] wird dafür sprechen[2], daß Hagen wenigstens bei der Reimformung mitspielte. Jedenfalls ist hier ein lebensvolles Bild von ungewöhnlicher Bewegtheit gelungen.

Die Meistersinger trauen im ersten Entwurf dem Sachs nicht, zweifeln, ob er's ehrlich mit der Zunft meine; seine überlegene Ironie kommt ihnen zuweilen bedenklich vor; sogar Pogner hält ihn für falsch. Dies Motiv ließ Wagner später mit Recht fallen; es war eine unorganische Nachwirkung weniger Regers[3] als Deinhardsteins. Dieser hebt den gottbegnadeten Dichter Hans Sachs von den zünftigen Reimern scharf ab, denen genaue Befolgung der Regeln ein und alles ist. 'Zuerst habt Ihr die Form verletzt, die Sylben nicht gehörig abgezählt, den Reim nicht immer recht und rein gebraucht'; 'Talent! — Talent! — Wir brauchen kein Talent, *Tabulaturam* soll er befolgen; die *Aequivoca*, die *Relativa* und die blinden Worte soll er vermeiden, keine Milben brauchen, ... das macht den Dichter und nicht das Talent' (I 2 S. 13; I 5 S. 19; IV 5 S. 107). Der beschränkte Standpunkt, von dem die Meistersinger hier Hans Sachs bemäkeln, zeigt dieselbe Enge des Blicks, die Beckmesser und seine Zunftgenossen hindert, dem Naturgenie des jungen Ritters gerecht zu werden. Ein typisches Motiv des Künstlerdramas, das Wagner aus eignem Erleben unendlich bereicherte, das aber seine Herkunft nicht verleugnet[4].

Auch sonst zeigen die Entwürfe der 'Freiung' manche Abweichung von der endgültigen Gestalt. Hans Sachs wird vom Vortrag der Tabulatur (I), David vom Ankreiden der Fehler (II. III) später entbunden: diese Zünfteleien bleiben besser den komischen Pedanten Kothner und Beckmesser vorbehalten. Wichtiger ist, daß der Junker ursprünglich als Minnesänger auftreten sollte, im Gegensatz zum banausischen Meistergesang: auch dieser historische Kontrast, der den Ritter zum

---

[1] Aber schon im 'Tannhäuser': 'Wolfram von Eschenbach, beginne!'

[2] Siehe auch unten S. 706.

[3] Bei Reger entscheiden die Meister, mitbestimmt durch den Bürgermeister und den Ratsherrn Eoban gegen den Handwerksmann, dessen Dichterstolz sie verletzt; es spielt aber kein Gegensatz der Kunstauffassung herein.

[4] Einen unwillkürlichen Anklang an Deinhardstein bringt vielleicht Pogners Vorstellung des Ritters vor den Meistern: 'von Stolzing Walther aus Frankenland... zog nach Nürnberg her, daß er hier Bürger wär', verglichen mit Deinhardstein IV 4 (S. 106): 'Ein Graf aus Franken ist's . . .: ihn zog die Sehnsucht, uns're Stadt zu seh'n, nach Nürnberg her'.

Träger der alten Kunst gemacht hätte, ist dem ewigen Widerstreit zwischen dem schöpferischen Neuerer und dem beharrenden Zunftgeist glücklich gewichen und klingt nur am Schluß des Werbelieds noch leise nach, wo das stolze Minnelied sich hoch über die Meisterkrähen aufschwingt: auch der Stil der Waltherschen Lieder nähert sich in ausreichender Anpassung dem florierten Bilder- und Traumwesen allegorischer Kunst des 15. und 16. Jahrhunderts, ohne zu verleugnen, daß ihr Sänger gleich Tannhäuser und Tristan eine Heimat hat 'fern von hier in weiten, weiten Landen'. Aber Hans Sachs versteht, was Marke nie begreifen wird. So weicht die lärmende Erregung der Meister zuletzt dem träumerischen Sinnen des Meisterdichters. Die Wogen glätten sich; genau wie am Schluß des 2. Akts: der Vorhang sinkt unter leise verhallenden Klängen.

Daß der junge Werber versinge, das gebot die Sachlage: es war geradezu die Vorbedingung des endgültigen Sieges und damit das spornende Leitmotiv der fortlaufenden Handlung; Hans Sachsens Niederlage bei Reger bildet höchstens ein anregendes Nebenmotiv. Nun droht die Entführung wie in der 'Walküre', die Schuld wie im 'Tristan'. Aber das Lustspiel gestattet nicht, daß es Ernst werde. So biegt der zweite Akt die keimende Tragödie in romantische Parodie um, nahezu bis an die Grenzen der Farce. Die unreifen Liebenden bleiben von jedem tragischen Hauch frei; nur auf Hans Sachs fällt ein leichter tragischer Schatten, der sich in wundervolle Melancholie auflöst.

Der Akt beginnt gegen Wagners Art mit einer langen Reihe kleiner Scenen, meist kurzer Zwiegespräche (David, Magdalene, Lehrbuben; David, Sachs; Pogner, Eva; Magdalene, Eva: Sachs, David; Sachs allein: Sachs, Eva; Magdalene, Eva), von denen dem ersten Entwurf die zweite und die beiden letzten, dem zweiten und dritten die vier ersten und die letzte fehlen; man spürt, daß dem Dichter die bunte, unruhige Bewegung widerstrebt. Und doch tat er recht, schließlich alles zu behalten: gerade diese kurzen losen Bilder mit ihrer leichten Dialogtechnik geben uns das anschauliche Kleinstadtidyll des schönen Abends vor dem Fest so anheimelnd wieder. Das Mißgeschick des Junkers erfährt Evchen in den Entwürfen direkt vom Vater; in der Versdichtung verstärkt, viel glücklicher, allmählich ein böses Anzeichen das andere: die volle betrübende Gewißheit gibt erst Hans Sachs, ja der Ritter selbst, die zugleich in sich die Gewähr bringen, es werde doch besser kommen. Hans Sachs entwickelt sich in seinem Fliedermonolog, dessen scenisches Bild von Deinhardsteins Eingangsscene unter dem großen Blütenbaum ausgeht[1], und dann in dem spät hinzugetretenen,

[1] Deinhardstein: 'Kann ich's ja nicht in Worte fassen'; Wagner: 'Doch wie, auch wollt' ich's fassen'. Auch der Gegensatz von Handwerk und Poeterei bei beiden.

aber unentbehrlichen Gespräch mit Evchen[1] zur beherrschenden, durch Selbstüberwindung gesteigerten Höhe: wir fangen an zu ahnen, daß er der Held des Dramas ist, den freilich die ungestümeren Jungen genau so in den Hintergrund rücken, wie das von Wotan gilt. Das geängstigte Mädchen läßt seine gereizte Laune an dem Pechhandwerk des väterlichen Freundes aus: da schimmert die Geringschätzung durch, vor der Hans Sachs sein tüchtiges Handwerk auch bei Deinhardstein und Reger verteidigen muß; noch im nächtlichen Schusterlied hallt etwas von dieser Abwehr nach.

Erst mit dem Auftreten des Junkers setzt die kunstvoll geschlossene Handlung des Aktes ein: das ernste und das groteske Liebespaar, dahinter Hans Sachs, der die Puppen an seinen Drähten tanzen läßt. Man hat längst gesehen, daß Wagner von einem so trefflichen Bühnenpraktiker wie Kotzebue hier manches gelernt hat. Olmers und Sabine, das Liebespaar der 'Deutschen Kleinstädter', nächtlich verborgen hinter der unangezündeten Laterne, ungesehene Zeugen der folgenden Scenen, die sie vielfach angehen; Sperling, der der Verehrten ein Ständchen bringt, aber gestört wird durch das Abendlied der Frau Staar; der dazwischentutende Nachtwächter; die große, wachsende Aufregung über die entflohene Diebin, die allmählich alles auf die Straße führt. Zur Prügelei kommt's hier nicht, und man hat dafür an Hoffmanns 'Signor Formica' erinnert, wo auch eine Serenade in eine solenne Rauferei ausläuft, freilich unter ganz andern Begleitumständen. Aber diese Anregung braucht es nicht, da das Bild der nächtlichen Rauferei, eng verknüpft mit einem unglücklichen Meistersinger, und sogar das plötzliche spukhafte Verschwinden der Streitenden für Wagner durch ein Erlebnis aus dem Jahre 1835 eben mit Nürnberg verbunden war (Mein Leben I 132). Entscheidend wurde auch hier das Bedürfnis der parodischen Handlung, die von jenen literarischen und persönlichen Eindrücken nur Farben und Einzelzüge, aber nicht den Kern entnahm.

Wagner erzählt uns selbst in seiner Biographie, daß ihm 1845 in Marienbad das Schusterlied des Hans Sachs aufging zugleich mit dem Merkeramt, das der Sänger, den Hammer in der Hand, an den Schuhen des Gegners ausübt. Von solchen plötzlichen Eingebungen erzählt uns Wagner öfter: gerade die Berufslieder (Schiffer-, Hirten-, Schmiede-, Bergmanns-, Pilgerlieder) giengen gerne von ungesuchten Eindrücken aus: und welche stimmunggebende Rolle spielen gerade diese

[1] Deinhardstein I 7 sagt Hans Sachs zu Kunigunde: 'Du weißt, wie mir's zu gehen pflegt, wenn Widerliches mir geschieht; und viel davon hat mein Gemüth zur Heftigkeit heut' aufgeregt'; ebenso Wagners Hans Sachs zu Eva: 'Hab' heut' manch Sorg' und Wirr' erlebt; da mag's dann sein, daß 'was drin klebt.'

Weisen im 1. Akt des 'Tannhäuser', des 'Siegfried', im 3. des 'Wieland' und vor allem des 'Tristan'! Daß der 'Rienzi' aus rein lyrischen Elementen, wie dem Gesang der Friedensboten und den Schlachthymnen entsprang, versichert uns der Dichter selbst (Schr. IV 257)[1]. An sich fanden sich Schusterlieder, freilich in des Lehrjungen Munde, schon bei Reger, bei ihm kommt auch der Nebenbuhler schon in die Lage, sich von Hans Sachs die Schuhe flicken zu lassen; und die hinter lauten Tönen versteckte Melancholie, mit der sich der Schuster den mißachteten Beruf legendarisch verklärt, konnte bei Deinhardstein eine gewisse Anknüpfung finden[2]. Aber das alles bekommt sein Gewicht erst als parodische Parallelhandlung, zugleich in seinem Reflex auf die verborgenen nächstbeteiligten und doch unbeteiligten Zuschauer. Auch andere Parodisten haben den Sängerkrieg zu einer Keilerei auf der Wartburg umgemodelt. Hier tut's Wagner selbst (Schr. IV 284). Es gehört zur Einheit des Aufbaus, daß jeder Akt gleichartig ausmündet: tumultuarisch versingt Walther im 1., noch tumultuarischer Beckmesser im 2. Akt, während der 3. dann endlich mit dem entscheidenden Siege schließt. Dieselben Zünfte, die am Vorabend raufend aufeinander losprügeln, sehen wir im Sonnenschein der Johanniswiese festlich geschmückt mit heitern Liedern friedlich nebeneinander aufziehen. Die beiden großen Singschulen des 1. und 3. Akts gemahnen zugleich an Wagners Neigung, am Ende auf den Anfang zurückzuweisen. Genau so stehn in Parallele und Gegensatz die Gralscenen des 'Parsifal'; aber auch Anfang und Schluß nicht nur des 'Rheingolds', sondern des ganzen 'Rings'; die Kaiserscenen im 1. und 3. Akt des 'Lohengrin', der Ausgang vom Venusberg und sein Erscheinen zum Schluß, Schwanhilde und Rothar am Anfang und Schluß des 'Wieland', die drei Wielandsbrüder am Anfang des Dramas sowie am Ende aller drei Akte, das alles mahnt an diese erfolgreiche dramatische Technik, die nirgend so viel bedeutet wie in den 'Meistersingern'. Die große Prügelscene, die dann in traumhaft berückende Mondstille aushallt, steht mit ihrer grellen Parodik im Centrum der Dichtung; und über den tollen Wirrwarr hebt sich, hier zum ersten Male völlig beherrschend, mit seinem heiteren Lächeln die Gestalt des gütigen, weisen Schusters heraus, der an des Wahnes Faden zog und über dem Toben und Schreien nicht vergißt, sein Werk zu tun. Das reinigende Gewitter der Johannisnacht tut not, damit uns die klare Sonne des Johannisfestes erquicke.

[1] So mag der Entzauberungssang Arindals in den 'Feen' ihr Ausgangspunkt gewesen sein.

[2] 'Wär nicht mein Stand, der Dir misfällt, ging' Jeder barfuß durch die Welt.' Deinhardstein I 7.

Hier, im 2. Akt, hilft dann auch das träumerische Dunkel der Nacht, der plötzlich erscheinende Vollmond mit. Daß Wagner für Morgen- und Abendstimmungen besonders empfänglich war, wird uns ausdrücklich bezeugt. Das ist echt romantisch. Eine Vorliebe für die Nacht war der Oper, zumal der romantischen, längst geläufig: in 'Figaro', in 'Zauberflöte' und 'Don Juan', in 'Freischütz' und 'Euryanthe', in 'Vampyr' und 'Heiling', in 'Robert dem Teufel' und 'Hugenotten' ginge es gar nicht ohne die Nacht. Aus dem Monde saugt der sterbende Lord Ruthwen sich neues Leben; die Wolfsschlucht, die Verschwörung Lisuarts und Eglantinens, die Finsternis der Geisterhöhle vertrüge sich mit dem hellen Tage so wenig, wie die Königin der Nacht und der tote Comthur nächtlicher Schauer entbehren könnten. Die Hans-Sachs-Dichter Deinhardstein und Reger hatten dagegen keinen Anlaß zum Dunkel. Wagner bleibt sich nur getreu, wenn er einen halb abendlichen, halb nächtlichen Akt einführt: gerade die Übergänge vom Abend zur Nacht, von der Nacht zum Morgen sind seiner Dichtung und seiner Musik besonders lieb: nicht ein einziges seiner Werke entbehrt dieses Wechsels von Licht und Finsternis, durch den er auch die Bühnentechnik vor neue Aufgaben gestellt hat. Im 3. Akt der 'Sarazenin' sollten wir gar Abend, Sonnenuntergang mit Abendgebet, Nacht, Tagesanbruch mit Morgengebet erleben, und auch der 3. Akt des 'Tannhäuser' setzt ein mit anbrechendem Abend und endet im Morgenrot[1]. Bekanntlich wurde Tieck eine ähnliche Neigung nachgesagt; jedenfalls sind wir auf romantischen Spuren; die Romantik rühmte sich, die Poesie des Übergangs zu sein.

Die erste Hälfte des 3. Aktes bleibt in den Entwürfen, zumal dem ersten, weit hinter der späteren Ausführung zurück. Im ersten Entwurf sollte Hans Sachs melancholisch das Ende der deutschen Dichtkunst beklagen, als deren letzten Poeten er sich fühlt; auch das alte Regersche

[1] Der Morgen bricht an, Rienzi I (Lateran im Morgenrot), Saraz. II (wolkige Mondnacht; dann rötet die Sonne im dunkelsten Purpur die Felsenspitzen); Hohe Braut II (vor Tagesanbruch; dichter Nebel; hohe Felsenspitzen durch die Sonne gerötet: hier spielte wohl die Rütliscene herein); Bergw. zu Falun III; Wieland II; Lohengr. II, III; Trist. II; Rheing. II; Siegfr. II; Götterd. Vorsp., II; Pars. I, III; Jes. II, V. Sehr viel seltener dämmert Abend und Nacht herein: Liebesverbot II; Rheing. IV; Walk. I, III; Götterd. III; Jes. III. Gar nicht zu reden von sonstigen Lichtwirkungen, den zahlreichen Gewittern, Nebeln, Sternennächten, finsterm Wetter, düstern Beleuchtungen, Nächten mit Feuerschein oder Fackelbeleuchtung. Im Holl. III liegt über dem einen Schiffe helle Nacht, über dem andern unnatürliche Finsternis; im Tannh. I steigen wir aus dem Zauberlicht des Venusbergs zum blauen Tageshimmel auf; im Rheing. I gelangen wir aus grünlicher Dämmerung durch hellen Schein in dichte Nacht, im Siegfr. III aus Nacht und Gewittersturm durch Monddämmerung und Feuerwolken zum klaren heitern Himmelsäther im hellsten Tagesschein. Der Beleuchtungswechsel ist für Wagner ein besonders anziehendes Kunstmittel, wichtig zumal für die musikalische Stimmung.

Motiv. der Zweifel, ob ihn sein Handwerk entehre, sollte hier auftauchen; dem Junker rät er vom Dichten ab, er solle lieber streiten wie Hutten und Luther. aber die Hausfrau will er ihm besorgen[1]. Das Terzett der beiden mit Evchen ganz kurz; auch David ohne Belang. Dem verprügelten Merker bietet Sachs das Gedicht des Ritters selbst an und gibt es für ein eigenes Jugendwerk aus: eine absichtliche intriguenhafte Irreführung also: dann geht's sofort auf die Wiese. All das keine glücklichen Ansätze.

Im zweiten und dritten Entwurf ist dann das Wahnmotiv für Hans Sachsens großen, in der ersten Versfassung noch länger entworfenen Monolog gefunden, das angeregt sein mag durch Deinhardsteins Poeten, dem es Verse aufs Papier drängt, wenn er sehen muß, 'wie. von Thorheit und von Narrheit durch und durch erfüllt, sie [die Menschen] oft des Lebens Glück sich selbst und Andern stören' (I 2 S. 13). Ein Zusammenhang mit Deinhardstein liegt um so näher. als das doppelte Selbstgespräch Hans Sachsens schon technisch auf dies Vorbild hinweist; hat doch der Meistersinger des Wortdichters nicht weniger als vier Monologe (I 1, II 2, III 1, IV 7), von denen der erste und letzte deutlichere Spuren bei Wagner hinterlassen haben. Auch Reger hat dem sinnenden Poeten wenigstens zwei größere Selbstgespräche zugewiesen (I 5, II 3). Wagners Art aber entsprechen diese Selbstbetrachtungen nicht. An sich fand der Monolog in der Arie und der dramatischen Soloscene der Oper eine Stütze; besonders auch als Entree, als Selbstvorstellung beim ersten Auftreten. Im 'Fidelio' lernen wir Pizarro und Florestan so im Selbstgespräch kennen, und auch Leonore hat ihre Einzelscene; im 'Freischützen' wird Max. Caspar einmal, Agathen sogar zweimal die Arie oder Scene zuteil; in der 'Euryanthe' sind außer der Titelheldin gerade die dramatischen Figuren, Eglantine und Lisuart, mit Arie und Scene reich bedacht. Von dieser Technik geht auch Wagner aus: in den 'Feen' hat Arindal nicht weniger als drei, Ada wenigstens einen großen Monolog; in der 'Sarazenin' wird dem Hohenstaufen, der Prophetin und sogar dem Gegenspieler Burello die Soloscene gewährt; das 'Liebesverbot' läßt die beiden Hauptgestalten, Friedrich und Isabella, ihre Pläne solistisch entwickeln; dramatisches Recht hat die Form eigentlich nur bei dem visionären Träumer Elis im 2. Akt der 'Bergwerke zu Falun'. Von den ausgeführten Werken

---

[1] Fallen ließ Wagner später das ganz persönliche Motiv, daß Hans Sachs sich seiner Popularität freut, als David. der in den Entwürfen seinen Johannisspruch noch nicht singt. das Schusterlied des 2. Akts unbewußt vor sich hin trällert: das stimmt zu einem Eindruck angeblich des Sommers 1846. wonach sich Richard Wagner ebenso freute, als er einen Badenden in Pirna den Pilgerchor des 'Tannhäuser' pfeifen hört (Mein Leben I 400).

bringt 'Rienzi' eine Scene Adrianos (III 2); dagegen deutet Rienzis Gebet schon auf eine Überwindung des Monologs, der im 1. Akt des 'Holländers' noch eine Hauptrolle spielt. Im 'Tannhäuser' ist Wolfram monologisch ausgestattet, was zu seiner Art stimmt wie das Gebet zu Elisabeth, während ihre Auftrittsarie und Elsas Lied (Loh. II) nach altem Stil schmecken. Seitdem ist die Soloscene der alten Art überwunden. Siegmunds Selbstgespräch, in dem der Schwertgriff aufleuchtet, Siegfrieds Waldweben liegen im Wesen der Handlung und geben Handlung; so wäre auch Wielands großer Monolog im 3. Akt gehalten worden; höchstens Hagens Wacht, die erst nachträglich der 'Götterdämmerung' eingefügt wurde, kann noch als Monolog gelten. Im übrigen sind die kurzen Einzelscenen, die hier und da auftauchen, knapp und entbehren des Eigengewichts[1]. Wagner rückt geflissentlich ins Gespräch, was andere monologisch behandelt hätten: die große Rede König Markes und vor allem Wotans Erzählung im 2. Akt der 'Walküre' legt davon Zeugnis ab; 'zu Wotan's Willen sprichst du, sag'st du mir was du willst', so kennzeichnet Brünnhilde des Vaters leidenschaftliche Darlegung geradezu als Selbstgespräch. Und wie meisterhaft sind Tristans und Isoldens, Siegfrieds und Brünnhildens große Sterbemonologe, die jene dritten Akte wesentlich füllen, in Dialog und Handlung verwandelt! Das ist Absicht und bewußte Kunst. Um so schärfer hebt sich Hans Sachsens Beschaulichkeit ab. Sie ziemt dem Dichter, nicht dem Helden. Die Monologtechnik der Vorlage wurde hier beibehalten, weil sie zugleich den Sprecher kennzeichnete.

Der Ritter tritt herein. Aber auch im zweiten und dritten Entwurf fehlt noch jede Spur von der allerliebsten Einführung in die echten Regeln des Meistergesanges, durch die Hans Sachs, im beabsichtigten Gegensatz zu Davids äußerlichem Regel- und Weisenkram im 1. Akt, dem Junker die bürgerliche Kunst von innen traulich und verständlich macht. Und als in den Entwürfen ein Lied auftaucht, das der Junker nachts schlaflos in der Werkstatt niederschrieb, da liest es Hans Sachs leise vor sich hin: nur das Orchester sollte uns Walthers siegreiche Kunst ahnen lassen. Daß der Inhalt des Liedes ein Traum sei, erfahren wir erst in der Versfassung. Selbst da nicht gleich im vollen Maße. Das Lied der ersten Gestalt (1862), schon formell sehr gekünstelt, bringt nirgend ein klares Traumbild heraus[2], auch auf der Festwiese

---

[1] Z. B. Telramund (Loh. II 2 Schluß); Wieland und Bathilde (Wiel. I 2): Mime (Siegfr. I); Alberich (Siegfr. II); Gutrune (Gött. III).

[2] Wenn ich den Text recht verstehe (Bowen, Sources and Text of the Meistersinger S. 77), erscheint ihm die Geliebte als weiße Taube: eine Nachwirkung des 'Freischützen'.

nicht, wo Walther sich mit winzigen Abweichungen wiederholt. Die Umdichtung mit ihrem stilvollen Renaissanceschmuck zeugt nun aber besonders schlagend dafür, wie lebhaft Deinhardstein nachhallte[1]. Als sein Hans Sachs (IV 7) vor dem Rathaus steht, auf dem sich sein Unglück vollenden soll, da wird ihm bitter klar, wie alles in ihm ersterben sei:

> Wie leer erscheint mir jetzt der Traum,
> als einmal unterm Blütenbaum
> sich mir der Dichtkunst Muse zeigte,
> den Lorber mir herunterneigte;
> dies schöne Bild der Fantasie,
> es wich aus meiner Seele nie...
> denn gar so herrlich war der Traum
> dort unter jenem Blütenbaum!

Wem klingt nicht ins Ohr Walthers Lied:

> Dort unter einem Lorbeerbaum, ...
> ich schaut' im wachen Dichtertraum,
> mit heilig holden Mienen ...
> die Muse des Parnaß.

Gerade diese Zeilen fehlen der ersten Versfassung ganz. So ergäbe sich, daß Wagner bei der endgültigen Formung sich Deinhardstein noch einmal angenähert hat, sei es, daß er sein Drama einsah, sei es, daß alte Erinnerungen erwachten. Die uns geläufige Gestalt des Preisliedes läßt keinen Zweifel.

Aber auch hier wieder hilft Deinhardsteins Anregung nur zur endgültigen Formung eines typisch Wagnerschen Motivs. Nicht nur seine Frauen, Senta, Elsa, Sieglinde, sind traumselig; Erik sieht im Traum den Nebenbuhler voraus; Tannhäuser träumt im Venusberg vom Glockenläuten der Heimatserde; Elis schaut zuerst im Traum die geheimnisvolle Königin, die ihn dann unlösbar in ihre Bande zwingt; Manfred erblickt traumhaft den hohen Ahnen mit seinen Helden; im Minnetraum ahnt Siegmund die bräutliche Schwester; selbst Wotan hat Walhall zuerst im Traum gesehen. Ideale offenbaren sich im Traumleben: 'glaubt mir, des Menschen wahrster Wahn wird ihm im Traume aufgethan'. Nur Gestalten des Traumes, nicht das Traummotiv selbst dankt Wagners Hans Sachs dem Vorgänger.

Die Merkerscene enthielt schon im ersten Entwurf eine Variante, in der Beckmesser Walthers, von Hans Sachs niedergeschriebenes Lied

[1] Dies richtig bemerkt von Baberadt. Hans Sachs im Andenken der Nachwelt (Halle 1906) S. 11, doch ohne ernstliche Verwertung: B. geht den nötigen Schlüssen eher aus dem Wege.

'unbewußt'. einsteckt. In den späteren Skizzen hat der bewußte Diebstahl gesiegt[1], und als Hans Sachs nunmehr dem lächerlich aufgeputzten Merker[2], der die Aneignung des Liedes eingesteht, ironisch verspricht, 'nie sich zu rühmen, das Lied sei von mir', da läßt er den argen Sünder über seine eigne Schuld stolpern; er warnt ihn gar noch, freilich von der Fruchtlosigkeit der Warnung im voraus überzeugt. Das Motiv bleibt künstlich, ist jetzt aber unbedingt humoristisch und hat das sittlich Bedenkliche des ersten Entwurfes verloren. Die Vorgeschichte der Erfindung ist ziemlich compliciert. Bei Reger entnimmt der Schusterjunge Görg in harmloser Absicht vom Arbeitstische des Meisters ein Lied. Er verliert es, durch Zufall gerät es in die Hände des Kaisers, dieser will den Dichter kennen lernen, und Eoban gibt sich im Bunde mit Meister Steffen, den Merkern und Ratsherren dafür aus, wird dann aber schimpflich entlarvt. Von Wagner steht diese Intrigue weit ab.

Hier aber greift nun erhellend Deinhardsteins 'Salvator Rosa' ein. Dort vollzieht sich die Düpierung und Entlarvung des verliebten alten Vormundes folgendermaßen: Calmari ist Kenner, aber nicht Könner; er hat Ehrgeiz und Ruhmbegier, weiß aber: 'im Innern steht es da — allein die Hand!'; er sieht geistig das Bild vor sich, 'allein ich kann's nicht machen'. Und als reicher Mann gedenkt er sich nun den Künstlerruhm, der ihm zugleich Hand und Vermögen des Mündels eintragen soll, für Geld zu erstehen. Als er erfährt, Salvator Rosa weile in Florenz, da hat er die Stirn, dem berühmten Maler zuzumuten, dieser solle ihm eins seiner Bilder verkaufen, d. h. nicht nur das Bild selbst, sondern auch jedes Autorrecht an dem Bilde: so hofft er des Sieges sicher zu sein; wer in Florenz könnte mit diesem Meister wetteifern? Salvator, als er die erste Verblüffung überwunden hat, scheint auf das schamlose Angebot einzugehn; nur verlangt er als Sündengeld eine ungeheuerliche Summe, die sich der Geizhals blutenden Herzens von der Seele reißt. Nun aber kreuzt Salvator die nichtsnutzige Absicht, indem er nicht ein eigenes Gemälde, sondern Raviennas 'Bild der Danae' an Calmari abtritt, der, wie vor den Kopf geschlagen, in dieser Danae seine ängstlich gehütete Laura erkennt und doch annehmen muß, daß Salvator in Danae ein erträumtes weibliches Idealbild geschaffen habe. So verhilft der Alte selbst dem Nebenbuhler zum Siege. Von Salvator läßt

---

[1] Mißlich bleibt in allen drei Entwürfen, daß dort das Lied, das Beckmesser doch für Sachsisch hält, von des Ritters Hand geschrieben ist, eine Unebenheit, die die Versfassung glücklich vermieden hat.

[2] Daß Runge gerade zu seiner Blamage besonders 'zierlich ausgeschmückt' erscheint, hat schon Deinhardstein (III 4).

er sich feierlich versprechen, dieser werde nie behaupten, er habe das Bild gemalt, eine Versicherung, die der Meister gerne durch Händedruck bekräftigt:

Calmari. Euer Wort
ist mir verpfändet, daß Ihr niemals Euch
als Maler dieses Bilds bekennt? —
Salvator (gibt ihm die Hand). Mein Wort:
nie nenn' ich mich als Maler dieses Bildes.

Und Beckmesser?

Doch eines schwört:
wo und wie ihr das Lied auch hört,
daß nie ihr euch beikommen laßt,
zu sagen, es sei von euch verfaßt.
Sachs. Das schwör' ich und gelob' euch hier,
nie mich zu rühmen, das Lied sei von mir.

Es ist genau die gleiche Intrigue, durch die auch Sachs den törichten Lumpen in die selbstgegrabene Grube purzeln läßt. Man spürt schon, daß die Erfindung bei Wagner nicht selbwachsen ist.

Auf die Merkerscene folgt seit dem zweiten Entwurf das Wiedersehen der Liebenden in der Werkstatt. Der erste Entwurf schob die Scene gleich hinter den Wahnmonolog. Die Umstellung erst ermöglichte den Ausbau, den sie in der Versfassung erfahren hat. Das entzückende Bild, wie Evchen den Geliebten erschaut, während ihr die Schuhe angeprobt und nachgebessert werden, erhält erst seine volle Prägung, als sie aufhört, wie in den Entwürfen, sich durch Blicke und Zeichen zu verständigen, und vielmehr, festgebannt durch innere Erregung und — mangelnde Schuhe, versunken zu ihm aufblickt. Ob Wagner nicht an die anmutige Scene im 'König Rother' dachte, wo sich auch die Königstochter die Schuhe eben anproben läßt und stillhalten muß, da ihr der Fremdling zuruft: '*jâ stênt dine vôze in Rôtheris schûze*'? Der bedeutendste Gewinn der Versfassung ist aber die vorher nirgend angedeutete Taufscene, in der die 'selige Morgentraumdeutweise' so rührend, herzlich und feierlich für ihr Weiterleben geweiht wird. Der zweite Entwurf bringt nur in den beigegebenen Excerpten aus Wagenseil die Notiz 'Taufe (mit zwei Gevattern) der neuen Weise'. Diese magere Notiz, die in der Quelle noch nüchterner klingt (ohne die Bezeichnung 'Taufe'), hat sich in der Schlußausführung zur lieblichsten Blüte entfaltet.

Eine große Liebesscene, wie sie sonst einen Höhepunkt Wagnerscher Dramen zu bilden pflegt, fehlt hier ganz. Das erklärt sich leicht. Walther und Evchen sind ein einfaches, typisches Liebespaar, daß nur durch äußere, nicht eben tragisch zu nehmende Umstände behindert scheint, die erwünschte Ehe glatt zu schließen. Solche brave Zuneigung rechtfertigt nicht die große beherrschende Scene; sie ist nicht der Lebensnerv der Dichtung. Wie anders, wenn Irene zwischen dem adligen Freunde und dem teuren Bruder schwankt, wenn Senta sich in mystischer Liebe dem Holländer verlobt, wenn in Elsa Vertrauen, Angst und innere Unruhe kämpfen, bis sie die verhängnisvolle Frage tut, wenn Ulla ihren Elis dem heranschwellenden Wahnsinn zu entreißen sucht, wenn Schwanhilde ihre überirdische selige Flugkraft Wieland opfert, wenn Bathilde aus Haß durch Mitleid zur Liebe sich entwickelt, wenn in den Wälsungen Geschwisterliebe zu heißeren Flammen auflodert, wenn in Kundry der Drang zur Verführung und zur Erlösung sich mischt: gar nicht zu reden von der großen mythischen Heldenliebe Siegfrieds und Brünnhildens und von der alles verzehrenden todessüchtigen Liebe Tristans und Isoldens, die das ganze Drama in ein großes Liebesgespräch wandelt. Daß die Liebesscene als Gipfel auch im 'Tannhäuser' fehlt, mag auffallen: in den 'Meistersingern' war für die Gewalt der echten Wagnerschen Liebesscene kein Platz; die Enthaltung erweist wieder des Meisters sicheres Stilgefühl.

Nach der Taufscene wechselt das Bühnenbild. Die Zweiteiligkeit kennzeichnet Wagners dritte Akte. Ich sehe vom 'Parsifal' ab, wo jeder Akt zweiteilig ist. Aber 'Lohengrin', 'Siegfried', auch 'Götterdämmerung' sind vollgültige Parallelen; in allen vieren hat der 3. Akt schon durch seine Ausdehnung ein Übergewicht. Und der 3. Akt 'Tristans', der 'Walküre' zerlegt sich bei aller Einheit auch ohne Zwischenvorhang in zwei Teile. Das ist kein Zufall. Wagners dritter Akt entspricht den beiden Schlußakten des fünfaktigen Wortdramas, in denen diese nach einem ersten Höhepunkt eine Art neuer Handlung zu bieten pflegen. Wirklich bringt I—III im 'Rienzi' den Aufstieg, der Rest den Untergang; in der 'Sarazenin' I—III Manfreds Erhebung zur Königswürde, der Rest die tragische Eifersucht Nurredins, der die Heldin zum Opfer fällt. Genau so bei den Dreiaktern: zwischen II und III liegt im 'Tannhäuser' die Romfahrt, im 'Parsifal' die lange Irrwanderung; nur im 3. Akt ist Tristan sterbenswund, Wieland gelähmt. Mit dem 2. Akt endet in der 'Walküre' die Wälsungentragödie, im 'Siegfried' die Mimehandlung. Die Vermählung Lohengrins und Elsas, Siegfrieds und Gutrunes am Schluß des 2. Aktes sind vorläufige Höhepunkte: die Prügelei der 'Meistersinger' mit Beckmessers drastischer Niederlage ein vorläufig abschließender Knalleffekt. Überall setzt dann mit dem 3. Akt eine neue, zunächst ruhiger ansteigende Handlung ein, die dann schließlich den ersten Teil überhöht. Diese neue Handlung muß ausholen, sie braucht ein ungestörtes Auf- und Ausatmen. Dem kommt das Doppelbild sehr zugute. Die inhaltsschweren Vorspiele gerade der dritten Akte, Tannhäusers Romfahrt und Parsifals Irrsal, die dritten Einleitungen des 'Siegfried', des 'Tristan', vor allem der 'Meistersinger' bilden die Ouvertüren zu diesen zweiten Handlungen.

Das Nürnberger Volksfest, das nach dem Taufquintett einsetzt, hat Wagner schon bei Reger gesehen, wo es freilich nur Gelegenheit zu hübscher Ausstattung und ein paar munteren Scenen gibt, für die Handlung aber wenig bedeutet. In den 'Belustigungen, Spielen' des ersten Entwurfs klingt Regers Scenerie noch deutlich durch. Die Zünfte[1] ziehen festlich-friedlich auf, in greifbarem Gegensatz zu ihrem kriegerischen Aufmarsch in der nächtlichen Rauferei: nach Wagners anfänglicher Absicht (zweiter und dritter Entwurf) sollte Hans Sachs im Schlußwort ausdrücklich darauf anspielen, daß der Meistersang alle Zünfte vereine und dadurch den Bürgerzwist ersticke, der nur zu nächtlicher Weile seinen tollen Unfug auf der Straße treibe: ein Motiv, das noch in der ersten Versfassung (1862) Eingang fand und erst in der endgültigen Schlußform einem edleren und höheren Schlußgedanken Platz gemacht hat. Die Reihe der Zünfte beschließt der feierliche Aufzug der Meistersinger, den Deinhardstein in einer wortlosen Scene (IV 6) bereits hübsch vorgezeichnet hatte. Das Volk bejubelt vor allem Hans Sachs: erst in der Versfassung mit dem herrlichen Chor von der Wittenbergischen Nachtigall. In ihm schwingt die protestantische Saite weiter, die der Eingangschoral anschlug und die neben des Schusters sinnvollem Ernst zumal auch des Junkers freies freudiges Selbstgefühl verkörpert.

Und nun beginnt der eigentliche Wettgesang. Wagner hat es sehr glücklich so eingerichtet, daß alles den unseligen Schreiber aus der Fassung bringt. Er fühlt sich körperlich schlecht, hat unsicher gelernt, kann nicht recht lesen, hat ein böses Gewissen, traut sich selbst nicht, stößt auf Gelächter und Widerstand des Volkes, und obendrein wackelt der Rasenhügel, von dessen Höhe aus er singen soll: das auch erst in der Versfassung. Bei Reger ergibt sich Eobans Niederlage ohne Umstände: der Ratsherr hat sich für den Autor eines Liedes ausgegeben, das er gar nicht kennt, und als er es auf des Kaisers Wunsch aus dem Gedächtnis vortragen soll, da spricht er zwar die ersten beiden Zeilen, die der Fürst ihm vorgesagt hat, richtig nach, gerät dann aber in sein drollig albernes Lied vom Absalon

[1] Ob Wagners Kinderinstrumente mit den 'kleinen Musikanten' in Lortzings Pantomime Nr. 17 zusammenhängen?

herein, das ihm früher in der Singschule einen Triumph über Hans Sachs eingetragen hatte, dank dem törichten Urteil der Meister, gegen den lebhaften Protest des Volkes. Dieser auch bei Wagner fruchtbare Gegensatz hatte bei Reger die große Sängerscene im Anfang des 2. Aktes beherrscht; Wagner läßt es nicht zum Mißklang kommen, da in seinem 1. Akt nur die Meister urteilen, im 3. aber sich mit schwachem Widerstreben der Volksstimme-Gottesstimme beugen. Sehr glücklich; doch hat erst die Versfassung diese Harmonie erreicht, die Entwürfe dehnten den Regerschen Zwiespalt bis gegen das Ende aus. Daß Regers Eoban von Hans Sachsens Versen in seine eigenen hereingerät, freilich nur sprechend, nicht singend, das ist immerhin ein Vorklang zu Wagners parodischem Kunststück, in dem er Walthers Preislied, schon im Sinn gröblich mißverstanden, auf die Weise und Vortragsart des Beckmesserschen Ständchens zum besten geben läßt. Ein glänzendes Mittel, um den innern Widerspruch zu versinnlichen: ein Gegenstück zu dem gewagten Versuch, in Mimes verlogenen Schmeichelliedern ebenso Wortlaut und Melodie zu schreiender Discrepanz zu binden. Doch sind das nur die grellsten Fälle: wie oft deutet das Orchester widerstrebende Gedanken und Gefühle an! Wagner dachte von dem Kunstmittel sehr hoch: wollte er so doch in den 'Siegern' die Präexistenzen seiner Gestalten mitklingen lassen. Die Doppeltheit Kundrys, in der zwei Wolframsche Cundrien, die schöne und die häßliche, vereinigt sind, kommt freilich musikalisch nicht in voller Schärfe zum Ausdruck. Dagegen wird das Wunderreich der Nacht und Liebe, in dem Tristan und Isolde leben, uns nur erschlossen durch die Wundersprache der Töne: uns, nicht den übrigen, der Tageswirklichkeit angehörigen Gestalten des Dramas, voran König Marke, für den die Liebenden eine fremde Sprache reden bis zuletzt.

Beckmesser scheitert von Rechts wegen. Die naive Genialität des Volkes lehnt den Pedanten lachend ab und jubelt dem ritterlichen Dichter vom ersten Augenblick vertrauend zu, ihm schneller folgend als die geschulten Männer der Zunft. Auch das ein Grundgedanke Wagnerschen Schaffens, der freilich durch seine eigene Kunsterfahrung nicht bestätigt wurde: es waren doch zunächst erlesene Kenner und Versteher, die helfen mußten, Wagners Höhenkunst dem Volke nah und näher zu bringen.

Das Traumlied tut, reich variiert, seine volle Wirkung und zieht alle Hörer in den seligsten Traum mit hinein. Evchens Hand nicht nur, auch König Davids Bild ist dem Sieger sicher. Da aber wehrt er ab, und es bedarf der ergreifenden, wuchtigen nationalen Schlußrede Hans Sachsens, um den Heißblütigen unter das Joch der Meisterkette zu schmiegen. Ein unvergleichlicher Schluß, der gerade in der

Kriegszeit uns den deutschen Voll- und Volksgehalt der 'Meistersinger' in seiner herrlichen Tiefe zum Bewußtsein bringen half.

Und dieser Schluß soll, so hat man neuerdings behauptet, erst nachträglich angesetzt sein, das Stück ursprünglich einfach mit des Ritters Dichterkrönung geschlossen haben? Die These ist äußerlich und innerlich unhaltbar. Schon der erste Entwurf von 1845 zeigt des Junkers Weigerung und die kräftige Mahnung Hans Sachsens; die entscheidenden Schlußworte: 'Zerging' das heil'ge römische Reich in Dunst, uns bliebe doch die heil'ge deutsche Kunst' sind dort freilich als isoliertes Reimpaar mit Bleistift nachgetragen: wann, ist zweifelhaft: aber für 1851 ist dieser Schlußreim gesichert (Schriften IV 286), und im zweiten Entwurf wird er vom Chor zu nachdrücklichem Abschluß einhellig aufgenommen[1].

Aber es bedürfte gar nicht des äußern Zeugnisses, um die Notwendigkeit dieses Abschlusses zu erweisen. Walthers Widerstreben ist vorbereitet. Im ersten Entwurf wirbt er freilich aus reiner Liebe zur Dichtkunst um Eintritt in den Kreis der Meistersinger, bei denen er Reste des alten 'Thüringer Geistes' von Walther und Wolfram wiederzufinden hoffte, und am Schlusse der gescheiterten Freiung bittet er gar in größter Verzweiflung: 'Erbarmen, Meister!' Aber auch hier schon hat ihn die Enttäuschung in die bitterste aufgeregte Stimmung versetzt (2. Akt), auch hier schon beklagt er sich ingrimmig über 'diese langweiligen unbarmherzigen Poeten, die mich bis auf's Blut gemartert haben'. Und wenn diese Empfindungen in den beiden andern Entwürfen zurücktreten, so fällt in ihnen dafür die ursprüngliche Hinneigung zur Meisterzunft fort. Hier und in der Versfassung ist die Bewerbung um das Meistertum nur Mittel zum Zweck. Die Verse aber steigern sich von der Raben heiserm Chor im 1. Akt zu dem galligen Zorngesang des 2. Aktes, in dem die Meister zu näselnden, kreischenden bösen Geistern werden, und wenn Sachs die Hitze dann auch kühlt, Stolz und ritterliche Überlegenheit werden nicht vergessen. Schon im ersten Entwurf weist der Junker, als er den Preis errungen, das Meistersingertum zurück: er wäre nicht Walther von Stolzing, wenn er den Nacken der Kette widerspruchslos beugte.

Und der große nationale Gedanke? In Deinhardsteins Drama fehlt er. Aber der vorgeschobene Prolog zur dritten Auflage (schon in den 'Künstlerdramen' von 1845) macht bereits den Versuch, das Wirken der Meistersinger als vaterländische Leistung dem geistigen Werden des deutschen Volkes historisch einzugliedern, darin Hans

[1] Die vorhergehenden Verse: 'Habt Acht! uns drohen üble Streich' usw. sind allerdings erst am 28. Januar 1867 verfaßt.

Sachsens Schlußrede verwandt; er faßt als Aufgabe des Dramas zusammen, es schildere 'eines deutschen Dichters Eigenheit dem heißgeliebten deutschen Vaterlande'. Und aus dem leise angeschlagenen patriotischen Tone: 'Es gibt denn doch kein fester Band als Liebesglück und Vaterland' (III 1) erwächst bei Reger (doch von Düringer verfaßt) das bedeutendere Leitmotiv:

> Zwei Dinge sind es, die den Mann begeistern,
> Die seiner Kraft den ächten Werth verleihn,
> Selbst wenn sich Sorgen seiner Brust bemeistern,
> Wird er durch sie doch stark und mächtig sein: . . .
> Der Liebe Glück, das theure Vaterland.

Es meldet sich in des Dichters erster sinnender Scene und Arie (Nr. 2; Akt I 5); es trägt ihm beim Wettgesang den lebhaften Beifall der Zuhörer ein (Nr. 7; Akt II 1) und tönt voll aus in dem Einzellied Nr. 8: 'Was ich als Höchstes hab' erkannt, bleibt mir bis an des Grabes Rand: Der Liebe Glück, das Vaterland, das theure Vaterland, das deutsche Vaterland.' Im großen Schlußchor klingt es verbunden mit dem Kaiserpreis noch einmal an: 'Drum laßt uns froh und freudig singen: Hoch leb' die Lieb', das Vaterland!' So fand Wagner dies nationale Motiv schon bei dem vielbeachteten Vorgänger.

Und es zündete um so mehr, als der deutsche Gedanke damals ohnedem seine Seele beherrscht: wir dürfen nicht vergessen, daß die Sehnsucht nach Kaisertum und Einheit gerade in den Jahren vor der Märzrevolution Deutschland warm durchleuchtet. Schon Rienzis Bekenntnis seiner glühenden Liebe zu Roma, seiner hohen Braut, atmet etwas von diesem zugleich nationalen und freien Geiste[1]. Daß im 'Lohengrin', der unmittelbar nach dem ersten Meistersingerentwurf in Angriff genommen wurde, König Heinrich des Reiches Ehre und Kraft in Ost und West mächtig verkörpert und verkündet, war zur Not noch aus der Quelle abzuleiten. Aber auch der thüringische Landgraf des 'Tannhäuser' beruft sich darauf, daß 'unser Schwert in blutig ernsten Kämpfen stritt für des deutschen Reiches Majestät', und nationale Spekulationen durchtränken Wagners 'Weltgeschichte aus der Sage', die Schrift über die 'Wibelungen', in der er Nibelungen und Ghibellinen durch waghalsige Schlüsse miteinander verknüpft: 'Im Kyffhäuser sitzt er nun, der alte Rothbart Friedrich; um ihn die Schätze der Nibelungen, zur Seite ihm das scharfe Schwert, das einst den grimmigen Drachen erschlug' (Schr. II 155). Aus diesem Geiste

[1] Selbst der Arindal der 'Feen' gelobt in seinem zweiten Monologe: 'Zum Kampfe zieh' ich für mein Vaterland.'

erstand 'Siegfrieds Tod', aber auch der Entwurf zu 'Friedrich I.' (1846), der ebenfalls mit nationalem Schlußreim endet:

> Drum streit' ich denn mit guter deutscher Wehre,
> für Kaisers und der Völker Ehre.

Und aus dem Aufbau seines Wielanddramas erwächst ihm wieder ein kraftvoller romantisch-nationaler Ruf: 'O einziges, herrliches Volk! Das hast Du gedichtet, und Du selbst bist dieser Wieland! Schmiede Deine Flügel, und schwinge Dich auf!'[1] Der große nationale Schlußaccord der 'Meistersinger' entspricht ganz der Zeit des ersten Planes und gibt auch in seiner endgültigen leise resignierten Färbung (1862—1867) die zaghaft, aber zunehmend hoffnungsvolle Stimmung der vor- und frühbismarckischen Periode getreulich wieder. Die Schlußapostrophe sollte das Gemüt heiter beruhigen, trotz allem Ernste des Inhalts (Schr. VIII 332). Jeder Zweifel scheint mir unberechtigt, daß dieser nationale Ausblick von vornherein die Krönung des Gebäudes bilden sollte.

Während im ersten Entwurf der fröhliche Brautzug sich zur Stadt zurückbegibt, endet das Stück schon seit dem zweiten Entwurf mit der Bekränzung des Hans Sachs. In der ausgeführten Form nimmt sie die Gestalt eines liebevoll geschauten Tableaus an: Wagner schreibt ein lebendes Bild der Hauptgestalten vor, in das nur das jubelnde, Hüte und Tücher schwenkende Volk und die tanzenden Lehrjungen Bewegung bringen. Wieder eine feste theatralische Gewohnheit des Dramatikers, dieses Schlußtableau, das den Neigungen der Opernausstattung entspricht. Das Schlußbild bleibt regelmäßig dem Ende des Ganzen vorbehalten. Nur das 'Liebesverbot' läuft in bewegte Handlung aus, in einen hin und wieder gehenden Festzug. Sonst stets ein ruhiges oder doch einer ruhigen Ausführung fähiges Schlußbild, dem oft der Tod die Ruhe verleiht[2]: wenn der Vorhang über Isoldens Liebestod 'langsam' fallen muß, so bringt das schon äußerlich die Absicht des Dichters zum Ausdruck. Opernhaft wirkt in den 'Feen' das Schlußtableau im Feenpalast; opernhaft scheint uns das in den Lüften entschwebende Liebespaar im 'Holländer', 'Wieland', 'Siegfrieds Tod': Scenenbilder, die

[1] Arthur Seidl weist (Baireuther Blätter XVI 363) hübsch darauf hin, wie die Worte der Skizze Schr. III 177 'Da schwang die Noth selbst ihre mächtigen Flügel in des gemarterten Wieland's Brust' sich eng berühren mit Walthers erstem Werbelied 'Der Noth entwachsen Flügel'. Briefe II 426 gibt Wagner seiner Wielanddichtung das Zeugnis: 'Deutsch! deutsch': 'dieser Wieland soll Euch noch alle auf seine Flügel mitnehmen'.

[2] Hohe Braut; Bergw. zu Falun; Saraz.; Tannh.; Lohengr.; Tristan. Ein historisch bewegtes, aber doch zu einiger Dauer geeignetes Bild endet auch den 'Rienzi'.

allzusehr an den Geschmack von Lortzings 'Undine' gemahnen. Dagegen schließen 'Rheingold' und 'Götterdämmerung' mit großartig gedachten Bildern bedeutenden Gehalts und hohen Stils; und das Schlußbild der 'Meistersinger' gliedert sich in seiner abweichenden Stilart würdig an. Es hebt sich scharf ab vom Ende der beiden ersten Akte, die träumerisch versonnen ausklingen und jedes Tableau geflissentlich vermeiden, so leicht es in beiden Fällen zu haben war. Auch sonst sind Schlußbilder in den früheren Akten sehr selten: nur der 'Rienzi' endet alle seine Aufzüge so, den vierten gar bei 'langsam' fallendem Vorhang[1]. Sonst ist bei den ersten beiden Akten feste Regel, daß der Vorhang 'schnell' fällt[2]: der Bühnenkenner wußte warum. Er wünscht nicht, daß der Zusammenhang durch einen scharfen Einschnitt unterbrochen werde, wie ihn ein abgeschlossenes beharrendes Bild bedeutet.

Die Bestandteile des Schlußbildes der 'Meistersinger' entstammen wieder verschiedenen Anregungen. Während Reger nichts herleiht, bringt Deinhardstein am Schluß nicht nur das hutschwenkende Volk, sondern auch die Krönung des Hans Sachs, dem Kunigunde den Lorbeer aufsetzt. Freilich sind bei ihm der große Meistersinger und der siegreiche Freier ein und dieselbe Person; bei Wagner dagegen ist es eine besondere Feinheit, daß Evchen den Kranz, mit dem sie Hans Sachs schmückt, ihres Walthers Haupt entnimmt. Möglich, daß dieser Zug aus Hagens 'Norica' (II³ 236) herrührt, wo Michael Beheim, ein Sieger der Singschule, seinen rühmlich ersungenen Kranz nachher in der Schenke Hans Sachsen, 'Nürnbergs kunstreichem Schuster', aufsetzt[3]. Besonders aber hat 'Salvator Rosa' wieder beigesteuert. Hier zeichnet Deinhardstein ebenso wie Wagner ein volles Schlußtableau, was im 'Hans Sachs' nicht geschieht. Der alte Calmari drückt dem preisgekrönten Nebenbuhler Ravienna den Lorbeer heftig aufs Haupt; Ravienna aber und Laura 'stehen Hand in Hand im Vorgrunde, dankende Blicke auf Salvator richtend, der nicht ohne Rührung hinsieht': genau wie sich bei Wagner 'Walther und Eva zu beiden Seiten an Sachsens Schultern lehnen'. Der Zusammenhang ist wieder schlagend. So gehn also die gesamten, recht complicierten Motive der Preisstellung und ihres überraschenden Ausganges in der Hauptsache auf Deinhardsteins 'Salvator Rosa' zurück. Die geringfügige Dichtung hat bedeutend dazu beigetragen, daß die dramatisierte Anekdote vom geistig hochstehenden, gütigen und bizarren

---

[1] Auch der Schluß des 2. Aktes der 'Götterdämmerung' ist ein festzuhaltendes Bild; ferner etwa Saraz. Akt III.

[2] Feen II; Hohe Braut I; Tannh. II; Walk. I, II; Siegfr. I; Trist. I, II; Pars. II.

[3] Vgl. Baberadt a. a. O. S. 27.

Künstler dem Hans Sachs Wagners zu der Rolle des überlegenen Humoristen verhalf, der schließlich alle Fäden fest in seiner Hand hält und in heiter resignierter Weisheit nicht nur die Liebe, sondern auch die Idee zum Siege führt.

Wagners dramatische Kunst strebt zur Vereinfachung, zu den ernsten großen Linien: das ist seine dichterische Stärke, und selbst wo er kombiniert und hinzufügt, geht damit stets ein entschlossenes Verwerfen Hand in Hand, so daß aus dem Zusammengesetzten eine neue schlichte Einheit sich ergibt. Nur für 'Siegfrieds Tod' gilt das nicht ganz und für die 'Meistersinger'. Jenes Drama trug eben schon die ganze Tetralogie in sich, das Ergebnis einer imposanten, aber weder einfachen noch notwendigen Sagenkonstruktion. Bei den 'Meistersingern' dagegen hat Wagner ein etwas üppigeres Wuchern von Nebenmotiven gerne gestattet, ja begünstigt: denn hier sollte nicht sagenhaft ferne Größe, sondern die reiche Lebensfülle nahen Alltagsdaseins, auch eine heitere genrehafte Zufälligkeit, zu uns sprechen. Die Vielheit der Quellen, Lortzing-Regers Oper und die beiden Dramen Deinhardsteins, Hoffmanns Novellen, Wagenseils Geschichtswerk, Hagens 'Norica'; sie ist dabei nicht entscheidend: die Materialien zum Aufbau hat der Dichter spielend bezwungen. Aber es verlangt ihn nach bunten Farben, heiterm und barockem Ausputz, literar- und kulturhistorischen Haupt- und Nebenbeziehungen. Er spielt mit seinen Gestalten freier als sonst und läßt, echt romantisch, auch seinen Haupthelden, den Hans Sachs, mit den Andern spielen, mit dem Liebespaar und den Zunftgenossen, mit Ritter, Schreiber und Lehrjungen. Dies Spiel ziemt dem, der spielend schafft, dem Dichter und dem Gott[1]: nicht umsonst berührt sich Hans Sachs mit Wotan. Aber der alternde Meister überwindet sich glücklicher, erringt heiterer die innere Freiheit, die zum schaffenden Spiele gehört. In seiner entsagenden Freudigkeit, die sich dem jungen Dichter und Liebhaber auf beiden Gebieten ohne Selbsttäuschung unterordnet und den Verzichtenden eben dadurch über Alle hinaushebt, wurzelt der tiefe künstlerische und menschliche Ernst des muntern, zuweilen ausgelassenen Spieles.

Die technische Aufdröselung hat noch eine andere Seite in Wagners dramatischem Werke beleuchtet: seine große Einheitlichkeit. Das Lustspiel, das so grundverschieden erscheint von den ernsten Musikdramen, fordert doch immerfort zu Vergleichen und

[1] Einige besonders ausgebildete dramatische Vertreter dieses romantischen Spiels im Drama habe ich in meinem Buch über Brentanos 'Ponce de Leon' besprochen (S. 77 ff.): ich hätte dort nicht versäumen sollen, auch auf Raupachs König Drosselbart, auf den Don Ramiro der 'Schule des Lebens' (Hamb. 1841, aber schon älteren Datums) hinzuweisen, der mir in meiner Jugend auf der Bühne großen Eindruck gemacht hat.

Parallelen heraus. Eine überraschende Anzahl dramatischer und theatralischer Motive teilen die 'Meistersinger' mit Wagners übrigen Dramen. Seine hervorstechende Eigentümlichkeit ist eben nicht die unbegrenzte leichte Erfindungskraft, auch in der Komposition nicht: viel bewundernswerter, was er aus einer beschränkten Zahl dichterischer und musikalischer Motive in unerhörter Durch- und Umarbeitung zu bilden versteht! Früh waren gewisse Formen seines Geistes ausgeprägt: Verwandtes und Ähnliches gestaltet sich zu immer Neuem um. Hans Sachs, Walther, Evchen, sie gehen ihren eignen Weg in beschränkter Enge, und doch blitzt uns Wotans göttliches Auge, Siegfrieds siegendes Lachen, Sentas leidenschaftliche Hingabe kurz und flüchtig wie eine Ahnung aus ihnen an. Und auch durch die bunten wechselnden Scenenbilder, auch durch die verwickeltere und episodisch belebte Handlung fühlen wir immer wieder die große Einfalt der Anschauung und des Aufbaues, die Wagners dramatisches Schaffen kennzeichnet.

Ausgegeben am 31. Juli.

1919.
XXXVIII.

SITZUNGSBERICHTE DER PREUSSISCHEN AKADEMIE DER WISSENSCHAFTEN.

24. Juli. Sitzung der physikalisch-mathematischen Klasse.

Vorsitzender Sekretar: Hr. Planck.

*1. Hr. G. Müller las über die Klassifizierung der Fixsternspektren, über ihre Verteilung am Himmel und über den Zusammenhang zwischen Spektraltypus, Farbe, Eigenbewegung und Helligkeit der Sterne.

Die von Pickering und Cannon eingeführte, heut allgemein gebräuchliche Einteilung der Fixsternspektren entspricht dem Entwicklungsgange der Sterne. — Zwischen Spektraltypus und den Farbenschätzungen sowie den Farbenindizes und den effektiven Wellenlängen finden einfache Beziehungen statt. — Bezüglich der Verteilung der Spektralklassen am Himmel wird gezeigt, daß die B-Sterne in der Nähe der Milchstraße angehäuft sind, während die älteren Klassen nahe gleichmäßig im Raum verteilt sind. — Die Untersuchung der Eigenbewegungen und Radialgeschwindigkeiten zeigt, daß sich die Sterne der jüngeren Spektralklassen langsamer bewegen als die der älteren. — Die Einteilung in Riesen- und Zwergsterne und die darauf gegründete Russellsche neue Entwicklungstheorie wird etwas ausführlicher besprochen.

2. Hr. Struve überreichte im Namen des Hrn. Einstein eine Notiz von Hrn. Prof. Dr. A. von Brunn in Danzig: »Zu Hrn. Einsteins Bemerkung über die unregelmäßigen Schwankungen der Mondlänge von der genäherten Periode des Umlaufs der Mondknoten.«

Die Notiz enthält eine Berichtigung des von Hrn. Einstein in den Sitzungsberichten vom 24. April d. J. veröffentlichten Aufsatzes.

3. Hr. Haberlandt legte eine Arbeit vor: Zur Physiologie der Zellteilung. (Vierte Mitteilung, Über Zellteilungen in *Elodea*-Blättern). (Ersch. später.)

Plasmolysiert man Sprosse von *Elodea densa* in $^1/_3$ *n*-Traubenzuckerlösung und bringt man dieselben nach zweistündigem Verweilen im Plasmolytikum in Knopsche Nährlösung oder in Leitungswasser, so teilen sich nach Rückgang der Plasmolyse die einzelligen Blattzähne und häufig auch die Randzellen sowie die äußeren Assimilationszellen des Blattes durch zarte Querwände, die oft mit Löchern versehen sind und sich nachträglich stark verdicken können. Die Querwände treten meist im apikalen Teil der Zellen auf und werden als ringförmige Membranleisten angelegt. Die Zellkerne bleiben ungeteilt. Weniger häufig treten diese Teilungen in den Blattzähnen von *E. canadensis* auf. An die Beschreibung der Beobachtungstatsachen werden einige theoretische Bemerkungen geknüpft.

Zu Hrn. Einsteins Bemerkung über die unregelmäßigen Schwankungen der Mondlänge von der genäherten Periode des Umlaufs der Mondknoten.

Von Prof. Dr. A. von Brunn
in Danzig.

(Vorgelegt von Hrn. Struve.)

In dem Sitzungsberichte vom 24. April 1919 hat Hr. Einstein unregelmäßig periodische Schwankungen in der Länge des Mondes von einer Periode von genähert 20 Jahren, die als von der Theorie nicht erklärte Residuen übrigbleiben, durch die periodische Änderung des auf die Rotationsachse bezogenen Trägheitsmomentes der Erde infolge der Mondflut zu erklären versucht. Die Erklärung scheint auf einem Irrtum über die Methode der Zeitbestimmung in der Astronomie zu beruhen. Hr. Einstein hat offenbar die Auffassung, daß man die Länge des Mondes mit Hilfe einer idealen der »absoluten« Zeit genau proportional laufenden Uhr aus der beständig wachsenden Winkeldifferenz zwischen Meridianebene und Radiusvektor des Mondes bestimmen könne, wobei dann die Idealuhr Ungleichmäßigkeiten der Rotationsgeschwindigkeit aufdecken muß. Wäre diese Auffassung richtig, so würden offenbar die Rektaszensionen aller Gestirne und damit auch die Längen der Sonne und der Planeten alle im wesentlichen die gleiche Periodizität zeigen wie die Mondlänge. Tatsächlich besitzen wir aber keine Uhren, die gleichmäßig genug gingen, um auch nur die durch die Nutation hervorgerufene Ungleichförmigkeit in der Sternzeit, die etwa zehnmal so groß ist wie Hrn. Einsteins Ungleichung, nachzuweisen. Störungen nutatorischen Charakters sind nur deshalb verhältnismäßig leicht bestimmbar, weil sie von Deklinations- und relativen Rektaszensionsänderungen begleitet sind. In Wirklichkeit werden, wie auch die Beobachtungen im einzelnen angestellt sind, die Mondlängen stets aus Rektaszensionsdifferenzen gegen Sterne bestimmt. In den Beziehungen zwischen Rektaszension und mittlerer Zeit sind aber alle in Betracht kommenden bekannten Ungleichförmigkeiten sowohl im Rotationswinkel der Erde, als in der Lage des Frühlingspunktes gegen ein Inertialsystem berücksichtigt. Besitzt nun die Sternzeit ein bisher nicht berücksichtigtes, ausschließlich durch den Rotationswinkel hineingebrachtes periodisches Glied der Form $a \sin nt$, so können wir aus Fixsternbeobachtungen seine Existenz überhaupt nicht nachweisen, es sei denn so groß, daß es sich durch scheinbar ungleichmäßigen Gang der Uhren bemerkbar mache. Beobachten wir nun aber eine Größe, von der wir aus der Theorie wissen, daß sie genau der Zeit proportional wächst, also etwa die mittlere Länge des Mondes, so wird diese in der Tat ebenfalls eine scheinbare periodische Ungleichheit der gleichen Periode $\frac{2\pi}{n}$ zeigen, aber ihre Amplitude beträgt, wenn die Rotationsgeschwindigkeit ω, die mittlere Bewegung der beobachteten Größe n' ist, nicht a, sondern nur $\frac{n'}{\omega}a$, d. h. die Änderung, welche die beobachtete Größe in der Zeitdifferenz zwischen der richtigen und der durch das unbekannte periodische Glied verfälschten Sternzeit erleidet. In unserem Falle ist $\frac{n'}{\omega}$ ungefähr $= \frac{1}{27}$, d. h. gleich der Länge des Sterntages ausgedrückt im siderischen Monat als Einheit. Wäre $a =$ rund $2''$ — so rechne ich aus Hrn. Einsteins Zahlen heraus — so betrüge also die periodische Schwankung der Mondlänge weniger als $0\overset{''}{.}1$. Die Erklärung Hrn. Einsteins wird damit hinfällig.

Bemerkung zur vorstehenden Notiz.

Von A. Einstein.

Hrn. von Brunns Kritik ist durchaus begründet. Da mein Irrtum nicht ohne ein gewisses objektives Interesse ist, will auch ich ihn noch einmal kurz charakterisieren. Meine Betrachtung wäre richtig, wenn sich die Astronomen der Erde als räumlichen Bezugskörpers in Verbindung mit einer besonderen Uhr als Zeitmaß bedienten. In Wahrheit dient den Astronomen der Fixsternhimmel als Koordinatensystem für die räumlichen Messungen, die Drehung der Erde relativ zu den Fixsternen als Uhr. Deshalb kann eine Ungleichmäßigkeit der Erddrehung nur Fehler bezüglich der Zeitmessung herbeiführen, wie Hr. Brunn zutreffend ausgeführt hat.

Ausgegeben am 31. Juli 1919.

Berlin, gedruckt in der Reichsdruckerei.

1919 XXXIX

SITZUNGSBERICHTE

DER PREUSSISCHEN

AKADEMIE DER WISSENSCHAFTEN

BERLIN 1919

VERLAG DER AKADEMIE DER WISSENSCHAFTEN

IN KOMMISSION BEI DER
VEREINIGUNG WISSENSCHAFTLICHER VERLEGER WALTER DE GRUYTER U. CO.
VORMALS G. J. GÖSCHEN'SCHE VERLAGSHANDLUNG. J. GUTTENTAG, VERLAGSBUCHHANDLUNG.
GEORG REIMER. KARL J. TRÜBNER. VEIT & COMP.

Aus dem Reglement für die Redaktion der akademischen Druckschriften

Aus § 1.

Die Akademie gibt gemäß § 41, 1 der Statuten zwei fortlaufende Veröffentlichungen heraus: »Sitzungsberichte der Preußischen Akademie der Wissenschaften« und »Abhandlungen der Preußischen Akademie der Wissenschaften«

Aus § 2.

Jede zur Aufnahme in die Sitzungsberichte oder die Abhandlungen bestimmte Mitteilung muß in einer akademischen Sitzung vorgelegt werden, wobei in der Regel das druckfertige Manuskript zugleich einzuliefern ist. Nichtmitglieder haben hierzu die Vermittelung eines ihrem Fache angehörenden ordentlichen Mitgliedes zu benutzen.

§ 3.

Der Umfang einer aufzunehmenden Mitteilung soll in der Regel in den Sitzungsberichten bei Mitgliedern 32, bei Nichtmitgliedern 16 Seiten in der gewöhnlichen Schrift der Sitzungsberichte, in den Abhandlungen 12 Druckbogen von je 8 Seiten in der gewöhnlichen Schrift der Abhandlungen nicht übersteigen.

Überschreitung dieser Grenzen ist nur mit Zustimmung der Gesamtakademie oder der betreffenden Klasse statthaft und ist bei Vorlage der Mitteilung ausdrücklich zu beantragen. Läßt der Umfang eines Manuskripts vermuten, daß diese Zustimmung erforderlich sein werde, so hat das vorlegende Mitglied es vor dem Einreichen von sachkundiger Seite auf seinen mutmaßlichen Umfang im Druck abschätzen zu lassen.

§ 4.

Sollen einer Mitteilung Abbildungen im Text oder auf besonderen Tafeln beigegeben werden, so sind die Vorlagen dafür (Zeichnungen, photographische Originalaufnahmen usw.) gleichzeitig mit dem Manuskript, jedoch auf getrennten Blättern, einzureichen.

Die Kosten der Herstellung der Vorlagen haben in der Regel die Verfasser zu tragen. Sind diese Kosten aber auf einen erheblichen Betrag zu veranschlagen, so kann die Akademie dazu eine Bewilligung beschließen. Ein darauf gerichteter Antrag ist vor der Herstellung der betreffenden Vorlagen mit dem schriftlichen Kostenanschlage eines Sachverständigen an den vorsitzenden Sekretar zu richten, dann zunächst im Sekretariat vorzuberaten und weiter in der Gesamtakademie zu verhandeln.

Die Kosten der Vervielfältigung übernimmt die Akademie. Über die voraussichtliche Höhe dieser Kosten ist — wenn es sich nicht um wenige einfache Textfiguren handelt — der Kostenanschlag eines Sachverständigen beizufügen. Überschreitet dieser Anschlag für die erforderliche Auflage bei den Sitzungsberichten 150 Mark, bei den Abhandlungen 300 Mark, so ist Vorberatung durch das Sekretariat geboten.

Aus § 5.

Nach der Vorlegung und Einreichung des **vollständigen druckfertigen** Manuskripts an den zuständigen Sekretar oder an den Archivar wird über Aufnahme der Mitteilung in die akademischen Schriften, und zwar, wenn eines der anwesenden Mitglieder es verlangt, verdeckt abgestimmt.

Mitteilungen von Verfassern, welche nicht Mitglieder der Akademie sind, sollen der Regel nach nur in die Sitzungsberichte aufgenommen werden. Beschließt eine Klasse die Aufnahme der Mitteilung eines Nichtmitgliedes in die Abhandlungen, so bedarf dieser Beschluß der Bestätigung durch die Gesamtakademie.

Aus § 6.

Die an die Druckerei abzuliefernden Manuskripte müssen, wenn es sich nicht bloß um glatten Text handelt, ausreichende Anweisungen für die Anordnung des Satzes und die Wahl der Schriften enthalten. Bei Einsendungen Fremder sind diese Anweisungen von dem vorlegenden Mitgliede vor Einreichung des Manuskripts vorzunehmen. Dasselbe hat sich zu vergewissern, daß der Verfasser seine Mitteilung als vollkommen druckreif ansieht.

Die erste Korrektur ihrer Mitteilungen besorgen die Verfasser. Fremde haben diese erste Korrektur an das vorlegende Mitglied einzusenden. Die Korrektur soll nach Möglichkeit nicht über die Berichtigung von Druckfehlern und leichten Schreibversehen hinausgehen. Umfängliche Korrekturen Fremder bedürfen der Genehmigung des redigierenden Sekretars vor der Einsendung an die Druckerei, und die Verfasser sind zur Tragung der entstehenden Mehrkosten verpflichtet.

Aus § 8.

Von allen in die Sitzungsberichte oder Abhandlungen aufgenommenen wissenschaftlichen Mitteilungen, Reden, Adressen oder Berichten werden für die Verfasser, von wissenschaftlichen Mitteilungen, wenn deren Umfang im Druck 4 Seiten übersteigt, auch für den Buchhandel Sonderabdrucke hergestellt, die alsbald nach Erscheinen ausgegeben werden.

Von Gedächtnisreden werden ebenfalls Sonderabdrucke für den Buchhandel hergestellt, indes nur dann, wenn die Verfasser sich ausdrücklich damit einverstanden erklären.

§ 9.

Von den Sonderabdrucken aus den Sitzungsberichten erhält ein Verfasser, welcher Mitglied der Akademie ist, zu unentgeltlicher Verteilung ohne weiteres 50 Freiexemplare; er ist indes berechtigt, zu gleichem Zwecke auf Kosten der Akademie weitere Exemplare bis zur Zahl von noch 100 und auf seine Kosten noch weitere bis zur Zahl von 200 (im ganzen also 350) abziehen zu lassen, sofern er dies rechtzeitig dem redigierenden Sekretar angezeigt hat; wünscht er auf seine Kosten noch mehr Abdrucke zur Verteilung zu erhalten, so bedarf es dazu der Genehmigung der Gesamtakademie oder der betreffenden Klasse. — Nichtmitglieder erhalten 50 Freiexemplare und dürfen nach rechtzeitiger Anzeige bei dem redigierenden Sekretar weitere 200 Exemplare auf ihre Kosten abziehen lassen.

Von den Sonderabdrucken aus den Abhandlungen erhält ein Verfasser, welcher Mitglied der Akademie ist, zu unentgeltlicher Verteilung ohne weiteres 30 Freiexemplare; er ist indes berechtigt, zu gleichem Zwecke auf Kosten der Akademie weitere Exemplare bis zur Zahl von noch 100 und auf seine Kosten noch weitere bis zur Zahl von 100 (im ganzen also 230) abziehen zu lassen, sofern er dies rechtzeitig dem redigierenden Sekretar angezeigt hat; wünscht er auf seine Kosten noch mehr Abdrucke zur Verteilung zu erhalten, so bedarf es dazu der Genehmigung der Gesamtakademie oder der betreffenden Klasse. — Nichtmitglieder erhalten 30 Freiexemplare und dürfen nach rechtzeitiger Anzeige bei dem redigierenden Sekretar weitere 100 Exemplare auf ihre Kosten abziehen lassen.

§ 17.

Eine für die akademischen Schriften bestimmte wissenschaftliche Mitteilung darf in keinem Falle vor ihrer Ausgabe an jener Stelle anderweitig, sei es auch nur auszugs-

(Fortsetzung auf S. 3 des Umschlags.)

1919.

XXXIX.

SITZUNGSBERICHTE DER PREUSSISCHEN AKADEMIE DER WISSENSCHAFTEN.

31. Juli. Gesamtsitzung.

Vorsitzender Sekretar: Hr. Diels.

*1. Hr. Fick sprach: Über die Entwickelung der Gelenkform.

Er besprach die Zulässigkeit der Annahme des Muskeleinflusses auf die embryonale Gelenkform und teilte Ergebnisse eigener Versuche an jungen Tieren über die Beeinflussung der Gelenkform durch Veränderung der Muskelanordnung mit.

2. Zu wissenschaftlichen Unternehmungen haben bewilligt:

die physikalisch-mathematische Klasse Hrn. Struve als außerordentliche Zuwendung für die »Geschichte des Fixsternhimmels« 6000 Mark; Hrn. Engler zur Fortführung des Werkes »Das Pflanzenreich« 5000 Mark; Hrn. Heider zur Fortführung des Unternehmens »Das Tierreich« 2000 Mark; der Sächsischen Gesellschaft der Wissenschaften in Leipzig für die Teneriffa-Expedition 333 Mark; der akademischen Kommission zur Herausgabe der Enzyklopädie der mathematischen Wissenschaften 6000 Mark; dem Prof. Dr. Bodenstein (Hannover) zu Arbeiten über photochemische Vorgänge 5000 Mark;

die philosophisch-historische Klasse Hrn. Erdmann für die Kant-Kommission 1000 Mark; Hrn. Burdach für die Bearbeitung des Briefwechsels Lachmann-Brüder Grimm durch Prof. Leitzmann (Jena) 200 Mark.

3. Das korrespondierende Mitglied der physikalisch-mathematischen Klasse Hr. Otto Wallach in Göttingen feierte am 31. Juli das goldene Doktorjubiläum. Die Akademie hat ihm eine Adresse gewidmet, welche in diesem Stück abgedruckt ist.

Am 3. Juli starb in London das auswärtige Mitglied der physikalisch-mathematischen Klasse Lord Rayleigh.

Am 21. Juli starb in Stockholm das korrespondierende Mitglied der physikalisch-mathematischen Klasse Gustav Retzius.

Adresse an Hrn. Otto Wallach zum fünfzigjährigen Doktorjubiläum am 31. Juli 1919.

Hochgeehrter Herr Kollege!

Die Preußische Akademie der Wissenschaften ist stolz darauf, Sie seit mehr als 12 Jahren zu ihren korrespondierenden Mitgliedern zählen zu dürfen und will es sich trotz der tiefernsten und schweren Zeit nicht nehmen lassen, Ihnen zum goldenen Doktorjubiläum die aufrichtigsten Glückwünsche auszusprechen. Sie dürfen auf eine lange Zeit segensreichen Wirkens in der chemischen Forschung und besonders auch in der Lehre zurückblicken. Das Schwergewicht Ihrer Tätigkeit liegt in Ihrer Arbeit an den Universitäten Göttingen und Bonn. In Göttingen erwarben Sie sich 1869 den Doktorhut, die Habilitation führte Sie 1873 nach Bonn und damit in die Nähe von Altmeister Kekulé. Ihre bedeutsamen organischen Untersuchungen brachten Sie 1889 nach Göttingen zurück, wohin Sie dem ehrenvollen Ruf als Nachfolger eines Wöhler und Viktor Meyer folgten. Daraus ergibt sich unzweifelhaft, wie sehr Ihr Andenken und Ansehen in Göttingen schon damals für Sie sprachen.

Man kennt Sie jetzt in aller Welt als den unübertroffenen Erforscher der Terpene, Kampfer und ätherischen Öle. Sie haben sich kein leichtes Arbeitsfeld für Ihre Spezialstudien gewählt. Man hatte in den ätherischen Ölen zahlreiche Stoffe von anscheinend gleicher chemischer Zusammensetzung, aber mit mannigfach variierenden physikalischen und physiologischen Eigenschaften gefunden; erst Ihnen gelang es aber, Ordnung in das Gewirr zu bringen. Auch bei den sich häufenden Komplikationen haben Sie nie die Geduld verloren und durch Experimentierkunst und Scharfsinn die leitenden Fäden herauszufinden vermocht.

Die allgemeine Anerkennung spricht sich in zahlreichen Ehrenbezeugungen von seiten der Fachgenossen aus.

Sie haben aber mit Ihren Arbeiten nicht nur der Wissenschaft gedient, sondern im gleichen Maße der chemischen Technik. Der Industrie der ätherischen Öle haben Sie seit dem Anfang der achtziger

Jahre das Fundament für eine rasche Entwicklung gebaut. Dadurch konnte sich die deutsche Riechstoffindustrie zu besonderer Blüte entfalten.

Mögen für die Neuerstarkung unseres schwergeprüften Vaterlandes Ihre Arbeiten zu Ihrer Freude und der Allgemeinheit zum Heil immer neue Früchte tragen.

Die Preußische Akademie der Wissenschaften.

Sprachursprung. I.

Von Hugo Schuchardt
in Graz.

(Vorgelegt am 17. Juli 1919 [s. oben S. 613].)

Die Frage nach dem Ursprung der Sprache bezieht sich nicht auf einen Entwicklungsanfang, sondern auf eine Entwicklungsstufe, für die eben die Kennzeichen festzusetzen sind. Da aber die Möglichkeit unabhängig nebeneinander herlaufender Entwicklungen auch für die Urzeit nicht zu bestreiten ist, so spaltet sich sofort die Frage ab: Monogenese (einziger Ursprung) oder Polygenese (mehrfacher Ursprung)? Trombetti tritt kraftvoll und hartnäckig für die erstere ein; aber er erweist sie nicht, weil sie nicht zu erweisen ist. Doch auch die andere ist nicht zu erweisen; kurz gesagt, die Frage darf gar nicht in der Entweder-oder-Form gestellt werden, die Lösung liegt in dem Sowohl-als-auch. Dank seiner unüberbietbaren Ausrüstung hat Trombetti der Sprachwissenschaft die weitesten und fruchtbarsten Ausblicke eröffnet; für das von ihm erstrebte Endziel hat sie versagt. Der Stoff gehört fast seinem ganzen Umfang nach der Gegenwart an; nur an wenigen Stellen reicht er einige Jahrtausende zurück, und auch dieser Zeitraum ist sehr klein im Verhältnis zu dem, den das Dasein der Sprache überhaupt einnimmt. Selbst wenn ich die (rückwärts gerichtete) Konvergenz der Sprachen mit den Augen Trombettis ansähe, würde mir doch eine einzige Ursprache nicht als ihre notwendige Folge erscheinen; oder wüßten wir etwa, ob der in Nebel gehüllte obere Teil einer Pyramide in einer Spitze oder einer mehr oder weniger breiten Fläche endigt? Nun sehe ich aber diese Konvergenz, die ja in Wirklichkeit Divergenz ist, gar nicht mit den Augen Trombettis an, oder vielmehr ich erkenne neben ihr als gleich wichtigen Faktor des Sprachlebens die wirkliche (vorwärts gerichtete) Konvergenz: ich gebe zu, daß alle Sprachen der Welt miteinander verwandt sind, aber nicht stammbaumartig, sondern indem Mischung und Ausgleich im weitesten Umfang dabei beteiligt sind. Das habe ich schon in »Sprachverwandtschaft« erörtert.

Mit dieser Ursprungsfrage der Sprache bringt man die des Menschen in Zusammenhang, wie man überhaupt die Funktion des Organismus mit ihm selbst auf eine Stufe setzt. Wenn man in der Sprachwissenschaft von Bastardierung, Zuchtwahl, Mutation usw. redet, so ist das zu dulden, insofern solche Ausdrücke der Veranschaulichung oder Vereinfachung dienen (und ähnlich verhält es sich mit Pathologie, Therapeutik, Paläontologie usw.); aber als Analogien, die auf Wesensgleichheit beruhen und zu Folgerungen berechtigen sollen, sind sie abzulehnen. Die Bedenklichkeit naturwissenschaftlicher Auffassungen und Bezeichnungen gilt wie für die ganze Entwicklung, so auch für den Ursprung der Sprache. Der Satz: Mensch und Sprache sind gleichalterig, ist nur insoweit unanfechtbar, als er eine Definition darstellt (Menschwerdung = Sprachwerdung), deshalb aber auch unfruchtbar. Trombetti macht sich ihn ausdrücklich zu eigen; und er wendet ihn an, wenn er in Haeckels *homo alalus* einen innern Widerspruch findet (wie er in Linnés *homo sapiens* einen Pleonasmus finden durfte). Er selbst aber gerät mit sich in Widerspruch, indem er nicht, der Definition gemäß, die Monogenese bzw. Polygenese des Menschen als notwendig der der Sprache gleichsetzt, sondern die Denkbarkeit der sprachlichen Polygenese neben der Monogenese des Menschen und umgekehrt zugibt. Freilich unterscheidet er auch in sehr bestimmter Weise: ich behaupte (affermo) die Einheit des Ursprungs der Sprache, ich glaube (credo) bis zum Beweis des Gegenteils an die Einheit des Ursprungs des Menschen. Und der feine Spalt entwickelt sich gleich darauf zur ungeheuern Kluft, indem das Alter der Sprache auf 30000 bis höchstens 50000 Jahre angesetzt wird; damit stehen die Zeugnisse der mit der Geologie verbündeten Anthropologie und Archäologie im stärksten Widerstreit, und keine Verlängerung oder Verkürzung kann einen Ausgleich bewirken. Doch ist es nicht das besondere Verhalten Trombettis, an dem mein Augenmerk haftet; es herrscht im allgemeinen eine gewisse Verwirrung, deren Ursache ich in der unbewußten Auflösung jener Definition suche. Das abhängige Glied wird aus dem festen Gefüge herausgenommen und als selbständiges dem andern gegenübergestellt. Und zwar in loser Entsprechung; denn das ursprünglich Definierte läßt sich noch auf andere Weise definieren, der Mensch statt als Sprachfinder z. B. als Feuerfinder (Prometheus), und das ursprünglich Definierende ist mit einer großen begrifflichen Vagheit behaftet: Sprachfähigkeit, Gebärdensprache, unartikulierte, artikulierte Lautsprache. Daher brauchen Anthropologen und Sprachforscher in bezug auf Monogenese oder Polygenese keineswegs miteinander übereinzustimmen; tun sie es, so besagt das nicht mehr als ein Händedruck im Alltagsleben. Ob der schneidige Giuffrida-Ruggeri, Trombettis Bundesfreund im Anthropologenlager, zu seinem Verdammungsurteil über die Polygenisten berechtigt ist, vermag der Sprachforscher nicht zu ermessen; für ihn ist es ratsam, sich ganz auf eigene Füße zu stellen. Und ebensowenig wird er sich durch Klaatsch beeinflussen lassen, der die Rassenbildung vor die Menschwerdung verlegt. Der Mangel des Sprachvermögens schien durch den kinnlosen Unterkiefer der ältesten Menschenreste bezeugt zu sein; aber höchstens kann man zugeben, daß deren Sprache weniger artikuliert war als die heutige. Wollte man hier den Ausdruck *homo alalus* anwenden, so würde man damit keine bestimmtere Vorstellung erzeugen als mit seinem lateinischen Gegenstück *infans*. Keinesfalls wäre die Gebärdensprache ausgeschlossen, die, wie sie bis heute eine Mitläuferin der Lautsprache geblieben ist, wohl anfänglich zum großen Teil ihre Vorläuferin war. Für die letztere würde sich dann, in entsprechendem Ausmaß, die Annahme der Polygenese als notwendig erweisen. Bei allen diesen Erwägungen darf aber nicht vergessen werden, daß Lebewesen und Tätigkeit nicht unmittelbar miteinander vergleichbar sind; jenes entwickelt sich kontinuierlich und in fester Begrenzung, diese sprunghaft und in wechselndem Umriß. Trombetti setzt nun eine allgemeine Ursprache an, die sich von der späteren Sprache irgendwie abhebt (periodo creativo) und deren Wörter in denen unserer heutigen Sprachen fortleben. Hier scheint die Vorstellung eines paradiesischen Urzustandes mitzuspielen. Es versteht sich von selbst, wir wollen nicht in Wortklauberei verfallen; von einer Monogenese der Sprache kann ja im allerstrengsten Sinne gar nicht die Rede sein, von einer Schöpfung, von der Festsetzung durch einen einzelnen, sei es das Haupt einer Familie, sei es der Häuptling einer Horde. Die älteste Sprachschicht bestand gewiß nur aus sehr wenig Wörtern, und damit konnten die Menschen ebenso lange auskommen wie mit einem steinernen Faustkeil unveränderter Gestalt, also vielleicht ein Jahrzehntausend. Wie heutzutage, richtete sich von jeher das Wachstum des Wortschatzes nach dem Wachstum der Bedürfnisse; Stillstand auf der einen Seite bedeutet Stillstand auf der andern. Eine undenkbar lange Zeit muß verflossen sein, bis es zu einer solchen Vermehrung der Wörter kam, für die die Bezeichnung Sprache in unserem Sinn berechtigt gewesen wäre Da nun aber schon während der ältesten Zeiten, wie die Fundorte von Knochen und Werkzeugen beweisen, eine weite Ausbreitung des Menschengeschlechtes stattgefunden hat, so kommt für die Monogenese jedenfalls nur eine sehr dürftige Menge von Wörtern in Betracht; die allermeisten Urwörter würden auf polygenetischem Wege entstanden sein. Die Reihe der vereinzelten Wortschöpfungen ließe sich in einer senkrechten Linie als zeitliche Polygenese veranschaulichen; sehr weit oben würde sie von der eigentlichen, der räumlichen, Polygenese durchkreuzt, die als sekundäre zu bezeichnen wäre, zum Unterschied von der primären. Doch käme dieser Unterschied jedenfalls der Null sehr nahe. Ein ausdrückliches Bekenntnis zur Polygenese darf man hier nicht sehen wollen; Monogenese und Polygenese finden sich immer zusammen, wenn auch in einem weiteren Rahmen. Wiederum betone ich die Einartigkeit aller Sprachentwicklung, die es uns ermöglicht, mit unsern Scheinwerfern in die fernste Vergangenheit zu dringen, und die Anfang und Fortsetzung nicht trennt. Jede Sprache ist aus verschiedenen Quellen zusammengeflossen, jede spaltet sich in verschiedene Zweige. Und wenn wir auf die einzelnen Sprachtatsachen blicken, so entdecken wir, daß es Urschöpfung auch heute noch gibt und anderseits nie ausschließlich gegeben hat: jede ist durch eine frühere irgendwie bestimmt, sei es auch nur negativ. Diese Elemente sind das Primäre, aus ihnen weben sich die Sprachen zusammen, und damit entstehen die Typen und Systeme, die man gemeiniglich als die Vorlagen für die Sprachen ansieht. Wortgeschichte geht vor Sprachgeschichte: GILLIÉRONS Genealogie der französischen Wörter für Biene (1918) ist besser begründet, als es irgendeine Genealogie der französischen Mundarten sein könnte.

Die Probleme des Sprachursprungs (im TROMBETTIschen Sinne) und der Sprachverwandtschaft decken sich im wesentlichen; was sich gegen die Annahme von lauter festbegrenzten Ursprachen sagen läßt, das auch gegen die allgemeine Ursprache. Die Grundlagen bleiben die gleichen, welche Zwecke wir auch vor Augen haben mögen; die Aufgabe des Sprachforschers ist es, die Zusammenhänge zwischen den Sprachen und den Sprachtatsachen zu untersuchen und ein möglichst treues Bild von den Vorgängen zu gewinnen, auf denen sie beruhen. Dabei können und müssen uns Analogien helfen, aber nicht schief geknöpfte, sondern wirklich passende, aus den umgebenden, gleichartigen Gebieten entnommene, kurz nicht anthropologische (geschweige denn zoologische oder botanische), sondern ethnologische. Sprachverwandtschaft ist eine Art von Kulturverwandtschaft; das kommt in den einzelnen Problemen und Methoden zum Ausdruck, wenn auch die Sprache, dank ihrer symbolischen Natur, den andern Kulturgütern gegenüber eine gewisse Sonderstellung einnimmt. Wir werden aus den Ergebnissen der Ethnologen reichen Nutzen ziehen; lehrreicher aber noch sind für uns die Kämpfe, die im Jahre 1911 ausbrachen und mit denen die Namen M. HABERLANDT, FOY, GRAEBNER, ANKERMANN und andere verknüpft sind, über die ethnologischen Grundsätze, den Bereich ihrer Anwendung, die Kriterien dafür, die absolute Wertung der Einzelerscheinungen, die komplexen Ursachen usw. Vor allem tritt uns der Gegensatz von Monogenese und Polygenese, wenn auch in veränderter Einkleidung, entgegen. Ich beschränke mich darauf, einen einzigen Begriff oder vielmehr die

Bedeutung eines Wortes richtigzustellen, das hier eine große Rolle spielt. Es ist vor einer Reihe von Jahren aus der Biologie in die Ethnologie eingeführt worden und überschreitet nun mit zagem Fuß die Schwelle der Sprachwissenschaft, ich meine: Konvergenz. Ich sehe nicht ein, warum wir es nicht unmittelbar aus der Mathematik entlehnen, sondern bei einer Kultur- oder Spracherscheinung zunächst an den Walfisch denken sollten, der sich durch Anpassung an das Wasser aus einem Landtier zu einem Wassertier entwickelt hat. Wenn man sogar von der Konvergenz paralleler Erscheinungen (oder umgekehrt) redet, so ist der mathematische Grundbegriff ganz verblaßt. Allerdings kommt nun auch bei der sprachgeschichtlichen Konvergenz die Anpassung mit ins Spiel, aber nicht die morphologische, sondern die soziale. Das hat Marbe in seinem Buche von der Gleichmäßigkeit in der Welt (1916) übersehen und auch sein scharfblickender Besprecher L. Spitzer (1918). Dieser ist geneigt, die Konvergenz mit der elementaren Verwandtschaft gleichzusetzen, und auch die Ethnologen pflegen beides eng miteinander zusammenzufassen. Das veranlaßt mich, eine schon im Anfang gemachte Andeutung an dieser Stelle in bestimmterer Form zu wiederholen. Die Sprachentwicklung besteht aus Divergenz (Spaltung) und Konvergenz (Ausgleich); die eine folgt dem Triebe individueller Betätigung, die andere befriedigt das Bedürfnis nach Verständlichkeit. Die elementare Verwandtschaft würde mathematisch mit Parallelismus wiederzugeben sein.

Die terminologischen Erörterungen dieses Aufsatzes dürfen nicht überraschen; sie bedeuten nichts anderes als die Absuchung des wissenschaftlichen Bodens nach der häufigsten Art der Fehlerquellen. Das geschieht ziemlich selten (so z. B. von O. Hertwig in seinem Buch gegen den Darwinismus 1916); gerade der Sprachforscher versäumt es leicht.

Zur Physiologie der Zellteilung.

Von G. Haberlandt.

Vierte Mitteilung.

(Vorgelegt am 24. Juli 1919 [s. oben S. 709].)

Über Zellteilungen in *Elodea*-Blättern nach Plasmolyse.

I.

Nach Abschluß und Veröffentlichung meiner Untersuchungen[1] über unvollständige und modifizierte Zellteilungen in den Haarzellen von *Coleus Rehneltianus* und einiger anderer Pflanzen, sowie in den Epidermiszellen der Zwiebelschuppen von *Allium Cepa* nach Plasmolyse in $^1/_2$ *n*-Traubenzuckerlösung setzte ich diese Versuche mit den Laubblättern von *Elodea densa* und *Elodea canadensis* in der Erwartung fort, daß sich für derartige Experimente die Blätter submerser Gewächse besonders eignen müßten. Bei den Versuchen mit Landpflanzen war nämlich die geringe oder fehlende Durchlässigkeit der kutinisierten Zellwände der Haare und Epidermiszellen für Wasser ein großes Hindernis, wenn nicht mit Längs- und Querschnitten, sondern mit ganzen Sprossen experimentiert werden sollte. Letzteres war aber aus dem Grunde erwünscht, weil dann die beschriebenen Zellteilungen sich häufiger und vollständiger einstellten. Daß die Versuche mit *Coleus Rehneltianus* so gute Resultate lieferten, ist wohl zum Teil darauf zurückzuführen, daß die Cuticula der Haarzellwände die osmotische Wasserentziehung nur wenig beeinträchtigt.

Zum Unterschiede von der früheren Versuchsmethode verblieben die *Elodea*-Sprosse nicht bis zur Beendigung der Versuche in der plasmolysierenden Lösung, sondern nur 1—3 Stunden lang, zuweilen auch noch kürzer. Sie wurden dann in Glasgefäßen weiterkultiviert, die Knopsche Nährlösung[2] oder Leitungswasser enthielten, das den Aquarien oder dem Wasserbassin entnommen wurde, in dem sich die Pflanzen früher befanden. Die besten Resultate erzielte ich, wenn die Sprosse

---

[1] G. Haberlandt, Zur Physiologie der Zellteilung. Dritte Mitteilung, Über Zellteilungen nach Plasmolyse. Sitzungsberichte der Preuß. Akad. d. Wiss. 1919, XX.

[2] Die Zusammensetzung der Nährlösung war die folgende: auf 1 Liter Wasser 1 g Kaliumnitrat, 0.5 g Calciumsulfat, 0.5 g Calciumphosphat, 0.4 g Magnesiumsulfat, Spur Eisenchlorid.

nach zweistündigem Verweilen in $^1/_2$ *n*-Traubenzuckerlösung (9 Prozent) auf zwei Tage zunächst in die Knopsche Nährlösung und dann in Leitungswasser gebracht wurden. Bei dauerndem Aufenthalt in ersterer überwuchern verschiedene Algenarten, Diatomeen, Cyanophyceen und Bakterien so sehr, daß die Beobachtung sehr beeinträchtigt wird. Doch lassen sich diese Mikroorganismen von den Blättern leicht abpinseln. Die Kulturgefäße wurden vor einem Nordfenster des Laboratoriums aufgestellt. Die Temperatur betrug, der Jahreszeit entsprechend (Mai, Juni, Juli), 18—22° C.

Bekanntlich besteht das *Elodea*-Blatt, von der Mittelrippe abgesehen, nur aus zwei Lagen längsgestreckter Assimilationszellen[1]. Die Zellen der oberen Lage sind bei *E. densa* länger und breiter als die der unteren Lage. So betrug z. B. in der Mitte eines ausgewachsenen Blattes die durchschnittliche Länge der oberen Zellen 146 μ, ihre Breite 45 μ; für die unteren Zellen betrugen diese Werte 110 und 23 μ. Der Blattrand wird von einer einzigen Zellreihe umsäumt, deren Zellen bei dieser Art durchschnittlich 125 μ lang und nur 16 μ breit sind. Während sich bei *E. densa* der mechanische Schutz des Blattrandes auf die etwas stärkere Verdickung der Außenwände beschränkt, sind bei *E. canadensis* die an die Randzellen angrenzenden Zellen der oberen Lage zu langgestreckten, dickwandigen, mechanischen Zellen umgewandelt, die ein 3—6 Zellen breites Bastband bilden. — Die Blattzähne entstehen aus Randzellen, die zu kurzen, spitzen, einzelligen Haaren auswachsen. Der kegelförmige Haarkörper ist gegen die Blattspitze zu gerichtet. Das Fußstück des Haares grenzt sich gegen die obere Randzelle mit einer schrägen, gegen die untere mit einer senkrechten Querwand ab. Im plasmatischen Wandbelag treten bei *E. densa* etwas größere, bei *E. canadensis* ganz kleine, blasse Chloroplasten auf. Der Zellkern liegt im Fußstück des Haares, rückt aber bei *E. canadensis* häufig auch in die Haarspitze hinein. Einzelne Plasmafäden durchziehen den Zellsaftraum. Bei *E. densa* sind die Blattzähne größer und dickwandiger als bei *E. canadensis*, meist schwach gebogen, mit längerem Fußstück und farblosen Zellwänden versehen, die sich gegen die Haarspitze zu ansehnlich verdicken. Sie nehmen mit Chlorzinkjod eine schmutziggelbe Färbung an[2], während die Wände der

---

[1] Vergl. G. Haberlandt, Vgl. Anatomie des assimilatorischen Gewebesystems der Pflanzen, Jahrb. f. wissensch. Bot. XIII, B. 1881.

[2] Das Ausbleiben der Zellulosereaktion scheint nicht auf Kutinisierung zu beruhen, jedenfalls nicht auf Einlagerung von Schutzstoffen, denn es fällt auf, daß bei den Kulturen in Knopscher Nährlösung die stark verdickten Wände der Blattzähne besonders stark den Angriffen zelluloselösender Bakterien ausgesetzt sind, die tiefgreifende Membrankorrosionen bewirken, während die aus relativ reiner Zellulose bestehenden Außenwände der Randzellen vollkommen intakt bleiben.

Rand- und Assimilationszellen schön blauviolett werden. Die viel kleineren Blattzähne von *E. canadensis* sind gerade, besitzen ein kürzeres Fußstück und schwach verdickte, braun gefärbte Außenwände. Die Färbung beschränkt sich auf den Haarkörper und wird gegen die Spitze zu intensiver. — Die Zahl der Zähne wechselt. Bei *E. densa* wurden 24—30, bei *E. canadensis* 46—68 Zähne an einem Blatte gezählt. Die apikale Blatthälfte ist reicher an Zähnen als die basale. Auf der Blattspitze sitzt meist ein einziger, selten ein Doppelzahn.

II.

Ich habe fast ausschließlich mit *E. densa* Casp. experimentiert, die sich ihrer größeren Blätter und Blattzähne und ihrer kräftigeren Protoplasten halber als die geeignetere Art erwies. Die nachstehenden Beobachtungen beziehen sich demnach sämtlich auf diese Spezies. Im Anschluß daran soll erst *E. canadensis* besprochen werden.

In $^1/_2\,n$-Traubenzuckerlösung (9 Prozent) tritt die Plasmolyse in den einzelligen Blattzähnen sowohl wie in den Randzellen und den beiderseitigen Assimilationszellen sehr rasch ein. Nach 1—2 Minuten haben sich in den Blattzähnen die Protoplasten aus Spitze und Basis der Zellen zurückgezogen und auch an den Seiten von den Zellwänden hier und da abgelöst. Nach 1—2 Stunden erscheinen die Protoplasten noch mehr kontrahiert und gerundet, die lokalen Ablösungen sind wieder zurückgegangen. Die Entfernung des plasmolysierten Protoplasten von der basalen Querwand der Zelle ist in der Regel größer als die von der Spitze. Fast immer bleiben die Protoplasten ungeteilt; nur selten trennt sich im Spitzenteil des Zahnes nach erfolgter Einschnürung eine kleine Plasmaportion vom Hauptteil des Protoplasten ab. Die Chlorophyllkörner sind dicht um den Zellkern zusammengeballt. — In den gestreckten Randzellen des Blattes haben sich die Protoplasten viel häufiger in zwei gleich oder ungleich große Teilstücke zerlegt, die entweder vollständig isoliert oder noch durch dünne Plasmabrücken miteinander verbunden sind. Mit Rücksicht auf die Lage der später auftretenden Querwände muß ausdrücklich bemerkt werden, daß bei ungleicher Größe das kleinere Teilstück bald im apikalen, bald im basalen Teile der Zelle liegt. In den Assimilationszellen kommt es nur ausnahmsweise zur Zerschnürung der Protoplasten. Sie lösen sich von den beiderseitigen Querwänden ungefähr gleich weit ab.

Wird nun der plasmolysierte Sproß aus der Zuckerlösung in Leitungswasser oder in Knopsche Nährlösung gebracht, so geht die Plasmolyse sehr bald zurück. Die Protoplasten schmiegen sich wieder allseits an die Zellwände an, die Chloroplasten verteilen sich wieder im Zytoplasma, die Plasmaströmung setzt neuerdings ein. In den Blattzähnen haben sich auch die in den Spitzen zuweilen abgetrennten kleinen Plasmastückchen mit dem Gesamtprotoplasten wieder vereinigt. Nur selten bleiben sie isoliert und sterben dann ziemlich bald

Fig. 1.

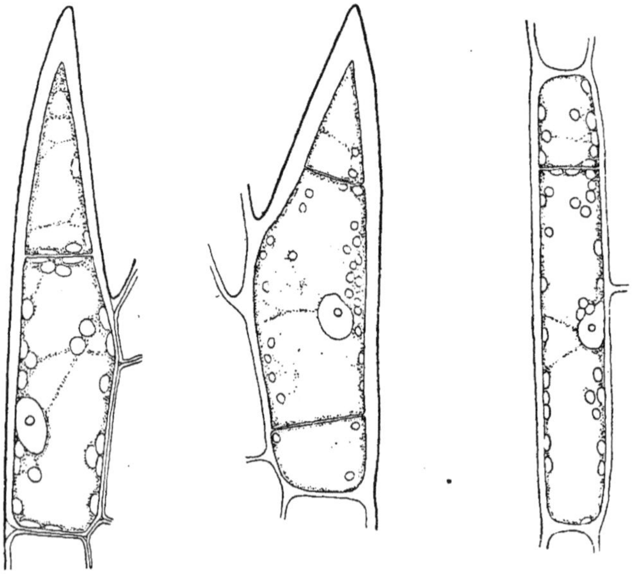

A B C

A Blattzahn von *Elodea densa* nach Plasmolyse in 9prozentiger Traubenzuckerlösung: Kultur in Knopscher Nährlösung und dann in Leitungswasser. Die Zelle hat sich geteilt. *B* desgleichen; der Blattzahn hat sich zweimal geteilt. *C* Randzelle, die sich am apikalen Ende geteilt hat. Alle Zellen wurden im lebenden Zustande gezeichnet.

ab. In den Randzellen findet gleichfalls fast immer die Wiederverschmelzung der getrennten Plasmaportionen statt. Auch in den Assimilationszellen liegen die Protoplasten den Zellwänden wieder ungeteilt an.

Die weiteren Vorgänge habe ich hauptsächlich an den Blattzähnen verfolgt, in denen sie sich besonders deutlich beobachten lassen; die Durchsichtigkeit der Zähne, die nur verhältnismäßig wenige Chlorophyllkörner enthalten, begünstigt in hohem Maße die Beobachtung.

Nach Rückgang der Plasmolyse treten in den Blattzähnen in der Regel alsbald zarte Plasmafäden auf, die den Zellsaftraum durchsetzen. Auch dünne Plasmaplatten stellen sich ein, die aber keine fixe Lage einnehmen und häufig auch wieder verschwinden. Nach 1—2 Tagen sieht man im Haarkörper des Blattzahnes in größerer oder geringerer Entfernung von der Spitze als erste Andeutung der beginnenden Querteilung eine Reihe kleinster Körnchen auftreten, die ringförmig den Außenwänden des Haares angelagert sind. Diese Körnchen verschmelzen alsbald zu einer an die Außenwände scharf ansetzenden zarten und schmalen Ringleiste; oft tritt auch nur eine schmale Membransichel auf, die dann gewöhnlich an die der Blattfläche abgekehrte Außenwand des Haarkörpers ansetzt.

Der Bildung dieser Membranleiste geht die Entstehung einer dünnen Plasmaplatte, die den ganzen Zellsaftraum durchsetzt, oder auch nur einer schmalen Plasmaleiste voraus. Kommt es zur Bildung einer Plasmaplatte, so wird der Ort ihrer Anlage zum Unterschiede von den Haarzellen von *Coleus Rehneltianus* nicht vom Zellkerne bestimmt. Letzterer verbleibt stets im Fußstück des Haares. Die Plasmaplatte ist häufig mit größeren oder kleineren Löchern versehen, durch die bei der Plasmaströmung Mikrosomen oder selbst Chlorophyllkörner hindurchgleiten. Ist nur eine Plasmaleiste vorhanden, so darf sie wohl als Plasmaplatte mit einem einzigen großen Loche aufgefaßt werden.

Die Entstehung einer Zelluloseleiste in der Plasmaplatte geht so rasch vor sich, daß ich niemals Plasmaplatten oder -leisten ohne die

Fig. 2.

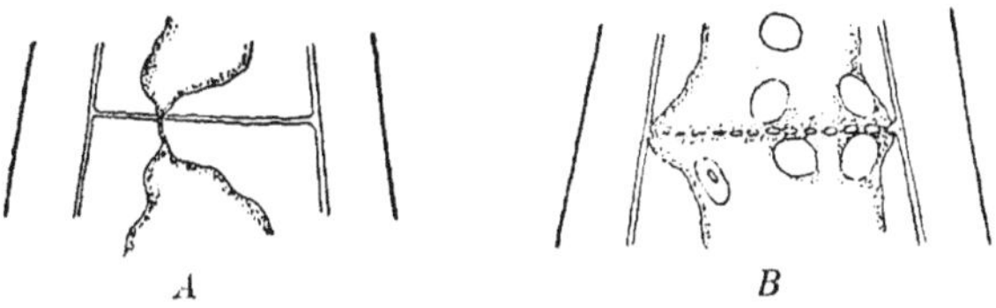

A Partie eines Blattzahnes von *Elodea densa*, in der nach Plasmolyse die Teilung eingetreten ist: die Querwand weist nur ein einziges kleines Loch auf, das von der Plasmabrücke durchsetzt ist, die die beiden Teilprotoplasten verbindet. *B* desgleichen: die Querwand besitzt, einer Siebplatte gleichend, eine große Anzahl kleiner Löcher. — Nachträgliche Plasmolyse mit 50prozentigem Glyzerin.

ersten Anfänge einer Membranleiste beobachtet habe. Dieselbe verbreitert sich rasch zu einer das Zellumen durchsetzenden Querwand (Fig. 1 *A*), die entweder undurchbrochen ist oder, wie früher die Plasmaplatte, größere und kleinere Löcher aufweist (Fig. 2). Indem das Protoplasma an beiden Seiten der Querwand dahinströmt, treten dann wieder Chloroplasten und winzige Körnchen durch die Löcher aus einem Fach in das andere über. Auch dann, wenn die Querwand nicht durchlöchert ist, erscheint sie im optischen Querschnitt oft nicht ganz glatt, sondern schwach gekerbt, ist aber in ihrer ganzen Ausdehnung gleich dünn und zeigt auch an ihrem Rande keinerlei Verdickung.

Diese primäre Membran wird nun häufig durch beiderseitige Auflagerung sekundärer Verdickungsschichten verstärkt, die aber selten bis an den Rand der Querwand reichen (Fig. 3 *B*, *C*). Wenn das

Fig. 3.

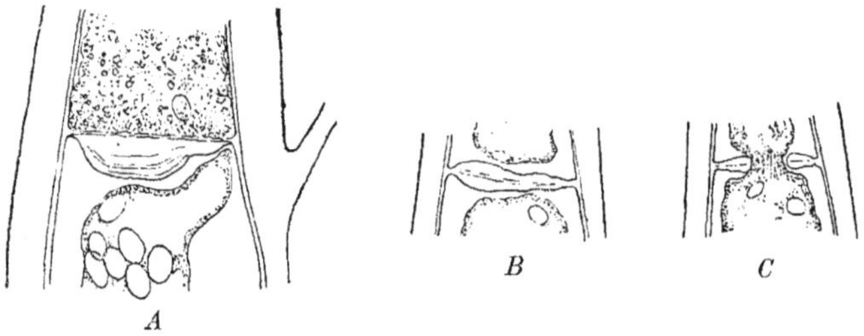

A Partie eines Blattzahnes von *Elodea densa*, in der nach Plasmolyse die Teilung eingetreten ist. Die obere Plasmaportion ist frühzeitig abgestorben; die sekundäre Verdickung ist nur auf der dem lebenden Plasmateile zugekehrten Seite der Querwand erfolgt. *B* Querwand mit beiderseitigen sekundären Verdickungsschichten. *C* Verdickte Querwand mit großem Loche. — Nachträgliche Plasmolyse mit 50 prozentigem Glyzerin.

Protoplasma des oberen Faches vor Eintritt der Verdickung abstirbt, kommt es natürlich nur zu einer einseitigen Ablagerung von Verdickungsschichten (Fig. 3 *A*).

Die Entwicklung der Querwände kann in verschiedenen Stadien unterbrochen werden. Untersucht man die Blätter nach 1—2 Wochen, so findet man oft alle Entwicklungsstadien, von einer schmalen Ringleiste an bis zu relativ dickwandigen Querwänden, vertreten. Erneute Plasmolyse erleichtert natürlich sehr das Studium der so verschieden ausgebildeten Querwände. Die Mehrzahl derselben besteht aber immer aus dünnen, nicht perforierten, mehr oder minder glatten Membranen.

In den meisten Blattzähnen wird, wie schon erwähnt, nur eine einzige Querwand gebildet. Sie tritt fast immer im Haarkörper auf. Fassen wir die Strecke von der basalen Querwand des Fußstückes bis zur Haarspitze als die Gesamtlänge des Blattzahnes resp. des Haares auf, so befindet sich die Querwand ungefähr an der Grenze zwischen dem ersten und zweiten Drittel der Haarlänge, von der Spitze an gerechnet. So wie in den *Coleus*-Haarzellen ist also das untere Fach bedeutend länger als das obere. Nur selten entsteht im oberen Drittel des Haares noch eine zweite Querwand. Ebenso selten ist der Fall, daß die Querwand nicht im Haarkörper, sondern im Fußstück angelegt wird, oder daß hier noch eine zweite Wand entsteht (Fig. 1 *B*).

Fig. 4.

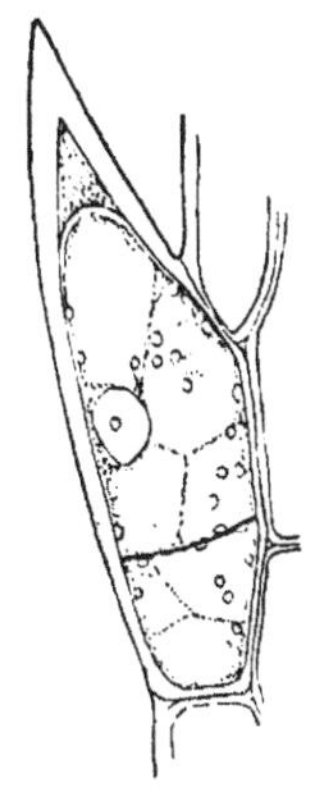

Blattzahn von *Elodea densa*; nach der Plasmolyse ist die apikale kleine Plasmaportion abgestorben: hier hat der Protoplast eine Membrankappe gebildet. Im Fußstück ist Teilung eingetreten.

Die neugebildete Scheidewand teilt den Protoplasten in zwei ungleich große Portionen, die miteinander zusammenhängen, falls die Wand durchlöchert ist. Das obere, kleinere, kernlose Teilstück enthält immer einige Chlorophyllkörner und zeigt anfänglich eine ebenso lebhafte Plasmaströmung wie das untere, größere Teilstück. Früher oder später wird es aber in seiner Lebensfähigkeit doch beeinträchtigt — wohl infolge des Kernmangels — und stirbt zuweilen ab. Dann wölbt sich die Querwand, wenn sie keine Löcher aufweist und zart geblieben ist, konvex gegen das obere Fach vor.

Wie oben erwähnt wurde, wird bei der Plasmolyse in der Haarspitze nicht selten eine kleine Plasmaportion vom Protoplasten abgetrennt, die sich beim Rückgang der Plasmolyse mit diesem nicht immer wieder vereinigt. Sie geht dann bald zugrunde, und nun kapselt sich der Protoplast gegen die abgestorbene Plasmaportion durch Bildung einer Membrankappe ab. Dies hindert aber nicht, daß an gewohnter Stelle oder auch im Fußstück eine typische Querwand gebildet wird (Fig. 4).

Die Frage, ob der Protoplast nach Rückgang der Plasmolyse auch gegen die Zellwände zu, an die er sich wieder angelegt hat, eine Zellulosehaut bildet, läßt sich mit Sicherheit nicht beantworten. Nach vollzogener Teilung ist nichts zu beobachten, was darauf hindeuten würde. Das stärker lichtbrechende »Innenhäutchen« ist nicht dicker geworden, von einer neuen Membranlamelle ist auch bei sehr starker Vergrößerung nichts zu sehen. Plasmolysiert man aber frühzeitig genug von neuem, so bleibt an dem Innenhäutchen oft eine äußerst zarte, feinkörnige Lamelle haften, von der sich das Zytoplasma abgelöst hat. Sie scheint eine im Entstehen begriffene Zelluloselamelle zu sein. Dies wird um so wahrscheinlicher, als sich in den Blättern von Sprossen, die in der $^1/_2 n$-Zuckerlösung weiterkultiviert werden, die plasmolysierten Protoplasten der Blattzähne ringsum mit Zellulosehäuten umgeben, die am apikalen Ende eine beträchtliche Dicke erreichen können. Die beschriebenen Querwände werden oft auch bei Fortdauer der Plasmolyse gebildet, doch stirbt dann das Protoplasma des oberen

Faches noch häufiger ab als sonst, und die sich weiter verdickende Querwand wölbt sich entsprechend vor.

Schließlich ist noch das Verhalten der Zellkerne bei den geschilderten Teilungsvorgängen zu besprechen. Daß der Kern während der Bildung der Plasmaplatte oder Plasmaleiste und der darauffolgenden Zellhautbildung im Fußstück des Blattzahns verbleibt, ist schon oben erwähnt worden. Aber auch hinsichtlich seiner Struktur erfährt er während des Teilungsvorganges keine Veränderungen. Nach Fixierung mit Pikrinsäure und Färbung mit Eisenhämatoxylin (nach Benda) oder mit Parakarmin erscheint das Chromatin in Form zahlreicher, nicht sehr kleiner Körnchen, die ziemlich gleichmäßig verteilt sind und keine Neigung zur Aneinanderreihung oder besonderer Gruppierung zeigen. Genau so verhalten sich die Kerne der Blattzähne von nicht plasmolysierten Blättern. Es liegt also kein Anlauf zu beginnender Kernteilung vor, wie er ganz deutlich in plasmolysierten Haarzellen von *Coleus*, weniger ausgesprochen auch in den Epidermiszellen der Zwiebelschuppen von *Allium Cepa* zu beobachten war (vgl. a. a. O. S. 331 u. 339).

Fast ebensohäufig wie in den Blattzähnen treten die beschriebenen Zellteilungen auch in den gewöhnlichen Randzellen, etwas seltener in den in der Nähe des Blattrandes befindlichen beiderseitigen Assimilationszellen auf. Die Querwände entstehen hier in gleicher Weise wie in den Blattzähnen, setzen scharf an die Längswände an, bleiben meist dünner als die normalen Querwände, sind beiderseits glatt und weisen nur selten Löcher auf (Fig. 1 *C*). Dagegen kommt es nicht selten vor, daß sie nur einseitig ausgebildet werden, indem ihre Entstehung an der äußeren Längswand beginnt und sich nicht bis zur Innenwand fortsetzt. So kommt es dann nur zur Ausbildung einer mehr oder minder breiten Membranleiste, der Protoplast wird nicht zerteilt.

So wie in den Blattzähnen die Querwände meist im apikalen Teil der Zelle auftreten, so ist dies auch in den Rand- und Assimilationszellen, und zwar in noch ausgesprochenerem Maße, der Fall. Während das obere Fach meist nur ebensolang als breit ist, übertrifft die Länge des unteren Faches um ein Mehrfaches seine Breite. Seltener tritt die Querwand im basalen Teil der Zelle auf. Auf fünf obere Querwände kommt durchschnittlich eine untere. Sehr selten erfolgt die Teilung in der Mitte der Zelle. Diese Bevorzugung des apikalen Zellendes, die auch in den Haarzellen von *Coleus* so auffällt, hängt keineswegs damit zusammen, daß bei der Zerteilung der Protoplasten nach der Plasmolyse das obere Teilstück kleiner ist als das untere. Wie schon oben erwähnt wurde, ist ebensooft das Umgekehrte der Fall. In den oberseitigen Assimilationszellen zerteilen sich die Protoplasten bei der Plasmolyse überhaupt nicht, und doch treten die Querwände hauptsächlich in den oberen Zellenden auf. In dieser Teilungsweise der Blattzähne, Rand- und Assimilationszellen spricht sich also so wie bei *Coleus* die Polarität der Zellen in eigenartiger Weise aus.

Der Inhalt der beiden Fächer einer geteilten Rand- oder Assimilationszelle besteht, abgesehen vom plasmatischen Wandbelag, aus Chlorophyllkörnern, die im kleineren Fach verhältnismäßig ebenso zahlreich sind wie im größeren. Zuweilen kommt es vor, daß das kleinere Fach besonders zahlreiche Chloroplasten enthält, die dann zu einem rundlichen Klumpen zusammengeballt sind. In beiden Fächern ist lebhafte Plasmaströmung zu beobachten. Der Zellkern, der in bezug auf Lage und Struktur beim Teilungsvorgange dasselbe Verhalten zeigt wie in den Blattzähnen, ist fast immer im größeren Fache enthalten.

Eine auffallende Erscheinung habe ich an einem Sproß beobachtet, der nach 20 Minuten langem Verweilen in 3/4 *n*-Traubenzuckerlösung in Knopscher Nährlösung weiterkultiviert wurde. Die Blattzähne blieben ungeteilt, dagegen wiesen die Rand- und Assimilationszellen ziemlich reichliche Teilungen auf. Von den beiden Fächern, die so gebildet wurden, enthielt das kernlose Fach Chloroplasten mit sehr großen Stärkeeinschlüssen, während die Chlorophyllkörner des kernhaltigen Faches stärkefrei waren. Auch die Chloroplasten der ungeteilten Zellen waren frei von Stärke. Diese Erscheinung ist natürlich nicht so zu deuten, als ob in kernlosen Plasmastücken die Stärkebildung bevorzugt wäre: dies würde allem widersprechen, was wir über den Einfluß des Kernes auf die Stärkebildung wissen[1]. Die richtige Erklärung kann vielmehr nur die sein, daß so wie die Bildung auch die Auflösung der Stärke an die Anwesenheit des Zellkernes gebunden ist. Das setzt aber eine Beziehung des Kernes zur Diastasebildung in der Zelle voraus.

Die Häufigkeit der Zellteilungen ist großen Schwankungen unterworfen. Am meisten scheinen die Blattzähne zur Teilung disponiert zu sein. So waren z. B. in einem jüngeren, ausgewachsenen Blatt, etwa 1 cm von der Sproßspitze entfernt, 23 Blattzähne geteilt, 5 ungeteilt und 3 tot. In einem zweiten Blatte waren 21 geteilt, keiner ungeteilt und 7 tot. In einem etwas älteren Blatte, 3 cm von der Sproßspitze entfernt, waren 12 geteilt, 13 ungeteilt und 2 tot.

[1] Vgl. G. Klebs, Über den Einfluß des Kernes in der Zelle, Biolog. Zentralblatt. 1887. S. 167; A. F. W. Schimper, Untersuchungen über die Chlorophyllkörper usw., Jahrb. f. wiss. Bot. 16 S. S. 206ff.; G. Haberlandt, Über die Beziehungen zwischen Funktion und Lage des Zellkerns, Jena 1887, S. 117ff.

Die abgestorbenen Blattzähne dürften den raschen Rückgang der Plasmolyse nicht vertragen haben und waren natürlich gleichfalls ungeteilt. In einer Entfernung von 4—5 cm von der Sproßspitze traten die Teilungen schon weniger häufig ein. — Die Randzellen und die dem Blattrande benachbarten Assimilationszellen neigen ebenfalls sehr dazu, sich zu teilen; gegen die Mittelrippe zu ließen sich Teilungen nicht mehr beobachten.

In hohem Maße ist die Häufigkeit der Zellteilungen vom Gesundheitszustande der Sprosse abhängig. Deshalb sind nur kräftig vegetierende Exemplare zu den Versuchen geeignet. In schwächlichen Sprossen, die längere Zeit im Laboratorium unter wenig günstigen Bedingungen lebten, traten die Teilungen auch in den Blattzähnen nur selten auf.

In Blättern, die an ihrer Basis abgeschnitten und nach zweistündigem Verweilen in der Zuckerlösung in Knopscher Nährlösung oder in Leitungswasser weiterkultiviert wurden, habe ich Teilungen nur ausnahmsweise beobachtet. Sie beschränkten sich auf die Ausbildung eines ganz schmalen Membranringes. Dagegen waren in den Blattzähnen Abkapselungen der Protoplasten gegen die apikale abgestorbene Plasmaportion zu häufiger eingetreten.

Wenn man zur Plasmolyse Salzlösungen verwendet, so sterben die Protoplasten meist rasch ab. Nach zweistündigem Verweilen der Sprosse in $^1/_2$ *n*-Kaliumnitrat- und Chlornatriumlösung und nachheriger Übertragung in Knopsche Nährlösung waren ältere wie jüngere Blätter tot, als sie zwei Tage nachher untersucht wurden. Alle Protoplasten waren plasmolysiert und gefältelt. Da der »plasmolytische Reiz« der angewandten Salzlösungen nicht größer war als der der isotonischen Traubenzuckerlösung, so konnte in dem Absterben der Protoplasten nur eine Giftwirkung vorliegen. Günstigere Resultate erhielt ich nach zweistündiger Plasmolyse in $^1/_2$ *n*-Calciumchlorid- und Kultur in Knopscher Nährlösung. In jüngeren ausgewachsenen Blättern sterben zwar die Assimilationszellen in größerer oder geringerer Anzahl ab, die Blattzähne und Randzellen bleiben aber fast immer am Leben und zeigen häufig Teilungen. Sie beschränken sich in den Blattzähnen auf das Auftreten schmaler Zelluloseringe, wogegen sich in den Randzellen nicht selten vollständige Querwände einstellen. In älteren Blättern lassen sich Zellteilungen nicht beobachten.

Schon oben wurde erwähnt, daß die Sprosse von *Elodea canadensis* ein weniger günstiges Versuchsobjekt darstellen. In $^1/_2$ *n*-Traubenzuckerlösung geht die Plasmolyse in den Blattzähnen und Randzellen nicht so vollständig vor sich wie bei *E. densa.* Kultiviert man dann die Sprosse in Leitungswasser oder Knopscher Nährlösung weiter, so treten in den Blattzähnen mehr oder minder häufig die gleichen Zellteilungen ein wie bei *E. densa*. Im Maximum waren in einem jüngeren ausgewachsenen Blatte von 57 Zähnen 25 geteilt. In anderen gleich alten Blättern wieder traten die Teilungen nur ganz vereinzelt auf. Was die Lage der Querwände betrifft, so sind diese der Zahnspitze mehr genähert als bei *E. densa*. Auf diese Weise wird eine kleinere apikale Plasmaportion abgetrennt, die auch häufiger abstirbt. Im Zusammenhange damit wölbt sich die Querwand entsprechend vor und verdickt sich kappenförmig. Eine Teilung der Rand- und Assimilationszellen ließ sich nicht beobachten.

Es ist sehr wahrscheinlich, daß sich die beschriebenen Zellteilungsvorgänge nach Plasmolyse auch bei anderen Wasserpflanzen, insbesondere Hydrocharitaceen, werden beobachten lassen. Auch Wurzelhaare dürften sich zu solchen Versuchen eignen, worauf eine Beobachtung Reinhardts[1] an Wurzelhaaren von *Lepidium sativum* hinweist, die in schwacher Zuckerlösung gewachsen waren. Reinhardt sah in den Haarspitzen dünne »Membrankappen« auftreten, die in mancher Hinsicht an die bei *Elodea* beobachteten Querwände erinnern. Nach seiner Beschreibung scheint der Bildung der »Kappe« die Entstehung einer Plasmaplatte vorauszugehen, ober- und unterhalb welcher Plasmaströmung in entgegengesetzter Richtung stattfindet; »ältere Zustände ergaben Zellulosereaktion«. Ob die Querwand simultan oder sukzedan als Ringleiste angelegt wird, bleibt unentschieden.

III.

Es kann wohl keinem Zweifel unterliegen, daß die im vorstehenden Kapitel beschriebene Fächerung der Blattzellen von *Elodea* durch Querwände, die zu einer vollständigen oder teilweisen Durchschnürung der Protoplasten führt, als Zellteilung anzusprechen ist. So wie bei den Haarzellen von *Coleus Rehneltianus* und den Epidermiszellen der Zwiebelschuppen von *Allium Cepa* haben wir es aber mit einem modifizierten und primitiveren Zellteilungsmodus zu tun, und zwar schon deshalb, weil in diesem Falle die Zellkerne keine nachweisbare Veränderung erfahren. Dadurch unterscheidet sich der Teilungsvorgang bei *Elodea* von dem bei *Coleus* und *Allium*, wo die Zellkerne wenigstens einen gewissen Anlauf zur mitotischen Teilung nehmen. Ein zweiter wesentlicher Unterschied besteht dann noch darin, daß bei *Elodea* die Querwand stets in Form einer Ringleiste angelegt wird, die sich sukzedan zur vollständigen Scheidewand ergänzt, während

[1] O. Reinhardt, Das Wachstum der Pilzhyphen. Jahrb. f. wissensch. Botanik. B. XXIII. 1892, S. 558 ff.

bei *Coleus* und *Allium* die neue Zellhaut simultan gebildet wird oder wenigstens nicht als Ringleiste ihren Anfang nimmt. Anderseits liegt eine gewisse Ähnlichkeit mit den Vorgängen bei *Allium Cepa* in dem Umstande, daß hier der Wandbildung eine von außen nach innen fortschreitende Einschnürung der Protoplasten vorausgeht.

In meiner letzten Mitteilung (S. 341) habe ich darauf hingewiesen, daß der Zellteilungsmodus in den *Coleus*-Haarzellen nach Plasmolyse der Bildung der plasmatischen Scheidewand bei der Teilung der *Oedogonium*-Zellen entspricht, während die Bildung der Scheidewände in den Epidermiszellen von *Allium* an die Entstehungweise der Scheidewände bei der Ausbildung der Zoosporangien und Oogonien von *Vaucheria* erinnert. Der Teilungsmodus der *Elodea*-Blattzellen findet nun sein Analogon in der Art und Weise, wie bei *Cladophora* und *Spiroggra* die Querwand angelegt wird, insofern auch diese zuerst nur als schmale Ringleiste erscheint. Die Ähnlichkeit mit *Cladophora* besteht auch darin, daß sich bei dieser die Zellteilung ganz unabhängig von der Kernteilung abspielt[1]. Auch die Ähnlichkeit mit der Entstehungsweise der Querwand, die das Sporangium oder Oogonium von *Saprolegnia ferax* abgliedert[2], ist unverkennbar. Die Scheidewand wird hier entweder an einer mit Protoplasma erfüllten Stelle gebildet, oder in einer zwischen zwei Vakuolen ausgespannten »Plasmabrücke«, oder auch in einer ringförmigen Leiste des Wandbelags, die dann rasch zu einer vollständigen Platte ergänzt wird.

Es ist jedenfalls eine sehr bemerkenswerte Tatsache, daß in den Zellen der höheren Pflanzen, soweit sie bisher untersucht sind, neben der Fähigkeit zur typischen Zellteilung, bei der Kern- und Protoplastenteilung kombiniert auftreten, auch noch die Fähigkeit zu einer ganz anderen, primitiveren Art der Zellteilung schlummert, die durch die Plasmolyse geweckt werden kann. Daß sie primitiver ist und an die Zellteilungsweisen bei Algen und Pilzen erinnert, ergibt sich mit Notwendigkeit daraus, daß es zwar zur Protoplastenteilung, nicht aber zur Kernteilung kommt; bei *Coleus* und *Allium* sind Ansätze dazu vorhanden, bei *Elodea* nicht einmal diese. Der Kernteilungsmechanismus ist für den »plasmolytischen Reiz« weniger empfindlich als der Zellteilungsmechanismus. So gelingt es, diese beiden Gruppen von Teilungsvorgängen im Experimente voneinander zu trennen und nur die eine, entsprechend modifiziert, ablaufen zu lassen.

Die genauere Analyse des plasmolytischen Reizes muß späteren Untersuchungen vorbehalten bleiben. Ich habe die verschiedenen Möglichkeiten, die in dieser Hinsicht bestehen, bereits in meiner letzten

[1] Vgl. E. Strasburger, Zellbildung und Zellteilung, 3. Aufl. 1880, S. 206 ff.

[2] Vgl. E. Strasburger, a. a. O. S. 220.

Mitteilung (S. 345 ff.) kurz diskutiert. Durch eine geeignete Versuchsanstellung dürfte es sich wenigstens entscheiden lassen, ob die Wirkung des plasmolytischen Reizes auf den mechanischen Folgen der Plasmolyse beruht (S. 346 Punkt 4), oder ob eine chemische Reizung infolge der Zunahme der Konzentration der im Zellsaft und Zytoplasma gelösten Substanzen, speziell des hypothetischen Zellteilungsstoffes, vorliegt.

Die śākischen Mūra.

Von Heinrich Lüders.

(Vorgelegt am 19. Dezember 1918 [s. Jahrg. 1918 S. 1247].)

In der Sprache, die als nordarisch, ostiranisch, altkhotanisch oder śakisch bezeichnet wird, gab es ein umfangreiches buddhistisches Dichtwerk, von dem Leumann und Konow bereits früher Bruchstücke veröffentlicht hatten. Jetzt hat Leumann wiederum gegen 250 Strophen aus diesem Werke mitgeteilt, darunter einen größeren zusammenhängenden Abschnitt, der eine Maitreyasamiti enthält[1]. Die Ausgabe ist von einer Übersetzung begleitet, die ein glänzendes Zeugnis für den Scharfsinn ablegt, mit dem Leumann die Schwierigkeiten der unbekannten Sprache bemeistert hat. Auf dem Titelblatte nennt er diese nordarisch und zur Rechtfertigung dieses Ausdrucks bemerkt er S. 9:

»Soll ich mich nebenbei auch noch entschuldigen wegen des Ausdrucks »nordarisch«? Einige Zeit, nachdem ich ihn eingeführt hatte, hat doch Lüders gezeigt, daß »śakisch« etwas bestimmtere Vorstellungen erwecken würde. Ich habe die Zulässigkeit dieser letztern Bezeichnung selber auch schon vor mehreren Jahren bemerkt auf Grund einer Strophenzeile unserer nordarischen Maitreya-samiti. Aber deswegen nun die neue Sprache »śakisch« statt »nordarisch« zu nennen, schien mir doch nicht nötig, um so weniger als mir der neue Name zu unschön und zu undeutsch klingt. Eher würde ich die Sprache angesichts der Schwierigkeiten, die sie noch bietet, auf echt Bayrisch eine sakrische heißen.«

Ich halte es für überflüssig, näher auf diese Ausführungen einzugehen. Nur das eine sei hier nochmals hervorgehoben: ganz gleichgültig, wie man sich zu der Frage stellt, ob die namenlose Sprache die Sprache oder eine der Sprachen der Śakas gewesen sei oder nicht — der Name »nordarisch« kommt ihr jedenfalls nicht zu. Er ist

---

[1] Maitreya-samiti, das Zukunftsideal der Buddhisten. Die nordarische Schilderung in Text und Übersetzung nebst sieben andern Schilderungen in Text oder Übersetzung. Nebst einer Begründung der indogermanischen Metrik. Von Ernst Leumann. Straßburg 1919.

aus der Vorstellung heraus entstanden, daß »ebensowenig wie die Lehnworte auch die Originalworte des Idioms eine direkte Zugehörigkeit desselben, sei es zum iranischen, sei es zum indischen Zweig des indogermanischen Sprachstammes zulassen« (Leumann, ZDMG. 62, S. 84). Daß das völlig unrichtig ist, daß diese Sprache vielmehr trotz ihrer starken Beeinflussung durch das Indische ihrem Grundcharakter nach zu den iranischen Sprachen gehört, hat Konow GGA. 1912, S. 551 ff. endgültig nachgewiesen. Die Bezeichnung ist also falsch und geeignet, irrige Vorstellungen zu erwecken.

Daß Leumann noch immer an ihr festhält, ist um so auffallender, als er selbst auf eine Stelle in dem von ihm veröffentlichten Texte hinweist, die, vorausgesetzt, daß seine Interpretation der Worte zutrifft, die Richtigkeit des von mir vorgeschlagenen Namens Śakisch beweisen würde. Die Strophen, um die es sich handelt, finden sich in der Beschreibung des Einzugs des Maitreya und seiner Mönche in die Stadt, die jetzt Benares heißt, zu der Zeit aber den Namen Ketumatī führen wird:

248 *ku ṣṣamana n[i]yanā daində biśśūn[i]ya ratana vicittra*
ku vā mūrīnā daindi Śśātīṃje māje mūre
249 *n[i]yaskya nə həməte bihīyu ce ttəte āhvainā kuṣḍe*
ttīyə hā pūyəte balysə vaṭhāyō grūśtə ttu kālu
250 *ttyau-jsa hər[i]yāṇa yəḍāndi hatəru uysnōra vicittra*
ttīyə śś[i]ye mvīre kəḍəna hatəro hv'aṃdə tvīṣṣe yəḍūndə
251 *pharu ttə uysnaura kye śśau mūro hatəro kūru yəḍāndə*
ṣṣei vaysña ṣṭūre avāyə dukha varūśāre vicittra
252 *kye vā śśiñi mvīre-jsa puña nūndə balysə-vīri bilsaṃggə*
ō dūta-hvāñai vīri ṣṣai vaysña gyastuv'o ā're
253 *kye vā mamə śśāśiña parsīndi ce vā parrəta dukhyau-jsa*
cu rro ye avaśśərṣṭā pulśtə ō ysīrru āljsatu mrāhe

Leumann übersetzt diese Strophen:

248. Als die Mönche die Schätze [= die Juwelenspeicher] sehen (und) die allartigen Juwelen die verschiedenen (und) als ferner die siegeligen (Schätze) [= die Siegelspeicher] sie sehen (und darin) die śakischen unsere Mudrās [= unsere gegenwärtig üblichen Śaka-Siegel], —

249. Geringschätzung (da) ihnen wird (wach) außerordentlich .... Dann hin schaut der Priester, (und) den Beisteher [= seinen Famulus] redet er an zu dieser Zeit (mit den Worten):

250. Mit diesen (Kostbarkeiten) Umstände haben gemacht einst die Wesen, verschiedene; dieser einzigen Mudrā [= eines einzigen solchen Siegels] wegen einst Menschen (einander) zugrunde haben gemacht [= gerichtet].

251. Viel [= Zahlreich] (sind) diejenigen Wesen, welche (obschon sie nur) eine Mudrā einmal falsch gemacht [= einen Siegelabdruck einmal trügerisch verwendet] haben, (doch infolge solch einmaligen Vergehens) sogar jetzt (noch) auf dem Abweg (der tieferen Wiedergeburten) stehen [= sich befinden] (und da) Leiden erleben verschiedene;

252. (et)welche (Wesen) ferner (sind da, die nur) mit einer Mudrā [= mittelst eines einzigen Siegelabdrucks] Tugendverdienste genommen [= erworben] haben (durch Freigebigkeit) dem Priester gegenüber (oder) dem Mönchsorden (gegenüber) oder einem Gesetzesverkündiger gegenüber (und doch infolge solch bloß einmaliger Wohltat) sogar jetzt (noch) unter den Göttern sitzen [= weilen],

253. (et)welche ferner (die) in meinem Ordensreich loskommen (aus den Leiden des Saṃsāra, (et)welche ferner (die bereits) losgekommen (sind) aus den Leiden (des Saṃsāra), — was auch man die übrigen frägt oder Gold, Silber (und) die Nebenmetalle! [= was will man erst noch nach den übrigen Wesen und nach den verschiedenen Metallen fragen! Auch auf allerlei Weisen, die noch nicht genannt sind, haben die einstigen Wesen, teils in schlimmem und teils in gutem Sinne, die Siegel und auch die Metalle verwendet und sind dafür hernach im Laufe des Saṃsāra je nachdem bestraft oder belohnt worden.]

Jedem, der diese Übersetzung liest, wird sich, glaube ich, die Überzeugung aufdrängen, daß *mūra* hier nicht richtig wiedergegeben sein kann. Um von allem übrigen zu schweigen, wie sollte man denn dazu gekommen sein, die Siegel aufzuspeichern, und wie sollte der Anblick solcher Siegel in den Mönchen das Gefühl der Geringschätzung hervorrufen? Mir scheint schon aus dem Zusammenhang allein klar hervorzugehen, daß *mūra* hier nur »Münze« oder eine bestimmte Münze bezeichnen kann und daß die *mūrīnā* »Münzhäuser« sind, d. h. entweder Häuser, in denen man das gemünzte Geld aufbewahrte oder — und das ist mir das Wahrscheinlichere — die Münzen, in denen das Geld hergestellt wurde. Ich würde also übersetzen:

Wenn die Mönche die Schatzhäuser sehen und die mannigfachen verschiedenen Juwelen, wenn sie auch die Münzhäuser sehen (und) unsere śākischen Münzen, wird ihnen in hohem Grade Geringschätzung ... Dann schaut der Buddha hin; er redet seinen Famulus an zu jener Zeit: »Mit diesen haben einst die verschiedenen Wesen Umstände gemacht; dieser einzigen Münze wegen haben einst Menschen (einander) zugrunde gerichtet. Zahlreich sind die Wesen, die einmal eine einzige Münze gefälscht haben (und) sich noch jetzt in dem Zustand der qualvollen Geburten befinden (und) verschiedene Leiden erfahren. Einige erwarben sich auch mit einer einzigen Münze dem Buddha, dem Orden oder einem Gesetzesverkünder gegenüber Verdienste[1] (und) sitzen noch jetzt unter den Göttern; einige werden auch in meiner Lehre erlöst, einige sind auch von den Leiden erlöst. Was fragt man auch nach den übrigen (Schätzen)[2] oder Gold, Silber und den Nebenmetallen?

Glücklicherweise sind wir für die Bedeutung von *mūra* nicht auf die angeführte Stelle allein angewiesen. Das Wort findet sich zu wiederholten Malen auch in den aus Dandān-Uiliq stammenden Urkunden in dieser iranischen Sprache, die Hoernle JASB. Vol. LXVI. Part I. p. 234 ff. und vollständiger Vol. LXX. Part I. Extra Number I. p. 30 ff. veröffentlicht hat[3]; siehe Vol. LXVI, Nr. 6, 7, 15; Vol. LXX, Nr. 5, 8, 12, 13.

[1] Ein Beispiel bietet die Geschichte des jungen Mädchens, das dem Orden zwei Kupfermünzen schenkte, in Aśvaghoṣas Kalpanāmaṇḍinikā (Sūtrālaṃkāra, traduit par Huber, p. 119 ff.).

[2] Ich ergänze zu *avaśśərṣṭū* nicht *uysnaura*, sondern *ratana*: vgl. V. 248. Nachdem der Buddha sich ausführlich über das Unglück und das Glück verbreitet hat, das das Geld über die Menschen gebracht hat, überläßt er seinen Hörern die Ausführung derselben Gedanken mit Bezug auf andere Schätze und ungemünztes Gold, Silber, Kupfer usw.

[3] Die Lesung der Daten hat Konow berichtigt und in Zusammenhang damit die ganze Frage der Datierung und Lokalisierung dieser Urkunden endgültig gelöst (JRAS. 1914, 339 ff.). Davon abgesehen hat aber die Entzifferung der Urkunden kaum Fortschritte gemacht, und es erscheint mir unter diesen Umständen nicht unangebracht, auf ein paar Punkte hinzuweisen, die vielleicht geeignet sind, das Verständnis dieser schwierigen Texte zu fördern. Das Wort, mit dem die Urkunden bezeichnet werden, ist offenbar *pīḍaka*, eine Ableitung von der Wurzel *pīr-* »schreiben«, die durch die Formen *pīḍe* »er hat geschrieben«, *parste pīḍe* »sie hat veranlaßt zu schreiben« (Leumann, Maitr. S. 70: 152 ff.) gesichert ist. *Pīḍaka* ist offenbar eine ähnliche Bildung wie *lihitaka* oder *lihidaγa* »Brief«, das in den Kharoṣṭhī-Dokumenten von Niya erscheint (Stein, Ancient Khotan, p. 368; Konow, SBAW. 1916, S. 817). *Pīḍaka* findet sich in dem einleitenden Satze der Urkunden, der mir im einzelnen nicht klar ist, in Nr. 1, 12, 17 und in einem der letzten Sätze in Nr. 1: *ttīra ṣi' pīḍakə prammām hi[mə khu]hā Brīyāsi u Budaśā'ṃ hamguṣṭi viśtārə* und Nr. 12: *tīra ṣə['] pī[ḍakə] prammām khuhā Mamdrrusə hamguṣṭə vaśtə.* Ich möchte das übersetzen: »Und dann soll diese Urkunde entscheidend (*prammām* = sk. *pramāṇam*) sein, woraufhin Brīyāsi und Budaśā'ṃ (d. i. Budaśā'n = Buddhaśāsana) als Vertragschließende hintreten [bzw. 'Mamdrrusə als Vertragschließender hintritt'].« Hoernle, a. a. O. S. 34, hat für *hamguṣṭa* allerdings die Bedeutung »Zeuge« erschlossen; mir scheint aber aus Nr. 12, so unklar der Zusammenhang im einzelnen auch sein mag, doch deutlich hervorzugehen, daß Mamdrrusə nicht der Zeuge, sondern derjenige ist, der sich zu den in der Urkunde angegebenen Vereinbarungen bereit erklärt. Das Wort *hamguṣṭa* findet sich außerhalb des eigentlichen Textes der Urkunden sehr häufig in Verbindung mit Namen, und zwar gewöhnlich in ganz auffallender Schreibung mit dazwischengesetzten horizontalen Strichen: Nr. 1 *Brīyāsi | ham | gu | ṣṭə, Budaśā'ṃ | ham | gu | ṣṭə, Puñayāṃ | ham | gu | ṣṭə*; Nr. 12 *Mamdrru | sə | ham .....*; Nr. 17 *Rruhada | tə | ham | guṣṭi.* Ebenso steht in der bei Stein, Anc. Kh. Tafel CX abgebildeten Urkunde *Lā(?)ttə | ha (?) ham | gu | ṣṭə.* Nur am Schlusse von Nr. 17 steht *Rammaki hamguṣṭi.* Hoernle scheint darin die Unterschriften der Zeugen zu sehen, allein um wirkliche Unterschriften kann es sich nicht handeln, da jene Worte in allen Fällen von derselben Hand geschrieben sind wie die Urkunden selbst. Es ergibt sich also, daß als die eigentliche Unterschrift nur die drei Striche anzusehen sind, die der Unterschreibende in die von dem Aussteller der Urkunde

Das Wort steht nicht etwa am Schlusse, sondern im Texte der Urkunden selbst, und das macht es von vornherein unwahrscheinlich, daß es hier Siegel bedeute und sich etwa auf die chinesischen Stempelabdrücke be-

---

dafür frei gelassenen Lücken zwischen den letzten Silben des Namens oder des Wortes *haṃguṣṭə* setzte. Das trifft auch für den Raṃmaki in Nr. 17 zu. Der Schreiber der Urkunde hat hier vergessen, die nötigen Lücken zu lassen, und Raṃmaki hat daher seine drei Striche darüber, hinter die Schlußworte der Urkunde [*khu*]*hā Raṃmakı haṃguṣṭi vistə* gesetzt. Daß des Schreibens unkundige Personen in dieser Weise zu zeichnen pflegten, scheint mir aus den gleichzeitigen chinesischen Urkunden von Dandān-Uiliq hervorzugehen, die zum Teil schon Hoernle, a. a. O. S. 21 ff., bekannt gemacht und später Chavannes in Steins Ancient Khotan, S. 521 ff., mit Übersetzung herausgegeben hat. In Nr. 3 schließt der Text der eigentlichen Urkunde allerdings nach Chavannes mit den Worten: »Les deux parties ont ensemble trouvé cela équitable et clair et ont apposé l'empreinte de leurs doigts pour servir de marque«, einer Formel, die sich in Nr. 5 und 10 wiederholt. Aber in den Urkunden ist von einem Fingerabdruck nichts zu sehen. Dagegen finden sich in Nr. 3, rechts von der neunten Zeile, in der der Entleiher Su Mên-ti genannt wird, drei wagerechte Striche, und drei ähnliche, nur etwas kürzere Striche stehen, wie schon Stein, S. 276, bemerkt hat, in Nr. 10 rechts von dem Namen des Entleihers und dem seiner Frau und links von der erwähnten Formel; doch sind die letzteren vielleicht wieder ausgewischt. Ganz deutlich sind die drei Striche auch in Nr. 9 links von dem Namen des Sohnes der Entleiherin. An Stelle der Striche erscheinen drei mehr punkt- oder hakenförmige Gebilde in Nr. 5 links von den Zeilen, in denen der Entleiher und seine Zeugen genannt werden, in Nr. 6 rechts von dem Namen der Entleiherin und in Nr. 9 rechts von dem Namen der Entleiherin. Mir scheint es völlig sicher, daß auch diese drei Striche oder Punkte die Stelle der Unterschrift der Vertragschließenden oder der Zeugen vertreten; daß sie hier nicht wie in den Urkunden in einheimischer Sprache nebeneinander, sondern untereinander stehen, erklärt sich natürlich aus der Richtung der chinesischen Schrift.

Ich möchte endlich noch darauf hinweisen, daß das von Hoernle, JASB. Vol. LXVI. Part I. p. 235 f. Nr. 9 (Plate XII) veröffentlichte und JASB. Vol. LXX. Part I. Extra Number I. p. 41 unter Nr. 16 aufgeführte Fragment gar nicht zu den Urkunden gehört. In Zeile 1 steht *pirāva kṣīra sica nāṃmavya kaṃtha* »eine Stadt namens Sica im Lande Pirāva«; Zeile 2 *bāri berāṃñāri·* »sie lassen Regen regnen«; Zeile 3 *'si gaṃjsa nāṃmaṃya kaṃtha* »nun die Stadt namens Gaṃjsa«; Zeile 4 *paṃjsāsə gaṃpha* »fünfzig Meilen«; Zeile 7 *u kāṃma hālai maṃñuśrī a'ysānai* »und in welcher Gegend Mañjuśrī-Kumāra« (vgl. die häufige Phrase *kāṃmə hālai gyastə ba'ysv āstə hāṣṭə* ... Vajracch. usw.); Zeile 8 [*ma*]*ñuśrī ā'ysānai tta hve si cu hiri kiṇa* »Mañjuśrī-Kumāra sprach so: nun weswegen«; Zeile 9 *mañuśrī a'ysānai tī tta* [*hv*]*a* [*s*]*i* »Mañjuśrī-Kumāra sprach dann so: nun«. Es liegt hier offenbar der Anfang einer Erzählung vor. Man vergleiche etwa die Einleitung zum Saddharmapuṇḍarika, wo der Bodhisattva Maitreya den Mañjuśrī-Kumārabhūta nach gewissen Wundererscheinungen, insbesondere nach der Ursache eines Blumenregens, fragt. Aber die hier erzählte Legende scheint lokalen Charakter zu tragen. Pirāva ist wahrscheinlich mit dem Pirova identisch, das in den Kharoṣṭhī-Urkunden von Niya IV, 56; 136; XV, 168; 333 (Rapson, Specimens, p. 5. 7) erscheint. Ist Sica vielleicht das Saca, das sich ebenda I, 104; XV, 318 (Rapson, p. 14. 15) findet? Für die Charakterisierung des Fragmentes ist es ferner wichtig, daß es nicht in der Buchschrift geschrieben ist, sondern in der Schriftart, die Hoernle als »kursive« Brāhmī bezeichnet und die offenbar die Schrift des täglichen Lebens war. Sie hat sich jedenfalls, wenn wir von zwei später in eine Handschrift des Aparimitāyuḥsūtra eingelegten Blättern absehen, bisher in keiner Pothī gefunden, sondern nur in Urkunden und in den von Hoernle, JRAS. 1911, p. 447 ff., beschriebenen Rollen, die Dhāraṇīs und ähnliche Texte teils in Sanskrit, teils in der einheimischen Sprache enthalten und die augenscheinlich ziehe, die einige der Urkunden zu tragen scheinen. Ausgeschlossen wird diese Beziehung dadurch, daß *mūra* ein paarmal in Verbindung mit Zahlen erscheint, so mit 12300 in Nr. 5 (*mūri ji stā dodasau ysārya drraise ttyāṃ mūryau-jsa*), mit 5500 und 1100 in Nr. 8 (*paṃysārə paṃse mūrə . e . . . y . mūre ysāre sa*, mit 1000 in Nr. 12 (*mūrə ysārə*). Die Verbindung mit so hohen Zahlen macht es meines Erachtens völlig sicher, daß *mūra* auch hier ein Geldstück bedeutet, und ich glaube, wir können sogar noch einen Schritt weiter gehen und die Art dieses Geldstückes genauer bestimmen. In den schon in der Note auf S. 738 erwähnten gleichzeitigen chinesischen Urkunden aus Dandān-Uiliq ist häufig von Geld die Rede. Auch hier handelt es sich fast überall um hohe Summen. Ein Mann namens Su Mèn-ti leiht 15000 Geldstücke (*wên*), wofür er in acht Monaten 16000 oder 26000 zurückzuzahlen hat (Nr. 3). Der Soldat Ma Ling-chih leiht von einem Mönche des Klosters Hu-Kuo 1000 Geldstücke, wofür er monatlich 100 Geldstücke als Zinsen zu zahlen hat (Nr. 5). Eine Frau A-sun leiht 15000 Geldstücke (Nr. 9), eine andere Frau, Hsü Shih-ssu, verpfändet allerlei Gegenstände, darunter einen Kamm, für 500 Geldstücke (Nr. 6). Ein Fragment (Nr. 7) nennt 100 Geldstücke. Auf den Wert der gemeinten Münze läßt die Urkunde Nr. 4 schließen, in der ein Mann 6000 Geldstücke als Kaufpreis für einen Esel einklagt. Es kann danach keinem Zweifel unterliegen, daß das Geldstück der Urkunden die bekannte durchlochte Kupfermünze ist, die man mit dem anglisierten Worte »cash« zu bezeichnen pflegt. Derartige Münzen haben sich im Gebiet von Khotan in ziemlicher Anzahl gefunden[1]; sie waren offenbar das gewöhnliche Geld während der Zeit der chinesischen Herrschaft in Turkestan bis zum Ende des 8. Jahrhunderts. Die Fürsten von Khotan haben auch nach 728, als die Kaiserliche Regierung ihnen den Königstitel verlieh[2], kaum eigene Münzen schlagen lassen: wenigstens ist bis jetzt

---

für den praktischen Gebrauch bestimmt waren. In die Klasse dieser Schriftstücke muß auch unser Fragment gehören. Der Text, soweit er sich bis jetzt entziffern läßt, könnte sehr wohl den Anfang eines Dhāraṇi-artigen Werkes gebildet haben. Auch die Form und die Größenverhältnisse des Fragmentes stimmen aufs beste zu der Annahme, daß es einer Dhāraṇi-Rolle angehört hat. [Aus dem mir erst jetzt zugänglich gewordenen Werke Manuscript Remains of Buddhist Literature found in Eastern Turkestan, I, p. 401, ersehe ich, daß auch Hoernle inzwischen die richtige Bedeutung von *pīḍaka* und *haṃguṣṭa* gefunden hat.]

[1] Siehe die Liste der Münzen bei Stein, Ancient Khotan, p. 575 ff., und Taf. LXXXIX und XC.

[2] Bis dahin scheinen die Mitglieder der Viśa' (sk. Vijaya, chin. Weih-ch'ih) Dynastie nur den Titel *a-mo-chih* geführt zu haben. Als *a-mo-chih* von Yu-t'ien wird der Fürst von Khotan in dem Erlasse von 728 bezeichnet, durch den er zum König ernannt wurde, und das offizielle Schreiben aus dem Jahre 768 (Urkunde Nr. 1) ist an den »Wei-ch'ih, *chih-lo* Präfekten der Sechs Städte und *a-mo-chih*« adressiert (Chavannes in Steins Ancient Khotan, S. 523 f.). Daß der Titel in Khotan weiter verbreitet war, ergibt sich aus der chinesischen Urkunde von 781 (Nr. 4), die

kein derartiges Stück bekannt geworden. So können wir mit Sicherheit annehmen, daß auch *mūra* in den Urkunden in einheimischer Sprache die chinesische Kupfermünze bezeichnet. Damit ist natürlich nicht gesagt, daß *mūra* auch in dem Gedichte, das der Sprache nach zu urteilen vielleicht Jahrhunderte älter ist, genau die gleiche Bedeutung gehabt haben müsse; wir werden *mūra* hier wohl in dem allgemeinen Sinne von »Münze, Geldstück« nehmen dürfen.

Eine Ableitung von *mūra*, *mūrīṃgya* (fem.) begegnet uns ferner in der Beschreibung der Herrlichkeiten von Ketumatī, Vers 139:

mūrīṃgye vari stune ṣṭāre śśō krrauśu śśō-śśau məstə
haṃbīsa ysarrnā kase vīrə āljsətīnā məsta.

Leumann denkt hier an »siegelige«, aus Siegelstein, d. h. aus Achat oder dergleichen bestehende Säulen. Er ist also zu der wenig wahrscheinlichen Annahme gezwungen, daß die Bedeutung von *mūra* auch auf das Material erweitert wurde, aus dem man Siegel herstellte. Ich bin überzeugt, daß wir auch bei *mūrīṃgya* von der Bedeutung »Münze« ausgehen müssen, und meine, daß wir uns unter den »Münzsäulen« Säulen von aufeinandergeschichteten Münzen vorzustellen haben, deren Höhe hier allerdings ins Fabelhafte gesteigert ist. Genau so wie in Vers 253 wird auch hier in unmittelbarem Anschluß an die *mūrīṃgye stune* ungemünztes Gold und Silber genannt: »Da stehen Münzsäulen, eine jede einen Krośa hoch, (und) Haufen von Gold in den Gebüschen und große (Haufen) von Silber.«

Einige Schwierigkeiten bereitet die Feststellung der Bedeutung von *mūra* in Vers 151 f., wo das vierte der sieben Juwelen des Königs Śaṅkha beschrieben wird:

mūra candāvanə śśau ggaṃphu hāysa brūñite ṣṣīve
daśu vīri āṇiye bērūñite pharu ratana vicitra.
ttəñe rrūnatēte-jsa ṣṣīve uysnōra kīri yanīndi
āṣṣeiñi vrūl[i]ye məstə aṣṭaśśā tcarṣuva dətəna.

---

einen *a-mo-chih* Shih-tzŭ als Herrn zweier Schreiber »in barbarischer Schrift« erwähnt. *A-mo-chih* muß die Wiedergabe eines einheimischen Titels sein, und ich wage die Vermutung, daß es das sk. *amātya* ist, das in der einheimischen Sprache von Khotan *āmāca*, Nom. Sg. *āmācə* oder *āmāci*, lautete, wie Vers XXIII, 208 des Gedichtes zeigt:

tc(oh)aure-haṣṭātə ysāre uspurru āmāca pravaində

»vierundachtzig Tausende, lauter *āmācas*, werden Mönche«. Ob wir *āmāca* auf Grund der Bedeutung des Sanskritwortes richtig durch »Minister« wiedergeben, ist mir einigermaßen zweifelhaft; es scheint mehr der Titel einer Gesellschaftsklasse zu sein, als eine Funktion zu bezeichnen. Denselben Titel führte auch der Fürst von Kashgar (Su-le), bis er zusammen mit dem Fürsten von Khotan zum König ernannt wurde (Chavannes, a. a. O.). Ich würde es aber für vorschnell halten, daraus etwa zu schließen, daß in Kashgar dieselbe Sprache geherrscht haben müsse wie in Khotan, da es sich hier um ein Lehnwort handelt, das auch in verschiedenen Sprachen Aufnahme finden konnte.

»Der *mūra candāvana* (*cintāmaṇi*) leuchtet bei Nacht ein Yojana weit; wenn er am Banner sitzt, regnet er viele verschiedene Kostbarkeiten. Infolge dieser Helligkeit verrichten die Wesen bei Nacht (ihre) Arbeiten; aus blauem Vaiḍūrya ist er, groß, achteckig, prächtig von Aussehen.«

Daß sich der Verfasser den *cintāmaṇi* als eine Münze oder gar eine Kupfermünze gedacht haben sollte, wird durch die Angaben in Vers 152 ausgeschlossen, die mit der von Leumann angeführten Beschreibung im Lalitavistara übereinstimmen (*maṇiratnam . . . nīlavaiḍūryam aṣṭāṃśam*). Man könnte daher zunächst daran denken, *mūra* hier als Siegel zu fassen, und sich darauf berufen, daß achteckige Siegel aus Bronze tatsächlich im Khotan gefunden sind. Abbildungen von zweien solcher Stücke gibt Stein, Ancient Khotan, Taf. L; die chinesische Herkunft steht für das eine fest und ist für das andere höchst wahrscheinlich (Stein, a. a. O. S. 103, 109, 465). Wir können indessen sicher sein, daß sich kein Zentralasiate den *cintāmaṇi* in der Gestalt jener Siegel vorgestellt hat. In den Fresken der Höhlen von Turkestan kommt unendlich oft ein Gebilde vor, das einem indischen Langwürfel ähnlich sieht und meist von Strahlen umgeben ist. In den Zeichnungen bei Grünwedel, Altbuddhistische Kultstätten in Chinesisch-Turkistan, kann man sehen, wie es von Bodhisattvas, Gottheiten und Nāgas auf dem Haupte oder in den Händen getragen wird (Fig. 22, 243, 642, 644a); es wird auf einer Lotusblume ruhend (Fig. 165) oder im Wasser schwimmend (Fig. 123) dargestellt oder dient auch einfach zur Füllung des Raumes (Fig. 48, 53). Aus einer unverkennbaren Darstellung der sieben Juwelen in einer Höhle by Qyzyl (Fig. 275) konnte Grünwedel feststellen, daß dieser Langwürfel die zentralasiatische Form des *cintāmaṇi* ist, und sie entspricht, da sie in der Tat acht Ecken hat, auch durchaus der Beschreibung im Lalitavistara. Mit einem Siegel hat also der *cintāmaṇi* ebensowenig Ähnlichkeit wie mit einer Münze. Ich glaube daher, daß wir *mūra-candāvana* als ein Kompositum fassen müssen[1] und daß der wunderbare Stein der »Münzen-« oder »Geld-Wunschstein« genannt wurde, weil man glaubte, er könne seinem Besitzer Geld herbeizaubern. Daß es in der Strophe selbst heißt, er regne verschiedene Kostbarkeiten (*ratana*), scheint mir damit nicht im Widerspruch zu stehen[2].

---

[1] Leumann führt in seinem Glossar, Zur nordarischen Sprache und Literatur, S. 131, auch ein Kompositum *candāvani-mūra* an, über das sich, da kein Beleg dafür mitgeteilt wird, schwer urteilen läßt. Ist es richtig, so wäre es etwa so aufzufassen wie *kilamudra* (siehe unten S. 742).

[2] So erklärt z. B. auch der Jātakakommentar den Kahāpaṇa-Regen in dem bekannten Verse *na kahāpaṇavassena titti kāmesu vijjati*, Dhp. 186, Jāt. 258, 2 als einen Regen der sieben Kostbarkeiten: *Mandhātā . . . sattaratanavassaṃ vassāpeti | taṃ idha kahāpaṇavassan ti vuttaṃ.*

So sicher es auch sein dürfte, daß *mūra* in der Sprache von Khotan »Münze« bedeutete, so ist es doch gewiß ebenso sicher, daß das Wort, das auf das alte *mudrā* zurückgeht[1], ursprünglich ein Siegel bezeichnete, und es ist von Interesse, daß sich derselbe Bedeutungsübergang, den wir hier beobachten können, noch einmal in einer iranischen Sprache auf indischem Boden vollzogen hat. Der heutige offizielle Name der hauptsächlichsten Goldmünze Britisch-Indiens, *mohur*, geht ebenfalls durch das Hindustānī auf das persische *muhr* »Siegel« zurück. Ich kann nicht feststellen, wann *muhr* zuerst in der neuen Bedeutung gebraucht worden ist. Yule und Burnell, Hobson-Jobson, S. 438f., bemerken, daß der Name zuerst mehr volkstümlich gewesen und im allgemeinen Sinne gebraucht zu sein scheine und erst allmählich auf die Goldmünzen eingeengt sei, die zuerst die Ghūrī-Könige von Ghazni um 1200 prägten. Ihre Belege aus der englischen Literatur gehen bis 1690 zurück.

Den gleichen Bedeutungsübergang hat aber auch das indische *mudrā* durchgemacht. Die Grundbedeutung des Wortes, das erst in der nachvedischen Literatur auftritt, ist Siegel, d. h. sowohl das Werkzeug zum Siegeln, der Siegelring, als auch der Abdruck. In dieser Bedeutung findet sich das Wort auch in dem Prakrit der Kharoṣṭhī-Dokumente von Niya, wo die keilförmigen versiegelten Doppeltafeln als *kilamudra, kilamuṃdra, kilamuṃtra,* wörtlich »Keilsiegel«, bezeichnet werden. Rapson, Specimens, S. 13, hat mit Rücksicht auf die letzte Form diese zuerst von Stein gegebene Erklärung des Wortes bezweifelt, aber, wie ich glaube, mit Unrecht. *Kilamuṃtra* ist sicherlich nur ungenaue Schreibung für *kilamuṃdra*. Da in dem Dialekte Tenues zwischen Vokalen und hinter Nasal erweicht werden, so trat eine Unsicherheit in der Schreibung ein, die zu der gelegentlichen Verwendung eines *t* auch für älteres *d* führte wie in *itaṃ* = sk. *idaṁ*, *taṃḍa* = sk. *daṇḍa*[2]. Was aber den Nasal betrifft, so möchte ich darauf hinweisen, daß ihn auch die modernen Volkssprachen in dem Worte kennen; im Hindi findet sich *mundrā* neben *mudrā*, im Khas heißt der Ring *munrō*, im Sindhi *muṇḍri*[3]. Daß das Kompositum nicht den gewöhnlichen Regeln des Sanskrit entspricht, kann bei einem technischen Ausdruck in einer Volkssprache nicht ins Gewicht fallen.

---

[1] Über die Lautverhältnisse und die Herkunft des Wortes hat Hübschmann, KZ. 36, 176, gehandelt und neuerdings Junker, IF. 35, 273ff., der die Entlehnung aus dem Assyrischen, wie mir scheint, mit Recht bestreitet.

[2] Siehe Konow, SBAW. 1916, S. 823ff.

[3] Daher der Nasal auch in iranischen Lehnworten aus dem Indischen; bal. *mundrīg*, *mundarī* 'Ring, Fingerring', afgh. *mūndru* 'Ring, Ohrring'. [Die Nasalierung ist jetzt schon aus viel älterer Zeit belegt; in der Mahāpratyaṅgirā Dhāraṇī, Man. Rem. I, S. 54, steht *mundrayaṇā* (für *mudrāgaṇāḥ*).]

In den heutigen Volkssprachen, Hindi, Marāthi, Bengali, Kanaresisch, wird *mudrā* nach Ausweis der Wörterbücher aber auch im Sinne von Münze gebraucht; Molesworth bemerkt, daß *mudrā* insbesondere eine Rupie bezeichne, für die der genauere Ausdruck *rūpyamudrā* sei, wie *tāmramudrā* für den kupfernen *paisā* oder *suvarṇamudrā* für den *mohur* oder *pagoda*. Auch für das Sanskrit verzeichnet das PW. auf Grund des Śabdakalpadruma für *mudrā* und *mudrikā* die Bedeutung »Münze«; als Beleg wird nach Śkdr. eine Stelle der Mitākṣarā gegeben, die sich im Divyaprakaraṇa unter Yājñ. 2, 113 findet:

sauvarṇīṃ rājatīṃ tāmrīṃ āyasīṃ vā suśodhitām |
salilena sakṛd dhautāṃ prakṣipet tatra mudrikām ||

und aus Vopadeva 6, 14 *haimamudrikā* hinzugefügt. Aus dem letzteren ergibt sich aber für die Bedeutung von *mudrikā* nichts, und die Stelle der Mitākṣarā ist mißverstanden. Sie ist ein Zitat aus Pitāmaha, der eine Abart des *taptamāṣavidhi* beschreibt, bei der nicht eine Münze, sondern ein Siegelring aus einem mit heißer Butter gefüllten Gefäße herauszufischen ist. Daß es sich um einen Ring handelt, wird durch die Bemerkung völlig sichergestellt, daß nach Vollzug des Ordals der Zeigefinger des Beklagten auf Brandblasen hin zu untersuchen sei. Scriba hat in seiner Sammlung der Fragmente des Pitāmaha (Vers 175) die Stelle auch bereits richtig übersetzt. Tatsächlich aber findet sich *mudrā* in der Bedeutung »Münze« in Mahendras Kommentar zu Hem. An. 3, 81. Mahendra fügt dort den für *rūpaka* gelehrten Bedeutungen *suvarṇādimudrayor api* hinzu und zitiert als Beispiel *tad api sāṃpratam āhara rūpakam* (vgl. 2, 293). Um 1200 wurde also *mudrā* im Sinne von Münze gebraucht, und es kann nicht als ausgeschlossen gelten, daß der Bedeutungsübergang unter dem Einfluß des persischen *muhr* erfolgte. Daß er naheliegt, zeigt aber auch die Geschichte eines andern indischen Wortes.

In der vedischen Literatur, bis zu den Upaniṣads hinab, ist das Wort für Silber *rajata*. *Rajata* hält sich auch in der Folgezeit; in der nachvedischen Literatur tritt aber daneben *rūpya* auf, das mehr und mehr der eigentliche generelle Name des Silbers wird. Das PW. führt als früheste Belege Stellen aus dem Epos und Manu an. Lehrreich ist Mbh. 5. 39. 81:

suvarṇasya malaṃ rūpyaṃ rūpyasyāpi malaṃ trapu |
jñeyaṃ trapumalaṃ sīsaṃ sīsasyāpi malaṃ malam |

In der alten Zeit steht *rajata* in der Liste der Metalle, wie eine bekannte, in den Brāhmaṇas öfter wiederkehrende Stelle zeigt, die Chāndogya-Up. 4, 17, 7 lautet: *tadyathā lavaṇena suvarṇaṃ saṃdadhyāt suvarṇena rajataṃ rajatena trapu trapuṇā sīsaṃ sīsena loham* usw. Für

Manu sind *rūpya* und *rajata* völlig identisch. 4, 230 nennt er den *rūpyada* neben dem *hiraṇyada*; 5, 112 braucht er *rājata*, im folgenden Verse *raupya*; 8, 135 steht *raupya*, in den beiden nächsten Versen *rājata*. Auch das Kauṭilīya wechselt zwischen *rūpya* und *rajata* als Gattungsnamen: S. 60. 85, 241 wird von *suvarṇarajata* gesprochen, aber S. 86 heißt es *tutthodgataṃ gauḍikaṃ kāmamalaṃ kabukaṃ cākravālikaṃ ca rūpyam*, S. 87, 89, 243 steht *rūpyasuvarṇa*. Im Pali ist in der kanonischen wie in der späteren Literatur *rajata* das gewöhnliche Wort; besonders in der festen Verbindung *jātarūparajata*; siehe z. B. Digh. 1, 1, 10; Cullav. 12, 1, 1 ff.; Jāt. II, 67, 1; 92, 27; III, 207, 4; IV, 3, 7; 140, 13. Aber schon in der kanonischen Prosa und in den Gāthās erscheint daneben auch *rūpiya*; z. B. Saṃyuttan. I, S. 104, wo die Zähne des Elephanten des Māra mit reinem Silber — *suddhaṃ rūpiyaṃ* — verglichen werden; Jat. 449, 3; 454, 4 *sovaṇṇamayaṃ maṇīmayaṃ lohamayaṃ atha rūpiyāmayaṃ*[1]. Ebenso wechseln im Mahāvastu *rajata* und *rūpya*: *prabhūtajātarūparajatopakaraṇā* II, 168, 12; *suvarṇamayāni rūpyamayāni* II, 420, 15; *suvarṇarūpyamayāni* II, 468, 15.

Es ist für die Zeitbestimmung Pāṇinis nicht unwichtig[2], daß er in diesem Falle auf seiten des Veda steht. Er lehrt in 5, 2, 120 die Bildung von *rūpya* und hätte hier sicherlich die Bedeutung »Silber« angegeben, wenn sie ihm bekannt gewesen wäre. Statt dessen sagt er *rūpād āhatapraśaṃsayor yap* »an *rūpa* tritt *ya* in der Bedeutung 'geprägt'[3] oder wenn ein Lob gemeint ist«. Als Beispiele gibt die Kāśikā *āhataṃ rūpam asya rūpyo dīnāraḥ* | *rūpyaḥ kedāraḥ* | *rūpyaṃ kārṣāpaṇam* | *praśastaṃ rūpyam asyāsti rūpyaḥ puruṣaḥ* und bemerkt weiter zur Er-

---

[1] Kaccāyana 8, 29 führt nebeneinander *rūpiyamayaṃ* und *rajatamayaṃ* auf.

[2] Es ist hier natürlich nicht der Ort, näher auf diese Frage einzugehen, da aber bis in die neueste Zeit hinein immer wieder die Behauptung Webers wiederholt wird, daß Pāṇini in die Zeit nach 300 v. Chr. zu setzen sei, weil er in 4. 1. 49 *yavana* erwähnt und die Bildung des erst von Kātyāyana — ob mit Recht oder Unrecht, sei dahingestellt — auf die Schrift bezogenen *yavanānī* lehre, so mag es gestattet sein, nochmals darauf hinzuweisen, wie es schon Ludwig, Sb. Böhm. Ges. Wiss. Cl. f. Philos. Gesch. u. Philol. 1893, Nr. 9. S. 7. getan hat, daß die von Weber beigebrachte Tatsache nicht die geringste Beweiskraft besitzt. Wenn die Inder, erst als Alexander der Große in ihrem eigenen Lande erschien, Kunde von den Griechen erhalten hätten, hätten sie sie ganz gewiß nicht als »Ionier«, sondern mit einem Namen bezeichnet, der auf Ἕλληνες oder Μακεδόνες zurückgehen würde: die Soldaten Alexanders haben sich doch sicherlich nicht Ionier genannt. Der Name Yavana muß lange vor Alexander zu den Indern gelangt sein, entweder über Persien oder durch die Semiten, und selbst wenn die Beziehung von *yavanānī* auf die Schrift richtig sein sollte, sehe ich nicht ein, was die Annahme verbieten könnte, daß die Inder die griechische Schrift vor 300 v. Chr. kennen lernten. Ich bemerke noch, daß die Schlüsse, die sich aus *rūpya* bei Pāṇini ziehen lassen, durchaus zu den Resultaten stimmen, zu denen Liebich bei seinen Untersuchungen geführt ist (Panini, besonders S. 50).

[3] *āhan* ist der typische Ausdruck vom Schlagen oder Prägen der Münzen: vgl. Rājat. 3, 103 (PW).

klärung *nighātikātādanādinā dīnārādiṣu rūpaṃ yad utpadyate tad āhatam ity ucyate*, »wenn durch Schlagen mit einem Hammer usw. auf den *dīnāras* usw. ein Bild entsteht, so heißt das *āhata*«. In dem von Pāṇini gelehrten Sinne findet sich das Wort auch im Prātimokṣa. Nissag. 18—20 lauten im Pali: *yo pana bhikkhu jātarūparajataṃ uggaṇheyya vā uggaṇhāpeyya vā upanikkhittaṃ vā sādiyeyya nissaggiyaṃ pācittiyaṃ*; *yo pana bhikkhu nānappakārakaṃ rūpiyasaṃvohāraṃ samāpajjeyya n. p.*; *yo pana bhikkhu nānappakārakaṃ kayavikkayaṃ samāpajjeyya n. p.* Im Prātimokṣa der Mūlasarvāstivādins heißen die entsprechenden Titel nach Mahāvyutpatti 260: *jātarūparajatasparśanam, rūpikaryavahāraḥ, krayavikrayaḥ*; *rūpika* ist hier natürlich nur falsche Sanskritisierung von *rūpiya* anstatt *rūpya*. In dem aus Turkestan stammenden Texte des Prātimokṣa der Sarvāstivādins[1] lauten die Regeln: *yaḥ punar bhikṣuḥ svahastaṃ rūpyam udgṛhṇīyād vā udgrāhayed vā nikṣiptaṃ vā sādhayen naiḥsargikā pātayantikā*; *yaḥ punar bhikṣur nānāprakāraṃ rūpyavyavahāraṃ samāpadyeta n. p.*: *yaḥ punar bhikṣur nānāprakāraṃ krayavikrayaṃ samāpadyeta n. p.* Das *rūpyam* in Regel 18 scheint hier aber erst später an die Stelle eines älteren *jātarūparajatam* getreten zu sein; die tibetische Übersetzung[2] hat statt *rūpyam gser daṅ dṅul*, und ebenso liest die chinesische Übersetzung des Kumārajīva[3] dafür »Gold oder Silber«. In Regel 19 hat der tibetische Übersetzer dagegen *rūpyavyavahāra* gelesen, da er es durch *mṅon-thsan-can-gyi*[4] *spyod-pa* wiedergibt, während Kumārajīva auch hier von »Silber oder Gold« spricht. In der chinesischen Übersetzung des Prātimokṣa der Dharmaguptas ist nach Beal, Catena, S. 219, in Regel 18 von »gold, silver or even (copper) coin«, in Regel 19 von »purchase or sale of different precious substances (jewels)« die Rede. Die Übereinstimmung des Palitextes mit dem der Mūlasarvāstivādins und dem der Sarvāstivādins in der tibetischen Version läßt kaum einen Zweifel darüber, daß in der ältesten Fassung Regel 18 die Annahme von *jātarūparajata*, Regel 19 *rūpiya*-Geschäfte verbot. Rhys Davids und Oldenberg übersetzen *rūpiyasaṃvohāra* durch »transactions in which silver is used«. Allein wenn *rūpiya* in der Bedeutung Silber auch schon im Palikanon begegnet und im Sanskrit später beliebig mit *rajata* wechselt, so ist hier die Einschränkung auf Silber doch sicherlich nicht am Platze. Wir können *rūpiya* hier meines Erachtens nur in dem Sinne, wie Pāṇini es braucht, von geprägten Münzen[5] verstehen und müssen *rūpiyasaṃ-*

---

[1] Finot, JA. Sér. XI, T. 2, S. 498.

[2] Huth, Die tibetische Version der Naiḥsargikaprāyaścittikadharmas S. 12.

[3] Finot, a. a. O.

[4] Wörtlich »mit deutlichen Zeichen (*thsan* für *mthsan*) versehen«. Der Ausdruck findet sich noch einmal im Bhikṣuṇīprātim (Huth, S. 16).

[5] So richtig schon Kern, Buddhismus II, S. 113; Huth, a. a. O. S. 13.

vohāra durch »Geldgeschäfte« wiedergeben. Dabei ist sicherlich an das Ausleihen von Geld auf Zinsen, Geldwechsel und ähnliches zu denken, während sich *kayavikkaya* auf den Handel mit Waren bezieht. *Jātarūparajata* war aber ursprünglich wahrscheinlich wirklich das, was der Name besagt, Gold und Silber; die Regel hatte also den Zweck, die Annahme größerer Geschenke in gemünztem oder ungemünztem Gold und Silber zu verbieten, während unbedeutende Geldsummen zu nehmen erlaubt war. Die Mönche von Vesālī machten sich daher im Grunde gar keines Verstoßes gegen die Regel schuldig, wenn sie von den Leuten Geld im Werte eines *kahāpaṇa* und darunter erbettelten (Cullav. 12, 1, 1 *dethāvuso saṃghassa kahāpaṇam pi aḍḍham pi pādam pi māsakarūpam pi*). Erst nachträglich scheinen die Vibhajyavādins ebenso wie andere Schulen, wenigstens im Prinzip, strengere Grundsätze vertreten zu haben, und diese kommen in dem alten Palikommentar zu den Regeln zum Ausdruck. Hier (Suttav. I, 238 ff.) wird zunächst *jātarūpaṃ* in 18 durch das seltsame *satthuvaṇṇo* erklärt; *rajataṃ* soll die kursierende Münze sein, ein *kahāpaṇa*, ein *māsaka* aus Eisen, Holz oder Lack (*jātarūpaṃ nāma satthuvaṇṇo vuccati* | *rajataṃ nāma kahāpaṇo lohamāsako dārumāsako jatumāsako ye vohāraṃ gacchanti*). In 19 wird dann *rūpiyaṃ* mit genau denselben Worten erklärt wie vorher *jātarūparajataṃ*, aus dem *nānappakārakaṃ* des Textes aber weiter gefolgert, daß hier auch unbearbeitetes oder zu Kopf-, Hals-, Hand-, Fuß- oder Hüftenschmuck verarbeitetes Metall gemeint sei. Das alles zeigt zur Genüge, daß dem Verfasser gar nicht daran liegt, eine eigentliche philologische Erklärung zu geben; sein Streben geht vielmehr dahin, den Textworten einen Sinn unterzulegen, der mit der Lehre seiner Schule übereinstimmt. Daß *rūpiya* in der Tat die Münze ist, wird durch das Nidāna zu 18 im Suttav. bestätigt. Da wird erzählt, wie ein Mönch von einem Laien einen *kahāpaṇa* annimmt. Da dieser *kahāpaṇa* den Wert der ihm zugedachten Fleischration repräsentiert, können wir sicher sein, daß der Erzähler dabei an die gewöhnliche Kupfermünze dachte. Im weitern Verlauf der Erzählung wird aber dieser *kahāpaṇa* stets als *rūpiya* bezeichnet. Danach kann auch der *rūpiyachaḍḍaka*, der nach dem Kommentar zu N. 18 und 19 angestellt wird, um widerrechtlich empfangenes Geld zu beseitigen, nur ein »Münz-« oder »Geldverwerfer« sein, nicht ein »bullion-remover«, wie Rhys Davids und Oldenberg übersetzen. Natürlich haben wir uns das *rūpiya* dieser Zeit nicht in der Form der späteren Münzen vorzustellen; es handelt sich hier selbstverständlich um die sogenannten gepunzten (»punch-marked«) Münzen, über deren Form und Beschaffenheit man sich bei Rapson, Indian Coins, S. 2 f. unterrichten kann.

Die Feststellung, daß *rupya* bei Pāṇini »geprägt« und im Prātimokṣa »Münze, Geld« bedeutet, ist nicht ohne Wert für die indische Münzgeschichte. *Rūpya* »Silber« muß auf der Substantivierung des Adjektivs *rūpya* beruhen. Nun hat Rhys Davids, On the Ancient Coins and Measures of Ceylon, S. 7, allerdings angenommen, daß der Name des Silbers auf *rūpya* in der Bedeutung »schön« zurückgehe, gerade so wie *suvarṇa* »Gold« eigentlich das »schönfarbige« sei. Ich halte es für sehr wohl möglich, daß *suvárṇa* »Gold« erst durch Volksetymologie aus *súarna*, *svàrna* »glänzend« oder »himmlisch« entstanden ist[1]; dafür spricht, daß einmal, Taitt. Br. 3, 12, 6, 6, der Udātta noch auf der ersten Silbe und im späteren Sanskrit sehr häufig *svarna* neben *suvarṇa* erscheint. Allein die Umdeutung muß in sehr früher Zeit erfolgt sein, wie aus der gewöhnlichen Akzentuation des Wortes im AV. und in den Brāhmaṇas hervorgeht. Für die ursprüngliche Bedeutung von *rūpya* hat das aber wenig Gewicht. Man kann gerade umgekehrt gegen Rhys Davids geltend machen, daß später *durvarṇa* »schlechtfarbig« ein Name des Silbers ist und daß schon Taitt. Br. 2, 2, 4, 5 dem *suvarṇam hiraṇyam* ein *durvarṇam hiraṇyam* gegenübergestellt wird, worunter nach Sāyaṇas durchaus annehmbarer Erklärung Silber, Blei, Kupfer usw. zu verstehen ist. Praktisch kann, meine ich, kaum ein Zweifel bestehen, daß *rūpya* »Silber« eigentlich »das Geprägte« ist. Das aber zwingt zu der Annahme, daß bereits geraume Zeit vor der Abfassung des Pali Kanons, des Epos, Manus und des Kauṭilīya, also soweit sich ein absolutes Datum angeben läßt, schon im fünften Jahrhundert v. Chr. Silbermünzen in Indien weit verbreitet waren. Nur so läßt es sich erklären, wie *rūpya* in dieser Zeit zu einem generellen Namen des Silbers werden konnte. Die ausschließliche Verwendung des Wortes *rūpya* für das Silber läßt sogar noch weiter schließen, daß man zunächst nur Silberstücke abzustempeln pflegte und erst später auch gepunzte Münzen aus anderen Metallen herstellte. Die zahlreichen Funde in allen Teilen Indiens von gepunzten Silbermünzen, die nach Rapson bis ins vierte Jahrhundert v. Chr. zurückgehen, stehen mit diesem Ergebnisse durchaus im Einklang. Es ist mir unter diesen Umständen nicht recht verständlich, wie Mrs. Rhys Davids, JRAS. 1901, S. 877 behaupten kann: it was not till towards the Christian era that silver became widely current, was sich bei T. W. Rhys Davids, Buddhist India, S. 100, zu dem lapidaren Satze verdichtet: no silver coins were used. Mrs. Rhys Davids' einziges Argument ist, daß die Schriften des buddhistischen Kanons das Silber seltener erwähnen als Gold und andere Me-

[1] So schon Uhlenbeck, Etym. Wörterb. Über die Beziehungen zwischen Gold und Himmel habe ich an anderm Orte gehandelt.

talle. Aber selbst wenn in jenen Schriften von Silber noch weniger die Rede sein sollte, als es tatsächlich der Fall ist, würde das zum mindesten den Funden gegenüber nichts beweisen. Nirgends ist die isolierende Betrachtung einer einzelnen Literaturgattung unangebrachter als da, wo es sich um Realien handelt.

In der auf Pāṇini und das Prātimokṣa folgenden Zeit scheint *rūpya* in der Bedeutung »geprägt« oder »Münze« nicht häufig vorzukommen. Die Lexikographen führen es allerdings im Sinne von gemünztem Metall auf (Am. 2, 9, 91; Vaij. 129, 147; Hem. Abh. 1046, An. 2, 370), wobei die Bedeutung zum Teil auf gemünztes Gold und Silber eingeschränkt wird (Śāśv. 133; Viśvak. 1348; Maṅkha 605; Med. y 52); sie könnten aber direkt von Pāṇini abhängig sein. In der Literatur vermag ich *rūpya* als »Münze« nur Kāmasūtra S. 33 nachzuweisen, wo *rūpyaratnaparīkṣā* als eine Fertigkeit erwähnt wird[1]. Mahendra zitiert ferner zu Hem. An. 2, 370 einen Halbvers: *maṇirūpyādivijñānaṃ tadvidāṃ nānumānikam.* Als Bezeichnung einer speziellen Münze lebt aber das alte *rūpya* noch heute in dem Namen der Einheit des angloindischen Münzsystems, der Rupie. Formell geht hind. *rupayā*, *rupiyā*, *rūpayā*, Plur. gewöhnlich *rupa'e*, das in den verschiedenen Dialekten noch zahlreiche Nebenformen aufweist, jedenfalls auf *rūpyaka* zurück[2]. Der Name läßt sich bis ins 16. Jahrhundert zurückverfolgen; er soll zuerst für die Silbermünze gebraucht worden sein, die Sher Shāh 1542 nach der Norm prägen ließ, die schon die mohammedanischen Herrscher Delhis im 13. und 14. Jahrhundert angewandt hatten[3]. Nun ist es gewiß nicht unmöglich, daß *rūpya* über die Bedeutung »Silber« hinüber wieder zur Bezeichnung der Münze geworden ist. Daß sich aus »Silber« der Begriff »Münze«, »Geld« oder der Name einer bestimmten Geldart entwickeln kann, zeigt nicht nur gr. ἀργύριον, lat. *argentum*, sondern auch tib. *dṅul* (*mul*), Silber, das heute auch die Rupie bezeichnet. Für wahrscheinlich möchte ich es aber doch halten, daß *rupayā* auch in der Bedeutung direkt an *rūpya*, Münze, anknüpft, und daß uns somit der Name der Rupie bezeugt, daß die ursprüngliche Bedeutung von *rūpya* niemals ganz verloren gegangen ist.

---

[1] Handschriftliche Lesart ist allerdings *suvarṇarūpyaparīkṣā*: aber Yaśodhara las wie oben, da er erklärt *rūpyam āhatadravyaṃ dīnārādi*. Das PW. verzeichnet weiter *rūpyādhyakṣa* »Münzmeister«, Am. 2, 8, 7; Hem. Abh. 723: *bhaurikaḥ kanakādhyakṣo rūpyādhyakṣas tu naiṣkikaḥ*. Hier läßt die Gegenüberstellung von *kanaka* und *rūpya* eher darauf schließen, daß *rūpya* Silber bedeutet.

[2] In der Bedeutung Silber findet sich *ruppaya*, Jacobi, Ausg. Erz. in Māhārāshṭrī 64, 17 (*katthai suvaṇṇaṃ katthai ruppayaṃ katthai maṇi-mottiya-parālāiṃ mahagghaṃ bhaṇḍaṃ*). Es liegt gar kein Grund vor, *ruppayaṃ* hier mit J. J. Meyer. Hindu Tales, p. 217, von *rukma* herzuleiten.

[3] Yule-Burnell, Hobson-Jobson, p. 585.

Die Angabe Pāṇinis ist für uns weiter auch deshalb wichtig, weil wir aus ihr schließen können, daß man als *rūpa* das Bild oder die Marken bezeichnete, mit der man die Münzen zu versehen pflegte. Genau in diesem Sinne gebraucht Buddhaghosa das Wort bei der Erklärung der vorhin erwähnten Holz- und Lackmünzen: *dārumāsako ti | sāradārunā vā veḷupesikāya vā antamaso tālapaṇṇena pi rūpaṃ chinditvā katamāsako | jatumāsako ti | lākhāya vā niyyāsena vā rūpaṃ samuṭṭhāpetvā katamāsako.* Daß sich *rūpa* in dieser Bedeutung wenigstens vorläufig nicht öfter belegen läßt, liegt in der Natur der Sache; von solchen technischen Dingen pflegt in der Literatur nicht oft die Rede zu sein. Aber offenbar ganz ähnlich wie im Iranischen das Wort für Siegel zu dem Worte für Münze geworden ist, ist auch *rūpa*, das Prägebild, der Name für Münze und weiter einer bestimmten Münze geworden. Die Lexikographen lehren für *rūpa* die Bedeutung *nāṇaka*; Śāśv. 82; Hem. An. 2, 293; Trik. 831[1]; Viśvak. 1187; Medini p 9[2]. Hem. An. 2, 38 und Med. g 15 geben *bhāga* die Bedeutung *rūpārdhaka* »ein halbes *rūpa*«. Das Kauṭilīya erwähnt wiederholt den *rūpadarśaka* (S. 58 *rūpadarśakaviśuddhaṃ hiraṇyaṃ pratigṛhṇīyāt*; 69, 84, 243). Patañjali führt zu Pāṇ. 1, 4, 52 als Beispiel die Sätze an: *paśyati rūpatarkaḥ kārṣāpaṇam | darśayati rūpatarkaṃ kārṣāpaṇam.* Der *rūpadarśaka* oder *rūpatarka* ist offenbar derselbe Beamte, der Yājñ. 2, 241 *nāṇakaparīkṣa* heißt, also ein Münzwardein. Das Kauṭilīya braucht für »Münze« überall *rūpa* (84; 91 f., usw.); die gefälschte Münze ist *kūṭarūpa* (244; ZDMG. 67, 82), der Falschmünzer *kūṭarūpakāraka* (210). Eine falsche Münze ist offenbar auch das *rājaviruddhaṃ rūpam*, von dem Kṣemendra, Kalāvilāsa 9, 56, spricht[3]; 9, 67 nennt er sie *kūṭarūpa*. Später erscheint gewöhnlich *rūpaka*, und zwar meist als Bezeichnung einer bestimmten Münze. Tantrākhy. 157, 5 glaubt der Vater des Somaśarman in seinem Topfe Mehl für 20 *rūpakas* zu haben; in den späteren Versionen werden daraus 100 *rūpakas* (Pañc. V, Bühler 68, 8; Pūrṇabh. 276, 6). Prāptavyamartha kauft das Buch mit dem köstlichen Spruch für 100 *rūpakas* (Pañcat. II, Bühler 22, 19ff.; Pūrṇabh. 147, 8ff.). Āryabhaṭa gebraucht 2, 30 *rūpaka*, wie es scheint, als Namen der Münzeinheit[4]. Varāhamihira schätzt Bṛhats. 81, 12; 13; 16 den Wert von Perlen nach *rūpakas*; das Wort steht hier, wie der Zusammenhang zeigt, im Sinne des vorher (V. 9) gebrauchten *kārṣāpaṇa*. Zur Erklärung des Pāṇ. 5, 1, 48 ge-

---

[1] *-mānakeṣv* ist, wie im PW. bemerkt wird, Verderbnis für *-nāṇakeṣv*.

[2] Die Drucke haben *nālake*, *nāmge*, Verderbnisse für *nāṇake*.

[3] Der Herausgeber erklärt es richtig als *rājakīyaṭaṅkaśālāto 'nyasthale svagṛhādau nirmitaṃ rajatamudrādi*; R. Schmidt, ZDMG. 71, 36 erklärt es als »Prägestempel«.

[4] Nach dem Beispiel, das Paramādīśvara zu der Regel gibt, würde eine Kuh 20 *rūpakas* wert sein.

brauchten Ausdrucks *ardha* bemerkt die Kāśikā: *ardhaśabdo rūpakārdhasya rūdhiḥ*[1]. Später wird auch von Gold-*rūpakas* gesprochen. Kathās. 78, 11 ff. wird von einem Brahmanen erzählt, der als Lohn für seine Dienste täglich 500 *dīnāras* forderte. Diese werden V. 13 *svarṇarūpaka* genannt. Rājat. 6, 45 ff. berichtet von einem Brahmanen, der in der Fremde 100 *suvarṇarūpakas* verdient hatte. Wir können also *rūpa* im Sanskrit in der Bedeutung Münze bis in den Anfang des 3. Jahrhunderts v. Chr. zurückverfolgen. Etwa in dieselbe Zeit führt uns eine Stelle des Jaina Kanons. Sūtrakṛtāṅgas. 2, 2, 62 wird tadelnd von Leuten gesprochen, die sich nicht des Kaufes und Verkaufes und der Geschäfte mit *māṣas*, halben *māṣas* und *rūpakas* enthalten (*savvāo kaya-vikkaya-mās-addhamāsa-rūvaga-saṃvavahārāo appaḍivirayā jāvajīvāe*)[2].

Die Tatsache, daß *rūpaka* als Bezeichnung einer Münze in so früher Zeit erscheint, legt die Frage nahe, ob nicht damit das *rūpa* identisch sei, das sich in vorchristlicher Zeit im Pali und Prakrit als Name einer Kunst findet. Im Aupapātikasūtra § 107 werden die 72 Kalās aufgezählt, die der vornehme Knabe Daḍhapaiṇṇa von einem Lehrer der Fertigkeiten (*kalāyariya*) erlernt. An der Spitze stehen hier *lehā gaṇiya rūva*. Ähnliche Listen finden sich im Jaina-Kanon noch öfter: Samavāya § 72 (Weber, Ind. Stud. 16, 282 f.; Verzeichnis der Berliner Sk. und Pr. Handschriften II, 409 f.), Jñātādharmakathā 1, 119 (Steinthal, Specimen, p. 29), Rājapraśnī (Calcutta 1913) S. 290. Sie stimmen nicht ganz genau überein, die drei ersten Glieder sind aber in allen dieselben. *Lehā*, *gaṇiya* und *rūva* gehörten also sicherlich zu den wichtigsten Unterrichtsgegenständen, und damit stimmt das Zeugnis der bekannten Inschrift des Königs Khāravela von Kaliṅga in der Hathigumphā-Höhle überein. Nachdem dort zunächst geschildert ist, wie der König fünfzehn Jahre lang Kinderspiele getrieben, fährt der Text fort: *tato lekha-rūpagaṇanāvavahāravidhivisāradena savavijāvadātena nava vasāni yovarajaṃ pasāsitaṃ*, »dann verwaltete er, des Schreibens, des *rūpa*, des Rechnens und der Rechtsvorschriften kundig und in allen Wissenschaften ausgezeichnet, neun Jahre lang das Amt des Kronprinzen.« Schon Bühler, On the Origin of the Ind. Brāhma Alphabet, S. 13, hat im Zusammenhang mit dieser Stelle auf eine Geschichte im Pali Vinayapiṭaka hingewiesen, die ebenfalls jene drei Künste erwähnt. Mahāv. 1, 49, 1 f. (= Suttav. II, 128 f.) wird erzählt, wie die Eltern des Knaben Upāli überlegen, wie sie ihrem Sohne ein sorgenfreies Leben nach ihrem Tode sichern können. Sie verfallen zunächst darauf ihn das Schreiben lernen zu lassen, verwerfen aber den Gedanken, da ihm die Finger

---

[1] Andere Belege bieten Mit. zu Yājñ. 2, 6; Yaś. zu Kāmas. 209; Mahendra zu Hem. An. 2, 293; 3, 81.

[2] Man beachte die Übereinstimmung im Ausdruck mit Niss. 19, 20.

schmerzen könnten (*sace kho Upali lekhaṃ sikkhissati aṅguliyo dukkhā bhavissanti*). Auch den zweiten Gedanken, ihn das Rechnen lernen zu lassen, lassen sie wieder fallen, da es seiner Brust schaden könnte (*sace kho Upāli gaṇanaṃ sikkhissati urassa dukkho bhavissati*). Zur Erklärung bemerkt Buddhaghosa, wer das Rechnen lerne, müsse viel denken; daher würde seine Brust krank werden. Allein diese Erklärung ist kaum richtig. Die Befürchtungen der Eltern gehen sicherlich auf das laute Schreien, das noch heute beim Rechenunterricht in den indischen Dorfschulen üblich ist[1]. Zum dritten verfallen die Eltern darauf, den Upāli das *rūpa* lernen zu lassen, aber auch das verwerfen sie wieder, weil ihm die Augen schmerzen würden (*sace kho Upāli rūpaṃ sikkhissati akkhīni dukkhā bhavissanti*). und so lassen sie ihn denn in den Orden treten, wo er ein behagliches Leben führen kann.

Die Inder der späteren Zeit haben offenbar selbst nicht mehr gewußt, was unter *rūpa* als Namen einer *kalā* zu verstehen sei. Es ist jedenfalls bedenklich, daß die drei Kommentatoren, die wir zu Rate ziehen können, drei verschiedene Erklärungen geben. Amṛtacandra (zu Aup. S. 302) umschreibt das Wort durch *rūpaparāvartakalā*, »die Kunst der Vertauschung von *rūpas*«. Er denkt also wahrscheinlich an die Kunst der *bahurūpīs*, die ihren Namen davon führen, daß sie unter immer wechselnden Verkleidungen auftreten[2]. Daß das gänzlich verfehlt ist, braucht kaum gesagt zu werden. Abhayadeva (zu Sam.) erklärt *rūvaṃ* durch *lepyaśilāsuvarṇamaṇivastracitrādiṣu rūpanirmāṇam*. Auch das klingt wenig glaubhaft. Allerdings wird *rūpa*, wie die Stellung hinter *citra* zeigt, im Sinne von Bildhauerei[3] Lalitav. 156, 14 unter den Künsten angeführt, in denen sich der Bodhisattva hervortut. Allein das Herstellen von Figuren auf bossierten Dingen, Stein, Gold, Edelsteinen, Zeug, Bildern usw. oder gar Bildhauerei wird doch kaum einen Teil des gewöhnlichen Schulunterrichtes gebildet haben. Abhayadeva scheint seine Erklärung einfach mit Rücksicht auf die Grundbedeutung von *rūpa* zurechtgemacht zu haben, ähnlich wie d'Alwis[4], der *rūpa* in der Stelle des Mahāv. durch »drawing« übersetzt. Mehr Vertrauen scheint auf den ersten Blick Buddhaghosa zu verdienen, der die Schädigung der Augen durch das *rūpa* mit der Bemerkung begründet, wer das *rūpasutta* lerne, müsse viele *kahāpaṇas* drehen und beschauen.

---

[1] Ich verweise z. B. auf die Schilderung, die Monier-Williams, Brāhmanism and Hindūism, S. 458, von einer Dorfschule in Bengalen gibt: »presided over by a nearly naked pedagogue who, on my approach, made his pupils show off their knowledge of arithmetic before me, by shouting out their multiplication table with deafening screams.«

[2] Pischel, SBAW. 1906, S. 489.

[3] Vgl. *rūpakṛt*, *rūpakāra* »Bildhauer«.

[4] Introduction to Kachchāyana's Grammar, S. 101.

Pischel, SBAW. 1906, S. 491, hat bei seiner Behandlung der Stelle aus dem Mahāvagga diese Erklärung nicht weiter berücksichtigt. Er hat aus andern Stellen, auf die wir noch zurückkommen werden, für *rūpa* die Bedeutung »Abschrift, Kopie« erschlossen, und so soll nach ihm *rūpa* auch hier »Kopieren, Abschreiben, Beruf des Kopisten« sein. Daß man von dem Berufe eines Handschriftenschreibers wohl behaupten könnte, daß er die Augen angreife, ist gewiß richtig. Trotzdem ist Pischels Auffassung sicher falsch, weil sie nur für diese Stelle passen würde, nicht aber für das *rūpa* in der Inschrift und in den Listen des Jaina-Kanons. Es ist undenkbar, daß sich Khāravela als Knabe mit dem Abschreiben von Handschriften befaßt haben sollte, und ich halte es für ebenso ausgeschlossen, daß diese Tätigkeit ein Unterrichtsfach in der Schule gewesen sein sollte. Die übrigen europäischen Erklärungen knüpfen an Buddhaghosa an. Rhys Davids und Oldenberg haben *rūpa* durch »money-changing« wiedergegeben. Bühler hielt diesen Ausdruck für zu eng; es sei nicht wahrscheinlich, daß sich ein königlicher Prinz, wie Khāravela, auf den Beruf eines Bankiers vorbereiten werde. Er meinte, *rūpa* »forms« bezöge sich eher auf die einfache angewandte Arithmetik, die heute ein Unterrichtsfach der einheimischen Schulen Indiens bildet. Die Kinder lernen, wieviele Ḍāms, Kōṛis, Pāisās, Pāulās usw. auf die Rupie gehen, Zins- und Lohnberechnung und die Anfänge der Feldmeßkunst. Dabei scheint aber Bühler die Bemerkung über die Schädlichkeit des *rūpa* für die Augen völlig vergessen zu haben; ich sehe wenigstens nicht ein, inwiefern eine solche angewandte Arithmetik die Augen verderben könnte. Ebensowenig verstehe ich übrigens, warum man diesen Zweig des Unterrichts als »Formen« bezeichnet haben sollte. Andererseits wäre es wohl denkbar, daß man eine gewisse Kenntnis der Prägung, des Gewichtes, der Wertverhältnisse verschiedener Münzen zueinander usw. als wichtig genug für das praktische Leben angesehen haben sollte, um es zu einem Gegenstand des Elementarunterrichtes zu machen; an eine Ausbildung für den Beruf eines Geldwechslers braucht man dabei gar nicht zu denken. *Rūpa* würde dann, wie in den oben angeführten Stellen, als »Münze« zu fassen sein und hier speziell nach einem Gebrauch, für den Franke, ZDMG. 44, S. 481 ff. Beispiele gesammelt hat, für *rūpasutta* oder *rūpavijjā* »Münzkunde« stehen. So hat Buddhaghosas Erklärung manches für sich, und es ließe sich zu ihren Gunsten vielleicht noch anführen, daß, wie hier *lekha*, *gaṇanā*, *rūpa* nebeneinander stehen, so im Kauṭ., S. 69, der Abschätzer, der Schreiber und der Münzwardein nebeneinander genannt werden (*tasmād asyādhyakṣāḥ saṃkhyāyakalekhakarūpadarśakanīvīgrāhakottarādhyakṣasakhāḥ karmāṇi kuryuḥ*). Allein die Übereinstimmung beruht doch wohl nur auf einem Zufall, da es sich um ganz verschiedene Dinge, hier um Unterrichtsfächer, dort um königliche Beamte handelt, und andere Erwägungen führen zu einem völlig abweichenden Ergebnis.

In der Mahāvyutpatti 217 beginnt die Liste der *kalās lipiḥ | mudrāḥ | saṃkhyā | gaṇanā*. Lalitav. 156, 9ff. werden die *kalās* aufgezählt, in denen sich der Bodhisattva auszeichnete; auch hier stehen *lipi*, *mudrā*, *gaṇanā*, *saṃkhyā* an der Spitze. Im Mahāvastu wird *mudrā* wiederholt unter den Gegenständen genannt, in denen Prinzen oder andere vornehme Knaben unterrichtet werden; 2, 423, 14 *evaṃ dāni so kumāraḥ saṃvardhiyamāno yaṃ kālaṃ saptavarṣaḥ aṣṭavarṣo vā saṃvṛtto tataḥ sekhīyati lekhāyaṃ pi lipīyaṃ pi saṃkhyāyāṃ pi gaṇanāyāṃ pi mudrāyāṃ pi dhāraṇāyāṃ pi* usw.; 2, 434, 9 *evaṃ dāni te kumārā vivardhamanā yaṃ kālaṃ vijñaprāptā saptavarṣā vā aṣṭavarṣā vā tato śekhīyanti lekhāyaṃ pi lipiyaṃ pi saṃkhyāyaṃ pi gaṇanāyaṃ pi mudrāyaṃ pi dhāraṇīyaṃ pi* usw.; 3, 184, 6 *te dāni yatra kāle vivṛddhā vijñaprāptā saṃjātā tato lipīyaṃ pi sekhiyanti lekhāśilpagaṇanāṃ dhāraṇamudrāṃ*[1]. Ebenso findet sich *mudrā* in der stereotypen Liste der Unterrichtsgegenstände im Divyāvadāna (3, 17; 26, 11; 58, 16; 99, 29): [*sa*] *yadā mahān saṃvṛttas tadā lipyām upanyastaḥ saṃkhyāyāṃ gaṇanāyāṃ mudrāyām uddhāre nyāse nikṣepe* usw. In ähnlichen Listen findet sich *muddā* auch im Pali[2]. Milindap. 59: *yathā mahārāja muddāgaṇanāsaṅkhālekhāsippaṭṭhānesu ādikammikassa dandhāyanā bhavati*; Milindap. 178, wo die Fächer aufgezählt werden, die ein Fürst beherrschen muß: *yathā mahārāja mahiyā rājaputtānaṃ hatthiassarathadhanutharulekhamuddāsikkhā khattamantasutimutiyuddhayujjhāpanakiriyā karaṇīyā*; Milindap. 3, wo von König Milinda gerühmt wird: *bahūni c'assa satthāni uggahitāni seyyathidaṃ suti sammuti saṅkhyā yogā nīti visesikā gaṇikā gandhabbā tikicchā cātubbedā purāṇā itihāsā jotisā māyā hetu mantaṇā yuddhā chandasā muddā vacanena ekūnavīsati*; Milindap. 78f. endlich wird *muddā* unter den 16 Dingen genannt, die dazu dienen, die Erinnerung zu wecken: *muddāto pi sati uppajjati*, und zur Erläuterung wird bemerkt: *kathaṃ muddāto sati uppajjati | lipiyā sikkhitattā jānāti imassa akkharassa anantaraṃ imaṃ akkharaṃ kātabban ti evaṃ muddāto sati uppajjati*. Daß *muddā* hier dasselbe oder doch etwas ganz ähnliches wie in den vorher angeführten Stellen bedeuten muß, wird dadurch wahrscheinlich, daß in unmittelbarem Anschluß *gaṇanā* und *dhāraṇā* genannt werden: *gaṇanāya sikkhitattā gaṇakā bahum pi gaṇenti | evaṃ gaṇanāto sati uppajjati . . . dhāraṇāya*

---

[1] Der Text ist zum Teil ganz unsicher. *Lekhāśilpa-* ist kaum richtig. Die Handschriften lesen *lipīyaṃ yaṃ sekhiyanti vikṣipaśāgaṇanāṃ* (B). *lipīyam yaṃ sekhiyaṃti vikṣipasāgaṇanā-* (M).

[2] Die Stellen aus dem Pali sind bereits gesammelt von Franke in seinem Aufsatz »Mudrā = Schrift (oder Lesekunst)?«, ZDMG. 46, 731 ff., und von Rhys Davids SBB. Vol. 2, p. 21 f.

sikkhitattā dhāraṇakā bahum pi dhārenti | *evaṃ dhāraṇato sati uppajjati.* Im Pali Kanon wird *muddā* wiederholt als eine Kunst bezeichnet, durch die man sich den Lebensunterhalt verdient. Brahmajālas. 1, 25 (= Sāmaññaphalas. 60; Tevijjas.) werden nach Prophezeiungen aller Art *muddā gaṇanā saṃkhānaṃ kāveyyaṃ lokāyataṃ* für Śramaṇas und Brahmanen verwerfliche Wissenschaften (*tiracchānavijjā*) genannt. Majjhiman. I, 85 bilden *muddā, gaṇanā, saṃkhānaṃ* den Anfang einer Reihe von Künsten (*sippa*), denen sich Leute aus guter Familie zuwenden, und damit stimmt der Kommentar zu Pāc. 2 (Vin. IV, 7), wo *muddā, gaṇanā, lekhā* als *ukkaṭṭhaṃ sippaṃ* dem *hīnaṃ sippaṃ*, das das Gewerbe der Rohrflechter, Töpfer usw. umfaßt, gegenübergestellt werden. Wer die *muddā* ausübt, heißt ein *muddika*. Sāmaññaphalas. 14 werden die *muddikas* neben den *gaṇakas* in einer Liste von Berufen aufgezählt. Der eben erwähnte Kommentar (Vin. IV, 8) nennt nebeneinander den *muddika*, den *gaṇaka* und den *lekhaka*. Anstatt des letzteren erscheint der Abschätzer großer Massen Saṃyuttan. 44, 1, 13f. (IV, 376), wo die Frage gestellt wird, ob ein *gaṇaka* oder ein *muddika* oder ein *saṅkhāyaka* imstande sei, den Sand in der Gaṅgā zu zählen oder das Wasser im Ozean zu messen.

Wie man aus dieser Zusammenstellung ersieht, findet sich *mudrā* am häufigsten in der Verbindung mit *lipi, lekhā*, dem Schreiben, *saṃkhyā*, dem Abschätzen großer Mengen, *gaṇanā*, dem Zählen oder Rechnen; bisweilen wird das eine oder andere Glied der Reihe fortgelassen, bisweilen auch noch eins wie *dhāraṇā*, Auswendiglernen, usw. hinzugefügt. Andererseits haben wir oben die feste Verbindung *lekhā, gaṇana, rūpa* kennengelernt. Nur im Lalitav. findet sich *rūpa* in derselben Liste wie *mudrā*, doch hat *rūpa* dort, wie schon bemerkt, eine Bedeutung, die für die Verbindung *lekhā, gaṇana, rūpa* nicht in Betracht kommt. Das läßt darauf schließen, daß *mudrā* und *rūpa* in der Verbindung mit *lekhā* und *gaṇana* nur verschiedene Ausdrücke für ein und dieselbe Sache sind. Nun haben wir gesehen, daß sich für *rūpa* in dieser Verbindung die Möglichkeit der Erklärung durch Münzen, Münzkunde bietet, und da auch *mudrā* später Münze bedeutet, so liegt es zunächst nahe, *mudrā* auch da, wo es als Name einer Fertigkeit erscheint, als Münzkunde zu deuten. Der *muddika*, der den Sand der Gaṅgā zu zählen versucht, würde sich, als Münzkundiger oder Geldwechsler aufgefaßt, damit wohl vereinigen lassen, unmöglich gemacht aber wird sie durch das, was Mil. 79 über die *muddā* bemerkt wird[1]: »weil man die Schrift gelernt hat, weiß man: ‚unmittelbar auf

[1] Ich habe das Gewicht dieser Stelle anfänglich unterschätzt. In der Inhaltsangabe, oben 1918, S. 1247, ist daher anstatt »im Pali und im Sanskrit« »im Sanskrit und in den indischen Volkssprachen« zu lesen.

dieses *akkhara* ist jenes *akkhara* zu machen'. So entsteht die Erinnerung aus der *muddā*«. Aus dieser Stelle könnte man eher schließen, daß *mudrā* dasselbe wie *lipi*, also Schreiben, sei; aber warum wird dann in den Listen das Schreiben immer noch besonders neben *mudrā* genannt[1] und was sollte ein des Schreibens Kundiger mit dem Zählen des Gangessandes zu tun haben? Nach Franke, ZDMG. 46, S. 731 ff. soll *mudrā* ursprünglich »Schrift« sein, woraus sich dann die Bedeutung »Lesekunst« entwickelt habe. Es ist richtig, daß nach unserm Gefühl in der Liste der Unterrichtsgegenstände neben dem Schreiben und Rechnen das Lesen nicht fehlen darf. Allein es ist zu bedenken, daß sich das Bedürfnis nach einer strengen Scheidung zwischen Lesen und Schreiben im Unterricht doch erst geltend macht, wenn sich eine Kursivschrift entwickelt hat oder neben der Druckschrift eine Schreibschrift besteht. Solange das nicht der Fall ist, ist es ganz natürlich, daß »Schriftkunde« beides bezeichnet; wer die »Schrift« gelernt hat, kann eben sowohl schreiben wie lesen. Auch die Griechen haben beides als Unterrichtsgegenstand unter dem Namen τὰ γράμματα zusammengefaßt. Mit allgemeinen Erwägungen ist hier kaum weiterzukommen. Ich bezweifle aber auch, daß *akkharaṃ kātabbaṃ* bedeuten könnte »die Silbe ist auszusprechen«, und außerdem paßt die Bedeutung »mit der Lesekunst vertraut« absolut nicht für den *muddika* im Saṃyuttan. Rhys Davids übersetzt *muddika* im Sāmaññaphalas. durch »arithmetician«, *muddā* im Brahmajālas. durch »counting on the fingers«, während er das Wort früher (SBE. XI, 199) durch »drawing deeds« und im Mil. bald durch »conveyancing«[2] (S. 3), »the law of property« (S. 178), bald durch »the art of calculating by using the joints of the fingers as signs or marks« (S. 59), »calculation« (S. 79) wiedergegeben hatte. Aber auch die neue Übersetzung befriedigt noch nicht völlig, da sie für Mil. 79, wo von dem »Machen von *akkharas*« die Rede ist, offenbar nicht paßt und doch der Ansatz einer einheitlichen Bedeutung für das Wort an allen Stellen gefordert werden muß. Franke hat sich denn auch in seiner Übersetzung der Dīghanikāya nur zweifelnd der Deutung von Rhys Davids angeschlossen.

Rhys Davids beruft sich für seine Auffassung von *muddā* auf die Erklärungen Buddhaghosas und die singhalesische Übersetzung des Mil. Sum. I, 95 wird *muddā* durch *hatthamuddāgaṇanā*, I, 157 *muddikā* durch *hatthamuddāya gaṇanaṃ nissāya jīvino* erklärt; Hinatikumburē sagt nach

[1] Auch unter den Dingen, die die Erinnerung wecken, werden schriftliche Aufzeichnungen, *potthakanibandhana*, noch besonders genannt.

[2] »Conveyancing« hatten schon Gogerly und Childers angenommen. Es verlohnt sich nicht auf diese Deutungen einzugehen, da sie völlig in der Luft schweben.

Rhys Davids (S. 3): *angillen œl-wīma*, »adhering with the finger«, (S. 59) *yam se œngili purukhi alwā gena saññā koṭa kiyana hasta mudra śāstraya*, »the finger-ring art, so called from seizing on the joints of the fingers, and using them as signs«, wo aber »finger-ring art« sicher falsche Übersetzung ist; es ist die *hastamudrā*-Kunst gemeint, von der auch Buddhaghosa spricht. Mit *hastamudrā* oder kurz *mudrā* aber werden gewisse Hand- oder Fingerstellungen bezeichnet, denen eine symbolische Bedeutung zukommt. Solche *mudrās* spielen im Ritual der Śaivas wie der Vaiṣṇavas seit alter Zeit eine große Rolle. Bāṇa nennt Harṣac. S. 20 die dem Śiva dargebrachte *aṣṭapuṣpikā* »*samyaṅmudrābandhavihitaparikarā*«. Ausführliche Beschreibungen der *mudrās* finden sich in der Rāmapūjāśaraṇi und im dritten Buche des Nāradapañcarātra[1]. Heutzutage bilden die 24 *mudrās* bekanntlich bei der Mehrzahl der Hindus auch einen Teil der täglichen Sandhyā-Zeremonien. Entwickelt haben sich die *mudrās* wahrscheinlich im Gebrauche der Tāntrikas. Wir finden sie daher auch bei Beschwörungen verwendet; Daṇḍin erzählt Daś. S. 91, wie ein Mann, der sich für einen *narendra* hält, einen angeblich von einer Schlange Gebissenen »*mudrātantramantradhyānādibhiḥ*« behandelt. Der Ausdruck hält sich noch in den Grenzen religiöser Terminologie, wenn ihn die Buddhisten für gewisse Gesten, besonders in der bildlichen Darstellung, verwenden und von *bhūmisparśamudrā* usw. sprechen. Allein *mudrā* wird auch ohne jede Beziehung auf rituelle Praxis oder sonstige religiöse Verwendung von Handbewegungen gebraucht, denen irgendeine Bedeutung zukommt. Jāt. III, 528, 2f. lockt eine Frau einen Vijjādhara herbei, indem sie die *hatthamuddā* »komm« macht. Rhys Davids, SBB. II, S. 25, meint *hatthamuddaṃ karoti* bedeute hier nur soviel wie »winken«. Wenn das richtig sein sollte, muß sich der Erzähler ungenau ausgedrückt haben. So einfache Handbewegungen wie Winken werden sonst[2] als *hatthavikāra* bezeichnet und von der *hatthamuddā* unterschieden; in den Anstandsregeln für den Mönch, Parivāra 12, 1, heißt es: *na hatthavikāro kātabbo na hatthamuddā dassetabbā*. Daß die *hatthamuddā* zum Ausdruck viel komplizierterer Dinge diente, zeigt das Mahāummaggajātaka. Jāt. VI, 364, 13ff. wird erzählt, wie der junge Mahosadha die schöne Amarā kommen sieht. »Er dachte: 'ich weiß nicht, ob sie verheiratet ist oder nicht, ich will sie durch *hatthamuddā* befragen. Wenn sie klug ist, wird sie es verstehen', und er

---

[1] Siehe Weber, Rāma-Tāpaniya-Upanishad S. 300.

[2] Mahāv. 4, 1, 4; Cullav. 8, 5, 3: *sac' assa* (Cull. *assa hoti*) *avisayhaṃ hatthavikārena dutiyaṃ āmantetvā hatthavilaṅghakena upaṭṭhāpeyya* (Cull. *upaṭṭhāpetabbaṃ*), 'wenn er nicht imstande ist (den Wassertopf usw. allein wegzuräumen), soll er durch eine Handbewegung einen zweiten herbeirufen und ihn durch Aufheben mit den Händen wegräumen'. Die Interpunktion im Texte und die Übersetzung in den SBE. ist nicht richtig.

machte ihr von ferne eine Faust. Sie merkte, daß er sie frage, ob sie einen Mann habe, und spreizte die Hand.« Ebd. 467, 2ff. wird uns ein ganzes Gespräch mitgeteilt, das derselbe Mahosadha mit der Nonne Bheri durch *hatthamuddā* führt. Bheri öffnet die Hand: dadurch fragt sie den Mahosadha, ob der König für ihn sorge. Um auszudrücken, daß der König ihm gegenüber seine Hand verschlossen halte, macht Mahosadha eine Faust. Sie fragt ihn weiter, warum er denn nicht lieber in den Asketenstand trete wie sie selbst, indem sie die Hand erhebt und ihren Kopf berührt. Mahosadha gibt ihr zu verstehen, daß er nicht Asket werden könne, da er viele zu ernähren habe, indem er mit der Hand seinen Bauch berührt. Den letztgenannten *hatthamuddās* fehlt das Konventionelle; sie erinnern mehr an die Gesten (*saṃjñā*), die die kluge Padmāvatī in der bekannten Erzählung des Vetāla macht und deren Rätsel zu lösen es des Überscharfsinns eines Buddhiśarīra bedarf (Kathās. 75). Aber wir dürfen nicht vergessen, daß die Jātakas Märchen sind und darum hier alles ins Märchenhafte gesteigert erscheint. Daß die Inder in der Tat eine Fülle von konventionellen Handbewegungen und Fingerstellungen zum Ausdruck aller möglichen Begriffe besaßen, wird niemand bezweifeln, der das neunte Kapitel des Nāṭyaśāstra über den *aṅgābhinaya* gelesen hat. Man war aber noch weiter gegangen. Das Kāmasūtra, S. 33, nennt unter den Fertigkeiten, die der Weltmann und die Hetäre kennen muß, das *akṣaramuṣṭikākathana*[1]. Nach Yaśodhara umfaßt das zwei ganz verschiedene Künste, die *akṣaramudrā*, die uns hier nichts angeht, und die *bhūtamudrā*, die zur Mitteilung geheim zu haltender Dinge dient. Zur Erläuterung zitiert er die Strophen:

> *muṣṭiḥ kisalayaṃ caiva cchaṭā ca tripatākikā* |
> *patākāṅkuśamudrāś ca mudrā vargeṣu saptasu* ||
> *aṅgulyaś cākṣarāṇy eṣāṃ svarāś cāṅguliparvasu* |
> *saṃyogād akṣaraṃ yuktaṃ bhūtamudrā prakīrtitā* ||

Im einzelnen bleibt hier manches unklar, aber so viel kann doch als sicher gelten, daß die Fingerstellungen, deren Namen zum Teil mit den im Nāṭyaśāstra gelehrten übereinstimmen, in der *bhūtamudrā* zur Bezeichnung von Silben gebraucht wurden, daß es sich hier also um eine wirkliche Fingersprache handelt, wie sie bei uns im Mittelalter in den Klöstern ausgebildet und im 18. Jahrhundert durch den Abbé de l'Épée zuerst im Taubstummenunterricht verwendet wurde.

Eine Art Fingersprache war auch seit alter Zeit beim Vortrag vedischer Texte üblich. Schon das Vāj. Prāt., 1, 121, schreibt das

---

[1] Müller-Hess, Aufsätze zur Kultur- und Sprachgeschichte. Ernst Kuhn gewidmet, S. 163, hat damit die Kauṭilīyaś. 125 erwähnte *akṣarakalā* identifiziert.

Studium *hastena*, »mit der Hand«, vor. Die Pāṇinīyā Śikṣā, R̥. 55 sagt:

hastena vedaṃ yo 'dhīte svaravarṇārthasaṃyutam |
r̥gyajuḥsāmabhiḥ pūto brahmaloke mahīyate ||

Man drückt die Laute zugleich mit der Hand und mit dem Munde aus; Yājñavalkyaś. 25:

samam uccārayed varṇān hastena ca mukhena ca |
svaraś caiva tu hastaś ca dvāv etau yugapat sthitau ||

Der Vortrag ohne begleitende Handbewegungen ist nutzlos oder bringt sogar Schaden; ebenda:

hastabhraṣṭaḥ svarabhraṣṭo na vedaphalam aśnute || 26
hastahīnaṃ tu yo 'dhīte mantraṃ vedavido viduḥ |
na sādhayati yajūṃṣi bhuktam avyañjanaṃ yathā || 38
hastahīnaṃ tu yo 'dhīte svaravarṇavivarjitam |
r̥gyajuḥsāmabhir dagdho viyonim adhigacchati[1] || 39
r̥co yajūṃṣi sāmāni hastahīnāni yaḥ paṭhet |
anr̥co brāhmaṇas tāvad yāvat svāraṃ na vindati || 40
svaravarṇaprayuñjāno hastenādhītam ācaran |
r̥gyajuḥsāmabhiḥ pūto brahmalokam avāpnuyāt || 42

Die Handbewegungen scheinen zunächst nur in einem Heben, Senken oder Seitwärtsbewegen der Hand bestanden zu haben, wodurch man die Akzente markierte. Darauf beziehen sich die Regeln im Vāj. Prāt. 1, 122—124. An die Stelle dieser einfachen Bewegungen traten später mehr oder minder komplizierte und oft stark voneinander abweichende Systeme von Fingerstellungen, und sie dienten nicht nur zur Bezeichnung der Akzente, sondern auch von Lauten. Die meisten Śikṣās geben auch Regeln für diese Fingerstellungen[2]. Es gab aber auch eigene Lehrbücher dafür wie den Kauhaleyahastavinyāsasamaya, aus dem im Tribhāṣyaratna zu Taitt. Prāt. 23, 17 eine Strophe zitiert wird, die indessen mit Pāṇ. Ś. R̥. 43 identisch ist.

Meiner Ansicht nach kann nun *mudrā* auch in den oben aus dem buddhistischen Sanskrit und dem Pali angeführten Stellen nichts weiter sein als »Fingerstellungen«. Mil. 79 hat der Verfasser offenbar eine Kunst im Auge, bei der die einzelnen *akṣaras* durch Fingerstellungen ausgedrückt werden, also eine Fingersprache von der Art, wie sie

---

[1] = Pāṇ. Ś. R̥. 54.

[2] Siehe z. B. Pāṇ. Ś. R̥. 43, 44, Vyāsaś. 230—238 für die Bezeichnung der Akzente; Māṇḍūkaś. 4. 10—13, Yājñavalkyaś. 45—65 für die Bezeichnung von Akzenten und Lauten. Aus dem betreffenden Abschnitt der Yājñavalkyaś. hat Rāmaśarman als Anhang zum Pratijñāsūtra einen Auszug gegeben, den Weber, Abh. d. K. Ak. d. W. zu Berlin. 1871, S. 91 ff. herausgegeben und übersetzt hat.

Yaśodhara beschreibt. An sie ist vielleicht auch in Stellen wie Mil. 178 zu denken, wo die *muddā* unter den Dingen genannt wird, auf die sich insbesondere ein Fürst verstehen muß. Die Tatsache aber, daß *muddā* häufig in Nachbarschaft von *gaṇanā* erscheint und vor allem die Zusammenstellung des *muddika* mit dem *gaṇaka* im Saṃyuttan. lassen darauf schließen, daß man Fingerstellungen auch zum Ausdruck von Zahlen beim Rechnen verwendete, und deswegen wird man auch in erster Linie die *mudrā* in der Schule gelehrt haben: Buddhaghosa hat also in diesem Falle mit seiner Erklärung vollkommen Recht. Griechen wie Römer rechneten bekanntlich, indem sie mit der Hand Zeichen bildeten, die die Bedeutung von Ziffern hatten, und ähnliche Rechenmethoden sind noch heute bei vielen Völkern im Gebrauch. Im heutigen Indien sind nach Peterson, Hitopadeśa S. 5f., zwei Arten des Zählens mit Hülfe der Finger allgemein gebräuchlich, die beide auch zusammen für Zahlen über 10 hinaus benutzt werden. Entweder werden die Finger der offenen Hand, einer nach dem andern, auf die Handfläche niedergebogen oder es werden die Finger der geschlossenen Hand nacheinander gehoben. In beiden Fällen wird mit dem kleinen Finger begonnen. In der Sanskritliteratur wird das Bestehen dieser Methode durch zwei Verse bezeugt, die Peterson richtig gedeutet hat:

purā kavīnāṃ gaṇanāprasaṅge kaniṣṭhikādhiṣṭhitaḥ Kālidāsaḥ |
adyāpi tattulyakaver abhāvād anāmikā sārthavatī babhūva ||
kiṃ tena bhuvi jātena mātṛyauvanahāriṇā |
satāṃ gaṇane yasya na bhaved ūrdhvam aṅguliḥ[1] ||

Peterson möchte daher auch in dem bekannten Verse Hit. Prast. 14 (Pañc. Kathām. Kosegarten 7):

guṇigaṇagaṇanārambhe patati na kaṭhinī susaṃbhramād yasya |
tenāmbā yadi sutinī vada vandhyā kīdṛśī bhavati ||

die Worte *kaṭhinī patati* von dem Niedergehen des kleinen Fingers verstehen, während man gewöhnlich übersetzt: »wenn eine Frau durch einen Sohn zur Mutter wird, über den einem nicht aus Verwunderung die Kreide aus der Hand fällt, wenn man die Schar der Edlen zu berechnen beginnt, welche Frau, sag' an, ist dann noch unfruchtbar zu nennen?« So ansprechend auf den ersten Blick Petersons Auffassung auch erscheint, so muß sie meines Erachtens doch aufgegeben werden, da *kaṭhinī* eben nicht den kleinen Finger, sondern nur Kreide bedeutet. Die Kreide aber benutzte man beim Rechnen; Vet. 22, 18 heißt es von dem Astrologen, der den Aufenthaltsort der Ministerstochter berechnet: *tena kaṭhinīm ādāya gaṇitam*; Divyāv. S. 263 von einem

[1] Die zweite Hälfte des Verses ist nicht in Ordnung.

andern Astrologen: *sa Bhūriko gaṇitre kṛtāvī śvetavarṇām gṛhītvā gaṇayitum ārabdhaḥ*[1].

Bedeutet *mudrā* in den angeführten Stellen Fingerstellungen, so ist nach dem oben S. 754 Bemerkten damit auch die Bedeutung von *rūpa* als dem Namen einer Kunst oder eines Unterrichtsfaches gegeben. Man wird auch in diesem Falle wohl hauptsächlich an Fingerstellungen zu denken haben, die beim Rechnen verwendet werden. Daß man sie als *rūpa* bezeichnen konnte, wird man von vorneherein kaum bestreiten, wenn man sich daran erinnert, daß *rūpay* und *nirūpay* die gewöhnlichen Ausdrücke für die konventionelle Darstellung von Handlungen und Empfindungen auf der Bühne sind. Für die Bedeutung »Fingerstellung« treten aber vor allem zwei Ausdrücke ein, die bisher keine befriedigende Erklärung gefunden haben.

Die Lexikographen, Śāśv. 82, Trik. 831, Vaij. 226, 55, Viśvak. 1187, Maṅkha 533, Hem. An. 2, 294, Med. p 9, lehren für *rūpa* die Bedeutung *granthāvṛtti*. An und für sich ist der eine Ausdruck so unklar wie der andere. Wilson erklärte ihn durch »acquiring familiarity with any book or authority by frequent perusal, learning by heart or rote«, Oppert durch »re-reading a book«, Böhtlingk vermutete »Zitat«. Nach Pischel, SBAW. 1906, S. 490f. soll *rūpa* »Abschrift, Kopie« bedeuten. Er stützt sich dabei auf das Beispiel zu Maṅkha *ayugmaiḥ sampaṭhed rūpair yugmaiḥ rakṣasagāmi tu*, dessen erste Hälfte Mahendra zu Hem. An. wiederholt. Pischel korrigiert die zweite offenbar verderbte Hälfte zu *yugmair akṣaragāmi tu* und übersetzt: »Man kollationiere mit ungleichen Abschriften, mit gleichen aber Buchstabe für Buchstabe«. »Ungleiche Abschriften« sollen Abschriften von einer andern Handschrift als das eigene Exemplar, »gleiche« von derselben sein. Diese Deutung ist sicher verfehlt. Zunächst kann *sampaṭh* nicht »kollationieren« bedeuten. In *paṭh* liegt immer nur der Begriff des lauten Rezitierens; für *sampaṭh* führt das PW. als Belege nur Manu 4, 98 an, wo es deutlich »zu gleicher Zeit rezitieren, studieren« ist, und *asampāṭhya* »einer, mit dem man nicht zusammen rezitieren oder studieren darf«, M. 9, 238. Im Mahābh. zu Pāṇ. 4, 2, 59 wird dem *vetti* das *sampāṭham paṭhati* gegenübergestellt, das der Kommentar durch *arthanirapekṣam svādhyāyam paṭhati* erklärt. Das Kāmasūtra, S. 33, erwähnt *sampāṭhya* als ein Gesellschaftsspiel, bei dem einer einen Text vorträgt, den ein anderer, ohne ihn vorher zu kennen, zu gleicher Zeit nachsprechen muß. Auf keinen Fall können ferner *ayugma* und *yugma* »ungleich« bzw. »gleich« bedeuten. *Yugma* ist nur »paarig, geradzahlig«, *ayugma* »unpaarig,

---

[1] Fleet, JRAS. 1911, S. 518ff. hat für *gaṇitre* die Bedeutung »Rechenbrett« zu erweisen gesucht.

ungerade«, was für Pischels Erklärung nicht paßt. Nehmen wir *rūpa* als Fingerstellung und *saṃpaṭh* in seiner wörtlichen Bedeutung, so ergibt sich auch für *ayugma* und *yugma* ein klarer Sinn; die *ayugmāni rūpāṇi*, mit denen zusammen man rezitieren soll, sind offenbar Fingerstellungen. die nur an einer Hand, die *yugmāni rūpaṇi* Fingerstellungen, die mit beiden Händen zugleich gemacht werden. Aus dem Verse geht hervor, daß die erstgenannte Methode die gewöhnliche war, und das stimmt zu den Vorschriften der Śikṣās; die Vyāsaśikṣā lehrt z. B. ausdrücklich, daß die Akzente *uttame kare*, d. h., wie der Kommentar bemerkt, an der rechten Hand zu markieren seien. Die Erklärung von *rūpa* durch *granthāvṛtti*, das doch wohl nur »Wiederholung eines geschriebenen Textes (durch *rūpas*)« bedeuten kann, macht es weiter wahrscheinlich, daß man Fingerstellungen auch beim Vortrag nichtvedischer Schriften verwendete: jedenfalls war die Benutzung von Handschriften bei der Rezitation vedischer Texte in der alten Zeit verpönt.

Pischel hat a. a. O. auch die *rūpadakkhas* in Mil. 344, 10 und den *lupadakhe* der Inschrift in der Jōgīmārā-Höhle für Kopisten erklärt. Ich habe schon SBAW. 1916, S. 703f., Anm. 1, zu zeigen versucht, daß die *rūpadakkhas* nach allem, was wir über sie erfahren, eine ärztliche Tätigkeit ausgeübt haben müssen. Ihr Name würde, wenn *rūpa* ein Synonym von *mudrā* ist, »in Fingerstellungen geschickt« bedeuten. Nun haben wir gesehen, daß die *narendras*, die Giftärzte waren, aber, wie Daś. 205ff. zeigt, auch andere Krankheiten, vor allem Besessenheit, heilten, als Mittel in erster Linie *mudrās*, Fingerstellungen, gebrauchten. Ich glaube daher, daß wir in den *rūpadakkhas* Krankheitsbeschwörer sehen dürfen, und daß sich auch hier die Gleichsetzung von *rūpa* und *mudrā* bewährt.

Ich meine, daß sich schließlich auch die Angaben des Mahāv. mit der vorgeschlagenen Bedeutung von *rūpa* vereinigen lassen. Es ist zu beachten, daß es sich dort nicht um die Ausübung von *lekha*, *gaṇanā* und *rūpa* handelt, sondern um ihre Erlernung. Das Rechnen selbst schadet der Brust nicht, wohl aber die Erlernung des Rechnens; ebenso verursacht die Ausübung der Fingerstellungen keine Augenschmerzen, wohl aber ihre Erlernung, da sie ein scharfes Hinsehen auf die Hand des Lehrers nötig macht. Man darf bei der Bewertung dieser Angabe auch nicht vergessen, daß bei der formelhaften und schematischen Art der Darstellung die Ablehnung des *rūpa* eine Begründung erforderte, die der Ablehnung des *lekha* und der *gaṇanā* genau parallel war: da die Fingerschmerzen schon als Grund gegen den *lekha* verbraucht waren, blieb für die Ablehnung des *rūpa* kaum ein anderer Grund als die Augenschmerzen übrig. Mir scheinen jedenfalls die Momente, die für die Gleichsetzung von *rūpa* und *mudrā* sprechen, so stark zu sein, daß ich Buddhaghosas Erklärung von *rūpa* verwerfen zu müssen glaube. Ihm war die richtige Bedeutung von *rūpa* nicht mehr bekannt, weil das Wort im Sinne von Fingerstellung zu seiner Zeit in der Sprache des täglichen Lebens offenbar längst durch *mudrā* verdrängt war. Nur in technischen Werken hielt sich *rūpa* noch länger, wie der Vers *ayugmaiḥ sampathed rūpaiḥ* usw. beweist. Nachdem es dort von einem Lexikographen, vielleicht Śāśvata, einmal aufgestöbert war, wurde es von einem Kośa in den andern übernommen. Mit Münzen hat also meines Erachtens *rūpa* als Name einer *kalā* nichts zu tun.

Kehren wir jetzt zu dem Texte zurück, von dem wir ausgegangen sind. Die Münzen werden dort *śśātīṃje māje mūre* genannt. Da Leumann das erste Wort durch śakisch übersetzt, muß er annehmen, daß *t* hier »hiatustilgendes« *t* sei, das öfter für wurzelhaftes *k* oder *g* in Lehnwörtern erscheint, wie z. B. in *atərañe* = *akṛtajñāḥ* 242, *ūtama* = *āgamān* 223, *Nātapuṣpī* = *Nāgapuṣpikaḥ* 173. Das Suffix -*īnā*, fem. -*īṃgya*, *īṃja* hat Leumann, Zur nordar. Spr., S. 101, behandelt. Da es häufig auch an Lehnwörter aus dem Sanskrit tritt, so wäre gegen die Ableitung des *śśātīṃje* von *Śaka* nichts einzuwenden, wenn nicht die erste Silbe des Wortes lang wäre. Vor dem Suffixe zeigt der Stammvokal sonst keinerlei Veränderung; ich führe aus dem Texte an: *ysarrīṃgya* 136, *ysaṃthīnau* 109, 218, 239, *hv'andīnā* 191, *parrīyīnā* 294, *āljseinā* 139, *dātīnau* 216, 330, *brrītīnau* 269, *mūrīnā* 248, *mūrīṃgye* 139, *gyadīṃgyo* 192, *jaḍīṃgyo* 261, 285, *ggaysīṃgyo* 276, *maranīṃju* 276, *ratanīnā* 265, *dukhīṅgye* 101, *klaiśīnau* 229. Da nun der Volksname stets Śaka lautet, so halte ich die Erklärung von *śśātīṃje* als śakisch schon formell für unmöglich. Aber auch dem Sinne nach paßt sie nicht. Der ganze Lehrvortrag über die Maitreyasamiti ist, wie aus Vers 113 und 334 hervorgeht, dem Buddha in den Mund gelegt. Wie sollte er dazu kommen, von »unseren« śakischen Münzen zu reden? Man müßte schon annehmen, daß der Dichter den Rahmen seiner Erzählung ganz vergessen hätte. Allein dazu liegt kein Grund vor. *Śākya*, der Stammesname des Buddha, wird in der Sprache des Textes zu *Śśāya*; siehe Leumann, Zur nordar. Spr., S. 136; es hindert uns also gar nichts, *śśātīnā* (phon. *śśāīnā*) von *Śśāya* abzuleiten und *śśātīṃje māje mūre* als »unsere Śākya-Münzen« zu fassen. Ob die Śākyas in Wahrheit jemals Münzen geprägt haben, ist eine Frage, die hier natürlich nicht untersucht zu werden braucht; die Legende hatte sie schon früh zu mächtigen Herrschern gemacht und der Dichter reproduziert in seiner Schilderung selbstverständlich das traditionelle Bild.

Wenn ich somit auch nicht zugeben kann, daß der Ausdruck *śśātīṃje māje mūre* uns das Recht gibt, die iranische Sprache von Khotan als

Śakisch zu bezeichnen, so bin ich doch weit entfernt, diesen Namen darum für falsch zu halten. Konow hat allerdings in seinen scharfsinnigen und die ganze Frage ungemein fördernden »Indoskythischen Beiträgen« (SBAW. 1916, S. 787 ff.) sich gegen ihn erklärt: es will mir aber fast scheinen, als ob das dort beigebrachte neue Material eher geeignet sei, seine Richtigkeit zu stützen als sie zu entkräften. Konow erkennt an, daß die Sprache der Śakas mit dem »Altkhotanischen« verwandt gewesen sei; er glaubt aber dialektische Unterschiede zwischen ihnen feststellen zu können. Notgedrungen beruft sich Konow für die Sprache der Śakas in erster Linie auf Namen. Ich brauche kaum darauf hinzuweisen, daß Namen für solche Fragen stets eine mehr oder weniger unsichere Grundlage bilden. Namen sind zu allen Zeiten und an allen Orten von einem Volke zum andern gewandert, und angesichts des bunten Völkergemisches, das uns das alte Zentralasien erkennen läßt, wird man die Möglichkeit von Entlehnungen auch in diesem Falle gewiß nicht bestreiten können. Die Verwertung der Śaka-Namen wird weiter noch dadurch erschwert, daß sie größtenteils etymologisch noch völlig undurchsichtig sind. Aber sehen wir von diesen Bedenken zunächst einmal ab. Der wichtigste Punkt, in dem sich die Śaka-Namen von der Sprache Khotans unterscheiden, ist die Behandlung der Liquiden. Während die Khotansprache eine *r*-Sprache ist, zeigen die Namen häufig *l*. Konow führt S. 799 an *Abuhola*, *Rajula*, *Naülada*, *Khalaśamuśa*, *Khalamasa*, *Kalui*, *Liaka* und aus Kuṣana-Inschriften *Lala* und *Kamaguli*[1]. Konow ist geneigt, den Namen mit inlautendem *l*

[1] In der Wardak-Inschrift. Die Stelle lautet nach Konow: *imeṇa gaḍiyeṇa Kamagulya pudra Vagramareyasa iśa Khavadam'i ka[da]layiya Vagramariyaviharam'i thubim'i bhagavada Śakyamune śarira parițhaveti*, »zu dieser Zeit hat der Bevollmächtigte des Vagramareya, des Sohnes des Kamaguli, hier in Khavada, in dem Vagramareya-vihāra, in dem Stūpa, eine Reliquie des erhabenen Śākyamuni aufgestellt«. Ich habe gegen diese Auffassung des Satzes allerlei Einwendungen zu machen. Erstens ist es mir ganz unwahrscheinlich, daß *Vagramareyasa* ein Genitiv sein sollte, da in allen übrigen Fällen der Gen. Sing. von *a*-Stämmen in der Inschrift auf *-asya* ausgeht. Zweitens ist die Annahme, daß *kadalayiya*, wofür auch *kadalaśiya* gelesen werden könnte, ein Fremdwort ist mit der Bedeutung »Statthalter, Bevollmächtigter«, gänzlich unbegründet und überhaupt nur ein Notbehelf. An einen Statthalter des Vagramareya in Khavada — so wäre nach der Stellung der Worte zu übersetzen — ist um so weniger zu denken, als Vagramareya offenbar eine Privatperson ist. Es ist weiter aber auch ganz unwahrscheinlich, daß der Name dieses Bevollmächtigten in der Urkunde gar nicht genannt sein sollte. Und ebenso unwahrscheinlich ist es schließlich, daß überhaupt eine andere Person als Vagramareya die Reliquien aufgestellt haben sollte, zumal im weiteren Verlaufe Vagramareya von sich stets in der ersten Person spricht. Ich lese daher *Vagramareya sa* in zwei Worten, fasse *Vagramareya* ebenso wie *kadalayiya* als Nom. Sing. und sehe in dem letzteren mit Pargiter das Äquivalent von Sk. *kṛtālayaḥ*, »der sich niedergelassen hat«. Entweder *Kamagulya pudra Vagramareya* oder *sa iśa Khavadam'i kadalayiya* ist als eine Art eingeschobener Satz zu betrachten: »zu dieser Stunde — Kamagulis Sohn (ist) Vagramareya — der,

nicht viel Gewicht beizulegen, da *l* auf *rd* zurückgehen könnte, das in der Khotansprache regelrecht zu *l* wird. Allein da wir in der Löweninschrift *Khardaasa* finden, so scheint dieser Wechsel zur Zeit der Kharoṣṭhī-Inschriften noch gar nicht eingetreten zu sein. Wir müssen also die Tatsache, daß die Namen der Śakas häufig im Anlaut wie im Inlaut ein *l* zeigen, anerkennen. Ich will mich nun nicht darauf berufen, daß auch die Khotansprache vereinzelt noch ein *l* im Anlaut zeigt. In dem von Leumann veröffentlichten Texte findet sich z. B. in Vers 210 ein *lāysgūry*..., das Leumann mit Gürtel übersetzt. Ich kenne die Etymologie des Wortes nicht, und es mag ein Lehnwort sein. Wichtiger ist etwas anderes. Konow hat den überzeugenden Nachweis geführt, daß das Sanskrit der Kharoṣṭhī-Dokumente von Niya unter dem Einflusse der iranischen Khotansprache steht, und daraus mit Recht den Schluß gezogen, daß spätestens um die Mitte des 3. Jahrhunderts n. Chr. eine die Khotansprache redende Bevölkerung in der Gegend von Niya saß. Nun finden wir aber in den Kharoṣṭhī-Dokumenten eine im Verhältnis zu dem bisher zugänglich gemachten Materiale sehr große Anzahl von Namen mit *l*: *Calamma* IV, 136, *Śili* I, 105, *Cuvalayina* IV, 108, *Lipeya* IV, 136. 106; XVI, 12; I, 104; IV, 108, *Limyaya*, *Liyaya* XVI, 12, *Larsoa* XV, 12, *Larsana* XVII, 2, *Limira* I, 105, *Limsu* IV, 136. Von diesen Namen mag *Śili* allenfalls auf ein Sk. *śīlin* zurückgehen; die übrigen haben jedenfalls keinen indischen Klang[1]. Ebensowenig sehen diese Namen chinesisch aus. Es bleibt also kaum etwas anderes übrig als sie der Bevölkerung zuzuweisen, die nach Konow die iranische Sprache sprach. Die iranischen Khotanesen hatten also im 3. Jahrhundert n. Chr. ebenso gut Namen mit *l* wie hundert und mehr Jahre früher die Śakas. Wenn das *l* in der späteren Khotansprache[2] fehlt, so bieten sich zwei Möglichkeiten, um

hier in Khavada wohnend, stellt... die Reliquie auf« oder »in dieser Stunde stellt K.'s Sohn V. — der wohnt hier in Kh. — die Reliquie auf«. Solche eingeschobenen Sätze sind für die Sprache dieser Inschriften charakteristisch; man vergleiche in der Māṇikiāla-Inschrift: *Lala daḍanayago Vespaśisa chatrapasa horamurta — sa tasa apanage vihare horamurto — etra nanabhagavabudhathuvaṃ pratistavayati*: in der Taxila-Inschrift des Patika: *Chaharasa Cukhsasa ca chatrapasa — Liako Kusuluko nama — tasa putro Patiko — Takhaśilaye nagare utarena pracu deśo Chema nama — atra [de]śe Patiko apratiṭhavita bhagavata Śakamuṇisa śariraṃ [pra]tithaveti saṃgharamaṃ ca*. Ganz ähnlich ist auch die Ausdrucksweise in der Taxila-Inschrift aus dem Jahre 136 (nach Konow): *iśa divase pradistavita bhagavato dhatu[o] Urasakeṇa Lotafria putr[e*]ṇa Bahaliena Noacae nagare vastavena teṇa ime pradistavita bhagavato dhatuo* usw.

[1] Mit *Lipeya* vergleiche insbesondere die sicher nichtindischen Bildungen *Opgeya* X, 5, *Kungeya* IV, 136; XVII, 2, *Ñimeya* XVI, 12: *Piteya* I, 105.

[2] Wann die große buddhistische Dichtung, das älteste literarische Werk in dieser Sprache, entstanden ist, ist zwar noch nicht ermittelt; wir werden aber kaum fehlgehen, wenn wir es beträchtlich später ansetzen als die Dokumente von Niya oder gar die Inschriften der Śakas.

diese Differenz zu erklären. Entweder gehören jene Namen mit *l* überhaupt nicht der einheimischen Sprache an, sondern sind von irgendwoher entlehnte Namen, die später aus der Mode kamen. Dann sind sie für die Frage der Verwandtschaft des Śakischen mit der Khotansprache belanglos. Oder aber jene Namen sind einheimisch; dann ist der ganze Unterschied zwischen *l* und *r* nicht dialektisch, sondern zeitlich[1]. Ich bin geneigt, der ersten Erklärung den Vorzug zu geben; in andern Fällen scheint mir aber in der Tat ein zeitlicher Unterschied vorzuliegen. So läßt sich das *rṭ* von *Arṭa*, das *rd* von *Khardaa* in der Löweninschrift ohne weiteres als Vorstufe des späteren *ḍ*, bzw. *l* ansehen. Der Name *Kalui* in der Löweninschrift soll nach Konow nicht zu der Khotansprache stimmen, da hier der Nominativ von alten *ua*-Stämmen auf *ū* endige. Konow verweist auf *hārū*, Kaufmann. Ich weiß nicht, wo der Nominativ *hārū* vorkommt; ich finde in der Dichtung nur einen Akk. Sing. *hārū* XXIII 140 und einen Nom. Pl. *hāruva* XXIII 208; ein Gen. Sing. *hārū* begegnet uns in der Vajracchedikā und im Aparimitāyuḥsūtra (Leumann, Zur nordar. Spr. S. 77, 82). Aus Werken in der jüngeren Sprachform ist für die ursprüngliche Flexion gar nichts zu entnehmen; der vollkommen regelmäßige Akk. Sing. *hārū* (aus *hāruu*) und der Nom. Pl. *hāruva* lassen auf einen Nom. Sing. *hāruvə* oder *hāruvi* (*hārui*) schließen, der genau dem *Kalui* entsprechen würde. Auf das *sp* in *Pispasri* und *Vespaśi* möchte ich nicht näher eingehen, da Konow selbst zugesteht, daß die Etymologie und sogar die Lesung dieser Namen unsicher ist. Als letztes Beispiel für dialektische Verschiedenheit führt Konow das Wort *gaḍiya* an, das in dem Datum der Wardak-Inschrift *saṃ 20 20 10 1 masya Arthamesiya sastehi 10 4 1 imeṇa gaḍiyeṇa* erscheint. Konow sagt mit Recht, daß *gaḍiya* in dieser Formel nur die Bedeutung »Zeit«, »Zeitpunkt« haben könne. Bedenken aber kann ich nicht unterdrücken, wenn er weiter *gaḍiya* für ein śakisches Wort erklärt und es mit *būda* zusammenbringt, das in den Urkunden in der iranischen Sprache in in der Formel *ttaña beda* hinter dem eigentlichen Datum erscheint. Konow sieht es als sicher an, daß das *b* von *būda* auf altes *r*

[1] Es liegt nahe, für die Chronologie des Übergangs von *l* in *r* das Wort *guśura* zu verwerten, das Konow, a. a. O. S. 819, in dem Kharoṣṭhī-Dokument X. XVII, 2 als Titel eines Kuṣanasena nachgewiesen und mit *Kujulo*, *Kusulaka*, *Kusulaa*, dem Titel des Kadphises I. bzw. des Liaka und des Padika, identifiziert hat. Danach müßte das Wort, das ein Lehnwort aus dem Türkischen zu sein scheint, im 1. Jahrhundert n. Chr. in der Sprache der Śakas wie der Kuṣaṇas mit *l* gesprochen sein und der Übergang von *l* zu *r* im 3. Jahrhundert stattgefunden haben. Unsicher werden diese Schlüsse nur dadurch, daß uns *guśura* nicht in der iranischen Sprache von Khotan, sondern in dem Prakrit-Dialekt vorliegt und der Lautübergang schließlich auch auf das Konto der letzteren gesetzt werden könnte.

zurückgehe und daß dieses *v* in *gaḍiya* zu *g* geworden sei, wie in mehreren persischen Dialekten *v* zu *g* werde. Man kann dem zunächst entgegenhalten, daß der Ursprung des *b* von *bāḍa* keineswegs sicher ist; Leumann, Zur nordar. Spr. S. 33f., führt *bāḍa* auf urarisch **ba(ṃ)źh-ta* zurück, was allerdings auch nicht einwandfrei ist. Es steht weiter aber auch keineswegs fest, daß *gaḍiya* ein śakisches Wort ist, und ich möchte sogar bezweifeln, daß es überhaupt ein Fremdwort ist. Für den Begriff »Zeit« oder »Zeitpunkt« standen im Indischen Ausdrücke genug zur Verfügung; warum sollte hier ein Fremdwort gewählt sein, das überdies mit einem indischen Suffixe erweitert sein müßte? Ich möchte es vorläufig immer noch als wahrscheinlicher ansehen, daß *gaḍiyena* ungenaue Schreibung für *ghaḍiyena* ist und das Wort auf sk. *ghaṭikā* (*ghaṭī*) zurückgeht, das ein Synonym von *nāḍikā* ist und den Zeitraum von 6 *kṣaṇas* oder 24 Minuten bezeichnet. *Imeṇa gaḍiyeṇa* würde dann mit den in den Kharoṣṭhī- und Brāhmī-Inschriften dieser Zeit häufigen Ausdrücken *iśe divasachuṇami*, *iśa chuṇaṃmi*, *asmi kṣuṇe* zu vergleichen und etwa »in dieser Stunde« zu übersetzen sein.

Ich kann nach alledem das Bestehen dialektischer Verschiedenheit zwischen dem Śakischen und der iranischen Sprache von Khotan bis jetzt nicht als gesichert ansehen; es scheint mir im Gegenteil, als ob sich die Beweise dafür, daß die Khotansprache in der Tat das Śakische ist, mehr und mehr verdichteten. Wer es vorzieht, jene Sprache nach dem Lande, in dem sie uns entgegentritt, als Khotanesisch oder Altkhotanisch zu bezeichnen, begeht gewiß keinen Fehler; er darf sich aber nicht verhehlen, daß damit die Frage, welchem Volke sie zugehört, nicht gelöst ist.

Ausgegeben am 20. August.

Berlin, gedruckt in der Reichsdruckerei.

1919 XL. XLI

SITZUNGSBERICHTE

DER PREUSSISCHEN

AKADEMIE DER WISSENSCHAFTEN

BERLIN 1919

VERLAG DER AKADEMIE DER WISSENSCHAFTEN

IN KOMMISSION BEI DER
VEREINIGUNG WISSENSCHAFTLICHER VERLEGER WALTER DE GRUYTER U. CO.
VORMALS G. J. GÖSCHEN'SCHE VERLAGSHANDLUNG. J. GUTTENTAG, VERLAGSBUCHHANDLUNG.
GEORG REIMER. KARL J. TRÜBNER. VEIT U. COMP.

Aus dem Reglement für die Redaktion der akademischen Druckschriften.

Aus § 1.

Die Akademie gibt gemäß § 41, 1 der Statuten zwei fortlaufende Veröffentlichungen heraus: »Sitzungsberichte der

Aus § 6.

Die an die Druckerei abzuliefernden Manuskripte müssen, wenn es sich nicht bloß um glatten Text handelt,

Von Gedächtnisreden werden ebenfalls Sonderabdrucke für den Buchhandel hergestellt, indes nur dann, wenn die Verfasser sich ausdrücklich damit einverstanden erklären.

1919.
XL.

SITZUNGSBERICHTE
DER PREUSSISCHEN
AKADEMIE DER WISSENSCHAFTEN.

23. Oktober. Sitzung der physikalisch-mathematischen Klasse.

Vorsitzender Sekretar: Hr. Rubner.

1. Hr. Correns besprach Vererbungsversuche mit buntblättrigen Sippen. II. Vier neue Typen bunter Periklinalchimären. (Ersch. später.)

Drei Typen: *f. leucodermis*, *f. pseudoleucodermis* und *f. chlorotidermis*, wurden bei *Arabis albida*, der vierte, *f. albopelliculata*, bei *Mesembryanthemum cordifolium* gefunden. Bei zweien, *leucodermis* und *albopelliculata*, wird, wie bei der *albomaculata*-Sippe, die Weißkrankheit nur direkt durch das Plasma weitergegeben; blasse Haut und grüner Kern stimmen im Idioplasma überein. Bei zweien, *pseudoleucodermis* und *chlorotidermis*, wird die Weißkrankheit durch ein Gen vererbt; blasse Haut und grüner Kern sind in ihrem Idioplasma verschieden. Die subepidermale, blasse Schicht ist beeinflußbar: sie kann an bestimmten Stellen regelmäßig (zum Beispiel in den Samenanlagen von *Arabis*) völlig normal oder (Stengel von *Mesembryanthemum*) normaler werden und wahrscheinlich auch dauernd normale Zellen hervorbringen.

2. Hr. Hellmann legte die zweite Auflage seiner Regenkarte von Deutschland (Berlin 1919) vor.

Ausgegeben am 30. Oktober.

1919.
XLI.

SITZUNGSBERICHTE

DER PREUSSISCHEN

AKADEMIE DER WISSENSCHAFTEN.

---

23. Oktober. Sitzung der philosophisch-historischen Klasse.

Vorsitzender Sekretar: Hr. Roethe.

*1. Hr. Holl sprach über Die Entwicklung von Luthers sittlichen Anschauungen.

Luther hat bereits in der Psalmenvorlesung den Standpunkt der mittelalterlich-scholastischen Sittlichkeitslehre überschritten. Die folgerichtige Weiterbildung seiner Grundsätze führt ihn nicht nur zu einer in sich vollendeten Auffassung des Begriffs der sittlichen Freiheit, sondern auch zu einer Neubewertung der Ordnungen des Gesellschaftslebens.

2. Hr. Diels überreichte eine Abhandlung unter dem Titel: Excerpte aus Philons Mechanik Buch VII und VIII, griechisch und deutsch von H. Diels und E. Schramm. (Abh.)

Die den Belopoiika des Philon (Mechanik B. IV) in den Hss. angehängten Excerpte aus B. VII und VIII der Mechanik, welche den Festungsbau und das Belagerungswesen betreffen, wurden bisher als 5. Buch gerechnet, eine Bezeichnung, die keine antike Gewähr hat. Die vorliegende Ausgabe, die mit einer Revision des griechischen Textes eine deutsche Übersetzung und bildliche Illustration verbindet, versucht diese schwierige und stark entstellte Schrift dem Verständnisse zu erschließen.

3. Hr. Eduard Meyer legte die zweite Auflage seines Werks: Caesars Monarchie und das Principat des Pompejus (Stuttgart 1919) und den Schlußband (Bd. IV) des Werks von Hrn. Th. Schiemann: Geschichte Rußlands unter Kaiser Nikolaus I. (Berlin und Leipzig 1919) vor.

Bemerkungen zu den deutschen Worten des Typus ◡́ ×̀ ×.

Von Gustav Roethe.

(Vorgetragen am 16. Juli 1903 [s. Jahrg. 1903 S. 779].)

Vor mehr als 16 Jahren habe ich, bei meinem ersten Akademievortrag, die folgenden Beobachtungen vorgelegt. Damals schob ich die Veröffentlichung zurück, weil ich hoffte, durch Ausdehnung dieser rhythmischen Studien sowohl im Einzelnen wie in der grundsätzlichen Betrachtung wesentlich weiter zu kommen, wie ich denn wirklich noch zweimal in der Akademie über verwandte Fragen gesprochen habe[1]. Inzwischen sind mir diese Dinge leider ferner gerückt, und ich bin, nicht am wenigsten durch die Ereignisse des letzten Jahres, zu alt geworden, um mich noch der Illusion hinzugeben, als werde ich später die Muße ruhiger Ausgestaltung finden, die mir bisher versagt war. So entschließe ich mich, jenen Akademievortrag mit einigen Nachträgen, aber doch wesentlich in der Form hier mitzuteilen, wie ich ihn einst gehalten habe. Ganz unterdrücken wollte ich ihn schon darum nicht, weil mir die Beobachtungen, die ich im Psychologischen Institut der hiesigen Universität dank der Hilfsbereitschaft Hrn. Stumpfs und dank der tätigen, reich fördernden Mitarbeit der HH. Schumann und Pfungst gewinnen durfte, doch zu lehrreich scheinen, um sie unter den Tisch fallen zu lassen. —

Ich bin einmal vor langen Jahren an sehr heißem Tage von Kirchberg im Brixental über das Stangenjoch nach Mühlbach gewandert und wartete dort im Wirtshaus rechtschaffen müde als einziger fremder Gast auf den abendlichen Schmarrn, während sich am Nebentisch eine lebhafte Unterhaltung Einheimischer abspielte. Ich war noch im Anfang meiner Wanderung, und mein Ohr war auf das Tirolische noch nicht eingestellt: so verstand ich, obendrein wegematten Geistes, kein Wort des nachbarlichen Gesprächs. Um so ein-

[1] am 16. Mai 1907 [Sitzungsber. 1907 S. 457] und am 7. Mai 1908 [Sitzungsber. 1908 S. 467].

lullender berührte mich der kräftige und doch eintönige Rhythmus der Rede, die so deutlich sich in Takte gliederte, daß ich nach einiger Zeit halbwachen Hinträumens zu dem Eindruck kam, da würden Verse gesprochen. Die Wirtin, die ich befragte, stellte das lachend in Abrede, und ich überzeugte mich bald selbst, daß es sich um unbefangene Alltagsprosa handle. Die feste Taktbewegung drängte sich mir aber während jener Reise noch öfter auf, wenn ich Gesprächen lauschte, die ich nicht recht verstand: der unwillkürliche Eindruck verlor sich, als ich mich wirklich so eingehört hatte, daß ich den Sinn mühelos begriff.

Das kleine Erlebnis, das sich mir mit gleicher Intensität nicht wiederholt hat, brachte mir die enge Verwandtschaft zwischen dem prosaischen Satz- und dem poetischen Versrhythmus drastisch zum Bewußtsein. Die Frage zog mich um so mehr an, als sie ihre Bedeutung hat für den Wert, den man Lachmanns altdeutschen Betonungsgesetzen beilegt, wie er sie in der Hauptsache aus Otfrieds Versen abgeleitet hat. Die Ergebnisse, die er in der grundlegenden Akademieabhandlung 'Über althochdeutsche Betonung und Verskunst' (1834) niedergelegt hat, stimmen bekanntlich nicht glatt zu den Schlüssen, zu denen sprachgeschichtliche Tatsachen, Silbenerhaltung und Silbenverfall, zu zwingen scheinen, und es liegt nahe, diesen Widerspruch so zu erklären, daß Otfrieds metrische Grundsätze sich stilisierend, im Zwange des Verses, von der lebendigen Prosasprache entfernt hätten. Das liegt um so näher, als Otfrieds bewundernswerte metrische Klarheit und Sicherheit, die in ihrer reinen, durchsichtigen Taktfüllung kaum einen Zweifel an Skansion und Betonung läßt, auf eine grammatisch-metrische Schulung deutet, die, weil auf lateinischem Boden gewachsen, grade durch ihre Festigkeit dem Verdacht unterliegt, hier werde dem deutschen Rhythmus auch wohl gelegentlich eine Fessel angelegt, die nicht in seinem Wesen begründet war.

Besonders umstritten ist in diesem Sinne Lachmanns bekanntes Gesetz, wonach in dreisilbigen Worten ein Nebenton auf der zweiten Silbe liege, wenn die Hochtonsilbe lang sei, auf der dritten, wenn sie nur Kürze zeige: also *máchòta*, aber *sitòti*. Hügel, Wilmanns u. A. haben nachdrücklich betont, daß es sich hier nur um eine verstechnische Beobachtung handle: im Verse kann eine lange, d. h. dehnbare Silbe den Takt füllen, eine kurze nicht: so ergebe sich der Gegensatz –́ ×̇ × zu ◡́ × ×̇ von selber. Zwingend ist verstechnisch freilich nur ◡́ × ×̇; –́ × ×̇ wäre für den Vers ebenso möglich wie –́ ×̇ ×, und wirklich schwankt Otfried bei den Worten der Form –́ ◡ × beträchtlich zwischen den beiden Möglichkeiten *sálida* und *sálidà*, wie Lachmann nicht verkannte, der den Typus *sálidà* sogar stärker bevorzugte, als es vermutlich richtig war. Die Festigkeit des Typus ⏓́ ⏓̀ × neben dem Schwanken des Typus ⏓́ ⏑ × deutet in Verbindung mit der metrisch nicht glatt zu erklärenden Tatsache, daß Otfried den Versausgang ⏓́ × ×̀ mit wenigen Ausnahmen meidet (Lachmann S. 402; Wilmanns, Altd. Reimvers S. 108), nach wie vor darauf hin, daß Lachmann aus diesen Erscheinungen zutreffend auf einen ursprünglichen Nebenton der 2. Silbe in Dreisilbern mit langer Stammsilbe schloß. Wenn auch Otfried schon die Anfänge eines Übergangs von der absteigenden Betonung zur abwechselnden verrät, so hat das nichts Auffälliges. Daß Lachmanns Beobachtung von dem Versschluß, der Kadenz Otfrieds ausgeht, die auch in der mhd. Metrik noch zu gleichartigen Ergebnissen führt, wie denn auch die Kadenz der alliterierenden Langzeile kaum etwas Andres aussagt, gibt ihr jedenfalls mehr sprachliches Gewicht, als es das Versinnere gewähren könnte, das viel eher zu Kompromissen, zum Ausgleich metrischer und sprachlicher Erfordernisse nötigt.

Vielleicht ist aber der Gegensatz 'sprachlich' und 'metrisch' in diesen Fragen überhaupt nur mit Vorsicht zu verwenden, wo es sich nicht um besonders kunstvolle Versvirtuosen handelt. Sollten die Grundsätze des recitierten Verses sich wirklich in ihrem Wesen von dem Rhythmus der gesprochenen Sprache unterscheiden? Sind wir uns klar, daß auch die Prosa in Sprachtakte zerfällt, so werden wir geneigt sein, den ihr entsprechenden Vers, soweit er nicht fremden Vorbildern folgt oder durch musikalische Momente seine besondern Bedingungen erhält, als eine rhythmische Erhöhung und Regelung des Prosarhythmus anzusehen. Die Geschichte des deutschen Versbaues weist deutliche Parallelen auf zur Entwicklung unsrer Sprache. In der Alliterationspoesie mit ihren zahlreichen Haupt- und Nebenhebungen, neben denen verhältnismäßig wenig wirkliche Senkungssilben übrig bleiben, klingen die Rhythmen nach aus der Zeit vor dem vollen Siege der westgermanischen Auslautgesetze; der rhythmische Rahmen hat, wie Scherer und Möller erkannten, den tatsächlichen Silbenverlust überdauert. So schimmert in der stabreimenden Langzeile ein sprachliches Bild durch, das sich Jahrhunderte vor unsern Denkmälern mit diesem Versmaß genau deckte, während wir jetzt einen Widerspruch empfinden. Von diesem Widerspruch ist es nur dem Grade nach verschieden, wenn wir heute 'Abend', 'schweben', 'gehen' usw. zweisilbig skandieren, während wir die Worte in unbefangener Rede nur einsilbig sprechen. Der Vers mit seiner festern literarischen Tradition und seiner durch musikalische Melodik und Rhythmik dem Gedächtnis besonders zäh eingeprägten Treue kann sprachliche Zustände, denen er einst genau entsprach, erstarrt herüberretten in eine Periode, deren lebendige Alltagsprosa erheblich über sie herausgeschritten ist. — Otfried, der in seinem Reimvers etwas technisch

Neues, Modernes schuf, wird demgemäß die Sprache seiner Zeit leidlich wiedergeben: wie denn sein Vers- und Betonungsprincip, wenn auch zeitweilig stark gelockert, bei den frühmittelhochdeutschen Dichtern bis auf Hartmann von Aue fortlebt: sie teilen mit Otfried die dauernde Vorliebe für absteigende Betonung und gewichtige Nebensilben (*lóu-fènt ze tàl, biètènne*): die rhythmische Bedeutung der langen und kurzen Stammsilben˙ währt durch diese Periode, nur wenig stilisiert, lebendig fort. — Wenn die jüngere mhd. Epik Gottfrieds und Konrads dann dem regelmäßigen Wechsel von Hebung und Senkung zustrebt, so spiegelt sich darin die auch in der Sprache wachsende Vorliebe für die abwechselnde Betonung, die in ihren Kompromissen mit der alten absteigenden Vortragsweise mehr und mehr zum Siege gelangt. — Die silbenzählenden Verse des 16. Jahrhunderts, hervorgegangen aus einer in der überlieferten Form sehr verwilderten Technik des 15., lassen sich in Verbindung bringen mit der großen sprachlichen Umwälzung zu Beginn der neuhochdeutschen Periode: die nhd. Vokaldehnung beseitigt den Unterschied der kurzen und langen Stammsilben: der Verlust der meisten Nebentöne und die daraus erwachsende massenhafte Synkope und Apokope der unbetonten Vokale, wie sie namentlich in der Sprache der ober- und westmitteldeutschen Dichter oft krasse Verstümmelungen vollzieht, das alles führt die Sprache einer Einsilbigkeit entgegen, die gegen die früher so sorgsam abgestufte Wortbetonung gleichgültig und unsicher macht: so erklärt sich die anscheinende Verwahrlosung der Knittelverse. — In Opitzens Reform regt sich demgegenüber, unterstützt durch die besondere ostmitteldeutsche Behandlung der Nebensilben, ein deutlich erhaltender, mehr und mehr archaisierender Zug, der mit gutem rhythmischem Empfinden für die literarische Dichtung wieder fester Mehrsilbigkeit zustrebt. Sie hilft dem literarischen Erneuerer, den Wechsel von Hebung und Senkung durchzuführen, für den die Sprache jetzt ganz reif geworden war: für die alte absteigende Betonung ist schlechterdings kein Platz mehr vorhanden. — Die sprachlich-metrischen Gegenbilder, die ich hier andeutete, bedürften eines ausführlichen Kommentars: werden die einfachen Gleichungen von Sprech- und Versrhythmus ja doch auf allen Stufen durch viele fremde und einheimische Nebeneinflüsse verwirrend gekreuzt. Aber ein gewisser Parallelismus in der Entwicklung der beiden rhythmischen Ströme scheint mir auch so unverkennbar und sollte davor warnen, 'metrisch' und 'sprachlich' allzu bereitwillig als Gegensätze anzusehen.

Ich lenke zu der Frage des altdeutschen Nebentones zurück. Daß das *ò* von *máchòta* einen Nebenton trage, ist rhythmisch unbedenklich. Es erfüllt die Hauptbedingung: eine lange hochtonige

Silbe geht ihm voran, eine schwach- oder unbetonte Silbe steht neben ihm. Silben, die diesen Voraussetzungen nicht entsprechen, können nebentonig kaum heißen. *Wizzôt* bekommt einen Nebenton nur durch Übertragung aus dem mit Silbenvermehrung flektierten *wizzôdes* oder im Satzzusammenhang. Will man einem Wort wie *mínùn* einen Nebenton einräumen, wofür Reime auf *sún* u. dgl. sprechen, so wird da eine Übertragung von ursprünglich dreisilbigen Worten wie *toúftùn* oder die Einwirkung satzrhythmischer Gruppen mitspielen, in denen die Endsilbe etwa durch ein folgendes schwächeres Präfix gehoben wurde. An gewissen Suffixen wie *-ùnga* haftet der Nebenton fester: wenn *mánùnga* ihn ebenso zeigt wie *meinùnga*, so ist das wieder eine Art Übertragung; es war undenkbar, daß sich ein *mánungà*, dessen zweite Silbe ohne schützenden Nebenton unweigerlich etwa zu **manga* geführt hätte, mit voller rhythmischer Strenge neben *meínùnga* stellte: *-ùnga* wurde verallgemeinert, bedeutungsschwer genug, um von den Langsilbern aus sich bei den Kurzsilbern zu behaupten. So würde ich auch aus dem vielbesprochenen Nebeneinander von *hôrtà* und *nérità* keine Schlüsse auf die ursprünglichen Nebentöne ziehen: ein dauerndes Nebeneinander von **hôrìta* und *nérità*, das zu ganz verschiedener Behandlung der Endsilben hätte führen müssen, war wieder funktionell ausgeschlossen. Siegte aber im Präteritum der *-jan*-Verben, wie unvermeidlich, der Typus ×́××̀, so beruht der Unterschied zwischen *hôrta* und *nerita* wesentlich darauf, daß sich die Synkope nach langer Silbe leichter vollzog, weil sie den Sprechtakt dehnbar und zweigipflig trotz der Synkope glatt ausfüllte, während *legita, frewita, retita, zemita* bei ihrer Synkope immerhin einen stärkeren rhythmischen Wandel durchmachen mußten. Daß es *gast* < **gastiz, liud* < **liudiz* heißt, aber *wini* < **winiz*, hat zwar mit der Frage des Nebentones nichts zu schaffen, erklärt sich aber ebenfalls daraus, daß *liud* denselben Sprechtakt wie **liudiz* mühelos ausfüllt, während *win* nicht ohne Weiteres rhythmisch für **winiz* eintreten kann. Bei der Frage der Synkope darf außerdem der Charakter der umgebenden Konsonanten nie außer Acht gelassen werden: *hêrro* < **hêriro, besto* < **bezzisto, kunta* < **kundida*, selbst *kusta* < **kussida, branda* < **brannida* zeugt nicht gegen *hêrìro, bézzìsto, kúndìda*: die Neigung zur Ekthlipsis des Zwischenvokals, zum Zusammenschluß der befreundeten Konsonanten über den trennenden Vokal hinweg konnte auch nebentonige Vokale verschlingen. Die Bedeutung dieser Ekthlipsis, die sogar von einem Wort ins andre übergreift, ist in unsern mhd. Ausgaben noch nicht entfernt gewürdigt: sie beseitigt zahllose metrische Härten und erspart viele überflüssige Besserungen[1].

[1] Hierher gehört bei Walther z. B. *minę náhgebûren* 28 36; *geistlich órden ịn káppen triuget* 21 36; *in swelher áhtę du bist* 22 33; *da stüendę doch niemer ritters becher lære* 20 15

Diese Bemerkungen sollen nicht die Frage lösen, ob nach langer Silbe ein Nebenton anzusetzen sei: sie sollen nur Kriterien ausscheiden, die vielfach, wie mir scheint, mit Unrecht, für die Beantwortung der Frage verwertet worden sind. Ich sehe im Nebenton keineswegs nur ein mechanisch-rhythmisches Phänomen; er haftete auch logisch an gewissen bedeutenden Bildungssilben. Verwirklicht ist mir der Nebenton nur da, wo die nebentonige Silbe den guten Taktteil eines Sprechtaktes bildet, wo ihr also eine oder mehrere schwächer betonte Silben folgen oder sie den Sprechtakt füllt. Solche Sprechtakte waren in der Zeit der zahlreichen Nebentöne natürlich silbenärmer als in unsrer nebentonlosen Sprechweise.

Sehen wir aber im Nebenton den guten Taktteil eines Sprechtaktes, so ergeben sich nicht nur für den Vers, sondern auch für die Prosa Schwierigkeiten daraus, daß auf eine kurze, also zur Füllung eines Taktes unzulängliche Stammsilbe unmittelbar der Nebenton folgen soll; dann werden *sitóta, mánunga* nicht nur für den Dichter, sondern auch für den Sprecher unmögliche oder doch recht störende Gebilde; dann wird die Betonung *sitótà* auch für den ahd. Sprecher notwendig, nicht nur für den Dichter.

In der Erinnerung an meine Mühlbacher Eindrücke suchte ich mir von der rhythmischen Taktierung unsrer Sprechrede eine exakte Vorstellung zu schaffen. Ich danke es den hilfreichen Bemühungen Prof. Schumanns (jetzt in Frankfurt a. M.) und Dr. Pfungsts, daß ich mit Hilfe eines einfachen kleinen Apparats an einigen von mir und Pfungst gesprochenen Sätzen und Versen die einzelnen Takte mit ausreichender Genauigkeit messen konnte. Auf einer sich gleichmäßig drehenden berußten Fläche schrieben drei Griffel. Der eine war der Zeiger einer $^1/_5$-Sekunden-Uhr und gab diesen Zeitabschnitt, damit also das absolute Zeitmaß an; auf den weiterhin gegebenen Abbildungen ist das die mittlere Kurve mit ihren in gleichen Abständen sich wiederholenden Zacken. Ein zweiter Griffel erhob sich durch den Druck auf eine Taste; er kennzeichnet in der obersten Kurve die Momente, in denen der (vorher verabredete) Satzaccent einem Beistehenden hörbar wurde, der dann möglichst schnell auf die Taste schlug. Der dritte Griffel war ein Strohhalm, der durch Korkstifte mit einer runden Glimmermembran verbunden war, die das Ende eines Trichters bildete. Wurde nun besonders stark in den Trichter hereingesprochen, so hob dank der Vibration jener Membran der Strohhebel aus und zeichnete die kräftige Artikulation des Accents auf der Rußfläche ein. Die Kurve dieses Strohhalms bringt die unterste Linie der gegebenen Proben. Er reagierte auf verschiedene Laute verschieden; von Vokalen markierte er besonders gut das *i*, das hohe spitze Zacken erzeugte, dann *u* und *o*, während *e*, *eu*, *au* weniger stark, *ei* noch schwächer, *a* am schwächsten wirkten. Von Konsonanten sind wohl die Explosiven am ehesten spürbar.

Der Apparat, für diesen besondern Zweck schnell zusammengestellt. ist nicht für die feinsten Beobachtungen eingerichtet; hat man doch, wie mir Hr. Schumann mitteilte, für rhythmische Zwecke sogar $^{1}/_{280}$ Sekunden messen wollen. Aber für meine besondern Absichten reichte er aus. Ich verabredete mit den Herren, die den Apparat spielen ließen. gewisse Verse und Sätze, deren Accentuation vorher ausprobiert und vereinbart war; dann sprach teils ich selbst, teils Dr. Pfungst diese Sätze, darunter manche mit sehr ungleichen Takten, langsam und scharf in den Apparat hinein. Wir haben denselben Wortkomplex meist beide gesprochen und öfters mehrfach wiederholt: leider kann ich nicht mehr feststellen, was Pfungst und was ich selber sprach; erhebliche Unterschiede ergaben sich dabei nicht. Mir war wesentlich die Messung von Arsengipfel zu Arsengipfel. Die Aushübe des Strohhalms wurden durch den Tastendruck kontrolliert, der ein klein wenig rhythmischer erfolgte als die Erhebungen des Strohhalms. Doch handelte es sich da nur um geringfügige Differenzen.

Von den mir vorliegenden Kurven kann ich hier nur Proben veröffentlichen. Sie mögen noch manche andre Frage beantworten als die, die ich an sie gerichtet hatte, und ich werde die Blätter im Archiv der Deutschen Kommission niederlegen. Vielleicht reizen sie andre, diese Beobachtungen in reicherer Ausdehnung fortzusetzen. Zur Vermeidung des allzu Individuellen werden noch mehr Versuchspersonen heranzuziehen sein.

I. Die Takte in Platens anapästischen Tetrametern:

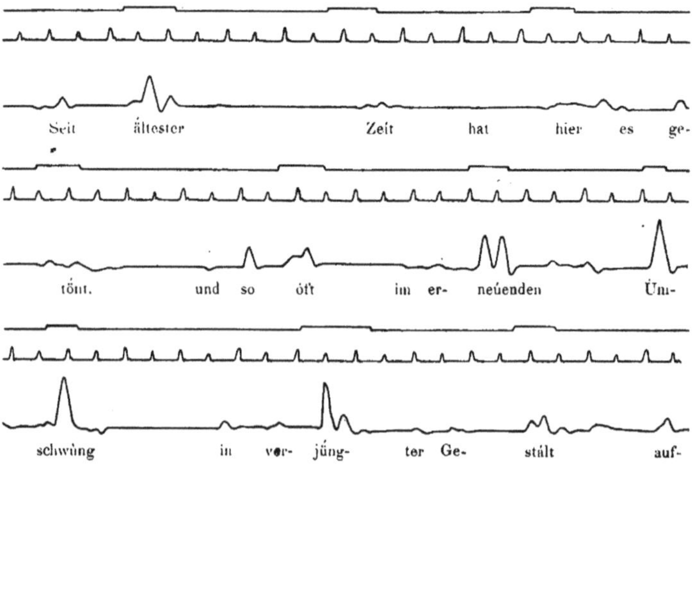

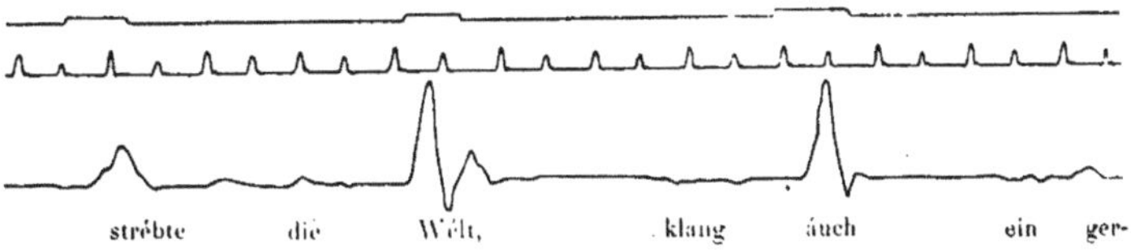

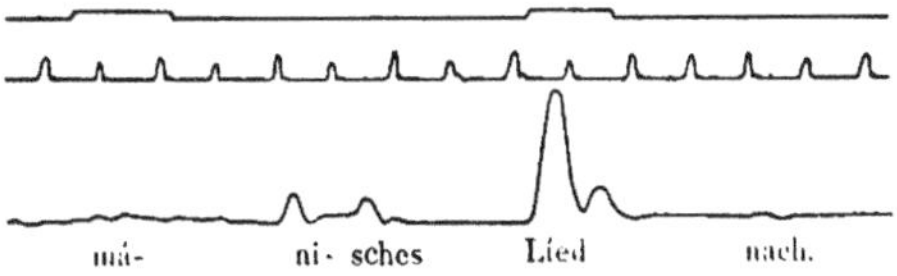

'*Seit ältester Zeit hat hier es getönt, und so oft im erneuenden Umschwung in verjüngter Gestalt aufstrebte die Welt, klang auch ein germanisches Lied nach*' sind sich an Umfang sehr ähnlich. Ich messe sie (wie alle deutschen Takte) von gutem Taktteil zu gutem Taktteil, also in fallendem Rhythmus. Die Dauer des Taktes schwankt nur zwischen 6 und $7\frac{3}{4}$ Moren (= Fünftelsekunden). Nur wo Cäsur den Takt spaltet, ist die Dauer beträchtlich größer (*-tönt, und so-* $8\frac{3}{4}$, *Welt, klang* 8: am Versabsatz füllt: *Umschwung in ver-* sogar $12\frac{1}{2}$ Einheiten). Die Bedeutung der Pause im Takt ist hoch anzuschlagen. Den Psychologen fiel es auf, daß sich in *hier es ge-tönt* und mehr noch in *verjüngter Ge-stált* nach dem *ge-* eine Pause von $1\frac{1}{2}$—2 Moren einstellte, die sie nicht erwartet hatten: *ge-* ist eben Enklitikon, gehört im Satzrhythmus zum Vorhergehenden, nicht zum Folgenden, von dem es also getrost durch die den Takt ausgleichende Pause getrennt sein kann. Übrigens hat *ge-* ebenso wie *seit* und *in* kleine Zacken bewirkt, die Nebentönchen verraten, wie sie bei Auftakten öfter zu Tage treten. Man beachte die ungewollte Energie, mit der in *so óft* auch das *so* herauskam: ob hier der Hiat einen unwillkürlichen Nachdruck hervorrief? Das Gipfelchen, das *auf* in *aufstrébte* erzielt, entspricht der Absicht des Dichters. Daß *klang* und sogar das betonte *-ma-* in *germanischer* so wenig hervortritt, liegt wohl an dem *a* und den umgebenden Dauerlauten. Man beachte endlich, wie in *Umschwung* die beiden metrisch ungleichen Hochtöne ganz gleichwertig auftreten.

II. Geringeres Interesse bietet Goethes Distichon (Röm. Eleg. II 1 f.):

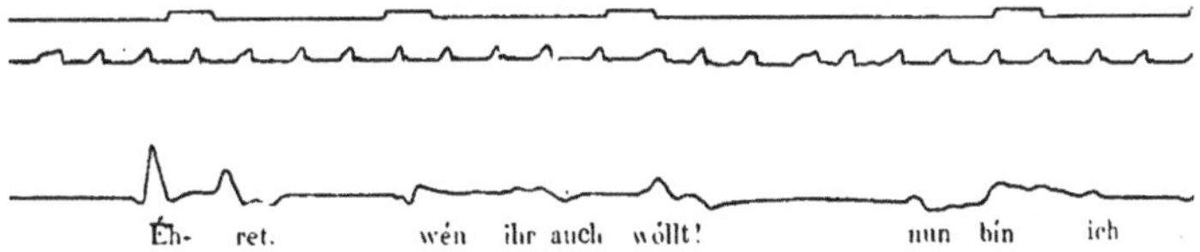

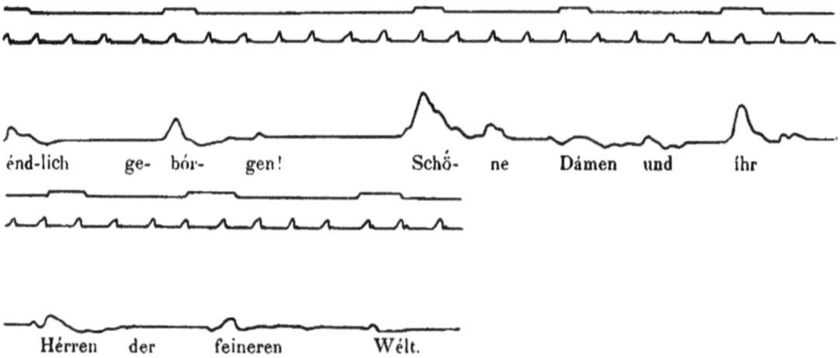
énd-lich ge- bór- gen! Schö- ne Dámen und íhr
Hérren der feineren Wélt.

'Ehret wen ihr auch wollt! Nun bin ich endlich geborgen!
Schöne Damen und ihr Herren der feineren Welt.'

Auch hier große Gleichmäßigkeit der Taktlänge, aber Dehnung in der Cäsur: *wollt nun* füllt $7^1/_2$, *(ge)borgen* $6^3/_4$ und selbst der Einsilber *ihr* $4^1/_2$ Moren, während im übrigen die Takte zwischen 4 und $4^3/_4$ Moren schwanken. An Platen gemessen zeigt sich deutlich die Goethische Neigung zu schwacher Taktfüllung, die auch den Chorizonten der Xenien zu Hilfe kommt. Marbe, Über den Rhythmus der Prosa (Gießen 1904), konstatiert gleiche Schwachfüllung für Goethes Prosatakte, die er in einer Stichprobe an Heines Prosa mißt. Zu bemerken ist, daß das dreisilbige Wort *feineren* mehr Raum in Anspruch nimmt als *wen ihr auch*, *Damen und*, *Herren der*.

III. Die fünfte Strophe des 'Sängers' zeigt in beiden Aufnahmen, die mir vorliegen, viel größere Bewegtheit des Tempos:

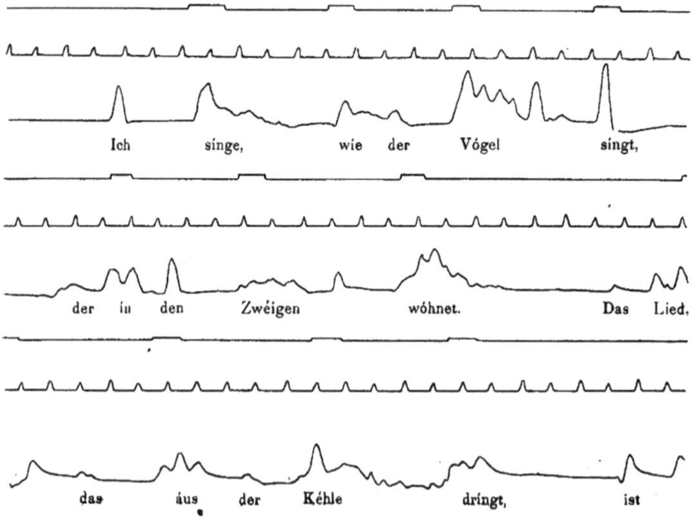
Ich singe, wie der Vógel singt,
der in den Zwéigen wóhnet. Das Lied,
das áus der Kéhle dringt, ist

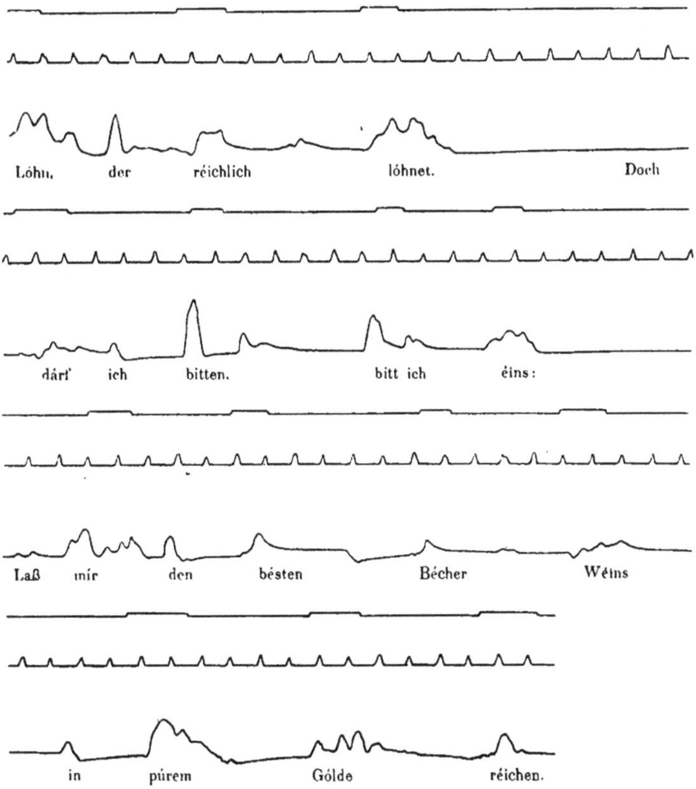

Ich singe, wie der Vogel singt,
der in den Zweigen wohnet.
Das Lied, das aus der Kehle dringt,
ist Lohn, der reichlich lohnet.
Doch darf ich bitten, bitt' ich eins:
Laß mir den besten Becher Weins
in purem Golde reichen.

Die Takte, die ich als Trochäen messe, schwanken zwischen $3^1/_2$ (*bitt ich*) und $6^1/_4$ (*purem*; *bitten*). Die zweisilbigen Worte (auch *singe*; *Vogel*; *Zweigen*; *Kehle*; *reichlich*; *besten*; *Becher*; *Golde*) kosten meist mehr Raum als die aus zwei Worten bestehenden Takte; eine Ausnahme machen nur die Takte, in denen Interpunktion die beiden Worte trennt (*Lied, das*; *Lohn, der*); sie hat auch den Takt *bitten* etwa um 1 More überdehnt. Die

Schlußtakte der stumpfen Zeilen übertreffen den Durchschnitt um 2—3, die der klingenden entsprechend um 3—4 Moren: die Pause zwischen Schlußwort und Auftakt, in Z. 2 und 4 die Dreisilbigkeit, erklärt die Differenz. Ungemein deutlich heben sich in der Kurve fast sämtliche Auftakte der Verse ab, die Pause vor sich haben (besonders *ich*, *ist*, *der*, *in*): das Proklitikon ist viel fühlbarer als das Enklitikon.

Aufschlußreicher sind die Prosaproben.

IV. Zunächst der Anfang der 'Sieben Raben' bei den Brüdern Grimm. Ich betonte[1]:

4 $2^1/_2$ (3) 5 6 (5) $6^1/_2$
Ein Mánn hatte sieben Söhne und ímmer noch kein Töchterchen, so
5 $5^1/_2$ $3^3/_4$ 4 5 ($5^1/_2$)
séhr er sichs auch wűnschte: éndlich gáb ihm seine Fráu wieder gute
4 ($4^1/_2$) 6 ($5^1/_2$) 5 ($3^1/_2$) 3 $3^3/_4$ 4
Hóffnung zu einem Kinde, und wies zur Wélt kám, wárs auch ein Mädchen.

Interpunktion und Sinneseinschnitt sind wieder sehr fühlbar (*Söhne und*; *Töchterchen, so*; *wünschte*; *Kinde und*). Sehen wir von diesen verhältnismäßig gedehnteren Takten ab, die $5-6^1/_2$ Moren erfordern, so brauchen die Ein- und Zweisilber $3-3^1/_2$, die Dreisilber 4, die Vier- und Fünfsilber 4—5 Moren. Es tritt deutlich zu Tage, daß silbenreichere Takte schnellerem Vortrag verfallen. Die bevorzugten Accente ruhten auf *Söhne*, *immer*, *sehr*, *endlich*, *Kinde*: die ruhige Erzählung markierte sich auch in ihren Höhepunkten nur wenig.

Das Märchen geht weiter:

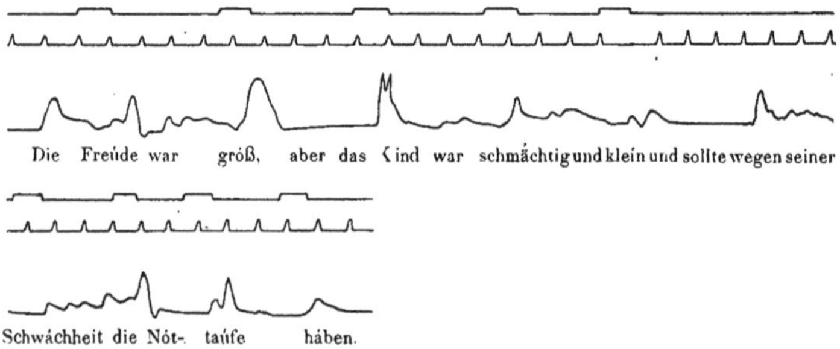
Die Freúde war gróß, aber das Kind war schmächtig und klein und sollte wegen seiner
Schwáchheit die Nót- taúfe háben.

V. *Die Freúde wár gróß, aber das Kind war schmächtig und klein und sollte wegen seiner Schwáchheit die Nóttaúfe háben.*

Hier wurden besonders zahlreiche Aufnahmen gemacht, da der lange Takt *klein und sollte wegen seiner* und der Doppelaccent, zu dem *Nottaufe* lockt, besonderes Interesse boten. Die Schwankungen der

[1] Die herübergesetzten Zahlen bezeichnen die Morenzahl jedes Taktes und berücksichtigen auch die Varianten verschiedener Aufnahmen.

9 Aufnahmen waren geringfügig. Die Takte zeigten meist etwa 4 Moren; nur *Schwachheit die* geriet in der Regel eine Kleinigkeit länger. Der Riesentakt *klein und sollte wegen seiner* mit seinen 8 Silben und Sinneseinschnitt dauerte 7—8 Moren. Eine Tempobeschleunigung liegt trotzdem darin. Aber in Wahrheit ließ sich dieser Takt es gar nicht gefallen, als Einheit gesprochen zu werden. In sämtlichen Aufnahmen zeigt er eine Zwischenhebung, die sich meist schärfer markierte als manche der von mir beabsichtigten Hebungen. So bestätigt sich die schon aus Marbes Zählungen ersichtliche Tatsache, daß im Prosatakt 2—5 Silben die Regel bilden, 1 und 6 Silben nicht ganz selten vorkommen, daß sich darüber hinaus nur ausnahmsweise Takte dehnen, die dem Sprechenden dann oft unbequem werden.

Eine Art Gegenprobe gestattet das Wort *Nottaufe*. Es wurde viermal mit Doppelaccent gesprochen. Dabei markierte die Kurve den zweiten Accent einmal gar nicht, zweimal nur schwach, einmal kräftig; bei einem um fast die Hälfte langsameren Vortrag kamen beide Töne von vornherein klar und scharf heraus. Ein gewisses Widerstreben gegen den einsilbigen Takt ist also zu erkennen. Die Dauer des Wortes *Nottaufe* mit 2 Accenten betrug 5—6 Moren, mit 1 Accent $3^1/_2$—4: genaue Messung scheiterte daran, daß der letzte Accent (*háben*) in der Kurve meist ausblieb, teils seines *a* und seiner schwachen konsonantischen Umgebung wegen, teils weil die Stimme bei diesem bedeutungslosen Schlußwort verhallte.

Die bevorzugten Worte waren *Freude*, *graß*, *Kind* und *Not-: schmächtig*, *klein*, *Schwachheit*. *haben* kamen allesamt wenig oder gar nicht in der Kurvenzeichnung zur Geltung, gleichviel wer von uns sprach.

VI. Das fünfte Buch der 'Lehrjahre' beginnt:

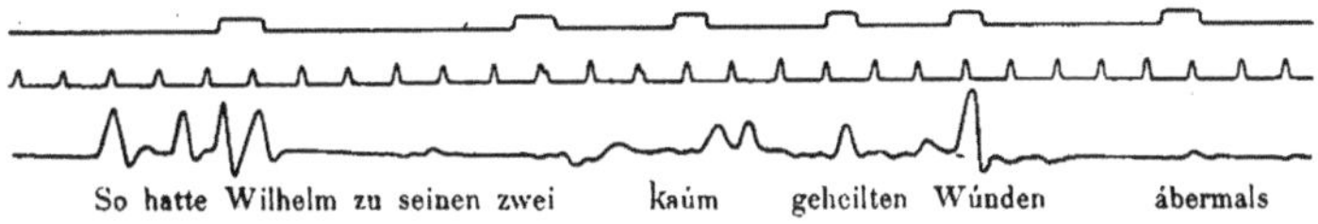
So hatte Wilhelm zu seinen zwei
kaúm
geheilten Wúnden
ábermals

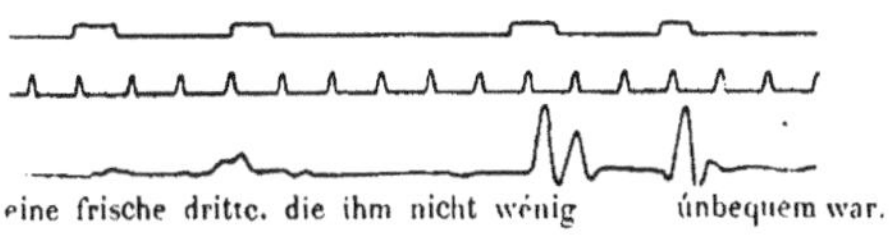
eine frische dritte, die ihm nicht wénig
únbequem war.

'*So hatte Wilhelm zu seinen zwei kaúm geheilten Wúnden ábermals eine frische dritte, die ihm nicht wénig únbequem war.*'

Das Normalmaß der Takte betrug bei den Zweisilbern ohne Sinneseinschnitt 3 Moren; ebenso lang war der Einsilber *zwei*; nur *Wunden* (mit Sinnespause) dauerte länger. Von den drei Fünfsilbern wurde *abermals eine* gedrängt gesprochen ($4^1/_2$—$5^1/_2$), die beiden andern (*Wilhelm zu seinen; dritte, die ihm nicht*) dehnten sich bis zu $5^3/_4$ bis 7 Moren aus, da in ihnen ein kleiner Absatz vorlag. *Wilhelm* beherrscht die drei folgenden Hebungen; ebenso *Wunden*; auch die formalen Gegensätze *zwei* und *dritte* stehn hinter den drei alliterierenden Worten zurück.

VII. Goethe fährt fort:

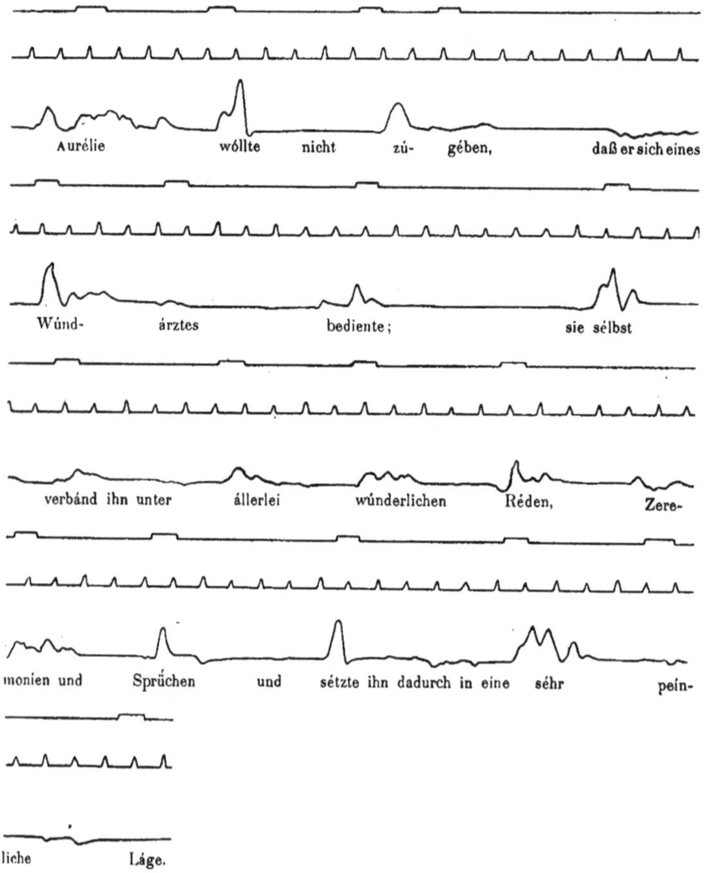

'*Aurélie wóllte nicht zúgében, daß er sich eines Wúndárztes bedíente: sie sélbst verbánd ihn unter állerlei wúnderlichen Réden, Ceremonien und Sprûchen und sétzte ihn dadurch in eine séhr peinliche Láge.*'

Die Takte sind sehr ungleich: von den Einsilbern *zu* ($2^1/_2$ bis 3 Moren), *Wund-* ($3^1/_2$—4) und *sehr* ($4^1/_2$—5) bis zu dem Achtsilber *setzte ihn dadurch in eine*, der auch nicht mehr als $6^1/_2$ Moren beansprucht, also wieder stark beschleunigtes Tempo zeigt, sind fast alle Silbenzahlen vertreten, die Zwei-, Drei- und Viersilber ohne wesentlichen Unterschied der Dauer ($4^1/_2$—6). Das stark betonte *sehr* ist nicht nur besonders gedehnt, sondern es drückt die folgenden Hebungen auch in der Energie der Aussprache ganz in den Schatten; *Lage* ist nirgend zu spüren (ähnlich wie *haben* V), wie denn auch *zu-* und *Wund-* die unmittelbar folgenden zweiten Hochtöne drücken. Jede Sinnespause dehnt beträchtlich (*-geben, daß er sich eines* 9; *-diente: sie* 9; *Sprüchen und* $6^1/_2$); in *Réden, Ceremonien* erschien bei getragnerem Vortrag ($7^3/_4$) ein Zwischenaccent auf *Ce-*; sonst zeigen auch die Sieben- und Achtsilber keine Mittelerhebung. *Ihn* nach *setzte*, im Hiat, war bei einer Aufnahme spürbar, bei der andern nicht.

VIII. Endlich wurde wiederholt, auch in seinen einzelnen Worten, durchgeprobt das Sätzchen:

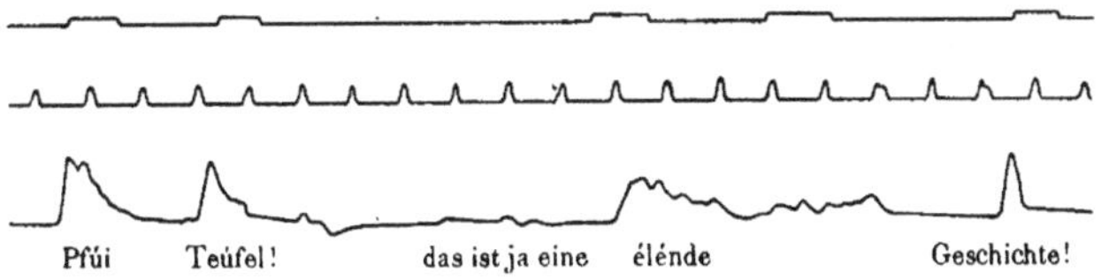
Pfúi
Teúfel!
das ist ja eine
élénde
Geschichte!

'*Pfui Teúfel! das ist ja eine élénde Geschichte.*'

é- ist länger gedehnt als *Pfúi*, das doch etwas auftaktmäßig wirkt. Der siebensilbige Takt zeigt trotz seiner Pause und Länge ($4^1/_2$—$5^1/_2$; bei gedehnterem Vortrag bis zu 9 Moren) keine ernstliche Neigung zu Zwischentakten. Die beiden Hebungsgipfel in *Pfui Teu-* sind gleich hoch, während in *elende* das erste *e-* meist (nicht immer) beträchtlich kräftiger markiert ist. Bei langsamem Sprechen machten sich die Silbe *-ne* im Hiat sowie der Auftakt *Ge-* bemerklich, wobei aber die *i*-artige Färbung dieses *ə* mitspielen mag. — Der stärkere Affekt, der mit Ausnahme des zweiten Taktes von einer verhältnismäßig sehr schwachen Taktfüllung begleitet ist, äußert sich nicht etwa in größerer Kürze der Takte; sie haben reichlich den Durchschnitt der übrigen Prosastücke, sind eher etwas gedehnter. Der größere Nachdruck erregter Rede verlangt mehr Zeit als der ruhige Fluß unbeteiligter Erzählung.

Das Resultat ergibt den Einfluß des im Hintergrunde liegenden ideellen Rhythmus auch auf die Takte der Prosa. Die Silben werden bei schwacher Taktfüllung, namentlich Einsilber, deutlich gedehnt;

Zwei- bis Viersilber halten ein ziemlich gleiches Maß inne; bei mehrsilbigen Takten wird das Tempo sichtlich beschleunigt und bei langsamerem Vortrage stellen sich Zwischenaccente ein. Das schnellere Tempo der vielsilbigen Prosatakte ist lehrreich für die Beurteilung der stabreimenden Schwellverse. Interpunktion und andre Sinneseinschnitte entfernen ihre Takte jedesmal stark vom ideellen Rhythmus, viel stärker als reiche silbische Füllung, die das Tempo meist überwindet. Ein zwei- oder dreisilbiges Wort pflegt eher längere Zeit zu brauchen als zwei oder drei Einsilber. Auftakte, d. h. vortonige Silben nach Pause, und Silben vor dem Hiat werden mit überraschender Energie herausgebracht.

IX. Ich habe schließlich dem Apparat eine ganz bestimmte Frage vorgelegt, indem ich nacheinander:

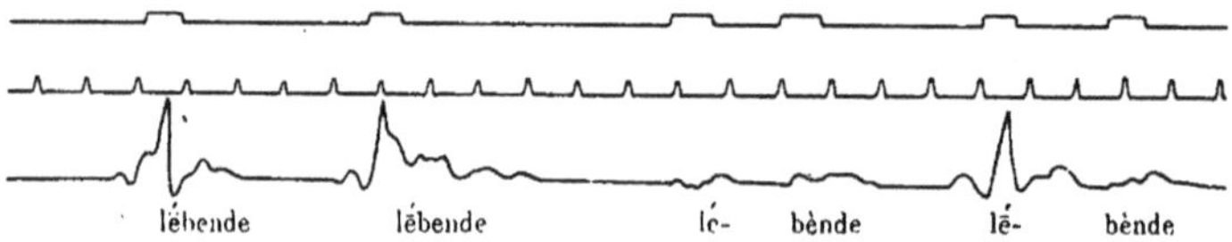

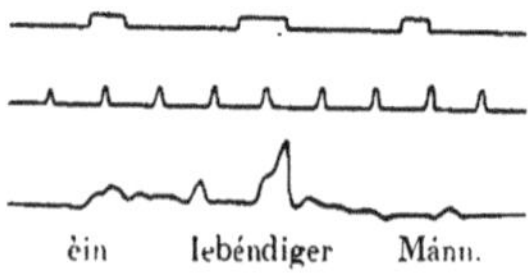

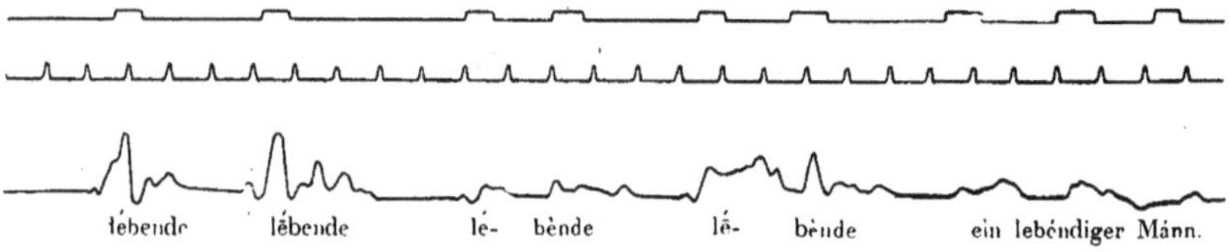

lébende lēbende lébènde lēbènde èin lebéndiger Mánn

in den Trichter sprach und sprechen ließ. Der Unterschied der Zeitdauer zwischen *lébende* und *lēbende* springt dabei weniger ins Auge als das längere Auswirken des Accentnachdrucks nach langem Vokal. Viel stärker aber ist die Verschiedenheit der Kurve von *lébènde* und *lēbènde*, das nur um $^1/_2$—1 More über *lébende* hinauswächst, dem es auch in der Kurvenform nicht allzu fern steht. Dagegen ist *lébènde* eher mit *lebéndig* zu vergleichen. Bei allen drei Aufnahmen ist der Ton *lé-* vor unmittelbar folgendem Nebenton wirkungslos geblieben: beide Accente haben nur schwache Aushübe veranlaßt, den schwächeren aber immer noch der erste; ja, dieser ist nicht stärker als in *lebéndig*. Es ergab sich, daß der Versuch, an eine offene kurze betonte Stammsilbe unmittelbar eine betonte Folgesilbe anzureihen. daran scheiterte, daß unwillkürlich dieser Nebenton zum Hauptton, die Stammsilbe zum Auftakt wurde.

Auch für die Prosarede ist ein Wort wie *máninge* schwierig. Der graphische Versuch weist darauf hin, daß Tonverschiebung (*lébende* > *lebénde*) eine naheliegende Lösung ist. Eine andre Möglichkeit bietet *lēbènde, mâninge*, die Dehnung der ersten Silbe, neben der alsdann der Nebenton gut bestehen kann. Bei Otfried dominiert in Worten dieser Art die dritte Möglichkeit, daß Wechselton eintritt (*mánungà, lébentì*). Auch wurde einfach der Nebenton aufgegeben, ohne Einführung der Wechselbetonung (*lébende*). Wir wollen betrachten, wie sich diese drei oder vier Auswege im altdeutschen Sprachleben darstellen. Im Nhd. hat die Dehnung der Stammsilbe und der Schwund des Nebentons ungefähr gleichzeitig durchgegriffen: damit war das Problem beseitigt. Es kann sich nur um ältere Sprachperioden handeln. Ich entnehme meine Beispiele dem Gotischen, dem Nieder- und vor allem dem Hochdeutschen.

Wohlgemerkt: es handelt sich um kein 'Lautgesetz'. Auch der gewöhnlichen Rede bereitete es Hemmungen, auf einen kurzsilbigen Hochton unmittelbar einen Nebenton folgen zu lassen. Anderseits wurden durch produktive Suffixe, die nach Körper und Geist unzweifelhaft einen Nebenton forderten, doch unaufhörlich Worte der Form ◡́ ∸ × produciert, mit denen man sich so oder so abfinden mußte: das Abstraktsuffix *-unge*, das Femininsuffix *-inna*, die Nomina agentis auf *-âri*, geschweige denn die Participia auf *-enti* (*-ônti, -ènti*), die Superlative auf *-isto, -ôsto* konnten sich unmöglich auf Bildungen mit langer Stammsilbe beschränken. Es kam hinzu, daß der Nebenton oft nur durch den Silbenzuwachs der flektierten Formen in Frage kam: *glésin. küning* ist unanstößig, erst *glésìne, küninges* kann rhythmisch unsicher machen[1]. Man fand sich, wie selbst im Verse, so noch viel mehr in der Prosa mit dem unbequemen Rhythmus ab. Nur wird der Nebenton unter der Kürze des Haupttons gelitten haben. Wieweit jener dabei aufgegeben wurde, entzieht sich der sichern Feststellung. Sie wird ermöglicht höchstens durch Verse, die keine unbestreitbaren Zeugen sind, und durch die Accente, die, abgesehen von Notker, nur sehr unzuverlässig und sporadisch helfen. So wird sich die Abneigung gegen den Typus ◡́ ẋ × nur in Symptomen, nicht in regelmäßigen Erscheinungen beobachten lassen.

[1] Bei einem Suffix wie nord. *-átla*, das ursprünglich vielleicht zweites Glied des Compositums ist, wird zunächst Stimmansatz dieses zweiten Bestandteils dagewesen sein, so daß *vinátla, burátla, forátla* nicht reine Kürze, sondern leichte Position in der ersten Silbe zeigten.

Bei seiner Untersuchung der Notkerschen Accente im Boethius[1] erkannte FLEISCHER richtig (Zs. f. d. Phil. 14, 154f.), daß der Hauptton auf kurzer Silbe nicht nur der Metrik, sondern auch der Sprachbildung überhaupt Schwierigkeiten bereite; er faßte sie so zusammen, daß auf hauptbetonte Kürze keine nebenbetonte Kürze folgen darf, während es nur selten geschieht, daß auf eine hauptbetonte Kürze eine nebenbetonte Länge folgt. Der Unterschied, den er in der Quantität der Nebensilbe macht, trifft nicht den Kern und ist empirisch nur insofern berechtigt, als der Nebenton sich auf kurzen Silben überhaupt viel weniger aufhält und hält als auf langen. Betonungen wie *tólúnga* kommen im Boethius nicht vor, aus den Kategorien bringt LACHMANN S. 403 nur drei Belege bei, in denen die beiden Hss. nicht übereinstimmen (auch 457 26 [A 331] hat B *tôlúnga*, nicht *tólúnga*); und wenn ich auch aus der Schrift De Interpret. mit ihrer noch bedeutend schlechteren Überlieferung ein *dólúnga* 500 18 sowie zwei *uuíderchétúnga* 515 4. 533 18 (neben sonstigem *-chétunga*) hinzufügen kann, so ändert das nichts an der Tatsache, daß die Betonung *-únga* nach langer Stammsilbe oft auftritt, wenn auch nicht regelmäßig, dagegen nach kurzer ausbleibt (*skídunga, peuuárunga, ábanémunga*). Zwei Akutsilben, deren erste kurz ist, fand ich mit einiger Regelmäßigkeit nur im Kompositum *zuíuált* und *dríuált*, auch hier nicht ohne Schwanken der Hss.: daneben aber *zuíbeinen* 432 5 (in beiden Hss.), *zuíhoúbito* 694 21[2].

Ganz anders steht es, wenn der Nebenton auf langem Vokal liegt, also durch Circumflex bezeichnet wird. Das ist auch nach kurzsilbigem Hochton nicht selten, zumal vor Flexionsendungen (*tágâ, uuélêr, zágôsten, hábêst, genésên, lósênnis* usw., vor allem in den *-ôn*-Verben: *zálôst, chlágôst, kinámôt*, auch *scádôta, ginámôte, ásôndo, gérôndo*), dann vor *-î, -îg* (*héuî, héuîg, zímîg*) usw. Aber hier handelt es sich eben nicht um einen sichern Nebenton, sondern vor allem um Bezeichnung der Länge, die den Nebenton tragen kann, aber nicht muß. Daß Notker meist *-ôndo*, selten *-êndo* und so gut wie nie *-éndo* accentuiert (*súftôndo*, aber meist *folgendo*, stets *fliende*), erweist am sichersten, daß es sich bei diesem Circumflex viel mehr um die Länge als um den Ton handelt. Aber es ist sehr bemerkenswert, daß trotzdem bei Suffixen wie *-âre, -lîh, -îg*, die schwankend circumflectiert werden, die Kurzsilber fast regelmäßig den Circumflex fortlassen (*nôtnémare, rágare, flégare; wélih, sólih; héuig, sitig, uuérig*[3]), ja daß

[1] Die Consolatio und die Schrift De Interpretatione sind für die Behandlung des Notkerschen Nebentons die weitaus besten Zeugen: zumal in den Psalmen, aber auch im Mart. Cap. ist er ungenügend berücksichtigt.

[2] Über *driortêr* 464 6 vgl. LACHMANN I 395.

[3] Auch *mánig*, das bei Notker stets ein auf *i* zurückweisendes *i* zeigt, ist wohl hierher zu stellen. Das abenteuerliche *únmánigén* PIPER I 461 7 (A; B *únmanigén*) halte ich freilich für einen Schreibfehler.

sie ihn sogar auf *-ondo*, *-ôt*, *-ôta* gern entfernen (*chórondo, lóbondo, chlágondo, jágonten, pétondo, fnótondo, fádondo, rédota, bemárote, genámotez, kelésotemo* usw.). Das alles zusammengefaßt bestätigt so gut, wie das bei Notkers Accentmethode nur möglich ist, die Abneigung dagegen, der kurzen Hauptsilbe eine betonte Nebensilbe unmittelbar folgen zu lassen.

Die Accente der übrigen althochdeutschen und altsächsischen Denkmäler gestatten, sporadisch und ungleichmäßig, wie sie auftreten, auf unsere Frage keine klare Antwort. Vereinzelt erscheinen Nebentöne auch nach kurzer betonter Stammsilbe: *clégère* Gl. III 143 63; *sólêri* I 378 4; *drágári* Wadst. 99 19; ob aber die Circumflexe der beiden ersten Belege wirklich Nebenton und nicht nur Länge meinen, kann doch bezweifelt werden, und die Essener Prudentiusglossen leiden an einem solchen Übermaß von Akuten, daß ich auf ihre Belege: *gisuilóda, giséthitha, wésánthion, gímiskias, thólónthi* u. a. weniger Gewicht legen möchte, als PAUL SIEVERS (Ahd. u. as. Accente S. 111 ff.) das tut. Zusammenfassend stellt auch er fest (S. 113), daß jene überreichen as. Glossen dem Tiefton nach langer Stammsilbe weit günstiger sind.

Und so wenig wie die Accente sichert der Vers die sprachlichen Nebentöne. Die Länge einer Mittelsilbe gibt noch keine Gewähr dafür, daß sie nebentonig war. Otfrieds strenger Vers duldet die Betonung ◡́ x̀ x nie: so reimt bei ihm *mánungù* : *sámanúngù* (III 15 10): so skandiert er *mánunga* (II 24 3), *álangáz, súlichá, wélichés*, sogar *wóroltí, zuélefi, zuívoltá*: selbst zweite Hochtöne geraten also nach kurzem Hochton in die unbetonte Zwischensilbe. Daß es sich hier nicht nur um metrische Vorgänge handelt, darauf weist schon die Entwicklung zu *solh, welh, zwelf, welt* hin. Ob Iw. 6444 *diu gotínne* oder *diu gótinne* zu lesen sei, kann man zweifeln; Parz. 748 21 verdient *gótinne* wohl den Vorzug. Gottfried schwankt zwischen *gótinne* und *gotínne* (v. Kraus, Zs. 51. 312); ebenso sein Fortsetzer Heinrich von Freiberg (Trist. 4458 gegen 4503). Aus Hartmann bringt LACHMANN zu jener Iweinstelle noch *máninge, spéhære, birílde* bei. v. Kraus, der bei Reimbot freilich auch beschwerte Hebungen wie *nébèl, júdèn* zuläßt, setzt in seinen Metr. Unters. S. 59 *bibènde* 4630 neben *ligénde* 3124 an, schreibt im Text aber *bidmende*. Im Grafen Rudolf H 28 liest man wohl am besten: *und iz zu tágènde vienc*: ebenso Rudolf Wilh. 1741 *wan leit unt clágènde nôt*; Fussesbr. 489 *dar flôch der clágènde man*; Reinm. v. Zw. 147, 7 setzte ich *wélære* zu zuversichtlich an usw. Neben ◡́ x̀ x kommt meist ◡ x́ x in Frage, seltner ◡́ x x̀. Auch hier ist überall die metrische Schwierigkeit sicherer als die sprachliche. — Die zweiten Halbverse des Alliterationsverses *heăh-cýninge, cniht-wésènde* (Beow.), *thĭod-cúninge* u. ä. (Hld.) erweisen wohl die Betonung und Skansion ◡́ x̀ x: aber auch die Messung *heăh-cýningè* hat ihre Freunde. Diese metrischen Anhaltspunkte führen nicht zu einwandfreier Klärung.

Einige Symptome der Abneigung gegen die kurze Stammsilbe vor schwerem Nebenton sind wohl wahrzunehmen. Die ahd. Ableitungen auf *-ihha* wurden ersichtlich ohne Nebenton auf der Mittelsilbe gesprochen: hier werden die kurzen Stammsilben geradezu bevorzugt (*anihha*, *belihha*, *fulihha*, *menihha*, *snurihha*[1]; vgl. *Gibiche*, *Sibicho*, *Witicho*, *Helche*?). Aber das steht allein[2]. Häufiger werden die kurzen Stammsilben gemieden. So zeigt das Gotische von Stoffadjektiven auf *-in* nur *triweins*; *gumein* und *qinein* sind als Substantiva abzusondern; und auch ahd. mhd. finde ich nur *glesin* (Notker), *hesin*, *birin* (leporinus, ursinus); daneben das Ntr. *vulin*: eine bei diesem produktiven Massensuffix immerhin zu beachtende Zurückhaltung. Adjectiva auf *-iht*, *-oht* kenne ich ahd. nur nach langer Stammsilbe[3]. Von den sehr zahlreichen ahd. mhd. Adj. auf *-isc*, *-isch* ist ahd. *tulisc* schon mhd. beseitigt; *risisch* steht auch Lanz. 1727 nur in der Wiener Hs., sonst (so auch im Rother) die rhythmisch unbedenkliche Nebenform *risenisch*; und *girisch* ist von *gîrisch* (zu *gîre*?) und *girdisch* nicht zu trennen: so bleibt nur *höuesch* übrig.

Wagner (Syntax des Superl. S. 89. 92) macht sehr wahrscheinlich, daß die Komparativendung *-ôza*. *-ôro* ausging von den lang- und mehrsilbigen Adjektiven, während die kurzsilbigen Stämme sich die Ableitungssilbe ohne Nebenton, *-iza*. *-iro*, aussuchten. Spuren ähnlicher Auswahl finden sich auch sonst. *-eigs* erscheint fast ausschließlich neben langen Stämmen; *manags* ist mit *-ags* gebildet. Eine Ausnahme bilden nur *sineigs* und *gabeigs*. Aber neben *sineigs* (*sinista*) steht I. Tim. 5, 1 *sêneigana*, wo das *ê* immerhin langes *i* meinen könnte; *gabeigs* aber hat in weiter Ausdehnung *gabigs*[4] (*gabigjan*, *gabignan*) neben sich. Dort also Dehnung der kurzen Stammsilbe, hier Kürzung, also wohl Untonigkeit der Nebentonsilbe. Die Endung *-igs* ist got. durchaus auf dies eine Wort *gabigs* beschränkt, eine nachträgliche Kürzung von *-eigs*: gegen *gábigàn* ist nichts einzuwenden. während *gábeigan* an der rhythmischen Unbrauchbarkeit der kurzen Stammsilbe vor Nebenton krankt. — Im Heliand endet der Akk. der starken Adjektive stets auf *-an*, wenn die Stammsilbe und die Ableitungssilbe kurz sind (Schlüter, Untersuch. z. alts. Spr. S. 136): also *mánagan*, *míkelan*, *hwétheran*, *huélikan*, *sícoran*, *úbilan*; dagegen *hèlàgna*, *cráftigna*,

[1] Etymologisch unsicher ist *birihha*. Ist *merihha* durch Dissimilation aus **merhihha* entstanden?

[2] Got. *saliþva*, *frijaþva*, *fijaþwa* wird ebenfalls die 3. Silbe betont haben. Daneben stehn einige zweisilbige Ableitungen, ohne Mittelvokal.

[3] Die einzige Ausnahme bildet meines Wissens das mhd. verschwundene *talohti* (Gl. I. 262 27), das auch ein *talundi* neben sich hat. Doch zeigen dieselben Glossen neben *tal* ein langsilbiges *tolle* 'baratrum' (Gl. I 541; Graff V 397).

[4] Zs. 49. 520 sucht P. Schmid die Doppelform anders, aber kaum zutreffend. zu erklären.

hittilna. Der Dichter mied **managna*, **ubilna*, weil hier die Betonung **mánágna*, **úbilna* sich eingestellt hätte. Wohl möglich, daß bei Doppelbildungen wie *-âri*, *-eri* (*-iri*), wie *-in*, *-inna*, *-ina* ursprünglich *loúfâri* neben *jágeri*, *gútin* neben *grávinna* stand: der jetzt festzustellende Wortbestand läßt das nicht mehr klar erkennen[1].

Vor allem gehören bekanntlich hierher die Composita mit betontem *ga-*, *fra-* und *bi-* (alle drei dem Nordischen fremd). Sie haben sich mit ihrem offnen kurzen Vokal in der haupttonigen Stellung nicht halten können. Von betontem *ga-* existieren nur noch geringe, meist umstrittene Spuren[2]; es hat fast regelmäßig auch bei Nominalkomposition den Ton verloren. *fra-*, got. noch reich vertreten, hat sich auch ahd. in einigen sicheren Belegen erhalten (*frabald*, *fratât*, *fradriz* MSD. 85, 1. 86A, 4 23; vgl. Braune, Ahd. Gramm. § 76 A. 5), ist sonst aber in betonter Stellung durch *fūr-* und *vor-*, in unbetonter durch *ver-* ersetzt. *bi-*, unbetont *be-*, hat ahd. betont mit wenigen, zum Teil zweifelhaften Ausnahmen (*bibot*, *biderbi*, *bigiht*, *bigraft*, *bisprâche*, *bischaft*, *bivanc*, *bivilde* usw.) Dehnung zu *bî-* erfahren; ähnlich ags. *big-*, *bi-*. Alle drei Mittel zur Beseitigung des kurzen Hochtons vor Neben- oder zweitem Hochton: die Tonverschiebung, die Dehnung, die Aufhebung des Nebentons sind bei diesen drei Präfixen ausgiebig zur Anwendung gelangt.

Der seltenste Fall scheint die Dehnung der Stammsilbe zu sein: freilich ist sie auch am schwersten aus der Schreibung zu erweisen, die hier meist versagt. Sie ist in großer Ausdehnung eingetreten bei dem Präfix *bi-*; betontes *bĭ-* blieb ahd. nur in sehr beschränktem Maße: allerdings wurde in diesem Falle die Dehnung durch die daneben bestehende, nach bekanntem Gesetz früh gedehnte Präposition *bi* wesentlich begünstigt. — Die Dehnung von *fra-* in *frâtaten* N. Boeth. 42 24 leidet darum nicht an Sicherheit, weil der Circumflex aus Acut verbessert ist: im Gegenteil. Bedenklicher scheint mir, daß sonst (Boeth. 82 21, 238 24) *frátatig* mit Acut versehen ist. Trotzdem möchte ich die vereinzelte Dehnung nicht für einen Schreibfehler, sondern als einen Ausdruck desselben Unbehagens ansehen, auf das auch das Fehlen des Circumflexes über *-tat* hinweist (dagegen *hitât* 205 7 neben *hitat* 205 4). — Auf Dehnung würde es auch hindeuten, wenn Vintlers *gachschepfe* 'parca' mit Kögel (GGA. 1897, S. 649) = *gaschepfe* (< **gaskapjô*) anzusetzen ist[3]: ohne Vokallängung wäre die volksety-

[1] Doch sei beachtet, daß die Wiener Genesis neben durchgängigem *-âre* nur einmal, in *iagire*, *-ire* zeigt (Dollmayr, Sprache der W. Gen. S. 8).

[2] Altn. *gamall*, ahd. *gaman*, *gabissa*; in ahd. *gâskaft* Notk. Ps. 103, 30, mhd. nhd. *gâsteig* hat die Position gemildert und erhalten. Vgl. Kluge, Zs. f. vgl. Sprachf. 26, 70ff.; Urgerm. S. 91.

[3] Vgl. *parcae fata schepfentun* Gl. IV 84 26.

mologische Vertauschung mit *gâch* kaum eingetreten. — Die obenerwähnten Fälle *sêneigs* < *sineigs*, *tôlúnga* < *tólùnga* sind nur unsicher bezeugt; bei *gîrisch* neben *girisch* spielt volksetymologische Kombination mit herein. Hierher ziehe ich das Nebeneinander von ahd. *árùnti*, ags. *ærende* und mhd. *ernde*, altn. *erendi*; geht das etymologisch noch nicht sicher erklärte Wort auf die Grundform *ărùnti* zurück, so versteht man das Schwanken der Quantität: *ărùnti* führte folgerecht zu *árùnti* oder zu *árunti* (*árinti*, *ernte*). Genau so wie man von *ămèize* sowohl zur frühnhd. *Ōmeiß*, ags. *æmette*, wie zur *Emse*, zu *emsig* (*émmizìc*) gelangt: dort Dehnung der Stammsilbe, hier Verlust des Tieftons und Verwitterung der unbetonten Silbe.

júgundì skandiert Otfried ⏑́ × ×̀, und dem entspricht es, daß er I 4 $_{34}$ sogar *júgendì*, mit Abschwächung des Mittelvokals, schreibt. Aber an ebendieser Stelle hat die Pfälzer Hs. *iúngendi* (ebenso die Freisinger I 16 $_{14}$ *jungundi*); auch sonst ist *jungent* ahd. mhd. mehrfach belegt (Graff I, 608; Gl. I 11 $_{7}$; Mhd. Wtb. I 777a; MSD. 86B, 2 $_{48}$; Joh. v. Würzb. 5473 Wg.). Seltener erscheint *tungende* (Schlettst. Pred. 12 $_{33}$; Wiener Notker Ps. 20 $_{14}$. 45 $_{8}$. 47 $_{2}$; Priebsch, Heil. Regel XV). Auch diese Nasalierung, die bei dem stärker vertretenen *jungent* durch das Adj. *junc* begünstigt wurde, konnte, soweit sie Positionslänge erzeugte, die unbequeme kurze Stammsilbe beseitigen[1].

Ob die im Beowulf und Heliand so häufige Kadenz ⏑́⏑̄ *kúninges* (⏑́⏑̄|⏑̀|–̀|×) nicht auch auf eine Dehnung (Positionslänge?) der Hauptsilbe hinweist[2]? Sie liegt namentlich auch Mon. 2620 *ál(l)ungan*[3] *tìr* nahe (ags. *eallunga*)[4]. Es ist begreiflich, daß grade die Läugung der kurzen Stammsilbe in der Schrift wenig zu Tage tritt[5].

Die einfachste Abhilfe bei der Verbindung von kurzsilbigem Hoch- und unmittelbar folgendem Nebenton scheint die Beseitigung des

---

[1] Vgl. *uuinsindun* Gl. III 78 $_{15}$.

[2] Die Belege für *nn* bei Graff IV 446 sind freilich sehr unsicher: *chunniclih* Pa (Gl. I 186 $_{32}$) kann aus *chuninclih* verlesen oder verschrieben sein, und die *chunningin* Jc beruht wohl auf Versehen (Gl. IV 4 $_{47}$); *godcunniklic* II 588 $_{67}$ gehört zu *kunni* 'aus Göttergeschlecht, ambrosius'.

[3] Cott. *aldarlangan*.

[4] Auch das besonders frühe Auftreten des *ll* in *aleine* ist vielleicht hierher zu rechnen (z. B. Ndrrhein. Marienlob 10 $_{36}$. 71 $_{4}$; Hering, Judith S. 22): die Dehnung schlich sich ein, wenn *áleine* als Zusammensetzung mit Hochton auf der ersten Silbe gesprochen wurde. — Ich notiere noch *ellina* (got. *aleina*) Gl. I 568 $_{33}$; *wissunt* Gl. I 707 $_{5}$. *wisint* III 224 $_{72}$, *wiesent* III 312 $_{4.5}$, 366 $_{64}$; vgl. Anm. 1.

[5] In den ahd. Glossen steht neben *fulin* oft *fulhin* (III 79 $_{45}$ ff. 201 $_{55}$. 252 $_{18}$. 441 $_{14}$); die Form *vulichin* 285 $_{12}$ zeigt deutlich deminutivische Auffassung. Auch *-ll-* (= *vul-lin*?) tritt seit dem 12. Jahrhundert auf. Jedenfalls sucht *vúlin* früh Nebenformen mit positionslanger Silbe.

Nebentons zu sein. Sie führt oft zur Bevorzugung der dritten Silbe (◡́ × ×̀), stößt aber auf Schwierigkeiten, wenn es sich um Suffixe mit ausgeprägtem Tiefton handelt, die sowohl an lang- wie an kurzsilbige Stämme sich schließen: dann werden die bei unbefangener Verwendung weit überwiegenden Langsilbler sich ausgleichend durchsetzen. An Spuren der Zerstörung, die durch Verlust des Nebentones entsteht, fehlt es doch keineswegs: man darf nur die Einzelheiten nicht verschmähen.

Möller hat in seiner anregungsreichen Schrift: Zur ahd. Alliterationspoesie S. 143 die Doppelform *-ări* und *-ēri* in diese Beleuchtung gerückt, bestimmt durch eine Andeutung Jacob Grimms, die sich freilich nur auf Dichter bezieht. Daß das kurzvokalische Suffix durch die kurzsilbige Hauptsilbe entstanden sei. bezweifle ich; daß sich die beiden aber begünstigen, glaube auch ich (s. o. S. 789), wenn auch der exakte Beweis bei der oft unphonetischen Schreibweise unsrer alten Texte kaum möglich ist, und wenn auch die Ausgleichung, die im früheren Ahd. mehr das *-ări*, as. ags. mnl. mehr das *-eri*, *-ere* bevorzugt. die tatsächlichen Unterschiede verwischt. Dieser Unterschied zwischen Hochdeutsch und Niederdeutsch fand auch darin eine Stütze. daß die hochdeutsche Lautverschiebung mehrfach positionslange Silben neu geschaffen hat (ahd. *béhhàri*. as. *bikeri*). Möller weist nun mit Recht darauf hin, daß die Vokale unbetonter erster Silben (namentlich *ē* und *ō*) schon vulgärlateinisch gern gekürzt werden. So liefern die lateinischen Lehnworte mit kurzem oder gekürztem Vokal in der betonten Silbe für unsre Betrachtung einiges Material. Daß *sōlārium* schon ahd. zu *sòleri* wurde, bezeugt Tat., und im 12. Jahrhundert schreitet die Abschwächung bis zu *solre* weiter. Aber auch das got. *aúrali* (aus *ŏrārium* dissimiliert) darf gewiß nur mit kurzem *u* angesetzt werden. Ebenso wird *sēcūrus* über *sĕcūrus* zu *sihhūr*: *thēsaurus* zu mhd. *trisel*: *rādīcem* zu ahd. *retich*: *hēmīna* zu ahd. *imin*: *bōlētus* zu ahd. *buliz*: *mōnēta* zu ahd. *muniza*. Dieser Übergang von *ē* zu *ĭ* (vgl. *gallēta* > *gellĭta*, *candēla* > **kendĭl*) führte wohl über *i* (*tapetum* > *teppil*). So entwickelt sich *-êna* nach kurzer Hauptsilbe über *-ina* zu *-ina*: *cătēna* > ahd. *ketina*: *săgēna* > *segina*: *ăvēna* > **evina* (as. *ivenin*); *ărēna* über *erina* (Gl. II 518 18) > ahd. *erin*: doch wird diese Entwicklung verwirrt durch das Eindringen der Endung *-in*. die z. B. in *segin*, *imin*. *mulin* (*mŏlīna*) statt oder neben dem *-ina* auftritt, wie denn auch *lugi* und *lugina* nebeneinander erscheinen. Auch *cŏquīna* führte zu *cuchina* und *cuchi*, dagegen *cȳdōnia* nur zu *kutina*. Lehnworte der Form ◡́ ◡̀ × sind noch *cămēlus* (über *kemil* zu *kemel*); *cànālis* > *kenel*: *àlansa* > *Alse*; *sìnāpi* > got. *sinăp*, ahd. *sinaf*. *senef*; *cŭmīnum* > *cumĭn*; *dĕcānus* > mhd. *techen*: *decŭria* > *techer*

u. dgl. mehr[1]. Die Gegenprobe ist nur bei positionslanger Silbe möglich und, da die Quantität von Mittelsilben im Ahd. oft nicht feststeht, da bei den reicher vertretenen Worten auf *-ārius*, *-ārium* die Suffixmischung die Erkenntnis hindert, meist nicht sicher zu leisten: doch zeugen mhd. *beckîn*, *pfulwîn*, *kussîn* (*baccīnus*, *pulvīnus*, *cussīnus*), *phistrīna* (*pistrīna*), *lampfrida* (*lampreta*: noch mhd. *lampride*), mhd. *phärît*, *teppît*, *sambûh*[2], nach Verschiebungslänge bayer. *ezzeich*, deutlich genug für die erhaltende Kraft der hochtonigen Länge[3].

Liegt der Nebenton auf einer kurzvokalischen, aber positionslangen Silbe, so wird bei seinem Verlust nach kurzem Hochton die Konsonantengruppe geschwächt. Auch das bestätigt sich bei Lehnworten. Ich bin nach wie vor überzeugt, daß Luft Zs. 41, 241 f. got. *asilus* zutreffend auf *asellus*, got. *katils* auf *catillus* zurückführt, daß er mit Recht auch *sigljô*, *sigljan* gegenüber *sigillum*, *sigillare* ihnen zur Seite stellt: nur erkennt er nicht die Bedeutung der kurzen Hochtonsilbe. Einzig das einmal bezeugte got. *kapillôn* weicht ab, sei es nun, daß *p* hier Position bildete oder daß die Mittelsilbe betont wurde[4]. Auch auf die Tatsache, daß westgermanisch das Suffix *-ellum*, *-illum* oft in *-il*, *-iles* übergeht, weist Luft schon richtig hin, wiederum ohne den rechten Grund zu erkennen: *flagellum* ergibt *flegil*, *scamellum scemil*, *scutella scuzzil*, *misellus misel*, *sigillum sigili*. Freilich wird die Erkenntnis dadurch erschwert, daß Suffixmischung eintritt, daß *-el* und *-ella*, *-ila* und *-illa* sich öfters kreuzen. Gl. I 595$_{51}$ zeigt *sigillun*: *labellum* führt zwar zu *label*, *labeles* (Gl. I 642$_{10}$, II 574$_{44}$), aber auch zu *labella*, *lapelles* (Gl. I 443$_{40}$, 465$_{14}$, 631$_{34}$, 642$_{9}$ u. m.)[5]: *libellus* erscheint bei Otfried als *livol livoles*, ebenso Gl. I 632$_{54}$, II 601$_{25}$, *libala* II 413$_{4}$, aber auch *liuallę* tritt vereinzelt auf (I 472$_{18}$). Im Gegensatz zu diesen kurzsilbigen steht das positionslange *kastel kastelles* (Gl. II 260$_{40}$. IV 9$_{47}$)[6]; auch an ahd. *kestinna* (Gl. II 680$_{68}$; lat. *castanea*; daneben *kestina*

[1] Ich schloß mich an an das Lehnwörterverzeichnis Kluges, Grundr. I² 333 ff.

[2] Auch mhd. *phellel* (Gl. II 254$_{65}$), *kerbol*, *pfersih* (aber *kelh*), der dauerhafte *helfant* bestätigen, wie die hochtonige Positionslänge den Vokal der Folgesilbe schützt.

[3] So ist *karruh* ahd. wohl auch mit *ū* anzusetzen, wenn auch mhd. dies *u* schon zu *i*, *e* abgeschwächt ist. Mhd. *kerrine* zeigt in der Schreibung die Positionslänge der ersten Silbe.

[4] Es ist vielleicht kein Zufall, daß das Gotische den bedenklichen Typus ◡ ⏓ × sonst noch in den Lehnworten *akeitis* und *alêva*(*bagms*) aufweist, die ebenfalls *a* in erster Silbe zeigen: auch hier könnte man die Quantität (Dehnung?) bezweifeln. Die Vorgeschichte von *alêv* ist zudem besonders dunkel. — Zweifel über Quantität und Betonung läßt auch *lukarna-* zu.

[5] Ebenso hat *lagel* (mlat. *lagellum*, *lagena*) Gl. I 601$_{4}$, III 156$_{52}$ f., *lagela* ebd., auch *lagella* (I 597$_{65}$, 601$_{3}$, 740$_{4}$, III 156$_{53}$) neben sich; hier ist aber auch langes *a* ahd. und in jüngeren Mundarten gesichert.

[6] Positionslänge scheint auch gesichert für *chappella* (mlat. *capella*) Gl. II 22$_{146}$. 254$_{69}$. Bei *seckil* (*sacellum*) scheint das einfache *l* mit einem *sacellum* zusammenzuhängen, das sich in dem häufigen ahd. *sehhil* widerspiegelt.

II 701 37) sei hier erinnert: in beiden Worten bezeugt die Gemination den nach Position erhaltenen Tiefton.

Was für die Lehnworte gilt, trifft auch für die einheimischen Worte zu. Das Durcheinander von *-ïg* und *-ic*, *-ec*, von *-iri* und *-eri*, von *-in* und *-ina* verbietet meist das gesicherte Urteil über Vokalkürzung bei Tieftonverlust. Doch gibt *gabigs* einen Anhalt (S. 788), und got. *aleina* gegenüber ahd. *elina*, *elna* wäre hierher zu stellen, wenn wir nicht lieber annehmen, daß das nur einmal bezeugte gotische Wort für *alina* verschrieben ist (vgl. ὠλένη, *ulna*). Auch ahd. *emizzic*, *emmizi* (Gl. IV 2 1), *emez ämbez* (j. Tit. 4117 2; Ring 134 41), *emse* (DWb. III 443) gehören hierher: das *ei* von *ameize* führte nach Tieftonverlust zu *i* (vgl. *erbit*, *ōhem*, *öhm*). Daß *solih*, *hwelih* sich zu *solch sulh solh sol*, zu *welch welh wel* entwickeln, ist schon ahd. reichlich belegt (s. o. S. 786)[1]. Das Kompositum *zwelif* hat schon bei Notker Synkope zu *zwelf* erfahren, also nach kurzer erster Silbe seinen zweiten Hochton vollständig eingebüßt.

Und das gleiche Schicksal ist bei Notker auch dem Kompositum *weralt* widerfahren, das bei ihm fast immer als *werlt* auftritt. Schon ahd. beginnt die konsonantische Verstümmelung zu *werat* (Gl. II 772 23)[2], die dann mhd. zu den massenhaften Nebenformen *welt* oder *wert* führte. Solche Vereinfachungen von Konsonantengruppen, wie sie hier selbst das Kompositum mit kurzer erster Silbe durchmacht, sind bei Ableitungen noch viel häufiger.

Gemination wird in unbetonten Silben gern vereinfacht: ich erinnere an den Übergang von got. *blindamma* zu ahd. *blintemo*, as. *blindumu*, an *verworrene* (aus **verworrenne* < *verworrenme*). So ist zu erwarten, daß in völlig unbetonter Silbe, also nach kurzer Stammsilbe, *-illa*, *-irra*, *-issa*, *-inna* usw. seine Doppelkonsonanz hier und da vereinfache. Hier und da: denn das Übergewicht der Langsilber, das Nebeneinander namentlich von *-illa* und *-ila*, *-inna*, *-ina*, *-in*, *-in* bringt es mit sich, daß sich die Suffixe kreuzen und mischen und daß *-illa*, *-inna* einen beträchtlichen Vorsprung behalten.

Die Skansion ohne Tiefton *stigillâ* ist bei Otfried gesichert: ahd. kenne ich das Wort nur mit *ll*; mhd. entspricht *stigele*. Notker accentuiert stets *kibilla*, allerdings in den Psalmen, die für die Nebenaccente wenig hergeben: in den Bibel- und Prudentiusglossen wechselt es viel

---

[1] Auch *fratat* o. S. 789 ist vielleicht hierher zu zählen. Zweifelnd erwähne ich den Übergang von *-isch* zu *-sch* in ahd. mhd. *hübsch* (neben *hövesch*), in *tensch* 'dänisch': auch *mensche* könnte etwa aus *menisco* (Gl. I 310 10, 326 2: Notker) erklärt werden.

[2] Allerdings wurde sie hier dadurch erleichtert, daß *weralt* mit *-lih* zusammengesetzt war, wo also auch Dissimilation in Frage kommt. Willirams *werlth* ist wohl aus konsonantischer Ekthlipsis (*werl[t]lih*) zu deuten.

mit dem anders gebildeten *gebola, gebal, gebil*. *duahilla* 'linteamina, mappalia' (z. B. Gl. I 622 27, II 364 59, 375 66 u. ö.) hat schon ahd. *duahila* und ähnliche Formen mit einfachem *l* neben sich (Gl. II 502 38, III 650 50, IV 43 56) und erscheint mhd. regelmäßig als *twehele*. *strimulla, strimilla* (Gl. I 454 56, II 687 7 u. ö.) zeigt häufiger *-ila, -ela, -ula* (II 697 57, 700 47, 701 8, 707 51, 772 37); *zwisella, zwisilla* 'furca' ist in den Glossen zum Summarium Heinrici nicht stärker vertreten als *zwisila, zwisela*. Reich ist der Wechsel auch bei *sidillo* und *widillo*[1]: *lantsidilo* z. B. II 425 3 neben *hohsidillo* II 350 4, *lantsidillun* I 510 28, *chamarsidillun* II 52 8; *sidilla* und *sidilo* IV 102 9 ff.; *widilo* II 193 66, IV 33 22 neben *widillo* II 23 1, 207 49, 213 62, 570 30[2]. Bei den Langsilbern ist das Übergewicht des *-illa, -ella, -ulla* weit größer: doch treten vereinzelte *l*-Formen, z. B. bei *ristella, stachulla, speichulla*, auch zutage[3]. — *zaturra* hat neben sich auch *zatare, zatre* mit einfachem *r* (Gl. I 251 41); *lidirrun* Gl. I 431 8 ebenso *lidro*. Doch sind diese Schwankungen auch bei *kichirra, kumbirra, kilbirra* zu beobachten. — *trimissa* 'dragma' (Gl. I 115 31 ff.) zeigt innerhalb der Keronischen Sippe nur in Ra sein *ss*, sonst stets *trimisa, drimisa* (z. B. auch I 253 35); IV 342 3 sind beide Formen vertreten. Neben *gavessahi* 'migma' stehn überwiegend Zeugnisse mit einfachem *s* (Gl. I 607 65 ff.). Bei den Langsilbern *râtissa, scruntissa, luntussa* ist *ss* fest. — *gutinna* ist ja auch ahd. mhd. reichlich bezeugt; es bleibt aber doch beachtenswert, daß daneben *gutin* häufig erscheint, daß *birin* und *forasagin* ahd. überhaupt keine *birinna, saginna* neben sich haben, daß *-inna* neben kurzer Stammsilbe so selten auftritt: daß es nicht ganz fehlen konnte, ist selbstverständlich.

Es liegt nahe, auch die Gerundialformen auf *-ene, -enes* statt *-enne, -ennes*, die schon ahd. einsetzen und mhd. immer häufiger werden, bis *-en, -ens* sich ganz durchsetzt, an die Verba mit kurzen Stammsilben zu knüpfen. Aber das ahd. Material, das ich überschaue, gibt dafür keinen ausreichenden Anhalt, wenn es auch im Glossar Ra I 199 10 *zi firdagen*, in der Exhortatio B Steinm. 50 1 *za pigehan*[4] heißt, wenn auch in Otfriedhss. *slagônes, ze(l)lene, korône, sagane* auftritt und auch sonst ahd. *lesene, sagene* (Gl. II 26 12, 144 1, 771 6), *gebene, fremine* (Steinm. 305 3, 306 17), *nemene* (Gl. II 171 17) vorkommt. Es stehn daneben auch gleichwertige Belege bei langer Stammsilbe, und der Vorsprung der

[1] Länge des ersten *i* in *widillo* wird durch Lehmanns Aufsatz Zs. f. Wortf. 9, 314 nicht erwiesen.

[2] *uokumilo* hat stets einfaches *l*.

[3] Die Gemination herrscht ganz bei *buochilla, buschilla, eichilla, scuopella, sportella, wigilla, sprâchulla, hangilla, hantilla, isilla*: etymologisch unklar ist *quedilla* oder *quadilla* 'pustula'. Dagegen ist *swertala* wohl die Hauptbildung und *swerdolla, swertella* 'gladiola' nur Variante.

[4] *za galaupian* ebd. 49 16 steht vor Vokal.

Kurzsilber, den ich zu bemerken glaube, ist nicht durchschlagend[1]. Aber auf die zahlreichen mhd. Reime *Hagene* : *ze sagene, tragene, dagene* im Nibelungenliede, auf das md. *vergebene* : *ze lebene* (Evang. Nikod. 3968)[2] und gar *tragen* : *ze sagen* Meier Helmbr. 56[3] will ich wenigstens kurz hinweisen.

Andere *n*-Verbindungen verraten unbetont die Neigung, das *n* ganz oder halb zu verlieren; Vokalnasalierung ist nicht zu kontrollieren. *alasna* 'subula' hat Gl. III 308 61 *alnsa* und mündet in nhd. 'Alse' aus. *seginsa* führt zu *sengasa* (Gl. II 355 7), weiter *seges, sengs* (DWb. X 605). *waganso* entwickelt sich zu *wages, weges* (DWb. XIII 472): von der Betonung *wáganslin* zeugen noch sonderbare dialektische Nebenformen wie *Wagensohn, Wagensonne*. Während *rachinza, fochanza* ahd. die Mittelsilbe festhalten, zeigt *phalanza* öfter *phalnza* (Gl. I 465 21), sogar *palaz, palz* (Gl. I 297 16, III 395 29), das dann frühmhd. zu *palice* (STEINM. 305 17), *pfalze* weitergeht. Daß neben *mánunge* auch *manuge* in Glossen auftritt und in der Elsbet Stagel Leben der Schwestern zu Töß 106 19, sagt nicht viel: hier könnte Dissimilation entschieden haben; obendrein meint *g* hier jedenfalls *ŋ*, den gutturalen Nasal; nur könnte es auf Beseitigung der Positionslänge deuten, wenn es nicht Schreibfehler ist. Das bedeutungsvolle und sehr fruchtbare Suffix *-unge* war nicht leicht zu zerstören. Auch *stuligun* (< *stulingun*) Gl. II 107 33 ist nicht sicherer (SCHATZ, Altbair. Gr. S. 92). Über *künec*[4] und *honec* hat EDW. SCHRÖDER Zs. 37, 124 f. überzeugend gehandelt; doch spielt bei ihm der *n*-Auslaut der Stammsilbe eine größere Rolle als ihre Kürze, während doch heute noch *Pfenning* neben *Honig* und *König* den Unterschied sichern. Dieser *n*-Auslaut fehlt aber bei *Dürgen*, der normalen Form des Namens *Thüringen*, der bei uns nur durch die lateinische Urkundenform gehalten ist. *Dürgen* ist direkt bezeugt Parz. 297 16, W. Tit. 82 a; doch wird auch sonst bei Wolfram und Walther überall *Dürgen* zu setzen sein, trotz des *Dürngen* und *Düringen* der Hss., die sich von der Kanzleischreibung nicht losmachen können: für *-ing* zeugt höchstens Walther 35 15; auch im Wartburgkrieg ist *Dürge, Dürgen* nie dreisilbig zu lesen.

---

[1] Auffällig ist das *zehanninga* der Benediktinerregel (STEINM. 230 20), wo also nach kurzer Stammsilbe Doppelung statt Vereinfachung des Nasals eingetreten ist. Da aber solche Doppelungen dort mehrfach nach kurzem Vokal vorkommen (SEILER, Beitr. I 423), so ist in dieser Gemination wohl nur eine Bezeichnung der Kürze und keine Andeutung verstärkten Tones zu sehen.

[2] Vgl. WEINHOLD, Mhd. Gr. S. 396; Alem. Gr. S. 348, 379; Bair. Gr. S. 294.

[3] LACHMANN z. Walth. 78, 8.

[4] *chuninlih* Gl. I 301 6, 363 5; kann *chuniglih* meinen; doch kann auch Vereinfachung der Gruppe *ng* nach hochtoniger Kürze vorliegen, ebenso wie *-ende* in solchem Falle zu *-ene* werden kann; s. u.

Schröder zieht bereits das Participium Praesentis in den Kreis seiner Betrachtung. Lautgesetzlich sind ihm *senede, brinnede* wegen des *n*-Auslauts der Hochtonsilbe: *helde, spilde* scheint er für eine Erleichterung der schwierigen Konsonantengruppe *helnde, spilnde* anzusehen; jedenfalls trennt er sie von den Analogiebildungen *clagede, wahsede, töude*, einer jüngern Schicht, die dann auch *helede, spilede* aufweise. Das ist recht verwickelt. In unserm Zusammenhang werden wir die Sachlage etwas anders ansehn.

Der Tiefton haftet nicht notwendig am Participium Praesentis: Notker kennzeichnet es nur durch den Circumflex, nicht durch den Acut. Auch war die Bedeutung des Suffixes zu ausgeprägt, als daß seine Gestalt sich bei kurzstämmigen Verben ernstlich hätte ändern können. Aber es fehlt doch nicht an Spuren der Verwitterung nach kurzsilbigem Hochton. So finde ich schon in ahd. Glossen bei auslautendem *n*: *analinatemo* 'innitente' I 451$_{55}$; bei *m*: *irgremiter* 'exasperans' I 627$_{42}$, *dananemto* 'secantes' I 476$_{24}$; vor allem bei *l*: *eidonsulde* 'luiturus' II 534$_{12}$[1], *chorn werden scholte* I 750$_{12}$, *haben werdin scolī* I 698$_{19}$, *spilaton* 'lascivientium' I 673$_{29}$, *zileten* 'adnitentem' I 5$_{20}$; bei *r*: *durahporata* 'terebrantem' II 729$_{4}$; *choroter* 'cupiens' II 750$_{21}$: seltener nach Explosiven: *forasagatar* 'prophetans' IV 306$_{24}$; *wagatan* 'versatilem' I 304$_{58}$, IV 250$_{17}$; *lagde* (= *legende* 'abingruentes') I 11$_{28}$: *kasitoti* 'conglutinans' I 74$_{19}$; *strideden* 'stridulis' II 555$_{3}$; *tebedig* (= *tobendig*) II 337$_{69}$. Zweifelhafter sind *haredi* 'clamitat' I 87$_{39}$; *perithu* 'praecluens' II 416$_{10}$; *peratih* (sonst *peranti* 'fertilis') I 10$_{5}$: *picrapati* ('sepultus', also *picrapan*?) I 90$_{8}$; *lobitin* ('admirati', sonst *lobonti*) I 568$_{30}$; *liditin* (verstellt aus *lidinte*? 'caedentes') I 440$_{29}$[2]. Die Erscheinung ist ahd. kaum beobachtet: nur Baesecke, Einführung ins Ahd. § 68, 3^{b} weist auf wenige Beispiele hin, sieht darin aber *n*-Schwund vor Dental. Das Entscheidende war die kurze Stammsilbe. Allerdings fällt *n* auch nach Länge aus: dann sind es aber weit überwiegend Stämme, die nasal auslauten: *brinnetero* Gl. II 19$_{30}$; *girennetiz* 'conflans' I 688$_{19}$; *theonoti* 'serviens' I 104$_{16}$; *minotan* 'adamans' I 7$_{36}$; *runoten* 'mussitantes' I 418$_{55}$; *pizeihhineta* 'portendentes' I 686$_{7}$; *redinoden* 'dissertantibus' II 512$_{11}$: *uzspringit* 'exiliens' I 477$_{49}$; *wanchote* 'vacillantes' I 500$_{63}$f.: *danchoten* 'benedicentes' I 433$_{4.5}$; *wantotem* 'mutuis' (neben *wandondem*) I 40$_{37}$[3]. Auf die übrigen versprengten Glossen, die das *n* der Participialendung nach langer Stammsilbe schein-

[1] Dies *sulde* ist nicht, wie Steinmeyer ansetzt, = *sculdende*, sondern = *sculenti*: mit *scolanter, sco'unter, sculunter* wird das lateinische Partic. Fut. regelmäßig umschrieben: vgl. I 704$_{18}$. II 604$_{42}$, 631$_{32.38.68}$, 641$_{44}$. 643$_{5}$, 693$_{50}$. (756$_{27}$), 757$_{42}$, IV 314$_{26}$.

[2] Noch unsicherer *lahhahti* (= *lohanti*) II 500$_{63}$; *zuospilitin* (mißverstanden? - *zisplentiu*?) I 657$_{4}$.

[3] *hangothion* Gl. II 581$_{40}$ könnte besondrer alts. *n*-Schwund vor *th* sein; ganz zweifelhaft ist *gangadin* II 28$_{16}$.

bar fallen lassen[1], ist wenig Wert zu legen, da ein Verschwinden der *n*-Strichlein in dieser Überlieferung oft zu beobachten ist. Zudem sind sie, die bei unbefangenem Gebrauch ein großes Übergewicht haben müßten, im Verhältnis zu den kurzstämmigen (und auf *n* auslautenden) Verben so gering an Zahl, daß diese Gegenprobe den großen Vorsprung der Kurzsilber erst recht erhärtet.

Noch gewichtiger sind die mhd. Zeugnisse, zumal da in ihnen mit dem *n*-Strich im Wortinnern weniger zu rechnen ist. *sende*, *senede* bedarf keiner Belege: *wonet* (= *wonende*) steht im Marienleben des Schweizers Wernher 2416. Wo *minnende*, *brinnende*, *dienende*, *meinende*, *weinende* als Taktfüller auftreten, da ist im ganzen eher Ekthlipsis des *e* anzusetzen als Ausfall des *n*[2]: am besten ist *brinnede* bezeugt[3]. Weinhold hat für *-ede* allerlei Belege aus dem Pseudo-Gottfriedschen Lobgesang übernommen; der ist aber viel zu schlecht überliefert, um als Zeuge für die *wahsede*, *glenzede*, *wallede* u. dgl. dienen zu können, die gar nicht in den Handschriften stehn, sondern nur metrisch erschlossen sind: man sollte diese Zeugnisse nicht mehr fortschleppen. Dagegen ist nach kurzen Stämmen der *n*-Ausfall durch die handschriftliche Schreibung ausgiebig bezeugt, auch ohne daß der Stamm auf *n* ausgeht.

Nach *r* ist der Ausfall des *n* im Reim gesichert. Dan. 1216 *beger(n)den* : *erden*; in der Handschrift steht *gerde* z. B. Rud. Wilh. 3265. Mehrfach bezeugt ist *werde* (= *wernde* 'dauernd'), wenn auch Handschriften und Ausgaben es nur ungern durchlassen, schon um die deutliche Scheidung von *wernde* und *wert* zu sichern. Ich habe mir notiert Trist. 1503 WH. 2127 W. 5080; Parz. 291, 3g; Rud. Wilh. 13972. 14205. 14298. 15224; Weltchr. 4609. 11687; Joh. v. Würzb. 1400 WWg; Heidelb. Hs. 41 25. — *minneberde* hat Rud. Wilh. 13993; *ein berdiu vruht* schreibt G Parz. 160 24; *varden* (= *varnden*) Rud. Wilh. 5875. 14087: ein Handschriftenleser wird die Belege leicht vervielfachen. Nach *r* fällt das *e* lautgesetzlich fort: ich setze aber **werede*, **gerede*, **berede* als Vorstufe an. Ebenso nach *l*: *helde*, *helede* (= *helnde*)

---

[1] Merkwürdig oft im Dat. Plur.: *chrazzitin* 'vellentibus' Gl. I 614 18; *eisgotin* 'obrepentibus' II 121 50; *rezoden* 'scribentibus' II 510 13; *lohezten* 'rutilantibus' II 642 72; *werbeten* 'conversantibus' I 714 55; unsicher *firoti* 'feriatis' (sonst *firronten*) I 701 26. *williodiom* 'fastidiosis' I 296 5 (altsächs.). Liegt hier eine Art Dissimilation vor? Die übrigen Fälle sind bedeutungslos und zweifelhaft: *haldediu* 'curvata' II 19 17; *unzisc?hedi* (= *unzisceidenti*?) 'inseparabile' I 97 40; *werthoti* 'venerandum' I 263 20; *antharota* 'aemula' I 28 8.

[2] *weinde* zumal ist mhd. öfters belegt: *weindi* schon Gl. IV 340 22.

[3] *brinnet* Joh. v. Würzb. 4206 W; *brinnede* Griesh. Pred. I 7. 8. 125; Abenteuerl. Jan Rebhu 74 '*ein brenneder Schaubstroh*': DWb. II 391. Grieshabers an präsentischen Participien reicher Text scheint das *n* nur nach dem Stammauslaut *n* fallen zu lassen (Beitr. 14, 512; *erchennede*, Griesh. II 14). In den Trebnitzer Psalmen gehört *grimmede* 'rugiens' auch hierher; *wankilde* ist unsicher; nur *wirkede* zeigt *n*-Ausfall nach langem Stamm ohne *n*-Auslaut (Pietsch, Trebn. Ps. S. LVI). *minnede* gibt Trist. 1349 M.

ist gut bezeugt (*helede* Parz. 466 22 G); *spilde* (Walth. 45 38) reimt im Laub. Barl. 2650 (Hs. *spel-de*) sogar: *bilde*, wofür nach dem Reim 10905 (: *himele*) vielleicht besser *bilede* anzusetzen ist; dann wäre *spilede* durch den Reim bestätigt. *spilde* : *wilde* bindet Wizlav HMS. III 85ª. *kelde* (= *quelnde*) bietet Trist. 1769 W. — Das *e* schwindet in der Schreibung meist nur nach *l* und *r*. Doch steht Wilh. v. Wenden 4985 *schemde*, Barl. 124 8 B *schamde* (st. *schemende*, *schamende*): dagegen *schamediu* Parz. 279 G. *lebede* hat Heslers Apokal. 1729, *lebidi* Lucid. 68 2; Tit. 20 2 *sîn jungiu tohter lebte, ir muoter tôt, daz het er an in beiden* fasse ich auf: *sîn jungiu tohter lebende ir muoter tôte, daz het e. a. i. b.* 'seine kleine Tochter tötete ihre Mutter durch ihr Leben'; der Irrtum ging aus von der vorauszusetzenden Schreibung *lebde*. — Ob *daz ungerurte legede* (: *megede*) Apok. 5472 = *ligende* zu fassen ist, weiß ich nicht; aber Gl. I 11 28 ist *lagde* zweifellos = *legende*. *ungewegede* Kaiserchr. 11571 reimt: *getregede*. *ungesagede* 'schweigsam' (: *magede*) Mar. 155 29 ist wohl eher aus *sagende* als aus *gesaget* (Lexer) zu erklären. *chlagde* hat Klage 331 A; MFr. 168 23 aH. Bevorzugt werden die Participia, die wie *sende*, *wernde*, *gernde*, *bernde*, *helnde*, *spilnde*, *lebende*, *klagende* adjektivischen Charakter gewonnen haben; je ausgeprägter der participiale Sinn hervortritt, um so besser hält sich begreiflicherweise die Endung[1]. — Demgemäß schwindet *n* öfter in *sibente* (Väterb. 30760: Lucid. 60 24)[2] und besonders oft in *jugent*, *tugent*; *tuget* ist bei Notker geradezu die herrschende Form, während sich *jugent* besser hält (vielleicht wegen eines ursprünglichen *júngùnt*?); auch *holder* (< *holantar*) gehört hierher[3].

Hierher endlich auch die kaum erklärte Form *töude* 'moriens', Wolframs Reimform. Der Reim Rab. 438 *touwunde* : *stunde* ist einwandfrei; *touwen* < *tawjan* bildet ein regelmäßiges Part. Präs. *toúwènti* (*touuante* Gl. II 760 38). Nun reimt es Engelh. 2179 vielleicht: *fröuwende*; jedenfalls wird es mhd. nach dem Muster dieses Verbs behandelt. In Wolframs Wilh. 464 14 hat die maßgebende Hs. *tewende*: schon Gl. I 725 27 bringt *tewanī*[4]; das weist deutlich darauf hin, daß nach dem Muster von *vrewis vrewit vrewita givrewit* auch *teute* (< *tewita*) und weiter *teun* gebildet wurde. *töude* führt nicht auf *touwende*, sondern auf *tewende* zurück, und es entsprach unsern Beobachtungen,

[1] Von der jüngeren oberd. Entwicklung des *-ende* zu *-et*, *-at* (Weinh. Bair. Gramm. S. 312) will ich hier nicht sprechen.

[2] Über das asächs. *sivotho*, *nigutha*, *tegotho*, *juguth* vgl. Gallée, Asächs. Gramm.[2] § 214.

[3] Dagegen hat das früh aufgegebene Fremdwort *lavantari* 'fullo' sein *n* gehalten, obgleich der Ton sichtlich auf der 3. Silbe lag (*laventare*, *lavintari* Gl. I 454 43. 688 21). Steckt es in *Lavater*?

[4] Vgl. *drewenti* Gl. II 739 54.

daß sich daraus **tewede* > *töude* ergab. So wird die schwierige Form eine der besten Stützen der Konsonantenkürzung *-ende* > *-ede*.

Neben dieser Kürzung steht nun aber auch die andre: *-ende* > *-ene*, aus der bekanntlich das moderne Futurum erwuchs. Auch diese, besonders im späteren Md. Mnd. blühende und nicht auf kurzsilbige Stämme beschränkte Erscheinung mag doch von den Kurzsilbern ausgegangen sein. Schon Eilhard reimt *leben(d)e* : *gegene* 948; *werdent lebene* (= *lebende*) Apok. 8399: *von der dar komenen vraise* Joh. v. Würzb. 3681 (G); dem entspricht auch der Reim *wisen(t)* : *risen* Reinh. 1103; die Schreibung *tugen(t)* Busant 61 (B), *tugenriche* Rud. Wilh. 588 und oft in den Hss. Bei der verbreiteten Neigung mancher Hss., namentlich auslautendes *t* abfallen zu lassen, läßt sich aus diesen Schreibungen außer Reim kein gesicherter Schluß ziehen[1]. Jedenfalls schwankt *-ent*, *-ende* nach kurzer Silbe zwischen *-et*, *-ede* und *-en*, *-ene*.

Eine Kürzung der Konsonantengruppe zeigt endlich auch das Adj. *biderbe* (metrisch mhd. meist *bíderbe*, auch *bíderbé*); Lexer belegt *bidibe*, *bidebe* aus niederösterreichischen Urkunden des späten Mittelalters (Urk. d. Benedikt.-Abtei St. Lambert in Altenburg S. 131 [1312], 196 [1337]); das Mhd. Wtb. verweist auf Suchenwirt; ich fand *bidebe* auch im Tetschner Fragm. Reinmars v. Zweter 102_9 (Zs. 47, 238). Aber auch der Verlust des *b* (md. *v* : *bierve*) ist schon früh belegt: in derselben Strophe Reinmars hat die Heidelberger Hs. D wiederholt *bider*; im Grafen Rudolf reimt *biderwe* : *widere*, *nidere*. Hier und in ähnlichen Reimen ist gewiß *bidere* anzusetzen (Bethmann, Gr. Rud. S. 29). Im Friedrich v. Schwaben 5282 reimt *ritter* : *bitter*. Namentlich in Zusammensetzungen (*bider man*, *wip*) tritt die Form *bider* früh auf (Megenb. 226_5); *unpidirliho* schon Gl. II 192_{14}.

Aber eben dies Wort führt uns nun weiter zu der dritten Möglichkeit, dem unbequemen Rhythmus ◡́ ×̀ × zu entgehen, zu der **Verschiebung des Haupttons auf die Mittelsilbe** (◡ ×́ ×). Sie ist schon bei Otfried gesichert, nicht nur in dem viermal auftretenden *úmbithérbi*, sondern vor allem auch III 1, 40, wo ebenso der Accent *bithérbi* wie der Reim auf *ádalerbi* (vgl. I 18_{17}) jeden Zweifel ausschließen[2]. Und reichlich im Mhd.: *unbedérbe* : *érbe* schon Iw. 7287 (sonst bei Hartm. *bíderbe* ◡́ × ×); zahlreiche andre Reimbelege für *bedérbe* gibt Benecke z. Iw. 3752 und im Mhd. Wb. I 361^b, die zu mehren zwecklos wäre. Nhd. hat *bieder* gesiegt, aber auch *biedérb* ist in falscher archaisierender Anlehnung an *derb* wieder beschränkt zu Leben gekommen.

---

[1] Auch nach langen Silben stoßen wir auf *irpieten(t)er* Gl. I 570_{64}, *hizzin(t)er* I 630_{54}, *rumin(t)en* I 706_{24}, *walmen(t)in* II 171_1.

[2] Auch Notker hat *úmbederbe* (Ps. 24_4), aber *bíderbi* Boeth. 132_{14}, *bíderbi* Mart. Cap. 696_7. Im Heliand scheint *umbetherbi* einmal auf *th*, einmal auf *b* zu alliterieren, beides nicht sicher: jenes (1728) ist aber sicherer als dieses (5039).

Daß Worte der Form ∸ × × zu ⏑ × × verschoben werden, wird durch ahd. Accente empfohlen in *jagére* Wiener Physiol. (Steinm. Sprachdenkm. 129 92), *spottére* P. Siev., Acc. S. 90; *barénder* ebd. S. 129; *upcapénthi* u. a. Prud. Wadst. 104 16, *warónthion* ebd. 97 4 und andern versprengten, wenig zwingenden Fällen[1]; gewichtiger ist Notkers *zuihoúbito* Mart. Cap. 694 21. — Sichere metrische Belege sind selten: Reinm. v. Zw. 138 5 kann *hóchtragèndez*, 147 7 *welǽre* meinen; aber auch *hóchtrágendez*, *wélǽre* ist nicht ausgeschlossen. Wien. Gen. 575 bindet *lebêntes* : *gêntes*: da ist vielleicht wirklich zu skandieren: *als dáz ter wás lebêntes vliúgentès oder gêntes*; die Millst. Gen. reimt *hende* : *spilénde* 44 6, *digénde* 63 33; ganz gesichert im Daniel der Ordensdichtung *gerénde* : *genénde* 6930. Es wird natürlich kein Zufall sein, daß diese durch Reim erwiesenen oder doch empfohlenen Verschiebungen nur oder mit Vorliebe kurzsilbige Verba treffen. Joh. v. Würzb. 819 liest sich ungezwungen nur *ein schif mit vil zerúnge* (: *junge*). Doch lege ich auf alle diese Fälle um so weniger Wert, da solche Tonverschiebungen im Versinnern gerade auch nach langer Silbe nicht selten vorgenommen werden.

Von größerer Bedeutung ist: *vliegen und ameizen* Welt Lohn 220; *ir gesáhet nie ameizen* Parz. 410 2 (*ămeize* auch 806 26); dazu Grüninger, Beton. d. Mittelsilbe S. 20: die Tonverschiebung war hier geboten, wenn nicht Tonlängung der ersten oder Schwächung der zweiten Silbe eintreten sollte. — Erinnert werde an *wegeisen* aus *waganso*, *sägeisen* aus *segansa*, volksetymologische Umdeutungen, die ohne Betonung der Mittelsilbe nicht denkbar wären, wie das Felleisen auf *valisia*, *valise* zurückgeht. — Aus g a n e i s t a, *ganeisten* 'scintilla, scintillare', einem seiner Herkunft nach leider sehr unklaren Wort (Zusammensetzung mit *ga-*?), konnte durch Dehnung der ersten Silbe *gânistra* (Gl. III 170 33) werden: doch ist die Accentuation des clm. 2612 unzuverlässig. Sehr viel besser gesichert ist die Verstümmelung der Mittelsilben: *gænester* Gl. III 419 53; *gênster* III 170 34; *gänster* Parz. 104 4 D. 438 8 DG usw. Endlich, und besonders fest, *geneister*, *geneiste*, *gneiste*, *gneistelin* (Grüninger S. 26 f.). — Auch a g a l a s t r a, *ágelster*, *elster* neben *agláster*, *agléster* (Suolahti. Vogelnamen 191 ff.) könnte seine Tonversetzung aus dem unbequemen Typus ∸ × × ableiten, (vgl. Hildebrand. DWb. IV 1, 1281). Schade, daß beide Worte etymologisch undurchsichtig sind.

Ich lande schließlich bei dem vielumstrittnen Wort *lebéndig*, dessen Erklärungen Grüninger S. 1 ff., dessen verschiedne Betonungen er S. 36 ff. zusammenstellt. Die von Participien abgeleiteten Bildungen auf *-ic*, *-inc*, die Bech Germ. 26, 271 sammelt, haben, meist spätern

---

[1] Vgl. Paul Sievers, Ahd. u. as. Accente S. 88, 109, 112.

Datums, die Neigung zur Tonverteilung ́x x ́x[1]. Aber *lebendic* muß schon seines höheren Alters wegen — es tritt bereits im ahd. Tatian auf — von dieser späteren Gruppe gesondert werden. Schon mhd. scheint *lebéndic* vorhanden zu sein. Zwar die vielberufene Stelle Friedrichs v. Sunburg I 115 ist nicht ganz sicher, weil *alle die dir lébendic sint* statt *al die dir lebéndic sint* gelesen werden könnte. Auch im Trierer Ägid. 1616 *si sin lebindinc oder virscheiden* ist die Lesung *si sin lébendinc* ganz gut möglich. Der Beweis ist hier überall für das eine oder andere kaum zu führen[2]. Heißt es Thom. 369 *Lazárus ouch lebéntic wart* oder *Lázarús ouch lébentic wart?* Von den Beispielen, die SEEMÜLLER im Glossar zu Jansen Enikels Weltchronik verzeichnet, sind 10919. 12354, wohl auch 423 und Fürst. 787 der Betonung *lebéntic* günstiger. Und seit dem 15. Jahrhundert ist der heutige Accent neben dem für die Schriftsprache allmählich zurückweichenden *lébendic* (*lémtic*) immer häufiger gesichert. Die Doppelbetonung des Wortes *lebéndig* erklärt sich wie bei *bidérbe* und *bíderbe*: auch hier trat Accentverschiebung ein, um den Typus ◡ ́x x zu vermeiden. *lebende* und *lebendic* gehn bei Wolfram, Gottfried, dem Stricker u. a. nach den Hss. durcheinander. Wie *lebénde* neben *lébede* zu erwarten ist, so *lebéndic* neben *lémtic, lébedic*. Das Wort ist auch unter seinesgleichen isoliert: es ist früher und reicher als die verwandten Bildungen in die Literatur eingetreten.

Auch *holuntar* endlich ist hierher zu ziehen oder vielmehr *holantar*: ich habe wenigstens die Form mit *u* ahd. an den von GRAFF IV 880 verzeichneten Stellen nicht gefunden: erst im 14., 15. Jahrhundert fängt sie an, sich zu zeigen. Alts. *holondar* Wadst. 92 18 (Gl. II 577 51). Auch hier führt die Betonung *hólantar* zu *hól(e)der hólre* mit Schwund des *n*: doch zeigen moderne mundartliche Formen noch *-und* oder *-nd*. Die Tonverschiebung auf die Mittelsilbe erhält den Wortkörper vollständiger: nur daß nun der Vokal der ersten Silbe nicht gedehnt wird.

Die Worte *bidérbe, Holúnder, lebéndig* (*Ameise, Ganeister*) bilden unter den Betonern der Mittelsilbe eine Gruppe für sich. Was GRÜNINGER im Anschluß an BEHAGHEL sonst zusammenstellt, sind Composita, Streckformen, Fremdworte oder doch Worte, deren Endung zu fremdwortmäßiger Betonung lockte (*Forelle, Hornisse*). So scheint mir jene Gruppe, wenn auch in ihrem geschichtlichen Werden nicht überall durchsichtig, doch schon dadurch, daß sie die kurze Hochtonsilbe vor langer

[1] Daher auch die mundartliche Entwicklung zu *-eninc*; vgl. BRÜCH, Sprache d. Rede vom Glauben S. 152.

[2] Die Florentiner Tristanhs. betonte 18477 anscheinend: *der schuof daz er lebéndic was.*

Mittelsilbe gemein hat, darauf hinzuweisen, daß die Erklärung der Tonverschiebung von dieser Verbindung auszugehen hat.

Die rhythmische These, daß eine kurze Silbe nicht nur keinen Verstakt, sondern auch keinen Sprechtakt genügend füllen könne, ergibt, ich wiederhole das, kein 'ausnahmsloses Lautgesetz'. Aber unsre Beobachtungen ließen uns doch erkennen, daß, ähnlich wie bei Assimilation und Dissimilation, in jenen Fällen ein Unbehagen besteht, dem sich die Sprache auf verschiedenen Wegen entzieht. Ein ästhetisches Unbehagen, das immerhin mit phonetischen Schwierigkeiten zusammenhängt. Der unerwünschte Typus $\acute{\smile}\ \grave{\times}\ \times$, den die moderne Sprachentwicklung beseitigt hat, da ihr sowohl die kurze Tonsilbe wie der gewichtige Nebenton abhanden gekommen ist, wurde vorher teils widerwillig geduldet, teils half man sich durch Dehnung der Tonsilbe, teils durch Tonverschiebung, teils durch Verzicht auf den Nebenton. In der gesprochenen Sprache wird das viel reicher sich geltend gemacht haben als in den Spuren, die aufs Papier gelangt sind. Meine Betrachtungsweise, die zunächst nur naheliegendes Material aus einem beschränkten Kreise des germanischen Sprachgebiets zusammenordnete, wird sich vielleicht auch in weiterer Ausdehnung fruchtbar erweisen.

Ausgegeben am 30. Oktober.

Berlin, gedruckt in der Reichsdruckerei

1919 XLII

SITZUNGSBERICHTE

DER PREUSSISCHEN

AKADEMIE DER WISSENSCHAFTEN

BERLIN 1919

VERLAG DER AKADEMIE DER WISSENSCHAFTEN

IN KOMMISSION BEI DER
VEREINIGUNG WISSENSCHAFTLICHER VERLEGER WALTER DE GRUYTER U. CO.
VORMALS G. J. GÖSCHEN'SCHE VERLAGSHANDLUNG. J. GUTTENTAG, VERLAGSBUCHHANDLUNG.
GEORG REIMER. KARL J. TRÜBNER. VEIT U. COMP.

Aus dem Reglement für die Redaktion der akademischen Druckschriften

Aus § 1.

Die Akademie gibt gemäß § 41, 1 der Statuten zwei fortlaufende Veröffentlichungen heraus: »Sitzungsberichte der Preußischen Akademie der Wissenschaften« und »Abhandlungen der Preußischen Akademie der Wissenschaften«.

Aus § 2.

Jede zur Aufnahme in die Sitzungsberichte oder die Abhandlungen bestimmte Mitteilung muß in einer akademischen Sitzung vorgelegt werden, wobei in der Regel das druckfertige Manuskript zugleich einzuliefern ist. Nichtmitglieder haben hierzu die Vermittelung eines ihrem Fache angehörenden ordentlichen Mitgliedes zu benutzen.

§ 3.

Der Umfang einer aufzunehmenden Mitteilung soll in der Regel in den Sitzungsberichten bei Mitgliedern 32, bei Nichtmitgliedern 16 Seiten in der gewöhnlichen Schrift der Sitzungsberichte, in den Abhandlungen 12 Druckbogen von je 8 Seiten in der gewöhnlichen Schrift der Abhandlungen nicht übersteigen.

Überschreitung dieser Grenzen ist nur mit Zustimmung der Gesamtakademie oder der betreffenden Klasse statthaft und ist bei Vorlage der Mitteilung ausdrücklich zu beantragen. Läßt der Umfang eines Manuskripts vermuten, daß diese Zustimmung erforderlich sein werde, so hat das vorlegende Mitglied es vor dem Einreichen von sachkundiger Seite auf seinen mutmaßlichen Umfang im Druck abschätzen zu lassen.

§ 4.

Sollen einer Mitteilung Abbildungen im Text oder auf besonderen Tafeln beigegeben werden, so sind die Vorlagen dafür (Zeichnungen, photographische Originalaufnahmen usw.) gleichzeitig mit dem Manuskript, jedoch auf getrennten Blättern, einzureichen.

Die Kosten der Herstellung der Vorlagen haben in der Regel die Verfasser zu tragen. Sind diese Kosten aber auf einen erheblichen Betrag zu veranschlagen, so kann die Akademie dazu eine Bewilligung beschließen. Ein darauf gerichteter Antrag ist vor der Herstellung der betreffenden Vorlagen mit dem schriftlichen Kostenanschlage eines Sachverständigen an den vorsitzenden Sekretar zu richten, dann zunächst im Sekretariat vorzuberaten und weiter in der Gesamtakademie zu verhandeln.

Die Kosten der Vervielfältigung übernimmt die Akademie. Über die voraussichtliche Höhe dieser Kosten ist — wenn es sich nicht um wenige einfache Textfiguren handelt — der Kostenanschlag eines Sachverständigen beizufügen. Überschreitet dieser Anschlag für die erforderliche Auflage bei den Sitzungsberichten 150 Mark, bei den Abhandlungen 300 Mark, so ist Vorberatung durch das Sekretariat geboten.

Aus § 5.

Nach der Vorlegung und Einreichung des **vollständigen druckfertigen** Manuskripts an den zuständigen Sekretar oder an den Archivar wird über Aufnahme der Mitteilung in die akademischen Schriften, und zwar, wenn eines der anwesenden Mitglieder es verlangt, verdeckt abgestimmt.

Mitteilungen von Verfassern, welche nicht Mitglieder der Akademie sind, sollen der Regel nach nur in die Sitzungsberichte aufgenommen werden. Beschließt eine Klasse die Aufnahme der Mitteilung eines Nichtmitgliedes in die Abhandlungen, so bedarf dieser Beschluß der Bestätigung durch die Gesamtakademie.

Aus § 6.

Die an die Druckerei abzuliefernden Manuskripte müssen, wenn es sich nicht bloß um glatten Text handelt, ausreichende Anweisungen für die Anordnung des Satzes und die Wahl der Schriften enthalten. Bei Einsendungen Fremder sind diese Anweisungen von dem vorlegenden Mitgliede vor Einreichung des Manuskripts vorzunehmen. Dasselbe hat sich zu vergewissern, daß der Verfasser seine Mitteilung als vollkommen druckreif ansieht.

Die erste Korrektur ihrer Mitteilungen besorgen die Verfasser. Fremde haben diese erste Korrektur an das vorlegende Mitglied einzusenden. Die Korrektur soll nach Möglichkeit nicht über die Berichtigung von Druckfehlern und leichten Schreibversehen hinausgehen. Umfängliche Korrekturen Fremder bedürfen der Genehmigung des redigierenden Sekretars vor der Einsendung an die Druckerei, und die Verfasser sind zur Tragung der entstehenden Mehrkosten verpflichtet.

Aus § 8.

Von allen in die Sitzungsberichte oder Abhandlungen aufgenommenen wissenschaftlichen Mitteilungen, Reden, Adressen oder Berichten werden für die Verfasser, von wissenschaftlichen Mitteilungen, wenn deren Umfang im Druck 4 Seiten übersteigt, auch für den Buchhandel Sonderabdrucke hergestellt, die alsbald nach Erscheinen ausgegeben werden.

Von Gedächtnisreden werden ebenfalls Sonderabdrucke für den Buchhandel hergestellt, indes nur dann, wenn die Verfasser sich ausdrücklich damit einverstanden erklären.

§ 9.

Von den Sonderabdrucken aus den Sitzungsberichten erhält ein Verfasser, welcher Mitglied der Akademie ist, zu unentgeltlicher Verteilung ohne weiteres 50 Freiexemplare; er ist indes berechtigt, zu gleichem Zwecke auf Kosten der Akademie weitere Exemplare bis zur Zahl von noch 100 und auf seine Kosten noch weitere bis zur Zahl von 200 (im ganzen also 350) abziehen zu lassen, sofern er dies rechtzeitig dem redigierenden Sekretar angezeigt hat; wünscht er auf seine Kosten noch mehr Abdrucke zur Verteilung zu erhalten, so bedarf es dazu der Genehmigung der Gesamtakademie oder der betreffenden Klasse. — Nichtmitglieder erhalten 50 Freiexemplare und dürfen nach rechtzeitiger Anzeige bei dem redigierenden Sekretar weitere 200 Exemplare auf ihre Kosten abziehen lassen.

Von den Sonderabdrucken aus den Abhandlungen erhält ein Verfasser, welcher Mitglied der Akademie ist, zu unentgeltlicher Verteilung ohne weiteres 30 Freiexemplare; er ist indes berechtigt, zu gleichem Zwecke auf Kosten der Akademie weitere Exemplare bis zur Zahl von noch 100 und auf seine Kosten noch weitere bis zur Zahl von 100 (im ganzen also 230) abziehen zu lassen, sofern er dies rechtzeitig dem redigierenden Sekretar angezeigt hat; wünscht er auf seine Kosten noch mehr Abdrucke zur Verteilung zu erhalten, so bedarf es dazu der Genehmigung der Gesamtakademie oder der betreffenden Klasse. — Nichtmitglieder erhalten 30 Freiexemplare und dürfen nach rechtzeitiger Anzeige bei dem redigierenden Sekretar weitere 100 Exemplare auf ihre Kosten abziehen lassen.

§ 17.

Eine für die akademischen Schriften bestimmte wissenschaftliche Mitteilung darf in keinem Falle vor ihrer Ausgabe an jener Stelle anderweitig, sei es auch nur auszugs-

(Fortsetzung auf S. 3 des Umschlags.)

1919.
XLII.

SITZUNGSBERICHTE
DER PREUSSISCHEN
AKADEMIE DER WISSENSCHAFTEN.

30. Oktober. Gesamtsitzung.

Vorsitzender Sekretar: Hr. Rubner.

1. Hr. Planck sprach über die Dissoziationswärme des Wasserstoffs nach dem Bohr-Debyeschen Modell. (Ersch. später.)

Während die Dissoziationswärme des Wasserstoffs für tiefe Temperaturen sich bekanntlich als zu klein ergibt, wenn man beim Molekül wie beim Atom nur einquantige Kreisbahnen voraussetzt, fällt sie umgekehrt viel zu groß aus, wenn man die einquantigen Kreisbahnen nur als die obere Grenze aller überhaupt vorhandenen Kreisbahnen ansieht. Doch läßt sich eine bessere Übereinstimmung mit der Erfahrung erzielen, wenn man außer den Kreisbahnen auch die geradlinigen Pendelbahnen als vorhanden annimmt, wobei die Frage noch offen bleibt, ob bei tiefen Temperaturen die einquantigen Bahnen die einzig möglichen sind oder nicht.

2. Das auswärtige Mitglied der Akademie Hr. Hugo Schuchardt in Graz übersandte den II. Teil seiner Arbeit über »Sprachursprung«. (Ersch. später.)

Es wird die Frage der Eingliedrigkeit der Ursätze und der Priorität des Verbalbegriffs behandelt.

3. Hr. Heymann legte die von ihm besorgte 7. Auflage von Heinrich Brunner, Grundzüge der deutschen Rechtsgeschichte (München und Leipzig 1919), vor.

Die Akademie hat das ordentliche Mitglied der philosophisch-historischen Klasse Hrn. Kuno Meyer am 11. Oktober durch den Tod verloren.

Die Mahnworte eines ägyptischen Propheten.

Von Adolf Erman.

(Vorgetragen am 3. April 1919 [s. oben S. 289].)

H. O. Lange hat zuerst im Jahre 1903[1] mit großem Scharfsinn das Verständnis des Leidener Papyrus 344 erschlossen und seinen Inhalt in den Hauptzügen dargelegt. Im Anschluß an diese Arbeit hat dann A. H. Gardiner 1909 das merkwürdige Buch herausgegeben, übersetzt und kommentiert[2]. Schon die Titel der beiden Arbeiten — »Prophezeiungen« und »Admonitions« — zeigen, daß ihre Bearbeiter, bei aller Übereinstimmung im einzelnen, doch die Schrift als Ganzes verschieden auffassen; sie ergänzen eben die fehlenden Teile — es fehlt Anfang und Schluß und nur zu vieles in der Mitte — in verschiedener Weise. Hr. Lange sieht in dem Text eine Wahrsagung kommenden Unglücks und die Verheißung eines künftigen Retters. Hr. Gardiner faßt ihn dagegen als eine Schilderung gleichzeitiger Not auf, die nur die Einleitung bilde zu der Lehre, die der Weise daran knüpfe, der Lehre, wie ein Staat geleitet werden müsse gegen äußere und innere Feinde (p. 17). Er verhehlt sich nicht, daß diese Einleitung — alles das, was vor dem vierten Gedichte liegt — uns als der Hauptteil des Buches erscheine, aber er erklärt dies so, daß die erschütternde Darstellung des allgemeinen Unglücks ihrem Verfasser zu breit geraten sei; die Hauptsache seien ihm doch die Lehren gewesen, die er in den letzten Gedichten vorgetragen habe: die Feinde zu bekämpfen, den Göttern zu dienen und kräftig zu regieren.

Es sei mir gestattet, diesen beiden Auffassungen eine dritte an die Seite zu stellen, natürlich unter all den Vorbehalten, die bei einem Texte nötig sind, dessen entscheidende Teile ergänzt werden müssen.

Ich nehme an, daß der König als ein guter Herrscher gedacht ist, der aber als Greis in seinem Palaste von der Welt geschieden lebt; über alles Schlimme, was im Lande geschieht, hat man ihn im

[1] H. O. Lange, Prophezeiungen eines ägyptischen Weisen (Sitzungsber. d. Berl. Akad. d. Wiss. 1903, S. 601 ff.).

[2] Alan H. Gardiner, The admonitions of an Egyptian Sage. Leipzig 1909.

unklaren erhalten. Da kommt der Weise zum Hofe und verkündet dort die schreckliche Wahrheit, auch dem Könige gegenüber, der ihm frei zu antworten befohlen hat.

Die Stellen, auf die ich mich für diese Auffassung stütze, sind zumeist dieselben, von denen auch Lange und Gardiner ausgegangen sind, nur glaube ich, sie eben anders erklären zu dürfen. Sie gehören fast durchweg den lückenhaften und dunklen prosaischen Abschnitten an und erlauben daher meist mehr als eine Auffassung.

Das Verhältnis der beiden ersten Gedichte zueinander.

Ehe ich aber diese Hauptfragen erörtere, muß ich noch einen Punkt besprechen, der für die Auffassung des ganzen Buches wichtig ist. Sein Verfasser hat die Klagen und Reden des Weisen in sechs Gedichte gesondert und hat dies doch gewiß getan, weil sie ihm inhaltlich nicht gleichartig erschienen. Bei den letzten dieser Gedichte, ist die Verschiedenheit des Inhalts ja auch klar und schon von Lange und Gardiner hervorgehoben, anders aber liegt es bei den beiden ersten. Die enthalten scheinbar beide die gleiche Schilderung des Unglücks und scheinen nur durch die verschiedenen Anfänge ihrer Strophen — *es ist ja* und *sehet* — äußerlich unterschieden zu sein. Sieht man indes näher zu, so ergibt sich doch auch hier ein innerer Unterschied. Es wird geschildert[1]:

	Im ersten Gedicht	Im zweiten Gedicht
Die Verjagung der Beamten und die Zerstörung der Verwaltung	8 mal	2 mal
der Mangel der Einkünfte des Schatzes, der fehlende Verkehr mit dem Ausland	4 mal	—
die Fremden im Lande	4 mal	1 mal
die allgemeine Not, das Rauben, Morden, Zerstören und der Hunger	24 mal	7 mal
die Zerstörung des Königtums	—	6 mal
das Reichwerden des Pöbels und der Jammer der höheren Stände	11 mal	26 mal

[1] Natürlich sind diese Zahlen nur annähernd richtig, je nach der Auffassung, die man dunklen Stellen gibt, aber in dem, worauf es hier ankommt, sind sie verläßlich.

Nun ist ja freilich bei der zufälligen Aneinanderreihung dieser Verse[1] Vorsicht geboten, aber diese Zahlen scheinen mir doch deutlich genug zu sprechen. Das erste Gedicht führt uns vor, wie das Volk die Verwaltung zerstört hat und wie nun die furchtbarste Anarchie mit ihrer Begleitung von Raub und Mord im Lande herrscht. Das zweite zeigt uns, wie auch das Königtum, das im ersten noch zu *dauern* und zu *gedeihen* scheint (2, 10—11), gestürzt wird und schildert dann ausführlich den widerlichen Anblick des triumphierenden Pöbels. Danach möchte ich glauben, daß das erste Gedicht die bestehende Lage darlegt, während das zweite uns vorführt, was der Prophet als kommend vor Augen sieht. Und dazu paßt auch die Verschiedenheit der Strophenanfänge in beiden:  *es ist doch* schildert das Bekannte, schon Vorliegende;  *sehet* weist auf das was der Prophet im Geiste schaut und seinen Hörern vor Augen stellt. Der Weise tritt also auf, ehe die äußerste Katastrophe noch eingetreten ist.

Der König und sein Verhalten.

In der prosaischen Stelle 12, 1 liest man nach Zerstörtem und Unklarem: *man sagt: er ist ein Hirt für alle Leute, in dessen Herzen nichts Böses ist, dessen Herde wenig geworden ist, nachdem er den Tag zugebracht hat, sie zu besorgen*[2]. Der Hirt wird der König selbst sein; er ist ein guter Herrscher gewesen, solange es für ihn Tag war, und hat es nicht verdient, daß seine Herde am Abend ihm entläuft. Zu dieser Auffassung des Königs als eines abgelebten Mannes könnte man auch die zerstörte Stelle 16, 1 ff. heranziehen, die so beginnt: *es war ein Mann, der alt war vor seinem Hinscheiden, und sein Sohn war ein*

[1] Gardiner betont (S. 8, Anm. 3) sehr richtig, wie es damit steht. Ein Gedankenzusammenhang, wie er uns nötig erscheint, existiert in dieser Poesie nicht; es genügt hier, wenn die einzelnen Strophen eines Gedichtes alle ungefähr das gleiche Thema behandeln. Dies Thema allein schwebt dem Dichter vor und nun improvisiert er, wie und was ihm gerade einfällt, und sehr oft sieht man noch, wie ein Wort, das zufällig in einer Strophe vorkam, ihm den Gedanken der nächsten eingegeben hat. So z. B. 4, 2 ff.: 1. alles ist lebenssatt, sogar *die Kinder*, 2. *die Kinder* schlägt man an die Mauer und *wirft sie auf den Wüstenboden*, 3. die Mumien *wirft man auf den Wüstenboden*. Oder 9, 2—3: 1. der Staat ist wie eine verwirrte *Rinderherde* ohne Hirten, 2. *die Rinder* ziehen ohne Aufsicht und jeder nimmt sich davon.

[2] 

Knabe, der noch unverständig war[1], eine Stelle, von der Gardiner annimmt, daß sie eigentlich in die Mitte des Buches gehöre und eine Schilderung des Königs enthalte. Mag dem so sein, oder mag sie nur ein Beispiel beginnen, das der Weise anführt, jedenfalls würde sie zu dem Ganzen, wie ich es mir denke, gut stimmen.

Von dem oben besprochenen Hirten heißt es dann weiter (12, 2): *ach, kennte er doch ihr Wesen in der ersten Generation, so schlüge er das Böse und streckte den Arm dagegen aus und zerstörte ihren Samen und ihr Erbe*[2]. Das hat Gardiner sehr ansprechend als eine Anspielung auf die Sage gedeutet, nach der die Menschen schon gegen ihren ersten Herrscher, den Sonnengott, aufsässig waren, aber ich sehe nicht, warum wir nun deshalb in dem »Hirten« unserer Stelle nicht den König, sondern den Gott selbst sehen sollen; der Weise wünscht nur, daß der Herrscher der zu gut ist, sich an die ererbte Schlechtigkeit der Menschen erinnern und danach handeln solle.

Dann, nach einer unklaren Stelle, liest man: *es gibt keinen Piloten zu ihrer Zeit. Wo ist er heut?* (?) *schläft er denn? sehet, man sieht seine Gewalt nicht* (12, 5)[3]. Das ist gewiß der König, der hervortreten sollte und es nicht tat[4].

Es folgt, wieder nach einer unverständlichen Stelle (12, 11): *der Geschmack und der Verstand und das Recht sind mit dir, aber Verwirrung ist es, die du durch das Land hin (gehen) läßt und die Stimme*

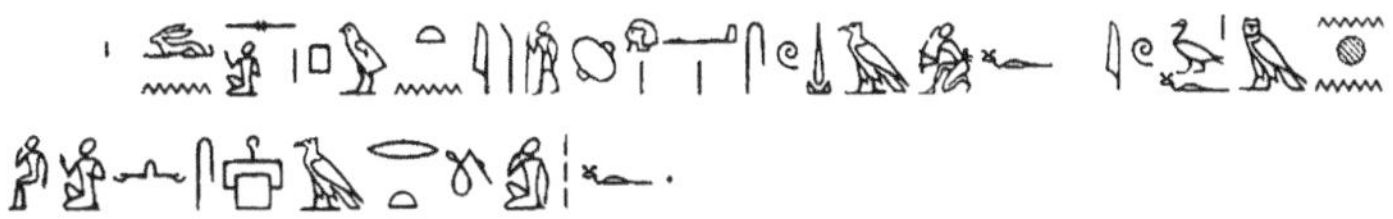

[4] Bezieht sich darauf etwa auch der Vers 5, 3, wo der *Heiße* sagt: *wüßte ich, wo der Gott wäre, so machte ich ihm* (sic) und ist der Gott der König, der in dieser Not nicht zu finden ist?

der Streitenden. Siehe, einer schlägt gegen den andern. Man geht an deinem Befehle vorbei (?)[1]. Von drei Leuten schlagen zwei den dritten tot: *gibt es denn einen Hirten, der das Sterben liebte*[2]? Also: du hättest zwar die Eigenschaften eines guten Herrschers, aber du läßt zu, daß Krieg im Lande ist, als wärest du ein schlechter Hirt.

Hieran schließt sich unmittelbar (12, 14) *du befiehlst eine Antwort zu geben*[3], und dann folgt nach manchem Unklaren in 13, 2: *dir wurde Lüge gesagt; das Land ist k3k3holz*[4]. *die Menschen werden vernichtet . . . alle diese Jahre sind Bürgerkrieg usw.*[5]. Also: dem König hatte man vorgelogen, es sei alles im Lande in Ordnung. Und andere wieder werden die Schuld begangen haben, den König nicht gewarnt zu haben, solange es noch Zeit war; das scheint 9, 5—6 gesagt zu sein, falls man dort so wie Sethe ergänzt: *sehet die Starken des Landes, die* [*haben*] *den Zustand des Volkes nicht angezeigt*[6]. Zu denen aber, die hätten reden sollen und es nicht getan haben, rechnet der Weise auch sich selbst, wenn er einem Verse seines ersten Gedichtes, der vom Rauben und Plündern des Speichers spricht (6, 3—5), die Worte hinzufügt:

---

1 

2 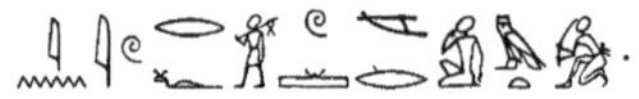

3 

4 *k3k3* ist eine bestimmte Pflanze die dem Feuer besonders gute Nahrung bietet; der Sinn wird also sein: das Land steht in Flammen.

5 

6 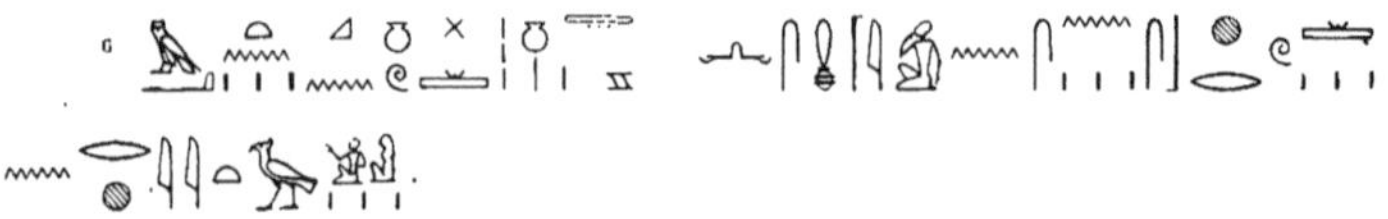

ach, hätte ich doch (damals) meine Stimme erhoben, daß sie mich errettet hätte von dem Leide, in dem ich (jetzt) bin[1].

Der Gedanke, daß der König von der Wahrheit nichts weiß oder nichts wissen will, kehrt auch sonst wieder. So heißt es 13, 5: *ach, schmecktest du doch etwas von solchem Elend, so würdest du sagen . . . .*[2]. Und 6, 13, wo der Weise gesagt hat, daß man die Kinder der hohen Beamten in die Straßen wirft, fügt er hinzu: *der Wissende sagt (dazu) »ja«, der Tor sagt »nein«; der, der es nicht weiß, dem scheint es schön*[3], der ist mit dem Zustand des Landes zufrieden, denn er weiß nichts von ihm.

Und ebenso 15, 14ff., wo der Weise *zur Majestät des Allherrn* spricht, also eine Äußerung des Königs beantwortet, sagt er etwas wie: *es nicht zu wissen, ist dem Herzen angenehm*[4]; freilich ist, was vorhergeht, zerstört, und was sich daran anschließt, dunkel[5].

Der angebliche Einfall eines fremden Volkes.

Eine andere Frage, die sich beim Lesen des Buches aufdrängt, ist, ob das große Unglück des Landes nicht nur durch innere Unruhen,

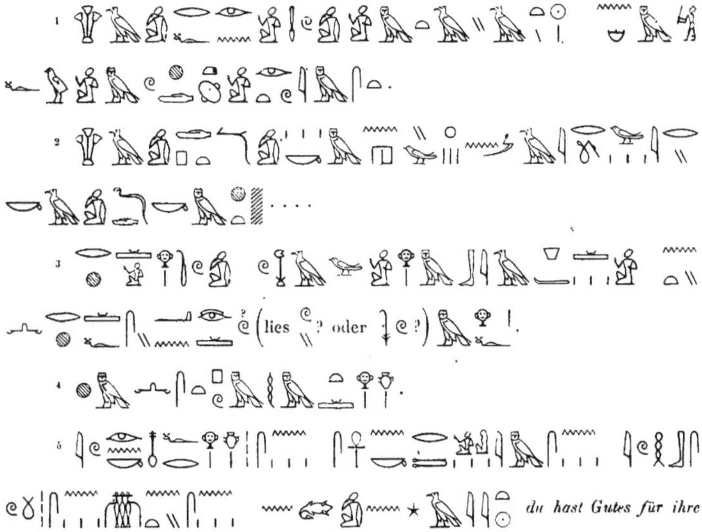

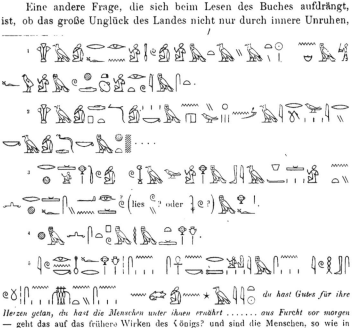

du hast Gutes für ihre Herzen getan, du hast die Menschen unter ihnen ernährt . . . . aus Furcht vor morgen — geht das auf das frühere Wirken des Königs? und sind die Menschen, so wie in den unten besprochenen Stellen, die Ägypter im Gegensatz zu den Barbaren?

sondern auch durch einen Einfall äußerer Feinde verursacht worden ist. Man hat das angenommen, hat dabei an die unvermeidlichen Hyksos[1] gedacht und diesem Gedanken zu Liebe dann das Buch für ein Fabrikat des neuen Reiches gehalten.

Eigentlich sollte es schon genügen, die beiden ersten Gedichte zu lesen, um von dieser Annahme einer großen feindlichen Eroberung loszukommen. Soviel Unheil auch darin zusammengestellt ist, Raub und Mord und Zerstörung, von fremden Feinden ist dabei nicht die Rede oder zum mindesten nicht in klaren Worten, und doch müßten die Klagen doch voll davon sein, wenn es sich wirklich um eine ernstliche asiatische Invasion handelte. Selbst die  *die Feinde des Landes*, gegen die am Anfang des zweiten Gedichtes *das Feuer aufsteigt* (7, 1), und die *das Land seiner Künste arm machen* (9, 6), brauchen noch nicht äußere Feinde zu sein, denn der Ausdruck entspricht dem 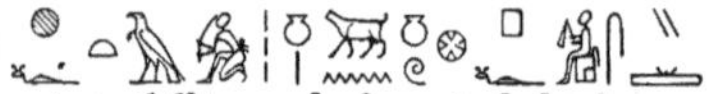 *den Feinden jener herrlichen Residenz* (10, 6ff.), und das sind doch gewiß die inneren Feinde.

Andere Stellen, wo sicher Barbaren erwähnt werden, scheinen mir von ihnen nur als von einer unangenehmen Einwanderung zu sprechen; daß das Ägypten der alten Zeit ebenso voll von Fremden steckte, wie das der späteren, und daß die Abneigung gegen sie die gleiche war, kann man ja ohne weiteres annehmen. Jetzt, in der gesetzlosen Zeit, können sie sich als »Menschen«, d. h. bekanntlich Ägypter, aufspielen: *die Barbaren sind überall* zu Menschen geworden*[2] heißt es 1, 9 und ebenso wird 3, 14 mit Sethe zu ergänzen sein: *die Menschen waren [sind zu] Fremden [geworden]*, es ist gar kein Unterschied mehr zwischen beiden. Ebenso möchte ich folgende Stelle (4, 5—8) erklären, die sich mit dem Delta befaßt, das ja am meisten den Fremden ausgesetzt ist: *das ganze Delta, es ist nicht (mehr) verborgen; das, worauf das Nordland vertraut, sind betretene Straßen (geworden)*[3], die

---

[1] Das Wort  das 2, 5 vorkommt, darf man dafür natürlich nicht geltend machen, denn wenn das auch wirklich gelegentlich von den Hyksos gebraucht ist, so bedeutet es doch hier wie sonst die Pest, die Not. So faßt es auch Gardiner an dieser Stelle.

[2] 

[3] 

Grenzen sind eben nicht mehr gesperrt. Dann, nach Unklarem, *die, die es nicht kennen, sind so wie die, die es kennen; die Barbaren sind geübt in den Arbeiten des Delta*[1] (4, 5—8). Die Fremden betreiben jetzt selbst die Handwerke, die sonst die Unterägypter allein ausübten — man wird annehmen dürfen, daß im Delta damals, so wie in der späten Zeit und wie im Mittelalter, allerlei Industrie bestand, die ihre Erzeugnisse, Glas und Fayence, Kupfer und feines Leinen, nach den nördlichen Ländern hin vertrieb.

Und endlich die Stelle 3, 1: *das rote Land ist durch das Land hin (verbreitet); die Fremdländer*[2] *sind zerstört; das Bogenvolk von draußen ist zu Ägypten hingekommen*[3]. Auch da gehört der Ausdruck   gar nicht in die üblichen Ausdrücke für feindliche Invasionen, und ebenso seltsam klingt das »Bogenvolk von draußen«. Das »Bogenvolk« ist im neuen Reich die Bezeichnung für die barbarischen Söldner, die man gerade auch außerhalb der Grenzen verwendete; bedeutet etwa »das Bogenvolk von draußen« auch hier schon eine solche Truppe, die die Grenzen besetzen sollte und die meuternd nach Ägypten gezogen ist? Damit würde sich denn auch die obige Klage über die Öffnung des Delta erklären und ebenso die schwierige Stelle 14, 10ff. Nach ganz zerstörten Sätzen[4] heißt es hier: . . . *kämpft ein Mann für seine Schwester, so beschützt er sich selbst.*

Die Neger sagen: wir werden uns (? *euch*?) *schützen; viel werde gekämpft, um das Bogenvolk abzuwehren. Besteht es aus Libyern, so tun wir es wiederum.*

Die Matoï, die freundlich mit Ägypten sind, (*sagen*?)*: wem gliche ein Mann der seinen Bruder tötete?*

Die junge Mannschaft, die wir für uns eingezogen (?) *haben, ist zu einem Bogenvolk geworden, und wird* (?) *zerstören, das, worin er* (sic) *ent-*

---

[1] 

[2] So hat die Handschrift, Sethe und Gardiner vermuten  »die Gaue«.

[3] 

[4] In ihnen kommt einmal vor *in Mitte davon wie die* , die Asiaten.

standen ist, indem (?) sie die Asiaten das Wesen des Landes kennen lehrt. Alle Barbaren aber sind unter seiner Furcht[1].

Das Weitere ist wieder unklar und zerstört, und so hängt die Erklärung dieser Stelle, die anscheinend vom Könige gesprochen wird, in der Luft. Aber auch Gardiner hat hier schon angenommen, daß sie nicht auf eine Invasion äußerer Feinde gehe, sondern auf die Empörung barbarischer Söldner. Denen scheint die ägyptische Mannschaft, der *d3mw* sich angeschlossen zu haben, und sie will das Land an die Asiaten verraten, aber die Neger und die Matoï wollen Ägypten beistehen, denn es ist ihnen »Bruder« und »Schwester«.

Geschichtliche Folgerungen.

Es ist eine üble Sache, mit derartigem Material arbeiten zu müssen und aus vereinzelten Sätzen ohne Zusammenhang Schlüsse zu ziehen. Was wir hier gewonnen haben, ist denn auch nur eine neue Möglichkeit der Auffassung: man kann sich die Sache jedenfalls auch so denken, wie ich es vorschlage, das ist ebensogut möglich und vielleicht spricht die innere Wahrscheinlichkeit mehr noch für die neue Auffassung als für die bisherigen. Ein solcher Zusammenbruch des Staates am Ende der langen Regierung eines greisen Königs, der nichts mehr von seinem Lande erfährt, ist an und für sich schon etwas so Natürliches, daß man es gern glauben würde. Aber man kann auch sagen, daß alles, was wir unserem Buche entnommen haben, sich gut

---

1 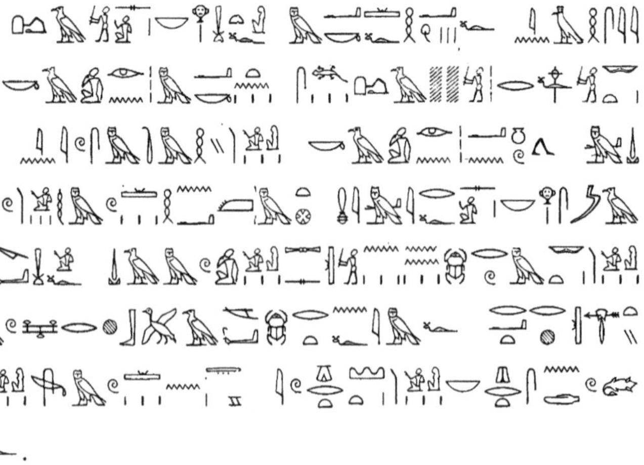

in die geschichtlichen Verhältnisse hineinfügt, die wir für die entsprechende Epoche Ägyptens annehmen müssen.

Daran, daß sich wirklich historische Vorgänge darin abspiegeln, wird ja wohl niemand zweifeln, der die ersten beiden Gedichte liest; all die einzelnen Züge, die sie berichten, sind so richtig, daß kein Dichter sie erfinden könnte, der nicht eine solche Umwälzung wenigstens aus lebendiger Überlieferung gekannt hätte. Solch ein Zusammenbruch des ägyptischen Staates muß also einmal stattgefunden haben, und er muß noch nicht allzufern gelegen haben, als unser Buch verfaßt wurde. Nun ist es aber gewiß im mittleren Reiche verfaßt; das zeigt schon sein Stil und das zeigt auch, wie Gardiner gesehen hat, der eigentümliche Bau seiner Gedichte. Auch der Name des Weisen führt in diese Zeit oder in eine frühere;  ist Pap. Kahun 14, 55 für die Dyn. 12 belegt, und die mit  gebildeten Namen gehören auch sonst gewöhnlich dem mittleren Reiche oder der davor liegenden Zeit an. Und da drängt sich unwillkürlich der Gedanke auf, daß die Katastrophe, die hier geschildert ist, dieselbe ist, in der das alte Reich zugrunde gegangen sein muß. Am Ende der Dyn. 6 versinkt dies ja für uns plötzlich in Dunkel und die wenigen Reste, die wir aus den nächsten Jahrhunderten kennen, zeigen, daß auch die vordem so hohe Kultur Ägyptens gesunken und verfallen war. Was aber könnte einen solchen Untergang einer hohen Kultur besser erklären, als wenn ihre Träger, die höheren Klassen, von dem Pöbel so verfolgt und vernichtet worden sind, wie das unser Buch unermüdlich schildert?

Und falls wir nicht irren, wenn wir oben uns den König, zu dem der Weise spricht, als einen Greis dachten, in dessen langer Regierung der Staat sich aufgelöst hat, so würde das erst recht passen. Denn der König, mit dem das alte Reich unsern Blicken entschwindet, ist ja gerade der zweite Pepi, der mit 6 Jahren auf den Thron gekommen sein und 94 Jahre lang regiert haben soll.

Mag dem nun sein, wie ihm will, daß wir in der Hauptsache richtig urteilen, wenn wir unser Buch auf das Ende des alten Reiches beziehen, ist mir kaum noch zweifelhaft. Und da ist es doch interessant, sich zum Schlusse klarzumachen, wie diese Vorgänge sich abgespielt haben oder vielmehr, wie sie sich einem Manne darstellten, der zweihundert oder dreihundert Jahre nach ihnen gelebt haben mag.

Die Empörung richtet sich zuerst gegen die Beamten und die Verwaltung: die Akten sind fortgenommen (6, 5—6: 6, 8). Die Listen der Sackschreiber sind ausgetilgt, und jeder kann sich Korn nehmen, wie er will (6, 8—9). Die Bureaus stehen offen, die Personenlisten sind weggenommen und Hörige gibt es nicht mehr (6, 7—8). In den

Gerichtshallen gehen die Geringen ein und aus (6, 12), und das *Haus der Dreißig*, der höchste Gerichtshof, ist entblößt (6, 11). Diese Auflehnung gegen die Verwaltung wird dann zu einer solchen gegen die höheren Stände überhaupt, und *jede Stadt sagt: wir wollen die Starken aus unserer Mitte jagen* (2, 7—8). Und nun *dreht sich das Land, wie eine Töpferscheibe tut* (2, 8—9): die hohen Räte hungern (5, 2—3), und die Bürger müssen an der Mühle sitzen (4, 8); die Damen gehen in Lumpen (3, 3—4), sie hungern (3, 2—3) und wagen nicht zu sprechen (4, 13—14); die Söhne der Vornehmen sind nicht mehr zu erkennen (4, 1) und ihre Kinder wirft man auf die Straße (6, 12—14) und schlägt sie an die Mauer (4, 3—4). Dafür werden freilich die Geringen reich (2, 4—5), die Sklavinnen können das große Wort führen (3, 2—3; 4, 13—14) und die Fremden drängen sich im Lande vor (3, 1; 3, 1—2). Und die weitere Folge ist, daß Raub und Mord im Lande herrscht (2, 2—3; 2, 5—6; 2, 6—7; 2, 10; 5, 9—11; 5, 11—12), die Städte werden zerstört (2, 11), die Gräber erbrochen (4, 4) und die Bauten verbrannt (2, 10—11). Man wagt nicht mehr zu ackern (2, 1; 2, 3), man baut nicht mehr und bringt kein Holz mehr ins Land (3, 6—10) und bringt nichts mehr für den Schatz (6, 10—13). So ist das Land wüst, wie ein abgeerntetes Flachsfeld (4, 4—5); es gibt kein Getreide mehr (6, 3—5) und vor Hunger raubt man den Schweinen das Futter (6, 1—3). Niemand achtet mehr auf Reinlichkeit (2, 8); man lacht nicht mehr (3, 13—14), und selbst die Kinder sind des Lebens überdrüssig (4, 2—3). Der Menschen werden wenige (2, 13—14), die Geburten nehmen ab (2, 4), und schließlich bleibt nur der eine Wunsch, daß doch alles zugrunde gehen möge: *ach, hätte es doch ein Ende mit den Menschen* (5, 12—6, 1).

Dann folgt der andere Akt des großen Trauerspiels, der uns das zweite Gedicht vorführt. Die Beamten sind abgetan, sie sind verjagt (7, 9—10) und kein Amt ist mehr an seinem Platze (9, 2), und nun wendet sich die Wut gegen den König selbst und *das Land wird des Königtumes beraubt von wenigen sinnlosen*[1] *Leuten* (7, 2—3; ähnlich 7, 1—2; 7, 3—4), das *Geheimnis der Könige wird entblößt* (7, 5—6) und *die Residenz stürzt in einem Augenblicke zusammen* (7, 4). Und nun beginnt das Reich des Pöbels, er ist obenauf und freut sich dessen in seiner Weise. Er trägt das feinste Leinen (7, 11—12) und salbt seine Glatze mit Myrrhen (8, 4). Er hat ein großes Haus[2] (7, 9) und einen

[1]  »Leute ohne Plan, L. ohne Gedanken«; der Ausdruck soll wohl besagen, daß sie selbst nicht wissen, was sie tun.

[2] Das muß irgendwie das  hier bedeuten, wie man aus dem Gegensatz zu  sieht.

Speicher, dessen Korn freilich einst anderen gehört hat (8, 3—4; 9, 4—5): er hat Herden (9, 3—4) und Schiffe, die auch einmal einen anderen Besitzer hatten (7, 12). Sonst ging er selbst als Bote, jetzt freut es ihn, andere auszuschicken (8, 2—3). Er schlägt die Harfe (7, 13—14) und seine Frau, die sich früher im Wasser besah, paradiert jetzt mit einem Spiegel (8, 5). Auch seinem Gotte, um den er sich sonst nicht kümmerte, spendet er jetzt Weihrauch — allerdings den Weihrauch eines anderen (8, 5—7).

Während so die, die nichts hatten, reich geworden sind (8, 1—2; 8, 2), liegen die einstmals Reichen schutzlos im Winde (7, 13), ohne Bett (8, 14—9, 1), zerlumpt (7, 11—12; 8, 9—10) und durstig (7, 10—11). Und das Widerlichste von allem: *der einst nichts hatte, besitzt jetzt Schätze, und ein Fürst lobt ihn* (8, 1—2) — selbst die Räte des alten Staates machen in ihrer Not den neuen Emporkömmlingen den Hof.

Der Ruin der Klasse, die die Kultur Ägyptens geschaffen hatte, und ihre Verdrängung durch eine gemeine Barbarei — das ist also nach unserem Dichter das Ergebnis jener Umwälzung gewesen. Ihren Ursprung aber scheint sie genommen zu haben in dem Hasse des Volkes gegen das Beamtentum, das es mit seinen Akten und Listen, seinen Gesetzen und Gerichten bedrückte. Die geregelte Verwaltung, deren Ausbildung die große Leistung des ägyptischen Volkes darstellt, hat eben auch ihre Kehrseite gehabt, und an ihren Schäden wird das alte Reich zugrunde gegangen sein, als eine überlange Regierung das Königtum geschwächt hatte.

Ausgegeben am 6. November.

Berlin, gedruckt in der Reichsdruckerei.

1919 XLIII. XLIV. XLV. XLVI. XLVII

SITZUNGSBERICHTE

DER PREUSSISCHEN

AKADEMIE DER WISSENSCHAFTEN

BERLIN 1919

VERLAG DER AKADEMIE DER WISSENSCHAFTEN

IN KOMMISSION BEI DER
VEREINIGUNG WISSENSCHAFTLICHER VERLEGER WALTER DE GRUYTER U. CO.
VORMALS G. J. GÖSCHEN'SCHE VERLAGSHANDLUNG. J. GUTTENTAG, VERLAGSBUCHHANDLUNG.
GEORG REIMER. KARL J. TRÜBNER. VEIT U. COMP.

Aus dem Reglement für die Redaktion der akademischen Druckschriften

Aus § 1.

Die Akademie gibt gemäß § 41, 1 der Statuten zwei fortlaufende Veröffentlichungen heraus: »Sitzungsberichte der Preußischen Akademie der Wissenschaften« und »Abhandlungen der Preußischen Akademie der Wissenschaften«.

Aus § 2.

Jede zur Aufnahme in die Sitzungsberichte oder die Abhandlungen bestimmte Mitteilung muß in einer akademischen Sitzung vorgelegt werden, wobei in der Regel das druckfertige Manuskript zugleich einzuliefern ist. Nichtmitglieder haben hierzu die Vermittelung eines ihrem Fache angehörenden ordentlichen Mitgliedes zu benutzen.

§ 3.

Der Umfang einer aufzunehmenden Mitteilung soll in der Regel in den Sitzungsberichten bei Mitgliedern 32, bei Nichtmitgliedern 16 Seiten in der gewöhnlichen Schrift der Sitzungsberichte, in den Abhandlungen 12 Druckbogen von je 8 Seiten in der gewöhnlichen Schrift der Abhandlungen nicht übersteigen.

Überschreitung dieser Grenzen ist nur mit Zustimmung der Gesamtakademie oder der betreffenden Klasse statthaft und ist bei Vorlage der Mitteilung ausdrücklich zu beantragen. Läßt der Umfang eines Manuskripts vermuten, daß diese Zustimmung erforderlich sein werde, so hat das vorlegende Mitglied es vor dem Einreichen von sachkundiger Seite auf seinen mutmaßlichen Umfang im Druck abschätzen zu lassen.

§ 4.

Sollen einer Mitteilung Abbildungen im Text oder auf besonderen Tafeln beigegeben werden, so sind die Vorlagen dafür (Zeichnungen, photographische Originalaufnahmen usw.) gleichzeitig mit dem Manuskript, jedoch auf getrennten Blättern, einzureichen.

Die Kosten der Herstellung der Vorlagen haben in der Regel die Verfasser zu tragen. Sind diese Kosten aber auf einen erheblichen Betrag zu veranschlagen, so kann die Akademie dazu eine Bewilligung beschließen. Ein darauf gerichteter Antrag ist vor der Herstellung der betreffenden Vorlagen mit dem schriftlichen Kostenanschlage eines Sachverständigen an den vorsitzenden Sekretar zu richten, dann zunächst im Sekretariat vorzuberaten und weiter in der Gesamtakademie zu verhandeln.

Die Kosten der Vervielfältigung übernimmt die Akademie. Über die voraussichtliche Höhe dieser Kosten ist — wenn es sich nicht um wenige einfache Textfiguren handelt — der Kostenanschlag eines Sachverständigen beizufügen. Überschreitet dieser Anschlag für die erforderliche Auflage bei den Sitzungsberichten 150 Mark, bei den Abhandlungen 300 Mark, so ist Vorberatung durch das Sekretariat geboten.

Aus § 5.

Nach der Vorlegung und Einreichung des vollständigen druckfertigen Manuskripts an den zuständigen Sekretar oder an den Archivar wird über Aufnahme der Mitteilung in die akademischen Schriften, und zwar, wenn eines der anwesenden Mitglieder es verlangt, verdeckt abgestimmt.

Mitteilungen von Verfassern, welche nicht Mitglieder der Akademie sind, sollen der Regel nach nur in die Sitzungsberichte aufgenommen werden. Beschließt eine Klasse die Aufnahme der Mitteilung eines Nichtmitgliedes in die Abhandlungen, so bedarf dieser Beschluß der Bestätigung durch die Gesamtakademie.

Aus § 6.

Die an die Druckerei abzuliefernden Manuskripte müssen, wenn es sich nicht bloß um glatten Text handelt, ausreichende Anweisungen für die Anordnung des Satzes und die Wahl der Schriften enthalten. Bei Einsendungen Fremder sind diese Anweisungen von dem vorlegenden Mitgliede vor Einreichung des Manuskripts vorzunehmen. Dasselbe hat sich zu vergewissern, daß der Verfasser seine Mitteilung als vollkommen druckreif ansieht.

Die erste Korrektur ihrer Mitteilungen besorgen die Verfasser. Fremde haben diese erste Korrektur an das vorlegende Mitglied einzusenden. Die Korrektur soll nach Möglichkeit nicht über die Berichtigung von Druckfehlern und leichten Schreibversehen hinausgehen. Umfängliche Korrekturen Fremder bedürfen der Genehmigung des redigierenden Sekretars vor der Einsendung an die Druckerei, und die Verfasser sind zur Tragung der entstehenden Mehrkosten verpflichtet.

Aus § 8.

Von allen in die Sitzungsberichte oder Abhandlungen aufgenommenen wissenschaftlichen Mitteilungen, Reden, Adressen oder Berichten werden für die Verfasser, von wissenschaftlichen Mitteilungen, wenn deren Umfang im Druck 4 Seiten übersteigt, auch für den Buchhandel Sonderabdrucke hergestellt, die alsbald nach Erscheinen ausgegeben werden.

Von Gedächtnisreden werden ebenfalls Sonderabdrucke für den Buchhandel hergestellt, indes nur dann, wenn die Verfasser sich ausdrücklich damit einverstanden erklären.

§ 9.

Von den Sonderabdrucken aus den Sitzungsberichten erhält ein Verfasser, welcher Mitglied der Akademie ist, zu unentgeltlicher Verteilung ohne weiteres 50 Freiexemplare; er ist indes berechtigt, zu gleichem Zwecke auf Kosten der Akademie weitere Exemplare bis zur Zahl von noch 100 und auf seine Kosten noch weitere bis zur Zahl von 200 (im ganzen also 350) abziehen zu lassen, sofern er dies rechtzeitig dem redigierenden Sekretar angezeigt hat; wünscht er auf seine Kosten noch mehr Abdrucke zur Verteilung zu erhalten, so bedarf es dazu der Genehmigung der Gesamtakademie oder der betreffenden Klasse. — Nichtmitglieder erhalten 50 Freiexemplare und dürfen nach rechtzeitiger Anzeige bei dem redigierenden Sekretar weitere 200 Exemplare auf ihre Kosten abziehen lassen.

Von den Sonderabdrucken aus den Abhandlungen erhält ein Verfasser, welcher Mitglied der Akademie ist, zu unentgeltlicher Verteilung ohne weiteres 30 Freiexemplare; er ist indes berechtigt, zu gleichem Zwecke auf Kosten der Akademie weitere Exemplare bis zur Zahl von noch 100 und auf seine Kosten noch weitere bis zur Zahl von 100 (im ganzen also 230) abziehen zu lassen, sofern er dies rechtzeitig dem redigierenden Sekretar angezeigt hat; wünscht er auf seine Kosten noch mehr Abdrucke zur Verteilung zu erhalten, so bedarf es dazu der Genehmigung der Gesamtakademie oder der betreffenden Klasse. — Nichtmitglieder erhalten 30 Freiexemplare und dürfen nach rechtzeitiger Anzeige bei dem redigierenden Sekretar weitere 100 Exemplare auf ihre Kosten abziehen lassen.

§ 17.

Eine für die akademischen Schriften bestimmte wissenschaftliche Mitteilung darf in keinem Falle vor ihrer Ausgabe an jener Stelle anderweitig, sei es auch nur auszugs-

(Fortsetzung auf S. 3 des Umschlags.)

1919.

XLIII.

SITZUNGSBERICHTE

DER PREUSSISCHEN

AKADEMIE DER WISSENSCHAFTEN.

6. November. Sitzung der philosophisch-historischen Klasse.

Vorsitzender Sekretar: Hr. Roethe.

*1. Hr. Schuchhardt sprach über germanische und slawische Ausgrabungen.

Es handelt sich um die ersten Unternehmungen, die der Vortragende mit den Mitteln der Wentzel-Heckmann-Stiftung hat ausführen können. In dem Lossower Ringwall südlich Frankfurt a. O. sind eine große Zahl brunnenähnlicher Gruben, die bei Anlage eines neuen Bahngleises zutage getreten waren, von Lehrern und Schülern des Frankfurter Realgymnasiums untersucht und ausgeräumt worden. Sie gehören der Junglausitzer Zeit an und haben viele Tier- und Menschenknochen geliefert, darunter 12 Schädel. Zusammen mit Robert Koldewey hat dann der Vortragende bei Beetz, Kreis Arnswalde, zwei wendische Ringwälle ausgegraben, wobei die Umwehrung und die innere Einteilung klargestellt wurde. Als Gegenstücke zu diesen Burgen wurden zwei zeitlich festbestimmte westdeutsche Kastelle erforscht, die Hasenburg Heinrichs IV. von 1073 und die Burg Wahrenholz Bernwards von Hildesheim von etwa 1000. Sie halfen dazu, die wendischen Wälle in das 10. Jahrhundert zu verweisen und für manche ihrer Eigentümlichkeiten zu bestimmen, was spezifisch slawisch ist und was der allgemeinen Sitte der Zeit angehört.

2. Hr. Eduard Meyer legte einen Aufsatz von Hrn. Prof. Dr. P. Jensen in Marburg vor: Erschließung der aramäischen Inschriften von Assur und Hatra. (Ersch. später.)

Die bei den Ausgrabungen der Deutschen Orientgesellschaft aufgefundenen Inschriften von Assur stammen aus der Partherzeit und zeigen ein Fortleben der altassyrischen Kulte, Namen und Traditionen bis in den Anfang des 3. Jahrhunderts n. Chr. Unter den Inschriften von Hatra sind Beischriften zu dem Bilde eines Nachkommen des Königs Sanatruk.

3. Hr. von Harnack legte vor seine Schrift »Der kirchengeschichtliche Ertrag der exegetischen Arbeiten des Origines«. II. Teil. (Leipzig 1919.)

Ausgegeben am 27. November.

1919.
XLIV.

SITZUNGSBERICHTE
DER PREUSSISCHEN
AKADEMIE DER WISSENSCHAFTEN.

6. November. Sitzung der physikalisch-mathematischen Klasse.

Vorsitzender Sekretar: Hr. RUBNER.

Hr. HABERLANDT sprach »über Zellteilungen nach Plasmolyse«. (Ersch. später.)

Es wird über Versuche berichtet, die angestellt wurden, um zu entscheiden, ob die nach Plasmolyse in Traubenzuckerlösungen in den Haaren von *Coleus Rehneltianus* und in den Blattzähnen von *Elodea densa* auftretenden modifizierten Zellteilungen auf mechanische oder chemische Reizung der Protoplasten zurückzuführen sind.

Vererbungsversuche mit buntblättrigen Sippen.

II. Vier neue Typen bunter Periklinalchimären.

Von C. Correns.

(Vorgetragen am 23. Oktober 1919 [s. oben S. 767].)

Im folgenden sollen Versuche mit vier Typen von Periklinalchimären beschrieben werden, die unter sich verschieden sind und von den schon bekannten derartigen Gebilden, den von Baur (1909 und 1914, S. 178 u. 254) bei *Pelargonium zonale* untersuchten, mehr oder weniger stark abweichen.

Diese letzteren sind so bekannt, daß es überflüssig ist, ihren Bau und ihre Vererbungsweise eingehend zu besprechen. Es genügt, daran zu erinnern, daß es Pflanzen sind, bei denen in Stengeln und Blättern entweder mehr oder weniger viel von den peripheren Zellschichten weiß ist und einen grünen Kern umgibt, oder bei denen eine mehr oder weniger dicke, normal grüne Hautschicht einen weißen Kern umhüllt. Die eine Form wollen wir der Kürze halber ***albotunicata***, die andere, »umgekehrte«, ***albonucleata*** nennen. Dazu kommen ganz weiße und ganz grüne Äste, welch letztere, als Stecklinge behandelt und weiter kultiviert, nicht wieder bunt werden.

Diese *albotunicata* gibt bei Selbstbestäubung nur albinotische, nicht lebensfähige Keimlinge. Die rein weißen Äste verhalten sich ebenso; die rein grünen geben nur normale, grüne Sämlinge. Bestäubt mit dem Pollen einer typisch grünen Sippe bringt die *albotunicata* vorwiegend grüne Keimlinge (72 Prozent) hervor, dazu ziemlich viel grün und weiß marmorierte (28 Prozent), aus denen wieder Periklinalchimären entstehen können. Eine typisch grüne Sippe gibt mit dem Pollen der *albotunicata* im wesentlichen die gleiche Nachkommenschaft, nämlich wieder ganz überwiegend grüne Keimlinge (86 Prozent), dazu grünweißbunte (11 Prozent) und einige wenige Albinos (2,5 Prozent), die bei der reziproken Verbindung wohl nur zufällig nicht beobachtet worden sind. Entsprechend verhalten sich auch die Kreuzungen zwischen ganz weißen Ästen an *albotunicata*-Pflanzen und einer ganz grünen Sippe:

fast alle Keimlinge sind grün (85 Prozent, insbesondere auch der einzige Repräsentant der Verbindung weiß ♀ + grün ♂) und wenige bunt (15 Prozent).

Wie Baur dies Verhalten durch die Genesis des Embryosacks und der Pollenkörner aus der subepidermalen Zellschicht erklärt, die bei dem *status albotunicatus* kranke (ergrünungsunfähige), bei dem *st. typicus* gesunde (ergrünungsfähige) Plastiden enthält, sowie durch die Annahme eines Übertrittes kranker oder gesunder Plastiden aus den Pollenschläuchen in das Plasma der Eizelle mit ihren gesunden oder kranken Plastiden, ist ebenfalls so bekannt, daß ich hier darauf nicht weiter einzugehen brauche.

In letzter Zeit sind drei Abhandlungen von E. Küster erschienen (1919, a, b, c), die sich mehrfach mit dem hier auszuführenden berühren, obwohl sie im wesentlichen anatomischer Natur sind.

Zunächst hatte ich die verschiedenen Periklinalchimären Sippen genannt und als *forma leucodermis*, *f. albotunicata* usw. unterschieden. Nun ist ja die Bezeichnung »Sippe« von Nägeli (1884, S. 10, Anm.) gerade für die Fälle eingeführt worden, wo der systematische Wert eines Verwandtschaftskreises unentschieden bleiben soll. Im Grunde handelt es sich dabei, wie bei »forma«, doch immer um etwas erblich fixiertes. Das sind die Periklinalchimären als Ganzes jedoch nicht, selbst wenn, wie bei den *pseudoleucodermis*- und *chlorotidermis*-Chimären, das Verhalten der subepidermalen Schicht richtig, durch Gene, vererbt, nicht bloß direkt weitergegeben wird. Ich werde deshalb den Ausdruck **Zustand** benützen und vom ***status*** *leucodermis*, *st. albotunicatus* usw. sprechen, auch vom *status albomaculatus*, und »Sippe« und *forma* für erbliche Typen, *chlorina*, *albomarginata*, *albovariabilis* usw., verwenden. Nur gelegentlich ist im folgenden von der *leucodermis*- oder *pseudoleucodermis*-Sippe usw. die Rede, um einen kurzen Ausdruck zu haben für »die Sippe, die den *status leucodermis*, den *st. pseudoleucodermis* usw. hervorgebracht hat«. Denn diese Zustände sind, wie wir sehen werden, sicher bei verschiedenen Sippen aufgetreten.

Wir wenden uns nun zu den neuen Sippen:

1. Arabis albida.

Die von den Gärtnern meist mit *Arabis alpina* verwechselte[1], als Einfassung und auf Felspartien oft gezogene *A. albida* kommt im Handel

[1] *Arabis albida* und *alpina* sind offenbar ziemlich nahe verwandt. Trotzdem hat mir bei wiederholten Versuchen weder die Befruchtung der *albida* mit *alpina*-Pollen, noch umgekehrt die der *alpina* mit *albida*-Pollen reife Samen gegeben, obwohl

in mindestens drei weißbunten Sippen vor, die in den Katalogen gleicherweise als *A. a. foliis variegatis* bezeichnet werden.

Im anatomischen Bau stimmen sie alle drei überein[1] und gehören dem ersten Typus Küsters (1919c) an. Es sind Periklinalchimären mit einer weißen Haut, wie die von Baur beschriebenen weißbunten Pelargonien.

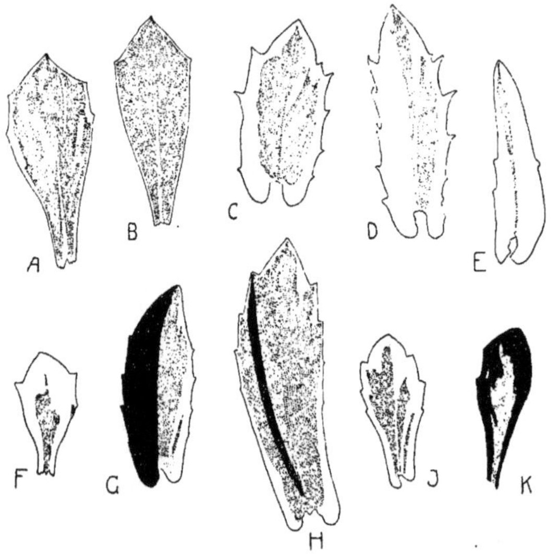

Fig. 1. Weißbunte Periklinalchimären von *Arabis albida*, Rosettenblätter (A. B, F, J) und Stengelblätter. G zu 1/2 normal, von einem sektorial grün und bunten Sproß. H mit normalem Streifen. J »umgekehrte« Periklinalchimäre (*leucopyrena*) von Pflanze C. Etwas über natürlicher Größe. Die Behaarung ist weggelassen, das normale Gewebe schwarz, das weißhäutige punktiert. Dr. O. Römer gez.

Querschnitte durch den Stengel, das Laubblatt und seinen Stiel, die Blütenstiele, die Kelchblätter und den Fruchtknoten lehren das, und zwar ist stets mindestens die Zellschicht, die direkt unter der Epidermis liegt, farblos. (Ganz ausnahmsweise ist diese Schicht streckenweise grün, solche Stellen fallen dann schon makroskopisch durch ihre reiner und dunkler grüne Farbe auf [Fig. 1 H].) Die farblosen Palisaden des Blattes sind, wie bei *Pelargonium*, viel niedriger als die grünen,

es zur Bildung eines kleinen Embryos kam, der auch in den tauben Samen noch ganz gut aussah. Benutzt wurden Pflanzen der *A. alpina*, die ich aus Samen aus dem Engadin gezogen hatte.

[1] Auf einen geringen Unterschied in der Verteilung von Weiß und Grün bei den jungen Früchten komme ich zurück.

selbst nur halb so hoch und noch weniger. Die Epidermis ist bei allen drei Sippen normal. Denn der Chlorophyllgehalt der Spaltöffnungen entspricht dem der grünen Pflanzen, und die Chloroplasten bilden Stärke.

Durch diese weiße Haut bekommen die Blätter eine graugrüne Farbe und einen weißen, jung gelblichweißen Saum, bald einen sehr schmalen, bald einen breiten oder sehr breiten, von dem aus oft weiße Streifen schräg nach unten ins Blatt vordringen (Fig. 1). Im Extrem ist das halbe Blatt oder fast das ganze Blatt bis auf einen grünen Streifen weiß oder schließlich das ganze Blatt.

Hier und da treten (wenigstens bei dem *pseudoleucodermis*-Zustand) Triebe auf, die ganz rein (gelblich) weiß sind — bis auf sehr feine grüne Streifchen an den Rändern der Kelchblätter, vorzüglich in deren oberer Hälfte, die leicht zu übersehen sind (Fig. 2). In Laubblättern, die ich durch Injektion mit Wasser durchsichtig gemacht hatte, fand ich dagegen keine Spur von Grün, obwohl ich, aufmerksam gemacht durch das Verhalten der *Capsella bursa pastoris albovariabilis* (1919, S. 590), darauf besonders achtete[1]. Solche albinotischen Sprosse kommen auch zum Blühen und können selbst gut ansetzen; die Schoten reifen aber nicht immer aus, weil die Triebe leicht vorher eingehen, wobei die Blätter von unten nach oben, die einzelnen von der Spitze und dem Rande aus, vertrocknen.

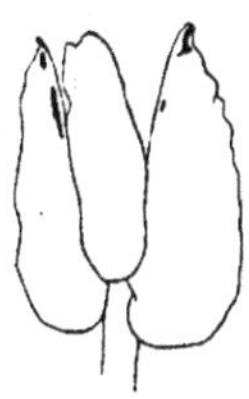

Fig. 2. Kelch einer Blüte an einem rein weißen Trieb des *st. pseudoleucodermis* der *Arabis albida*, am Kelchblattrand die kleinen grünen, hier schwarzen Streifen. Vergr. 5:1. Dr. O. Römer gez.

Häufiger sind ganz grüne Triebe, die dann völlig den anatomischen Bau der normalen Pflanze besitzen. Ich habe mehrere als Stecklinge behandelt und fünf Jahre lang beobachtet, ohne je wieder etwas Weißbuntes an ihnen zu finden.

Gelegentlich fand ich (z. B. bei der Pflanze F) Triebe, die sektorial weißbunt und rein grün oder (bei Pflanze D) weißbunt und rein weiß waren, wobei auf der Grenze stehende Blätter halbiert waren (Fig. 1 G).

Einmal wurde (bei Pflanze C) auch ein Trieb beobachtet, der, oberflächlich betrachtet, rein grün war, bei dem die Blätter aber ein helleres Mittelfeld besaßen, das auf einen Kern chlorophyllfreien Gewebes zurückzuführen war (Fig. 1 K). Diese Parallelform zu dem von Baur bei *Pelargonium* entdeckten »*albonucleatus*«-Zustand mag *st. leucopyrenus* heißen.

[1] Neuerdings hat Küster (1919, c. S. 226 u. f.) darauf aufmerksam gemacht, wie weit verbreitet Grünsprenkel an rein weißen Sprossen sind, und vermutet, daß alle weißbunten Pflanzen an ihren blassen Sprossen grüne Anteile entwickeln können. Das Charakteristische des oben beschriebenen Falles ist das regelmäßige Auftreten und die scharfe Lokalisation der grünen Streifchen.

Von den drei Sippen ist die eine im Wuchs viel kräftiger als die beiden andern. Sie hat gefüllte Blüten[1], ist völlig steril und konnte deshalb nicht auf ihr genetisches Verhalten geprüft und mit den beiden andern Sippen verglichen werden. Diese beiden viel schwächer wachsenden Sippen unterscheiden sich durch ihr erbliches Verhalten von Grund aus, trotz des völlig übereinstimmenden anatomischen Baues von Blatt und Stengel. Sie sind auch durch kleine Differenzen (in der Behaarung[2] und wohl auch in der Zähnelung des Blattrandes) deutlich verschieden und stammen deshalb sicher von zwei verschiedenen grünen Sippen ab.

Die eine, die den ***status leucodermis*** besitzt, bezog ich 1910 von der Firma Haage und Schmidt in Erfurt (Pflanze C) und später (1915) von G. Arends in Ronsdorf (Rheinland) (Pflanze P). Die zweite, die den ***st. pseudoleucodermis*** aufweist, erhielt ich 1914 von der Firma L. Thüer und Bachmann in Münster i. Westf. (D, E, F, G, H, unter sich übereinstimmend und offenbar Klone eines Individuums).

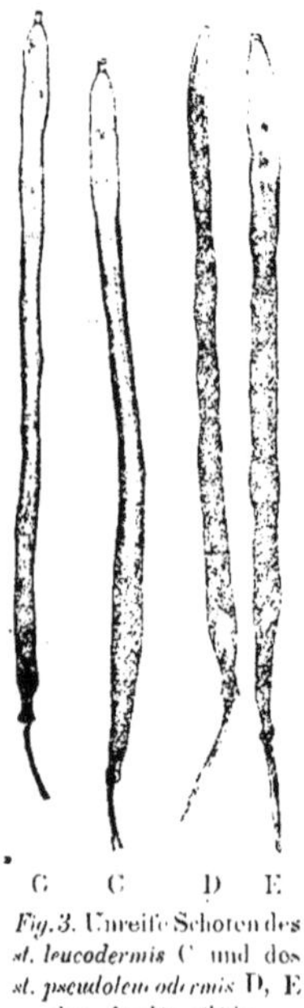

Fig. 3. Unreife Schoten des *st. leucodermis* C und des *st. pseudoleucodermis* D, E der *Arabis albida*. Vergr. 2:1. Dr. O. Römer gez.

Die typisch grünen, zum Vergleich nötigen Pflanzen stammen teils aus dem Botanischen Garten in Münster (Pflanze A, B, sicher Klone desselben physiologischen Individuums), teils von der Firma Otto Mann in Leipzig (Pflanze R, von kräftigem Wuchs), teils aus Samen, die ich als *Arabis albida ochrida* aus dem Botanischen Garten in Edinburgh erhalten hatte (mittelstark im Wuchs, mit Blüten, die einen eben merklichen Stich ins Gelbliche hatten, statt rein weiß zu sein).

Wie schon erwähnt, ist der anatomische Bau des *leucodermis*- und *pseudoleucodermis*-Zustandes gleich, doch sehen die unreifen Schoten merklich verschieden aus (Fig. 3). Bei dem *st. leucodermis* zieht sich auf jeder Klappe ein schmaler werdender weißer Streifen von der Spitze mehr oder weniger weit herab, zuweilen fast bis zum Grunde; an der Spitze ist nur noch das Gewebe um die Gefäßbündel des »Ramens« grün, und zwei schwache grüne Streifen gehen an dem Griffel hinauf. Bei dem *st. pseudoleucodermis* ist zwar die Spitze der unreifen Schote auch fast ganz weiß,

[1] Die Füllung entspricht ganz der von Nawratill (1916) beschriebenen.

[2] Bei Pflanze C und P ist die Infloreszenz fast völlig kahl, bei D, E, F, G, H locker sternhaarig.

nach unten aber annähernd mit einer Querlinie gegen das Grün abgesetzt[1].

In den Blüten der weißen Triebe fand ich die Fruchtknotenwand rein weiß, die scharf abgesetzte Scheidewand dagegen zunächst deutlich grün wie bei den bunten Trieben.

Die befruchtungsreifen Samenanlagen sehen bei allen Sippen bzw. Zuständen gleich aus: sie sind grün. Insbesondere ist die subepidermale Schicht grün (obwohl, wie eingangs betont wurde, die Fruchtblätter stets eine weiße Haut haben), auch bei dem *leucodermis*-Zustand und bei den ganz weißen Trieben. Noch in den heranreifenden Samen führt sie lange grüne Chloroplasten.

Ungünstig für die Vererbungsversuche[2] ist die Neigung der *Arabis albida* zur Selbststerilität, die bei verschiedenen Stücken verschieden stark ist, sonst aber offenbar der von mir bei *Cardamine pratensis* studierten, viel schärfer ausgesprochenen entspricht. — Die Aussaat erfolgte stets in sterilisierte Erde, schon um Verluste unter den Sämlingen durch Pilzkrankheiten zu vermeiden.

I. Arabis albida leucodermis.

1. Weißbunte Triebe.

A. Die Blüten geben, wie sie auch immer bestäubt werden mögen, stets nur albinotische, von Anfang an gelblichweiße Keimlinge, die es nie über die Entfaltung der Kotyledonen hinausbringen und dann absterben. Selbstbestäubung, Bestäubung mit dem Pollen des *pseudoleucodermis*-Zustandes und mit dem der *typica*-Sippen verschiedener Herkunft gaben alle dasselbe Resultat[3]. Tabelle 1 bringt die Belege dafür.

[1] Ob dies ungleiche Verhalten mit den beiden verschiedenen Zuständen zusammenhängt oder schon den verschiedenen Sippen, die diese Zustände hervorgebracht haben, irgendwie eigen ist, muß einstweilen unentschieden bleiben.

[2] Aus der Literatur ist mir über das genetische Verhalten nur eine Angabe de Vries' (1901, S. 613) bekannt, die wohl sicher hierher gehört, obwohl die Pflanze »bunte *Arabis alpina*« genannt ist. Ich komme auf sie zurück (S. 845).

[3] Es soll aber nicht verschwiegen werden, daß ein Versuch (25) mit C, bei dem ich Bestäubung (mit *typica*-Pollen von Pflanze A) und Ernte nicht selbst ausgeführt habe, 18 albinotische und 18 rein grüne Sämlinge gab. Hier muß irgendein Versehen unterlaufen sein. Die rein grünen Sämlinge wurden aufgezogen und untereinander bestäubt; 13 erwiesen sich als Homozygoten und 5 als Heterozygoten, die (mit dem Pollen der homo- und heterozygotischen Geschwister bestäubt) zwischen 2.5 und 17 Prozent *chlorotica* abspalteten (bei einer Gesamtzahl von 63 bis 88 Sämlingen in jedem Versuch). Wahrscheinlich waren bunte und grüne Äste der Pflanze C zusammen abgeerntet worden.

Tabelle 1.
Nachkommen bunter Äste von *A. a. leucodermis*.

A. Pflanze C.

I. Bei Selbstbestäubung C × C		III. Bei Bestäubung mit bunten Ästen der *A. a. pseudoleucodermis*	
Vers. 3	3 albinot. Keiml.	Vers. 38[1]	44 albinot. Keiml.
» 8	14 » »	» 288	21 » »
» 37	5 » »	**IV. Bei Bestäubung mit *typica* C × *typica* A**	
» 285	13 » »	Vers. 2	8 albinot. Keiml.
» 287	5 » »	» 7	14 » »
» 289	5 » »	**C × *A. a. ochrida***	
II. Bei Inzucht (?) C × P		Vers. 39	40 albinot. Keiml.
» 286	7 albinot. Keiml.		
Zusammen..	52 albinot. Keiml.		

B. Pflanze P.

I. Bei Selbstbestäubung P × P		III. Bei Bestäubung mit bunten und weißen (308) Ästen der *A. a. pseudoleucodermis*	
Vers. 304	6 albinot. Keiml.	Vers. 308	54 albinot. Keiml.
» 305	11 » »	» 309	47 » »
» 306	8 » »	**IV. Bei Bestäubung mit *typica***	
II. Bei Inzucht (?) P × C		Vers. 307	26 albinot. Keiml.
Vers. 303	40 albinot. Keiml.		
Zusammen..	65 albinot. Keiml.		

Insgesamt 371 albinotische Sämlinge.

B. Bestäubt man typisch grüne Pflanzen mit dem Pollen weißbunter *leucodermis*-Äste, so ist die Nachkommenschaft stets homogen grün.

Tabelle 2.
Wirkung der Bestäubung von *typica*-Pflanzen mit dem Pollen weißbunter *leucodermis*-Äste.

A × C		A × P		R × C	
Vers. 4	15 rein grün	Vers. 284	50 rein grün	Vers. 48	47 rein grün
» 5	90 » »	**R × P**		» 493	95 » »
» 473	98 » »	» 310	49 » »	***A. a. ochrida* × C**	
				» 101	22 rein grün

Zusammen 466 grüne Sämlinge.

[1] Bei diesem Versuch waren die Blüten nicht kastriert worden, ein Teil der Sämlinge wird durch Selbstbefruchtung entstanden sein.

2. Grün gewordene Triebe.

C. Die ganz grünen (normal gewordenen) Äste des *st. leucodermis* geben nach Selbstbestäubung grüne und blaßgrüne (*chlorotica*-) Sämlinge, nicht albinotische, und zwar nach 4 verschiedenen Versuchen (Tabelle 3) auf 229 grüne 72, also 23.9 Prozent. *chlorotica*.

Tabelle 3. Nachkommenschaft zweier grüner Äste[1] der *leucodermis*-Pflanze C bei Selbstbestäubung.

Nachkommen des Astes Cγ			Nachkommen des Astes Cδ		
Vers. 40	28 grün	11 chlorot.	Vers. 41	23 grün	7 chlorot.
» 474a	58 »	22 »	» 290a	31 »	11 »
» 474b	33 »	9 »	» 290b	42 »	8 »
			» 290c	14 »	4 »
Zusammen..	119 grün	42 chlorot.	Zusammen..	110 grün	30 chlorot.

γ und δ zusammen 229 grün. 72 chlorot. = 23.9 Prozent.

Der Unterschied dieser ***chlorotica***-Nachkommen der grünen Triebe von den albinotischen Keimlingen, die die weißbunten Triebe hervorbringen, ist meist ganz auffällig. Statt gelblichweiß, später fast rein weiß, sind sie mehr oder weniger blaß gelblichgrün, wie eine sehr helle *chlorina*, entfalten zum guten Teil auch die nächsten Laubblätter, bilden kleine Rosetten und lassen sich oft lange am Leben erhalten, wobei sie freilich gleichaltrigen, normalen Sämlingen gegenüber zwergig bleiben (Fig. 4). Geblüht hat noch keiner.

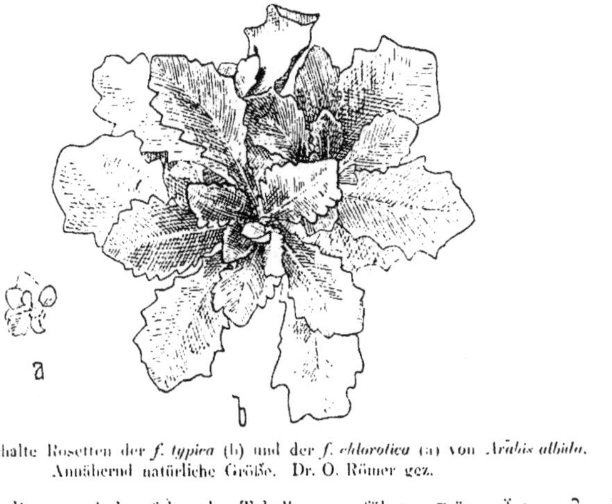

Fig. 4. Gleichalte Rosetten der *f. typica* (b) und der *f. chlorotica* (a) von *Arabis albida*. Annähernd natürliche Größe. Dr. O. Römer gez.

[1] Die in dieser und den folgenden Tabellen angeführten grünen Äste α, β, γ, δ stammten von verschiedenen Stellen der weißbunten Stammpflanze C und wurden als »Klone« (Ableger) weiter kultiviert.

Nach einer kolorimetrischen Bestimmung des Rohchlorophylls im alkoholischen Auszug aus gleichen Gewichtsteilen Blätter, die ich Hrn. Dr. Kappert verdanke, wiesen die kräftigsten *chlorotica*-Pflanzen etwa 20 Prozent vom Gehalte gleichartiger *typica*-Pflanzen auf, $3^1/_2$ Monate nach der Aussaat.

D. Bestäubt man die grünen Triebe mit Pollen der weißbunten, so erhält man dasselbe Resultat, grüne und blasse Sämlinge im ungefähren Verhältnis 3 : 1.

Tabelle 4. Nachkommen grüne Äste, bestäubt mit dem Pollen weißbunter.

	Ast α		Ast γ
Vers. 9	3 grün 2 chlorot.	Vers. 28	14 grün 4 chlorot.
		» 42	11 » 5 »
	Ast β		Ast δ
Vers. 27	12 grün 4 chlorot.	Vers. 29	23 grün 9 chlorot.

α—δ zusammen 63 grün. 24 chlorot. = 27.6 Prozent

E. Werden die grünen Triebe mit Pollen der *forma typica* bestäubt, so sind alle Nachkommen grün.

Tabelle 5. Nachkommen grüne Äste, bestäubt mit dem Pollen der *f. typica*.

C grün × A		C grün δ × R	
Vers. 10	48 grün	Vers. 480	94 grün

F. Die umgekehrte Verbindung gibt dasselbe Resultat: *typica* A, bestäubt mit Pollen des grünen Astes α (Vers. 6), gab 27 grüne Sämlinge und mit Pollen des grünen Astes δ (Vers. 472) 80 grüne Sämlinge, ferner *typica* R mit Pollen desselben grünen Astes δ (Vers. 494) 100 grüne Sämlinge.

Von einem Teil der grünen Sämlinge, die bei den vorhergehenden Versuchen entstanden waren, wurde die Nachkommenschaft nach Inzucht untersucht. Es möge davon einstweilen folgendes mitgeteilt werden.

Nachkommen der grünen Sämlinge, die bei Selbstbefruchtung grüner Äste der *leucodermis*-Pflanze C entstehen.

G. Da (S. 827; Tabelle 3) etwa 76 Prozent grüne und etwa 24 Prozent chlorotische Sämlinge beobachtet worden waren, ließ sich erwarten, daß die grünen zu $^1/_3$ konstant sein würden und zu $^2/_3$ Heterozygoten, die wieder *chlorotica* abspalten würden.

Als Fortsetzung von Versuch 40 (Tabelle 3) wurden 21 grüne Pflanzen untereinander bestäubt und die Samen (als Versuch 333—353) ausgesät. Bei dieser Versuchsanstellung, die wegen des geringen, unsicheren Ansatzes bei Selbstbefruchtung gewählt wurde, mußten die Heterozygoten zu wenig *chlorotica* geben; bei einer reichlichen Aussaat konnten aber die Samenträger doch sicher als Homo- oder Heterozygoten erkannt werden, und nur darauf kam es zunächst an. Die Samen von 8 Pflanzen brachten nur grüne Keimlinge hervor, die von 13 grüne und *chlorotica*-Keimlinge. Zu erwarten wären etwa 7 Homozygoten und 14 Heterozygoten gewesen; das Versuchsergebnis stimmte also ganz gut.

Um über die Prozentzahl der abgespaltenen *chlorotica* genauere Auskunft zu erhalten, wurden jene Pflanzen des Versuches 40, die in der eben geschilderten Weise als Heterozygoten erkannt worden waren, paarweise zusammengestellt und gegenseitig bestäubt. Die Samen wurden getrennt geerntet und ausgesät.

Tabelle 6.

Nachkommen der heterozygotischen F1-Pflanzen, die von grünen, selbstbestäubten Ästen der *leucodermis*-Pflanze C stammten, nach paarweiser gegenseitiger Bestäubung. (Vers. 758—781).

Paarung	Gesamtzahl	grün	chlorot.	in Prozent
C × J	20	16	4	*20*
J × C	21	15	6	*29*
C × O	51	45	6	*12*
O × C	29	19	10	*35*
C × E	55	46	9	*16*
E × C	96	72	24	*25*
C × K	5	3	2	*40*
K × C	97	76	21	*22*
E × K	83	59	24	*29*
K × E	30	24	6	*20*
F × H	51	39	12	*21*
H × F	38	30	8	*21*
F × O	97	85	12	*12*
O × F	88	66	22	*25*
H × Z	32	24	8	*25*
Z × H	24	19	5	*21*
J × K	38	29	9	*21*
K × J	86	80	6	*7*
K × Z	92	78	14	*15*
Z × K	52	33	19	*37*
K × O	21	17	4	*19*
O × Z	39	24	15	*28*
Z × O	65	50	15	*23*
Z × C	6	3	3	*50*
Zus. . .	1216	952	264	*21,7*

Das Gesamtergebnis kommt dem für die zweite Generation einer Monohybride, 3 : 1, ziemlich nahe; einzelne besonders niedrige Prozentzahlen lassen es als möglich erscheinen, daß auch das Verhältnis 15 : 1 vorkommt. Hier sind weitere Untersuchungen nötig.

Nachkommen der Bastarde *f. typica* + *st. leucodermis*, bunte Äste.

H. Als Fortsetzung des Versuches 4 (S. 826, Tab. 2), bei dem *typica* A die Eizellen geliefert hatte, wurden die 14 aufgezogenen (grünen) Sämlinge in drei Gruppen zusammengestellt und innerhalb jeder Gruppe gegenseitig bestäubt. Bei der (zweimal wiederholten) Aussaat der so erhaltenen Samen (als Versuch 11—24) stellte sich heraus, daß 7 davon Homozygoten und 7 Heterozygoten waren, die wieder zwischen 7 und 40 Prozent bleiche Sämlinge abspalteten, bei einer Aussaat von je 50 Samen und guter Keimung.

Von 4 Pflanzen, die bei diesen Versuchen als Heterozygoten erkannt worden waren, konnte durch Inzucht und Selbstbestäubung eine größere Nachkommenschaft erzielt werden. Sie bestand aus 41 grünen und 8 *chlorotica*, 87 grünen und 22 *chlorotica*, 35 grünen und 15 *chlorotica*, 112 grünen und 32 *chlorotica*-Keimlingen, insgesamt aus 275 grünen und 77, also fast 22 (genauer 21.9) Prozent *chlorotica*.

Bei der Fortsetzung des Versuches 5 (S. 826, Tab. 2), bei dem ebenfalls die *typica* A als ♀ gedient hatte (Versuch 106—163), erwiesen sich von 58 Pflanzen 27 als Homozygoten und 31 als Heterozygoten. 14 andere Stöcke der gleichen Herkunft wurden teils untereinander, teils mit dem Pollen der weißbunten *leucodermis*, also mit dem ihres Vaters bestäubt (Vers. 51—74); 11 erwiesen sich dabei als Heterozygoten und nur 3 als Homozygoten. Bei den Heterozygoten waren nach Selbstbestäubung und Inzucht von 204 Sämlingen 38, gleich 19 Prozent, *chlorotica*, nach der Rückbastardierung mit bunter *leucodermis* von 359 Sämlingen 119, gleich 25 Prozent, *chlorotica*.

Ebenso wurden 24 Sämlinge des Versuches 48 (Tab. 2), bei dem die *typica* R die weiblichen Keimzellen hergegeben hatte, untereinander bestäubt (Versuch 429—452). 11 erwiesen sich als Homozygoten und 13 als Heterozygoten, die wieder *chlorotica* abspalteten. Aus diesen als Heterozygoten erkannten Stöcken wurden im folgenden Jahr dann Paare gebildet, innerhalb deren bestäubt wurde (ohne Kastration wie bei allen derartigen Versuchen). Ich verzichte darauf, die Ergebnisse im einzelnen anzuführen; das Gesamtergebnis der 24 Versuche war, daß von 1578 Keimlingen 1212 grün und 363, also 23 Prozent, *chlorotica* waren. Außerdem wurden 3 bunte Keimlinge beobachtet, bei einem Versuch unter 96 einer, bei einem unter 89 zwei. Sie sollen uns an dieser Stelle nicht beschäftigen.

Nachkommen der Bastarde *f. typica* + grüne Äste der *leucodermis*-Pflanze C.

J. Von 6 Pflanzen des Versuches 6, S. 828, bei dem die *typica* A mit dem Pollen des grünen Klons *α* der *leucodermis* C bestäubt worden war, erwiesen sich, nach dem Ausfall der Inzucht und Selbstbefruchtung und der Rückbastardierung mit dem Vater C. 3 als Homozygoten und 3 als Heterozygoten, die wieder *chlorotica* abspalteten. Von 9 Pflanzen der umgekehrten Verbindung (Vers. 10, bei dem *typica* A die Rolle des Vaters übernommen hatte) gaben bei gleicher Behandlung 5 nur grüne Nachkommen, waren also Homozygoten, und 4 gaben grüne und *chlorotica*-Sämlinge, ungefähr im Verhältnis 3 : 1, waren also Heterozygoten. Unter 18 anderen Stöcken der gleichen Herkunft waren 10 Homozygoten und 8 Heterozygoten.

Es war also ganz gleich, ob die Sippe *typica* mit dem Pollen bunter Äste oder dem Pollen grüner Äste der *leucodermis*-Pflanze bestäubt worden war, oder diese grünen Äste mit dem Pollen der *typica*: immer war ungefähr die Hälfte der Nachkommen homozygotisch, die Hälfte heterozygotisch, und diese letztere spaltete annähernd im Verhältnis 3 : 1 in *typica* und *chlorotica*.

Faßt man die Ergebnisse aller bisher angeführten Versuche über das genetische Verhalten der *leucodermis*-Sippe zusammen, so läßt sich daraus wohl folgendes schließen:

Die *leucodermis*-Pflanze ist ihren **erblichen Anlagen** nach eine (Mono-) Hybride *typica* + *chlorotica*, die eine **weiße** Haut bekommen hat (nicht eine *chlorotica*-Haut). Gelegentlich verliert sie sie wieder und wird ganz grün, in anderen Fällen wird sie ganz weiß.

Die Keimzellen der weißbunten und der grünen Triebe verhalten sich hinsichtlich ihrer **Erbanlagen** gleich, obwohl sie bei den einen von einer weißen, bei den andern von einer grünen Zellschicht gebildet werden. Die Hälfte führt die *typica*-, die Hälfte die *chlorotica*-Anlage (nicht die für Albino!), und zwar die männlichen und die weiblichen Keimzellen in ganz der gleichen Weise. Die Kerne sind gesund, der übrige Zellinhalt wird aber in der oder in den sub-epidermalen Zellschichten bei den weißbunten Trieben krank und überträgt durch das Plasma der Eizellen die Krankheit **regelmäßig** direkt auf die Nachkommen, während die Pollenkörner, trotz ihres ebenfalls kranken Plasmas, sie nicht weitergeben, weil aus ihnen ein gesunder Spermakern, allein oder doch ohne wesentliche Plasmamengen, in die Eizelle übertritt. Bei den grünen Trieben ist das Plasma in Eizelle und Pollenkorn gesund.

Der *leucodermis*-Zustand entspricht also, abgesehen von seinem ganz andern anatomischen Bau, genau dem *albomaculata*-Zustand der *Mira-*

bilis Jalapa (1909), der *Urtica pilulifera*, des *Antirrhinum majus*. (BAUR 1910 b) usw. Er unterscheidet sich wesentlich von der Periklinalchimäre des *Pelargonium zonale*, dem »*albotunica*«-Zustand, bei dem nach BAUR (1909, S. 330) die Weißkrankheit auch durch den Pollen weitergegeben wird, und der, mit dem Pollen einer *typica* bestäubt, vorwiegend grüne *typica*-Sämlinge, neben weiß und grün marmorierten, gibt.

II. Arabis albida pseudoleucodermis.

1. Weißbunte Triebe.

A. Wegen der Neigung zur Selbststerilität, die gerade hier ausgesprochen war, kann ich nur über wenig Nachkommen berichten, die durch Selbstbestäubung weißbunter Triebe entstanden waren.

Die Keimlinge waren zumeist gelblichweiß bis rein weiß, ganz ähnlich wie die der weißbunten Äste des *leucodermis*-Zustandes; nur hier und da kamen auch grünliche, an *chlorotica* erinnernde vor, wie ich sie bei der Nachkommenschaft weißbunter *leucodermis* nicht gesehen habe. Bei einigermaßen größeren Aussaaten waren außerdem stets einzelne rein grüne Sämlinge vorhanden. Nach gleich zu besprechenden Versuchen (B) konnte an ihrem Auftreten Fremdbestäubung schuld sein, also ein Versuchsfehler. Doch halte ich einen solchen für ausgeschlossen. Bunte Keimlinge wurden nicht beobachtet.

Tabelle 7.
Nachkommen bunter Äste des *pseudoleucodermis*-Zustandes bei Selbstbestäubung.

Pflanze (Klon)	Versuchsnummer	Gesamtzahl	grün	albin.	in Prozenten
D	295	4	—	4	*100*
D	915	16	2	14	*88*
E	916	34	11	23	*68*
H	917	37	3	34	*92*
H	918	7	1	6	*86*
Zusammen..		98	17	81	*82.6*

B. Bei der Bestäubung mit dem Pollen anderer Sippen haben die weißbunten *pseudoleucodermis*-Triebe stets nur grüne Keimlinge gegeben, sowohl wenn der *leucodermis*-Zustand als wenn die *typica*-Sippen als Pollenlieferanten dienten.

Tabelle 8.

St. pseudoleucodermis bunt, bestäubt mit fremdem Pollen.

Pflanze (Klon)	Versuchsnummer	Keimlinge	Pflanze	Versuchsnummer	Keimlinge
bestäubt mit *leucodermis* C bunt			bestäubt mit *leucodermis* P bunt		
D	[illegible]	45 grün	D	[illegible]	35 grün
	[illegible]	44 „	H	[illegible]	6 „
E	[illegible]	46 „[1]	bestäubt mit *leucodermis* C grün		
	[illegible]	51 „	F	183	39 grün
	[illegible]	49 „	bestäubt mit *typica* (*ochrida*)		
F	[illegible]	47 „	E	[illegible]	10 grün
	183	5 „		[illegible]	18 „
G	[illegible]	44 „			
H	299	49 „			
Zusammen.		380 grün			

Insgesamt 518 grüne Keimlinge

Daß *leucodermis* bunt, mit *pseudoleucodermis* bunt bestäubt, nur albinotische Keimlinge hervorbrachte, wurde schon (S. 825) erwähnt. Wurde sonst der Pollen weißbunter *pseudoleucodermis*-Triebe zur Bestäubung benützt, so waren die Nachkommen fast ausnahmslos rein grün. So bei Bestäubung der grünen Rückschlagsäste der *leucodermis* C, wo im einen Versuch (26, Pollen von Klon D) 77 rein grüne und 3 etwas — auf gelbgrünem Grunde dunkler grün — gescheckte Keimlinge, im zweiten (476, Pollen von Klon F) 92, im dritten (478, Pollen von Klon H) 101 grüne Keimlinge erhalten wurden, zusammen 270 grüne und 3 gelbgrünbunte[2]. Die *typica* R gab im einen Versuch (49, Pollen von Klon E) ebenfalls nur 47 grüne, im andern aber (405, Pollen von Klon F) außer 97 grünen auch 2 albinotische.

2. Rein weiße Triebe[3].

D. Die wenigen Samen, die ich von ganz weißen Ästen durch Selbstbefruchtung erzielte, haben nicht gekeimt. Dagegen kann ich über das Ergebnis von Versuchen berichten, bei denen die Blüten solcher weißen Äste (natürlich nach Kastration) mit fremdem Pollen bestäubt worden waren. Der Ertrag war auch hier gering, weil die

[1] Eine Pflanze, 44 B, stellte sich später als teilweise bunt heraus. Sie wird uns noch beschäftigen (S. 841).

[2] Auf diese bunten Keimlinge, die den *st. chlorotidermis* lieferten, werden wir noch zurückkommen (S. 842).

[3] Wegen der feinen grünen Streifchen, die am Kelchsaum der Blüten der sonst ganz albinotischen Triebe vorkommen, vgl. S. 823.

weißen Schoten meist zu früh, mit dem ganzen Trieb, eingingen. das Ergebnis aber eindeutig: auch hierbei waren alle Keimlinge rein grün.

Tabelle 9.
Nachkommen rein weißer Äste der *pseudoleucodermis*-Pflanze bei Fremdbestäubung.

Vers.	Pflanze	bestäubt mit	grüne Keimlinge
300	H	*leucod.* weißbunt	14
301	H	*typica* R	13
487	F	*leucod.* grüner Trieb	3
488	F	*typica* R	1

E. Es wurde auch umgekehrt der Blütenstaub rein weißer Äste zu Bestäubungen verwendet.

Weißbunte *pseudoleucodermis* gab mit solchem Pollen (von Ästen desselben Stockes) im einen Versuch (293, Klon D) 1 grünen und 2 albinotische Sämlinge, im andern Versuch (482, Klon F) 2 albinotische Sämlinge. Das Ergebnis ist also das gleiche wie bei Selbstbestäubung der weißbunten Äste.

F. Bei der Bestäubung der *typica* R mit dem Pollen der weißen Äste erhielt ich das eine Mal (Versuch 312, Pollen von Klon D) 49 grüne Sämlinge, das andere Mal (Versuch 496, Pollen von Klon F) 101 grüne Sämlinge und einen albinotischen. Einer der grünen brachte im zweiten Jahr neben vielen rein grünen auch einen rein weißen Trieb hervor.

Die weißen Äste verhalten sich also, soweit meine Beobachtungen reichen, genetisch genau wie die weißbunten derselben Stöcke, sowohl was die weiblichen als was die männlichen Keimzellen anbetrifft.

3. Rein grüne Triebe.

G. Der Erfolg der Selbstbestäubung war gering: es wurden aber nur grüne Keimlinge erhalten, das eine Mal 13 (Versuch 914, Klon F bestäubt mit Klon D), das andere Mal 15 (Versuch 489, Klon F selbstbestäubt), zusammen also 28.

H. Wie die grünen Äste ferner auch bestäubt wurden, stets war die Nachkommenschaft grün wie bei den entsprechend bestäubten weißbunten Ästen (Tabelle 10, links), und ebenso waren die Bastarde (fast ausnahmslos) grün, wenn ihr Pollen zu Bestäubungen verwendet wurde (Tabelle 10, rechts).

Tabelle 10.

Nachkommen rein grüner Äste der *pseudoleucodermis*-Pflanze bei Fremdbestäubung und als Bestäuber.

Die grünen Äste der *pseudoleucodermis*-Pflanze gaben:

♀ Keimzellen						♂ Keimzellen					
Vers.	Klon	bestäubt mit	Gesamtzahl	grün	albin.	Vers.	Pflanze	bestäubt mit	Gesamtzahl	grün	albin
490	F	*leucod.* C. bunt	67	67		[illegible]	*leucod.* C. grüne Äste	Klon F	103	103	
491	F	*leucod.* C. grüne Äste	53	53		497	*typica* R	Klon F	102	98	4
492	F	*typica* R	68	67	1						

Es ist auffällig, daß die ganz vereinzelten albinotischen Keimlinge stets nur dann beobachtet wurden, wenn die *typica*-Sippe R und der *pseudoleucodermis*-Klon F beteiligt waren. Das traf schon früher bei Vers. 495 und 496 zu, wo der Pollen weißbunter *pseudoleucodermis* und der ihrer rein weißen Äste mit der *typica* R einzelne Albinos gab, und jetzt wieder (Vers. 492, 497). Dies Verhalten bedarf noch der Aufklärung. Die *typica* R hatte nach Selbstbestäubung in einem freilich wenig umfangreichen Versuch (311, mit 48 Keimlingen) nur ihresgleichen hervorgebracht.

Auch hier wurde von einer ganzen Anzahl von Bastarden die zweite Generation hergestellt und aufgezogen. Im folgenden sind die wichtigsten Versuche mitgeteilt.

Nachkommen der Bastarde *f. typica* + bunte Äste der *pseudoleucodermis*-Pflanze.

H. Die zehn aufgezogenen Bastarde aus dem Versuche 46, Klon F bunt + *A. a. ochrida* (S. 833, Tabelle 8), erwiesen sich, bei teilweise zweimaliger Prüfung, alle als Heterozygoten. Sie brachten 19—22 Prozent blasser, nicht lebensfähiger Keimlinge hervor, die meist ausgesprochene Albinos waren, nicht *chlorotica*. Nur selten waren einige deutlich grünliche darunter.

J. Von Versuch 49, *f. typica* R + *st. pseudoleucodermis* Klon F bunt (S. 833), wurden 10 Pflanzen wahllos untereinander bestäubt. 8 davon erwiesen sich als Heterozygoten, die etwa 1/4 bleiche Keimlinge abspalteten, 2 als Homozygoten. Möglicherweise verdankten diese einem Fehler bei der Kastration der *typica*-Blüten ihr Dasein. Vielleicht sind sie auch dadurch entstanden, daß bei dem *st. pseudoleucodermis* einige

Tabelle 11.

F2 des Bastardes *pseudoleucodermis*, bunt, ♀ + *typica* (ochrida) ♂.

Pflanze	1. Versuchsreihe: Vers. Nr.	Gesamtzahl	grün	albinot.	Prozente	2. Versuchsreihe: Vers. Nr.	Gesamtzahl	grün	albinot.	Prozente
A	258	84	64	20	*24*	420	72	46	26	*36*
B	259	77	63	12	*26*	421	75	60	15	*20*
C	260	58	52	16	*10*	422	50	37	13	*26*
D	261	96	73	23	*24*	423	94	73	21	*22*
E	262	47	38	9	*19*	424	90	78	12	*13*
F	263	83	72	11	*13*	425	78	66	12	*15*
G						426	47	39	8	*17*
H	264	99	83	16	*16*	427	88	69	19	*22*
J	265	63	46	17	*27*	428	57	43	14	*25*
K	266	93	73	20	*22*					
Zusammen...		700	564	134	*19*		651	511	140	22

Pollenkörner normal geworden waren, worauf das unter A geschilderte Verhalten des *st. pseudoleucodermis* bei Selbstbestäubung (S. 832) hinweist.

Nachkommen der Bastarde rein weiße Äste der *pseudoleucodermis*-Pflanze + *f. typica*.

K. Als Vers. 301 waren Blüten eines weißen Triebes des Stockes H mit Pollen der *typica* R bestäubt worden und hatten 13 grüne Sämlinge gegeben (S. 834). Diese wurden untereinander bestäubt und stellten sich nach ihrer Nachkommenschaft sämtlich als Heterozygoten heraus.

Tabelle 12.

Nachkommen der Bastarde *st. pseudoleucodermis* weiß ♀ + *f. typica* ♂[1].

Pflanze	Vers.	Gesamtzahl	grün	albin.	in Prozent	Pflanze	Vers.	Gesamtzahl	grün	albin.	in Prozent
301 A	589	98	77	21	*21*	301 H	596	99	79	20	*20*
B	590	97	65	32	*33*	J	597	96	69	27	*28*
C	591	95	73	22	*23*	K	[illegible]	96	77	19	*20*
D	592	98	82	16	*16*	L	599	99	78	21	*21*
E	593	99	79	20	*20*	M	600	100	84	16	*16*
F	594	98	76	22	22	N	601	95	69	26	27
G	595	98	79	19	*19*	Zusammen...		1268	987	281	22.2

[1] Ausgesät wurden je 100 Samen von jedem Bastard.

Nach den mitgeteilten Versuchen müssen wir annehmen, daß bei dem *pseudoleucodermis*-Zustand zwischen der weißen Haut und dem grünen Gewebekern ein Unterschied in den erblichen Anlagen, im Genotypus, vorhanden ist. Die weißbunte Pflanze, respektive deren weiße Haut, aus der auch die Keimzellen hervorgehen, verhält sich ganz so, wie sich ein erblicher, abgespaltener Albino-Sämling verhalten würde, der zur Weiterentwicklung und Keimzellbildung gebracht worden wäre[1]. Die normale Ausbildung der Chloroplasten wird durch das Vorhandensein oder Fehlen eines Genes gehindert, dessen Sitz wir in den Kernen suchen müssen, und das unter bestimmten Umständen, in den Zellen der Scheidewand des Fruchtknotens und in den Samenanlagen und jungen Samenschalen, nicht oder nicht voll wirksam wird.

Es liegt sehr nahe, anzunehmen, daß diese Beschaffenheit des Idioplasmas in den Zellen der subepidermalen Schicht nicht nur das Verhalten der Nachkommenschaft, sondern auch gleich das Aussehen der weißen Schicht selbst bestimmt, die diese Nachkommenschaft hervorbringt. Demnach wäre nicht bloß das Aussehen der Keimlinge, sondern auch das Aussehen der subepidermalen Schicht genotypisch (nicht phänotypisch, wie bei der *leucodermis*-Sippe) bedingt und beruhte auf der gleichen Ursache.

Der grüne Gewebekern dagegen hat die normalen Anlagen zur Chlorophyllbildung, wenn man aus dem Verhalten der rein grünen Äste bunter Pflanzen auf sein Verhalten schließen darf.

Es sind demnach Haut und Innengewebe nicht bloß phänotypisch, sondern auch genotypisch verschieden. Man kann sich vorstellen, daß eine albinotische Homozygote (wie sie der Bastard *typica* + *albinotica* abspaltet) zwar die weiße Haut behalten, aber einen grünen Gewebekern bekommen hat und dadurch existenzfähig geworden ist, oder daß eine *typica*-Homozygote eine weiße Haut bekommen hat, oder daß eine Heterozygote *typica* + *albinotica* vegetativ aufgespalten wurde. So oder so muß bei Bildung der *pseudoleucodermis*-Periklinalchimäre eine dauernde Änderung des Genotypus, wenn man will, eine Mutation, eingetreten sein, denn sie liefert einen mendelnden Charakter.

Völlig unwiderruflich ist diese Änderung jedoch nicht.

Wie im Rand der Kelchblätter bei den rein weißen Trieben inselartig grüne Gewebestreifen auftreten, treten wahrscheinlich auch an

[1] Ein Aufziehen der *albinotica*-Sämlinge durch Pfropfen auf eine normale Unterlage ist bei ihrer Zartheit wohl kaum möglich. Ich benütze die Gelegenheit, um mitzuteilen, daß ich die *xantha*-Sämlinge der *Mirabilis Jalapa*, die nur auf *typica* gepfropft am Leben blieben und weiterwuchsen (1918, S. 237), inzwischen gut zum Blühen und auch zum Fruchten bringen und so zu Versuchen verwenden konnte.

den Plazenten einzelne Samenanlagen auf, die nicht nur eine grüne subepidermale Zellschicht, sondern auch eine Eizelle mit der *typica*-, nicht der *albinotica*-Anlage enthalten, wie es sonst der Fall ist. Vielleicht entstehen auch entsprechend in »grün« veränderte Pollenkörner. Würden etwa 9 Prozent derartiger normal gewordener Keimzellen gebildet, so ließen sich darauf die 17 Prozent grüner Sämlinge zurückführen, die bei der Selbstbefruchtung der bunten *pseudoleucodermis*-Triebe entstanden (S. 832). Ebenso die zwei grünen Homozygoten unter den 20 Bastarden zwischen *f. typica* und *st. pseudoleucodermis* (Vers. 46 und 49, S. 835). Auffallen muß dagegen, daß, wie wir noch sehen werden, all die Bastarde mit dem *st. leucodermis* (der genetisch *typica* + *chlorotica* ist) Heterozygoten waren (siehe unten).

Die Vorstellung, daß die Haut des *st. pseudoleucodermis* genetisch eigentlich ein Albino ist, steht und fällt, wie andere, mit der Annahme, daß jene Keimzellen, die bei der Befruchtung beteiligt sind, eine richtige Probe aller gebildeten Keimzellen darstellen und ebenso die Keimlinge eine richtige Probe aller gebildeten Embryonen. Bewiesen ist sie nicht, es spricht aber auch nichts gegen sie[1].

III. Die Bastarde zwischen dem Status leucodermis und dem Status pseudoleucodermis.

Die erste Generation ist schon beschrieben worden. *Leucodermis* ♀ + *pseudoleucodermis* ♂ gibt (S. 825) nur albinotische Sämlinge, die umgekehrte Verbindung, *pseudoleucodermis* ♀ + *leucodermis* ♂, nur grüne (S. 832), obwohl *leucodermis* genetisch eine *typica* + *chlorotica*, *pseudoleucodermis* eine *albina* ist.

Es konnte nur von der zweiten Verbindung die zweite Generation gezogen werden. Da sie mir besonders wichtig schien, waren sämtliche fünf Klone des *st. pseudoleucodermis* mit dem Pollen der *leucodermis* C bestäubt worden (S. 833), und es wurden auch von allen fünf Verbindungen Bastarde großgezogen und innerhalb jeder Verbindung gegenseitig bestäubt. Sie erwiesen sich ausnahmslos — zusammen 161! — als Heterozygoten, die annähernd 1/4 bleiche Keimlinge abspalteten, und zwar deutlichst *albinotica* und *chlorotica* neben zahlreichen fraglichen. Ganz einzeln traten sektorial bunte Sämlinge auf (Fig. 5).

Fig. 5. Sektorial weißbunter Keimling der *Arabis albida* aus Versuch 524. Vergr. 2.5:1. Dr. O. Römer gez.

[1] Vgl. dazu Correns 1902 und vor allem Renner 1917 und Correns 1918

Tabelle 13.
Genotypus der Bastarde zwischen *st. pseudoleucodermis* bunt und *st. leucodermis* bunt ♂, nach dem Verhalten bei Inzucht.

Versuchsnummer	Bastarde	Gesamtzahl	nach den Nachkommen sind Homoz.	Heteroz.
30	D+C	49		49
201	D+C	25		25
44	E+C	22		22
207	F+C	22		22
208	G+C	22		22
299	H+C	21		21
Zusammen..		161		161

Im nachfolgenden bringe ich wenigstens für einen Versuch (44) die Einzelergebnisse in Tabellenform (S. 840), zugleich mit den Resultaten, die die Bestäubung der — natürlich kastrierten — Blüten derselben Bastardpflanzen mit dem Pollen ihrer beiden Eltern — *pseudoleucodermis*, Klon D, bunt und *leucodermis* C, bunt — gegeben hat[1].

Man sieht zunächst, die Inzucht hat stets neben grünen auch bleiche Sämlinge gegeben, im Durchschnitt sehr annähernd 25 Prozent. — So leicht die Unterscheidung der beiden bleichen Keimlingstypen ist, wenn man z. B. nach Selbstbestäubung die Nachkommenschaft eines grünen Astes einer *leucodermis*-Pflanze mit der eines bunten Astes einer *pseudoleucodermis*-Pflanze vergleicht, so unsicher ist ihre Abgrenzung bei der Nachkommenschaft des Bastardes beider Periklinalchimären, wohl wegen der heterozygotischen Natur eines Teiles der Nachkommen. Immerhin könnte das Verhältnis 1 »gute« *chlorotica* : 2 schwächere *chlorotica* : 1 *albinotica* vorliegen.

Ebenso sind durch die Bestäubung mit dem Pollen des *pseudoleucodermis*-Elter stets mehr oder weniger viel blasse Sämlinge entstanden, zum Teil auffallend viel, öfters etwa 50 Prozent. Die Zahlen sind freilich meist sehr klein. Einerseits waren es sicher *albinotica*, anderseits fragliche *chlorotica*.

Die Bestäubung mit dem Pollen des *leucodermis*-Elters hat dagegen ein zwiefaches Resultat gegeben. Ein Teil der F1-Pflanzen — 13 an der Zahl — gab neben grünen ebenfalls mehr oder weniger viel

[1] Sehr auffällig war, wieviel besser die Bastarde mit dem *leucodermis*-Elter als mit dem *pseudoleucodermis*-Elter ansetzten. Es spricht sich das in der Tabelle 14 im Umfang der einzelnen Versuche aus.

Tabelle 14.

Nachkommen der Bastarde *st. pseudoleucodermis* ♀ + *st. leucodermis* ♂ bei (Selbstbestäubung und) inzucht und bei Bestäubung mit dem Pollen der Eltern.

Versuchs-pflanze	Mit den Nachbarn bestäubt			Bestäubt mit dem Elter D (*pseudoleuc.*)			Bestäubt mit dem Elter C (*leucodermis*) entweder			oder	
	grün	blaß	Prozent	grün	blaß	Prozent	grün	blaß	Prozent	grün	blaß
44 A	154	28	*15*	5	5	*50*				79	
B	117	21	*15*	28	3	*9.7*				82	
C	149	43	*22*	5	12	*71*				101	
D				3	6					95	
E	113	66	*37*	2	5		132	30	*19*	—	
F	145	39	*21*	12	10	*45*				86	
G	130	36	*22*	3	2		68	14	*17*		
H	12	1	*8*	1			15	6	*29*		
J	141	29	*17*	3						80	
K	130	66	*31*	22	4	*15*	147	33	*18*		
L	43	14	*25*	6	4	*40*					
M	103	66	*39*	5	6	*55*	132	57	*30*		
N	146	33	*18*	4	2		98	29	*23*		
O	143	48	*25*	24	14	*37*	149	43	*22*		
P				2	1		25	12	*32*		
Q	116	44	*28*	1	1		29	3	*9*		
R	24	14	*37*	4	3		110	29	*21*		
S	147	39	*21*	4	2					92	
T	148	42	*22*	8	7	*47*				62	
V	135	63	*32*	2		—	151	39	*21*		
X	154	31	*17*	10	10	*50*	33	7	*18*		
Y	124	53	*30*	13	7	*35*	83	32	*28*		
Zusammen . .	2374	776	*24.64*	167	104	*38.4*	1370	334	*19.6*	760	

blasse Sämlinge, und zwar, soweit sich das bestimmen ließ, lauter *chlorotica*, im Durchschnitt etwa 20 Prozent. Ein Teil — 9 — gab dagegen nur grüne Sämlinge.

Denkt man aber daran, daß das *leucodermis*-Elter genetisch eine *chlorotica*-abspaltende Heterozygote ist, und zwar eine Monohybride, so erklärt sich das Auftreten von zweierlei Bastarden ohne weiteres. Es ist dann eher auffallend, daß sich diese zweierlei Bastarde bei der Inzucht und der Bestäubung mit dem *leucodermis*-Elter nicht (deutlicher) verraten als, wahrscheinlich, in der Prozentzahl abgespaltener bleicher Keimlinge.

Da die Keimzellen des *pseudoleucodermis*-Zustandes (fast) alle die *albinotica*-Anlage, die des *leucodermis*-Zustandes zur Hälfte die *chlorotica*-Anlage enthalten, die Bastarde aber alle grün sind, müssen die Keimzellen des einen Zustandes ein Gen enthalten, das mit einem Gen des anderen Zustandes zusammen grün gibt, sooft *albinotica*- und *chlorotica*-Keimzellen zusammentreffen[1]. Dies Verhalten beweist nochmals, daß *albina* und *chlorotica* wirklich zwei genetisch verschiedene Sippen sind und nicht etwa Modifikationen desselben Genotypus.

Im besonderen sind die Verhältnisse offenbar recht kompliziert und bei der starken Neigung zur Selbststerilität auch nur allmählich zu klären. Ich gehe auf meine einschlägigen Versuche noch nicht ein.

IV Die Entstehung neuer Periklinalchimären. Der chlorotidermis- und chlorotipyrena-Zustand.

A. Eine neue pseudoleucodermis.

Bei Versuch 44 — *pseudoleucodermis*-Pflanze E, bestäubt mit *leucodermis* C (S. 833) — war unter andern eine grüne Pflanze, B, entstanden, an der im zweiten Jahr (1916) einer von den 5 Haupttrieben sektorial bunt war. (Im ersten Jahr war an dem Sämling nichts aufgefallen, wahrscheinlich war er schon damals schwach bunt gewesen.) Der bunte Trieb stellte sich zu 2/5 des Umfanges als eine weißhäutige Periklinalchimäre, zu 3/5 homogen grün dar. Die Seitentriebe waren, je nach dem Blatt, zu dem sie gehörten, ganz grün, ganz bunt oder sektorial grün und bunt. Fig. 6 gibt einen Grundriß des Sprosses zur Zeit, als er bemerkt wurde.

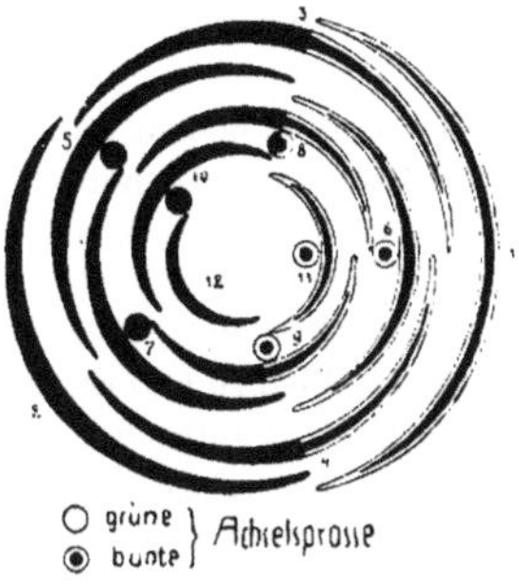

Fig. 6. Grundriß eines sektorial und periklinal zu 2/5 weißbunten Sprosses der *Arabis albida*.

Die übrigen, rein grünen Haupttriebe gaben, wie schon in Tabelle 14, S. 840 mitgeteilt wurde, mit den Nachbarpflanzen bestäubt, also bei Inzucht, auf 117 grüne 21 blasse Sämlinge, also 15 Prozent, mit dem *st. pseudoleucodermis* (Klon D statt E) auf 28 grüne 3 blasse Sämlinge, also 10 Prozent und mit dem *st. leucodermis* C nur 82 grüne und keinen blassen Sämling.

Die Ergebnisse der Bestäubungsversuche am und mit dem sektorialbunten Trieb sind in Tabelle 15 zusammengestellt. Die Pflanze war ziemlich stark selbststeril.

[1] Die Annahme, daß die Kombination *albinotica + chlorotica* nicht gelingt oder keine reifen Samen mit keimfähigen Embryonen liefert, halte ich für ganz ausgeschlossen. Sie soll aber doch noch geprüft werden.

Tabelle 15.

Bestäubungsversuche mit dem sektorial weißhäutigen Sproß von Pflanze 44B.

Vers. Nr.	P_1 ♀ (Keimzellen)	P_1 ♂ (Keimzellen)	F_1 Gesamtzahl	F_1 grün	F_1 blaß	F_1 Prozent
[illegible]	44 B bunt	44 B bunt	13	2	11	*85*
	"	?	15	8	7	*47*
		pseudoleucod. D bunt	9	4	5	*56*
[illegible]	"	" F weiß	18	6	12	*66*
[illegible]	"	*leucodermis* C bunt	79	79	—	—
479	*leucodermis* C ♀ grün	44 B bunt	97	97	—	—
[illegible]	44 B sektor. bunte Schoten	?	10	5	5	*50*
	44 B grün	44 B grün	41	33	8	*20*
[illegible]	"	*leucodermis* C bunt	10	10	—	—

Es ist wohl klar, daß die an dem Sämling *pseudoleucodermis* + *leucodermis* — und zwar an einem, der mit *leucodermis* nur grüne Nachkommen gab — entstandene, neue Periklinalchimäre eine *pseudoleucodermis* ist. Denn die Selbstbestäubung gibt vorwiegend Albinos, die Bestäubung mit der alten *pseudoleucodermis* Albinos und grüne Sämlinge, die mit *leucodermis* nur grüne.

Ein besonders schöner bunter Seitentrieb wurde abgelöst und als Steckling behandelt. Die daraus gezogene, kräftige Pflanze hat aber weder 1918 noch 1919 geblüht.

B. Status chlorotidermis und st. chlorotipyrenus.

Bei Versuch 26 — grüner Klon der *leucodermis*-Pflanze C, bestäubt mit bunter *pseudoleucodermis*, Klon D — waren (S. 833) außer 77 ganz grünen Sämlingen auch 3 aufgetreten, die deutlich bunt waren. Einer wurde bald ganz grün, zwei blieben aber wenigstens teilweise bunt, und zwar auf gelbgrünem, *chlorina*-artigem Grund typisch grün, so daß ich zuerst eine *variegata*-Sippe erhalten zu haben glaubte. Es stellte sich aber bald heraus, daß das Gelbgrün nicht mit echter *chlorina*, sondern mit der *chlorotica* übereinstimmte, wie sie uns aus der Nachkommenschaft der *leucodermis*-Pflanzen bekannt ist. — Ursprünglich waren die Keimlinge mehr oder weniger sektorial bunt gewesen; die Seitensprosse wurden aber bald teilweise zu Periklinalchimären. Dementsprechend traten auch rein grüne und *chlorotica*-Triebe auf.

Es war also ein neuer Periklinalchimären-Typus entstanden, der *status chlorotidermis*[1] heißen mag und sich von *st. leucodermis* und

[1] Der kürzere Name *chlorodermis* soll für den noch nicht beobachteten, aber immerhin möglichen Zustand zurückgestellt bleiben, der über einem normal grünen Kern eine richtige *chlorina*-Haut hat. — Da sich der *chlorotidermis*-Zustand ferner

st. pseudoleucodermis von vornherein eben dadurch unterscheidet, daß seine »Haut« nicht albinotisch, sondern chlorotisch ist. Der anatomische Bau ist ganz der gleiche, nur sind in den hellgrünen Teilen die Chloroplasten, statt fast oder ganz farblos und später desorganisiert, nur kleiner, blaßgrün und desorganisieren sich nur zum Teil. Die Grenze dem normal grünen Gewebekern gegenüber ist nicht immer ganz scharf; den Übergang vermitteln Zellen mit größeren, schöner grünen Chloroplasten, als sie die *f. chlorotica* hat. — Mit dem Alter wird der Gegensatz zwischen hell- und dunkelgrün schärfer, zuletzt, wenn die Chloroplasten desorganisiert sind, kann ein solches Blatt einem weißhäutigen recht ähnlich aussehen.

Näher untersucht wurde nur eine Pflanze; auch sie zeigte ziemlich starke Selbststerilität. Der Erfolg einiger Bestäubungsversuche ist in Tab. 16 mitgeteilt.

Tabelle 16.

Bestäubungsversuche mit der ersten *chlorotidermis*-Pflanze.

Vers. Nr.	P_1 ♀ (Keimzellen)	P_1 ♂ (Keimzellen)	F_1 Gesamtzahl	grün	bunt	blaß	Prozent
199	*chlorotidermis* bunt	*chlorotidermis* bunt	6	4	1	1	17
322	"	s. s. überlassen	2	1			—
320	"	*pseudoleucodermis* bunt, Klon F	22	3	12	7	32
321	"	"	55	16	11	28	51
323	*chlorotidermis*, grüner Ast	s. s. überlassen	10	6		4	40

So lückenhaft die Versuche einstweilen auch noch sind, eins ist schon sicher: der *chlorotidermis*-Zustand verhält sich genetisch mehr wie der *pseudoleucodermis*- als wie der *leucodermis*-Zustand. Denn die *chlorotica*-Eigenschaft wird nicht direkt durch das Plasma der Eizelle weitergegeben.

Nicht recht verständlich ist einstweilen, daß die *chlorotidermis* mit der *pseudoleucodermis* nicht nur grüne Sämlinge gegeben hat, wie man nach dem Ausfall der Verbindung *pseudoleucodermis* + *chlorotica* (der Hälfte der Bastarde *pseudoleucodermis* + *leucodermis*, S. 832) erwarten konnte.

Auffallend ist ferner die große Zahl (sektorial) *chlorotica*-bunter Sämlinge nach dieser Bestäubung (Versuch 320, 321). 25 wurden aufgehoben. Die Mehrzahl war das Jahr darauf ganz grün, nur sechs

genetisch, wie oben gezeigt werden wird, wie eine *pseudoleucodermis*-Periklinalchimäre verhält, hätte es etwas für sich gehabt, sie *pseudochlorotidermis* zu nennen, um das gleich im Namen auszudrücken.

blieben bunt, zwei schwach und vier stark, und an ihnen traten, neben der gewöhnlichen Scheckung und ganz grünen und ganz *chlorotica*-Trieben. Äste auf, die Periklinalchimären waren, wieder solche mit blasser Haut und grünem Kern, also *chlorotidermis*, und daneben die Umkehrung mir grüner Haut und blassem Kern, also *chlorotipyrena*. Beides kam an derselben Pflanze (z. B. 321 C und F) vor, mit allerlei Kombinationen, z. B. *chlorotica*- und *chlorotipyrena*-Sektoren, nebeneinander.

Es wurden eine Anzahl Bestäubungen ausgeführt, deren Ergebnis in der folgenden Tab. 17 zusammengestellt ist, soweit sie eine größere Nachkommenschaft gegeben haben.[1]

Tabelle 17.
Bestäubungsversuche mit den *chlorotica*-bunten Sämlingen aus Versuch 321 und 322.

Vers. Nr.	P_1 ♀ (Keimzellen)	P_1 ♂ (Keimzellen)	F_1 Gesamtzahl	grün	bunt	blaß	Prozent
[illegible] bis [illegible]	*chlorotiderm.* F	*chlorotiderm.* F	20	3	1	16 (c)	80
[illegible]	*chlorotimacul.* F	*chlorotimacul.* F	38	37	1	— —	—
[illegible]	„ D	„ F	21	13	3	5 (c)	24
[illegible] 904	„ D	„ D	26	12	2	12 (8a 4c)	46
[illegible]	F	D	7	2	1	4 (c)	57
[illegible]	*chlorotipyr.* C	*chlorotipyr.* C	23	18		5 (c)	22
[illegible]	grün B	grün B	55	43		12 (a)	22
[illegible]	„ C	„ C	29	20		9 (c)	31
[illegible]	„ C	„ F	49	49	—	— —	—
[illegible]	„ D	„ F	20	20		—	
	„ F	„ F	16	16		— —	—
[illegible]	„ F	„ D	15	15			

a = *albinotica*-} Keimlinge.
c = *chlorotica*-}

Nach dem erblichen Verhalten der grünen Triebe sind die bunten Pflanzen fast alle Heterozygoten, die außer *typica* entweder *albinotica* (B) oder *chlorotica* (C) oder beides (D) abspalten[1]. Nur eine Pflanze (F) ist wohl sicher eine *typica*-Homozygote.

[1] Bei ihrer Abstammung (*leucodermis* grün + *pseudoleucodermis*) ist das nicht weiter wunderlich.

Die geflecktbunten Triebe bringen, in schwankendem Verhältnis, grüne und *chlorotica*-Sämlinge hervor, neben einigen bunten. Vielleicht liegt eine Parallelform zur *albomaculata*-Sippe, eine *chlorotimaculata*, vor; dieser Punkt bedarf noch besonders der Nachprüfung.

Die *chlorotidermis* gibt also, wie eine *pseudoleucodermis*, bei (Inzucht und) Selbstbestäubung ganz überwiegend blasse, hier aber *chlorotica*- (nicht *albinotica*-)Nachkommen.

Die *chlorotipyrena* verhält sich wie die ganz grünen Teile (weil ihre Keimzellen aus Schichten normalgrünen Gewebes stammen).

Die Fortsetzung der Versuche hat also die Annahme, daß die *f. chlorotidermis* eine Parallelform zu der *f. pseudoleucodermis* sei, bestätigt.

Ich verzichte darauf, schon an dieser Stelle die drei *Arabis*-Periklinalchimären untereinander und mit Baurs *st. albotunicatus* zu vergleichen und verweise auf den Schluß der Abhandlung, wo das nach Besprechung eines vierten Periklinalchimären-Typus geschieht.

Auf die Existenz noch eines Periklinalchimären-Typus bei *Arabis albida* weist vielleicht eine Beobachtung von De Vries hin (1901, S. 613), wenn die dort besprochene weißbunte *Arabis alpina* wirklich eine Periklinalchimäre war[1]. Er gibt an, die Nachkommenschaften bunter und grüner Zweige nach künstlicher Isolierung getrennt aufgezogen und von den bunten Zweigen 90 Prozent, von den grünen 2—10 Prozent »bunte und chlorophyllose« Keimlinge erhalten zu haben. Hätte der *st. leucodermis* vorgelegen, so hätten die bunten Zweige nur chlorophyllose Keimlinge geben dürfen; hätte es sich um unseren *st. pseudoleucodermis* gehandelt, so hätten die grünen Zweige nur grüne Keimlinge geben dürfen. Vielleicht lag eine Parallelform zu dem *pseudoleucodermis*-Zustand vor aber, statt mit einem homozygotisch grünen mit einem heterozygotisch weiß + grünen Kern, und zwar dem einer Dihybride mit zwei Faktoren für Grün, von denen jeder für sich schon typisches Grün gibt. So erklärten sich die 2—10 Prozent weißer Sämlinge in der Nachkommenschaft der grünen Zweige; verlangt wären 6.25 Prozent.

[1] Stutzig kann die große Leichtigkeit (a. a. O. S. 614) machen, mit der diese Art »Knospenvariationen hervorbringt, sowohl bunte Zweige aus grünen, als auch grüne aus bunten. Das erstere Verhalten habe ich an einmal grün gewordenen nie beobachtet«.

2. Aubrietia »graeca« leucodermis und A. »purpurea« leucodermis.

Die *Aubrietia* »*graeca*« (Pflanze A) und ihre weißbunte Form »*foliis variegatis*« (Pflanze B) war von der Firma G. Arends in Ronsdorf (Rheinland) bezogen worden. *A. purpurea* (Pflanze C) von Otto Mann in Leipzig und die weißbunte *A. pu.* »*foliis variegatis*« von Haage und Schmidt in Erfurt. Für die richtige Bestimmung innerhalb der Gattung kann ich keinerlei Bürgschaft übernehmen. Die beiden Pflanzen A und B gehörten entschieden zusammen, C und D waren dagegen, auch abgesehen von der Färbung der Blätter, sicher verschieden. So hatte C Schötchen mit lanzettlicher, spitzer, D solche mit viel breiterer, länglicher, stumpfer Scheidewand.

Die Fruchtbarkeit mit eigenem Pollen war bei A und B ziemlich gut, bei C und D fast null oder null.

Beide weißbunten Sippen, B und D, waren ganz typische Periklinalchimären, genau wie der *leucodermis*-Zustand der *Arabis albida*. Auch die Verteilung von Weiß und Grün an den Schötchen entsprach der an den Schoten der *Arabis albida leucodermis*: Entlang der Ansatzstelle der Scheidewand zog sich das Grün bis zur Basis des farblosen Griffels hinauf, wenn auch oft nur als ganz schmaler Streifen, während das Weiß umgekehrt auf den Klappen bis fast zur Basis des Schötchens ging, mehr oder weniger in Längsstreifen aufgelöst.

Rein weiße Triebe wurden wiederholt bei beiden bunten Sippen gefunden, kamen aber nie zum Blühen; rein grüne fanden sich bei der Sippe B. Zwei kamen zur Blüte und wurden als Stecklinge weitergezogen: sie blieben konstant grün.

In Tab. 18 sind die einzelnen Versuche, die ich mit den vier Sippen angestellt habe, und ihre Ergebnisse zusammengestellt.

Beide grünen und beide weißbunten Sippen verhalten sich offenbar in allen uns hier interessierenden Punkten völlig gleich, so verschieden sie sonst sind.

Die grünen Sippen, sicher A und wohl auch C, bringen nur ihresgleichen hervor, sind also Homozygoten.

Die Periklinalchimären B und D geben nur gelblichweiße, nicht lebensfähige Sämlinge, wie immer sie auch bestäubt werden mögen. Ihr Pollen überträgt die Weißkrankheit dagegen nicht, wenigstens nicht direkt: er gab bei allen Bastardierungen mit den grünen Sippen nur grüne Nachkommen. Die Weißkrankheit wird also durch das Plasma der Eizelle übertragen.

Die grün gewordenen Äste der bunten Sippe B endlich verhielten sich in allem genau wie die grüne Sippe A, waren also *typica*-Homo-

Tabelle 18. Bestäubungsversuche mit den grünen (A, C) und weißbunten (B, D) *Aubrietia*-Sippen.

Versuchsnummer	P_1 Keimz.	P_1 ♂ Keimz.	F_1 grün	F_1 weiß	Versuchsnummer	P_1 Keimz.	P_1 ♂ Keimz.	F_1 grün	F_1 weiß
1, 4, 7	A grün	A grün	50		[illegible]	A grün	B bunt	75	
20	C grün	C grün	1		11	A grün	D bunt	38	
	A grün	C grün	34		16	C grün	B bunt	95	
	C grün	A grün	206		21	C grün	D bunt	.92	
14	B bunt	B bunt		17	15	B bunt	A grün		14
24	D bunt	B bunt		83	23	D bunt	A grün		23
	D bunt	D bunt			25	D bunt	C grün	—	25
					18	B grüne Äste	B grüne Äste	96	
					13	B grüne Äste	B bunte Äste	58	---
					18, 17	B grüne Äste	D bunt	178	
					12	A grün	B grüne Äste	9	--
					26	D bunt	B grüne Äste	—	6

zygoten, sowohl wenn sie die weiblichen als wenn sie die männlichen Keimzellen für eine Verbindung lieferten.

Obschon nun die zweite Generation der Bastarde normal grün ♀ + weißbunt ♂ noch nicht aufgezogen worden ist, unterliegt es kaum einen Zweifel, daß die beiden weißbunten *Aubrietia*-Sippen völlige Parallelformen zu der *leucodermis*-Sippe der *Arabis albida* sind, nicht nur im Bau, wie wir schon sahen, sondern auch im genetischen Verhalten. Der einzige Unterschied ist der, daß der Gewebekern hier eine *typica*-Homozygote ist, während er bei der *Arabis albida leucodermis* eine Heterozygote *typica* + *chlorotica* ist. Auf diesen Punkt will ich einstweilen nicht zuviel Gewicht legen. Denn die Bildung der Periklinalchimären trifft ja bei beiden Gattungen, *Aubrietia* und *Arabis*, nach unserer Annahme nicht die genetische Veranlagung der Zellen (wie bei den *pseudoleucodermis*-Zustand), sondern direkt den Zellinhalt, ausschließlich des Kernes. Das Material, aus dem die Chimären entstehen, spielt dabei vielleicht gar keine wesentliche Rolle. Dann, und um die Nomenklatur nicht zu schwerfällig zu machen, sollen die Periklinalchimären der beiden bunten *Aubrietia*-Sippen einfach auch *st. leucodermis* heißen, wie es in der Überschrift des Absatzes schon geschehen ist.

3. Mesembryanthemum cordifolium albopelliculatum.

Von dieser bunten Sippe erhielt ich durch die Firma Haage und Schmidt 1914 Pflanzen unter dem Namen *M. c. foliis variegatis*. Zum Vergleich zog ich die typisch grüne Sippe aus Samen, die aus derselben Quelle stammten: von 40 unter sich gleichen Sämlingen wurde ein halbes Dutzend großgezogen.

Die Blätter des *albopelliculatus*-Zustandes sehen ganz denen eines *leucodermis*- oder *albotunicatus*-Zustandes gleich. Sie sind vom Rande aus mehr oder weniger weit weißlich gefärbt, gewöhnlich mit nicht sehr deutlichen Abstufungen. Der Querschnitt lehrt, daß unter der Epidermis beidseitig eine weiße Haut verläuft, die oberseits — um eine Zellschicht — dicker zu sein pflegt als unterseits und stufenförmig gegen den weißen Rand zunimmt. Die Epidermis ist normal, denn die Spaltöffnungen haben normale, chlorophyllführende Schließzellen.

Diesem Bilde des Blattquerschnittes entspricht das des Stengelquer- oder -längsschnittes nicht recht. Die subepidermale Schicht führt hier zwar kleinere, aber noch entschieden grüne Chloroplasten, so daß sie sich lange nicht so auffällig von dem tiefer liegenden normalen Gewebe abhebt, wie im Blatt die entsprechenden farblosen Schichten von dessen grünen Kern. Das ist besonders deutlich, wenn man radiale Längsschnitte[1] durch nicht zu alte Stengel mit Querschnitten durch die darüberstehenden, also etwas jüngeren Blätter vergleicht. Man würde die Stengelschnitte kaum für Schnitte durch eine Periklinalchimäre halten, besonders da auch bei der *f. typica* die Chloroplasten der Rindenzellen nach außen merklich kleiner werden.

Die Kelchblätter verhalten sich im wesentlichen wie die Laubblätter: wo sie zusammenstoßen, kann ein weißlicher Streifen noch auf die halbe Länge am unterständigen Fruchtknoten herablaufen. — Die Samenanlagen und Plazenten sind von denen der *f. typica* nicht zu unterscheiden.

Das Grün des *st. albopelliculatus* ist deutlich heller als das der typischen Sippe, die Chloroplasten sind kleiner, die Stärkemenge, die unter gleichen Bedingungen gebildet wird, viel geringer. Es sieht ganz so aus, als ob die Weißbuntheit bei einer *chlorina*-Sippe aufgetreten wäre. Die Nachkommenschaft des Bastardes *typica* + *albopelliculata* spricht aber nicht dafür (S. 849), und so ist die *chlorina*-Ähnlichkeit wohl nur als Folgeerscheinung der schlechten Ernährung, also als nicht erbliche Modifikation aufzufassen.

Ich habe an meinem, freilich nicht sehr reichlichen Material weder rein weiße noch rein grüne Triebe gefunden; sie treten also mindestens nicht häufig auf.

Beide Pflanzen, die *f. typica* und der *st. albopelliculata* sind selbstfertil: isolierte Blüten setzen auch ohne Nachhilfe gut an. Die Ka-

[1] Weil die Zellen langgestreckt sind und ziemlich englumig, sind Längsschnitte vorzuziehen. Ich fand es vorteilhaft, sie plasmolysiert zu untersuchen.

stration muß ziemlich frühzeitig, wenn die Petalen einige mm zwischen den Kelchblättern hervorsehen, und sehr sorgfältig ausgeführt werden; sie gelang mir erst nach einiger Übung.

Die Nachkommenschaft des *st. albopelliculatus* besteht nach Selbstbefruchtung aus Sämlingen mit ausgesprochen hellgelbgrünen Kotyledonen, wie bei einer *chlorina*. Sie werden aber bald, ohne das erste Laubblattpaar weiter zu entwickeln, blasser, selbst weißlich, und gehen alle ein. Darin verhalten sie sich also ganz wie die von vornherein weißen Sämlinge des *st. leucodermis* und unterscheiden sich so von den ebenfalls hellgelbgrünen *chlorotica*-Keimlingen. Um eine kurze Bezeichnung zu haben, sollen derartige Keimlinge, denen wir noch mehrfach begegnen werden, *expallescens* genannt werden. Eine Aussaat (Versuch 2) gab 42, eine andere (Vers. 5) nach und nach 139 derartige Keimlinge, beide zusammen 181.

Die beiden reziproken Bastarde mit der typischen Sippe verhalten sich verschieden:

I. *St. albopelliculatus* ♀ + *st. typicus* ♂. Sämtliche 12 Sämlinge (Vers. 4) verhielten sich wie die eben beschriebenen, durch Selbstbefruchtung der Muttersippe entstehenden, waren also blaßgrün und nicht lebensfähig.

II. *St. typicus* ♀ + *st. albopelliculatus* ♂. Alle 21 Sämlinge (Vers. 3) waren grün, genau wie die der Muttersippe, oder ihnen doch ganz ähnlich.

Die zweite Generation konnte nur von dieser zweiten Verbindung aufgezogen werden. 14 Individuen wurden zusammen isoliert und sich selbst überlassen; die Samen entstanden so gut wie sicher ausschließlich durch Selbstbestäubung. Von jeder Pflanze wurden die Samen von 6 Kapseln, als Versuch 6—19, ausgesät; die Sämlinge, bis zu 133 in einer Nummer, insgesamt 910, waren alle grün. Bei einigen wenigen schienen die Kotyledonen etwas bunt, so daß ich den *status albopelliculatus* zu erhalten hoffte; die Laubblätter wurden aber immer normal und homogen grün. In der Intensität des Grüns waren starke Schwankungen vorhanden, die aber nicht genetisch bedingt, sondern Modifikationen waren. Meine Erwartung, eine *chlorina* auftreten zu sehen, wurde nicht erfüllt[1].

Zusammenfassend können wir sagen: Der *status albopelliculatus* zeigt nur in den Laub- und Kelchblättern das typische Verhalten einer Periklinalchimäre nach Art des *leucodermis*-Zustandes, während die Stengel, die diese weißhäutigen Blätter tragen, mehr normal gebaut sind.

In der Vererbung kommt der *albopelliculatus*- wie der *leucodermis*-Zustand am nächsten dem *st. albomaculatus*, etwa von *Mirabilis*

[1] Eine nochmalige Aussaat von 4 Nummern gab heuer dasselbe Resultat.

Jalapa, indem der albinotische Zustand nur direkt durch das Plasma der Eizelle übertragen wird. Unterscheidet sich aber, wie der *st. leucodermis*, durch das Fehlen bunter und rein grüner Sämlinge, wie sie dort beobachtet werden. Diese Differenz kann durch die verschiedene Verteilung des weißen Gewebes bedingt sein, das bei dem *st. albopelliculatus* bei den Fruchtblättern so gut wie bei den Kelch- und Laubblättern einen Mantel bilden wird, wie bei einem *st. leucodermis* (wenn er sich auch nicht direkt in den Plazenten und Samenanlagen erkennen läßt), und nicht wie bei dem *st. albomaculatus* ein gröberes oder feineres Fleckenmosaik, das sich auch über die Keimzellen erstreckt.

Der *albotunicatus*-Zustand weicht dadurch ab, daß er die Weißbuntheit einerseits auch durch den Pollen überträgt, und andererseits die Verbindung *st. albotunicatus* ♀ + *typicus* ♂ grüne und bunte, nur einzeln albinotische Sämlinge gibt. Auch der *pseudoleucodermis*-Zustand ist verschieden dadurch, daß bei ihm die Eizelle die Weißkrankheit nicht direkt überträgt. Der *leucodermis*-Zustand endlich, dem er am nächsten steht, unterscheidet sich durch die Beschaffenheit seiner Keimlinge, die nicht hellgrün, sondern von vornherein albinotisch sind, durch die Seltenheit oder das Fehlen rein weißer und rein grüner Triebe, und, worauf ich aber nicht viel Gewicht legen möchte, durch die heterozygotische Veranlagung. Alle drei haben außerdem auch im Stengel eine ebenso weiße Haut wie im Blatt.

Der *status albopelliculatus* hat ein besonderes theoretisches Interesse dadurch, daß die Ausbildung der subepidermalen Zellschicht deutlichst von Einflüssen abhängig ist, die außer ihr liegen. Jedesmal bei dem Hervorwachsen eines Blatthöckers muß bestimmt werden, daß die Plastiden in ihr bald desorganisiert werden, während sie sich beim Entstehen einer Sproßanlage und beim Ausbilden der Internodien unter Ergrünen wesentlich normaler entwickeln. Im Prinzip ist das für uns freilich nichts Neues, haben wir doch schon gesehen, daß bei dem *st. pseudoleucodermis* und *leucodermis* der *Arabis albida* die subepidernale Zellschicht, die sonst streng, im Blatt und Stengel, weiß ist, in den Samenanlagen so grün wird wie bei der typisch grünen Sippe.

4. Glechoma hederacea pseudoleucodermis(?).

Die Untersuchungen über diese Sippe sind leider ganz unvollständig geblieben; die wenigen Ergebnisse machen aber doch die Zugehörigkeit zum *st. pseudoleucodermis* wahrscheinlich.

Zu den Versuchen wurden Pflanzen aus dem Schloßgarten zu Münster (Westf.) und solche von der Firma O. Mann in Leipzig benutzt. Beide stimmten vollkommen überein, so daß sie gut Klone desselben physiologischen Individuums sein konnten. Vor allem waren sie rein weiblich, mit sehr kleinen Kronen.

Im anatomischen Bau waren sie echte Periklinalchimären: in Stengel, Blatt, Blattstiel und Kelch war mindestens eine Zellschicht, die subepidermale, vollständig farblos.

Zur Bestäubung der weißbunten weiblichen Stöcke wurde der Pollen normaler wildwachsender, zwittriger Pflanzen verwendet. Der Ansatz war sehr schlecht. Bei einem Versuch (1911) gaben 5 anscheinend normale Klausen nur 2 Sämlinge, beim andern (1916) 20 Klausen 9 Sämlinge[1]. Alle 11 waren rein grün und, bis auf einen zwittrigen, wieder weiblich, wie das zu erwarten war.

Die paar Klausen, die ich durch reichliche Selbstbestäubung der zwittrigen Pflanze erzielt hatte, keimten nicht.

Da wir nur bei dem *pseudoleucodermis*-Zustand gefunden haben (S. 832), daß die Bestäubung weißbunt♀ + typischgrün ♂ lauter grüne Sämlinge gibt, ist es gut möglich, daß die *Glechoma*-Periklinalchimäre auch ein *st. pseudoleucodermis* ist.

5. Vergleich der verschiedenen Periklinalchimären untereinander.

In der Tabelle 19 ist der Versuch gemacht, die Unterschiede der mir bekannten fünf genetisch verschiedenen Periklinalchimären — der vier in dieser Mitteilung beschriebenen und dem von Baur studierten *st. albotunicatus* — vergleichend zusammenzustellen, soweit die teilweise noch unvollständigen Untersuchungen reichen.

Dazu sind noch einige Bemerkungen zu machen.

Erstens über die hierbei beobachteten chlorophyllarmen bis chlorophyllfreien Keimlinge. Sie gehören in mindestens vier, genotypisch (nicht phänotypisch) verschiedene Kategorien.

Zunächst gibt es zwei hellgelbgrüne Sippen. Von diesen wächst die eine, die *f. chlorotica*, oft weiter, wenn auch sehr langsam, und kann (mit 20 Prozent Rohchlorophyll) lange, vielleicht einzeln dauernd am Leben erhalten werden. Sie ist genetisch durch eine Anlage (oder das Fehlen einer solchen) bedingt, also erblich im engeren Sinn des Wortes. Die andere Sippe, *expallescens*, von vornherein ebenso hell gelbgrün, bleicht oft bald aus und geht jedenfalls stets zugrunde, ohne mehr als die Kotyledonen entfaltet zu haben. Sie kommt durch direkte Übertragung einer Erkrankung, durch das Plasma der Eizelle, zustande.

[1] Die Erde zur Aussaat war sterilisiert worden.

Tabelle 19. Übersicht der verschiedenen Periklinalchimären.

Status:	*albotunicatus*	*leucodermis*	*pseudoleucodermis*	*chlorotidermis*	*albopelliculatus*
Vorkommen:	*Pelargonium zonale*	*Arabis albida. Aubrietia graeca* und *purpurea*	*Arabis albida. Glechoma hederacea?*	*Arabis albida*	*Mesembryanthemum cordifolium*
Haut und Kern sind differenziert	in Stengel und Blatt gleich scharf	in Stengel und Blatt gleich scharf	in Stengel und Blatt gleich scharf	in Stengel und Blatt gleich scharf	im Stengel schwach, im Blatt scharf
Farbe (Blatt ausgewachsen)	weiß und grün	weiß und grün	weiß und grün	hellgelbgrün und grün	weiß und grün
Nachkommen der bunten Triebe bei Selbstbestäubung	nur weiß	nur weiß. *albina*	überwiegend weiß. *albinotica*, wenige grün	überwiegend hellgrün, *chlorotica*, wenige grün	nur hellgelbgrün, verbleichend, *expallescens*
Nachk. nach Bestäubung bunter Triebe mit Pollen d. *f. typica*. F 1	überwiegend grün, daneben auch bunt	nur weiß. *albina*	nur grün	nur grün?	nur hellgelbgrün. *expallescens*
F 2		—	grün und weiß etwa im Verh. 3 : 1	—	—
Nachk. nach Bestäubung d. *f. typica* mit Pollen bunter Triebe. F 1	überwiegend grün. daneben auch bunt, einzeln weiß	nur grün	nur grün	nur grün	nur grün
F 2	—	nur grün (*Arabis*)	grün und weiß etwa im Verh. 3 : 1	grün und hellgelbgrün im Verh. 3 : 1	nur grün
Nachk. der grünen Äste bunter Pflanzen bei Selbstbestäubung, F 1	nur grün	grün und hellgelbgrün. *chlorotica*. im Verh. 3 : 1 (*Arabis*), nur grün (*Aubrietia*)	nur grün	grün und hellgelbgrün. *chlorotica*. oder grün und weiß. *albinotica*. oder grün und hellgelbgrün und weiß	fehlen
F 2		—	(fast) nur grün	—	—
Nachk. der blassen Äste bunter Pflanzen bei Selbstbestäubung, F 1	nur weiß	?	überwiegend weiß. *albinotica*, wenige grün		fehlen
Also	–	direkte Übertragung	echte Vererbung	echte Vererbung	direkte Übertragung
Der grüne Kern von der Haut im Genotypus	—	nicht verschieden	verschieden	verschieden	nicht verschieden
Der Kern der Periklinalchimäre ist	eine Homozygote. *typica*	eine Heterozygote. *typica* + *chlorotica* (*Arabis*) oder eine Homozygote. *typica* (*Aubrietia*)	eine Homozygote. *typica*	eine Heterozygote. *typica* + *chlorotica*, *typica* + *albinotica* oder *typica* + *chlorotica* + *albinotica*. oder eine Homozygote. *typica*	eine Homozygote. *typica*

Es fehlt den beiden Sippen also nicht die Fähigkeit, Chlorophyll zu bilden, sondern die, genug zu bilden und das einmal gebildete zu erhalten, ganz (*expallescens*) oder sehr oft (*chlorotica*).

Dann finden wir zwei gelblichweiße bis rein weiße, selten merklich grün angehauchte Sippen, die stets bald verhungern. Bei der einen, *albinotica*, ist der Chlorophyllmangel genetisch, durch das Vorhandensein oder Fehlen eines Genes bedingt, bei der andern, *albina*, nur durch die direkte Weitergabe einer Erkrankung durch das Plasma der Eizelle.

Nach dem Aussehen gleich nach der Keimung gehören also *chlorotica* und *expallescens* einerseits, *albinotica* und *albina* andererseits zusammen, nach der Entstehungsweise *chlorotica* und *albinotica* auf der einen Seite und *expallescens* und *albina* auf der andern.

Zweitens. Von den vier neuen Periklinalchimären-Typen gehören ebenfalls je zwei und zwei zusammen.

Zunächst stehen sich *st. leucodermis* und *st. albopelliculatus* sehr nahe. Gemeinsam ist beiden: 1. daß die Eizellen der bunten Triebe unter allen Umständen, wie sie auch befruchtet werden mögen, nur blasse, nicht lebensfähige Sämlinge geben, und 2. daß die männlichen Keimzellen die Weißkrankheit nicht vererben, weder direkt durch Übertragung, noch indirekt durch ein Gen. Die weiße Haut und das grüne Innengewebe stimmen in ihrem Genotypus überein, die Krankheit ist demnach nur phänotypisch bedingt. Beide Zustände sind völlige Parallelformen zu dem *albomaculatus*-Zustand (der *Mirabilis Jalapa*, des *Antirrhinum majus* usw.) und nur verschieden durch die andersartige (periklinale) Verteilung von Weiß und Grün.

Der *st. albopelliculatus* unterscheidet sich von dem *st. leucodermis* durch das Verhalten der Keimlinge (die vom *expallescens*- statt *albina*-Typus sind), die geringere Ausbildung der Weißkrankheit im Stengel, gegenüber der im Blatt, und das Fehlen (oder doch die Seltenheit) rein weißer und rein grüner Triebe.

Ebenfalls sehr nahe zusammen gehören *st. pseudoleucodermis* und *st. chlorotidermis*. Sie unterscheiden sich vielleicht nur dadurch, daß bei dem *pseudoleucodermis*-Zustand in der blassen Hautschicht und in den bei Selbstbefruchtung entstehenden Keimlingen die Chlorophyllbildung viel weitgehender unterdrückt wird als bei dem *chlorotidermis*-Zustand. Der eine hat eine *albinotica*-, der andere eine *chlorotica*-Haut.

Beide stimmen darin überein, daß die blasse Haut und das grüne Innengewebe in ihrem Genotypus verschieden sind. Die blasse Haut verhält sich wie ein Teil einer erblichen blassen Sippe, so daß sowohl die weiblichen als die männlichen Keimzellen die *albinotica*- oder die *chlorotica*-Anlage führen. Bei Selbstbefruchtung entstehen so in der Hauptsache *albinotica*- und *chlorotica*-Keimlinge, und bei der Bastardierung mit einer typisch grünen Sippe auf beiden möglichen Wegen mendelnde Heterozygoten (*typica* + *albinotica* und *typica* + *chlorotica*). Daneben werden von der weißen Schicht wahrscheinlich auch normale (*typica*-) Keimzellen gebildet (etwa 9 Prozent), aus denen bei Selbstbefruchtung der bunten Triebe grüne Nachkommen hervorgehen.

Der grüne Gewebekern enthält dagegen die (aktiven) Anlagen für normales Grün, entweder in homozygotischer oder heterozygotischer Form (grün + blaß unter Dominanz von grün), soweit man das nach den rein grünen Ästen und (bei der *f. chlorotidermis*) nach den »umgekehrten« Periklinalchimären (*st. chlorotipyrenus*) schließen darf.

Ziehen wir nun noch den *st. albotunicatus* zum Vergleich heran, wie er aus Baurs Untersuchungen bekannt ist.

Darin, daß die bunten Triebe bei Selbstbestäubung nur weiße Keimlinge geben, stimmt er mit dem *st. leucodermis* überein. Er weicht aber dadurch ab, daß er, mit *typica*-Pollen bestäubt, neben (sektorial) bunten überwiegend grüne Keimlinge gibt (statt lauter weißer). Ferner darin, daß sein Pollen bei Bestäubung der *f. typica* (statt lauter grüner) neben den in Mehrzahl entstehenden grünen auch bunte und einzelne weiße Keimlinge hervorbringt. In beidem stimmt er aber auch nicht zu dem *st. pseudoleucodermis*, der beide Male nur grüne Nachkommen gibt.

Sehr wichtig wäre, zu wissen, ob die zweite Generation dieser grünen *albotunicata*-Bastarde wieder rein grün ist, wie ich vermute, oder ob sie auch weiße Keimlinge abspaltet.

Ist diese Nachkommenschaft rein grün, so liegt die Schwierigkeit in dem direkten, nicht erblichen Einfluß, den der Pollen auf die Nachkommenschaft haben muß.

Die Annahme Baurs, daß Plastiden aus dem Plasma des Pollenschlauches mit dem generativen Zellkern in das Plasma der Eizelle hinüberwandern, und zwar, je nach der Herkunft des Pollens, ergrünungsfähige oder ergrünungsunfähige, erklärt ja das Verhalten des *st. albotunicatus* vortrefflich. Gegen einen solchen Übertritt spricht zwar das genetische Verhalten des *albomaculatus*- und *leucodermis*-Zustandes, es ließe sich jedoch denken, daß bei der einen Spezies ein solcher Übertritt von Plastiden oder Plasma stattfindet, bei der andern nicht.

Versucht man sich aber die Zerlegung der befruchteten Eizelle mit teils normalen, teils ergrünungsunfähigen Plastiden bei den sukzessiven Zellteilungen auf dem Papier klarzumachen, bis das reinliche Mosaik eines weißbunten Sämlings herauskommt, so häufen sich die

Schwierigkeiten. Deshalb, nicht nur wegen des Auftretens grüner Zellen in der Deszendenz weißer und umgekehrt, scheint mir die ganze Annahme nicht auszureichen.

Jedenfalls stellt der *st. albotunicatus*, einstweilen wenigstens, einen eigenartigen Typus dar.

6. Zusammenfassung der Hauptergebnisse.

1. Drei Typen Periklinalchimären, *status leucodermis*, *st. pseudoleucodermis* und *st. chlorotidermis*, kommen bei *Arabis albida* vor; die zwei ersten fanden sich unter den käuflichen weißbunten Sippen, der dritte Typus entstand im Laufe der Versuche. Der erste wurde auch bei der Gattung *Aubrietia* gefunden, zum zweiten gehört vielleicht die weißbunte *Glechoma hederacea*. Ein vierter Typus, *st. albopelliculatus*, kommt bei *Mesembryanthemum cordifolium* vor.

Der von Baur untersuchte *st. albotunicatus* des *Pelargonium zonale* stellt einen weiteren, fünften Typus dar.

2. a) *St. leucodermis* und *st. albopelliculatus* gehören zusammen. Sie übertragen die Weißkrankheit der subepidermalen Zellschicht nur — aber dann auch stets — durch die Eizellen auf die Nachkommenschaft, nicht durch die männlichen generativen Kerne (direkte Übertragung). Die weiße Haut und der grüne Gewebekern sind genotypisch gleich.

Bei dem *st. albopelliculatus* ist im Stengel der Gegensatz zwischen blasser Haut und grünem Kern viel schwächer als im Blatt. Die absterbenden Keimlinge nach Selbstbefruchtung sind zunächst hellgelbgrün. Rein grüne und rein weiße Äste wurden nicht beobachtet.

b) *St. pseudoleucodermis* und *st. chlorotidermis* gehören ebenfalls zusammen. Sie vererben die Beschaffenheit der blassen subepidermalen Zellschicht durch eine entsprechende Anlage, ein Gen, das gegenüber den Anlagen für typisches Grün rezessiv ist und bei den Bastardierungen mit *typica*-Sippen regelmäßig abgespalten wird. Der grüne Gewebekern hat dagegen die Anlagen für typisches Grün im homozygotischen oder heterozygotischen Zustande. Die blasse Haut und der grüne Kern sind also genotypisch verschieden.

Die blasse Haut ist bei dem *st. pseudoleucodermis* weißlich, bei dem *st. chlorotidermis* hellgelbgrün.

c) Der von Baur studierte *st. albotunicatus* des *Pelargonium zonale* stellt einen weiteren fünften Typus der Periklinalchimären dar.

3. Die blassen Keimlinge, die in der Nachkommenschaft der viererlei Periklinalchimären auftreten, gehören ebenfalls vier verschiedenen Typen an:

chlorotica, zunächst hellgelbgrün, zum Teil am Leben bleibend.
expallescens, ebenfalls hellgelbgrün, stets eingehend.
albina, weißlich durch direkte Übertragung einer Erkrankung.
albinotica, weißlich durch das Vorhandensein oder Fehlen eines Genes.

4. Der Bastard zwischen *Arabis albida pseudoleucodermis* (genotypisch *albinotica*) und *leucodermis* (genotypisch *typica* + *chlorotica*) ist stets grün und spaltet bei Inzucht *albinotica* und *chlorotica* ab, der beste Beweis, daß *albinotica* und *chlorotica* erblich verschiedene Sippen sind.

5. Die Ausbildung der blassen Schicht, also der Grad, bis zu welchem die Bildung der normalen Chloroplasten behindert ist, hängt nicht nur von der Schicht selbst, sondern auch von Bedingungen ab, die außerhalb der Schicht liegen. So werden regelmäßig in der subepidermalen Schicht der Samenanlagen und jungen Samen bei allen drei Periklinalchimären der *Arabis albida* die Chloroplasten so gut ausgebildet wie bei der normalen Sippe. So treten am Rande der Kelchblätter der sonst ganz rein weißen Triebe der *pseudoleucodermis*-Pflanzen stets einige streifenförmige Inselchen grünen Gewebes auf. So sind im Stengel des weißbunten *Mesembryanthemum cordifolium* die Chloroplasten der peripheren Schichten noch deutlich grün, wenn sie in gleichalten Blättern schon farblos und mehr oder weniger desorganisiert sind.

Solche Änderungen brauchen nicht unumstößlich zu sein. Denn in den grünen Samenanlagen des *st. leucodermis* haben die Eizellen weißkrankes Plasma, und die ebenfalls grünen des *st. pseudoleucodermis* bilden gewöhnlich Eizellen mit der *albinotica*-Anlage aus. Daneben gibt es wohl auch erblich fixierte Änderungen (grüne Nachkommen neben viel mehr albinotischen nach Selbstbestäubung des *st. pseudoleucodermis*).

6. Der grüne Gewebekern der Periklinalchimären kann hinsichtlich dieser seiner Farbe homozygotischer oder heterozygotischer Natur sein. So ist er bei dem *status leucodermis* bei *Arabis albida* eine *typica* + *chlorotica*, bei *Aubrietia* eine *typica*, bei dem *st. pseudoleucodermis* eine *typica*, bei dem *st. chlorotidermis* eine *typica*, eine *typica* + *chlorotica*, eine *typica* + *albinotica* oder gar eine *typica* + *chlorotica* + *albinotica*.

Dies Verhalten spricht nicht dafür, daß bei der Entstehung des *st. pseudoleucodermis* und des *st. chlorotidermis* ein »vegetatives Aufspalten« vorliegt, das für den *st. leucodermis* und den *st. albopelliculatus*, wie wir sie auffassen, sowieso nicht in Frage kommt.

7. Hinsichtlich der Entstehung der Periklinalchimären aus mehr oder weniger sektorial bunten Keimlingen stimmt das für den *st. pseudoleucodermis* und den *st. chlorotidermis* beobachtete mit dem überein, was Baur für den *st. albotunicatus* angibt. Nicht alle Sippen mit bunten

Keimlingen bilden Periklinalchimären (*Mirabilis Jalapa* und andere *albomaculatus*-Zustände); es müssen also noch weitere Bedingungen gegeben sein. Die bunten Keimlinge können offenbar auf verschiedene Weise aus verschiedenem Material entstehen. Dabei sind vielleicht nur die Bedingungen, die sich aus dem zelligen Aufbau der Sämlinge ergeben, überall die gleichen.

Frl. Dr. LILIENFELD, Hrn. Dr. KAPPERT und Frl. LAU danke ich für mannigfache Hilfe, besonders bei den Inzuchtbestäubungen und der Ernte[1]

Literaturverzeichnis.

E. BAUR, 1909. Das Wesen und die Erblichkeitsverhältnisse der »Varietates albomarginatae hort.« von *Pelargonium zonale*. Zeitschr. f. indukt. Abstamm. u. Vererbungslehre Bd. I, S. 330.

—. 1910. Untersuchungen über die Vererbung von Chromatophorenmerkmalen bei *Melandrium*, *Antirrhinum* und *Aquilegia*. Ibid. Bd. IV, S. 82.

—. 1914. Einführung in die experimentelle Vererbungslehre. II. Aufl. Berlin.

C. CORRENS, 1909. Vererbungsversuche mit blaß(gelb)grünen und buntblättrigen Sippen bei *Mirabilis Jalapa*, *Urtica pilulifera* und *Lunaria annua*. Zeitschr. f. indukt. Abstamm. u. Vererbungslehre Bd. I, S. 291.

—. 1918. Zur Kenntnis einfacher mendelnder Bastarde. Diese Sitzungsber., 28. Febr., S. 221.

—. 1919. Vererbungsversuche mit buntblättrigen Sippen. I. *Capsella Bursa pastoris albovariabilis* und *chlorina*. Diese Sitzungsber., Juni, S. 585.

E. KÜSTER, 1919a. Über sektoriale Panaschierung und andere Formen der sektorialen Differenzierung. Monatshefte f. d. naturwiss. Unterricht Bd. XII, S. 37.

—. 1919b. Beiträge zur Kenntnis der panaschierten Laubgehölze. Mitt. d. Deutsch. Dendrol. Gesellsch. Nr. 28, S. 85.

—. 1919c. Über weißrandige Blätter und andere Formen der Buntblättrigkeit. Biol. Zentralbl. Bd. 39, S. 212.

C. v. NÄGELI, 1884. Mechanisch-physiologische Theorie der Abstammungslehre. München und Leipzig.

H. NAWRATILL, 1916. Zur Morphologie und Anatomie der durchwachsenen Blüte von »*Arabis alpina* var. *flore pleno*«. Österr. Botan. Zeitschr. LXVI. Jahrg., S. 353.

O. RENNER, 1917. Versuche über die gametische Konstitution der Önotheren. Zeitschr. f. indukt. Abstamm. u. Vererbungslehre Bd. XVIII, S. 121.

H. DE VRIES, 1901. Die Mutationstheorie Bd. I. Leipzig.

[1] Das S. 825 Anm. 3 erwähnte mutmaßliche Versehen kommt nicht auf ihre Rechnung.

Ausgegeben am 27. November.

1919.
XLV.

SITZUNGSBERICHTE

DER PREUSSISCHEN

AKADEMIE DER WISSENSCHAFTEN.

13. November. Gesamtsitzung.

Vorsitzender Sekretar: Hr. Rubner.

1. Hr. Meinecke sprach über die Lehre von den Interessen der Staaten, die neben und unabhängig von der allgemeinen Staatslehre im 17. und 18. Jahrhundert geblüht hat und als Vorstufe moderner Geschichtsauffassung von Bedeutung ist.

Er behandelte insbesondere die Schrift des Herzogs von Rohan »De l'Interest des Princes et Estats de la Chrestienté« 1634 und untersuchte die Frage, wie dieser einstige hugenottisch-feudale Gegner Richelieus zum Vorkämpfer der reinen Staatsraison und der Richelieuschen Interessenpolitik werden konnte.

2. Hr. Einstein legte vor eine Arbeit der HH. Prof. Dr. M. Born und Dr. O. Stern: Über die Oberflächenenergie der Kristalle und ihres Einflusses auf die Kristallgestalt. (Ersch. später.)

Es wird auf Grund der Bornschen Theorie der aus Ionen gebildeten Kristalle die Oberflächenenergie für gewisse Flächen regulärer Salze vom Typus NaCl berechnet. Die Ergebnisse werden mit der gemessenen Kapillaritätskonstante einiger geschmolzener Salze verglichen.

3. Hr. Einstein legte vor eine Arbeit von Hrn. Dr. Jakob Grommer: Beitrag zum Energiesatz in der allgemeinen Relativitätstheorie.

Es wird ein Hilfssatz bewiesen, dessen Gültigkeit von A. Einstein in seiner Arbeit »Der Energiesatz in der allgemeinen Relativitätstheorie« ohne Beweis angenommen ist.

Beitrag zum Energiesatz in der allgemeinen Relativitätstheorie.

Von Dr. Jakob Grommer.

(Vorgelegt von Hrn. Einstein.)

Nach der Auffassung[1], daß die Welt räumlich geschlossen sei, entstand die Frage[2], ob die Erhaltungssätze des Impulses und der Energie für die Welt als Ganzes gelten. Für den Fall einer Welt mit sphärischem Zusammenhangstypus zeigte Einstein, daß der Gesamtimpuls der Welt verschwindet und die Gesamtenergie konstant bleibt, wobei die Gesamtenergie in dem Spezialfall einer exakt-sphärischen, exakt-statischen Welt den Wert $c^2 \varrho V$ annimmt, wobei c die Konstante der Lichtgeschwindigkeit, ϱ die natürlich gemessene konstante Dichte der Materie und V das natürlich gemessene Volumen der Sphäre bedeuten. Der Einsteinsche Beweis beruht aber auf der noch unbewiesenen Voraussetzung vom Verschwinden eines gewissen Oberflächenintegrals[3]. Das Verschwinden dieses Integrals wurde bisher durch den Nachweis am Spezialfall der exakt-sphärischen Welt wahrscheinlich gemacht. Diese Arbeit will die Lücke des Einsteinschen Beweises ausfüllen. Es soll im allgemeinen Falle einer quasi-sphärischen Welt, d. h. einer Welt mit irgendwie verteilter und bewegter Materie vom Zusammenhangstypus der sphärischen, das Verschwinden jenes Oberflächenintegrals exakt nachgewiesen werden. Der Nachweis soll für Koordinaten geführt werden, welche überall im Endlichen sich regulär verhalten, und zwar mögen für das Räumliche Koordinaten gewählt werden, wie sie durch stereographische Projektion der (dreidimensionalen) Sphäre auf eine dreidimensionale Hyperebene gewonnen werden.

§ 1. Beweis.

Man denke sich die quasi-sphärisch geschlossene Welt auf eine Sphäre und die Sphäre durch stereographische Projektion von einem

[1] A. Einstein, Kosmologische Betrachtungen zur allgem. Rel.-Th. Sitzungsber. der Berl. Akad. d. Wiss. vom 8. Februar 1917.

[2] A. Einstein, Der Energiesatz in der allgem. Rel.-Th., ebenda 16. Mai 1918.

A. Einstein, Der Energiesatz usw., ebenda S. 453 u. 457.

Punkte (Nordpol) aus auf eine dreidimensionale Hyperebene, welche sie im Südpol berührt, abgebildet. Die Koordinaten der quasi-sphärischen Welt sollen die rechtwinklige Koordinaten der Hyperebene sein. In diesen Koordinaten wird die quasi-sphärisch geschlossene Welt eine einzige singuläre Stelle haben, nämlich in dem Bilde des Nordpols, d. h. im räumlich Unendlichen der Hyperebene. Nennen wir x_1, x_2, x_3 die rechtwinkligen Koordinaten der Hyperebene um den Berührungspunkt und $\mathfrak{U}_\sigma^\nu = \mathfrak{T}_\sigma^\nu + \mathfrak{t}_\sigma^\nu$ die Tensordichte der Materie und Gravitation in diesen Koordinaten, so wird aus der Differentialform der Erhaltungssätze $\frac{\partial \mathfrak{U}_\sigma^\nu}{\partial x_\nu} = 0$, die Integralform folgen, wenn

$$\lim_{r=\infty} \int \left(\mathfrak{U}_\sigma^1 \frac{x_1}{r} + \mathfrak{U}_\sigma^2 \frac{x_2}{r} + \mathfrak{U}_\sigma^3 \frac{x_3}{r} \right) do$$

verschwindet, wobei das Integral über die Oberfläche einer Kugel um den Nullpunkt in der Hyperebene mit dem Radius $r = \sqrt{x_1^2 + x_2^2 + x_3^2}$ erstreckt wird. Es genügt zu zeigen, daß

$$\lim_{r=\infty} |\mathfrak{U}_\sigma^\nu| r^2 = 0 \text{ ist. } \sigma = 1, 2, 3, 4; \quad \nu = 1, 2, 3.$$

Zum Beweise führe man neue Koordinaten ein. Man projiziere die Umgebung des Nordpols normal auf die Hyperebene und nenne die rechtwinkligen Koordinaten des Projektionspunktes in der Hyperebene x_1', x_2', x_3'. In diesen gestrichenen Koordinaten sind die Gravitations- und Materie-Größen endlich und regulär. Die Transformation zwischen x_i und x_i' lautet:

$$x_i = \frac{2R}{R - \sqrt{R^2 - r'^2}}\, x_i', \quad i = 1, 2, 3, \quad r' = \sqrt{x_1'^2 + x_2'^2 + x_3'^2},$$

wobei R der Radius der Sphäre bedeutet. Man drückt nun $\mathfrak{U}_\sigma^\nu$ durch die regulär gestrichenen Größen aus und sieht zu, wie durch die Koordinaten-Transformation die Singularität entsteht.

Nun ist $|\mathfrak{U}_\sigma^\nu| \leqq |\mathfrak{T}_\sigma^\nu| + |\mathfrak{t}_\sigma^\nu|$,

$$\mathfrak{T}_\sigma^\nu = \sqrt{-g}\, T_\sigma^\nu = \sqrt{-g'}\, \frac{D(x')}{D(x)}\, T'^\beta_\alpha \frac{\partial x_\nu}{\partial x_\beta'} \frac{\partial x_\alpha'}{\partial x_\sigma},$$

wobei $\frac{D(x')}{D(x)}$ die Substitutionsdeterminante von x_i' in bezug auf x_i bedeutet. Andererseits ist asymptotisch für große r

$$\frac{\partial x_i'}{\partial x_k} \sim \delta_{ik} \frac{r'^2}{4R^2} - \frac{x_i' x_k'}{2R^2}; \quad \frac{\partial x_i}{\partial x_k'} \sim \delta_{ik} \frac{4R^2}{r'^2} - 8 x_i' x_k' \frac{R^2}{r'^4},$$

$$r \sim \frac{4R^2}{r'}, \quad \frac{D(x')}{D(x)} \sim -64 \frac{R^6}{r^6}, \quad \delta_{ik} = 0 \text{ für } i \neq k, \quad \delta_{ii} = 1$$

Es wird somit $\mathfrak{T}_\sigma^\tau$ absolut kleiner als $\frac{\text{const}}{r^6}$, und es wird $\lim\limits_{r=\infty} \left|\mathfrak{T}_\sigma^\tau r^4\right| = 0$ sein.

Es bleibt noch der Beweis für t_σ^τ zu führen. Nun gilt ganz allgemein:

$$\begin{Bmatrix} \alpha\beta \\ \gamma \end{Bmatrix}' = \begin{Bmatrix} pq \\ r \end{Bmatrix} \frac{\partial x'_p}{\partial x_\alpha} \frac{\partial x'_q}{\partial x_\beta} \frac{\partial x_\gamma}{\partial x'_r} + \frac{\partial^2 x'_r}{\partial x_\alpha \partial x_\beta} \frac{\partial x_\gamma}{\partial x'_r}.$$

Diese Formel kann man leicht aus der Christoffelschen Formel[1]

$$\text{(1)} \qquad \frac{\partial^2 x_r}{\partial x'_\alpha \partial x'_\beta} + \begin{Bmatrix} ik \\ r \end{Bmatrix} \frac{\partial x_i}{\partial x'_\alpha} \frac{\partial x_k}{\partial x'_\beta} = \begin{Bmatrix} \alpha\beta \\ \gamma \end{Bmatrix}' \frac{\partial x_r}{\partial x'_\gamma}$$

beweisen, indem man rechts mit $\frac{\partial x'_\gamma}{\partial x_r}$ multipliziert und über r summiert, und dann die gestrichenen mit den ungestrichenen vertauscht.

Das zweite Glied rechts in unserer Formel $\frac{\partial^2 x'_r}{\partial x_\alpha \partial x_\beta} \frac{\partial x_\gamma}{\partial x'_r}$ wird im Falle unserer Transformation $\sim \dfrac{-\frac{1}{2}\delta_{\alpha\gamma} x_\beta - \frac{1}{2}\delta_{\beta\gamma} x_\alpha + \frac{1}{2}\delta_{\alpha\beta} x_\gamma}{R^2}$ sein.

Daraus folgt, daß $\lim\limits_{r=\infty} \begin{Bmatrix} \alpha\beta \\ \gamma \end{Bmatrix} = 0$.

Nun hat jedes Glied in t_σ^τ die Form $\sqrt{-g} \begin{Bmatrix} \cdot\cdot \\ \cdot \end{Bmatrix} \begin{Bmatrix} \cdot\cdot \\ \cdot \end{Bmatrix} g^{st}$. Anderseits wird g^{st} unendlich wie r^4, $\sqrt{-g}$ verschwindet wie $\frac{1}{r^6}$, und somit hat jedes Glied in t_σ^τ mit r^2 multipliziert den limes Null, was zu beweisen war.

[1] Crelles Journal Bd. 70 (1869), S. 46.

Sprachursprung. II.

Von Hugo Schuchardt
in Graz.

(Vorgelegt am 30. Oktober 1919 [s. oben S. 803].)

Die Art des Sprachursprungs hätte insofern vor seinem räumlichen Verhältnis erörtert werden dürfen, als dessen Auffassung von der der ersteren in gewisser Beziehung abhängig zu sein scheint. Die hier befolgte Ordnung ist aus praktischen Rücksichten vorgezogen worden.

Für die Entwicklung, in die wir den Sprachursprung hineinlegen, fehlt es an einem einheitlichen Ausdruck; andererseits wäre es zwecklos, wenn nicht irreführend, sie in zwei Hälften zu teilen, eine vorsprachliche und eine sprachliche. An einen scharfen Schnitt ist keinesfalls zu denken, wohl aber an die Bestimmung maßgebender Kennzeichen, und dabei ist wiederum die Mehrdeutigkeit des Wortes »Sprache« zu berücksichtigen. Wenn wir dieses im weitesten Sinne nehmen, also nicht bloß die Gebärdensprache, sondern auch die Tiersprache einbegreifen, so geraten wir allerdings in Widerstreit mit der früher besprochenen Festsetzung, daß der Ursprung des Menschen mit dem Ursprung der Sprache zusammenfalle. Allein da ist eben »Sprache« in einem engeren Sinne gemeint, nämlich dem Denken gleichgesetzt, und wenn wir uns zunächst dieser Begrenzung anpassen, so werden wir das eigentliche Wesen der Sprache in der Mitteilung finden und dann zur Erkenntnis kommen, daß es Mitteilung nicht nur von Gedachtem, sondern ebenso von Gefühltem und Gewolltem gibt, ohne daß das zugleich Gedachtes wäre. Die verschiedenen Stufen des Seelenlebens, die im Einzelwesen wie in der Gesamtheit nach- und nebeneinander bestehen, gehen auch ineinander über. Sobald die unwillkürlichen Reflexe von Seelischem, hörbare und sichtbare, sich in willkürliche Äußerungen umsetzen, sobald also der ursprüngliche Monolog dialogisch verwendet wird (später ist der Monolog aus dem Dialog entstanden), ebensobald ist Sprache vorhanden. Dem Kinde, das sein Schreien einstellt, wenn es merkt, daß ihm niemand zuhört, dürfen wir wenigstens die Anlage zum Sprechen beimessen. Der erste Antrieb zur Mitteilung liegt in den elementaren Bedürfnissen des Lebens.

und so ist sie auch der Tierwelt nicht fremd, aber nur beim Menschen hat sie sich in wunderbarer Weise entwickelt. Mitteilung im allgemeinen ist Sprache: die einzelne Mitteilung ein Satz; vom Standpunkt des Hörenden aus ist der Satz eine Erfahrung.

Die ursprünglichsten Sätze, die Ursätze, sind eingliedrig: sie haben sich bis in die Gegenwart fortgesetzt, und zwar sowohl als Heischungen (Imperative, Anrufe) wie als subjektlose Aussagen (Impersonalien, Ausrufe). Die ersteren sind den Menschen mit den Tieren gemein, bei denen sie als Droh-, Warn-, Hilfe-, Lockrufe auftreten; aber indem hinter ihnen immer irgendein erregender Vorgang steht, ein innerer oder äußerer (Erwachen des Hungers, des Geschlechtstriebes, Erblicken des Feindes usw.), dienen sie zugleich als Aussagen. Umgekehrt verwenden wir die Aussage öfter an Stelle der Heischung, z. B.: »ich habe Hunger«. Wenn anfangs das, was geschah, und das, was geschehen sollte, in Vorstellung und Ausdruck zu einer Einheit verschmolzen, so sind sie dann in der Regel weit auseinander gerückt: die Aussage ist in Wirklichkeit nie ganz zwecklos geworden, aber der Zweck immer unbestimmter oder undeutlicher, und so hat sich dem Forschenden die Tatsache verdunkelt, daß der Wandel und Wechsel, den der Mensch in sich und um sich wahrnimmt, der eigentliche Schöpfer der Sprache ist.

Den Satz haben wir also als den Urbestandteil aller Sprache anzusehen: das Wort ist erst aus dem Satze hervorgewachsen, wie der Begriff aus dem Gedanken. Zwei aufeinander bezogene Sätze werden zu zwei Wörtern eines einzigen Satzes. Die einfachste Verbindung ist wohl die zwischen einer Heischung, und zwar einer hinweisenden, und einer Aussage: *schau dorthin! Feuer!* = »dort brennt es«. In solchen Fällen kommen räumliche und zeitliche Anschauung zusammen zum Ausdruck und wir könnten von einem Raumwort, das von der Gebärde begleitet sein muß und durch sie ersetzt werden kann, und von einem Zeitwort reden, nämlich der Aussage eines Vorgangs. Aus dem Vorgang ergibt sich in fließender Folge der Beginn eines Zustandes, der Zustand, die Eigenschaft. Jene Verbindung eines Hinweisewortes mit einem Aussagewort ist das Urbild des zweigliedrigen Satzes, in welchem das Subjekt zum Prädikat getreten ist. Es wird nicht etwas schlechthin ausgesagt, sondern von etwas ausgesagt: das Subjekt ist der Ort, an dem etwas vorgeht.

In ein paar Sätzen habe ich die ursprüngliche Entwicklung der Sprache, wie ich sie mir vorstelle, zusammengedrängt, nicht etwa um durch festes Auftreten andere zu beeinflussen, sondern um die Erörterung des sehr verschlungenen Problems zu erleichtern. Man pflegt nämlich diese dadurch zu erschweren, daß man sie mit der Geschichte des Problems verquickt und sich verführen läßt, alles mögliche Beiwerk zu berücksichtigen, das den Kern der Sache umlagert. So habe ich denn möglichst — nicht ausnahmslos — die Sachen von den Personen loszulösen gesucht, bin über alles, was im wesentlichen schon erledigt ist, rasch hinweggegangen und will nun bezüglich dessen, was noch strittig bleibt, die Quellen der Irrung oder doch der Meinungsverschiedenheit aufdecken.

Die natürlichste ergibt sich unmittelbar aus dem Vorhergehenden; es ist die Freiheit, die wir haben, den Ausdruck »Sprache« im engeren oder weiteren Sinne zu nehmen und danach die oder das Hauptkennzeichen zu bestimmen. Wer nur an die Lautsprache denkt, wird leicht dazu kommen, sie als eine Fortsetzung des Gesanges zu betrachten. Die Gebärdensprache bliebe ausgeschlossen; doch ließe sich eine Parallele aufstellen: aus dem Tanze wäre die Pantomime entstanden wie aus dem Gesange die Lautsprache. Der Fehler würde in beiden Fällen der gleiche sein, die Annahme eines Nacheinander statt eines Nebeneinander; er würde wurzeln in der Verkennung urmenschlicher Lebensmöglichkeiten. Er ist aber in Wirklichkeit nicht selten begangen worden, nicht sowohl gefördert durch den Rückblick auf das biblische Paradies als durch das Nachklingen der Romantik; man suchte den Sprachursprung auf der poetischen, nicht auf der prosaischen Seite des Lebens. Auch ich machte mich einst, vor vierzig Jahren, in einem Aufsatz »Liebesmetaphern« der Ansicht schuldig, daß aus dem Gesang ohne Worte sich ein Gesang mit Worten entwickelt habe, ja, indem mir das künstlerische Liebesgirren der Vögel vorschwebte, verstieg' ich mich zur Behauptung, daß die Liebe geradezu die Sprache erschaffen habe. Jetzt und seit lange sage ich: aus der Not geboren, gipfelt die Sprache in der Kunst.

In ähnlichem Sinne ist eine andere Übereinstimmung zwischen Mensch und Tier ausgedeutet worden: der »gesellige Lärm«, wie er ebenso von Menschen wie von Brüllaffen, Krähen, Spatzen verführt wird; aber, wenn er auch der Ausdruck des Gemeinsamkeitsgefühles ist, so gehört er doch nicht dem Urzustande an, sondern einem mehr oder weniger vorgeschrittenen (man bedenke unser: »es war sehr animiert«). Anderseits hat man gemeint, man dürfe dem Urmenschen nicht von vornherein so »rationale« Beweggründe zuschreiben wie das Bedürfnis der Mitteilung; sogar die sprachlichen Äußerungen trügen noch in hohem Grade den Charakter der Gefühlsentladungen. Auch hier handelt es sich weniger um falsche Tatsachen als um falsche Einordnung in die Zeitfolge.

Wichtiger als dieses und noch anderes ist die ungleichmäßige Beobachtung der leitenden Methoden, wie sie auch den übrigen Geschichtswissenschaften nicht fremd ist. Diese Methoden können kurzweg als induktive und deduktive unterschieden werden: aus dem Gegenwärtigen das Vergangene verstehen und aus dem Vergangenen das Gegenwärtige erklären. Beide ergänzen sich und sollten einander die Wage halten; aber das Gleichgewicht wird oft gestört, meist durch Überlastung der ersteren. Wir schreiben nicht nur — wie dies durchaus geboten ist — dieselben Kräfte, die wir heute in Tätigkeit sehen, der Vergangenheit, ja der Urzeit zu, sondern auch heutige, unter ganz andern Bedingungen entstandene Gebilde. So wird bekanntlich die politische Geschichte des Altertums gern etwas modernisiert, zum Zwecke der Verlebendigung und ohne ernstliche Gefahr für das Verständnis des Ganzen. In der Sprachgeschichte liegen die Dinge wesentlich anders; das Wort Modernisierung ist hier kaum am Platze, da es sich im Grunde um das Verhältnis der zusammengesetzteren zu den einfacheren Sprachen handelt. Diese pflegen durch die arische Brille angeschaut, mit dem arischen Maßstab gemessen zu werden: sie sind »formlos«, haben kein »echtes« Verb, keine Kasus usw.; selbst ihre bloße Beschreibung wird durch unsere Überbestimmtheit gehemmt. Gerade sie aber sollten unsern Erwägungen über den Sprachursprung zur Grundlage dienen, statt daß wir all den Luxus unserer Sprachen hier hineintragen. Vorzüglich wären die negerkreolischen Mundarten ins Auge zu fassen, deren Entstehung wir ja deutlich verfolgen können; sie sind das denkbar Anfängerhafteste und in ihrem Bau durch keine der überlieferten Sprachen bestimmt. Vom Einfachsten ausgehend, würden wir allmählich zum Verwickeltsten vorschreiten, um dieses gründlich zu begreifen. Wir würden dem Baum in seinem Wachstum folgen bis zu seiner breitesten und höchsten Entfaltung, nicht umgekehrt im dicken, ungeteilten Stamme den Entwürfen von Blatt, Blüte und Frucht nachforschen. Nur auf genetischem Wege werden wir zu einer für alle Sprachen zugänglichen Terminologie gelangen, zu einer wirklich wissenschaftlichen Erneuerung unserer grammatischen Begriffe und Bezeichnungen, wie sie auch von anderer Seite als notwendig erkannt worden ist.

Ich sehe mich hier zwar nicht in einem wirklichen Gegensatz, aber auch nicht in voller Übereinstimmung mit denen, die meinen, daß man das »Walten des Sprachgeistes« ebensogut am Deutschen und Französischen wie am Chinesischen und Hottentottischen beobachten könne; die sprachschaffenden Kräfte seien ja überall auf der Erde dieselben, stets dieselben gewesen. Wenn man die zweite Behauptung zugibt, so wird man auch die Umstellung in der ersten zugeben müssen: »ebensogut am Hottentottischen wie am Deutschen«, und das dürfte doch Widerspruch erregen. Nicht der Art nach sind die Kräfte der Urzeit andere, wohl aber der Menge und Stärke nach: es sind geringere, schwächere, gebundenere: dem Protanthropus wäre eine Protopsychologie beizulegen. Würde trotzdem der Vorwurf erhoben werden, daß wir auf dem vorgeschlagenen Wege zu sehr dem Einfluß der Phantasie ausgesetzt seien, so ließe sich ihm mit dem Hinweis auf die Sprachentwicklung begegnen, die unserer unmittelbaren Beobachtung zugänglich ist, und zwar in doppelter Gestalt. Einmal erscheint sie uns, wenn auch nicht im strengen, gesetzmäßigen Sinne HAECKELS, als Verkürzung der Phylogenese, als Ontogenese, nämlich in der Kindersprache. Wir werden sie nicht einfach als Ammensprache beiseiteschieben, sondern nur deren Anteil ausschalten. Er ist nicht allzu schwer erkennbar und kommt für uns, die wir von der äußeren Sprachform ganz absehen und uns an die innere halten, weniger in Betracht. Die letztere liegt zwischen jener und dem rohen Gedanken, sie ist der geformte Gedanke oder die (in Laut oder Gebärde) noch unausgeprägte Sprache. In jedem unserer Sprechakte vollzieht sich diese Abstufung: ich möchte hier zum Unterschied von der Ontogenese im gewöhnlichen Sinne den freilich an sich nicht einwandfreien Ausdruck Antontogenese gebrauchen. Der Streit um die Priorität von Denken und Sprechen ist längst geschlichtet: jetzt handelt es sich nur darum, die Untersuchung der Beziehungen zwischen beidem, besonders in dem Sinne von H. GOMPERZ (Noologie 1908), fortzusetzen und zu vertiefen. Bei dieser Gelegenheit bemerke ich, um Mißverständnissen vorzubeugen, daß ich den Wörtern »innere Sprachform« und »äußere Sprachform« eine andere Bedeutung beilege, als es WUNDT tut: für mich besteht z. B. zwischen *er folgt ihm* und *il le suit* eine zweifache Verschiedenheit der inneren Sprachform.

Dadurch, daß das Problem des Sprachursprungs ganz in das Licht der lebendigen Sprachen und aus dem Bereich der psychogenetischen Betrachtung gerückt worden ist, sind zwei Hauptirrtümer entstanden: es wird die Ursprünglichkeit des eingliedrigen Satzes, und es wird die Priorität des Verbalbegriffes geleugnet. Die Behauptung von der Ursprünglichkeit des zweigliedrigen Satzes bekundet deutlich die tausendjährige Herrschaft der Logik über die Grammatik: ein Satz ist ein Urteil; dieses ist zweigliedrig, somit auch jener. Allerdings werden von manchen eingliedrige Urteile und somit auch eingliedrige Sätze angenommen. Die psychologischen Definitionen des Satzes, welche die logische abgelöst haben, zeigen sich doch von dieser angekränkelt: es ist ihnen gemeinsam, daß sie die Verbindung von mindestens zwei Vorstellungen zugrunde legen. Am Wesen der Sache wird nichts geändert, wenn man diese Vorstellungen erst aus der Zerlegung einer Gesamtvorstellung herleitet: die einzelne Vorstellung würde ja jedenfalls früher als der Satz sein und könnte selbst nur im Kleide eines eingliedrigen Satzes wahrnehmbar werden. Es wird behauptet, daß, soweit auch die Definitionen des Satzes bei Grammatikern, Logikern und Psychologen auseinandergehen mögen, sie doch in einem Punkte übereinstimmen, nämlich in der Voraussetzung, daß jeder Satz irgendeine Art von Verbindung sei, die durch eine Aufeinanderfolge von Wörtern oder von Vorstellungen zustande komme. Diese Behauptung ist unrichtig; ich verweise nur auf Brugmann, welcher sagt: »Es gibt überall in den indogermanischen Sprachen einwortige Sätze, die man als Abkürzungen oder als Verdichtungen von mehrgliedrigen bezeichnen kann. . . . Daneben stehen aber seit urindogermanischer Zeit eingliedrige Sätze, die wir auf mehrgliedrige zurückzuführen nicht berechtigt sind.« Am allerwenigsten dürfen wir Vorgänge der geschichtlichen Zeiten, mögen sie Ellipse, Aposiopese oder wie immer heißen, dem Urmenschen zuschreiben, und nicht einmal dem Kinde: es bildet eingliedrige Sätze, aber solange es noch keine vollständigen Sätze gebildet hat, können es keine »unvollständigen« sein, von mißlungenen Nachsprechungen gehörter Sätze abgesehen. Wenn davon die Rede ist, daß Fehlendes hinzugedacht werde, so geschieht das doch nicht im Gehirn des Kindes, sondern in dem des Erwachsenen, zu dem es spricht. Schließlich werden wir aber selbst die Erwachsenen fragen, was sie sich als »psychologisches Subjekt« zu jenen eingliedrigen Sätzen der zweiten Klasse hinzudenken, und man wird uns mit Prokrustesarbeit antworten. Beim Imperativ läßt sich leicht an das Pronomen der 2. Person denken; es tritt ja oft leibhaftig hinzu. Allein, da die Heischung nie im Ernste an die 1. oder 3. Person gerichtet werden kann, so ist es dann pleonastisch oder affektisch. Als affektischer Dativ kann die 2. Person in jeder Mitteilung erscheinen: *ich gehe dir, ich gehe Ihnen*, ja es gibt Sprachen, in denen so gesagt werden muß, gar nicht einfach *ich gehe* gesagt werden darf. Mit gleichem Rechte würde der Anredende sich selbst in der Mitteilung bezeichnen: *mir ist es kalt, mir blitzt es*, wie *mich friert, mich hungert*. Man hat das psychologische Subjekt auch in der Situation oder in dem umgebenden Raum gesucht; damit wäre etwas außerhalb der Mitteilung Liegendes in diese einbezogen, etwa wie ein Nagel, an dem ein Gemälde hängt, als ein Teil davon angesprochen würde. Die Unannehmbarkeit so allgemeiner Ergänzungen ergibt sich wohl auch daraus, daß man nicht einsieht, warum sie bloß in bestimmten Fällen und nicht in allen stattgefunden haben; dann aber würden wir auch keine zweigliedrigen, sondern immer mehrgliedrige Sätze haben.

Mit der Eingliedrigkeit der Ursätze ist die Priorität des Gegenstandsbegriffs unvereinbar: denn jene besagen nur, was geschehen soll oder was eben geschehen ist. In allem Anfang nimmt der Mensch schon die Dinge seiner Umgebung wahr, aber wie einen Teppich mit bunten, wirren Arabesken. Die Dinge voneinander zu unterscheiden, das lehren ihn erst die Veränderungen, die mit ihnen vorgehen, vor allem die Ortsveränderungen, die Bewegungen (wozu die eigenen Bewegungen hinzukommen). Und wir finden nach langen und mannigfachen Erfahrungen immer noch Gelegenheiten das festzustellen: wir werden z. B. ein winziges Insekt für den Bestandteil einer Baumrinde halten, bis es sich in Bewegung setzt. Die Impersonalien liefern die besten Belege. Selbst seine eigene Gegenständlichkeit, das Ich, entdeckt der Mensch erst an den Tätigkeiten, die er ausübt (vgl. *Cogito, ergo sum*). Die eingliedrigen Sätze der Kindersprache beziehen sich in der Regel auf Geschehnisse und haben daher verbalen Charakter, auch wenn sie in Substantiven bestehen: tritt z. B. die Mutter ins Zimmer und das Kind ruft aus: *Mama!*, so bedeutet das nicht: »das ist die Mama (nicht der Papa)«, sondern »da kommt die Mama«, wie etwa der Ausruf *die Sonne!* bei erwartetem Sonnenaufgang soviel bedeutet wie: »da kommt die Sonne«. Aus dem Vorwalten des Substantivs im ersten Lebensalter, wie es die Statistiken aufzeigen, läßt sich die Priorität des Gegenstandsbegriffes nicht erschließen; hier haben wir eine Betätigung der Ammensprache. Die Amme fragt das Kind in einem fort: *wer ist das? was ist das?* und antwortet selber: *das ist* . . ., und das Kind ahmt ihr das nach. Die Verben werden ihm nicht auf so direkte Weise gelehrt; da heißt es z. B.: *was will das Kind tun? will es schlafen gehen?* Das Benennen der Dinge hat nichts Ursprüngliches an sich: wenn Adam wirklich jedes Tier benannt hätte, so wäre das der sicherste Beweis für die Existenz von Präadamiten. Ob im Alter und in Krankheit das Gedächtnis Verben länger behält als Substantive, weil sie ihm früher eingeprägt worden sind, sei hier nicht untersucht und ebensowenig der Zeugenwert arischer und semitischer Wurzeln. Aber um so entschiedener lehne ich mich gegen Behauptungen auf wie die, daß »die Annahme, der Mensch habe Tätigkeiten und Vorgänge früher genannt als Gegenstände, abgesehen von den Zeugnissen der individuellen und generellen Sprachentwicklung, auch psychologisch unmöglich sei«, oder daß »man sich unmöglich denken könne, der Mensch habe irgend einmal bloß in Verbalbegriffen gedacht; das Umgekehrte, daß er bloß in gegenständlichen Vorstellungen gedacht habe, könnte man nach den psychologischen Eigenschaften viel eher verstehen«.

Ausgegeben am 27. November.

1919.
XLVI.

SITZUNGSBERICHTE
DER PREUSSISCHEN
AKADEMIE DER WISSENSCHAFTEN.

20. November. Sitzung der physikalisch-mathematischen Klasse.

Vorsitzender Sekretar: Hr. Rubner.

Hr. Warburg sprach über die photochemische Umwandlung von Fumarsäure und Maleinsäure ineinander. (Ersch. später.)

Bei der photochemischen Umwandlung von Fumar- und Maleinsäure ineinander wird nur ein kleiner Teil der absorbierenden Molekeln umgewandelt. Der Vorgang wird erklärt durch die Annahme, daß die Aufnahme eines Quantums die Bestandteile der absorbierenden Molekel auseinandertreibt und daß bei dem folgenden sekundären Vorgang die Bestandteile wieder zusammengehen, ob zu der ursprünglichen Molekel oder zu der isomeren, ist eine Frage der Wahrscheinlichkeit.

Ausgegeben am 27. November.

1919.
XLVII.

SITZUNGSBERICHTE

DER PREUSSISCHEN

AKADEMIE DER WISSENSCHAFTEN.

20. November. Sitzung der philosophisch-historischen Klasse.

Vorsitzender Sekretar: i. V. Hr. Diels.

1. Hr. Kehr las: »Das Erzbistum Magdeburg und die erste Organisation der christlichen Kirche in Polen.« (Abh.)

Auf Grund einer Analyse der älteren päpstlichen Privilegien für das Erzbistum Magdeburg wird nachgewiesen, daß die magdeburgische Kirchenprovinz nur das Slawenland zwischen Elbe und Oder umfaßte, nicht aber Polen, und daß auch späterhin eine Unterordnung des Bistums Posen unter Magdeburg unwahrscheinlich ist. Es wird gezeigt, daß die Magdeburger Ansprüche auf einer bald nach 1004 oder nach 1012 angefertigten Fälschung beruhen.

2. Hr. Erman legte vor seine Schrift: Kurzer Abriß der ägyptischen Grammatik zum Gebrauche in Vorlesungen. (Berlin 1919.)

3. Hr. Sachau legte vor: Rudolf Lange, Thesaurus Japonicus. Japanisch-deutsches Wörterbuch. Bd. II. (Berlin und Leipzig 1919.)

Ausgegeben am 27. November.

Berlin, gedruckt in der Reichsdruckerei

1919 XLVIII

SITZUNGSBERICHTE

DER PREUSSISCHEN

AKADEMIE DER WISSENSCHAFTEN

BERLIN 1919

VERLAG DER AKADEMIE DER WISSENSCHAFTEN

IN KOMMISSION BEI DER
VEREINIGUNG WISSENSCHAFTLICHER VERLEGER WALTER DE GRUYTER U. CO.
VORMALS G. J. GÖSCHEN'SCHE VERLAGSHANDLUNG. J. GUTTENTAG, VERLAGSBUCHHANDLUNG.
GEORG REIMER. KARL J. TRÜBNER. VEIT U. COMP.

Aus dem Reglement für die Redaktion der akademischen Druckschriften

Aus § 1.

Die Akademie gibt gemäß § 41, 1 der Statuten zwei fortlaufende Veröffentlichungen heraus: »Sitzungsberichte der Preußischen Akademie der Wissenschaften« und »Abhandlungen der Preußischen Akademie der Wissenschaften«.

Aus § 2.

Jede zur Aufnahme in die Sitzungsberichte oder die Abhandlungen bestimmte Mitteilung muß in einer akademischen Sitzung vorgelegt werden, wobei in der Regel das druckfertige Manuskript zugleich einzuliefern ist. Nichtmitglieder haben hierzu die Vermittelung eines ihrem Fache angehörenden ordentlichen Mitgliedes zu benutzen.

§ 3.

Der Umfang einer aufzunehmenden Mitteilung soll in der Regel in den Sitzungsberichten bei Mitgliedern 32, bei Nichtmitgliedern 16 Seiten in der gewöhnlichen Schrift der Sitzungsberichte, in den Abhandlungen 12 Druckbogen von je 8 Seiten in der gewöhnlichen Schrift der Abhandlungen nicht übersteigen.

Überschreitung dieser Grenzen ist nur mit Zustimmung der Gesamtakademie oder der betreffenden Klasse statthaft und ist bei Vorlage der Mitteilung ausdrücklich zu beantragen. Läßt der Umfang eines Manuskripts vermuten, daß diese Zustimmung erforderlich sein werde, so hat das vorlegende Mitglied es vor dem Einreichen von sachkundiger Seite auf seinen mutmaßlichen Umfang im Druck abschätzen zu lassen.

§ 4.

Sollen einer Mitteilung Abbildungen im Text oder auf besonderen Tafeln beigegeben werden, so sind die Vorlagen dafür (Zeichnungen, photographische Originalaufnahmen usw.) gleichzeitig mit dem Manuskript, jedoch auf getrennten Blättern, einzureichen.

Die Kosten der Herstellung der Vorlagen haben in der Regel die Verfasser zu tragen. Sind diese Kosten aber auf einen erheblichen Betrag zu veranschlagen, so kann die Akademie dazu eine Bewilligung beschließen. Ein darauf gerichteter Antrag ist vor der Herstellung der betreffenden Vorlagen mit dem schriftlichen Kostenanschlage eines Sachverständigen an den vorsitzenden Sekretar zu richten, dann zunächst im Sekretariat vorzuberaten und weiter in der Gesamtakademie zu verhandeln.

Die Kosten der Vervielfältigung übernimmt die Akademie. Über die voraussichtliche Höhe dieser Kosten ist — wenn es sich nicht um wenige einfache Textfiguren handelt — der Kostenanschlag eines Sachverständigen beizufügen. Überschreitet dieser Anschlag für die erforderliche Auflage bei den Sitzungsberichten 150 Mark, bei den Abhandlungen 300 Mark, so ist Vorberatung durch das Sekretariat geboten.

Aus § 5.

Nach der Vorlegung und Einreichung des **vollständigen druckfertigen** Manuskripts an den zuständigen Sekretar oder an den Archivar wird über Aufnahme der Mitteilung in die akademischen Schriften, und zwar, wenn eines der anwesenden Mitglieder es verlangt, verdeckt abgestimmt.

Mitteilungen von Verfassern, welche nicht Mitglieder der Akademie sind, sollen der Regel nach nur in die Sitzungsberichte aufgenommen werden. Beschließt eine Klasse die Aufnahme der Mitteilung eines Nichtmitgliedes in die Abhandlungen, so bedarf dieser Beschluß der Bestätigung durch die Gesamtakademie.

Aus § 6.

Die an die Druckerei abzuliefernden Manuskripte müssen, wenn es sich nicht bloß um glatten Text handelt, ausreichende Anweisungen für die Anordnung des Satzes und die Wahl der Schriften enthalten. Bei Einsendungen Fremder sind diese Anweisungen von dem vorlegenden Mitgliede vor Einreichung des Manuskripts vorzunehmen. Dasselbe hat sich zu vergewissern, daß der Verfasser seine Mitteilung als vollkommen druckreif ansieht.

Die erste Korrektur ihrer Mitteilungen besorgen die Verfasser. Fremde haben diese erste Korrektur an das vorlegende Mitglied einzusenden. Die Korrektur soll nach Möglichkeit nicht über die Berichtigung von Druckfehlern und leichten Schreibversehen hinausgehen. Umfängliche Korrekturen Fremder bedürfen der Genehmigung des redigierenden Sekretars vor der Einsendung an die Druckerei, und die Verfasser sind zur Tragung der entstehenden Mehrkosten verpflichtet.

Aus § 8.

Von allen in die Sitzungsberichte oder Abhandlungen aufgenommenen wissenschaftlichen Mitteilungen, Reden, Adressen oder Berichten werden für die Verfasser, von wissenschaftlichen Mitteilungen, wenn deren Umfang im Druck 4 Seiten übersteigt, auch für den Buchhandel Sonderabdrucke hergestellt, die alsbald nach Erscheinen ausgegeben werden.

Von Gedächtnisreden werden ebenfalls Sonderabdrucke für den Buchhandel hergestellt, indes nur dann, wenn die Verfasser sich ausdrücklich damit einverstanden erklären.

§ 9.

Von den Sonderabdrucken aus den Sitzungsberichten erhält ein Verfasser, welcher Mitglied der Akademie ist, zu unentgeltlicher Verteilung ohne weiteres 50 Freiexemplare; er ist indes berechtigt, zu gleichem Zwecke auf Kosten der Akademie weitere Exemplare bis zur Zahl von noch 100 und auf seine Kosten noch weitere bis zur Zahl von 200 (im ganzen also 350) abziehen zu lassen, sofern er dies rechtzeitig dem redigierenden Sekretar angezeigt hat; wünscht er auf seine Kosten noch mehr Abdrucke zur Verteilung zu erhalten, so bedarf es dazu der Genehmigung der Gesamtakademie oder der betreffenden Klasse. — Nichtmitglieder erhalten 50 Freiexemplare und dürfen nach rechtzeitiger Anzeige bei dem redigierenden Sekretar weitere 200 Exemplare auf ihre Kosten abziehen lassen.

Von den Sonderabdrucken aus den Abhandlungen erhält ein Verfasser, welcher Mitglied der Akademie ist, zu unentgeltlicher Verteilung ohne weiteres 30 Freiexemplare; er ist indes berechtigt, zu gleichem Zwecke auf Kosten der Akademie weitere Exemplare bis zur Zahl von noch 100 und auf seine Kosten noch weitere bis zur Zahl von 100 (im ganzen also 230) abziehen zu lassen, sofern er dies rechtzeitig dem redigierenden Sekretar angezeigt hat; wünscht er auf seine Kosten noch mehr Abdrucke zur Verteilung zu erhalten, so bedarf es dazu der Genehmigung der Gesamtakademie oder der betreffenden Klasse. — Nichtmitglieder erhalten 30 Freiexemplare und dürfen nach rechtzeitiger Anzeige bei dem redigierenden Sekretar weitere 100 Exemplare auf ihre Kosten abziehen lassen.

§ 17.

Eine für die akademischen Schriften bestimmte wissenschaftliche Mitteilung darf in keinem Falle vor ihrer Ausgabe an jener Stelle anderweitig, sei es auch nur auszugs-

(Fortsetzung auf S. 3 des Umschlags.)

SITZUNGSBERICHTE 1919.

XLVIII.

DER PREUSSISCHEN

AKADEMIE DER WISSENSCHAFTEN.

27. November. Gesamtsitzung.

Vorsitzender Sekretar: Hr. Rubner.

1. Hr. Rubens las über die optischen Eigenschaften einiger Kristalle im langwelligen Spektrum sowie über die Drehung der optischen Symmetrieachsen monokliner Kristalle in diesem Spektralgebiet, die erstere Untersuchung nach gemeinsam mit Hrn. Th. Liebisch angestellten Versuchen.

Es wurden, in Fortsetzung der im März dieses Jahres vorgelegten Arbeit, weitere 28 Kristalle der verschiedenen Kristallsysteme, mit Ausnahme des triklinen, auf ihr optisches Verhalten in dem zwischen 22 und 300 μ gelegenen Spektrum geprüft unter besonderer Berücksichtigung des Zusammenhanges ihrer optischen und elektrischen Eigenschaften.

Bei Adular und Gips wurde die Lage der optischen Symmetrieachsen für zehn verschiedene Strahlenarten ermittelt und der allmähliche Übergang dieser Vorzugsrichtungen in die Richtung der Achsen größter und kleinster Dielektrizität in Übereinstimmung mit der elektromagnetischen Lichttheorie beobachtet.

2. Hr. Haber überreichte seinen Zweiten Beitrag zur Kenntnis der Metalle. (Ersch. später.)

3. Vorgelegt wurde das 3. Heft der Romanistischen Beiträge zur Rechtsgeschichte: Thomas Diplovatatius, De claris iuris consultis, herausgegeben von Hermann Kantorowicz und Fritz Schulz (Berlin und Leipzig 1919).

Über die optischen Eigenschaften einiger Kristalle im langwelligen ultraroten Spektrum.

Von Th. Liebisch und H. Rubens.

Zweite Mitteilung.

In unserer ersten Mitteilung[1] haben wir das Reflexionsvermögen von 11 Kristallen des hexagonalen, trigonalen, tetragonalen und rhombischen Systems für 9 verschiedene Strahlenarten des langwelligen Spektrums untersucht. Es wurde polarisierte Strahlung verwendet, um die optischen Eigenschaften der Kristalle in ihren Vorzugsrichtungen zu ermitteln. Im Laufe dieses Jahres haben wir die Messungen auf weitere 28 Körper ausgedehnt, von denen einige amorph sind, wogegen die übrigen sämtlichen Kristallsystemen mit Ausnahme des triklinen angehören.

Die benutzten Untersuchungsmethoden und Instrumente sind im wesentlichen unverändert geblieben. Es genügt hiernach ein Hinweis auf unsere erste Mitteilung sowie auf die dort zitierten Abhandlungen A[2] und B[3]. Auch diesmal wurden die Messungen des Reflexionsvermögens für die 7 früher verwendeten und auf S. 199 näher gekennzeichneten Reststrahlenarten sowie für die mit Hilfe der Quarzlinsenmethode isolierte langwellige Strahlung des Auerbrenners und der Quarzquecksilberlampe ausgeführt. Wir haben jedoch in dieser Mitteilung auf Spektrometermessungen in dem Gebiet zwischen 20 und 32 μ verzichtet und statt dessen eine achte Reststrahlenart von der mittleren Wellenlänge 27.3 μ hinzugenommen. Diese wurde erzeugt, indem die Strahlung eines Auerstrumpfes zweimal an parallel zur Achse geschnittenen Kalkspatplatten und zweimal an Flußspatplatten reflektiert und dann durch eine 3 mm dicke Bromkaliumplatte filtriert wurde. Die Strahlung war durch Reflexion an einem Selenspiegel unter $68^1/_2$° Inzidenz derart polarisiert, daß die Schwingungs-

[1] Th. Liebisch und H. Rubens, Diese Berichte S. 198, 1919.
[2] H. Rubens, Diese Berichte S. 4, 1915.
[3] H. Rubens, Diese Berichte S. 1280, 1917.

richtung ihres elektrischen Vektors der optischen Achse der Kalkspatplatten parallel lag. Diese polarisierten Reststrahlen ergaben mit dem Gitterspektrometer untersucht die mittlere Wellenlänge 27.3 μ. Sie erwiesen sich als sehr homogen und wurden sowohl von einer 6 mm dicken Sylvinplatte als auch von einer 0.6 mm dicken Quarzplatte nur in geringen Spuren hindurchgelassen. Die Reflexion an den Flußspatflächen bewirkt, daß sowohl die kurzwelligen Reststrahlen des Kalkspats bei 11.3 μ, als auch die langwelligen bei 94 μ ausgeschaltet werden. Auch die Einschaltung der Bromkaliumplatte verhindert eine Verunreinigung durch langwellige Strahlung. Die verwendete Bromkaliumplatte diente zugleich zum Verschluß des Mikroradiometerfensters.

Neue untersuchte Substanzen.

In der Auswahl der Kristalle waren wir auch diesmal durch die Schwierigkeit, genügend große Spiegel zu erhalten, beschränkt. In vielen Fällen mußten wiederum die reflektierenden Platten aus einzelnen Stücken mosaikartig zusammengesetzt werden. Soweit dies nicht ohne merkliche Fugen gelang, waren an den beobachteten Reflexionsvermögen Korrektionen anzubringen, welche dem Verhältnis der Größe des von den Fugen eingenommenen Flächenraumes zur Gesamtoberfläche der reflektierenden Platte entsprachen. Diese Korrektionen erwiesen sich in 9 Fällen als notwendig und betrugen zwischen 1 und 7 Prozent des beobachteten Reflexionsvermögens.

Im Gegensatz zu unserer ersten Mitteilung haben wir diesmal auch einige monokline Kristalle in den Kreis der Betrachtung gezogen. Die Untersuchung erstreckte sich jedoch nur auf die (100)- bzw. (001)-Ebene, in welcher die Hauptschwingungsrichtungen festliegen.

Die neu untersuchten Substanzen lassen sich in 5 Gruppen teilen. Zu der ersten gehören die regulären Kristalle Zinkblende, Bleinitrat, Analcim, Cäsium-Alaun, Rubidium-Alaun, Rubidium-Chrom-Alaun und Ammonium-Alaun. Die zweite Gruppe wird von den Opalen und dem Chalcedon gebildet. Zum Vergleich sind in Tab. I, welche die Ergebnisse der Reflexionsmessungen für diese beiden Gruppen enthält, auch einige Zahlen wiedergegeben, welche sich auf das Reflexionsvermögen des Bergkristalls und des Quarzglases beziehen. Diese Zahlen sind der Arbeit B entnommen. Die dritte Gruppe besteht aus den optisch einachsigen Kristallen. Sie enthält 3 Turmaline, 2 Berylle verschiedener Herkunft, ferner Zirkon, Zinnerz, Vesuvian, Natronsalpeter, Eisenspat, Zinkspat, Natriumtrikalium-Sulfat und Kalium-Lithium-Sulfat. Die entsprechenden Resultate sind in Tab. II zusammengestellt. Zum Vergleich mit den drei neuen Turmalinen sind auch die Daten für den früher untersuchten roten Turmalin von Schaitansk nochmals mit angegeben. Die vierte und fünfte Gruppe umfaßt die Vertreter des rhombischen und monoklinen Kristallsystems. Die neu untersuchten rhombischen Kristalle sind Topas und Witherit, die monoklinen Adular, Malachit und Spodumen. Die Versuchsergebnisse sind aus Tab. III zu ersehen.

Von den Kristallen der ersten Gruppe waren nur Zinkblende und Analcim in genügend großen Stücken vorhanden. Bleinitrat und die Alaune mußten aus 7 bis 10 kleinen Stücken zusammengesetzt werden. Hier waren die wegen der Fugen anzubringenden Korrektionen am größten.

Die Kristalle der zweiten Gruppe waren leicht in brauchbaren Stücken zu beschaffen. Bei dem kristallinischen Chalcedon war ebensowenig wie bei den amorphen Opalen mit bloßem Auge eine Struktur zu erkennen. Von den einachsigen Kristallen standen uns in allen Fällen parallel zur optischen Achse geschnittene Platten aus hinreichend großen Kristallen zur Verfügung. Nur bei dem Zinkspat mußten wir uns mit einem kristallinischen Aggregat begnügen. Unter den rhombischen Kristallen war Topas mit zwei Platten vertreten, die in zwei aufeinander senkrechten Symmetrieebenen geschnitten waren. Von Witherit konnten wir nur eine Platte aus einem kristallinischem Aggregat erhalten. Unter den monoklinen Kristallen bereitete die Herstellung einer geeigneten Adularplatte nach (001) Schwierigkeit, doch gelang es durch Zusammensetzung rechteckiger Stücke, einen 6×6 cm großen Spiegel herzustellen. Unser Spodumen-Spiegel war parallel der (100)-Ebene geschliffen und aus zwei Stücken zusammengefügt. Von Malachit besaßen wir nur eine Platte aus den bekannten kristallinischen Aggregaten von Nischne Tagilsk.

Versuchsergebnisse.

Die Anordnung der Tabellen I, II und III und die Bedeutung ihrer einzelnen Spalten geht aus dem Kopf dieser Tabellen mit genügender Deutlichkeit hervor. Zudem entsprechen diese Tabellen hinsichtlich ihrer Einrichtung den Tabellen I und II der Arbeiten A und B sowie der Tabelle III unserer ersten Mitteilung mit folgender Abänderung: Erstens sind unter den Reststrahlengruppen, für welche die Reflexionsvermögen beobachtet worden sind, die kombinierten Reststrahlen des Kalkspats und Fluorits mit der mittleren Wellenlänge 27.3 μ mit aufgeführt, und zweitens sind hinter den Reflexionsvermögen in der drittletzten Spalte, welche mit D_{300} überschrieben ist, die Dielektrizitätskonstanten der untersuchten Stoffe, wie sie sich aus dem Reflexionsvermögen für die langweilige Quecksilberdampfstrahlung nach der Fresnelschen Formel berechnen, wiedergegeben.

Der Inhalt der Tabellen I, II und III ist für die Mehrzahl der untersuchten Stoffe in den Kurven der Figuren 1—10 zur Anschauung gebracht. Die zum Verständnis dieser Kurven notwendigen Angaben sind teils in die Figurentafeln eingetragen, teils sind sie unserer ersten Mitteilung, welche gleichartige Darstellungen enthält, zu entnehmen. Die Wellenlängen sind in einer logarithmischen Teilung als Abszissen, die beobachteten Reflexionsvermögen als Ordinaten aufgetragen; wir wollen jedoch nicht behaupten, daß die in Fig. 1—10 dargestellten Kurven, welche die beobachteten Punkte verbinden, den Verlauf des Reflexionsvermögens in allen Einzelheiten richtig wiedergeben. Die Form der Kurven, besonders in dem zwischen 110 und 310 μ gelegenen Spektralgebiet, in welchem keine beobachteten Punkte vorhanden sind, ist vielfach in hohem Grade willkürlich. Auch bedingt die zum Teil sehr erhebliche Inhomogenität der Reststrahlen und übrigen Strahlenarten, daß viele Feinheiten im Verlaufe der Kurven, welche sich auf eng begrenzte Spektralgebiete beziehen, verlorengehen müssen. Dennoch halten wir die Wiedergabe dieser Kurven für sehr nützlich, weil sie das umfangreiche, in den Tabellen enthaltene Zahlenmaterial leicht überblicken lassen und in der Hauptsache doch ein einigermaßen zutreffendes Bild von dem Verlauf des Reflexionsvermögens liefern.

Tabelle I.

Kristall und Fundort	Reflexionsvermögen R für Reststrahlen von								R Quarzlinsenmethode			D_{300}	D_{∞}	R_{∞}
	CaF_2	CaF_2 $CaCO_3$ (Kalkspat)	CaF_2	$CaCO_3$ (Aragonit)	NaCl	KCl	KBr	KJ	Auerbrenner	Hg-Lampe ungereinigt	Hg-Lampe gereinigt	berechnet	beobachtet	berechnet
	22 μ	27 μ	33 μ	39 μ	52 μ	63 μ	83 μ	94 μ	110 μ					
Zinkblende	7.2	35.4	73.7	51.9	30.3	27.7	25.5	25.0	24.4	23.8	23.5	8.3	7.85	22.5
Bleinitrat	6.9	6.2	5.5	3.1	5.0	29.4	63.7	35.8	50.8	41.5	36.9	16.8	16.0	36.0
Analcim (Seisser Alp)	23.9	18.8	16.8	14.5	12.9	12.7	11.8	12.4	16.1	18.5	19.7	6.7	-	
Cäsium-Alaun	6.5	4.2	4.4	—	18.9	14.3	14.6	13.0	14.6	14.6	14.6	5.0	—	—
Rubidium-Alaun	6.4	4.8	5.1	—	13.9	16.0	14.1	13.1	15.0	15.0	15.0	5.1	—	—
Rubidium-Chrom-Alaun	6.6	5.1	7.0	—	14.8	13.6	15.6	14.1	14.5	14.5	14.5	5.0	—	—
Ammonium-Alaun	6.5	4.4	5.7	9.2	18.9	18.0	16.0	15.1	17.7	17.8	17.8	6.0	—	—
Opal (Kaschau)	35.6	15.7	12.9	—	10.7	10.6	10.6	11.1	11.6	11.3	11.0	4.0	—	—
Opal (Mexiko)	30.6	13.9	11.7	—	9.7	10.0	10.2	10.4	11.0	11.0	11.0	4.0	—	—
Chalcedon (Island)	33.1	24.2	18.0	—	14.2	13.6	12.7	12.8	13.0	12.2	11.8	4.2	—	—
Quarzglas	34.0	—	13.0	—	11.6	11.1	10.9	—	10.5	10.3	10.2	3.8	3.75	10.2
Quarz, ord. Str	59.3	—	16.8	—	14.3	13.9	13.3	—	13.0	12.8	12.7	4.4	4.44	12.7
Quarz, außerord. Str	24.3	—	20.2	—	15.5	14.8	14.4	—	13.9	13.7	13.6	4.7	4.65	13.4

Tabelle II.

Kristall und Fundort		Reflexionsvermögen R für Reststrahlen von: CaF_2	CaF_2 $CaCO_3$ (Kalkspat)	CaF_2	$CaCO_3$ (Aragonit)	NaCl	KCl	KBr	KJ	R Quarzlinsenmethode: Auerbrenner	Hg-Lampe			D_∞ beobachtet	R_∞ berechnet
		22 μ	27 μ	33 μ	39 μ	52 μ	63 μ	83 μ	94 μ						
Turmalin (Uru'enga)	‖	32.6	—	18.8	—	17.8	17.4	16.8	—	18.1	17.9	17.8	6.0	5.6—6.5[1]	16.6—1
	⊥	32.0	—	24.4	—	22.4	20.8	21.2	—	22.4	21.2	20.6	7.1	6.8—7.1[1]	19.8—2
Turmalin (Modum)	‖	33.7	—	17.2	—	16.2	15.8	17.7	—	18.1	18.1	18.1	6.2	—	—
	⊥	33.9	—	24.4	—	22.6	21.3	22.0	—	22.2	21.5	21.1	7.3	—	—
Turmalin (Haddam)	‖	32.4	—	18.0	—	15.8	15.6	15.5	—	17.7	18.1	18.3	6.2	—	—
	⊥	31.6	—	23.7	—	20.9	19.4	18.8	—	22.0	21.0	20.5	7.1	—	—
Roter Turmalin (Schaitansk)	‖	29.2	—	14.4	19.9	17.3	15.2	16.8	19.0	18.3	18.0	17.8	6.0	—	—
	⊥	32.3	—	22.1	24.2	23.1	17.1	22.1	21.5	21.3	20.4	20.0	6.9	—	—
Beryll (Nertschinsk)	‖	59.3	33.5	20.5	19.0	18.6	18.6	16.6	16.7	18.3	18.0	17.8	6.0	5.5	16.2
	⊥	35.7	20.8	18.3	17.3	17.2	16.4	16.4	17.1	17.7	17.6	17.5	5.9	6.1	18.0
Beryll (S. W. Afrika)	‖	58.5	33.3	21.0	18.2	18.6	18.2	16.5	18.2	18.8	17.8	17.3	5.8	—	—
	⊥	35.6	20.9	18.3	17.6	16.9	16.5	16.5	17.8	18.5	18.0	17.8	6.0	—	—
Zirkon (Frederiksvärn)	‖	39.6	52.5	43.7	32.5	25.5	24.3	23.5	24.1	24.3	24.4	24.4	(8.7)	12.6	31.4
	⊥	25.2	37.4	51.5	42.1	26.0	23.1	21.9	27.8	24.5	23.9	23.6	(8.4)	12.8	31.8
Zinnerz (Schlaggenwald)	‖	54.0	35.3	33.8	31.6	30.9	30.8	29.0	32.3	41.5	42.9	43.6	24.0	—	—
	⊥	17.8	47.6	72.7	60.5	39.8	36.8	35.0	38.9	41.5	42.6	43.1	23.4	—	—
Vesuvian (Egg)	‖	38.8	24.8	24.6	22.6	22.4	25.2	30.3	28.4	27.0	26.2	25.8	9.4	8.9	24.8
	⊥	29.6	28.7	28.8	26.6	29.3	27.1	24.1	25.1	24.7	24.3	24.1	8.6	8.4	23.7
Natronsalpeter	‖	1.7	0.6	6.6	21.0	22.2	11.1	4.1	2.9	36.7	37.6	38.0	17.8	5.18[2]	15.2
	⊥	3.5	2.4	8.7	26.5	29.9	18.1	11.7	8.5	20.9	19.7	19.1	6.5		
Eisenspat (Ivigtut, Grönland)	‖	5.7	30.8	20.2	30.2	69.7	41.5	25.7	22.5	21.1	18.8	17.7	6.0	6.9	20.2
	⊥	5.5	42.4	46.5	31.0	39.1	31.7	25.9	24.3	23.5	22.7	22.3	7.8	7.9	22.4
Zinkspat (Laurion)	‖	2.2	15.4	20.4	29.0	79.0	75.9	41.5	31.9	29.6	27.0	25.7	9.4	—	—
	⊥	3.7	21.7	45.5	32.6	59.5	50.4	33.8	31.7	29.5	26.8	25.4	9.3	—	—
Natrium-trikalium-Sulfat	‖	3.6	1.9	7.0	19.9	23.5	35.0	23.8	17.5	19.4	17.9	17.2	5.8	—	—
	⊥	3.3	1.7	6.4	15.9	34.2	39.0	17.3	14.2	21.0	20.9	20.9	7.2	—	—
Kalium-Lithium-Sulfat	‖	15.0	29.4	14.1	8.6	5.1	12.4	26.5	22.2	19.5	17.6	16.7	5.7	—	—
	⊥	21.0	16.3	10.6	6.1	4.4	15.0	24.4	19.0	18.3	16.6	15.9	5.4	—	—

[1] Von Hrn. Fellinger beobachtet. [2] Von L. Arons für geschmolzenes Salz nach dem Erstar gemessen.

Tabelle III.

Kristall und Fundort	Schwingungsrichtung Elektr. Vektor	Reflexionsvermögen R für Reststrahlen von CaF_2 22 µ	CaF_2 $CaCO_3$ (Kalkspat) 27 µ	CaF_2 33 µ	$CaCO_3$ (Aragonit) 39 µ	NaCl 52 µ	KCl 63 µ	KBr 83 µ	KJ 94 µ	R Quarzlinsenmethode Auerbrenner 110 µ	Hg-Lampe ungereinigt	Hg-Lampe gereinigt	D_{300} berechnet	D_{∞} beobachtet	R_{∞} berechnet
Topas (Alabaschka)	a	57.2	29.2	24.6	22.1	20.2	20.5	19.9	20.4	20.9	21.2	21.4	7.4	6.7	19.6
	b	53.2	33.9	27.6	25.9	22.6	21.1	20.5	21.0	21.5	21.3	21.2	7.3	6.7	19.6
	c	50.3	26.8	27.5	25.0	22.1	20.7	19.4	20.3	20.9	20.7	20.6	6.7	6.3	18.5
Witherit (Cumberland)	∥ Vertikalachse	2.1	1.1	12.9	40.4	86.0	78.9	37.7	26.1	24.4	22.2	21.1	7.3	6.4	18.8
	⊥ Vertikalachse	4.5	2.3	15.0	52.1	66.5	38.1	28.4	25.2	24.6	22.6	21.6	7.5	ca. 7.5	21.7
Malachit (Nischne Tagilsk)	n[1]	8.5	15.5	32.4	23.6	20.0	23.5	24.2	24.0	22.2	21.3	20.8	7.2	—	—
Adular (001) (St. Gotthard)	∥ Kante PM	16.4	15.0	12.1	8.6	7.6	10.0	19.2	16.7	15.7	14.8	14.4	4.9		—
	⊥ Kante PM	35.7	20.4	17.2	14.4	10.4	8.6	13.5	29.0	21.0	18.4	17.1	5.8	5.5	16.1
Spodumen (100) (Pala Californien)	∥ Vertikalachse	53.7	23.7	26.0	42.5	38.1	33.2	26.6	26.5	28.6	28.2	28.0	10.5	--	
	⊥ Vertikalachse	37.3	21.2	45.0	45.0	36.0	30.0	22.4	25.4	25.2	25.1	25.1	9.1	--	

Zur Charakteristik des optischen Verhaltens der in den Tabellen I, II und III aufgeführten Stoffe ist folgendes hervorzuheben:

Erste Gruppe: Reguläre Kristalle.

Zinkblende, eisenhaltig, (Zn, Fe) S.

Aus einem Stück des kristallinischen Aggregats wurden 4 Platten geschnitten, von welchen drei zur Erzeugung der Reststrahlen von Zinkblende dienten. Die Wellenlänge dieser Reststrahlen wurde mit Hilfe des Gitterspektrometers gemessen und ergab sich zu 30.9 µ. Die Strahlung erwies sich als sehr homogen. Das Reflexionsvermögen der Zinkblende für ihre eigenen Reststrahlen wurde mit Hilfe der 4. Platte zu 75.1 Prozent ermittelt. Das Reflexionsvermögen als Funktion der Wellenlänge gibt die punktierte Kurve der Fig. 1 wieder. Ihr Verlauf ist äußerst einfach und zeigt, daß nur ein einziges Gebiet metallischer Reflexion im langwelligen Spektrum vorhanden ist. Auch in dem kurzwelligen ultraroten Spektrum hat Hr. W. W. Coblentz[2] zwischen 1 und 13 µ keine ausgesprochenen Reflexionsmaxima nachweisen können. Das

---

[1] n bedeutet natürliche Strahlung.

[2] W. W. Coblentz, Investigation of Infrared Spectra. Part IV, S. 93. Washington 1906.

im langwelligen Spektrum beobachtete Maximum des Reflexionsvermögens liegt bei 31.8 μ. Die genaue Ermittelung der optischen Eigenschaften der Zinkblende ist deshalb wichtig, weil das Raumgitter und die elastischen Konstanten[1] dieses Materials gleichfalls zuverlässig bekannt sind. Er liefert also einen guten Prüfstein für die moderne Theorie fester Körper im Sinne des Hrn. Born[2].

Fig. 1.

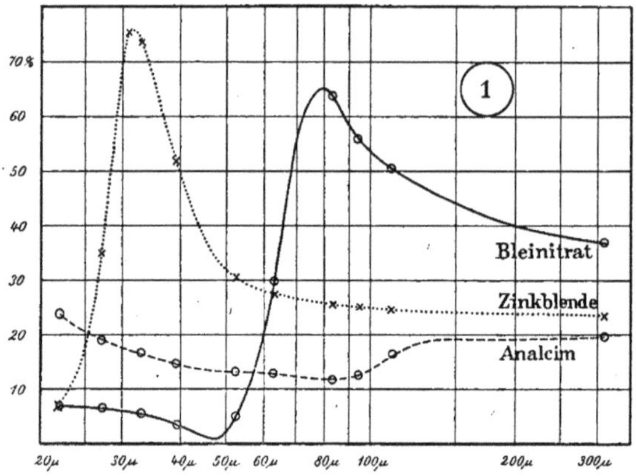

Bleinitrat, $Pb(NO_3)_2$.

Auch Bleinitrat (Fig. 1, ausgezogene Kurve) besitzt im langwelligen Spektrum nur ein Reflexionsmaximum bei 79 μ. Jenseits des Absorptionsgebiets behält das Reflexionsvermögen beträchtliche Werte, wie dies auch bei den übrigen bisher untersuchten Bleisalzen, dem Bleichlorid, Bleisulfat (Anglesit) und dem kohlensauren Blei (Cerussit) beobachtet worden ist.

Analcim, $NaAl(SiO_3)_2 \cdot H_2O$.

Die Reflexionskurve des Analcims (Fig. 1, gestrichelte Kurve) zeigt keine scharfen Maxima. Sie hat ein schwach ausgeprägtes Minimum bei etwa 80 μ und erhebt sich dann langsam wieder. Dieses Anwachsen des Reflexionsvermögens im langwelligsten Teile des untersuchten Spektrums kann mit dem Wassergehalt des Minerals in Zusammenhang stehen, doch findet man diese Erscheinung auch bei vielen Gläsern.

[1] W. Voigt, Göttinger Nachrichten, Math. phys. Kl. 1918, 424.
[2] M. Born, Dynamik der Kristallgitter, Leipzig, B. G. Teubner 1915.

Cäsium-Aluminium-Alaun, $CsAl(SO_4)_2 \cdot 12\,H_2O$.
Rubidium-Aluminium-Alaun, $RbAl(SO_4)_2 \cdot 12\,H_2O$.
Rubidium-Chrom-Alaun, $RbCr(SO_4)_2 \cdot 12\,H_2O$,
Ammonium-Aluminium-Alaun, $NH_4Al(SO_4)_2 \cdot 12\,H_2O$.

Die vier untersuchten Alaune ergaben sehr ähnliche Reflexionskurven von wenig ausgeprägtem Typus (Fig. 2). In keinem Falle überschreitet das beobachtete Reflexionsvermögen 20 Prozent. Die Kurven besitzen in der Nähe von 30 μ ein Minimum, welchem ein schwaches Maximum zwischen 50 und 60 μ folgt. Bei dem Rubidium-Chrom-Alaun

Fig. 2.

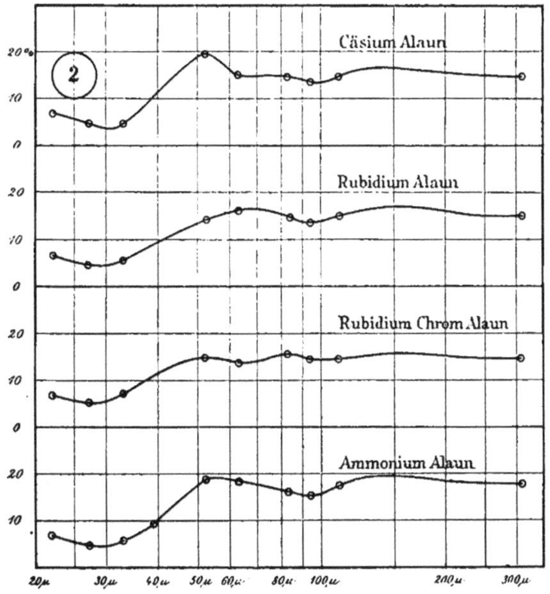

scheinen zwei derartige Maxima vorhanden zu sein, von denen das langwelligere bei etwa 80 μ liegt. Jenseits 90 μ zeigen die Kurven ein zweites schwach ausgeprägtes, aber deutlich nachweisbares Minimum. Zwischen 110 und 310 μ ergeben sich keine Unterschiede des Reflexionsvermögens, was jedoch das Vorhandensein einer schwachen Erhebung innerhalb dieses Spektralgebiets nicht ausschließt; ja, eine solche ist nach dem allgemeinen Kurvenverlauf wahrscheinlich.

Zweite Gruppe: Siliziumdioxyd.

Opal, $SiO_2 \cdot xH_2O$ und Chalcedon, SiO_2.

Man könnte vermuten, daß der Opal als amorphes Kieselsäurehydrogel ein dem Quarzglas ähnliches Verhalten im langwelligen Spektrum zeigen würde, während das kristallinische Aggregat des Chalcedon Werte des Reflexionsvermögens ergeben müßte, welche zwischen denen für den ordentlichen und außerordentlichen Strahl des Quarzes liegen. Beide Annahmen erwiesen sich jedoch als den Tatsachen nicht entsprechend. Zunächst ist zu erkennen (Fig. 3), daß die beiden unter-

Fig. 3.

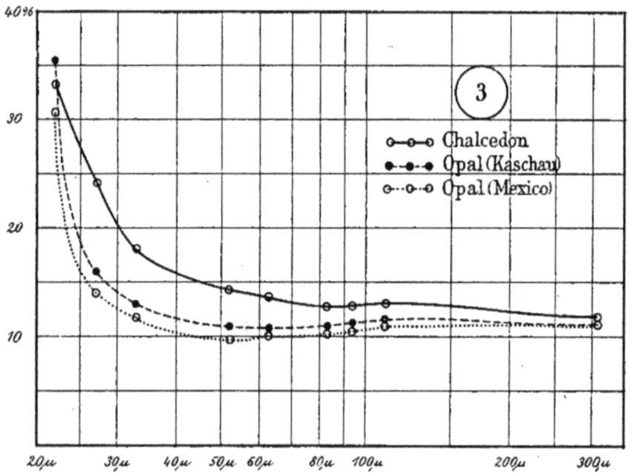

suchten Opale an den meisten Stellen des Spektrums nicht unbeträchtliche Differenzen des Reflexionsvermögens aufweisen, und zwar in dem Sinne, daß der von Kaschau stammende stets die höheren Werte besitzt. Beide Kurven stimmen aber darin überein, daß sie zwischen 50 und 70μ ein ganz flaches Minimum besitzen, ähnlich wie es bei den gewöhnlichen Gläsern mit komplizierter Zusammensetzung beobachtet worden ist, während das Quarzglas ein solches Minimum nicht aufweist. Ob der Wassergehalt der Opale hier von Einfluß ist, läßt sich nicht entscheiden.

Bei dem Chalcedon sind die Reflexionsvermögen in dem jenseits 50μ gelegenen Spektralgebiet merklich kleiner als bei dem ordentlichen und außerordentlichen Strahl des Bergkristalls. Im Gegensatz zu reinem Quarz scheint auch bei Chalcedon zwischen 60 und 110μ ein schwaches Minimum des Reflexionsvermögens vorhanden zu sein.

Über die Kurven der Figur 3 ist noch zu bemerken, daß sie in dem Spektralgebiet zwischen 22 und 33 μ den wahren Verlauf des Reflexionsvermögens nicht richtig wiedergeben können, da, wie wir in unserer ersten Mitteilung mit Hilfe des Spektrometers festgestellt haben, das Siliziumdioxyd in diesem Wellenlängenbereich ein sehr kompliziertes Reflexionsspektrum aufweist, dessen Beobachtung nur in einem verhältnismäßig reinen Spektrum gelingt. Das hier Gesagte gilt wahrscheinlich auch für die übrigen, im folgenden mitgeteilten Reflexionskurven, welche sich auf hierhergehörige Substanzen beziehen. Zur Aufklärung des Sachverhalts sind hier spektrometrische Messungen erforderlich, welche wir aber einer späteren Untersuchung vorbehalten müssen.

Dritte Gruppe: Einachsige Kristalle.

Turmalin.

Die Turmaline bilden eine Gruppe mit erheblich verschiedener chemischer Zusammensetzung und beträchtlicher Differenz der optischen Eigenschaften. Es erschien uns deshalb wichtig, neben dem früher untersuchten roten Turmalin von Schaitansk noch einige Turmaline anderer Herkunft und Zusammensetzung auf ihr Verhalten im langwelligen Spektrum zu prüfen. In der Tat ergaben sich erhebliche Unterschiede. Bei 22 μ z. B. wird von zwei Turmalinen (Urulenga und Haddam) der außerordentliche, von den beiden übrigen (Schaitansk und Modum) der ordentliche Strahl stärker reflektiert. Unterschiede im Sinne der Doppelbrechung haben wir zwar an anderen Stellen des Spektrums nicht beobachtet, wohl aber beträchtliche Verschiedenheiten der Werte, besonders in dem unterhalb 100 μ gelegenen Wellenlängenbereich. Am langwelligen Ende zeigen die untersuchten Turmaline ziemlich gut übereinstimmende Reflexionsvermögen.

Beryll. $Be_3Al_2(SiO_3)_6$.

Da die Angaben über die optischen und besonders über die elektrischen Eigenschaften dieses Minerals in der Literatur Abweichungen aufweisen, haben wir die Untersuchung zweier Berylle verschiedener Herkunft (Nertschinsk und Südwestafrika) für wünschenswert erachtet. Für beide Materialien sind die beobachteten Reflexionsvermögen zwischen 22 und 83 μ gut übereinstimmend. Für die Reststrahlen von Jodkalium aber sowie für die langwellige Quecksilberdampfstrahlung ist der Sinn der Doppelbrechung in beiden Kristallen der entgegengesetzte. Am langwelligen Ende des Spektrums zeigt der sibirische Beryll positive, der afrikanische negative Doppelbrechung. Die Reflexionskurve der Figur 4, welche sich auf den sibirischen Beryll bezieht, zeigt kein interessantes Bild. Die Doppelbrechung ist jenseits 33 μ überall gering, und die Reflexionsvermögen sind nur kleinen Änderungen mit der Wellenlänge unterworfen. Zwischen 70 und 90 μ zeigen beide Strahlen ein schwach ausgeprägtes Minimum.

Fig. 4.

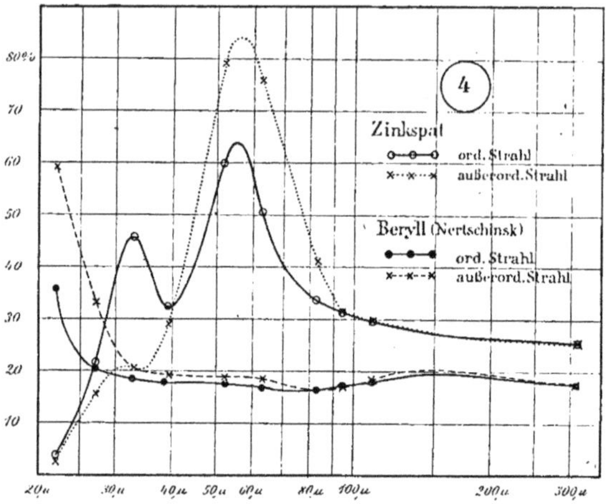

Zirkon, $ZrO_2 \cdot SiO_2$.

Die zur Verfügung stehende Zirkonplatte war von vielen unregelmäßig verlaufenden Sprüngen durchzogen, auch waren an einigen Stellen Einsprengungen fremder Mineralien erkennbar. Die beobachteten Reflexionsvermögen sind deshalb weniger genau als bei den übrigen Kristallen. Immerhin darf angenommen werden, daß die ermittelten Kurven (Fig. 5) den Verlauf des Reflexionsvermögens in der Hauptsache richtig wiedergeben. Der ordentliche Strahl läßt zwei Maxima erkennen, die bei etwa 33 und 97 μ liegen. Für den außerordentlichen Strahl konnte mit Sicherheit nur ein Reflexionsmaximum, und zwar bei 28 μ nachgewiesen werden.

Zinnerz, SnO_2.

In dem Spektralgebiet zwischen 20 und 50 μ ist Zinnerz durch besonders starke Doppelbrechung ausgezeichnet. Bei 33 μ zeigt der ordentliche Strahl (Fig. 6) ein sehr hohes Reflexionsmaximum, während die Kurve des außerordentlichen Strahles hier nahezu horizontal ver-

Fig. 5.

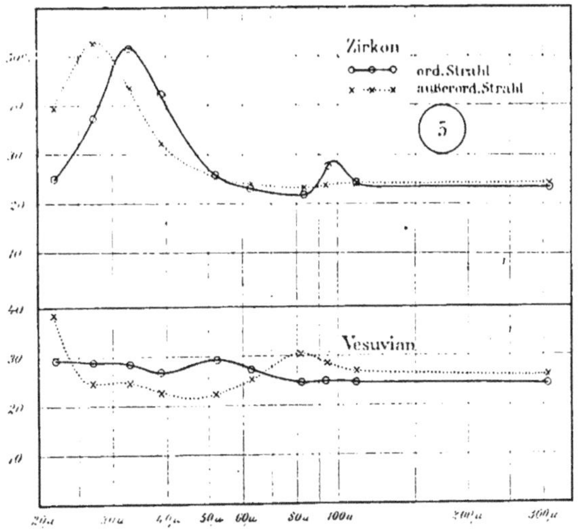

läuft. Jenseits 80 μ ist in beiden Kurven ein Minimum erkennbar, welchem im weiteren Verlaufe, wahrscheinlich zwischen 100 und 200 μ, ein Maximum folgt. Bemerkenswert ist der hohe Wert des Reflexionsvermögens, welcher in beiden Schwingungsrichtungen für die langwellige Quecksilberdampfstrahlung beobachtet wird.

Fig. 6.

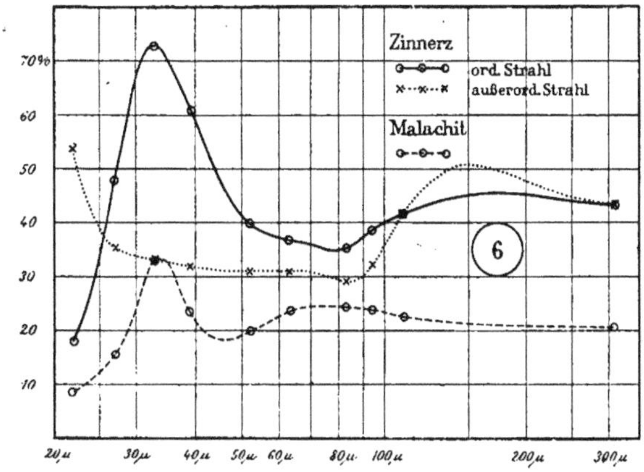

Vesuvian, $Ca_6Al_2(AlOH)(SiO_4)_5$.

In den Reflexionskurven dieses Minerals (Fig. 5) sind, seiner komplizierten Zusammensetzung entsprechend, ähnlich wie bei den Turmalinen, nur geringe Hebungen und Senkungen erkennbar. Der ordentliche Strahl zeigt ein schwaches Maximum bei 52 μ, der außerordentliche bei 83 μ. Wahrscheinlich würde sich in einem reineren Spektrum eine viel kompliziertere Form ergeben.

Fig. 7.

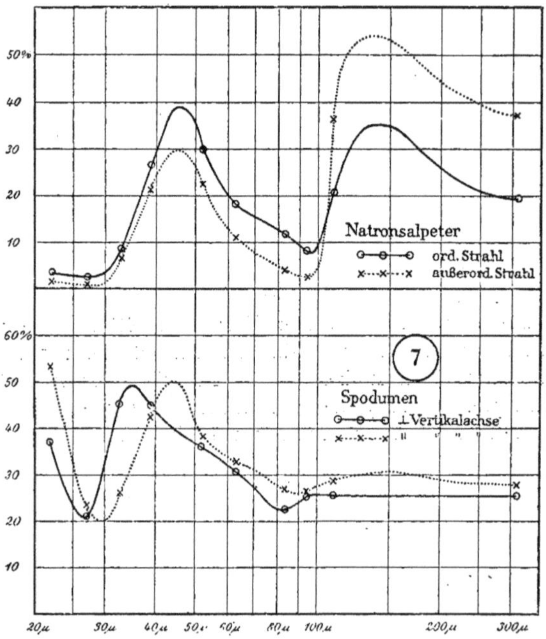

Natronsalpeter. $NaNO_3$.

Die von uns verwendete Platte war parallel zur optischen Achse aus einem gezüchteten Kristall geschnitten, für dessen Überlassung wir Hrn. Prof. Clemens Schäfer in Breslau zu besonderem Danke verpflichtet sind. Leider hatte die Platte nur eine nutzbare Oberfläche von 10 cm², wodurch die Genauigkeit der Messung herabgesetzt wurde. Trotzdem gelang es, durch Häufung der Beobachtungen, zuverlässige Werte des Reflexionsvermögens für die verwendeten zehn Strahlenarten zu erhalten. Der Verlauf der Reflexionskurven Fig. 7 läßt für beide

Strahlen je zwei Maxima erkennen, von welchen das kurzwelligere bei 46 μ, das langwelligere jenseits 110 μ gelegen ist. Die beiden Kurven schneiden sich bei 105 μ derart, daß unterhalb dieser Wellenlänge der ordentliche Strahl, oberhalb dagegen der außerordentliche Strahl das höhere Reflexionsvermögen aufweist.

Eisenspat, $FeCO_3$.

Unsere Messungen wurden an einem großen, parallel zur Achse geschnittenen Eisenspatkristall vorgenommen, welchen wir, ebenso wie den Natronsalpeterkristall, der Güte des Herrn Clemens Schäfer verdanken. Die Schnittfläche zeigte einige Sprünge und Spalten von

Fig. 8.

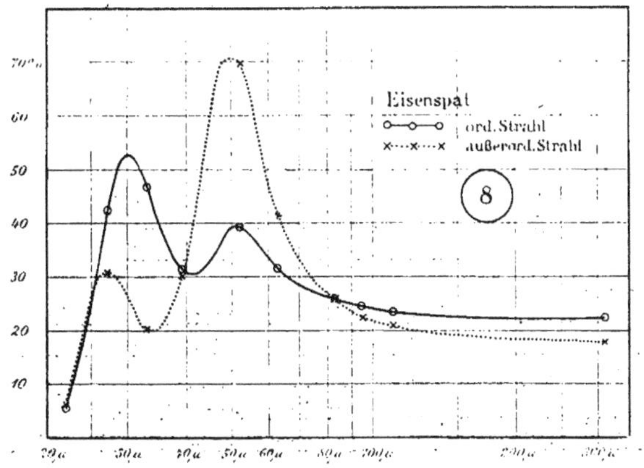

nicht unbeträchtlicher Breite, welche die Anbringung einer Korrektion von 4 Prozent bei der Messung des Reflexionsvermögens erforderlich machten. Das Ergebnis der Versuche zeigt Fig. 8. Beide Strahlen besitzen zwei Maxima, welche für den ordentlichen etwa bei 30 und 51 μ, für den außerordentlichen bei 27 und 50 μ gelegen sind. Ein zweiter von uns untersuchter Eisenspatkristall zeigte mit dem zuerst benutzten gut übereinstimmende Werte.

Zinkspat, $ZnCO_3$.

Bei der Untersuchung des Zinkspats waren wir, wie bereits im Anfange hervorgehoben worden ist, auf die Benutzung eines kristallinischen Aggregats angewiesen. Dasselbe zeigte scharf ausgeprägte Faserstruktur, und es ergab sich, daß die Faserrichtung mit der Lage der optischen Achse der einzelnen Kristalle zusammenfiel. Hierdurch war die Möglichkeit gegeben, auch bei diesem Material Reflexionsmessungen mit polarisierter Strahlung für den ordentlichen und außerordentlichen Strahl anzustellen. Leider war die Faserrichtung an verschiedenen Stellen der Platte nicht die gleiche, sondern die Fasern bildeten ein System von geradlinigen Strahlen, welche von einem in der Plattenebene gelegenen Zentrum aus divergierten. Durch geeignete Blendung wurde erreicht, daß in dem bei der Reflexion wirksamen Teil der Plattenoberfläche die Randfasern gegen die Mittelfasern Winkel von nicht mehr als 18° bildeten. Immerhin hat dieser mangelnde Parallelismus der Fasern zur Folge, daß die Unterschiede in dem Verhalten des ordentlichen und außerordentlichen Strahles in Wirklichkeit größer sind, als sie bei unseren Messungen erscheinen. Fig. 4 zeigt die ermittelten Kurven. Sie sind den für Eisenspat erhaltenen sehr ähnlich. Auch hier besitzt der ordentliche Strahl bei 33 und 35 μ deutlich ausgeprägte Maxima, der außerordentliche ein schwaches Maximum bei 31 μ und ein sehr starkes bei 56 μ, in welchem das Reflexionsvermögen über 80 Prozent erreicht. Die Reflexionsmaxima des Zinkspats erscheinen gegenüber denjenigen des Eisenspats in ihrer Wellenlänge um etwa 10 Prozent nach Seite der langen Wellen verschoben. Von 94 μ ab ist ein Unterschied zwischen dem Reflexionsvermögen für den ordentlichen und außerordentlichen Strahl kaum zu erkennen.

Wir sind genötigt, hier die Frage zu erörtern, ob nicht die Faserstruktur als solche einen Einfluß auf den beobachteten Dichroismus ausübt. In der Tat müßte auch ein vollkommen isotropes Medium mit einseitiger makroskopischer Struktur, etwa ein geritztes Glasgitter, den parallel der Vorzugsrichtung schwingenden Strahl stärker reflektieren als den senkrecht hierzu schwingenden. Es ist daher nicht ausgeschlossen, daß für den senkrecht zur Faserrichtung schwingenden ordentlichen Strahl des Zinkspats alle Reflexionsvermögen etwas zu klein und für den außerordentlichen Strahl entsprechend zu groß gemessen worden sind, doch sind diese Fehler nach den an gläsernen Ritzgittern gemachten Erfahrungen nur gering, insbesondere in dem kurzwelligeren Teile des Spektrums.

Natriumtrikalium-Sulfat, $NaK_3(SO_4)_2$ und Kalium-Lithium-Sulfat, $KLiSO_4$.

Die beiden Doppelsalze zeigen, wie die Kurven der Figur 9 erkennen lassen, in ihrem optischen Verhalten innerhalb des untersuchten Spektralgebiets keine erkennbare Ähnlichkeit. Reflexionsmaxima des Natriumtrikalium-Sulfats liegen bei etwa 60 μ für den ordentlichen und bei 45 und 66 μ für den außerordentlichen Strahl. Außerdem müssen beide Strahlen in dem langwelligen Gebiet zwischen 110 und 310 μ noch ein Reflexionsmaximum besitzen.

Bei dem Kalium-Lithium-Sulfat sind drei Reflexionsmaxima zu erkennen, von denen ein bei 75 μ beobachtetes dem ordentlichen, die anderen bei 27 und 79 μ gelegenen dem außerordentlichen Strahle angehören.

Fig. 9.

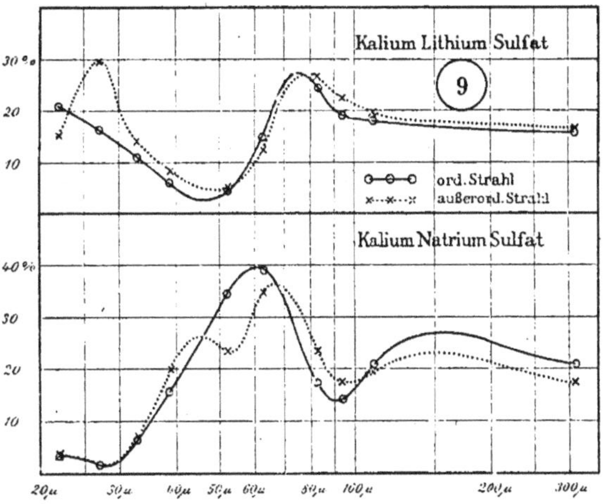

Vierte Gruppe: Rhombische Kristalle.

Topas, $(F,OH)_2Al_2SiO_4$.

Die Zahlen der Tabelle III, welche für diesen Kristall gelten, zeigen für alle drei Hauptschwingungsrichtungen eine Abnahme des Reflexionsvermögens zwischen 22 und 83 μ. Von da ab macht sich in allen Fällen wieder ein geringes Anwachsen dieser Größe bemerkbar. Für die einzelnen Wellenlängen sind die Werte des Reflexionsvermögens in den verschiedenen Vorzugsrichtungen nur wenig voneinander abweichend. Dies gilt besonders für den jenseits 50 μ gelegenen langwelligeren Teil des Spektrums, in welchem die Doppelbrechung des Topas sehr gering ist.

Witherit, $BaCO_3$.

Die benutzte Witheritplatte aus kristallinischem Aggregat zeigte schönen Parallelismus der Faserrichtung, welche sich zugleich als die Richtung der Vertikalachse erwies. Diese ist mit der a-Richtung des Kristalles in Übereinstimmung. Die Resultate unserer Reflexionsmessungen, welche sich auf parallel und senkrecht zur Faserrichtung polarisierte Strahlung beziehen, sind in Fig. 10 dargestellt. Beide Kurven zeigen je ein stark ausgeprägtes Maximum bei $46\frac{1}{2}$ bzw. 56 μ, von welchen dasjenige des parallel zur Vertikalachse schwingenden Strahles das langwelligere ist und bis zu Werten des Reflexionsvermögens von etwa 90 Prozent emporführt. Die große spektrale Breite dieser Erhebung und auch die eigentümliche Form der Kurve auf dem absteigenden Ast lassen vermuten, daß es sich in Wirklichkeit um zwei getrennte Reflexionsmaxima handelt. Jenseits 94 μ zeigen beide Reflexionskurven fast den gleichen Verlauf, doch ist zu erkennen, daß sie sich zwischen 94 und 110 μ schneiden.

Fig. 10.

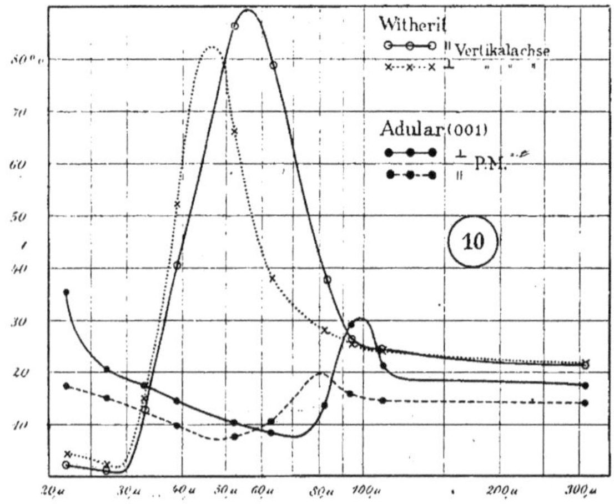

Ebenso wie bei dem Zinkspat ist auch bei dem Witherit die Möglichkeit vorhanden, daß die Faserstruktur als solche nach Art eines Hertzschen Gitters eine polarisierende Wirkung ausübt und den parallel zur Faserrichtung schwingenden Strahl gegen den senkrecht schwingenden bei der Reflexion bevorzugt. Auch hier wird man diesen Einfluß gegenüber der Wirkung der einzelnen Kristalle als gering veranschlagen dürfen.

Im Jahre 1908 sind von den HH. E. F. Nichols und W. S. Day Reststrahlen von Witherit erzeugt worden[1], deren mittlere Wellenlänge mit Hilfe eines Beugungsgitters zu 46 μ ermittelt wurde. Da diese

[1] E. F. Nichols and W. S. Day, Physical Review XXVII. S. 225. 1908.

Messungen im Gegensatz mit den unsrigen mit natürlicher Strahlung ausgeführt worden sind, ist ein einwandfreier Vergleich mit den hier mitgeteilten Beobachtungen nicht möglich. Immerhin kann festgestellt werden, daß jene Versuche mit den unsrigen nicht in Widerspruch stehen, denn die Wellenlänge 46 μ entspricht fast genau dem Maximum des senkrecht zur Vertikalachse schwingenden Strahles, und sie liegt, wie zu erwarten ist, auf der kurzwelligen Seite des gesamten Spektralgebietes metallischer Reflexion.

Fünfte Gruppe: Monokline Kristalle.

Malachit, $(CuOH)_2CO_3$.

Auch unsere Malachitplatte von Nischne Tagilsk wies stark hervortretende Faserstruktur auf. Die Faserrichtung zeigte jedoch keinen einheitlichen Verlauf, vielmehr waren auf dem untersuchten Flächenstück alle Richtungen angenähert gleich häufig vertreten, so daß von einer Vorzugsrichtung nicht gesprochen werden kann. Die Reflexionsmessungen wurden deshalb mit natürlicher Strahlung ausgeführt. Die Ergebnisse sind durch die gestrichelte Kurve in Fig. 6 gekennzeichnet. Daß an keiner Stelle des Spektrums hohe Reflexionsvermögen beobachtet werden, hängt wohl mit dem komplizierten Bau der Basis dieses kohlensauren Salzes zusammen. Die Kurve zeigt zwei Maxima, ein schärferes bei 34 μ und ein sehr wenig ausgeprägtes zwischen 70 und 80 μ.

Adular. $(K,Na)AlSi_3O_8$.

In der uns zur Verfügung stehenden, parallel (001) geschnittenen Adularplatte war die Richtung der Kante *PM* ohne weiteres zu erkennen. Unsere Messungen beziehen sich auf die parallel und senkrecht zu dieser Kante schwingenden Strahlen. Die Richtung senkrecht zur Kante *PM* ist die Richtung der kristallographischen Symmetrieachse; diese Vorzugsrichtung bleibt daher im ganzen Spektrum eine der Hauptschwingungsrichtungen.

Fig. 10, welche die Ergebnisse unserer Reflexionsmessungen am Adular zur Anschauung bringt, lehrt, daß für jeden der beiden Strahlen in dem hier untersuchten Spektralbereich nur ein Maximum deutlich hervortritt, und zwar für den parallel *PM* schwingenden bei 80 μ, für den senkrecht *PM* schwingenden bei 98 μ.

Spodumen, $(Li,Na)Al(SiO_3)_2$.

Unsere parallel (100) geschnittene Spodumenplatte zeigte zahlreiche feine Sprünge in Richtung der Vertikalachse. Parallel und senkrecht zu dieser Vorzugsrichtung polarisierte Strahlung wurde auf ihr Reflexionsvermögen geprüft. Der Verlauf der Reflexionskurven (Fig. 7) ist ziemlich unregelmäßig, und es ist sehr zweifelhaft, ob die Kurven dem wahren Sachverhalt einigermaßen entsprechen. Die relativ hohen Werte des Reflexionsvermögens bei 22 μ, die bei den meisten Kieselsäureverbindungen auftreten (Zirkon bildet eine Ausnahme), sind auch bei dem Spodumen vorhanden. Ein Reflexionsmaximum findet sich in der Kurve für den senkrecht zur Vertikalachse schwingenden Strahl bei 35 μ, und vermutlich folgt ein zweites sehr schwaches bei etwa 100 μ. Für den Strahl, dessen elektrischer Vektor der Vertikalachse parallel läuft, sind zwei Maxima erkennbar, von denen das kurzwelligere bei 44 μ, das langwelligere jenseits 110 μ liegt.

Durchlässigkeit.

Es ist mehrfach, auch in unserer ersten Mitteilung, darauf hingewiesen worden, daß man aus dem Reflexionsvermögen nur dann einwandfreie Schlüsse auf die Dielektrizitätskonstante einer Substanz ziehen kann, wenn man zugleich deren Extinktionskoeffizienten bestimmt bzw. den Nachweis liefert, daß dieser Extinktionskoeffizient genügend klein ist, um die Anwendung der einfachen Fresnelschen Formel für die Berechnung der Dielektrizitätskonstanten aus dem Reflexionsvermögen zu gestatten. Da wir bei unseren Versuchen auf die Prüfung des Zusammenhanges zwischen den auf optischem und elektrischem Wege bestimmten Dielektrizitätskonstanten besonderen Wert legen, haben wir auch diesmal die Durchlässigkeit der untersuchten Kristalle für das äußerste Ende des langwelligen ultraroten Spektrums gemessen. Leider standen uns nicht von allen Kristallen, deren Reflexion wir untersucht hatten, Platten von geeigneter Dicke für die Absorptionsmessung zur Verfügung. Wir mußten deshalb diese Messungen zunächst auf 20 Kristalle beschränken.

Tab. IV zeigt das Ergebnis unserer Beobachtungen. Ihre Einrichtung ist ohne weitere Erklärung verständlich und fast genau übereinstimmend mit derjenigen der Tabelle V unserer ersten Mitteilung. Es sei nochmals hervorgehoben, daß wir unter der Durchlässigkeit δ den direkt beobachteten Wert des Intensitätsverhältnisses der hindurchgelassenen und der auffallenden Strahlung, ausgedrückt in Prozenten, verstehen.

Es zeigt sich wiederum, daß für die langwellige Quecksilberdampfstrahlung die Durchlässigkeit aller untersuchten Kristalle in sämtlichen unserer Prüfung zugänglichen Schwingungsrichtungen so erheblich ist, daß die Vernachlässigung der Extinktionskoeffizienten bei der

Tabelle IV.

Kristall und Fundort	Schichtdicke d mm	Schwingungsrichtung Elektr. Vektor	Durchlässigkeit Auerbrenner 110 μ	Durchlässigkeit Hg-Lampe ungereinigt	Durchlässigkeit Hg-Lampe gereinigt
Analcim (Seisser Alp)	0.59	*n*[7]	0.7	2.1	2.8
Opal (Zimapan)[1]	0.49	*n*	4.5	7.8	8.3
Opal (Telkibanya)[2]	0.53	*n*	15.6	20.7	23.3
Chalcedon (Island)	0.62	*n*	24.1	35.2	40.8
Turmalin[3] (Urulenga)	0.61	∥	32.0	49.1	57.7
		⊥	23.3	40.9	44.7
Turmalin[4] (Modum)	0.50	∥	34.6	49.1	57.9
		⊥	14.6	29.0	36.3
Turmalin[5] (Schaitansk)	0.36	∥	36.5	50.2	57.0
		⊥	32.4	47.5	55.0
Beryll (Südwestafrika)	0.35	∥	17.3	35.7	44.9
		⊥	6.9	12.1	14.7
Zirkon (Frederiksvärn)	0.40	∥	4.5	6.0	6.8
		⊥	4.3	4.7	4.9
Zinnerz (Schlaggenwald)	0.50	∥	8.1	9.8	10.7
		⊥	7.0	8.6	9.4
Vesuvian (Egg)	0.59	∥	17.1	18.3	18.9
		⊥	18.1	19.8	20.7
Zinkspat[6] (Laurion)	0.40	∥	11.2	24.3	30.9
		⊥	11.5	24.0	30.3

Kristall und Fundort	Schichtdicke d mm	Schwingungsrichtung Elektr. Vektor	Durchlässigkeit Auerbrenner 110 μ	Durchlässigkeit Hg-Lampe ungereinigt	Durchlässigkeit Hg-Lampe gereinigt
Witherit[6] (Cumberland)	0.44	∥ [illegible]	20.2	35.3	42.0
		⊥ [illegible]	17.8	33.8	41.8
Eisenspat (Grönland)	0.47	*n*	18.2	30.4	36.5
Topas (Alabaschka)	0.52	a	52.9	60.4	64.2
		b	50.7	59.2	63.5
Topas (Alabaschka)	0.53	b	51.0	59.2	63.3
		c	55.8	61.9	65.0
Malachit[6] (Nischne Tagilsk)	0.51	*n*	14.9	31.2	39.4
Adular (001) (St. Gotthard)	0.49	⊥ PM	3.7	11.4	15.2
		∥	12.2	29.4	38.0
Spodumen (100) (Pala Cal.)	0.53	⊥ Vertikalachse	22.4	35.7	42.4
		∥	11.2	23.8	30.1
Gips (010)[8] (Wimmelburg bei Eisleben)	0.29	Max.	28.8	42.5	49.3
		Min.	5.2	13.5	17.6
Elfenbein	0.27	∥ Faserrichtung	4.1	10.2	13.3
		⊥	4.4	12.0	15.8
Pappelholz	0.77	∥ Faserrichtung	3.4	9.4	12.4
		⊥	10.7	23.0	29.2
Buchsbaum	0.27	∥ Faserrichtung	7.3	17.8	23.1
		⊥	7.9	21.0	27.6

[1] farblos. [2] gelb. [3] grün. [4] schwarz. [5] rot. [6] kristallinische Aggregate. [7] Das Zeichen *n* bedeutet die Verwendung natürlicher Strahlung. [8] Die Werte für die Durchlässigkeit der Gipsplatte sind einer noch nicht veröffentlichten Arbeit entnommen.

Berechnung der optischen Dielektrizitätskonstanten wahrscheinlich nur geringe Fehler verursacht[1].

Über die Durchlässigkeit der einzelnen Kristalle ist folgendes zu sagen:

[1] Eine genaue Berechnung der Korrektion läßt sich wegen der Inhomogenität der Strahlung nicht durchführen. Nimmt man die Strahlung als vollkommen homogen an, so würde die wegen der Absorption anzubringende Korrektion in den extremsten Fällen etwa 3 Prozent der Dielektrizitätskonstanten betragen, im allgemeinen aber unter $^1/_2$ Prozent liegen.

Analcim zeigt ein überraschend hohes Absorptionsvermögen, welches zweifellos zum Teil durch seinen Wassergehalt bedingt wird. Dasselbe gilt in geringerem Maße auch für die Opale, welche, wahrscheinlich wegen ihres Wassergehaltes, viel stärker absorbieren als Quarz. Auch der Chalcedon, welcher die Opale an Durchlässigkeit weit übertrifft, bleibt in dieser Beziehung weit hinter dem Bergkristall und selbst hinter dem Quarzglas zurück.

Die Turmaline zeigen, wie man sieht, auch im langwelligen Spektrum sehr verschiedenen Dichroismus. Bei dem roten Turmalin von Schaitansk ist er am kleinsten, bei dem schwarzen Turmalin von Modum am größten.

Auffällig ist ferner der starke Dichroismus des Berylls, die verhältnismäßig geringe Durchlässigkeit von Zirkon und Zinnerz und der kaum bemerkbare Dichroismus des Zinkspats.

Unter den zweiachsigen Kristallen ist der Topas wegen seiner hohen, für alle Schwingungsrichtungen nahezu gleichen Durchlässigkeit bemerkenswert. Auch Witherit zeigt geringen, Adular und Gips dagegen sehr hohen Polychroismus.

Am Schluß der Tabelle sind noch einige Zahlen über die Durchlässigkeit von nicht kristallinischen Stoffen mit Faserstruktur mitgeteilt. Bei dem Elfenbein hat bereits F. Kohlrausch im sichtbaren Gebiet schwache Doppelbrechung nachgewiesen[1]. Der Dichroismus des Holzes für elektrische Wellen ist von Heinrich Hertz beobachtet worden. Diese Erscheinung tritt, wie man sieht, bei dem Pappelholz für 0.1 bis 0.3 mm lange Wellen sehr stark hervor.

Reflexionsvermögen und Dielektrizitätskonstante.

Die drei letzten Spalten der Tabellen I, II und III enthalten die aus dem Reflexionsvermögen für die langwellige Quecksilberdampfstrahlung nach der Fresnelschen Formel berechnete Dielektrizitätskonstante D_{300}, die von W. Schmidt[2] für 75 cm lange Hertzsche Wellen beobachtete Dielektrizitätskonstante D_{∞} und das mit Hilfe dieser Größe wiederum nach Fresnels Formel berechnete Reflexionsvermögen R_{∞}. Die Prüfung der bekannten Maxwellschen Beziehung zwischen Brechungsindex und Dielektrizitätskonstante kann also hier auf doppelte Weise erfolgen; einmal, wie es früher von uns geschehen ist, indem man das Reflexionsvermögen für die langwellige Quecksilberdampfstrahlung mit den Werten von R_{∞} in Vergleich setzt, das andere Mal, indem man

[1] F. Kohlrausch, Gesammelte Abhandlungen Bd. I. S. 325.
[2] W. Schmidt, Ann. d. Phys. 9 S. 919, 1902, und 11 S. 114, 1903.

die optisch bestimmte Dielektrizitätskonstante D_{300} der auf elektrischem Wege ermittelten D_∞ gegenübergestellt. Beide Proben sind natürlich nicht voneinander unabhängig.

Leider sind von den 44 Dielektrizitätskonstanten der neu untersuchten Stoffe in den verschiedenen Richtungen kaum die Hälfte bekannt, so daß wir die Prüfung der Maxwellschen Beziehung diesmal nur in beschränktem Umfange vornehmen können. Wir wollen hierfür die Gegenüberstellung der auf optischem und elektrischem Wege bestimmten Dielektrizitätskonstanten wählen.

Von den regulären Kristallen (Tab. I) kommen nur Zinkblende und Bleinitrat für die Vergleichung in Betracht. Die optisch gemessenen Dielektrizitätskonstanten 8.3 bzw. 16.8 sind etwas, aber nur wenig größer als die mit elektrischen Schwingungen erhaltenen 7.85 und 16.0. Hier tritt offenbar noch schwache normale Dispersion jenseits 300 μ auf.

Unter den einachsigen Kristallen bieten die vier untersuchten Turmaline dadurch ein gewisses Interesse, daß sie trotz verschiedener Zusammensetzung nur geringe Unterschiede der optischen Dielektrizitätskonstanten aufweisen, welche für den ordentlichen Strahl zwischen 6.9 und 7.3, für den außerordentlichen zwischen 6.0 und 6.3 schwanken. Jedenfalls gehen die Angaben verschiedener Beobachter, welche die Dielektrizitätskonstante des Turmalins auf elektrischem Wege gemessen haben, viel weiter auseinander. Wahrscheinlich handelt es sich hier weniger um Verschiedenheiten des Materials als um Fehler der Methoden, welche, besonders bei Anwendung konstanter Ladungen oder langsam veränderlicher Felder, sehr erheblich sind. Insbesondere spielen hier Leitungs- und Rückstandserscheinungen eine große Rolle.

Die beiden untersuchten Berylle zeigen, wie bereits oben hervorgehoben worden ist, im äußersten Ultrarotem Spektrum entgegengesetzte, wenn auch nur schwache Doppelbrechung. Bei dem sibirischen Material ist die optische Dielektrizitätskonstante parallel zur Achse, bei dem afrikanischen Kristall die senkrecht zur Achse beobachtete die größere. Bezüglich der elektrisch gemessenen Werte gehen nicht nur die Angaben verschiedener Beobachter sehr weit auseinander, auch der Sinn der Doppelbrechung ist nicht immer der gleiche. Den Angaben W. Schmidts: $D_{\parallel} = 5.5$ und $D_{\perp} = 6.1$ für $\lambda = 75$ cm stehen die Werte von J. Curie[1] 6.2 bzw. 7.6, die Werte von Hrn. H. Starke[2] 7.9 und 7.4 sowie diejenigen von Hrn. Fellinger[3] 6.1 bzw. 7.0 für langsam ver-

[1] Jacques Curie, Ann. de Chim. et Phys. (6) 17, 385, 1889.

[2] H. Starke, Wied. Ann. 60, S. 629, 1897.

[3] R. Fellinger, Ann. d. Phys. 60, S. 181, 1919.

änderliche Felder gegenüber. Wir können uns jedenfalls nicht unbedingt der von W. Schmidt geäußerten Vermutung anschließen, daß Hr. Starke die beiden Schwingungsrichtungen verwechselt habe. Nach unserer Erfahrung könnte auch eine Verschiedenheit des Materials die Unstimmigkeit erklären.

Der Zirkon ist der einzige Kristall, bei welchem zwischen der optisch und elektrisch bestimmten Dielektrizitätskonstanten ein gewisser Widerspruch besteht. Die von uns erhaltenen Werte für $\lambda = 0.03$ cm sind viel kleiner als diejenigen von W. Schmidt für $\lambda = 75$ cm gefundenen. Indessen ist es doch nicht ausgeschlossen, daß die obenerwähnten Fehler der von uns verwendeten Platte, insbesondere die eingesprengten Stückchen fremden Materials, diese große Differenz erklären können. Dieser Unsicherheit wegen sind die in Tab. II angegebenen Werte von D_{300} in Klammern gesetzt. Wir beabsichtigen, die Versuche mit reinerem Material zu wiederholen, sobald uns solches zur Verfügung steht. Im Gegensatz hierzu sind unsere optischen Dielektrizitätskonstanten bei Vesuvian und Eisenspat in genügender Übereinstimmung mit Schmidts elektrischen Messungen. Bei dem Natronsalpeter ist eine genauere Übereinstimmung der optisch gemessenen Dielektrizitätskonstanten mit der elektrisch beobachteten, wenigstens in dem Falle, daß die Kraftlinien parallel der optischen Achse verlaufen wegen des starken langwelligen Absorptionsstreifens kaum zu erwarten. Ein direkter Vergleich unserer Werte mit den von L. Arons[1] nach der Schillerschen Methode erhaltenen ist jedoch schon deshalb nicht möglich, weil sich diese Messungen auf das geschmolzene und im Kondensator erstarrte Salz beziehen, dessen Kristalle vermutlich regellos gelagert waren. Jedenfalls ist für dieses Material, besonders für den außerordentlichen Strahl jenseits 300 μ, noch erhebliche normale Dispersion zu erwarten.

Unter den in Tab. III aufgeführten zweiachsigen Kristallen ist die Übereinstimmung zwischen den optischen und elektrischen Werten der Dielektrizitätskonstanten befriedigend. In allen Fällen, in welchen Vergleiche möglich sind, nämlich bei Topas, Witherit und Adular sind unsere Werte der Dielektrizitätskonstanten etwas größer als die von W. Schmidt erhaltenen, was wiederum auf normale Dispersion jenseits der Grenze des durch optische Hilfsmittel zugänglichen ultraroten Spektrums schließen läßt.

Zum Schluß soll das Ergebnis aller Beobachtungen zusammengefaßt werden, welche in unseren beiden Mitteilungen sowie in den

[1] L. Arons, Wied. Ann. 53, S. 95, 1894.

Tabelle V

Amorphe Körper	D	Einachsige Kristalle	Schwingungsrichtung Elektr. Vektor	D	Zweiachsige Kristalle	Schwingungs-
Quarzglas	3.75	Quarz (Madagaskar)	∥	4.7		
Opal (Kaschau)	4.0		⊥	4.4	Baryt (Dutton)	
Opal (Mexiko)	4.0	Chalcedon	„	4.2		
Natronwasserglas	7.0	Kalkspat (Island)	∥	11.0*	Baryt, feinkörnig	
Kaliwasserglas	7.1		⊥	10.1*	(Naurod)	
Weißes Spiegelglas[1]	6.8	Marmor	„	8.8		
Schwarzes Glas	6.85	Apatit (Burgess)	∥	7.7	Cölestin (Eriesee)	
Violettes Glas	6.7		⊥	10.5		
Fluorkron (O. 7185)	5.5	Dolomit (Traversella)	∥	7.0		
Phosphatkron (S. 367)	6.2		⊥	8.3	Anglesit (M. Poni)	
Uviolkron (U. V. 3199)	5.4					
Kron mit hoher Dispersion (O. 381)	6.7	Turmalin (Urulenga)	∥	6.0		
Schweres Barytkron (O. 1209)	8.3		⊥	7.1	Anhydrit (Hallein)	
Baryt Leichtflint (O. 1266)	7.8	Turmalin (Modum)	∥	6.2	Gips (010)[2] (Wimmelburg b. Eisleben)	
Gewöhnliches Flint (O. 118)	7.4		⊥	7.3		
Schweres Silikatflint (O. 255)	9.4	Turmalin (Haddam)	∥	6.2		
Schwerstes Silikatflint (S. 461)	14.2		⊥	7.1	Aragonit (Bilin)	
Ebonit (natürlich)*	2.61	Turmalin (Schaitansk)	∥	6.0		
Ebonit (synthetisch)	2.56		⊥	6.9		
		Beryll (Nertschinsk)	∥	6.0	Cerussit (Nertschinsk)	
Reguläre Kristalle			⊥	5.9		
Flußspat	6.8	Beryll (Südwestafrika)	∥	5.8		
Steinsalz	6.1		⊥	6.0	Witherit (Cumberland)	
Sylvin	4.8	Zirkon (Frederiksvärn)	∥	(8.7)		
Bromkalium	5.1		⊥	(8.4)	Malachit	
Jodkalium	5.4	Zinnerz	∥	24.0	(Nischne Tagilsk)	
Ammoniumchlorid	6.8	(Schlaggenwald)	⊥	23.4		
Ammoniumbromid	7.3	Vesuvian (Egg)	∥	9.4	Topas (Alabaschka)	
Chlorsilber	12.6*		⊥	8.6		
Bromsilber	15.7*	Natronsalpeter	∥	17.8*		
Cyansilber	5.9		⊥	6.5	Adular (001) (St. Gotthard)	
Thalliumchlorür	50*	Eisenspat (Grönland)	∥	6.0		
Thalliumbromür	61*		⊥	7.8	Adular[2] (010) (St. Gotthard)	
Zinkblende	8.3	Zinkspat (Laurion)	∥	9.4		
Bleinitrat	16.8		⊥	9.3	Spodumen (100) (Pala	
Analcim	6.7	Natriumtrikalium-Sulfat	∥	5.8		
Cäsium-Alaun	5.0		⊥	7.2	Thalliumjodür	
Rubidium-Alaun	5.1	Kalium-Lithium-Sulfat	∥	5.7		
Rubidium-Chrom-Alaun	5.0		⊥	5.4	Bleichlorid	
Ammonium-Alaun	6.0	Kalomel	⊥	14.0*	Sublimat	

[1] Die chemische Zusammensetzung der Gläser ist in der Arbeit II S. 1284 gegeben. [2] Die ... welche sich auf Gips und Adular (010) beziehen, sind einer noch nicht veröffentlichten Untersuchung ...

Arbeiten A und B enthalten sind, soweit sie sich auf die Beziehung zwischen der optisch ermittelten und der auf elektrischem Wege gemessenen Dielektrizitätskonstanten fester Körper erstrecken. Es läßt sich die Regel aussprechen, daß die optisch erhaltenen Werte D_{300} meist ein wenig, bisweilen erheblich größer sind als die mit Hilfe von Hertzschen Wellen beobachteten D_{∞}. Nur bei den Gläsern und einigen wenigen anderen Substanzen ergaben sich kleine Differenzen im entgegengesetzten Sinne. Im ganzen ist die Übereinstimmung deshalb eine sehr befriedigende, weil man in fast allen Fällen, in welchen größere Abweichungen vorkommen, diese aus dem Verlaufe der Reflexionskurven voraussagen und als Folge der normalen Dispersion jenseits 300 μ erkennen kann.

Der Übersichtlichkeit halber wollen wir das in den vier Arbeiten zerstreute, die Dielektrizitätskonstanten für die langwellige Quecksilberdampfstrahlung betreffende Beobachtungsmaterial in einer gemeinschaftlichen Tabelle vereinigen. Eine solche Zusammenstellung erscheint uns schon deshalb nützlich, weil die Zahlenwerte der optischen Dielektrizitätskonstanten in den drei früheren Arbeiten nicht mitgeteilt worden sind. Die Berechnung der Dielektrizitätskonstanten erfolgte stets nach der einfachen Fresnelschen Formel ohne Berücksichtigung noch vorhandener Absorption, welche, wie gezeigt wurde, fast immer vernachlässigt werden darf. Für solche Substanzen, bei welchen aus ihrem optischen Verhalten im langwelligen Spektrum auf stärkere normale Dispersion jenseits der ultraroten Grenze geschlossen werden muß, sind die betreffenden Werte von D_{300} mit einem Sternchen * versehen[1].

Wir erfüllen gerne die Pflicht, der Preußischen Akademie der Wissenschaften für die Unterstützung unserer Arbeit abermals zu danken.

[1] Eine Abweichung gegenüber den früheren Angaben ist nur für das schwerste Silikat-Flintglas S. 461 eingetreten. Der in Tab. V angegebene Wert der Dielektrizitätskonstanten $D_{300} = 14.2$ entspricht dem Reflexionsvermögen $R = 33.7$ für die langwellige Quecksilberdampfstrahlung, während das früher angegebene Reflexionsvermögen $R = 35.5$ offenbar deshalb zu groß ausgefallen ist, weil sich etwas metallisches Blei auf der Oberfläche des Glases abgeschieden hatte. Nach dem Neupolieren des Glases ergab sich der kleinere Wert. Auch für die mit Hilfe Hertzscher Schwingungen gemessene Dielektrizitätskonstante D_{∞} wurden unmittelbar nach dem Polieren des Glases merklich kleinere Werte gemessen (14.4 bis 14.9), was wohl mit derselben Erscheinung in Zusammenhang steht.

Über die Oberflächenenergie der Kristalle und ihren Einfluß auf die Kristallgestalt.

Von Prof. Dr. M. BORN und Dr. O. STERN.

(Vorgelegt von Hrn. EINSTEIN am 13. November 1919 [s. oben S. 859].)

Einleitung.

Die klassische Theorie der Kapillaritätserscheinungen von LAPLACE[1] und GAUSS[2] erklärt diese durch die Annahme von Kohäsionskräften, nämlich Anziehungskräften zwischen den Teilchen einer Flüssigkeit, die nur von der Distanz abhängen und in der Verbindungslinie wirken[3]; sie gibt auch die Regel an, wie die Kapillaritätskonstante aus dem Gesetze dieser Kohäsionskräfte durch Integrationsprozesse gewonnen werden kann. Dieser Umstand ist häufig benutzt worden, um aus der bekannten Größe der Kapillaritätskonstanten Schlüsse auf die Größenordnung der Kohäsionskräfte zu ziehen. Der umgekehrte Weg konnte bisher noch niemals beschritten werden, weil unsere Kenntnisse von der Natur der Atome und Molekel und den zwischen ihnen wirkenden Kräften zu mangelhaft waren. Jüngst ist es aber gelungen, für eine gewisse Klasse von Körpern das Wesen der Kohäsionskräfte aufzuklären und ihren elektrischen Ursprung nachzuweisen[4]. Allerdings handelt es sich nicht um Flüssigkeiten, sondern um feste Körper, um Kristalle; aber auch bei diesen sind Erscheinungen beobachtbar, die den Kapillaritätseigenschaften der Flüssigkeiten analog sind, indem sie wie diese auf eine Oberflächenenergie und Oberflächenspannung zurückgeführt werden können. Wir wollen im folgenden die Theorie der Oberflächenenergie für die Kristalle in ihren Grundzügen entwickeln, indem wir die Hoffnung hegen, daß die Kapillaritätstheorie der Flüssigkeiten sich in analoger Weise wird behandeln lassen.

[1] LAPLACE, Théorie de l'action capillaire.

[2] GAUSS, Principia generalia, Göttingen 1830 (Werke 5, p. 287).

[3] Vgl. etwa Enzykl. d. math. Wiss. (H. MINKOWSKI, Kapillarität) V, 9, S. 558; insbesondere II, S. 594.

[4] M. BORN und A. LANDÉ, Verh. d. D. Phys. Ges. 20, 210, 1918. M. BORN, ebenda 21, 13, 1919 und 21, 533, 1919. K. FAJANS, ebenda 21, 539, 1919 und 21, 549, 1919.

Hauptsächlich sind es zwei Vorgänge[1], bei denen die Oberflächenspannung der Kristalle in Erscheinung tritt. Erstens verändert sie die Dampfspannung und die Löslichkeit: dieser Einfluß ermöglicht eine absolute Messung ihrer Größe[2]. Zweitens ist sie bestimmend für die Gestalt des Kristalls, wenn dieser sich aus dem Dampfe oder dem Lösungsmittel ausscheidet. Das beruht auf einem von W. Gibbs[3] und P. Curie[4] thermodynamisch begründeten Satze: Ein Kristall befindet sich in seinem Dampfe oder einer Lösung nur dann im thermodynamischen Gleichgewichte, wenn er diejenige Form hat, bei welcher die freie Energie seiner Oberfläche einen kleineren Wert hat als bei jeder anderen Form von gleichem Volumen[5]. Sind $\sigma_1, \sigma_2, \cdots$ die Kapillaritätskonstanten (freie Oberflächenenergie pro Flächeneinheit, spezifische Oberflächenenergie) verschieden orientierter Flächen, $F_1, F_2, \cdots$ die entsprechenden Flächeninhalte, V das Volumen, so ist das Gleichgewicht charakterisiert durch

$$\sum \sigma_k F_k = \text{Min. bei } V = \text{konst.}$$

Die Lösung dieser Minimalaufgabe wird nach G. Wulff[6] folgendermaßen gewonnen: Man konstruiere von einem Punkte W die Normalen auf allen möglichen Kristallflächen und trage auf ihnen von W aus Strecken ab, die mit den zugehörigen σ-Werten proportional sind; bringt man in den Endpunkten dieser Strecken die Normalebenen an, dann umhüllen diese einen W umgebenden Raum, der die gesuchte Kristallform darstellt. Daraus folgt, daß nur Flächen mit relativ kleinem σ an der Begrenzung des Kristalles teilnehmen können. »Das Gesetz der (kleinen) rationalen Indizes beruht also vom Standpunkte dieser Theorie darauf, daß die Oberflächen mit kleinen Indizes im allgemeinen auch besonders kleine Kapillaritätskonstanten σ besitzen sollen[7].« Hiernach erlaubt die Berechnung der Kapillarkonstanten σ für verschiedene Kristallflächen Schlüsse auf die Gestalten, in denen die Kristallindividuen sich ausscheiden: es zeigen sich hier die Grundzüge einer quantitativen Theorie des Grundproblems der beschreibenden Kristallographie.

---

[1] Bei plastischen oder flüssigen Kristallen bewirkt die Oberflächenspannung eine mehr oder minder ausgeprägte Abrundung der Kanten und Ecken; doch kommt diese Erscheinung bei den hier betrachteten sehr starren Substanzen nicht in Betracht.

[2] Hulett, Z. f. phys. Chemie **37**, 385, 1901.

[3] W. Gibbs, Thermodynamische Studien p. 320.

[4] P. Curie, Bull. de la Soc. Min. de France **8**, p. 145, 1885 und Œuvres p. 153.

[5] Vgl. die sehr interessante Studie von P. Ehrenfest. Ann. d. Phys. (4) **48**. p. 360. 1915, wo auch die Literatur ausführlich angegeben ist.

[6] G. Wulff, Zeitschr. f. Kristallogr. **34**. S. 440. 1901.

[7] Zit. aus P. Ehrenfest. a. a. O. S. 361.

§ 1.

Die Kohäsion der Kristalle der Alkalihalogenide.

Wir beschränken uns im folgenden auf die Klasse der regulären Alkalihalogenide, deren Struktur mit der bekannten des Steinsalzes NaCl übereinstimmt. Für diese Körper kann als erwiesen gelten, daß ihre Kohäsion rein elektrischer Natur ist. Die positiven Metallionen und die negativen Halogenionen wirken aufeinander nach dem Coulombschen Gesetze, und da immer entgegengesetzt geladene Ionen benachbart sind, resultiert daraus ein Kontraktionsbestreben. Das Zusammenstürzen der Ionen wird durch eine Abstoßungskraft verhindert, deren Gesetz aus der Kompressibilität erschlossen werden konnte: sie ist einer höheren Potenz der Entfernung umgekehrt proportional.

Für die potentielle Energie irgend zweier, im Abstande r befindlicher Ionen gilt also ein Ansatz der Form

$$\phi = \pm e^2 r^{-1} + b r^{-n}, \tag{1}$$

wo e die Ionenladung bedeutet und bei gleichnamigen Ionen das positive, bei ungleichnamigen das negative Vorzeichen zu nehmen ist. Die Konstante b ist positiv: eigentlich müßte sie verschieden angesetzt werden, je nachdem das Paar aufeinander wirkender Ionen von der einen oder der andern gleichen oder von verschiedener Art ist, aber die Untersuchung der Kristalleigenschaften hat ergeben[1], daß solche Unterschiede wenig Einfluß haben.

Auf Grund des Ansatzes (1) läßt sich nun die Energie jeder Ionenkonfiguration auf sich selbst oder auf eine andere berechnen. Wie findet man daraus die Oberflächenenergie einer Kristallfläche?

§ 2.

Definition der Kapillarkonstante für eine Kristallfläche.

Wir denken uns den Kristall durch eine Ebene in zwei Teile geteilt, die wir durch die Indizes 1 und 2 kennzeichnen (Fig. 1). Dann kann man die Energie des ganzen Kristalls in 3 Teile zerlegen:

$$U = U_{11} + U_{22} + U_{12}.$$

[1] Vgl. M. Born, Verh. d. D. Phys. Ges. 21. 513, 1919.
Maßgebend ist die Konstante b für zwei verschiedene Ionen, dort auch mit b_{12} bezeichnet; dagegen kommen die Werte b_{11} und b_{22} für Paare gleicher Ionen nur in der Verbindung $\beta = \frac{b_{11} + b_{22}}{2 b_{12}}$ vor, deren Wert die physikalischen Konstanten nur wenig beeinflußt. Wenn wir hier alle b-Werte gleich wählen, so läuft das darauf hinaus, $\beta = 1$ zu setzen; bei dem vorläufigen Charakter unserer Theorie ist das sicher erlaubt.

Fig. 1.

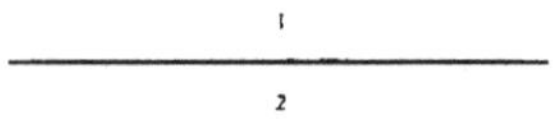

von denen die beiden ersten die Selbstenergien der beiden Teile, der dritte die wechselseitige Energie sind. Zerschneidet man nun den Kristall längs der Trennungsebene und entfernt die beiden Teile voneinander, so entstehen zwei neue, gleich große Oberflächen F: da die Kohäsionskräfte nur eine kleine Wirkungssphäre haben, wird die wechselseitige Energie U_{12} gleich Null, dafür tritt aber eine Oberflächenenergie zu der Volumenenergie U für jede der beiden entstehenden Grenzebenen (gegen das Vakuum) hinzu. Man hat also im getrennten Zustande

$$U + 2\sigma F = U_{11} + U_{22}.$$

also durch Subtraktion

$$\sigma = -\frac{U_{12}}{2F}. \tag{2}$$

Anders ausgesprochen: $-U_{12}$, die negative potentielle Energie der beiden Halbkristalle aufeinander, ist die Arbeit, die nötig ist, um die beiden Hälften des längs der Fläche F zerschnittenen Kristalls voneinander zu entfernen, also die Arbeit, die man aufwenden muß, um zwei Oberflächen, jede von der Größe F, zu erzeugen. σ ist gleich dieser Arbeit, dividiert durch die Größe der erzeugten Oberflächen[1]. Dabei brauchen die übrigen Begrenzungen des Kristalls nicht beachtet zu werden, man kann den Kristall ins Unendliche ausgedehnt denken. Als Grenzflächen treten Netzebenen des Gitters auf. Hier geschieht die Berechnung von σ in der Weise, daß man sich über einem elementaren Parallelogramm der begrenzenden Netzebene in einem Halbraume eine unendliche Säule aus aufeinandergetürmten Elementarparallelepipeden errichtet denkt und das Potential des andern unendlichen Halbgitters auf diese Säule berechnet: dieser Wert, geteilt durch den doppelten Inhalt des Parallelogramms, ist gleich $-\sigma$.

[1] Bei dieser Überlegung wird angenommen, daß die Gitter der beiden Halbkristalle auch nach der Trennung bis zur Grenzfläche vollständig unverändert bleiben. In Wirklichkeit wird der Abstand der zur Grenzfläche parallelen Netzebenen für die äußersten Ebenen ein wenig größer sein als im Innern; doch ist diese Auflockerung außerordentlich gering, weil die Wirkung einer Netzebene auf die nächstbenachbarte die auf alle entfernteren sehr stark überwiegt. Würden nämlich überhaupt nur benachbarte Netzebenen aufeinander wirken, so wäre der Gitterabstand exakt konstant (vgl. den Beweis dieses Satzes am Beispiel einer eindimensionalen Punktreihe bei M. Born, Verh. d. D. Phys. Ges., 20, 224. 1918). Hr. E. Madelung hat diese Auflockerung näher untersucht, indem er die Verschiedenheit der Kräfte zwischen Ionen verschiedener Art berücksichtigte (Phys. Z. 20. 494. 1919).

Natürlich bezieht sich die so berechnete Kapillaritätskonstante auf den absoluten Nullpunkt der Temperatur; σ ist die Energie, die beim absoluten Nullpunkte mit der freien Energie der Oberfläche identisch ist. Bei der Rechnung benutzen wir übrigens den Wert der Dichte bei gewöhnlicher Temperatur, ohne sie auf den absoluten Nullpunkt zu extrapolieren; der Fehler ist sehr klein. Man könnte versuchen, die Temperaturabhängigkeit von σ in roher Weise durch Anwendung des Eötvösschen Gesetzes zu berücksichtigen[1]. Für die Frage nach den Begrenzungsflächen, die wir hier vor allem im Auge haben, spielt die Temperaturabhängigkeit sicherlich keine große Rolle.

Wir werden im folgenden σ für einige Flächen der Alkalihalogenide berechnen. Bei der Anwendung der Resultate ist zu beachten, daß es sich um die Oberflächenspannung gegen das Vakuum handelt; man kann also wohl Schlüsse auf die Kristallbildung aus dem Dampfe, aber nicht auf die Abscheidung aus einer Lösung ziehen[2].

§ 3.

Berechnung der Kapillaritätskonstante für die Würfelfläche (100) der regulären Alkalihalogenide.

Sei δ der Abstand zweier gleichartiger Ionen, die längs der Würfelkante benachbart sind.

Wir berechnen zunächst σ für eine Würfelfläche; diese sei die Ebene $x = 0$ eines nach den Würfelkanten orientierten Koordinatensystems. Hier kann man offenbar als Elementarparallelogramm der Grenzfläche das Quadrat mit der Seite $\frac{\delta}{2}$ wählen; dann ist $F = \frac{\delta^2}{4}$ und U_{12} das Potential des im Halbraume $x \leq 0$ liegenden Halbgitters auf die Ionenreihe

$$x = \frac{\delta}{2}, \quad 2\frac{\delta}{2}, \quad 3\frac{\delta}{2}, \cdots, \quad y = 0, \quad z = 0$$

Die Koordinaten der Punkte des Halbgitters sind

$$x = -l_1\frac{\delta}{2}, \quad y = l_2\frac{\delta}{2}, \quad z = l_3\frac{\delta}{2},$$

wo l_1 die Werte 0, 1, 2, $\cdots$, annimmt, während l_2, l_3 alle ganzen Zahlen überhaupt durchlaufen. Wir nehmen an, daß die positiven

[1] Eine Prüfung der Frage, wieweit das Eötvössche Gesetz auch bei Kristallflächen gültig bleibt, soll vom theoretischen Standpunkte aus demnächst unternommen werden.

[2] Es ist bekannt, daß sich z. B. Na Cl aus wäßriger Lösung in Würfeln, aus harnsaurer Lösung aber in Oktaedern abscheidet (A. Ritzel, Zeitschr. f. Kristallographie 49, 152, 1911). Diese Erscheinung wird man erst verstehen können, wenn eine exakte Theorie der Flüssigkeiten vorliegen wird.

Ionen in den Punkten sitzen, wo $l_1 + l_2 + l_3$ gerade ist: dann sind von den Ionen der Reihe

$$x = p\frac{\delta}{2}\,,\quad y = 0\,,\quad z = 0$$

diejenigen positiv, wo p gerade ist.

Der Abstand eines Punktes des Halbgitters und eines der Punktreihe ist

$$r = \frac{\delta}{2}\left((l_1 + p)^2 + l_2^2 + l_3^2\right)^{1/2}.$$

Daher wird nach (1) und (2):

$$\sigma = -\frac{U_{12}}{\delta^2/4}$$

$$= -\frac{1}{2}\cdot\frac{4}{\delta^2}\sum_{p=1}^{\infty}\underset{l_1\geqq 0}{\mathrm{S}}\left\{\pm\frac{2e^2}{\delta}\left((l_1+p)^2+l_2^2+l_3^2\right)^{-1/2}+b\left(\frac{2}{\delta}\right)^n\left((l_1+p)^2+l_2^2+l_3^2\right)^{-n/2}\right\}.$$

Wir setzen nun[1]

$$(3)\qquad \alpha' = -4\sum_{p=1}^{\infty}\underset{l_1\geqq 0}{\mathrm{S}}\pm\left((l_1+p)^2+l_2^2+l_3^2\right)^{-1/2};$$

diese Summe bedeutet das Vierfache des negativen Potentials des Halbgitters auf die Ionenreihe, wenn der Abstand benachbarter Ionen gleich 1 und die Ionenladungen gleich 1 gesetzt werden. Man kann sie nach der Methode von MADELUNG[2] ausrechnen. Die MADELUNGsche Formel für das Potential eines neutralen quadratischen Punktnetzes von der Quadratseite 1 auf eine Einheitsladung, die im Abstande p senkrecht über einem gleichnamigen Punkte des Netzes liegt, lautet:

$$\phi_p = 8\sum_{\substack{m\ \ n\\ \text{ungerade}}}\sum\frac{e^{-\pi\sqrt{m^2+n^2}\cdot p}}{\sqrt{m^2+n^2}}.$$

Um das Potential des Halbgitters auf die Ionenreihe zu berechnen, hat man zu bedenken, daß der Abstand p eines Ions der Reihe von einer zur Grenze parallelen Ebene des Gitters gerade $p$mal vorkommt. Folglich erhält man für die durch (3) definierte Konstante α' die rasch konvergente Reihe

$$(3')\qquad \alpha' = -4\sum_{p=1}^{\infty}(-1)^p p\,\phi_p = 0.2600$$

[1] Das Summenzeichen S bedeutet immer die Summation nach l_1, l_2, l_3; dabei laufen diese Indizes im allgemeinen von $-\infty$ bis $+\infty$. Beschränkungen werden unter dem Summenzeichen angegeben.

[2] E. MADELUNG, Phys. Z. 19, 524; 1918.

Sodann setzen wir

$$(4)\quad s = \sum_{p=1}^{\infty} \mathop{S}_{l_1 \geqq 0} \left((l_1+p)^2 + l_2^2 + l_3^2\right)^{-n/2} = 1 + \frac{4}{\sqrt{2}^n} + \frac{4}{\sqrt{3}^n} + \frac{1}{\sqrt{4}^n} + \frac{12}{\sqrt{5}^n} + \frac{16}{\sqrt{6}^n} + \cdots$$

Den Wert dieser Reihe kann man für größere n durch direkte Summation finden.

Nun wird:

$$(5)\qquad \sigma = \frac{\alpha' e^2}{\delta^3} - \frac{2b}{\delta^3}\left(\frac{2}{\delta}\right)^n s.$$

Die Konstante b eliminieren wir mit Hilfe der Gleichgewichtsbedingung des Gitters. Das Potential des Gitters auf sich selbst pro Elementarwürfel δ^3 ist nämlich[1]:

$$(6)\qquad 4\Phi = -\frac{\alpha e^2}{\delta} + 4b\left(\frac{2}{\delta}\right)^n S.$$

wo

$$(7)\qquad \begin{aligned} S &= \mathop{S}(l_1^2 + l_2^2 + l_3^2)^{-n/2} \\ &= 6 + \frac{12}{\sqrt{2}^n} + \frac{8}{\sqrt{3}^n} + \frac{6}{\sqrt{4}^n} + \frac{24}{\sqrt{5}^n} + \frac{24}{\sqrt{6}^n} + \frac{12}{\sqrt{8}^n} + \frac{30}{\sqrt{9}^n} + \cdots \end{aligned}$$

und

$$(8)\qquad \alpha = 13.94$$

das Madelungsche elektrostatische Selbstpotential ist. Die Gleichgewichtsbedingung

$$\frac{d\Phi}{d\delta} = 0$$

liefert

$$(9)\qquad b = \frac{\alpha e^2}{8nS}\left(\frac{\delta}{2}\right)^{n-1}.$$

Setzt man das in (5) ein, so kommt

$$(10)\qquad \sigma = \frac{e^2}{\delta^2}\left(\alpha' - \frac{\alpha s}{2nS}\right).$$

Für alle Kristalle dieser Klasse außer den Li-Salzen ist $n = 9$; das ist aus dem Verhalten der Kompressibilität erschlossen und auf thermochemischem Wege von Fajans[2] geprüft worden. Für $n = 9$ erhält man aus (4) und (7)

$$(11)\qquad s = 1.226\,, \qquad S = 7.627\,.$$

[1] Vgl. M. Born, Verh. d. D. Phys. Ges. 21. 533. 1919. Φ bedeutet das Potential, genommen für eine Zelle vom Volumen $\frac{1}{4}\delta^3$, die je ein Ion von jeder Sorte (eine chemische Molekel) enthält. Die Formel (6) des Textes stimmt mit der Formel (5) dieser Abhandlung überein, wenn man darin $\varepsilon = 1$ setzt.

[2] Siehe Anm. 4 S. 1.

Also wird nach (3'), (8), (11):

$$(12) \qquad \sigma = \frac{e^2}{\delta^3}\left(0.2600 - \frac{13.94 \cdot 1.226}{2 \cdot 9 \cdot 6.627}\right) = 0.1166 \frac{e^2}{\delta^3}.$$

Damit ist die Kapillaritätskonstante auf die Gitterkonstante δ zurückgeführt.

Man kann δ durch die Atomgewichte μ_1, μ_2, die Dichte ρ und die Avogadrosche Zahl N ausdrücken:

$$\delta^3 = \frac{4(\mu_1 + \mu_2)}{N\rho}.$$

Daher ist

$$(13) \qquad \frac{e^2}{\delta^3} = \frac{e^2 N \rho}{4(\mu_1 + \mu_2)} = \frac{eF}{4} \cdot \frac{\rho}{\mu_1 + \mu_2},$$

wo $F = eN$ die Faradaysche Konstante ist.

Mit $e = 4.774 \cdot 10^{-10}$, $F = 2.896 \cdot 10^{14}$ hat man also

$$(12') \quad \sigma = \frac{0.1166\, eF}{4} \cdot \frac{\rho}{\mu_1 + \mu_2} = 4030 \frac{\rho}{\mu_1 + \mu_2} \text{ erg. cm}^{-1}.$$

Die folgende Tabelle enthält die nach dieser Formel berechneten Werte von σ für einige Salze. Zum Vergleiche sind die Werte der Oberflächenspannung für die geschmolzenen Salze[1] daneben gesetzt, die entsprechend der hohen Temperatur des Schmelzpunktes viel kleiner sind.

Eine Messung der Kapillarkonstanten, die mit dem berechneten σ

	ρ	σ ber. Kristall	σ beob. Schmelze
NaCl	2.17	150.2	66.5
NaBr	3.01	118.7	49.0
NaJ	3.55	95.9	—
KCl	1.98	107.5	69.3
KBr	2.70	91.6	48.4
KJ	3.07	74.9	59.3

unmittelbar vergleichbare Werte liefert, wird wohl nicht möglich sein: denn solche Messungen können nur mit Hilfe des Dampfdruckes ausgeführt werden, also nur bei höheren Temperaturen, während sich die berechneten Werte auf den absoluten Nullpunkt beziehen.

[1] Landolt-Börnstein, 4. Aufl. 1912.

§ 4.
Berechnung der Kapillarkonstante für andere Flächen der regulären Alkalihalogenide.

Von besonderem Interesse wäre die Berechnung der Oberflächenenergie für die Oktaederfläche (111) der Kristalle vom Typus NaCl, weil man dadurch einsehen könnte, warum diese Fläche gewöhnlich nicht vorkommt. Aber hierbei treten rechnerische Schwierigkeiten auf. Das hängt damit zusammen, daß die der Oktaederfläche parallelen Netzebenen immer nur eine Art von Ionen enthalten, so daß die gesamte Ladung jedes in der Netzebene liegenden Elementarparallelogramms nicht Null ist wie bei der Würfelfläche und vielen andern Flächen; infolgedessen konvergiert das Madelungsche Verfahren zur Berechnung der elektrostatischen Anziehung nicht. Wir wollen daher vorläufig von der Behandlung der Oktaederflächen absehen.

Als Beispiel der Rechnung für eine andere Fläche wählen wir die durch eine Würfelkante und eine Diagonale der Würfelfläche gehende Ebene (011); diese enthält gleich viele positive und negative Ionen. Der von dieser Ebene begrenzte Halbkristall wird durch die Bedingung

$$l_1 + l_2 \leq 0$$

gekennzeichnet. Wir berechnen seine Wirkung auf die Ionenreihe

$$x = p\frac{\delta}{2}, \qquad y = 0, \qquad z = 0 \qquad (p = 1, 2, 3, \ldots).$$

Der Flächeninhalt des Elementarparallelogramms der Grenzfläche ist offenbar

$$F = \sqrt{2}\,\frac{\delta^2}{4}.$$

Daher erhält man

$$\sigma = -\frac{1}{2}\cdot\frac{1}{\sqrt{2}}\cdot\frac{4}{\delta^2}\sum_{p=1}^{\infty}\mathop{S}_{l_1+l_2 \geq 0}\left\{\pm\frac{2e^2}{\delta}((l_1+p)^2+l_2^2+l_3^2)^{-1/2}\right.$$
$$\left.+\,b\left(\frac{2}{\delta}\right)^n((l_1+p)^2+l_2^2+l_3^2)^{-n/2}\right\}.$$

Wir setzen nun

$$(14) \qquad \alpha' = -\frac{4}{\sqrt{2}}\sum_{p=1}^{\infty}\mathop{S}_{l_1+l_2 \geq 0}\pm((l_1+p)^2+l_2^2+l_3^2)^{-1/2};$$

das ist das negative Vierfache der elektrostatischen Wechselenergie zwischen den beiden durch die Ebene (011) getrennten Halbkristallen pro Flächeneinheit, wenn der Abstand benachbarter Ionen gleich 1 und die Ladung gleich 1 gesetzt wird. Die Formel zur Berechnung von α' nach dem Madelungschen Verfahren lautet in diesem Falle

$$\alpha' = 8\sum_{p=1}^{\infty}\left\{2\sum_{\substack{m=1\\ \text{ungerade}}}^{\infty}\sum_{n=1}^{\infty}\frac{e^{-\frac{\pi}{\sqrt{2}}p\sqrt{2m^2+n^2}}}{\sqrt{2m^2+n^2}}\cos p\pi l+\sum_{\substack{n=1\\ \text{ungerade}}}^{\infty}\frac{e^{-\frac{\pi}{\sqrt{2}}pn}}{n}\right\}.$$

Die Ausrechnung ergibt

$$(14') \qquad \alpha' = 0.5078\,.$$

Sodann setzen wir

$$s = \sum_{p=1}^{\infty}\underset{\substack{l_1+l_2\\ \geq 0}}{\mathrm{S}}\left((l_1+p)^2+l_2^2+l_3^2\right)^{-n/2}$$

$$(15) \qquad = 2+\frac{6}{\sqrt{2}}+\frac{4}{\sqrt{3}}+\frac{4}{\sqrt{4}}+\frac{20}{\sqrt{5}}+\frac{20}{\sqrt{6}}+\frac{12}{\sqrt{8}}+\frac{30}{\sqrt{9}}+\frac{27}{\sqrt{10}}+\frac{28}{\sqrt{11}}+\frac{8}{\sqrt{12}}+\cdots$$

Dann wird:

$$\sigma = \frac{\alpha' e^2}{\delta^3}-\frac{2b}{\sqrt{2}\,\delta^2}\left(\frac{2}{\delta}\right)^n s\,;$$

setzt man hier den Wert von b aus (9) ein, so erhält man:

$$(16) \qquad \sigma = \frac{e^2}{\delta^3}\left(\alpha'-\frac{\alpha s}{2\sqrt{2}\,n S}\right).$$

Für $n = 9$ wird

$$(15') \qquad s = 2.3253\,;$$

benutzt man außerdem die in (8), (11), (14') angegebenen Werte von α, S, α', so kommt

$$(17) \qquad \sigma = \frac{e^2}{\delta^3}\left(0.5078-\frac{13.94\cdot 2.3253}{2\cdot\sqrt{2}\cdot 9\cdot 6.627}\right) = 0.3154\,\frac{e^2}{\delta^3}\,,$$

oder unter Einführung der Dichte nach (13):

$$(17') \qquad \sigma = \frac{0.3154\,eF}{4}\cdot\frac{\rho}{\mu_1+\mu_2} = 10900\,\frac{\rho}{\mu_1+\mu_2}\ \mathrm{erg\,cm}^{-}\,.$$

Für die Fläche (011) ist also die Kapillarkonstante wesentlich größer als für die Würfelfläche (001), und zwar ist das Verhältnis nach (12) und (17)

$$(18) \qquad \frac{\sigma_{011}}{\sigma_{001}} = \frac{0.3154}{0.1166} = 2.706\,.$$

Da diese Zahl größer als $\sqrt{2}$ ist, so folgt aus dem in der Einleitung mitgeteilten Satze von Wulff, daß die Fläche (011) im Gleichgewicht nicht auftreten kann; denn sie kann den Würfel offenbar nicht schneiden.

Es ist wohl kaum ein Zweifel, daß das Verhältnis der Kapillarkonstanten irgendeiner Fläche zu der der Würfelfläche um so größer sein wird, je schiefer die Fläche gegen die Würfelfläche steht. Die Konstante σ_{111} für die Oktaederfläche wird also größer als $2.706 \cdot \sigma_{001}$ sein, und da $2.706 > \sqrt{3}$ ist, so wird auch die Oktaederfläche nicht auftreten können. Ein strenger Beweis dieses Satzes steht aber noch aus. Überhaupt erforderte der Beweis dafür, daß der Würfel die Gleichgewichtsfigur ist, noch ausführlichere mathematische Überlegungen; denn es müßte gezeigt werden, daß σ für die Würfelfläche ein Minimum σ_{001} hat und daß für jede andere Fläche mit den Indizes $(h_1 h_2 h_3)$

$$(19)\qquad \frac{\sigma_{h_1 h_2 h_3}}{\sigma_{001}} > \frac{h_1 + h_2 + h_3}{\sqrt{h_1^2 + h_2^2 + h_3^2}}$$

ist.

Zum Schlusse wollen wir noch einmal betonen, daß die Rechnungen sich streng genommen auf den absoluten Nullpunkt der Temperatur und auf Grenzflächen gegen das Vakuum beziehen. Auf die Bildung von wirklichen Kristallen, die sich gewöhnlich bei hohen Temperaturen und in Lösungsmitteln vollzieht, darf man also unsere Theorie nur unter dem Vorbehalte späterer Richtigstellung anwenden. Wir glauben aber, daß auf den hier gegebenen Grundlagen weitergebaut werden kann.

§ 5.

Kanten- und Eckenenergie.

Bei einem Kristallpolyeder kommt nicht nur den Flächen, sondern auch den Kanten und den Ecken eine spezifische Energie zu. Man kann diese in ganz ähnlicher Weise definieren, wie in § 2 die Flächenenergie bestimmt worden ist.

Fig. 2.

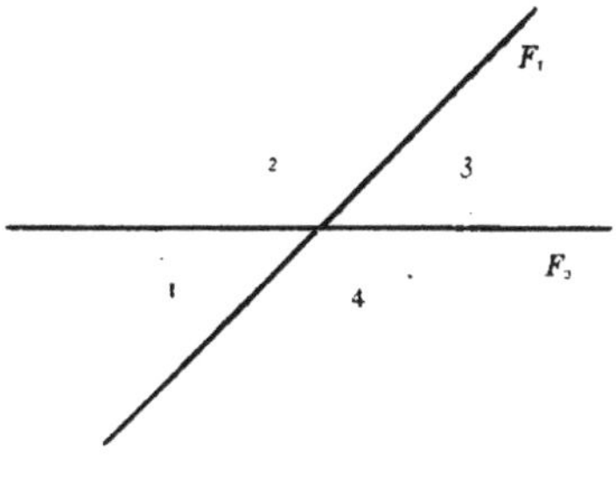

So erhält man z. B. die Kantenenergie zwischen zwei Flächen F_1 und F_2, die den Raum in die vier Winkel 1, 2, 3, 4 teilen (Fig. 2), indem man die Energie entsprechend zerlegt:

$$\begin{aligned} U = U_{11} &+ U_{22} + U_{33} + U_{44} \\ &+ U_{12} + U_{13} + U_{14} \\ &+ U_{23} + U_{24} \\ &+ U_{34} \end{aligned}$$

Ist nun u die spezifische Volumenenergie, V das gesamte Volumen des Körpers, so ist

$$U_{11} + U_{22} + U_{33} + U_{44} = uV;$$

ferner ist

$$-(U_{13} + U_{14} + U_{23} + U_{24}) = 2\sigma_1 F_1$$

die bei der Herstellung des einen Trennungsflächenpaares,

$$-(U_{12} + U_{13} + U_{24} + U_{34}) = 2\sigma_2 F_2$$

die bei der Herstellung des andern Flächenpaares geleistete Arbeit.

Trennt man nun den Kristall in die vier Teile, so entstehen vier Kanten von der Länge L und der spezifischen Kantenenergie $\varkappa$; die bei der Erzeugung der vier Kanten geleistete Arbeit ist also $4\varkappa L$. Daher wird die Energie nach der Trennung

$$uV = U + 2\sigma_1 F_1 + 2\sigma_2 F_2 + 4\varkappa L.$$

Setzt man hier die einzelnen Beträge ein, so folgt[1]

$$\varkappa = \frac{U_{13} + U_{24}}{4L}. \tag{20}$$

Die Berechnung für die Würfelkante eines Alkalihalogen-Kristalls gestaltet sich folgendermaßen: Man hat offenbar die Energie eines Viertelkristalls auf eine zur Kante senkrechte Netzebene des gegenüberliegenden Viertelkristalls zu berechnen; die Länge L ist dabei gleich $\frac{\delta}{2}$ zu wählen. Die Kante des Viertelkristalls machen wir zur z-Achse und legen die negativen x- und y-Achsen in die beiden Grenzflächen; dann haben die Ionen des Viertelkristalls die Koordinaten

$$x_1 = -l_1 \frac{\delta}{2}, \quad y = -l_2 \frac{\delta}{2}, \quad z = l_3 \frac{\delta}{2},$$

wo l_1, l_2 alle ganzen Zahlen von 0 bis ∞, l_3 alle ganzen Zahlen von $-\infty$ bis $+\infty$ durchlaufen. Die Ionen der Netzebene haben die Koordinaten

$$x = p_1 \frac{\delta}{2}, \quad y = p_2 \frac{\delta}{2},$$

[1] Zu beachten ist das positive Vorzeichen in der Formel (20) im Gegensatz zu dem negativen in der Formel (2).

wo p_1, p_2 von 1 bis ∞ laufen. Dann wird:

$$\varkappa = \frac{U_{13}}{2L} = \frac{U_{23}}{2L} = \frac{1}{\delta}\sum_{p_1=1}^{\infty}\sum_{p_2=1}^{\infty}\underset{\substack{l_1, l_2\\ \geqq 0}}{S}\left\{\pm\frac{2e^2}{\delta}\left((l_1+p_1)^2+(l_2+p_2)^2+l_3^2\right)^{-1/2}\right.$$
$$\left.+\,b\left(\frac{2}{\delta}\right)^n\left((l_1+p_1)^2+(l_2+p_2)^2+l_3^2\right)^{-n/2}\right\}.$$

Nach Madelung ist das Potential einer Gitterlinie auf ein Ion, das in einer auf der Gitterlinie senkrechten Ebene durch ein gleichnamiges Ion im Abstande r von diesem liegt, gleich[1]

$$\phi(r) = \frac{8e^2}{\delta}\sum_{q=1}^{\infty} K_0\left(\frac{2\pi q r}{\delta}\right).$$

Setzen wir nun[2]

$$(21)\qquad 2\sum_{p_1=1}^{\infty}\sum_{p_2=1}^{\infty}\underset{\substack{l_1, l_2\\ \geqq 0}}{S}\pm\left((l_1+p_1)^2+(l_2+p_2)^2+l_3^2\right)^{-1/2} = \alpha',$$

so wird mit $r = \frac{\delta}{2}\left((l_1+p_1)^2+(l_2+p_2)^2\right)^{1/2}$

$$(22)\qquad \alpha' = 8\sum_{p_1=1}^{\infty}\sum_{p_2=1}^{\infty}\sum_{l_1=0}^{\infty}\sum_{l_2=0}^{\infty}\sum_{q=1}^{\infty} K_0\left(\pi q\sqrt{(l_1+p_1)^2+(l_2+p_2)^2}\right) = 0.04373.$$

Für die zweite Summe (Abstoßung) ergibt die direkte Ausrechnung $b\left(\frac{2}{\delta}\right)^n s$, wo für $n = 9$

$$(23)\qquad s = 0.06704 \text{ ist.}$$

Setzt man noch für b den Wert (9) ein, so wird

$$(24)\qquad \varkappa = \frac{e^2}{\delta^2}\left(\alpha' + \frac{\alpha s}{4nS}\right) = 0.04765\,\frac{e^2}{\delta^2} = 0.00001945\left(\frac{\rho}{\mu_1+\mu_2}\right)^{2/3}.$$

Die Kantenenergie pro Zentimeter ist also außerordentlich viel kleiner als die Flächenenergie pro Quadratzentimeter; daher kommt die Kantenenergie erst bei sehr kleinen Kristallen, bei denen die Zahl der in der Kante liegenden Atome vergleichbar mit der Zahl der in der Oberfläche liegenden wird, gegenüber der Oberflächenenergie in Betracht.

In gleicher Weise ließe sich die Eckenenergie berechnen, die entsprechend noch viel kleiner wird, so daß ihr Einfluß nur bei aus wenigen Molekeln bestehenden Kristallen merkbar wird.

---

[1] Es ist $K_0(x) = \frac{i\pi}{2}H_0^{(1)}(ix)$, wo $H_0^{(1)}$ die Hankelsche Zylinderfunktion ist.

[2] Es ist hier, im Gegensatz zu den Rechnungen über die Flächenenergien, angebracht, die Summe gleich $+\alpha'$ zu setzen, weil auch die elektrostatischen Kräfte abstoßend wirken.

Die Dissoziationswärme des Wasserstoffs nach dem Bohr-Debyeschen Modell.

Von Max Planck.

(Vorgetragen am 30. Oktober 1919 (s. oben S. 803).)

Einleitung und Inhaltsübersicht.

Die Frage, ob die von der Quantentheorie geforderten sogenannten »statischen« Bahnen die einzig möglichen in der Natur sind, oder ob sie sich nur durch besondere Eigenschaften vor allen übrigen Bahnen auszeichnen, gehört zu den wichtigsten Problemen der ganzen Quantentheorie; denn ihre Beantwortung würde über eine ganze Reihe anderer Fragen Licht verbreiten. Eine jede Methode, welche ihre Behandlung zu fördern verspricht, verdient daher näher untersucht zu werden. Nun ist mit dem bekannten von N. Bohr ersonnenen und von P. Debye weiter ausgearbeiteten Modell des Wasserstoffs eine Möglichkeit gegeben, die Dissoziationswärme des Wasserstoffs zu berechnen: denn die Dissoziationswärme eines Moleküls ist, wenigstens bei hinreichend tiefer Temperatur, einfach gleich dem Überschuß der Energie zweier Atome über die Energie eines Moleküls. Doch ist das Resultat natürlich davon abhängig, welche Elektronenbewegung man im Atom und im Molekül bei sehr tiefen Temperaturen voraussetzt. Nimmt man an, daß sowohl in sämtlichen Atomen als auch in sämtlichen Molekülen des Wasserstoffs die Elektronen einquantige Kreisbewegungen ausführen (»erste« Theorie), so ergibt sich die daraus berechnete Dissoziationswärme pro Mol zu etwa 62000 cal. (§ 1), wie schon lange bekannt ist, während der wirkliche Wert jedenfalls höher liegt, wahrscheinlich in der Gegend von 100000 cal.[1] Setzt man aber (im Sinne der »zweiten« Theorie) voraus, daß sowohl im Atom, als auch im Molekül sämtliche Kreisbahnen, welche eine kleinere Energie besitzen als die einquantige Kreisbahn, in entsprechender Häufigkeit vorkommen, so ergibt sich für die Dissoziationswärme nach der klassischen Mechanik der Wert ∞.

[1] Z. B. W. Nernst, Grundlagen des neuen Wärmesatzes. Halle a. S. 1918, S. 153.

nach der relativistischen Mechanik der Wert 570000 cal. (§ 2), der also sicherlich viel zu groß ist.

Mit diesem Mißerfolg ist aber weder für die erste noch für die zweite Quantentheorie die Unverträglichkeit mit dem benutzten Wasserstoffmodell dargetan. Denn da sowohl im Atom als auch im Molekül die Elektronenbewegung mehrere Freiheitsgrade besitzt, so ist die Herausgreifung der Kreisbahnen, vom Standpunkt der Quantentheorie aus betrachtet, eine willkürliche und daher von vornherein gar nicht gerechtfertigte Bevorzugung einer Quantenzahl vor den übrigen Quantenzahlen. Namentlich kommen neben den Kreisbahnen auch die geradlinigen »Pendelbahnen« in Betracht.

Hier offenbart nun die zweite Quantentheorie insofern einen Vorzug vor der ersten, als nach ihr die Häufigkeit des Vorkommens gewisser Bahnen durch ein bestimmtes Gesetz geregelt wird, während im Rahmen der ersten Quantentheorie, die nur ganz bestimmte Bahnen zuläßt, von vornherein keinerlei Anhaltspunkt dafür gegeben ist, wieviel Atome oder Moleküle Kreisbahnen, wieviel Pendelbahnen ausführen. Aus diesem Grunde habe ich in der vorliegenden Arbeit nur für die zweite Theorie die Rechnung weitergeführt, unter der für diese Theorie charakteristischen Annahme, daß die den verschiedenen möglichen Elektronenbahnen entsprechenden Punkte im Gibbsschen Phasenraume gleichmäßig verteilt sind. Dabei habe ich die räumlichen Richtungen der Bahnebenen nicht gequantelt, d. h. ich habe zwei von den drei Freiheitsgraden als kohärent angenommen — eine Voraussetzung, die den tatsächlichen Verhältnissen vielleicht nicht entspricht, da einerseits die Arbeiten von P. Debye[1] und von J. Holtsmark[2] über die Verbreiterung der Spektrallinien darauf hinweisen, daß in jedem Atom und Molekül ein richtendes elektrisches Feld wirksam ist, anderseits die Untersuchungen von S. Rotszajn über die spezifische Wärme des Wasserstoffs gezeigt haben, daß die Annahme inkohärenter Freiheitsgrade den Messungsergebnissen besser gerecht wird.

Während für die Energie des Atoms sich unter den gemachten Voraussetzungen ein verhältnismäßig einfacher Ausdruck ergibt, ist die Durchführung der Rechnung für das Molekül mit Schwierigkeiten verbunden, die ich durch Einführung eines Annäherungsverfahrens zu umgehen suchte. Als Resultat ergibt sich dann für die Dissoziationswärme des Wasserstoffs pro Mol der Betrag von 140000 cal., also immer noch zu hoch, aber doch der Wirklichkeit bedeutend näherkommend als

[1] P. Debye, Phys. Zeitschr. 20, p. 160, 1919.
[2] J. Holtsmark, Phys. Zeitschr. 20, p. 162, 1919. Ann. d. Phys. 58, p. 577, 1919.
[3] S. Rotszajn, Ann. d. Phys. 57, p. 81, 1918.

die unter der Annahme von Kreisbewegungen berechnete Zahl. Zu welchem Resultat eine weitere Verfeinerung der Rechnung führt, sowie welche Änderungen in ihr eintreten, wenn alle Freiheitsgrade inkohärent angenommen werden, wird noch zu prüfen sein. In jedem Falle läßt sich so viel mit Bestimmtheit sagen, daß, um die Dissoziationswärme des Wasserstoffs auf Grund des Bohr-Debyeschen Modells zu erklären, die kreisförmigen Bahnen der Elektronen nicht genügen, sondern daß hierfür jedenfalls auch die geradlinigen Pendelbahnen mit herangezogen werden müssen.

§ 1.

Dissoziationswärme nach der ersten Quantentheorie für Kreisbahnen.

Die Dissoziationswärme von N Wasserstoffmolekeln ist, falls die Temperatur so niedrig ist, daß die äußere Arbeit ganz in Wegfall kommt, einfach gleich der Differenz der Energien von $2N$ Atomen und von N Molekeln Wasserstoff. Wir berechnen daher diese beiden Energien nacheinander, indem wir dabei die Bohr-Debyeschen Modelle zugrunde legen.

Danach besitzt ein Wasserstoffatom außer seinem einfach positiv geladenen Kern, den wir bei tiefer Temperatur als ruhend voraussetzen können, nur ein einziges, um den Kern mit konstanter Winkelgeschwindigkeit ω kreisendes Elektron mit der Ladung $-\varepsilon$ und der Masse μ. Bezeichnet r den Radius der Kreisbahn, $q = \omega r$ die Bahngeschwindigkeit, so ist die Anziehung des Kernes auf das Elektron gleich der Zentrifugalkraft, also

$$\frac{\varepsilon^2}{r^2} = \frac{\mu q^2}{r\sqrt{1-\frac{q^2}{c^2}}}$$

oder

$$r = \frac{\varepsilon^2}{\mu q^2}\cdot\sqrt{1-\frac{q^2}{c^2}}. \qquad (1)$$

Die gesamte Energie des Atoms ist die Summe der potentiellen und der kinetischen Energie, also:

$$-\frac{\varepsilon^2}{r} + \frac{\mu c^2}{\sqrt{1-\frac{q^2}{c^2}}} = \mu c^2\sqrt{1-\frac{q^2}{c^2}} > 0. \qquad (2)$$

Mit unbegrenzt gegen Null abnehmender Energie wächst die Geschwindigkeit q bis zur Lichtgeschwindigkeit c, während der Radius der Bahn ebenfalls unbegrenzt abnimmt.

Die einquantige Bewegung ist dadurch ausgezeichnet, daß das Impulsmoment:

$$\frac{\mu r q}{\sqrt{1-\frac{q^2}{c^2}}} = \frac{\varepsilon^2}{q} \tag{3}$$

gleich ist dem Wirkungsquantum h, dividiert durch 2π: dann wird die entsprechende Geschwindigkeit

$$q_1 = \frac{2\pi\varepsilon^2}{h}. \tag{4}$$

Nach der ersten Quantentheorie besitzen nun bei tiefen Temperaturen in sämtlichen Atomen die Elektronen diese nämliche Geschwindigkeit q_1. Dann beträgt die Gesamtenergie der $2N$ Atome nach (2):

$$2N\mu c^2\sqrt{1-\frac{q_1^2}{c^2}} = E_1. \tag{5}$$

In diesem Ausdruck ist das Verhältnis

$$\frac{q_1}{c} = \frac{2\pi\varepsilon^2}{hc} = \alpha = 7.295\cdot 10^{-3} \tag{6}$$

identisch mit der Sommerfeldschen Konstanten[1], welche bei der Feinstruktur der Wasserstofflinien eine charakteristische Rolle spielt. Mit Rücksicht auf den Zahlenwert von α kann man statt (5) auch schreiben:

$$E_1 = 2N\mu c^2\left(1-\frac{\alpha^2}{2}\right). \tag{7}$$

Berechnen wir jetzt anderseits die Energie von N Molekeln Wasserstoff für eine hinreichend tiefe Temperatur, ebenfalls nach der ersten Form der Quantentheorie. Nach Bohr-Debye denken wir uns eine solche Molekel bestehend aus zwei genau gleichbeschaffenen einfach positiv geladenen ruhenden Kernen im Abstand $2d$ voneinander, um deren Schwerpunkt in der Normalebene zwei einander gegenüber befindliche Elektronen mit der Winkelgeschwindigkeit ω' kreisen, in der Entfernung r' vom Zentrum: dann ist $r' = d\cdot\sqrt{3}$.

Bedeutet ferner $q' = \omega' r'$ die Bahngeschwindigkeit, so gilt die Beziehung:

$$r' = \frac{3\sqrt{3}-1}{4}\cdot\frac{\varepsilon^2}{\mu q'^2}\cdot\sqrt{1-\frac{q'^2}{c^2}}. \tag{8}$$

[1] A. Sommerfeld, Ann. d. Phys. 51. p. 51. 1916, vgl. E. Flamm, Phys. Zeitschr. 18. p. 521. 1917.

welche sich aus der von P. Debye berechneten Formel[1] ergibt, wenn man darin die konstante Ruhmasse μ durch die relativistische transversale Masse $\frac{\mu}{\sqrt{1-\frac{q'^2}{c^2}}}$ ersetzt.

Die gesamte Energie der Molekel ist die Summe der potenziellen und der kinetischen Energien, also:

$$+\frac{\varepsilon^2}{2d}+\frac{\varepsilon^2}{2r'}-\frac{4\varepsilon^2}{\sqrt{d^2+r'^2}}+\frac{2\mu c^2}{\sqrt{1-\frac{q'^2}{c^2}}}=2\mu c^2\sqrt{1-\frac{q'^2}{c^2}}>0. \tag{9}$$

Auch hier wächst mit abnehmender Energie die Geschwindigkeit bis zur Lichtgeschwindigkeit, während die Abmessungen der Molekel unbegrenzt zusammenschrumpfen.

Die einquantige Bewegung ist dadurch ausgezeichnet, daß für jedes Elektron das Impulsmoment

$$\frac{\mu r' q'}{\sqrt{1-\frac{q'^2}{c^2}}}=\frac{3\sqrt{3}-1}{4}\cdot\frac{\varepsilon^2}{q'} \tag{10}$$

gleich ist $\frac{h}{2\pi}$: dann wird die entsprechende Geschwindigkeit:

$$q'_1=\frac{3\sqrt{3}-1}{2}\cdot\frac{\pi\varepsilon^2}{h}. \tag{11}$$

Bei tiefen Temperaturen besitzen nun nach der ersten Quantentheorie in sämtlichen Molekeln die Elektronen diese nämliche Geschwindigkeit q'_1. Dann beträgt die Gesamtenergie der N Molekeln nach (9):

$$2N\mu c^2\sqrt{1-\frac{q_1'^2}{c^2}}=E'_1, \tag{12}$$

oder mit Einführung der Sommerfeldschen Konstanten α nach (6):

$$E'_1=2N\mu c^2\left(1-\frac{14-3\sqrt{3}}{16}\alpha^2\right). \tag{13}$$

Die Dissoziationswärme von N Wasserstoffmolekeln, als Differenz der Energien E_1 und E'_1, ist daher, gemäß (7) und (13):

$$E_1-E'_1=\frac{3(2-\sqrt{3})}{8}N\mu c^2\alpha^2. \tag{14}$$

---

[1] P. Debye, Sitzungsber. d. bayr. Akad. d. Wiss. math.-phys. Klasse 1915, p. 4, Gleichung (2').

Das ergibt, bezogen auf ein Mol und auf Kalorien, den Wert

$$r_1 = \frac{3(2-\sqrt{3})}{8} c^2 \alpha^2 \cdot \frac{M}{A} = 0.1005\, c^2 \alpha^2 \frac{M}{A}, \qquad (15)$$

wo $A = 4.19 \cdot 10^7$ das mechanische Wärmeäquivalent und $M = \frac{1}{1849}$ die Masse eines »Mol-Elektrons« bezeichnet. Daraus folgt, mit dem Wert von α aus (6):

$$r_1 = 62100 \text{ cal.} \qquad (16)$$

ein Wert, der, wie bekannt, entschieden zu klein ist.

§ 2.

Dissoziationswärme nach der zweiten Quantentheorie für Kreisbahnen.

Betrachten wir zunächst wieder $2N$ Atome Wasserstoff, so ist nach der zweiten Theorie bei hinreichend tiefer Temperatur die Elektronengeschwindigkeit nicht konstant gleich q_1, sondern sie variiert stetig von q_1 bis c, und zwar so, daß die den verschiedenen möglichen Zuständen entsprechenden Punkte im Gibbsschen Phasenraum den ganzen zwischen q_1 und c befindlichen Phasenraum mit gleichmäßiger Dichte erfüllen. Wir berechnen daher zunächst die Anzahl der Atome, deren Elektronengeschwindigkeit in dem Intervall zwischen q und $q + dq$ liegt, und beschränken uns dabei hier, entsprechend der ursprünglichen Hypothese von Bohr, auf kreisförmige Elektronenbahnen.

Wenn wir die Lage eines Elektrons durch die Polarkoordinaten r, ϑ, ϕ mit dem Atomkern als Anfangspunkt bezeichnen, so ist dann die Radialgeschwindigkeit $\dot{r}$ jedes Elektrons gleich Null; die ganze Geschwindigkeit reduziert sich daher auf die zur Kugelfläche $r = \text{const}$ tangentielle Geschwindigkeit:

$$q^2 = r^2 \dot{\vartheta}^2 + r^2 \sin^2\vartheta\, \dot{\phi}^2. \qquad (17)$$

Dementsprechend erhalten wir für ein Differentialgebiet des Phasenraumes:

$$d\vartheta \cdot d\phi \cdot dp_\vartheta \cdot dp_\phi \qquad (18)$$

mit den Impulskoordinaten:

$$p_\vartheta = \frac{\mu r^2 \dot{\vartheta}}{\sqrt{1 - \frac{q^2}{c^2}}}, \quad p_\phi = \frac{\mu r^2 \sin^2\vartheta\, \dot{\phi}}{\sqrt{1 - \frac{q^2}{c^2}}} \qquad (19)$$

Daß in dem Ausdruck (18) für das Differentialgebiet des Phasenraumes die Faktoren dr und dp_r fehlen, wird durch den Umstand bedingt, daß durch φ, ϑ, p_φ, p_ϑ wegen (1) und (17) sowohl r als auch q vollständig bestimmt ist.

Die gesuchte Zahl derjenigen unter den $2N$ Atomen, deren Elektronengeschwindigkeit in dem Intervall zwischen q und $q + dq$ liegt, wird demnach:

$$2N \cdot W(q)\,dq = \text{const} \int\!\!\int\!\!\int\!\!\int_{q}^{q+dq} d\vartheta \cdot d\varphi \cdot dp_\vartheta \cdot dp_\varphi\,, \tag{20}$$

wobei die Integration über sämtliche Phasenpunkte zu erstrecken ist, die dem Geschwindigkeitsgebiet $(q,\,dq)$ angehören. Der Wert der const ergibt sich aus der Bedingung:

$$\int_{q_1}^{c} W(q)\,dq = 1\,. \tag{21}$$

Für die Berechnung des Integrals in (20) gilt folgendes: Nach (17), (19) und (1) ist:

$$q^2 = \frac{q^4}{\varepsilon^4}\,p_\vartheta^2 + \frac{q^4}{\varepsilon^4 \sin^2\vartheta}\,p_\varphi^2\,. \tag{22}$$

Setzt man also

$$p_\vartheta = \frac{\varepsilon^2}{q}\cos\psi$$

$$p_\varphi = \frac{\varepsilon^2 \sin\vartheta}{q}\sin\psi$$

und führt q und ψ statt p_ϑ und p_φ neben ϑ und φ als Integrationsvariable ein, so folgt:

$$\int\!\!\int\!\!\int\!\!\int_{q}^{q+dq} d\vartheta \cdot d\varphi \cdot dp_\vartheta \cdot dp_\varphi = \frac{\varepsilon^4\,dq}{q^3} \cdot \int\!\!\int\!\!\int \sin\vartheta\, d\vartheta\, d\varphi\, d\psi\,. \tag{23}$$

Die Integration ist nach ϑ von 0 bis π, nach φ und ψ von 0 bis 2π zu erstrecken. Dann ergibt sich aus (20):

$$2\,N\,W(q)\,dq = \frac{\text{const}\;dq}{q^3}$$

und mit Hilfe von (21) als gesuchte Atomzahl:

$$2\,N\,W(q)\,dq = \frac{4\,N q_1^2}{1 - \frac{q_1^2}{c^2}} \cdot \frac{dq}{q^3}\,. \tag{24}$$

Da jedes dieser Atome die Energie (2) besitzt, so erhalten wir schließlich durch Multiplikation mit (2) und Integration nach q von q_1 bis c die gesamte Energie aller $2N$ Atome:

$$E_0 = \frac{4\,N q_1^2 \mu c^2}{1 - \frac{q_1^2}{c^2}} \cdot \int\limits_{q_1}^{c} \frac{dq}{q^3} \cdot \sqrt{1 - \frac{q^2}{c^2}} = \frac{2\,N\mu c^2}{1 - \frac{q_1^2}{c^2}} \cdot \left(\sqrt{1 - \frac{q_1^2}{c^2}} - \frac{q_1^2}{2c^2} \ln \frac{1 + \sqrt{1 - \frac{q_1^2}{c^2}}}{1 - \sqrt{1 - \frac{q_1^2}{c^2}}} \right) \quad (25)$$

oder einfacher, da $q_1 \ll c$,

$$E_0 = 2\,N\mu c^2 \left(1 + \frac{q_1^2}{c^2} \ln \frac{q_1}{2c} + \frac{q_1^2}{2c^2} \right) \quad (26)$$

und nach (4), mit Einführung der Sommerfeldschen Konstanten (6):

$$E_0 = 2\,N\mu c^2 \left(1 + \alpha^2 \ln \frac{\alpha \sqrt{e}}{2} \right). \quad (27)$$

Was nun die Energie der Molekeln betrifft, so variiert nach der zweiten Quantentheorie die Geschwindigkeit q' der Elektronen in ihren Kreisbahnen stetig von q_1' bis c, und zwar ebenfalls mit gleichförmiger Erfüllung des Phasenraums. Das ergibt für die Anzahl derjenigen unter den N Molekeln, deren Elektronengeschwindigkeit zwischen q' und $q' + dq'$ liegt, ganz ebenso wie in (24), den Ausdruck:

$$N\,W(q')\,dq' = \frac{2\,N q_1'^2}{1 - \frac{q_1'^2}{c^2}} \cdot \frac{dq'}{q'^3}. \quad (28)$$

Durch Multiplikation mit (9) und Integration nach q' von q_1' bis c erhalten wir so als gesamte Energie aller N Molekeln, ganz ebenso wie in (25), nur daß hier q' statt q steht:

$$E_0' = \frac{2\,N q_1'^2}{1 - \frac{q_1'^2}{c^2}} \cdot 2\mu c^2 \int\limits_{q_1'}^{c} \frac{dq'}{q'^3} \cdot \sqrt{1 - \frac{q'^2}{c^2}}, \quad (29)$$

und, wie in (26):

$$E_0' = 2\,N\mu c^2 \left(1 + \frac{q_1'^2}{c^2} \ln \frac{q_1'}{2c} + \frac{q_1'^2}{2c^2} \right). \quad (30)$$

oder nach (11) und (6):

$$E_0' = 2\,N\mu c^2 \left\{ 1 + \frac{14 - 3\sqrt{3}}{8} \alpha^2 \ln \left(\frac{3\sqrt{3} - 1}{8} \alpha \sqrt{e} \right) \right\}. \quad (31)$$

Daraus folgt als Dissoziationswärme von N Wasserstoffmolekeln nach der zweiten Quantentheorie, bei Beschränkung auf kreisförmige Elektronenbahnen, gemäß (27) und (31):

$$E_0 - E_0' = 2N\mu c^2\alpha^2 \left\{ \ln \frac{\alpha\sqrt{e}}{2} - \frac{14-3\sqrt{3}}{8} \ln\left(\frac{3\sqrt{3}-1}{8}\alpha\sqrt{e}\right)\right\}$$

$$= \frac{3}{4}\left(2-\sqrt{3}\right) N\mu c^2\alpha^2 \ln \left\{ \frac{2}{\alpha\sqrt{e}} \cdot \left(\frac{4}{3\sqrt{3}-1}\right)^{\frac{19+8\sqrt{3}}{3}} \right\}$$

oder

$$E_0 - E_0' = \frac{3}{4}(2-\sqrt{3}) N\mu c^2\alpha^2 \ln \frac{0.7183}{\alpha}\,. \tag{32}$$

Das ergibt, bezogen auf 1 Mol und auf Kalorien, den Wert der Dissoziationswärme:

$$r_0 = \frac{3(2-\sqrt{3})}{4} c^2\alpha^2 \frac{M}{A} \ln \frac{0.7183}{\alpha}\,. \tag{33}$$

Daraus nach (15) das Verhältnis:

$$\frac{r_0}{r_1} = 2 \ln \frac{0.7183}{\alpha} = 9.18 \tag{34}$$

also mit Rücksicht auf (16)

$$r_0 = 570000 \text{ cal}. \tag{35}$$

Während also die erste Quantentheorie den Wert der Dissoziationswärme zu klein liefert, ergibt die zweite, bei Beschränkung auf kreisförmige Elektronenbahnen, ihn viel zu groß. Doch spricht dies noch nicht gegen die zweite Quantentheorie als solche. Denn eine konsequente Durchführung derselben würde verlangen, daß nicht nur die kreisförmigen, sondern alle Elektronenbahnen berücksichtigt werden, welche bei verschwindend kleiner Temperatur vorkommen, und zu diesen gehören jedenfalls auch elliptische Bahnen mit beliebig großer Exzentrizität, wie nach der Erklärung, die A. Sommerfeld für die Feinstruktur des Wasserstoffspektrums gegeben hat, nicht zu bezweifeln ist. Wir werden daher untersuchen müssen, ob wir vom Standpunkt der zweiten Quantentheorie aus dem wirklichen Wert der Dissoziationswärme näherkommen, wenn wir die Quantelung nach mehr als einem einzigen Freiheitsgrad vornehmen. Zunächst führen wir wieder die Rechnung aus für Atome, dann für Moleküle.

§ 3.

Energie des Wasserstoffatoms nach der zweiten Quantentheorie.

Die Bewegung des Elektrons um den ruhenden Kern besitzt drei Freiheitsgrade, von denen wir hier zwei kohärent annehmen wollen, indem wir alle Bahnebenen im Raume als gleichwertig voraussetzen.

Dann gibt es nur zwei Quantenzahlen n und n', durch welche die Energie u und das Impulsmoment ψ der Elektronenbewegung bestimmt ist, vermöge der Gleichungen

$$g = nh, \qquad g' = n'h, \tag{36}$$

wo g und g' gewisse Funktionen von u und ψ sind, welche die Bedingung erfüllen:

$$dG = dg\,d(g'^2), \tag{37}$$

wenn dG die Größe desjenigen sechsdimensionalen Phasenvolumens bezeichnet, das von den Hyperflächen

$$u = \text{const}, \quad u + du = \text{const}, \quad \psi = \text{const}, \quad \psi + d\psi = \text{const}$$

begrenzt wird.

Die Bedingung $n = 0$ oder $g = 0$ liefert die Kreisbahnen, die Bedingung $n' = 0$ oder $g' = 0$ die geradlinigen »Pendelbahnen«. Bei sehr tiefer Temperatur liegen in allen Atomen die Elektronenbahnen im Elementargebiet Null, d. h. es gibt nur solche Bahnen, für welche $g \leq h$ und $g' < h$, und zwar ist die Häufigkeit des Vorkommens der einzelnen Bahnen dadurch gegeben, daß die Verteilungsdichte der entsprechenden Phasenpunkte im Phasenraum gleichmäßig ist, d. h. die Anzahl derjenigen Atome, deren Elektronenbahn in dem Differentialgebiet (g, dg, g', dg') liegt, ist:

$$C \cdot dG = C dg\,d(g'^2).$$

Da nun die Gesamtzahl der Atome

$$2N = C\int_0^h\int_0^h dg\,d(g'^2) = Ch^3, \tag{38}$$

so ist jene Anzahl

$$2N\,\frac{dg\,d(g'^2)}{h^3}. \tag{39}$$

Daraus folgt als die gesuchte Energie aller $2N$ Atome:

$$E = \frac{2N}{h^3}\int_0^h\int_0^h u\,dg\,d(g'^2) \tag{40}$$

Es bleibt noch übrig, die Energie u eines Atoms durch die Quantenfunktionen g und g' auszudrücken. Die Rechnung vereinfacht sich dadurch erheblich, daß man hier, um zu endlichen Werten zu kommen, nicht auf die relativistische Mechanik zurückzugehen braucht, obwohl für die klassische Mechanik im singulären Punkte $g = 0$, $g' = 0$ $u = -\infty$ wird. Doch wollen wir, um auch formell den Anschluß an die früheren Formeln zu behalten, die willkürliche additive Konstante in u so wählen.

daß für ein in unendlicher Entfernung vom Kern ruhendes Elektron u nicht gleich Null, sondern gleich μc^2 wird. Dann ist[1]

$$g = 2\pi\left(\frac{\varepsilon^2 u}{c\sqrt{\mu^2 c^4 - u^2}} - \psi\right), \qquad g' = 2\pi\psi. \tag{41}$$

Setzen wir nun

$$u = \mu c^2 - u_1 \tag{42}$$

und nehmen u_1 klein gegen μc^2, so ergibt sich:

$$g = 2\pi\left(\varepsilon^2\sqrt{\frac{\mu}{2u_1}} - \psi\right),$$

also

$$u_1 = \frac{2\pi^2\mu\varepsilon^4}{(g+g')^2} \tag{43}$$

und nach (40) die Energie der $2N$ Atome:

$$E = \frac{2N}{h^3}\int\limits_0^h\int\limits_0^h\left(\mu c^2 - \frac{2\pi^2\mu\varepsilon^4}{(g+g')^2}\right) dg\, d(g'^2).$$

oder

$$E = 2N\mu c^2(1 - \alpha^2 \ln 2). \tag{44}$$

wo α wieder die SOMMERFELDsche Konstante (6) bedeutet.

Dieser der zweiten Quantentheorie entsprechende Wert E der Atomenergie liegt, wie man sieht, zwischen dem Wert E_1 Gleichung (7) der ersten Quantentheorie und demjenigen E_0 Gleichung (27) der auf Kreisbahnen beschränkten zweiten Quantentheorie, aber dem ersten Wert viel näher.

§ 4.

Energie des Wasserstoffmoleküls nach der zweiten Quantentheorie.

Weit verwickelter als für das Atom gestaltet sich die Berechnung der Energie für das Molekül nach der zweiten Quantentheorie. Denn die Arten der möglichen Bewegungen der Elektronen sind außerordentlich zahlreich und mannigfach. Wir wollen uns daher hier auf solche Zustände beschränken, bei welchen die Elektronen sich in der durch die Lage der wieder als ruhend angenommenen Kerne bestimmten, deren Abstand halbierenden Symmetrieebene bewegen, und zwar derart, daß sie in jedem Augenblick zu beiden Seiten der Zentral-

[1] Z. B. M. PLANCK, Ann. d. Phys. 50, p. 404, 1916, Gl. (44) und (45), wenn man darin die Lichtgeschwindigkeit c unendlich groß annimmt.

achse einander gerade gegenüberliegen. Dann beschreiben die beiden Elektronen ellipsenähnliche, aber im allgemeinen ungeschlossene Bahnen um die Zentralachse herum, die sich spiegelbildlich gleich sind. Einen Grenzfall bilden die schon oben betrachteten Kreisbahnen, den entgegengesetzten Grenzfall bilden die Pendelbahnen, bei denen die beiden Elektronen sich auf einer bestimmten Geraden hin und her bewegen, abwechselnd von der Zentralachse fort und zu ihr hin, doch stets in endlichem Abstand von der Achse, wegen ihrer gegenseitigen Abstoßung. Die Ruhe der Kerne ist genau genommen nur bei der Kreisbahn eine absolute. Aber bei der im Verhältnis zu den Elektronen großen Masse der Kerne sind die Abmessungen ihrer Bahnen im Vergleich zu denen der Elektronen so klein, daß ihre Lagen als unabhängig von der Zeit betrachtet werden können. Der Abstand der Kerne ergibt sich dann aus der Bedingung, daß ihre mittlere Beschleunigung gleich Null ist.

Wir stellen zunächst die Bewegungsgleichungen unter der Voraussetzung auf, daß auch die Kerne beweglich sind, und zwar auf der zur Ebene der Elektronen senkrechten Achse, die wir als z-Achse annehmen. Bezeichnen dann $+z$ und $-z$ die Koordinaten der beiden Kerne, r, ϕ und r, $\phi+\pi$ die ebenen Polarkoordinaten der beiden Elektronen, q ihre Geschwindigkeit, so erhalten wir für dies System von 3 Freiheitsgraden (r, ϕ, z) die kinetische Energie:

$$L = \frac{2\mu c^2}{\sqrt{1-\frac{q^2}{c^2}}} + m\dot{z}^2,$$

indem für die kinetische Energie der beiden langsam bewegten Kerne von vornherein der Wert der klassischen Mechanik eingesetzt ist, ferner die potentielle Energie:

$$\Phi = \frac{\varepsilon^2}{2z} + \frac{\varepsilon^2}{2r} - \frac{4\varepsilon^2}{\sqrt{r^2+z^2}}.$$

Daraus die Impulskoordinaten

$$\left.\begin{aligned} p_r &= \frac{\partial L}{\partial \dot{r}} = \frac{2\mu\dot{r}}{\sqrt{1-\frac{q^2}{c^2}}} \\ p_\phi &= \frac{\partial L}{\partial \dot{\phi}} = \frac{2\mu r^2\dot{\phi}}{\sqrt{1-\frac{q^2}{c^2}}} \\ p_z &= \frac{\partial L}{\partial \dot{z}} = 2m\dot{z}. \end{aligned}\right\} \quad (45)$$

Zur Aufstellung der kanonischen Bewegungsgleichungen bilden wir den Ausdruck der Gesamtenergie der Molekel

$$u = L + \Phi$$

als Funktion der Koordinaten und Impulse:

$$u = c\sqrt{p_r^2 + 4\mu^2 c^2 + \frac{p_\phi^2}{r^2}} + \frac{p_z^2}{4m} + \frac{\varepsilon^2}{2z} + \frac{\varepsilon^2}{2r} - \frac{4\varepsilon^2}{\sqrt{r^2 + z^2}} \tag{46}$$

und erhalten so die sechs Bewegungsgleichungen:

$$\frac{dr}{dt} = \dot{r} = \frac{\partial u}{\partial p_r} = \frac{c\, r\, p_r}{\sqrt{4\mu^2 c^2 r^2 + r^2 p_r^2 + p_\phi^2}},$$

$$\frac{dp_r}{dt} = -\frac{\partial u}{\partial r} = \frac{c p_\phi^2}{r^2} \cdot \frac{1}{\sqrt{4\mu^2 c^2 r^2 + r^2 p_r^2 + p_\phi^2}} + \frac{\varepsilon^2}{2r^2} - \frac{4\varepsilon^2 r}{(r^2 + z^2)^{3/2}},$$

$$\frac{d\phi}{dt} = \dot{\phi} = \frac{\partial u}{\partial p_\phi} = \frac{c p_\phi}{r\sqrt{4\mu^2 c^2 r^2 + r^2 p_r^2 + p_\phi^2}},$$

$$\frac{dp_\phi}{dt} = -\frac{\partial u}{\partial \phi} = 0,$$

$$\frac{dz}{dt} = \dot{z} = \frac{\partial u}{\partial p_z} = \frac{p_z}{2m},$$

$$\frac{dp_z}{dt} = -\frac{\partial u}{\partial z} = \frac{\varepsilon^2}{2z^2} - \frac{4\varepsilon^2 z}{(r^2 + z^2)^{3/2}},$$

welche sich bei Beschränkung auf die klassische Mechanik reduzieren auf:

$$\frac{dr}{dt} = \dot{r} = \frac{p_r}{2\mu} \tag{47}$$

$$\frac{dp_r}{dt} = \frac{p_\phi^2}{2\mu r^3} + \frac{\varepsilon^2}{2r^2} - \frac{4\varepsilon^2 r}{(r^2 + z^2)^{3/2}} \tag{48}$$

$$\frac{d\phi}{dt} = \dot{\phi} = \frac{p_\phi}{2\mu r^2} \tag{49}$$

$$\frac{dp_\phi}{dt} = 0 \tag{50}$$

$$\frac{dz}{dt} = \dot{z} = \frac{p_z}{2m} \tag{51}$$

$$\frac{dp_z}{dt} = \frac{\varepsilon^2}{2z^2} - \frac{4\varepsilon^2 z}{(r^2 + z^2)^{3/2}}, \tag{52}$$

während die Energie u nach (46) die Form annimmt:

$$u = 2\mu c^2 + u_k. \tag{53}$$

wobei

$$u_1 = \frac{4\varepsilon^2}{\sqrt{r^2+z^2}} - \frac{\varepsilon^2}{2r} - \frac{\varepsilon^2}{2z} - \frac{p_r^2}{4\mu} - \frac{p_\phi^2}{4\mu r^2} = \text{const} \tag{54}$$

mit Weglassung des Gliedes, welches m im Nenner enthält.

Diese Gleichung, zusammen mit $p_\phi = \text{const}$, stellt die Integration der Bewegungsgleichungen dar. Der konstante Wert von z ergibt sich aus der Bedingung, daß die mittlere Beschleunigung der Kerne gleich Null ist, oder:

$$\int \frac{dp_z}{dt}\,dt = 0,$$

die Integration erstreckt über die Zeit einer Periode von r.

Benutzt man hierzu die Ausdrücke (52) und (47), so folgt daraus:

$$\oint \left(\frac{\varepsilon^2}{2z^2} - \frac{4\varepsilon^2 z}{(r^2+z^2)^{3/2}} \right) \frac{dr}{p_r} = 0, \tag{55}$$

wo nach (54) zu setzen ist:

$$p_r = \sqrt{\frac{16\varepsilon^2\mu}{\sqrt{r^2+z^2}} - \frac{2\varepsilon^2\mu}{r} - \frac{2\varepsilon^2\mu}{z} - 4\mu u_1 - \frac{p_\phi^2}{r^2}}. \tag{56}$$

Die Integration nach r ist von r_{min} bis r_{max} zu erstrecken, wenn dies diejenigen beiden Werte von r sind, welche das reelle Gebiet der Quadratwurzel p_r begrenzen.

Was nun die Quantelung der Bewegung betrifft, so haben wir wie in (36) und (37):

$$g = nh, \qquad g' = n'h, \qquad dG = dg\,d(g'^2),$$

wobei

$$g = \oint p_r\,dr \tag{57}$$

$$g' = \int p_\phi\,d\phi = \pi p_\phi. \tag{58}$$

Im zweiten Integral ist die Integration nur von 0 bis π zu erstrecken, weil die beiden Elektronen gleich beschaffen sind und daher das System schon bei der Drehung um 180° mit sich selber zur Deckung kommt. Dasselbe gilt ja auch für die Behandlung nach der ersten Quantentheorie.

Durch die beiden letzten Gleichungen ist, da der Wert der Konstanten z aus (55) folgt, die Energie u als Funktion von g und g' bestimmt.

Die Beziehungen lassen sich etwas einfacher schreiben, wenn man folgende dimensionslose Größen einführt:

$$\frac{r}{z} = \rho \tag{59}$$

$$\frac{2u_1 z}{\varepsilon^2} + 1 = \omega \tag{60}$$

$$\frac{p_\Phi^2}{2z\varepsilon^2\mu} = \Psi^2 \tag{61}$$

$$\frac{8}{\sqrt{\rho^2+1}} - \frac{1}{\rho} - \omega = w^2 . \tag{62}$$

Dann lauten die Gleichungen:

$$g = \varepsilon\sqrt{2\mu z} \cdot \oint \sqrt{w^2 - \frac{\Psi^2}{\rho^2}} \cdot d\rho \tag{63}$$

$$g' = \pi\varepsilon\Psi\sqrt{2\mu z} \tag{64}$$

$$\oint\left(\frac{8}{(\rho^2+1)^{3/2}} - 1\right) \cdot \frac{d\rho}{\sqrt{w^2 - \frac{\Psi^2}{\rho^2}}} = 0 . \tag{65}$$

Betrachten wir zuerst die beiden Grenzfälle $g = 0$ (Kreisbahnen) und $g' = 0$ (Pendelbahnen).

Für $g = 0$ schrumpfen die geschlossenen Integrale in einen Punkt zusammen ($\rho_{max} = \rho_{min}$), die Elektronenbahnen sind kreisförmig, und wir erhalten:

$$\rho = \sqrt{3}\;,\quad \Psi^2 = \frac{9-\sqrt{3}}{2}\;,\quad w^2 = \frac{9-\sqrt{3}}{6}\;,\quad \omega = \frac{15-\sqrt{3}}{6}\;,$$

$$u_1 = \left(\frac{3\sqrt{3}-1}{2}\right)^2 \frac{\pi^2\mu\varepsilon^4}{g'^2} = \frac{\pi^2\mu\varepsilon^4\beta'^2}{g'^2}\;, \tag{66}$$

wenn

$$\beta' = \frac{3\sqrt{3}-1}{2} = 2.098 . \tag{67}$$

genau übereinstimmend mit den früheren Werten, wie sich ergibt, wenn man das Impulsmoment (10) eines einzelnen Elektrons gleich $\frac{g'}{2\pi}$ setzt, daraus die Energie (9) des Moleküls berechnet und das Resultat mit (53) vergleicht.

Für $g' = 0$ schwingen die Elektronen geradlinig gegeneinander hin und voneinander fort, und wir erhalten aus (64)

$$\psi = 0$$

aus (65)

$$\oint\left(\frac{8}{(c^2+1)^{1/2}} - 1\right)\frac{d\rho}{w} = 0 \tag{68}$$

und aus (63)

$$g = \sqrt{2\mu\varepsilon^2 z}\cdot\oint w\,d\rho\,. \tag{69}$$

Aus (68) folgt nach einer von Hrn. Stud. H. Kallmann ausgeführten graphischen Berechnung:

$$w = 1.805 \qquad c_{max} = 3.725 \qquad c_{min} = 0.161 \tag{70}$$

und daraus weiter nach (69)

$$\frac{g}{\varepsilon\sqrt{2\mu z}} = \oint w\,dz = 7.936\,. \tag{71}$$

Die Werte von ρ_{max} und ρ_{min} bezeichnen nach (59) den größten und den kleinsten Wert für das Verhältnis des Elektronenabstands zum Kernabstand. Ihre Differenz

$$\rho_{max} - \rho_{min} = 3.561$$

gibt das Verhältnis der Schwingungsweite der Elektronenbahnen zum halben Kernabstand; diese Beträge sind also für alle Pendelbahnen die nämlichen. Da nach (60)

$$u_1 z = \text{const} > 0\,,$$

so nimmt z mit wachsendem u_1 ab, d. h. je kleiner die Energie ist, um so näher rücken sich die Kerne und die Elektronen, wobei der Bau des Moleküls sich immer ähnlich bleibt.

Eliminiert man z aus den Gleichungen (60) und (71), so folgt für die geradlinige Elektronenbewegung:

$$u_1 = \frac{\pi^2\mu\varepsilon^4\mathfrak{S}^2}{g^2}\,, \tag{72}$$

wenn

$$\mathfrak{S} = 2.266\,. \tag{73}$$

Eine Vergleichung der Werte von $\mathfrak{S}$ und $\mathfrak{S}'$ in (72) und (66) ergibt, daß für die einquantige Pendelbahn die Größe u_1 größer, also die Energie u kleiner ist als für die einquantige Kreisbahn.

Für den allgemeinen Fall, daß sowohl g als auch g' von Null verschieden ist, wird die Abhängigkeit der Energie von g und g' sehr verwickelt. Eine erste rohe Annäherung läßt sich gewinnen, wenn man die beiden Formeln (66) und (72) in die eine vereinigt:

$$u_1 = -\frac{\pi^2 \mu \varepsilon^4}{\left(\frac{g}{\mathfrak{z}} + \frac{g'}{\mathfrak{z}'}\right)^2}. \tag{74}$$

Diese Formel gilt genau nur für die beiden behandelten Grenzfälle der kreisförmigen und der geradlinigen Bewegung; da sie aber der Energiegleichung (43) nachgebildet ist, so liegt die Vermutung nahe, daß sie den Gang der Energie auch in den Zwischengebieten wenigstens einigermaßen zutreffend wiedergeben dürfte. Untersuchen wir, zu welchem Werte der Dissoziationswärme sie führt.

Mit Benutzung von (74) folgt für die Energie der N Moleküle ebenso wie in (40), unter Berücksichtigung von (53):

$$E' = \frac{N}{h^3}\int_0^h\int_0^h u\, dg\, d(g'^2)$$

$$= 2\mu c^2 N\left\{1 - \frac{\pi^2 \varepsilon^4 \mathfrak{z}'^2}{h^2 c^2}\ln\left(1 + \frac{\mathfrak{z}}{\mathfrak{z}'}\right)\right\}$$

und nach (6):

$$E' = 2N\mu c^2\left\{1 - \frac{\alpha^2 \mathfrak{z}'^2}{4}\ln\left(1 + \frac{\mathfrak{z}}{\mathfrak{z}'}\right)\right\}. \tag{75}$$

§ 5.

Dissoziationswärme des Wasserstoffmoleküls nach der zweiten Quantentheorie.

Die Dissoziationswärme der N Moleküle ergibt sich durch Subtraktion der Energie E' in (75) der N Moleküle von der Energie E der $2N$ Atome in (44):

$$E - E' = 2N\mu c^2\alpha^2\left\{\frac{\mathfrak{z}'^2}{4}\ln\left(1 + \frac{\mathfrak{z}}{\mathfrak{z}'}\right) - \ln 2\right\}$$

$$= 0.226\, N\mu c^2\alpha^2. \tag{76}$$

Daraus für die Dissoziationswärme r von ein Mol Wasserstoff in Kalorien, mit den Bezeichnungen der Gleichung (15):

$$r = 0.226\, c^2\alpha^2 \frac{M}{A} \tag{77}$$

und

$$2.25. \tag{78}$$

woraus nach (16) folgt:

$$r = 140000 \text{ cal.}, \qquad (79)$$

also jedenfalls immer noch zu groß, aber der Wirklichkeit erheblich näher als der Wert (35).

Diese erste Annäherungsrechnung zeigt wenigstens so viel, daß man vom Standpunkt der zweiten Quantentheorie aus dem wirklichen Werte der Dissoziationswärme viel näher kommt, wenn man außer den kreisförmigen auch die pendelförmigen Elektronenbahnen berücksichtigt. Eine genauere Berechnung wird erst dann möglich sein, wenn die Näherungsgleichung (74) durch eine bessere ersetzt werden kann. Grundsätzlich betrachtet sind aber noch andere Formen der Elektronenbahnen heranzuziehen als die hier behandelten.

Ausgegeben am 4. Dezember.

Berlin, gedruckt in der Reichsdruckerei.

1919 XLIX. L

SITZUNGSBERICHTE

DER PREUSSISCHEN

AKADEMIE DER WISSENSCHAFTEN

BERLIN 1919

VERLAG DER AKADEMIE DER WISSENSCHAFTEN

IN KOMMISSION BEI DER
VEREINIGUNG WISSENSCHAFTLICHER VERLEGER WALTER DE GRUYTER U. CO.
VORMALS G. J. GÖSCHEN'SCHE VERLAGSHANDLUNG. J. GUTTENTAG, VERLAGSBUCHHANDLUNG.
GEORG REIMER. KARL J. TRÜBNER. VEIT U. COMP.

ckerei abzuliefernden Manuskripte
nicht bloß um glatten Text handelt,
ende Anweisungen für die Anordnung des Satzes
chriften enthalten. Bei Einsendungen

1919.

XLIX.

SITZUNGSBERICHTE

DER PREUSSISCHEN

AKADEMIE DER WISSENSCHAFTEN.

4. Dezember. Sitzung der philosophisch-historischen Klasse.

Vorsitzender Sekretar: Hr. Roethe.

*1. Hr. Heymann las über die Geschichte des Mäklerrechts.

Dieses hat seinen mittelalterlichen Charakter im Institut der Amtsmäkler in Deutschland wie in Frankreich bis ins 19. Jahrhundert bewahrt. Der Frühkapitalismus brachte Veränderungen in den Funktionen des Mäklers, jedoch nur dem Grade nach; dagegen blieb die Rechtsstellung grundsätzlich unverändert und wurde im 16. bis 18. Jahrhundert sogar immer schärfer ausgebaut. Erst das Recht des 19. Jahrhunderts hat infolge der wirtschaftlichen Verschiebungen mit dem Amtsmäklertum allmählich gebrochen: das freie Mäklertum gleitet in Kommission, Agentur und Eigenhandel hinüber. Das Amtsmäklertum besteht aber namentlich an den französischen und deutschen Börsen fort und lebt in veränderter Gestalt zugleich in den genossenschaftlich kontrollierten Mäklern der Liquidationsverbände wieder auf. Es ist vorläufig unentbehrlich, sofern man nicht zu dem in England und Amerika entwickelten, als Eigenhändler auftretenden Börsenvermittler übergeht und damit zugleich das System der Kursfeststellung gründlich ändert.

2. Hr. Eduard Meyer legte einen Aufsatz von Hrn. Dr. Emil Forrer vor: Die acht Sprachen der Boghazköi-Inschriften. (Ersch. später.)

Eine Durchsicht der reichen Tontafelfunde von Boghazköi lehrt, daß in denselben außer dem Sumerischen, dem Akkadischen (Babylonischen) und einigen altindischen Wörtern nicht weniger als fünf ganz verschiedenartige Sprachen Kleinasiens vertreten sind, nämlich neben der indogermanisch gefärbten Hauptsprache des hettitischen Großreichs, die bisher als »Hettitisch« bezeichnet wurde, in den Texten aber vielmehr den Namen Kanesisch zu tragen scheint, die ältere »hattische« Sprache des Zentralgebiets, für die der Verfasser den Namen Protohattisch vorschlägt, das Harrische, das Luvische und das Balaische. Es wird versucht, die Eigenart dieser aufs stärkste voneinander abweichenden Sprachen kurz zu charakterisieren und die Gebiete zu bestimmen, in denen sie gesprochen wurden.

3. Hr. von Wilamowitz-Moellendorff legte vor: Das Bündnis zwischen Sparta und Athen 421. (Thukydides V.)

In der Bündnisurkunde V 23 fehlt ein Paragraph, den Thukydides überall voraussetzt und mehrfach erwähnt. Er hat also in dem Exemplare gefehlt, das Thukydides sich abschreiben ließ, aber so unvollständig konnte er ihn unmöglich mitteilen wollen. Also ist diese Partie unfertig. Von dieser Erkenntnis ausgehend, gelangt man zu einer befriedigenden Auffassung sowohl von der Komposition des Werkes wie von den geschichtlichen Ereignissen.

4. Hr. Eduard Meyer legte vor sein Buch: »Die Vereinigten Staaten von Amerika, ihre Geschichte, Kultur, Verfassung, Politik«. (Frankfurt a. M. 1920.)

Das Bündnis zwischen Sparta und Athen.

(Thukydides V.)

Von Ulrich von Wilamowitz-Moellendorff.

In dem jüngst erschienenen Buche unseres Mitgliedes Eduard Schwartz über das Geschichtswerk des Thukydides wird bestritten, daß das Bündnis, dessen Text bei Thuk. V 23 samt den Namen der Volksvertreter, die es beschworen haben, überliefert ist, jemals abgeschlossen sei, und die Erklärung dafür, daß seit dem Erscheinen des Werkes bis heute alle Leser getäuscht worden sind, wird darin gesucht, daß die Herausgabe des durch den Tod des Verfassers verwaisten Werkes in die Hände eines Menschen geraten sei, der sich täuschen ließ und selber täuschte. Ich habe vor vielen Jahren in der Tätigkeit des Herausgebers die Lösung für manche Rätsel der Komposition und der Chronologie gesucht, bin aber immer vorsichtiger geworden und habe im Hermes 43, 602 die vollkommene Zurückhaltung des Herausgebers für das achte Buch anerkannt. Mit dem fünften kam ich trotz immer wiederholten Versuchen nicht durch; jetzt hoffe ich es zu erreichen[1].

Anerkannt muß werden, daß der erste eindringende Versuch der Erklärung von J. Steup gemacht worden ist, und sein Verdienst als ἐνστατικός ist nicht gering. Er hat den Finger auf die wirklichen Schwierigkeiten gelegt; die λύσις kann aber nicht richtig sein, und das gilt auch von Schwartz. Beide kommen nicht ohne einen Interpolator aus, dem die unbequemen Sätze zugeschoben werden. Ich dächte, diesen gefälligen Teufel, der auf jedes Perlicke des Kritikers zur Stelle ist, wären wir aus der Textkritik los. Polemisieren läßt sich gegen solche Annahmen nicht; ich will es auch sonst nicht, denn ich glaube, daß die Interpretation des Textes der beste und geradeste Weg zum Verständnisse ist: sie muß aber in dem fünften Buche ziemlich weit greifen.

[1] Ich habe die Freude gehabt, den Text mit einer Anzahl jüngerer urteilsfähiger Fachgenossen zu lesen, was mich in der Formulierung meiner Ansichten wesentlich gefördert hat. Es war eine erfreuliche Überraschung, daß sich in der Hauptsache die Übereinstimmung leicht herausstellte.

Wir haben über die Ereignisse des Jahres 421 keinen Bericht als den des Thukydides, und es scheint im Altertum nicht wesentlich anders gewesen zu sein. Ephoros wenigstens hat, wie der Auszug Diodors lehrt, nur ganz geringe Zusätze zu Thukydides gegeben, liefert aber den Beweis, daß dessen Text derselbe war, den wir lesen. Der Friede des Aristophanes ist als Stimmungsbild unschätzbar, aber für die Tatsachen bringt er keinen Zuwachs, auch seine Scholien nicht, und ebenso steht es mit den Hiketiden des Euripides, die mit großer Wahrscheinlichkeit in das Jahr 422 zu setzen sind, wie die Einleitung meiner Übersetzung darlegt. Um so schärfer müssen wir den Bericht des Thukydides prüfen. Den Text schreibe ich möglichst wenig aus, setze ihn aber in den Händen der Leser voraus, natürlich Humes Text.

Bis V 13 reicht die ausführliche Erzählung des thrakischen Feldzuges im Anschluß an die entscheidende Schlacht bei Amphipolis. Zuletzt hören wir von einem Hilfsheer der Spartaner, das nur bis Thessalien kommt und umkehrt, weil Brasidas gefallen ist. Der Bericht ist zerteilt und wird umständlich, weil Thukydides nach seiner Gewohnheit mit dem Eintritt des Winters einen Einschnitt macht. Das ist in der Ordnung: ich habe diese stilistische Manier Herm. 43, 579 behandelt. Aber nun höre man den Schluß von 13 und den Anfang von 14, der den Übergang zu einem neuen Gegenstande macht. Da heißt es von dem Hilfskorps: μάλιστα δ' ἀπῆλθον εἰδότες τοὺς Λακεδαιμονίους ὅτε ἐξῆισαν πρὸς τὴν εἰρήνην μᾶλλον τὴν γνώμην ἔχοντας. Und 14 ξυνέβη τε εὐθὺς μετὰ τὴν ἐν Ἀμφιπόλει μάχην καὶ τὴν Ῥαμφίου ἀναχώρησιν ἐκ Θεσσαλίας ὥστε[1] πολέμου μὲν ἅψασθαι μηδετέρους, πρὸς δὲ τὴν εἰρήνην μᾶλλον τὴν γνώμην εἶχον. Das ist eine Dublette, nicht nur im Gedanken, und der Anschluß mit τε fordert dennoch, daß man alles hintereinander liest. Wohl aber paßt der Gedanke beide Male als Abschluß und als Anfang. Wie es damit zugegangen ist, sagt sich jeder, der die nötige schriftstellerische Erfahrung hat. Die Darstellung der thrakischen Dinge lag fertig vor: mit der Erzählung des Nikiasfriedens setzte Thukydides später einmal von frischem ein, unter dem Eindrucke der Erzählung, wie er sie früher stilisiert hatte. Hier ist eine Fuge. Solche Fugen findet man, wenn man das Manuskript einer längeren Arbeit überliest, aber dann verstreicht man sie. Dazu ist Thukydides nicht gekommen.

[1] ξυνέβη — ὥστε ist bestes altes Griechisch. Herodot I 74 συνήνεικε — ὥστε νύκτα γενέσθαι. Aisch. Ag. 1395 εἰ δ' ἦν πρέπον ὥστε ἐπισπένδειν, Soph. OK. 1350 δικαιῶν ὥστε κλύειν, Eurip. Hippol. 1377 ἤθελεν ὥστε γίγνεσθαι τόδε, Thukyd. 6, 88 ψηφισάμενοι ὥστε ἀμύνειν. Ob Thukydides ὥστε noch ein zweites Mal hinter συνέβη hat, wird nur fragen, wer über diesen einen Text nicht hinausblickt.

An das πρὸς τὴν εἰρήνην μᾶλλον τὴν γνώμην εἶχον schließt sich ein weithin reichender im Gedanken wohl komponierter Abschnitt, der aber durch die Ausdehnung und die Einschaltung untergeordneter Glieder unübersichtlich geworden ist. οἱ μὲν Ἀθηναῖοι — οἱ δ' αὖ Λακεδαιμόνιοι; bei beiden stehen zunächst entsprechende Gründe, die aus dem Verlaufe des Krieges stammen: dann bei den Athenern als Nachtrag καὶ τοὺς ξυμμάχους ἅμα ἐδεδίσαν usw., bei den Lakedaimoniern ξυνέβαινε δὲ καὶ usw. die Rücksicht auf Argos[1] und die Bundesgenossen: das ist also auch parallel. Dann wird abgeschlossen »ταῦτ' οὖν ἀμφοτέροις αὐτοῖς λογιζομένοις ἐδόκει ποιητέα εἶναι ἡ ξύμβασις, καὶ οὐχ ἧσσον τοῖς Λακεδαιμονίοις, denn sie wollten ihre Gefangenen wieder haben[2], hatten daher gleich nach deren Gefangennahme Frieden machen wollen, aber damals wollten die Athener noch nicht: nach der Niederlage von Delion setzten die Lakedaimonier den Waffenstillstand durch, in dem Verhandlungen über die Zukunft vorgesehen waren[3], und nun nach Amphipolis« führten diese zum Ziele. So könnte, sollte vielleicht der Gedanke sich abrunden; aber da schiebt sich eine neue Parallele ein. Bei Amphipolis sind Kleon und Brasidas gefallen, die beiden Hauptgegner des Friedens; jetzt nehmen Nikias und Pleistoanax die Führung[4], und wie bei Kleon und Brasidas ihre Motive angegeben sind, geschieht das auch bei den beiden andern, was einen langen Be-

[1] Die Argeier wollen den Frieden nur um den Preis der Rückgabe von Kynuria verlängern, ὥστ' ἀδύνατα εἶναι ἐφαίνετο Ἀργείοις καὶ Ἀθηναίοις ἅμα πολεμεῖν. Das geht freilich nicht; aber die Gedanken gewaltsam selbständig machen führt zu nichts: »sie hätten also mit beiden Krieg führen müssen«, ist, was wir dann verlangen; das konnte nicht unterdrückt werden. Die Worte sind ja gut, »so daß es unmöglich schien, mit beiden zu kämpfen«: sie verlangen nur einen Zwischengedanken wie 28, 2. daß Argos sehr zu Kräften gekommen war: der ist ausgefallen.

[2] Dieser dringende Wunsch wird begründet ἦσαν γὰρ οἱ Σπαρτιᾶται αὐτῶν (von den Gefangenen; das waren 120 von 292) πρῶτοί τε καὶ ὁμοίως σφίσι ξυγγενεῖς, offenbar verdorben. Ganz verkehrt werden die ὅμοιοι hineingebracht, hier, wo alles auf einen Unterschied ankommt. πρῶτοι (vgl. VI, 28, 2) sind Männer ersten Ranges, von Stand und Ansehen. Die wollte man wieder haben. Und ebenso waren ihre Verwandten πρῶτοι, also einflußreich. Das wird ja nicht gerade immer zusammengetroffen haben; manchmal schlug durch, daß für einen πρῶτος gebeten ward, manchmal, daß ein πρῶτος für seinen gefangenen Verwandten bat. Aber das verträgt sich mit dem Ausdruck, den wir mit leichten Mitteln gewinnen: πρῶτοι [τε] καὶ ὁμοίως ⟨οἳ⟩ σφίσι ξυγγενεῖς.

[3] Unfaßbar ist Hudes Anstoß an περὶ τοῦ πλείονος χρόνου βουλεύσεσθαι, das ja gerade auf IV 117, 1 zurückgreift, und in ἐνιαύσιον kurz vorher seine volle Rechtfertigung findet.

[4] τότε δὴ ⟨οἱ ἐν⟩ ἑκατέραι τῆι πόλει σπεύδοντες τὰ μάλιστα τὴν ἡγεμονίαν, so steht es richtig bei Krüger; δὴ für δέ byzantinische Verbesserung, und οἱ ἐν fehlt in allen glaubwürdigen Handschriften, muß aber auch als Konjektur Aufnahme finden. Aber wenn man beobachtet, wie in MGF einzelne unzweifelhaft echte Lesarten auftauchen, und wenn man bedenkt, daß uns für die ersten zwei Drittel des Werkes die vatikanische Rezension fehlt, wird man den Verdacht nicht los, daß die im ganzen

richt über Pleistoanax mit sich bringt[1], über den noch nichts gesagt war. Erst jetzt ist der Schriftsteller am Ziele: τόν τε χειμῶνα τοῦτον ἦσαν ἐς λόγους usw. Alles ist so überlegt verteilt, die Gedanken entsprechen sich so vollkommen, daß jede Annahme einer Störung durch Zusätze von eigner oder fremder Hand ausgeschlossen ist. Bei diesen Mißverständnissen halte ich mich nicht auf.

Sachlich ist nur ein Bedenken. εὐθὺς μετὰ τὴν ἅλωσιν (der Truppe auf Sphakteria) sollen die Spartaner Verhandlungen mit Athen aufgenommen haben und παραχρῆμα nach Delion sollen sie die Geneigtheit der Athener zum Frieden gemerkt und den Waffenstillstand abgeschlossen haben. Der Abschluß kam erst im nächsten Frühjahr zustande, und auch von Verhandlungen gleich nach der Kapitulation von Sphakteria haben wir nichts gehört. Da wollen wir weder an dem Texte mäkeln noch die Wörter abschwächen: Thukydides schaut zurück, aus einiger zeitlicher Entfernung zurück, da schieben sich die Ereignisse, zwischen denen nichts von Belang passiert ist, unwillkürlich näher aneinander. Geschrieben ist dies ja doch erst, als die Parteien neu gruppiert waren, der Archidamische Krieg abgeschlossen zurücklag.

17, 2 wird nun der Abschluß des Friedens berichtet, wieder in einem langen Satze; aber das ist solch ein Ungetüm, wie sie dem Thukydides dann entfallen, wenn er zuviel wichtige Einzelzüge einschachtelt: ihm fehlt noch die logische Abwicklung eines glatten Fadens, wie sie erst die Schule des Isokrates bringt. Die Spartaner sollen Subjekt bleiben; sie machen erst das Scheinmanöver, einen Einfall vorzubereiten, dann . . . berufen sie die Bundesgenossen zur Abstimmung über den Frieden und leisten den Eidschwur. Dieser Aufbau hat zur Folge, daß die Hauptsache, die Einigung von Sparta mit Athen, in einen

verwerflichen Handschriften einzelnes erhalten haben, das als Variante überliefert, aber von den maßgebenden Handschriften verschmäht war. Wer einmal die Scholien bearbeitet, wird diese Frage miterledigen. — Nikias und Pleistoanax können nicht eingeführt werden als die, die für ihren Staat am meisten die Führung anstreben, und ganz verkehrt ist es, die ἡγεμονία vertreiben zu wollen: im Staate wollen sie ἡγεμόνες sein, προύχοντες, wie es 17, 1 heißt. Von seinen ἡγεμονίαι redet Nikias VII 15, 2.

[1] 16, 3 hat Schwartz die Heilung nicht ganz getroffen: διὰ τὴν ἐκ τῆς Ἀττικῆς ποτε μετὰ δώρων δόκησιν ἀναχωρήσεως. Überliefert δοκοῦσαν ἕως ἀναχώρησιν. Aber δόκησιν ist durch Suidas, Mf und die Scholien bezeugt; εως mußte nur nicht für δόκησιν, sondern für ἀναχώρησιν verwandt werden. Die Wortstellung ist dadurch hervorgerufen, daß μετὰ δώρων betont werden muß. Der ganz nominal gemachte Ausdruck ist für den Still der Sophistenzeit ein schönes Beispiel. — Auf dem Lykaion bewohnt Pleistoanax τὸ ἥμισυ τῆς οἰκίας τοῦ ἱεροῦ. Unverzeihlich darin den Tempel zu sehen (übrigens hat es wohl sicherlich gar keinen gegeben): der kann nie οἰκία heißen. Was eine οἰκία τοῦ ἱεροῦ ist, mag man sich jetzt im Heiligtum der Aphaia ansehen, wenn man die ἱεροὶ οἶκοι nicht von der athenischen Burg, von Eleusis und Olympia kennt. In Sparta bei der Chalkioikos wird es auch nicht anders gewesen sein: das Asyl setzt solche Unterkunftsräume voraus.

Nebensatz gedrängt wird, und dies wieder, daß die Grundsätze der Einigung und sogar die Ausnahmen davon hier eingeschoben werden müssen, zum Teil geradezu als Parenthese. Eine Parenthese wird weiter notwendig, als die Beteiligung der Bundesgenossen berichtet wird, und kaum etwas anderes ist ἐκεῖνοί τε πρὸς τοὺς Λακεδαιμονίους in dem Satze, den ich gleich abschreibe, wo denn mangelnde Vertrautheit mit diesem Stile καὶ ὤμοσαν oder τάδε beanstandet hat.

So lesen wir also 17 am Ende, 18 am Anfang ποιοῦνται τὴν ξύμβασιν καὶ ἐσπείσαντο πρὸς τοὺς Ἀθηναίους καὶ ὤμοσαν, ἐκεῖνοί τε πρὸς τοὺς Λακεδαιμονίους, τάδε. σπονδὰς ἐποιήσαντο Ἀθηναῖοι καὶ Λακεδαιμόνιοι καὶ οἱ ξύμμαχοι κατὰ τάδε καὶ ὤμοσαν κατὰ πόλεις. Wieder ist es evident, daß diese Dublette von Thukydides nicht beabsichtigt sein kann. Sie ist dadurch entstanden, daß die Urkunde im Wortlaut auf einen Bericht folgt, der sie auszieht.

Der ausgeschriebene erste Satz der Urkunde ist ein späterer Vermerk, eingetragen, nachdem die in dem Vertrage 18, 9 vorgeschriebenen Eide geschworen waren, durch welche der Friede erst perfekt ward. Es ist fraglich, aber auch belanglos, ob dieser Vermerk auf den Inschriftsteinen gestanden hat, deren Errichtung auch befohlen war. 18, 10. Von den Steinen brauchte Thukydides die Abschrift nicht zu nehmen: in den Archiven stand der Vermerk notwendigerweise.

Die ersten vier Paragraphen bringen in der formelhaften Sprache, an die wir von den Steinen gewöhnt sind, Bestimmungen, über die sich beide Teile leicht geeinigt haben[1]. Erst von 5 an wird deutlich, daß wir das endgültig redigierte Protokoll über die Verhandlungen vor uns haben, wie ich das von dem Waffenstillstandsvertrage 4, 118, 119 gezeigt habe. Schwartz hat das gefühlt und die meisten Folgerungen gezogen. Von den Spartanern war die Anregung zu den Verhandlungen ausgegangen, sie sind die Anbietenden; die Einwände und die Gegenforderungen der Athener kommen bei den einzelnen Punkten heraus. Natürlich muß zuerst die wichtigste Konzession der Spartaner stehen, die Rückgabe von Amphipolis. ἀποδοῦναι erkennt das Recht Athens auf seine Kolonie an: es werden auch keine Vorbehalte zugunsten der abgefallenen Amphipoliten gemacht; begreiflich, daß diese sich auf das äußerste sträubten. Denn Amphipolis fällt nicht unter die πόλεις, ἃς παρέδοσαν Λακεδαιμόνιοι Ἀθηναίοις, die dann namentlich aufgeführt werden. Aus diesen können die Bewohner, die sich vor Athen fürchten, frei abziehen.

[1] Zu lesen ist περὶ μὲν τῶν ἱερῶν τῶν κοινῶν, θύειν [καὶ] ἰέναι καὶ μαντεύεσθαι καὶ θεωρεῖν κατὰ τὰ πάτρια τὸν βουλόμενον καὶ κατὰ γῆν καὶ κατὰ θάλασσαν ἀδεῶς. Gewährleistet wird freie Passage für den Besuch der heiligen Stätten, nicht die Vornahme der Handlungen an Ort und Stelle. Wie der Zusatz entstand, liegt auf der Hand. Die Infinitivkonstruktion wird oft verkannt.

und sie erhalten Autonomie, falls sie den ursprünglich festgesetzten Tribut zahlen. Trotzdem sollen sie Bundesgenossen Athens nur aus freiem Willen werden. Diese in sich widerspruchsvolle Bestimmung ist so recht ein diplomatisches Kompromiß. Sparta hat den Versuch gemacht, die Autonomie für die thrakischen Städte zu retten, die Brasidas ihnen versprochen hatte: Athen bestand auf ihrer Auslieferung. Dann hat man sich auf eine Formulierung geeinigt, die für Sparta den Schein wahrte, aber nur den Schein, hat auch die Hauptforderung παραδόντων οἱ Λακεδαιμόνιοι τὰς πόλεις nicht ausgesprochen, sondern nur ihre Konsequenz, und 21, 1 soll Klearidas zwar Amphipolis übergeben (παραδοῦναι), aber die anderen Städte nur zur Annahme des Friedens auffordern. Das ist schon eine hinterhaltige Ausdeutung des Wortlautes wider den Sinn des Vertrages[1]. Ausdrücklich wird für drei kleine Orte[2] die Selbständigkeit bestimmt. Sie hatten sie unter Athen schon 445, wie die Tributlisten zeigen: ersichtlich hatten nun die mächtigen Nachbarstädte Olynthos und Akanthos ihre Herrschaftsansprüche wieder geltend gemacht. Es war ja allgemeine Politik Athens, solche Abhängigkeiten möglichst zu lösen. Für ihre Freiheit haben diese Orte den jetzt geltenden erhöhten Tribut zu zahlen, wie sich aus dem Zusammenhange ergibt. Soweit über Thrakien. Jetzt kommt ein kitzlicher Punkt, die Räumung von Panakton, die von den Böotern gutwillig nicht zu erreichen war: daher wird sie den Lakedaimoniern und ihren Bundesgenossen auferlegt: die Verpflichtung ist den Spartanern sehr peinlich geworden.

Nun die Gegenleistungen Athens: es soll den Lakedaimoniern Pylos und Kythera, Methana, Pteleon und Atalante und die in öffentlicher[3] athenischer Haft befindlichen Kriegsgefangenen zurückgeben. Von den Orten sind nur die beiden ersten lakonisch; Methana war selbständig[4], Atalante war lokrisch. Pteleon ist uns ganz unbekannt. Man sollte meinen, die Orte müßten ihren früheren Besitzern zufallen, und Kirchhoff hat das durch einen Zusatz erzwingen wollen. Das geht nicht, denn die lakonischen Gefangenen, nur die lakonischen, erscheinen in derselben Auf-

[1] Die Aoriste ὅσας πόλεις παρέδοσαν und ἐπειδὴ αἱ σπονδαὶ ἐγένοντο sind schöne Beispiele dafür, wie der Grieche das Futurum exactum ausdrückt oder besser das Futurische unbezeichnet läßt und nur das Verhältnis zum Hauptsatze im Auge hat.

[2] Γίγγιοι geben die Steine, Γιγγέους die beiden besten Handschriften CE. Da sollte man nicht das Γιγγαίους der andern als überliefert oder gar als echt behandeln. Wenn es als Nebenform bei Stephanus erscheint, so beweist das höchstens das Alter der falschen Schreibung bei Thukydides. Aber auf die Ethnika bei Stephanus ist überhaupt kein Verlaß, da sie nur zu oft Grammatikererfindungen sind. Gleich Σάνη zeigt das.

[3] Es gab Gefangene, die der einzelne Athener gemacht hatte: die konnte der Staat nicht in seine Hand bringen.

[4] Sitz. Ber. 1915, 610.

zählung. Aber Kirchhoff hat damit auch das Wesentliche des ganzen Vertrages verkannt: Sparta sorgt für den Frieden und beabsichtigt dabei seine Bundesgenossen möglichst zu ducken, was den Athenern durchaus nicht zuwider ist. Der nächste Paragraph (der auch durch Interpunktion abgegliedert werden muß, da er statt des Imperativs den Infinitiv ἀφεῖναι[1] bringt; das Subjekt bleibt dasselbe) sichert der peloponnesischen Besatzung und was sonst von Brasidas nach Skione geschickt war, freien Abzug. Die Stadt war belagert, und man rechnete ihren Fall als sicher; er trat erst im Sommer ein, 32. Daran ist die Loslassung der Kriegsgefangenen geschlossen, die sich von Spartas Verbündeten in der öffentlichen Haft Athens oder seines Reiches befinden. Das sollte eigentlich gleich vorn bei den gefangenen Spartanern stehen; man sieht, daß die Sehnsucht nach den Leuten von Sphakteria ihre Bevorzugung bewirkt hat. Die Athener gestehen dies alles nur um den Preis wichtiger Konzessionen zu. Erstens bedingen sie sich aus, mit Skione, Torone und Sermylia nach Gutdünken schalten zu dürfen, ebenso mit den sonst in Besitz genommenen Städten. Torone war erobert, die Frauen und Kinder verkauft, die Männer in Athen im Gefängnis; die Skionäer sind nach der Eroberung getötet; über Sermylia erfahren wir nichts. Der Zusatz war notwendig; in Thrakien war Krieg, Thrakien war weit. Athen bedang sich freie Hand aus: erst die Annahme des Friedens entschied darüber, wieviel Städte die Athener »hatten«. Nun steht aber noch ein Zusatz βουλεύεσθαι περὶ αὐτῶν καὶ τῶν ἄλλων πόλεων ὅ τι ἂν δοκῆι αὐτοῖς. Was sind die ἄλλαι πόλεις? Das kann man mir so allgemein nehmen, wie es gesagt ist. πόλεις sind Athens Untertanenstädte; danach ist die Komödie des Eupolis benannt, so redet Aristophanes z. B. Acharn. 506, 642 und die alte Πολ.᾿Αθην. 1, 14. Die wenigen Worte klingen harmlos, haben aber große Bedeutung, denn es liegt in ihnen die Anerkennung des attischen Reiches in der Verfassung, wie es damals war. Nötig war eine solche Bestimmung, denn Sparta hatte z. B. die Mytilenäer in seine Bundesgenossenschaft aufgenommen und die Befreiung der Hellenen war sein Lockwort gewesen. Darauf mußte es verzichten und tat es jetzt, wo Brasidas tot war, ohne große Bedenken. Aber daß der Friede als seine Niederlage aufgefaßt ward, konnte nicht ausbleiben.

Nun kommen wieder die Spartaner mit ihrem Entwurfe heran, daher wird zunächst von der Eidesleistung der Athener geredet, die gegenüber jedem Gliede des poleponnesischen Bundes erfolgen soll und, wie der Vermerk am Kopfe der Urkunde bestätigt, erfolgt ist. ὀμνύντων

[1] ἀποδοῦναι und ἀφεῖναι sind in der Nuance verschieden, und das Ethos werden wir nicht verkennen, daß von den Gefangenen von Sphakteria das erstere steht, aber sachlich ist kein Unterschied, wie 21, 1 deutlich lehrt.

δὲ τὸν ἐπιχώριον ὅρκον ἑκάτεροι τὸν μέγιστον ἐξ ἑκάστης πόλεως. Die Formel wird angegeben, die Verpflichtung der Peloponnesier zu demselben Eide noch einmal eingeschärft, obgleich sie in dem ἑκάτεροι implicite schon vorhanden war.

In den ausgeschriebenen Worten behauptet sich eine Konjektur von Ullrich, die ἐξ in ιζ´ ändert, und man hat das bewundert. Fühlt man denn nicht, daß »17 aus jeder Stadt« deutsch ist, aber nicht griechisch, daß mindestens ἄνδρες dabei stehen müßte? War die Zahl 17 so heilig, daß auch Stymphalos so viele Bürger nach Sparta schicken mußte, ebenso viele wie der Vorort? Und hat die Anwendung dieser Zahlzeichen im Texte des Thukydides irgendwelche Wahrscheinlichkeit? Endlich, wie verträgt sich ἑκάτεροι mit ἑκάστης? Jede dieser Fragen widerlegt den Einfall, und allein richtig ist was dasteht. Jede der beiden Parteien soll den Eid schwören, der in jeder einzelnen Stadt der höchste ist; die Götter, die als Schwurzeugen angerufen werden, und die Formeln für die Selbstverfluchung im Falle des Eidbruches sind verschieden, da ist diese allgemeine Verordnung notwendig. Bleibt τὸν μέγιστον ἐξ ἑκάστης πόλεως. Gewiß, es konnte auch heißen τὸν καθ᾽ ἑκάστην πόλιν μέγιστον, aber ἐξ ist so sehr griechisch wie möglich[1]. Die Athener reisen nicht von Ort zu Ort, sondern die Peloponnesier kommen irgendwo, natürlich in Sparta, zu der gemeinsamen Eidesleistung zusammen: da paßt ἐξ allein.

Nach der Bestimmung über die Veröffentlichung des Vertrages kommt noch ein wichtiger Paragraph. Änderung ist gestattet[2], wenn Athen und Sparta darüber einig sind, Athen und Sparta, wie noch besonders am Schluß betont wird. Daß Athen auf seiner Seite allein steht, versteht sich von selbst: seine Bündner haben keine eigenen Beziehungen zum Auslande; aber von Sparta ist dies ein starkes Stück: es erlaubt sich, seine Bundesgenossen wie Athen als Untertanen zu behandeln. Kein Wunder, daß die Selbstbewußten unter ihnen ent-

[1] 1, 18 οἵ τε Ἀθηναίων τύραννοι καὶ οἱ ἐκ τῆς ἄλλης Ἑλλάδος ... κατελύθησαν; 3, 90 τοὺς ἐκ τῆς ἐνέδρας τρέπουσι: 7, 31 ἀποπλέων μετὰ τὴν ἐκ τῆς Λακωνικῆς τείχισιν. Aristophanes Ritter 742 τὸν στρατηγὸν ὑποδραμὼν τὸν ἐκ Πύλου (so zu lesen, vgl. 1201); Sophokles El. 1070 τὰ μὲν ἐκ δόμων νόσησεν. Selbst inschriftlich CIA I Suppl. 78a S. 144 στρατηγοὶ οἱ ἐκ τῶν νεωρίων. Dasselbe gilt von ἀπό. So hat Krüger allein richtig V 34, 1 ἡκόντων αὐτοῖς τῶν ἀπὸ Θρᾴκης ⟨τῶν⟩ μετὰ Βρασίδου ἐξελθόντων. Daher sagt man später οἱ ἀπό und οἱ ἐξ Ἀκαδημείας. Es wird uns bald begegnen τῶν ἑκασταχοῦ ἢ ἀρχόντων ἢ ἀπὸ τιμῆς τινος, wo kein Nomen, wie das ionische τιμοῦχοι, zur Verfügung stand.

[2] Sehr besonders ist die Wendung εἴ τι ἀμνημονοῦσιν ὁπότεροι οὖν καὶ ὅτου πέρι, wenn sie etwas vergessen, an eine der Bestimmungen nicht denken (andere Deutung verbietet das Präsens); damit soll wohl so geredet werden, als könnte ein neuer Differenzpunkt gar nicht aufkommen.

rüstet waren. ὅτι ἐν ταῖς σπονδαῖς ταῖς Ἀττικαῖς ἐγέγραπτο εὔορκον εἶναι προσθεῖναι καὶ ἀφελεῖν ὅ τι ἂν ἀμφοῖν τοῖν πόλεοιν δοκῆι, 29, 2. In den σπονδαί 19, 11 steht εὔορκον εἶναι ἀμφοτέροις ταύτηι μεταθεῖναι ὅπηι ἂν δοκῆι ἀμφοτέροις, Ἀθηναίοις καὶ Λακεδαιμονίοις. Am Schluß des Bündnisvertrages 23, 6 steht dieselbe Bestimmung in anderer Form ἢν δέ τι δοκῆι Λακεδαιμονίοις καὶ Ἀθηναίοις προσθεῖναι καὶ ἀφελεῖν περὶ τῆς ξυμμαχίας, ὅ τι ἂν δοκῆι εὔορκον ἀμφοτέροις εἶναι[1]. Es springt in die Augen, daß Thukydides in seinem Gedächtnis die Fassungen verwechselt hat, was für den Sinn gleichgültig ist, aber beweist, daß er beide kannte, als er 26 schrieb.

Der Paragraph über den Termin, an dem der Vertrag in Kraft treten soll, gehört noch zu der Urkunde; es ist verkehrt, ihn zu der Aufzählung der Schwörenden zu ziehen, lediglich weil die so oft ungeschickte Kapitelteilung durch vis inertiae sich behauptet. Nun die Namen. Es ist mit Wahrscheinlichkeit vermutet, daß die 17 Spartaner so herausgekommen sind, daß zu zwei Königen und fünf Ephoren zehn Spartiaten hinzugewählt wurden. Unter den Athenern steht zuerst der Seher, dann vor einer Reihe von Politikern, die wir als die Unterhändler, die geistigen Väter der Vereinbarung betrachten dürfen, ein Isthmonikos[2], sicherlich nicht ohne Grund, wenn wir auch nicht sagen können, ob er ein kirchlicher Würdenträger, etwa der König, oder ein uns unbekannter Politiker war. Zuletzt sind in Lamachos und Demosthenes, wohl auch in Leon, Gegner des Friedens gewählt, die man also besonders binden wollte.

[1] Konstruieren läßt sich das gewiß, aber ist nicht wahrscheinlicher προσθεῖναι ἢ ἀφελεῖν und ὅ τι ἂν δοκῆι ἀμφοτέροις?

[2] Der Name ist zu Ἰσθμιόνικος verdorben. Der Mann besaß ein Bad in der Nähe des Neleus und der Basile (IG I 53a): er war ein Verwandter des platonischen Lysis (in meinem Platon II 69). Die Namen geben noch öfter Anstoß. Zwar Μηνᾶς steht wider die gute Überlieferung im Texte; daß die Schreiber an den Heiligen dachten, verdenke ich ihnen nicht. Dies habe ich schon früher gerügt und Ἀλκιβιάδας für Ἀλκινίδας oder Ἀλκινάδας, Δάιοχος für Δάιθος vermutet. Das ist nicht das einzige. Kann denn ein Athener Ἰώλκιος heißen? Schlechthin undenkbar ist es nicht, aber daß in dieser Zeit ein Name von der nur in der Sage noch bestehenden Stadt gebildet wäre, ist viel weniger wahrscheinlich als eine Verschreibung, die bei Thukydides nur zu viele Namen betroffen hat. II 80 sind es erst die Herausgeber, die den Chaoner Φώτυος mit den Byzantinern zu Ehren des Patriarchen Φώτιος nennen. III 103 hat Br. Keil sehr schön einem Lokrer Καπάτων seinen heimischen Namen Καπάρων gegeben. I 47 hätte ein Korkyräer Μεικιάδης nicht gegen die gute Überlieferung in einen Μικιάδης verwandelt werden sollen: der hieß Μειξιάδης. Μεῖξις ist altkorkyräisch IG VII 1, 869. Ein Platäer heißt III 20, 1 Τιμίδας, so CG, nicht Τολμίδας, was den Schreibern bekannt klang (ABFgr.); Τεμίδας (aus Τειμίδας) EM bildet den Übergang. Ob IG V 2, 113 τοῖς πάνσι Τιμίδαις oder Πανσιτιμίδαις προhέδρα zu lesen ist, bleibt offen: mir scheint wahrscheinlicher, daß dem ganzen Geschlechte der Ehrensitz gegeben war. Bedenklich ist mir noch mancher Name von Personen und Orten.

Es mußten die Namen von den Vertretern aller peloponnesischen Staaten folgen, welche den Vertrag angenommen hatten: die sind in der mitgeteilten Abschrift als unwesentlich fortgelassen.

Mit einer Datierung nach den Dionysien, die nach dem Monatsdatum der Urkunde zwecklos ist, geht Thukydides dazu über, die Dauer des erzählten Krieges auf genau zehn Jahre, αὐτόδεκα ἐτῶν διελθόντων καὶ ἡμερῶν ὀλίγων παρενεγκουσῶν zu bestimmen. 20[1]. Der eigentümliche Gebrauch von παρενεγκεῖν kehrt 26, 3 wieder; er bezeichnet besser als das geläufige διαφέρειν, daß die Tage neben der Rechnung etwas ausmachen, in Ansatz zu bringen sind; ob als Plus oder Minus, liegt nicht darin. Tatsächlich ist es ein Minus in beiden Fällen. Denn 431 fielen die Peloponnesier in Attika 80 Tage nach dem Überfall im Plataiai ein τοῦ θέρους καὶ τοῦ σίτου ἀκμάζοντος, Ende Mai, und 404 fiel Athen am 16. Munichion, nach wahrscheinlicher Umrechnung etwa 25. April. Der Friede trat 421 in den ersten Apriltagen ein: ich gebe absichtlich keine genaueren Bestimmungen, denn hier kommt es nur darauf an, daß die Tage beidemale an der Jahressumme fehlen. Das erwartet man nicht, wenn sie mit καί den αὐτόδεκα ἔτη angeschlossen werden, und die meisten meiner Freunde waren daher dafür, das καί zu streichen. Mir scheint es doch erträglich zu sein, und die Häufung der Genetive sehe ich lieber vermieden.

Nun folgt die Empfehlung der Rechnung nach den natürlichen Zeitperioden, χρόνοι, θέρη καὶ χειμῶνες, auf die sich Thukydides etwas zugute tut. Ich halte für ausgemacht, daß die Hälften des Jahres nicht gleich sind, sondern der Sommer die bessere Hälfte, und daß feste Scheidepunkte zwischen beiden nicht existieren. Die Behauptung, diese Rechnung wäre genauer als die nach Jahrbeamten, trifft auch nur zu, wenn keine Monatsdaten zutraten, wie doch in der oben mitgeteilten Urkunde geschehen ist, die genauer als Thukydides datiert. Aber so etwas kam in der Literatur nicht vor und konnte es nicht, da keiner der staatlichen Kalender allgemein bekannt war. Polemische Absicht des Thukydides klingt deutlich durch, und daß sie sich gegen die Chroniken des Hellanikos richtet, daran läßt der fast gleichlautende Tadel des mangelnden ἀκριβές hier und 1, 97 keinen Zweifel. Da dessen attische Chronik nachweislich bis 406 gereicht hat, ist dieses Kapitel erst nach 404 geschrieben, unter dem frischen Eindruck des Fehlers, den Thukydides eben in der Atthis des Hellanikos bemerkt hatte.

[1] Daß in παρενεγκεῖν ein komperatives Verhältnis durch παρά bezeichnet ist, so daß sich ἤ anschließen kann, hätte ich nicht bezweifeln sollen.

Dasselbe schließen wir daraus, daß er ein anderes Ereignis als Anfang des Archidamischen Krieges betrachtet als im zweiten Buche. Dort ist es der Überfall von Plataiai, hier der erste Einfall der Peloponnesier. Der Widerspruch ist in einem einheitlichen Werke unerträglich; hier bestätigt er nur, daß das Werk nicht einheitlich, unfertig ist. Auf den Wechsel des Anfangstermins haben die genau 10 Jahre, die nun herauskommen, eingewirkt, noch mehr die von den Propheten angegebenen 27 des ganzen Krieges, Kap. 26. Beide Bemerkungen über die Zeitdauer sind natürlich gleichzeitig geschrieben. Thukydides hat, wenn auch widerwillig, die Richtigkeit einer Prophezeiung anerkannt; er hatte glauben gelernt. Er hätte natürlich seine Darstellung im zweiten Buche mit der neuen Anschauung in Einklang bringen müssen[1].

So bleibt hier nur die große grammatische Schwierigkeit, wie der Satz einzurenken ist σκοπείτω δέ τις κατὰ τοὺς χρόνους καὶ μὴ τῶν ἑκασταχοῦ ἢ ἀρχόντων ἢ ἀπὸ τιμῆς τινος τὴν ἀπαρίθμησιν, τῶν ὀνομάτων ἐς τὰ προγεγενημένα σημαινόντων. πιστεύσας μᾶλλον. Da stehen zunächst die beiden letzten Worte so wie in dem antiphontischen Musterbeispiel ἀποκτείνει τῆι χειρὶ ἀράμενος nach dem Sprachgebrauche, den Vahlen Opusc. I 85 erläutert hat. Davor steht ein Genetivus absolutus τῶν ὀνομάτων σημαινόντων, anders läßt sich das Nomen mit Artikel und danach das zugehörige Partizipium gar nicht konstruieren. σημαίνειν absolut wie in den Kalendarien. Ist man so weit, so wird man sich auch dem nicht verschließen, daß σκοπεῖν zuerst absolut, intransitiv steht, nachher das Objekt ἀπαρίθμησιν hat, wenn man nicht vorzieht, τήν vor τῶν umzustellen; dann kann der Akkusativ von κατά abhängen. Von ἀπαρίθμησιν hängen dann die Genetive ab, τῶν ἑκασταχοῦ ἢ ἀρχόντων ἢ ἀπὸ τιμῆς τινος. Das letzte bleibt hart, obwohl man sehr gut sagen kann ἀπὸ τιμῆς τινος ἀριθμοῦνται, um die eponymen Könige, Ephoren, Priesterinnen (die von Argos kommt zunächst in Betracht) zu bezeichnen. Ich denke, es steht hier wie oben mit ἐξ ἑκάστης πόλεως. Wir sind aus der späteren Sprache an οἱ ἀπὸ τῆς στοᾶς, βουλῆς, τῶν μαθημάτων gewöhnt, lesen ohne Anstand τὰ ἀπὸ τῶν Ἀθηναίων III 4 und dergleichen. Aber ganz deckt das ein οἱ ἢ ἄρχοντες ἢ ἀπὸ τιμῆς τινος nicht. Und doch glaube ich, daß es geraten ist, sich so bei der Überlieferung zu beruhigen; die Verbesserungsversuche erörtere ich nicht erst: sie heben einander auf. Schließlich hat es auf das Ganze keinen Einfluß, wenn der Wortlaut sich nicht feststellen läßt.

[1] Daß die veränderte Beurteilung der inneren Gründe für den Krieg hier eingewirkt hätte, ist nicht nötig, aber Schwartz und Pohlenz in dem schönen Aufsatz der Göttinger Nachrichten, den ich eben noch lesen kann, haben darüber sehr bedeutende Beobachtungen gemacht.

Nun lenkt Thukydides wieder in die Erzählung ein, und nach Ausschaltung von 20 kann die Erzählung an die Urkunde anschließen. Sparta ist durch das Los bestimmt, zuerst seinen Verpflichtungen nachzukommen, und im Sinne des Erzählers bleibt es immer das handelnde Subjekt. Die kriegsgefangenen Athener werden freigelassen, und drei der Männer, welche den Frieden beschworen haben, gehen nach Thrakien, um Amphipolis zu übergeben und die dortigen Städte zur Annahme zu bewegen[1]. Vergebens; der Höchstkommandierende reist schleunigst nach Sparta, um womöglich den Frieden zu hintertreiben, findet aber die Spartaner gebunden und kehrt sofort wieder um. In Sparta war eine Versammlung der Bündner; aber da die Widerstrebenden auch jetzt die Annahme des Friedens verweigerten, wurden sie nach Hause geschickt, und Sparta schließt mit den Athenern, von denen Gesandte da sind, ein Bündnis[2], das beschworen wird. Das geschah nach 24, 2 nicht lange nach dem Frieden καὶ τὸ θέρος ἦρχε.

Hier erheben sich chronologische Schwierigkeiten. Wenn die drei Spartaner nach dem 24. Elaphebolion nach Thrakien gereist und mit Klearidas unverrichteter Sache zurückgekehrt sind und das danach zustande gekommene Bündnis beschworen haben, so kann das unmöglich noch in eine Zeit fallen, die Thukydides zum Winterhalbjahr rechnen konnte, mochte er auch um der Ökonomie seiner Erzählung willen den Einschnitt gern mit dem Bündnis machen. Ich glaube dennoch, alles ist in Ordnung, weder Thukydides noch der Herausgeber des Werkes verdient einen Vorwurf. Der 24. Elaphebolion ist der Tag, an dem der Friede in Kraft treten soll: der muß keine so ganz geringe Zeit nach der Vereinbarung fallen, auch nach der Eidesleistung, die sofort durchführbar war, da die Vertreter der Staaten in Sparta zur Stelle waren. Die Benachrichtigung der einzelnen Stellen, an denen

[1] Wenn dann die Städte der Chalkidike aufgefordert werden, die Bestimmungen des Friedens ὡς εἴρητο ἑκάστοις anzunehmen, so muß vorher über diese Bedingungen das Nötige gesagt sein, wie es jetzt durch die Urkunde geschieht.

[2] 22, 1 ist ἐν τῆι Λακεδαίμονι neben αὐτοῦ Glossem wie V 83 und VIII 28. Das Kapitel darf nicht durch einen Absatz getrennt werden, dann weiß der Leser, daß der Ort der Handlung immer Sparta ist. Nachher ist eine offenkundige Korruptel so zu heilen νομίζοντες ἥκιστα ἂν σφίσι τούς τε Ἀργείους, ἐπειδὴ οὐκ ἤθελον Ἀμπελίδου καὶ Λίχα ἐλθόντων ἐπισπένδεσθαι, [νομίσαντες] αὐτοὺς ἄνευ Ἀθηναίων [οὐ] δεινοὺς εἶναι καὶ τὴν ἄλλην Πελοπόννησον μάλιστ' ἂν ἡσυχάζειν. Schon das verschiedene Tempus lehrt, daß das νομίζειν nicht zweimal stehen kann: am Anfang steht es besser. Sie glauben, daß Argos allein ohne Athen ihnen nicht sehr gefährlich sein wird. τε steht freilich nicht streng grammatisch: der Satz war so angelegt, als ließen sich die beiden korrelaten Glieder unter ἥκιστ' ἂν bringen, also καὶ τὴν ἄλλην Πελοπόννησον ταράσσεσθαι. Durch das Zwischentreten des Satzes mit ἐπειδὴ ist dem Schriftsteller das zu undeutlich geworden, so daß er die Negation in ἥκιστα nicht mehr wirken ließ. Wer ihm die starke Inkonzinnität zutraut, wird selbst das οὐ halten wollen, muß aber dann erklären, als stünde entweder dies oder ἥκιστα nicht da.

kriegerische Ereignisse eintreten konnten, brauchte lange Zeit, und man hatte mit dem Fall von Skione und der Besetzung anderer thrakischer Städte durch Athen gerechnet (18, 8). Die Verhandlungen hatten πρὸς τὸ ἔαρ ἤδη begonnen (17, 2): es besteht also kein Hindernis gegen die Annahme, daß der Friede im März beschworen war; dann ging die Gesandtschaft der drei Spartaner sofort ab, der Feldherr Klearidas reiste schleunigst nach Sparta; den Abschluß des Friedens konnte er nicht hindern wollen, das wußte er, wohl aber die Ausführung; dafür kam er zu spät, nach dem 24. Elaphebolion und der Auslieferung der gefangenen Athener, aber die Bündner waren noch nicht über ihre Ablehnung des Friedens schlüssig: diese Versammlung konnte nicht lange hinausgeschoben sein, und die Vorbesprechungen mit Athen waren offenbar auch schon weit gediehen, so daß die Gesandten Vollmacht zum Abschlusse des Bündnisses hatten, das die Spartaner sofort beschwören konnten. So ergibt sich ein Verlauf der Ereignisse, der sich mit der Erzählung auch zeitlich gut verträgt; der politische Zusammenhang wird später erörtert. Aristophanes hat seine Komödie in der festen Zuversicht gedichtet, daß der Friede zustande käme; das konnte hier unmöglich wie in der Lysistrate bloß in der fiktiven Handlung geschehen. Das schwache Drama ist rasch hingeworfen, aber Monate hat doch das Dichten und Einstudieren gedauert. So beweist es die Zuversicht der Athener: den Preis aber hat ihm der tatsächlich bereits erreichte Friede gebracht.

Mit dem Bündnis, dessen Text 23 vorgelegt wird[1], erreichen die Spartaner ihren Hauptwunsch, die Rückgabe der Gefangenen von Sphakteria. Hier macht Thukydides einen Einschnitt, indem er den Sommer anfangen läßt[2]. Die anschließende Bemerkung ταῦτα δὲ τὰ δέκα ἔτη ὁ πρῶτος πόλεμος ξυνεχῶς γενόμενος γέγραπται gehört schon zu der folgenden Betrachtung über den 27jährigen Krieg, die sich selbst als nach 404 geschrieben gibt; wenn darin das Datum aus dem Bündnisvertrage wiederholt wird, so ist das in dem jetzigen Texte eine unerträgliche Dublette, aber die Erkenntnis, daß zwei Schichten verschiedener Zeit nebeneinander liegen, erklärt es völlig. Es leuchtet aber ein, daß der Schriftsteller, der das Datum hierher setzte, es vorher nicht bringen, also die Urkunde nicht mitteilen wollte. Seine Absicht ist hier, gegen die verbreitete Ansicht den Krieg als einen gar nicht wirklich unterbrochenen

[1] Es ist nicht glaublich, daß 23, 6 ἐν Ἀθήναις ἐν πόλει in der Urkunde stand, denn noch gilt Ἀθήνησι durchaus. Auch Thukydides wird nichts anderes gegeben haben. In der Friedensurkunde 18, 9 ist Ἀθήνησι von Herwerden aus Ἀθήναις gemacht: die Ausgaben hatten dort ἐν zugefügt.

[2] Bei den Jahreswechseln des 5. Buches fehlt die sonst beliebte Namensnennung des Verfassers: natürlich sollte das ausgeglichen werden; bezeichnend, daß es der Herausgeber gegen die Skizze nicht ergänzt hat, die es selbstverständlich nicht enthielt.

darzustellen. Daher heißt es, »gleich nach der Weigerung der Korinther, den Vertrag zu beschwören (22), begannen sie die Lage zu trüben (27), und es gab gleich (εὐθύς) noch eine weitere Erregung gegen Sparta (29)[1], und zugleich wurden die Athener im Verlauf der Zeit gegen Spartas guten Willen, den Vertrag auszuführen, mißtrauisch (35). Dennoch scheuten sie sich noch 6 Jahre 10 Monate, das Gebiet des anderen anzugreifen; dann erst mußten sie den Vertrag (es ist der Bündnisvertrag) lösen und traten offen in den Krieg ein.« Hier machen die 6 Jahre 10 Monate große Schwierigkeit, denn die Verletzung des spartiatischen Gebietes, die mit der Befestigung von Dekeleia beantwortet wird, hat in der Mitte des Sommers 414 stattgefunden: die Strategen des neuen Jahres sind die Schuldigen, VI 105. Das führt, wie nach anderer Vorgang Steup richtig ausführt, auf den Herbst 421 zurück, also den Wechsel der Ephoren, V 36, der in der Tat darüber entschied, daß der Versöhnungsversuch zwischen Sparta und Athen scheiterte. Bis zu diesem Zeitpunkt und bis zu diesem Kapitel seiner Erzählung rekapituliert Thukydides 25. 1 die Ereignisse, so daß über seine Ansicht kein Zweifel bleibt: den Sommer 420 über war wirklich Friede. Das ist gut und schön so; aber von dem Leser ist es zuviel verlangt, sich den Zeitpunkt zu errechnen, von dem die 6 Jahre 10 Monate gezählt sind. Offenbar hatte der Thukydides, der 25 schrieb, die Absicht, das in der neuen Bearbeitung des 5. Buches nachzuholen. Als er die Kapitel 27—46 schrieb, war das Ereignis des Jahres 414 noch gar nicht eingetreten.

Nachdem die Gründe, die für einen siebenundzwanzigjährigen Krieg sprechen[2], und die Bestätigung der Prophezeiungen mitgeteilt sind, folgt die zweite Vorrede des Verfassers, an der viele Anstoß nehmen. Die Tatsache wird damit nicht aus der Welt geschafft, und sie beweist, daß Thukydides nach seiner eigenen Auffassung der Geschichte den Krieg als einen darstellen müßte, wo dann die Vorrede an den Anfang des Ganzen gehörte. Wenn er das nicht tut, so hat er selbst den ersten Krieg einmal als beendigt angesehen und dargestellt, und als er an seine bisher unveröffentlichten Papiere herantrat, die Änderung seiner Beurteilung da vorgetragen, wo er die entscheidenden Verwicklungen neu zu gestalten hatte. Wenn das etwas Widerspruchs-

[1] Es ist grundfalsch, dies, 25, 2, durch den Einschub eines τε eng mit dem folgenden zu verbinden, das erst später allmählich entstand. Die angeführten Kapitelzahlen weisen den Weg: es lohnt sich nachzulesen, was offenbar Thukydides selbst getan hat, als er nach langen Jahren 25. 26 schrieb.

[2] 26, 1 haben Byzantiner und demgemäß alte Ausgaben τὰ μακρὰ τείχη καὶ τὸν Πειραιᾶ κατέβαλον richtig gegen κατέλαβον der Überlieferung: nur die Schleifung macht ein sinnfälliges Ende, und Plutarch Lysander 14 bestätigt. Neuerdings ist die richtige Verbesserung von mehreren von neuem gemacht, ich weiß es von Miss Harrison und Pohlenz: schwerlich sind sie die einzigen.

volles in sich hat, so wissen wir ja, daß er in der vollen Umarbeitung gestorben ist.

27 folgen höchst anstößige Worte ἐπειδὴ γὰρ αἱ πεντηκοντούτεις σπονδαὶ ἐγένοντο καὶ ὕστερον αἱ συμμαχίαι[1], αἱ ἀπὸ τῆς Πελοποννήσου πρεσβεῖαι, αἵπερ παρεκλήθησαν εἰς αὐτά, ἀνεχώρουν ἐκ Λακεδαίμονος. Darin ist εἰς αὐτά befriedigend nicht zu erklären; καὶ ὕστερον höchst befremdend, denn es liegt zwischen beiden Verträgen nur kurze Zeit. Sachlich ist es noch mehr befremdend, denn die Peloponnesier werden 22, 1 heimgeschickt, als sie die Annahme des Friedens verweigern, und niemand wird glauben, daß Sparta sie da gelassen hat, während es mit Athen verhandelte. Nun kennen die Korinther freilich 27, 2 das Bündnis, als sie mit Argos verhandeln, aber das braucht nicht gleich auf der Rückreise geschehen zu sein. Schwartz streicht also αἱ ξυμμαχίαι, und für die Gestalt, in welcher Thukydides das geschrieben hat, als die Einlage vom Schlußsatz von 24, 2 bis zum Ende von 26 noch nicht da war, ist das auch richtig. Damals griff 27 bequem auf 22, 1 zurück, und über die Bekanntschaft der Korinther mit dem eben geschlossenen, eben erzählten Bündnis wunderte sich niemand. Aber nach jenem Einschub war das anders. Der Zusatz καὶ ὕστερον ἡ συμμαχία und die Änderung von ἐς αὐτάς, notwendig, weil die Bündner mit der Symmachie nichts zu tun haben, verkleistert das Übel nur äußerlich; aber ein Zusatz in dem Sinne drängte sich auf, mag er nun von Thukydides selbst provisorisch, mag er von dem Herausgeber in der Not gemacht sein. Der Nachtrag von 24—26 ist deutlich; er macht auch diese Folgeerscheinung verständlich.

Nun sind wir in glattem Fahrwasser; die Bildung einer Koalition unter der Führung von Korinth wird vollständig und anschaulich dargelegt, 29—32[2]; Thukydides ist über diese Vorgänge, die doch überwiegend diplomatische Verhandlungen sind, die nicht in die Öffent-

[1] Der Plural ist falsch; soviel ich wenigstens weiß, wird er für den Singular nicht gesagt, und das συν schließt ihn aus: also ist er mit Recht von Herwerden in den Singular verwandelt. Die Verderbnis wird mit der folgenden zusammenhängen, denn da ist καὶ αἱ und αἱ καὶ überliefert, das καί unbedingt falsch.

[2] Zum Texte habe ich zu bemerken: 27, 2 verlangen die Korinther von Argos ἀποδεῖξαι ἄνδρας ὀλίγους ἀρχὴν αὐτοκράτορα (so Steup für den Plural; ich hatte längst ebenso verbessert) καὶ μὴ πρὸς τὸν δῆμον τοὺς λόγους εἶναι, τοῦ μὴ καταφανεῖς γίγνεσθαι [τοὺς] μὴ πείσαντας τὸ πλῆθος. Von den λόγοι mußte das gesagt werden; das Partizipium ist kondizional. 29, 2 ist δι' ὀργῆς ἔχοντες ἐν ἄλλοις solök, von Cobet in ἐπὶ richtig verbessert: 30, 2 ὀμόσαι γὰρ αὐτοὺς ὅρκους ἰδίαι [τε] ὅτε μετὰ Ποτειδεατῶν τὸ πρῶτον ἀφίσταντο καὶ ἄλλους ὕστερον. Diese beiden Eide haben die Korinther allein für sich, ohne die peloponnesische Eidgenossenschaft, den Poteideaten geleistet. Damit ist die Erklärung, aber auch die Streichung gegeben. 31, 2 ist es unverantwortlich, Krügers Verbesserung καταλυσάντων für καὶ λυσάντων zu verschmähen; ohne sie ist der Satz aus den Fugen. Eine Änderung ist es in Wahrheit nicht, κ ist beides.

lichkeit traten, wohlunterrichtet. Damit kontrastiert sehr stark, daß er den Fall und die Bestrafung von Skione als nacktes Faktum berichtet: wie ganz anders waren bis V 13 alle Ereignisse auf dem thrakischen Kriegsschauplatze behandelt. Daß die Rückführung der Delier kurz abgetan wird, war nicht anders zu erwarten. Aber wenn darauf folgt καὶ Φωκεῖς καὶ Λοκροὶ ἤρξαντο πολεμεῖν und weder hier über den Anlaß noch irgendwo über Fortgang und Ausgang des Krieges ein Wort fällt, so ist das nur die Überschrift eines später zu schreibenden Kapitels. Thukydides wußte, als er dies notierte, nichts Genaueres, wenigstens nichts, dem er zu folgen wagte, und beschränkte sich darauf, für die Zukunft dies hinzusetzen, damit er die Sache nicht vergäße. Ephoros hat wenigstens etwas mehr angegeben (Diodor XII 80). Er weiß auch XII 77 mehr über das Herakleia bei Trachis als Thukydides V 51, wie er denn auch über Böotien immer genauer orientiert ist.

Die peloponnesischen Ereignisse des Sommers werden 32—34[1] vollständig befriedigend erzählt; Thukydides ist sogar über spartanische innere Politik, die Behandlung der Gefangenen von Sphakteria, unterrichtet. Dann aber folgt wieder eine kurze Angabe, die geradezu unverständlich ist, 35: Θυσσὸν τὴν ἐν τῆι Ἀθῴαι ἀκτῆι Διῆς εἷλον Ἀθηναίων οὖσαν ξύμμαχον. Dion ist selbst noch Glied des attischen Reiches; wie soll es Thyssos erobern, das nach allem, was wir schließen müssen, ganz in dem gleichen Fall ist? Schwartz greift zu dem Gewaltakt, am Ende Ἀθηναίων ὄντες σύμμαχοι zu schreiben, was doch nichts bessert, denn wie kommen diese Bündner dazu, einen Ort zu nehmen, dessen Abfall von Athen weder erzählt noch vorausgesetzt werden kann. Übereifrigkeit im athenischen Interesse kann den Leuten von Dion kaum zugetraut werden, denn sie sind zwei Jahre später zu den Chalkidiern übergegangen, 82. Die Überlieferung darf man also nicht preisgeben; sie besagt, daß eine Reichsstadt die allgemeine Erschütterung und die Schwäche des Vorortes benutzt, um sich eines benachbarten Ortes zu bemächtigen, obgleich dieser ebenfalls ein Glied des Reiches ist. Ob Thyssos erst von den Athenern selbständig gemacht war, ob Dion wirkliche oder vermeintliche Ansprüche erhob, wissen wir nicht; es macht auch wenig aus: daß Athen die abhängigen Orte selbständig zu machen pflegte, und daß die Stärkeren wie Akanthos und namentlich Olynthos darauf aus waren, die Kleinen aufzusaugen, ist bekannt genug.

[1] Aufnahme hätte längst 33, 2 Badhams τὴν ξυμμαχίδα ἐφρούρουν für ξυμμαχίαν verdient, oder beweise man, daß das Gebiet von Bundesgenossen ξυμμαχία heißt. 34, 1 hätte Konjektur finden sollen, was Oxyr. 880 gibt, Λέπρεον κείμενον ἐπὶ τῆι Λακωνικῆι καὶ τῆι Ἠλείαι; die Codd. haben Genetive, aber Lepreon liegt weder in Elis noch in Messenien (das für Thukydides lakonisch ist), sondern grenzt an beide.

Nichts anderes wird die Eroberung von Thyssos durch die Leute von Dion sein.

Im Kap. 35 wird eine allgemeine Schilderung der Stimmungen und Verhandlungen gegeben, wie sie im Sommer 420 waren. Heraus kam nichts, als daß Athen schwächlich genug war, die Messenier von Pylos wegzuziehen, während es von Sparta mit leeren Versprechungen abgespeist ward. Das Ganze ist für Thukydides nur eine wohlberechnete Vorbereitung auf den Umschlag, den der Ephorenwechsel im Herbst bringt. Die neuen Männer, die auf Revanche für den faulen Frieden sinnen, haben erst Glück mit der Bearbeitung korinthischer und böotischer Gesandten[1], aber die Ungeschicklichkeit der böotischen Regierung verdirbt alles, da sie sich von dem Plenum der Volksvertretung desavouieren läßt. Auch hier hat Thukydides Berichterstatter gehabt, die hinter den Kulissen Bescheid wußten.

39 wird erst wieder ein thrakisches Ereignis trocken registriert, dann kommt es in Böotien zu einem verhängnisvollen Schritte. Sparta läßt sich hinreißen, mit Böotien ein Sonderbündnis zu schließen, obgleich damit das attische Bündnis verletzt wird, εἰρημένον ἄνευ ἀλλήλων μήτε σπένδεσθαί τῳ μήτε πολεμεῖν. Von der Bestimmung haben wir nichts gehört, und doch ist nichts anderes zu denken, als daß sie in dem Bündnis enthalten war, dessen Wortlaut 23 vorliegt. Nicht weniger als dreimal in dem kurzen Kapitel wird gesagt, daß Spartas Absicht dabei war, Panakton gegen Pylos auszutauschen. Wie es ihnen erging, sagt der kurze Satz καὶ τὸ Πάνακτον εὐθὺς καθῃρεῖτο, »und sofort ging's an die Schleifung von Panakton«. Es ist doch wohl schriftstellerische Absicht in dem Kontraste jener Wiederholungen und dieser Knappheit; Hohn liegt darin.

Hohn finde ich auch in dem Berichte über den törichten Streich von Argos, der mit ausführlicher Darlegung der Motive erzählt wird, obwohl gar nichts dabei herauskommt; die gänzliche Kopflosigkeit dieses Staates hat Thukydides, ohne je eine Kritik abzugeben, meisterlich ins Licht gesetzt. Sie träumen da immer von der Hegemonie des

---

[1] Hier hat Schwartz mit glücklicher Kühnheit den Text in Ordnung gebracht, indem er 36, 1 in dem mit παραινοῦντες beginnenden Satze die Böoter dreimal entfernt. Das mag erst einmal zugesetzt sein, weil später die Böoter die Handelnden sind; geriet die Glosse Βοιωτούς einmal in den Text, so wucherte das weiter. Am Anfang von 2 hat Hude passend πείθειν vor Βοιωτούς ergänzt. Wenn der Ephor die Böoter bittet, auf Panakton zum Austausche gegen Pylos zu verzichten, und das damit begründet, »damit Sparta mit leichterem Herzen gegen Athen Krieg führen könnte«, so läßt ihn Thukydides vielleicht etwas aussprechen, was er dachte, aber aus Klugheit zurückhielt. Dann kann man diese Verschiebung dem Historiker immer noch verzeihen; aber wer sagt uns, daß der Böoter kriegsmüde war? Auf manchen konnte es Eindruck machen, daß ein Spartaner 421 von der Revanche redete.

Peloponneses und haben dabei vor Sparta eine Höllenangst. Jetzt hören sie von der Schleifung von Panakton und dem spartanisch-böotischen Bündnis und bilden sich ein, alles geschähe mit Vorwissen Athens, so daß diese drei Mächte sich zusammenschlössen und ihnen dadurch auch der Rückhalt an Athen verloren ginge, auf den sie immer gerechnet hatten, solange die Großmächte sich nicht einigten. Also schleunigst mit Sparta verhandelt, worin, wie sie sich sagen mußten, der Verzicht nicht nur auf alle hochfliegenden Pläne, sondern auch auf die Kynuria lag. In Sparta war man ebenso begierig, Argos nicht in eine feindliche Koalition eintreten zu lassen[1], gab also dem lächerlichen Ansinnen nach, in einer Klausel des Vertrages einen ritterlichen Zweikampf um die Kynuria, wie er zu Zeiten des Othryades stattgefunden hatte oder haben sollte, unter gewissen Bedingungen zuzulassen, sicher, daß das leere Redensarten bleiben müßten. So meinten sie den Gimpel im Netze zu haben, aber es kam anders. Ihr Vertragsbruch, das Sonderbündnis mit Böotien, rächte sich, denn als sie den Athenern das nun zerstörte Panakton anboten, nahmen diese zwar die von den Böotern nun freigegebenen Kriegsgefangenen, aber auf eine Rückgabe von Pylos ließen sie sich nicht ein, sondern erhoben energische Vorstellungen gegen die vertragswidrige Haltung Spartas. Das machte dort Eindruck: eine neue Gesandtschaft von Athenerfreunden kam, hätte wohl auch den Riß geflickt, wenn nicht Alkibiades mit doppelzüngiger Strategie, über die Thukydides unterrichtet ist, die Spartaner als ἑλικτὰ κοὐδὲν ὑγιές, wie sie Euripides einmal genannt hatte, vor dem Volke bloßzustellen gewußt hätte. Er hatte erkannt, daß der Augenblick günstig war, die Sparta entfremdeten Staaten des Peloponneses unter Athens Führung zu bringen: in den Mitteln war er nicht wählerisch. Nikias konnte dagegen nichts mehr erreichen, als daß er mit den gerechten Forderungen Athens nach Sparta geschickt ward, wo er natürlich nichts ausrichtete als die Erneuerung des Bündnisses. Selbstverständlich genügte das dem Volke nicht. Ein Sonderbündnis mit Argos, Elis und Mantineia ward sofort abgeschlossen. 40—46[2]: 47 bringt den Wortlaut der Urkunde.

Hier können wir innehalten: erst von hier aus lassen sich sowohl die Fragen der Politik wie die Komposition behandeln. Schwartz

[1] 40. 3 ἐπεθύμουν τὸ Ἄργος πάντως φίλιον ἔχειν. So richtig φίλιον die Byzantiner, wenn es wirklich Konjektur ist. Die guten Handschriften haben φίλον, aber von Freundschaft ist der Zustand noch weit entfernt, der durch befristete σπονδαί begründet wird: φίλιον ist nur οὐ πολέμιον.

[2] Der Text ist rein: die mir schlechthin unbegreifliche Änderung Hudes ἀντιλέγων 45, 2 muß fort, ebenso die Betonung ταὔτά 45, 1. Alkibiades fürchtet die Volksstimmung, wenn die spartanischen Gesandten »das« sagen, nämlich, daß sie unbeschränkte Vollmacht haben.

hat an dem Bündnis zwischen Sparta und Athen so großen Anstoß genommen, daß er in ihm einen Entwurf sieht, der nie in Kraft getreten sein soll, also wider die Absicht des Thukydides durch die Schuld des Herausgebers in den Text gebracht sein müßte. Den Zusatz der Namen müßte man dann als Fälschung erklären, denn ein Entwurf konnte niemals die Leute benennen, die ihn einmal beschwören würden. Was steht denn in dem Vertrage? Nichts als daß Sparta und Athen einander ihren Landbesitz garantieren. Darin liegt für die Athener der Gewinn, daß sie nicht nur vor den peloponnesischen Einfällen, sondern auch vor denen der Böoter gesichert sind; dafür übernehmen sie nur die Unterstützung Spartas in dem Falle, daß Feinde in Lakonien einfallen. Daß Sparta mit dieser Möglichkeit rechnete, ist allerdings ein Zeichen davon, wie schwach es sich fühlte: es fürchtete sich vor der Koalition von Argos, den um Mantineia gescharten Arkadern, Elis und Korinth. In der Tat wäre es bedroht gewesen, wenn Tegea diesem Bunde beigetreten wäre[1]. Es kam anders; aber so viel ist erreicht, daß die Bundeshilfe wider einen feindlichen Einfall niemals nötig geworden ist, und trotz den vielen feindlichen Zusammenstößen haben beide Teile sich gescheut, das Gebiet des anderen zu verletzen, bis die Torheit der athenischen Feldherren 414 den Spartanern das Recht gab, Dekeleia nach dem Vorschlage des Alkibiades zu besetzen. Ihr Zögern erklärt sich nur durch das bisher zwar nicht, wie es sollte, erneuerte, aber niemals aufgekündigte Bündnis. Wer dieses recht schätzen will, muß beachten, worüber es schweigt: kein Wort über die Untertanen Athens, über seinen auswärtigen Landbesitz, über das Meer, kein Wort über den Peloponnesischen Bund; darin liegt, daß beiden Staaten nach dieser Seite freie Hand gelassen ist, dem Besitzstande entsprechend, wie er im Frühling 421 war. Geschlossen konnte damals ein Bündnis nur unter der Voraussetzung werden, daß der Friede ausgeführt würde. Wir haben gesehen, daß Sparta weitgehende Zugeständnisse machte, aber seine Verbündeten zurückdrängte. Panakton sollte zur Verfügung des Bundes, nicht der Böoter stehen, und die Änderungen der Friedensbedingungen waren

[1] Über diese Dinge möchte man gern mehr hören, als Thukydides IV 134, V 29, 33 berichtet. Nach Westen hat sich Mantineia weit ausgedehnt; in diese Zeit fällt auch die durch die Münzen bezeugte Stiftung eines Gemeinwesens von Ἀρκάδες, die Sparta rückgängig machte, bezeugt in Platons Symposion (in meinem Platon II 77). Im Norden hielt sich Orchomenos, wie zu erwarten, abseits (Thuk. V 61). Alles kam auf Tegea an, das von Argos an erster Stelle unter den drohenden Feinden genannt wird, 40. Es war durch den unseligen Antagonismus gegen Mantineia an Sparta gefesselt. IV 135 ist eine so unvollständige Notiz, wie in V viele stehen. In Thrakien erfuhr Thukydides nichts Genaueres; abgeschlossen aber hat er ja auch seine Geschichte des zehnjährigen Krieges niemals.

der Einrede der peloponnesischen Bündner überhaupt entzogen. Darin verrät sich dieselbe Politik, die in dem Bündnis einen wichtigen Schritt vorwärts macht: am Werke sind auf beiden Seiten die Parteien, welche einen dauerhaften hellenischen Frieden anstreben, in dem Athen sein Reich, Sparta aber die Herrschaft zu Lande behält, und diese beiden Mächte sich ehrlich vertragen, also die Politik, welche Kimon, welche nach 445 Perikles eine Weile, König Archidamos wohl dauernd vertreten hatte. Durchführbar war sie jetzt so wenig wie früher; aber das lag nicht an Sparta, sondern an Korinth und Böotien, und daß Philocharidas und Endios auf der einen, Nikias und Laches auf der andern Seite sich redlich um die Verständigung bemühten und 421 am Ziele zu sein glaubten, ist ganz verständlich: es wäre ein Glück für alle gewesen, wenn sie ihre Völker in der Hand behalten hätten. Aber Sparta hatte in dem Frieden mehr versprochen, als es halten konnte. und der drohende Zerfall seines Peloponnesischen Bundes brachte die Kriegspartei mit Notwendigkeit wieder hoch: in Athen verhinderte die Schlaffheit des Nikias und der Friedenstaumel, der aus der Eirene des Aristophanes spricht. die Wiedereroberung der thrakischen Provinz. die damals nötig und möglich war.

So weit ist alles gut; aber es hat sich schon 39 ergeben, daß ein Paragraph des Bündnisses angeführt wird, den wir in der Urkunde nicht lesen. In ihm verpflichten sich beide Staaten, nicht eigenmächtig ein Bündnis zu schließen oder einen Krieg zu beginnen. Daß nach dieser Richtung eine Bestimmung aufgenommen ward, war so gut wie notwendig, denn in dem Frieden von 445, der früheren Grundlage der hellenischen Völkerbeziehungen, war jedem unabhängigen Staate der Anschluß an Athen oder Sparta freigegeben gewesen (I 35, 1). Das war jetzt für beide Teile gefährlich. Auf Grund der neuen Bestimmung verlangt Athen 46, 2 die Lösung des neuen spartanisch-böotischen Bündnisses, es sei denn, daß Böotien den Frieden annimmt[1]: in dem Falle erkennt es die Oberhoheit des Peloponnesischen Bundes an, tritt also in das Verhältnis zurück, in welchem es bei dem Abschlusse des Bündnisses stand. Im Sinne hat Thukydides diesen Paragraphen auch 48, denn nur so erklärt sich, weshalb der Abschluß des Bündnisses der Athener mit den peloponnesischen Staaten eigentlich die Kündigung des spartanischen Bündnisses in sich schloß. Besonders wichtig ist, was unmittelbar vor der Urkunde steht, 21, 2. Sparta erwartet von dem Bündnisse mit Athen, daß Argos und die andern Peloponnesier

[1] Es sollte nicht verkannt werden, daß die Stelle so zu verstehen ist: Βοιωτῶν τὴν ξυμμαχίαν ἀνεῖναι, ἂν μὴ ἐς τὰς σπονδὰς ἐσίωσιν, καθάπερ εἴρητο ἄνευ ἀλλήλων μηδενὶ ξυμβαίνειν. Der Bedingungssatz gehört nicht zu den εἰρημένα. sondern gibt an. in welchem Falle nach diesen zu verfahren ist.

Ruhe halten werden. πρὸς γὰρ ἂν τοὺς Ἀθηναίους, εἰ ἐξῆν, χωρεῖν. Was verbietet es ihnen denn? Nichts anderes als eben die Bestimmung, die Athen verwehrt sie anzunehmen. Also Thukydides hat in seiner Erzählung durchweg mit der Existenz des Paragraphen gerechnet. Wie wichtig er für Sparta war, ganz in Einklang mit seiner Politik, haben wir gesehen: aber auch Athen sicherte sich, wenn, abgesehen von seinen Reichsstädten, wo die thrakischen Verhältnisse doch auch unsicher waren, Melos und Zakynthos, Korkyra und Akarnanien nicht in die andere Machtsphäre übergeben durften. Der Friede war natürlich auch hierfür Voraussetzung: fünfzig Jahre sollte er dauern.

Aber wie geht es zu, daß ein Paragraph, den Thukydides immer vor Augen hat, in dem Texte fehlt, den er mitteilt? Mechanischer Ausfall ist ebenso unglaublich, wie daß der Schriftsteller selbst einen wichtigen Satz wissentlich oder unwissentlich unterdrückt hat. Er muß in dem Exemplare der Urkunde gefehlt haben, von dem die Abschrift genommen ist, die in unserem Texte steht. Das ist auch wohl zu denken. Beide Teile haben den Paragraphen schon im nächsten Jahre nach dem Abschlusse des Bündnisses verletzt, haben aber noch sechs Jahre das übrige beobachtet. Dann konnte es gar nicht anders sein, als daß der eine Absatz getilgt ward, auf dem Steine oder auf dem Papier im Archiv, das ist gleichgültig; er wird wohl schon bei der Erneuerung des Bündnisses, 46, 4, fallengelassen sein. Thukydides kann allerdings diesen unvollständigen Text nicht in sein Werk aufgenommen haben. So führt die Erkenntnis dieses Tatbestandes zu der Frage, wie unser Text zustande gekommen ist.

Es hat sich ergeben, daß die Kapitel 20, 24, 2—26 Zusätze aus der Zeit nach 404 sind; 20 läßt sich ohne Störung herausnehmen; das andere nicht; aber der Anfang von 27 ist durch den Einschub ganz verworren gemacht. Ergeben hat sich ferner, daß die Urkunde des Friedens im Kap. 17 so benutzt ist, daß ihr unmittelbarer Anschluß nicht beabsichtigt sein kann. Sie ist zwar jetzt unentbehrlich, weil wir nur durch sie über die Friedensbedingungen unterrichtet werden: aber der größte Teil von ihr hat für die Erzählung gar keine Bedeutung, nicht weniges fordert, wenn es einmal hier steht, Erläuterung[1], ohne sie in der Erzählung zu finden, und ein Referat würde alles Nötige sehr viel kürzer und klarer sagen.

Die Erzählung des fünften Buches ist streckenweise vollkommen; da fehlt sachlich nichts, und die Darstellung hat alle Vorzüge des

[1] Was über Pteleon und Sermylia gesagt wird, ist uns schlechterdings unverständlich.

Verfassers; derart ist der Bericht über die διαφοραί des ersten Jahres nach dem Friedensschlusse, 27—46. Aber dazwischen stehen abgerissene Sätzchen, sozusagen die Lemmata ungeschriebener Abschnitte. Es wird nur wenige geben, die zu bestreiten wagen, daß das Buch so nicht bleiben sollte, sondern sich nur vorläufig auf das beschränkt, wovon der Historiker Kenntnis besaß. Später aber hat er nur die geringen Zusätze 20, 24—26 gemacht.

Nun habe ich im Hermes 37, 308 darauf hingewiesen, daß 76 über einen Antrag der Spartaner an Argos folgendermaßen berichtet wird: der Bote kommt δύο λόγω φέρων, τὸν μὲν καθότι, εἰ βούλονται πολεμεῖν, τὸν δὲ ὡς, εἰ εἰρήνην ἄγειν: Resultat: τοὺς Ἀργείους προσδέξασθαι τὸν ξυμβατήριον λόγον. Gibt es da eine verständige Erklärung außer dem Zugeständnis, daß die Partikeln καθότι und ὡς den Inhalt der Alternative bringen sollten, Thukydides aber dies nicht ausgeführt hat. Es folgt das Aktenstück, eingeleitet mit ἔστι δὲ τόδε. Ist an dem Schluß etwas auszusetzen, daß Thukydides das Aktenstück bei seinen Papieren liegen hatte, aber noch nicht dazu gekommen war, danach seinen Satz auszufüllen? Sachlich kommt auf die Urkunde weiter nichts an; sie wird sofort durch das Bündnis überholt, das 79 steht, eingeleitet mit ἐγένοντο αἵδε (σπονδαὶ καὶ ξυμμαχία), abgeschlossen mit αἱ μὲν σπονδαὶ καὶ ἡ ξυμμαχία αὕτη ἐγεγένητο. Auch diese Urkunde konnte für die Erzählung fehlen; dasselbe gilt von 47. Dasselbe habe ich von den Urkunden des achten Buches und dem Waffenstillstandsvertrage des vierten gezeigt. Wir freuen uns über ihren Besitz, aber Thukydides hatte ihn uns nicht zugedacht: er war Künstler genug, alles Rohmaterial zu verarbeiten, und wer über ein hellenisches (auch ein römisches) Literaturdenkmal urteilen will, muß es auch von der künstlerischen Seite her ansehen: der Inhalt tut's nicht allein, auch die Form, äußere und innere.

So ist denn das Verhältnis des Textes zu den Urkunden, die wir in ihm finden, im fünften Buche genau dasselbe, wie ich es für das achte gezeigt habe: sie lagen, nur zum Teil ausgenutzt, den Papieren bei und sind eingereiht, weil sie eine Ergänzung lieferten, die zuweilen gar nicht entbehrt werden konnte. Es ist einerlei, ob der Herausgeber sie mit einem Worte eingeordnet hat, oder ob Thukydides selbst, wie ich es zunächst hinstellte, den Anfang von 27 so unglücklich stilisiert hat. Verfahren ist der Herausgeber mit der allergrößten Pietät und Zurückhaltung.

Und das Fehlen des Schlußparagraphen in dem Bündnisvertrage? Da ist die Hauptsache, daß wir uns über die Tatsache klar sind: Thukydides hat ihn gekannt und danach die ganze Darstellung gegeben; aber die Abschrift, die bei seinen Papieren lag, enthielt die Urkunde, wie sie in den Jahren 420—14 aussehen mußte, als das Bündnis galt, der Paragraph nicht mehr. Thukydides hat sich also eine Kopie genommen, die nicht mehr vollständig war. Wie er dazu kam, ob er es schon bemerkt hatte, wie sollen wir das raten? Der Herausgeber hat gegeben, was ihm vorlag. Ein seltsamer Vorfall; aber den müssen wir anerkennen. Thukydides hat die thrakischen Dinge bis zur Schlacht von Amphipolis so anschaulich bis ins kleinste geschildert, daß er bis zum Frühjahr 421 in der Nähe geblieben sein muß. Weiter aber weiß er so gut wie nichts; nur etliche Tatsachen kann er sich notieren[1]. Die Akten des attischen Archivs würden ihm die Ergänzung von sehr vielem eröffnet haben, aber er weiß auch über die athenischen Dinge gar nichts direkt[2]. Man merkt es am deutlichsten, wo er die List des Alkibiades berichtet: da dieser ihm nicht die Aufklärung gegeben hat, sind es die spartanischen Gesandten gewesen, die einzigen, die um alles wußten. Von Sparta aus sieht er die Dinge an; da kennt er die Personen und ihre Tendenzen, Pleistoanax, Philocharidas, Endios, Lichas, Xenares. Was in Böotien vorging, konnten sie ihm vermitteln. Die ephemeren Verträge mit Argos konnte er von Sparta haben; aber er mag auch von spartanerfreundlichen Leuten aus Argos unterrichtet worden sein. Daß er aus Korinth und Mantineia nichts Direktes erfahren hat, wird der aufmerksame Leser durchschauen. In Sparta oder auf Spartas Seite stehendem Gebiete des Peloponnes hat er mindestens noch über 418 gelebt; das zeigt sein Bericht über die Schlacht von Mantineia (68, 74). Daß er über den Winter 413/12 wieder auf lakonischen Mitteilungen fußt, habe ich früher gezeigt; er mag wohl bis dahin an demselben Orte gelebt haben. Nicht die leiseste Spur weist darauf hin, daß die Skizze des fünften Buches zu anderer Zeit als während dieses peloponnesischen Aufenthaltes geschrieben sei. Gerade die Darstellung der Katastrophe von Melos trägt den Stempel dieser Zeit: der Politiker, der den Brasidas in Akanthos reden ließ, hat in Sparta dies Gemälde des athenischen Tyrannis entworfen.

[1] Das gilt auch für 83, 4. Die Urkunden im Supplement zu CIA I S. 141, 142 sind auch in ihrer Verstümmelung beredte Zeugen für das, was uns entgeht, weil Thukydides über diese Quellen des Wissens nicht verfügte.

[2] Sehr bezeichnend, daß Ephoros die wichtige Tatsache zufügen kann, daß Athen gleich nach Abschluß des Bündnisses eine Kommission von 10 Männern einsetzte, die βουλεύεσθαι περὶ τῶν τῆι πόλει συμφερόντων sollten. So Diodor XII, 75, 4, der leider nichts als diese verwaschene Bezeichnung des Amtes gibt, aber die Einsetzung διὰ ψηφίσματος geschehen läßt: da kommt an den Tag, daß Ephoros eine Urkunde eingesehen hat, die Thukydides nicht kannte.

Die Interpretation hat hoffentlich dargetan, daß das fünfte Buch verstanden werden kann ohne zu gewaltsamen Hypothesen zu greifen. Das ist immer erst ein Schritt vorwärts: das schwerste Problem liegt im ersten Buche und seiner Verbindung mit dem zweiten; aber auch weiterhin bleibt für die Analyse noch viel zu tun. Ich zweifle nicht, daß geduldige Interpretation Schritt für Schritt zum Ziele kommen wird; aber Geduld ist nötig. Man soll die Knoten lösen, nicht zerhauen.

Ausgegeben am 11. Dezember.

1919.
L.

SITZUNGSBERICHTE
DER PREUSSISCHEN
AKADEMIE DER WISSENSCHAFTEN.

4. Dezember. Sitzung der physikalisch-mathematischen Klasse.

Vorsitzender Sekretar: Hr. Rubner.

*1. Hr. Müller-Breslau sprach über Versuche zur Erforschung der elastischen Eigenschaften der Flugzeugholme.

Es wird der gegenwärtige Stand der Theorie des auf Biegung und Knickung beanspruchten geraden Stabes dargestellt und aus neueren, von Reissner und vom Vortragenden angestellten Untersuchungen über die Integration der genaueren Differentialgleichung der elastischen Linie gefolgert, daß selbst bei den sich verhältnismäßig stark durchbiegenden Flugzeugholmen die übliche Anwendung der den ersten Differentialquotienten unterdrückenden Näherungstheorie zulässig ist. Sodann wird über Versuche berichtet, die im Materialprüfungsamt nach dem Plane des Vortragenden mit hölzernen Flugzeugholmen angestellt worden sind. Es wurden zweifeldrige, auf Knickung und durch Einzellasten auf Biegung beanspruchte Holme der Flugzeugmeisterei und der Albatroswerke untersucht. Die aus beobachteten Durchbiegungen berechneten Elastizitätsmoduln E beweisen, daß es bei sorgfältig ausgeführten Holmen zulässig ist, bis in die Nähe der Bruchgrenze mit einem konstanten E zu rechnen.

2. Vorgelegt wurde: Jahrbuch über die Fortschritte der Mathematik, Bd. 45 (Jahrg. 1914—1915), Heft 1. (Berlin und Leipzig 1919.)

Über den Energieumsatz bei photochemischen Vorgängen.

IX[1]. Photochemische Umwandlung isomerer Körper ineinander.

Von E. Warburg.

(Mitteilung aus der Physikalisch-Technischen Reichsanstalt.)

(Vorgelegt am 20. November 1919 [s. oben S. 871].)

§ 140. Veranlaßt durch die Ergebnisse meiner vorigen Mitteilung suchte ich nach Fällen kleinen Energieaufwandes für den photochemischen Primärprozeß bei der Photolyse von Lösungen. Dabei machte mein Sohn mich auf die photochemische Umwandlung von Fumar- und Maleinsäure ineinander aufmerksam. Da die Verbrennungswärmen dieser beiden isomeren Säuren nur wenig verschieden sind, so war unter der Annahme, daß die primäre photochemische Wirkung in jener Umwandlung bestehe, ein Beispiel der gesuchten Art gefunden. Die experimentelle Untersuchung hat diese Annahme zwar nicht bestätigt, aber ein neues und eigenartiges Beispiel für die quantentheoretische Behandlung photochemischer Vorgänge gebracht.

§ 141. Fumar- und Maleinsäure sind isomere, zweibasische Säuren von der Formel $C_4H_4O_4$, also dem Molekulargewicht 116. Maleinsäure geht, einige Grade über ihren Schmelzpunkt (130°) erwärmt, in Fumarsäure (Schmelzpunkt 286°—287°) über, welche bei 200° ohne Zerfall sublimiert. Fumarsäure ist also die stabilere Form, ihre molare Verbrennungswärme (320800) ist ein wenig kleiner als die der Maleinsäure (327000). Als Strukturformeln werden angegeben

$$\begin{array}{c} H-C-CO_2H \\ \| \\ H-C-CO_2H \end{array}$$

für Maleinsäure,

$$\begin{array}{c} CO_2H-C-H \\ \| \\ H-C-CO_2H \end{array}$$

für Fumarsäure. Maleinsäure ist leicht, Fumarsäure schwer löslich in Wasser, in wäßriger Lösung hat Maleinsäure eine erheblich größere elektrolytische Dissoziationskonstante als Fumarsäure.

---

[1] VIII. Siehe diese Berichte 1918, S. 1228. Die Paragraphen der IX. Mitteilung sind mit denen der VIII. fortlaufend numeriert.

Bezüglich des photochemischen Verhaltens fand Wislicenus[1], daß Maleinsäure in wäßriger Lösung (2 g in 12—20 g Wasser) bei Zusatz von 1 Prozent Brom im hellen Sonnenlicht in 5 Minuten bis zu 92 Prozent in Fumarsäure umgewandelt wird, Ciamcian und Silber[2], welche die Substanzen in zugeschmolzenen Glasröhren dem Sonnenlicht aussetzten, daß die Umwandlung auch ohne Zusatz von Brom, allerdings sehr langsam, vor sich geht. Die umgekehrte Verwandlung von Fumar- in Maleinsäure hat Stoermer[3] in alkoholischer Lösung nach achttägiger Uviolbestrahlung beobachtet. Er findet allgemein, »daß die höher schmelzenden, stabilen Formen stereoisomerer Verbindungen unter bestimmten Bedingungen durch ultraviolette Bestrahlung direkt in die labile, niedrig schmelzende Form umgesetzt werden«. Kailan[4] hat den stationären Zustand untersucht, welcher sich einstellt, wenn man wäßrige Fumar- oder Maleinsäurelösungen durch eine Quarzquecksilberlampe bestrahlt (vgl. § 155). Die Zusammensetzung der Lösungen bestimmte er aus dem elektrischen Leitungsvermögen.

Die erwähnten Versuche sind zur Prüfung des Äquivalentgesetzes nicht brauchbar, da die angewandte Strahlung weder nach Intensität noch nach Absorption gemessen wurde.

§ 142. Bei meinen Versuchen unterwarf ich wäßrige Lösungen der beiden Säuren 10 bis 40 Minuten lang der Bestrahlung durch die Wellenlängen 0.207, 0.253 und 0.282 μ, und es war zuerst zu prüfen, ob der Titer der Säuren durch diese Bestrahlung sich änderte. Ungefähr 2.5 cm^3 der Lösungen wurden in einen Tiegel aus Quarzglas eingefüllt, nach genauer Gewichtsbestimmung durch Kochen von Kohlensäure befreit und darauf mit 0.01 n-Natronlauge und Phenolphthalein als Indikator nach der Tropfmethode titriert. Diesen Versuch machte ich mit unbestrahlter und mit bestrahlter Lösung, wobei die Bestrahlung nach Intensität und Dauer den Bedingungen des photochemischen Versuchs entsprach. Tab. 1 enthält die Ergebnisse.

Nach diesen Versuchen bringt die Bestrahlung hier ebenso wie bei den Versuchen von Kailan außer der Umlagerung in die isomere Verbindung eine merkliche Zersetzung nicht hervor. Denn der Titer der Lösungen, nach der Befreiung von Kohlensäure untersucht, wird durch die Bestrahlung nicht merklich geändert[5].

[1] J. Wislicenus, Ber. d. Sächs. Ges. d. Wiss. 1895, S. 489.

[2] G. Ciamcian und P. Silber, Rendic. Lincei XII, 528, 1903.

[3] R. Stoermer, Ber. d. D. Chem. Ges. 42, 4870, 1909.

[4] A. Kailan, ZS. f. phys. Ch. 87, 333, 1914.

[5] Berthelot und Gaudechon fanden bei Bestrahlung der festen Substanzen durch die Quarzquecksilberlampe Abspaltung von CO_2 und CO, bei Maleinsäure $5^1/_2$mal soviel als bei Fumarsäure (C. R. 152, 262, 1911).

Tabelle 1.

Fumarsäure 0.0102 n. $\lambda = 0.282\,\mu$.
Tropfenvolum 0.0155 cm³.

	g-Säure	Tropfenzahl	Tropfenzahl auf 2.5 g reduziert	Mittel
unbestrahlt	2.5179	333	330.6	329.6
	2.5099	330	328.6	
20′ lang bestrahlt	2.4814	326	328.4	328.4
	2.6348	346	328.3	

Fumarsäure 0.0102 n. $\lambda = 0.207\,\mu$.
Tropfenvolum 0.0157 cm³.

	g-Säure	Tropfenzahl	Tropfenzahl auf 2.5 g reduziert	Mittel
unbestrahlt	2.5127	320.8	319.2	317.9
	2.5281	320.0	316.5	
20′ lang bestrahlt	2.4538	315.0	320.9	320.6
	2.4589	315.0	320.3	

Maleinsäure 0.0102 n. $\lambda = 0.282\,\mu$.
Tropfenvolum 0.0155 cm³.

	g-Säure	Tropfenzahl	Tropfenzahl auf 2.5 g reduziert	Mittel
unbestrahlt	2.5210	326.3	323.5	323.9
	2.5081	325.3	324.3	
20′ lang bestrahlt	2.4161	313.5	324.3	324.3

§ 143. Die Analyse der Lösungen führte ich wie Kailan durch Messung des elektrischen Leitungsvermögens aus. Handelt es sich z. B. um die Umwandlung von Fumarsäure (1) in Maleinsäure (2) in n-normaler Lösung, so mischt man γ_2 cm³ n-normaler Maleinsäure mit γ_1 cm³ n-normaler Fumarsäure, mißt das Leitungsvermögen der Mischung ($\varkappa$) sowie das der reinen Fumarsäure ($\varkappa_0$) und erhält so $\varkappa/\varkappa_0 - 1 = y$ als Funktion von $\gamma_2/\gamma_1 = x$. Ist diese Funktion innerhalb der erforderlichen Grenzen von x bekannt, so ergibt sich x aus dem nach der Photolyse gefundenen Wert von y, wobei $\gamma_1 + \gamma_2 = u$, indem u das photolysierte Flüssigkeitsvolumen bedeutet. Daraus folgt für die entstandene Menge der Maleinsäure

$$m_2 = \gamma_2 \cdot n \cdot 10^{-3} = u \cdot n \cdot 10^{-3} \cdot \frac{x}{1+x} \text{ Mol.} \qquad (1)$$

Bezeichnet nun E die bei der Photolyse absorbierte Strahlung in g-cal., so ist die gesuchte spezifische photochemische Wirkung ϕ_1 für die Umwandlung von Fumar- in Maleinsäure gleich m_2/E, wenn m_2 unendlich klein, andernfalls größer, da die gebildete Maleinsäure einen Teil der absorbierten Strahlung aufnehmend diesen der Fumarsäure entzieht und dadurch teilweise in Fumarsäure zurückverwandelt wird, so daß in dem Ausdruck m_2/Em_2 zu klein, E zu groß angesetzt ist. Die erforderliche Korrektur ergibt sich folgendermaßen.

§ 144. Die Richtung der x-Achse werde in die Richtung, der Anfang der x in die Eintrittsstelle der Strahlung gelegt, d sei die Weglänge der Strahlung im Photolyten. Konzentrationsunterschiede in diesem seien durch Rühren ausgeglichen, ferner werde Gültigkeit des Beerschen Gesetzes angenommen. Sei J die Intensität der Strahlung, c die molare Konzentration, so ist

$$\left.\begin{aligned} \frac{dm_2}{dt} &= \int_0^d (J\alpha_1 c_1 \cdot \phi_1 - J\alpha_2 c_2 \phi_2)\, dx \\ J &= J_0 \cdot e^{-(\alpha_1 c_1 + \alpha_2 c_2)\cdot x} \end{aligned}\right\} . \qquad (2)$$

Es werde nun der kleine Unterschied in der Absorption der Fumar- und Maleinsäure (§ 154) vernachlässigt, also $\alpha_1 = \alpha_2 = \alpha$ gesetzt, da $c_1 + c_2 = c_0 =$ der konstanten Gesamtkonzentration der beiden Säuren, so wird $J = J_0 \cdot e^{-\alpha c_0 x}$ und durch Ausführung der Integration nach x $dm_2/dt = A(\phi_1 c_1 - \phi_2 c_2)/c_0$, wo $A = 1 - e^{-\alpha c_0 d}$ den absorbierten Bruchteil der auffallenden Strahlung bedeutet. Ersetzt man c_1 durch $c_0 - c_2$ und beachtet, daß $c_0/c_2 = m_0/m_2$, indem m_0 Mol Fumarsäure ursprünglich vorhanden waren, so findet man

$$\frac{dm_2}{dt} = J_0 A\left(\phi_1 - \frac{m_2}{m_0}\cdot(\phi_1 + \phi_2)\right). \qquad (3)$$

Daraus folgt durch Integration nach t, wenn man ϕ_1 und ϕ_2 als unabhängig von t, nämlich bei konstanter Gesamtkonzentration als unabhängig von dem Mischungsverhältnis der beiden Säuren ansieht und beachtet, daß $J_0 A t = E$:

$$-\frac{m_0}{\phi_1 + \phi_2}\cdot \log_e\left(1 - \frac{m_2}{m_0}\cdot\frac{\phi_1 + \phi_2}{\phi_1}\right) = E.$$

Ist, wie bei den Versuchen, m_2/m_0 ein kleiner Bruch, nämlich 2 bis 12 Prozent, so ergibt die Entwicklung des Logarithmus, wenn man beim zweiten Glied der Reihe stehenbleibt,

$$\phi_1 = \frac{m_2}{E}\left(1 + \frac{m_2}{2\,m_0}\cdot\frac{\phi_1 + \phi_2}{\phi_1}\right) = \phi_1^0\left(1 + \frac{1}{2}\,\frac{x}{1+x}\cdot\frac{\phi_1 + \phi_2}{\phi_1}\right), \qquad (4)$$

indem nach (1) $m_2/m_0 = x/(1+x)$, und der unkorrigierte Wert von ϕ_1 gleich ϕ_1^0 gesetzt ist. Bei Benutzung dieser Formel zur Anbringung der fraglichen Korrektur kann man in dem kleinen Korrektionsglied für ϕ_1 und ϕ_2 die unkorrigierten Werte setzen.

Noch sei angemerkt, daß in dem bei fortgesetzter Bestrahlung sich einstellenden stationären Zustand ($dm_2/dt = 0$) der Prozentgehalt an Maleinsäure nach (3) wird:

$$100\cdot\frac{m_2}{m_0} = \frac{\phi_1}{\phi_1 + \phi_2}\,. \qquad (5)$$

Bei der Anwendung dieser Gleichung (§ 155) werden wieder φ_1 und φ_2 als nur von der Gesamtkonzentration der beiden Säuren abhängig angesehn.

§ 145. Das der Photolyse zu unterwerfende Flüssigkeitsvolumen wählte ich nicht größer als 2.49 cm³, um in mäßiger Zeit hinreichende Änderungen des Leitungsvermögens zu erhalten. Um mit einer so kleinen Menge die erforderlichen Widerstandsmessungen auszuführen, benutzte ich das in der Figur 1 dargestellte Widerstandsgefäß. Der Elektrolyt ist in dem U-förmigen Rohr 1 aus Quarzglas enthalten, die Elektroden 2, kreisförmige platinierte Platinplättchen von 5 mm Durchmesser, sind an Platindrähte 3 angeschweißt und diese unten in Glasröhrchen 4 eingeschmolzen, welche in Messingröhrchen 5 eingekittet sind. Die Messingröhrchen 5 können in Messinghülsen 6 verschoben werden, wobei kleine Schräubchen, in Schlitzen 7 gleitend, die obere Endlage in den horizontalen Teilen der Schlitze, die unteren an Anschlägen erreichen. Bei der Bewegung der Röhrchen 5 aus den oberen in die unteren Endlagen wird also ein bestimmtes Stück der elektrolytischen Säule ausgeschaltet. Die Hülsen 6 sind in Messingröhren 8 ein- und diese an Gewinde 9 angeschraubt, welche an den Quarzglasröhren festgekittet waren. Kleine Löcher oben in den Röhren 8 stellen die Verbindung zwischen der inneren und äußeren Luft her. Will man neue Flüssigkeit einfüllen, so schraubt man die Messingrohre 8 bei 9 ab und zieht sie mit den an ihnen befestigten Teilen über die Schenkel des Quarzglasrohres hinweg, wobei die Elektroden nicht mit Messing in Berührung kommen.

Fig. 1.

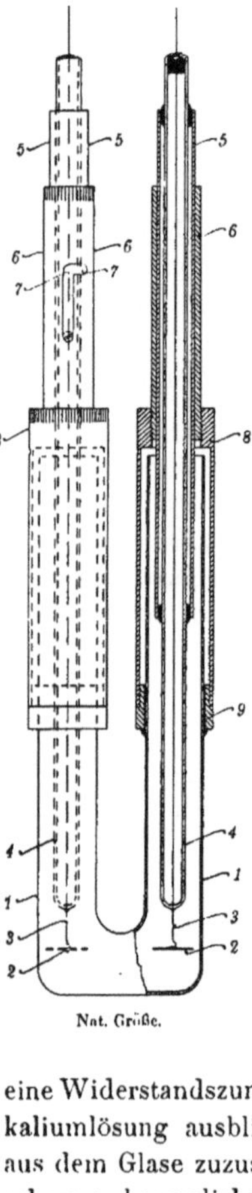

Nat. Größe.

Das den Elektrolyten enthaltende Rohr hatte ich zuerst aus Glas anfertigen lassen. Doch zeigte sich hier bei 0.01 n-Fumarsäurelösung in $^1/_4$ Stunde eine Widerstandszunahme von mehreren Prozenten, die bei 0.01 n-Chlorkaliumlösung ausblieb und wahrscheinlich der Auflösung von Alkali aus dem Glase zuzuschreiben ist, indem hierbei Wasserstoffionen durch schwerer bewegliche Natriumionen ersetzt werden. Diese sehr störende Fehlerquelle wurde durch Anwendung des Quarzglasrohres beseitigt, indem die Widerstandszunahme hier bei 0.01 n-Fumarsäurelösung auf einige Promille pro Tag, bei 0.001 n-Lösung auf einige Prozent pro Tag sich belief, also während der Versuchsdauer nicht in Betracht kam. Die kleinen übrigbleibenden Widerstandszunahmen rühren wahrscheinlich von den die Elektroden tragenden Glasröhrchen her.

Fig. 2.

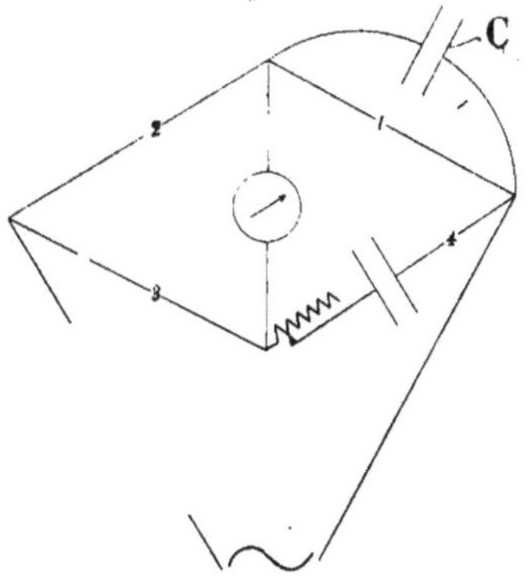

§ 146. Die Widerstandsmessungen wurden in der WHEATSTONEschen Brücke mit Wechselstrom von der Frequenz 50/sc. von der effektiven Spannung 8 Volt mit einem Vorschaltwiderstand von 5000 Ohm in einem Wasserbade von 17.94° ausgeführt. Die Schaltung zeigt Fig. 2. Der Zweig 4 enthält den elektrolytischen Widerstand R_4 und einen Rheostaten. C ist ein Kondensator zur Kompensation der Polarisationskapazität C_4. Als stromprüfendes Instrument diente das Vibrationsgalvanometer von SCHERING und SCHMIDT[1], welches sich vorzüglich bewährte. Ist die Brücke stromlos, so gelten die Gleichungen

$$C_1 = \frac{1}{C_4 \cdot \omega^2 \cdot R_1 R_3} \qquad R_4 = R_3 \cdot \frac{R_1}{R_2} \cdot \frac{1}{1 + (R_1 C_1 \omega)^2} \cdot \tag{6}$$

wo ω die Kreisfrequenz $50 \cdot 2\pi$ bedeutet. C_1, die Kapazität von C, betrug höchstens 0.004 mf., $R_1 = 5000\ \Omega$, $R_2 = 2000\ \Omega$, also $(R_1 C_1 \omega)^2$ in runder Zahl $4 \cdot 10^{-5}$, so daß die WHEATSTONEsche Bedingung $R_4 = R_3 R_1 / R_2$ praktisch erfüllt war.

Macht man die Brücke stromlos, während die Elektroden die obere Stellung einnehmen und der Rheostat in 4 ausgeschaltet ist, so ist der elektrolytische Widerstand der Zelle $R_3 \cdot 5/2$. Schaltet man alsdann einen Teil des elektrolytischen Widerstandes aus, indem man die Elektroden in die untere Stellung bringt, und aus dem im Zweige 4 befindlichen Rheostaten so viel Widerstand r_4 ein, daß die Brücke wieder stromlos wird, so ist der ausgeschaltete Widerstand gleich r_4, unabhängig von jeder Beeinflussung durch die Elektroden. Führt man die beiden Widerstandsmessungen für zwei verschiedene Elektrolyte aus, so erhält man zwei unabhängige Bestimmungen für das Verhältnis ihres Leitungsvermögens, wobei die zweite Bestimmung einen gewissen Vorzug zu haben scheint. Doch wichen die beiden Bestimmungen nur

[1] H. SCHERING und R. SCHMIDT, ZS. Instrum.-Kunde 38, 1, 1918.

sehr wenig und bald in dem einen, bald in dem andern Sinn voneinander ab, weshalb das Mittel aus beiden genommen wurde.

§ 147. Zur Kontrolle habe ich das Leitungsvermögen $\varkappa$ von 0.0102 n-Fumar- und Maleinsäurelösungen mit dem einer 0.01 n-Chlorkaliumlösung verglichen. Die Säurelösungen lagerten in Literkolben, in welchen sie, um das Entstehen von Pilzvegetationen zu verhüten, auf 100° erwärmt und dann durch einen Baumwollepfropf verschlossen worden waren. Der Titer wurde endgültig nach der Erwärmung mit einer kohlensäurefreien 0.1 n-Lösung von NaOH unter Benutzung von Phenolphtalein als Indikator bestimmt. Ich erhielt folgende Ergebnisse:

Tabelle 2.

Lösung	R_3	$\varkappa/\varkappa_{KCl}$	r_4	$\varkappa/\varkappa_{KCl}$	Mittel $\varkappa/\varkappa_{KCl}$	$\mu_{17.94^\circ}$	Ostwald $\mu_{17.94^\circ}$
Chlorkalium 0.01 n	2656.3	—	3674.3	—	—	—	—
Maleinsäure 0.0102 n	1465.2	1.813	2029.5	1.810	1.812	217.2	220.2
Chlorkalium 0.010 n	2653.3	—	3707.5	—	—	—	—
Fumarsäure 0.0102 n	3629.0	0.7311	5063.3	0.7322	0.7317	87.7	89.5

Zur Berechnung des molekularen Leitungsvermögens $\mu = 10^3\varkappa/n$ ist $\varkappa$ für 0.01 n-KCl-Lösung bei 17.94° gleich 0.001223 gesetzt[1]. Ostwald[2] hat die molekularen Leitungsvermögen der beiden Säuren bei 25° für verschiedene Konzentrationen bestimmt. Durch Interpolation finde ich aus seinen Angaben (vgl. § 149) μ_{25° für 0.0102 n-Maleinsäure- und Fumarsäurelösungen bzw. 245.5 und 99.9. Die Temperaturkoeffizienten des Leitungsvermögens zwischen 18° und 25°, $(\varkappa_{25}-\varkappa_{18})/7\cdot\varkappa_{18}$, finde ich für 0.0102 normale Lösungen von Malein- und Fumarsäure bzw. 0.016_3 und 0.016_5. Damit sind die Werte der letzten Kolumne berechnet. Meine Werte sind um $1^1/_2$ bis 2 Prozent kleiner als die Werte von Ostwald, die wiederum um mehrere Prozent kleiner sind als die von Jones. Da ich keine Normalbestimmungen des elektrolytischen Leitungsvermögens beabsichtigte, so habe ich zur Herstellung der Lösungen gewöhnliches destilliertes Wasser benutzt.

§ 148. Die Mischungen habe ich nur innerhalb des für die photochemischen Versuche notwendigen Bereiches untersucht. Die zur Einfüllung in das Widerstandsgefäß benutzte Pipette aus Glas wurde täglich ausgekocht. Wiederholte Messungen von $\varkappa$ stimmten ungefähr bis auf 1 Promille überein, doch ist der prozentische Fehler in y (§ 143) $(y+1)/y$ mal so groß als der prozentische Fehler in $\varkappa$.

Die folgende Tabelle enthält die Ergebnisse.

[1] F. Kohlrausch und L. Holborn, Das Leitvermögen der Elektrolyte, B. G. Teubner 1916, II. Aufl., S. 218.

[2] Ibid. S. 188.

Tabelle 3.

Leitungsvermögen der Gemische.

von Fumarsäure (1) mit wenig Maleinsäure (2) $x = $ Vol. Mal./Vol. Fum. $= \gamma_2/\gamma_1$ $y = \varkappa/\varkappa_0 - 1$			von Maleinsäure (1) mit wenig Fumarsäure (2) $x = $ Vol. Fum./Vol. Mal. $= \gamma_2/\gamma_1$ $y = 1 - \varkappa/\varkappa_0$		
x	$n = 0.0102$ y	$n = 0.00306$ y	x	$n = 0.0102$ y	$n = 0.00514$ y
0.02	—	0.0151	0.01	0.00698	—
0.025	0.0322		0.02	0.01296	0.00946
0.05	0.0599	0.0317	0.03	0.01914	—
0.1	0.1111	0.0601	0.04		0.02016
0.2	0.2237	0.1177	0.1		0.05595
	$a = 1.093$	$a = 0.5709$		$a = 0.608$	$a = 0.585$
	$b = 0.0043$	$b = 0.00334$		$b = 0.000868$	$b = -0.00266$
	$a' = 0.915$	$a' = 1.752$		$a' = 1.645$	$a' = 1.710$
	$b' = -0.00394$	$b' = -0.00585$		$b' = -0.00143$	$b' = +0.00455$

Zur Interpolation erwiesen sich lineare Formeln $y = ax + b$, $x = a'y + b'$ ausreichend, die natürlich nicht bis $x = 0$ gelten, weil für $x = 0$ $y = 0$ ist.

§ 149. Das Leitungsvermögen der Gemische läßt sich auch nach der Theorie der isohydrischen Lösungen von ARRHENIUS[1] berechnen. Zwei Säuren A_1, A_2, welche je in ein H-Ion und einen negativen Rest zerfallen, sind isohydrisch, wenn sie die gleiche Ionenkonzentration besitzen und ändern dann ihre Dissoziation bei der Mischung nicht, so daß, wenn vor der Mischung die spezifischen Leitungsvermögen $\varkappa_1$, $\varkappa_2$, die Volumina v_1, v_2, die Verdünnungen V_1, V_2 (ein Mol in V-Liter), die molekularen Leitungsvermögen μ_1, μ_2 waren, das spezifische Leitungsvermögen der Mischung

$$\varkappa = \frac{\varkappa_1 v_1 + \varkappa_2 v_2}{v_1 + v_2} = 10^{-3} \frac{\mu_1/V_1 + (\mu_2/V_2) \cdot v_2/v_1}{1 + v_2/v_1}. \qquad (7)$$

Es mögen nun von zwei derartigen n-normalen Säuren A_1 und A_2 bzw. γ_1 und γ_2 cm³ zum Volumen $u = \gamma_1 + \gamma_2$ gemischt werden. Man zerlege u in die Teile v_1 und v_2, so daß $v_1 + v_2 = u$ und die Lösungen, welche entstehen, wenn die vorhandenen Mengen von A_1 und A_2 bzw. in v_1 und v_2 gelöst werden, isohydrisch sind. Dazu muß sein, da die Mengen von A_1 und A_2 mit γ_1 und γ_2 bzw. proportional sind,

$$\gamma_1 \frac{\alpha_1}{v_1} = \gamma_2 \frac{\alpha_2}{v_2},$$

[1] SV. ARRHENIUS, WIED. Ann. Bd. 30, 51. 1887. ZS. f. phys. Chem. 2, 284. 1888.

wenn α_1 und α_2 bzw. die Dissoziationskoeffizienten von A_1 und A_2 bedeuten. Sind A_1 und A_2 isomer, und nimmt man mit Ostwald[1] an, daß isomere Ionen gleich schnell wandern, so sind α_1, α_2 mit μ_1, μ_2 proportional, die obige Bedingung lautet dann

$$\frac{v_2}{v_1} = \frac{\gamma_2}{\gamma_1} \cdot \frac{\mu_2}{\mu_1} \tag{8}$$

und es ist

$$\left.\begin{aligned} V_1 &= \frac{1}{n} \cdot \frac{1+\gamma_2/\gamma_1}{1+v_2/v_1} \\ V_2 &= \frac{1}{n} \cdot \frac{1+\gamma_1/\gamma_2}{1+v_2/v_1} \cdot \frac{v_2}{v_1} \end{aligned}\right\} \tag{9}$$

Bei irgendeiner Annahme über v_2/v_1 kann man die entsprechenden V_1 und V_2 aus (9) berechnen, die zugehörigen Werte μ_1 und μ_2 aus Beobachtungen über das elektrische Leitungsvermögen der Säuren A_1 und A_2 entnehmen, auf diese Weise v_2/v_1 durch sukzessive Approximation gemäß (8) bestimmen und dann $\varkappa$ aus (7) berechnen. Da Ostwald μ für eine größere Zahl von V-Werten als neuerdings Jones u. a. bestimmt hat[2], so habe ich die Ostwaldschen Werte angenommen. Die Rechnung habe ich durchgeführt für 0.01 n Mischungen von Fumarsäure (1) mit Maleinsäure (2) und erhielt folgende Werte.

Tabelle 4.

γ_2/γ_1	v_2/v_1	V_1	μ_1	V_2	μ_2	$\gamma_2\mu_2/\gamma_1\mu_1$	$\varkappa \cdot 10^3$	$y=\varkappa/\varkappa_0-1$	y beob.	y nach Misch.-Regel
0	0	100	100.7							
0.025	0.0778	95.1	98.6	296 ·	308.0	0.0781	1.0371	0.030	0.032	0.036
0.05	0.158	90.7	96.6	286.6	306.4	0.1586	1.0658	0.058	0.059	0.069
0.1	0.325	83.0	93.1	269.8	303.4	0.3259	1.222	0.114	0.110	0.132
0.2	0.690	71.0	86.7	245.0	298.6	0.6888	1.201	0.212	0.221	0.241

Zur Berechnung der μ-Werte aus den Ostwaldschen Beobachtungen habe ich als Interpolationsformeln benutzt

für Fumarsäure zwischen

$$V = 64 \text{ und } 256 \qquad \mu = 124.7 - 439.5/\sqrt{V} + 0.2 \cdot V,$$

für Maleinsäure zwischen

$$V = 128 \text{ und } 512 \qquad \mu = 385.2 - 1440/\sqrt{V} + 0.219\,V.$$

[1] W. Ostwald. ZS. f. phys. Chemie 2. 848. 1888.

[2] F. Kohlrausch und L. Holborn. a. a. O. S. 188 und 192.

Die Ostwaldschen Werte beziehen sich auf 25°, die Beobachtungen auf 18°; doch macht dies für den Wert $\varkappa/\varkappa_0$ keinen Unterschied, da die Temperaturkoeffizienten des Leitungsvermögens für die beiden Säuren als gleich zu erachten sind (§ 147). Nach den beiden vorletzten Kolumnen sind die Unterschiede zwischen Theorie und Beobachtung nicht bedeutend. Die letzte Kolumne enthält die nach der Mischungsregel berechneten, d. h. die Werte, welche (7) liefert, wenn statt e_1, e_2 γ_1, γ_2 gesetzt werden.

§ 150. Die Zersetzungszelle bestand ganz aus Quarz, nämlich (Fig. 3) aus einem U-förmigen, 6.49 mm dicken Bügel aus Quarzglas *a*, an welchen zwei 1 mm dicke Bergkristallplatten *b* mit Schrauben *c* leicht angedrückt wurden. Die Berührungsflächen waren sorgfältig eben poliert und hielten dicht, wenn sie, durch einen sehr dünnen, nicht sichtbaren Ölüberzug unbenetzbar gemacht, bis zum Auftreten lebhafter Interferenzfarben unter Druck aufeinandergerieben wurden. Als Rührer diente ein aus einem 2.4 mm dicken Quarzglasstab scharf U-förmig gebogener Bügel, den man durch einen Elektromotor in pendelnde Bewegung mit 45 Hinundhergängen pro Minute versetzte. Das angewandte Flüssigkeitsvolumen betrug 2.49 cm³.

Fig. 3.

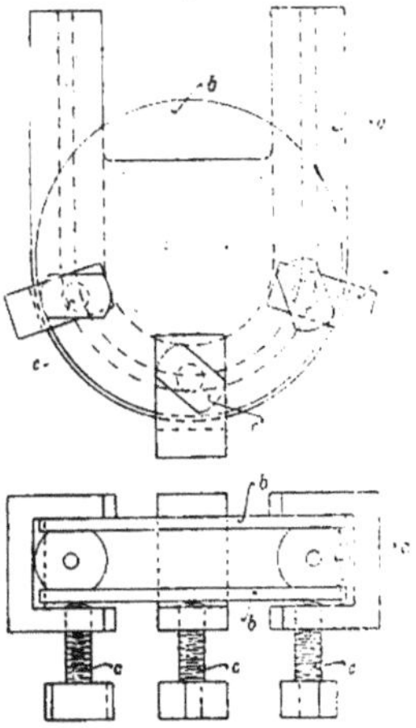

Nat. Größe.

Bei den Versuchen verglich man das Leitungsvermögen der zu untersuchenden Lösungen nach Überfüllung in das Widerstandsgefäß, je nachdem sie während 5 Minuten unbestrahlt oder bestrahlt in der Zelle verweilt hatten; bei Anwendung des Rührers wurden sie im unbestrahlten und im bestrahlten Zustand gerührt. Übrigens hatte das Rühren mit dem Quarzglasrührer, welchen man stets vor den Versuchen mit destilliertem Wasser spülte und dann in der Bunsenflamme trocknete, keinen Einfluß auf das Leitungsvermögen. So erhielt ich mit 0.0102 n-Fumarsäure:

	R_3	r_4	
ohne Rühren	3614.3	5107.4	Mittel aus 10 Messungen,
mit 10′—40′ langem Rühren	3614.4	5108.3	» » 6 » .

Die Strahlungsmessungen wurden nach VIII § 131—132 vorgenommen, und zwar mit einem neuen Bolometer; das alte war nämlich nach 7jährigem Gebrauch schadhaft geworden, wie aus fortschreitenden Widerstandsänderungen hervorging.

Die folgende Tabelle enthält alle Beobachtungsdaten für einen Versuch.

Tabelle 5.

Versuch Nr. 7, vom 17. Oktober 1919.

Fumarsäure n = 0.0102, gerührt, $\lambda = 0.207$

						Mittel						Mittel
R_3	1. unbestr.	3612	3612	3613		3612.3	2. 40′ bestr.	3471	3476	3476		3474.3
r_4		5120	5110	5110		5113.3		4900	4905	4900		4901.7
R_3	4. unbestr.	3616	3619	3623	3621	3619.8	3. 40′ bestr.	3477	3480	3480		3479
r_4		5090	5110	5110	5100	5103.3		4905	4910	4910		4908.3

R_3 unbestr. Mittel (1 u. 4) 3616.1
bestr. " (2 u. 3) 3416.7
daraus $y = 0.0401$

r_4 unbestr. Mittel (1 u. 4) 5108.3
bestr. " (2 u. 3) 4905.0
daraus $y = 0.0415$

Mittel $y = 0.0408$

aus Tab. 3 $x = 0.0334$

$$m_2 = 2.49 \cdot 10^{-3} \cdot 0.0102 \cdot x/(1 + x) = 8.209 \cdot 10^{-7} \text{ Mol.}$$

Strahlungsmessung

Zusätzlicher Widerstand im Galvanometerzweig 500 Ω

$$E = 1.05 \cdot H \cdot a_\alpha \cdot A \cdot t/s_n \text{ g-cal}$$

$$H_{500} = 3.866 \cdot 10^{-4} \text{ g-cal} \quad t = 2400'' \quad A = 1$$

	vor 2.	zwischen 2. u. 3.	nach 3.	Mittel
a_α	266.7	252.1	245	254.6
s_n	228	223.4	221.9	224.4

$$E = 1.05 \cdot 3.866 \cdot 10^{-4} \cdot 254.6 \cdot 2400 \cdot /224.4 = 1.104 \text{ g-cal}$$

$$\Phi = m_2/E = 8.209 \cdot 10^{-7}/1.104 = 0.0743 \cdot 10^{-5} \text{ Mol/g-cal}$$

§ 151. An diesem Versuch möge die Notwendigkeit ausgiebigen Rührens erläutert werden. Von Strahlung der Wellenlänge 0.207 μ wurden in der mit 0.0001 n-Fumar- oder Maleinsäurelösung gefüllten Zelle, also auf einem Strahlenwege von 0.649 cm. 84 Prozent absorbiert, den Absorptionskoeffizienten α berechnet man daraus für die 0.0001 n-Lösungen zu 2.8 und für die 0.01 n-Lösungen unter Annahme des Beerschen Gesetzes zu 280. Nach der Gleichung $J = J_0 \cdot e^{-\alpha d}$ folgt hieraus, daß auf einer Weglänge von 0.16 mm in 0.01 n-Fumarsäure bereits 99 Prozent der einfallenden Strahlung absorbiert wurden. Diese absorbierende Schicht von 0.16 mm Dicke enthält nun 0.16/6.49 = 0.024 des Zellinhalts, und in dem mit solcher Fumarsäure angestellten Versuch Nr. 7 (Tab. 5) sind $x/(1 + x) = 0.032$ des Zellinhalts an Fumarsäure in Maleinsäure umgewandelt. Daher würde in ruhender Flüssigkeit die absorbierende Schicht, obgleich Fumarsäure in sie hineindiffundieren müßte, jedenfalls viel Maleinsäure enthalten und diese photochemisch in Fumarsäure zurückverwandelt werden. Mithin erhält man in ruhender Flüssigkeit zu kleine Werte der spezifischen photochemischen Wirkung Φ, und zwar ist, wie aus der obigen Betrachtung

Tabelle 6.

	Ungerührt.					Gerührt.			
λ	Nr.	$x(1+x)$	t	$\phi \cdot 10^5$	$\phi \cdot 10^5$ Mittel	Nr.	$x(1+x)$	t	$\phi \cdot 10^5$
				Fumarsäure 0.0102 n.					
0.207	1	0.0161	40′	0.0418	0.0421	7	0.0323	40′	0.0743
0.207	2	0.0173	40′	0.0423					
0.253	3	0.0361	30′	0.0762	0.0755	8	0.0314	30′	0.0853
0.253	4	0.0350	30′	0.0748					
0.282	5	0.0972	20′	0.1149	0.1166	9	0.0642	10′	0.1279
0.282	6	0.0997	20′	0.1183					
				Fumarsäure 0.00306 n.					
0.207	10	0.0344	30′	0.0335	0.0335	16	0.0778	40′	0.0555
0.207	11	0.0457	40′	0.0334					
0.253	12	0.0721	20′	0.0686	0.0723	17	0.0685	20′	0.0736
0.253	13	0.1103	30′	0.0760					
0.282	14	0.1445	15′	0.0946	0.0941	18	0.0959	10′	0.0923
0.282	15	0.1020	10′	0.0935					
				Maleinsäure 0.0102.					
0.207	19	0.0091	40′	0.0227	0.0219	25	0.0092	40′	0.0228
0.207	20	0.0084	40′	0.0211					
0.253	21	0.0226	40′	0.0349	0.0366	26	0.0198	40′	0.0368
0.253	22	0.0230	40′	0.0383					
0.282	23	0.0317	40′	0.0215	0.0228	27	0.0308	40′	0.0294
0.282	24	0.0329	40′	0.0240					
			Maleinsäure 0.00500.				Maleinsäure 0.00514.		
0.207	28	0.0154	40′	0.0227	0.0262	34	0.0207	40′	0.0260
0.207	29	0.0193	40′	0.0296					
0.253	30	0.0406	40′	0.0324	0.0329	35	0.0403	40″	0.0424
0.253	31	0.0410	40′	0.0333		36	0.0353	40″	0.0393
0.282	32	0.0606	40′	0.0304	0.0310	36	0.0595	40″	0.0305
0.282	33	0.0577	40′	0.0316					

hervorgeht, der Fehlbetrag um so größer, je stärker die Absorption und je größer die Umwandlungsgeschwindigkeit. Da man aber weiß, daß dünne Flüssigkeitsschichten hartnäckig an festen Wänden haften, so erhebt sich die Frage, ob die angewandte Rührvorrichtung hinreichte. Um darüber ein Urteil zu gewinnen, habe ich alle Versuche sowohl mit als ohne Rührer angestellt.

Der Rührer schnitt bei seiner Bewegung das Strahlenbündel, was zur Folge hatte, daß die die leere Zelle durchdringende Strahlung mit Rührer um 16 Prozent kleiner war als ohne Rührer. Bei der stark absorbierbaren Wellenlänge 0.207 ist eine Korrektur hierfür jedenfalls nicht anzubringen, dagegen mögen aus diesem Grunde die für $\lambda = 0.282$ bei gerührter Flüssigkeit angegebenen Werte etwas zu klein sein.

§ 152. Die vorstehende Tabelle enthält für alle Versuche den umgewandelten Bruchteil der Säure $(x/(1+x))$, die Bestrahlungsdauer t und die unkorrigierte (§ 143—144) spezifische photochemische Wirkung ϕ.

Den Betrachtungen des vorigen Paragraphen entsprechend ist der Einfluß des Rührens am größten bei Bestrahlung von Fumarsäure mit $\lambda = 0.207$, und zwar sind hier die Werte von ϕ für gerührte Flüssigkeit 1.7 mal so groß gefunden als für nicht gerührte. Dagegen ist der Einfluß des Rührens sehr gering für den Fall, daß Maleinsäure durch dieselbe Wellenlänge bestrahlt wird. Wenn nun das Rühren im letztern Fall schon beinahe als überflüssig erscheint, so darf man wohl annehmen, daß es im ersteren Fall ausreichend gewesen ist. Um so mehr wird dies für die längeren, schwächer absorbierbaren Wellenlängen zutreffen.

§ 153. Die Endergebnisse sind in der Tabelle 7 zusammengestellt, die Rubrik ϕ korrigiert enthält die nach Gleichung (4) § 144 berechneten Werte.

Tabelle 7.

λ	A	$\phi \cdot 10^5$ ungerührt	$\phi \cdot 10^5$ gerührt	$\phi \cdot 10^5$ korrigiert	A	$\phi \cdot 10^5$ ungerührt	$\phi \cdot 10^5$ gerührt	$\phi \cdot 10^5$ korrigiert
				Fumarsäure.				
		$n = 0.0102$				$n = 0.00306$		
0.207	1	0.0421	0.0743	0.0759	1	0.0335	0.0555	0.0587
0.253	1	0.0755	0.0853	0.0872	0.95	0.0723	0.0736	0.0777
0.282	0.857	0.1166	0.1279	0.1329	0.553	0.0941	0.0923	0.0982
				Maleinsäure.				
		$n = 0.0102$				$n = 0.00514$		
0.207	1	0.0219	0.0228	0.0233	1	0.0262	0.0260	0.0269
0.253	0.99	0.0366	0.0368	0.0380	0.97	0.0329	0.0409	0.0432
0.282	0.725	0.0228	0.0294	0.0319	0.531	0.0310	0.0305	0.0346

§ 154. Diskussion. 1. Absorption. In den Fällen, in welchen A 95—99 Prozent beträgt, kann auf den Absorptionskoeffizienten kein Schluß gezogen werden, da die durchgelassenen Beträge von 1—5 Prozent zum Teil von falscher Strahlung herrühren können. Für $\lambda = 0.282$ ist Maleinsäure durchlässiger als Fumarsäure, während $\lambda = 0.207$ nach § 151 von 0.0001 n-Lösungen beider Säuren gleich stark absorbiert wird.

§ 155. 2. ϕ ist für Fumarsäure größer als für Maleinsäure, so daß in dem bei fortgesetzter Bestrahlung sich einstellenden stationären Zustand die Maleinsäure bevorzugt ist. Nach Gleichung (5) § 144 berechnet man, indem man wieder ϕ_1 und ϕ_2 als nur von der Gesamtkonzentration abhängig betrachtet:

Tabelle 8.

Prozent Maleinsäure im stationären Zustand.

λ	n = 0.0102	n = 0.00306
0.207	76.4	68.3
0.253	69.6	63.5
0.282	80.6	76.0
Mittel	75.5	69.2

Hierbei sind die ϕ-Werte für Maleinsäure bei n = 0.00306 und den drei Wellenlängen nach Tabelle 7 vermöge einer kleinen Extrapolation bzw. zu 0.0273, 0.0447 und 0.0310 angesetzt. KAILAN[1] findet durch direkte Beobachtung bei 45—50° für 0.05 n-Lösungen 75 Prozent, für 0.2 n-Lösungen 79 Prozent Maleinsäure, gleichgültig, ob die benutzte Strahlung der Quarzquecksilberlampe Wände aus Quarzglas oder aus Glas zu durchdringen hatte, d. h. unabhängig von der Wellenlänge. Doch stellte der stationäre Zustand sich im ersten Fall in zwei im letzten Fall in 7 Tagen her. Diese Angaben sind im allgemeinen mit meinen Ergebnissen im Einklang, woraus folgt, daß die bei der Berechnung benutzte Annahme der Konstanz von ϕ jedenfalls nahezu richtig ist. Ein genauerer Vergleich ist nicht möglich, weil die Konzentrationen bei KAILAN andere waren als bei mir. Ein Einfluß der Wellenlänge ist nach meinen Versuchen vorhanden, wenn auch kein bedeutender.

§ 156. 3. Der Einfluß der Konzentration ist nicht groß, doch nimmt ϕ mit wachsender Konzentration bei Fumarsäure zu, bei Maleinsäure ab.

§ 157. 4. Anwendung der Quantentheorie. Wenn jede absorbierende Molekel die Umwandlung erführe, so würde

$10^{-5}\,\phi$ für	λ = 0.207	0.253	0.282
	0.73	0.89	0.99

betragen (VII, § 114). Man bemerkt aber, daß die beobachteten ϕ-Werte sich nur auf $0.03—0.13 \cdot 10^{-5}$ belaufen, daß also nur ein kleiner Teil der absorbierenden Molekeln umgewandelt wird.

Auf Grund dieser Tatsache habe ich mir von dem Vorgang folgende Anschauung gebildet. Man muß sich erinnern, daß ein Quantum eine verhältnismäßig große Energiemenge repräsentiert, welche, jeder Molekel eines einatomigen Gases zugeführt, Temperaturerhöhungen von

[1] A. KAILAN a. a. O.

103600°, 84780° und 76070° hervorbringen würde, je nachdem das Quantum den Wellenlängen 0.207, 0.253 oder 0.282 angehört. Durch die Aufnahme eines solchen Quantums werden daher die Molekelbestandteile weit auseinander getrieben werden, und damit ist die primäre Wirkung der Strahlung beendigt. Es folgt ein von der Strahlung unabhängiger Vorgang, bei welchem die getrennten Teile wieder zusammengehen, ob zu der ursprünglichen Molekel oder zu der isomeren, wird eine Frage der Wahrscheinlichkeit sein, indem die Bestrahlung die verschiedenen Molekeln in verschiedenen Zuständen zurückläßt, und der Versuch lehrt auf diesem Standpunkt, daß die meisten Molekeln in die ursprüngliche Konfiguration zurückkehren, in noch höherem Maße bei der instabileren Maleinsäure als bei der stabileren Fumarsäure[1].

Bei Fumarsäure nimmt ϕ mit wachsender Wellenlänge zu, ein Verhalten, das meines Wissens bei der Photolyse von Lösungen bis jetzt noch nicht beobachtet ist und der Theorie von Einstein qualitativ entspricht. Beim Übergang von $\lambda = 0.253$ zu $\lambda = 0.282$ wächst indessen ϕ für Fumarsäure viel schneller als nach jener Theorie und nimmt für Maleinsäure sogar ab. Es zeigt sich also hier ebenso wie in manchen anderen der in diesen Untersuchungen behandelten Fällen von Photolyse, daß der Einfluß der Wellenlänge auf die photochemischen Wirkungen sich nicht in der Bestimmung der Zahl der absorbierenden Molekeln erschöpft.

Zusammenfassend kann man sagen, daß die photochemische Umwandlung gelöster Isomere ineinander zu denjenigen Fällen gehört, in welchen die erweiterte Quantenhypothese zwar zu quantitativen Bestimmungen nicht führt, aber als einzige theoretische Führerin auf dem Gebiete der Photochemie zur Aufklärung der Vorgänge viel beiträgt.

---

[1] A. Wiegand hat die photochemische Verwandlung der löslichen Modifikation S_λ des Schwefels in die unlösliche amorphe Form S_μ eingehend untersucht (ZS. f. phys. Ch. 77, 423. 1911). Wenn es zutrifft, daß beiden Modifikationen die Molekularformel S_8 zukommt, so hat man es auch hier mit der Umwandlung einer Form in eine andere isomere zu tun. Wiegand findet nun, daß bei einer Absorption von 0.02 g-cal/sc in 60 Minuten aus einer Lösung von S_λ in Benzol 0.0176 g S_μ gebildet wurden. Daraus folgt

$$\phi = 0.0176/8 \cdot 32 \cdot 3600 \cdot 0.02 = 0.0957 \cdot 10^{-5},$$

was der Größenordnung nach den Werten der Tabelle 7 für die Umwandlung von Fumar- in Maleinsäure, also auch der hier gegebenen quantentheoretischen Vorstellung entspricht. Freilich wird dem sehr indirekt ermittelten Wert der absorbierten Strahlung von dem Autor selbst nur orientierende Bedeutung beigelegt.

Ausgegeben am 11. Dezember.

Berlin, gedruckt in der Reichsdruckerei.

1919 LI

SITZUNGSBERICHTE

DER PREUSSISCHEN

AKADEMIE DER WISSENSCHAFTEN

BERLIN 1919

VERLAG DER AKADEMIE DER WISSENSCHAFTEN

IN KOMMISSION BEI DER
VEREINIGUNG WISSENSCHAFTLICHER VERLEGER WALTER DE GRUYTER U. CO.
VORMALS G. J. GÖSCHEN'SCHE VERLAGSHANDLUNG. J. GUTTENTAG, VERLAGSBUCHHANDLUNG.
GEORG REIMER. KARL J. TRÜBNER. VEIT U. COMP.

Aus dem Reglement für die Redaktion der akademischen Druckschriften

Aus § 1.

Die Akademie gibt gemäß § 41, 1 der Statuten zwei fortlaufende Veröffentlichungen heraus: »Sitzungsberichte der Preußischen Akademie der Wissenschaften« und »Abhandlungen der Preußischen Akademie der Wissenschaften«.

Aus § 2.

Jede zur Aufnahme in die Sitzungsberichte oder die Abhandlungen bestimmte Mitteilung muß in einer akademischen Sitzung vorgelegt werden, wobei in der Regel das druckfertige Manuskript zugleich einzuliefern ist. Nichtmitglieder haben hierzu die Vermittelung eines ihrem Fache angehörenden ordentlichen Mitgliedes zu benutzen.

§ 3.

Der Umfang einer aufzunehmenden Mitteilung soll in der Regel in den Sitzungsberichten bei Mitgliedern 32, bei Nichtmitgliedern 16 Seiten in der gewöhnlichen Schrift der Sitzungsberichte, in den Abhandlungen 12 Druckbogen von je 8 Seiten in der gewöhnlichen Schrift der Abhandlungen nicht übersteigen.

Überschreitung dieser Grenzen ist nur mit Zustimmung der Gesamtakademie oder der betreffenden Klasse statthaft und ist bei Vorlage der Mitteilung ausdrücklich zu beantragen. Läßt der Umfang eines Manuskripts vermuten, daß diese Zustimmung erforderlich sein werde, so hat das vorlegende Mitglied es vor dem Einreichen von sachkundiger Seite auf seinen mutmaßlichen Umfang im Druck abschätzen zu lassen.

§ 4.

Sollen einer Mitteilung Abbildungen im Text oder auf besonderen Tafeln beigegeben werden, so sind die Vorlagen dafür (Zeichnungen, photographische Originalaufnahmen usw.) gleichzeitig mit dem Manuskript, jedoch auf getrennten Blättern, einzureichen.

Die Kosten der Herstellung der Vorlagen haben in der Regel die Verfasser zu tragen. Sind diese Kosten aber auf einen erheblichen Betrag zu veranschlagen, so kann die Akademie dazu eine Bewilligung beschließen. Ein darauf gerichteter Antrag ist vor der Herstellung der betreffenden Vorlagen mit dem schriftlichen Kostenanschlage eines Sachverständigen an den vorsitzenden Sekretar zu richten, dann zunächst im Sekretariat vorzuberaten und weiter in der Gesamtakademie zu verhandeln.

Die Kosten der Vervielfältigung übernimmt die Akademie. Über die voraussichtliche Höhe dieser Kosten ist — wenn es sich nicht um wenige einfache Textfiguren handelt — der Kostenanschlag eines Sachverständigen beizufügen. Überschreitet dieser Anschlag für die erforderliche Auflage bei den Sitzungsberichten 150 Mark, bei den Abhandlungen 300 Mark, so ist Vorberatung durch das Sekretariat geboten.

Aus § 5.

Nach der Vorlegung und Einreichung des **vollständigen druckfertigen** Manuskripts an den zuständigen Sekretar oder an den Archivar wird über Aufnahme der Mitteilung in die akademischen Schriften, und zwar, wenn eines der anwesenden Mitglieder es verlangt, verdeckt abgestimmt.

Mitteilungen von Verfassern, welche nicht Mitglieder der Akademie sind, sollen der Regel nach nur in die Sitzungsberichte aufgenommen werden. Beschließt eine Klasse die Aufnahme der Mitteilung eines Nichtmitgliedes in die Abhandlungen, so bedarf dieser Beschluß der Bestätigung durch die Gesamtakademie.

Aus § 6.

Die an die Druckerei abzuliefernden Manuskripte müssen, wenn es sich nicht bloß um glatten Text handelt, ausreichende Anweisungen für die Anordnung des Satzes und die Wahl der Schriften enthalten. Bei Einsendungen Fremder sind diese Anweisungen von dem vorlegenden Mitgliede vor Einreichung des Manuskripts vorzunehmen. Dasselbe hat sich zu vergewissern, daß der Verfasser seine Mitteilung als vollkommen druckreif ansieht.

Die erste Korrektur ihrer Mitteilungen besorgen die Verfasser. Fremde haben diese erste Korrektur an das vorlegende Mitglied einzusenden. Die Korrektur soll nach Möglichkeit nicht über die Berichtigung von Druckfehlern und leichten Schreibversehen hinausgehen. Umfängliche Korrekturen Fremder bedürfen der Genehmigung des redigierenden Sekretars vor der Einsendung an die Druckerei, und die Verfasser sind zur Tragung der entstehenden Mehrkosten verpflichtet.

Aus § 8.

Von allen in die Sitzungsberichte oder Abhandlungen aufgenommenen wissenschaftlichen Mitteilungen, Reden, Adressen oder Berichten werden für die Verfasser, von wissenschaftlichen Mitteilungen, wenn deren Umfang im Druck 4 Seiten übersteigt, auch für den Buchhandel Sonderabdrucke hergestellt, die alsbald nach Erscheinen ausgegeben werden.

Von Gedächtnisreden werden ebenfalls Sonderabdrucke für den Buchhandel hergestellt, indes nur dann, wenn die Verfasser sich ausdrücklich damit einverstanden erklären.

§ 9.

Von den Sonderabdrucken aus den Sitzungsberichten erhält ein Verfasser, welcher Mitglied der Akademie ist, zu unentgeltlicher Verteilung ohne weiteres 50 Freiexemplare; er ist indes berechtigt, zu gleichem Zwecke auf Kosten der Akademie weitere Exemplare bis zur Zahl von noch 100 und auf seine Kosten noch weitere bis zur Zahl von 200 (im ganzen also 350) abziehen zu lassen, sofern er dies rechtzeitig dem redigierenden Sekretar angezeigt hat; wünscht er auf seine Kosten noch mehr Abdrucke zur Verteilung zu erhalten, so bedarf es dazu der Genehmigung der Gesamtakademie oder der betreffenden Klasse. — Nichtmitglieder erhalten 50 Freiexemplare und dürfen nach rechtzeitiger Anzeige bei dem redigierenden Sekretar weitere 200 Exemplare auf ihre Kosten abziehen lassen.

Von den Sonderabdrucken aus den Abhandlungen erhält ein Verfasser, welcher Mitglied der Akademie ist, zu unentgeltlicher Verteilung ohne weiteres 30 Freiexemplare; er ist indes berechtigt, zu gleichem Zwecke auf Kosten der Akademie weitere Exemplare bis zur Zahl von noch 100 und auf seine Kosten noch weitere bis zur Zahl von 100 (im ganzen also 230) abziehen zu lassen, sofern er dies rechtzeitig dem redigierenden Sekretar angezeigt hat; wünscht er auf seine Kosten noch mehr Abdrucke zur Verteilung zu erhalten, so bedarf es dazu der Genehmigung der Gesamtakademie oder der betreffenden Klasse. — Nichtmitglieder erhalten 30 Freiexemplare und dürfen nach rechtzeitiger Anzeige bei dem redigierenden Sekretar weitere 100 Exemplare auf ihre Kosten abziehen lassen.

§ 17.

Eine für die akademischen Schriften bestimmte wissenschaftliche Mitteilung darf in keinem Falle vor ihrer Ausgabe an jener Stelle anderweitig, sei es auch nur auszugs-

(Fortsetzung auf S. 3 des Umschlags.)

1919.

LI.

SITZUNGSBERICHTE

DER PREUSSISCHEN

AKADEMIE DER WISSENSCHAFTEN.

11. Dezember. Gesamtsitzung.

Vorsitzender Sekretar: Hr. Rubner.

1. Hr. Schottky trug vor: Thetafunktionen vom Geschlechte 4. (Ersch. später.)

Die Aufgaben, die in einer früheren Mitteilung (F. Schottky, Geometrische Eigenschaften der Thetafunktionen von drei Veränderlichen. Sitzungsber. 1906) für die Theta vom Geschlechte 3 gelöst sind, werden durchgeführt in dem besondern Fall der Thetafunktionen vom Geschlechte 4, wo unter den geraden Theta eins vorhanden ist, das zugleich mit den Veränderlichen verschwindet.

2. Vorgelegt wurden das Werk von Emil Fischer, Untersuchungen über Depsiden und Gerbstoffe (1908—1919) (Berlin 1919), und Monumenta Germaniae historica, Auctorum antiquissimorum tomi XV, pars III. Aldhelmi opera edidit Rudolfus Ehwald. Fasciculus III. (Berlin 1919.)

3. Zu wissenschaftlichen Unternehmungen haben bewilligt:

die physikalisch-mathematische Klasse dem Privatdozenten Dr. Walter in Gießen für Arbeiten über Vererbung 1200 Mark; der Deutschen physikalischen Gesellschaft als einmaligen Zuschuß für die physikalische Berichterstattung im Jahre 1920 10000 Mark; der Sächsischen Akademie der Wissenschaften als Beitrag zur Teneriffa-Expedition 367 Mark; derselben als Beitrag zur Fortsetzung des Poggendorffschen Handwörterbuchs 1200 Mark;

die philosophisch-historische Klasse dem Professor Dr. August Fischer in Leipzig als zweite Rate des Zuschusses für sein arabisches Wörterbuch 800 Mark; der Kommission für die deutschen Geschichtsquellen des 19. Jahrhunderts 3000 Mark.

Über die Drehung der optischen Symmetrieachsen von Adular und Gips im langwelligen Spektrum.

Von H. Rubens.

(Vorgetragen am 27. November 1919 [s. oben S. 875].)

Im sichtbaren Gebiet zeigen die monoklinen Kristalle im allgemeinen nur geringe Dispersion der optischen Symmetrieachsen. Es war zu erwarten, daß diese Erscheinung in den Resonanzgebieten, in welchen der Brechungsexponent mit der Wellenlänge großen Änderungen unterworfen ist, weit stärker hervortreten würde. In der Tat ergaben die im folgenden mitgeteilten Versuche die Richtigkeit dieser Annahme für das langwellige ultrarote Spektrum. Zugleich führten sie zu einer neuen Prüfung und Bestätigung der elektromagnetischen Lichttheorie.

Bei den Kristallen des monoklinen Systems findet eine Dispersion der optischen Vorzugsrichtungen nur in der (010) Ebene statt; die zu untersuchenden Platten mußten also parallel dieser Ebene geschnitten werden. Bei dem Gips ist diese Bedingung bei Benutzung eines gewöhnlichen Spaltstücks ohne weiteres erfüllt, welches man leicht in der gewünschten Größe erhalten kann. Das mir zur Verfügung stehende Stück war etwa 9 × 11 cm groß und ziemlich eben. Immerhin war die Anforderung, die man an die Güte der Oberfläche stellen konnte, geringer wie bei den meisten Kristallplatten welche früher von Hrn. Liebisch und mir auf ihr Reflexionsvermögen im langwelligen Spektrum untersucht worden sind[1]. Die Absolutwerte des gemessenen Reflexionsvermögens mögen daher bei diesem Material um einige Prozent zu klein ausgefallen sein, was aber auf das Ergebnis der Untersuchung keinen Einfluß hat.

Die verwendete, parallel {010} geschnittene 6 × 6 cm große Adularplatte mußte aus kleinen rechteckigen Stücken mosaikartig zusammengesetzt werden. Diese mühsame Arbeit ist der Firma Dr. Steeg und Reuter so gut gelungen, daß die wegen der Fugen anzubringende

[1] Th. Liebisch und H. Rubens, Diese Berichte 1919, S. 198 u. S. 876.

Korrektion bei der Messung des Reflexionsvermögens vernachlässigt werden konnte.

Um die Richtung der optischen Symmetrieachsen für die untersuchten Strahlenarten des langwelligen Spektrums und zugleich die Werte des Reflexionsvermögens für diese Schwingungsrichtungen zu ermitteln, wurde folgendermaßen verfahren: Man brachte die Kristallplatte auf das Tischchen R der zur Messung des Reflexionsvermögens dienenden Versuchsanordnung (siehe Fig. 1_a und 1_b der von Hrn. Liebisch und mir veröffentlichten Abhandlung, a. a. O. S. 202) und justierte sie derart, daß ihre Oberfläche horizontal und eine auf ihr bezeichnete Vorzugsrichtung dem elektrischen Vektor der auffallenden Strahlung parallel lag. Das Reflexionsvermögen wurde bestimmt, die Platte um $\frac{\pi}{8} = 22\frac{1}{2}°$ in ihrer eigenen Ebene gedreht, die Messung in dieser Lage wiederholt, abermals eine Drehung um $22\frac{1}{2}°$ vorgenommen, wiederum gemessen und so fortgefahren, bis nach 16 Drehungen und Messungen die Platte wieder in ihrer ursprünglichen Lage angelangt war. In den meisten Fällen habe ich mich allerdings mit 8 Messungen begnügt, welche sich über einen Drehungswinkel von 180° erstreckten, da die folgenden 8 Messungen nichts Neues liefern und lediglich zur Kontrolle dienen.

Solche Meßreihen wurden für alle 10 Strahlenarten ausgeführt, für welche das Reflexionsvermögen der Kristalle von Hrn. Liebisch und mir untersucht worden ist[1]. Es handelte sich um folgende Strahlenarten:

1. Reststrahlen von Flußspat durch 6 mm Sylvin filtriert, $\lambda = 22\ \mu$,
2. Reststrahlen von Flußspat und Kalkspat durch 3 mm Bromkalium filtriert, $\lambda = 27\ \mu$,
3. Reststrahlen von Flußspat, durch 0.4 mm Quarz filtriert, $\lambda = 33\ \mu$,
4. Reststrahlen von Aragonit durch 0.4 mm Quarz filtriert, $\lambda = 39\ \mu$,
5. Reststrahlen von Steinsalz durch 0.8 mm Quarz filtriert, $\lambda = 52\ \mu$,
6. Reststrahlen von Sylvin durch 0.8 mm Quarz filtriert, $\lambda = 63\ \mu$,
7. Reststrahlen von Bromkalium durch 0.8 mm Quarz filtriert, $\lambda = 83\ \mu$,
8. Reststrahlen von Jodkalium durch 0.8 mm Quarz filtriert, $\lambda = 94\ \mu$.
9. langwellige Strahlung des Auerbrenners, $\lambda = 110\ \mu$ } isoliert mit Hilfe der Quarzlinsenmethode.
10. langwellige Quecksilberdampfstrahlung, $\lambda =$ etwa $310\ \mu$ }

Die Resultate dieser Meßreihen für Adular und Gips sind in den Tabellen I und II zusammengestellt. Zur Erläuterung dieser Tabellen sei bemerkt, daß die in ihrer ersten Spalte aufgeführten Winkel ϕ

[1] Über die Strahlenarten siehe ferner diese Berichte 1910 S. 26 u. S. 1127, 1911 S. 339 u. 666, 1913 S. 513, 1914 S. 169, 1915 S. 4, 1916 S. 1280.

den Richtungsunterschied zwischen dem elektrischen Vektor der auffallenden Strahlung und einer willkürlich gewählten, deutlich erkennbaren Vorzugsrichtung in der Platte bedeuten. Bei dem Adular war diese Vorzugsrichtung die der Klinoachse parallele Kante PM, welche sich durch feine, geradlinige Sprünge bemerkbar machte, bei dem Gips wurde die scharf hervortretende Richtung des faserigen Bruches gewählt. Die spiegelnden Oberflächen der Kristallplatten waren in beiden Fällen die (0$\bar{1}$0) Ebenen, d. h. man betrachtete die Spaltstücke, auf die Spiegelebenen blickend, von dem linken Ende der Symmetrieachse aus. Als positiver Drehungssinn gilt der Sinn der Uhrzeigerdrehung. In der 2. bis 12. Spalte sind die Reflexionsvermögen angegeben, welche für die untersuchten Strahlenarten in 8 verschiedenen Stellungen der Platten innerhalb der ersten beiden Quadranten beobachtet worden sind. Auf die Bedeutung der letzten 4 Horizontalreihen werde ich weiter unten zurückkommen.

Der Inhalt der Tabellen I und II ist in den Kurven der Figurentafeln 1 und 2 für die meisten der untersuchten Strahlenarten graphisch dargestellt. Als Abszissen sind die Winkel φ von 0° bis 360°, als Ordinaten die Reflexionsvermögen aufgetragen. Es ist jedoch hervorzuheben, daß nur die von 0° bis 180° eingezeichneten Punkte wirklich beobachtet sind. Die zweite Kurvenhälfte zwischen 180° und 360° ist eine genaue Wiederholung der ersten. Diese Verlängerung der Kurven hat sich aus Gründen der Übersichtlichkeit und zur genaueren Bestimmung der Hauptschwingungsrichtungen als nützlich erwiesen. Aus den Kurven der Figuren 1 und 2 wurde für jede Wellenlänge der Maximal- und Minimalwert des Reflexionsvermögens entnommen. Diese Werte sind in den beiden letzten Horizontalreihen der Tabellen I und II wiedergegeben und als R_{Max} und R_{Min} bezeichnet.

Aus der starken Verschiedenheit des größten und kleinsten Reflexionsvermögens für jede der untersuchten Strahlenarten geht hervor, daß der Gips im langwelligen Spektrum erhebliche Doppelbrechung besitzt. Bei dem Adular sind die Unterschiede des maximalen und minimalen Reflexionsvermögens im allgemeinen geringer: sie treten aber dennoch mit genügender Deutlichkeit hervor, um eine genaue Bestimmung der Lage der optischen Symmetrielinien zu gestatten. Der Gips besitzt bei den Wellenlängen 52 μ und 94 μ relativ hohe Werte des Reflexionsvermögens. Bei 52 μ bezieht sich diese Aussage auf beide Strahlen, während bei 94 μ das Maximum zwar besonders hoch, das Minimum aber im Verhältnis zu den Nachbargebieten tief ist. Aus den Reflexionsvermögen für die langwellige Quecksilberdampfstrahlung berechnen sich nach der Fresnelschen Formel die Dielektrizitätskonstanten für Gips $D_{\text{Max}} = \varepsilon_1' = 11.6$ und $D_{\text{Min}} = \varepsilon_2'$

$= 5.4$ sowie für Adular $\varepsilon_1' = 6.2$ und $\varepsilon_2' = 4.8$, welche mit den von W. Schmidt[1] mit Hertzschen Wellen gemessenen $\varepsilon_1 = 9.9$ bzw. $\varepsilon_2 = 5.0$ für Gips und von Hrn. Dubbert ermittelten $\varepsilon_1 = 5.3$ bzw. $\varepsilon_2 = 4.5$ für Adular vollkommen im Einklang sind, wenn man den bisherigen Erfahrungen entsprechend jenseits $300\,\mu$ das Vorhandensein merklicher normaler Dispersion annimmt.

Die Festlegung der optischen Symmetrieachsen geschieht am bequemsten durch Konstruktion der Schwerlinien, welche alle Punkte

Tabelle I.

Adular (0$\bar{1}$0). (St. Gotthard.)

ϕ	22 μ	27 μ	33 μ	39 μ	52 μ	63 μ	83 μ	94 μ	110 μ	Hg-Lampe ungereinigt	Hg-Lampe gereinigt
0°	15.8	15.4	12.0	8.4	7.4	9.6	18.8	16.5	15.7	15.0	14.6
22.5°	17.9	21.7	14.0	10.7	8.5	8.9	15.3	15.0	17.6	16.8	16.4
45°	17.2	26.6	16.5	12.9	9.3	8.45	10.5	13.4	19.0	18.2	17.8
67.5°	14.5	29.8	17.4	14.4	10.0	8.7	8.7	12.9	20.2	18.8	18.1
90°	11.9	27.0	16.5	14.1	9.8	9.05	8.9	12.4	19.2	18.1	17.5
112.5°	10.1	22.1	14.2	12.7	9.0	10.0	11.7	12.9	17.9	16.8	16.2
135°	11.1	16.0	12.0	10.1	8.1	10.6	16.0	14.6	15.8	15.2	14.9
157.5°	13.2	14.0	11.1	8.4	7.3	10.2	18.8	15.8	14.3	14.1	14.0
ϕ_{Max}	+27°	+68°	+67°	+75°	+76°	−43°	−14°	− 6°	+68°	—	+66½°
ϕ_{Min}	−63°	−22°	−23°	−15°	−14°	+47°	+76°	+84°	−22°	—	−23½°
R_{Max}	18.1	29.8	17.5	14.5	10.1	10.6	19.4	16.6	20.3	18.9	18.2
R_{Min}	10.0	14.0	11.0	8.0	7.1	8.4	8.5	12.4	14.3	14.1	14.0

Tabelle II.

Gips (0$\bar{1}$0). (Wimmelburg b. Eisleben.)

ϕ	22 μ	27 μ	33 μ	39 μ	52 μ	63 μ	83 μ	94 μ	110 μ	Hg-Lampe ungereinigt	Hg-Lampe gereinigt
0°	8.5	6.5	11.5	28.3	25.2	23.1	20.3	19.9	18.6	18.4	18.3
22.5°	6.3	5.15	10.3	22.2	25.0	27.0	18.2	15.8	17.2	16.3	15.9
45°	6.2	7.7	12.8	17.6	30.6	30.5	20.0	19.5	19.7	18.9	18.5
67.5°	9.1	11.7	17.8	20.2	36.2	30.7	25.3	27.9	26.2	23.9	22.8
90°	15.8	17.2	23.6	26.6	40.8	28.8	31.7	42.5	34.2	29.2	26.7
112.5°	20.5	19.0	25.4	36.2	39.8	25.1	35.0	45.5	37.3	32.3	29.8
135°	19.9	17.8	23.1	39.0	35.4	21.5	31.8	41.5	34.4	29.2	26.6
157.5°	12.9	11.6	17.5	36.5	29.0	21.2	25.4	[illegible]	26.5	24.4	23.3
ϕ_{Max}	−58°	−67°	−69°	−43°	−81°	+61°	−67°	−67°	−67°	—	−67°
ϕ_{Min}	+32°	+23°	+21°	+47°	+ 9°	−29°	+23°	+23°	+23°	—	+23°
R_{Max}	21.5	20.0	25.5	39.1	41.3	31.4	35.1	45.5	37.4	32.3	29.8
R_{Min}	6.1	5.1	10.2	17.5	24.2	20.6	18.2	15.8	17.0	16.3	15.9

[1] W. Schmidt, Ann. d. Phys. 9. S. 919. 1902.

Fig. 1.

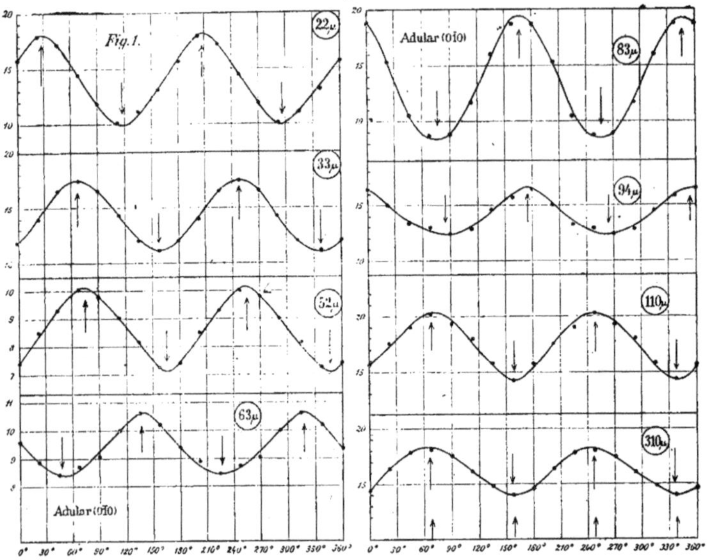
Fig. 1.
Adular (0$\bar{1}$0)
22μ
33μ
52μ
63μ
83μ
94μ
110μ
310μ
0° 30° 60° 90° 120° 150° 180° 210° 240° 270° 300° 330° 360°

Fig. 2.

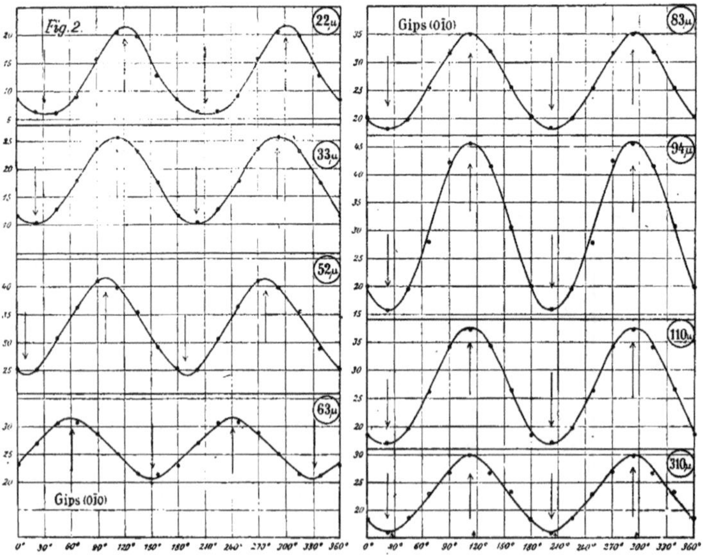
Fig. 2.
Gips (0$\bar{1}$0)
22μ
33μ
52μ
63μ
83μ
94μ
110μ
310μ
0° 30° 60° 90° 120° 150° 180° 210° 240° 270° 300° 330° 360°

verbinden, die, in horizontaler Richtung gemessen, gleich weit von dem aufsteigenden und absteigenden Ast der sinusartigen Reflexionskurve entfernt sind. Die Lage dieser Linien ist mit derjenigen der optischen Symmetrieachsen in der (010) Ebene identisch.

In der viertletzten und drittletzten Horizontalreihe der Tabelle I und II sind für alle untersuchten Strahlenarten die Werte der Winkel ϕ zwischen der von uns gewählten Vorzugsrichtung und den beiden Hauptschwingungsrichtungen, wie sie durch die Schwerlinienkonstruktion ermittelt worden sind, eingetragen. Hierin bedeutet ϕ_{Max} und ϕ_{Min} die spitzen Winkel zwischen unserer Vorzugsrichtung und der ihr benachbarten Schwerlinie, welche nach dem Maximum bzw. dem Minimum der Reflexionskurve hinstrebt. Die Beschränkung auf spitze Winkel bedingt natürlich die Anwendung des positiven und negativen Vorzeichens.

Die Zahlen der Tabellen I und II und die Kurven der Figuren 1 und 2 lassen erkennen, daß im langwelligen Spektrum bei den untersuchten Kristallen sehr große Drehungen der optischen Symmetrieachsen vorkommen[1]. Die Zahl der verwendeten Strahlenarten verschiedener Wellenlänge ist im Verhältnis zur Größe der Richtungsänderungen, welche die optischen Symmetrielinien bei dem Übergang von einer Strahlenart auf die andere zeigen, so gering, daß man ohne weitere Hilfsmittel nicht mit Sicherheit angeben kann, in welchem Sinn diese Drehung stattgefunden hat. Unter der Annahme, daß im allgemeinen die kleinere Drehung die wahrscheinlichere ist, gelangt man zu dem Schluß, daß bei dem Adular die Maxima der Reflexionskurven für die Wellenlängen 22, 27, 33, 39, 52, 110 und 310 μ den Minimis der Reflexionskurven für 63, 83 und 94 μ, bei dem Gips die Maxima bei 22, 27, 33, 39, 52 und 63 μ den Minimis bei 83, 94, 110 und 310 μ entsprechen. Hiernach würde die eine der beiden optischen Symmetrieachsen im Adular für die verschiedenen Wellenlängen die Winkel $\phi = +27°, +68°, +67°, +75°, +76°, +47°, +84°, +68°$ und $+66^1/_2°$, im Gips die Winkel $\phi = -58°, -67°, -69°, -43°, -81°, +61°, +23°, +23°, +23°, +23°$ durchlaufen. Genaueres läßt sich über den Sinn der Drehung mit den hier angewendeten experimentellen Hilfsmitteln nicht aussagen.

Außerhalb des Bereichs metallischer Absorption kann man die Lage der optischen Symmetrieachsen der untersuchten Kristalle auch mit Hilfe von Durchlässigkeitsmessungen ermitteln. Dieses Verfahren ist

[1] Auch im kurzwelligen ultraroten Spektrum zeigen die monoklinen Kristalle in der Nähe der Absorptionsstreifen starke Drehung der optischen Symmetrieachsen, wie aus einer im Berliner physikalischen Institut im Gange befindlichen Untersuchung hervorgeht.

in experimenteller Beziehung viel einfacher als die Reflexionsmethode, aber es ist auf den langwelligsten Teil des Spektrums beschränkt, in welchem die untersuchten Kristalle wieder hinreichende Durchlässigkeit besitzen. Solche Durchlässigkeitsmessungen wurden an einer parallel {010} geschnittenen 0.45 mm dicken Adularplatte sowie an einem abgespaltenen Gipsplättchen von 0.29 mm Dicke für die langwellige Strahlung des Auerbrenners und der Quecksilberlampe vorgenommen.

Tabelle III.

Durchlässigkeit.

ϕ	Adular (0$\bar{1}$0), $d = 0.45$ mm			Gips (0$\bar{1}$0), $d = 0.29$ mm		
	110 μ	Hg-Lampe		110 μ	Hg-Lampe	
		ungereinigt	gereinigt		ungereinigt	gereinigt
0°	13.3	31.1	40.0	24.1	37.7	44.5
22.5°	11.2	27.5	35.6	28.7	42.4	49.2
45°	8.6	22.5	29.4	25.4	38.3	44.8
67.5°	6.6	20.1	26.8	18.2	28.7	33.9
90°	7.9	22.0	29.0	9.7	18.2	23.1
112.5°	10.8	26.9	34.9	5.2	13.5	17.6
135°	12.9	31.0	40.0	8.9	18.7	23.6
157.5°	14.4	32.8	42.0	17.0	29.0	35.0
ϕ Min	+69½°	—	+68°	−65°	—	−67°
ϕ Max	−20½°	—	−22°	+25°	—	+23°

Unter der Durchlässigkeit ist wiederum das direkt beobachtete Verhältnis der hindurchgelassenen zur auffallenden Strahlung ausgedrückt in Prozenten zu verstehen. Diese Größe wurde ebenso wie das Reflexionsvermögen für 8 verschiedene Azimute der auffallenden polarisierten Strahlung gemessen, wobei der Winkel ϕ zwischen dem elektrischen Vektor der Strahlung und der weiter oben festgelegten Normalrichtung in gleichen Intervallen zwischen 0° und 180° variiert wurde. Die Beobachtungsergebnisse sind aus Tab. IV zu ersehen. Eine graphische Darstellung ihres Inhalts liefern die Kurven der Figur 3 und 4, bei welchen die Winkel von 0° bis 360° als Abszissen, die beobachteten Durchlässigkeiten als Ordinaten aufgetragen sind. Auch hier ist, wie bei den Reflexionskurven der Figuren 1 und 2, die zweite Kurvenhälfte von $\phi = 180°$ bis $\phi = 360°$ eine genaue Wiederholung der ersten. Die Lage des Minimums und Maximums der Durchlässigkeitskurven, welche wiederum mit Hilfe der Schwerlinien ermittelt wurde, ist in den letzten beiden Zeilen der Tabelle III angegeben. Bei dem Adular beträgt der Unterschied zwischen der aus Reflexions- und Absorptionsmessungen abgeleiteten Lage der optischen Symmetrieachsen für 110 μ und 310 μ je 1½°, beim Gips 2° bzw. 0°. Eine noch

Fig. 3.

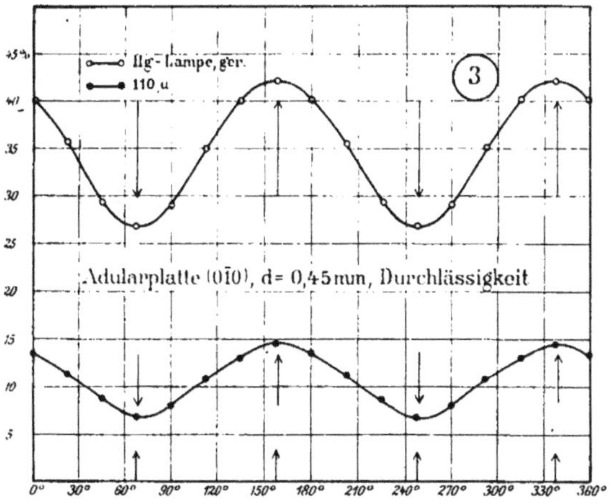

Fig. 4.

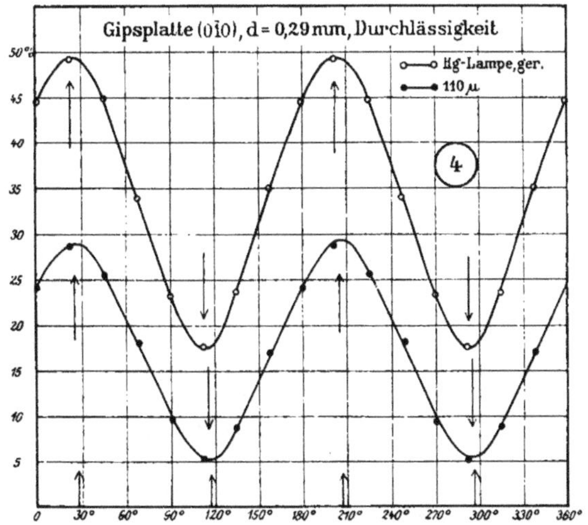

bessere Übereinstimmung durfte man bei der Schwierigkeit dieser Messungen nicht erwarten. Daß dem Maximum des Reflexionsvermögens das Maximum des Absorptionsvermögens, mithin das Minimum der Durchlässigkeit entsprechen würde, war nach den bisherigen Erfahrungen zu vermuten.

Die Drehung der optischen Symmetrieachsen ist bei dem Adular nur in dem zwischen 22 und 110 μ gelegenen Teil des Spektrums und bei dem Gips nur in dem unterhalb 83 μ liegenden Wellenlängenbereich beträchtlich. Dagegen zeigen beide Kristalle im langwelligsten Teile des ultraroten Spektrums, in welchem sie wieder erhebliche Durchlässigkeit besitzen, jene Erscheinung nur noch in geringem Maße. Man wird hierdurch auf die interessante Frage geführt, ob die Lage der optischen Symmetrieachsen für die langwellige Quecksilberdampfstrahlung mit der Richtung der dielektrischen Achsen des Kristalles bereits angenähert übereinstimmt. Diese Beziehung müßte nach der Maxwellschen Theorie erfüllt sein, wenn jenseits 300 μ keine erhebliche Dispersion der optischen Symmetrieachsen mehr stattfindet.

Die Richtung der elektrischen Achsen ist von W. Schmidt für Gips und von Hrn. Dubbert für Adular untersucht worden[1]. Die verwendete Methode besteht in der Ermittelung der Dielektrizitätskonstanten des Kristalls in einer Anzahl von Richtungen. unter Benutzung kleiner planparalleler Platten, welche in verschiedener Orientierung aus dem Kristall geschnitten sind. Die Lage der dielektrischen Achsen und die Größe der Dielektrizitätskonstanten in diesen Vorzugsrichtungen wird dann nach dem Kosinusquadratgesetz berechnet.

Die Ergebnisse, zu denen die Versuche von Hrn. Dubbert und W. Schmidt geführt haben. sind in den folgenden Figuren 5a und 5b durch weit-gestrichelte Linien angedeutet. Die beiden Figuren geben die schematische Darstellung eines Schnittes in der (0$\bar{1}$0) Ebene (von der linken Seite der Symmetrieachse aus gesehen) durch einen Adular- und einen Gipskristall.

Bei dem Adular ist die der Kante PM parallele Klinoachse die Normalrichtung, welche mit der Vertikalachse einen Winkel von 64° bildet. Gegen diese Vertikalachse ist nach den Versuchen von Dubbert die Achse der größten Dielektrizität (ε_1) um $42^1/_2$° geneigt. Bei dem Gips ist die von mir gewählte Normalrichtung der faserige Bruch. welcher einen Winkel von 66° mit der dem muscheligen Bruch parallelen Vertikalachse einschließt. Mit dieser Vertikalachse bildet nach W. Schmidt die Achse der größten Dielektrizität einen Winkel von $102^1/_2$°.

Die beobachteten optischen Symmetrieachsen für die langwellige Quecksilberdampfstrahlung sind als eng gestrichelte Linien in die Figuren 5a und 5b eingezeichnet. Von diesen bilden die Achsen der größten Dielektrizität ε_1' mit meinen »Normalrichtungen« die Winkel

[1] Die Ergebnisse dieser Versuche sind nach den Angaben der Verfasser von Hrn. W. Voigt berechnet und in seinem Lehrbuch der Kristallphysik (B. G. Teubner 1910) S. 459 angegeben.

$\phi = +66^1/_2°$ bzw. $\phi = -67°$. Eine Übereinstimmung mit den weit gestrichelten Linien ist nicht zu erkennen: beide Achsenkreuze sind bei dem Adular um 40°. bei dem Gips um $-76^1/_2°$ gegeneinander geneigt.

Da es sich hier um eine Frage von erheblicher Wichtigkeit handelt, hielt ich es für wünschenswert, die Lage der dielektrischen

Fig. 5.

a b

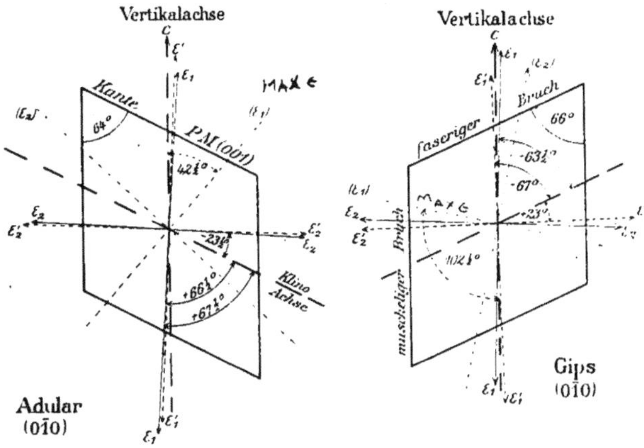

Achsen der beiden Kristalle nach anderen Versuchsmethoden zu ermitteln.

Die Richtung der dielektrischen Achsen in einem doppelbrechenden Medium läßt sich in vielen Fällen mit Hilfe einer bereits vor 70 Jahren von Gustav Wiedemann beobachteten Erscheinung leicht feststellen. Wiedemann fand, daß Lichtenbergsche Figuren auf einer Kristallplatte erzeugt, im allgemeinen nicht rund, sondern elliptisch werden[1]. Er schloß daraus, daß sich die Elektrizität in der Richtung am stärksten ausbreitet, welche sich bei längerer elektrischer Influenz achsial einstellt, und in welcher sich das Licht am langsamsten fortpflanzt. Dieser Schluß ist allerdings nicht zutreffend; die Überlegung und Erfahrung lehrt, daß die lange Achse der Ellipse diejenige der kleinsten Dielektrizität sein muß. Die von Wiedemann beobachtete Erscheinung aber ist für die elektrische Untersuchung der Kristalle von großem Vorteil.

[1] G. Wiedemann, Poggend. Ann. 76, S. 404. 1849, Lehrbuch der Elektrizität, 3. Auflage, 2. Band, S. 66.

Von den Lichtenbergschen Figuren ist besonders die positive für die Feststellung der dielektrischen Achsen geeignet. Zur Erzeugung der Figuren diente das folgende Verfahren: Auf die zu untersuchende Kristallplatte, welche auf einer metallischen, zur Erde abgeleiteten Unterlage ruhte, wurde ein Pfennigstück gelegt und die Platte mit Mennige bestreut. Dann ließ man einen Funken positiver Elektrizität auf das Pfennigstück überspringen, wobei sich die Figur in schönster Weise ausbildet, wenn

Fig. 6.

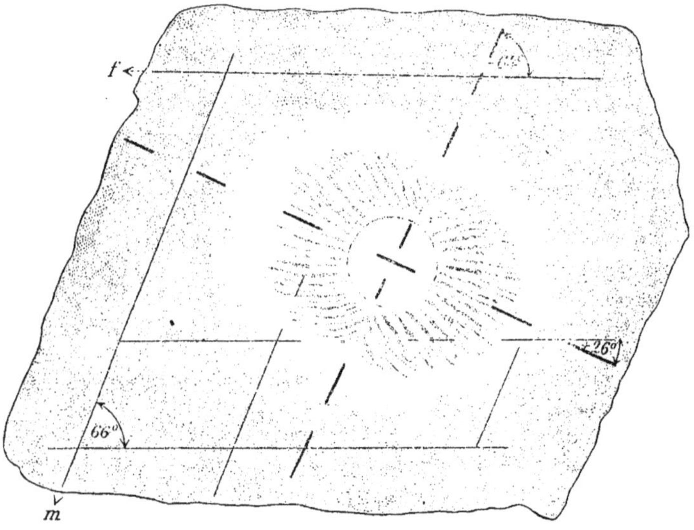

man vorher die Kristallplatte sorgfältig von allen Spuren etwa vorhandener Ladung mit Hilfe einer Flamme befreit hat. In Fig. 6 ist eine solche auf dem von mir verwendeten Spaltstück von Gips erzeugte Lichtenbergsche Figur in natürlicher Größe abgebildet. Der in der Mitte der Figur sichtbare helle kreisförmige Fleck ist die Stelle, welche von dem Pfennigstück bedeckt war. Von da aus erstrecken sich die positiven Büschel, welche in Richtung der kleinsten Dielektrizität am längsten sind. Hier sind sie angenähert geradlinig, an allen anderen Stellen dagegen gekrümmt, und zwar in dem Sinne, daß sie sich mit wachsender Entfernung vom Mittelpunkte der Figur immer mehr der Richtung der kleinsten Dielektrizität zuneigen. In der Achse der größten Dielektrizität, d. i. in der kleinen Achse der Ellipse, sind die Büschel nach beiden Seiten scheitelartig auseinandergekämmt. Diese Erscheinung tritt bei Kristallen mit hinreichender Verschiedenheit der Dielektrizitätskonstanten sehr deutlich hervor und erleichtert die Auffindung der elektrischen Achsenrichtungen außerordentlich. Um die ganze Büschelfigur zieht sich ein elliptischer Ring, welcher von Mennigepulver fast vollkommen frei ist und besonders deutlich hervortritt, wenn man die Platte bei intensiver seitlicher Beleuchtung auf einem schwarzen Hintergrund betrachtet.

Mit Hilfe dieser Figuren läßt sich bei dem Gips die Lage der dielektrischen Achsen mit befriedigender Genauigkeit festlegen. Es wurden 20 Figuren erzeugt und ausgemessen. Die größten Fehler bei der Bestimmung der Winkel der elektrischen Achsen gegen die Richtung des faserigen Bruches waren $\pm 6°$. Man darf daher wohl annehmen, daß der Mittelwert der beobachteten Winkel auf 2° genau ist. Als Endresultat ergab sich $\varphi_1 = -64°$ für die Achse größter Dielektrizität. Dieser Wert findet durch die Angabe von Gustav Wiedemann eine Stütze, welcher fand, daß auf einer natürlichen Gipsplatte der große Durchmesser der elliptischen Figur auf der Richtung der glasigen (muscheligen) Spaltrichtung senkrecht steht. Danach würde die Richtung der größten Dielektrizität mit dieser Spaltrichtung zusammenfallen, welche bekanntlich mit der Richtung des faserigen Bruches in der (010) Ebene einen Winkel von -66 bildet. Wiedemanns Angabe stimmt also mit dem Ergebnis meiner Messungen auf 2° überein.

Bei dem Adular sind die größte und kleinste Dielektrizitätskonstante in der (010) Richtung so wenig voneinander verschieden, daß hier die Lichtenbergschen Figuren ein genaues Erkennen der elektrischen Achsen nicht gestatten. Es wurden deshalb bei diesem Material die Lage der dielektrischen Achsen durch ein anderes Verfahren ermittelt, welches sich an eine von E. Root angegebene Methode anlehnt[1]. Solche Messungen wurden zur Kontrolle der mit Lichtenbergschen Figuren angestellten Beobachtungen auch am Gips vorgenommen.

Parallel zu der Kapazität eines Poulsonschen Schwingungskreises, welcher ungedämpfte elektrische Schwingungen von der Frequenz $1.63 \times 10^5 \text{ sec}^{-1}$ lieferte[2], war ein kleiner Kondensator von 6 cm Plattendurchmesser und 20 mm Plattenabstand derart eingeschaltet, daß die Plattenebene vertikal stand. In der Mitte zwischen den Platten hing an einem äußerst feinen Kokonfaden von 20 cm Länge eine kreisförmige Kristallscheibe von 12 mm Durchmesser und 6 mm Dicke, deren Grundfläche horizontal lag. Die Platte war aus Adular oder Gips parallel

[1] E. Root, Poggend. Ann. 158, 1. 425, 1876.
[2] Die Schwingungszahl wurde mit einem Telefunken-Frequenzmesser bestimmt.

der {010} Ebene geschnitten. Die Normalrichtung, d. h. die Richtung der Kante *PM* in der Adularplatte und diejenige des faserigen Bruches in der Gipsplatte, war durch einen diametralen Strich in der Platte kenntlich gemacht. Die Einstellung dieses Striches relativ zu einer unter dem Kondensator angebrachten Kreisteilung konnte mit hinreichender Sicherheit abgelesen werden, wenn sich das Auge des Beobachters senkrecht über der Mitte der Kristallplatte befand.

Solange keine elektrischen Schwingungen stattfanden, führte die kreisförmige Kristallscheibe sehr langsame, stark gedämpfte Torsionsschwingungen aus, deren halbe Periode etwa zwei Minuten betrug. Sobald jedoch die ungedämpften elektrischen Schwingungen erregt wurden, pendelte die Platte mit einer halben Periode von wenigen Sekunden um eine neue Ruhelage. Durch Beobachtung der Umkehrpunkte wurde diese neue Ruhelage festgelegt und der Winkel bestimmt, welchen die elektrischen Kraftlinien mit der durch die Strichmarke gekennzeichneten Vorzugsrichtung in der Kristallplatte bildeten. Dies ist der zu messende Winkel ϕ_1 für die Achse der größten Dielektrizität. Das Verhältnis der Schwingungsdauern der Kristallscheiben vor und nach Erregung des elektrischen Wechselfeldes betrug für die beiden untersuchten Materialien 15 bis 30. Dies beweist, daß die Richtkraft des Fadens in beiden Fällen mehrere hundertmal kleiner war als diejenige des elektrischen Wechselfeldes. Von einer Korrektion wegen des Torsionsmoments konnte daher abgesehen werden.

Nach dieser Methode wurde durch je 20 gut übereinstimmende Einzelbeobachtungen für die Achse der größten Dielektrizität im Adular der Winkel $\phi_1 = +67^1/_2{}^\circ$ und in Gips $\phi_1 = -63^\circ$ ermittelt. Es ist nicht wahrscheinlich, daß der Fehler bei der Messung dieses Winkels 1 Grad übersteigt, da der mittlere Fehler der Einzelbeobachtungen nur 2 Grad betrug.

Man sieht, daß die für den Winkel ϕ_1 nach den Methoden von Wiedemann und Root erhaltenen Werte bei dem Gips bis auf 1° übereinstimmen. Dagegen ist es mir bei beiden untersuchten Kristallen nicht möglich, die Ergebnisse der Messungen von W. Schmidt und Hrn. Dubbert mit meinen Resultaten in Übereinstimmung zu bringen.

In den Figuren 5a und 5b sind die von mir nach den Methoden von Wiedemann und Root ermittelten elektrischen Achsen durch ausgezogene Linien eingezeichnet[1]. Sie sind mit ε_1 und ε_2 bezeichnet, während die optischen Symmetrielinien für die langwellige Quecksilberdampfstrahlung (eng gestrichelte Linien) mit ε_1' und ε_2', die Achsenrich-

[1] Daß in beiden Fällen die von mir beobachtete Achse größter Dielektrizität angenähert mit der Vertikalachse zusammenfällt, ist wohl nur Zufall.

tungen nach W. Schmidt und Hrn. Dubbert (weit gestrichelte Linien) mit (ϵ_1) und (ϵ_2) bezeichnet sind.

Nehmen wir die hier gefundenen Werte des Winkels ϕ_1 als die richtigen an, so folgt daraus, daß die für die langwellige Quecksilberdampfstrahlung beobachteten Hauptschwingungsrichtungen mit den dielektrischen Achsen fast genau zusammenfallen. Die beobachtete Lage der dielektrischen Achsen ist in den Figuren 1, 2, 3 und 4 durch kleine Pfeile angedeutet, welche unterhalb der für die langwellige Quecksilberdampfstrahlung geltenden Kurve auf der Abszissenachse errichtet sind. Bei dem Adular ist zwischen dem optisch aus Reflexionsmessungen mit Hilfe der langwelligen Quecksilberdampfstrahlung ermittelten und dem elektrisch beobachteten Wert des Winkels ϕ_1 nur eine Differenz von 1½°, bei dem Gips von 3½° vorhanden. Werden neben den Reflexionsmessungen auch die Durchlässigkeitsmessungen zu dem Vergleich mit herangezogen, so verschwindet jene Differenz bei dem Adular fast vollständig, während sie bei dem Gips dieselbe Größe behält. Diese Übereinstimmung der optischen Symmetrieachsen für die langwelligen Wärmestrahlen mit den Achsen größter und kleinster Dielektrizität kann als eine neue Bestätigung der elektromagnetischen Lichttheorie angesehen werden. Wenn auch die Grundlagen dieser Theorie heute allgemein als richtig anerkannt sind, so ist es doch von Interesse festzustellen, an welcher Stelle des Spektrums die optischen Konstanten in die elektrisch gemessenen Werte übergehen. Man sieht, daß dieser Übergang sich, in der Hauptsache wenigstens, in einem Teile des langwelligen Spektrums vollzieht, welcher der Untersuchung durch optische Hilfsmittel noch zugänglich ist. Dasselbe konnte bei den früher geprüften Beziehungen des Reflexionsvermögens zu dem elektrischen Leitvermögen der Metalle und zu den Dielektrizitätskonstanten der festen Isolatoren nachgewiesen werden.

Ich möchte zum Schluß nicht unterlassen, Hrn. Th. Liebisch für seinen stets bereiten freundlichen Rat sowie für die Überlassung wertvollen Materials wärmsten Dank auszusprechen.

Zweiter Beitrag zur Kenntnis der Metalle[1].

Von F. Haber.

(Vorgetragen am 27. November 1919 [s. oben S. 875].)

In der Bornschen[2] Theorie der Wärmetönung ist der Satz enthalten, daß die Reaktionswärme eines doppelten Umsatzes zwischen festen Metallen und ihren festen Salzen

$$[M'] + [M''S] = [M''] + [M'S] + [Q] \tag{1}$$

durch die Differenz der Energien U der beteiligten Stoffe in festem Zustande gegeben ist

$$(U_{M''} - U_{M'}) - (U_{M''S} - U_{M'S}) = [Q]. \tag{2}$$

Dabei ist

$$[Q] = [BW]_{M'S} - [BW]_{M''S}, \tag{3}$$

wo BW die Bildungswärme aus festem Metall und gasförmigem, molekularem Halogen darstellt. Das wesentliche der Vorstellung liegt darin, daß die Energie der Elektronen und der positiven Atomionen im Gaszustande als Null genommen und der Stoff im festen Zustand durch den Energiebetrag U gekennzeichnet wird, der bei seiner Bildung aus Gasionen und freien Elektronen in Freiheit gesetzt wird. Dieses Vorgehen ist völlig analog der üblichen thermochemischen Betrachtungsweise, bei der die Energie der Elemente gleich Null genommen und jede Verbindung durch ihre Bildungswärme, d. h. durch die bei ihrer Entstehung aus den Elementen freiwerdende Energie, gekennzeichnet wird. Die Werte U_M sind für Metalle, die einatomige Dämpfe liefern, als Summe aus der Ionisierungsenergie J und der Sublimationsenergie D_M, also aus zwei bekannten Werten, definiert. Für die Salze gilt die entsprechende Definition als Summe von Dissoziationsenergie X und Sublimationswärme D_{MS}, aber die Werte von X sind unbekannt, und über

[1] Erster Beitrag, diese Ber. 1919, S. 506.

[2] Verh. d. D. Phys. Ges. 1919, S. 13 und S. 533, soweit eine gleichzeitig daselbst erscheinende Mitteilung, deren Korrektur mir durch Hrn. Borns Freundlichkeit zugänglich war.

D_{MX} ist unser Wissen sehr dürftig. An dieser Stelle tritt die Bornsche Theorie ein, die die Berechnung von U für die Salze aus dem Volumen mit Hilfe der Kenntnis ihrer Gitteranordnung unternimmt.

Der Fortschritt, den uns die Kenntnis der Energie in festem Zustand bringt, ist groß und greift in viele physikalische Zusammenhänge ein. Die Unsicherheit ist vorerst darin begründet, daß die Berechnung der Energie U aus dem Volumen allein mit Hilfe der Bornschen Überlegungen, obwohl sie unzweifelhaft ein großes Stück Wahrheit enthält, schwerlich mehr als eine Annäherung darstellt, die in manchen Fällen besser, in anderen schlechter den Tatsachen gerecht wird, ohne daß wir im voraus diese Fälle sicher zu kennzeichnen vermöchten.

Zur Erläuterung gebe ich in Tabelle 1 Werte in Kilogramm-Kalorien von U unter a für die Metalle, wie sie in meinem ersten Beitrag (in erg) abgeleitet und begründet sind, unter b für die Chloride, unter c für die Bromide, unter d für die Jodide, wie sie für diese drei Stoffgruppen Born berechnet hat (für RbCl und NaBr von Fajans[1] verbessert). Die Bornschen Werte für die Calciumsalze lasse ich weg, weil die Madelungsche Konstante für das Flußspatgitter, auf der die Zahlen beruhen, nach mündlicher Mitteilung von Hrn. Sommerfeld einer Neuberechnung bedarf. Wie man ohne weiteres sieht, führt eine sichere Kenntnis von U für den Flußspat zur Kenntnis der Energie des zweiwertigen Metalles und seiner anderen Salze, indem man Gleichung (2) auf Reaktionen ein- und zweiwertiger Stoffe anwendet. Bei den Thalliumsalzen und Silbersalzen füge ich in Klammern die Werte von U bei, die sich aus den U-Werten der Kaliumsalze nach (2) unter der Voraussetzung berechnen, daß die U-Werte für die Metalle Kalium und Thallium bzw. Kalium und Silber richtig abgeleitet sind.

Tabelle 1.

	a	b	c	d
1. Lithium	155	179	167	153
2. Natrium	140	182	171	158
3. Kalium	123	163	155	144
4. Rubidium	117	155	—	—
5. Cäsium	109	156	150	141
6. Silber	243	(207)	(202)	(198)
7. Thallium	206	169 (189)	163 (184)	151 (177)

[1] Verh. d. D. Phys. Ges. 1919. S. 539 und 549.

Zur Beurteilung der Annäherung, mit der die nicht eingeklammerten Zahlen der Wahrheit entsprechen, kann man verschiedene Wege gehen. Der erste besteht in der Anwendung der Gleichungen (2) und (3). Er ergibt bei den Natriumsalzen eine deutliche, bei den Thalliumsalzen eine grobe Abweichung. Bei den Natriumsalzen liefert die Berechnung von $[Q]$ aus den U-Werten der Metalle und Salze ziemlich übereinstimmend rund 8 kg Kal. weniger, bei den Thalliumsalzen rund 23 kg Kal. mehr als die Berechnung aus den Bildungswärmen. Für die Thalliumsalze ist die Abweichung aus dem Vergleich der geklammerten und nichtgeklammerten Zahlen in Tab. 1 ersichtlich. Zu demselben Resultat führt die Berechnung der Elektronenaffinitäten E für Chlorion, Bromion, Jodion, nach der Gleichung

$$E = J + [BW]_{MS} + D_M + 0.5\ S_2 - U_{MS}, \qquad (4)$$

in welcher $0.5\ S_2$ die halbe Bildungswärme eines Moles des beteiligten Halogens im Gaszustande aus Atomen (alle Werte bei 0° abs.) bedeutet. Da $J + D_M$ die Energie des Metalls darstellt, so wird durch diese Gleichung die Energie des Salzes aus der des Metalls mit Hilfe der Elektronenaffinität und der thermochemischen Daten bestimmt. Hr. Fajans (a. a. O.) benutzt einen dritten Weg, indem er nach Brönstedts[1] Vorschlage die Größe $[Q]$ für den doppelten Umsatz von vier Salzen zweier Metalle, ohne Beteiligung der letzteren, einmal aus den Lösungswärmen und das andere Mal aus den vier Werten U_{MS} berechnet. Seine Resultate sind unvergleichbar günstiger. Dies kann zwei Gründe haben. Einerseits gehen bei seinem Vorgehen die U_M-Werte nicht in die Rechnung ein, so daß alle Fehler derselben ohne Wirkung sind; andererseits fallen alle gemeinsamen Abweichungen heraus, die die Halogenide desselben Metalles von der Bornschen Theorie aufweisen. Bei näherem Zusehen kann für die Natriumsalze nicht zweifelhaft sein, daß die erste Möglichkeit ausgeschlossen ist, da die Ionisierungsenergie aus dem Ende der spektralen Hauptserie mit voller Genauigkeit bekannt ist und die möglichen Fehler der Sublimationswärme des Metalles für die auftretende Unstimmigkeit nicht ausreichen. Bei den Thalliumsalzen liegt es, wenn auch nicht sicher, so doch wahrscheinlich ebenso wie bei den Natriumsalzen. Zwar fehlt hier die Kenntnis der Hauptserie und ihres Endes, dessen quantenmäßige Energie der aus dem Elektronenstoßversuch von Foote und Mohler[2] bestimmten Ionisierungsspannung entspräche, und man kann mangels dieser Bestätigung das Ergebnis von Foote und Mohler für ein Volt zu hoch halten, wie es die Bornsche Theorie

---

[1] Zeitschr. f. phys. Chemie **56**, 663 (1906); vgl. auch Ann. d. Physik **26**, 965 (1908).
[2] Phil. Mag. **37**, 46, 1919.

fordern muß. Aber die Angaben von FOOTE und MOHLER bieten keinen Anhalt für eine solche Annahme. Ihre Arbeit drängt den Leser zu der Vorstellung, daß es zwei Resonanzlinien des Thalliums gibt, von denen die eine durch das FOOTE- und MOHLERsche Resonanzpotential von 1.07 Volt definiert, die andere durch die grüne Thalliumlinie gegeben ist, und daß von beiden noch unbekannte Systeme einfacher Serienlinien gegen den gemeinsamen Endpunkt bei 59000° A (7 3 Volt) laufen. Wenn dieser Standpunkt von FOOTE und MOHLER richtig ist, so reicht die BORNsche Theorie für die Thalliumsalze nicht aus. Eine gleich grobe Abweichung ergibt sich bei den Silbersalzen, von denen Chlorsilber und Bromsilber ebenso wie Chlornatrium und Bromnatrium in Würfeln zu kristallisieren vermögen, so daß ihre Berechnung nach BORN zulässig erscheint, wenn auch ihre Neigung zu amorphem Auftreten gewisse Bedenken weckt. (Beim hexagonalen Jodsilber gilt diese Berechnung nicht.) Dabei liefert Chlorsilber 184 kg Kal. statt 207 kg Kal. (vgl. Tab. 1) und Bromsilber 177 kg Kal. statt 202 kg Kal. (vgl. Tab. 1). Bei den einwertigen Metallen folgen also nur die Alkalihalogenide der BORNschen Theorie mit erheblicher Annäherung.

Ein weiterer Weg zu den Energien der Salze im festen Zustand besteht in der Ermittlung der Daten, auf denen unsere Kenntnis der Energie der Metalle beruht, also auf der Sublimationsenergie der Salze und der Dissoziationsenergie ihrer Dämpfe. Eine vorläufige Betrachtung darüber habe ich an anderer Stelle angestellt[1]. Sie führt zu der Arbeitshypothese, daß die Ionisierungsspannungen der einwertigen Metalle mit den Dissoziationsspannungen der zugehörigen Halogeniddämpfe annähernd zusammenfallen. Führen wir diese Größen in Gleichung (2) ein, so entsteht[2]

$$[(J_{M''}-X_{M''s})-(J_{M'}-X_{M's})]+[(D_{M''}-D_{M''s})-(D_{M'}-D_{M's})]=[Q] \quad (5)$$

und die erwähnte Hypothese besagt, daß von den beiden in eckigen Klammern geschlossenen Termen der erste als Ganzes, ebenso wie die beiden in runde Klammern geschlossenen Teile, aus denen er besteht, einzeln, von Null wenig verschieden sind. Diese Vermutung wird ihrer Bedeutung nach klarer, wenn wir sie erweitert in der Form aussprechen, daß die Verbindung eines Halogenatoms mit dem Elektron zum Gasion eine Energie liefert, die nur um einen geringen Bruchteil ihres Wertes von dem Energiebetrage abweicht, der bei der Verbindung desselben

[1] Erscheint gleichzeitig in den Verh. d. D. Phys. Ges. 1919.

[2] Bei der Anwendung auf die Silbersalze ist unter D_{Ms} wegen des doppelt molekularen Dampfes die Summe aus der Bildungswärme von $^1/_2$ Ag_2Cl_2 (Gas) aus AgCl (Gas) und der Sublimationsenergie von $^1/_2$ Ag_2Cl_2 zu verstehen. Vgl. BILTZ und V. MEYER, Ber. d. D. Chem. Ges. **22**, 725 (1889).

Halogenatoms mit einem einwertigen dampfförmigen Metallatom zu Salzdampf (bei 0° abs.) entbunden wird.

Um über diesen Sachverhalt hinauszugelangen, kehre ich zu den Entwicklungen des ersten Beitrages zurück, nach denen

$$J + D = Nh\nu_s + x$$

ist. Ich sehe aber von der Verfolgung des Gedankens vorerst ab, daß an der Grenzfläche des Metalls gegen das Vakuum beim absoluten Nullpunkt ein Voltapotential besteht, welches die Austrittsenergie der positiven gleich der der negativen Gitterbildner des Metalls macht. Die Auffassung des selektiven Photoeffekts als einer wichtigen Materialkonstante und seine Rückführung auf die Eigenfrequenz bleiben davon unberührt. Dagegen stelle ich die Vorstellung bis auf weiteres zurück, daß die neutrale Verdampfung des Metalls in der Nähe des absoluten Nullpunktes nur zustande kommen kann, wenn ein Voltapotential vorhanden ist, welches den Arbeitsaufwand $Nh\nu_s$ zu $\frac{1}{2}(J+D)$ verkleinert, den Arbeitsaufwand x auf $\frac{1}{2}(J+D)$ hinaufsetzt. Bei der Benutzung der Ionendispersion zur Ableitung der Hydratationsenergie der Ionen tritt nämlich eine Unsicherheit wegen des Voltapotentials Lösung/Gasraum auf. Aus diesem Grunde sehe ich für diese erste Behandlung der Sache von der Berücksichtigung der Voltapotentiale ab, obwohl die Zahlenwerte der Hydratationsenergie der Ionen dadurch erheblich beeinflußt werden mögen[1].

Ich teile zunächst die Werte für die Sublimationsenergie x der positiven Metallionen beim absoluten Nullpunkt mit, die aus meinen früheren Zahlen hervorgehen.

Tabelle 2.

Metall	x erg. 10^{+12}	x kg Kal.	$Nh\nu_s$ kg Kal.
Li	2.19	52	103
Na	2.31	55	85
K	2.38	57	66
Rb	2.37	57	60
Ag	2.32	55	188
Tl	3.51	83	123

[1] Das Voltapotential Metall/Vakuum braucht nicht durch eine Doppelschicht bedingt zu sein, deren eine Belegung dem Metall, die andere dem Vakuum angehört. Das Voltapotential kann seinen Sitz vollständig in den Metallgrenzschichten haben, wenn diese die von E. Madelung (Physik. Zeitschr. 1919, S. 494) für die Salzgitter sehr schön erläuterte Verzerrung aufweisen. Bei dieser Auffassung wird unmittelbar anschaulich, daß die Übergangsenergie der Elektronen von einem Metall zum andern an der Kontaktstelle beider der Energie gleich ist, die beim Übergang von einem Metall in das Vakuum und aus dem Vakuum in das andere Metall aufgewandt oder ge-

Die Sublimationsenergie fasse ich als Summe aus der Hydratationsenergie w_M und der Ionisierungsenergie j_m auf.

$$x = w_M + j_m. \tag{6}$$

Dabei ist w_M positiv zu nehmen, wenn die Übertragung des Gasions in eine wäßrige Lösung (die zur Erhaltung der Elektroneutralität gleichzeitig an andrer Stelle, etwa durch elektrische Abladung, ein positives Ion gleicher Wertigkeit verliert) Wärme liefert. Ferner ist j_m die Wärme, welche auftritt, wenn ein Metallion an der Elektrode zur Abscheidung als Metall gebracht wird. Sie deckt sich nach Begriff und Vorzeichen mit der negativ genommenen OSTWALDschen[1] Ionisationswärme und ist mit dem Einzelpotential E (in Volt) an der Elektrode verknüpft durch

$$j_m = 23\left(-E + T\frac{\partial E}{\partial T}\right),$$

wenn das Einzelpotential absolut gemessen und sein Vorzeichen auf die Lösung bezogen wird. Der Differentialquotient nach der Temperatur ist bei konstanter Konzentration der beteiligten Ionen zu nehmen.

Der wesentliche Punkt, den die Gittertheorie der Metalle der Theorie der galvanischen Kette hinzufügt, ist die Angabe der Energieänderung an der Kontaktstelle heterogener Metalle.

In der Kette

$$K\ K^{\cdot} : Ag^{\cdot}\ Ag,$$

in welcher die Reaktion

$$K + Ag^{\cdot} = K^{\cdot} + Ag$$

abläuft, ist der Sitz der Energie nicht mehr grundsätzlich an den beiden Elektroden allein zu suchen, sondern es tritt an der Berührungsstelle beider Metalle ein dritter Spannungssprung auf, dessen Wert sich für zwei einwertige Metalle in der Richtung des negativen, durch die metallische Leitung fließenden Stromes, also im Beispiel (bei Vernachlässigung des Voltapotentials Metall/Vakuum) in der Richtung Kalium ⟶ Silber gleich dem Betrage

$$-Nh\nu_e' + Nh\nu_e'' = -66 + 188 = 122 \text{ kg Kal.}$$

---

wonnen wird, wie es der Fall sein muß. Die Verhältnisse des Voltapotentials bei den Salzgittern und Metallgittern sind eng durch die Überlegungen und Messungen verknüpft, die ich in Gemeinschaft mit R. BEUTNER früher (Ann. d. Physik, Bd. 26, 947, 1908) mitgeteilt habe. Ich verweise noch auf die kurze Behandlung des oben im Texte erörterten Gedankens in dem gleichzeitig erscheinenden Hefte der Verhandlungen der Deutschen Physikalischen Gesellschaft.

[1] Zeitschr. f. phys. Chemie Bd. 11, S. 501 (1893).

berechnet. Dies folgt ohne weiteres aus der Überlegung, daß die Elektronen das Kalium mit dem Energieaufwand —66 kg Kal. (für N Elektronen) verlassen, während sie mit Entbindung von 188 kg Kal. in das Silber eintreten.

Nun ist die Energie der Kette insgesamt, wie wieder ohne weiteres einleuchtet,

$$-U_{K} + w_{K^{\cdot}} + U_{Ag} - w_{Ag^{\cdot}} = Q, \qquad (7)$$

wo Q die Wärmetönung des Umsatzes bedeutet, die sich aus der Bildungswärme eines völlig dissoziierten Kaliumsalzes, vermindert um die eines gleichen Silbersalzes zu 88 kg Kal., berechnet. Denn durch Aufwand von U_K geht ein Mol Kalium in positive Gasionen und Elektronen über, durch Aufwand von $w_{Ag^{\cdot}}$ ein Mol gelöster Silberionen in Gasionen. Die Elektronen im Gasraum treten mit gasförmigen Silberionen zu festem Metall unter Produktion der Energie U_{Ag} zusammen, während die Kaliumionen mit Lieferung von $+w_{K^{\cdot}}$ in die Lösung treten. Mit Hilfe dieser Beziehung können wir bei bekannter Energie der Metallgitter die Hydratationswärmen w_M aus einem einzelnen bekannten Werte berechnen. Die Energieänderungen an den Einzelelektroden aber werden schließlich

$$x_{Ag^{\cdot}} - w_{Ag^{\cdot}} = j_{Ag^{\cdot}} \qquad (8)$$

und

$$-x_{K^{\cdot}} + w_{K^{\cdot}} = -j_{K^{\cdot}}. \qquad (8a)$$

Mit Hilfe dieser Beziehung kann man die Ionisierungsenergien auseinander ableiten, wenn man ihrer eine kennt. Doch ist das dabei zu wählende Vorgehen von dem Ostwaldschen verschieden. Ostwald setzt (in dem hier benutzten Zeichen)

$$j_{Ag} = Q + j_{K^{\cdot}}. \qquad (9)$$

Damit erhält er z. B. aus $j_{Ag} = 26$ kg Kal. mit $Q = 88$ kg Kal. den Wert $j_K = 62$ kg Kal. Nach der hier entwickelten Vorstellung ist

$$j_{Ag} = Q + (Nh\nu_{K} - Nh\nu_{Ag}) + j_{K}, \qquad (9a)$$

also um 122 kg Kal. abweichend.

Der nächste erforderliche Schritt besteht in der Erlangung eines Hydratationswertes $w_{M^{\cdot}}$ für ein einzelnes Kation. Hr. Fajans (a. a. O.) hat ausgeführt, daß man die Summe für ein Kation und ein Anion erhält, indem man für ein Salz die Summe aus der Lösungswärme L und der Energie im festen Zustand U nimmt. Er hat ferner auf demselben Wege die Differenzen $w_{M^{\cdot}} - w_{M^{\cdot\cdot}}$ erhalten. Seinen Rechnungen

[1] Phil. Mag. 1913, I, 592.

liegt die Bornsche Theorie der Salze als Voraussetzung zugrunde. Seinen Versuch, mittels des Ostwaldschen Nullpotentials zu den Einzelwerten zu gelangen, kann ich nach dem Vorstehenden nicht für erfolgreich ansehen.

Um eine Vorstellung von der Lage eines Einzelwertes zu erhalten, erscheint es möglich, von dem auffallenden Zusammenhang auszugehen, den die U-Werte mit der quantenmäßigen Energie des Lichtes der ultravioletten Eigenfrequenz bei den Chloriden aufweisen. Im Gaszustande tritt dieser Zusammenhang beim Chlorwasserstoff scharf hervor, für den Clive Cuthbertson[1] die Eigenwellenlänge nach Helmholtz-Ketteler zu 918.67 °A berechnet. Diese Zahl entspricht $Nh\nu = 309$ kg Kal., während die Dissoziationsenergie des Gases, d. h. die Energieänderung seiner Gasionen, beim Zusammentritt zum Gasmolekül sich auf Grundlage der Bornschen Theorie aus den Eigenschaften der Alkalichloride zu 311 kg Kal. berechnet. Dasselbe Resultat habe ich (a. a. O.) aus einem elektromechanischen Modell mit Hilfe der Bjerrumschen Theorie für das Trägheitsmoment der Chlorwasserstoffrotation erhalten. Die Übereinstimmung besagt, daß das Dispersionsspektrum in eine Spaltung des heteropolaren Gasmoleküls in seine Ionen ausläuft. Dieser Zusammenhang ist bei dem elektromechanischen Modell, das ich berechnet habe, auch recht anschaulich. Dasselbe stellt das Chlorion als einen Bornschen Würfel aus 8 Elektronen dar, in welchem der siebenfach positive Kern exzentrisch auf einer Geraden sitzt, die durch den Würfelmittelpunkt und zwei Würfelflächenmitten hindurchgeht. Auf derselben Geraden sitzt außerhalb des Würfels der positive Punkt, das H-Ion. Eine elektromagnetische Einwirkung, die den siebenfach positiven Kern längs dieser Geraden in den Würfelmittelpunkt verschiebt, zwingt das H-Ion, längs der Geraden in das Unendliche abzuwandern. Ohne auf diese Deutung des Zusammenhanges näher einzugehen, wollen wir zusehen, ob er sich bei den festen Chloriden wiederfindet. Legen wir dazu die aus Dispersionsmessungen am Sylvin und Steinsalz von Martens[1] berechneten Eigenfrequenzen zugrunde, so ergibt sich

	$Nh\nu_e$	U (Born)
ClK	182	182 kg Kal.
ClNa	177	163 kg Kal.

Die beim gasförmigen Chlorwasserstoff bemerkte Übereinstimmung findet sich also bei den festen Chloriden wieder. Zu demselben Resultat gelangt man, wenn man von der ultraroten Reststrahlfrequenz ausgeht und daraus die ultraviolette mit Hilfe einer Beziehung ableitet, die ich früher

[1] Ann. d. Physik 6. 603 (1901). 7. 459 (1902); vgl. Heydweiller. Ann. d. Physik 41. 535 (1913), Abs. 3.

angegeben und neuerdings mit einer Verbesserung versehen habe. Sie lautet

$$\nu_{\text{violett}} = \nu_{\text{rot}} \cdot 42.81 \sqrt{(4y'y'')M}\,. \tag{10}$$

y' und y'' sind die Bruchteile, die das Molekulargewicht des Anions ($y'M$) und des Kations ($y''M$) vom Molekulargewicht (M) des binären Salzes ausmachen. Ist y' gleich y'' gleich $1/2$, also die Masse der Ionen gleich, so entsteht aus (10) der früher von mir benutzte Ausdruck. Zum Verständnis der Formel empfiehlt sich, auf die Bornschen Ausführungen über die Kohäsionskräfte der festen Körper (a. a. O.) zurückzugehen, die für die ultrarote Eigenfrequenz des Gitters den Ausdruck liefern

$$\nu^2_{\text{rot}} = \left(\frac{1}{m_1} + \frac{1}{m_2}\right)\frac{e^2}{\delta^3} f(n)\,,$$

wo δ die Gitterkonstante, e die Elementarladung, m_1 und m_2 die Masse der beiden Ionen und $f(n)$ eine reine Zahl bedeutet, die Born aus den Gittereigenschaften (näherungsweise) herleitet. Dieser Ausdruck läßt sich mit Einführung des Molekulargewichts (M' und M'') der Ionen und des Molekularvolumens V des Salzes schreiben,

$$\nu^2_{\text{rot}} = \frac{1}{4}\left(\frac{1}{M'} + \frac{1}{M''}\right) \cdot \frac{e^2 N^2}{V} f(n)\,, \tag{11}$$

während für die ultraviolette Eigenfrequenz die Dimensionalformel gilt (μ = Masse eines Elektrons)

$$\nu^2_{\text{violett}} = \frac{1}{N\mu}\,\frac{e^2 N^2}{V}\,\text{const.} \tag{12}$$

Setzt man nun willkürlich die Dimensionalkonstante in (12) gleich $f(n)$ in (11), so entsteht durch Division

$$\nu_{\text{violett}} = \nu_{\text{rot}}\, 42.81 \sqrt{\frac{4M'M''}{M'+M''}}\,. \tag{10a}$$

Die Formeln (10a) und (10) sind identisch. Die Formel bringt also eine gleichmäßige Abhängigkeit beider Frequenzen vom Volumen zum Ausdruck. Berechnen wir nun einerseits die Energie des Gitters nach Born aus dem Volumen, andererseits die quantenmäßige Energie der ultravioletten Eigenfrequenz, die wir eben als den zur Trennung in die Ionen erforderlichen Energiebetrag bei den Chloriden erkannt haben, so finden wir eine befriedigende Übereinstimmung. Beim Chlorkalium und Chlornatrium sind die Zahlen

	$Nh\nu_v$ mit 10	U (Born)
NaCl	173	182 kg Kal.
KCl	165	163 kg Kal.

Nun vollziehen wir den Übergang von den Gasionen Cl' und $K^{\cdot}$ zum festen Salz, den die Energieänderung $Nh\nu_0$ begleitet, in zwei Stufen, indem wir erst die Ionen in eine unendliche Menge Wasser eintreten lassen und sie dann mit Aufwand der Lösungswärme als festes Salz aus dem Wasser herausnehmen. Dies liefert, wie FAJANS schon angegeben hat,

$$U = -L + w_{\text{Anion}} + w_{\text{Kation}}. \tag{13}$$

Die Dispersionsmessungen und Berechnungen, die LÜBBEN[1] den wäßrigen Chloridlösungen gewidmet hat, aber lehren, daß bei diesem Vorgehen die Energieänderung wesentlich durch w_{Anion} bedingt wird. Denn LÜBBEN findet für die Chloride der Alkalien in ihren verdünnten Lösungen eine vom Kation unabhängige Eigenwellenlänge von 165 $\mu\mu$, die $Nh\nu = 172$ kg Kal. entspricht. Das Resultat ist, wenn kein Voltapotential gegen das Vakuum in Betracht kommt, schwer anders zu verstehen, als daß

$$w_{Cl'} = 172 \text{ kg Kal.}$$

beträgt. In Berücksichtigung der wohlbekannten kleinen Werte der Lösungswärmen folgt, daß die Hydratationsenergie des gasförmigen Kaliumions von Null wenig verschieden ist. Die Ionisationsenergie ist dementsprechend aus (6) leicht zu entnehmen. Die Hydratationswärme des Wasserstoffatomions ergibt sich auf derselben Grundlage aus der Dissoziationsenergie des gasförmigen Chlorwasserstoffs (311 kg Kal.) und der Lösungswärme des Gases in unendlich viel Wasser (17 kg Kal.) zu 328 — 172, d. i. 156 kg Kal.[2].

Dem Vergleich mit dem OSTWALDschen Nullpotential ist zur Zeit unsere Unkenntnis der für festes Quecksilber geltenden Werte von U und x im Wege.

Man kann dieselbe Überlegung für die Bromide und Jodide anstellen. Für die Gase zeigt sich dabei eine Abweichung der von BORN berechneten Dissoziationsenergie von dem aus CUTHBERTSONS Dispersionsmessungen nach HELMHOLTZ-KETTELER abgeleiteten Wert, die für Bromwasserstoff schon merklich und für Jodwasserstoff grob ist. Für die wäßrigen Lösungen berechnet LÜBBEN vom Kation unabhängige Eigenwellenlängen des Bromions und Jodions, die $\lambda_{Br} = 186\,\mu\mu$ und $\lambda_J = 207\,\mu\mu$ ($\lambda_F = 100\,\mu\mu$ für Fluorion) betragen und damit auf $Nh\nu_{Br} = 152$ kg Kal.,

[1] Ann. d. Phys. **44**, 977 (1914).

[2] Es ist leicht zu sehen, daß sich aus dieser Zahl die Energieänderung für den Übergang eines Moles gasförmigen Wasserstoffs in $2\,H^{\cdot}$ gelöst zu $-392 + 2\,Nh\nu_x$ kg Kal. ergibt, wo ν_x vom Elektrodenmaterial abhängt. Durch Verbindung mit der Energie der Wasserbildung und Wasserionisation ergibt sich der Ausdruck für die Sauerstoffelektrode, $\frac{1}{2}\,O_2 + H_2O = 2\,OH' + 434 - 2\,Nh\nu_x$.

$Nh\nu_{J'} = 137$ kg Kal. ($Nh\nu_{F'} = 284$ kg Kal.)[1] führen. Diese Werte ergeben mit den Zahlen der Tabelle 1 für die Alkalibromide und -jodide und mit den Lösungswärmen dieser Salze, in Gleichung (13) eingeführt, übereinstimmend dasselbe Bild (Tabelle 3). Aber die Hydratationsenergie desselben Kations, abgeleitet aus den Chloriden, Bromiden und Jodiden, kommt nicht genau gleich heraus, sondern variiert um einige Kalorien. Dies liegt wohl an den Lübbenschen Zahlen, die nach ihrer Herleitung ein genaueres Resultat auch schwerlich erwarten lassen. Diese Unsicherheit geht in die Werte der Hydratationswärmen der anderen einwertigen Metallionen ein, die wir mit Hilfe der Gleichung (7) aus dem Werte für das Kaliumion leicht errechnen können.

Tabelle 3.

Chloride.

$$U_{Born} + L - Nh\nu_{Cl'\,gel.} = w_M.$$

Kalium	163	− 4	− 172	= − 13
Natrium	182	− 1	− 172	= + 9
Lithium	179	+ 8	− 172	= + 15

Bromide.

$$U_{Born} + L - Nh\nu_{Br'\,gel.} = w_M.$$

Kalium	155	− 5	− 152	= − 2
Natrium	171	− 0	− 152	= + 19
Lithium	167	+ 11	− 152	= + 26

Jodide.

$$U_{Born} + L - Nh\nu_{J'\,gel.} = w_M.$$

Kalium	144	− 5	− 137	= + 2
Natrium	158	+ 1	− 137	= + 21
Lithium	153	+ 15	− 137	= + 31

	Chloride	Bromide	Jodide
$w_K - w_{Na}$	+ 22	+ 21	+ 19
$w_K - w_{Li}$	+ 28	+ 28	+ 29

Um den Zusammenhang der von Born berechneten Gitterenergie mit der quantenmäßigen Energie der nach (10) erhaltenen Eigenfrequenzen deutlich zu machen, stelle ich schließlich noch die bezüglichen Werte zusammen.

Die Übereinstimmung ist nur bei den Silbersalzen unbefriedigend, die zum amorphen Zustand neigen und deren Reststrahlen an amorphen Präparaten bestimmt sind.

Die ganze Betrachtungsweise führt, wie man sieht, auf ältere und unvollkommene Betrachtungen zurück, die ich früher über die

[1] Der Wert $\lambda_F = 100\ \mu\mu$ ist aus den Beobachtungen an Ammonfluorid von Lübben entnommen. Thallofluorid liefert einen völlig abweichenden Wert. Andere Fluoride hat Lübben nicht untersucht. Ich glaube nicht, daß die Zahl zur Unterlage für weitere Schlüsse sicher genug ist.

Wärmetönung angestellt habe und auf die Hr. Born Bezug genommen hat.

Tabelle 4.

Chloride				Bromide				Jodide			
Salz	λ_{rot}	$Nh\nu_{violett}$	U (Born)	Salz	λ_{rot}	$Nh\nu_{violett}$	U (Born)	Salz	λ_{rot}	$Nh\nu_{violett}$	U (Born)
NaCl	52	173	182	BrK	82.6	151	155	JK	94.1	141	144
KCl	63.4	165	163	TlBr	117.0	157	163	JTl	151.8	142	151
TlCl	91.6	144	169	AgBr	112.7	146	177				
AgCl	81.5	154	184								

Nachschrift.

Während des Druckes hat Hr. Debye am 29. November der Deutschen Chemischen Gesellschaft die Ergebnisse einer Untersuchung des Lithiummetalles nach seiner bekannten Methode der Röntgenstrahlen vorgetragen. Er hat festgestellt, daß nur die Kernelektronen, und zwar an den Ecken und beim Mittelpunkt des nicht flächenzentrischen, sondern raumzentrischen Lithiumatomwürfels nachweisbar sind, während keine Linien auftreten, die eine feste Lage oder Bahn des Valenzelektrons abseits dieser beiden Punkte verraten. In einem kubischen raumzentrischen Gitter der Atomionen fehlt für eine Anordnung von Elektronen in Gitterpunkten jeder Platz. Es hätten nicht nur feste Lagen des Valenzelektrons, sondern auch kleine Bahnen mit fester, von den Gitterpunkten verschiedener Lage des Bahnschwerpunktes sich, wenn vorhanden, bei den Aufnahmen zeigen müssen. Die anderen Alkalimetalle sind ebenfalls kubisch raumzentrisch gebaut. Die Nachweisbarkeit des Valenzelektrons ist bei ihnen, nach Debyes Methode grundsätzlich schwierig, wenn nicht ausgeschlossen.

Die wichtige Debyesche Feststellung beseitigt in erfreulicher Weise ernste Schwierigkeiten, die sich dem Ausbau der von mir im ersten Beitrag dargestellten Gittertheorie der Metalle in den Weg gestellt und mir die Notwendigkeit ihrer Änderung seit Monaten deutlichgemacht haben.

Bei der Berechnung des flächenzentrischen Metallgitters aus Atomen und Elektronen, die ich im ersten Beitrag mitgeteilt habe, wird angenommen, daß die entgegengesetzt geladenen Teile, die die Gitterpunkte besetzen, bei der Trennung in das Unendliche keine Änderung der kinetischen Energie erfahren. Da die Elektronen im Unendlichen keine kinetische Energie besitzen, so kann ihnen eine solche nach der Art der Berechnung, auch im Zustande des festen Metalles nicht beigelegt werden. Sie müßten also stabil in den ihnen zugehörigen Punkten des flächenzentrischen Gitters sitzen und imstande sein, um diese Punkte bei elektromagnetischer Anregung Schwingungen auszuführen, deren Zusammenhang mit den ultraroten Schwingungen im Sinne der von mir angegebenen Wurzelbeziehung durch BORN und VON KARMAN (vgl. Erster Beitrag S. 513) theoretisch begründet war. Die ultraviolette Eigenfrequenz sollte sich darnach aus dem Gitterkräften ebenso wie die ultrarote berechnen lassen. Hr. BORN hat diesen Weg im Zusammenhang mit seiner Untersuchung über die elektrische Natur der Kohäsionskräfte fester Körper (vgl. Verh. d. D. Phys. Ges. 1919, S. 533) verfolgt und ihn nach freundlicher privater Mitteilung ungangbar gefunden. Ruhende Elektronen mit dem Abstoßungsexponenten $n < 5$ sind nach seinem Ergebnis in den Gitterpunkten nicht schwingungsfähig, sondern labil. Dieser labile Zustand ist auch ohne alle Rechnung unmittelbar einleuchtend. Damit das flächenzentrische Gitter nicht zusammenfiel, mußte man also seinen Elektronen kinetische Energie zuschreiben und annehmen, daß sie um die ihnen zugehörigen Gitterpunkte regelmäßige feste Bahnen beschrieben. Die kinetische Energie durfte ihnen nicht erst durch auffallende Strahlung erteilt werden, sondern mußte ihnen gerade so wie den Valenzelektronen der dampfförmigen Metallatome nach BOHR schon beim absoluten Nullpunkt im strahlungsfreien Felde innewohnen. Woher aber sollten sie diese kinetische Energie erlangen, wenn keine Änderung der kinetischen Energie beim Aufbau des Metalls aus unendlich getrennten, ruhenden Elektronen und Atomionen erfolgte, sondern, wie die Rechnung es nach Analogie der Salze annahm, alle Energieänderung potentieller Art war?

Zu dieser ersten Schwierigkeit kam eine zweite. Saßen die Elektronen in Gitterpunkten fest, so war nicht zu verstehen, wie die Supraleitfähigkeit beim absoluten Nullpunkt ohne Verletzung des OHMschen Gesetzes zustande kam. Es bedurfte dann notwendig einer Mindestkraft, um ihre Verschiebung von einem zum anderen Gitterpunkte zu bewirken.

Schließlich fehlte der Weg, der von dem Gitter ruhender Elektronen und Atomionen zu den magnetischen Eigenschaften führte.

Das flächenzentrische Raumgitter aus Elektronen und Atomionen ist das statische Bild des Metalls. Es stellt den Zustand dar, der bei gleicher Gitterenergie $(J + D)$ und Gitterkonstante bestehen würde, wenn die Elektronen im Metall eine feste stabile Lage hätten. Das Metall ist aber, wie wir jetzt durch DEBYE wissen, nicht ein statisches, sondern ein Bewegungsgitter. Dieser Sachverhalt ist in hohem Maße natürlich, denn er entspricht den Verhältnissen im Dampfzustand. Die Energie der Metalle ist im Dampfzustand durch potentielle und kinetische Energie des negativen Bestandteiles (Valenzelektron) bestimmt

(Bohrsche Theorie). Die Dissoziationsenergie der Salzdämpfe hingegen ist wie die der festen Salze beim absoluten Nullpunkt statisch bestimmt. Das Anion des Salzes rotiert im Gegensatz zum Valenzelektron des Metalles beim absoluten Nullpunkt nicht.

Bei den Metallen leistet das statische Gitter gleicher Energie die richtige Darstellung des Zusammenhanges von Volumen und Kompressibilität mit der Energie und die Deutung der Wurzelbeziehung zwischen ultravioletten und ultraroten Schwingungen. Aber es versagt überall da, wo die Bahnbewegungen der Elektronen maßgeblich sind. Beim Bewegungsgitter wird das theoretische Verständnis der durch das statische Gitter schon geklärten Zusammenhänge wieder undeutlich, aber man erkennt neue Zusammenhänge, die vom statischen Gitter aus unerreichbar waren und auf die ich im folgenden hinweise.

Der Gesichtspunkt, der sich von selbst in den Vordergrund drängt, ist die Auffassung der Supraleitfähigkeit als eines Zustandes, bei dem die Valenzelektronen des Metalles auf Bahnen umlaufen, die gemeinsame Tangenten in Punkten gleicher Geschwindigkeit haben. Legen wir bei einem Bewegungsgitter, das diese Eigenschaften hat, ein noch so schwaches Feld an, so wird ein Strom widerstandslos durch das Metall fließen, weil die Elektronen von Bahn zu Bahn ohne Arbeitsverlust übergehen. Daß die Eigenschaft der Supraleitfähigkeit nur bei drei Metallen (Quecksilber, Blei und Kadmium) nachgewiesen ist, wird ihrer Auffassung als allgemeine Eigenschaft reiner Metalle nicht ernstlich im Wege sein. Von den Bahnen können wir voraussagen, daß beim einwertigen Metall je eine um ein Atomion als Mittelpunkt orientiert sein wird und daß nur ein Elektron auf ihr läuft, gerade wie es für die gleichen Stoffe im Gaszustand der Fall ist. Dann können wir noch einen Schritt weiter gehen, indem wir diese Bahnen in erster Annäherung als Kreise ansehen und ihren Radius aus der Bedingung herleiten, daß diese Kreisbahnen sich tangieren. Hierbei scheint mir angebracht, die Vorstellung in den Einzelheiten vorerst nicht zu weit festzulegen und sich mit der folgenden Überlegung zu begnügen.

Wenn man in dem Debyeschen raumzentrischen Atomionengitter um jedes Atomion als Mittelpunkt eine gleiche große Kugel geschrieben denkt, so werden diese Kugeln bei einem Radius, der klein gegen die Gitterkonstante ist, große Abstände zwischen sich lassen. Wächst nun der Radius, der bei allen Kugeln dabei derselbe bleiben soll, bis auf

$$r = \frac{\delta}{4}\sqrt{3}\ ;\quad \delta = \sqrt[3]{\frac{2V}{N}} \qquad (V = \text{Molekularvolumen})$$

so berühren sie einander. Diesen Wert des Radius r sehe ich für den Radius der Valenzelektronenbahn an, indem ich die naheliegende Frage unerörtert lasse, ob und welche Drehbewegung man dem größten Kugelkreise, auf dem das Valenzelektron läuft, beilegen soll. Denn ihre Behandlung hätte nur Zweck, wenn die Kreisbahnen selbst mehr als ein idealisiertes Modell wären. Nun wende ich auf die Bahn die beiden Bohrschen Vorstellungen an, die eine, nach der die kinetische Energie des Elektrons auf seiner Bahn gleich dem Energieaufwand ist, der es ohne verbleibende kinetische Energie ins Unendliche bringt, die andere, nach der das Impulsmoment quantenmäßig bestimmt ist. Den Energieaufwand für die Überführung ins Unendliche setze ich wie im ersten Beitrag gleich $h\nu_s$, wo ν_s die Frequenz des selektiven Photoeffektes ist, und für den Bahnradius nehme ich den eben abgeleiteten Wert. Dann lautet die Frequenzregel

$$\frac{mv^2}{2} \cdot 2mr^2 = \frac{n^2 h^2}{4\pi^2} = h\nu_s \frac{2^{2/3} V^{2/3} m\, 3}{N^{2/3}\quad 8}. \qquad (1)$$

Setzen wir nun $n = 2$, nehmen wir also bei den einwertigen Metallen im festen Zustand zweiquantige Bahnen an, was, soviel ich sehe, ihrem Verhalten im Gaszustande nicht widerspricht, so erhalten wir eine befriedigende Darstellung der Erfahrung bei allen einwertigen Metallen, außer beim Lithium und Natrium, bei denen unser idealisiertes Modell offenbar nicht genügt. Dies erkennt man am besten, wenn man für die Alkalimetalle aus (1) die Wellenlänge des selektiven Photoeffektes λ_s (in $\mu\mu$) berechnet, für die einwertigen Schwermetalle aber in (1) die Wurzelbeziehung

$$\nu_{\text{rot}} \cdot 42.81 \sqrt{M} = \nu_s$$

einführt und die charakteristische Temperatur Θ $(\beta\nu)$ ableitet. Die Formel (1) ergibt so

$$\lambda_s = \frac{\pi^2 m\, 4.5 \cdot 2^{2/3} \cdot 10^{17}}{4 N^{2/3} h} V^{2/3} = 33.9\, V^{2/3}$$

und

$$\Theta = \frac{4 N^{5/3} h^2}{R \pi^2 m\, 1.5 \cdot 2^{2/3}\, 42.81} \frac{1}{M^{1/2} V^{2/3}} = 9.85 \cdot 10^3 \frac{1}{M^{1/2} V^{2/3}}.$$

Wie diese Ausdrücke sich zur Erfahrung verhalten, zeigt folgende Tabelle. Die Volumina sind dem ersten Beitrag entnommen.

Beim Cäsium, bei dem Beobachtungen fehlen, habe ich das Ergebnis der Lindemannschen Berechnung in Klammern unter gefunden eingesetzt, weil diese Berechnung bei den Alkalimetallen mit hohem Atomgewicht sich der Erfahrung gut anpaßt. Es ist beachtlich, daß auch der Lindemannsche Ausdruck, der eine quantenfreie Dimensionalformel

	V 0° abs.	λ in μ ber.	gef.	Θ ber.	gef.	ber. von DEBYE (Ann. d. Phys. 39, [illegible])
Li	12.56	180	280			
Na	22.5	270	340			—
K	42.7	415	440			
Rb	50.9	466	480	—		
Cs	62.5	534	(550)	—		—
Ag	10.2		—	202	215	212
Cu	7.03			337	309	329
Tl	17.0			114	100	

mit einer den Beobachtungen angepaßten Konstanten darstellt, beim Lithium versagt und beim Natrium nicht voll genügt, während die Wurzelbeziehung, wie POHL und PRINGSHEIM (Verh. d. Deutsch. Physik. Ges. 1912, S. 59) bemerkt haben, standhält.

Nun können wir noch einen Schritt weiter tun und den Diamagnetismus in die Betrachtung ziehen, indem wir beim einwertigen Metall zwischen dem Anteil S_e unterscheiden, den das Valenzelektron zur diamagnetischen Suszeptibilität beisteuert, und dem anderen Anteil, der dem Atomion S_{Kat} zukommt. Dabei ist, wenn wir alle Werte auf das Molekül beziehen,

$$S_{\text{Mol}} = S_{\text{Kat}} + S_e\,.$$

Zur Berechnung von S_e betrachten wir unsere Kreisbahnen als so geordnet, daß in jeder von drei aufeinander senkrechten Richtungen $N/6$ Paare sich befinden, von denen jeweils die eine Bahn rechts-, die andere linksläufig ist. Jedes Paar hat das diamagnetische Moment ($\bar{e} = 1.591 \cdot 10^{-20}$)

$$\frac{H}{2\pi}\,\frac{\bar{e}}{m}\cdot\bar{e}\cdot r^2\pi\,,$$

und die Suszeptibilität des Moles wird danach sein

$$S_e = \frac{N}{12}\cdot\frac{\bar{e}^2 r^2}{m} = \frac{N^{1/3}\bar{e}^2\, 2^{2/3} V^{2/3}\cdot 3}{12\; m\cdot 16} = 0.589\cdot 10^{-6}\, V^{2/3}$$

Bei den Alkalimetallen wird der Diamagnetismus durch einen bisher nicht geklärten paramagnetischen Einfluß verdeckt. Beim Silber ergibt sich (mit $V = 10.2$)

$$S_e = 2.8\cdot 10^{-6}\,.$$

Dagegen ist S_{Mol} nach HONDA[1] $21.6\cdot 10^{-6}$ und hiernach $S_{\text{Kat}} = 18.8\cdot 10^{-6}$. Mit Hilfe dieser Zahl erhält man aus den diamagnetischen Suszepti-

[1] Ann. der Physik IV, **32**, 1027 (1910).

bilitäten der Silberhaloide die Teilwerte $S_{Cl'}$, $S_{Br'}$, $S_{J'}$ und damit die folgende Tabelle, in deren Feldern die aus den Teilwerten für Anion und Kation berechneten Zahlen links oben, die von Königsberger[1] (uneingeklammert) und von St. Meyer[2] (eingeklammert) mitgeteilten Beobachtungen rechts unten eingeschrieben sind. Eine Additivität der Atomsuszeptibilitäten hat St. Meyer (a. a. O.) bereits erkannt.

Diamagnetische Ionensuszeptibilitäten	$F' = 11$	$Cl' = 21$	$Br' = 30$	$J' = 49$
$Li^{\cdot} = 0$	11	21 / 19 (20)	30 / —	49 / —
$Na^{\cdot} = 5$	16 / (17)	26 / 26 (24)	35 / (38)	54 / 66 (47)
$K^{\cdot} = 14$	25 / 27 (21)	35 / 34 (35)	44 / 54 (42)	63 / 77 (52)
$Ag^{\cdot} = 19$	30	40 / (40)	49 / (49)	68 / (68)

Wesentlich für die vorliegende Überlegung ist, daß der Wert für Lithiumion, das nur zwei Elektronen besitzt, die einen kleinen Bahnradius haben, sich, wie zu erwarten, als ungefähr Null ergibt. Ein wesentlich größerer Bahnradius für das Valenzelektron des Silbers würde für das Silberion einen kleineren Wert, damit für das Chlorion einen größeren Wert bedingen und statt des erwarteten Wertes von ∞ 0 beim Lithiumion eine unverständliche positive Zahl liefern. Der Bahnradius des Valenzelektrons wird durch die Supraleitfähigkeit auf der einen Seite, durch die diamagnetische Suszeptibilität auf der andern Seite, wie man sieht, übereinstimmend definiert.

Es bleibt übrig, darauf hinzuweisen, daß die frühere Überlegung die in der Formel

$$U = J + D = Nh\nu_s + x$$

ausgedrückt ist, bestehen bleibt. Die abwechselnde Entfernung eines Elektrons an einer, eines positiven Atomions an der anderen Stelle eines einwertigen Metalls Nmal ausgeführt, erfordert auch in der neuen

[1] Wied. Ann. d. Physik 66, 698 (1899).
[2] Wied. Ann. d. Physik 68, 325 (1899).

durch DEBYES Entdeckung bedingten Beleuchtung des Metallgitters die Teilarbeiten $Nh\nu_s$ und x, die sich zur Gitterenergie zusammensetzen.

Es ist klar, daß die hier geschilderten Übertragungen ihren Anspruch auf Beachtung nicht aus einer zwingenden Kraft aller Einzelbegründungen, sondern aus dem Gesamtbild herleiten, das sie von dem physikalischen Wesen des einwertigen Metalls liefern.

Ausgegeben am 18. Dezember.

Berlin, gedruckt in der Reichsdruckerei

1919 LII. LIII

SITZUNGSBERICHTE

DER PREUSSISCHEN

AKADEMIE DER WISSENSCHAFTEN

MIT TAFEL VI und VII

BERLIN 1919

VERLAG DER AKADEMIE DER WISSENSCHAFTEN

IN KOMMISSION BEI DER
VEREINIGUNG WISSENSCHAFTLICHER VERLEGER WALTER DE GRUYTER U. CO.
VORMALS G. J. GÖSCHEN'SCHE VERLAGSHANDLUNG. J. GUTTENTAG, VERLAGSBUCHHANDLUNG.
GEORG REIMER. KARL J. TRÜBNER. VEIT U. COMP.

Aus dem Reglement für die Redaktion der akademischen Druckschriften

Aus § 1.

Die Akademie gibt gemäß § 41, 1 der Statuten zwei fortlaufende Veröffentlichungen heraus: »Sitzungsberichte der Preußischen Akademie der Wissenschaften« und »Abhandlungen der Preußischen Akademie der Wissenschaften«.

Aus § 2.

Jede zur Aufnahme in die Sitzungsberichte oder die Abhandlungen bestimmte Mitteilung muß in einer akademischen Sitzung vorgelegt werden, wobei in der Regel das druckfertige Manuskript zugleich einzuliefern ist. Nichtmitglieder haben hierzu die Vermittelung eines ihrem Fache angehörenden ordentlichen Mitgliedes zu benutzen.

§ 3.

Der Umfang einer aufzunehmenden Mitteilung soll in der Regel in den Sitzungsberichten bei Mitgliedern 32, bei Nichtmitgliedern 16 Seiten in der gewöhnlichen Schrift der Sitzungsberichte, in den Abhandlungen 12 Druckbogen von je 8 Seiten in der gewöhnlichen Schrift der Abhandlungen nicht übersteigen.

Überschreitung dieser Grenzen ist nur mit Zustimmung der Gesamtakademie oder der betreffenden Klasse statthaft und ist bei Vorlage der Mitteilung ausdrücklich zu beantragen. Läßt der Umfang eines Manuskripts vermuten, daß diese Zustimmung erforderlich sein werde, so hat das vorlegende Mitglied es vor dem Einreichen von sachkundiger Seite auf seinen mutmaßlichen Umfang im Druck abschätzen zu lassen.

§ 4.

Sollen einer Mitteilung Abbildungen im Text oder auf besonderen Tafeln beigegeben werden, so sind die Vorlagen dafür (Zeichnungen, photographische Originalaufnahmen usw.) gleichzeitig mit dem Manuskript, jedoch auf getrennten Blättern, einzureichen.

Die Kosten der Herstellung der Vorlagen haben in der Regel die Verfasser zu tragen. Sind diese Kosten aber auf einen erheblichen Betrag zu veranschlagen, so kann die Akademie dazu eine Bewilligung beschließen. Ein darauf gerichteter Antrag ist vor der Herstellung der betreffenden Vorlagen mit dem schriftlichen Kostenanschlage eines Sachverständigen an den vorsitzenden Sekretar zu richten, dann zunächst im Sekretariat vorzuberaten und weiter in der Gesamtakademie zu verhandeln.

Die Kosten der Vervielfältigung übernimmt die Akademie. Über die voraussichtliche Höhe dieser Kosten ist — wenn es sich nicht um wenige einfache Textfiguren handelt — der Kostenanschlag eines Sachverständigen beizufügen. Überschreitet dieser Anschlag für die erforderliche Auflage bei den Sitzungsberichten 150 Mark, bei den Abhandlungen 300 Mark, so ist Vorberatung durch das Sekretariat geboten.

Aus § 5.

Nach der Vorlegung und Einreichung des vollständigen **druckfertigen** Manuskripts an den zuständigen Sekretar oder an den Archivar wird über Aufnahme der Mitteilung in die akademischen Schriften, und zwar, wenn eines der anwesenden Mitglieder es verlangt, verdeckt abgestimmt.

Mitteilungen von Verfassern, welche nicht Mitglieder der Akademie sind, sollen der Regel nach nur in die Sitzungsberichte aufgenommen werden. Beschließt eine Klasse die Aufnahme der Mitteilung eines Nichtmitgliedes in die Abhandlungen, so bedarf dieser Beschluß der Bestätigung durch die Gesamtakademie.

Aus § 6.

Die an die Druckerei abzuliefernden Manuskripte müssen, wenn es sich nicht bloß um glatten Text handelt, ausreichende Anweisungen für die Anordnung des Satzes und die Wahl der Schriften enthalten. Bei Einsendungen Fremder sind diese Anweisungen von dem vorlegenden Mitgliede vor Einreichung des Manuskripts vorzunehmen. Dasselbe hat sich zu vergewissern, daß der Verfasser seine Mitteilung als vollkommen druckreif ansieht.

Die erste Korrektur ihrer Mitteilungen besorgen die Verfasser. Fremde haben diese erste Korrektur an das vorlegende Mitglied einzusenden. Die Korrektur soll nach Möglichkeit nicht über die Berichtigung von Druckfehlern und leichten Schreibversehen hinausgehen. Umfängliche Korrekturen Fremder bedürfen der Genehmigung des redigierenden Sekretars vor der Einsendung an die Druckerei, und die Verfasser sind zur Tragung der entstehenden Mehrkosten verpflichtet.

Aus § 8.

Von allen in die Sitzungsberichte oder Abhandlungen aufgenommenen wissenschaftlichen Mitteilungen, Reden, Adressen oder Berichten werden für die Verfasser, von wissenschaftlichen Mitteilungen, wenn deren Umfang im Druck 4 Seiten übersteigt, auch für den Buchhandel Sonderabdrucke hergestellt, die alsbald nach Erscheinen ausgegeben werden.

Von Gedächtnisreden werden ebenfalls Sonderabdrucke für den Buchhandel hergestellt, indes nur dann, wenn die Verfasser sich ausdrücklich damit einverstanden erklären.

§ 9.

Von den Sonderabdrucken aus den Sitzungsberichten erhält ein Verfasser, welcher Mitglied der Akademie ist, zu unentgeltlicher Verteilung ohne weiteres 50 Freiexemplare; er ist indes berechtigt, zu gleichem Zwecke auf Kosten der Akademie weitere Exemplare bis zur Zahl von noch 100 und auf seine Kosten noch weitere bis zur Zahl von 200 (im ganzen also 350) abziehen zu lassen, sofern er dies rechtzeitig dem redigierenden Sekretar angezeigt hat; wünscht er auf seine Kosten noch mehr Abdrucke zur Verteilung zu erhalten, so bedarf es dazu der Genehmigung der Gesamtakademie oder der betreffenden Klasse. — Nichtmitglieder erhalten 50 Freiexemplare und dürfen nach rechtzeitiger Anzeige bei dem redigierenden Sekretar weitere 200 Exemplare auf ihre Kosten abziehen lassen.

Von den Sonderabdrucken aus den Abhandlungen erhält ein Verfasser, welcher Mitglied der Akademie ist, zu unentgeltlicher Verteilung ohne weiteres 30 Freiexemplare; er ist indes berechtigt, zu gleichem Zwecke auf Kosten der Akademie weitere Exemplare bis zur Zahl von noch 100 und auf seine Kosten noch weitere bis zur Zahl von 100 (im ganzen also 230) abziehen zu lassen, sofern er dies rechtzeitig dem redigierenden Sekretar angezeigt hat; wünscht er auf seine Kosten noch mehr Abdrucke zur Verteilung zu erhalten, so bedarf es dazu der Genehmigung der Gesamtakademie oder der betreffenden Klasse. — Nichtmitglieder erhalten 30 Freiexemplare und dürfen nach rechtzeitiger Anzeige bei dem redigierenden Sekretar weitere 100 Exemplare auf ihre Kosten abziehen lassen.

§ 17.

Eine für die akademischen Schriften bestimmte wissenschaftliche Mitteilung darf in keinem Falle vor ihrer Ausgabe an jener Stelle anderweitig, sei es auch nur auszugs-

(Fortsetzung auf S. 3 des Umschlags.)

1919.

LII.

SITZUNGSBERICHTE

DER PREUSSISCHEN

AKADEMIE DER WISSENSCHAFTEN.

18. Dezember. Sitzung der physikalisch-mathematischen Klasse.

Vorsitzender Sekretar: Hr. Rubner.

Hr. Struve sprach über die Bestimmung der Massen von Jupiter und Saturn. (Ersch. später.)

Während die Masse von Jupiter auf drei verschiedenen Wegen in guter Übereinstimmung gefunden wird, haben sich in den bisherigen Bestimmungen der Saturnsmasse sehr bedeutende Unterschiede ergeben. Es wird gezeigt, daß der Besselsche Wert für die Saturnsmasse, welcher bisher als der zuverlässigste galt und durch die Theorie von Jupiter gestützt wurde, einer Vergrößerung bedarf, während umgekehrt aus den Halbachsen der inneren Trabanten infolge optischer Fehlerquellen zu große Massenwerte folgen.

Ausgegeben am 8. Januar 1920.

SITZUNGSBERICHTE

DER PREUSSISCHEN

AKADEMIE DER WISSENSCHAFTEN.

---

18. Dezember. Sitzung der philosophisch-historischen Klasse.

Vorsitzender Sekretar: Hr. Roethe.

1. Hr. Tangl las über die Deliberatio Innocenz' III.

Nach allgemeinen Erörterungen über das Registrum super negotio Romani imperii wendet er sich der umfangreichsten Eintragung in diesem berühmten Sonderregister zu, der Deliberatio domini pape Innocentii super facto imperii de tribus electis und erweist sie als die Rede, durch die Innocenz III. im Consistorium zu Ausgang des Jahres 1200 die Verhandlung einleitete, in der die Entscheidung über die Stellungnahme der päpstlichen Curie im deutschen Thronstreit fiel. Die Deliberatio hat auf die Fassung der Papsturkunden, in denen diese Stellungnahme öffentlich verkündet wurde, bis auf die Bulle »Venerabilem« bedeutenden Einfluß geübt. In einem Exkurs wird der Zeugniswert der Deliberatio für die Vorgänge bei der Kaiserkrönung Heinrichs VI. festgestellt.

2. Hr. Sachau legte vor: Theodor Nöldeke, Geschichte des Qorāns, 2. Aufl. von Friedrich Schwally. 2. Teil. (Leipzig 1919.)

Die Deliberatio Innocenz' III.

Von Michael Tangl.

Die Doppelwahl Philipps von Schwaben und Ottos IV. und die an sie sich schließenden Ereignisse haben der Kanzlei Innocenz' III. Anlaß gegeben, alle auf die Reichsfrage bezüglichen Schriftstücke in einem Sonderbestand zu vereinigen. So entstand das berühmte Registrum super negotio Romani imperii, für die deutsche Geschichte von 1198 bis 1209 eine Erkenntnisquelle ersten Ranges, in der päpstlichen Registerführung eine kühne Neuerung und in solcher Art nie mehr wiederholte Besonderheit. Bis zum Ausgang des 12. Jahrhunderts läßt sich diese letzte Behauptung allerdings ebenso schwer beweisen als widerlegen, denn die päpstlichen Register sind bis zu dieser Zeitgrenze bis auf kümmerliche Überreste verloren; und nur so viel läßt sich erkennen, daß die erhaltenen geschlossenen Bestände, die Register Gregors I., Johanns VIII. und Gregors VII., den Charakter von allgemeinen, nicht von Sonderregistern tragen. Seit Innocenz III. aber stehen wir dank der mit diesem Pontifikat einsetzenden Erhaltung wenigstens des Großteils der Register auf festem Boden und erhalten das klare Bild eines festgefügten Kanzleibrauches, der dahin ging, alle Schriftstücke eines und desselben Amtsjahres, unbekümmert um Inhalt, persönliche oder territoriale Beziehungen, einheitlich im Auslauf des betreffenden Pontifikatsjahres zu buchen. Wir gelangen bis in die Mitte des 13. Jahrhunderts, ehe unter Innocenz IV. die ersten schüchternen Anfänge einsetzen, die sog. litterae de curia, d. h. die amtlichen, aus der Initiative der päpstlichen Kurie hervorgegangenen, nicht durch Bittschriften oder Klagen der Parteien veranlaßten Schriftstücke, auf gesonderten Lagen, aber innerhalb des Gesamtregisters zu buchen, und erst seit den 60er Jahren des 13. Jahrhunderts festigt sich der Brauch dahin, daß es nunmehr üblich wird, die litterae communes und litterae curiales innerhalb der einzelnen Jahrgänge zu sondern[1], was dann später in Avignon zur selbständigen Anlage von Sekretregistern und überhaupt zu einer

[1] Kaltenbrunner, Römische Studien I, Mitteil. d. Instituts f. österr. Gesch.-Forsch. 5, 244 weist dies seit dem 3. Pontifikatsjahr Urbans IV. (1260—1264) nach.

völlig andersgearteten Behandlung und Erledigung der amtlichen und politischen Korrespondenz führt. Die Lösung, die durch diese Entwicklung herbeigeführt wurde, unterschied sich aber doch sehr wesentlich von der Sonderart des Reichsregisters Innocenz' III. Der Versuch, die diplomatische Korrespondenz einer Einzelgruppe, diese aber fortlaufend für eine ganze Reihe von Pontifikatsjahren, in einem Sonderregister auszuscheiden, ist ein zweites Mal nicht wiederholt worden: denn selbst der eigenartige Sonderband Nikolaus' III. eignet sich zum Vergleich nur unvollkommen[1]. Er enthält zwar die umständlichen Verhandlungen mit Rudolf von Habsburg wegen des Verzichts auf die alten Reichsrechte in Mittelitalien, aber daneben auch politische Aktenstücke ganz anderen Bezugs: die strenge sachliche Geschlossenheit des älteren Vorbildes ist ihm fremd.

Noch in anderer Hinsicht geht das RNI, wie ich das Registrum super negotio Romani imperii nach dem Vorgang Tučeks[2] im folgenden bezeichnen will, eigene Wege. Register sind amtliche Buchungen des Urkundenauslaufs. Dieses Erfordernis ist für den Begriff allein wesentlich, ob sie daneben noch anderes Beiwerk, vor allem auch Urkundeneinlauf enthalten, unwesentlich und nebensächlich. Trotzdem ist solche Vermengung der Überlieferungsreihen bei Registern häufig zu beobachten und wiederholt ein Kennzeichen noch unfertiger Registertypen. Auch die päpstlichen Register haben in ihrer Frühzeit diese Entwicklung durchgemacht, sich aber sehr rasch zum einheitlichen Typus reiner Auslaufregister durchgerungen. Diese Art weist schon das älteste in reichlichem Bestande erhaltene Papstregister, das Gregors I., auf, und sie ist für die päpstlichen Register fortan maßgebend geblieben. Eingestreute Empfängerüberlieferungen oder Stücke kurialen, aber der Papsturkunde fremden Ursprungs wie Synodalprotokolle u. dgl. gehören zu den seltenen Ausnahmefällen, selbst im Register Gregors VII., das solche Ausnahmen immerhin in etwas stärkerem Maße zuläßt, während sie in den Papstregistern seit Innocenz III. fast völlig aufhören. Und gerade aus dieser Zeit bietet das RNI den Fall ungewöhnlich starker Berücksichtigung des Einlaufs: 159 Papsturkunden[3] und einer Urkunde des Kardinalkollegs (RNI 86) stehen 32 Einläufe und zwei Stücke kurialen Ursprungs, aber nicht urkundlicher Art gegenüber (die Konsistorial-Allokution RNI 18

[1] B. 40 in der Reihe der vatikanischen Register; über Anlage und Inhalt vgl. Kaltenbrunner a. a. O. 263—268.

[2] Ernst Tuček, Untersuchungen über das Registrum super negotio Romani imperii, Quellenstudien aus dem hist. Seminar der Universität Innsbruck, 2. Heft. 1910.

[3] Hierbei sind allerdings nur die Haupturkunden, nicht die in einzelnen Fällen zahlreichen gleichlautenden Nebenausfertigungen gezählt; mit ihrer Einbeziehung würden, wie Tuček S. 13 richtig berechnete, die 194 Nummern des RNI auf reichlich 300 anschwellen.

und unsere Deliberatio RNI 29). Ein so starker Einschlag fremden Beiwerks ist in den Papstregistern sonst nicht erhört und findet nur in dem obenerwähnten politischen Register Nikolaus' III. einigermaßen ein Seitenstück. Dabei stellt die Auswahl ein in sich geschlossenes Meisterwerk dar: die Papsturkunden sind in dieses Sonderregister mit schärfster Erfassung seines Sonderzwecks übernommen, und unter dem Einlauf fehlt auch nicht ein wesentliches uns sonst bekanntes Stück[1]. Das Bedenken, das bei dem Register Gregors VII. trotz dem Nachweis seiner Originalität noch immer bleibt, daß wir in ihm soundso viele Papsturkunden missen, deren Aufnahme ins Register wir eigentlich notwendig erwarten müßten, fällt gegenüber dem RNI von vornherein weg.

Der ungewöhnliche Entschluß zur Führung eines Sonderregisters mußte durch einen außerordentlichen Anlaß hervorgerufen sein. Zur Erklärung dieses Anlasses reicht die bloße Tatsache der Doppelwahl und die Frage, ob der deutsche König schließlich Philipp oder Otto heißen werde, nicht aus. Diese Erklärung lag darin, daß Innocenz III. die ausnehmende Gunst der Lage nützte, um die großen und grundsätzlichen Machtfragen zwischen Kirche und Reich aufzurollen und zugunsten des Papsttums zur Entscheidung zu bringen. Dadurch gewinnt die Feststellung des Zeitpunktes der Anlage des RNI bedeutenden Erkenntniswert für die Zeitgeschichte; sie verrät uns zugleich die Zeit, zu der an der päpstlichen Kurie die Erkenntnis von der großzügigen Wirkung der Doppelwahl reifte.

Von den 194 Stücken des RNI ist nicht ein einziges auch im allgemeinen Register Innocenz' III. eingetragen. Bestimmte Schlüsse daraus sind aber erst statthaft, wenn wir in der Überlieferung dieser Register

[1] Auch diesen Vorzug des RNI hat Tuček schon hervorgehoben. Von den drei Einlaufstücken, deren Fehlen er S. 38 trotzdem beanstandete, sind ihm von Krabbo in einer Besprechung in der Zeitschr. d. Savigny-Stiftung für Rechtsgesch., kanonist. Abt. 1, 377 zwei bereits gestrichen worden: das Testament Heinrichs VI., weil es zeitlich vor den Thronstreit fiel, und das Versprechen Ottos IV. vom Jahre 1198, weil es, obwohl es als Sondernummer auch noch in den M. G. Constit. 2, 20 Nr. 16 prangt, gar nicht existierte (vgl. den überzeugenden Nachweis von Krabbo, N. Arch. 27, 515—523, daß es sich lediglich um eine mißratene Ausfertigung des Versprechens von Neuß vom Jahre 1201 handelt). Und bei der dritten Urkunde, dem Anerbieten Philipps an Innocenz III. vom Jahre 1203, läßt sich die Erklärung leicht nachholen: Es fiel genau in die Zeit, da Ottos Macht auf der Höhe stand und da es vom Papst weder beachtet noch beantwortet wurde. Sehr deutlich schrieb darüber Innocenz III. unter geringschätziger Erwähnung des Angebots an den Erzbischof Eberhard von Salzburg, er möge nicht glauben, »daß er so leicht von seinem festgefaßten Entschluß abzubringen und willens sei, ungleichen Schritts auf zwiespältiger Spur einherzuhumpeln« (RNI 90). Ganz anders 1206, als Innocenz einer Verständigung mit Philipp nicht mehr abgeneigt war; von da ab fanden seine Zuschriften wieder Aufnahme in das RNI.

klar sehen und erweisen können, daß dieses Überlieferungsverhältnis auch das ursprüngliche und nicht erst durch spätere Veränderungen an diesen Registern herbeigeführt ist. Dieses Urteil über die Überlieferung der Register Innocenz' III. lautete bis vor kurzem nicht allzu günstig. Nachdem schon Kaltenbrunner die Originalität dieser Bände bestritten hatte, hat Denifle ihre Nichtoriginalität mit anscheinend zwingenden Gründen zu erweisen gesucht und sie für kalligraphische, zwar ziemlich gleichzeitige, aber vor allem nicht durchwegs vollständige Abschriften der verlorenen Originalregister erklärt[1].

Ganz im Banne dieses Urteils, dem wir zunächst alle beitraten, steht auch die im Jahre 1910 erschienene Untersuchung von Tuček über das RNI[2]. Nach ihm ist die berühmte Sammlung wesentlich in einem Gusse und erst gegen Ende des Jahres 1209 aus dem allgemeinen Register ausgelesen worden, als sich unmittelbar nach der Kaiserkrönung Ottos IV. (4. Oktober 1209) der Bruch mit dem Welfen vorbereitete[3]. Ebenso seien bei der Anfertigung der kalligraphischen Abschriften des allgemeinen Registers die für das RNI bereits ausgewählten Briefe überschlagen worden.

Diese Ansicht war, als sie ausgesprochen wurde, bereits überholt und unhaltbar. Im Jahre 1901 habe ich das RNI, Band 6 in der Reihe der vatikanischen Registerbände, untersucht und war zur Überzeugung gelangt, daß die Hs. in ihrem steten Wechsel von Hand und Tinte und ihren vielfachen Rasuren und Korrekturen alle Kennzeichen eines Originalregisters an sich trägt, das in staffelweiser Eintragung der Konzepte des Auslaufs und der Originale des Einlaufs allmählich entstanden ist. Dieses Urteil habe ich seither in Vorlesungen und Übungen nachdrücklich vertreten[4], eine Veröffentlichung über dieses Thema hinter anderen Arbeiten aber zunächst zurückgestellt. Mittlerweile hat Peitz das RNI, dazu aber auch die anderen Registerbände Innocenz' III. und Honorius' III. geprüft und darüber in einem besonderen Abschnitt seiner Arbeit über das Register Gregors VII. gehandelt[5]. Er gelangte hinsichtlich des RNI zu dem gleichen Ergebnis wie ich, dehnte es aber auf die gesamten Register Innocenz' III. und Honorius' III. aus — natürlich mit Ausnahme der Bände, die wir seit Denifle als späte Abschriften

---

[1] Denifle, Die päpstlichen Registerbände des 13. Jahrhunderts und das Inventar derselben vom Jahre 1339, Arch. f. Lit.- u. Kirch.-Gesch. d. Mittelalters 2. 56—64 und Specimina Regestorum Romanorum pontificum. Text.

[2] Siehe oben S. 1013 A. 2.

[3] Vgl. Tuček S. 66.

[4] Vgl. das Zeugnis meines Schülers Dr. Ewald Gutbier, Das Itinerar des Königs Philipp von Schwaben, Berliner Diss. 1912, S. 68 A. 3.

[5] W. Peitz, Das Originalregister Gregors VII., Sitzungsber. d. Wiener Akad., phil.-hist. Kl. 165 B, 1911, S. 154—205.

aus ausgehender avignonesischer Zeit unter Urban V. kennen. In einer Anzeige seines Buches habe ich dem Ergebnis über das RNI — auch in der Scheidung der Hände — gern zugestimmt, bezüglich der anderen Bände Innocenz' III. meine Bedenken aber aufrechterhalten[1]. Denn der anscheinend so durchschlagende Beweis von Denifle, daß in späteren Urkunden Innocenz' III. selbst zwei Briefe aus seinem Register des 2. Jahrgangs zitiert werden, die sich in dem heute erhaltenen Band nicht finden, war auch von Peitz nicht widerlegt worden. Das ist erst Rudolf von Heckel gelungen, der die beiden Briefe, die auf falscher Fährte gesucht worden waren, aufgefunden und seine Ergebnisse noch durch andere Beobachtungen an den Registern Innocenz' III. vervollständigt hat[2].

Damit stehen wir auf ganz gesichertem Boden. Wir besitzen die Register dieses Papstes noch in ihrem ursprünglichen Bestande; und das Datum der ersten Eintragung in das Sonderregister nennt uns daher zuverlässig auch den Zeitpunkt, zu dem man sich am Hof Innocenz' III. der wachsenden Bedeutung der Reichsfrage voll bewußt wurde[3]. RNI 1 vom 3. Mai 1199 ist an den noch im Heiligen Lande weilenden Kardinalerzbischof von Mainz Konrad von Wittelsbach gerichtet, RNI 2 vom gleichen Tag das erste Manifest an die deutschen Fürsten, in dem zugleich auch schon erstmalig mehrere der Schlagworte auftauchen, die fortan in allen Erklärungen des Papstes bis herab zur Bulle »Venerabilem« ständig wiederkehren. Innocenz III. war demnach Anfang Mai 1199 schon entschlossen, die Entscheidung der deutschen Zwiekur an sich zu reißen und im Rahmen seines Einschreitens zugleich alle grundsätzlichen Machtfragen aufzurollen, und es bedurfte gar nicht erst der Bombe, die etwa zwei Monate später durch das Eintreffen der am 28. Mai 1199 abgeschlossenen herausfordernden Erklärung der staufisch gesinnten Fürsten von Nürnberg—

---

[1] N. Arch. 37, 364.

[2] R. von Heckel, Untersuchungen zu den Registern Innocenz' III., künftig im Histor. Jahrbuch. Hr. Köll. von Heckel hatte die große Freundlichkeit, mir seine Untersuchungen bereits handschriftlich zur Verfügung zu stellen, wofür ich ihm herzlichst danke. Einzelheiten mitzuteilen, muß ich mir naturgemäß versagen; es genüge bis zum Erscheinen der Abhandlung die Versicherung, daß von Heckels Beweisführung völlig überzeugt.

[3] Der Benutzer der Ausgabe von Baluze des RNI wird durch den Herausgeber zunächst aufs Eis gelockt, indem er zu RNI 1 und 2 statt des Textes den Verweis auf das allgemeine Register II. 293 und 294 findet, dort bei Baluze, Epistolae Innocentii III. 1, 534—537 auch die Texte liest und daraus schließen muß, daß die erste Eintragung dieser beiden Stücke zunächst noch im allgemeinen Register erfolgte, bis er durch die Vorbemerkung des Herausgebers S. 533 darüber belehrt wird, daß es vielmehr Baluze selber war, der die beiden Stücke aus ihrem einzigen und richtigen Verbande löste und sie im Anhang zu den Briefen des 2. Pontifikatsjahres anreihte.

Speyer (RNI 14) in Rom platzte[1]. Innocenz III. antwortete in scharfem Gegenstoß (RNI 15), und so schien der dadurch eingetretenen Hochspannung die Entladung unmittelbar folgen zu müssen. Da wurde die Entscheidung durch das Dazwischentreten Konrads von Mainz verzögert, der auf seiner Rückkehr vom Heiligen Lande bei Innocenz III. in Rom vorsprach und den Papst für ein längeres Zuwarten gewann, das er in Deutschland zu Vermittlungsversuchen nützen wollte, die nun in der Tat einsetzten und sich über Jahresfrist fortspannen, bis sie im Oktober 1200 durch den Tod des Mainzers hinfällig wurden[2]. Auf die Kunde hiervon, die etwa bis Anfang Dezember 1199 nach Rom gelangt sein mochte, bereitete Innocenz III. seine eigene Entscheidung vor, die er den deutschen Fürsten in zwei Gruppen von Rundschreiben vom 5. Januar RNI 30, 31 und vom 1. März 1201 RNI 32 ff. kundtat.

Unmittelbar vor diesen Urkunden steht als weitaus umfangreichste Eintragung des ganzen Sonderregisters die Deliberatio domini pape Innocentii super facto imperii de tribus electis (RNI 29). Sie beginnt zunächst mit der Erklärung, daß die Entscheidung über das Kaisertum in Ursprung und Vollendung (principaliter et finaliter) dem päpstlichen Stuhl zustehe[3]. Im Ursprung, weil es durch den Papst von Byzanz nach dem Abendland übertragen sei. — Wir blicken von Weihnacht 1200 genau um 400 Jahre zurück und gedenken des Unwillens, der Karl d. Gr. über die Art seiner Kaiserkrönung durch Leo III. erfaßte und ihn zu dem Ausspruch hinriß, er würde, wenn er vom Vorhaben des Papstes gewußt hätte, trotz dem hohen Festtag der Kirche ferne geblieben sein. 400 Jahre später hat der größte Weltpapst des Mittelalters aus dieser sogenannten Translationstheorie sein

---

[1] Über die Einreihung dieser nur mit dem Tagesdatum versehenen berühmten Fürstenerklärung ist schon viel Tinte geflossen. Für das Zustandekommen dieser merkwürdigen Urkunde hat Gutbier in seiner Berliner Dissertation (1912) über das Itinerar Philipps von Schwaben S. 60—68 im Anschluß an Scheffer-Boichorst und Julius Ficker eine neue Deutung gegeben. Nachdem die Erklärung auf einem Hoftag zu Nürnberg Anfang 1199 verfaßt und beschlossen war, hat sie durch mehrere Monate zur Zeichnung aufgelegen, bis die Liste der Beitretenden auf dem Hoftag zu Speyer 28. Mai abgeschlossen wurde. Wenn es noch einer Verstärkung der für 1199 ausschlaggebenden und mit aller Sicherheit gegen 1200 entscheidenden Gründe bedürfte, so ist sie aus dem Schriftbefund des RNI zu gewinnen. Das hat ebenfalls Gutbier S. 68—71 auf Grund meines Beobachtungsmaterials, das sich für diesen Teil mit der von Pertz festgestellten Scheidung der Hände vollkommen deckt, bewiesen.

[2] Die Nachrichten über den Todestag Conrads schwanken zwischen dem 20. und 25. Oktober 1200; vgl. Will, Reg. archiep. Magunt. 2, 119 Nr. 428, hier und bei Boehmer-Ficker-Winkelmann Reg. Imp. V. 10643a ist die Entscheidung für den 25. Oktober getroffen.

[3] Dieser Satz ist schon in RNI 2 und 18 aufgestellt und auch in den der Deliberatio folgenden Urkunden ständig wiederholt.

Entscheidungsrecht über das Kaisertum hergeleitet. — In der Vollendung, weil der Papst den Kaiser krönt und sich daraus das Recht zuspricht, die Person des zu Krönenden zu prüfen und über ihre Würdigkeit zu entscheiden. Nun werden die drei Kandidaten vorgenommen, nicht nur Philipp von Schwaben und Otto von Braunschweig, sondern auch der junge Friedrich II., der noch bei Lebzeiten seines Vaters Heinrichs VI. auf einem Hoftag zu Frankfurt 1196 von den deutschen Fürsten gewählt worden war und für dessen älteres, von den Fürsten aber mißachtetes Recht Konrad von Mainz sich erwärmte. Das Für und Wider für jeden der drei wird darauf nach der Fragestellung »quid liceat, quid deceat, quid expediat« erörtert, das rechtlich Zulässige, das nach dem Sittengesetz Geziemende, der politische Vorteil erwogen. Und diese letzte Erwägung, angestellt an der Person Friedrichs II., greifen wir zunächst heraus, weil sie uns sogleich der Beurteilung der Eigenart unserer Quelle näherbringt. »Daß es nicht vorteilhaft sein mag, gegen ihn vorzugehen, scheint sich vor allem aus der Erwägung zu ergeben, daß dieser Knabe, wenn er einst zu den Jahren der Vernunft kommen und durchschauen wird, daß er durch die römische Kirche um die Ehre des Kaisertums gebracht worden sei, ihr die schuldige Ehrfurcht nicht nur nicht erweisen, sondern sie vielmehr mit allen ihm zu Gebote stehenden Mitteln bekämpfen, das Königreich Sizilien von der Untertänigkeit unter die Kirche losreißen und ihr den hergebrachten Gehorsam versagen wird.« Es ist geradezu erstaunlich, wie scharf Innocenz III. in die Zukunft blickte. Was er hier in der Deliberatio verkündete, ist 30 und 40 Jahre später buchstäblich eingetroffen. Dieser Satz allein, ganz abgesehen von Aufbau und Fassung des Ganzen, lehrt uns bereits mit voller Sicherheit, daß eine Äußerung, in der sich der Papst derart verblüffend offen in die Karten blicken ließ, nicht als Papsturkunde, aber auch nicht als Denkschrift in die Welt hinausgegangen ist, sondern zur Beratung in einem engen, ganz vertrauten Kreis und bei verschlossenen Türen bestimmt war. Man sieht bisher in der Deliberatio eine Denkschrift, die Innocenz III. unmittelbar vor der bestimmten Stellungnahme im Thronstreit und der Entsendung des Kardinallegaten Guido von Palestrina verfaßte[1]. Vollständig fehlgegriffen hat, soviel ich sehe, nur Hefele-Knöpfler[2], der in der Deliberatio eine in die zweite Hälfte des Jahres 1199 fallende Instruktion für den Erzbischof Konrad von Mainz vermutet. Am zutreffendsten

[1] Haller, Heinrich VI. und die römische Kirche, Mitteil. d. Instituts f. österr. Gesch.-Forsch. 35, 649 nennt sie wenig glücklich ein »öffentliches Aktenstück«.

[2] Konziliengeschichte 5, 780.

urteilte dagegen bisher Lindemann[1]. Nach ihm ist die Deliberatio »ein Aktenstück, das wohl in dieser Form niemals zur Versendung gekommen ist; es war vielmehr — vielleicht von des Papstes eigner Hand — eine Zusammenstellung aller für und gegen die drei Kandidaten sprechenden Gründe, die, für das Kardinalskollegium und die päpstliche Kanzlei bestimmt, stets in Rom blieb und dazu diente, aus ihr in den einzelnen Schreiben nach Deutschland sofort das Nötige, und zwar mit des Papstes eigenen Worten, zur Hand zu haben.«

Wir werden die Eigenart der Quelle noch schärfer fassen, wenn wir an den Begriff deliberare und deliberatio anknüpfen, dem im Rechtsleben der päpstlichen Kurie technische Bedeutung zukommt. Die Gesandten Philipps von Schwaben empfängt Innocenz III. im Konsistorium (RNI 18)[2] und fertigt sie mit den Worten ab: »Vidébimus litteras domini dui, deliberabimus cum fratribus nostris et dabimus tibi responsum.« Das nächste Rundschreiben an die deutschen Fürsten (RNI 21) ist mit der Versicherung eingeleitet: »Deliberavimus quoque frequenter cum fratribus nostris.« Die gleiche Versicherung ist wiederholt in dem Schreiben an Adolf von Köln und die anderen deutschen Metropoliten (RNI 30), das in unmittelbarem Anschluß an unsere Deliberatio erging: »Deliberavimus cum fratribus nostris, quid esset agendum.« Giraldus Cambrensis wird in dem großen Prozeß um die Gültigkeit seiner Bischofswahl im öffentlichen Konsistorium empfangen; hier nimmt der Papst Berichte und Beweisanträge der Parteien entgegen. Zur Beratung und Beschlußfassung zieht er sich mit den Kardinälen zum geheimen Konsistorium zurück: »Papa vero surgens statim a consistorio causa deliberandi super hoc cum cardinalibus in cameram secessit[3].« Diese Beispiele, die sich leicht häufen ließen, genügen. Deliberatio bedeutet die Beratung des Papstes mit den Kardinälen. Um über die Form, in die sie in unserem Fall gekleidet war, Klarheit zu gewinnen, wenden wir uns dem Bericht der Gesta Innocentii III. über seine Konsistorialentscheidungen zu. Diese Gesta sind keine eigentliche Biographie des Papstes, sondern ein nach 1208 entstandener offiziöser Rechenschaftsbericht über die Führung der Vormundschaft im Königreich Sizilien für den jungen Friedrich II., die 1208 ihr Ende nahm. Diesem Sonderzweck entsprechend sind vor allem die unteritalisch-sizilischen Verhältnisse berücksichtigt, daneben aber fällt durch den selbst der Kurie angehörigen Verfasser auch mancher Ertrag für das innere Leben am

[1] Kritische Darstellung der Verhandlungen P. Innocenz' III. mit den deutschen Gegenkönigen. Programm d. Realgymnasiums zu Magdeburg 1885 S. 14.

[2] Überschrift: Responsio domini pape facta nuntiis Philippi in consistorio.

[3] Giraldi Cambrensis opp. ed. Brewer 3, 270.

Hof Innocenz' III. ab. Die für uns in Betracht kommende Stelle lautet[1]: »Ter in hebdomada solemne consistorium, quod in desuetudinem iam devenerat, publice celebrabat; in quo auditis querimoniis singulorum minores causas examinabat per alios, maiores autem ventilabat per se tam subtiliter et prudenter, ut omnes super ipsius subtilitate ac prudentia mirarentur multique literatissimi viri et iurisperiti Romanam ecclesiam frequentabant, ut ipsum dumtaxat audirent, magisque discebant in eius consistoriis quam didicissent in scholis, presertim cum promulgantem sententias audiebant, quoniam adeo subtiliter et efficaciter allegabat, ut utraque pars se victuram speraret, dum eum pro se allegantem audiret; nullusque tam peritus coram eo comparuit advocatus, qui oppositiones ipsius vehementissime non timeret.« Auf den großen Juristen Roland-Alexander III. war in Innocenz ein noch größerer Meister gefolgt, der Papst, dessen Dekretalen das Kirchenrecht auf allen Gebieten befruchten sollten, der Schöpfer der offiziellen Kodifikation des Kirchenrechts, deren Monopol er für alle Folgezeit dem Papsttum gewann. Die Reichsfrage war lediglich der größte der kanonischen Prozesse, die sich in dem Konsistorium dieses Papstes abwickelten, und die Deliberatio trägt alle charakteristischen Merkmale der großen, der Fällung der Entscheidung vorangehenden, zusammenfassenden Schlußreden, deren juristische Schärfe der Verfasser der Gesta rühmt[2]. Es liegt uns in ihr die von Innocenz III. selbst verfaßte und später in der Kanzlei hinterlegte Rede vor, mit welcher der Papst die Beratung in jener Konsistorialsitzung einleitete, in der unter dem Beirat der Kardinäle die Entscheidung der römischen Kurie im deutschen Thronstreit fiel, nur sicher nicht im öffentlichen Konsistorium in Anwesenheit von Parteien, Kurialadvokaten, Prokuratoren, Notaren und anderen angeregt folgenden Zuhörern, sondern im geheimen Konsistorium mit den Kardinälen allein. Genau der Schilderung dieser Schlußreden in den Gesta entsprechend, faßt die Deliberatio in — wenigstens scheinbarer — Objektivität nochmals alle Gründe für und wider zusammen. Die Gründe für den jungen Friedrich werden mit Nachdruck, ja mit gewisser Wärme vorgetragen, so daß aus diesem Teil, ganz nach der Schilderung der Gesta, sogar ein Schimmer einer vielleicht günstigen Entscheidung hervorleuchtet: vom Rechtsstandpunkt aus die gültige Wahl, vom Standpunkt des Sittengesetzes die Gewissenspflicht des Papstes, die Rechte seines

---

[1] Gesta Innocentii III. c. 41 ed. Baluze, Epist. Innoc. 1, 17.

[2] Es ist dieselbe Eigenart, der zufolge ein anderer Curiale — und zwar schon in den Anfängen des Pontifikats — in einer humoristisch-satyrischen Schilderung des Sommeraufenthalts der Curie in Subiaco im Jahre 1202 dem Papste den Übernamen Salomo III. beilegte, (vgl. Hampe, Histor. Vierteljahrschrift 1904, 509—535).

Mündels wahrzunehmen, und vom Standpunkt des politischen Vorteils das schwere Bedenken, in dem hintangesetzten Friedrich sich einen grimmen Feind großzuziehen[1]. Die Selbsteinwände des Papstes gegen das »non licet« und »non decet« sind demgegenüber recht matt: die Frankfurter Wahl sei nicht bindend, weil sie einem kleinen, noch nicht einmal getauften Kind gegolten habe, und die Vormundschaft über Friedrich sei dem Papst nur für Sizilien, nicht für Deutschland und das Kaiserreich übertragen. Auf dem Einwand gegen das »non expedit« liegt hier das ganze Schwergewicht: die Vereinigung Siziliens mit dem Deutschen Reich bedeute eine so schwere und unmittelbare Bedrohung der Machtstellung der römischen Kirche in Italien, daß zur Bannung dieser Gefahr selbst das gewagte Spiel der Herausforderung des jungen Staufers nicht zu scheuen sei. Bei Philipp von Schwaben wird die Tatsache der Wahl durch die große Mehrheit der deutschen Fürsten zugestanden; das Ankämpfen gegen ihn schillere nach Rachsucht wegen der Unbilden, welche die römische Kirche durch Philipps Vorfahren erlitten habe, und seine starke Machtstellung lasse die Aufnahme dieses Kampfes als unklug erscheinen. Aber der Beseitigung dieser Bedenken ist schier die Hälfte der langen Rede gewidmet. Philipp wird als Gebannter, als Verfolger der Kirche und Sprößling eines ganzen Geschlechtes von Kirchenverfolgern abgelehnt. Die Sophistik dieses letzten Einwandes ist offenkundig, da einseitig Philipp durch ihn belastet wurde, obwohl er auf Friedrich ganz ebenso zutraf, von späteren Päpsten auch scharf und häufig genug ins Treffen geführt wurde. Die gleiche Fragestellung wird dann auch für Otto von Braunschweig, bezeichnenderweise unter Vorwegnahme der Gegengründe, kurz und kühl erledigt, ohne daß sich der Papst für die Person des Welfen allzusehr erwärmt. Und nun folgt die Zuspitzung dieses Schlußberichtes zu bestimmt formulierten Anträgen, die auch ganz die Fassung von solchen tragen. Auch sie staffeln sich wieder deutlich nach den drei Persönlichkeiten und lauten bei Friedrich nur auf zeitweilige Zurückstellung: »Nos igitur ex predictis causis pro puero non credimus insistendum, ut ad presens debeat imperium obtinere.« Um so schroffer hebt sich davon die unbedingte Ablehnung Philipps ab: »personam vero Philippi propter impedimenta patentia penitus reprobamus et obsistendum ei dicimus.« Nach der positiven Seite ging der Antrag dahin, einen Legaten nach Deutschland abzuordnen und durch Verhandlungen die Fürsten zu bewegen, sich auf einen oder richtiger auf den dem Papst genehmen Kandidaten zu einigen oder freiwillig sich dem päpstlichen Schiedsspruch zu

[1] Vgl. oben S. 1018.

unterwerfen; erst wenn dieser Weg sich als ungangbar erweisen sollte, solle der Papst aus eigener Machtvollkommenheit zur Anerkennung Ottos schreiten[1].

Die Beschlußfassung im Konsistorium ist genau nach diesen Anträgen erfolgt; denn die päpstlichen Schreiben vom 5. Januar 1201, die daraufhin ergingen, RNI 30 an Adolf von Köln und die anderen deutschen Metropoliten und RNI 31, ein Manifest an die geistlichen und weltlichen Reichsfürsten, lauten ganz in diesem Sinne:

Deliberatio	RNI 30
de cetero vero agendum per legatum nostrum apud principes,	tandem vero in hoc resedit consilium, ut venerabilem fratrem nostrum Prenestinum episcopum apostolice sedis legatum . . . ad partes Germaniarum ex nostro latere mitteremus.
	RNI 31
ut vel conveniant in personam idoneam vel se iudicio aut arbitrio nostro committant.	ut per vos ipsos cum eorum (sc. legatorum), si necesse fuerit, consilio et presidio ad concordiam efficaciter intendatis concordantes in eum, quem nos ad utilitatem imperii cum ecclesie honestate merito coronare possimus, vel si forte per vos desiderata non posset concordia provenire, nostro vos saltem consilio vel arbitrio committatis.

Tatsächlich aber herrschte an der Kurie darüber, ob dieser Weg der Fühlungnahme mit den deutschen Fürsten überhaupt noch gangbar sei, doch Schwanken; denn der Legat, der Kardinalbischof Guido von Palestrina, war ernannt und sein Erscheinen angekündigt, aber er ging nicht ab; und acht Wochen später schritt Innocenz III. am 1. März 1201 unter Ausschaltung der Fürsten und mit abermaliger Ankündigung desselben Kardinallegaten zur Anerkennung Ottos (RNI 32). Da das RNI nach Konzepten des Auslaufs geführt ist, könnte man bei der ersten Gruppe vom 5. Januar an Entwürfe denken, die vorbereitet waren, aber nicht zur Versendung gelangten, sondern durch die endgültige Entschließung vom 1. März ersetzt wurden. Aber diese Deutung wird dadurch hinfällig, daß die Ausfertigung für Hamburg-Bremen als Original im preuß. Staatsarchiv Hannover noch heute vor-

[1] Vgl. hierzu Winkelmann, Jahrbücher Philipps von Schwaben S. 203.

handen ist[1]. Es kann also kein Zweifel sein, daß jene Schreiben der ersten Gruppe tatsächlich nach Deutschland abgingen, aber der Kardinallegat blieb in Rom zurück, und den Fürsten wurde weder Zeit noch Gelegenheit gegeben, in weitere Verhandlungen einzutreten, bis Innocenz die Entscheidung ganz in die eigene Hand nahm. Auch jetzt hatte es Guido von Palestrina noch nicht eilig. Er brach gemächlich auf, nahm, was übrigens von vornherein vorgesehen war, einen Umweg über Frankreich, verhandelte in Troyes mit seinem Kollegen, dem Kardinalbischof Oktavian von Ostia, und hielt, nachdem er dem deutschen König von Papstes Gnaden am 8. Juni das Versprechen von Neuß abgepreßt hatte, am 29. Juni seinen Einzug in Köln, wo er am 3. Juli namens des Papstes die Anerkennung Ottos als deutschen König verkündete.

Inzwischen waren deutsche Fürsten und Grafen, Anhänger Ottos, aber auch eine Anzahl seiner Gegner, mit päpstlichen Schreiben förmlich überschwemmt worden, die alle das gleiche Datum vom 1. März tragen und die Gleichzeitigkeit der Ausfertigung und Expedierung auch durch Gleichheit der Hand und Tinte im RNI erkennen lassen (RNI 33—46, darunter mehrfach Massenausfertigungen). Die sachkundige Auswahl der Empfänger und die Gewandtheit, jeden einzelnen an seiner schwachen Seite zu fassen, sind schon wiederholt hervorgehoben worden. Aber erst die schärfer zusehende Prüfung der Hs. hat erkannt, daß wir neben dem vielen Erhaltenen auch einen schmerzlichen Verlust beklagen, ein Schreiben des Papstes an seinen Kardinallegaten, das nach RNI 45 durch Rasur vollständig getilgt ist[2]. Wahrscheinlich ist es durch RNI 48 an denselben Empfänger ersetzt, aber diese Neuausfertigung müßte dann auch eine völlige Umarbeitung gewesen sein; denn die getilgte Urkunde begann, wie ich ganz übereinstimmend mit Peitz feststellen konnte, mit der initiale I gegenüber Gaudeamus in RNI 48[3].

[1] Lappenberg, Hamburg. Urk. Buch 1, 286 mit dem Tagesdatum vom 7. Januar und der Jahresangabe aus dem dritten Pontifikatsjahre (= 1201), während die Jahresbezeichnung in der Registereintragung fehlt und von Baluze eigenmächtig und irrig zu »pontificatus anno quarto« ergänzt wurde.

[2] Peitz, Originalregister Gregors VII., S. 176.

[3] Auf eine andere interessante Rasur in RNI 153 hat auf Grund meiner Aufzeichnungen Gutbier, Itinerar Philipps von Schwaben 69, a. 1 aufmerksam gemacht (vgl. auch Peitz. S. 175). Innocenz III. hatte in diesem Schreiben seinem Schützling König Otto Kunde von einem Aufstand der Römer gegeben; aber mitten zwischen »gravem seditionem adversus nos commoverunt in Urbe consanguineis nostris multa damna et opprobria inferentes« und »nosque non sine multis et magnis expensis seditionem populi potuimus mitigare« klafft eine durch Rasur entstandene Lücke von fast drei Zeilen, auf welchem Raum sich bei der kleinen, stark gekürzten Schrift dieses Registers recht viel sagen ließ. Der Papst hatte hier anfangs noch nähere Einzelheiten über diesen Aufstand mit-

Die Reihe dieser nachfolgenden Urkunden läßt nun auch den Einfluß der Deliberatio auf sie erkennen; wir sehen, wie das persönliche Diktat des Papstes auf die Ausfertigungen der Kanzlei einwirkt. Wir erkennen Fälle — ich habe ein solches Beispiel oben beigebracht —, in denen die Skizze der Deliberatio zur Richtschnur für breitere Ausführung durch die Kanzlei genommen wird; wir begegnen dann — so etwa in dem Manifest an die geistlichen und weltlichen Reichsfürsten RNI 33 — der mehr oder minder wörtlichen Herübernahme ganzer Sätze und Gruppen und sehen endlich, wie anderes, so etwa die freimütige Äußerung über die Politik gegen Friedrich II., ebenso bestimmt unter Verschluß vor der Öffentlichkeit genommen wird. So hat es Innocenz III. vorgezogen, seine sehr anfechtbare Interpretation, aus der beim Zeremoniell der Kaiserkrönung aufgewandten Symbolik einen Belehnungsakt mit der Kaiserwürde herzuleiten, lediglich clausis ianuis vorzutragen und in seinen öffentlichen Kundgebungen bis herab zur Bulle »Venerabilem« nur von unctio, consecratio und coronatio, nicht von investitura (Deliberatio: »benedicitur, coronatur et de imperio investitur«!) zu sprechen.

Und noch eine andere Begründung der Deliberatio kehrt in den öffentlichen Kundgebungen zunächst nicht wieder: die Minderzahl der Wähler Ottos mußte Innocenz offen eingestehen, erhob aber gegen sie in der Deliberatio den gewichtigen Einwand: »Verum cum tot vel plures ex his, ad quos principaliter spectat imperatoris electio, in eum consensisse noscantur, quot in alterum consenserunt.« Auch diese Begründung ist in den Kundgebungen, welche die Anerkennung Ottos unmittelbar begleiteten, unterdrückt und durch die längst früher schon erhobene ersetzt, daß Otto vor Philipp die bessere Eignung seiner Person, die Krönung an rechter Stätte und durch den rechten Mann voraus habe. Hier aber stellt sich die größte und grundsätzlichste Kundgebung des Papstes, die Bulle »Venerabilem« (RNI 62) ein Jahr später (März 1202) ausdrücklich, ja noch zuversichtlicher auf den Standpunkt der Deliberatio: »quamvis plures ex illis, qui eligendi regem in imperatorem promovendum de iure ac consuetudine obtinent potestatem, consensisse perhibeantur in ipsum

---

geteilt, dann aber es bedenklich gefunden, sich so offen in die Karten sehen zu lassen, und die Neuausfertigung der Urkunde unter Hinweglassung dieser Einzelheiten angeordnet. Mittlerweile war sie aber nach dem Entwurf bereits registriert worden und mußte daher auch an dieser Stelle berichtigt werden. Indem ich in diesem Fall die Rasur als gleichzeitig ansehe, nehme ich sie als Zeugnis für die Raschheit der Registrierung. Daß in Ausnahmefällen solche Rasuren auch zu wesentlich späterem Zeitpunkt vorgenommen wurden, ist mir von den berühmten Tilgungen her, die Clemens V. im Register Bonifaz' VIII. vornehmen ließ, wohlbekannt. Über andere Fälle im Register Innocenz' III., insbesondere auch in RNI 62, wird v. Heckel berichten.

regem Ottonem.« Und diese Bulle findet wenige Jahre später Aufnahme in die Compilatio Innocenz' III. und aus dieser sodann in die Dekretalensammlung Gregors IX., wird Bestandteil des Corpus iuris canonici[1]. Es ist der erste Fall, daß eine weitgehende Einengung des Rechtes an der deutschen Königswahl behauptet wurde, und es fragt sich, aus wessen Kopf der Gedanke entsprang. Hier scheint mir Krammers Erklärung in der Tat ansprechend, daß Adolf von Köln der Vater dieses Gedankens war, den der Papst lediglich aufgriff und verkündete[2]. Ein Menschenalter später konnte Eike von Repgow in seinem Sachsenspiegel das Vorrecht der drei Pfaffenfürsten und der vier Laienfürsten, dieser als Inhaber der Erzämter, bereits als ein gewohnheitsrechtlich feststehendes verzeichnen.

So tritt die Deliberatio auch zu einer wichtigen Frage der deutschen Reichsverfassung in enge Beziehung.

Exkurs.

Die Deliberatio und die Kaiserkrönung Heinrichs VI.

Die schon oben berührte Stelle über das Krönungsrecht des Papstes hat in jüngerer Zeit mehrfache Erörterung erfahren, auf die ich hier eingehen möchte: »finaliter quoniam imperator a summo pontifice finalem sive ultimam manus impositionem promotionis proprie accipit, dum ab eo benedicitur coronatur et de imperio investitur. Quod Henricus optime recognoscens a bone memorie Celestino papa predecessore nostro, post susceptam ab eo coronam cum aliquantulum abscessisset, rediens tandem ad se ab ipso de imperio per pallam auream petiit investiri.« Diemand hat es versucht, »palla aurea« statt mit »goldener

[1] Vorangegangen war hier schon eine ähnliche Begründung in einem Schreiben an Adolf von Köln, RNI 55: »sed electo ab eorum parte maiori, qui vocem habere in imperatoris electione noscuntur.«

[2] Mario Krammer, Wahl und Einsetzung des deutschen Königs im Verhältnis zu einander. Quellen und Studien zur Verfassungsgeschichte des Deutschen Reiches, herausgegeben von Zeumer, 1. B. 2. H. S. 46—50; vgl. derselbe: Das Kurfürstenkolleg, ebenda 5. B. 1. H., S. 30—31. An der Erhebung Ottos nahmen von solchen »vornehmlich berechtigten« Wählern zunächst Adolf von Köln und Johann von Trier teil, der zwar sehr rasch abschwenkte, aber dessenungeachtet auch weiter zu den Wählern Ottos gezählt wurde; nach seiner Rückkehr aus dem heiligen Land schloß sich der Pfalzgraf Heinrich an, und nach der zwiespältigen Wahl in Mainz, die sich im November 1200 nach dem Tode Conrads von Wittelsbach ergab, trat der Kandidat der welfischen Minorität, Siegfried von Eppenstein, Otto IV. bei. Die Kunde von den Mainzer Vorgängen dürfte nach Krammers zutreffender Berechnung kurz vor der entscheidenden Konsistorialverhandlung an der Jahreswende 1200—1201 nach Rom gelangt sein.

Reichsapfel« mit »golddurchwirkter Mantel« zu übersetzen[1], vom Standpunkt des klassischen Latein, in dem »palla« sogar nur in dieser Bedeutung bekannt ist, sicher mit Recht. Aber abgesehen davon, daß »palla aurea«, wie DIEMAND selbst zugeben muß, für »Reichsapfel« ausdrücklich bezeugt ist, kommt für das mittelalterliche Latein vor allem die veränderte Bedeutung des Wortes in der Vulgärsprache in Betracht. Als sich 1478 in Florenz nach dem Mißlingen der Pazziverschwörung die Anhänger der Medici unter dem Rufe »palle« zusammenscharten, da riefen sie nicht »Mäntel«, sondern »Kugeln« mit Beziehung auf die 5 Kugeln im Wappen der Medici. Überdies lautet die entsprechende Bestimmung schon im nächsten, von DIEMAND selbst herausgegebenen und auf die Krönung Ottos IV. im Jahre 1209 bezogenen Ordo (S. 130 aus Cod. Vat. lat. 4748) sehr eindeutig: »Deinde tradit ei sceptrum in manu dextera et pomum aureum in sinistra.« Dieses kleine Bedenken ist damit glatt erledigt.

Viel ernstlicher ist dieser Stelle, und zwar ihrem zweiten Satz, jüngst HALLER zu Leibe gerückt[2], indem auch er zunächst an eine Übersetzungsfrage anknüpft. Der Satz war bisher allgemein folgendermaßen verstanden worden: »Das hat auch Heinrich sehr wohl anerkannt, indem er von weiland meinem Vorgänger dem Papst Coelestin, als er nach Empfang der Krone sich schon ein wenig von ihm entfernt hatte, wieder zu ihm zurückkehrend, die Belehnung mit dem Kaisertum mittels des goldenen Reichsapfels nachsuchte.« Auch HALLER macht zunächst eine Anleihe beim klassischen Latein: »wieder zu ihm zurückkehrend« müßte doch heißen »tandem rediens ad eum«; das Reflexivum aber muß auch reflexiv übersetzt werden »endlich zu sich zurückkehrend«, d. h. »endlich in sich gehend«. So gefaßt ist die Stelle aber einfach biblisch, eine Entlehnung aus Esther 15, 11 »donec rediret ad se« oder Lukas 15, 17 (Parabel vom verlorenen Sohn!) »in se autem reversus dixit«. Das scheint einleuchtend; ja ich muß HALLER zunächst selbst zu Hilfe kommen und zu der mittelrheinischen Urkunde, die er heranzieht, noch ein anderes Beispiel beibringen aus Willibalds Vita Bonifatii (ed. LEVISON, SS. rer. Germ. S. 57): Als an der Stelle, an der Bonifatius den Märtyrertod erlitten hatte, eine Gedächtniskirche erbaut und ein Haus für die Geistlichkeit bereits fertiggestellt war, da begannen die Veranstalter dieses Baues, »etiam ad se reversi«, darüber nachzusinnen, wie sie diese Stätte an den nordfriesischen Dünen mit Trinkwasser versehen könnten, bis die Erfüllung ihres Vor-

[1] DIEMAND, Das Zeremoniell der Kaiserkrönungen von Otto I. bis Friedrich II. München 1894. S. 12, A. 1.

[2] J. HALLER, Heinrich VI. und die römische Kirche. Mitteil. d. Instituts f. österr. Gesch.-Forsch. 35. 649—652.

habens durch ein Wunder erfolgt. Hier haben in der Tat nacheinander alle vier Übersetzer, Bonnell, Kühr, Simson, Arndt, die uns hier interessierende Stelle mit »sie kehrten nach Hause zurück« übersetzt (als ob ihnen daheim in ihren Wänden eine Lösung besser einfallen sollte als an Ort und Stelle bei Prüfung des Geländes!), während hier zweifellos die biblische Deutung allein am Platze ist. Von dieser nun auch bei der Deliberatio ausgehend, kehrt Haller den ganzen Sinn des Satzes um, zieht ihn gänzlich aus dem Zusammenhang mit den Vorgängen bei der Kaiserkrönung Heinrichs VI. am 14. April 1191 und bezieht ihn vielmehr auf die Vorgänge und Wandlungen der kaiserlichen Politik in den auf die Kaiserkrönung folgenden Jahren bis 1196. Heinrich VI. habe sich in dieser seiner Politik zunächst sehr vom Papste entfernt, sei aber endlich in sich gegangen und habe dem Papst das Angebot gemacht, das Kaisertum aus seiner Hand zu Lehen zu nehmen.

Auch in dieser Frage muß ich zunächst die Berechtigung der Anleihe beim klassischen Latein bestreiten. Der gegenüber dem klassischen Vorbild ungleich weiter gesteckte Gebrauch des Reflexivums gehört mit zu den charakteristischen und ständigen Merkmalen des mittelalterlichen Latein. Die Beispiele dafür sind allenthalben und so massenhaft zu finden, daß ich mich hier auf einige bezeichnende aus dem Sprachgebrauch der päpstlichen Kanzlei, die ja für die strittige Stelle der Deliberatio zuvörderst in Betracht kommt, beschränke: Gregor VII. Reg. I, 80 »regimen totius episcopatus vestri sibi commisimus«, ebenda »ammonemus, ut sibi debitam in omnibus reverentiam exhibeatis«. I, 83 an den König Alfons VI. von Leon (Eigendiktat Gregors VII.): »quatenus ... eum diligatis et secum atque inter vos vinculo pacis Christi ... coniuncti persistatis«. I, 77 An Beatrix und Mathilde von Tuszien, Ersuchen um freies Geleit für Bischof Werner II. von Straßburg (Eigendiktat): »tutum sibi usque ad domnum Erlembaldum Mediolanensem ducatum prebeatis«, und endlich RNI 15: »et iis de more perfectis, que ad coronationem principis exiguntur, eam sibi favente domino solemniter conferamus«. Das Beispiel aus der gleichen Quelle wird zu den anderen hinzu wohl genügen, um zu zeigen, daß gegen eine Übersetzung des »rediens ad se« mit »zu ihm zurückkehrend« nicht das geringste Bedenken besteht. Dazu kommt, daß es sich bei der Verbindung der drei Worte um ein häufigst gebrauchtes Verbum handelt, bei dessen Wahl in besonderen Einzelfällen das biblische Vorbild nachgeahmt sein mochte, während es sonst ohne jeden Gedanken an diese Beziehung gesetzt wurde.

Entscheidend ist aber doch der Zusammenhang des Ganzen. Der zweite Satz, den Haller für seine überraschende Deutung allein herausgriff, steht in unlösbarem Zusammenhang mit dem ersten, dessen Erläuterung er ist. Das Einmischungs- und Entscheidungsrecht des Papstes wird hergeleitet aus dem Krönungsrecht; dieses besteht aus den drei Handlungen der Salbung, Krönung und Investitur. Die beiden ersten bedürfen keiner näheren Erläuterung; bei der dritten, von Innocenz III. neu an dieser Stelle eingefügten, ist sie umgekehrt kaum zu umgehen. Sie wird zu einem besondern Einzelvorgang bei der Krönung Heinrichs VI., der Überreichung des Reichsapfels, in Beziehung gesetzt.

Der Reichsapfel war eine althergebrachte Insignie, die auf den Kaisersiegeln erstmalig seit der Kaiserkrönung Ottos I., 962, erscheint, als die alten Abzeichen des germanischen Heerkönigs, Schild und Speer, durch die anspruchsvolleren des Szepters und Reichsapfels ersetzt werden. Aber von einem besonderen Akt der Übergabe des Reichsapfels ist in den älteren Ordines der Kaiserkrönung nicht die Rede, auch nicht im berühmten bei Cencius überlieferten und für Heinrichs VI. Krönung bestimmten Ordo. Trotzdem muß ein besonderer, im Zeremoniell nicht vorgesehener, vielleicht aus einer Irrung entsprungener Vorfall bei der Kaiserkrönung vom Jahre 1191 Anlaß gegeben haben, diesen Akt als einen besonderen im Krönungszeremoniell neu festzuhalten. Das ist schon in dem Ordo für die Krönung Ottos IV. geschehen und in den Ordines für Heinrich VII. und Karl IV. wiederholt worden.

Die beiden Sätze der Deliberatio fügen sich daher in die Entwicklung dieser Ordines aufs beste ein und sind nur aus ihr zu verstehen.[1] Die Deutung dieser Übergabe des Reichsapfels auf eine Lehennahme des Kaisertums und damit die Beziehung dieser seit den Zeiten Lothars III. wiederholt behaupteten Lehennahme auf diese bestimmte Symbolik des Krönungsaktes war und blieb aber das Eigengut Innocenz' III[1].

---

[1] Ausdrücklich möchte ich hervorheben, daß ich, wenn ich in dieser Einzelfrage widersprechen mußte, den in hohem Maße beachtenswerten Ausführungen der bedeutenden Arbeit Hallers in anderen wichtigen Punkten zustimme, insbesondere dem Gewicht, das er der Nachricht des Giraldus Cambrensis über den Plan einer Säkularisation des Kirchenstaats durch Heinrich VI. beilegt, und seinem Urteil über Echtheit und Vollständigkeit des Testaments Heinrichs VI.

Die acht Sprachen der Boghazköi-Inschriften.

Von Dr. Emil Forrer.

(Vorgelegt von Hrn. Ed. Meyer am 4. Dezember 1919 [s. oben S. 933]).

Eine Durchsicht sämtlicher Boghazköi-Fragmente hat ergeben, daß in ihnen nicht weniger als acht verschiedene Sprachen vorkommen: außer dem Sumerischen, dem Akkadischen, der bisher als »Hethitisch« bezeichneten Sprache, die, wie wir sogleich sehen werden, richtiger kanesisch zu nennen ist, und dem Urindischen das Harrische, das Protohattische, das Luvische und das Baläische.

An sumerisch-akkadisch-kanesischen Vokabularen sind außer den bereits im ersten Heft der Keilschrifttexte aus Boghazköi veröffentlichten nur wenige unbedeutende Fragmente vorhanden. Nur ein einziges Fragment konnte als nur-sumerisch festgestellt werden, dagegen gibt es mehrere Bruchstücke, die in mehreren Kolumnen sumerische Texte, ihre Buchstabierung, akkadische und kanesische Übersetzung bieten. Von der Buchstabierung sei ^{AN}IM = *iš-gur* und *KAL-GA* = *ri-ib-ba* hervorgehoben.

Außer den bereits veröffentlichten akkadischen Texten sind noch eine geringere Anzahl akkadischer Fragmente, meist Briefe, vorhanden. Besonderes Interesse beanspruchen zwei Stücke religiöser Texte, die in fast übertrieben altertümlicher Schrift geschrieben sind, außerdem ein fast vollständiger medizinischer Text.

Von besonderem Interesse ist die Tatsache, daß auch in Boghazköi einige sogenannte »kappadokische« (altassyrische) Täfelchen gefunden wurden.

Von den akkadisch-kanesischen Bilinguen sind nur drei verwendbar, weil bei den wenigen anderen die eine Seite fehlt: nämlich eine Inschrift des ältesten Großkönigs von Hatti, des Labarnaš, ein Nieren-Omen und ein akkadischer Vertrag, den der Schreiber leider nur stellenweise übersetzt hat.

Über neun Zehntel aller Inschriften sind in kanesischer Sprache abgefaßt. Davon bilden etwa ein Zehntel Annalen, königliche Erlasse, Staatsverträge, Gesetze, Satzungen für alle Arten Beamte und Belehnungsurkunden. Der weitaus größte Teil aber enthält Berichte über vollzogene Opfer. Beschwörungen, eingehende Beschreibungen aller Feste, Gebete und Omina. Vereinzelt stehen da Katasterurkunden, astronomische Texte, Königsbriefe. Rechtsurteile und Göttersagen. Gänzlich fehlen Geschäftsurkunden aller Art, Chroniken und mathematische Texte.

Da diese Fragmente alle aus Hattušas, der Hauptstadt des Hattireiches stammen, ist diese Sprache bisher »hattisch« (»hethitisch«) genannt worden. Diese Bezeichnung ist aber aus den sogleich dargelegten Gründen durch »kanesisch« zu ersetzen. Der Charakter der kanesischen Sprache, in der alle diese Texte abgefaßt sind, ist sicher mit Fr. Hrozný (»die Sprache der Hethiter«) als im wesentlichen indogermanisch anzusehen.

In Beschwörungen und Festbeschreibungen kommen nun aber gelegentlich nichtkanesische Stellen kleineren und größeren Umfangs vor, die drei verschiedenen Sprachen angehören. Diese Stellen werden meist durch die Worte eingeleitet: »dann spricht (nennt, singt) er *harlili*, d. h. harrisch« (bzw. *hattili*, d. h. protohattisch, bzw. *lu-ú-i-li*, d. h. luvisch), wodurch die Benennungen dieser drei Sprachen feststehen.

Dazu sei noch der Text Bo. 2089 herangezogen, dessen Bearbeitung im übrigen Prof. Fr. Hrozný vorbehalten ist. In diesem heißt es (I. 3): »er ruft *nāšili*, d. h. auf Nasisch. folgendes: *halugaš, halugaš*«. Dies Wort kommt in kanesischen Texten oft vor, woraus hervorgeht, daß hier die bisher »hattisch« (»hethitisch«) genannte Sprache, der ich die Bezeichnung »kanesisch« geben möchte, »nasisch« genannt ist. Weiterhin wird die Kolumne geteilt und eine Anzahl Tempelbeamter mit ihren harrischen und ihren kanesischen Titeln genannt. Nach einigen weiteren Sätzen heißt es: »dann ruft er *lu-ú-i-li* (d. h. auf Luvisch) folgendes«. und es folgt ein zweifellos kanesischer Satz. Aber hier ist der Schreiber durch den immer noch die Kolumne durchziehenden Teilstrich irregemacht worden und hat das meiste doppelt geschrieben. Es kann daher kaum anders sein, als daß der Schreiber hier einen Satz ausgelassen hat. Ein Fehler muß hier jedenfalls vorliegen. da an vier Stellen in drei verschiedenen Texten dieselbe nichtkanesische Sprache als luvisch bezeichnet wird.

Eine andere Quelle für Sprachbezeichnungen sind Beschreibungen der Feste, bei denen der Sänger beim Opfer »den Gesang des Gottes singt«. Bei solchen Stellen. die verhältnismäßig häufig sind, heißt es dann regelmäßig *LÚ-NAR* ^{URU}*Harri SIR-RU* (kanesische Lesung *išhamijazi*) »der Sänger von Harri singt« oder *LÚ-NAR harliš* (oder ^{URU}*Harliš*) *SIR-RU* »der harrische Sänger singt« oder *LÚ-NAR harlili SIR-RU* »der Sänger singt harrisch«. Ebenso ist belegt *LÚ-NAR* ^{URU}*Hatteliš* (^{URU}*Hattiliš.* ^{URU}*Hattili, hatteli, hattili*) *SIR-RU*. *LÚ-NAR lu-ú-i-li SIR-*

RU und *LÚ-NAR* ^{URU}*Kaneš* (^{URU}*Kaniš*) *SÌR-RU*. Letzterer, der Sänger von Kaneš, kommt am häufigsten vor, aber nie im Ethnikon oder Adverb, was kaum auf Zufall beruht, sondern wahrscheinlich seine Erklärung darin findet, daß *našili* das Adverb zu Kaneš ist, was in Anbetracht des in mehreren protohattischen Ortsnamen vorkommenden Präfixes *ka-* nicht unmöglich ist.

Da nun alle drei in diesen Texten vorkommenden nichthattischen Sprachen bereits durch das Harrische, Protohattische und Luvische vorweggenommen sind, ist es bei dem häufigen Vorkommen des Sängers von Kaneš ganz unmöglich, anzunehmen, daß nur das Kanesische in unseren Texten nie vorkomme, während doch das Luvische, dessen Sänger nur in einem einzigen Texte genannt wird, in etwa zwanzig Fragmenten überliefert ist. Es wäre auch eine außerordentlich überraschende Tatsache, wenn den Göttern des Hattireiches nur in den Sprachen der unterworfenen Völker und gar nicht in derjenigen des Volkes gesungen worden wäre, das ganz Kleinasien beherrschte. Hervorzuheben ist auch, daß dem Hašammiliš, dem besonderen Schutzgotte des Königs Muršiliš, auf Kanesisch gesungen wird. Nun stimmen, wie sich in vielen Fällen nachweisen läßt, die Sprache, der der Beiname eines Gottes entnommen ist, mit der seiner Heimat, in der auch der Sänger singt, überein. Der einzige Gott, der einen hattischen Beinamen trägt und dem gesungen wird, ist der *Tešub bidi nininkuwaš* »Tešub der Versammlung (Vereinigung)«, und ihm singt der Sänger von Kaneš.

Aus all diesen Gründen kann mit an Sicherheit grenzender Wahrscheinlichkeit angenommen werden, daß die bisher »hattisch« (»hethitisch«) genannte Sprache die Sprache von Kaneš sei, wie ich sie daher im folgenden benenne.

Bevor ich das Harrische, Protohattische und Luvische kurz beschreibe, seien einige Worte über die Orthographie vorangeschickt. Die Kleinasiaten haben die Keilschrift nicht von der im Kültepe bei Kaisarije (Mazaca) begrabenen assyrischen Kolonie der zweiten Hälfte des 3. Jahrtausends v. Chr. entlehnt, was schon daraus hervorgeht, daß das Zeichen *ḪI*, dessen Benutzung für die Silbe *ti* für die kappadokischen Tafeln charakteristisch ist, nie diesen Lautwert hat. Vielmehr ist sie von Mesopotamien aus nach Kleinasien gedrungen, und zwar so, daß sich hier unabhängig voneinander zwei Orthographien entwickelt haben, die sich scharf voneinander unterscheiden.

Der Orthographie Mesopotamiens gehört das Mitannische an, dessen Umschrift von F. Bork (MVAG 1909) m. E. im wesentlichen richtig eruiert worden ist. Von einer ihr nahestehenden, aber in wichtigen Einzelheiten abweichenden Abart, die wahrscheinlich für Nordsyrien vorauszusetzen ist, wurde die Orthographie des östlichen Kleinasiens entlehnt und selbständig weiterentwickelt. Ihr haben sich das Harrische von Kataonien bis Hocharmenien, das Protohattische von Kataonien bis zum Schwarzen Meer und wahrscheinlich auch das Balāische östlich davon angeschlossen. Ebenso wird das Urindische in dieser Orthographie geschrieben. Sie wird charakterisiert durch die Unterscheidung von *pa* und *ba* durch *PA* und *BA*, *tu* und *du* durch *TU* und *DU*. *Wa*, *we*, *wi*, *wo*, *wu* werden dadurch unterschieden, daß die Zeichen *A*, *E*, *I*, *U*, *Ú* unter das Zeichen *PI*(*WA*) gesetzt werden.

Der Orthographie des westlichen Kleinasiens folgen das Kanesische und das Luvische. Sie benutzt *Pa* für *pa* und *ba*, *TU* für *to* und *do*, *DU* für *tu* und *du*, *TI* für *ti* und *di* (!) usw. *Va* wird durch das Zeichen *PI*(*WA*), *ve* durch *Ú-E*, *vi* durch das Zeichen *GEŠTIN* (»Wein«) oder *Ú-I* ausgedrückt, während *vo* und *vu* in der Schrift nicht vorkommen.

Alle drei Orthographien stimmen überein in der Unterscheidung der 5 Vokale *a*(*A*), *e*(*E*), *i*(*I*), *o*(*U*), *u*(*Ú*) und in der Benutzung von *Ku* für *ku* und *gu*. Alles Nähere wird in einer besonderen Schrift dargelegt werden.

Das Harrische ist, wie Fr. Hrozný bereits erkannt hat, eine dem Mitannischen nahe verwandte Sprache. Flexion, Konjugation und Konjunktionen werden durch Endungen ausgedrückt, z. B. ^{Uru}*Ni-nu-wa-wi* ^{An}*Ištar* (harrische Lesung *Ša*(*w*)*ušga*!) »Ištar von Ninuwa«. Die Pluralendung des Regens wird am Rectum wiederholt, z. B. *AN*^{meš}*-na* ^{Uru}*Ni-wi*^{i}*-na* *AN*^{meš}*-na* ^{Uru}*Ha-at-ti-ni-wi*^{i}*-na* »die Götter von Ni (und) die Götter von Hattina« (beide Städte in Nordsyrien); *ew-ri e-we*^{e}*-ir-ne* [^{Uru}]*Lu-ul-lu-e-ne-we*^{e} »der Herr der Herren von Lullu« (oder eher »der Lulluäer«?); ^{An}*Ku-mer-wi*^{i}*-ni-i-el ti-i-wi*^{i}*-na* ^{I}*Ki-eš-še-ni-el* »Worte des Kešše betreffs Kumarwi«, aber auch: ^{An}*Gal-ga-mi-šu-ul ti-wi*^{i}*-na* [^{I}*Ki-eš-še-ni-el*] »Worte des Kešše betreffs Gilgameš«. Die beiden letzten Beispiele sind dem in der Unterschrift so genannten »Gesang des Kešše« entnommen, der mehr als 14 große zweikolumnige Tafeln umfaßte. $^{Kár\,Uru}$*Hattuhinita huratinita* »die Truppen von Hatti« (das altassyrische Wort *ḫuradi* ist Lehnwort aus dem Harrischen). Aus diesen Beispielen geht deutlich hervor, auf wie verschiedene Weise Beziehungen ausgedrückt werden konnten, die wir durch einfache Genitivkonstruktion wiedergeben. Diese Mannigfaltigkeit, der gänzliche Mangel an Bilinguen und der Umstand, daß bei fast allen Stücken die Anfänge oder Enden der Zeilen abgebrochen sind, erschweren die Entzifferung des Harrischen außerordentlich; auch werden an Ideogrammen nur die einfachsten verwendet, und auch diese noch selten[1].

Das Protohattische ist überraschenderweise weder mit dem Harrischen noch mit dem Kanesischen irgendwie verwandt. Es ist die Sprache

[1] Beispiele für Verba wage ich noch nicht zu geben.

der Bevölkerung der Landschaft Hatti im engeren Sinne des Wortes. Wenn also überhaupt eine Sprache den Namen »Hattisch« verdient, so ist es diese, nicht die bisher »Hethitisch« genannte. Da aber letztere schon »hattisch« genannt worden ist, empfiehlt es sich, das eigentlich Hattische Protohattisch zu nennen und die Bezeichnung Hattier und hattisch als Volks- und Sprachbezeichnung ganz auszuschalten und nur als politischen Begriff beizubehalten. Denn sonst müßte man eigentliche Hattier von uneigentlichen unterscheiden, wobei infolge des bisherigen Mißbrauchs des Hattinamens den schlimmsten Verwechslungen Tür und Tor geöffnet wäre. Es scheint mir daher am klarsten, wenn man alle Angehörigen des Hattireiches ohne Unterschied der Nationalität Hattier nennt, und unter den hattischen Völkern und Sprachen das Kanesische, Harrische, Protohattische, Luvische und Baläische unterscheidet.

Die Entzifferung des Protohattischen wird durch mehrere Bilinguen sehr erleichtert. Flexion und Konjugation wird im Protohattischen hauptsächlich durch Präfixe bezeichnet. Nominativ, Akkusativ und Genitiv werden nur durch die Stellung unterschieden. Der Plural wird mit dem Präfix oder Hilfswort *le-* gebildet: *binu* »das Kind« (!), *lebinu* »die Kinder«. Das Possessivum der 3. sg. wird durch das präinfigierte Demonstrativum *-i-* bezeichnet: *le ibīnu* (so, in 2 Wörtern!) »seine Kinder«. Adjektive stehen vor dem Substantiv, sie erhalten ebenso wie alleinstehende Substantive oft eines der drei Demonstrativa *a*, *i*, *wa* präfigiert: *ašah*, *išah*, *wašah* »der böse« (vgl. im Grusinischen Demonstr. d. 1. Pers. *e*, 2. *i*, 3. *a*; im Abchasischen Artikel *a-*, entstanden aus altem Demonstrativ). Im Plural *leašah* »die bösen«. Die Formen *zawah*, *zašwah*, *ezwah*, *tezwah*, *tēzwah* sind wohl durchweg lokative Bestimmungen eines Substantivs *wah*. Noch andere Substantiv-Formen sind *halebinu*, *talibinu* (!), *palebinu* ». . . . . Kinder« und von *wil* »Haus«, *bewil* »in das Haus«. Plural *lewaēl* (!), aber auch *leweltum*. Dabei ist *-tum* ein konjunktives Suffix, ebenso wie *-tu*, *-du*, *-bi*, *-hu*. Sonst bilden Konjunktionen selbständige Worte: *mū*, *lamū*, *pūma*, *palū* »und, auch, ebenfalls«, *pūlamū*, *itū*, *itūba*, *intū*, *ūk*. Das Verbum zeigt eine geradezu unübersehbare Menge von Präfixen, weswegen alles über das Verb Gesagte mit Vorsicht aufzunehmen ist. Das Protohattische unterscheidet an Verbarten mindestens das Affirmativ und das Negativ: letzteres besitzen auch das Sumerische (präfigiert), Brahui (suff.), Türkische (suff.), aber keine kaukasische Sprache. Eine Unterscheidung der Personen am Verbum habe ich bisher nicht feststellen können. Der Plural scheint nur manchmal bezeichnet zu sein. Zur Bezeichnung des Präsens bzw. Präteritums wird die Endung *-a* bzw. *-u* (?) an den Stamm gehängt, z. B. *binnū* »(du) gehst«, *bennu* »(sie) kamen« von *ben(n)* »gehen. kommen«. Die Endung *-at* scheint ein Hinweis auf das Subjekt zu sein. z. B. *binnuwat* »(er) kam er«. Auch das Protohattische bezeichnet ein vorhandenes Objekt noch besonders am Verb (wie das Sumerische. Altelamische, von den kaukasischen Sprachen nur das Gruzinische. ferner das Finno-ugrische) durch das Präinfix *-h-*. z. B. *wahkun* »er bemerkte ihn« (Stamm *kun*; ist hier etwa das *w* das Präteritumzeichen, aber präfigiert?), aber auch *āh-kunnuwa* »er bemerkte ihn«: *šehkuwat* und *tahkuwat* »er ergriff ihn« (Stamm *ku*?). Das negative Verbum veranschaulichen die Formen *taštenuwa* und *taštetanuwa* »er soll nicht kommen«, worin *taš-* die Negierung, *-te-* den Imperativ oder Optativ, das *-ta-* der zweiten Form wahrscheinlich das Vorhandensein einer Ortsbestimmung andeutet, *nu* der Stamm und *a* das Präsenssuffix, oder *nuwa* der Stamm ist. Zur Verdeutlichung des präfigierenden Charakters der Sprache seien einige Verbalformen angeführt, deren genauere Bestimmung noch nicht möglich ist: *tajaja*, *taštejaja*, letzteres Negativum vom Stamme *jaja*; *watubhil*, *watubtahil* vom Stamme *hil*; *ēštibuše*, *išyabbuše* vom Stamme *buše*, *tēpošahhul*, *tētaptahhul*. *teptahhul*, *tētāptahul* vom Stamme *hul*. Andere Formen, wie *teššuwawah* vom Stamme *wawa* usw.. sind aus den bereits veröffentlichten protohattischen Bruchstücken K. Bo. II. Nr. 24. 25. 27. zu ersehen. Das Letzte (Nr. 27) gehört zu der Art von protohattischen Texten, bei denen die Abschnittstriche über beide Kolumnen hinweglaufen. so daß durch das Entstehen gleichlanger Abschnitte der Eindruck von Bilinguen erweckt wird. Es sind dies protohattische Gedichte, die wohl im Wechselgesang von zwei Sängern vorgetragen wurden.

Das Luvische kommt in wenig zahlreichen Fragmenten vor und wird daher am längsten der Entzifferung trotzen. Es kennt anscheinend keinerlei Präfixe und stimmt auch mit dem Harrischen oder Mitannischen in keiner Endung überein, dagegen steht es klanglich dem Kanesischen sehr nahe, und dies hat sicher manche seiner konjunktiven Suffixe (z. B. *-pa*) und wahrscheinlich viele Worte (z. B. die Konjunktion *āppa*) dem Luvischen entlehnt.

Im Luvischen hat das Substantiv die Endungen *-iš*, *-tiš*, *-an*, *-in*, *-an* im Singular, *-anza*, *-inzi* im Plural, die beiden letzten bei demselben Wort. Folgende Wörter veranschaulichen die möglichen Formen eines substantivischen Stammes *tāin-*: *tāin*, *tāinati*, *tāininzi*, *tāintijata*; von einem Substantiv (?) *hirū-*: *hirūn*, *hirūta*. *hirūtati*. *hirutanijatta*: vom Ideogramm für den Gott Tešub: *An IM-ti*, *An IM-tati*, *An IM-aššanza*. Formen eines Pronomens scheinen zu sein: *kui*. *kuiha*. *kuiš*. *kuišha*. *kuištar* (oder lies *kuišhaš*), *kuinza*. Das Verbum hat die Endungen *-du*. *-andu*, *-indu*. z. B. *elhādu*. *dūrandu*. *uidāindu*. Besonders charakteristisch für das Luvische ist die teilweise Reduplikation beim Präteritum (?), wie im Indogermanischen, z. B. *tatarhandu*, *tatarijamman*, *tatarrijamma*, *mimentāwa*, *hōhoijandu* (neben *hōijaddu*). Beachte besonders die richtige Reduplikation bei vokalisch anlautenden Stämmen, z. B. *elelhandu* neben *ēlhādu*. Während manche Endungen und die Reduplikation einen indogermanischen Eindruck erwecken, schließen die oben angeführten Beispiele mit ihren Endungshäufungen das Luvische eher an nicht-indogermanische Sprachen an. Die Verbalendungen *-du*, *-andu*, *-indu* erinnern an die entsprechenden lydischen Suffixe *-d* und *-ent*, ebenso die Substantivendungen *-s*, *-n* (vgl. *-s* im Nom., *-m* im Akk. im Indogermanischen, aber auch im Finno-ugrischen). Beachte auch, daß Possessivsuffixe wie im Kanesischen *-miš*, *-tiš*, *-šiš*, die vielleicht auch im Luvischen vorkommen, sonst im Indogermanischen unbekannt, aber in völlig identischer Form im Finno-ugrischen gewöhnlich sind. Es ist daher im Auge zu behalten, ob das Luvische mit dem Lydischen einem sonst verschwundenen südlichen Zweig des finno-ugrischen Sprachstammes zuzuweisen sei.

Das Balāische wird mehrfach in Festbeschreibungen in derselben Formel erwähnt: *SAL-ŠU-GI ši NIG-GUR-RA*^{meš} *uddār* ^{uru}*Palāumnili memiškizzi* »die Priesterin spricht die Brotworte auf balāisch«. Statt des Brotspruches wird auch der Spruch der Töpfe, des Weines und der Hirse (? *memal*) auf balāisch hergesagt. Es ist mir auch gelungen, ein einziges balāisches Fragment aufzufinden, das Reste des Silber- und des Lapislazuli-Spruches bietet. Aber das Stück ist so klein, daß nicht einmal gesagt werden kann, ob es in ost- oder westkleinasiatischer Orthographie abgefaßt ist — ersteres ist der Lage des Landes nach zu erwarten — und welche Formen für das Balāische charakteristisch sind.

Die letzte der acht Boghazköi-Sprachen ist das Urindische, das nur in dem Werke des »Kikkuli aus dem Lande Mittanni« vorkommt, zu dem außer den beiden bereits veröffentlichten Texten KBo. III. Nr. 2 u. 5 (s. Jensen in diesen Sitzungsberichten 1919, 367 ff.) zwei weitere Tafeln gehören. Die dort genannten Wörter werden nur als Termini technici der Pferdezucht der Urinder aufgeführt und zugleich übersetzt! Daher kann urind. *wartanna* nicht »mal« bedeuten, da es luvischem *awahmuwar* entspricht, das »Stunde« oder »Nachtwache« zu bedeuten scheint.

Soweit der beschränkte Raum es zuläßt, möge noch von der Verbreitung dieser Sprachen die Rede sein. Das Sumerische wurde natürlich nur als tote Sprache an den hattischen Hochschulen in Hattušaš und Arinna gelehrt. Das Akkadische war nur im diplomatischen Verkehr gebräuchlich mit Ländern, die nicht kanesisch sprachen. Daher sind die Verträge mit Ägypten, Mitanni, Halab und Kizwadna akkadisch abgefaßt. Wir ersehen daraus, daß in Kizwadna, dessen Gebiet am Schwarzen Meere etwa von Amisus bis Colchis reichte, zur Zeit des Muwattalli die regierende Schicht nicht kanesisch sprach, während ein Opferbericht eines wohl späteren Königs Ballijaš von Kizwadna kanesisch abgefaßt ist.

Schon oben war die Rede von den Stellen, wo Göttern geopfert und von einem Sänger in der Landessprache des Heimatortes des Gottes gesungen wird. Soweit die Lage dieser Orte bekannt ist, sind die Sprachgebiete durch sie feststellbar. Auf Harrisch wird auch der Ištar von Ninuwa gesungen: diese Stadt kann, da sie mit Rimušši zusammen genannt wird, nicht Ninoë-Aphrodisias in Karien sein, für das seinem Namen nach auch ein Ištarkult charakteristisch war. Sämtlichen babylonisch-sumerischen Göttern, wie Anuš, Antum, Êa, Enlil, Ninlil, Damkina, Allatum, Ningal, Zamama, auch der Išhara, wird auf Harrisch gesungen, woraus hervorgeht, daß die Hattier die Kulte dieser Götter durch harrische Vermittlung erhalten haben.

Die nur mitannischen, nicht auch hattischen Götter Mitrassil, Arunassil, Indara, Nasattijanna haben die Harrier von den vermutlich nordöstlich an sie grenzenden Urindern übernommen. Die Wohnsitze dieser dürfen wohl auf dem rechten Ufer des Kur, etwa von Elisavetopol bis zum Kaspischen Meere, angenommen werden. Denn jetzt stehen der Annahme, daß das eine der beiden kossäischen Worte für Sonne *surijas* nicht nur lautlich, sondern auch tatsächlich mit dem indischen Worte *surya* »Sonne« identisch ist, keinerlei Bedenken mehr entgegen. Da die Kašši (Kossäer) den gleichen Namen tragen wie die Kaspier — *p* ist die auch im Elamischen und Lullubäischen, außerdem in mehreren kaukasischen Sprachen gewöhnliche Pluralendung — und da sie erst 2073 v. Chr. an der Ostgrenze Babyloniens erscheinen, ist der geschichtliche Zusammenhang vermutlich folgender gewesen. Die Kassier saßen im 3. Jahrtausend am südlichen Ufer des Kura und am Kaspischen Meere und schlossen sich östlich an die gruzinische Sprachgruppe an. Um 2500 v. Chr. etwa kamen von Norden über den Kaukasus die Urinder und übten durch ihre weit überlegenen religiösen Vorstellungen, die wohl erst am Kaspischen Meere entstanden sind, auf die Kassier einen nachhaltigen Einfluß aus. Unter dem Drucke stets neu eindringender Indogermanen suchte der Teil, dessen Land in der Kurebene dem Feinde offen dalag, neue Wohnsitze und fand sie zuerst in Westmedien, wo sie sich wie ein Keil zwischen die Lullubäer und Elamer schoben, und von da aus in Babylonien. Die Urinder aber — oder wenigstens ein Rest von ihnen — müssen ihre Sitze bis in das 14. und 13. Jahrhundert, die Zeit der hattischen Texte, behalten haben und dann ihrerseits nach Osten abgedrängt worden sein.

Westlich an die Urinder grenzte die Gruppe der gruzinischen Sprachen, »die nach Chroniken und Überlieferungen einst auch in der oberen Hälfte von Kleinasien verbreitet gewesen sein sollen«[1]. Sie unterscheiden sich scharf von den harrischen Sprachen, deren spätester Abkömmling das Chaldische (Alarodische) der vorarmenischen Keilinschriften ist. Nun liegen der Ort und die Landschaft Balā, deren Name an den der Landschaft Blaene in Paphlagonien erinnert, östlich von Hattusas (Boghazköi) im Gebirge zwischen Komana (östlich Tokat) und Sebastia (Sivas). Die Erwähnung des Landes Balā neben dem Lande Hatti und dem Lande Luvia in den Gesetzen machen es wahrscheinlich, daß das Baläische ein größeres Hinterland gehabt habe, und die Tatsache, daß die Silber- usw. Sprüche Baläisch abgefaßt waren, läßt darauf schließen, daß in baläischem Gebiet eine wichtige Kultstätte gelegen hat, deren Priesterschaft diese Sprüche auf Baläisch gedichtet hat; denn Zaubersprüche irgendeines Bergvolkes hätten zu keiner so bedeutenden Rolle im fremdsprachigen Gebiet kommen können. Dazu bedurfte es der Autorität des berühmten Kultortes Kummanni (Komana Pontica), der zugleich die Hauptstadt des Reiches Kizwadna war, daher sich die Priesterin Mastigga regellos wechselnd Frau von Kizwadna und Frau von Kummanni und Puduhepa ebenso Tochter von Kizwadna oder Tochter von Kummanni nennt. Daß die Landessprache von Kizwadna nicht hattisch war, hatten wir schon oben gesehen. Für die Annahme, daß das Gebiet des Baläischen auch die pontischen Küstengebirge umfaßt hat, spricht auch, daß der Spruch für das Silber in dieser Sprache abgefaßt ist; denn in diesem Gebirge liegen die Silberbergwerke von Argyria bei Tripolis (Arrian peripl. 24) und von Gümüschkhane im Hinterland von Trapezunt, und hier ist wahrscheinlich auch das Land Alybe im Gebiet der Alizonen[2] zu suchen, in dem nach dem Schiffskatalog ἀργύρου ἐστὶν γενέθλη. War aber das Baläische die Landessprache von Kizwadna, so ist an der Küste der Anschluß des Baläischen an die gruzinische Sprachgruppe vollzogen und seine Zugehörigkeit zu ihr sehr wahrscheinlich. Von Kennern des Armenischen ist mehrfach betont worden, wie starke Ähnlichkeiten zwischen diesem und gerade dem gruzinischen Zweige der kaukasischen Sprachen in Grammatik wie in Wortschatz bestehen. Da aber unmittelbar vor dem Eindringen der Armenier in Großarmenien überall laut Ausweis der chaldischen Inschriften chaldisch gesprochen wurde, dies aber offenbar keinen wesentlichen Einfluß auf die Gestaltung des Armenischen gehabt hat, so kann letzteres

---

[1] R. v. Erckert, Die Sprachen des kaukasischen Stammes, S. 287.

[2] Vgl. vielleicht den in den Boghazköi-Inschriften belegten Stadtnamen Alazhana.

jenen gruzinisch-kaukasischen Einschlag nur in Kleinarmenien erhalten haben. Als Zweig der Phryger waren um das Jahr 706 v. Chr.[1] die Armenier in Kleinarmenien eingewandert, wo sie ethnisch und sprachlich dem starken Einfluß der eingeborenen Bevölkerung unterlagen, die ich nach dem oben Angeführten als balāisch, nicht als harrisch ansehen muß. Als Armenier mit balāisch-gruzinisch-kaukasischem Einschlag eroberten sie in den folgenden Jahrhunderten auch Großarmenien. So würde auch das Königreich Hajasa, das im obersten Euphrat-, Araxes- und Tschorochtale zu lokalisieren ist, dem balāischen Sprachstamme zuzuweisen sein. Der angenommenen südlichen Ausdehnung des Balāischen scheint nun aber folgende Stelle zu widersprechen, von der nur die Zeilenenden erhalten sind, die aber kaum anders ergänzt werden kann: [*nu* ^{An} .... ^{Uru} *Š*]*a-mu-ha* [*e-ku-zi* *LÚ-NAR* ^{Uru} *Har*]-*ri* (!) *SIR-RU* »[dann gibt er dem Gott .... von Š]amuha [zu trinken, der Sänger von Har]ri singt«. Denn Šamuha ist nach Šubbiluliumas Tod der nordöstlichste Grenzort des Hattireiches und muß auf der Linie Sebastia (Sivas)-Nikopolis (bei Enderes) gelegen haben. Wurde in Šamuha wirklich harrisch gesprochen, dann wäre mir der kaukasische Einschlag des Armenischen nicht erklärlich, und Balā wäre auffälligerweise der südlichste durch den hohen Gebirgszug südlich von Komana von seinen Sprachgenossen getrennte Ausläufer dieses Stammes.

Westlich an Balā schließt sich der Städtebund der Gasgäer an, für deren einzelne Orte vielfach die protohattische Sprache belegt ist. An protohattischen Städten nördlich des Halys seien erwähnt Hattušaš, Zippalanda, Nerig, Zithara, Šahbina. Auch südlich des Halys in 'Arinna, das in der Gegend von Mazaka gelegen haben muß, war Protohattisch die Landessprache. Auch die Sprache der nichtindogermanischen Bevölkerung von Arzawa in Kilikien scheint eine Schwestersprache des Protohattischen gewesen zu sein, denn der Name des von Salmanassar III. Annal. 128, 132 genannten Königs Katē von Qaua (Que) ist nichts anderes als das protohattische Wort für »König« *kattē*! Kataonien und Melitene haben wohl beide harrisch gesprochen.

Die Stadt Kaneš[2] lag in dem Gebiete zwischen Ankyra, Gangra, dem Skylax und Boghazköi, am wahrscheinlichsten in der Gegend von Ankyra. Die Kanesier haben sich nach ihrer Einwanderung aus Europa in Phrygien niedergelassen und hier ein großes Reich begründet mit Kaneš als Hauptstadt. Dies begegnet uns in einem kleinen Fragment bereits als Feind eines Königs der Dynastie von

[1] Siehe E. Forrer, Die Provinzeinteilung des assyrischen Reiches.

[2] Die von Marcellinus Comes Illyricianus Chron. II p. 316, ed. Roncallius genannte Gegend Canisa in Dardania liegt in Ober-Mösien, nicht im troischen Dardania.

Akkad — wahrscheinlich des Naram-Sin. um 2750 v. Chr. — neben den Königreichen Hatti und Gorsaura (*Ku-ur-ša-ú-ra* lies *Gu-or-sa-u-ra*), d. i. ΓΑΡΣΑΥΡΑ, einer der wenigen Namen, die sich durch die Jahrtausende bis in römische Zeit erhalten haben. Hier erst hat sich durch die Vermischung mit den Luviern das kanesische Volk und seine Sprache in seiner Eigenart entwickelt und hier auch die luvische Orthographie für die kanesische Sprache übernommen. Wir wissen allerdings nicht, ob die Bevölkerung des Landes Kaneš damals schon indogermanisch gewesen ist: dies ist aber wahrscheinlich, da die Sprache dieser Indogermanen, die nach diesem alten Reiche ihren Namen »Kanesisch« erhielt, schon um 2000 v. Chr. auch im Lande Hatti im engeren Sinne in Gebrauch war. Von dem Reiche Kaneš aus hat sich in der folgenden Zeit das kanesische Volk als ein in seiner nationalen Eigenart scharf umrissenes Mischvolk über ganz Kleinasien verbreitet bis nach Kizwadna, den harrischen Grenzländern, Syrien und Arzawa, wo es überall die herrschende Schicht der Edlen bildete.

Ob die Landstriche westlich des unteren Halys im späteren Paphlagonien noch zu den Gasgäern gerechnet werden, läßt sich nicht sicher sagen. Jedenfalls ist von den Namen, die Strabo als spezifisch paphlagonisch angibt, Rhatotes sicher nicht kanesisch, da in dieser Sprache kein Wort mit *r* anlautet. Gasys kommt häufig vor als Gassus. Biasas verhält sich zu Bijassilis, dem Namen des von Šubbiluliuma in Kargamiš eingesetzten Mitannifürsten, wie Myrsos zu Mursilis. Welcher der überlieferten Sprachen also das Paphlagonische zuzuweisen sei, ist aus den Namen noch nicht zu ersehen.

Aus dem Umstande, daß die Luvier die gleiche Orthographie benutzen wie die Kanesier, möchte ich schließen, daß wir in ihnen die Bevölkerung des westlichen Kleinasiens zu erblicken haben. Auch die Entlehnung kanesischer Worte und Partikeln aus dem Luvischen spricht für ihre enge Nachbarschaft. Aber andererseits finden wir in luvischen Texten Worte, die die Luvier sicher von den Kanesiern entlehnt haben müssen. So ist das luvische Wort *dakkuiš* (lies *duggeis*) sicher das kanesische *dankuiš* (lies *dangeis*) »schwarz«, und das luvische Wort *SIG-luiš* zeigt durch die phonetische Ergänzung *-luiš*, daß das Ideogramm SIG »grüngelb« genau wie im kanesischen Flußnamen ^{íd}*SIG-na* (Duplikat dazu ^{íd}*Hu-lu-na*) *hol* ausgesprochen wurde. Letzterer, »der grüne Fluß«, ist offenbar der heutige Ješil-Yrmak (»grüner Fluß«), der antike Iris. Der »rote Fluß« (ideographisch ^{íd}SI-A, heute Kyzyl-Yrmak, antik Halys) dürfte der Maraššantija sein. Diese Farbbezeichnungen sind wohl sicher vom Luvischen aus dem Kanesischen entlehnt, nicht umgekehrt.

Müssen wir, wenn der Arzt Zarbija aus Kizwadna den »Herrn des Hauses« in einer von ihm verfaßten Beschwörung auch einige Stellen auf Luvisch sagen läßt, deswegen Luvisch für die einheimische Sprache von Kizwadna halten? Und wenn ausgerechnet fast nur in luvischen Stellen die Götter Šantaš und Tarhun(za) genannt werden — ersterer scheint dem Marduk (ZUR-UD) gleichgesetzt zu sein, auch kommt Sandaš als Personenname vor —, die uns in späterer Zeit nur für Kilikien belegt sind, so mahnen diese noch unlösbaren Widersprüche zur größten Vorsicht bei der Aufstellung einer ethnologischen Karte Kleinasiens. Die Frage nach der Ausbreitung der luvischen Sprache und ihrer Verwandtschaft mit einem der bekannten Sprachzweige kann eine einigermaßen sichere Beantwortung erst von der eingehenden Durcharbeitung des darauf bezüglichen Materials erwarten.

Den zahlreichen, auf protohattischem Gebiet und in allen Teilen Kleinasiens, ja ganz Vorderasiens sich wiederfindenden Orts- und Personennamen zufolge bilden die Protohattier die wirkliche Urbevölkerung Kleinasiens und Syriens, die sich in Kappadokien und in den südlichen Randgebirgen bis in römische Zeit erhalten hat. Da die Harrier wohl sicher vom Kaukasus her eingewandert sind, so muß das Protohattische an das Sumerische angeknüpft werden, dem es im Sprachbau am nächsten steht. Vieles spricht auch dafür, daß die Sprache, die in den protoelamischen, noch unentzifferten Tafeln[1] von Susa überliefert ist und bereits in der Mitte des dritten Jahrtausends am Aussterben war, vom Altelamischen gänzlich verschieden war. Weitere Anknüpfung an das Brahui und die Dravidasprachen wird durch den präfigierenden Charakter des Protohattischen und Sumerischen nicht gerade empfohlen. Ob diese Linie westlich über Griechenland zu den Ligurern und (oder?) Iberern führt, bleibt späterer Forschung vorbehalten.

Daß aber die hieroglyphischen Inschriften, die, abgesehen von der in Boghazköi, im wesentlichen in Nordsyrien, Melitene und Kataonien zu Hause sind, den Kanesiern zuzuschreiben seien, kann ich nicht glauben; denn gerade diese Landschaften sind die allerletzten gewesen, die dem Hattireiche einverleibt wurden. Auch spricht die strikte Umgehung Kilikiens und der präfigierende Charakter des Protohattischen gegen dieses als Sprache der Hieroglypheninschriften. Vielmehr vermute ich, daß sie dem dem Hattireiche vorangehenden harrischen Großkönigtum von Halab angehören und dem noch älteren Reiche von Mar'aš. Das Aufhören der Hieroglypheninschriften an der Grenze von Melitene und Kleinarmenien spricht für den harrischen Charakter der Inschriften und den baläischen der Bevölkerung Kleinarmeniens.

---

[1] Veröffentlicht von V. Scheil: Délégation en Perse. Memoires 6. (Textes Élam.-Sém. 3).

Die durch die Sprachen erwiesene Mannigfaltigkeit der Bevölkerungen Kleinasiens dürfte nun auch Fingerzeige für die Beurteilung der Haartrachten (Zopf, schlichtes Haar) ergeben.

So bringen die Boghazköi-Inschriften mit einem Schlage Licht in Fragen, die jahrzehntelang die Linguisten und Ethnologen beschäftigt haben, indem sie das weitmaschige Netz alter Probleme auflösen und ein engmaschigeres neuer Fragen knüpfen.

Erschließung der aramäischen Inschriften von Assur und Hatra.

Von Prof. Dr. P. Jensen
in Marburg (Hessen).

(Vorgelegt von Hrn. E. Meyer am 6. November 1919 [s. oben S. 817].)

Hierzu Taf. VI und VII.

Die Ausgrabungen der Deutschen Orientgesellschaft in Assur haben auch eine erhebliche Anzahl zu einem kleinen Teil gut, zum allergrößten Teil aber nur fragmentarisch erhaltener oder stark beschädigter Inschriften aus der Partherzeit, in aramäischer Schrift, zumeist Graffiti auf Pflasterplatten, ans Licht gebracht. Von diesen wurden auch mir 21 Lichtpausen mit der Bitte um eine Äußerung darüber zugestellt. Eine Untersuchung ergab bald, daß sie fast alle in aramäischer Sprache abgefaßt sind, d. h. mit der einzigen Einschränkung, daß eine kurze Inschrift auf einer Statuenplinthe wegen eines ganz deutlichen und unverdächtigen י, nicht די, zur Bezeichnung des Genitivverhältnisses als Pehlevi-Inschrift anzusprechen und mittelpersisch zu lesen ist (s. dazu u. S. 1048). Im nachfolgenden darf ich über weitere Ergebnisse meiner Arbeit an den genannten und mehreren mir nachträglich durch Hrn. Dr. W. Andrae freundlichst mitgeteilten aramäischen Inschriften aus Assur sowie auch solchen aus Hatra in gebotener größtmöglicher Kürze berichten. Die letzteren sind veröffentlicht von Andrae in seinen *Ruinen von Hatra* I, S. 28 und II, Bl. 54, S. 162 ff., Taf. XIII, XXII ff. Dieser und Hr. Dr. H. Ehelolf haben meine Studien mit steter Hilfsbereitschaft durch Beantwortung zahlreicher Fragen gefördert. Dafür muß ich ihnen auch an dieser Stelle meinen lebhaft empfundenen Dank aussprechen.

Die Inschriften von Assur.

Über die Zeit der Inschriften. Eine größere Anzahl von ihnen, und das sind in der Hauptsache »Gedenkinschriften« (s. dazu u. S. 1043 f.), ist datiert. Die Zeit der datierten Gedenkinschriften mit vollständig erhaltenen Jahresdaten liegt zwischen 5mal einem x + 11 (Nr. 17073) und 5mal einem x + 39 (Nr. 17072). Dieses x ist am wahrscheinlichsten = 100 (s. u. S. 1045). Andersartige Inschriften mit späterer

Datierung sind nicht gefunden. Die Ära, nach der gerechnet wird, ist doch wohl die Seleukiden-, weniger wahrscheinlich die Arsakiden-Ära. Somit dürften die datierten Inschriften aus der letzten Zeit des Parther- und noch der ersten des Sassaniden-Reiches stammen. Sollte aber ihre Epoche die der Arsakiden-Ära sein, so wären sie um mehr als ein halbes Jahrhundert jünger. — Eine Steleninschrift (wozu schon Euting in den MDOG Nr. 22, S. 51) ist nach ihrer Datierung aus den zwanziger Jahren wohl eines vierten Jahrhunderts, also vermutlich der Seleukiden-Ära, somit wohl zwei Jahrhunderte älter als die anderen Inschriften mit erhaltenem Datum. Damit harmonieren relativ ältere Schriftformen für ה, ר, צ und ש. — Die meisten Gedenkinschriften mit erhaltenen Monatsdatierungen (13?) stammen aus dem Nisan, dem ersten, wohl vier aus dem Schebat, dem vorletzten Monat des Jahres; eine ist vom soundsovielten Tischri, dem siebenten Monat, datiert (17072 o.) und eine andere vom 13. Adar, dem letzten Monat (13934). Aus anderen Monaten sind keine da. Diese Verteilung ist natürlich kein Zufall. Um so weniger, als ihr eine andere Verteilung parallel geht: Im Schebat und im Nisan werden die Personen in den Gedenkinschriften »vor« dem Gotte *Assor-Aššur* und bzw. oder seiner Gattin *Serī(ū)-Šeru'a-Šeruja* erwähnt, in der Gedenkinschrift aus dem Tischri »vor allen Göttern«, in der aus dem Adar aber jedenfalls auch vor den Gottheiten *Nanai*, *Nabū* und *Nēr(i)gal*. Bestehen Beziehungen zwischen den zahlreichen Gedenkinschriften aus dem Nisan und einem Neujahrsfest im Nisan, wie dem ehemals in Babylon, einerseits und solche zwischen der vom 13. Adar und dem Gemetzel des Esther-Buches am 13. Adar anderseits? *Nanai* = *Ištar* = Esther (*Kurzer H. C. z. A. T.*, Abt. XVII, 1. Aufl., S. 173ff.); *Nērigal* Gott des Gemetzels; der Adar der Monat der zum *Nērigal*-Kreis gehörigen bösen Siebengottheit. Anderseits aber ist jeder 13. Monatstag ein Tag des persischen Gottes *Tīr*, des Planeten Merkur, dem der babylon.-assyr. *Nabū* (s. u.) entspricht.

Was den Inhalt der Inschriften aus Assur anlangt, so sind sie zumeist »Gedenkinschriften«, »Memorialinschriften« von der Art der auf S. 165ff. bei Lidzbarski, *Handbuch der nordsemitischen Epigraphik* I, behandelten Graffiti, vielfach zu mehreren oder in größerer Anzahl, gelegentlich in verschiedenen Richtungen, auf Pflasterblöcke eingeschnitten bzw. eingehauen. Ein Beispiel einer solchen Inschrift aus Nr. 17071 (s. die beigefügte Reproduktion u. Taf. VII):

1. ב[י(ו)]י(ו)ם IIXX בשב[ט] בשנת VX(?)CV
2. ד(ר)כי(ו)ר(ד) ו(י)בר(ד)י(ו)ד בסר(ד)[י(ו)] בר(ד) עק(ח)בשמא
3. ק(ח)ד(ר)ו(י)ם אסר(ד) ו(י)סר(ד)[י(ו)] לטב
4. ד(ר)כי(ו)ר(ד) עק(ח)י(ו)באסר(ד) בר(ד) עק(ח)בשמא
5. ק(ח)ד(ר)ם מר(ד)תן לעלם

1. »Am 22. [Ta]ge im Scheba[ṭ] im Jahre 5(?)15
2. [sei] ins Gedächtnis gerufen und gesegnet BSR(D)[I(U)], Sohn *'akabša(?)ma's*,
3. vor *Assor* und *Ser*[*ī*(*ū*)] zu Gutem,
4. ins Gedächtnis gerufen *'akībassor*, Sohn *'akabša*(?)*ma's*.
5. vor unserer Herrin für ewig.«

Offenbar als »Vers« gedacht: und derartiges auch sonst (s. u. S. 1050). Eine Inschrift in vergleichsweise gutem Erhaltungszustande. Übrigens lassen sich sehr viele auch äußerst schlecht erhaltene Gedenkinschriften bei ihrer Formelhaftigkeit und dem Umstande, daß sich vielfach dieselben Personen, Vater und Sohn und auch Enkel, mehrfach eingeschrieben haben, zu einem großen Teile mit Sicherheit, auch aus ganz bescheidenen Resten ergänzen. Die allermeisten Gedenkinschriften enthalten im wesentlichen nicht mehr als die oben gegebene. Eine hervorstechende Ausnahme bildet eine in der Mitte von 17071: Erwähnung von Regen und Überfluß durch *Dad* (?) (s. u. S. 1049) und vermutlich von einer Erneuerung des »Hauses des *Aphrahāṭ*« und vielleicht einer Verleihung der Schützer(?)schaft, כדנותא-*kidēnūtu*, an (die Stadt) *Wartānūpāṭ* (s. dazu auch u. S. 1046).

Eine Pflastersteininschrift anderer Art ist Nr. 17065:

1. שנת CV(?)XX X V I 2. פלח(ק)תא ד(ר)עשא XX XX XX
3. ח(י)ד(ר)ח(ק)לתא XX X אנא 4. אנא כתבת

»1. Jahr 5(?)36 2. verehrende Frauen der (des) עשא (s. u. S. 1049) LX 3. und (ehr)fürchtende XXX. Ich, 4. אנא, habe [es] geschrieben.« Zu der letzten Notiz die gleiche 17071 Z. 9.

Der Rest der Inschriften setzt sich zusammen aus Inschriften an Gebäuden (s. dazu auch u. S. 1049), auf Stelen (dazu auch o. S. 1043), Statuenplinthen (s. dazu auch u. S. 1049), auf Bruchstücken von Tonkrügen u. dgl. (s. sofort), auf einem Tondeckel (s. u. S. 1046 u. 1048f.) und einem Bruchstück von einem solchen. In einer aus einer Reihe wichtiger Beischriften zu Bildern auf Bruchstücken eines Pithos (15843) wird die Göttin (!) *Nanai* König (!), unsere Herrin und Tochter *Bēl's* genannt, und in einer zweiten von diesen Beischriften, zu einer offenbar weiblich (!) gedachten Gottheit, wird, doch wohl als ihr Gatte — also = *Nabū*-Nebo? —, ein Gott בר(ד)מר(ד)ח genannt. Zum »König« *Nanai* siehe vorläufig »parthische« Münzen und dazu G. Hoffmann, *Auszüge aus d. syr. Akten pers. Märtyrer*, S. 155; zur »parthisch«-elamitisch-babylonisch-kleinasiatischen und vielleicht ursprünglich indischen *Nanā-Nanai* G. Hoffmann, ebenda S. 156ff., sowie *Mitra-* usw. in Keilschrifttexten aus Boghazköi und dazu diese Berichte 1919 S. 367ff.; der Gott בר(ד)מר(ד)ח auch in Hatra (s. u. S. 1051).

Zu den Schriftzeichen. Vielerlei bemerkenswerte Formen, wie die beigegebene Schrifttafel zeigt. Eigenartig sind namentlich auch Formen für א, ה, ט, י, כ und ש. Wie die offenbar jüngsten Formen für den letzten Buchstaben aus der ältesten uns bekannten Form dafür entstehen konnten, zeigt dieselbe Tafel. Eine Reihe von Buchstaben sind einander sehr ähnlich oder gar gleich geworden: ה und צ; ח, ק, מ, כ und ח; ד und ר; י und י. Bemerkenswert sind die Ligaturen von ב und ט, ל und ט, angewendet für שבט, בטב und לטב sowie den Namen בלטי(ן) (17066, 4: 17449a u. l.) und בלט in בת בלט = »Haus des Lebens (?)« (17449b u. r.: s. u. S. 1047). — Das א in Assur (und Hatra) erinnert sehr an die Pehlevi-Formen dafür.

Unter den Zahlzeichen fällt stark in die Augen eines für eine Zahl höheren Grades als 10 und 20, das deshalb am ehesten = 100 ist. Mit sonstigen Zeichen für 100 (s. Lidzbarski, *Handbuch der nordsemitischen Epigraphik* II, XLVI) scheint das klotzige Zeichen durchaus unverwandt.

Zur Sprache. Mit קדם »vor«, = späterem *ḳedam*, aus altem **kudām*, wechselt (17068 und 17069 M.) ק(י)דם und (17071, 13: 17072 M. l. [?]) קדו(י)ם. Spr. also *ḳŭ(ö)dōm*, falls nicht *ḳŭ(ö)dĕm*, und vgl. aram. תחות und תְחוֹת. aus älterem **tuḥūt* und bibl.-aram. לְקֳבֵל aus älterem **le(a)ḳubāl*. — ה für etymolog. aram. ח: אה[?]הי(י) für אחוהי »sein Bruder« (17071, 3 Schluß), (?!) אהי(י)הי(ו) »seine Brüder« (17066, 6), אהתה »seine Schwester« und אהתי »meine Schwester« (12569, 2 u. 5); אסר(ד)הנני für אסרחנני (Name) »*Assor*, erbarm' dich mein« (13934, 3; 17449b u. r.). Ob ein Name אהי(ו)אסר(ד) (17069 o.; 17070, 2; 17073, 3 u. 16; 17449a o. r.; 17449c o.), wofür 17061, 3f., 17069 u. r. und 17449a u. l. wohl אהי(ו)סר(ד), mit der vermutlichen Bedeutung »Bruder *Assor*'s« oder »mein Bruder ist *Assor*« hier zu nennen ist, ist nicht sicher, da der Name assyrischen Ursprungs sein könnte (s. dazu u. S. 1046ff.). — א für etymolog. ע: אבד(ר)א für עבדא (17066, 7; 17071, 1): אבד(ר)בו(י)הי(ו) (17061, 2; 17067 o. l. und M. l.) für עבד + wohl אבוהי »Knecht seines Vaters«.

Für etymolog. שַׁפִּיר »schön« שנפיר (13934, 2 [?]; 17061, 5: 17067 M.: 17069 u. r.; 17070, 4; 17072, 4; 17449a M. l.; 17449c): 17071, 4 l. stand doch wohl שפיר, und 17449a u. könnte שפיר gestanden haben. Dissimilation einer doppelten Tenuis. Vergleichbar mit ähnlichen Fällen bei aram. Lehnwörtern im Armenischen: *k'ank'ar* »Talent« aus aram. *kakker(ā)*(?!), *cnclai* »Cymbel« aus *ṣeṣṣelā* (hierzu und zu anderen Fällen der Art Hübschmann in ZDMG XLVI, 230 und Brockelmann, *Grundriß* I, 245). Unser שנפיר enthält wohl einen Hinweis auf die Gegend des aramäischen Sprachgebiets, aus der die aramäischen Lehnwörter im Armenischen stammen (vgl. Hübschmann a. a. O.).

Zur Verballehre, daß auf 12569, 8 (dazu u. S. 1050) ein לבעא allem Anscheine nach = נ(ו)בעא »sucht, suchen wird«. Dazu Lidzbarski a. a. O. I, S. 400 und Nöldeke, *Mand. Grammatik* S. 215 ff.

Zum Wortschatz: 17072, 4 f. בחד(ר)א כו(י)ר(ד)א = »in diesem Landstrich«? — כ(ד,ר)סיא, in einer Inschrift (2777) auf einem Tondeckel, von Dr. Andrae als »Deckel« erklärt und, falls richtig, כסיא zu lesen. Aber was ist כ(ד,ר)מ(ס)חא, wofür der Deckel bestimmt ist? Andrae vermutet »Altar«. — אשתר(ד)א (17061, 5; 17063; 17067 M. l.; 17071, 5 l.; 17073, 5, 14 und 16; 17650), weil Apposition zu סר(ד)י(ו)-*Šeru'a-Šeruja*, der Gattin des Gottes *Assor*, genannt אלהא »Gott« und מלכא »König«, und weil mit מרתן »unsre Herrin« und מרתה »seine Herrin« wechselnd, gewiß = assyr.-babylon. *ištar(u)* »Göttin« und, da diese Bedeutung den *ištar(u)* entsprechenden Wörtern in den verwandten Sprachen fremd, dazu dem assyr.-babylon. *ištar(u)* in unseren Inschriften eigenaramäisches עתר entsprechen würde, fraglos aus dem Assyrisch-Babylonischen entlehnt. — Ob in 17071 in Z. 8 (10) in einem כד(ר)נו(י)חא ein assyr.-babylon. *kidênūtu* »Schützer(?)schaft« vorliegt, kann gefragt werden (dazu oben S. 1044). — בת בלט 17449b u. r. aus einem assyr. **bît balāṭi*, »Haus des Lebens«, und = »Jenseits« oder »Grab«? Wechselnd mit ב(?)י(?)ת עלמין (17061, Ende der einen Inschrift), = »Haus der Ewigkeiten«?

Die Personennamen zum Teil deutlich nordwestsemitisch bzw. genauer aramäisch. Zu Ausführungen über sie ist hier kein Platz. — Da ein älteres *p* in »hittitischen« Namen zu *b* werden kann (Jensen, *Hittiter und Armenier*, 150 und 232 ff.), ein »Hittiter« *Pisiri(s)*, König von Karkemisch, und ein »Hittiter« *Mutallu*, König von Gurgum, von Sargon in assyrische Gefangenschaft abgeführt wurden (Annalen Sargons 47 f., 212 f.; Nimrudinschrift 10; Prunkinschrift 86 f.), so mögen die, auch einmal zusammen genannten, sonst nicht sicher unterzubringenden Personennamen בסר(ד)י(ו) (17069 u. r.; 17071 o. l. und u. r.; 17073 o. l. bis, M. bis, u. l.) und מטל(ו)י(י) (17064; 17073, 6; 17449b u.) die »hittitischen« Königsnamen *Pisiri(s)* und *Mutallu* sein und ihre Träger Nachkommen dieser Könige oder eines von ihnen.? — Personennamen iranischen Ursprungs m. E. nicht nachweisbar, abgesehen wohl von einem אפרהט in der Verbindung בת אפר(ד)הט »Haus des *Aphrahāṭ*« (17071, 8 r.), vermutlich für einen der parthischen Könige dieses Namens. In derselben Zeile vielleicht ein Stadtname ו(י)ר(ד)תנפט = »*Wartānūpāṭ*«, d. i. »von *Wartān* bewohnt«, worin *Wartān* = parthischem *Wardān* sein mag (vgl. o. S. 1044). Anscheinend und begreiflicherweise kein Mann mit iranischem Namen Urheber einer der vielen Gedenkinschriften. — Einige Male begegnet der Name אסר(ד)הד(ר)י(י)ן (17062; 17066, 4 f.), oft der Name אסר(ד)ד(ר)י(י)ן (17066, 2 und 6; 17069 M. (?); 17071 M.; 17072, 2 r.; 17073 M. l., 7, 9 und 11; 17449c M.), einmal

אסר(ד)ד(ר)ן (17073, 10). fraglos mit dem zweiten Namen identisch. Nach 17066, 2 ff. vermutlich alle drei dieselben. Schon an und für sich allem Anscheine nach = dem assyrischen Königsnamen *Aššur-aḫu-iddin* = bibl. אֵסַר־חַדֹּן. Zu *h* für *ḫ* vgl. o. S. 1045. Nach 17066 drei Söhne des אסר(ה)דר(י)ן: אסר(ד)הל(י)(י) oder אסרהו(י)ל(י), kaum אסרלהו(י) (Z. 3), בלטי(י) (Z. 4; s. 17449a u. l.) und אנא (Z. 5: auch 17064: 17065, 4: 17071, 9 r. und l. u.: 17072, 2 r.; 17073, 10: 17449c M. r.). בלטי(י), ohne die Möglichkeit einer anderen Etymologie, ist uns als Name für den Sohn eines Mannes mit babylonischem Namen bezeugt (s. JAOS 1908, S. 205 Z. 3: בלטי). Siehe ferner auch Johns, *Deeds*, Nr. 6 Rev. 4: *Ba(?)lā(?)ṭiia*: Strassmaier, *Nabuchodonosor*, Nr. 363, 1: *B(P)a(u)lṭiia*: Tallquist, *Babyl. Namenbuch*, S. 19 ff.: *Balāṭu*; aus Formen von *balāṭu* »leben«, wozu o. S. 1045: und ܒܠܛ. Der erste Name kann wenigstens assyr.-babylon. sein: *Aššur-aḫ-ile* wäre »*Aššur* ist der Bruder der Götter« (zu *h* aus *ḫ* oben). Der dritte Name ist zwar zur Zeit in Assyrien, aber vor der Hand auch sonst nicht mit Sicherheit unterzubringen. Denn ein etwa herangezogenes hebr. אנא (אָנָא) z. B. wird durch das entsprechende Αςα der LXX und Ηαα bei Lucian unsicher und durch *'-k-j* in einer ägypt. Liste (s. dazu Lidzbarski in seiner *Ephemeris* II, 17) nicht gesicherter. Der Vater des אסר(ה)די(י)ן heißt nach derselben Inschrift 17066 Z. 2 f. אי(י)ר(ד)תר(ד)ץ, d. i. nach dem Namen אסר(ד)תר(ד)ץ (17073, 4mal) zu schließen תר(ד)ץ + אי(י)ר(ד), wobei אִי(י)ר(ד) so gut wie אסר ein assyr.-babylon. Gottesname, nämlich der Name *Amurru-Aḫurru*-איר wäre. Dies letzte freilich nur vorausgesetzt, daß in 17066 kein Fehler vorliegt: Der אסרתר(ד)ץ von 17073 hat nach dieser Inschrift auch einen Sohn אסרדו(י)ן! תר(ד)ץ erlaubt sonst keine brauchbare Etymologie, wohl aber eine ganz einwandfreie aus dem Assyrisch-Babylonischen (s. *Nabū-tariṣ* Tallquist, *Neubabyl. Namenbuch*, S. 149; auch *Bēl-tariṣ* (?) ebd. S. 336 und Johns, *Deeds*, Nr. 222, 1 und 4). Nach 17071 u. l. endlich ist ein אסר(ד)בד(ר)ו(י)ן ein Sohn eines אנא, ein אנא ist ja aber (s. oben) ein Sohn unseres אסר(ה)די(י)ן; es hat also vermutlich schon deshalb ein Enkel des Letztgenannten, ebenso wie dieser selbst, einen assyr.-babylon. Namen: das *b* darin offenbar ein Repräsentant von assyr.-babylon. *abu* »Vater« wie das *h* von אסרהדו(י)ן von assyr.-babylon. *aḫu* »Bruder«. Und auf demselben Stein 17071 hat sich eingeschrieben ein אסרד(ר)ד(ר)ן, Sohn eines אסרדי(י)ן (17071 M.), so zugleich die Identität der beiden אנא und die seines eigenen Vaters mit unserem אסר(ה)דו(י)ן nahelegend. Und sein Name, wieder ohne sonst möglich scheinende Etymologie, erlaubt — was hier nicht nachgewiesen werden kann — abermals eine aus dem Assyrisch-Babylonischen. Andere möglicherweise assyr.-babylon. Personennamen müssen hier unbesprochen bleiben. — Also: אסרתרץ = assyr. *Aššur-tariṣ*, sein Sohn אסר(ה)ד(י)(י)ן = assyr. אסרהדן-*Aššur-aḫ(u)-iddin*, dessen Sohn אנא jedenfalls nicht mit nachweisbar nichtassyrischem Namen, dessen vermutlicher Sohn אסרבדר(י)ן = assyr. *Aššur-ab(u)-iddin*. D. h. eine wohl viergliedrige Generationenreihe mit wenigstens drei, wenn nicht gar vier assyr. Namen, und dabei mehrere andere Söhne des אסר(ה)דר(י)ן bestimmt oder wahrscheinlich auch mit assyr. Namen! In parthischer Zeit und dabei vermutlich in der Zeit um 210 n. Chr.! Und, wie die Namen אסר(ה)ד(ר(י))ן und אסרבדר(י)ן = »*Assor* hat den (einen) Bruder gegeben« und »*Assor* hat den Vater gegeben« für Großvater und Enkel zu zeigen scheinen, mit wenigstens zum Teil noch bekannter Bedeutung! D. h. in Assur vielleicht noch im dritten nachchristlichen Jahrhundert wenigstens eine fragmentarische Bekanntschaft mit der Sprache der Assyrer!

Die Götternamen, soweit spezifisch iranisch, sind in Assur vielleicht nur vertreten durch den fraglos iranischen והומן *Wohuman* in 16942, wo anscheinend so zu lesen, in einer Inschrift, die dabei, doch wohl nicht zufälligerweise, die einzige Pehlevi-Inschrift ist, lautend: צלמא(!)י(!) והומן(?) מר(ד)יא = »Bild des *Wohuman*, des Herrn«. Zum Bilde des *Wohuman* siehe mit Geldner im *Grundriß der iran. Philol.* II 39, abgesehen von Strabo, Geographica 512 und 733, auch vielleicht Vendidad 19, 20—25. Ob außer *Wohuman* auch noch der iranische *Tīr*, = dem Planeten Merkur, in den Inschriften aus *Assur* auftritt, und zwar in 2777, auf einem Tondeckel (wozu o. S. 1044), in Verbindung mit dem babylonischen *Bēl*[1], muß leider bis auf weiteres unentschieden bleiben. — Nicht-assyrisch-babylonische semitische Götternamen fehlen scheint's völlig, wie in Personennamen so für sich allein, man müßte denn den unten genannten vermutlichen Gott דד als Aramäer statt als einen Assyrer in aramäischem Gewande betrachten. — Wie in den Personennamen so herrschen auch sonst assyrisch-babylonische, vor allem assyrische Götter. Zumal in den Gedenkinschriften. Nämlich: 1. נבו(י)-*Nabū* (13934, 4; derselbe vielleicht auch in 764 und 12488); 2. ננר-*Nanai-Nanā*, seine Gattin (gleichfalls 13934, 4; zugleich in den Pithos-Inschriften 15843 zweimal genannt); 3. נר(ד)י(?)על-*Nēr(i)gal* (13934, 4) = נרגל(u. נרגן?)-نرغال (Beruni, *Chronologie*, ed. Sachau, S. 192)-נירגיל (mandäisch)-ניריג (mandäisch)-[illegible]-Nhpir (auch in Άβεννηριγος[2], König von Spasinu-charax: Josephus, Antiqu. XX, 22 f.) — نيرج (?); derselbe vielleicht als נר(ד)עי(ר)ל in 12488; vor allem aber 4. אסר(ד)-*Aššur* und 5. die oft mit ihm zusammen genannte סר(ד)י(ר), das

[1] Zum Synkretismus babylon. und pers. Religion: Der Sirius-Gott, bei den Babyloniern »Pfeil« genannt und mit dem Gotte NIN-IB-*Na(i)u̯(m)u(?)rtu-Nin(u!)-urta*, dem Planeten Merkur, ebenfalls »Pfeil« genannt, identisch. Daher *Tištrya*-Sirius = *Tīr*, = »Pfeil« und Merkur?

[2] Zu Άβεν- s. אבנ- in אבנבעל und אבנשמש bei Lidzbarski, *Ephemeris* III, 100.

ist natürlich *Aššur*'s Gattin *Šeru'a-Šeruia*. Ersterer heißt אלהא »Gott« (12569, 9; 12851: 17061, 4; 17449a o. r. (?)) und מלכא »König« (17073, 14), letztere מרתן »unsere Herrin« (17071, 15; 17072 u.; 17073, 12 (?!); 17449a M. r.) sowie מרתה »seine Herrin«, d. h. die des vor ihr Erwähnten (17069 u. r.: 17449e o. r.) und häufig אשתרא »Göttin« (s. die o. S. 1046 genannten Stellen). Statt סרו(י) ein paarmal סר, ohne ו bzw. י (17061, 4: 17067: 17071 (?)), vielleicht nur Scheinvariante, durch Beschädigung der Inschriften hervorgerufen, in 17067 aber auch sprachlich erklärbar. Lesung *Serī*, mit *ī*, nur möglicherweise durch 18716 gefordert. — Außer diesen 5 Gottheiten in den Gedenkinschriften vermutlich noch (17071, 6 bzw. 8) ein Gott ד(ר)ד(ר) genannt, in der Verbindung י(ו)הב ד(ר)ד(ר) סבעא, das ist doch wohl יהב ד(ר)ד(ר) שׂבעא = »es gab . . . Sättigung, Überfluß«, nach dem Vorhergehenden allem Anscheine nach infolge von Regen, und darum der Gott wohl = assyr. *Adad*, dem Gotte des Regens, der Fruchtbarkeit und des Überflusses, nach westsemit. — aram. — Namen in assyr. Wiedergabe und CT XXV, 16, 17 = *Da(d)da(u)* im »Westlande« (dazu o. S. 1044). — In einer der oben genannten Pithos-Inschriften 15843 der babylonische *Bēl*, als Vater der *Nanai* und Götterherr (מר(ד)להא), genannt, ferner in der Deckelinschrift 2777 (dazu o. S. 1044), vielleicht in Verbindung mit dem iranischen *Tīr*. Mit *Assor* verbunden in einer aus eingelegten Bleibuchstaben hergestellten monumentalen Aufschrift (17243): ב(?)]ת אסר(ד) ובל לב[= »Ha]us des *Assor* und des *Bēl* LB[«. — Auf der Statuenplinthe 18716 anderseits vielleicht אר(ד)ו(י) und סר(ד)ו(י), das wären *Erūa*, die Gattin des *Marduk-Bēl*, und *Šeru'a-Šeruia*, die des *Assor*, zusammen genannt; אר(ד)י(י) mit anderen Göttern zusammen möglicherweise auf 764. — Auf 17065 עשא vermutlich als Name einer Gottheit (פלח(ק)תא דעשא »verehrende Frauen von עשא«; s. o. S. 1044), in dem man (der Kürze halber sei nur auf ZA VIII, 377 ff. verwiesen) eine assyr. *Ištar* wenigstens vermuten darf. Vgl. עת(א, ח, י)? — Auf 764 vielleicht der bzw. die biblische נסרך (II. Kön. 19, 37: Jes. 37, 38) in unverfälschter Gestalt. — Zu אר(י)ר(ד)-*Amurru-Ayurru* in einem Personennamen s. o. S. 1047. — Das Nationale des schon o. S. 1044 erwähnten בר(ד)מר(ד)ת, vermutlich eines Gatten der *Nanai* (15843 2mal genannt), muß noch unbestimmt bleiben. Iranisches drängt sich ebenso für eine Etymologie auf wie Aramäisches. Indes —. — Also ein Fortleben assyrischer und babylonischer Götter doch wohl im dritten nachchristl. Jahrhundert nicht nur in Personennamen, sondern auch im Kultus, insonderheit in dem der genii loci. des *Assor-Aššur* und seiner Gattin *Serī(ū)-Šeru'a-Šeruia*. Nun sind die Pflastersteine, auf denen dieser Götter gedacht wird, alle über einem alten *Aššur*-Tempel gefunden, die einzige Gedenkinschrift aber, in der *Nabū* genannt wird, über einem alten *Nabū*-Tempel! Somit haftete die Verehrung dieser drei Gottheiten noch an ihrer alten Stelle. In den Ruinen des Partherbaues aber über dem alten *Aššur*-Tempel ist die oben genannte Inschrift »Ha[us(?) des *Assor* und des *Bēl* LB[« gefunden worden. Folglich hat *Aššur-Assor* wohl noch in der letzten Partherzeit auf den Ruinen seines alten Tempels ein Kultgebäude gehabt, der Gott von Assur zusammen mit dem von Babylon! Nun aber heißt es auf 12569, in einer Inschrift, die wohl wieder als »Vers« gedacht ist (s. dazu o. S. 1043 f.):

כפא ד(ל)י(י) אחתי
פר(ד)פו(י)עא מן ד(ר)י(י)
לבעא עלי(ו)הו(י)ן
סלק(ח) בה אסר(ד)
אלהא

»Den Stein(?) meiner Schwester
Par(d)pū(ī)ʿā wer da
sucht, gegen die
kommt herauf mit(?) ihm *Assor*,
der Gott.«

Somit der Gott *Assor* unter dem Partherbau in den Trümmern seines alten Tempels gedacht? Deshalb die Gedenkinschriften auf den Pflastersteinen?

Oben S. 1046 ff. war die Rede von einer Familie mit einer Reihe alter assyrischer Namen. Mitglieder dieser Familie haben sich in Assur besonders häufig, und zwar über dem *Aššur*-Tempel, verewigt und einmal in ganz ungewöhnlicher Weise auf einer ganzen Pflastersteinplatte und in mehr als sonst üblich, markanten Schriftzeichen (17066; s. o. S. 1046 f.). Sie scheinen somit Beziehungen besonderer Art zum Kultus *Assor*'s gehabt zu haben. Und vermutlich ein Angehöriger dieser Familie, אגא (o. S. 1047), bemerkt zweimal, und nur er, daß »er [dies] geschrieben habe« (o. S. 1044). Er war somit des Schreibens kundig und vielleicht ein Schreiber und wegen der Inschrift 17065 (o. S. 1044) doch wohl in offizieller Stellung. Also ein Tempelschreiber? Und seine Familie mit ihren engen Beziehungen zum *Assor*-Kultus eine Priesterfamilie? Einer aus dieser Familie führte nun (o. S. 1046 ff.) den Namen des assyrischen Königs Assarhaddon. In eben dieses Königs Auftrage machte aber seinerzeit dessen Sohn *Aššurbânapli*-Sardanapal je einen seiner Brüder zum König von Babylon, zum *urigallu*, »Großschützer«(?!), in Harran und zum *urigallu* vor vermutlich *Aššur* in der Stadt Assur (s. Pinches, *Misc. Texts* S. 17, 12 ff.; Sargon, Prunkinschr. 10 f. usw.); der *urigallu* aber ist offenbar etwas wie ein höchster geistlicher

Würdenträger. Somit der Assarhaddon unsrer Inschriften ein Hinweis darauf, daß sich noch im dritten nachchristl. Jahrhundert eine *Assor*-Priester-Familie in Assur von dem Könige Assarhaddon ableitete oder gar wirklich von ihm abstammte?

Die Inschriften von Hatra.

Ohne Datierungen. Nach dem Schrifttypus die meisten Inschriften etwa aus der Zeit der o. S. 1043 besprochenen Partherstelen-inschrift aus Assur, eine Gedenkinschrift, Nr. 281 bei Andrae l. c. II S. 163, etwa aus der Zeit der Gedenkinschriften aus Assur (s. o. S. 1042 f.).

Was den Inhalt der Inschriften anlangt, so sind die meisten Inschriften ebenso Gedenkinschriften oder dgl. wie die meisten aus Assur. Nr. 279a auf S. 162 sowie Taf. XIII und XXII l. c. gehörte wohl als Beischrift zu zwei verlorengegangenen Standbildern oder einem von ihnen auf noch fragmentarisch erhaltenen Mauerkonsolen: ».. Bild(?) (.. Bilder?) des (?) כ(:)שר(ד)יהב, des Sohnes des ..., des Sohnes des סנטר(ד)ק, des Königs, das (die) (?) ihm errichtete .... für das Leben [des?] סנטר(ד)ק. des (?). König(s), ...« Da hätten wir also den zum Teil nur philologisch erschlossenen *Sanaṭrūḳ* von Hatra in figura! Zu dem Namen Nöldeke, *Tabari*, S. 34 ff., 500 und G. Hoffmann, *Auszüge*, S. 185. — Eine oft an Wänden eingehauene Inschrift: ידי(ר)י(?)ד(ר) מר(ד)יא »*Jadī(jā)d*, der Herr«, wofür auch einmal מר(ד)יא allein, gefolgt von einem Steinmetzzeichen (l. c. I S. 28, II Bl. 54), vermutlich von dem Baumeister des Gebäudes, eines Palastes (vgl. l. c. II S. 161). Eine von anderer Seite statt unseres ידיד vorgeschlagene Lesung ורוד erscheint bis jetzt ebensowenig einwandfrei wie eine darauf beruhende Deutung auf *Worōd*-Ὀρώδης, einen der Partherkönige.

Zur Schrift s. o. S. 1045 und die beigegebene Schrifttafel.

Zur Sprache nichts zu bemerken.

Die Personennamen, soweit lesbar, aramäisch, außer dem oben besprochenen *Sanaṭrūḳ* und dem von Palmyra her bekannten arab. Namen מק(ח)ימו Nr. 281, S. 163 l. c.

Götternamen: כ(:)שר(ד). in dem oben wiedergegebenen Personennamen »*K*(*N*). hat gegeben«, und בר(ד)?ר(ד)ת, offenbar mit o. S. 1044 בר(ד)מר(ד)ת, als Adressat einer Gedenkinschrift Nr. 279b. auf S. 162 sowie Taf. XIII und XXII l. c. Derselbe wohl mit מר(ד)ן »unser Herr« gemeint in der Gedenkinschrift Nr. 283 l. S. 164 l. c. — Der gemeinsemitische Name für den Sonnengott scheint in den Inschriften aus der Sonnenstadt-Hatra nicht vorzukommen.

Im auffälligen Gegensatz zu Assur bis jetzt in Hatra, wie keine assyrische Personennamen, so auch keine assyrische oder babylonische Götternamen nachweisbar. Weil Hatra etwa eine nachassyrische Gründung?

Schrifttafel.

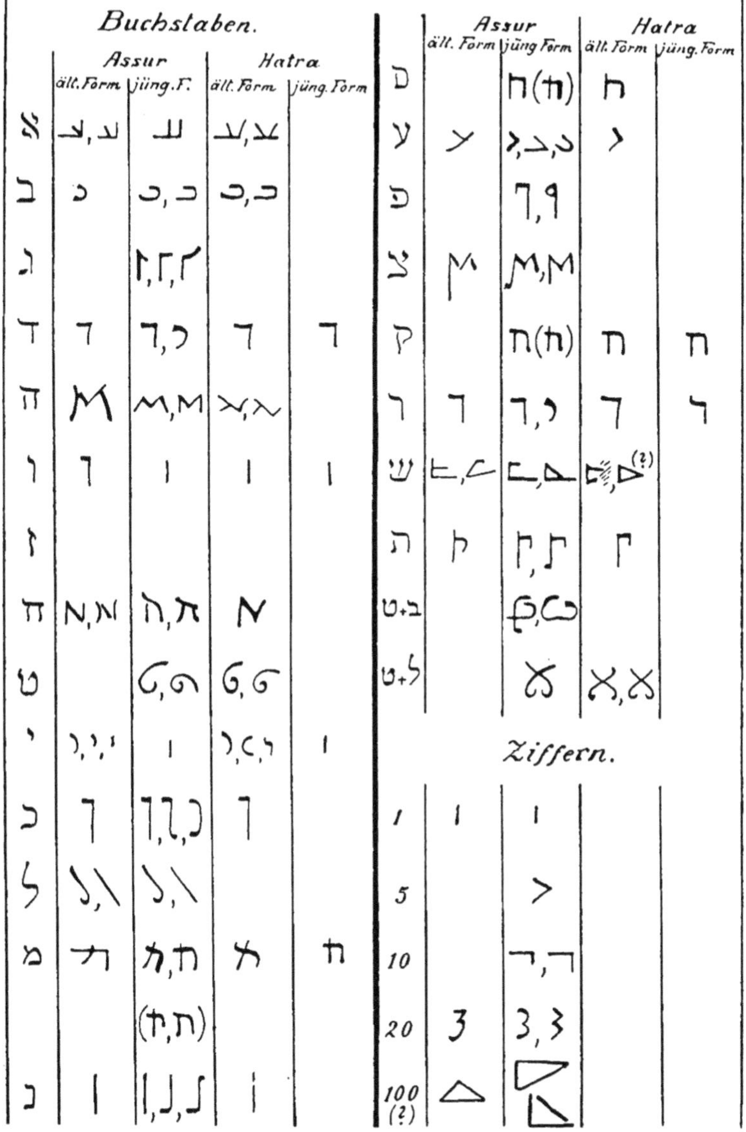
Buchstaben.
Assur
ält. Form
jüng. F.
Hatra
ält. Form
jüng. Form
א
ב
ג
ד
ה
ו
ז
ח
ט
י
כ
ל
מ
נ
ס
ע
פ
צ
ק
ר
ש
ת
ב+ט
ל+ט
Ziffern.
1
5
10
20
100 (?)

P. Jensen: Erschließung der aramäischen Inschriften von Assur und Hatra.

17071.

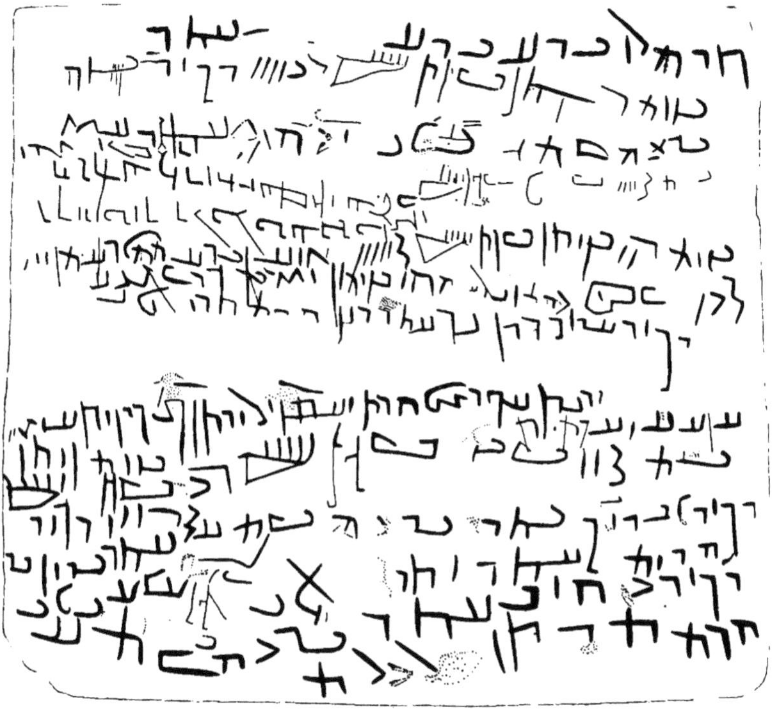

P. Jensen: Erschließung der aramäischen Inschriften von Assur und Hatra.

VERZEICHNIS DER VOM 1. DEZEMBER 1918 BIS 30. NOVEMBER 1919 EINGEGANGENEN DRUCKSCHRIFTEN.

Deutsches Reich.

Aachen.

Meteorologisches Observatorium.

Ergebnisse der Beobachtungen. Jahrg. 20-21. 1914-15. Karlsruhe 1918.

Altenburg.

Geschichts- und Altertumsforschende Gesellschaft des Osterlandes.

Mitteilungen. Bd. 13. Heft 1. 1919.

Berlin

(einschl. Vororte und Potsdam).

Deutsches Archäologisches Institut.

Jahrbuch. Bd 32. Bibliogr. 1916, 17. Bd 33, Heft 3. 4. 1918.

Mitteilungen. Athenische Abteilung. Bd 42. Heft 1. 2. 1919. Berlin. — Roemische Abteilung. Bd 32. Heft 3. 4. 1917.

Germania. Korrespondenzblatt der Römisch-Germanischen Kommission. Jahrg. 2, Heft 5. 6. Jahrg. 3, Heft 1. 2. Frankfurt am Main 1918/19.

Reichsamt des Innern.

Berichte über Landwirtschaft. Heft 41. 1919.

Zentraldirektion der Monumenta Germaniae historica.

Neues Archiv der Gesellschaft für ältere deutsche Geschichtskunde. Bd 41. Heft 3. Hannover und Leipzig 1919.

Geodätisches Institut, Potsdam.

Veröffentlichungen. Neue Folge. N. 76. 77. 78. Teils Potsdam, teils Berlin 1919.

Zentralbureau der Internationalen Erdmessung. Neue Folge der Veröffentlichungen. N. 33. 1919.

Geographisches Institut der Universität Berlin.

Karte der Verbreitung von Deutschen und Polen längs der Warthe-Netze-Linie und der unteren Weichsel. 30 Blätter.

Meteorologisches Institut.

Veröffentlichungen. N. 297-303. 1919.

Pflanzenphysiologisches Institut der Universität Berlin.

Beiträge zur allgemeinen Botanik. Bd 1. Heft 4. 1918.

Statistisches Landesamt.

Medizinalstatistische Nachrichten. Jahrg. 57. Abt. 3. 4. 1918.

Geologische Landesanstalt.

Archiv für Lagerstättenforschung. Heft 2. 24. 25. 1917. 18.

Jahrbuch. Bd 36, Tl 2. Heft 3. 37, Tl 1. Heft 3: Tl 2. Heft 1. 2. 38. Tl 1. Heft 1. 2. 1917-18.

Ministerium für Handel und Gewerbe.

Zeitschrift für das Berg-, Hütten- und Salinenwesen im Preussischen Staate. Bd 66. Heft 4 und Statistische Lief. 1. 1918. Bd 67. Heft 1-4. 1919.

Ministerium für Landwirtschaft, Domänen und Forsten.

Statistische Nachweisungen aus dem Gebiete der landwirtschaftlichen Verwaltung von Preußen. Jahrg. 1917.

Astrophysikalisches Observatorium, Potsdam.

Publikationen. Bd 23. Stück 5. Bd 24. Stück 1. 1919.

Astronomisches Rechen-Institut, Dahlem.

Veröffentlichungen. Nr. 43. 1919. Kleine Planeten. Jahrg. 1919.

Seminar für Orientalische Sprachen an der Friedrich-Wilhelms-Universität.

Mitteilungen. Jahrg. 22. 1919.

Sternwarte, Babelsberg.

Veröffentlichungen. Bd 2. Heft 4. Bd 3. Heft 1. 1919.

Deutsche Chemische Gesellschaft.
Berichte. Jahrg. 51, N. 17 (Sonderheft). 18. Jahrg. 52, N. 1–10. 1918–19.

Deutsche Entomologische Gesellschaft.
Deutsche Entomologische Zeitschrift. Jahrg. 1918, Heft 3. 4. Jahrg. 1919, Heft 1–4.

Deutsche Geologische Gesellschaft.
Zeitschrift. Bd 70: Abhandlungen, Heft 1–4. Monatsberichte, N. 1–12. 1918. Zeitschrift. Bd 71: Abhandlungen, Heft 1. 2. Monatsberichte, N. 1–4. 1919.

Deutsche Physikalische Gesellschaft.
Die Fortschritte der Physik. Jahrg. 73, 1917, Abt. 1–3. Braunschweig 1919.

Gesellschaft Naturforschender Freunde.
Sitzungsberichte. Jahrg. 1918.

Deutsche Orient-Gesellschaft.
Wissenschaftliche Veröffentlichungen. 32. Leipzig 1918.

Deutscher Seefischerei-Verein.
Mitteilungen. Bd 34, N. 12. Bd 35, N. 1–10. 1918/19.

Botanischer Verein der Provinz Brandenburg.
Verhandlungen. Jahrg. 60. 1918.

Zentralstelle für Balneologie.
Veröffentlichungen. Bd 3. Heft 5–10. 1918/19.

Die Hochschule. Blätter für akademisches Leben und studentische Arbeit. Jahrg. 2, N. 9–12. Jahrg. 3, N. 1. 1918. 19.

Landwirtschaftliche Jahrbücher. Bd 52, Heft 3–5 nebst Ergbd 1. Bd 53. Heft 1–5. 1918–19.

Internationale Monatsschrift für Wissenschaft, Kunst und Technik. Jahrg. 13. Heft 3–9. Jahrg. 14, Heft 1. 1919.

Zeitschrift für Soziale Hygiene, Fürsorge- u. Krankenhauswesen. Heft 1. 1919.

Bonn.

Naturhistorischer Verein der Preußischen Rheinlande und Westfalens.
Sitzungsberichte. 1913, Hälfte 2. 1914/16.
Verhandlungen. Jahrg. 70, Hälfte 2. Jahrg. 71–74. 1913/19.

Bremen.

Meteorologisches Observatorium.
Deutsches Meteorologisches Jahrbuch. Freie Hansestadt Bremen. Jahrg. 29. 1918.

Naturwissenschaftlicher Verein.
Abhandlungen. Bd 24. Heft 1. 1919.

Danzig.

Naturforschende Gesellschaft.
Schriften. Neue Folge. Bd 15, Heft 1. 2. 1919.

Westpreußischer Botanisch-Zoologischer Verein.
Bericht. 41. 1919.

Dresden.

Sächsische Landes-Wetterwarte.
Dekaden-Monatsberichte. Jahrg. 19. 1916.
Jahrbuch. Jahrg. 31, Hälfte 2. Jahrg. 32, Hälfte 1. Jahrg. 33, Hälfte 1. Jahrg. 34, Hälfte 1. 1913–16.

Erfurt.

Akademie gemeinnütziger Wissenschaften.
Jahrbücher. Neue Folge. Heft 44. 45. 1919.

Frankfurt a. M.

Senckenbergische Naturforschende Gesellschaft.
Bericht 47. 48. 1918.

Physikalischer Verein.
Jahresbericht. 1917–18. 1918.

Freiburg i. Br.

Gesellschaft für Beförderung der Geschichts-, Altertums- und Volkskunde von Freiburg, dem Breisgau und den angrenzenden Landschaften.
Zeitschrift. Bd 34. 1918.

Naturforschende Gesellschaft.
Berichte. Bd 22, Heft 1. 1919.

Görlitz.

Oberlausitzische Gesellschaft der Wissenschaften.
Neues Lausitzisches Magazin. Bd 94. 1918.

Göttingen.

Gesellschaft der Wissenschaften.

Nachrichten. Geschäftliche Mitteilungen. 1918. 1919. Berlin 1918/19. — Mathematisch-Physikalische Klasse. 1918, Heft 1–3 u. Beiheft. 1919. Heft 1. 1919. — Philologisch-Historische Klasse. 1918, Heft 3. 4. Berlin 1918.

Halle a. S.

Leopoldinisch-Carolinische Deutsche Akademie der Naturforscher.

Leopoldina. Heft 54. N. 11. 12. Heft 55, N. 1–10. 1918. 19.

Deutsche Morgenländische Gesellschaft.

Abhandlungen für die Kunde des Morgenlandes. Bd 15, N. 1. Leipzig 1918.

Zeitschrift. Bd 72, Heft 3. 4. Bd 73, Heft 1. 2. Leipzig 1918. 19.

Naturforschende Gesellschaft.

Abhandlungen. Neue Folge. N. 7. 1919.

Hamburg.

Hamburgische Wissenschaftliche Anstalten.

Jahrbuch. Jahrg. 35. 1918 nebst Beiheft 1–8.

Mathematische Gesellschaft.

Mitteilungen. Bd 5, Heft 7. Leipzig 1919.

Deutsche Seewarte.

Wetterbericht. Jahrg. 43, N. 91–365. Jahrg. 44, N. 1–90. 182–273. 1918. 19.

Heidelberg.

Heidelberger Akademie der Wissenschaften.

Abhandlungen. Mathematisch-Naturwissenschaftliche Klasse. Abh. 4–6. 1918.

Sitzungsberichte. Jahresheft. 1918. — Mathematisch-Naturwissenschaftliche Klasse. Jahrg. 1918, Abt. A: Abh. 1–17. Jahrg. 1918, Abt. B, Abh. 1–3. — Philosophisch-Historische Klasse. Jahrg. 1918, Abh. 1–14.

Historisch-Philosophischer Verein.

Neue Heidelberger Jahrbücher. Bd 21, Heft 1. 1919.

Karlsruhe.

Technische Hochschule.

11 Schriften aus den Jahren 1918 und 1919.

Kiel.

Kommission zur wissenschaftlichen Untersuchung der deutschen Meere in Kiel und Biologische Anstalt auf Helgoland.

Wissenschaftliche Meeresuntersuchungen. Neue Folge. Bd 14. Abt. Helgoland, Heft 1. 1918.

Sternwarte.

Astronomische Beobachtungen. Bd 207. Leipzig 1918.

Universität.

66 akademische Schriften aus den Jahren 1913–1918.

Astronomische Nachrichten. Bd 208. 1919.

Königsberg i. Pr.

Physikalisch-Ökonomische Gesellschaft.

Schriften. Jahrg. 54–57. Leipzig und Berlin 1914–17.

Sternwarte.

Astronomische Beobachtungen. Abt. 43, IV. 1919.

Universität.

35 akademische Schriften aus den Jahren 1916–1918.

Leipzig.

Deutsche Bücherei.

Bericht über die Verwaltung der Deutschen Bücherei. N. 6. 1918.

Sächsische Akademie (Gesellschaft) der Wissenschaften zu Leipzig.

Abhandlungen. Mathematisch-Physische Klasse. Bd 35, N. 6. Bd 36, N. 1. — Philologisch-Historische Klasse. Bd 35, N. 1. Bd 36, N. 1–3. 1918. 19.

Berichte über die Verhandlungen. Mathematisch-Physische Klasse. Bd 69, Heft 4. Bd 70, Heft 1–3. — Philologisch-Historische Klasse. Bd 69, Heft 7. 8. Bd 70, Heft 1–7. Bd 71, Heft 1. 1917. 19.

Fürstlich Jablonowskische Gesellschaft.

Jahresbericht. 1919.

Preisschriften. N. 45. 1919.

Annalen der Physik. Beiblätter. Bd 42, Heft 19–24. Bd 43, Heft 1–17. 1918–19.

Lindenberg, Kr. Beeskow.

Aeronautisches Observatorium.

Arbeiten. Bd 12. 13. 1916. Braunschweig 1918. 19.

Veröffentlichungen des Deutschen Observatoriums Ebeltofthafen-Spitzbergen. Heft 1-7. 1916/17.

Lübeck.

Verein für Lübeckische Geschichte und Altertumskunde.

Mitteilungen. Heft 13, N. 5-12. 1919.

Zeitschrift. Bd 20, Heft 1. 1919.

Mainz.

Römisch-Germanisches Zentral-Museum und Verein zur Erforschung der Rheinischen Geschichte und Altertümer.

Mainzer Zeitschrift. Jahrg. 12-14. 1917-19.

Marburg.

Gesellschaft zur Beförderung der gesamten Naturwissenschaften.

Sitzungsberichte. Jahrg. 1897-1918. 1898-1919.

München.

Bayerische Akademie der Wissenschaften.

Abhandlungen. Mathematisch-Physikalische Klasse. Bd 18, Abh. 11. 1919. — Philosophisch-Philologische und Historische Klasse. Bd 29, Abh. 4. Bd 30, Abh. 2-4. 1918. 19.

Jahrbuch. 1918.

Sitzungsberichte. Mathematisch-Physikalische Klasse. Jahrg. 1918. Jahrg. 1919, Heft 1. — Philosophisch-Philologische und Historische Klasse. Jahrg. 1918. Abh. 2-12. Jahrg. 1919. Abh. 1-5.

Deutsches Museum.

Verwaltungsbericht über das 15. Geschäftsjahr 1917-1918. 1919.

Sternwarte.

Neue Annalen. Bd 5. Heft 2. 1918.

Neiße.

Wissenschaftliche Gesellschaft »Philomathie«.

Bericht. 37. 1917.

Nürnberg.

Germanisches Nationalmuseum.

Anzeiger. Jahrg. 1918.

Mitteilungen. Jahrg. 1918/19.

Regensburg.

Historischer Verein von Oberpfalz und Regensburg.

Verhandlungen. Bd 67-69. 1917-19.

Stuttgart.

Württembergische Kommission für Landesgeschichte.

Württembergische Vierteljahrshefte für Landesgeschichte. Neue Folge. Jahrg. 27. 1918.

Verein für Vaterländische Naturkunde in Württemberg.

Jahreshefte. Jahrg. 74. 1918.

Thorn.

Coppernicus-Verein für Wissenschaft und Kunst.

Mitteilungen. Heft 26. 1919.

Trier.

Trierisches Archiv. Heft 28/29. 1919.

Wiesbaden.

Nassauischer Verein für Naturkunde.

Jahrbücher. Jahrg. 71. 1919.

Würzburg.

Physikalisch-Medicinische Gesellschaft.

Sitzungs-Berichte. Jahrg. 1917, N. 7-9. Jahrg. 1918, N. 1—6.

Verhandlungen. Neue Folge. Bd 45, N. 4-7. 1919.

Historischer Verein von Unterfranken und Aschaffenburg.

Archiv. Bd 60. 1918.

Jahres-Bericht. 1917.

Unternehmungen der Akademie und ihrer Stiftungen.

Das Pflanzenreich. Regni vegetabilis conspectus. Im Auftrage der Preuss. Akademie der Wissenschaften hrsg. von A. Engler. Heft 68. 69. Leipzig 1919. 2 Ex.

Corpus inscriptionum Latinarum consilio et auctoritate Academiae Litterarum Borussicae editum. Vols. 1. Pars 2, Fasc. 1. ed. 2. Berolini 1918.

Wilhelm von Humboldts Gesammelte Schriften. Hrsg. von der Preussischen Akademie der Wissenschaften. Bd 15. Berlin 1918.

Ibn Saad. Biographien Muhammeds, seiner Gefährten und der späteren Träger des Islams bis zum Jahre 230 der Flucht. Im Auftrage der Preussischen Akademie der Wissenschaften hrsg. von Eduard Sachau. Bd 7. Th. 2. Leiden 1918.

Deutsche Texte des Mittelalters hrsg. von der Preußischen Akademie der Wissenschaften. Bd 30. Paradisus anime intelligentis. Hrsg. von M. Strauch. Berlin 1919.

Bopp-Stiftung.

Navabāra- und Nisiha-Sutta. Hrsg. von Walther Schubring. Leipzig 1918. (Abhandlungen für die Kunde des Morgenlandes. Bd 15.) 2 Ex.

Dr.-Karl-Güttler-Stiftung.

Kolsen, Adolf. Dichtungen der Trobadors. 3. Heft. Halle (Saale) 1919.

—. Zwei provenzalische Sirventese nebst einer Anzahl Einzelstrophen. Halle 1919.

Savigny-Stiftung.

Kantorowicz, Hermann u. Fritz Schulz. Thomas Diplovatatius. De claris iuris consultis. Bd 1. Berlin u. Leipzig 1919. (Romanistische Beiträge zur Rechtsgeschichte. Heft 3.)

Hermann-und-Elise-geb.-Heckmann-Wentzel-Stiftung.

Texte und Untersuchungen zur Geschichte der altchristlichen Literatur. Archiv für die von der Kirchenväter-Commission der Preussischen Akademie der Wissenschaften unternommene Ausgabe der älteren christlichen Schriftsteller. Reihe 3. Bd 12, Heft 3. 4. Bd 13. Leipzig 1918. 19.

Beiträge zur Flora von Papuasien. Hrsg. von C. Lauterbach. Serie 6. Leipzig 1918. 2 Ex.

Von der Akademie unterstützte Werke.

Bokorny, Th. Bindung des Formaldehyds durch Enzyme. Berlin 1919. Sonderabdr.

Lange, Rudolf. Thesaurus Japonicus. Japanisch-Deutsches Wörterbuch. Bd 2. Berlin u. Leipzig 1919.

Schiemann, Theodor. Geschichte Russlands unter Kaiser Nikolaus I. Bd 4. Berlin 1919.

Schmidt, Adolf. Archiv des Erdmagnetismus. Heft 3. Potsdam 1918.

Schwenke, Paul. Die Buchbinder mit dem Lautenspieler und dem Knoten. 1919. Sonderabdr.

—. Altberliner Bücher und Einbände. 1918. Sonderabdr.

Brunner, Heinrich. Grundzüge der deutschen Rechtsgeschichte. 7. Aufl. besorgt von Ernst Heymann. München u. Leipzig 1919.

Burdach, Konrad. Reformation, Renaissance, Humanismus. Berlin 1918.

Carathéodory, Constantin. Vorlesungen über reale Funktionen. Leipzig und Berlin 1918.

Dragendorff, Hans, u. A. Kunstschutz im Kriege. Bd 1: Die Westfront. Leipzig 1919.

—. Westdeutschland zur Römerzeit. 2. Aufl. (Wissenschaft und Bildung, Heft 112). Leipzig 1919.

Einstein, Albert. Über die spezielle und die allgemeine Relativitätstheorie. 3. Aufl. (Sammlung Vieweg, Heft 38.) Braunschweig 1918.

Erman, Adolf. Kurzer Abriss der aegyptischen Grammatik. Berlin 1919.

Fischer, Emil. Teilweise Acylierung der mehrwertigen Alkohole und Zucker. IV: Derivate der *d*-Glucose und *d*-Fructose. Mit Hartmut Noth. 1918. Sonderabdr.

———. Über neue Galloylderivate des Traubenzuckers und ihren Vergleich mit der Chebulinsäure. Mit Max Bergmann. 1918. Sonderabdr.

———. Struktur der β-Glucosido-gallussäure. Mit Max Bergmann. 1918. Sonderabdr.

———. Neue Synthese der Digallussäure und Wanderung von Acyl bei der teilweisen Verseifung acylierter Phenol-carbonsäuren. Mit Max Bergmann und Werner Lipschitz. 1918. Sonderabdr.

———. Über das Tannin und die Synthese ähnlicher Stoffe. V. Mit Max Bergmann. 1918. Sonderabdr.

Harnack, Adolf von. Die Bedeutung der theologischen Fakultäten. Berlin 1919. Sonderabdr.

Hellmann, G. Regenkarte von Deutschland. 2. Aufl. Berlin 1919.

Heusler, Andreas. Vorschläge zum Hildebrandslied. 1918. Sonderabdr.

Lenz, Max. Geschichte der Königlichen Friedrich-Wilhelms-Universität zu Berlin. Bd 2, Hälfte 2. Halle a. d. S. 1918.

Meinecke, Friedrich. Die Bedeutung der geschichtlichen Welt und des Geschichtsunterrichts für die Bildung der Einzelpersönlichkeit. (Geschichtl. Abende. Heft 2.) Berlin 1918.

———. Geschichte der linksrheinischen Gebietsfragen. (1919)

———. Preussen und Deutschland im 19. und 20. Jahrhundert. München und Berlin 1918.

Meyer, Eduard. Caesars Monarchie und das Principat des Pompejus. 2. Aufl. Stuttgart und Berlin 1919.

———. Deutschlands Lage. Berlin 1919.

———. Die Privatdozenten und die Zukunft der deutschen Universitäten. Berlin 1919. Sonderabdr.

———. Die Rhapsodien und die Homerischen Epen. Berlin 1918. Sonderabdr.

———. Staat und Wirtschaft. Leipzig 1919. Sonderabdr.

Orth, Johannes. Über die ursächliche Begutachtung von Unfallfolgen. 1919. Sonderabdr.

———. Über Colitis cystica und ihre Beziehungen zur Ruhr. Berlin 1918. Sonderabdr.

———. Über Haemoblastosen. Berlin 1918. Sonderabdr.

———. Trauma und Tuberkulose. 1918. Sonderabdr.

———. Über die durch geistige Getränke im menschlichen und tierischen Körper verursachten Veränderungen. Berlin 1918. Sonderabdr.

Roethe, Gustav. Deutsche Dichter des 18. und 19. Jahrhunderts und ihre Politik. Berlin 1919.

———. Goethes Campagne in Frankreich 1792. Eine philologische Untersuchung aus dem Weltkriege. Berlin 1919.

———. Literatur. 1919. Sonderabdr.

Rubner, Max. Körperliche und geistige Arbeit in ihrer Beziehung zur Ernährung. 2 Hefte. 1918. Sonderabdr.

———. Die Ernährung mit Kartoffeln. Mit Karl Thomas. 1918. Sonderabdr.

———. Vereinigte ärztliche Gesellschaften. Berliner Medizinische Gesellschaft. 1919. Sonderabdr.

———. Hindhedes Untersuchungen über die Verdaulichkeit der Kartoffeln. 1918. Sonderabdr.

———. Untersuchungen über Vollkornbrote. 1917. Sonderabdr.

———. Über die Verdaulichkeit von Nahrungsgemischen. 1918. Sonderabdr.

RUBNER, Die Verdaulichkeit der Vegetabilien. 1918. Sonderabdr.
———. Der Aufbau der deutschen Volkskraft und die Wissenschaften. (Rec.: Fehlinger, H.) 1919. In: Arbeiterschutz. Jg. 30. Nr. 33. 1919.
SCHÄFER, DIETRICH. Zur polnischen Frage. 1917. Sonderabdr.
———. Polnische Geschichtsfälschung. 1918. Sonderabdr.
———. Die Grenzen deutschen Volkstums. Berlin.
———. Das neue Polen. 1917. Sonderabdr.
———. Rußland. (Kriegsschriften des Kaiser-Wilhelm-Dank, Heft 123/124.) Berlin.
———. Sprachenkarte der Deutschen Ostmarken.
———. Unterdrückte Völker. (Schützengrabenbücher für das Deutsche Volk. Nr. 102.) Berlin 1918.
———. Die Wahlrechtsreform und die Polenfrage. Sonderabdr.
SCHUCHHARDT, KARL. Alteuropa in seiner Kultur- und Stilentwicklung. Straßburg und Berlin 1919.
——— und OPPERMANN, AUGUST VON. Atlas vorgeschichtlicher Befestigungen in Niedersachsen. Heft 4. Hannover 1894.
SECKEL, E. Der Titel einer Canones-Sammlung in Geheimschrift. Hannover und Leipzig 1919. Sonderabdr.
SERING, MAX. Erläuterungen zu dem Entwurf eines Reichsgesetzes zur Beschaffung von landwirtschaftlichem Siedlungsland. [1918.] Sonderabdr.
———. Die Verordnung über die Beschaffung von landwirtschaftlichem Siedlungsland. [1919.] Sonderabdr.
———. Die Ziele des ländlichen Siedlungszweckes. [1919.] Sonderabdr.
STRUVE, HERMANN. Über die Störung der Bahn des Neptunstrabanten. 1918. Sonderabdr.
———. Jahresbericht über die Tätigkeit der Sternwarte Berlin-Babelsberg. 1918. Sonderabdr.
STUMPF, KARL. Über den Entwicklungsgang der neueren Psychologie und ihre militärtechnische Verwendung. 1918. Sonderabdr.
STUTZ, ULRICH. Die Cistercienser wider Gratians Dekret. Weimar 1919.
———. Kann in Baden der Privatpatronat durch Kirchengesetz aufgehoben werden und sind im Aufhebungs- oder Ablösungsfalle die Patronatlasten mit zu berücksichtigen? Berlin 1919.
VON WILAMOWITZ-MOELLENDORFF, ULRICH. Platon. 2 Bde. Berlin 1919.
ZIMMERMANN, HERMANN. Durchbiegung eines Trägers unter bewegter Last. 1917. Sonderabdr.
———. Energie oder Arbeitsvermögen. 1919. Sonderabdr.
———. Stein und Eisen. 1917. Sonderabdr.
———. Der Pythagoräische Lehrsatz. 1919. Sonderabdr.

Akademie der Künste zu Berlin. Frühjahrsausstellung 1919.
BAUER, HANNS. Das Recht der ersten Bitte bei den deutschen Königen bis auf Karl IV. Stuttgart 1919. (Kirchenrechtliche Abhandlungen Heft 94.)
BERNDT, G. Festigkeit von Quarz. 1919. Sonderabdr.
DORNO, C. Studie über Licht und Luft des Hochgebirges. Braunschweig 1911.
ELWITZ, E. Die Lehre von der Knickfestigkeit. Tl 1. Hannover 1918.
HELLWEG, WERNER. Die Außenreklame in Stadt und Land. Hamburg 1919.
Hundert Jahre A. Marcus und E. Webers Verlag 1818–1918. Bonn a. Rh. 1919. 2 Ex.

Kämpf, Johann. Urkraft und Urstoff oder Wärme als alleinherrschende Macht im Weltall. Bdch. 1, Abschnitt 1 u. 2. Welsberg 1919.

Katalog der Berliner Stadtbibliothek. Bd 16. 1919.

Kayser, Emanuel. Lehrbuch der Geologie. Tl 1: Allgemeine Geologie. 5. Aufl. Stuttgart 1918.

Müller, Oskar. Warum mußten wir nach Versailles? 1919.

Müsebeck, Ernst. Das Preußische Kultusministerium vor Hundert Jahren. Stuttgart und Berlin 1918.

Recke, Franz. Das Wesen der Materie und deren Energieformen. Berlin 1919.

Rektorwechsel an der Friedrich-Wilhelms-Universität zu Berlin am 15. Oktober 1919. Berlin 1919.

Repertorium specierum novarum regni vegetabilis, hrsg. von Friedrich Fedde. Bd. 12 bis 15. Dahlem b. Berlin 1913–19.

Schmidt, Josef. Astronomische Irrlehren. Berlin 1919.

———. Die Entstehung des Erdsystems. Berlin 1917.

Schneider, Alexander. Geldreform als Voraussetzung der Wirtschaftsgesundung. München 1919.

Schreiber, Paul. Einrichtungen und Aufgaben der im Weltkriegsjahr 1915 erbauten Wetterwarten auf der Wahndorfer Kuppe bei Dresden und auf dem Fichtelberge. Dresden 1918.

Seeberg, Reinhold. Die Universitätsreform im Licht der Anfänge unserer Universität Rede zur Gedächtnisfeier des Stifters der Berliner Universität König Friedrich Wilhelm III. am 3. August 1919. Berlin 1919.

Seiling, Max. Die anthroposophische Bewegung und ihr Prophet. Leipzig 1918.

Tätigkeit, Die, der physikalisch-technischen Reichsanstalt im Jahre 1918. 1918. Sonderabdr.

Thurn, H. Drahtlose Telegraphie und Presse. 1919. Sonderabdr.

Trauerfeier der Universität Berlin für ihre im Weltkrieg gefallenen Angehörigen am Sonnabend, den 24. Mai 1919. Berlin 1919.

Österreich-Ungarn.

Brünn.

Deutscher Verein für die Geschichte Mährens und Schlesiens.

Zeitschrift. Jahrg. 22, Heft 3. 4. 1918.

Klagenfurt.

Geschichtsverein für Kärnten.

Carinthia I. Jahrg. 108. 1918.

Jahresbericht. 1917.

Naturhistorisches Landesmuseum für Kärnten.

Carinthia II. Jahrg. 108. 1918.

Jahrbuch. Heft 29. 1918.

Linz.

Museum Francisco-Carolinum.

Jahres-Bericht. 77. 1918.

Prag.

Gesellschaft zur Förderung deutscher Wissenschaft, Kunst und Literatur in Böhmen.

Rechenschaftsbericht über die Tätigkeit der Gesellschaft. 1914–18.

Deutsche Universität.

Die feierliche Inauguration des Rektors. 1918/19.

Wien.

Akademie der Wissenschaften.

Anzeiger. Mathematisch-Naturwissenschaftliche Klasse. Jahrg. 55. — Philosophisch-Historische Klasse. Jahrg. 55. 1918.

Denkschriften. Mathematisch-Naturwissenschaftliche Klasse. Bd 94. 1918.
— Philosophisch-Historische Klasse. Bd 55, Abh. 3. Bd 61, Abh. 1. 2. Bd 62, Abh. 2. 1917. 18.
Sitzungsberichte. Mathematisch-Naturwissenschaftliche Klasse. Bd 126: Abt. I, Heft 10. Abt. II a, Heft 10. Bd 127: Abt. I, Heft 1–3. Abt. II a, Heft 1–4. Abt. II b, Heft 3–8. — Philosophisch-Historische Klasse. Bd 177, Abh. 1. Bd 186, Abh. 4. Bd 187, Abh. 3. Bd 188. Abh. 3. Bd 189, Abh. 3. 4. Bd 190, Abh. 2. 4.
Archiv für österreichische Geschichte. Bd 105, 2. Hälfte. Bd 106, 2. Hälfte. 1918. 19.
Mitteilungen der Erdbeben-Kommission. Neue Folge. N. 51. 52. 1917. 18.

Anthropologische Gesellschaft.
Mitteilungen. Bd 48, Heft 6. 7. 1919.

Geographische Gesellschaft.
Mitteilungen. Bd 61, N. 12. Bd 62, N. 1–8, 1918. 19.

Zoologisch-Botanische Gesellschaft.
Verhandlungen. Bd 68, Heft 6–10. 1918. Bd 69, Heft 1–5. 1919.

Österreichischer Touristen-Klub, Sektion für Naturkunde.
Mitteilungen. Jahrg. 30, N. 10–12. Jahrg. 31, N. 1–4. 7–12. 1919.

Verein zur Verbreitung naturwissenschaftlicher Kenntnisse.
Schriften. Bd 56–58. 1916–18.

Zentral-Anstalt für Meteorologie und Geodynamik.
Klimatographie von Österreich. 9. 1919.

Polen. Wochenschrift für polnische Interessen. N. 204–207. 1918.

Agram.

Kroatische archäologische Gesellschaft.
Vjesnik. Nove Ser. Sveska 14. 1915–19.

Kroatisch-Slavonisch-Dalmatinisches Landesarchiv.
Vjesnik. Godina 20. Sveska 1. 2. 1918.

Budapest.

Ungarische Akademie der Wissenschaften.
Almanach. 1918.

Luschin von Ebengreuth, Arnold. Grundriss der österreichischen Reichsgeschichte. 2. Aufl. Bamberg 1918.

Rosenberg, Heinrich. Sammlung von Vorschriften über die Verwendung von Asbestpulver und von Talkum. Wien 1919.

Großbritannien und Irland mit Kolonien.

Cambridge.

Philosophical Society.
Proceedings. Vol. 18. 1–6, 19. Pt 1–5. 1914–1919.
Transactions. Vol. 22, N. 5–14. 1914–18.

Stonyhurst.

Stonyhurst College Observatory.
Results of Meteorological, Magnetical, and Seismological Observations. 1918. Liverpool 1919.

Toronto.

University.
Geological Series. N. 10. — Review of Historical Publications relating to Canada. Vol. 22. — Papers from the Physical Laboratories. N. 59–61. — Physiological Series. N. 17–23. — History and Economics. Vol. 3, N. 2. 1918. 19.

Dänemark, Schweden und Norwegen.

Kopenhagen.

Conseil permanent international pour l'Exploration de la Mer.
Bulletin hydrographique. L'Atlantique 1900–1913. 1919.
Rapports et Procès-verbaux. Vol. 25. 1919.

Kommissionen for Havundersøgelser.
Meddelelser. Serie Fiskeri. Bind 5, N. 3–8. 1916–19. — Serie Hydrografi. Bind 2, N. 5–7. 1916. 18. — Serie Plankton. Bind 1. N. 13. 1918.
Skrifter. N. 9. 1919.

Laboratoire de Carlsberg.
Comptes-Rendus des travaux. Vol. 13. Livraison 3. Vol. 14. N. 1. 5. 6. 1917–19.

Observatorium.
Publikationer og mindre Meddelelser. N. 29. 30. 1918. 19.

Kongelige Danske Videnskabernes Selskab.
Matematisk-fysiske Meddelelser. Bind I, 9—12. 1918. 19.
Biologiske Meddelelser. Bind 1, 5–12. 1918. 19.
Historisk-filologiske Meddelelser. Bind 2, 3–6. 1919.
Oversigt over Forhandlinger. Juni 1918–Maj 1919.
Skrifter. Række 7. Naturvidenskabelig og Mathematisk Afdeling. Bind 3. N. 2. Bind 5. N. 1. 1918/19. — Historisk og Filosofisk Afdeling. Bind 3, N. 3.

Disko (Grönland).

The Danish Ingolf-Expedition. Vol. 5 Part 7. 1918.

Lund.

Universitetet.
Acta. — Årsskrift. Ny Följd. Avdeln. 1, Bd 14: 1 und 2. Avdeln. 2, Bd 14: 1 und 2. 1919.
2 akademische Schriften aus dem Jahre 1919.
Humanistiska Vetenskapssamfundet. Årsberättelse 1918–19.

Stockholm.

Kungliga Biblioteket.
Sveriges offentliga bibliotek. Accessionskatalog. 32. 1917.

Geologiska Byrån.
Sveriges geologiska Undersökning. Ser. C. N. 284–291 = Årsbok 1918.

Svenska Fornskrift-Sällskapet.
Samlingar. Häftet 154. 155. 1919.

Högskola.
2 akademische Schriften aus dem Jahre 1919.

Kungliga Svenska Vetenskapsakademien.
Arkiv för Botanik. Bd 15. Häfte 1. 2. 1917/18.
Arkiv för Kemi, Mineralogi och Geologi. Bd 7. Häfte 1–4. 1917–19.
Arkiv för Matematik, Astronomi och Fysik. Bd 13, Häfte 1-4. 1918–19. Bd 14, Häfte 1. 2. 1919.
Arkiv för Zoologi. Bd 11, Häfte 3–4. 1918.
Årsbok. 1918.
Handlingar. Ny Följd. Bd 52. N. 1–17. Bd 57. Bd 59, N. 7. 1913–1919.
Meddelanden från K. Vetenskapsakademiens Nobelinstitut. Bd 3, Häfte 4. 1918. Bd 5. 1919.

Berzelius. Jac. Bref utgifna genom H. G. Söderbaum. 3, 1. Uppsala 1918.

Klingenstiernas, Samuel. Levnad och verk. Biograf. skildering.
1: Hildebrandsson, H. Hildebrand: Levnadsteckning. Stockholm och Uppsala 1919.

Kungliga Vitterhets Historie och Antikvitets Akademien.
Fornvännen. Årg. 11; Häft 5. Årg. 13, Häft 3-4. Årg. 14, Häft 1. 2. 1919.
Antikvarisk Tidskrift för Sverige. Delen 20, Häftet 2. 1919.

Acta mathematica. Zeitschrift hrsg. von G. Mittag-Leffler. Bd 42, Heft 1. 1918.

Uppsala.

Universitetet.
Årsskrift. 1917.
Zoologiska Bidrag från Uppsala. Bd 6. 1918.
37 akademische Schriften aus den Jahren 1917/19.

Universitets Meteorologiska Observatorium.
Bulletin mensuel. Vol. 50. 1918.

Kungliga Vetenskaps-Societeten.
Nova Acta. Ser. 4. Vol. 5. N. 1. 1918.

Arenander, E. O. Den Obehornade nötboskapstypens oföranderlighet under mer än 4000 år. Uppsala 1919. Sonderabdr.
————.. Linné om den kulliga nötboskapen. Uppsala 1919. Sonderabdr.

Bergen.

Museum.

Aarbok. 1916–17: Naturvidenskabelig Række, Hefte 2. Aarbok 1917–18: Naturvidenskabelig Række, Hefte 1. Historis-kantikvarisk Række, Hefte 3. Aarsberetning.

SARS, G. O. An Account of the Crustacea of Norway. Vol. 7, Part 1. 2. 1919.

Stavanger.

Museum.

Aarshefte. Aarg. 28. 1917.

Schweiz.

Basel.

Naturforschende Gesellschaft.

Verhandlungen. Bd 29. 1918.

Schweizerische Chemische Gesellschaft.

Helvetica Chimica Acta. Vol. 1, Fasc. 5. 6. Vol. 2. Fasc. 1–5. 1918. 19.

Universität.

98 akademische Schriften aus den Jahren 1913–19.

Jahresverzeichnis der schweizerischen Hochschulschriften. 1917. 18.

Bern.

Naturforschende Gesellschaft.

Mitteilungen. 1916. 1917. 1918.

Schweizerische Naturforschende Gesellschaft.

Verhandlungen. 1918. Jahresversammlung. 98, Teil 1. 2. 1916. 99. 1917.

Schweizerische Geologische Kommission.

Beiträge zur geologischen Karte der Schweiz. Neue Folge. Lief. 26, Tl 2. 34, Tl 2. 1918.

2 geologische Karten und 1 Heft Erläuterungen.

Genf.

Société d'histoire et d'archéologie.

Bulletin. Tome 1. 2. 3, Livr. 2–8. Tome 4, Livr. 1–4. 1908–18.

Mémoires et Documents. Série in-4°. Tome 1–5. 1870–1919. Tome 1–20. 1842–88. 2ième Série. Tome 1–13. 1888 -1916.

Mémorial des années 1838–88. 1888 1915.

Société de Physique et d'Histoire naturelle.

Compte rendu des séances. Vol. 34. 1917. Vol. 35, N. 3. Vol. 36, N. 1. 2. 1918. 19.

Mémoires. Vol. 39. Fasc. 2. 1917. 18.

Journal de chimie physique. Tome 16, N. 4. 1918. Tome 17. N. 1. 2. 1919.

Zürich.

Allgemeine Geschichtsforschende Gesellschaft der Schweiz.

Jahrbuch für Schweizerische Geschichte. Bd 43. 44. 1918. 19.

Antiquarische Gesellschaft.

Mitteilungen. Bd 28. Heft 4. 1919.

Naturforschende Gesellschaft.

Generalregister der Publikationen. 1892.

Neujahrsblatt. Stück 121. 1919.

Verhandlungen. 1826–1837.

Vierteljahrsschrift. Jahrg. 33, Heft 1–4. 1888. 63, Heft 3. 4. 1918. 64. Heft 1. 2. 1919.

Schweizerisches Landesmuseum.

Anzeiger für schweizerische Altertumskunde. Neue Folge. Bd 20, Heft 3. Bd 21, Heft 1. 2. 1918. 19.

Jahresbericht. 27. 1918.

Schweizerische Meteorologische Zentral-Anstalt.

Annalen. 1917.

NAVRATIL, STEPHAN. Der unvergleichliche Siegeskampf im Geiste Gotamo Buddha's. Zürich 1918.

REININGHAUS, FRITZ. Neue Theorie der Biegungs-Spannungen. 2. Aufl. Zürich [1919].

WOLF, RUDOLF. Conrad Gyger. Ein Beitrag zur Zürcherischen Kulturgeschichte. Bern 1846.

Niederlande und Niederländisch-Indien.

Amsterdam.

Vereeniging »Koloniaal Instituut«.
Jaarverslag. 8. 1918.

Delft.

Technische Hoogeschool.
Schriften aus dem Jahre 1918.

Haag.

Koninklijk Instituut voor de Taal-, Land- en Volkenkunde van Nederlandsch-Indië.
Bijdragen tot de Taal-, Land- en Volkenkunde van Nederlandsch-Indië. Deel 74, Afl. 4. Deel 75, Afl. 1. 2. 1918. 19.
Lijst der leden. 1919.

Leiden.

Mnemosyne. Bibliotheca philologica Batava. Nova Ser. Vol. 47. Pars 1–3. 1919.
Museum. Maandblad voor philologie en Geschiedenis. Jaarg. 26, N. 3–12. Jaarg. 27, N. 1. 2. 1918. 19.

Utrecht.

Koninklijk Nederlandsch Meteorologisch Instituut.
Publicationen. N. 107; 4. 1. 2. 1917.

Katalog des Ethnographischen Reichsmuseums. Bd 12. 13. Leiden 1918.
Kops, Jan. Flora Batava. Voortgezet door F. W. van Eeden en L. Vuyck. Afl. 392–395. 's-Gravenhage 1918.

Batavia.

Oudheidkundig Dienst in Nederlandsch-Indië.
Rapporten. 1913.
Oudheidkundig Verslag. 1914. 2. u. 3. Kwartaal.

Bataviaasch Genootschap van Kunsten en Wetenschappen.
Notulen van de algemeene en Directievergaderingen. Deel 52, 1–3. 1914.
Tijdschrift voor Indische Taal-, Land- en Volkenkunde. Deel 56. Afl. 3 en 4. 1914.
Verhandelingen. Deel 61, 1. 1914.

Geneeskundig Laboratorium Weltevreden.
Mededeelingen. Anno 1917. 1918. 3e Serie A. Deel 1 u. 2: Anno 1919. 3e Serie A. N. 2 u. 3. 1918/19.
Feestbundel. 1918.

Koninklijk Magnetisch en Meteorologisch Observatorium.
Seismological Bulletin. 1919, March-June.

Buitenzorg.

Departement van Landbouw, Nijverheid en Handel.
Bulletin du Jardin botanique de Buitenzorg. Sér. 3. Vol. 1, 4. 1919.
Jaarboek. 1917. Batavia 1919.
Mededeelingen van het Agricultuur Chemisch Laboratorium. N. 8. 1914.
Mededeelingen van het Proefstation voor Thee. N. 41–43. 1915. 60–66. 1919.

Italien.

Portici.

Regia Scuola superiore d'Agricoltura.
Annali Ser. 2, Vol. 12–14. 1914–17.

Reale Accademia delle Scienze.
Atti. Vol. 49, 8–15; 50. 51. 52. 53. 54; 1–11. 1913–19.
Memorie. Ser. 2. Tomo 64, 65, 66, 1. 1915. 16.
Osservazioni meteorologiche fatte all'Osservatorio della R. Università di Torino. 1913–1915.

Spanien und Portugal.

Barcelona.

Real Academia de Ciencias y Artes.
Año académico 1917–18.
Boletin. Época 3. Tomo 4, 1–3. 1917–19.
Memorias. Época 3. Tomo 13, 1–32. 14, 1–12. 15, 1–10. 1916–19.

Observatorio Fabra.
Boletin. Sección astronómica. N. 2. 1919.

San Fernando.

Instituto y Observatorio de Marina.

Almanaque náutico. 1916–1920 mit Suplemento.

Anales. Sección 2. Año 1914–1917.

Lissabon.

Instituto bact riológico Camara Pestana.

Arquivos. Tome 4. Fasc. 3. 1916.
Tome 5. Fasc. 1. 1918.

Rußland.

Dorpat.

Universität.

Meteorologisches Observatorium der Universität.

Meteorologische Beobachtungen. Jg. 49–52. 1914–17. 1918.

Bericht über die 50 jährige Tätigkeit des Meteorologischen Observatoriums der Dorpater Universität 1865–1915. Dorpat 1916.

Helsingfors.

Gesellschaft zur Erforschung der Geographie Finlands.

Fennia. Bulletin de la Société de Géographie de Finlande. Bd 37. 1914.

Finländische Gesellschaft der Wissenschaften.

Acta. Tom. 43. 1. 44. Minnesord öfver William Nylander. 44, 3. 5. 7. 45. Minnestal öfver Leopold Henrik Stanislaus Mechelin. 45. 2–4. 46. Minnestal Otto E. A. Hjelt. A. Benj. af Schultén. Odo M. Reuter. K. F. Slotte, G. O. Mattsson. — Lefnadsteckning K. G. Hällstén. 16, 1–8. 47. 48. 1–4. 1913–19.

Bidrag till Kännedom af Finlands Natur och Folk. Häftet 74, N. 1. 75, N. 2. 77. N. 1–7. 78. N. 1. 3. 1914–19.

Öfversigt af Förhandlingar. 56, A. B. C. 57, A. B. C. 58. A. B. C. 59, A. C. 60, A. B. 1914–18.

Finländische hydrographisch-biologische Untersuchungen. N. 13. 1914.

Bulgarien.

Jotzoff, Dimitri. La Bulgaria. Attraverso sedici secoli. Mailand 1915.

Griechenland.

Athen.

Ἐπιστημονικὴ Ἑταιρεία.

Ἀθηνᾶ. Σύγγραμμα περιοδικόν. Τόμος 30. 1919.

Vereinigte Staaten von Nord-Amerika.

Cambridge, Mass.

Harvard College.

Circulars. N. 219.

Hartford, Conn.

Connecticut Geological and Natural History Survey.

Bulletin. N. 28. 1917–18.

New York.

American Geographical Society.

The Geographical Review. April 1919.

Oberlin, Ohio.

Wilson Ornithological Club.

The Wilson Bulletin. N. 96. 97. 107. 108. 1916. 19.

Washington.

Solar Observatory, Mount Wilson, Cal.

Contributions. N. 160–166. 1919.

United States National Museum.

Bulletin. N. 105. 107. 1919.

Gurley, R. R. Extra-individual Reality: its existence. The concepts fundamental in the sciences (Substance. Energy). New York 1915. Sonderabdr.

— Overleap of the intermediate zone . . . New York 1916. Sonderabdr.

Mittel- und Süd-Amerika.

Mexico.

Instituto geológico de México.
Anales. N. 1. 1917.
Boletin. N. 31, Atlas. 1916. N. 34. 1916.
Parergones. Tomo 5. N. 1–9. 1913/14.

Sociedad científica »Antonio Alzate«.
Memorias y Revista. Tomo 38. N. 5–8. 1919.

———

Córdoba (República Argentina).

Academia Nacional de Ciencias.
Boletin. T. 18, 4. 20–22. 1915/17.

Giacobini, Genaro. El Colargol en las infecciones graves de la infancia. Buenos Aires 1916.

———. Tratamiento médico de la Parálisis infantil. Buenos Aires 1916.

Ponte, Andrés F. Bolivar y ortos ensayos. Caracas 1919.

Durch Ankauf wurden erworben:

Berlin. Ministerium für Wissenschaft, Kunst und Volksbildung. Zentralblatt für die gesamte Unterrichtsverwaltung in Preußen. Jahrg. 1918, Heft 11. 12. Jahrg. 1919, Heft 1–7. 9. Erg.-Heft 34. 1917. 35. 1918.

———. Journal für die reine und angewandte Mathematik. Bd 149. 1919.

Dresden. Hedwigia. Organ für Kryptogamenkunde. Bd 60, Heft 4-6. Bd 61, Heft 1-4. 1918. 19.

Göttingen. Gesellschaft der Wissenschaften. Göttingische Gelehrte Anzeigen. Jahrg. 180, N. 11. 12. Jahrg. 181, N. 1-10. Berlin 1918. 19.

Leipzig. Hinrichs' Halbjahrs-Katalog der im deutschen Buchhandel erschienenen Bücher. Zeitschriften, Landkarten usw. 1918; Halbj. 2, Tl 1. 2. 1919; Halbj. 1. Tl 1. 2.

———. Literarisches Zentralblatt für Deutschland. Jahrg. 69, N. 45-52. Jahrg. 70, N. 1-46. 1918. 19.

Paris. Académie des Inscriptions et Belles-Lettres. Comptes rendus des séances. 1918, Mars-Octobre.

———. Académie des Sciences morales et politiques. Séances et travaux. Compte rendu. Nouv. Sér. Tome 90. Livr. 6. 9–12. 1918. Compte rendu. Nouv. Sér. Tome 91, Livr. 1–8. 1919.

Wien. K. K. Zentral-Kommission für Kunst- und Historische Denkmale. Register zum Jahrbuch 1856–1861 und zu den Mitteilungen 1856–1902. 3 Hefte. Wien 1905. 07. 09. 4°.

Georges, Karl Ernst. Ausführliches lateinisch-deutsches Handwörterbuch. 8. Aufl. Von Heinrich Georges. 3. und 4. Halbband. Hannover und Leipzig 1916. 19.

Grimm, Jacob, und Grimm, Wilhelm. Deutsches Wörterbuch. Bd 10, Abt. 2, Lief. 11. Bd 13, Lief. 15. Leipzig 1918. 19.

Indice generale alfabetico ed analitico dei lavori scientifici della Pontificia Romana Accademia dei nuovi Lincei 1847—1912. Roma 1916.

Leiter, Hermann, Inhaltsverzeichnis der Veröffentlichungen der K. K. Geographischen Gesellschaft (1857—1907). Wien 1912.

Lexikon. Biographisches, hervorragender Ärzte des neunzehnten Jahrhunderts. Hrsg. von J. Pagel. Berlin und Wien 1901.

Seeck, Otto. Regesten der Kaiser und Päpste für die Jahre 311 bis 476 n. Chr. Halbbd. 2. Stuttgart 1919.

NAMENREGISTER.

SACHREGISTER.

Ausgegeben am 8. Januar 1920.

Berlin, gedruckt in der Reichsdruckerei

Lightning Source UK Ltd.
Milton Keynes UK
UKHW052318110119
334943UK00018B/1523/P

9 780365 688198